噪声与振动控制工程

原理及应用

（第二版）

［美］伊斯特凡·L. 维尔
［美］利奥·L. 白瑞纳克　编著

谭申刚　顾金桃　周　杰　刘成玉　王向盈　主译

NOISE AND VIBRATION CONTROL ENGINEERING
PRINCIPLES AND APPLICATIONS

（SECOND EDITION）

Edited by István L. Vér and Leo L. Beranek

西北工业大学出版社

西安

作者名：István L. Vér & Leo L. Beranek

作品名：NOISE AND VIBRATION CONTROL ENGINEERING：PRINCIPLES AND APPLICATIONS(SECOND EDITION)

书　　号：ISBN 13 978 - 0 - 471 - 44942 - 3

ISBN 10 0 - 471 - 49942 - 3

陕西省版权局著作权合同登记号：25 - 2022 - 111

图书在版编目(CIP)数据

噪声与振动控制工程：原理及应用 /（美）伊斯特凡·L. 维尔，（美）利奥·L. 白瑞纳克编著；谭申刚等译. —西安：西北工业大学出版社，2022.12

ISBN 978 - 7 - 5612 - 8027 - 0

Ⅰ. ①噪…　Ⅱ. ①伊…　②利…　③谭…　Ⅲ. ①噪声控制 ②振动控制　Ⅳ. ①TB53

中国版本图书馆 CIP 数据核字(2021)第 217807 号

ZAOSHENG YU ZHENDONG KONGZHI GONGCHENG：YUANLI JI YINGYONG(DI‐ER BAN)

噪 声 与 振 动 控 制 工 程：原 理 及 应 用（第 二 版）

伊斯特凡·L. 维尔　利奥·L. 白瑞纳克　编著

谭申刚　顾金桃　周　杰　刘成玉　王向盈　主译

责任编辑：王玉玲		策划编辑：杨　军	
责任校对：朱晓娟		装帧设计：李　飞	
出版发行：西北工业大学出版社			
通信地址：西安市友谊西路 127 号		邮编：710072	
电　　话：(029)88491757，88493844			
网　　址：www.nwpup.com			
印 刷 者：陕西奇彩印务有限责任公司			
开　　本：787 mm×1 092 mm		1/16	
印　　张：48.5			
字　　数：1 273 千字			
版　　次：2022 年 12 月第 1 版		2022 年 12 月第 1 次印刷	
书　　号：ISBN 978 - 7 - 5612 - 8027 - 0			
定　　价：288.00 元			

如有印装问题请与出版社联系调换

《噪声与振动控制工程:原理及应用(第二版)》编译委员会

主译:谭申刚　顾金桃　周　杰

　　　刘成玉　王向盈

译审:高　飞　胡陈映　王美燕

　　　肖　乾　隋　丹　肖和业

　　　宋　翔　孙文豪　徐靖鉴

　　　袁天月

本书全部作者及其参与编写的章节

格兰特·S. 安德森，HMMH 公司，美国马萨诸塞州伯灵顿   5 章

基思·阿滕伯勒，赫尔大学，英国赫尔   8 章

詹姆斯·D. 巴恩斯，埃森特科技服务有限公司，美国马萨诸塞州剑桥   16 章

H. D. 鲍曼，顾问，赖伊，美国新罕布什尔州   15 章

利奥·L. 白瑞纳克，顾问，美国马萨诸塞州剑桥   1 章、2 章、20 章

约翰·布拉德利，加拿大国家研究委员会，加拿大渥太华   7 章

安吉洛·坎帕内拉，顾问，美国俄亥俄州哥伦布   21 章

罗纳德·科尔曼，BBN 科技公司，美国马萨诸塞州剑桥   18 章

W. B. 科尼，BBN 科技公司，美国马萨诸塞州剑桥   15 章

艾伦·T. 弗赖伊，顾问，英国埃塞克斯郡科尔切斯特   17 章

安东尼·G. 加拉西斯，BBN 科技公司，美国马萨诸塞州剑桥   9 章

穆雷·霍奇森，英属哥伦比亚大学，加拿大温哥华   7 章

乌尔里希·J. 库尔兹，米勒贝姆公司，德国慕尼黑附近的普拉内格   5 章

威廉·W. 朗，顾问，噪声控制基金会，美国纽约波基普西   4 章

小乔治·C. 迈林，顾问，美国缅因州哈普斯威   4 章

M. L. 芒贾尔，印度科学研究所，印度班加罗尔   9 章

唐纳德·J. 奈夫斯克，通用汽车研发中心载具研究实验室，美国密歇根州沃伦   6 章

查理斯·W. 尼克松，顾问，美国俄亥俄州凯特灵   19 章

马修·A. 诺比尔，顾问，IBM 哈德逊谷声学实验室，美国纽约波基普西   4 章

阿伦·G. 皮索尔，皮索尔工程公司，美国加利福尼亚州伍德兰希尔斯   3 章

保罗·J. 雷明顿，BBN 科技公司，美国马萨诸塞州剑桥   18 章

保罗·舒默尔，顾问，美国伊利诺伊州香槟   21 章

S. H. 萨昂，通用汽车研发中心车辆研发实验室，美国密歇根州沃伦   6 章

苏珊·D. 史密斯，赖特·帕特森空军基地空军研究实验室，美国俄亥俄州   19 章

道格拉斯·H. 斯特兹，埃森特科技服务有限公司，美国马萨诸塞州剑桥   17 章

吉瑞·蒂希，宾夕法尼亚州立大学帕克分校，美国宾夕法尼亚州   4 章

埃里克·E. 昂加尔，埃森特科技服务有限公司，美国马萨诸塞州剑桥   13 章、14 章

伊斯特凡·L. 维尔，声学、噪声和振动控制顾问，美国马萨诸塞州斯托   8 章、9～12 章

亨宁·E. 冯吉尔克，顾问，美国俄亥俄州耶洛斯普林   19 章

劳拉·安·威尔伯，顾问，美国伊利诺斯州威尔米特   21 章

埃里克·W. 伍德，埃森特科技服务有限公司，美国马萨诸塞州剑桥   16 章

杰弗里·A. 扎菲，埃森特科技服务有限公司，美国马萨诸塞州剑桥   13 章、14 章

译 者 序

　　噪声是民用飞机适航认证的重点,一架飞机要投入国际市场运营,就必须满足各国家和地区所设定的噪声适航标准。在军用飞机方面,高强度的噪声不仅影响机组人员和作战人员的身心健康,也会影响飞机结构的安全和机载精密仪器的性能,对战斗力有极大的影响。半个多世纪以来,美国和欧洲各国都投入了大量资源研究飞机的噪声问题,并制订了长远计划,如欧盟的 Flightpath 2050 规划。我国在航空噪声预测与控制方面,较国外起步晚,现阶段欧盟和美国执行的飞机噪声适航标准是第 5 代标准,而我国执行的仍为第 4 代标准。同时在军用飞机方面,无论是舱内噪声还是舱外噪声,我国军队的标准与欧美仍存在一定差距。因此,我们需要在航空降噪方面进一步提升自身的研究能力与水平。

　　伊斯特凡·L.维尔和利奥·L.白瑞纳克编著的《噪声与振动控制工程:原理及应用》是噪声和振动控制领域中的经典著作之一,主要介绍了一些声学基础方面的理论知识,包括声波的基本性质、传播、数据分析等。该书对常见的噪声和振动控制问题相关的方法和标准等进行了详细阐述,如隔声、消声、吸声及主动降噪处理技术等,同时也介绍了一些声学工作者必备的振动学方面的基本知识及振动控制策略。此外,书中也着重讨论了一些噪声标准,如听觉和人体振动损伤风险标准、建筑物及环境噪声标准,以及噪声和振动控制的相关声学标准等。

　　该书叙述深入浅出,思路清晰,注重基本原理、概念和方法相结合,为了帮助读者掌握书中的重要理论、公式,书中也涉及了一些实际应用问题,通过相应案例讲解使读者更好地理解知识要点。

　　该书可作为高等学校有关专业基础课程的教材,也可供大学声学专业师生,航空、航天、机械、水利等专业师生,以及有关科研人员参考。

　　本译著组织航空领域的振动噪声专家,对英文原著进行翻译,力求达到精准,保证学术质量,使其能成为我国振动噪声研究与控制领域的经典译著之一,为广大科技与工程工作者提供帮助。

译 者

2021 年 4 月

原 著 前 言

　　本版本的目的仍是介绍有关最常见噪声和振动问题的最新信息。笔者已尽量加入新的章节，并更新已取得进展的领域所涉及的章节。新加入的或完全重写的章节包括声音产生、暖通空调系统中的噪声控制、噪声和振动的主动控制、吸声材料和消声器、室外声音传播、建筑物和社区中的噪声标准以及噪声和振动控制的声学标准等。"被动消声器"章节新增了大量内容。对所有其他章节已审查其时效性。

　　在全球范围内，对噪声和振动控制的研究兴趣日渐增强。这种兴趣在很大程度上源自于欧盟和远东地区各国不断扩大的活动。他们每年都会举办关于全球噪声控制政策最新发展的研讨会，最近两次研讨会于 2004 年在布拉格（捷克共和国）和 2005 年在里约热内卢（巴西）举办。有迹象表明，美国对噪声控制政策的兴趣正在增强。消费者对安静环境的要求越来越高，最好的例子就是汽车内部隔声性能的改善。具有较高噪声控制要求的其他消费品已经在效仿这一做法或很可能效仿这一做法。制造商必须对进口产品的竞争力提高保持警觉。

　　特别感谢约翰·布拉德利、理查德·D. 戈弗雷、科林·H. 汉森、威廉·W. 朗、小乔治·C. 迈林、豪伊·诺布尔、罗伯特·普瑞斯和保罗·舒默尔在本书编写过程中提供的帮助和批评意见，同时感谢那些允许我们使用受版权保护的技术资料的个人和组织。同时，感谢埃森特科技服务有限公司、BBN 科技公司、米勒贝姆公司和 HMMH 公司，它们鼓励高级技术人员为本书各章节的编写建言献策，并在多方面提供帮助。另外，特别感谢凯西·科尔曼和简·舒尔茨帮助编写了众多章节，感谢约翰威利国际出版公司的编辑罗伯特·L. 阿根特瑞、弗雷德·贝尔纳迪和罗伯特·H. 希尔伯特为本书编写提供的有效帮助和指导。

伊斯特凡·L. 维尔
利奥·L. 白瑞纳克
2005 年 1 月

目　　录

第1章 基本声学量:声级和分贝

1.1 声波的基本量

1.1.1 声波和噪声

从广义上讲,声波指在弹性介质(如气体、液体或固体)中传播的任何扰动。该定义包括超声波、声波和次声波。本书主要探讨声波,即可被人类听觉感知到的声波。噪声指令人产生不适的任何可感知声音。本章中的基本概念可查阅参考文献[1]～[7]。

1.1.2 声压

耳朵处气压的渐进变化导致鼓膜发生振动,听力正常的人将处于听频范围内的这种振动感知为声音。声压指以大气压为基准的压力变化,单位为帕斯卡(Pa)。听力正常的年轻人可以感知大约15～16 000 Hz频率范围内的声音,该频率范围即为正常听频范围。

由于听觉机制会对声压做出响应,所以它是工程声学中经常测量的两个量之一。听觉正常的人耳在3 000～6 000 Hz频率范围内最灵敏,年轻人甚至可以感知到低至20 μPa左右的声压,该声压与其所依据的基准正常大气压(1.013×10^5 Pa)相比时,其变化幅度为2×10^{-10}。

1.1.3 纯音

纯音是一种可由以下方程式表示的声波。

$$p(t) = p_0 \sin(2\pi f)t \tag{1.1}$$

式中 $p(t)$——瞬时增量声压(高于和低于大气压);

p_0——瞬时声压的最大幅值;

f——频率,即每秒循环数,单位为赫兹(Hz);

t——时间,单位为秒(s)。

1.1.4 周期

当t从0变化到$1/f$时,即构成一个全周期。$1/f$被称为周期T。例如,500 Hz声波的周期T为0.002 s。

1.1.5 均方根幅值

如果想确定方程式(1.1)中一个完整周期(或任何数目的全周期)正弦波的平均值,由于正部分与负部分相等,所以该值为零。因此,该平均值不是一个有效的量度。必须寻找一个允许将稀疏传播效应添加到压缩传播效应中(而不是从中减去)的量度。

均方根声压 p_{rms} 即为这样一种量度。在计算该值时，首先计算每个时刻的声压扰动 $p(t)$ 的二次方值，然后将二次方值相加并计算一个或多个周期内的平均值。均方根声压是该时间平均值的二次方根。该均方根值也被称为有效值，则有

$$p_{rms}^2 = \frac{1}{2}p_0^2 \tag{1.2}$$

或

$$p_{rms} = 0.707 p_0 \tag{1.3}$$

对于非周期性声压，积分区间应足够长，以确保所获得的均方根值基本上不受区间长度微小变化的影响。

1.1.6 声谱

声波可由数量有限或无限的纯音（单一频率，如 1 000 Hz）、互为谐波关系的单一频率组合或不互为谐波关系的单一频率组合组成。有限数量声音构成的组合呈现出线状谱。无限（较大）数量声音构成的组合呈现出连续谱。振幅-时间随正态（高斯）分布变化的连续谱噪声被称之为无规噪声。图 1.1(a)～(c)所示频谱显示了三种此类噪声。线状谱和连续谱构成的组合被称为复谱，如图 1.1(d)所示。

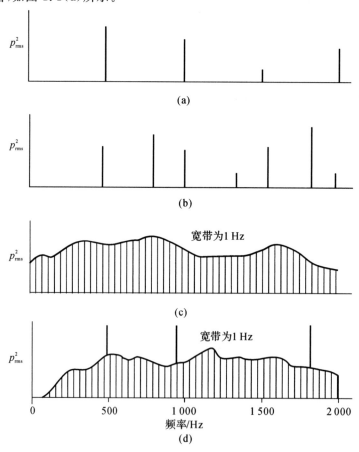

图 1.1　均方声压谱

(a)互为谐波关系的线状谱；　(b)不互为谐波关系的线状谱；

(c)连续功率谱密度谱；　(d)线状和连续功率谱密度谱组合（复谱）

无论哪种类型的声波,当其以正常声压振幅(以避免非线性)在空气中短距离(以便于忽略在 1 000 Hz 以上的频率下传播时,在空气中变得明显的声衰减现象)传播时,波形保持不变。因此,在 30 m 距离处听到的小提琴的声音与在 5 m 处听到的小提琴的声音相同,尽管前者声音较小。

1.1.7　声强

工程声学中经常测量的第二个量是声强,其定义为由声波携带的、通过空间某点处一个逐渐减小区域的连续功率流。声强的单位为 W/m²。该量度非常重要,原因有二:首先,在自由空间中的某点处,它与声源传播到空气中的总功率相关;其次,它在该点处与声压具有固定关系。

上述逐渐减小区域的平面位置可从垂直于声波的传播方向变化到平行于该方向,从该角度而言,一个空间位置处的声强是定向的(向量)。当平面与声波传播方向垂直时,声强处于最大值 I_{max};当平面与声波传播方向平行时,声强为零。在二者之间,I_{max} 的分量随着声波传播方向与垂直于渐进区域的线条所形成的角度的余弦而变化。

第 2 章将要讨论的另一个方程式在声压与声强之间建立了一种关系。在无反射面的环境中,无论声波以何种类型行进(平面、柱面、球面等),任何空间位置的声压均通过以下方程式与最大声强 I_{max} 相关联。

$$p_{rms}^2 = I_{max} \rho c \tag{1.4}$$

式中　p_{rms}——均方根声压,Pa(N/m²);

ρ——空气密度,kg/m³;

c——空气中的声速,m/s。

1.1.8　声功率

声源将数量可测的功率传播到周围空气中,称为声功率,单位为瓦特(W)。如果声源是非定向的,则称其为球面声源。对于此类声源,在以声源声中心为中心的虚球面上的所有点测量的(最大)声强是相等的。其数学方程式为

$$W_s = 4\pi r^2 I_s(r) \tag{1.5}$$

式中　$I_s(r)$——声源周围的虚球面半径 r 处的最大声强,W/m²;

W_s——声源传播的总声功率,W;

r——从声源的声中心到虚球面的距离,m。

对于线声源可以做出类似的陈述,即,在柱面声源周围的虚柱面上的所有点的最大声强 $I_c(r)$ 相等,表示为

$$W_c = 2\pi r l I_c(r) \tag{1.6}$$

式中　W_c——长度为 l 的柱面传播的总声功率,W;

r——从柱面声源的声中心线到声源周围虚柱面的距离,m。

1.1.9　二次方反比定律

球面声源传播的声波是球状的,并且在所有方向上传播的总功率为 W。声强 $I(r)$ 必须与声压的二次方成比例地随距离减小,即 $I(r) = W/4\pi r^2$[见式(1.5)]。由此得出二次方反比定

律。图 1.2 阐明了该定律，其中，在 1 m 距离处，显示的波阵面面积为 a，而在 2 m 处，该面积变为 $4a$。为了保存声能，相同量的功率会流过较大的区域；因此，图 1.2 以图解方式展示了声强按系数 4 减小，或者从 72 dB 至 66 dB 减小 6 dB。

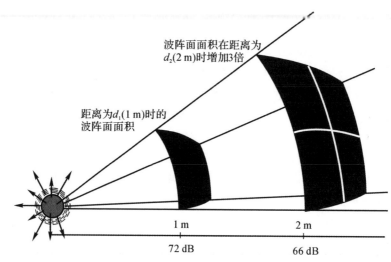

波阵面面积在距离为
$d_2(2\,\text{m})$时增加3倍

距离为$d_1(1\,\text{m})$时的
波阵面面积

1 m

72 dB

2 m

66 dB

图 1.2　一维球面波的产生

（球状表面围绕某一平衡位置均匀振动，并产生一个声波，以声速从球状表面呈放射状传播[8]）

1.1.10　质点速度

图 1.2 中球面声源的表面呈正弦形扩张和收缩。在正弦运动的前半部分，球面声源向外推动其表面附近的空气质点。由于空气具有弹性和压迫性，所以表面附近的压力将增加。该增加压力克服了短距离之外空气质点的惯性，并促使它们向外运动。这种向外运动导致压力在新的距离处累积，进而将更多已脱除的质点向外推动。这种扰动的向外运动是以声速进行的。

在正弦运动的后半部分，呈正弦振动的球面声源方向反转，在其表面附近产生一个压降，将附近的空气质点拉向它。这种反向干扰也随着声速向外传播。因此，在空间中的任何一点处，将存在质点的正弦往复运动，其运动速度称为质点速度。此外，在任何点处，还将存在声压的正弦上升和下降。

根据声音传播的基本方程式（见第 2 章），可得出如下结论：

（1）在自由空间（无反射面）传播的平面波（在离点源很远的距离处）中，声压和质点速度在相同时刻达到其最大值和最小值，并处于相同相位。

（2）在此类波中，质点沿着波行进的线来回移动。结合上文讨论的球状传播，表明质点速度总是垂直于空间中的虚球面（波阵面）。这种类型的波被称为纵波或压缩波。相比之下，横波可用水中的表面波来解释，其中质点速度垂直于水面，而波沿着平行于水面的方向传播。

1.1.11　声速

声波向外传播的速度取决于空气的弹性和密度。在数学上，空气中的声速计算公式为

$$c = \sqrt{\sqrt{\frac{1.4 P_s}{\rho}}} \tag{1.7}$$

式中　P_s—— 大气(环境)压力,Pa;

　　　ρ——空气密度,kg/m³。

实际上,声速只取决于空气的绝对温度。计算声速的方程式为

$$c = 20.05 \sqrt{T} \tag{1.8}$$

$$c = 49.03 \sqrt{R} \tag{1.9}$$

式中　T——以摄氏度表示的空气的绝对温度,单位为开尔文(K),数值等于 273.2 加上摄氏温度;

　　　R——以兰氏度表示的空气的绝对温度,数值等于 459.7 加上华氏温度。

当温度接近 20℃(68℉)时,声速为

$$c = (331.5 + 0.58 \times 20) \text{ m/s} = 343.1 \text{ m/s} \tag{1.10}$$

$$c = (1\,054 + 1.07 \times 60) \text{ ft/s} = 1\,126.76 \text{ ft/s} \tag{1.11}$$

1.1.12　波长

波长指声波在一个整周期内传播的距离。它由希腊字母 λ 表示,等于声速除以声波频率,即

$$\lambda = cT = \frac{c}{f} \tag{1.12}$$

1.1.13　声能密度

在驻波情形下,例如封闭的刚性壁管、包含少量吸声材料的空间或混响室中的声波,所需的量不是声强,而是声能密度,即由于驻波场的存在而存在于空间内少量空气中的能量(动能和势能)。空间平均声能密度与空间平均二次方声压之间的关系如下:

$$D = \frac{p_{av}^2}{\rho c^2} = \frac{p_{av}^2}{1.4 P_s} \tag{1.13}$$

式中　p_{av}^2——空间中的均方声压的空间平均值,根据沿着管道或围绕空间移动传声器而获得的数据或各个点的样本来确定,Pa²;

　　　P_s——大气压,Pa;在正常大气和海平面条件下,$P_s = 1.013 \times 10^5$ Pa。

1.2　声　　谱

在 1.1 节中,通过线状谱和连续谱介绍了声波。本节将讨论如何量化此类声谱。

1.2.1　连续谱

如前所述,连续谱可以由两个极限频率之间的大量纯音表示,无论这些极限频率是相隔 1 赫兹还是数千赫兹(见图 1.3)。由于听力系统可在较大频率范围内延伸,并且不是对所有频率都同样敏感,所以习惯上使用声谱分析器来测量一系列连续频带中的连续谱声音。

常见带宽是 1/3 倍频程和 1 倍频程(见表 1.1 和图 1.4)。这种滤波声压的均方根被称为

1/3 倍频带或倍频带声压。如果滤波器带宽为 1 Hz,则连续谱声音的滤波均方声压与频率的关系曲线被称为功率谱密度谱。窄带宽通常用于分析机器噪声和振动,但"谱密度"一词对于测量纯音没有任何意义。

可以确定每个连续频带的均方(或均方根)声压,并将结果绘制为频率的函数[见图 1.3(e)]。

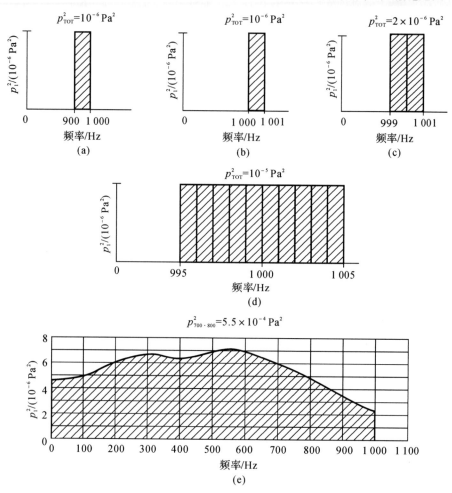

图 1.3 功率谱密度谱

(显示噪声带宽增加时总均方声压的线性增长)

注:在每种情况下,p_1 表示 1 Hz 宽频带中的均方声压。

表 1.1 覆盖音频范围的连续倍频和 1/3 倍频带标准组的中心和近似截止频率(Hz)[6]

频　带	倍频程			1/3 倍频程		
	频带下限	中心	频带上限	频带下限	中心	频带上限
12	11	16	22	14.1	16	17.8
13				17.8	20	22.4
14				22.4	25	28.2
15	22	31.5	44	28.2	31.5	35.5

续 表

频 带	倍频程			1/3 倍频程		
	频带下限	中心	频带上限	频带下限	中心	频带上限
16				35.5	40	44.7
17				44.7	50	56.2
18	44	63	88	56.2	63	70.8
19				70.8	80	89.1
20				89.1	100	112
21	88	125	177	112	125	141
22				141	160	178
23				178	200	224
24	177	250	355	224	250	282
25				282	315	355
26				355	400	447
27	355	500	710	447	500	562
28				562	630	708
29				708	800	891
30	710	1 000	1 420	891	1 000	1 122
31				1 122	1 250	1 413
32				1 413	1 600	1 778
33	1 420	2 000	2 840	1 778	2 000	2 239
34				2 239	2 500	2 818
35				2 818	3 150	3 548
36	2 840	4 000	5 680	3 548	4 000	4 467
37				4 467	5 000	5 623
38				5 623	6 300	7 079
39	5 680	8 000	11 360	7 079	8 000	8 913
40				8 913	10 000	11 220
41				11 220	12 500	14 130
42	11 360	16 000	22 720	14 130	16 000	17 780
43				17 780	20 000	22 390

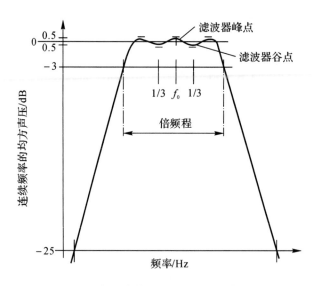

图 1.4　某厂家倍频带滤波器的频率响应
(显示了倍频带和 1/3 倍频带滤波器的 3 dB 下降点)

1.2.2　带宽转换

我们经常需要将用一组带宽测量的声音转换为不同的一组带宽,或者将这两组测量值归纳为第三组带宽。假设在某个空间位置处,有一台机器在 999~1 000 Hz 之间的 1 Hz 带宽内产生 $p_1^2 = 10^{-6}$ Pa^2 的均方声压[见图 1.3(a)]。然后假设有另一台距离相同的机器,它发射相同的功率,但带宽限制在 1 000~1 001 Hz 之间[见图 1.3(b)]。现在,总频谱变成如图 1.3(c)所示,且总均方压力是任一频带中总均方压力的两倍。同样,10 台机器将产生 10 倍于任何一台机器的均方声压[见图 1.3(d)]。

换言之,如果宽度为 Δf 的频带中的功率谱密度谱是平谱(该频带内的所有 1 Hz 宽频带中均方声压 p_1^2 相等),则该频带的总均方声压可由下式得出,即

$$p_{\text{tot}}^2 = p_1^2 \frac{\Delta f}{\Delta f_0} \tag{1.14}$$

式中,$\Delta f_0 = 1$ Hz。

假设我们希望将图 1.3(e)中的功率谱密度谱,即 1 Hz 频带中的均方声压 $p_1^2(f)$ 的曲线图,转换为针对 100 Hz 频带中的均方声压 p_{TOT}^2 与频率的关系所绘制的频谱,假设我们只考虑 700~800 Hz 的频带。由于 $p_1^2(f)$ 在该频带中不相等,所以我们可能要费尽心力地确定实际 p_1^2 并将其相加,或者与往常一样,简单地取该频带中 p_1^2 的平均值并与带宽相乘。因此,对于每个 100 Hz 频带,总均方声压可由方程式(1.14)得出,式中,p_1^2 为整个频带中 1 Hz 频带的平均均方声压。在 700~800 Hz 频带中,平均 p_1^2 为 5.5×10^{-6} Pa^2,总均方声压为 5.5×10^{-4} Pa^2。

如果已经在诸如 1/3 倍频带的特定带宽组中测量了均方声压级,则可以通过简单地将各组成频带的均方声压加在一起来精确地呈现诸如倍频带的高带宽组中的数据。显然,无法从高带宽频谱(如倍频带)精确地重构窄带宽频谱(如 1/3 倍频带)。但是,有时需要进行此类转

换以便比较不同的测量数据集。在此情况下,必须作出一种隐含假设,即在较大频带内窄带频谱是连续且单调的。在任一方向上,每个频带的转换系数为

$$p_B^2 = p_A^2 \frac{\Delta f_B}{\Delta f_A} \tag{1.15}$$

式中　p_A^2——在带宽 Δf_A 中测量的均方声压;

　　　p_B^2——在期望带宽 Δf_B 中的期望均方声压。

假设我们使用一个一倍频带滤波器组测量了一个具有连续谱的声音,并绘制了连续频带的强度与每个频带的中频之间的关系图(见图1.5上面的3个圆圈)。然后假设我们希望将此图转换为近似的1/3倍频带频谱,以便能够与其他数据作比较。在不了解均方声压如何在每个倍频带中变化的情况下,我们假设它是连续和单调的,并应用式(1.15)计算。在本例中,对于所有频带,可大致得出 $\Delta f_B = \frac{1}{3} \Delta f_A$(见表1.1),并且具有相同中频的每个1/3倍频带中的均方声压将为对应一倍频带中的均方声压的1/3。相应数据将根据每个1/3倍频带的中频来绘制(见表1.1和图1.5)。然后在假设实际的1/3倍频带频谱是单调的情况下添加直、斜线。

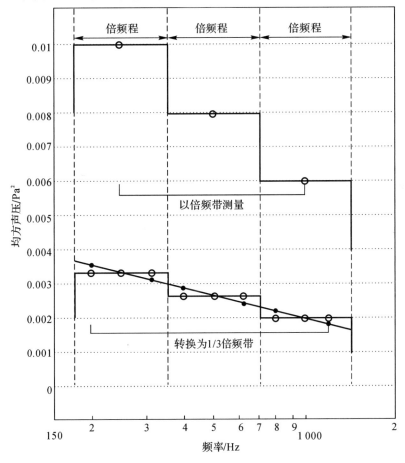

图1.5　倍频带均方声压转换为1/3倍频带均方声压

(该转换仅在1/3倍频带均方声压级随频带中频单调降低的假设条件下且确有必要时进行)

注:倾斜实曲线是假定正确的转换频谱。

1.2.3 复谱

由具有不同振幅 p_1、p_2、p_3 和不同频率 f_1、f_2、f_3 的两个或更多个纯音的组合产生的均方声压可由下式得出,则有

$$p_{rms}^2(总计) = p_1^2 + p_1^2 + p_3^2 + \cdots \tag{1.16}$$

频率相同但振幅和相位不同的两个纯音的均方声压可由下式得出,即

$$p_{rms}^2 = p_1^2 + p_2^2 + 2p_1 p_2 \cos(\theta_1 - \theta_2) \tag{1.17}$$

式中,θ_1 和 θ_2 表示声波的相位角。

对式(1.16)和式(1.17)的比较揭示了当组合频率相同的两个正弦波时相位的重要性。如果相位差 $\theta_1 - \theta_2$ 为零,则两个波同相,并且其组合处于最大值。如果 $\theta_1 - \theta_2 = 180°$,则第三项变为 $-2p_1 p_2$,总和为最小值。如果两个波的振幅相等,则最小值为零。

如果希望得出多个波的均方声压,且除了部分波(例如两个波)以外,所有其他波都具有不同的频率,则根据式(1.17)将这两个波相加在一起,得出其均方声压,然后根据式(1.16)将此均方声压与其余波的均方声压相加。

1.3　声　　级

由于人耳响应的声压范围较广(正常人为 10^5 Pa 或更大),在图表和表格中不便于使用声压。这同样适用于上文所述的其他声学量。在电话的早期发展历史中,就已决定采用对数标度来表示声学量和在相关电气设备中遇到的电压。

受该决定影响,电声换能器的声功率、声强、声压、声速、声能密度和电压通常均根据测量量与相关基准量之比的对数来表示。由于频率为 1 000 Hz 时在听阈下的声压约为 20 μPa,所以选择该声压作为基本基准量,并根据该基本基准量选择了其他声学基准量。

以该对数形式表示某个声学量的幅值时,即可定义为高于或低于零基准声级的声级,单位为分贝(dB),零基准声级根据基准量确定。对数的自变量始终为比率,因此是无量纲的。对于较大比率,例如由非常强的声源产生的功率,可以用等于 10 dB 的单位贝尔(bel)来表示。

1.3.1 声功率级

声功率级 L_W 可表示为

$$L_W = 10\lg \frac{W}{W_0} \tag{1.18}$$

反之

$$W = W_0 \lg \frac{L_W}{10} = W_0 \times 10^{L_W/10} \tag{1.19}$$

式中　L_W——声功率级,dB;

　　W——声功率,W;

　　W_0——基准声功率,基准值为 10^{-12} W。

功率 W 中的比率 10 对应于 10 dB 的声级差,而与基准功率 W_0 无关。同样,比率 100 对应于 20 dB 的声级差。允许使用小于 1 的功率比,它们只会导致声级为负值。例如,比率 0.1

对应于－10 dB 的声级差(见表 1.2)。

表 1.2 第 4 列给出了相对于标准基准功率级 $W_0 = 10^{-12}$ W 的声功率级。

部分声功率比和相应的声功率级差见表 1.3。从表中最后一行可知,两个比率的乘积对应的声功率级等于两个比率对应的声功率级之和。例如,确定 2×4 量对应的 L_W。由表 1.3 可知,$L_W = 3.0$ dB＋6.0 dB＝9.0 dB,即比率 8 对应的声功率级。同样,比率 8 000 对应的 L_W 等于对于比率 8 和 1 000 对应的声功率级之和,即,$L_W = 9 + 30 = 39$ dB。

表 1.2　声功率和声功率级

传播声功率/W		声功率级 L_W/dB	
常用表示法	等效指数表示法	相对于 1 W	相对于 10^{-12} W(标准)
100 000	10^5	50	170
10 000	10^4	40	160
1 000	10^3	30	150
100	10^2	20	140
10	10^1	10	130
1	1	0	120
0.1	10^{-1}	－10	110
0.01	10^{-2}	－20	100
0.001	10^{-3}	－30	90
0.000 1	10^{-4}	－40	80
0.000 01	10^{-5}	－50	70
0.000 001	10^{-6}	－60	60
0.000 000 1	10^{-7}	－70	50
0.000 000 01	10^{-8}	－80	40
0.000 000 001	10^{-9}	－90	30

表 1.3　选定的声功率比和相应的声功率级差

声功率比 W/W_0	声功率级差/dB
1 000	30
100	20
10	10
9	9.5
8	9.0
7	8.5
6	7.8

续表

声功率比 W/W_0	声功率级差/dB
5	7.0
4	6.0
3	4.8
2	3.0
1	0.0
0.9	−0.5
0.8	−1.0
0.7	−1.5
0.6	−2.2
0.5	−3.0
0.4	−4.0
0.3	−5.2
0.2	−7.0
0.1	−10
0.01	−20
0.001	−30
$R_1 \times R_2$	$L_{W_1} + L_{W_2}$

注：四舍五入至 0.1 dB。

1.3.2　声强级

声强级(L_I)单位为分贝(dB)，其表示公式为

$$L_I = 10\lg \frac{I}{I_{\text{ref}}}　\text{(1.20)}$$

式中　I——指定级别的声强，W/m^2；

I_{ref}——基准声强，基准值为 10^{-12} W/m^2。

不能将声功率级与声强级(或下文将要讨论的声压级)混淆。声功率是由声源传播的总声功率的量度，单位为瓦特(W)。声强和声压决定了从远离声源的某点处产生的声"干扰"。例如，声强和声压的级别取决于距声源的距离、介入空气路径中的损耗以及空间效应(如果在室内)。举例来说，假设声功率级与熔炉的总产热速率相关，而其他两个声级中的任一个类似于在住宅中的指定位置处产生的温度。

1.3.3　声压级

目前使用的几乎所有传声器都会对声压做出响应，在公众心目中，分贝一词通常与声压级或 A 计权声压级相关联(见表1.4)。严格地说，声压级(L_p)类似于声强级，因为在计算它时，

首先求取声压的二次方值,从而使它与声强(每单位面积的声功率)成正比,则有

$$L_p = 10 \lg \left[\frac{p(t)}{p_{\text{ref}}} \right]^2 = 20 \lg \frac{p(t)}{p_{\text{ref}}} \tag{1.21}$$

式中　p_{ref}——基准声压。对于在空气中传播的声音,其基准值为 2×10^{-5} N/m²(20 μPa);对于其他介质,基准值可为 0.1 N/m² 或 1 μN/m²(1 μPa);

　　$p(t)$——瞬时声压,Pa。

注意,以 20 μPa 为基准值的 L_p 大于以 1 Pa 为基准的 L_p。

正如我们稍后将要讨论的,如果取其均方值,则 $p(t)^2$ 仅与声强成比例。因此,在式(1.21)中,$p(t)$ 将由 p_{rms} 取代。

以米-千克-秒(mks)、厘米-克-秒(cgs)和英制单位表示的声压的声压级(以 20 μPa 为基准值)之间的关系如图 1.6 所示。

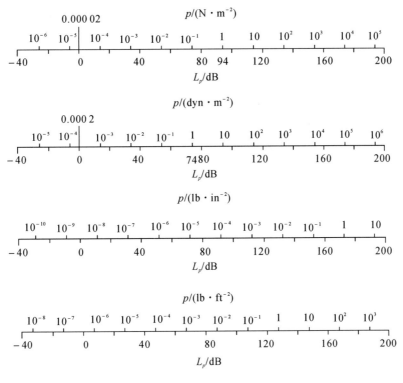

图 1.6　L_p(以 20 μPa 为基准值)与 p 的关系图
注:1 lb=0.453 592 37 kg;n=25.4 mm;1 dyn=10^{-5} N。

1.4　声学中其他常用声级和量的定义

与式(1.21)中给出的声压级类似,A 计权声压级 L_A 可由下式得到:

$$L_A = 10 \lg \left[\frac{p_A(t)}{p_{\text{ref}}} \right]^2 \tag{1.22}$$

式中　$p_A(t)$——使用 A 计权标准频率测量的瞬时声压(见表 1.4)。

表 1.4　声级计 A,C 计权电气网络

频率/Hz	A 计权相对响应/dB	C 计权相对响应/dB
10	−70.4	−14.3
12.5	−63.4	−11.2
16	−56.7	−8.5
20	−50.5	−6.2
25	−44.7	−4.4
31.5	−39.4	−3.0
40	−34.6	−2.0
50	−30.2	−1.3
63	−26.2	−0.8
80	−22.5	−0.5
100	−19.1	−0.3
125	−16.1	−0.2
160	−13.4	−0.1
200	−10.9	0
250	−8.6	0
315	−6.6	0
400	−4.8	0
500	−3.2	0
630	−1.9	0
800	−0.8	0
1 000	0	0
1 250	+0.6	0
1 600	+1.0	−0.1
2 000	+1.2	−0.2
2 500	+1.3	−0.3
3 150	+1.2	−0.5
4 000	+1.0	−0.8
5 000	+0.5	−1.3
6 300	−0.1	−2.0
8 000	−1.1	−3.0
10 000	−2.5	−4.4

续表

频率/Hz	A 计权相对响应/dB	C 计权相对响应/dB
12 500	−4.3	−6.2
16 000	−6.6	−8.5
20 000	−9.3	−11.2

注:这些数值假定声级计和传声器具有平坦的扩散声场(无规入射)响应。

平均声级 $L_{av,T}$(单位:dB)可由下式得出,即

$$L_{av,T} = 10\lg \frac{(1/T)\int_0^T p^2(t)\mathrm{d}t}{p_{ref}^2} \tag{1.23}$$

式中　T—— 求平均值的时间。

平均 A 计权声级 $L_{A,T}$(也称为 L_{eq},等效连续 A 计权噪声级)可由下式得出,即

$$L_{A,T} = L_{eq} = 10\lg \frac{(1/T)\int_0^T p_A^2(t)\mathrm{d}t}{p_{ref}^2} \tag{1.24}$$

必须指定时间 T。噪声评价时长通常为 1 h 至数小时,或 8 h(工作日),或 24 h(全天)。

昼夜声(噪声)级 L_{dn}(单位:dB)可由下式得出,即

$$L_{dn} = 10\lg \frac{1}{24}\left[\frac{\int_{07:00}^{22:00} p_A^2(t)\mathrm{d}t}{p_{ref}^2} + \frac{\int_{22:00}^{07:00} 10p_A^2(t)\mathrm{d}t}{p_{ref}^2}\right] \tag{1.25}$$

式中,第一项为 07:00—22:00 的"日间"时间,第二项为 22:00—07:00 的"夜间"时间。在该方程式中,认为夜间噪声级比实际测量的噪声级高出 10 dB。在测量期间,多次对 A 计权声压进行 p_A 采样。

A 计权声暴露 $E_{A,T}$(单位 $Pa^2 \cdot s$)可由下式得出,即

$$E_{A,T} = \int_{t_1}^{t_2} p_A^2(t)\mathrm{d}t \tag{1.26}$$

该方程式不是表示声级。$E_{A,T}$ 与时段 T 内声波中的能量流(强度乘以时间)成比例,时段 T 从 t_1 开始,到 t_2 结束。

A 计权噪声暴露级 $L_{EA,T}$(单位:dB)可由下式得出,即

$$L_{EA,T} = 10\lg \left(\frac{E_{A,T}}{E_0}\right) \tag{1.27}$$

式中,E_0 为基准量,基准值为 $(20\ \mu Pa)^2 \cdot s = 4 \times 10^{-10}\ Pa^2 \cdot s$。然而,在国际标准化组织关于职业噪声级的标准 ISO 1999:1990 - 01 - 5 中,采用 $E_0 = (1.15 \times 10^{-5}\ Pa)^2 \cdot s$,因为在 8 h 日间时段内,使用该基准值得出的 $L_{EA,T}$ 等于平均 A 计权声压级 $L_{A,T}$。两个基准量产生的声级相差 44.6 dB。对于单个脉冲,如果时段 T 长于脉冲长度并且背景噪声低,则 T 无关紧要。

在纯音听力计中,用于在各频率下置"零"的听阈为无听觉障碍的年轻群体的标准化平均纯音听阈。在 250 Hz、500 Hz、1 000 Hz、2 000 Hz、3 000 Hz、4 000 Hz、6 000 Hz 和 8 000 Hz 频率下,在听筒中测量的标准化声压级阈值分别为 24.5 dB、11.0 dB、6.5 dB、8.5 dB、7.5 dB、9.0 dB、8.0 dB 和 9.5 dB。听力计用于确定某个人的听阈(即该人可以感知到的纯音的最低

声压级）与标准化听阈之间在这些频率下的差异。有时也采用 125 Hz 和 1 500 Hz 进行测量[7]。

听力损伤（听力损失）是指个体在每个测量频率下的永久性听阈超出听力计上置零点的分贝数。换言之，与年轻人的正常听阈相比，该个体的听阈向较差状况变化。

与年龄相关的听阈级指与年龄相关的标准化纯音听阈。该阈值是通过对一个群体中的某个年龄组人群进行听力测试来确定的，该测试群体需在其一生中未发生听觉障碍，也未曾遭受明显的噪声暴露。

与年龄和噪声相关的听阈级指通过对曾遭受高于正常水平的噪声暴露的个体进行听力测试来确定的标准化纯音阈值。通过询问和测量暴露声级来确定平均噪声级和暴露时长。

噪声引发的永久性阈移指仅由噪声暴露引起的听阈级变化。

1.5 噪声和振动分析中使用的基准量

1.5.1 美国国家标准

美国国家标准学会曾发布关于"声级基准量"的标准（ANSI S1.8—1989，2001 年重申）。该标准是 ANSI S1.8—1969 的修订版。该标准的作者曾接受关于其对首选基准量的看法这一方面的调查。表 1.5 综合了作者首选的标准基准值和基准值。这两类基准值之间区别明显。所有量均以国际单位（SI）和英制单位表示。

1.5.2 声功率级、声强级和声压级之间的关系

实际上，我们已经选择了（空气中）声功率、声强和声压的基准量，以便其相应级别在某些情况下能够方便地相互关联。

数年前，我们在实验室条件下对一名听觉敏锐的年轻人进行了听力测试，得出在 1 000 Hz 频率下其听阈为 2×10^{-5} Pa 声压，然后选择该值作为声压级的基准值。

一点处的声强通过式（1.14）与自由场中该点处的声压相关联。结合式（1.4）、式（1.20）和式（1.21），可得出声强级，即

$$L_I = 10\lg \frac{I}{I_{\text{ref}}} = 10\lg \frac{p^2}{\rho c I_{\text{ref}}} = 10\lg \frac{p^2}{p_{\text{ref}}^2} + 10\lg \frac{p_{\text{ref}}^2}{\rho c I_{\text{ref}}}$$

$$L_I = L_p - 10\lg K \quad (\text{以 } 10^{-12} \text{ W/m}^2 \text{ 为基准}) \tag{1.28}$$

式中，$K = I_{\text{ref}} \rho c / p_{\text{ref}}^2$，其取决于环境压力和温度。从图 1.7 中可找到量 $10\lg K$ 或 $K = \rho c / 400$。

在满足下列条件的情况下，量 $10\lg K$ 将等于零，即 $K = 1$，此时有

$$\rho c = \frac{p_{\text{ref}}^2}{I_{\text{ref}}} = \frac{4 \times 10^{-10}}{10^{-12}} = 400 \ (\text{N} \cdot \text{s/m}^3) \tag{1.29}$$

我们还可以重新排列式（1.28）来得出声压级：

$$L_p = L_I + 10\lg K \quad (\text{以 } 2 \times 10^{-5} \text{ Pa 为基准值}) \tag{1.30}$$

表 1.6 列出了 $\rho c = 400$ mks rayls（N · s/m³）所需的值。

表 1.5　美国国家标准 ANSI S1.8—1989(2001 年重申)提供的和作者首选的声学基准量

名称	定义	首选基准量	
		国际单位	英制单位
声压级(气体)	$L_p = 20 \log_{10}(p/p_0)$ dB	$p_0 = 20\ \mu\text{Pa} = 2 \times 10^{-5}\ \text{N/m}^2$	2.90×10^{-9} lb/in^2
声压级(非气体)	$L_p = 20 \log_{10}(p/p_0)$ dB	$p_0 = 1\ \mu\text{Pa} = 10^{-6}\ \text{N/m}^2$	1.45×10^{-10} lb/in^2
声功率级	$L_w = 10 \log_{10}(W/W_0)$ dB	$W_0 = 1\ \text{pW} = 10^{-12}\ \text{N} \cdot \text{m/s}$	8.85×10^{-12} in $\cdot$ lb/s
	$L_w = \log_{10}(W/W_0)$ bel	$W_0 = 1\ \text{pW} = 10^{-12}\ \text{N} \cdot \text{m/s}$	8.85×10^{-12} in $\cdot$ lb/s
声强级	$L_I = 10 \log_{10}(I/I_0)$ dB	$I_0 = 1\ \text{pW/m}^2 = 10^{-12}\ \text{N/(m} \cdot \text{s)}$	5.71×10^{-15} lb/in $\cdot$ s
振动力级	$L_{F_0} = 20 \log_{10}(F/F_0)$ dB	$F_0 = 1\ \mu\text{N} = 10^{-6}\ \text{N}$	2.25×10^{-7} lb
频率级	$N = \log_{10}(f/f_0)$ dB	$f_0 = 1$ Hz	1.00 Hz
声暴露级	$L_E = 10 \log_{10}(E/E_0)$ dB	$E_0 = (20\ \mu\text{Pa})^2 \cdot \text{s} = (2 \times 10^{-5}\ \text{Pa})^2 \cdot \text{s}$	8.41×10^{-18} lb^2/in^4

下列量值不是 ANSI S1.8 的正式发布内容。将其列于此表旨在提供参考,或是出于作者的选择

ISO 1683:1983 中给出的声能级	$L_e = 10 \log_{10}(e/e_0)$ dB	$e_0 = 1\ \text{pJ} = 10^{-12}\ \text{N} \cdot \text{m}$	8.85×10^{-12} lb in
ISO 1683:1983 中给出的声能密度级	$L_D = 10 \log_{10}(D/D_0)$ dB	$D_0 = 1\ \text{pJ/m}^3 = 10^{-12}\ \text{N/m}^2$	$1.45 \times l0^{-16}$ lb/in^2
振动加速度级	$L_a = 20 \log_{10}(a/a_0)$ dB	$a_0 = 10\ \mu\text{m/s}^2 = 10^{-5}\ \text{m/s}^2$	3.94×10^{-4} in/s^2
ISO 1683:1983 中给出的振动加速度级	$L_a = 20 \log_{10}(a/a_0)$ dB	$a_0 = 1\ \mu\text{m/s}^2 = 10^{-6}\ \text{m/s}^2$	3.94×10^{-5} in/s^2
振动速度级	$L_v = 20 \log_{10}(v/v_0)$ dB	$v_0 = 10\ \text{nm/s} = 10^{-8}\ \text{m/s}$	3.94×10^{-7} in/s
ISO 1683:1983 中给出的振动速度级	$L_v = 20 \log_{10}(v/v_0)$ dB	$v_0 = 1\ \text{nm/s} = 10^{-9}\ \text{m/s}$	3.94×10^{-8} in/s
振动位移级	$L_d = 20 \log_{10}(d/d_0)$ dB	$d_0 = 10\ \text{pm} = 10^{-11}\ \text{m}$	3.94×10^{-10} in

注:(1)国际单位制十进倍数和约数的格式如下:10^{-1}=deci(d),10^{-2}=centi(c),10^{-3}=milli(m),10^{-6}=micro(μ),10^{-9}=nano(n)及 10^{-12}=pico(p)。另外,J=焦耳=W $\cdot$ s(N $\cdot$ m),N=牛顿及 Pa=帕斯卡=1 N/m^2。注意,1 lb=4.448 N。

(2)尽管一些国际标准不同,在本书中,为了避免声功率和声压混淆,我们选择使用 W 而不是 P 表示声功率;为了避免将声能密度与电压混淆,我们选择 D 而不是 E 表示声能密度。符号 lb 表示磅力。在最新的国际标准中,$\log_{10}$ 被写成 lg,而 $20 \log_{10}(a/b) = 10 \lg(a^2/b^2)$。

表 1.6　空气 $\rho c = 400$ mks rayls 所需的环境压力和温度

环境压力			环境温度 T	
P_s/Pa	Hg 柱(℃)/m	Hg 柱(0℃)/m	摄氏温度/℃	华氏温度/℉
0.7×10^5	0.525	20.68	-124.3	-192
0.8×10^5	0.600	23.63	-78.7	-110
0.9×10^5	0.675	26.58	-27.0	-17
1.0×10^5	0.750	29.54	$+30.7$	$+87$
1.013×10^5	0.760	29.9	38.9	102
1.1×10^5	0.825	32.5	94.5	202

续表

环境压力			环境温度 T	
P_s/Pa	Hg 柱(℃)/m	Hg 柱(0℃)/m	摄氏温度/℃	华氏温度/℉
1.2×10^5	0.900	35.4	164.4	328
1.3×10^5	0.975	38.4	240.4	465
1.4×10^5	1.050	41.3	322.4	613

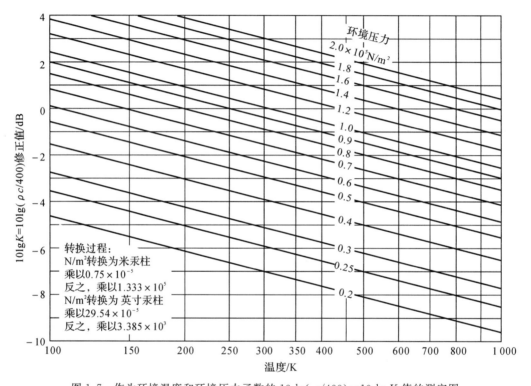

图 1.7　作为环境温度和环境压力函数的 $10\lg(\rho c/400)=10\lg K$ 值的测定图

表 1.6 列出了 $\rho c=400$ mks rayls 所需的环境压力和温度范围。从表中可知,在平均大气压(1.013×10^5 Pa)下,如果要让 $\rho c=400$ mks rayls,则温度必须等于 38.9℃(102℉)。但是,如果 $T=22℃$,$p_s=1.013 \times 10^5$ Pa²,则 $\rho c \approx 412$。据此得出 $10\lg(\rho c/400)=10\lg 1.03 = 0.13$ dB,该值在声学中通常并不重要。

因此,对于大多数噪声测量,我们会忽略 $10\lg K$,并对自由行进波做如下假设:

$$L_p \approx L_I \tag{1.31}$$

否则,根据图 1.7 确定 $10\lg K$ 的值,并在式(1.28)或式(1.30)中使用。

在区域 S 中声强均匀的条件下,声功率和声强通过 $W=IS$ 相关联。因此,声功率级与声强级的关系为

$$10\lg \frac{W}{10^{-12}} = 10\lg \frac{I}{10^{-12}} + 10\lg \frac{S}{S_0}$$

$$L_w = L_1 + 10\lg S \quad (以\ 10^{-12}\,\text{W}\ 为基准值) \tag{1.32}$$

式中,S 为表面积(m^2),$S_0 = 1\ \text{m}^2$。

显然,只有当面积 $S = 1.0\ \text{m}^2$ 时,$L_w = L_I$。此外,还可以发现式(1.32)的关系不受温度或压力影响。

1.6　根据频带声压级确定总声压级

经常需要将在一系列连续频带中测量的声压级转换为一个包含相同频率范围的单频带声压级。全容性频带中的声压级被称为总声压级 $L_p(\text{OA})$,由下式得出,即

$$L_p(\text{OA}) = 20\lg \sum_{i=1}^{n} 10^{L_{pi}/20} \tag{1.33}$$

$$L_p(\text{OA}) = 10\lg \sum_{i=1}^{n} 10^{L_u/10} \tag{1.34}$$

该转换也可借助图 1.8 来完成。假设相邻频带声压级为图 1.9 顶部的 8 个数值(图中 dB re 20 μPa 表示单位为 dB,且以 20 μPa 为基准值,后文图表中类似的表示方法意义同此规则)。频带的频率极限对于计算方法并不重要,只要频带是连续的并覆盖整个频带的频率范围即可。要将这 8 个频带声压级组合成一个总声压级,可从任意两个频带声压级开始,比如第七和第八频带。从图 1.8 中可以发现,每当两个频带声压级 L_1 和 L_2 之间的差值为零时,组合频带声压级就会高出 3 dB。如果差值为 2 dB(第六频带声压级减去 73 dB 的新声压级),则总和比较大值$(75+2.1)$ dB 还要高 2.1 dB。重复该过程,直到获得总频带声压级,此处为 102.1 dB。声级可为声功率级/声压级或声强级。例如:$L_1 = 88$ dB,$L_2 = 85$ dB,$L_1 - L_2 = 3$ dB。求解组合频带声压级:$L_{\text{comb}} = (88+1.8)$ dB $= 89.8$ dB。

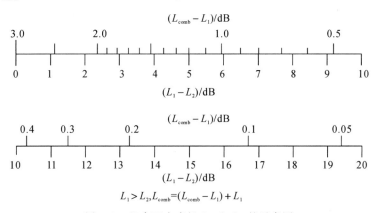

图 1.8　组合两个声级 L_1 和 L_2 的示意图

假设 $L_{\text{comb}} - L_1 = A$,那么 A 即为要加到 L_1(较大值)中的数,从而得出 L_{comb}。

以不同的方式组合频带是可取的,如图 1.10 所示。首先组合前四个频带,然后组合后四个频带。接着将两个更宽频带的声压级分别组合在一起。可以看出,总声压级可仅由前四个频带确定。通过此例可得出一个事实,即使用噪声的总声级来表征噪声完全不足以满足某些噪声控制目的,因为它可能会忽略频谱的很大一部分。如果图 1.10 中的数据代表真正的噪声控制情况,那么总声压级 102.1 dB 对于一些应用场合可能是毫无意义的。例如,如第 19 章中

所讨论的,四个最高频带中的声压级可能是烦扰或干扰语言通信的原因。

最后应注意,在几乎所有的噪声控制问题中,处理小部分分贝数是没有意义的。在测量中很少需要 0.2 dB 的精度,通常将声级四舍五入到最接近的分贝数便已足够。

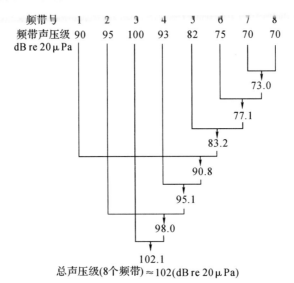

图 1.9　根据频带声压级确定总声压级

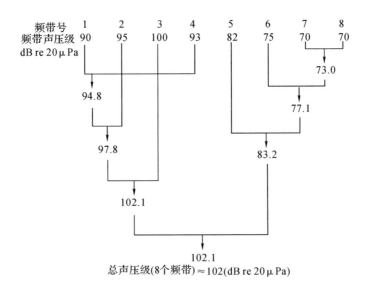

图 1.10　根据频带声压级确定总声压级的替代方法

参 考 文 献

[1]　L. L. Beranek, *Acoustics*, Acoustical Society of America, Melville, NY, 1986.

[2]　M. Moeser, *Engineering Acoustics*, Springer, New York, 2004.

[3]　D. A. Bies and C. H. Hansen, *Engineering Noise Control*, 2nd ed., E&FN Spon,

New York，2002.

[4]　P. M. Morse and K. U. Ingard，*Theoretical Acoustics*，Princeton University Press，Princeton，NJ，1987.

[5]　L. E. Kinsler，A. R. Frey，A. B. Coppens，J. B. Sanders，and L. Kinsler，*Fundamentals of Acoustics*，4th ed.，Wiley，New York，1999.

[6]　L. L. Beranek，Noise and Vibration Control，rev. ed.，Institute of Noise Control Engineering，Poughkeepsie，NY，1988.

[7]　L. L. Beranek，*Acoustical Measurements*，rev. ed.，Acoustical Society of America，Melville，NY，1988.

[8]　Charles M. Salter Associates，*Acoustics*，William Stout，San Francisco，1998.

第2章　声波和阻抗

2.1　波　动　方　程[1]

声波必须遵循物理定律。对于气体,这些定律包括牛顿第二运动定律、气体定律和质量守恒定律。这些方程结合后形成波动方程,该波动方程控制着声波的特性,而与声波发生的环境无关。

2.1.1　运动方程

运动方程(也称为力方程)是通过将牛顿第二定律应用于均匀介质中的少量气体而获得的。假设该少量气体被包裹在一个具有无重量软质侧面的袋中,并且气袋内外的质点之间存在可忽略不计的阻力(摩擦)。同时假设在存在该少量气体的一部分介质中声压 p[实际上为 $p(t)$]以如下空间速度增加,即

$$\mathbf{grad}\ p = \mathbf{i}\frac{\partial p}{\partial x} + \mathbf{j}\frac{\partial p}{\partial y} + \mathbf{k}\frac{\partial p}{\partial z} \tag{2.1}$$

式中,$\mathbf{i}$、$\mathbf{j}$ 和 $\mathbf{k}$ 分别是 x、y 和 z 方向上的单位向量。显然,$\mathbf{grad}\ p$ 是一个向量。

作用在气袋侧面的力之间的差为力 $\mathbf{f}$,其等于力随距离变化的速率乘以气袋的增量尺寸:

$$\mathbf{f} = -\left[\mathbf{i}\left(\frac{\partial p}{\partial x}\Delta x\right)\Delta y\Delta z + \mathbf{j}\left(\frac{\partial p}{\partial y}\Delta y\right)\Delta x\Delta z + \mathbf{k}\left(\frac{\partial p}{\partial z}\Delta z\right)\Delta x\Delta y\right] \tag{2.2}$$

注意,正梯度导致气袋在反方向加速。

用方程的两边除以 $\Delta x\ \Delta y\ \Delta z = V$,得到令气袋加速的每单位体积的力。

$$\frac{\mathbf{f}}{V} = -\mathbf{grad}\ p \tag{2.3}$$

根据牛顿定律,式(2.3)中每单位体积的力等于气袋中每单位体积动量的时间导数。由于气袋可变形,所以内部质量是恒定的。则有

$$\frac{\mathbf{f}}{V} = -\mathbf{grad}\ p = \frac{M}{V}\frac{D\mathbf{q}}{Dt} = \rho'\frac{D\mathbf{q}}{Dt} \tag{2.4}$$

式中　　$\mathbf{q}$——气袋中气体的平均向量速度;

　　　　ρ'——气袋中气体的平均密度;

　　$M = \rho'V$——气袋中气体的总质量。

偏导数 D/Dt 不是一个简单导数,而是表示气袋中特定部分气体的速度变化的总速率,而与气体的位置无关,因为当声波撞击气体时它的位置会改变,即

$$\frac{D\mathbf{q}}{Dt} = \frac{\partial \mathbf{q}}{\partial t} + q_x\frac{\partial \mathbf{q}}{\partial x} + q_y\frac{\partial \mathbf{q}}{\partial y} + q_z\frac{\partial \mathbf{q}}{\partial x} \tag{2.5}$$

式中,q_x、q_y 和 q_z 是向量质点速度 $\mathbf{q}$ 的分量。

如果 q 足够小，则气袋中质点的动量变化率可由固定点处的动量变化率 $Dq/Dt = \partial q/\partial t$ 来取得近似值，瞬时密度 ρ' 可由平均密度 ρ' 来取得近似值。可得

$$-\mathbf{grad}\ p = \rho \frac{\partial \boldsymbol{q}}{\partial t} \tag{2.6}$$

2.1.2　气体定律

在可听频率下，声波的波长与空气分子之间的间隔相比较长，导致介质的两个不同部分中的膨胀和收缩速度很快，以至于没有时间在不同瞬时压力点之间进行热交换。因此，压缩和膨胀是绝热的。根据基础热力学理论，可得

$$PV^{\gamma} = \text{const} \tag{2.7}$$

式中，空气、氢、氧和氮的 γ 值等于 1.4。如果我们假设 $P = P_s + p$ 和 $V = V_s + \tau$，其中 P_s 和 V_s 是气袋的无扰动压力和体积，那么对于增量压力 p 和增量体积 τ 的小值，可得

$$\frac{p}{P_s} = \frac{\gamma \tau}{V_s} \tag{2.8}$$

由式 (2.8) 的时间导数可得出

$$\frac{1}{P_s} \frac{\partial p}{\partial t} = -\frac{\gamma}{V_s} \frac{\partial \tau}{\partial t} \tag{2.9}$$

2.1.3　连续性方程

连续性方程表明可变形气袋中的气体质量是恒定的。因此，增量体积 τ 的变化仅取决于向量位移 $\boldsymbol{\xi}$ 的散度：

$$\tau = V_s\ \text{div}\ \boldsymbol{\xi} \tag{2.10}$$

或

$$\frac{\partial \tau}{\partial t} = V_s\ \text{div}\, \boldsymbol{q} \tag{2.11}$$

式中　q——瞬时（向量）质点速度。

2.1.4　直角坐标中的波动方程

结合式 (2.6)、式 (2.9) 和式 (2.11) 以及如下方程设置，可得出三维波动方程为

$$c^2 = \frac{\gamma P_s}{\rho} \tag{2.12}$$

进而可得

$$\nabla^2 p = \frac{1}{c^2} \frac{\partial^2 p}{\partial t^2} \tag{2.13}$$

式中

$$\nabla^2 p = \frac{\partial^2 p}{\partial x^2} + \frac{\partial^2 p}{\partial y^2} + \frac{\partial^2 p}{\partial z^2} \tag{2.14}$$

一维波动方程仅为

$$\frac{\partial^2 p}{\partial x^2} = \frac{1}{c^2} \frac{\partial^2 p}{\partial t^2} \tag{2.15}$$

我们还可以在三个方程的组合中删除 p 并保留 q，在此情况下，可得

$$\nabla^2 \boldsymbol{q} = \frac{1}{c^2}\frac{\partial^2 \boldsymbol{q}}{\partial t^2} \tag{2.16}$$

2.2 一维波动方程求解

2.2.1 通解

式(2.15)的通解是两项之和,即

$$p(x,t) = f_1\left(t - \frac{x}{c}\right) + f_2\left(t + \frac{x}{c}\right) \tag{2.17}$$

式中,f_1 和 f_2 为任意函数。方程右边第一项表示出射波,第二项表示反行波。函数 f_1 和 f_2 表示所传播的两个声波的形状。图 2.1 所示为 $p(t)$ 在固定位置的典型时间历程和频谱。我们还可将 c 当作空气中的声速。

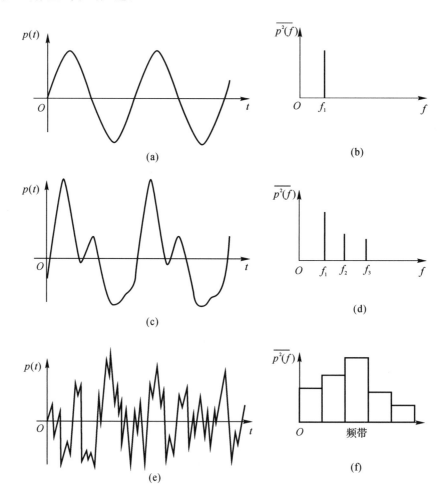

图 2.1　方程式(2.17)的时间函数 f_1 或 f_2 的形式[(a)(c)(e)]和对应的频谱
　　　　[(b)(d)(f)](每个频带存在大量声音)

2.2.2　外行平面波

图 2.2 展示了用于产生外行平面波的装置。左侧活塞呈正弦运动,产生一个声波沿着正 x 方向向外传播并在消声端被吸收,因此不存在反射波。式(2.17)变为

$$p(x,t)=f_1\left(t-\frac{x}{c}\right)=P_R\cos k(x-ct) \tag{2.18}$$

式中　P_R——声压的峰值振幅。

选择空间和时间原点,如图 2.2 中的正弦波所示,使 P_R 在 $x=0$ 和 $t=0$ 时达到其最大值。在经过时间 t_1 之后,声波的传播距离将达到 $x_1=ct_1$。当 $x_2=2x_1=2ct_1$ 时,也可得出相似结果。由左侧活塞产生的平面波向右传播并被无回声传播终端吸收。顶部的三个波显示了在所示的三个点 $x=0$、$x=x_1$ 和 $x=x_2=2x_1$ 处声压随时间的变化。

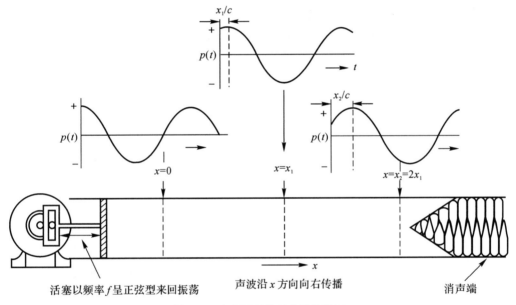

图 2.2　产生平面前行声波的装置

图 2.3 显示了一组在 $t=0$、$\frac{1}{4}T$、$\frac{1}{2}T$、$\frac{3}{4}T$ 时的四个空间定时截图,其中 T 为活塞机的时间周期。每幅图显示了在一个波长的空间幅度内的声压,$\lambda=c/f=cT$。沿着每个截图分布的 20 条垂直线有助于观察到声压在四个不同时刻在给定点处的空间变化。

图 2.3(a)显示了时间 $t=0$、T、$2T$、$3T\cdots nT$ 时的压力-距离关系。当 $x=0$ 时,出现最大值 $+P_R$。因为声波在空间中具有周期性,所以当 $x=\lambda$、2λ、$3\lambda\cdots$ 时也必须出现最大值。

图 2.3(b)显示了 1/4 周期后的声压,即,图 2.3(a)中的声波向右移动了相当于 λ 的距离,变成图 2.3(b)中的声波。图 2.3(c)(d)也是如此。为了确认声波是在向右传播,可让你的目光连续地从图 2.3(a)跳到图 2.3(b)(c)(d),并注意峰值 $+P_R$ 在连续地向右移动。

自变量每增加 2π 弧度(360°)时,方程式(2.18)的余弦函数值会重复出现。根据波长的定义 $\lambda=c/f=cT$,我们可以将这种周期性条件写成

$$\cos[k\ (x+\lambda-ct)]=\cos[k\ (x-ct)+2\pi] \tag{2.19}$$

这样，每米波长的 $k\lambda = 2\pi$，则 $k = 2\pi/\lambda$（弧度）。可以发现，被称为波数的参数 k 指的是一种"空间频率"。声波由左侧的声源产生，并以速度 c 向右传播。声波传播距离等于波长所需的时长被称为周期 T。前行波：$p(x, t) = P_R \cos k(x - ct)$；$k = 2\pi/\lambda = 2\pi/(cT) = 2\pi f/c = \omega/c$。

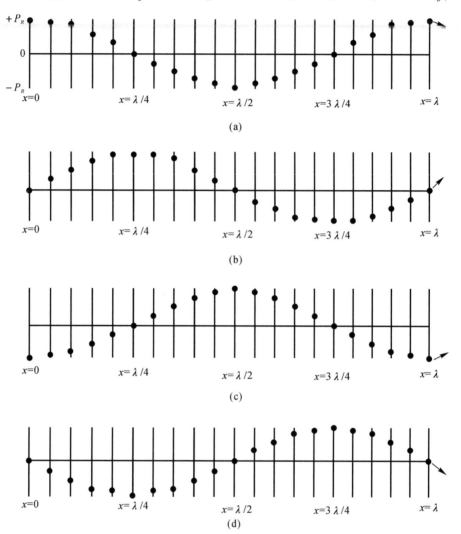

图 2.3 在 20 个等间距轴向位置从左向右传播的平面自由行波中的声压

式(2.18)中余弦的自变量可以下列任何一种方式，即

$$k(x - ct) = \frac{2\pi}{\lambda}(x - ct) = 2\pi f\left(\frac{x}{c} - t\right) = 2\pi\left(\frac{x}{\lambda} - \frac{t}{T}\right) = \frac{2\pi x}{\lambda} - 2\pi ft = kx - \omega t$$

根据方程式(2.19)，我们可以得出图 2.3 中快照图的方程

图(a) $\qquad t = nT, \quad p = P_R \cos \dfrac{2\pi x}{\lambda}$

图(b) $\qquad t = \left(n + \dfrac{1}{4}\right)T, \quad p = P_R \cos\left(\dfrac{2\pi x}{\lambda} - \dfrac{\pi}{2}\right)$

图(c) $\qquad t = \left(n + \dfrac{1}{2}\right)T, \quad p = P_R \cos\left(\dfrac{2\pi x}{\lambda} - \pi\right)$

图(d)
$$t=\left(n+\frac{3}{4}\right)T,\quad p=P_R\cos\left(\frac{2\pi x}{\lambda}-\frac{3\pi}{2}\right)$$

式中,$n=0,1,2,3,\cdots$。

2.2.3 均方根声压

如第 1 章所述,需要一个声波强度的量度,以避免出现在一个周期中直接求取平均值的问题。该平均值为零。已经标准化的量度为均方根声压 p_{rms},其大小为峰值 P_R 的 0.707 倍[见式(2.18)]。该均方根值也称为有效值。

2.2.4 质点速度

根据式(2.6),我们可以得出声压 p 和质点速度 u 之间的关系,其中 u 是 $\boldsymbol{q}$ 在 x 方向的分量。在一维方程中,有

$$-\frac{\partial p}{\partial x}=\rho\frac{\partial u}{\partial t} \tag{2.20a}$$

将式(2.18)代入式(2.20),可得

$$-u=\frac{1}{\rho}\int\frac{\partial p}{\partial x}\mathrm{d}t=\frac{-P_R}{\rho c}\cos k(x-ct) \tag{2.20b}$$

或

$$u=\frac{p}{\rho c} \tag{2.21}$$

式中 ρ——空气的时间平均密度,在正常室温 $T=22℃$ (71.6℉) 和大气压 $P_s=1.013\times10^5$
    Pa 下,$\rho=1.18\ \mathrm{kg/m^3}$;

c——声速[见式(1.5)~(1.8)],在 22℃ 的正常温度下为 344 m/s(1 129 ft/s)。

ρc 值在常温常压下为 406 mks rayls(N·s/m³);在其他温度和压力下,ρc 值可参考图 1.7。

2.2.5 声强

自由行进声波会传递能量。我们将这种能量传递定义为声强 I,即在单位时间内流过单位面积的能量。声强的单位为 N/(m·s)。当单位面积的平面垂直于声波传播方向时,声强达到其最大值 I_{max}。声强类似于电功率,等于声压和质点速度的乘积的时间平均值,即

$$I_{max}=\overline{p\cdot u} \tag{2.22}$$

对于图 2.2 和图 2.3 中的声波,有

$$I_{max}=\lim_{T\to\infty}\frac{1}{T}\int_0^T\frac{P_R^2}{\rho c}\cos^2 k(c-ct)\mathrm{d}t \tag{2.23}$$

式中,$I(\theta)=I_{max}\cos\theta$,$\theta$ 为声波传播方向与垂直于单位面积平面的线之间的角度,通过该角度确定声功率流。

假设 $T=\infty$ 是 I_{max} 在实验误差范围内达到其渐近值的一个足够长的时间段。由于余弦的时间平均值为零,可得

$$I_{max}=\frac{P_R^2}{2\rho c}=\frac{p_{rms}^2}{\rho c} \tag{2.24}$$

式中，p_{rms} 是 $p(t)$ 的平均（时间）平方值的平方根，可通过从式(2.24)求取 I_{max} 来验证。

2.2.6 反行平面波

通过互换图 2.2 的声源和终端可以产生反行平面波。反行波沿 $-x$ 方向传播，用下式表示

$$p(x,t) = P_L \cos k(x+ct) \tag{2.25}$$

通过比较式(2.18)和式(2.25)可知：如果两个变量 x 和 ct 由负号隔开，则声波沿正方向传播进；如果两个变量由正号隔开，则方向反转。

图 2.4 中的四幅"快照"以图解方式展示了反行波。从图(a)向图(b)(c)(d)连续观察并跟随 $+P_L$ 从右向左的移动轨迹，可以确认上述结论是成立的。声波由右侧的声源产生（或从右侧边界反射），并以速度 c 向左传播。周期 T 的定义如图 2.3 所示。反行波 $p(x,t) = P_L \cos[k(x+ct)]$；$k = 2\pi/\lambda = 2\pi/(cT) = 2\pi f/c = \omega/c$。

2.2.7 一维球面波

1. 声压

对于如第 1 章图 1.2 所示产生的自由球面行进声波，相关的声压方程为

$$p(r,t) = \frac{A}{r} \cos k(r-ct) \tag{2.26}$$

式中，A 为振幅因数。因为 r 和 ct 之间的符号为负号，所以声波在正 r 方向上向外传播。在球面波中，声压振幅与径向距离 r 成反比。

2. 质点速度

球面波的质点速度可通过在式(2.20b)中用 r 代替 x 可得

$$u(r,t) = -\frac{1}{\rho}\int\left[\frac{A}{r}k\sin k(r-ct) + \frac{A}{r^2}\cos k(r-ct)\right]dt =$$
$$-\frac{1}{\rho}\left[\frac{-kA}{kcr}\cos k(r-ct) - \frac{A}{r^2 kc}\sin k(r-ct)\right]$$

或

$$u(r,t) = \frac{A}{\rho cr}\cos k(r-ct)\left[1 + \frac{1}{kr}\tan k(c-ct)\right] \tag{2.27}$$

对于较大 kr 值，有

$$u(r,t) = \frac{p(r,t)}{\rho c}, \quad k^2 r^2 \gg 1 \tag{2.28}$$

对于较小 kr 值，有

$$u(r,t) = \frac{A}{k\rho cr^2}\sin k(r-ct) = \frac{p(r,t)}{\rho ckr}\angle 90°, \quad k^2 r^2 \ll 1 \tag{2.29}$$

由式(2.27)和式(2.29)可知，当接近球面声源的中心时，声压和质点速度逐渐变得更不同相，在极限处接近 90°。

3. 声强

对于自由传播的球面波，方程式(2.26)表明，对于所有 r 值，声压变化为 $1/r$。由于 $u = p/\rho c$[见式(2.28)]，对于 $k^2 r^2 \gg 1$ 的情况，我们可以为所有 r 值得出如下方程式：

$$I_{\max} = \overline{p \cdot u} = \frac{p_{\mathrm{rms}}^2}{\rho c} \tag{2.30}$$

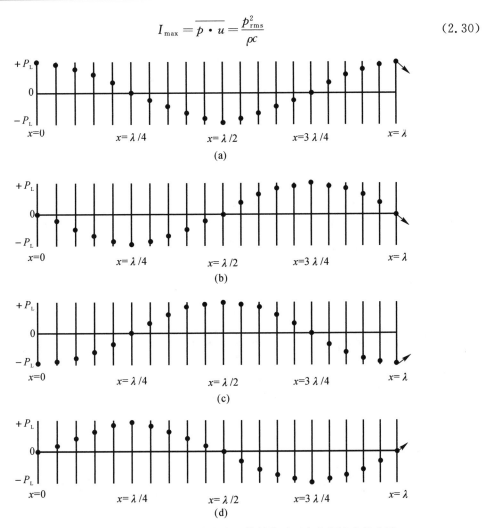

图 2.4　在 20 个等间距轴向位置从右向左传播的平面自由行波中的声压

2.3　初级辐射器的声功率输出

2.3.1　单极子(辐射范围)

表 2.1 列出了从简单声源(脉动球体,称为单极子)辐射的总功率 W_{M}。其中 $\dot{Q}_{\mathrm{s}}$ 为声源强度,$\dot{Q}_{\mathrm{s}} = 4\pi a^2 \hat{v}_{\mathrm{r}}(\mathrm{m^3/s})$;$\hat{v}_{\mathrm{r}}$ 为正弦脉动面速度峰值(m/s);a 为脉动球体的半径(m);k 为 $2\pi f/c(\mathrm{m^{-1}})$;$\rho c$ 为常温和大气压下的气体特征阻抗,$\rho c = 406$ mks rayls(N·s/m³)。

2.3.2　偶极(两个紧密间隔的单极子)[2]

根据定义,两个单极子在 $(kd)^2 \ll 1$ 和 180° 异相振动时构成一个偶极子。偶极子具有 8 字形辐射方向图,在垂直于连接两个单极子的线的方向具有最小辐射。表 2.1 的第二行列出了辐射的总声功率 W_{D},其中 $\dot{Q}_{\mathrm{s}}$、$\hat{v}_{\mathrm{r}}$、a、k 和 ρc 含义如上文所述。

2.3.3 振荡球体[3-4]

振荡球体被定义为围绕其静止位置轴向来回移动的刚性球体。表 2.1 的第三行列出了辐射的总功率 W_{OS},ρc 和 k 的含义同单极子,并且 $\hat{v}_r$ 为来回移动速度峰值(m/s),a 为振荡球体的半径(m)。

表 2.1　初级辐射器的声功率输出

声源类型	声源特性 180° 相位差	声功率输出	辅助表达式
单极子		$W_M = \dfrac{\rho c k^2}{8\pi(1+k^2a^2)}\hat{Q}_s^2$	$\hat{Q}_s = 4\pi a^2 \hat{v}_r$
偶极子		$W_D = \dfrac{\rho c k^4 d^2}{12\pi}\hat{Q}_s^2$	$d =$ 单极子之间的距离
振荡球体		$W_{OS} = \dfrac{2\pi \rho c k^4 a^6}{3(4+k^4a^4)}\hat{v}^2$	$\hat{v}_x =$ 峰值正弦振动速度
屏障活塞		$W_{BP} = \dfrac{\rho c k^2}{4\pi}\hat{Q}^2\ ka \ll 1$ $W_{BP} = \dfrac{\rho c}{2\pi a^2}\hat{Q}^2\ ka \gg 1$	$\hat{Q} = \pi a^2 \hat{v}_x$,其中 $\hat{v}_x$ 同上

2.3.4 屏障活塞[5]

一块无限大板中的轴向振动膜片被称为屏障活塞。表 2.1 第四行列出了辐射到刚性壁一侧的总功率 W_{BP},适用于半径小于波长的活塞,即 $ka \ll 1$,反之亦然,即 $ka \gg 1$。其中 $\hat{v}_x$ 为活塞的峰值轴向速度(m/s);a 为活塞半径(m);其他量的含义同前述。

2.4　干扰和共振

声波中的声压和增量密度与它们叠加在其上的平衡值相比通常很小。这一点同样适用于讲话和音乐发出的声波。因此,在此类声学场景中,可以通过单独将每个声波的效果简单线性相加来确定同一空间中两个声波的效果。这就是所谓的叠加原理。

在 2.3 节中,我们呈现了向右(见图 2.3)和向左(见图 2.4)传播的平面声波的系列空间快照。根据叠加原理,这两个声波之和的效果将等同于各自声波效果之和,我们可通过将图 2.3 和图 2.4 相加来以图解方式证明这一点。结果如图 2.5 所示,其中我们将前行波的振幅 P_R 设置为等于反行波的振幅 P_L。声波是由图右侧和左侧的两个强度为 m 的声源产生的(或者右侧声源是一个完全反射边界,其传回的声波的振幅与左侧声源产生的声波的振幅相等)。驻波:$p(x,t)=2P(\cos kx)(\cos 2\pi ft)$,其中,$k$ 为波数。

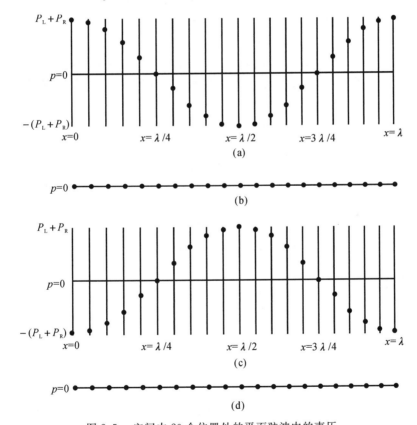

图 2.5　空间中 20 个位置处的平面驻波中的声压

(a)$t = nT (n = 0, 1, 2, \cdots)$;　(b)$t = \left(n + \dfrac{1}{4}\right) T$;　(c)$t = \left(n + \dfrac{1}{2}\right) T$;　(d)$t = \left(n + \dfrac{3}{4}\right) T$

两个声波的干扰产生了惊人的变化。在下一时刻,一个位置的声压不再出现在该位置的右侧或左侧。声波不再行进,变成驻波。我们可以发现,在空间的每个位置处,声压随时间呈正弦变化,除了在位置 $x = \dfrac{1}{4}\lambda$ 和 $x = \dfrac{3}{4}\lambda$ 处声压总为零。声压变化在不同位置处的最大值不同,在 $x=0$、$x=\frac{1}{2}\lambda$ 和 $x=\lambda$ 处变化最大。$x=\frac{1}{4}\lambda$ 和 $x=\frac{3}{4}\lambda$ 之间各位置处的声压总是一起变化,即相位增加或减小。同时,$x=\frac{1}{4}\lambda$ 处左侧各位置和 $x=\frac{3}{4}\lambda$ 处右侧各位置的声压共同减小或增加(同相)。因此,驻波中的所有声压都处于时间相位,但是在 $x=0$ 和 $x=\frac{1}{2}\lambda$ 处各位置的声压之间存在 180° 的空间相位差。

记住,$P_R=P_L=P$,即,向右传播的声波的振幅等于向左传播的声波的振幅,然后我们可得出两个声波的和为

$$p(x,t)=P\cos[k(x-ct)]+P\cos[k(x+ct)]=2P(\cos kx)(\cos 2\pi ft) \qquad (2.31)$$

通过式(2.18)、式(2.20)和式(2.31),我们可以清楚地发现驻波和行波之间的差异。在行波中,距离 x 和时间 t 以余弦自变量的和或差的形式出现。因此,对于行波,通过在余弦自变量中调整时间和距离(根据声速),我们可始终保持自变量不变,进而保持余弦值大小不变。在式(2.31)中,距离和时间不再一起出现在单个余弦的自变量中。因此,同一声压不能在稍后的时间出现在空间中的相邻位置处。

驻波可存在于任何规则的外壳中。例如,在一个矩形空间中,可能存在三类驻波(见第 6 章)。一类驻波包括垂直于一对相向墙壁的所有声波,即在切线入射条件下传播到两对相向墙壁的声波,振动模式为 $(n_x,0,0)(0,n_y,0)(0,0,n_z)$。第二类驻波仅在切线入射条件下传播到一对墙壁,振动模式为 $(n_x,n_y,0)(n_x,0,n_z)(0,n_y,n_z)$。第三类驻波涉及倾斜入射角的所有墙壁,振动模式为 (n_x,n_y,n_z)。声学空间中的每个自由驻波被称为正常振动模式,或者简称"共振"。共振驻波存在所需的频率与反射面之间的间隔有关。例如,在由两个刚性平行墙壁组成的一维系统中,共振驻波的最低频率可由下式得出:

$$f=\frac{c}{2d} \qquad (2.32)$$

式中 f—— 共振驻波的最低频率,Hz;

  c—— 声速,m/s;

  d—— 两个反射面之间的间距,m。

共振驻波也可能存在于该频率的每个整数倍处,即

$$f=\frac{nc}{2d} \qquad (2.33)$$

式中,$n=0,1,2,3,\cdots$。

2.5 阻抗和导纳

由式(2.18)和式(2.21)可知,声压大小和质点速度相互成正比。此外,在平面波声音传播的特殊情况下,声压的时间依赖性与质点速度的时间依赖性完全相同,并且在声波中的任何位置处,这两个量之间均不存在相位差。因此,在平面声波中,所有时刻的声压与质点速度之比是一个等于 ρc 的常数。

对于稳态下的线性(小信号)声学现象,声压和质点速度的时间函数通常存在差异,导致二者之间出现相位差。因此,在任何位置处,质点速度都可能领先或滞后于声压。在许多情况

下,幅值比率和相对相位都可作为频率的函数。

在下面几章中,可不必在声学设计中将稳态声压和稳态质点速度(或可根据它们导出的其他量,例如力和体积速度)分开考虑,而是变为考虑其中任何一个和它们的复比。具体见后述。

2.5.1　复数表示法

用复数表示法表示具有相同频率和不同相位的稳态信号的基础可用恒等式表示为

$$| A | \cos(\omega t + \theta_1) \equiv \mathrm{Re}\overline{A}\mathrm{e}^{\mathrm{j}\omega t} \tag{2.34}$$

式中　　$| A |$ —— 余弦函数幅值;

$\qquad \theta_1$ —— $t = 0$ 时的相移;

$\qquad \mathrm{Re}$ —— 实部;

$\qquad j$ —— $\sqrt{-1}$。

并且

$$\overline{A} \equiv A_{\mathrm{Re}} + \mathrm{j}A_{\mathrm{Im}} = | A | \mathrm{e}^{\mathrm{j}\theta_1} \tag{2.35}$$

$$| A | \equiv \sqrt{A_{\mathrm{Re}}^2 + A_{\mathrm{Im}}^2} \tag{2.36}$$

$$\theta_1 \equiv \arctan\left(\frac{A_{\mathrm{Im}}}{A_{\mathrm{Re}}}\right) \tag{2.37}$$

我们还注意到

$$\mathrm{e}^{\mathrm{j}\theta} \equiv \cos\theta + \mathrm{j}\sin\theta \tag{2.38}$$

因此

$$A_{\mathrm{Re}} \equiv | A | \cos\theta \tag{2.39}$$

$$A_{\mathrm{Im}} \equiv | A | \sin\theta \tag{2.40}$$

这些方程式表明,对于由方程式(2.34)左侧项得出的余弦时变函数,可采用由式(2.36)得出的幅值向量 $| A |$ 的实轴投影来表示,该实轴投影以 ω 的速度旋转。角度 θ_1 是在时刻 $t = 0$ 时向量(以弧度为单位)相对于正实轴的角度。

因此,可用以下方程式来表示时变稳态声压或力

$$\overline{A}\mathrm{e}^{\mathrm{j}\omega t} = | A | \mathrm{e}^{\mathrm{j}\omega t} \mathrm{e}^{\mathrm{j}\theta_1} \tag{2.41}$$

此外,时变稳态速度或体积速度可表示为

$$\overline{B}\mathrm{e}^{\mathrm{j}\omega t} = | B | \mathrm{e}^{\mathrm{j}\omega t} \mathrm{e}^{\mathrm{j}\theta_2} \tag{2.42}$$

2.5.2　复数阻抗的定义

1. 复数阻抗 Z

一般情况下,复数阻抗被定义为

$$\overline{Z} \equiv \frac{\overline{A}}{\overline{B}} = \frac{| A | \mathrm{e}^{\mathrm{j}(\omega t + \theta_1)}}{| B | \mathrm{e}^{\mathrm{j}(\omega t + \theta_2)}} = \frac{| A | \mathrm{e}^{\mathrm{j}\theta_1}}{| B | \mathrm{e}^{\mathrm{j}\theta_2}} = | Z | \mathrm{e}^{\mathrm{j}\theta} \tag{2.43}$$

和

$$\overline{Z} \equiv R + jX = \sqrt{R^2 + X^2}\ \mathrm{e}^{\mathrm{j}\theta} = | Z | \mathrm{e}^{\mathrm{j}\theta} \tag{2.44}$$

式中　　$\overline{Z}$ —— 上述定义的复数阻抗;

$\qquad A$ —— 稳态声压和力;

B—— 稳态速度或体积速度；

$|Z|$—— 复数阻抗幅值；

θ—— 时间函数 A 和 B 之间的相位角，$\theta_1 - \theta_2$；

R—— 阻力，复数阻抗 $\overline{Z}$ 的实部，$R = \text{Re} \, \overline{Z}$；

X—— 阻抗，复数阻抗 $\overline{Z}$ 的虚部，$X = \text{Im} \, \overline{Z}$。

通常将 $|A|$ 和 $|B|$ 当作它们所代表的现象的均方根值，但必须在式(2.34)两边加一个因数 $\sqrt{2}$，以使其在物理意义上具有说服力。无论使用幅值还是均方根值，阻抗比都没有差别。

根据比例中涉及的量，复数阻抗有多种类型。下面给出了声学中常见的类型。

2. 声阻抗 Z_A

给定表面 S 处的声阻抗被定义为在该表面上的平均声压与通过该表面的体积速度的复比。体积速度 $U = uS$。该表面可以是声学介质中的假想表面或机械装置的运动表面。单位为 $N \cdot s/m^5$，也称为 mks 声欧姆，即

$$Z_A = \frac{p}{U} \tag{2.45}$$

3. 特征声阻抗 Z_s

特征声阻抗指声学介质或机械装置中某个位置的声压与该位置的粒子速度的复比，单位为 $N \cdot s/m^3$，即

$$Z_s = \frac{p}{u} \tag{2.46}$$

4. 力阻抗 Z_M

力阻抗指作用在声学介质或机械装置的特定区域上的力与通过该区域或该区域本身的线速度的复比，单位为 $N \cdot s/m$，也称为 mks 力欧姆，即

$$Z_M = \frac{f}{u} \tag{2.47}$$

5. 特征阻抗 ρc

特征阻抗指自由平面行进声波中某个已知点处的声压与该点处的质点速度之比，等于介质密度与和介质中的声速的乘积(ρc)。它类似于无限长无损耗波导线的特征阻抗。其单位为 $N \cdot s/m^3$。在解决本书中的问题时，我们将假设空气的 $\rho c = 406$ mks rayls($N \cdot s/m^3$)，这对于 $22\,^\circ\!\text{C}$ 的温度和 0.751 mHg 柱的大气压是有效的。

6. 法向特征声阻抗 Z_{sn}

在空气和致密介质(例如多孔声学材料)之间的边界处，我们发现有必要进行进一步定义：当在声学材料的表面处产生交变声压 p 时，会通过该表面产生空气质点的交变速度 u。空气质点的往复运动可以相对于表面成任何角度。该角度取决于声波的入射角和声学材料的性质。例如，如果材料为多孔状并且密度很低，则表面处质点速度的方向几乎与声波的传播方向相同。相反，如果表面是由大量并排填充并垂直于表面定向的小直径管组成，则质点速度将必然仅垂直于表面。通常，表面处质点速度的方向同时具有法向(垂直)分量和切向分量。

法向特征声阻抗(有时也称为单位面积声阻抗)指在某个平面(在本例中为声学材料的表面)处声压 p 与质点速度 u_n 的法向分量的复比。因此

$$Z_{sn} = \frac{p}{u_n} \tag{2.48}$$

2.5.3　复数导纳的定义

复数导纳是复数阻抗的倒数。它在各个方面均按式(2.34) $\sim$ 式(2.44)所给出的相同规则集来处理。因此,与式(2.43)的复数阻抗相对应的复数导纳为

$$\bar{Y} \equiv \frac{\bar{B}}{\bar{A}} = \frac{|B| \, e^{j\theta_2}}{|A| \, e^{j\theta_1}} = |Y| \, e^{j\phi} \tag{2.49}$$

式中,$|Y| = 1/|Z|$,$\phi = -\theta$。

在阻抗和导纳之间进行的选择有时取决于在测量过程中是保持 $|A|$ 还是 $|B|$ 恒定不变。因此,如果 $|B|$ 保持恒定,则 Z 与 $|A|$ 成正比并被选用。如果 $|A|$ 保持恒定,则 $|Y|$ 与 $|B|$ 成正比并被选用。

参 考 文 献

[1]　W. J. Cunningham, "Application of Vector Analysis to the Wave Equation," *J. Acoust. Soc.* Am" **22**, 61 (1950); R. V. L. Hartley, "Note on ´Application of Vector Analysis to the Wave Equation,´ " *J. Acoust. Soc. Am.* , **22**, 511 (1950).

[2]　H. Kuttruff, *Room Acoustics*, Halstead, New York, 2000.

[3]　M. Moeser, *Engineering Acoustics*, Springer – Verlag, New York, 2004.

[4]　L. Cremer, *Vorlesungen uber Technische Akustik*, Springer – Verlag, New York, 1971, Section 2.5.2.

[5]　L. L. Beranek, *Acoustics*, Acoustical Society of America, Melville, NY, 1986, Sections 4.3 and 7.5.

第 3 章 数 据 分 析

对于与噪声和振动控制工程相关的研究,所测声学噪声和/或振动数据可在考虑多个目标的情况下进行分析。其中最重要的目标可分为四大类:①评估环境劣度;②识别系统响应特性;③识别声源;④识别透射路径。第一个目标通常使用 1/3 倍频带级计算来实现,也有可能采用经过频率计权的总声级测量值,如第 1 章所述。实现其他目标通常需要更高级的数据分析程序。在简要讨论共同关注的声学和振动数据的一般类型之后,概述了实现目标②~④的最重要的数据分析过程,并总结了这些分析结果的重要应用。由于主题的广泛性和复杂性,大量地引用了参考文献来阐述细节。

3.1 数据信号类型

声学和振动数据通常以相应换能器产生的模拟时间历程信号的形式进行采集(声学和振动换能器和信号调节设备的详细信息可从数据采集、本章参考文献中列出的文件以及由声学和振动测量系统制造商发布的文献中获得)。信号通常以伏特为单位产生,但可根据需要调整为合适的工程单位(g、m/s、Pa 等)。从数据分析角度来看,可以很方便地将这些时间历程信号分成两大类,每个类别包含两个子类:

(1)确定性数据信号:①稳态信号;②瞬态信号。

(2)随机数据信号:①平稳信号;②非平稳信号。

3.1.1 确定性数据

确定性数据信号指基于对信号的相关物理现象或历史观测结果的了解,在理论上能够确定一个数学方程来预测其未来时程值(在合理的实验误差内)的那些信号。最常见的确定性信号被称为周期信号,其时程 $x(t)$ 在经过恒定时间段 T_p(称为信号周期)之后可精确地重复,即

$$x(t) = x(t \pm T_p) \tag{3.1}$$

周期声学和振动信号的最常见来源是恒速旋转机器,包括螺旋桨和风机。在理想状态下,此类信号只有一个主频率,因此可使用简单的正弦波来表示。然而,更有可能的情况是,周期信号源将产生复信号,且必须使用傅里叶级数表示法[1]并通过一个谐波相关正弦波的集合来描述该复信号,如图 3.1 所示。周期信号在任何情况下都被称为稳态信号,因为它们的平均特性(平均值、均方值和频谱)不随时间变化。

也存在一些不具有严格周期性的稳态声学和振动信号,例如,由一组独立(非同步)周期信号源产生的数据,如多引擎螺旋桨飞机上的螺旋桨。此类非周期稳态信号被称为准周期信号。然而,大多数非周期确定性信号也不是稳态的,也就是说,它们的平均特性会随时间变化。一种重要的时变信号是在一个合理的测量时间段内开始和结束的信号。此类信号被称为瞬态信号。确定性瞬态信号的例子包括受到良好控制的撞击、音爆和飞机着陆载荷。此类数据可以

用傅里叶积分表示[1],用连续谱来描述,如图 3.2 中的指数衰减振荡曲线所示。

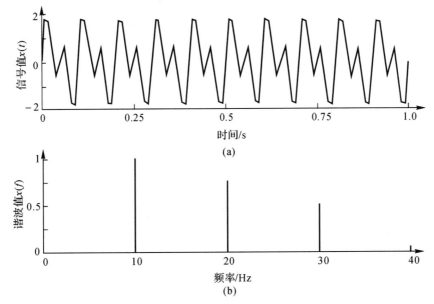

图 3.1　周期信号的时程和线状谱

(a)时程信号；　(b)线状谱

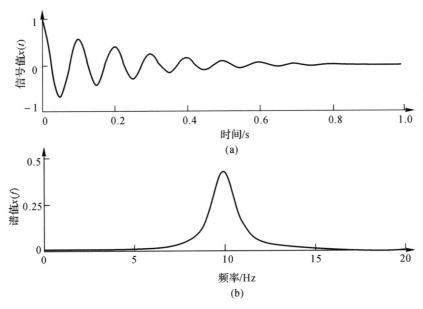

图 3.2　确定性瞬态信号的时程和傅里叶频谱

(a)时程信号；　(b)傅里叶频谱

3.1.2　随机数据

从广义上讲,随机声学和振动数据信号指所有不确定性信号,即基于相关物理知识或历史观测结果来预测未来的时程值在理论上是行不通的。在一些情况下,确定性信号与随机信号之间的边界可能较为模糊。例如,一台高速风扇以均匀流入量在叶片流道速率下产生的压力场将是确定性的,但是流入物中的湍流将导致压力信号具有随机性。在其他情况下,数据的性质将更具有完全随机性(有时称为"强混合")。例如,由流体动态边界层产生的压力场(流动噪声)、由大气湍流产生的负载以及由来自鼓风机的混合排气引起的声学噪声。这些声学和振动信号源覆盖了较宽的频率范围,并具有完全随机的时程,如图 3.3 所示。

当产生随机声学或振动数据的机制具有时不变性时,所得信号的平均特性也将具有时不变性。此类随机数据据被称为平稳数据。与稳态确定性数据不同,平稳随机数据必须用连续谱来描述。

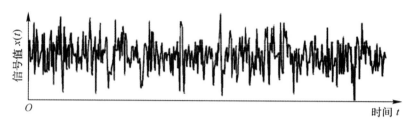

图 3.3　平稳随机信号的时程

此外,由于数据的概率特性,频谱和所有其他相关信号特性的测量将涉及在确定性信号的分析中未发生的统计抽样误差。这些统计误差将在后面总结。

如果随机信号的平均特性随时间平移而变化,则该信号被称为非平稳信号。图 3.4 所示为非平稳数据的示例图。尽管用于分析任意非平稳信号的理论方法很完善[1],但分析程序通常需要比常用数据更多的数据,并进一步涉及广泛而复杂的计算机计算。有一类特殊的非平稳信号属于例外,即在合理的测量时段内开始和结束的随机瞬态信号。随机瞬态信号的常见来源为强力冲击载荷和烟火装置。图 3.5 所示为随机瞬态信号的示例图。除了存在必须解决的统计抽样误差问题外,此类数据可以采用与上述确定性瞬态信号分析过程类似的程序来进行分析。

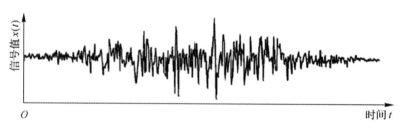

图 3.4　非平稳随机信号的时程

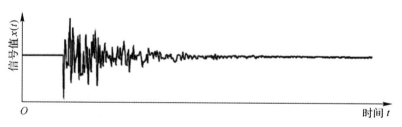

图 3.5　随机瞬态信号的时程

3.2 平均值和均方值

稳态或平稳数据信号的最基本量度为平均值和均方值(或方差),该值是对信号的中心趋势和散射的单值描述。可以使用数字计算[1]或模拟仪器[2]测量信号的平均值和均方值。因此,为数字和模拟分析程序提供了合适的算法。

3.2.1 平均值

对于声学和振动信号,平均值通常为零,因为用于声压和振动加速度测量的大多数换能器无法感测静态值。但是,如果使用能够感测静态值的换能器,并且关注的是信号的中心趋势,则时间 T_r 的时程测量值 $x(t)$ 的平均值可由下式计算,即

$$m_x = \frac{1}{T_r} \int_0^{T_r} x(t) \, dt \tag{3.2a}$$

对于采样间隔为 Δt 的数字数据,$x(t) = x(n \Delta t)$,$n = 1, 2, \cdots, N$,平均值可由下式计算,即

$$m_x = \frac{1}{N} \sum_{n=1}^{N} x(n\Delta t) \tag{3.2b}$$

式(3.2)中的平均值 m_x 单位为伏特,本质上是采用直流(DC)电压表测量的量。如果数据信号具有周期性,则式(3.2)中的计算将是准确的,只要 T_r(或 $N \Delta t$)是周期 T_p 的整数倍即可。对于随机数据,计算将涉及统计抽样误差,该误差是 T_r(或 N)和信号频谱特性[1](稍后将讨论)的函数。

3.2.2 均方值

稳态、平稳声学或振动信号 $x(t)$ [或数字化信号 $x(n \Delta t)$] 的均方值由下式定义,即

$$w_x = \frac{1}{T_r} \int_0^{T_r} x^2(t) \, dt = \frac{1}{N} \sum_{n=1}^{N} x^2(n\Delta t) \tag{3.3}$$

式(3.3)中的均方值 w_x 单位为伏特二次方,与功率或每单位面积的功率成比例,因此 w_x 通常被称为声学或振动信号的总"功率"或"强度"。如果信号的平均值为零,则式(3.3)中的均方值等于 $x(t)$ 的方差,由下式得出,即

$$s_x^2 = \frac{1}{T_r} \int_0^{T_r} \left[x(t) - \mu_x \right]^2 \, dt = \frac{1}{N} \sum_{n=1}^{N} \left[x(n\Delta t) - \mu_x \right]^2 \tag{3.4}$$

式中,μ_x 是信号 $T_r \to \infty$ 的 m_x 的真实平均值。式(3.3)和式(3.4)中所定义量 $w_x^{1/2}$ 和 s_x 的正平方根分别被称为信号 $x(t)$ 的均方根值和标准偏差。此外,如果信号的平均值为零,则 $w_x^{1/2} = s_x$,如下文所假设。当 $\mu_x = 0$ 时,式(3.4)中的值 s_x 或式(3.3)中的 $w_x^{1/2}$ 本质上是由真正的均方根电压表测量的量(不要与交流电压表混淆,交流电压表采用经校准的线性检波器来测量正弦波的正确均方根值,并在测量无规噪声时读数降低大约 1 dB)。对于平均值计算,如果 T_r 是周期 T_p 的整数倍,则式(3.3)中的均方计算值对于周期数据而言将是准确的。但是,对于随机数据,将存在一个统计抽样误差,该误差是 T_r(或 N)和信号频谱特性的函数。

3.2.3 加权平均值

式(3.2)～ 式(3.4)中所示的平均值运算是特定时间段内先验值的简单线性和。此类平

均值被称为称为未加权或线性平均值,是将任何离散数据值集合求平均的固有方式,也是数字计算机计算平均值的最简单方式。然而,一些声学和振动数据分析仍然使用模拟仪器来完成,其中需要相对昂贵的运算放大器来实现未加权平均。因此,模拟仪器中的平均值运算通常是经过加权的,从而可以使用更便宜的无源电路元件来实现[?]。模拟仪器使用的最常见的平均电路是由串联电阻器和并联电容器组成的简单低通滤波器(通常称为 RC 滤波器),它能产生指数加权平均值。对于某个均方值估计值(假设平均值为零),指数加权平均值的估计值可由下式得出,即

$$w_x(t) = \frac{1}{K} \int_0^t x^2(\tau) \exp\left(-\frac{t-\tau}{K}\right) \mathrm{d}\tau \qquad (3.5)$$

式中,$K = RC$,是平均电路中使用的以欧姆为单位的电阻值和以法拉为单位的电容值的乘积。K 以时间为单位(s),被称为平均电路的时间常数。指数加权平均电路基于信号的所有历史值提供了相对于时间的连续平均值估计值。结果表明,在开始平均值计算之后,所示平均值必须在经过一段时间后才会变得准确。根据经验,在对稳态或平稳信号求取平均值时,必须经过至少 4 个时间常数($t > 4K$)才能获得误差小于 2% 的平均值估计值。所讨论的误差为偏移误差。随机数据信号的分析还会存在统计抽样误差,这将在后文中讨论。

3.2.4 移动平均值

当相关声学或振动数据具有随时间变化(非平稳数据)的平均特性时,通常使用"运行"时间平均值来描述该数据。对于均方值估计值,可以通过在持续时间为 $T \ll T_r$ 的短而连续的时间段内重复执行式(3.3)来实现。指数加权平均对于移动平均值的计算特别方便,因为它能产生相对于时间的连续平均值估计值。然而,通过简单地在每个数据采样间隔 Δt 重新计算平均值,而不是仅在平均时间 T 结束时重新计算平均值,也可以使用未加权的平均值(更适合数字数据分析)来生成近乎连续的估计值。图 3.6 提供了在飞机飞越机场期间,在机场附近测量的典型非平稳声学数据的均方根值的移动平均值示例图(该图示中的测量值是一个频率加权均方根值,称为感觉噪声级,单位 PNdB)。

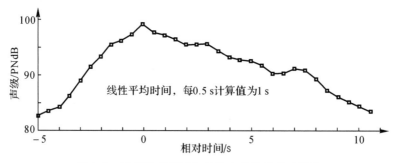

图 3.6 飞机飞越噪声加权均方根值的移动平均
(图片来源:声学分析联合公司,加利福尼亚州坎诺加帕克)

计算移动平均值的基本要求是选择一个平均时间 T(或平均时间常数 K),该平均时间或平均时间常数应足够短,以免消除所测量数据属性的时间变化,但又要足以在任何时间抑制平均值估计值中的统计抽样误差(假设数据至少是部分随机的)。已经制定了分析程序,用于选择能够在平滑值和统计抽样误差之间实现最佳折衷的平均时间 T[1],但是试错程序结合经验

通常就能提供足够的结果。此外,现场使用的大量简单声学和振动测量仪器具有内置在仪器中的固定平均时间("快速"和"慢速"平均电路)[2]。

3.2.5　统计抽样误差

如前所述,假设平均时间是信号周期的整数倍,则不存在与周期数据信号的平均值和均方值计算相关的基本误差(仪器误差和校准误差除外)。然而,对于随机数据信号,由于记录持续时间和平均时间始终无法长到足以覆盖所有唯一信号值,所以将存在统计抽样误差。方便的是,可根据所得估计值的归一化标准偏差来描述该统计抽样误差,该归一化标准偏差被称为归一化随机误差(也称为变异系数)。对于信号特性 θ,估计值 $\hat{\theta}$ 的归一化随机误差可表示为

$$\epsilon_r[\hat{\theta}] = \frac{\sigma[\hat{\theta}]}{\theta} \tag{3.6}$$

式中,$\sigma[\cdot]$ 表示式(3.4)中定义的标准偏差,其中 $T_r \to \infty$,帽形符号表示估计值。归一化随机误差的解释见下文。如果采用归一化随机误差(例如 0.1)反复估计信号特性 θ,则估计值 $\hat{\theta}$ 的大约 2/3 将处于 θ 的真值 ±10% 范围内。

表 3.1 总结了平均值、均方值和均方根值估计值的归一化随机误差[1]。在这些误差方程式中,B_s 指数据信号频谱带宽的量度,用下式表示,则有

$$B_s = \frac{w^2}{\int_0^\infty G^2(f)\mathrm{d}f} \tag{3.7}$$

式中　w —— 均方值;

$G(f)$ —— 数据信号的自(功率)谱,将在后文讨论。

表 3.1 中的误差公式是在 $\epsilon_r \leqslant 0.20$ 时有效的近似值。注意,在表 3.1 中,平均值估计值的随机误差取决于信号的真实平均值(μ_x)和标准偏差(σ_x),以及带宽(B_s)和平均时间(T 或 K)。均方值和均方根值估计值的随机误差仅是带宽和平均时间的函数。

表 3.1　平均值、均方值和均方根值估计值的归一化随机误差

信号特性	归一化随机误差 ϵ_r	
	用平均时间 T 进行的线性平均	用时间常数 K 进行的 RC 加权平均
平均值 m_x	$\sigma_x/[\mu_x(2B_sT)^{1/2}]$	$\sigma_x/[\mu_x(4B_sK)^{1/2}]$
均方值 w_x	$1/(B_sT)^{1/2}$	$1/(2B_sK)^{1/2}$
均方根值 $w_x^{1/2}$	$1/(4B_sT)^{1/2}$	$1/(8B_sK)^{1/2}$

3.2.6　同步平均

由旋转机械(包括螺旋桨和风扇)产生的周期振动和声学数据信号有时会受到加性外来噪声的污染,导致测量的信号为 $x(t)=p(t)+n(t)$,其中 $p(t)$ 为相关周期信号,$n(t)$ 为噪声。在此情况下,周期信号的信噪比可以通过同步平均[3]程序显著增强,其中数据记录被划分成数据段 $x_i(t)$ 集,$i=1,2,\cdots,q$,每个数据段都在 $p(t)$ 的周期内间以完全相同的相位角开始。然后可计算数据段集的总体平均值,以便从外来噪声以及与 $p(t)$ 无谐波关系的其他周期分量中提取 $p(t)$,即

$$p(t) \approx \frac{1}{q} \sum_{i=1}^{q} x_i(t) \tag{3.8}$$

以活塞式螺旋桨飞机侧壁上的螺旋桨平面内产生的压力场为例,图3.7提供了其同步平均的示例图。利用1 000个总体平均值(在2 min内获得),该程序从发动机和边界层湍流噪声中清楚地提取了螺旋桨压力信号。

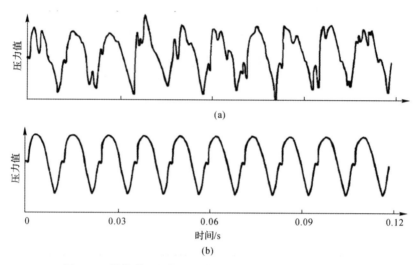

图 3.7　螺旋桨飞机侧壁压力测量的原始和同步平均时程

同步平均的主要要求是能够在一个 $p(t)$ 周期内的某个期望的时刻启动新记录。此要求可利用一个触发信号来高效实现,即每个 $p(t)$ 周期内相位的无噪声指示器。对于旋转机器,通常使用机器的旋转器件上的光学探测器或磁脉冲信号发生器来获得无噪声触发信号。触发信号的时基准确度决定了所获得的同步平均信号的幅度准确度,即,触发信号中的时基误差可导致所示信号幅度随频率增加而减小。同步平均信号的信噪比增强以 dB 为单位,表示为 $10\lg q$,其中 q 指在总体平均值运算[3] 中所用数据段的数目。

3.3　谱　函　数

数字信号的均方值构成由所测量的量表示的"功率"或"强度"的总体量度,但是更有用的信息是由信号值的频率分解提供的。如第 1 章所述,1/3 倍频带中均方根值的计算广泛用于声学数据的频率分析,有时也用于振动数据分析。然而,系统、信号源和路径识别问题所需的更先进的信号处理技术需要采用比 1/3 倍频带更高的分辨率来计算频谱。此外,如果数据是随机的,针对每单位频率(Hz)的功率量实施的频率分析将有助于对数据信号进行所期望的评估。

1965 年以前,对声学和振动数据信号的大多数分析,包括频谱计算,都是通过模拟仪器完成的。对于高分辨频谱,通常使用带机械元件(如谐振晶体或磁致伸缩装置)的窄带宽模拟滤波器来进行计算[2]。当然,即使在当时,也可以使用傅里叶变换软件在数字计算机上计算窄带宽频谱,但计算较为耗时且成本昂贵,因为需要大量数据值来描述宽带宽的声学和振动信号。1965 年,随着快速计算傅里叶系数[4] 的算法的引入,这种情况发生了巨大变化,该算法将所需的计算机计算减少了几个数量级。此后,该算法的各种版本得到广泛使用,并且通常被称为 FFT(快速傅里叶变换)算法。目前,声学和振动数据信号的绝大多数窄带宽频谱分析都是使用 FFT 算法来实施的。

3.3.1　FFT 算法

对于在时间段 $0 \leqslant t \leqslant T$ 内测量的时程信号 $x(t)$,通过下式定义了其在所有频率(包括正频率和负频率)下的傅里叶变换,其中使用小写字母表示时间函数,使用大写字母表示频率函数,则有

$$X(f,T) = \int_0^T x(t) \mathrm{e}^{-\mathrm{j}2\pi ft} \,\mathrm{d}t \tag{3.9a}$$

根据 N 数据值的数字时间序列,其中 $x(t) = x(n\Delta t), n = 0, 1, \cdots, N-1$(从 $n = 0$ 时开始编序有助于保持时间和频率函数之间的一致关系),可以将傅里叶变换表示为

$$X(f,T) = X(k\Delta f, N) = \Delta t \sum_{n=0}^{N-1} x(n\Delta t) \exp(-\mathrm{j}2\pi fn\Delta t) \tag{3.9b}$$

其中频谱分量通常具有复值并且仅在 N 个离散频率下通过下式定义,即

$$f_k = k\Delta f = \frac{k}{N\Delta t}, \quad k = 0, 1, 2, \cdots, N-1 \tag{3.9c}$$

假设时程记录 $x(t)$ 是正在分析的周期函数的一个周期(或一个周期的整数倍),当式(3.9)中定义的有限傅里叶变换除以 T(或 $N\Delta t$)时,实质上会产生一个周期函数的常规傅里叶系数。傅里叶分量仅对于 $k = \frac{N}{2}$ 是唯一的,即对于频率 $f_k = 1/(2\Delta t)$ 是唯一的,该频率通常被称为数字化信号的奈奎斯特频率 f_N。在奈奎斯特频率下,每个周期仅有两个样本值,从而引发混叠现象[1]。通过比较方程式(3.9b)中的数字结果与方程式(3.9a)中的模拟公式,从 $k = 0$ 到 $k = \frac{N}{2}$ 的前 $\frac{N}{2} + 1$ 个傅里叶系数定义了非负频率下的频谱分量,而从 $k = \frac{N}{2} + 1$ 到 $k = N-1$ 的后 $\frac{N}{2} - 1$ 个傅里叶系数实际上定义了负频率下的频谱分量。

各种 FFT 算法在参考文献中有详细说明(见参考文献[1]、参考文献[4]以及参考书目中列出的信号分析文件)。此处仅需要注意声学和振动分析中最常用算法的下述几个基本特征,该算法通常被称为库利－图基算法,旨在表彰推动该算法广泛使用的 1965 年论文[4]的作者。

(1)可以方便地将每个 FFT 数据值的数目限制为 2 的幂,即 $N = 2^p$,其中通常使用 $p = 8 \sim 12$ 范围内的值。

(2)傅里叶分量的基频分辨率为 $\Delta f = 1/(N\Delta t)$。

(3)在 $k = \frac{N}{2}$ 傅里叶分量处,出现引发混叠的奈奎斯特频率 f_N,即 $f_N = 1/(2\Delta t)$。

(4)奈奎斯特频率以下的前 $\frac{N}{2} + 1$ 个傅里叶分量与奈奎斯特频率以上的后 $\frac{N}{2} - 1$ 个分量通过方程式 $X(k) = X^*(N-k)$ 相关联,$k = 0, 1, 2, \cdots, N-1$,其中星号表示复共轭。

(5)仅针对正频率定义的傅里叶分量(称为单边频谱)由 $X(0)$、$X\left(\frac{N}{2}\right)$ 和 $2X(k)$ 得出,$K = 1, 2, \cdots, \frac{N}{2} - 1$。

3.3.2 线状谱和傅里叶频谱函数

对于周期性确定性信号,通过使用 FFT 算法计算信号在至少一个信号周期内的傅里叶系数来直接获得信号的频率分解或频谱。假设平均值等于零,则周期信号 $p(t)$ 的傅里叶分量的单边谱可由下式得出,则有

$$p(f) = \frac{2X(f,T)}{T}, \quad f > 0 \quad \text{或} \quad k = 1, 2, \cdots, \frac{N}{2} - 1 \quad\quad (3.10)$$

式中,$X(f, T)$ 定义见式(3.9)。通常以离散频谱(通常称为线状谱)的形式绘制傅里叶分量幅值 $|P(f)|$ 与频率的关系图,如前文中图 3.1(b) 所示。当然,每个傅里叶分量都是一个定义相位和幅值(图 3.1 中傅里叶分量的相位值均为零)的复数。但是,通常仅在可能需要重建信号时程或确定峰值的那些应用场合中保留相位信息。

1. 混叠

由于数字频谱分析中所固有的混叠问题[1],必须确保在用于分析的奈奎斯特频率$[f_N = 1/(2 \Delta t)]$ 以上所分析的数据信号中没有频谱分量。这一点得以保证的前提是,在数字化之前对模拟信号进行低通滤波以去除 f_N 以上的信号中可能存在的任何频谱分量。用于完成该任务的低通滤波器通常被称为抗混叠滤波器,并且应始终用于所有频谱分析。

2. 泄露误差和渐变

理想情况下,在分析周期数据时,应在一个周期的精确整数倍基础上进行频谱计算,以免傅里叶级数计算中出现截断误差。然而,在实践中,计算通常在便于执行 FFT 算法并且与数据的精确周期无关的时间终止。所产生的截断误差会引发所谓的旁瓣泄漏[1,5] 现象,导致期望结果严重失真。为了抑制这种泄漏,通常将测量开始和结束时的值强行设为零,以此方式使测量的时程信号逐渐变细,以消除开始和结束数据值之间的不连续性。多年以来,已有多个渐变函数(通常称为"窗")被相继提出[5],但最早且仍最广泛使用的函数之一是余弦平方渐变函数(通常称为汉宁窗)可由下式得出:

$$\mu_h(t) = 1 - \cos^2 \frac{\pi t}{T}, \quad 0 \leqslant t \leqslant T \quad\quad (3.11)$$

然后对信号 $y(t) = x(t)u_h(t)$ 执行 FFT,而不是直接对原始测量信号 $x(t)$ 执行 FFT。泄漏抑制也可以通过频域中的等效操作来实现。

对于非周期的并且具有明确的开始和结束(瞬态)的确定性信号,通过在信号的整个持续时间内计算其傅里叶变换来直接获得该信号的频谱,该计算同样使用 FFT 算法完成(为了获得单边频谱,实际计算为 $2X(k \Delta f), k = 1, 2, \cdots, \frac{N}{2} - 1$。傅里叶频谱幅值被绘制为频率的连续函数,如图 3.2(b) 所示。类似于周期信号的频谱,也存在与傅里叶频谱相关联的相位函数,但它通常仅在要重建信号时程或涉及峰值时才保留。只要在覆盖瞬态事件的整个持续时间的测量时间内执行 FFT 计算,分析中就不会出现旁瓣泄漏问题。

关于瞬态信号分析最后需要说明的一点是,瞬态数据信号,特别是由短时机械冲击产生的瞬态数据信号,通常采用冲击响应谱[6] 来进行分析,该方法本质上定义了一个假设的单自由度机械系统集合对瞬态输入的峰值响应。冲击响应谱可作为一个有用的工具用于评估机械冲击载荷对设备的潜在损害,但对于减小噪声和振动方面的应用不太适用。

3.3.3　自(功率)谱密度函数

自功率谱密度函数(也称为"功率"谱密度函数)为随机数据信号的频率组成提供了方便且一致的量度。由 $G_{xx}(f)$ 表示的自功率谱通常表示为通过窄带通滤波器的信号的均方值除以滤波器带宽,如图 3.8 所示。方程式为

$$\hat{G}_{xx}(f) = \frac{1}{T\Delta f} \int_0^T x^2(f, \Delta f, t) \mathrm{d}t \qquad (3.12)$$

式中,$x(f, \Delta f, t)$ 表示通过具有中心频率 f 和带宽 Δf 的窄带通滤波器的信号。为了获得精确的自功率谱密度函数,图 3.8 中的运算理论上将在 $T \to \infty$ 和 $\Delta f \to 0$ 的极限下进行,使得 $T\Delta f \to \infty$。从图 3.8 和式(3.12)可知,自功率谱密度函数的单位为 V^2/Hz。

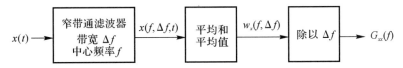

图 3.8　通过模拟滤波操作测量自功率谱密度函数。

图 3.8 所示运算表示在引入 FFT 算法和转换到数字数据分析程序之前通过模拟仪器[2]计算自功率谱的方法。目前,由于具备现成可用的 FFT 硬件和软件,自功率谱密度函数(仅在正频率下)可采用下式直接估算[1],即

$$G_{xx}(f) = \frac{2}{n_d T} \sum_{i=1}^{n_d} |X_i(f, T)|^2, \quad f > 0 \qquad (3.13)$$

式中,$X_i(f, T)$ 是在时间 T 的第 i 个数据段内计算的 $x(t)$ 的 FFT,如式(3.9)中所示,n_d 指计算中使用的不相交(统计独立)数据段的数量。为了获得精确的自功率谱密度函数,方程式(3.13)中的运算理论上将在 $T \to \infty$ 和 $n_d \to \infty$ 的极限下进行。如后文中所述,平均值的数目 n_d 决定着估计值的随机误差,而每个 FFT 计算的时间段持续时间 T 决定着分辨率,进而决定了估计值的潜在偏差。对于估计统计上可靠的自功率谱所需的不相交数据段集,通常通过将总可用测量持续时间 T_r 划分成持续时间 T 的一系列连续时间段来创建,如图 3.9 所示。由此得出,$n_d = T_r/T = \Delta f T_r$,通常被称为估计值的 BT 乘积。结果表明,当施加适当的限制时,即当方程式(3.12)中的 $T \to \infty$ 和 $\Delta f \to 0$ 时及式(3.12)中的 $T \to \infty$ 和 $n_d \to \infty$ 时,式(3.13)的结果与式(3.12)相等。注意,自功率谱密度函数总是实数(不存在与自功率谱相关联的相位信息)。

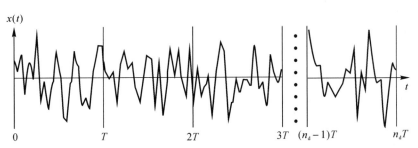

图 3.9　将测量的时程细分为 n_d 个连续时间段

通常采用一些梳理程序来提高自功率谱密度估计值的质量,其中较为重要的一些程序如下所述(详细信息见引用的参考文献)。

1. 抗混淆滤波器

对于周期数据分析,为了避免混叠,需确保被分析的随机信号不具有高于奈奎斯特频率 $f_N = 1/(2\,\Delta t)$ 的谱值。因此,在数字化之前必须始终对模拟信号进行低通滤波,以抑制可能存在于 f_N 之上的任何频谱内容[1]。

2. 渐变窗

由于随机数据信号本质上具有无限周期,因此将始终存在与选定时间段 T 相关联的截断误差。因此,在随机信号分析中通常采用渐变运算(窗)来抑制旁瓣泄漏问题。在众多可用的渐变函数[5]中,式(3.11)中定义的余弦平方(汉宁)窗是应用最为广泛的函数。

3. 重叠处理

尽管对测量信号的时间段进行渐变运算是抑制泄漏的理想方案,但它们也增加了与分析相关的有效频谱窗的带宽[5]。如果希望在渐变情况下保持与在没有渐变情况下实现的相同频谱窗带宽,必须增加分析所需的时间段持续时间 T。但是,如果假设总测量持续时间 T_r 是固定的,这将会减少不相交平均值 n_d 的数量并增加频谱估计值的随机误差。增加的随机误差可以通过采用重叠段而不是连续段来计算频谱进行抵消[7-8]。在此情况下,通常使用 50% 的重叠。

4. 细化变换

如前述所讨论,FFT 算法通常采用固定数量的数据点来实施。因此,一旦选择了用于分析的期望频率上限(奈奎斯特频率 f_N),则分析的分辨率 Δf 如式(3.9c)所定义,也是固定的。当期望的频率上限和频率分辨率与 FFT 计算所使用的数据点的数量不兼容时,经常出现这种情况。在此情况下,对于给定的 f_N 值,可以使用称为细化变换程序的计算方法来实现更高分辨率[1]。常用的细化变换方法采用复杂的解调计算,这种计算方式本质上是将将信号的频率范围分割成连续的频带,然后分别进行分析。

5. 互功率谱密度函数

对于涉及随机过程的声学和振动控制问题,通常通过识别不同位置处的两个测量结果之间的线性相关性来解决。对于作为频率函数的两个所测随机信号 $x(t)$ 和 (t) 之间的线性相关性,定义它的基本参数是互功率谱密度函数,其值通过下式进行估计(仅适用于正频率)[1],即

$$G_{xy}(f) = \frac{2}{n_d T} \sum_{i=1}^{n_d} X_i^*(f,T) Y_i(f,T), \quad f > 0 \qquad (3.14a)$$

式中,$X_i(f, T)$ 和 $Y_i(f, T)$ 分别指在持续时间 T 的第 i 个同时数据段内计算的 $x(t)$ 和 $y(t)$ 的 FFT,n_d 表示计算中使用的不相交记录的数目,星号表示复共轭。对于自功率谱,在 $T \to \infty$ 和 $n_d \to \infty$ 的极限下,可得出精确的互功率谱密度函数。针对自功率谱所讨论的所有计算考虑因素和梳理程序也适用于互功率谱。然而,与自功率谱不同,互功率谱通常是包括幅度和相位信息的复数,因此,可以用复极表示法表示为

$$G_{xy}(f) = |G_{xy}(f)| e^{j\theta_{xy}(f)} \qquad (3.14b)$$

3.3.4　相干函数

对于许多应用场景而言,更方便的做法是使用互功率谱密度函数的归一化版本,即相干函

数(有时称为平方相干函数),可表示为[1]

$$\gamma_{xy}^2(f) = \frac{\left| G_{xy}(f) \right|^2}{G_{xx}(f)G_{yy}(f)} \tag{3.15}$$

相干函数是一个以 0 和 1 为界的实值量,即

$$0 \leqslant \gamma_{xy}^2(f) \leqslant 1 \tag{3.16}$$

式中,0 表示不存在线性相关性,1 表示在频率 f 处的信号 $x(t)$ 和 $y(t)$ 之间存在完美的线性相关性。在一个或多个频率处小于 1 的相干值通常代表以下情形之一[9]:

(1) 在测量中存在外来噪声。

(2) 频谱估计的频率分辨率太宽。

(3) 将 $y(t)$ 与 $x(t)$ 相关联的系统具有时间相关的参数。

(4) 将 $y(t)$ 与 $x(t)$ 相关联的系统不具有线性。

(5) 输出 $y(t)$ 归因于除 $x(t)$ 之外的其他输入。

通过仔细地设计实验来最大限度地减少引起低相干性的前 4 个潜在原因后,第 5 个原因为制定完善的声学噪声和 / 或振动源识别程序提供了依据。具体而言,如果已知在源和接收器位置之间存在一个恒定参数线性系统,则可采用适当的信噪比来测量源信号,以及采用适当的频率分辨率来估计源和接收器信号的频谱,然后由相干函数来定义由所测量的源信号引起的接收器信号自频谱密度的分数部分。这是相干输出功率关系的基础,3.5 节对此进行了讨论和说明。

3.3.5 统计抽样误差

假设平均时间是信号周期的整数倍,则不存在与周期信号的频谱计算相关联的统计抽样误差。假设平均时间比瞬态长,对于确定性瞬态信号的傅里叶频谱的计算也会出现相同情况。然而,随机信号的频谱密度量的计算将涉及随机抽样误差,如先前在 3.2 节中所论述。表 3.2 总结了自功率谱、互功率谱和相干函数估计中这些随机误差的一阶近似值[1]。随机误差是根据式(3.6)中定义的归一化随机误差(变异系数)来表示的,但互功率谱相位的估计值除外,它的随机误差是根据以弧度为单位的估计相位角的标准偏差得出的(见表 3.2)。

表 3.2　自功率谱、互功率谱和相干函数估计的归一化随机误差

信号特性	归一化随机误差 ϵ_r 或标准偏差 σ_r
自功率谱密度函数,$G_{xx}(f)$	$\epsilon_r = 1/n_d^{1/2}$
互功率谱密度幅值,$\left\| G_{xy}(f) \right\|$	$\epsilon_r = 1/[n_d \gamma_{xy}^2(f)]^{1/2}$
互功率谱密度相位,$\theta_{xy}(f)$	$\sigma_r = [1 - \gamma_{xy}^2(f)]^{1/2}/[2n_d \gamma_{xy}^2(f)]^{1/2}$
相干函数,$\gamma_{xy}^2(f)$	$\epsilon_r = [1 - \gamma_{xy}^2(f)]/[0.5n_d \gamma_{xy}^2(f)]^{1/2}$

除了随机误差之外,在估计谱密度函数时还存在偏移误差问题,该误差出现在估计中的峰值和谷值处。该偏移误差是由计算中使用的有限分辨率带宽引起的。对于自功率谱和互功率谱密度幅值估计,偏移误差在归一化条件下由下式得出[1][9],即

$$\epsilon_b[\hat{G}(f)] = \frac{b[\hat{G}(f)]}{G(f)} = -\frac{1}{3}\left(\frac{\Delta f}{B_r}\right)^2 \tag{3.17}$$

式中　$b[\cdot]$——通过 $G(f)$ 的偏置值 $\hat{G}(f)$ 来估计其引起的偏移误差;

　　　　Δf——分析中使用的频率分辨率;

　　　　B_r——在该频率处的 $G_{xx}(f)$ 或 $|G_{xy}(f)|$ 中的频谱峰值的半功率点带宽。

对于相干函数估计,不存在通用的偏移误差方程式,但对于特殊情况,已建立了误差关系[10]。

3.4　相　关　函　数

对于涉及宽带宽随机数据信号的某些噪声和振动控制问题,最好使用时域信号处理程序来解决,而不是 3.3 节中讨论的频域频谱分析方法。涉及的基本计算为两个随机数据信号 $x(t)$ 和 $y(t)$ 之间的相关函数,其由下式估计,则有

$$R_{xy}(\tau) = \frac{1}{T-\tau} \int_0^{T-\tau} x(t) y(t+\tau) \mathrm{d}t \qquad (3.18\mathrm{a})$$

式中,τ 表示延时。数字方程表示为

$$R_{xy}(r\Delta t) = \frac{1}{N-r} \sum_{n=1}^{N-r} x[n\Delta t] y[(n+r)\Delta t] \qquad (3.18\mathrm{b})$$

式中,r 是对应于 $r\,\Delta t$ 延时的滞后值。式(3.18)中估计的基本量被称为信号 $x(t)$ 和 $y(t)$ 之间的互相关函数。对于 $x(t)=y(t)$ 的特殊情况,有

$$R_{xx}(\tau) = \frac{1}{T-\tau} \int_0^{T-\tau} x(t) x(t+\tau) \mathrm{d}t \qquad (3.19)$$

式(3.19)被称为 $x(t)$ 的自相关函数。注意,当 $\tau=0$ 时,自相关函数仅为 w_x,即信号的均方值。在式(3.18)和式(3.19)中,随着平均时间 $T \to \infty$,估计量将在极限范围内变得精确。对于 T 的有限值,在估计中将存在随机抽样误差,稍后将对此进行讨论。

相关函数通过傅里叶变换与谱密度函数相关[1],则有

$$G_{xy}(f) = 2 \int_{-\infty}^{\infty} R_{xy}(\tau) \mathrm{e}^{-\mathrm{j}2\pi f \tau} \mathrm{d}\tau \qquad (3.20)$$

式(3.20)通常被称为维纳—辛钦关系,是实际计算相关函数的基础。具体而言,首先通过第 3.3 节所述的 FFT 程序来计算谱密度函数。然后计算谱密度函数的傅里叶逆变换,得出相关函数。由于 FFT 算法的效率较高,该方法需要的计算比直接计算方程式(3.18b)要少的多。但是,受与 FFT 算法相关的循环效应影响,需要大量特殊运算来获得正确的结果,详情见参考文献[1]。

3.4.1　相关系数函数

对于许多应用场景而言,更方便的做法是使用 $x(t)$ 和 $y(t)$ 之间的归一化互相关函数,该函数被称为相关系数函数,由下式可得(假设平均值为零)。

$$\rho^2(\tau) = \frac{R_{xy}^2(\tau)}{R_{xx}(0) R_{yy}(0)} = \frac{R_{xy}^2(\tau)}{w_x w_y} \qquad (3.21)$$

相关系数函数(有时称为平方相关系数函数)类似于 3.3 节中定义的相干函数,因为它是一个以 0 和 1 为界的实值量,即

$$0 \leqslant \rho_{xy}^2(\tau) \leqslant 1 \qquad (3.22)$$

式中，0 值表示不存在线性相关性，1 值表示在时间位移 τ 处的信号 $x(t)$ 和 $y(t)$ 之间存在完美的线性相关性[1]。因此，相关系数函数的解释与 3.3 节中讨论的频域相干函数极为相似，不同之处在于相关系数函数适用于两个信号的整个频率范围，而相干函数适用于特定频率。此外，由方程式(3.14b)可知，相关系数函数中的延时信息与互功率谱密度函数中的相位信息通过下式相关联

$$\theta(f) = 2\pi f\tau \tag{3.23}$$

因此，当延时作为频率的函数时，互功率谱的相位对于提取延时信息是很有价值的[11]。

3.4.2　统计抽样误差

当应用于随机数据信号时，相关函数的计算将涉及统计抽样误差。根据方程式(3.6)中定义的归一化随机误差，互相关函数估计中的误差可近似为[1]

$$\epsilon_r\left[\hat{R}_{xy}(\tau)\right] = \left[\frac{1+1/\rho_{xy}^2(\tau)}{2B_s T_r}\right]^{1/2} \tag{3.24}$$

式中　$\hat{R}_{xy}(\tau)$——$R_{xy}(\tau)$ 的估计值；

　　　　T_r——计算的总测量持续时间；

　　　　B_s——两个数据信号的最小统计带宽，如式(3.7)所定义。

3.5　数据分析应用

信号分析在噪声和振动研究中的应用很广泛，并且可能变得相当复杂[9]。然而，如本章引言中所述，对于噪声和振动控制问题有三个特别令人关注的具体应用领域：① 识别系统响应特性；② 识别激励源；③ 识别透射路径。

3.5.1　系统响应特性识别

通常通过确定激励源和接收器位置响应之间的增益因数来促进对噪声和振动的控制。此处涉及的基本测量是两个相关点之间的频率响应函数(有时称为传递函数)。假设给定激励源信号 $x(t)$ 和同时测量的响应信号 $y(t)$，源和接收器信号之间的频率响应函数可由下式得出[1]，即

$$H_{xy}(f) = \frac{G_{xy}(f)}{G_{xx}(f)} \tag{3.25a}$$

其中自功率谱密度函数和互功率谱密度函数分别如式(3.13)和式(3.14)中所定义。频率响应函数通常是一个复数值量，可以采用复极表示法更方便地表示为

$$H_{xy}(f) = |H_{xy}(f)| e^{i\phi_{xy}(f)} \tag{3.25b}$$

式中，幅度函数 $|H_{xy}(f)|$ 是增益因数，而自变量 $\phi_{xy}(f)$ 是 $x(t)$ 和 $y(t)$ 之间的相位因数。在更高级的应用领域中，例如正则模态分析[12]，同时需要增益因数和相位因数。然而，在许多基本应用中，可能仅关注增益因数。

频率响应幅度(增益因数)估计中的归一化随机误差通过下式得出近似值[1]，即

$$\epsilon_r\left[|\hat{H}_{xy}(f)|\right] \approx \frac{[1-\gamma_{xy}^2(f)]^{1/2}}{[2n_d \gamma_{xy}^2(f)]^{1/2}} \tag{3.26}$$

式中 $\hat{H}_{xy}(f)$ ——$H_{xy}(f)$ 的估计值；

       $\gamma_{xy}^2(f)$ —— 源信号和接收器信号之间的相干函数；

       n_d —— 计算自功率谱和互功率谱（用于计算增益因数）时所用不相交平均值的数目。

频率响应相位估计中的随机误差与表 3.2 中给出的互功率谱密度估计的相位相同。

与相干函数估计一样，增益因数估计中的随机误差随着相干函数接近 1 而接近于 0，即使对于谱密度估计中的少量平均值也是如此。因此，如果相干函数较大，可采用比在其计算中使用的谱密度估计更高的精确度来估计增益因数。

在增益因数估计中存在多个偏移误差源[1,9]，但最显著的误差源是由计算增益因数时所用谱密度函数中的频率分辨率偏移误差引起的，如式（3.17）所示。根据经验，如果频谱数据中的峰值的半功率点之间存在至少 4 个频谱分量，即，如果式（3.17）中 $\epsilon_b[G(f)] < 0.02$，则增益因数估计中的偏移误差应当是可忽略的。

作为增益因数估计的应用实例，可考虑图 3.10 中所示的实验，其中涉及在振动试验期间对模拟航天器有效载荷进行的两次振动测量。其中，一次测量在有效载荷的安装点附近进行，另一次测量在振动可能对有效载荷性能产生不利影响的关键有效载荷元件上进行。增益因数清楚地揭示了一个频域（约 110 Hz），在此频域内，由于有效载荷在该频率下产生强烈简正模响应（共振），安装点处的振动在相关主要元件处被极度放大。因此，减少振动的措施应当集中在该频域内。

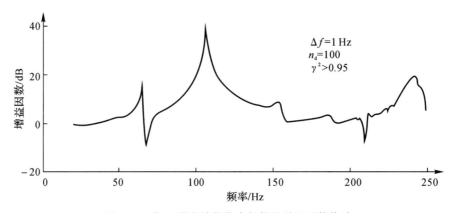

图 3.10 航天器有效载荷中部件的增益因数估计

3.5.2 周期性激励源识别

对于周期性声学和振动激励，通常可通过直接的窄带宽频谱分析并结合对产生声学噪声和／或振动的所有旋转机械的均方根的了解来加以识别。图 3.11 提供了图示说明，其中显示了在装有大型空调设备的微电子制造设施的地板上所发生振动的频谱。从图中可知，对于振动数据中更强的谱峰，在了解旋转频率后便可并使用特定的旋转机器来直接识别。当然，该方法不能区分在完全相同频率下运行的两台旋转机器各自产生的的振动量。然而，只要两台机器之间的旋转速度存在一定差异，例如 Δg（Hz），那么在理论上可以通过采用小于 Δg 的频率分辨率 Δf 进行频谱分析来区分机器产生的振动量。在实践中，理想情况为

$$\Delta f = \frac{1}{T} < \frac{\Delta g}{3} \tag{3.27}$$

式中，T 为用于频谱计算的分段持续时间。由于信号呈周期性或概周期性，因此不存在与所产生的频谱估计相关的随机误差。

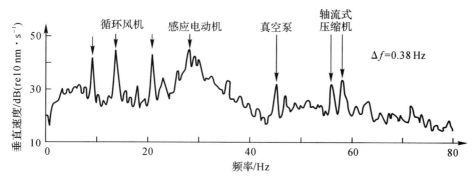

图 3.11　微电子设施中地板振动的傅里叶频谱

（图片来源：BBN 实验室公司，加利福尼亚州坎诺加帕克）

3.5.3　随机激励源识别

当声学和／或振动环境中的两个或两个以上的激励源在特性上是随机的，并覆盖基本上相同的频率范围时，会更加难以识别个别激励源产生的激励量。如果可能，应通过关闭除了一个激励源之外的所有激励源来识别每个激励源产生的激励量，以便单独测量每个激励源的效应。如果此方法不可行，可应用相干输出功率的原理。具体做法是，对于包含 q 个可疑激励源的集合中的每一个激励源，测量在源位置处产生的声学或振动信号，表示为 $x_i(t)$，$i = 1, 2, \cdots, q$。对于每个单独的源信号，同时测量接收器信号 $y(t)$，并用方程式（3.15）计算第 i 个激励源和接收器机信号之间的相干函数。在合适的条件下，对于完全因第 i 个源信号而形成的接收器信号，其自功率谱可由下式得出，即

$$G_{y:i}(f) = \gamma_{iy}^2(f) G_{yy}(f) \tag{3.28}$$

式中，$G_{y:i}(f)$ 表示完全因第 i 个源信号 $x_i(t)$ 而形成的接收器信号的自功率谱部分。式（3.28）被称为相干输出功率关系。如果使用得当，它可以成为一个强大的工具来区分声学噪声和振动问题中各种潜在随机激励源的影响。正确应用相干输出功率关系的主要要求如下[9]：

（1）必须准确测量候选激励源（或紧邻激励源的响应），且测量噪声可忽略不计。然而，由于相干函数是无量纲的，所以任何类型的换能器（压力、速度、加速度或位移）都可用于激励源测量，只要其生成的信号与激励现象具有线性关系即可。

（2）候选激励源必须在统计上保持独立，并且在任何一个激励源的测量中不能存在由其他激励源传播的能量引起的干扰（串扰），即测量的源信号之间的相干函数必须全部为 0。

（3）在候选激励源和接收器信号之间不得存在显著的反馈或非线性效应。

相干输出功率测量的归一化随机误差可由下式得出近似值[1]，即

$$\epsilon_r[\hat{G}_{y:i}(f)] \approx \frac{[2 - \gamma_{iy}^2(f)]^{1/2}}{[n_d \gamma_{iy}^2(f)]^{1/2}} \tag{3.29}$$

式中，$\hat{G}_{y:i}(f)$ 为 $\hat{G}_{y:i}(f)$ 的估计值；$\gamma_{iy}^2(f)$ 为第 i 个信号源与接收器信号之间的相干函数，n_d 为

计算自功率谱和互功率谱(用于计算相干输出)时所用不相交平均值的数目。从式(3.29)中可知,当 $\gamma_{iy}^2(f) \ll 1$ 时,准确计算相干输出功率所需的不相交记录的数量(以及由此需要的总测量持续时间 $T_r = n_d T$) 将相当大,这在有许多独立激励源对 $y(t)$ 产生影响的情况下是很常见的。

当激励源和接收器测量位置[1,9-10,13]之间距离较大时或在混响环境[9,14]中进行测量时,激励源和接收器信号之间可能出现延时,因此可能导致相干输出功率计算中出现严重偏差。由于这两种测量通常以共同的时基进行记录和分析,所以激励源和接收器信号之间的延时将导致接收信号的一部分与激励源不相关。对于这些由延时引起的偏移误差,可以通过在数据分析中使用预先计算延迟或选择合适的中断时间 T 来控制,详细信息见参考文献[9][13]和[14]。

为了说明相干输出功率计算,可考虑实施图 3.12 中所示实验,其中由宽频带随机振动源激发的振动板部分向接收器传声器辐射声学噪声。在不存在其他噪声源的情况下,接收器传声器所接收到的辐射噪声 $y(t)$ 的自功率谱如图 3.13 中的细实线所示。由扬声器引入统计上独立的背景噪声,以产生总能值比振动板辐射噪声强度高出约 500 倍(高 27 dB)的声能。图3.13 还显示了由振动板辐射和背景噪声产生的总传声器接收信号的自功率谱,以粗实线表示。最后,在存在背景噪声的情况下计算传声器与安装在振动板上的加速度计之间的相干输出功率。结果如图 3.13 中的虚线所示。可以看出,在大多数频率下,相干输出功率计算能以合理的准确度从强背景噪声中提取由加速度计测量的辐射振动板噪声的自功率谱。该程序适合此示例的原因是来自振动板的辐射噪声与由加速度计测量的振动板运动具有线性关系。此外,由于仅从一个点驱动振动板,所以振动板上任一点的振动响应能代表所有点处的振动。

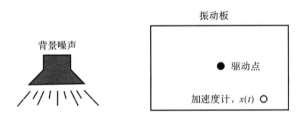

图 3.12　在背景噪声下使用辐射振动板识别声源的实验

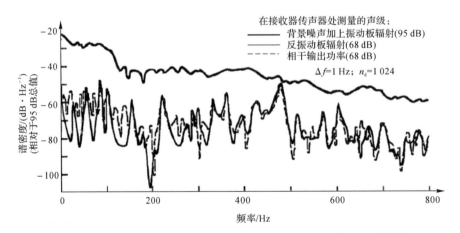

图 3.13　背景噪声下辐射振动板的总输出功率谱和相干输出功率谱[9]

3.5.4 传播路径识别

在声学噪声和振动控制问题中很重要的另一项分析是识别一个或多个物理路径,能量通过该物理路径从激励源传播到接收器位置。对于涉及以非分散方式(以与频率无关的传播速度)传播的宽频带随机能量(例如,空气传播噪声)的情况,通常可通过互相关分析来完成传播路径的识别。具体而言,假设源信号 $x(t)$ 以非分散方式通过 r 个路径传播,然后产生接收器信号 $y(t)$。为了简单起见,进一步假设传播路径具有均匀(与频率无关)的增益因数,表示为 H_i, $i=1,2,\cdots,r$。由此可得

$$y(t)=H_1 x(t-\tau_1)+H_2 x(t-\tau_2)+\cdots+H_r x(t-\tau_r) \tag{3.30}$$

式中,$\tau_i(i=1,2,\cdots,r)$ 是通过每个路径的传播时间。然后,根据式(3.18)和式(3.19)可得

$$R_{xy}(\tau)=H_1 R_{xx}(\tau-\tau_1)+H_2 R_{xx}(\tau-\tau_2)+\cdots+H_r R_{xx}(\tau-\tau_r) \tag{3.31}$$

具体而言,源信号与接收器信号之间的互相关函数将是一系列叠加的自相关函数,每一自相关函数与一个非分散传播路径相关联,并以等于所述路径沿线上传播时间的延时为中心。根据式(3.20),如果源信号具有宽带宽,那么当 τ 偏离 τ_i 时,这些自相关峰值将迅速衰减,并将在互相关估计中得到明确定义,如图 3.14 所示。注意,每个路径的传播时间是距离与传播速度之比,与每个相关峰相关联的物理路径通常可以根据路径的长度和形成该路径的介质中的非分散波的传播速度来识别。最后,通过特定路径传播的接收器信号的均方值部分与关联于该路径的相关峰值的幅度平方成比例。与方程式(3.31)中的 $R_{xy}(\tau)$ 估计相关的归一化随机误差可由式(3.24)得出。

为了使互相关分析能够有效地识别不同的非分散传播路径,必须满足以下要求。

(1)声源 $x(t)$ 必须是宽频带随机信号。

(2)传播路径必须具有适度均匀的增益因数。

(3)通过每个路径的传播时间必须不同于所有其他路径。

根据经验[9],通过任何一对路径的传播时间之差必须是 $\Delta t > l/B_s$,其中 B_s 表示接收器信号的频谱带宽,如式(3.7)所定义。随着频谱带宽变小,互相关函数中的峰值扩大,并且识别单个传播路径的峰值的能力降低。当带宽不宽时,可通过许多其他信号处理操作来增强检测两个信号之间的个别传播路径的能力[9]。此外,使用希尔伯特变换生成的包络函数可以进一步增强这种检测[1]。然而,在源信号是正弦波(或任何周期函数)的极限窄频带情况下,任何信号处理程序都不能实现对个别传播路径的识别,无论在通过各个路径的传播时间之间存在多大差异。

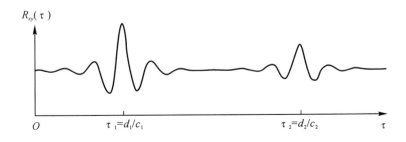

图 3.14 声源和具有两条非分散传播路径的接收器信号之间的互相关函数

为了说明互相关分析在传播路径识别问题中的应用,可考虑图 3.15 中所示实验,其中涉及产生带宽约为 8 kHz 的声学噪声的扬声器。使用两个传声器来测量噪声,一个位于扬声器前面,另一个位于距扬声器 0.68 m 处。在接收器传声器后面有一堵墙,它能引起背向反射,在声源和接收器传声器之间产生长度为 1.7 m 的第二条路径。计算出的源信号和接收器信号之间的互相关函数如图 3.16 所示。可以看出,在 2 ms 和 5 ms 处的互相关估计中出现两个最大值。注意,室温下空气中的声速为约为 340 m/s,因此两个峰值可清楚地识别出直接路径和背向反射。与背向反射对应的相关峰值的大小仅为对应于直接路径的峰值的大约 40%,正如发生球面扩散损失时的预期结果所料,即反射路径比直接路径长 2.5 倍,因此其声级应该低大约 8 dB。

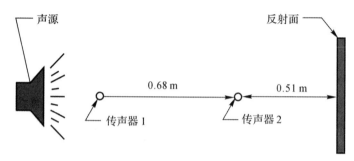

图 3.15　背向反射声传播路径实验

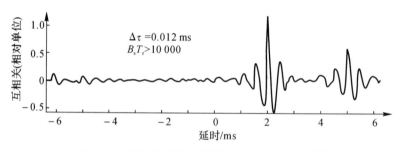

图 3.16　背向反射传声器信号间的互相关函数[9]

互相关分析程序通常适用于以非分散纵波进行多路径传播的声学问题。在结构振动问题中,也可能存在一些非分散纵波传播,但是结构中的大多数振动能量是以分散[15]弯曲波的形式传播,即传播速度是频率的函数。此外,弯曲波在结构路径的材料性能或几何形状发生变化的位置处会出现强烈反射和/或散射。这些事实导致多路径结构振动问题中单个传播路径的检测变得更加复杂。然而,如果结构路径相当均匀,有时可以通过合理使用带宽受限的互相关分析[1,9]来获得有意义的结果。

参 考 文 献

[1]　J. S. Bendat and A. G. Piersol, *RANDOM DATA*: *Analysis and Measurement Procedures*, 3rd ed., Wiley, New York, 2000.

[2]　L. L. Beranek, *Acoustical Measurements*, rev. ed., Acoustical Society of America,

Woodbury, NY, 1988.

[3] H. Himelblau et al. , *Handbook for Dynamic Data Acquisition and Analysis*, IEST – RP – DTE012. 1, Institute of Environmental Sciences and Technology, Rolling Meadows, IL, 1994.

[4] J. W. Cooley and J. W. Tukey, "An Algorithm for the Machine Calculation of Complex Fourier Series,"*Math. Computat.*, **19**, 297 – 301 (1965).

[5] F. J. Hams, "On the Use of Windows for Harmonic Analysis with the Discrete Fourier Transform,"*Proc. IEEE*, **66**(1), 51 – 83(1978).

[6] S. Rubin, "Concepts in Shock Data Analysis," in C. M. Harris and A. G. Piersol (Eds.), *Harris' Shock and Vibration Handbook*, 5th ed. , McGraw – Hill, New York, 2002.

[7] P. D. Welch, "The Use of Fast Fourier Transforms for the Estimation of Power Spectra: A Method Based on Time Averaging Over Short, Modified Periodograms," *IEEE Trans. Audio Electroacoust*, **AU – 15**(2), 70 – 73 (1967).

[8] A. H. Nuttall, "Spectral Estimates by Means of Overlapped Fast Fourier Transformed Processing of Windowed Data," NUSC TR – 4169, Naval UnderwaterSystems Center, New London, CT, October 1971.

[9] J. S. Bendat and A. G. Piersol, *Engineering Applications of Correlation and Spectral Analysis*, 2nd ed. Wiley, New York, 1993.

[10] H. Schmidt, "Resolution Bias Errors in Spectral Density, Frequency Response and Coherence Function Estimates,"*J. Sound Vib.*, **101**(3), 347 – 427 (1985).

[11] A. G. Piersol, "Time Delay Estimation Using Phase Data,"*IEEE Trans. Acoust. Speech Signal Proc.*, **ASSP – 29**(3), 471 – 477 (1981).

[12] R. J. Allemang and D. L. Brown, "Experimental Modal Analysis, " in C. M. Harris and A. G. Piersol (Eds.),Harris' *Shock and Vibration Handbook*, 5th ed. , McGraw – Hill, New York, 2002.

[13] M. W. Trethewey and H. A. Evensen, "Time – Delay Bias Errors in Estimating Frequency Response and Coherence Functions from Windowed Samples of Continuous and Transient Signals,"*J. Sound Vib.*, **97**(4), 531 – 540 (1984).

[14] K. Verhulst and J. W. Verheij, "Coherence Measurements in Multi – Delay Systems,"*J. Sound Vib.*, **62**(3), 460 – 463 (1979).

[15] L. Cremer, M. Heckl, and E. E. Ungar, *Structure – Borne Sound*, 2nd ed. , Springer – Verlag, New York, 1988.

参 考 书 目

Brigham, E. O. ,*The Fast Fourier Transform and Its Applications*, Prentice – Hall, Englewood Cliffs, NJ, 1988.

Crocker, M. J. , *Handbook of Acoustics*, Wiley, New York, 1998.

Doebelin，E. O. ，*Measurement Systems：Application and Design*，5th ed. ，McGraw - Hill，New York，2004.

Harris，C. M. ，*Handbook for Acoustic Measurements and Noise Control*，3rd ed. ，McGraw - Hill，New York，1991.

Harris，C. M. ，and A. G. Piersol，*Harris' Shock and Vibration Handbook*，5th ed. ，McGraw - Hill，New York，2002.

Hassall，E. R. ，and K. Zaven，*Acoustic Noise Measurements*，5th ed. ，Bruel & Kjær，Naerum，Denmark，1989.

Mitra，S. K. ，and J. F. Kaiser，*Handbook for Digital Signal Processing*，Wiley，New York，1993.

Newland，D. E. ，*Random Vibrations，Spectral and Wavelet Analysis*，3rd ed. ，Wiley，New York，1993.

Oppenheim，A. V. ，and R. W. Schafer，*Discrete - Time Signal Processing*，2nd ed. ，Prentice - Hall，Englewood Cliffs，NJ，1999.

Smith，S. W. ，*The Scientist and Engineer's Guide to Digital Signal Processing*，2nd ed. ，California Technical Publishing，San Diego，CA，2002. （Online：http://www.dspguide. com/pdfbook. htm）

Wirsching，P，H. ，T. L. Paez，and H. Ortiz，*Random Vibrations，Theory and Practice*，Wiley，New York，1995.

Wright，C. P. ，*Applied Measurement Engineering*，Prentice - Hall，Englewood Cliffs，NJ，1995.

第4章 声功率级和噪声源
指向性的确定

4.1 引　言

噪声控制可以作为一个系统问题进行考虑,该系统包括声源、路径和接收器[1]三部分。

在任何噪声控制问题中,来自一个或多个声源的声能通过固体结构和空气中的多个路径传播,然后传递至接收对象——个体、群体、传声器或其他仪器,或受噪声影响的结构。三个动作词与声源-路径-接收器模型相关:发射、传播和入射。由噪声源发射的声能传递到接收器,然后入射至接收器中。第5～7章、第10章和第11章将讨论传播问题,第9章将讨论入射问题。

声压级常用于定量地描述声场的物理量,因为耳朵会对声压做出响应。声级计可用于测量接收器在声场中占据位置处的声压级。因此,输入的首选描述符是以 dB 为单位的声压级。然而,声压级本身并不是一个理想的描述噪声源(发射)强度的量,因为它会随着与声源的距离和声源所在的声学环境而变化。

需要两个量来描述噪声源的强度:声功率级和指向性。声功率级是声源在所有方向上辐射的总声功率的量度,通常表述为频率(例如 1/3 倍频带)的函数。因此,声功率级是噪声源发射声能的首选描述符。声功率级通常用 dB 表示。一些行业已采用 bel(1 bel=10 dB)作为声功率级的单位,以便清楚地区分以 dB 为单位的声压级和以 bel 为单位的声功率级。

声源指向性是声辐射随方向变化的量度。指向性通常被表述为声源的声学中心周围角位置的函数,有时还表述为频率的函数。一些声源在所有方向上辐射的声能几乎是均匀的。这些声源被称为非定向声源(见图 4.1)。通常,与辐射声波的波长相比,这种声源的尺寸较小。大多数实际声源具有一定的指向性(见图 4.2),即,它们在某些方向辐射的声波比其他方向更多。4.12 节讨论了声源指向性的量度。

根据声功率级和指向性,可以计算声源在其工作的声环境中产生的声压级。然而,该计算并不简单,因为在空间中各位置处产生的声压级不仅取决于声源的特性,还取决于空间本身的特性。声源产生的声能被空间边界反射、吸收和散射,并且一些能量通过这些边界传播到相邻空间。因此,同一声源可能在不同的空间或环境中产生差异较大的声压级。这突显了发射和入射之间的差异,并解释了为何声压级不是适合声源噪声发射的描述符。室外和室内的声场将在第5～7章中详细讨论。

如果声源被牢牢固定在某个表面,可能会在相邻表面引发振动,进而导致声源辐射的声功率超过声源受到振动隔离的情况下的声功率。因此,声源的运行和安装条件都会影响辐射的声功率量以及声源的指向性。尽管如此,声功率级本身对于以下工作也是颇为有用的,包括比较由相同类型和尺寸的机器以及不同类型和尺寸的机器辐射的噪声、确定机器是否符合噪声发射的规定上限、通过规划确定透射损失或所需的噪声控制,以及策划有助于开发安静机械设备的工作。

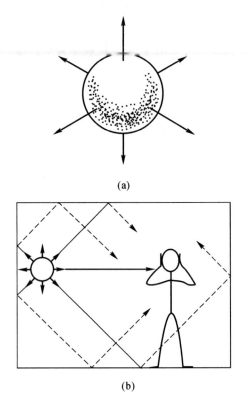

(a)

(b)

图 4.1　向各个方向均匀辐射声能的声源
(a)自由空间中的声压;
(b)隔声罩中发生内表面反射的同一声源[实线表示直达声;虚线表示反射(混响)声]

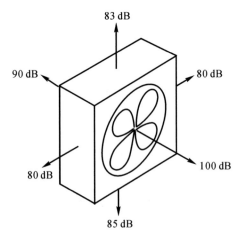

图 4.2　定向辐射进入自由空间的声源

4.2　声源的声功率级

尽管有噪声的机器产生的声功率仅占机器产生的总机械功率的很小一部分,实际声源产生的声功率的范围相当大,从不足一微瓦到数兆瓦不等。参考文献[2]估计了各种噪声源的辐射比。

当使用 A 频率加权曲线对作为频率的函数的声功率进行加权时,可获得噪声源发射的单数字描述符。结果为 A 计权声功率(见表 1.4)。辐射比是声源的 A 计权声功率级与机械功率之比。

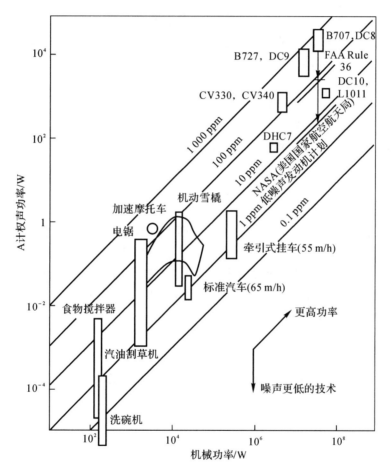

图中:对角线是以百万分率为单位的恒定机声效率(声功率/机械功率)的线;标记为 FAA 规则 36 的线近似于 1975 年新飞机设计的噪声级,而在该数字公布时正在进行的研究项目的目标被称为 NASA 低噪声发动机计划。

图 4.3　各种机器的 A 计权声功率与机械功率的估计值

转换比的估计值如图 4.3 所示。图中的对角线给出了 $10^{-3} \sim 10^{-7}$ 范围内的转换比。

实际声源的声功率覆盖超过 12 个数量级的范围。因此,对于采用国际公认声功率(10^{-12}

W）的对数标度上的声功率，可以很方便地将其作为对数的参考（见第 1 章）。A 计权声功率级[①]单位为分贝，可表示为

$$L_{WA} = 10 \lg\left(\frac{W_A}{W_0}\right) \qquad (4.1)$$

式中　W_A——A 计权声功率；

　　　L_{WA}——A 计权声功率级，dB；

　　　W_0——参考声功率，国际公认值为 10^{-12} W。

因此

$$L_{WA} = 10 \lg W_A + 120 \text{ dB} \quad （以 10^{-12} \text{W 为基准值}） \qquad (4.2)$$

A 计权声功率级（L_{WA}）通常以 dB 表示，但也可用贝尔表示。由于在以 bel（发射）表示的声功率级和以 dB（发射）表示的声压级之间存在数量级差，所以避免了以 dB 表示发射值和入射值的模糊性。这一方法在处理公众问题时尤其重要。在许多国家，不熟悉声学技术细节要求的人无法区分以 dB 表示的不同量。尽管如此，噪声控制工程师和该领域的其他从业者通常发现用 dB 表示声功率级是很方便的。

示例 4.1　假设声源辐射的 A 计权声功率为 3 W，求出以 dB 为单位的 A 计权声功率级。

解　$L_{WA} = (10 \lg 3 + 120) \text{ dB} = 124.8 \text{ dB}$　（以 10^{-12} W 为基准值）

一个声功率级是一个无量纲量，需注明基准值以避免混淆。

4.3　声源的辐射场

由于必须通过测量诸如声压或声强（在单位时间内通过单位面积的声能）的场量来确定声源发射的声功率，所以当声源被放置在各种声学环境中时，理解声源的辐射场是很重要的。典型噪声源的辐射场特性通常随离声源的距离而变化。在声源附近，质点速度并不一定处于声波的传播方向上，并且在任何点处可能存在可感知的切向速度分量。这种辐射场为近场。它的特征是声压随着与声源的距离变化而沿着给定半径出现显著变化，即使声源处于自由无界空间（通常被称为自由场）。此外，在近场中，声强与声压的均方值之间不简单相关。

与近场延伸到达的声源的距离取决于频率、特性声源尺寸以及声源表面辐射部分的相位。特性尺寸可能随频率和角定向而变化。因此，很难以任何准确度对任意声源的近场确立界限。通常需要通过实验来探索声场。

在传真领域，如果声源处于自由空间（无反射声音的边界）或尚未到达混响声场（见图 4.4），则与声源的距离每增加一倍，声压级就会降低 6 dB。在远场的自由场部分中，质点速度主要处于声波的传播方向上。

如果声源在隔声罩内辐射，那么在远场的混响部分中，即隔声罩边界反射的声波叠加在源自声源的直达声场的区域中，可观察到声压随位置的波动（见图 4.4）。在声源的直接声压明显低于反射声声压的区域内的高混响空间中，声压级达到的值基本上不受与声源的距离的影响。该区域近似于一个理想的扩散声场，即反射能量在所有方向上均等传播并且声能密度保持均匀。

---

①　在过去，A 计权声功率级有时由噪声功率发射级（缩写为 NPEL）表示，这种用法已不常见。

　　阴影区域的下边缘是住宅和办公室中带家具空间内的声场的典型特征。如第 7 章所述,在声场既非自由声场也非扩散声场的住宅和办公室内的带家具空间中,当距声源的距离每增加一倍时,声压级降低大约 3 dB。

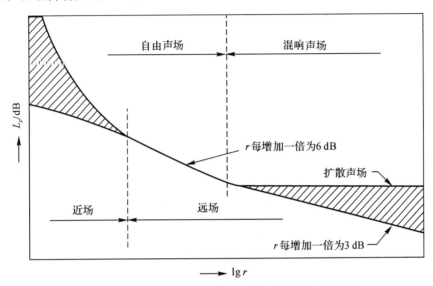

图 4.4　隔声罩内声压级沿典型噪声源的半径 r 的变化

4.4　声强、声功率和声压

4.4.1　声强和声功率

　　随着声波从声源向外传播,由声源辐射到自由空间中的声能(单位为 J,1 J＝1 N · m)或声功率(单位为 J/s 或 W)的扩散区域变得越来越大。因此,声场中某一点处的声强(单位为 W/m²)和声压(单位为 Pa)随着与声源的距离增大而减小,声强(2.2 节中定义为每单位时间通过单位面积的声能量)是一个矢量 $\boldsymbol{I}$,其大小为 $I=|\boldsymbol{I}|$,方向 $\hat{r}$ 指向声能传播的方向。如果选择环绕声源的封闭表面,则声源辐射的声功率可由以下积分计算,有

$$W = \int_S \boldsymbol{I} \cdot \mathrm{d}\boldsymbol{S} \tag{4.3}$$

式中　　W——声功率,W;

　　　　$\boldsymbol{I}$——时间平均声强向量,W/m²;

　　　　$\mathrm{d}\boldsymbol{S}$——表面积的无穷小元素(垂直于表面的向量);

　　　　S——包围声源的封闭表面的面积。

　　扩大式(4.3)中的点积,根据标量得出面积分为

$$W = \int_S \boldsymbol{I} \cdot \mathrm{d}\boldsymbol{S} = \int_S (|\boldsymbol{I}|\hat{r}) \cdot (|\mathrm{d}\boldsymbol{S}|\hat{n}) = \int_S (I\mathrm{d}S) \times (\hat{r} \cdot \hat{n}) = \int_S I\mathrm{d}S\cos\theta = \int_S I_n\mathrm{d}S \tag{4.4}$$

式中,$I_n = I\cos\theta$,为垂直于 $\mathrm{d}\boldsymbol{S}$ 位置处的表面的声强分量;$\mathrm{d}S$ 表示元素表面积向量的大小;$\hat{r}$ 表示在声音传播方向上的单位向量;$\hat{n}$ 表示垂直于表面的单位向量;θ 是 $\hat{r}$ 和 $\hat{n}$ 之间的夹角。注

意,声强的最大值等于其振幅 $I_{max} = I$,并且在方向 $\hat{r}$ 上获得。通常,强度向量的分量,例如 I_n(或笛卡尔方向 $\hat{x}$、$\hat{y}$ 或 $\hat{z}$ 上的分量)小于 I_{max}。

积分可以在围绕声源的球面或半球面上进行。在实践中也可使用其他规则表面,例如平行六面体或圆柱体,并且原则上可以使用任何封闭表面。如果声源是非定向的,并且积分是在半径为 r 且以声源为中心的球面上进行的,则声强和声功率通过下式相关联,即

$$I = I_n = \frac{W}{S} = \frac{W}{4\pi r^2} \tag{4.5}$$

式中　I—— 表面声强大小(在半径 r 处);

　　　I_n—— 表面声强的法向分量(在半径 r 处);

　　　W—— 声功率,W;

　　　S—— 球面面积,$S = 4\pi r^2$,m^2;

　　　r—— 球体半径,m。

一般而言,声源是定向的,并且声强在表面上的所有点处均不相同。因此,必须进行近似计算以估算式(4.4)的积分。通常将测量面划分成多个分区,每个分区面积为 S_i,然后粗略估算每个表面分区上声强的法向分量。接下来可通过对所有表面分区求和来计算声源的声功率,则有

$$W = \sum_i I_{n_i} S_i \tag{4.6}$$

式中　I_{n_i}—— 第 i 个分区上的平均声强法向分量,W/m^2;

　　　S_i—— 第 i 个分区的面积,m^2;

　　　i—— 分区数量。

式(4.6)可以对数表示为

$$L_W = 10\lg \sum_i S_i \times 10^{L_{I_i}/10} \tag{4.7}$$

式中　L_W—— 声功率级,dB(以 10^{-12} W 为基准值);

　　　S_i—— 第 i 个分区的面积,m^2;

　　　L_{I_i}—— 第 i 个分区上的平均法向声强级,dB(以 10^{-12} W/m^2 为基准值)为了简单起见,已省略了下标 n。

当测量面上的每个分区 S_i 具有相同的面积 S_ε 时,式(4.7)归纳为

$$W = \sum_{i=1}^{N} I_{n_i} S_i = S_\varepsilon \sum_{i=1}^{N} I_{n_i} = \left(\frac{1}{N} \sum_{i=1}^{N} I_{n_i}\right) N S_\varepsilon = \bar{I}_n S \tag{4.8}$$

式中　$\bar{I}_n$—— 测量面上的平均法向声强,$(1/N) \sum_{i=1}^{N} I_n$,W/m^2;

　　　S—— 测量面的总面积,m^2。

式(4.8)可以对数表示为

$$L_W = 10\lg \frac{\bar{I}_n}{I_0} + 10\lg \frac{S}{S_0} \tag{4.9}$$

$$L_W = L_I + 10\lg \frac{S}{S_0} \tag{4.10}$$

式中　L_W—— 声功率级,dB(以 10^{-12} W 为基准值);

　　　L_I—— 法向声强级,dB(以 10^{-12} W/m^2 为基准值);

　　S—— 测量面的面积，m^2；$S_0 = 1 \ m^2$；

　　I_0—— 参考声强，国际公认值为 $10^{-12} \ W/m^2$。

　　式(4.10)通常用于根据声强级确定声源的声功率级，除非声源是高度定向的。对于定向声源，测量面的分区可以划分为不同面积，并且应使用式(4.7)。

4.4.2　声强的自由声场近似计算

　　根据式(2.24)或式(2.30)，对于辐射到自由空间中的声源的远场，在与声源距离为 r 处的声强大小为

$$I = \frac{p_{rms}^2}{\rho c} \tag{4.11}$$

式中　　ρc—— 空气的特性阻力(见第 2.5 节)，$N \cdot s/m^3$，在正常室内条件下约为 406 mks rayls；

　　p_{rms}—— 距离 r 处的均方根声压，N/m^2。

　　严格地说，这种关系仅适用于辐射到自由空间中的声源的远场。在适当设计的消声室或半消声室或室外，可以实现对自由空间或"自由声场"条件的良好近似计算。因此，式(4.11)大致适用于反射平面上方声源的远场，条件是反射平面上方的空间在距离 r 处基本上保持自由声场(见 4.3 节)。即使自由声场并不完美，并且一小部分声音是从空间的墙壁和天花板反射，仍可以引入"环境校正"以便在空间中进行有效测量。4.9 节讨论了环境校正。在根据声压级测量值来确定声源的声功率的相关标准中，下列关系式得到广泛使用。

　　如果将一个封闭的测量面放置在声源周围，使得该表面上的所有点都在处于远场中，同时假设强度向量基本上垂直于该表面，使得在该表面上的所有点处 $I = I_n$，则式(4.7)和式(4.11)可以合并得出，有

$$W = \frac{1}{\rho c} \sum_i p_i^2 S_i \tag{4.12}$$

式中，p_i 为分区 S_i 上的平均均方根声压，N/m^2。

　　式(4.12)可以对数表示为

$$L_W = 10 \lg \sum_i S_i \times 10^{L_{pi}/10} - 10 \lg D \tag{4.13}$$

式中　　L_W—— 声功率级，dB(以 $10^{-12} \ W$ 为基准值)；

　　L_{pi}—— 第 i 个分区的声压级，dB(以 $2 \times 10^{-5} \ N/m^2$ 为基准值)；

　　S_i—— 第 i 个分区的面积，m^2。

$$10^{L_{pi}/10} = p_i^2 / p_{ref}^2$$

$$p_{ref} = 2 \times 10^{-5} N/m^2$$

$$D = \rho c W_0 / p_{ref}^2 = \rho c / 400$$

　　图 1.7 给出了 $10 \lg D$ 的值。在正常温度和压力下，$10 \lg D$ 项是可忽略的。

　　注意，在式(4.13)中，如果计算以贝尔为单位的 A 计权声功率级，则对数前面的常数 10 将消失，并且结果($D = 1$)为

$$L_{WA} = \lg \sum_i S_i \times 10^{L_{pAi}/10} \tag{4.14}$$

　　当每个分区 S_i 的面积相当并且 $10 \lg D = 0$ 时，与式(4.8) ～ 式(4.10)相似，方程式(4.13)

可表示为

$$L_W = \langle L_p \rangle_S + 10\lg\left(\frac{S}{S_0}\right) \tag{4.15}$$

式中　　L_W——声功率级,dB(以 10^{-12} W 为基准值);

　　　　$\langle L_p \rangle_S$——测量面上以均方为基础的平均声压级(表面声压级),dB(以 2×10^{-5} N/m² 为基准值);

　　　　S——测量面的面积,m²;

　　　　S_0——1 m²。

式(4.15)通常用于根据声压级确定声源的声功率级,除非声源是高度定向的。对于定向声源,测量面的分区可以划分为不同面积,并且应使用式(4.13),通常 $10\lg D = 0$。

因此,可以根据在自由声场中进行的声压级测量来计算声源的声功率级。式(4.13)和式(4.15)广泛用于确定自由声场或反射平面上的自由声场中的声功率级的标准化方法中。

4.4.3　扩散声场中声功率的测定

声源的声功率级还可以根据在具有扩散声场的隔声罩中进行的声压级测量来计算,因为在此类声场中,声能密度是恒定的。该声功率级与均方声压直接相关,因此也与声源辐射的声功率直接相关。混响室中的声压级逐步增加,直到由空间墙壁吸收的总声功率等于由声源产生的声功率为止。通过测量混响声场中的均方声压来确定声功率。该值可与已知声功率输出的声源的均方声压进行比较(比较法),也可根据声源产生的均方声压和混响室的吸声特性直接计算(直接法)。根据所选方法,可用式(4.16)或式(4.18)来确定扩散声场中声源的声功率级。

可以在实验室混响室中获得扩散声场。可以在具有相当程度的混响和不规则形状的空间中获得与扩散声场条件极为接近的工程近似值。当这些环境不可用或无法移动被测噪声源时,可使用对现场测定声功率级有效的其他方法,这一点将在稍后讨论。

本章所述的所有程序均适用于倍频带或 1/3 倍频带中的声功率级测定。这些方法不受带宽影响。对于 A 计权声功率级,可通过在应用适当的 A 计权校正之后对倍频带或 1/3 倍频带数据求和(在均方基础上)来获得。表 1.4 列出了 A 计权值。

非稳态和脉冲噪声在混响声场条件下很难测量。应在自由声场条件下或使用第 18 章所述方法之一测量此类噪声源。

4.5　测 量 环 境

在现代实验室中发现了测量噪声源的三类不同实验室环境,即消声室(自由声场)、半消声室(反射平面上的自由声场)和混响室(扩散声场)。在消声室中,所有边界都具有良好的吸声性,并且自由声场区域延伸到极为接近消声室的边界。由于"地板"本身具有吸声性,所以消声室通常需要悬挂的线栅或其他装置来支撑声源、测试人员和测量仪器。半消声室具有坚硬的反射地板,但所有其他边界都具有高度吸声性。消声室和半消声室都用于确定声源的声功率级,但半消声室显然更适用于测试大而重的声源。如果直接测量声源周围某个表面上的声强,可根据式(4.7)得出声功率级;如果在声源周围并处于远场的某个表面上测量声压级,可根据式(4.13)得出声功率级。

在所有边界都不透声并能反射声音的混响室中,除了声源附近的小区域之外,混响声场在空间的整个空间内扩散。声源的声功率级可根据空间的扩散声场区域中的平均声压级的估计值以及边界的吸声特性来确定。

在不用于声学测量的普通空间中,例如办公室或实验室,声压场既不是自由声场,也不是扩散声场。此类空间中声强和均方声压之间的关系更加复杂。使用直接测量声强的声强分析仪通常比测量均方声压更为有利(见 4.10 节)。通过对声源附近指定位置处的声强进行采样,可以确定声源的声功率级。式(4.10)用于根据声强级确定声功率级。如果测量面的分区不相等,可以使用式(4.7)。

4.6 使用声压确定声功率的国际标准

国际标准化组织(ISO)已经发布了 ISO 3740 系列国际标准[3-13],其中描述了用于确定噪声源的声功率级的几种方法。表 4.1 总结了 ISO 3740 系列的每个基本标准的适用性。在选择合适的噪声测量方法时,最重要的考虑因素是所获得的声功率级数据的最终用途。

声功率级数据的主要用途包括开发噪声更低的机器和设备、对生产中的产品进行符合性测试、对可能具有相同或不同类型和尺寸的几种产品进行声学比较以及为公众编制声学噪声声明。

在决定将要采用的合适测量方法时,应考虑以下几种因素:①噪声源的大小;②噪声源的可移动性;③可用于测量的试验环境;④噪声源发出的噪声的特性;⑤测量所需精度的等级(分类)。本章描述的方法与 ISO 3740 系列标准所述方法一致。具有相同目标的一组标准可从 ANSI(美国国家标准学会)或 ASA(美国声学学会)获得。

4.7 扩散声场中声功率的测定

4.7.1 混响室的特点

设备或机器的声功率级测量可在实验室混响室中进行(见 7.8 节)。确定此类空间中噪声源的声功率级的前提是,测量完全在扩散(混响)声场中进行(见图 4.4)。在混响声场中,尽管不同点之间的声压级存在波动,平均声压级基本上是均匀的,并与声源辐射的声功率有关[见式(4.18)]。在扩散声场中不能获得关于声源指向性的信息。

空间的最小体积取决于选取的有效频率测量值有多低。例如:如果期望在 100 Hz 1/3 倍频带中进行测量,则在 ISO 3741 中推荐的最小体积为 200 m³;如果只需低至 200 Hz 的频带中进行测量,则 70 m³ 便已足够。最大空间体积受到空气吸收的不利影响和进行有效高频测量的能力的限制;一般建议体积小于 300 m³。被测设备的体积应不超过空间体积的 2%。离被评估设备最近的表面(通常是地板)的吸声系数不宜超过 0.06,空间其余表面应具有高度反射性,以确保混响时间(单位:s)大于体积 V 与表面积 S 之比:$T_{60} > V/S$。除了对空间体积和吸声性的要求之外,ISO 3741 还包括对背景噪声级的要求,温度、湿度和大气压力要求,仪表和校准要求,被测声源的安装和操作要求,传声器与声源间的最小距离要求,以及标准声源的性能要求(如果使用)。

表 4.1 关于声功率测定的 ISO 3740 系列标准说明

ISO标准	试验环境	试验环境的适用性标准	声源体积	噪声特性	背景噪声限制	可获得的声功率级	可用可选信息
ISO 3741 精度(1级)	符合规定要求的混响室	空间体积和混响时间合格	最好小于空间体积的2%	稳定、宽带、窄带或离散频率	$\Delta L \geq 10$ dB,$K_1 \leq 0.5$ dB	A计权及倍频带或倍频带中	其他频率加权声功率级
ISO 3743-1 工程(2级)	硬壁室	体积≥ 40 m³,$\alpha \leq 0.20$	最好小于空间体积的1%	任意特性,但无孤立冲击声波	$\Delta L \geq 6$ dB,$K_1 \leq 1.3$ dB	A计权及倍频带中	其他频率加权声功率级
ISO 3743-2 工程(2级)	特殊混响室	$70 \text{ m}^3 \leq V \leq 300 \text{ m}^3$,$0.5 \text{ s} \leq T_{nom} \leq 10 \text{ s}$	最好小于空间体积的1%	任意特性,但无孤立冲击声波	$\Delta L \geq 4$ dB,$K_1 \leq 2.0$ dB	A计权及倍频带中	其它频率加权声功率级
ISO 3744 工程(2级)	反射平面上的近似自由声场	$K_2 \leq 2$ dB	无限制;仅受可用试验环境的限制	任意特性	$\Delta L \geq 6$ dB,$K_1 \leq 1.3$ dB	A计权及1/3倍频带或倍频带中	声源指向性;作为时间函数的SPL;单事件SPL;其他频率加权声功率级
ISO 3745 精度(1级)	消声室或半消声室	规定要求:测量面必须完全位于合格区域内	特性尺寸不大于测量面半径的1/2	任意特性	$\Delta L \geq 10$ dB,$K_1 \leq 0.5$ dB	A计权及1/3倍频带或倍频带中	同上,加声能级
ISO 3746 测量(3级)	无特殊试验环境	$K_2 \leq 7$ dB	无限制;仅受可用试验环境的限制	任意特性	$\Delta L \geq 3$ dB,$K_1 \leq 3$ dB	A计权	声压级与时间的函数关系
ISO 3747 工程或测量(2级或3级)	根据规定的限定要求,现场基本上为混响声场	规定要求	无限制;仅受可用试验环境的限制	稳定、宽带、窄带或离散频率	$\Delta L \geq 6$ dB,$K_1 \leq 1.3$ dB	倍频带中的A计权	声压级与时间的函数关系

注:ΔL 表示声源加背景噪声的声压级与单独背景噪声的声压级之间的差值;K_1 表示相关标准中定义的背景噪声修正;K_2 表示相关标准中定义的环境修正值;V 表示试验室体积;α 表示吸声系数;T_{nom} 表示相关标准中定义的试验室混响时间;SPL 是声压级的英文缩写。

如果空间用于测量在其噪声发射中具有离散频率分量的设备,通常需要使用额外的传声器位置和声源位置,并且 ISO 3741 包括确定是否需要此类位置的详细程序。每个被测声源都必须遵循这些程序,或者可将混响室本身作为测量离散频率分量(见下文)的"合格"声源。可以通过向空间添加低频吸声设备或使用旋转扩散器来减少对额外声源位置的需求。

4.7.2　空间限定要求

ISO 3741 标准包含两个确定声功率级测量混响室是否合格的详细程序,一个是宽带声音测量室限定程序(附件 E),一个是离散频率分量测量室限定程序(附件 A)。对于宽带声源,可通过在空间内不同位置放置标准声源并确定每个位置所测空间平均声压级的标准偏差来确定空间是否合格。至少需要提供放置声源的 6 个位置,每个位置对彼此之间的距离、距墙壁的距离以及距传声器的距离具有指定约束作用。如果标准偏差不超过表 4.2 中给出的值,则该空间符合 ISO 3741 规定的宽带声音测量标准。

对于测量在频谱中包含离散频率分量的噪声的混响室,其限定程序复杂且耗时。然而,该程序仅需执行一次,并且效果显著。如果空间符合测量离散声的条件,则不再需要实施初始试验来确定所调查的每个声源的传声器和声源位置的数目。

实质上,可将一个已校准扬声器放置在混响室中,并由每个 1/3 倍频带中的一系列离散频率声音来驱动。例如,在 100 Hz 1/3 倍频带中存在间隔为 1 Hz 的 22 个频率,而在 500 Hz 倍频带中存在间隔为 5 Hz 的 23 个频率。在每个频率处确定空间中的平均声压级,并修正(先前在半消声室中确定的)扬声器响应。如果每个 1/3 倍频带的声压级标准偏差不超过表 4.3 中给出的值,则该空间符合 ISO 3741 的要求。

表 4.2　用于测量宽带噪声源的混响室的限定要求(ISO 2741:1999)

倍频带中心频率/Hz	1/3 倍频带中心频率/Hz	最大允许标准偏差/dB
125	100～160	1.5
250,500	200～630	1.0
1 000,2 000	800～2 500	0.5
4 000,8 000	3 150～10 000	1.0

注:ISO 3741 附件 A 包含离散频率鉴定的详细程序。

表 4.3　用于测量窄带噪声源的混响室的限定要求

倍频带中心频率/Hz	1/3 倍频带中心频率/Hz	最大允许标准偏差/dB
125	100～160	3.0
250	200～315	2.0
500	400～630	1.5
1 000,2 000	800～2 500	1.0

4.7.3　实验装置

可使用一个固定传声器位置阵列或穿过混响室中某一路径(通常为圆形)的单个传声器来

确定混响声场中的平均声压级。所需固定传声器位置的数目 N_M 取决于最初使用 6 个位置进行的一系列声压级测量的结果。如果这些初始测量结果的标准偏差 S_M 小于或等于 1.5,那么最初的 6 个传声器位置便已足够(即,噪声基本上是宽带噪声)。如果 $S_M > 1.5$,则假定声源发射离散声,并且通常需要更多的传声器位置来实现对声场的充分采样。在此情况下,可根据频率和 S_M 的大小在 6～30 的范围内选取任何 N_M 值。当使用穿越传声器时,路径长度 l 必须至少为 $(\lambda/2)_M$,其中 λ 是涉及的最低中频带频率处的声音波长。传声器路径或阵列应位于空间中,以免传声器位置处于被评估设备的最小距离(d_{min})内。在用于确定声功率的比较法和直接法中,确定 d_{min} 的方法是不同的。这些要求如下所述。

如果被测噪声源通常与硬地板、墙壁、边缘或角落相关,应将其放置在混响室中的相应位置。否则,应放置在距离空间任何墙壁不超过 1.5 m 的地方。不宜将声源放置在空间的几何中心附近,因为在该位置,空间的许多共振膜不会被激发。对于矩形混响室,宜将声源相对于边界不对称放置。ISO 3741 提供了特殊声源位置和安装条件的更多信息。

在靠近空间边界及靠近诸如静止或旋转扩散器的其他反射表面处,声场将偏离理想的扩散状态。ISO 3741 对测量过程中使用的传声器位置规定了以下条件。

使用固定传声器位置时:

(1)任何位置都不得靠近空间的任何表面 1.0 m 以内或处于室内。

(2)任何位置与声源(定义如下)的距离都不得小于 d_{min}。

(3)传声器位置之间的距离必须至少为 $\lambda/2$,其中 λ 是涉及的最低中频带频率处的声音波长。

使用一个或多个连续传声器路径时:

(1)路径上的任何点与空间任何表面的距离不得超过 1.0 m。

(2)路径上的任何点与旋转扩散器任何表面的距离不得超过 0.5 m。

(3)任何位置与声源(定义如下)的距离不得小于 d_{min}。

(4)传声器路径不宜位于与空间表面角度小于 10° 的任何平面内。

(5)路径长度必须至少满足 $l \geqslant 3\lambda$,其中 λ 是涉及的最低中频带频率处的声音波长。

(6)如果使用多个路径,路径之间的最小距离应至少为 $\lambda/2$。

4.7.4 比较法

采用比较法[6]确定噪声源声功率级时,要求使用具有已知声功率输出的标准声源(见图 4.5 和参考文献[13])。使用满足上述要求的传声器位置,按以下程序进行测量:

(1)在空间中的适当位置对设备进行评估后,使用上述传声器阵列或路径在每个频带中确定混响声场中的平均声压级(均方声压)。

(2)用标准声源替换被测声源,并重复测量,以获得标准声源的平均声级。

对于给定频带,被测声源的声功率级 L_W 计算为

$$L_W = L_{Wr} + (\langle L_p \rangle - \langle L_p \rangle_r) \tag{4.16}$$

式中　L_W——被评估声源的 1/3 倍频带声功率级,dB(以 10^{-12} W 为基准值);

　　$\langle L_p \rangle$——被评估声源的空间平均 1/3 倍频带声压级,dB(以 2×10^{-5} N/m² 为基准值);

　　L_{Wr}——标准声源的校准 1/3 倍频带声功率级,dB(以 10^{-12} W 为基准值);

　　$\langle L_p \rangle_r$——标准声源的空间平均 1/3 倍频带声压级,dB(以 2×10^{-5} N/m² 为基准值)。

图 4.5　标准声源（Brüel & Kjær4204 型）

为了确保混响声场在平均声压级的测定中占主导地位，传声器和被评估设备之间的最小距离（d_{min}）应至少为

$$d_{min}=0.4\times10^{(L_{Wr}-L_{pr})/20} \tag{4.17}$$

式中，L_{Wr} 和 L_{pr} 如方程式（4.16）所定义。注意，尽管方程式（4.17）陈述了实际要求，ISO 3741 仍建议常数为 0.8，而非 0.4，以确保传声器处于混响声场中。

4.7.5　直接法

直接法不使用标准声源。相反，该方法要求通过测量每个频带在空间中的混响时间来确定空间的吸声特性。ISO 3741 描述了 T_{60} 的测量方法。

利用该方法，可按照与上文所述比较法相同的程序来确定被评估声源的每个频带的空间平均声压级。声源的声压级可表示为[4]

$$L_W=\overline{L_p}+\left[10\lg\frac{A}{A_0}+4.34\frac{A}{S}+10\lg\left(1+\frac{S\times c}{8\times V\times f}\right)-25\lg\left(\frac{427}{400}\sqrt{\frac{273}{273+\theta}}\times\frac{B}{B_0}\right)-6\right] \tag{4.18}$$

式中　L_W——被测声源的频带声功率级，dB（以 10^{-12} W 为基准值）；

$\overline{L_p}$——被测声源的频带空间平均声压级，dB（以 2×10^{-5} N/m² 为基准值）；

A——空间等效吸声面积，$A=(55.26/c)\times(V/T_{rev})$，m²；

V——空间体积，m³；

T_{rev}——特定频带的混响时间；

A_0——参考吸声面积，1 m²；

S——空间总面积，m²；

V——空间体积，m³；

f——测量的中频带频率，Hz；

c——温度 θ 时的声速，$c=20.05\sqrt{273+\theta}$，m/s；

θ——温度，℃；

B——大气压力，Pa；$B_0=1.013\times10^5$ Pa。

为了确保混响声场在平均声压级的测定中占主导地位,传声器和被评估设备之间的最小距离(d_{min})应至少为[4]

$$d_{min} = 0.08 \sqrt{\frac{V/V_0}{T/T_0}} \tag{4.19}$$

式中,V 和 T_{rev} 定义如上文所述 $V_0 = 1 \text{ m}^3$;$T_0 = 1 \text{ s}$。注意,尽管方程式(4.19)陈述了实际要求,ISO 3741 仍建议常数为 0.16,而非 0.08,以确保传声器处于混响声场中。

示例 4.2 假设空间的温度为 21.4℃,体积为 200 m^3,表面积 $S = 210 \text{ m}^2$,100 Hz 频率下的混响时间为 3 s。当指定机器处于运行状态时,扩散声场的空间平均声压级(L_p)为 100 dB。计算该机器的声功率级。假设具有离散频谱,且大气压力为 1 000 mbar。

解 使用式(4.18)确定声功率。对应于 100 Hz 的波长为 3.44 m,则有

$$c = 20.05 \sqrt{273 + 21.4} = 344 \text{ m/s}$$

$$A = \frac{55.26}{344} \times \left(\frac{200}{3}\right) = 10.7 \text{ m}^2$$

声功率级为

$$L_W = 100 + \left[10\lg\frac{10.7}{1} + 4.34\frac{10.7}{210} + 10\lg\left(1 + \frac{210 \times 344}{8 \times 200 \times 100}\right) - 25\lg\left(\frac{427}{400}\sqrt{\frac{273}{273 + 21.4}}\right) - 6 \right] =$$

$$100 + (10.3 + 0.22 + 1.62 - 0.3 - 6) = 106.4 \text{ dB} \quad (\text{以 } 10^{-12} \text{ W 为基准值})$$

4.8 根据声压测量值确定自由声场中的声功率

设备或机器产生的声功率级可以在实验室消声室或半消声室中确定。或者,可以在位于已铺筑区域上方,远离建筑物等反射面,并具有低背景噪声水平的空旷场所中创造一个半消声环境。该环境近似于在天花板和墙壁上进行吸声处理的大空间,被测设备安装在坚硬的反射地板上。关于消声室和半消声室的详细信息见 7.9 节。

在确定消声或半消声环境中辐射的声功率级时,所依据的前提是,混响声场在所涉频率范围对应的测量位置处是可忽略的。因此,可通过在围绕声源的假想表面上对垂直于声源表面的声强分量进行空间积分来获得总辐射声功率[见式(4.3)]。当测量面的所有点都处于声源的远场中时,可以假设声强大小等于 $p^2/\rho c$[见式(4.11)]。另外,假设声强大小等于声强的法向分量(即,声音传播方向基本上垂直于测量点处的表面),式(4.12)和式(4.13)中所示关系可用于根据声压级的简单测量值来确定声源的声功率级。这是用于确定噪声源声功率级的两个主要国际标准 ISO 3744[8]和 ISO 3745[9](见下文)的基础。测量面基本都是在该表面上进行选择,传声器位置也基本限定在该表面上。对于每个频带,在各传声器位置处进行声压级测量,然后根据这些声压级计算声功率级。

4.8.1 测量面的选择

下面讨论的国际标准允许使用各种测量面,此处将对其中一部分进行讨论。在选择用于特定声源的测量面的形状时,应尽量选择声音传播方向大致垂直于各测量点处表面的测量面。例如,对于接近点声源的小型声源,球面或半球面可能是最合适的,因为声音传播方向将基本上垂直于该表面。对于半消声环境中体积较大且为箱体形状的机器,平行六面体测量面可

能更合适。对于高度远大于长度和深度的半消声环境中的"高"机器,圆柱形测量面[14-15]可能是最合适的。

4.8.2　半消声空间中的测量

半消声空间中的声功率可以根据用于工程级精度的 ISO 3744[8] 或根据用于精密级精度的 ISO 3745[9] 来确定。ISO 3744 严格用于半消声环境,而 ISO 3745 同时包括半消声环境和全消声环境的要求。这些标准规定了对传声器的测量面和位置的要求、测量声压级和应用某些修正值的程序以及根据表面平均声压级计算声功率级的方法。此外,这些标准还提供了关于试验环境和背景噪声的适宜性标准、仪器校准、声源安装和操作的详细信息和要求,以及需要报告的信息。每个标准中的附件包括关于测量不确定性和试验室资格鉴定的信息。

关于允许使用的测量面,ISO 3744 目前规定了半球体和平行六面体[①],而 ISO 3745 仅明确规定了半球体和球体。但是,ISO 3745 包括有关"其他传声器布置"的条款,并引用了描述圆柱形测量面的示例性文件[14-15]。如果使用半球体来确定传声器位置,其中心应位于声源声中心下方的反射平面上。为确保在远场进行测量,用于 ISO 3744 测量的半球体半径应至少等于两个"特性"声源尺寸,且通常不小于 1.0 m。对于 ISO 3745,要求略显严格,半径至少应为最大声源尺寸的两倍或声源声中心距反射平面的距离的 3 倍(以较大者为准),且至少为相关最低频率的 $\lambda/4$。传声器位置不能位于适于测量的区域(自由声场区域)之外,该要求通常避免了传声器位置离墙太近。在户外,如果测试半球体的半径远大于约 15 m,那么即使在有利的天气下,大气效应也可能影响测量。

图 4.6 所示为 20 个传声器位置的阵列,这些位置可用于根据 ISO 3744[8] 对主要发出宽带声音的声源进行测量。在半消声室中测量时,需关注的问题是来自硬地板的声音反射可能在传声器位置处引起远场干扰。当噪声发射包含离散噪声时,该问题会变得更为明显;传声器位置的微小改变可能导致包含声音的那些频带中所测量的声压级出现较大变化。因此,对于发出离散音的声源,ISO 3744 规定了不同的传声器阵列,其在垂直方向上分布更为广泛。对于根据 ISO 3745[9] 在半消声环境中进行的精确测量,需要至少包含 20 个位置的传声器阵列,每个位置具有不同的垂直高度。该阵列的坐标见表 4.4。两个标准都规定了用于确定传声器的数量是否足够以及在需要时确定额外位置的程序。注意,同时部署大量传声器可能导致这些传声器的支撑结构在高频处变成直达声的有效散射体,并可能引起相当大的误差。用单个传声器扫描声场可以消除该误差。

传声器位置的平行六面体阵列常用于确定箱形机器和设备的声功率级。ISO 3744 说明了有关传声器位置选择和传声器数量充足性标准的详细要求[8]。至少需要 9 个传声器位置,但是该数量会随着被测声源的尺寸增加而迅速增加。图 4.7 所示为包含 9 个位置的基本平行六面体排列。可以看出,该阵列在垂直方向上的采样是有限的,因此如果声源是定向的或者发射离散音,应当谨慎使用该阵列。

在至少一个工业试验规程[16]中实现标准化的另一个方便的测量面是图 4.8 所示的圆柱形传声器阵列。该阵列有助于测量高长宽比声源,例如安装在机架中的数据处理设备。由于该阵列通常使用连续移动的传声器和大量的垂直高度来实现,所以其精度通常优于平行六面

---

① 在编写本书时,正在考虑对 ISO 3744 进行修订,其中包括圆柱形测量面。

体的精度[14-15]。

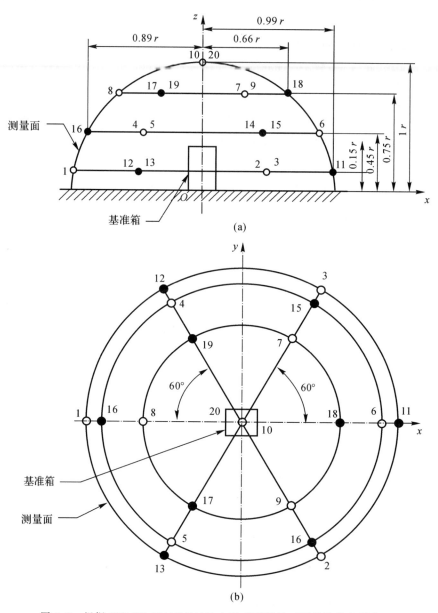

图 4.6　根据 ISO CD 3744(N1497)在半球形测量面测量的传声器位置

(资料来源：国际标准化组织,瑞士日内瓦)

表 4.4　ISO 3745 定义的半球形表面上的 20 个传声器位置

位置编号	x/r	y/r	z/r
1	−1.00	0	0.025
2	0.50	−0.86	0.075
3	0.50	0.86	0.125
4	−0.49	0.85	0.175

续 表

位置编号	x/r	y/r	z/r
5	-0.49	-0.84	0.225
6	0.96	0	0.275
7	0.47	0.82	0.325
8	-0.93	0	0.375
9	0.45	-0.78	0.425
10	0.88	0	0.475
11	-0.43	0.74	0.525
12	-0.41	-0.71	0.575
13	0.39	-0.68	0.625
14	0.37	0.64	0.675
15	-0.69	0	0.725
16	-0.32	-0.55	0.775
17	0.57	0	0.825
18	-0.24	0.42	0.875
19	-0.38	0	0.925
20	0.11	-0.19	0.975

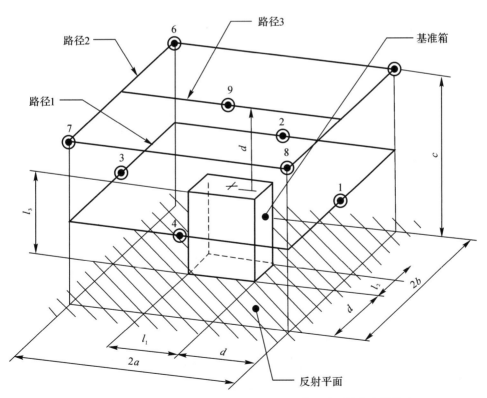

图 4.7　根据 ISO CD 3744(N1497)在矩形测量面测量的传声器位置

（资料来源：国际标准化组织，瑞士日内瓦）

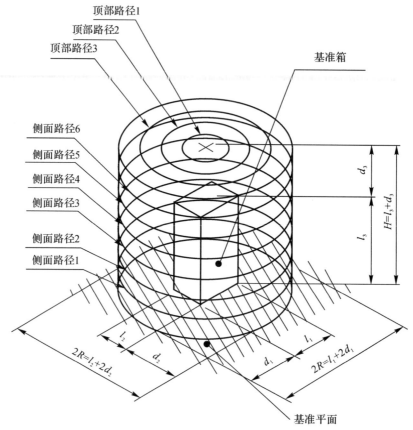

图 4.8　根据 ISO CD 3744(N1497)在圆柱形测量面测量的传声器位置
（资料来源：国际标准化组织，瑞士日内瓦）

根据 ISO 3744 或 ISO 3745 确定声源声功率级的基本程序可总结如下：

（1）布置和检查试验室，并记录所有环境条件。

（2）校准传声器和仪器。

（3）安装声源。

（4）选择测量面并将传声器布置在表面的合适位置处。

（5）在规定条件下运行被测声源，并针对每个所涉频带在各传声器位置处测量声压级。

（6）关闭声源并测量背景噪声级。

（7）如有必要，对声压数据进行背景噪声和环境条件（见后文）修正。

（8）计算表面平均频带声压级。

（9）根据后者计算频带声功率级，其中考虑气象条件的修正值。

当与各传声器位置相关联的测量面分区全部相等时，使用方程式(4.15)确定声源的声功率级。对于高指向性声源，标准要求在高指向性区域中增加测量面的分区数量，并测量与每个分区相关联的声压级。然后可以使用方程式(4.13)来确定不等分区的声功率级。对于背景噪声修正值 K_1，可根据在有声源运行和无声源运行的情况下测量的声压级之间的差 ΔL_i 来予以指定，则有

$$K_1 = -10\lg(1 - 10^{-0.1\Delta L_i}) \qquad (4.20)$$

4.8.3　消声空间中的测量

在某些情况下,噪声源的声功率级必须在完全自由声场中确定,而不受声源下方反射平面的影响。反射平面不仅在远场中形成相长和相消干涉图样(当噪声发射包含离散频率分量时尤其显著),而且可能影响声源本身的辐射声功率,尤其是在低频处[17]。因此,对于声源的关键测量,在正常使用过程中未安装在硬表面上的噪声源的测量、指向性测量以及其他专业测量,可能需要完全消声的试验环境。在此情况下,通常在球形测量面上确定空间平均均方声压级,并根据 ISO 3745 进行测量[9]。除测量面之外,上述用于半消声测量的大多数程序和要求也适用于此。

ISO 3745 规定一个阵列至少应包含 20 个传声器位置,由表 4.5 中给出的笛卡尔坐标在球面上界定。如果不满足 ISO 3745 对传声器数量充足性的要求,传声器位置的数量必须翻倍,达到 40。如果声源具有高指向性,应增加高指向性区域中的分区数量,如上文所述。根据 ISO 3745 在消声空间中进行测量时,用式(4.15)计算相等分区每个频带的声功率级,用式(4.13)计算不等分区每个频带的声功率级。但是,对于 ISO 3745 中的精确测量,应包含两个常数(而不是单个常数 D),一个用于修正气象条件,另一个用于将测量结果标准化为指定的参考气象条件。

4.9　环境修正值和声功率级的确定

在前面的章节中,用于确定测量面上平均声压级的唯一修正值是针对存在的背景噪声。但是,如果空间表面产生的反射影响任何相关频带中的表面声压级测量值,可能需要第二个修正值来解释这些反射。该环境修正值表示为 K_2,它针对 A 计权值和个别频带计算,并直接从测量的声压级中减去(在应用背景噪声修正值之后)。ISO 3744 标准[8]通常将环境修正值限制在 2 dB 以内。该修正值可以多种方式确定:

(1)比较标准声源的校准声功率级 L_{W_r} 与空间中同一声源的测量声功率级 L_W。然后计算环境修正值 $K_2 = L_W - L_{W_r}$。

表 4.5　ISO 3745 中定义的球体上的 20 个传声器位置

位置编号	x/r	y/r	z/r
1	−1.00	0	0.05
2	0.49	−0.86	0.15
3	0.48	0.84	0.25
4	−0.47	0.81	0.35
5	−0.45	−0.77	0.45
6	0.84	0	0.55
7	0.38	0.66	0.65
8	−0.66	0	0.75
9	0.26	−0.46	0.85
10	0.31	0	0.95

续表

位置编号	x/r	y/r	z/r
11	1.00	0	−0.05
12	−0.49	0.86	−0.15
13	−0.48	−0.84	−0.25
14	0.47	−0.81	−0.35
15	0.45	0.77	−0.45
16	−0.84	0	−0.55
17	−0.38	−0.66	−0.65
18	0.66	0	−0.75
19	−0.26	0.46	−0.85
20	−0.31	0	−0.95

(2)首先确定空间的等效吸声面积 A,并计算环境修正值 $K_2 = 10\lg[1 + 4(S/A)]$ dD,其中 S 是测量面的面积。目前在 ISO 3744 中规定了两种用于确定 A 值的方法:使用室内混响时间测量值的方法和双表面法。还存在第三种方法,即使用校准标准声源的直接法,正在考虑进行标准化。关于使用这些方法的细节,应参考 ISO 3744 的最新版本。

(3)使用确定 A 的"近似"方法,然后仅将其用于确定环境修正值的 A 计权值,$K_{2A} = 10\lg[1+4(S/A)]$。此处,平均吸声系数 α 根据表 4.6 估算[10]。等效吸声面积 A 根据等式 $A = \alpha S_V$ 计算,其中 S_V 是试验室有界表面(墙壁、地板、天花板)的总面积,单位为 m^2。

同时还应参考 ISO 3746[10],该标准是用于确定环境修正值范围不超过 7 dB 的空间中的 A 计权声功率的测量级标准。该标准可能对现场测量(即,当声源不能移动到实验室环境中时)有所帮助。根据 ISO 3746 确定的 A 计权声功率级的不确定度大于当根据 ISO 3744 或 ISO 3745 获得的不确定度。平均 A 计权声压级在图 4.9 中的平行六面体测量面上确定或图 4.10 中的半球形测量面上确定,每个测量面显示了所需的最小数量的传声器。表 4.7 列出了半球体在图 4.10 中所示的 4 个主要传声器位置的坐标,以及在某些情况下可能需要的 4 个额外位置。

表 4.6 平均吸声系数 α 的近似值

平均吸声系数 α	空间描述
0.05	空间几乎全空,墙壁光滑坚硬,由混凝土、砖块、石膏或瓷砖制成
0.1	部分空置且墙壁光滑的空间
0.15	带家具的空间、矩形机房和矩形工业厂房
0.2	带家具的不规则形状的空间、不规则形状的机房或工业厂房
0.25	带软垫家具的空间;天花板或墙壁上有少量隔声材料的机器或工业间(如部分吸声的天花板)
0.35	天花板和墙壁上均有隔声材料的空间
0.5	天花板和墙壁上均有大量隔声材料的空间

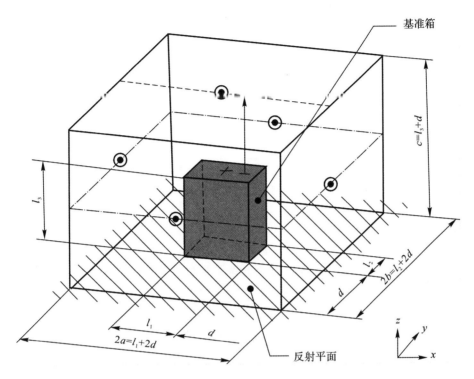

图 4.9　根据 ISO 3746 在矩形测量面测量的传声器位置

（资料来源：国际标准化组织，瑞士日内瓦）

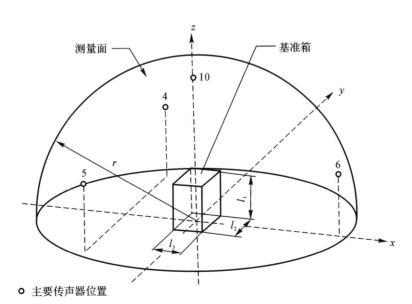

○ 主要传声器位置

图 4.10　根据 ISO 3746 在半球形测量面测量的传声器位置

（资料来源：国际标准化组织，瑞士日内瓦）

表 4.7　根据 ISO 3746 测量的半球上的传声器位置

位置编号	x/r	y/r	z/r
4	-45	0.77	0.45
5	-0.45	-0.77	0.45
6	0.89	0	0.45
10	0	0	1.0
14	0.45	-0.77	0.45
15	0.45	0.77	0.45
16	-0.89	0	0.45
20	0	0	1.0

注：主要传声器位置比编号为 4、5、6 和 10；附加传声器位置编号为 14、15、16 和 20。

测量的声压级首先根据式(4.20)进行背景噪声修正，但对于 ISO 3746，只需要 A 计权值 K_{1A}。使用与前文中 ISO 3744 所用方法类似的方法（包括近似法）来确定环境修正值 K_{2A}。K_{2A} 的值不应超过 7 dB（或者比值 S/A 应小于或等于 1）。最后，根据式(4.15)计算 A 计权声功率级。

4.10　根据声强确定声功率

根据声强确定声功率的基本程序见 4.4 节。在包围声源的选定表面上测量声强。原则上，通过在完全包围声源的任何表面上对声强向量和相关单位面积向量的标量积（点积）进行积分，能提供对位于该包围表面内的所有声源直接辐射到空气中的声功率的量度。

如果声强是根据自由声场中声压的测量值计算得出，基于该声强确定的声功率的精度与多个因素密切相关。这些因素包括声源类型、与声源大小相关的测量区域和驻波的存在。式(4.11)中声强与声压的关系仅在由声源辐射的自由波的远场中有效。在实际声源上进行测量的经验表明，如果选择的测量面不合适或者驻波影响所测量的声压，可能出现高至 10 dB 的误差。

近年来，已经开发出用于直接测量声强的方法和技术。这种直接测量方法能确定各种声源结构的声功率，并适用于在不适合根据声压测量值确定声功率的环境中进行测量。这些方法和技术包括：根据在试验台上大型声源的近场中的测量来确定声功率，在隔声罩中进行测量时消除驻波的不利影响，在整个声源处于运行状态时确定部分声源的部分声功率，以及通过计算声辐射和吸收面积来分析声源特性。

根据定义，其他声学量都是以声功率为基础。这些量包括透射系数、吸声系数和辐射效率。为了满足上述目的，可使用此处所述的直接或间接法来确定声功率。

声强指垂直传播通过单位面积的声功率。可以使用式(4.5)来计算声源辐射的声功率。声强可以根据给定场点处的声压和质点速度的乘积来计算。由于这两个量都是时间的函数，所以根据该时间相关乘积计算的声强被称为瞬时声强。然而，在噪声控制中，更为实际的做法是使用时均量，这样，在点 r 处具有频率 f 和周期 $T=1/f$ 的周期性声音的声强可定义为

$$I(r) = \frac{1}{T}\int_0^T p(r,t)u(r,t)\mathrm{d}t \qquad (4.21)$$

式中　　u—— 质点速度；

$\qquad$ p—— 声压。

声强 I 是描述垂直于声强方向的单位面积时均功率流的向量，单位为 W/m^2。它通常适用于噪声谱的音调分量。噪声谱的随机分量通常由稳态噪声组成，并且平均时间 T 的长度原则上与所需的测量精度有关。在大多数情况下，声功率以倍频带或 1/3 倍频带确定，平均时间取决于仪器标准中规定的滤波器响应。

为了确定声强，必须测量声压和质点速度。虽然已有性能良好的声压式传声器，但用于质点速度的精密测量传声器尚未出现。最近，已开发出能够通过热丝法测量速度向量所有三个分量的速率式传声器的样机[18]。然而，声功率测量标准是基于用于速度测定的双传声器（声压式传声器）法。此方法以欧拉方程为基础，该方程将质点速度与声压梯度联系起来。该方程可表示为

$$u = -\int_0^t \frac{1}{\rho} \nabla p \mathrm{d}t \qquad (4.22)$$

式中，ρ 是介质密度；∇p 是声压梯度；t 是积分时间，如前所述，其与定义噪声的时间函数密切相关。在测量声功率时，我们通常会关注垂直于测量面的声强向量分量。在此情况下，p 的梯度被 $\partial p/\partial x$ 代替，其中 x 是测量面法线的方向。该梯度的测量值近似为 $\partial p/\partial x \approx \Delta p/\Delta x \approx (p_1 - p_2)/\Delta x$。使用间隔距离为 Δx 的两个传声器来测量声压差 $p_1 - p_2$，该距离必须远小于声音波长。图 4.11 所示为用于测量压力梯度的双传声器探头。

在 x 方向测得的声强向量分量 $\hat{I}_x$ 的大小可由下式确定：

$$\hat{I}_x = -\frac{1}{2\rho\Delta x} E\left\{ [p_2(t) + p_1(t)] \int_0^t [p_2(t) - p_1(t)]\mathrm{d}t \right\} \qquad (4.23)$$

式中，E 是表示时间平均的预期值，并且声压处于间隔距离为 Δx 的两个传声器振膜上。图 4.12 展示了声强测量仪的结构框图，该仪器使用式（4.23）计算声强分量 $\hat{I}_x$。或者，可以适当放大前置放大器的输出并转换成数字格式，然后以数字方式进行所有进一步处理。

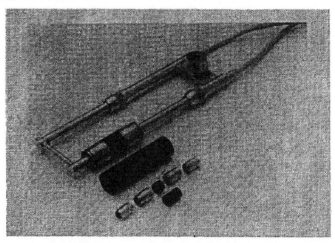

图 4.11　声强探头［两个直径为 1.27 cm（$\frac{1}{2}$ in）的传声器由 1.2 cm 的间隔圈精确隔开，下面是一个 5 cm 的间隔圈，再下面是两个直径为 0.635 cm（$\frac{1}{4}$ in）的传声器，由 0.6 cm 的间隔圈隔开］

（资料来源：Brüel & Kjær 公司）

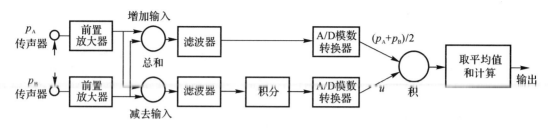

图 4.12　使用倍频带的模拟／数字声强分析仪的框图

该仪器还配有具有可选择带宽的滤波器,以便能够测量频带中的声功率,并按照一些标准的要求利用 A 频率加权来计算总功率。由于声强通常用于定位噪声源表面产生的声能辐射或吸收区域,所以在极窄频带中测量声强也是非常实用的。这可以通过使用双通道 FFT 分析仪来方便地实现。声强测量是基于方程式(4.23)的傅里叶变换,即

$$\hat{I}_x(\omega) = \frac{1}{\omega \rho \Delta x} \text{Im}[S_{p_1 p_2}(\omega)] \qquad (4.24)$$

式中,$\text{Im}[S_{p_1 p_2}(\omega)]$ 是由 FFT 分析仪测量的来自两个传声器的输出互功率谱的虚部。该测量特别适合于分析来自具有明显线状谱的声源的声功率辐射。运行时呈周期性变化的所有声源,例如旋转发动机、风扇、车辆和类似设备,通常具有较强线状谱。FFT 分析仪的输出通常连接到计算机,由计算机执行所需的后处理。最常见的计算包括以倍频带或 1/3 倍频带表示的线中的声能,以及一些标准所要求的线性或具有 A 频率加权的总声能。为了确定频带中的声能,通常至少需要 FFT 分析的 10 条线。

声强测量的精度取决于诸多因素,这些因素可以概括为两组:仪器精度和辐射声强的采样精度以及总辐射功率的后续计算。

有两个标准规定了声强测量的仪器要求:国际电工委员会(IEC)1043[19] 和 ANSI 1.9—1996[20]。原则上,用声强计测量的声强应与用声压式传声器测量的平面波中的声强相同,并根据方程式 $I = p^2/\rho c$ 来计算。声强计由声强探头和处理器组成。上述标准规定了 1 类和 2 类声强仪器的探头和处理器的允许公差。

图 4.11 中所示探头由两个声压式传声器组成,声压式传声器用间隔圈隔开,间隔圈长度由用户选择。根据传声器声压的算术平均值来计算声压。如式(3.3)所示,质点速度由压力梯度近似估算,该压力梯度取决于传声器声压差。所选择的传声器距离必须足够小,以避免在高频下出现偏移误差。图 4.13 显示了作为频率和传声器距离的函数的偏移误差。此类偏移误差无法纠正。

如果传声器彼此距离太近且相位未充分匹配,那么在低频处可能出现另一种偏移误差。图 4.14 显示了 0.3°传声器相位失配的偏移误差。频率越低,误差越大。增加传声器距离能减小该误差,但是如上所述,距离较大会引起有限的距离偏移误差。幸运的是,现代处理器和信号处理可以补偿相位失配误差。标准中提供了基本细节。由于这两种不同偏移误差的存在,当测量噪声的频率范围较大时,通常需要使用两个不同的传声器间隔来重复测量。

确定仪器有用频率范围的另一个重要量是动态性能 L_d,其定义如下

$$L_d = \theta_{pIR} - K \qquad (4.25)$$

式中,θ_{pIR} 是声压减去剩余声强指数后的值,K 值为 7(对应 1 dB 测量误差)。图 4.15 中显示

和解释了 L_d 的重要性和有用性。对于声压-剩余声强指数 θ_{pIR}，可通过将两个传声器放置在声场由外部激励源激励的小腔中来获得。通过这种方式，两个传声器都暴露于相同的声压级 L_p，并使用声强计(通常是 FFT 分析仪)测量剩余声强级 L_{IR}。理想情况下，测量的剩余声强应为零，但由于传声器失配、噪声、测量仪器通道失配等因素的影响，L_{IR} 是有限的(见图4.15)。用传声器在小腔中测量的 L_p 和 L_I 值确定剩余声压减去声强指数后的值 $\theta_{pIR}=L_p-L_R$。用实际噪声源上的 L_p 和 L_I 值确定声压减去声强指数后的值 $\theta_{pI}=L_p-L_I$。

测量实际噪声源的 L_p 和 L_I，并计算声压减去声强指数后的值 $L_{pI}=L_p-L_I$。动态性能曲线与 L_I 的交点决定着最低可用频率。相位失配将导致 L_{IR} 和最低可用频率增加。

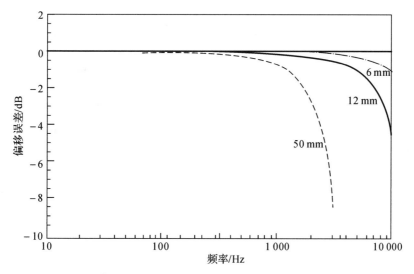

图 4.13　以不同传声器距离作为参数时声强探头偏移误差与频率的函数关系

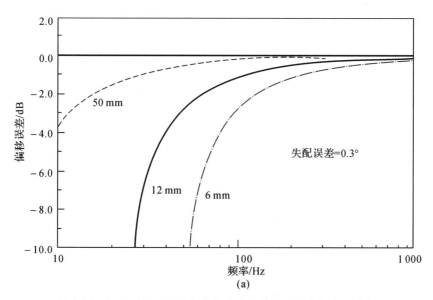

(a)

图 4.14　以不同传声器距离作为参数并且偏移误差为±0.3°时，
声强探头相对偏移误差与频率的函数关系

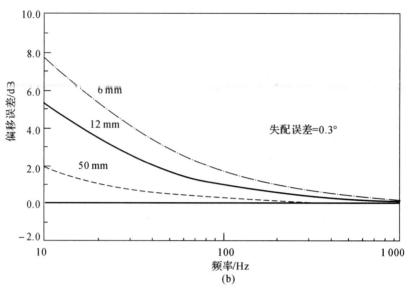

续图 4.14 以不同传声器距离作为参数并且偏移误差为±0.3°时，
声强探头相对偏移误差与频率的函数关系

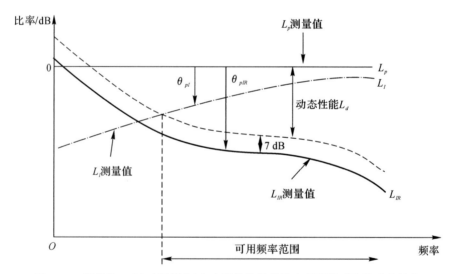

图 4.15 误差为 1 dB 时根据声压-声强指数获得的声强测量系统的动态性能

根据实际噪声源测量结果获得的声压减去声强指数后的值 $L_{pI} = L_p - L_I$ 是一个重要的量，其在测量点表征了声源特性和声场特性组合，特别是墙壁反射的影响。声功率测量标准和其他文献[21]提供了基本细节。

典型机器(例如发动机)通常在与在混响或消声室中测试不同的条件下运行。此外，由声源"观察"的辐射阻抗可能不同于受声环境中的辐射阻抗。因此，机器的辐射功率可能在某种程度上取决于其安装方式和周围表面的接近程度。

在大多数情况下，声强法允许测量在自然环境中或试验台上运行的任何大小的声源的声功率。在许多情况下，可以在整个声源运行时测量声源的某部分辐射的声功率。另外，声强法已经成为用于确定声源表面不同区域辐射的声功率的一种分析方法,有助于得出主要功率辐射的面积。完成这些任务需要广泛了解声源附近和远处的声场、波干扰、反射、波场和扩散声场的特性。关于这些重要主题的详细信息可查阅参考文献[21][22]。

ISO 已基于广泛的研究以及从测量中获得的实践经验制定了直接测量声强的标准。ISO 9614[23] 的第 1 部分是基于离散点处的声强采样。将声强探头从一点移动到另一点,并在每个点保持足够长的时间,以降低时间平均误差。该标准的第 2 部分使用扫描技术。将强度探头以足够低的速度在规定路径上移动,以满足时间平均标准。将测量面细分为更小的采样区域,以确保在手持式探头运动中保持所需的均匀性。该标准的第 3 部分定义了使用扫描技术进行比第 2 部分更精确的测量所需的条件。在实际操作中,将声强探头与测量面保持垂直,以便将标量积转换为代数积。

在现场使用声强法的主要优点之一是,测量结果原则上不受测量面外以外声源的影响。外部声源的声能通过测量面传播,且不对测量面内声源的测量功率产生任何影响,前提是在测量面内没有外部声源产生的声能被吸收。类似地,从空间边界反射的声波或驻波不影响声功率测量结果,除非它们太强。该标准适用于位于非运动介质中的固定声源。由于仪器的局限性,频率范围通常局限于 50 Hz~6.3 kHz 范围的 1/3 倍频带。根据 1/3 倍频带、该频率范围内的数据或 63 Hz~4 kHz 频率范围内的倍频带级计算 A 频率加权数据。修正因数见表 1.4。

测量不确定度的确定是测量的重要组成部分。所有标准都规定了确定方法和程序。在开始测量之前,必须检查声环境的外部强度、风力、气流、振动和温度。下一步包括 IEC 1043[19] 或 ANSI 1.9—1996[20] 中规定的仪器校准和现场检查。测量面的选择很重要。这可以分两步完成。首先,选择初始测量面并实施初始测量。其次,使用一组指标对结果进行测试,这些指标定义了测量面上的声压场和声强场的特性[23-24]。如果标准中规定的这些"声场指标"的值不可接受,则必须修改上述步骤,并重复测量。重要的声场指标定义如下。

初始测量面通常按照声源的形状在大于 0.5 m 的距离处选择,除非该位置处于仅辐射被测声源的小部分声功率的区域中。测量点数量的选择取决于测量面的形状、区段和尺寸。必须选择至少 10 个点(测量点越多,测量精度越高,特别是在更高频率下)。如果声源较大,通常为测量面的每平方米区域选择一个点,总数不得小于 50。如果外来声音进入测量区域,必须增加测量点的数量。

在所有点测量声压和声强之后,通过所有频带中的声场指标来测试结果。根据这些指标的结果,可能需要更改测量点的数量和分布以及测量面与声源的距离。这些标准提供了定义所需行动措施的表格和流程图。

上述指标的目的是确保测量具有足够精度。测量面上声压和声强的统计分布取决于声源形状及其环境,主要是由声音反射引起的驻波。因此,不存在测量误差的一般公式,并且必须通过实验确定该误差。图 4.16 所示为 ISO 9614 - 1 的实施流程图。虚线包围的路径表示将初始测量面上所需的附加测量位置数量减至最低的最优程序。

ISO 9614 中定义的声场指标如下:F_1,声场的时间变化;F_2,表面声压-声强;F_3,负局部功率;F_4,声场不均匀性。声场指标需要测量声压和声强。如果不满足指标的标准,必须修改测量布置。这主要涉及更改与测量面的距离和增加测量点数量。流程图列出了要采取的措施。表 4.8 提供了这些措施的详细信息。

指标 F_1 用于根据测量面上一个点处的声强的多个短时间平均估计值来检查声强场的稳

定性。它的值应小于 0.6,这样可以确保声源运行是稳定的并且环境影响不具有时变性。

指标 F_2 根据测量面上的声压均方值计算,并转换为声压级 L_p。同样,根据个别点中的声强的算术平均值来确定声强级 L_I,所有这些点都以正号标记,与特定点处的功率流出或测量面无关。指标 F_2 必须小于式(4.25)定义的和图 4.15 中显示的动态性能指标 L_d,以在 $K=7$ 的情况下保持仪表装置造成的误差小于 1 dB。该指标在低频下特别重要,如图 4.15 所示。

指标 F_3 类似于指标 F_2,除了声强级 L_I 是根据相对于其符号的声强值确定的,这意味着 I 在声功率流入测量面的点处是负的。这可能是由外部声源或由声源环境产生的强反射引起的。因此,F_3-F_2(假设小于 3 dB)与从测量面辐射出的声功率与进入测量面的声功率之比相关。由于偏移误差和随机误差都依赖于 F_3-F_2,所以 3 dB 标准可满足保持低偏移误差的要求。

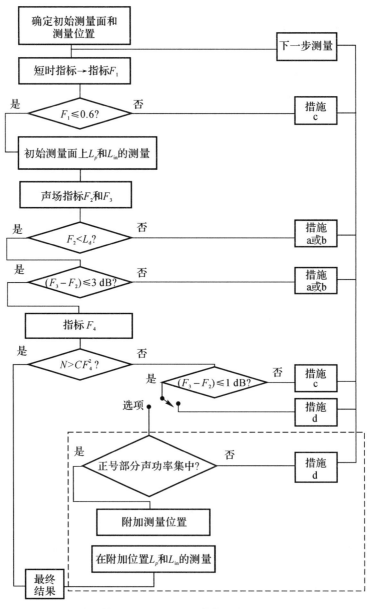

图 4.16 ISO 9614 的实施流程图

(资料来源:国际标准化组织,瑞士日内瓦)

表 4.8 为提高测量准确度等级应采取的措施

标准序号	标准内容	措施代码 （见图 4.16）	措 施
1	$F_1 > 0.6$	e	采取措施减少外部声强的时间变化，或在变率较小的时期进行测量，或在每个位置增加测量周期（如适用）
2	$F_2 > L_d$ 或 $F_3 - F_2 > 3$ dB	a	在存在显著外部噪声和/强混响的情况下，将测量面与声源的平均距离减小到 0.25 m 的最小平均值；在不存在显著外部噪声和/或强混响的情况下，将平均测量距离增加到 1 m
2	$F_2 > L_d$ 或 $F_3 - F_2 > 3$ dB	b	保护测量面不受外部噪声源的影响，或采取措施减少朝向声源的声音反射
3	不满足标准 2， 1 dB $\leqslant F_3 - F_2 \leqslant$ 3 dB	c	均匀增加测量位置的密度，以满足标准 2
4	不满足标准 $F_3 - F_2 \leqslant 1$ dB， ISO 9614 中 8.3.2 节的 程序失败或未被选择	d	使用相同数量的测量位置增加测量面与声源的平均距离或增加同一表面上的测量位置的数量

指标 F_4 是离散点处测量的声强的空间变化，归一化为平均值。考虑了声强值的符号。该指标反映了测量面上功率流的变化。F_4 越高，需要的测量点越多。测量点的数量 N 由 $N > C \times F_4^2$ 得出，其中 C 是一个取决于频率和所需精度等级的因数，见表 4.9。

ISO 9614 的第 2 部分规定了通过扫描测量声压和声强的方法。将测量区域细分为通常的平面段，探头在该平面段上垂直于表面移动"扫描"，从而获得测量量的空间平均值。标准中规定了推荐的移动模式和速度。实验证据表明，使用扫描技术的结果通常比使用点测量的结果更精确。

表 4.9 因数 C 的值

倍频带中心频率/Hz	1/3 倍频带中心频率/Hz	C 精度（1 级）	C 设计（2 级）	C 测量（3 级）
63～125	50～160	19	11	
250～500	200～630	29	19	
1 000～4 000	800～5 000	57	29	
	6 300	19	14	
A 计权[①]				8

注：① 63 Hz～4 kHz 或 50 Hz～6.3 kHz。

ISO 9614 的第 3 部分也是基于扫描技术。需满足的测量要求和公差比第 2 部分更严格。除了引用的国际标准之外，ANSI 还制定了标准 ANSI SI2.12—1992[25]，该标准在其基本概念和测量程序中反映了 ISO 标准。该标准包含更多的声场指标，并提供了有关测量程序的更多详细信息。这些标准中任何一个标准的选择取决于要测量的产品、声功率确定的目的和商业标准。

ECMA(欧洲计算机制造商协会)还发布了使用扫描技术根据声强确定声功率的标准[26]。该标准适用于计算机和商业设备。

在获得通过声强确定声功率的大量经验之后，预计将对这些标准进行修订。

4.11　管道内声功率的确定

管道内测量的最常见应用是确定由空气推动装置辐射的声功率。管道中声源的声功率级可以根据 ISO 5136[27] 由声压级测量值确定，前提是管道中的声场基本上是平面行波，其方程式为

$$L_W = L_p + 10\lg\frac{S}{S_0} \qquad (4.26)$$

式中　L_W——沿管道向下传播的总声功率级，dB(以 10^{-12} W 为基准值)；

　　　L_p——管道中心线附近测得的声压级，dB(以 2×10^{-5} N/m² 为基准值)；

　　　S——管道横截面面积，m²；$S_0 = 1$ m²。

上述关系不仅假设管道与声源相对的端部具有非反射终端，还且假设管道中具有均匀的声强。在接近和高于管道的第一个交叉共振的频率处，不再满足第二个假设。此外，当遵循 ISO 5136 中的测量程序时，将几个修正因数纳入式(4.26)中，以解释传声器响应和大气条件。

如果 L_p 被合适的空间平均值$\langle L_p \rangle$代替，那么式(4.26)仍可以使用，该空间平均值是通过对在管道中选定径向和周向位置处获得的均方声压求取平均值或者通过使用横穿周向传声器来获得的。在横截面中用于确定$\langle L_p \rangle$的测量位置的数量将取决于所需的精度和频率。

在实际情况中，反射发生在管道的开口端，特别是在低频处。必须考虑支管和弯管的影响[28]。当管道中有流动时，还必须用合适的防风罩包围传声器(见第 14 章)。这有助于减少传声器处的湍流压力波动，该波动可能导致测量的声压级出现误差。

4.12　声源指向性的确定[29-30]

大多数实际声源在一定程度上是定向的。如果在距声源固定距离的指定频带中测量声压级，那么对于不同的方向通常将获得不同的声压级。在获取这些声压级时所用的角度处以极形式绘制的声压级图被称为声源的指向性图案。指向性图案形成一个三维表面，图 4.17 中给出了一个假设示例。所示的特定图案表现出最大辐射方向的旋转对称性，这是许多噪声源的典型特征。在低频处，许多噪声源是非定向的，或者几乎是非定向的。随着频率增加，指向性也随之增加。指向性图案通常在远(自由)声场中确定(见图 4.4)。在不存在除了与声源本身相关的障碍物和反射表面之外的障碍物和反射表面的情况下，L_p 以每加倍距离 6 dB 的速率减小。

4.12.1　指向性因数

声源指向性的数值量度是指向性因数 Q，它是一个无量纲量。为了理解指向性因数的含

义,我们必须首先比较图 4.17 和图 4.18。图 4.17 中特定声压级 L_p 显示为为在角度 θ 处终止于指向性图案表面上的向量的长度。在不同角度 θ 以及与自由空间中的实际声源的固定距离 r 处测量声压级。图 4.18 显示了非定向声源的指向性图案。它是一个半径长度等于 L_{pS} 的球体,即在距辐射总声功率 W 的声源 r 处测得的声压级,单位为 dB。。在所有角度 θ 和距离 r 处,声压级等于 L_{pS},其中 $L_{pS}=10\lg(10^{12}\times W/4\pi r^2)$,图 4.17 和图 4.18 中的声源辐射的总声功率 W 相同,但是由于图 4.17 中的声源是定向的,它在一些方向辐射的声音比图 4.18 中的声源更多,在另一些方向更少。

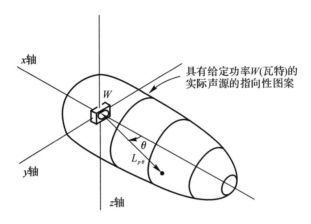

图 4.17　向自由空间辐射声功率 W 的噪声源的指向性图案

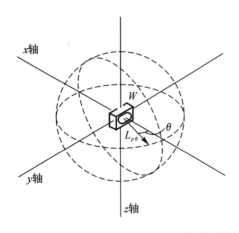

图 4.18　向自由空间辐射声功率 W 的非定向声源的球形指向性图案

　　为了得出指向性因数 Q,我们必须假设指向性图案不改变形状,无论其测量时的半径 r 是多少。例如,如果某个特定角度处的 L_p 比第二个角度处的值大 3 dB,则无论 r 是 1 m、2 m、10 m 还是 100 m,3 dB 差值应当相同。这只能在位于消声空间中的声源的远场中确定。

　　指向性因数 Q_θ 指在角度 θ 及与辐射声功率为 W 的实际声源相距 r 处的均方声压 p_θ^2 $[(N/m^2)^2]$ 与距辐射相同声功率 W 的非定向声源同等距离处的均方声压 p_s^2 之间的比率。或者,Q_θ 指在角度 θ 及与实际声源相距 r 处的传播方向上的声强(W/m^2)与离非定向声源同等

距离处的声强的比率(两个声源辐射相同的声功率 W)。则有

$$Q_\theta = \frac{p_\theta^2}{p_s^2} = \frac{I_\theta}{I_s} = \frac{10^{L_{p\theta}/10}}{10^{L_{pS}/10}} \tag{4.27}$$

或

$$Q_\theta = 10^{(L_{p\theta} - L_{pS})/10} \tag{4.28}$$

式中　$L_{p\theta}$——在距声源 r 和角度 θ 处测量的声压级,该声源辐射到消声空间的声功率为 W (见图 4.17);

L_{pS}——在距声源 r 处测量的声压级,该声源辐射到消声空间的声功率为 W(见图 4.18)。

注意,Q_θ 用于测量 $L_{p\theta}$ 的角度 θ,L_{pS} 和 $L_{p\theta}$ 用于相同距离 r。

4.12.2　指向性指数

指向性指数(DI)被简单地定义为

$$DI_\theta = 10 \lg Q_\theta \tag{4.29}$$

或

$$DI_\theta = L_{p\theta} - L_{pS} \tag{4.30}$$

显然,辐射进入球形空间的非定向声源在所有角度 θ 处具有 $Q_\theta = 1$ 和 $DI = 0$。

4.12.3　$L_{p\theta}$、指向性因数和指向性指数之间的关系

图 4.18 中非定向声源的声压级为

$$L_{pS} = 10 \lg \frac{p^2}{4 \times 10^{-10}} \text{ dB} \tag{4.31}$$

根据方程式(4.5)和(4.11)并假设 $D = \rho c W_0 / p_{\text{ref}}^2$ 较小,L_{pS} 可由下式得出(见图 4.18),有

$$L_{pS} = 10 \lg \frac{W \times 10^{12}}{4\pi r^2} \text{ dB} \tag{4.32}$$

根据方程式(4.28)和式(4.32),可得

$$L_{p\theta} = 10 \lg \frac{W Q_\theta \times 10^{12}}{4\pi r^2} \tag{4.33}$$

式中,W 以 W 为单位,r 以 m 为单位。式(4.33)以对数形式表示为

$$L_{p\theta} = L_W + DI_\theta - 20 \lg r - 11 \text{ dB} \tag{4.34}$$

式中,r 是距声源声中心的距离,单位为 m。

4.12.4　球面空间中指向性指数的确定

在指定频带中,声源在自由空间中角度 θ 处的指向性指数 DI_θ 由下式计算,即

$$DI_\theta = L_{p\theta} - \langle L_p \rangle_S \tag{4.35}$$

式中　$L_{p\theta}$——在距声源 r 和角度 θ 处测得的声压级,dB;

$\langle L_p \rangle_S$——在以声源为中心并围绕声源的、半径为 r(面积为 $4\pi r^2$)的试验球面上得出的平均声压级。

4.12.5　半球面空间中指向性指数的确定

在指定频带中,声源在刚性平面上角度 θ 处的指向性指数 DI_θ 由下式计算,即

$$DI_\theta = L_{p\theta} - \langle L_p \rangle_H + 3 \text{ dB} \tag{4.36}$$

式中　$L_{p\theta}$——在距声源 r 和角度 θ 处测得的声压级,dB

$\langle L_p \rangle_H$——在以声源为中心并围绕声源的、半径为 r(面积为 $2\pi r^2$)的试验半球面上得出的空间平均均方声压的声压级平均值。

将该式中的 3 dB 加入 $\langle L_p \rangle_H$ 中,因为测量是在半球面上进行的,而不是在球面上进行的,如式(4.37)所定义。这样做的原因在于,如果声源辐射到半球面中,则半径 r 处的声强是球面的两倍大。也就是说,如果非定向声源均匀地辐射到半球面空间中,$DI_\theta = DI = 3$ dB。

4.12.6　四分之一球面空间中指向性指数的确定

一些设备通常与多个反射面相关联,例如,靠墙放在地板上的空调。可以在这些表面就位的情况下测量此类噪声源的功率级。该测量最好在带消声墙壁的试验室中进行,其中应包含一面硬墙,与硬地板形成一个"边缘"。前文中所述的一般考虑因素也适用于此。我们仍可以按照前文所述方法确定四分之一球面上的平均声压级 $\langle L_P \rangle_H$ 以及确定 $L_{p\theta}$。指向性指数为

$$DI_\theta = Lp_\theta - \langle L_p \rangle_Q + 6 \text{ dB} \tag{4.37}$$

参 考 文 献

[1]　R. H. Bolt and K. U. Ingard, "System Considerations in Noise‐Control Problems," in C. M. Hams (Ed.), *Handbook of Noise Control*, 1st ed., McGraw‐Hill, New York, 1957, Chapter 22.

[2]　E. A. G. Shaw, "Noise Pollution—What Can Be Done?" Phys. Today, **28**(1), 46 (1975).

[3]　ISO 3740, "*Acoustics—Determination of Sound Power Levels of Noise Sources—Guidelines for the Use of Basic Standards*," International Organization for Standardization, Geneva, Switzerland, 2000.

[4]　ISO 3741, "*Acoustics—Determination of Sound Power Levels of Noise Sources Using Sound Pressure—Precision Methods for Reverberation Rooms*," International Organization for Standardization, Geneva, Switzerland, 1999.

[5]　ISO 3741, "*Acoustics—Determination of Sound Power Levels of Noise Sources Using Sound Pressure—Precision Methods for Reverberation Rooms*," International Organization for Standardization, Geneva, Switzerland, 1999. Correction 1:2001.

[6]　ISO 3743‐1,"*Acoustics—Determination of Sound Power Levels of Noise Sources—Engineering Methods for Small, Movable Sources in Reverberant Fields—Part 1: Comparison Method for Hard‐Walled Test Rooms*," International Organization for Standardization, Geneva, Switzerland, 1994.

[7]　ISO 3743‐2, "*Acoustics—Determination of Sound Power Levels of Noise Sources Using Sound Pressure—Engineering Methods for Small, Movable Sources in Reverberant Fields—Part 2: Methods for Special Reverberation Test Rooms*," International Organization for Standardization, Geneva, Switzerland, 1994.

[8] ISO 3744, *"Acoustics—Determination of Sound Power Levels of Noise Sources Using Sound Pressure—Engineering Method in an Essentially Free Field over a Reflecting Plane ,"* International Organization for Standardization, Geneva, Switzerland, 1994.

[9] ISO 3745, *"Acoustics—Determination of Sound Power Levels of Noise Sources Using Sound Pressure—Precision Methods for Anechoic and Hemi - Anechoic Rooms ,"* International Organization for Standardization, Geneva, Switzerland, 2003.

[10] ISO 3746, *"Acoustics—Determination of Sound Power Levels of Noise Sources Using Sound Pressure—Survey Method Using an Enveloping Measurement Surface over a Reflecting Plane ,"* International Organization for Standardization, Geneva, Switzerland, 1995.

[11] ISO 3746, *"Acoustics—Determination of Sound Power Levels of Noise Sources Using Sound Pressure—Survey Method Using an Enveloping Measurement Surface over a Reflecting Plane ,"* International Organization for Standardization, Geneva, Switzerland, 1995. Correction 1:1995.

[12] ISO 3747, *"Acoustics—Determination of Sound Power Levels of Noise Sources Using Sound Pressure—Comparison Method in Situ ,"* International Organization for Standardization, Geneva, Switzerland, 2000.

[13] ISO 6926, *"Acoustics—Requirements for the Performance and Calibration of Reference Sound Sources Used for the Determination of Sound Power Levels ,"* International Organization for Standardization, Geneva, Switzerland, 1999.

[14] M. A, Nobile, B. Donald, and J. A. Shaw, "The Cylindrical Microphone Array: A Proposal for Use in International Standards for Sound Power Measurements," Proc. NOISE - CON 2000 (CD - ROM), paper 1pNSc2, 2000.

[15] M. A. Nobile, J. A. Shaw, and R. A. Boyes, "The Cylindrical Microphone Array for the Measurement of Sound Power Level: Number and Arrangement of Microphones," Proc. INTER - NOISE 2002 (CD - ROM), paper N318, 2002.

[16] ISO 7779, *"Acoustics—Measurement of Airborne Noise Emitted by Information Technology and Telecommunications Equipment (Second Edition) ,"* International Organization for Standardization, Geneva, Switzerland, 1999.

[17] R. Y, Waterhouse, "Output of a Sound Source in a Reverberation Chamber and Other Reflecting Environments,"*J. Acoust. Soc. Am.* , **30**, 4 - 13 (1958).

[18] Hans - Elias de Bree, *"The Microflown Report ,"* Amsterdam, The Netherlands, www. Microflown. com, April 2001.

[19] IEC 1043, *"Instruments for the Measurement of Sound Intensity—Measurement with Pairs of Pressure Sensing Microphones ,"* International Electrotechnical Commission, Geneva, Switzerland, 1993.

[20] ANSI S1. 9, *"Instruments for the Measurement of Sound Intensity ,"* Acoustical Society of America, Melville, NY, 1996.

[21] F. J. Fahy, *Sound Intensity* , 2nd ed. , E&FN SPON, Chapman & Hall,

London，1995.

[22]　J. Adin Man III and J. Tichy，"Near Field Identification of Vibration Sources，Resonant Cavities，and Diffraction Using Acoustic Intensity Measurements," *J. Acoust. Soc. Am.* , **90**, 720 – 729 (1991).

[23]　ISO 9614，"*Determination of Sound Power Levels of Noise Sources Using Sound Intensity Part* 1：*Measurement at Discrete Points*" —1993；"*Part* 2：*Measurement by Scanning*" —1994；"*Part* 3：*Precision Method for Measurement by Scanning*" —2000，International Organization for Standardization，Geneva，Switzerland.

[24]　F. Jacobsen，"Sound Field Indicators：Useful Tools." *Noise Control Eng.* *J.* , **35**，37 –46 (1990).

[25]　ANSI S12.12，"*Engineering Method for the Determination of Sound Power Levels of Noise Sources Using Sound Intensity*," Acoustical Society of America，Melville，NY，1992.

[26]　ECMA – 160："*Determination of Sound Power Levels of Computer and Business Equipment using Sound Intensity Measurements；Scanning Method in Controlled Rooms*," 2nd edition，ECMA International，Geneva，Switzerland，December 1992. A free download is available from www.ecma – international.org.

[27]　ISO 5136，"*Acoustics—Determination of Sound Power Radiated into a Duct by Fans and Other Air Moving Devices—In – Duct Method*," International Organization for Standardization，Geneva，Switzerland，2003.

[28]　P，K. Baade，"Effects of Acoustic Loading on Axial Flow Fan Noise Generation," *Noise Control Eng.* *J.* , **8**(1)，5 – 15 (1977).

[29]　L. L. Beranek，*Acoustical Measurements* ，Acoustical Society of America，Woodbury，NY，1988.

[30]　L. L. Beranek，*Acoustics* ，Acoustical Society of America，Woodbury，NY，1986.

第 5 章　户外声传播

5.1　引　言

本章涉及对户外环境中声源产生的声音的描述和预测。具体而言,本章将讨论从声源到接收器的传播路径。声传播受诸多因素影响,包括几何扩散、地面效应(包括温度和风速垂直梯度引起的反射和折射)、干预屏障产生的衰减、一般反射和混响、大气吸收以及干预制备产生的衰减。

5.2　概　述

在风和太阳的作用下,大气处于恒定运动中,其运动速度的振幅与声音-质点速度的振幅相比较大。这种恒定运动导致声波出现严重失真以及传播条件出现较大变化。自从 19 世纪 O. 雷诺、瑞利和开尔文对户外声传播进行仔细观察和首次科学建模以来[1],已经开展了大量实验和数学研究,使人们对对机械和热湍流、湿度(包括雾)、地面边界条件以及传播路径中的障碍物(如树木、墙壁和建筑物)的影响有了详细了解。

遗憾的是,发表在科学论文中的大量关于户外声传播的信息并不涉及对娱乐和工业设施或公路、铁路和空中交通产生的噪声的实际控制。相关性由政府机构评估社区环境所需的评级标准确定,如 ISO 1996 系列标准和各种政府法规中所述标准。相关标准通常以两个声学描述符的形式给出:等效连续和平均最大 A 计权声压级 L_{eq}(定义见第 2 章)和 $L_{A,max}$(例如,在单辆汽车经过期间)。

为此,主要需要考虑声传播的平均有利条件(加上这种出现条件的频率)。不利条件会导致较大和不确定的低声压级范围,它在欧洲产生的影响较小。

例如,当在 50% 的时间内出现有利条件并且不利条件导致出现至少 5 dB 的较低声压级时,等效连续声压级可表示为

$$L_{eq}=10\lg\Big(\frac{50}{100}10^{L_{fav}/10}+\frac{50}{100}10^{L_{unfav}/10}\Big)<L_{fav}-3\ \text{dB}+10\lg(1+10^{-5/10})\text{dB}=$$

$$L_{fav}-1.8\ \text{dB}>L_{fav}-3\ \text{dB} \tag{5.1}$$

等效连续声压级比在有利传播条件下产生的平均最大声压级 L_{fav} 低 2~3 dB。它永远不会超出该范围,并且与不利传播条件对应的声压级 L_{unfav} 的实际分布无关。

本章所述方法主要关注将声音传播到离地大约 4 m(地面层以上的第一层或更高)的接收器位置的平均有利条件。政府管辖区内可能还需要其他方法,这些方法要求对离地 1.5 m 以上接收到的较低声压级进行评估,这在美国和加拿大很常见。

通常,室外声音的声压级随着声源与接收器之间距离的增加而衰减。这种几何扩散对于

声源附近的声衰减是最重要的,而对于距离更远的声衰减,气象条件则起着决定作用。

对于逾量衰减,最重要的是对声源到接收器的直接声传播产生干扰的屏障、建筑物和山丘。不太重要的因素包括大气吸收、多孔地面(接收器在 5 m 以上)、树木、建筑物的单次反射以及森林、山谷和街道峡谷中混响的影响。即使对这些影响有着充分了解,它们的计算仍需要用到在工程实践中往往无法获得的输入,例如相对湿度的空间分布或声源和接收器之间地面的有效流阻。出于规划目的,必须采用工程估算或惯例,而不是详细的模型来解释这种影响。

在静止的均质大气中,用球坐标系中波动方程的严格解来描述来自点声源的声音的几何扩散。在这些解中,声音以相同的速度在所有方向上沿直线传播。

然而,实际上,声音传播路径不是呈直线的,因为声速主要作为离地高度的函数随温度和风速而变化。同样,由于含盐量随高度变化,水下声音传播也取决于高度。为了解释声音在水下的折射,已经开发了各种专门的数学模型:声线理论、谱方法或快速场模型(FFP)、简正模和抛物线方程(PE)[2]。除了基于海洋底部和表面之间的基本二维场的简正模以外,所有其他模型已被提出用于空传噪声。

此外,对于空气传声,可以用边界元模型(BEM)计算接地阻抗的特定影响,尽管该模型局限于非折射(均质)大气。声学文献中还有 Meteo - BEM(目前限于线性声速剖面)和广义地形PE。后者局限于轴对称情况,就像 PE 一样,但也适用于具有中等坡度的地形剖面[3]。

尽管有这些先进的模型,但目前只有更简单的声线理论具备重要的工程应用价值。在过去,声线理论占据着主导地位,因为它对类似 FFP 和 PE 的模型的计算时间要求非常高。现在,通过比较用 FFP(在涉及莫奥边界层理论的可靠大气输入数据的范围内)获得的结果,表明 FFP 并未优于声线理论。相反,对于 2 000 m 以下的顺风条件,这两个模型显示出惊人的一致性[4-5]。

在户外接收点处,大多数实际情况下仅考虑 A 计权总声压级。对于进入建筑物的声传播的进一步计算,如果其需要频谱分布信息,则该计算局限于建筑物声学的特殊问题。因此,之前的工程估算忽略了声透射损失的频率依赖性。相反,它们假设了一个单频带来表示具有典型频谱的声源产生的 A 计权总声压的衰减。随着计算机能力的提高,先进的工程模型现在也包括频带中的计算。除了向 1.5 m 接收器高度的远距离传播之外,全倍频带对于可获得的精度和可追踪细节的要求都是足够的,仅在特殊情况下需要 1/3 倍频带。

一些规程允许使用具有不同宽度频带的各种计算程序,因而存在很大的不足。简单的计算程序并非总是安全可靠,因此从使用者的角度而言,他们很快就学会了选择产生"更好"结果的计算程序。为了避免这类模棱两可的结果,我们应遵循成熟的政府规程和公约,比如欧洲的ISO 9613 - 2 以及美国和加拿大财务部门的规程。

5.3　声　　源

5.3.1　静止点声源

在过去,声学家曾对点声源、线声源和面声源做了区分。随着现代计算机能力的提高,允许专门使用大量点声源来近似估算线声源和面声源。这种近似法在欧洲得到正式认可,但在美国则不然。美国联邦法规一般要求使用线声源算法和计算机程序。此类线声源程序消除了当近似点声源沿传播路径不够密集时隔声屏障中的间隙在计算时被忽略的可能性。

欧洲计算机程序自动将扩散声源分解成足够小的单元,可将其描述为点声源。为此,通常满足以下条件便已足够。

(1)声源单元的最大尺寸小于声源和接收器之间距离的一半。

(2)声功率大致均等地分布在所述声源单元上。

(3)从声源单元上的所有点到接收器存在大致相同的传播条件。

最后一个要求涉及地面和传播路径中障碍物的影响。如果它们是相关的,两个声源单元之间在地面以上的允许高度差通常小于0.3 m。特定计算机程序是否遵循这些规则需要通过测试用例仔细确定。

点声源可由以下各项描述:中心位置(x,y,z),频带中的声功率级L_w(相对于1 pW),和频带(一维或二维)中的指向性指数 DI。

首选频带是中心频率为63~8 000 Hz的倍频带。较低的频率可能也很重要,例如在喷气发动机试验间附近。对这些频率需作特别考虑。较高频率会经受强烈且可变的大气衰减。在户外可以忽略此类频率。

有条件时,应使用测量的声谱和特定噪声源的指向性。如果没有测量声谱和特定噪声源的指向性,但A计权总声功率级是已知的,表5.1提供了适用于大量声源的倍频带谱的估计值,例如道路、铁路和空中交通、步枪开火、消音柴油发动机和大量工业噪声源。对于相对较大和较慢的声源或相当大的振动衰减,频谱可能向较低的频率偏移一个倍频程。对于具有较小振动衰减的相对较小且快速移动的声源,它的频谱可能向较高频率偏移一个倍频程。当500 Hz左右的频带作为A计权总声功率衰减的一个等效频带时,该简化假设相对于低于A计权倍频带噪声平均最大值的一个倍频带。

表5.1　相对于A计权总声功率的典型未加权和A计权倍频带声源频谱

倍频带中心频率/Hz	63	125	250	500	1 000	2 000	4 000	8 000
未加权:$L_{w,oct}-L_{wA}$/dB	-2	1	-1	-3	-5	-8	-12	-23
A计权:$L_{wA,oct}-L_{wA}$,dB	-28	-15	-10	-6	-5	-7	-11	-24

将指向性指数归一化,使得$10^{DI/10}$在所有方向上的平均值为一。在旋转对称的许多情况下,以一维方式对指向性指数进行充分描述。例如,烟囱和炮火声。对于水平面上的接收器,通常仅在该水平面中描述指向性指数。一个实例是地面试车时飞机发动机发出的声音的指向性。对于地面上的涡轮喷气式飞机,指向性对角度和频率的典型依赖关系如图5.1所示。倍频带编号2以125 Hz为中心频率,编号8以8 000 Hz为中心频率,数据用于$L_{wA}=143.5$ dB的CFM-56-3C飞机发动机。最高值出现在与前向方向呈$\phi=120°$的方向上,并出现在1 000 Hz的频带内。

距声源d处的声压级L_p和声源的声功率级L_w之间的基本关系为

$$L_p(d,\phi)=L_w+D_I(\phi)+D_\Omega-A(d,\phi) \tag{5.2}$$

式中　$A(d,\phi)$——传播路径中所有单元作用下的传递函数;5.4节将讨论衰减或增强效应;

　　　　$D_I(\phi)$——指向性指数;

D_Ω——当声音传播到球面度小于 4π 的立体角中时对声传播进行解释的指数。

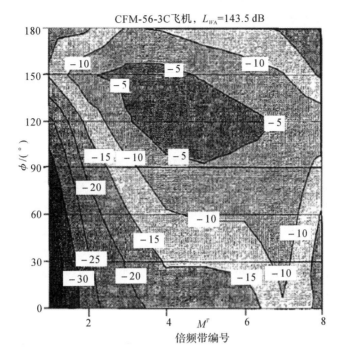

图 5.1 高涵道比涡轮喷气发动机起飞功率设定时指向性与倍频带加权的组合

当声源的声功率输出是根据离声源一定距离 d 处各个方向 ϕ 上的声压级 $L_p(d,\phi)$ 的室外测量值来确定时,使用的从声功率级到声压级的传递函数 $A(d,\phi)$ 应与相反方向应用的函数相同。

根据声功率级描述声发射时,通常假设声源辐射到自由空间中(立体角 $\Omega = 4\pi$)。相反,当声源位于地面上,且辐射的立体角为 2π 时,可以用两个等效假设解释地面声源:①具有相同声功率的地下附加非相干虚声源;②通过式(5.2)中的 $D_\Omega = 3$ dB 对声功率级 L_W 进行修正。通常,当声源位于反射地面上方高度 h_S 处而接收器位于反射地面上方高度 h_R 处时,根据对不相干虚声源的几何考量,可得出修正指数(单位:dB)为

$$D_\Omega = 10\lg\left[1 + \frac{d^2 + (h_S - h_R)^2}{d^2 + (h_S + h_R)^2}\right] \tag{5.3}$$

在一些情况下,从声源到接收器的地面效应 A_{gr} 是式(5.2)中 $A(d)$ 的一部分,必须予以考虑[6]。

当声源位于墙壁附近或位于由两个墙壁形成的角落中时,一定距离处的声压也将包括来自这些墙壁的反射。与式(5.3)类似,这些反射的影响包括在墙壁形成大约 $D_\Omega = 6$ dB 的声级差,在角落形成大约 9 dB 的声级差。或者,可以单独考虑虚声源,这对于吸声墙是必须要求。

5.3.2 运动声源

对于交通噪声,通常的做法是考虑声源沿直线的运动。与静止的连续声源相比,运动声源会产生固定接收器处的可变声压级、固定接收器处音调分量的可变音高(多普勒效应)和由于

周围空气的不同声负载而产生的不同辐射。

这些影响中的最后一个在理论上得到充分解释，但在实践中要么包括在声发射的总体描述中，要么在低速时被忽略。

从车辆靠近时的较高音高到通过之后的较低音高的音高变化可由因数$(1+Ma)/(1-Ma)$确定，其中$Ma=V/c$，是车辆速度V和声速c产生的马赫数。对于道路交通，该倍增因数大致对应于1/3倍频程，但对于高速磁悬浮列车，该因数可能达到全倍频程。此外，对于磁悬浮列车，当辐射频率从轨道的某些部分向上移动并从其他部分向下移动时，由于长定子上磁体槽道频率的影响，轨道的正弦激励在靠近轨道的接收器处产生宽带最大噪声（见图5.2），在列车通过期间不能听到来自磁体振动信号的纯音。

对于任何类型的移动车辆，除了其能量平均值和在某些情况下的最大值外，通常不考虑在车辆接近和经过期间声压级的变化。积分式声级计用于确定总声能，然后报告车辆通过时的暴露声级（SEL），该声级是参考1 s时间间隔得出的积分声能，也被称为单事件声级。由于声音从长而直的轨道接近接收器时，其方向均匀地水平分布在180°范围内，所以可在没有指向性指数的情况下使用式（5.2），将SEL转换为声功率级。将该声功率散布在声源1 h内传播的距离上，得到每单位轨道长度的声功率，即一辆车每小时的线声源强度。为了便于进一步计算，美国和加拿大将线声源分解为直线段，欧洲将线声源分解为点声源。

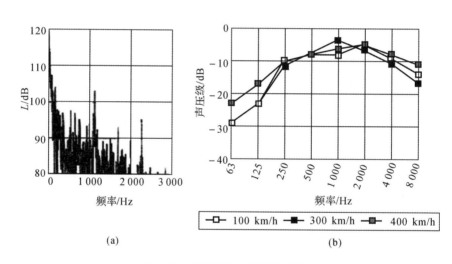

(a)   (b)

图5.2　磁悬浮列车附近噪声测试

(a)在355 km/h磁悬浮列车磁体附近测得的声压级的窄带谱；
(b)相对于距磁悬浮列车某一距离处A计权总声压级的A计权倍频带谱

虽然该程序通常适用于单独的道路和轨道车辆，但是对于较长列车的均匀列车段发射的噪声，通常以不同方式进行评估。在此情况下，平方声压的时间积分可能被限制为恰好在均匀列车段的中心部分经过时，而不造成显著的能量损失。该积分描述均匀列车段声发射的方式与SEL描述整列列车声发射的方式相同。因此，此处可以使用相同的程序（将声功率分布在声源在1 h内传播的距离上）来确定所选列车段的每单位长度轨道的声功率，然后将不同车辆的滚动噪声的声功率加在一起。对不同高度的声源产生的噪声需作为单独的线声源予以考虑。

5.4　传播路径中的元素

声音从声源到接收器的传递函数由沿特定声线路径的所有衰减之和以及由直达声和反射声的所有路径的贡献量来确定。衰减解释了球面扩散 A_{div}、地面效应 A_{gr}、障碍物衍射 A_{bar}、部分反射 A_{refl}、大气吸收 A_{atm} 和其他因素 A_{misc}。具体描述如下。

5.4.1　地面均匀自由空间中的声传播

在声压 p 的亥姆霍兹方程的几何高频近似解中,有

$$\Delta p + \left(\frac{2\pi f}{c}\right)^2 p = -\delta^2(\boldsymbol{r} - \boldsymbol{r}_S) \tag{5.4}$$

用声线理论描述 $r = r_S$ 时频率为 f 的声音从点声源的传播。由于几何扩散和能量损失机制,相位的快速变化与振幅的缓慢变化是不同的。声线轨迹垂直于形成波阵面的固定相的表面。平均能通量的方向遵循轨迹的方向。任何点处的声场幅度可以根据声线的密度来确定。

在短距离内,可以假设声线是直线。在自由空间中,在距离 d 上的球面扩散导致的衰减为

$$A_{div} = \left(10\lg\frac{4\pi d^2}{d_0^2}\right)\ \text{dB} \tag{5.5}$$

式中,$d_0 = 1\ \text{m}$。部分反射地面上方的观测器不仅接收直接声线,还接收地面反射,如图 5.3 所示。为了简单起见,可使用地面的局部反应表面的平面波反射系数(阻抗为 Z_s)来确定反射强度/相位效应。空气的特性波阻抗 $Z_0 = \rho_0 c_0$,与接地阻抗 Z_s 的大小相比通常非常小。因此,除了较小角度 φ 之外,即当 $|Z_s|\sin\varphi \ll Z_0$ 和反射系数约为 -1 时,反射系数通常约为 1。在后一种情况下,直接声线破坏性地干扰地面反射,并在地面附近引起相对低的声压。实质上,声源和虚声源形成偶极,几乎不产生平行于地面的辐射。当声源比接收器更接近地面时(例如,道路交通噪声),声源附近的地面效应可归因于声源的垂直辐射特性。根据高速公路路肩附近草原上的测量结果,A 计权道路交通噪声的指向性指数 $D_I(\phi)$ 从 15° 仰角处的 0 dB 下降到在 0° 仰角处的大约 -5 dB。根据任意声源和接收器高度的互易性进行广义化后,该关系转换为总 A 计权声级的降低值[6]:

$$R_p = \frac{Z_s\sin\varphi - Z_0}{Z_s\sin\varphi + Z_0} \tag{5.6}$$

$$A_{gr,D} = \left[4.8 - \frac{h_{av}}{d}\left(34 + \frac{600\ \text{m}}{d}\right)\right]\text{dB} > 0 \tag{5.7}$$

式中　d——声源到接收器的距离;

　　　h_{av}——从高度 h_S 处的声源到高度 h_R 处的接收器的声线的平均高度,即

$$h_{av} = \frac{1}{2}(h_S + h_R) \tag{5.8}$$

在小于 200 m 的接收器距离内,当平均高度为 2 m(或者对于接近地面的声源,接收器高度为 4 m)时,该描述与安大略省噪声法规[7]中根据下列方程式计算的结果高度一致,如图 5.4 所示。

$$A_{gr,O} = \left(10G\lg\frac{r}{15\text{ m}}\right)\text{dB}>0 \tag{5.9}$$

式中

$$0 \leqslant G = 0.75\left(1-\frac{h_{av}}{12.5\text{ m}}\right) \leqslant 0.66, \quad 0 \leqslant G \leqslant 0.66 \tag{5.10}$$

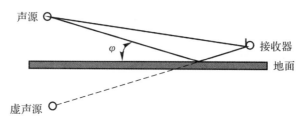

图 5.3　直声线的地面反射

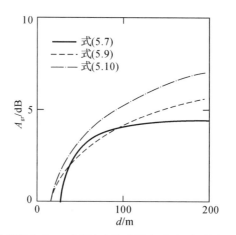

图 5.4　平均高度为 2 m 时草地上的逾量衰减 A_{gr} 与距离 d 的函数关系

目前已经开发出更精确的模型,它们利用球面反射因数来说明波阵面的曲率,并且还可能用于描述松软地面(例如,新落下的雪)的扩散反应[8]。这些模型解释了在地面上方 2 m 内的声源和接收器的声压出现的显著干扰暂降。这种暂降在以 250 Hz 和 500 Hz 为中心频率的倍频带中最常见。这些更精确模型的主导参数是地面的有效流阻。美国和加拿大机构通常要求使用此类模型来适当解释离地 1.5 m(所需的接收器高度)处的接收器出现的这种暂降现象。注意,这种暂降是由干扰引起的,而不是地面上的能量吸收。

然而,两条声线近乎完全的相消干涉需要大致相等的振幅和反相位。声音扩散(而不是单向地面反射)与传播路径中的热和风湍流引起的相位失真共同减少或抑制了这种近乎完全的干扰(尤其是在距离较长时)。对于普通草坪表面,预测地面衰减 A_{gr} 大于 20 dB 是不太现实的。

从工程设计角度来看(特别是在欧洲),这种干扰效应用处不大。在草坪环绕的露台上可能会遇到一些声级降低的情况。但是,对于居住在工业厂房附近的人,不能通过干扰来自较低地面的反射来防止撞击到卧室窗户(离地面 4 m 或更高)上的声音对他们产生影响。在欧洲,新建道路或商业活动的规划不像在美国和加拿大那样依赖于相邻场所的地面状况。

5.4.2　非均质大气中的声折射

大气的非均质性对于户外声传播非常重要。空气的正常状态是一种"对流平衡"状态,在这种状态下,声速 c 作为离地高度的函数随温度和风速而变化。接近地面处的较高温度会导致该处声速较高,进而导致声线向天空弯曲。风在声音传播方向上的分量导致声线向地面折射,因为风速总是随高度增加。正如瑞利所述[1],风速和温度的线性分布导致声线出现悬链曲线,该悬链曲线可由具有下列半径的圆弧近似得出:

$$R = \frac{1}{a\cos\phi} \tag{5.11}$$

式中,a 表示垂直温度梯度和风速梯度引起的声速梯度。北欧国家规定在离地 0.5 m 和 10 m 高度处测量风速和温度,以根据下列关系式[9]确定 a:

$$a = \frac{10^{-3}}{3.2\ \text{m}}\left(\frac{0.6\Delta T}{1\text{℃}} + \frac{\Delta u}{1\ \text{m/s}}\right) \tag{5.12}$$

式中,$\Delta T = T(10\ \text{m}) - T(0.5\ \text{m})$,为温差;$\Delta u = u(10\ \text{m}) - u(0.5\ \text{m})$,为两个高度处的风速分量差。

对于引起向上折射的 a 的负值,在下式所示距离范围内的声源和接收器之间存在一个限制弧。

$$D = \sqrt{\frac{2}{|a|}}\left(\sqrt{h_S} + \sqrt{h_R}\right) \tag{5.13}$$

该限制弧正好掠过地面(见图 5.5)。在该距离以外,声音能够不沿着声线到达接收器,而是只通过衍射到达接收器。该限制弧界定了声阴影区的边界。当声源高度和接收器高度分别为 $h_S = 0$ m 和 $h_R = 4$ m,以及中等梯度 $a = -10^{-4}\ \text{m}^{-1}$ 时,该距离 $D = 282$ m。梯度越大,距离越小,但通常不低于 100 m。因此,对于距离小于 100 m 的声传播,气象条件通常被忽略。为了确保可靠测量最小高度 4 m 处的工业噪声,北欧国家规定在 50～200 m 距离范围内的最小值 $a = -10^{-4}\ \text{m}^{-1}$,超过此距离范围时 $a > -10^{-4}\ \text{m}^{-1}$。

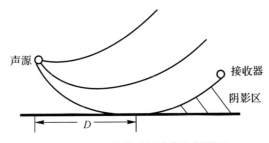

图 5.5　a 为负值时的声线和阴影区

最值得注意的是逆温现象($a > 0$),这种情况发生在无风日的清晨和黄昏里,在此期间地面比较湿润,阳光被遮挡在大气层的上层。在逆温的影响下,交通噪声通过向下折射和来自地面的反复反射而被限制在最下层中。因此,由于声音仅在两个(而不是三个)维度上扩散,即没有向上扩散,所以能在很远的距离外听到声音。对于湖泊和宽阔河流上的声传播,可以观察到甚至更强的效果。

高温区域上的声传播会产生相反效果，例如众所周知，在明火上方通信质量会变差。太阳或工业设施引起的地面升温可能导致声音向上折射和偏离直线散射，这两种效应都会导致逾量衰减。

为了开发户外声传播的启发式模型，详细研究了地面和微气象学的综合效应[10]。该模型解释了以下现象或理论：

(1)从声源到接收器的空气中最快路径的声线理论；

(2)声音顺风传播期间或逆温条件条件下的一个或多个地面反射，反射数量取决于正声速梯度的大小；

(3)声速梯度为负值时声音进入阴影区的衍射；

(4)入射到地面上的折射声线的球面反射系数，取决于地面的有效流阻；

(5)由于各分量的传播时间不同和大气湍流的影响，对接收器处声压的各种声贡献量的相干性出现的降低现象。

将根据该模型计算的数据与在相对较低的接收器位置的草地上测量的数据进行比较，结果如下：

(1)当距离大于 400 m 时，针对负梯度 a 计算的逾量衰减值并不高。当距离高达 1 600 m 时，在以 630 Hz 为中心频率的频带中，平均衰减值被限制在大约 20 dB。

(2)对于正梯度 a，所测逾量衰减的平均值被限制在几分贝，并且在低于 200 Hz 和高于 630 Hz 的频带中，当距离从 400 m 增加至 1 600 m 时，该平均值未随着距离显著增加。逾量衰减的计算值变得更高。

(3)在较低风速和较小正梯度 a 下，在 200~1 000 Hz 的频带中计算和测量的逾量衰减均比较明显。

ISO 9613 - 2[6] 中采用了一个更简单的模型来描述户外声传播的地面效应：

(1)对顺风向(或正梯度 a)进行专门考虑。

(2)地面为硬质($G=0$)或多孔地面($G=1$)。如果只有一部分地面是多孔的，则 G 在 0~1 之间取值，该值是多孔区域的一部分。

(3)区分了地面反射的三个区域：①向接收器延伸 $30h_S$(最大)的声源区域；②向声源延伸 $30h_R$(最大)的接收器区域；③如果声源区域和接收器区域不重叠，它们之间的中间区域。

(4)类似于式(5.7)中涉及的角度参数，引入参数

$$q=\left(1-60\frac{h_{\text{eff}}}{d}\right)\text{dB}>0 \tag{5.14}$$

来解释在中心频率为 63 Hz 的倍频带中等于 $-3q$ 的地面衰减，以及在中心频率为 8 kHz 的所有较高倍频带中等于 $-3q(1-G_m)$ 的地面衰减，在中间区域形成的反射，其中 G_m 是中间区域中 G 的值。结合声音辐射到具有 2π 立体角的半空间中这一假设，当频率为 63 Hz 且不考虑地面孔隙度时以及在更高频率下(适用于硬地面)，相关地面反射导致声压级增加 6 dB。在多孔地面上，不相关反射导致声压级在较高频率下增加 3 dB。

(5)对于声源和接收器区域，$q=0.5$ 考虑了区域划分，并且 G_m 由 G_S 或 G_R 代替，S 和 R 分别指声源区域和接收器区域。此外，对于四个倍频带中的两个区域，考虑以下衰减：

中频带频率/Hz	衰减贡献量/dB
125	$3Ge^{-[(h-5m)/2.9m]^2}(1-e^{-d/50m})+$ $5.7Ge^{-(h/3.3m)^2}(1-e^{-(d/600m)^2})$ (5.15)
250	$8.6Ge^{-(h/3.3m)^2}(1-e^{-d/50m})$
500	$14Ge^{-(h/1.5m)^2}(1-e^{-d/50m})$
1 000	$5Ge^{-(h/1.05m)^2}(1-e^{-d/50m})$

最大衰减发生在中心频率为 500 Hz 的倍频带中的多孔地面上。因此,关于该频带对 A 计权总体声音的衰减具有代表性这一简化假设可能并不保守。相反,它实际上可能低估了接收器处的声压级。

衰减随着距离 d 线性增加直到大约 $d=50$ m,然后接近极限,除了在 125 Hz 附近的低频带,该频带中假设存在进一步延伸的地面波。

式(5.15)显示了衰减随接收器高度的平方呈现出的指数衰减。对于 500 Hz 频率处的倍频带,该频带的方程式中的归一化高度为 1.5 m,大致相当于声音的两个波长。在 1 000 Hz 频率处,该归一化高度为 1.05 m。在 250 Hz 和 1 000 Hz 附近的相关倍频带中,高度与波长之比相似,表明该模型是基于物理考虑及实验结果来建立的。

尽管与启发式模型相比,ISO 9613 - 2 中用于地面衰减倍频带计算的程序有着本质上的简化,但它在实践中经常被式(5.7)中 A 计权总声音的计算程序所代替,主要原因是地面因数 G 通常不够明确。

式(5.15)对声源高度较低的公路和轨道交通噪声的适用性仍不明确。声源附近的地面效应已经包括在测量数据中。模型未涵盖排水沟造成的不平整表面。接收器附近的地面效应可以通过适当的最小高度来排除。因此做出的决定是,目前正在修订的德国铁路交通噪声预测指南不应考虑与频率有关的地面效应。

相比之下,美国对道路交通计算的要求包括一个更详细的基于声学理论的计算机模型,即美国联邦公路管理局(FHWA)交通噪声模型(TNM)[11]。该模型的 2.5 版已与 17 个公路站点 100 h 以上的实测声级(L_{eq})进行了比较,这些测量点大多地形平坦,部分装有隔声屏障,部分未装。在不同风力条件下,白天测量范围在距道路 400 m 的范围内。在此条件下,计算结果和测量结果之间的平均差在大约 1 dB 内[12]。

5.4.3　屏障

任何在声线路径中产生声阴影区的大而密集的物体都被视为声障。此类物体包括墙壁、屋顶、建筑物或地面本身(如果它形成边缘或能减弱声音)。声音通过衍射穿透到阴影区中,从而受到屏障衰减 D_z。衰减量主要由菲涅耳数决定,即

$$N=\frac{2z}{\lambda} \tag{5.16}$$

式中　z——一个或多个屏障边缘引起的路径长度增加量(声源和接收器之间的假设橡皮带的延伸长度);

λ——频率 f 处的声音波长，$\lambda = c/f$。

注意，z 随声入射角 β 的增大而减小（见图 5.6）。

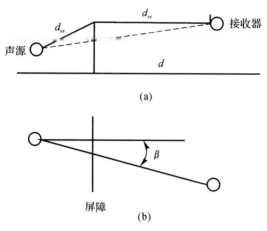

图 5.6 声源和接收器之间的屏障
（a）截面图； （b）平面图

当 $z=0$ 时，已经存在大约 5 dB 的小屏障衰减，并且在阴影区边缘存在一个干涉图样。该干涉图样的细节需要大量的计算工作，而这对于工程用途是没有必要的。因此，根据衍射模型和声线跟踪模型的外推得出的简单近似值是首选值。当两个模型针对山丘或起伏地面上的视线提供的结果相同时，屏障插入损失的计算应当基于大约 5 dB 的极限（$z=0$）地面衰减，而与频率无关，见式（5.7）。该计算得出的屏障插入损失为

$$A_{\text{bar}} = \begin{cases} D_z - A_{\text{gr}} > 0, & \text{对于屏障顶边缘上的衍射} \\ D_z > 0, & \text{对于屏障垂直边缘上的衍射} \end{cases} \qquad (5.17)$$

式中，D_z 的定义见式（5.18）。

当相对于地面的倾角小于 45°时，倾斜屏障边缘被视为顶边缘。否则，它们被视为垂直边缘。

注意，根据式（5.17），介入屏障会导致失去所有地面效应。在多孔地面上方 4 m 或更高处，该近似值是相对准确的。但是，在靠近硬地面处，该近似值是不正确的。硬地面引起的声压加倍现象导致 A_{gr} 出现负值，该现象即使在插入隔声屏障的情况下仍然存在，并且不会导致比多孔地面更大的 A_{bar} 值。

屏障衰减的计算是基于惠更斯波场模型，该模型将垂直于声源到接收器的声线的平面中的所有声穿透点作为新声源。声线周围半径上的点以相同相位辐射，随着半径的增加在正值和负值之间变化。平面内"零相位"之间的间隔被称为菲涅耳区，在自由空间中，除了具有菲涅耳半径 $\sqrt{\lambda d_{\text{so}}}$（其中 d_{so} 是声源到平面的距离）的中心区之外，来自相邻菲涅耳区的声贡献量彼此抵消。该中心区是惠更斯模型的次级波阵面的唯一未消除部分，因此负责接收器处的整个声场。当该中心区被屏障阻挡时，直接声线消失。

此外，屏障部分阻挡了外部菲涅耳区，从而防止它们的声贡献量完全消除。在通过足够高和足够长的屏障进行阻挡的，从声源到接收器的直接声线的上方和任一侧上的许多被阻挡的菲涅耳区范围内，未消除部分的声强随 $1/N$ 衰减，即屏障衰减随着顶边缘上路径长度差的增

加和频率而增加。

屏障衰减的精确计算包括屏障表面处的声反射。当声源或接收器靠近反射屏障表面时,屏障后面的虚声源对声场的声贡献量几乎与实际声源对声场的贡献一样大。这种效应减少了屏障衰减,但因其通常较小,可以忽略。

地面反射很重要。当声源或接收器高于地面时,由于路径长度差 z 相对较大,地面反射的声贡献量相对较小。一般而言,此类较高声源和接收器并不会出现这种情况。因此,计算出地面上的屏障衰减比衍射半平面产生的衰减低 3 dB。

对于户外声传播,声场中不同点处声音的相干性由于风速和温度波动而降低。通过这种方式,为干涉设定了一个限值,该限值取决于菲涅耳半径和菲涅耳数。此外,由于风速和温度梯度的存在,必须考虑到声线的曲率。在顺风方向,该曲率减小了有效屏障高度和衍射角,并因此减小了屏障衰减——这取决于声源、屏障和接收器之间的距离。

已经开发了理论和启发式模型来解释上文描述的多个或所有效应。为了便于预测,这些模型需要极其详细或难以获得的模型输入。相比之下,ISO 9613 - 2 需要的模型输入更少——可能是能够正常获得的模型细节的上限。在该标准中,$C_3 = 1$ 时,屏障衰减近似值为

$$D_z = [10\lg (3 + 2NC_2C_3K_{\mathrm{met}})] \text{ dB} < 20 \text{ dB} \tag{5.18}$$

式中,$C_2 = 20$,并包括下列声线产生的效应:从声源经由屏障边缘传播到接收器的声线、来自地面中的虚声源的声线和传播到地面中的镜像接收器的声线(如果在特殊情况下单独考虑地面反射,则 $C_2 = 40$)。$C_3 > 1$ 时,$D_z < 25$ dB。对于单个边缘处的衍射,$C_3 = 1$,但是对于串联的两个或更多个边缘处的衍射,C_3 可以增加到 3,则有

$$C_3 = \frac{1 + (5\lambda/e)^2}{1/3 + (5\lambda/e)^2} \tag{5.19}$$

式中　e——从第一个衍射边到最后一个衍射边的路径长度;

　　K_{met}——气象修正因数,它解释了顺风声线的曲率,并由下式计算得出,即

$$K_{\mathrm{met}} = \exp\left(-\frac{1}{2\,000 \text{ m}}\sqrt{\frac{d_{\mathrm{ss}}d_{\mathrm{sr}}d}{2z}}\right) \tag{5.20}$$

式中　d_{ss}——声源到第一个衍射边的路径长度;

　　d_{sr}——最后一个衍射边到接收器的路径长度;

　　d——没有屏障的路径长度。

式(5.17)～式(5.20)都是常规方程式,是以曲率参数 $a > 0$ 的折射大气中声传播的理论关系加上现场经验的一阶近似值为基础。它们可以应用于地面上具有 1～3 个垂直衍射边的无限或有限长度的屏障。屏障必须足够长,以满足反射体的要求(见下文)。例如,它们适用于轨头上方 2 m 高度处的典型铁路声屏障,在 25 m 的距离和轨头上方 3.5 m 的高度处,货运列车的 A 计权声压级降低约 11 dB。

ISO 9613 - 2 中的计算不包括高空屏障的情况,如加油站的遮蔽屋顶。然而,如果单个边缘处的衍射对于接收到的声音起着主要作用,则该计算应仍然适用。对于足够大的屏障,可以假设来自一个以上边缘的声贡献量是不相干的。最小尺寸必须满足反射体的要求。

5.4.4　反射体和混响

任何大型物体,例如墙壁、屋顶、建筑物或路标,如果在声线路径中具有平表面并能阻挡菲

涅耳半径至少为$\sqrt{\lambda d_{so}}$的区域,均被视为反射体。更确切地说,根据 ISO 9613 - 2,物体在声音入射方向上的最小尺寸投影应满足下式要求:

$$l_{min}\cos\beta > \sqrt{\frac{2\lambda}{1/d_{so}+1/d_{or}}}$$ (5.21)

式中 β——在反射面上的声音入射角;

d_{so},d_{or}——反射点到声源和反射点到接收器的路径长度。

反射面近似于非平面表面。在虚声源方面,对镜面反射进行了专门考虑(见图5.7)。

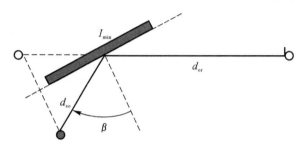

图 5.7   最小尺寸 l_{min} 平面产生的镜面反射

如果反射体的反射系数[①]$R<1$,虚声源的声功率级会降低$(-10\lg R)$dB。通常以 1 dB 或 2 dB 的反射损失来考虑来自粗糙建筑物正面的漫反射,这种漫反射导致声音向天空散射。需要在接收器镜像的方向上考虑声源的指向性。

5.4.5 大气吸收

大气吸收导致的衰减为

$$A_{atm} = \alpha d$$ (5.22)

ISO 9613 - 1 对其进行了充分的理论理解和阐述[13]。为了便于预测,必须选择合适的相对湿度、温度和环境压力。假设温度较低,湿度较高,衰减量在 500 Hz 左右频率下相对较低。相比之下,在 4 000 Hz 和 4 000 Hz 以上的频带中,衰减量非常高,以至于在数百米的距离内就将对 A 计权总声压级的声贡献量减小到可忽略的值。另外,A_{atm} 本身在 125 Hz 及以下的频带中几乎可以忽略。表 5.2 列出了选定值。

表 5.2   选定标称中频下噪声倍频带的大气衰减系数 α[6]

温度/℃	相对湿度/(%)	大气衰减系数 α/(dB·km^{-1})							
		63 Hz	125 Hz	250 Hz	500 Hz	1 000 Hz	2 000 Hz	4 000 Hz	8000 Hz
10	70	0.1	0.4	1.0	1.9	3.7	9.7	33	117
20	70	0.1	0.3	1.1	2.8	5.0	9.0	23	77
15	50	0.1	0.5	1.2	2.2	4.2	10.8	36	129
15	80	0.1	0.3	1.1	2.4	4.1	8.3	24	83

---

①   ISO 9613 - 2 使用 ρ 代替 R。

5.4.6　地被植物和树木的影响

对声传播路径中逾量衰减的工程预测通常不考虑地被植物和树木的影响。原因有两方面：这种影响既小又不可靠；这种影响不仅随季节变化，而且可能随着土地用途的不同而变化。

然而，如果忽略树木产生的衰减，可能需要花费极大成本建造比实际需求更长的道路隔声屏障。当对屏障长度进行不必要的延长以减少从道路前后较远距离处传播的声音时，就会出现上述情况，之所以无必要延长是因为树木本身充分削弱了侧面传播的声音。注意，从道路垂直传播的声音可能通常只通过 50 m 的树林，而从道路前后较远距离处传播的声音能通过 500～1 000 m 的树林，因此出现明显衰减。

5.5　不同传播路径的要素和声贡献量之间的相互作用

5.5.1　考虑相互作用的标准规则

将声线传播路径中个别要素的衰减相加，得出总衰减为

$$A = A_{\text{div}} + A_{\text{gr}} + A_{\text{bar}} + A_{\text{atm}} \tag{5.23}$$

式中　A_{div}——球面扩散引起的衰减，根据式(5.5)预测；

$\quad\quad A_{\text{gr}}$——地面效应引起的衰减，根据式(5.7)～式(5.10)和式(5.14)～式(5.15)预测；

$\quad\quad A_{\text{bar}}$——屏障边缘衍射引起的衰减，根据式(5.16)～式(5.20)预测；

$\quad\quad A_{\text{atm}}$——大气吸收引起的衰减，根据式(5.22)预测。

所考虑的唯一相互作用是屏障和地面的相互作用，如式(5.17)所示。假设声反射在接收器处产生非相干声贡献量。

5.5.2　不同距离处障碍物与地面的相互作用

道路或铁路两侧的屏障对屏障外部接收器处的总声场产生了至少两个声贡献量，一个来自接收器侧屏障上的衍射，另一个来自另一侧屏障产生的反射，该屏障也可能遭受接收器侧屏障上的衍射(见图 5.8)。受较高几何衰减 A_{div} 的影响，第二个声贡献量较低，但可能会由于较低的屏障衰减 A_{bar} 而变得较高。该声贡献量通常需要通过吸声或倾斜屏障表面来降低，所述表面减少了朝向接收器的反射。

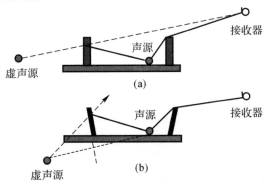

图 5.8　来自车道的声线两侧被屏蔽

(a)吸声屏障屏蔽；　(b)倾斜屏障屏蔽

经常讨论的问题是,对于屏障顶部上方衍射的声音,是否应完全忽略地面衰减,如式(5.17)所示。对屏障阴影区中的一些地面衰减的解释分析是基于在衍射边存在等效声源这一假设。但是,该假设与衍射理论并不一致。从边缘出射的声线没有仅仅因为发散而遭受衰减,但是衍射声场越来越深入地穿透到阴影区中,直到到达接收器为止。由于接收器侧的地面效应主要是通过对靠近接收器的地面反射的干扰来确定,因此必须考虑受到不同衰减的两个不同的衍射声贡献量。因此,进行显著干扰的概率得以降低,特别是在较高接收机位置处。当然,这一观点只适用于不形成阴影的气象条件。为了在靠近地面的接收机位置处实现更高准确度,这种干扰在美国和加拿大并未被忽略掉。

5.5.3 靠近树木的屏障(带间隙和槽孔)

屏障的衰减性能会因各种影响而降低。过去主要担心超过附近屏障高度的树林或灌木丛。实验表明,噪声的高频分量被树叶散射到屏障阴影区内[14]。然而,与"绿色"屏障良好的可接受性相比,这种影响似乎较小。

用式(5.18)计算时,假定衍射声在屏障阴影区内占主导地位。为了实现这一点,与衍射声相比,穿过屏障的声音必须是可忽略的(降低 5 dB 或更多),这适用于在其表面上相对少孔并且与地面之间没有连续间隙的屏障。通过这些孔/间隙的声能大于以几何级别入射到开口上的声能。另外,还需要在通过屏障的表面材料时产生足够大的传播损失。$20 \ \text{kg/m}^2$ 的单位表面积质量(不包括框架)通常足以在 500 Hz 频率下形成 25 dB 或更大的传播损失。这一质量可通过屏障的机械稳定性所需的厚度和材料轻松实现。

5.5.4 计算机软件应用的程序

用于噪声测绘的工程计算机软件是以地理信息系统提供的几何数据为基础的。通常用平面三角形来描述地面;用直线段来描述道路、铁路和屏障;用点来描述个别声源。空间的模型为长方形。处理较大区域的大量数据需要较高的精细度。

声线可能经历多次反射并在从声源到接收器的路径上发生衍射。现有的计算机软件能够以合理的计算时间处理多种反射。但是,受反射体的近似建模和反射损失的影响,目前所用软件并不一定精确,通常只考虑三次反射,以往对街道峡谷中混响的考虑被排除在当前计算之外。

软件的一个重要部分是通过测试用例进行验证[15]。此项工作并不是为了确保物理正确性,而是为了与所引用的计算方案保持一致。为此,对于测试用例,程序运行模式必须与实际应用程序相同,例如,设置用于加速计算的软件控制开关。

5.6 解释气象状况的工程方法

5.6.1 修正项 C_{met} 和 C_0

对于有利于声传播的气象条件,式(5.2)的传递函数[见式(5.23)]从声源特性到等效连续 A 计权声压级 $L_{\text{AT}}(\text{DW})$ 始终起着主导作用。这可能适合于满足特定的限制要求。长期 A 计权声压级 $L_{\text{AT}}(\text{LT})$ 是对工业和社区利益之间的一个较好平衡,其中时间间隔 T 为数个月或一年。此周期通常包括有利和不利的各种声传播条件。

根据 ISO 9613 - 2,可以通过减去下列气象修正项从 L_{AT}(DW)的值获得 L_{AT}(LT)的值,即

$$C_{met} = \begin{cases} 0, & d \leqslant 10(h_S + h_R) \\ C_0\left(1 - 10\dfrac{h_S + h_R}{d}\right), & d > 10(h_S + h_R) \end{cases} \tag{5.24}$$

式中,C_0(单位为 dB)取决于风速和风向加上温度梯度的当地气象统计数据。与式(5.7)类似,减去的修正项取决于声线的有效高度与距离的比率,因此图 5.4 显示了一种定性性质,距离除外。修正项 C_{met} 适用于距离较大的情况。经验表明,C_0 的值在实践中被限制在 0~5 dB 之间,超过 2 dB 的值属于特殊值。

5.6.2 当地气象统计数据

在针对根据气象统计数据计算 C_0 而提出的各种程序中,方程式为

$$C_0(a, g) = -10\lg\left\{\sum_{i=0}^{I-1} Q\frac{W_i(\theta_i)}{2}[1 + g - (1-g)\cos(\theta_{rec} - \theta_i)] + 1 - Q\right\} \text{ dB} \tag{5.25}$$

式中　θ_{rec} —— 北向与声源–接收器线之间的夹角;

　　g —— 介于 0.01 ~ 0.1 之间的参数,用以解释逆风方向的衰减;

　　θ_i —— 北向与第 i 个风向之间的夹角;

　　W_i —— 出现第 i 个风向的概率;

　　I —— 风向数量;

　　$1 - Q$ —— 无风概率(平静)。

$g = 0.1$ 和 $g = 0.01$ 分别对应于 10 dB 和 20 dB 的最大逆风衰减。侧风衰减小于 3 dB。这些值适用于单点声源和总是来自相同方向的风。对于扩散声源(例如,交通线或较大工业区),采用合适的平均化程序得出的值通常略小于 2 dB。

5.7　不　确　定　度

针对接收器位置计算的声压级的不确定度源于声级的不确定度 ΔL_W,该不确定度是根据声源工作条件、上路车辆数量、轨头粗糙度和传播损失的不确定度 ΔA 等方面的大致假设来确定的。在下文中,仅讨论不确定度 ΔA。但是要注意的是,关于声源级的不确定度不能总是被忽略。

5.7.1　要素

扩散损失的不确定度通常较小。除空中交通外,可以非常精确地确定声源和接收器之间的距离。如果分别对最内侧和最外侧车道进行建模,则道路交通分布对多条平行车道的影响通常较小。

不确定度受地面和气象条件影响较大。舒默尔[16]通过长期测量获得了非常明显的不确定度,测量时将扬声器置于草地上方 0.6 m 高度处,接收器置于 1.2 m 高度处,距离长达 800 m。描述所接收到的倍频带声级高值部分的标准偏差如图 5.9 所示。

在不超过125 Hz的低频处以及在高于2 000 Hz的高频处,标准偏差随着距离和频率近似连续地增加,符合预期结果。在干预频带中可能出现异常结果。这些异常可归因于地面干扰的变化。1.2 m的低测量高度可能使这种影响扩大,尽管该接收器高度对于美国和加拿大的计算很重要。

对于特殊的屏障顶部设计,通过将标准计算结果与实验室中计算或测量的结果进行比较,发现屏障衰减存在相当大的不确定度。但是,在现场测试中,此类设计几乎从未在距路边或铁路屏障25 m以外的距离处产生超过1 dB的声级差。在实际中,接近屏障的声源或接收器位置很少受到来自屏障表面或深阴影区的反射的影响,因此在现场未观察到实验室效应。

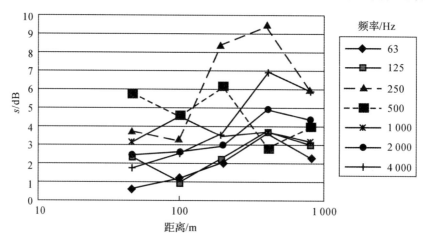

图5.9 顺风条件下的倍频带声压级的标准偏差 s

式(5.19)中 C_3 因数的有效性存在很大的不确定度。在许多实验室案例中,多重衍射表明屏障衰减的增加量超过5 dB。然而,这些案例通常与超过20 dB的屏障衰减有关。在实践中,它们很大程度上取决于从声音到接收器的特定传播路径。

式(5.20)中的气象修正因数存在很大的不确定度。它与顺风情况下在多孔地面上方1 000 m距离处获取的大量数据相匹配。这种不确定度估计约为2 dB,它与距离无关,因为屏障衰减的幅度随距离的增加而降低。

由反射面的粗糙度和吸声造成的不确定度约为1 dB。此外,如果将反射次数限制为3次,有时不足以使计算的声线经通道进入庭院,即使一条声线也不行。根据这些考虑因素可以明显看出,射线理论和镜面反射仅限于相对开放的区域。否则,标准偏差可能会超过5 dB。正是这种考虑因素在一定程度上支持美国和加拿大保留线段源,而不是点声源近似法。

大气吸收的不确定度可以根据相对湿度、温度和环境压力的不确定度来计算。在低频情况下,这种不确定度非常小。在高频情况下,这种不确定度与工程用途无关。当频率约为500 Hz时,与地面效应相比,标准偏差通常较小。

5.7.2 计权总声压级

由于几何形状、地面效应、屏障、反射镜和大气吸声等因素的影响,任何频带射线路径上声衰减的不确定度随方差之和的平方根的增加而增加。当多束射线贡献于接收器的声压级时,必须根据这些射线的能量对方差进行计权,并用方差之和除以总能量。不相关的局部不确定度的总和导致总不确定度降低。

　　计算 A 计权总声压级的不确定度时,可根据倍频带能量对倍频带方差进行计权。当 n 个频带对总声压级的贡献量相等时,用不确定度减去因数 $1/\sqrt{n}$。

　　舒默尔[16]报告的从粉红噪声源[14]接收的 A 计权总声压级的标准偏差与 ISO 9613 - 2 中的估计精度大约一致。在 100~800 m 距离和 0.9 m 平均离地高度处,该标准偏差约为 3 dB。在 5 m 平均离地高度处,ISO 9613 - 2 中估计的精度为 1 dB。先进的室外噪声级计算程序的目标精度如下:在平坦地带上方高达 1 000 m 距离处,标准偏差为 1 dB;在丘陵地带上方高达 1 000 m 距离处,标准偏差为 2.5 dB[3]。

参 考 文 献

[1] Lord Rayleigh, *Theory of Sound*, 2nd ed., Dover, New York, 1877, reissued 1945, Vol. 2, p. 128 ff.

[2] W. A. Kuperman, "Propagation of Sound in the Ocean," in M. J. Crocker (Ed.), *Encyclopedia of Acoustics*, Wiley, New York, 1997, Chapter 36.

[3] F. de Roo and I. M. Noordhoek, "Harmonoise WP2—Reference Sound Propagation Model," Proc. DAGA 03, Aachen, Germany, pp. 354 - 355

[4] K. Attenborough et al., "Benchmark Cases for Outdoor Sound Propagation," *J. Acoust. Soc. Am.*, **97**(1), 173 - 191 (1995).

[5] R. Matuschek and V. Mellert, "Vergleich von technischen Prognoseprogrammen für die Schallimmission mit physikalischen Berechnungen der Schallausbreitung im Freien" ("Comparison of Technical Prediction Programs for Sound Immission with Physical Calculations of Sound Propagation Outdoors"), Proc. DAGA 03, Aachen, Germany, pp. 428 - 429.

[6] ISO 9613 - 2, "*Acoustics—Attenuation of Sound During Propagation Outdoors—Part 2: General Method of Calculation*," International Organization for Standardization, Geneva, Switzerland, 1996.

[7] H. Gidamy, C. T. Blaney, C. Chiu, J. E. Coulter, M. Delint, L. G. Kende, A. D. Light - stone, J. D. Quirt, and V. Schroter, "ORNAMENT: Ontario Road Noise Analysis Method for Environment and Transportation," Environment Ontario, Noise Assessment and Systems Support Unit, Advisory Committee on Road Traffic Noise, 1988.

[8] L. C. Sutherland and G. A. Daigle, "Atmospheric Sound Propagation," in M. J. Crocker (Ed.), *Encyclopedia of Acoustics*, Wiley, New York, 1997, Chapter 32.

[9] J. Kragh, "A New Meteo - Window for Measuring Environmental Noise from Industry," Technical Report LI 359/93, Danish Acoustical Institute, Lyngby, Denmark, 1993.

[10] A. L' Espérance, P. Herzog, G. A. Daigle, and J. R. Nicolas, "Heuristic Model for Outdoor Sound Propagation Based on an Extension of the Geometrical Ray Theory

in the Case of a Linear Sound Speed Profile,"Appl. Acoust. 37, 111 - 139, (1992).

[11] G. S. Anderson, C. S. Y. Lee, G. G. Fleming, and C. W. Menge,FHWA *Traffic Noise Model*, *Version* 1. 0: *User's Guide*, Report FHWA - PD - 96 - 009 and DOT - VNTSC - FHWA - 98 - 1, U. S. Department of Transportation, Federal Highway Administration, Washington, DC, January 1998.

[12] J. L. Rochat and G. G. Fleming,*Validation of FHWA's Traffic Noise Model* (*TNM*): *Phase* 1, *Addendum*, Addendum to Report No. FHWA - EP - 02 - 031 and DOT - VNTSC - FHWA - 02 - 01 U. S. Department of Transportation. Federal Highway Administration, Washington, DC (in publication).

[13] ISO 9613 - 1, "*Acoustics—Attenuation of Sound During Propagation Outdoors— Part* 1: *Calculation of the Absorption of Sound by the Atmosphere*, International Organization for Standardization, Geneva, Switzerland, 1993.

[14] T. van Renterghem and D. Botteldooren, "Effect of a Row of Trees Behind Noise Barriers in Wind,"*Acta Acustica united with Acustica*, **88**, 869 - 878 (2002).

[15] DIN45687, "*Acoustics—Software Products for the Calculation of the Sound Propagation Outdoors—Quality Requirements and Test Conditions*" (*draft*), Deutsches Institut für Normung, Berlin, Germany, 2004.

[16] P. D. Schomer, "A Statistical Description of Ground - to - Ground Sound Propagation,"*Noise Control Eng. J.*, **51**(2), 69 - 89 (2003).

第6章 小型隔声罩内的声音

6.1 引　言

只有在消声室内,声波才会在任何方向上向外传播,而不会碰到反射面。在实践中,必须使用各种形状和尺寸的隔声罩,其中包含各种各样的声扩散、声反射和吸声物体和表面。然而,在形状相当规则、罩壁平滑的小型隔声罩内,声音并不扩散,而是取决于隔声罩内的声学模态响应。在这种情况下,典型的示例包括交通车辆的乘坐室、建筑物内的管道系统和小空间、用于增强音频设备响应的隔声罩,以及设计用于隔声的隔声罩。考虑到有必要了解此类隔声罩内声音的模态特性,本章将论述控制方程式、模态理论及其在室内声学响应测定和控制中的应用。虽然大多数有关声学的标准教材中讨论了矩形隔声罩的模态理论[1-5],但不规则几何形状的扩展方法和先进数值计算技术的使用更适合于实际应用,本章也将论述这些方法。

6.2　极小型隔声罩内的声音

在考虑更普遍的情况之前,有必要考虑极小型隔声罩内的声压响应。通常,在噪声控制问题中,将噪声源封闭在极小型隔声罩内,防止它向外界辐射噪声,如图 6.1(a)中的概念性表示。当噪声源的频率足够低,使得声音的波长超过隔声罩的最大距离时,噪声源产生的声压在整个空腔内将是均匀的。同时,当外部声源的压力迫使罩壁以低频率振动时,隔声罩内将会形成均匀的声压场,如图 6.1(b)中振动活塞的概念性表示。通常在罩壁上进行面板阻尼处理或喷涂吸声材料的阻尼处理。

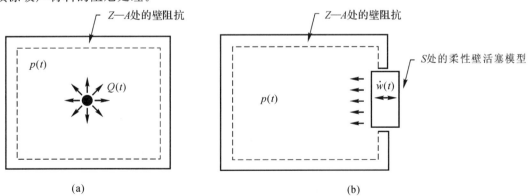

$p(t)$—声压；　$Q(t)$—体积速度；　Z—壁阻抗；　A—阻抗壁面积；　$\dot{w}(t)$—活塞速度；　S—活塞面积

图 6.1　小型隔声罩内的声音阻抗

(a)室内噪声源；　(b)柔性壁振动活塞模型

该隔声罩内的均匀声压 $p(t)$ 将满足式(2.9)的扩展形式,即 $(1/P) \mathrm{d}p/\mathrm{d}t + (\gamma/V) \mathrm{d}\tau/\mathrm{d}t = (\gamma/V)Q(t)$。其中,$Q(t)$ 指声源的体积速度(m^3/s);V 指隔声罩体积;P 指环境气压;$\tau(t)$ 指体积变化。在图 6.1(a)或(b)中的阻抗壁面积 $A(\mathrm{m}^2)$ 处,比声阻抗 $Z = p/u$,质点速度为 $u(t)$,因此得出 $\mathrm{d}\tau/\mathrm{d}t = Au = Ap/Z$。根据式(2.12)得出 $c^2 = \gamma P/\rho$,因此隔声罩内的均匀声压满足

$$\frac{\mathrm{d}p}{\mathrm{d}t} + 2\delta p = \left(\frac{\rho c^2}{V}\right) Q(t) \tag{6.1}$$

式中,$\delta = \rho c^2 A/(2VZ)$。对于稳态激励,$Q(t) = \hat{Q} \cos(\omega t + \phi)$,指在受迫频率 $f = \omega/2\pi$ 下工作的声源的体积速度;体积速度的振幅为 $\hat{Q}$,相位为 ϕ。隔声罩内的稳态声压为 $p(t) = p_0 \times \cos(\omega t + \theta_0)$,声压的振幅和相位由 ϕ 得出,其中

$$p_0 = \frac{\rho c^2 \hat{Q}}{V \left[(\omega + 2\delta_i)^2 + (2\delta_r)^2 \right]^{1/2}}$$

$$\theta_0 = \varphi - \arctan \frac{\omega + 2\delta_i}{2\delta_r} \tag{6.2}$$

此处,$\delta = \delta_r + \mathrm{i}\delta_i$,是一个复阻尼因数($\mathrm{i} = \sqrt{-1}$),表示阻抗壁面积 A 的声阻抗 $Z = R + \mathrm{i}X$,式中:

$$\delta_r = \frac{cA}{2V} \mathrm{Re} \frac{\rho c}{Z}, \quad \delta_i = \frac{cA}{2V} \mathrm{Im} \frac{\rho c}{Z} \tag{6.3}$$

对于图 6.1(a)中的室内噪声源,涉及向外体积流量时,$Q(t)$ 取正值;而对于图 6.1(b)中的柔性壁振动,$Q(t) = -S\dot{w}(t)$ 指等效体积速度,向外活塞速度 $\dot{w}(t)$ 取正值。

由式(6.2)可知,隔声罩内声压的振幅 p_0 不仅取决于噪声源的振幅 $\hat{Q}$ 和受迫频率 $\omega/2\pi$,还取决于隔声罩体积 V 和罩壁总阻抗 δ。对于刚性壁隔声罩,$|Z| \to \infty$,可得 $\delta_r = 0, \delta_i = 0$,则有

$$p_0 = \frac{\rho c^2 \hat{Q}}{\omega V}$$

$$\theta_0 = \varphi - \frac{1}{2}\pi \tag{6.4}$$

在此情况下,声压仅取决于声源体积速度的振幅和频率以及隔声罩体积。声压比体积速度滞后恰好 $90°$,这表明声源不辐射任何声功率。

示例 6.1 图 6.1(b)所示活塞的面积为 $1 \mathrm{cm}^2$,在 $100 \mathrm{Hz}$ 频率下谐波驱动,峰间位移为 $4 \mathrm{mm}$。空腔的体积为 $0.012\ 5 \mathrm{m}^3$,具有刚性壁。空腔内的声压级是多少?

解 对于谐波位移激励 $w = \hat{w} \sin\omega t$,我们可以得出 $\dot{w} = (\omega\hat{w})\cos\omega t = \hat{\dot{w}}\cos\omega t$,因此 $\hat{\dot{w}} = \omega\hat{w}$。因而,$\hat{Q} = S\hat{\dot{w}} = S\omega\hat{w}$,并且根据式(6.4)可得

$$p_0 = \frac{\rho c^2 S\hat{w}}{V} = \rho c^2 \frac{\Delta\hat{V}}{V} \tag{6.5}$$

式中,$\Delta\hat{V} = S\hat{w}$ 指活塞位移引起的隔声罩体积变化。通过代入合适的数值,可以得出 $\Delta\hat{V} = 2 \times 10^{-7} \mathrm{m}^3$,则有

$$p_0 = \left(1.21 \times 343^2 \times \frac{2 \times 10^{-7}}{1.25 \times 10^{-2}} \right) \mathrm{N/m}^2 = 2.28 \mathrm{N/m}^2$$

然后得出声压级为

$$L_p = 20 \lg \frac{p_{\mathrm{rms}}}{p_{\mathrm{ref}}} = \left(20\lg \frac{0.707 \times 2.28}{2 \times 10^{-5}} \right) \mathrm{dB} = 98 \mathrm{dB}$$

示例 6.2 将噪声源封闭在柔性（但非常坚硬的）壁极小型隔声罩内，如图 6.1(a)所示。确定室内声压的计算公式。

解 对于罩壁的质量－弹簧－阻尼器模型，声阻抗为 $Z = A^{-1}[C + i\omega(M - K/\omega^2)]$，其中，$A$ 指罩壁表面积，C、M、K 分别指罩壁总阻尼、总质量和总刚度。对于非常坚硬的罩壁，$Z \approx -iK/A\omega$，因此，根据式(6.3)可得

$$\delta_r - 0, \quad \delta_i - \frac{\omega}{2}\frac{\rho c^2 A^2/V}{K} = \frac{\omega}{2}\frac{K_{空气}}{K}$$

式中，$K_{空气} = \rho c^2 A^2/V$，指空气的刚度，K 指罩壁的刚度（N/m）。将 δ_r 和 δ_i 代入式(6.2)中，可以得出

$$\left.\begin{aligned} p_0 &= \frac{1}{1 + K_{空气}/K}\frac{\rho c^2 \hat{Q}}{\omega V} \\ \theta_0 &= \varphi - \frac{1}{2}\pi \end{aligned}\right\} \tag{6.6}$$

注意，柔性壁隔声罩内的声压低于由式(6.4)得出的等效刚性壁隔声罩内的声压，并且增加罩壁阻尼经证明可以产生类似的效果。

示例 6.3 亥姆霍兹共振器是一种刚性壁隔声罩，配备有横截面面积为 S 的小孔，用于将隔声罩连接到长度为 L 的空气柱，空气柱在图 6.1(b)中作为活塞振荡。试确定固有频率。

解 空气柱的质量为 $M = \rho SL$，空气柱上的作用力为 pS，因此，必须采用公式 $M\ddot{w} = pS$，其中，$\dot{w}$ 指空气柱的速度。由于 $\ddot{\hat{w}} = \omega\hat{w}$，可以得出 $\hat{Q} = S\hat{\dot{w}} = S^2 p_0/\omega M$。将该 $\hat{Q}$ 代入式(6.4)中，可以得出 $(1 - \rho c^2 S^2/\omega^2 MV)p_0 = 0$ 或者 $(1 - K_{空气}/\omega^2 M)p_0 = 0$，其中 $K_{空气} = \rho c^2 S^2/V$，指空气的刚度。最后得出固有频率为 $\omega_0 = \sqrt{K_{空气}/M} = c\sqrt{S/LV}$。

6.3 声学模态响应的控制方程式

对于较大的隔声罩或较高的频率，隔声罩内的声压场不再是均匀的，而是取决于隔声罩内的声学模态响应。更重要的是，声压可以在相当接近声学空腔共振对应的离散频率下放大。隔声罩内声音的模态特性是根据已知的声波方程［见式(2.13)］对传播的声波进行叠加的结果。

$$\nabla^2 p - \frac{\ddot{p}}{c^2} = 0 \text{ N/m}^4 \tag{6.7}$$

式中，$\ddot{p}$ 指相对于时间 t 的二阶偏导数。

封闭空腔内部的噪声源可以作为受迫项纳入波动方程中。对于图 6.1(a)中的单极子声源（例如，机柜内的扬声器）示例，时变质量流率为 $\dot{m}(x,y,z,t) = \rho Q(x,y,z,t)$，因此

$$\nabla^2 p - \frac{\ddot{p}}{c^2} = -\frac{\rho \dot{Q}}{V} \tag{6.8}$$

式中，$\dot{Q} = \partial Q/\partial t$。其他室内声源可以表示为单极子声源的组合，或者可以以类似的方式直接纳入波动方程中。对于简谐运动，$p(x,y,z,t) = \text{Re}[\hat{p}(x,y,z)\exp(i\omega t)]$ 且 $Q(x,y,z,t) = \text{Re}[\hat{Q}(x,y,z)\exp(i\omega t)]$，并且我们可以得出稳态声压响应的非齐次亥姆霍兹方程为

$$\nabla^2 \hat{p} + \left(\frac{\omega}{c}\right)^2 \hat{p} = -\frac{i\omega\rho\hat{Q}}{V} \tag{6.9}$$

式中 f——振动的受迫频率, $f = \omega/2\pi$;

　　　　λ——声源产生的声音的波长, $\lambda = c/f$。

　　p 的边界条件决定了声波在隔声罩表面上的反射、吸收和传播,并根据流体力学考虑因素推断得出[6]。对于小振幅运动,边界处的动量平衡要求通过下式将垂直于边界面的空气质点速度 u 与 p 相关,即

$$\frac{1}{\rho}\frac{\partial p}{\partial n} = -\dot{u} \tag{6.10}$$

式中, $\partial/\partial n$ 指外表面法向导数。对于不透水的罩壁面, u 指空气进入罩壁面孔隙的法向速度分量。表 6.1 所列为不同罩壁面与空气界面的边界条件,由声阻抗 Z 和罩壁面法向振动速度 $\dot{w}$ 表征。在下文中,我们将探究具有柔性吸声边界的隔声罩内的稳态、无规和瞬态声压响应,其中, Z 和 $\dot{w}$ 的定义见表 6.1。

表 6.1   声学边界条件

类　　型	边界条件	空气质点速度
1.刚性壁 $\mid Z \mid = \infty$ 刚性壁 空气	$\dfrac{\partial p}{\partial n} = 0$	$u = 0$
2.柔性壁 罩壁面法向速度 W 空气 柔性壁	$\dfrac{1}{\rho}\dfrac{\partial p}{\partial n} = -\ddot{\omega}$	$u = \dot{w}$
3.刚性壁上的吸声器 吸声器阻抗 Z_a 空气　　吸声器 刚性壁	$\dfrac{1}{\rho}\dfrac{\partial p}{\partial n} = -\dfrac{1}{Z_a}\dfrac{\partial p}{\partial t}$	$u = \dfrac{p}{Z_a}$
4.柔性壁上的吸声器 吸声器阻抗 Z_a 空气　　吸声器 柔性壁 柔性壁阻抗 Z_w	$\dfrac{1}{\rho}\dfrac{\partial p}{\partial n} = -\dfrac{1}{Z_a}\dfrac{\partial p}{\partial t} - \ddot{\omega} =$ $-\left(\dfrac{1}{Z_a}+\dfrac{1}{Z_w}\right)\dfrac{\partial p}{\partial t}$	$u = \dfrac{p}{Z_a} + \dot{w} = \dfrac{p}{Z_a} + \dfrac{p}{Z_w}$
5.开放式放压 空气	$p = 0$	根据分析而定

续表

类 型	边界条件	空气质点速度
6.开放平面波 空气　　　$Z_a = \rho c$	$\dfrac{1}{\rho}\dfrac{\partial p}{\partial n} = -\dfrac{1}{Z_a}\dfrac{\partial p}{\partial t}$	$u = \dfrac{p}{Z_a}$

6.4 固有频率和模态振型

在封闭空腔中的离散固有频率下,产生声共振,从而形成较高的声压。声共振是通过将 $p_n = p_{n0}\Psi_n(x,y,z)\exp(i\omega_n t)$ 代入波动方程求解自由振动而得出,则有

$$\nabla^2 \Psi_n + \left(\frac{\omega_n}{c}\right)^2 \Psi_n = 0 \tag{6.11}$$

其中,罩壁处于自由振动边界条件。$n=0,1,2,\cdots$ 的无量纲压力分布 $\Psi_n(x,y,z)$ 指模态振型, $f_n = \omega_n/2\pi$(Hz)指相应的固有频率。对于吸声边界,模态振型和固有频率均为复值,声学模态为阻尼模态。然而,对于刚性边界($|Z| \to \infty$)或全反射开放边界($|Z| = 0$),可以得出实模态、无阻尼模态或驻波,它们仅取决于空腔的几何形状。

表 6.2 列出了无阻尼声学模态固有频率和振动模式的计算公式,适用于一些形状规则的刚性壁隔声罩以及具有全反射和开放边界的管道。关于更完整的列表见参考文献[7]。我们可以看出,声学模态与空腔体积正交,则有

$$\int_V \Psi_m \Psi_n \,dV = \begin{cases} 0, & m \neq 0 \\ V_n, & m = n \end{cases} \tag{6.12}$$

此外,声学模态构成隔声罩的简正模态。在表 6.2 中,用于识别每种模态的索引数量基于隔声罩的维度,而我们使用了单个索引来识别一种模态,因此三维隔声罩的当量值为 $f_n \equiv f_{ijk}$ 和 $\Psi_n \equiv \Psi_{ijk}$。

表 6.2 声学模态和固有频率[6]

说 明	图 形	固有频率 f_{ijk}/Hz	模态振型,Ψ_{ijk}
1.细长管,两端封闭	$D \ll L$　D x L	$\dfrac{ic}{2L}$ $D \ll \lambda$,式中 $\lambda = c/f$	$\cos\dfrac{i\pi x}{L}$　$i=0,1,2,\cdots$
2.细长管,一端封闭一端开口	$D \ll L$　D x L	$\dfrac{ic}{4L}$ $D \ll \lambda$,式中 $\lambda = c/f$	$\cos\dfrac{i\pi x}{L}$　$i=1,3,5,\cdots$

续表

说　明	图　形	固有频率 f_{ijk}/Hz	模态振型,Ψ_{ijk}
3.细长管,两端开口		$\dfrac{ic}{2L}$ $D \ll \lambda,\lambda = c/f$	$\sin\dfrac{l\pi x}{L}$　$i=1,2,3,\cdots$
4.封闭矩形体积		$\dfrac{c}{2}\left(\dfrac{i^2}{L_x^2}+\dfrac{j^2}{L_y^2}+\dfrac{k^2}{L_z^2}\right)^{1/2}$	$\cos\dfrac{i\pi x}{L_x}\cos\dfrac{j\pi y}{L_y}\cos\dfrac{k\pi z}{L_z}$ $i,j,k=0,1,2,\cdots$
5.封闭圆柱体积		$\dfrac{c}{2\pi}\left(\dfrac{\lambda_{jk}^2}{R^2}+\dfrac{i^2\pi^2}{L^2}\right)^{1/2}$ λ_{jk} 由表 6.2a 得出 中心对称的模态	$J_j\left(\lambda_{jk}\dfrac{r}{R}\right)\cos\dfrac{i\pi x}{L}\begin{cases}\sin j\theta\\ \text{或}\\ \cos j\theta\end{cases}$ $i,j,k=0,1,2,\cdots$
6.封闭球形体积		$\dfrac{\lambda_i c}{2\pi R}$ λ_i 由表 6.2b 得出	$\dfrac{R}{\lambda_i r}\sin\dfrac{\lambda_i r}{R}$ $i=0,1,2,\cdots$
7.任意封闭体积		L 为最大线性尺寸固有 基频(近似值)$\dfrac{c}{2L}$	有限元分析 边界元分析

表 6.2a

λ_{ijk}	j						
k	0	1	2	3	4	5	6
0	0	1.841 2	3.054 2	4.201 2	5.317 6	6.415 6	7.501 3
1	3.831 7	5.331 4	6.706 1	8.015 2	9.282 4	10.519 9	11.734 9
2	7.015 6	8.536 3	9.969 5	11.345 9	12.681 9	13.987 2	15.268 2
3	10.173 0	11.706 0	13.170 4	14.585 9	15.964 1	17.312 8	18.637 4

当 $k \geqslant 3$[即 $J'_j(\lambda_{jk})=0$]时,$\lambda_{j=0,k}=\pi(k+1/4)$

续表

表 6.2b

i	0	1	2	3	4
λ_i	0	4.493 4	7.725 3	10.904 1	14.066 2

当 $i \geqslant 4$（即 $\tan\lambda_i = \lambda_i$）时，$\lambda_i = \pi(i + 1/2)$

值得注意的是，全封闭刚性壁空腔的一阶固有频率为零，即 $f_0 = 0$，并且是一种均匀的压力模态（有时称为亥姆霍兹模式），其中 $\Psi_0 = 1$，且

$$V_0 = \int_V \Psi_0^2 \mathrm{d}V = V \tag{6.13}$$

式中，V 指隔声罩的体积。此外，封闭空腔内一阶空间变化模态的基频约为 $f_1 = c/2L$，其中，L 指空腔的最大线性尺寸。

对于具有开放边界的空腔，不存在 $n = 0$ 模态，因为无法维持（非零）均匀压力。此外，表 6.2 中具有开放边界的管道的固有频率和模态振型均为近似值，因为边界条件（$p \approx 0$）不能完全模拟开放边界处的精确物理声学特性。表 6.2 中有关开口管的计算公式的精度随着管道长细比的增大而提高。通常，开放边界的尺寸必须小于声波波长，这样声音才能从开放边界完全反射。

示例 6.4　封闭矩形空腔的尺寸为 $0.41\ \mathrm{m} \times 0.51\ \mathrm{m} \times 0.61\ \mathrm{m}$。由表 6.2 第 4 列可知，简正模频率和振动模式的计算公式为

$$\left. \begin{array}{l} f_{ijk} = \dfrac{c}{2}\sqrt{\left(\dfrac{i}{L_x}\right)^2 + \left(\dfrac{j}{L_y}\right)^2 + \left(\dfrac{k}{L_z}\right)^2} \\[2mm] \Psi_{ijk} = \cos\dfrac{i\pi x}{L_x}\cos\dfrac{i\pi y}{L_y}\cos\dfrac{i\pi z}{L_z} \end{array} \right\} \tag{6.14}$$

假设 $L_x = 0.61\ \mathrm{m}$，$L_y = 0.51\ \mathrm{m}$，$L_z = 0.41\ \mathrm{m}$：① 求简正振动模态 $i = 2, j = 0, k = 0$；$i = 1, j = 1, k = 0$；$i = 2, j = 1, k = 0$ 的固有频率；② 绘制这 3 种简正振动模态的声压分布。根据温度调整后，声速为 347.3 m/s。

解　（1）根据方程式（6.13），可得

$$f_{2,0,0} = \left[\frac{347.3}{2}\sqrt{\left(\frac{2}{0.61}\right)^2}\right] \mathrm{Hz} = 569.3\ \mathrm{Hz}$$

$$f_{1,1,0} = \left[\frac{347.3}{2}\sqrt{\left(\frac{1}{0.61}\right)^2 + \left(\frac{1}{0.51}\right)^2}\right] \mathrm{Hz} = 443.8\ \mathrm{Hz}$$

$$f_{2,1,0} = \left[\frac{347.3}{2}\sqrt{\left(\frac{2}{0.61}\right)^2 + \left(\frac{1}{0.51}\right)^2}\right] \mathrm{Hz} = 663.4\ \mathrm{Hz}$$

（2）这些模态的压力分布 $|\Psi_{ij}|$ 如图 6.2 所示，其中归一化旨在确保拐角处的最大压力为 $|\Psi_{ij}| = 1$。声压在节面处最小，即 $|\Psi_{ij}| = 0$。由于这三种模态中 $k = 0$，因此压力分布在 z 方向上是均匀的。

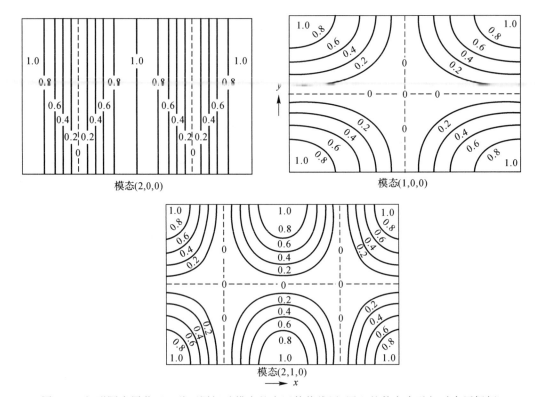

图 6.2　矩形隔声罩截面三种不同振动模态的声压等值线图(图上的数字表示相对声压振幅)

6.5　声学分析用数值计算方法

对于简单的几何形状和边界条件,声学模态可以解析地表示,见表 6.2,但对于更复杂的几何形状和边界条件,需要采用数值计算方法,例如有限元法或边界元法[8]。有限元法是建立在由有限数量的互连体积单元表示隔声罩内饰的基础上的。边界元法是建立在仅由有限数量的互连平面单元表示隔声罩边界面的基础上的。虽然有限元法和边界元法最初都是针对结构分析而开发的,但它们适用于许多非结构问题,其中就包括声学空腔问题。边界元法的主要优点是减少了所需的建模工作量,因为只需要对隔声罩的表面进行网格划分。另外,有限元法通常产生带状、与频率无关的实矩阵,在求解声学响应时需要的计算时间明显减少。

为了解释形状复杂的隔声罩的数值声学模态分析,图 6.3 阐释了声学有限元法在汽车乘坐室中的应用,旨在测定声学模态振型和固有频率。随着固有频率的增加和隔声罩几何形状复杂度的增加,模态振型变得越来越复杂。图 6.3(a)中的声学有限元模型是根据线性六面体和五面体单元而开发,由于其对称性,只需要 1 个半模型[9]。通过实施结构有限元代码并使用表 6.3 中列出的结构-声学模拟[10],可以求解该模型,从而得出声学模态。如表 6.3 所示,通过根据声学材料的特性指定结构材料的特性,结构运动方程简化为声波方程,结构边界条件简化为所需的声学边界条件。当使用线性单元时,模态解的精度将与 $(n/N)^2$ 成比例,其中,n 指模态数,N 指特定方向上的单元数。通常,当特定方向上有大约 10 个线性单元时,该方向上的前四阶模态的频率精度预期在 10% 以内。

表 6.3　结构-声学模拟

说明	结构	模拟	声学空腔
有限元	$w_k = \sum_{l=1}^{N}(W_k)_l\,N_i^k \quad k=x,y,z$	$w_x = p$ $N_i^x = N_i$	$p = \sum_{l=1}^{N} p_l N_l$
本构方程	$\begin{Bmatrix}\sigma_{xx}\\ \tau_{xy}\\ \tau_{zx}\end{Bmatrix}=\begin{bmatrix}G_{11}&G_{14}&G_{16}\\ G_{14}&G_{44}&G_{46}\\ G_{16}&G_{46}&G_{66}\end{bmatrix}\begin{Bmatrix}\epsilon_{xx}\\ \gamma_{xy}\\ \gamma_{zx}\end{Bmatrix}$	$\sigma_{xx}=u_x,\quad \tau_{xy}=u_y,\quad \tau_{zx}a=u_z$ $\dfrac{\partial w_x}{\partial x}=\dfrac{\partial p}{\partial x},\ \dfrac{\partial w_x}{\partial y}=\dfrac{\partial p}{\partial y},\ \dfrac{\partial w_x}{\partial z}=\dfrac{\partial p}{\partial z}$	$\begin{Bmatrix}u_x\\ u_y\\ u_z\end{Bmatrix}=\begin{bmatrix}-1/\rho&0&0\\ 0&-1/\rho&0\\ 0&0&-1/\rho\end{bmatrix}\begin{Bmatrix}\partial p/\partial x\\ \partial p/\partial y\\ \partial p/\partial z\end{Bmatrix}$
平衡方程	$\dfrac{\partial \sigma_{xx}}{\partial x}+\dfrac{\partial \tau_{xy}}{\partial y}+\dfrac{\partial \tau_{zx}}{\partial z}=-\rho_s\ddot{w}_x$	材料特性 $\left\{\begin{array}{l}G_{11}=1/\rho\\ G_{44}=1/\rho\\ G_{66}=1/\rho\\ G_{14}=0\\ G_{16}=0\\ G_{46}=0\\ \rho_s=1/\alpha^2\end{array}\right.$	$\dfrac{\partial u_x}{\partial x}+\dfrac{\partial u_y}{\partial y}+\dfrac{\partial u_z}{\partial z}=-\dfrac{1}{\alpha^2}\ddot{p}$
有限元方程	$([K]-\omega^2[M])\{w\}=\{0\}$ $K_{ij}=\int_V \langle\nabla N_i^x\rangle^{\mathrm{T}}[G]\langle\nabla N_i^x\rangle\,\mathrm{d}V$ $M_{ij}=\int_V \rho_s N_i N_j\,\mathrm{d}V$		$([K]-\omega^2[M])\{p\}=\{0\}$ $K_{ij}=\int_V \dfrac{1}{\rho}\langle\nabla N_i\rangle^{\mathrm{T}}\langle\nabla N_j\rangle\,\mathrm{d}V$ $M_{ij}=\int_V \dfrac{1}{\alpha^2}N_i N_j\,\mathrm{d}V$

图 6.3（b）显示了由图 6.3（a）中的乘坐室有限元模型预测的一阶声学模态。它是一种纵向模态，节面垂直穿过乘坐室。$|\Psi_n|=0$ 的节面以及 $|\Psi_n|=$ 局部最大值的反节面具有实践意义，因为它们分别表示由模态激励产生的低噪声区和高噪声区。对于图 6.3（b）中的示例，由于靠近节面，前座乘员可能不会注意到模态的激励，但是后座乘员可以听到。对于图 6.3（c）所示的第二模态，情况正好相反。由于乘坐室的几何形状不规则，这些模态无法用诸如表 6.2 中列出的简单计算公式预测。然而，数值计算方法提供了一种用于预测声学模态的方法，该方法可结合以下章节所述的方法来预测受迫声压响应。

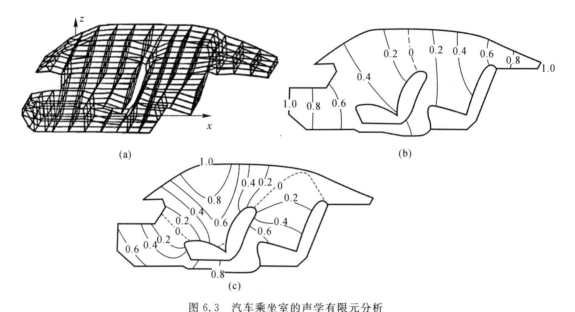

图 6.3　汽车乘坐室的声学有限元分析
（a）声学有限元模型；　（b）73 Hz 频率下的一阶共振模态；　（c）130 Hz 频率下的二阶共振模态

6.6　隔声罩内的受迫声压响应

通常，已知声源在隔声罩内的声压响应值得关注。隔声罩的形状可能很复杂，并且可能具有柔性壁和吸声壁以及多个内饰面。如果已知无阻尼模态 $\Psi_n(x,y,z)$ 和固有频率 $f_n=\omega_n/2\pi$（其中，$n=0,1,2,\cdots$），这种隔声罩内的受迫声学响应可以采用模态分析技术直接表示为简正模扩展式[11-12]，即

$$p(x,y,z,t)=\sum_n P_n(t)\Psi_n(x,y,z) \tag{6.15}$$

式中，P_n 指为满足声波方程、边界条件和初始条件而必须确定的时变系数。

对于表 6.1 中由边界条件描述的柔性和吸声边界，模态系数 $P_n(t)$ 由下式确定，即

$$\ddot{P}_n+2\delta_n\dot{P}_n+\omega_n^2 P_n=\frac{\rho c^2}{V_n}F_n(t) \tag{6.16}$$

式中，V_n 由方程式（6.12）得出，$F_n(t)$ 指模态作用力，有

$$F_n(t)=\int_V \frac{\dot{Q}}{V}\Psi_n \mathrm{d}V-\int_S \ddot{w}\Psi_n \mathrm{d}S \tag{6.17}$$

式中　Q——室内噪声源的体积速度；

　　　$\dot{w}$——边界面 S 处壁板的振动速度。

分别对隔声罩体积 V 和壁板表面积 S 进行积分。在式(6.16)中，δ_n 指模态阻尼常数或模态阻尼衰减率，如此处所定义，它是个复值，即

$$\delta_n = \delta_n^r + \mathrm{i}\delta_n^l = \frac{\rho c^2}{2V_n}\int_A \frac{\Psi_n^2}{Z}\mathrm{d}A \tag{6.18}$$

式中，$Z = R + \mathrm{i}X$，指罩壁复阻抗。表 6.1 针对不同的边界，专门解释了式(6.17) 和式(6.18) 中的 $\ddot{w}$ 和 Z。假设无阻尼模态 Ψ_n 满足壁板表面积 S 和阻抗边界 A 的刚性壁边界条件 $(\partial\Psi_n/\partial n = 0)$。

由式(6.18) 可知，δ_n 的实部和虚部可以表示为［参考式(6.3)］

$$\delta_n^r = \frac{cA_n}{2V_n}\mathrm{Re}\,\frac{\rho c}{Z_n}, \quad \delta_n^l = \frac{cA_n}{2V_n}\mathrm{Im}\,\frac{\rho c}{Z_n} \tag{6.19}$$

式中，Z_n 指第 n 个模态的平均阻抗，并且

$$\frac{\rho c}{Z_n} = \frac{1}{A_n}\int_A \frac{\rho c}{Z}\Psi_n^2\,\mathrm{d}A \tag{6.20}$$

式中

$$A_n = \int_A \Psi_n^2\,\mathrm{d}A$$

当壁阻抗 Z 不随罩壁表面积 A 变化时，正如预期的那样，由式(6.20) 可得出 $\rho c/Z_n \equiv \rho c/Z$。回顾式(6.19) 中声阻抗的实部和虚部解释，可以看出 δ_n^r 与罩壁电阻率（阻尼）有关，δ_n^l 与罩壁声抗（柔性）有关。在上述公式中，我们假设存在"弱阻尼"，因而得出 $|\delta_n^r| \ll \omega_n$ 和 $|\delta_n^i| \ll \omega_n$。对于实践中经常遇到的"强阻尼"隔声罩，通过边界阻抗和罩壁挠性对模态式(6.16) 耦合，它们必须同时求解。参考文献[12][13] 中全面论述了这一程序。

示例 6.5　声学模态 Ψ_n 和固有频率 ω_n 均通过表 6.3 的有限元分析得出。试确定受迫声压响应的简正模扩展式。

解　根据有限元分析，声学模态以 $M \times N$ 矩阵的形式给出

$$\{\Psi_1\Psi_2\cdots\Psi_n\cdots\Psi_N\} = \begin{bmatrix} \psi_{11} & \psi_{12} & \cdots & \psi_{1n} & \cdots & \psi_{1N} \\ \psi_{21} & \psi_{22} & \cdots & \psi_{2n} & \cdots & \psi_{2N} \\ \vdots & \vdots & & \vdots & & \vdots \\ \psi_{m1} & \psi_{m2} & \cdots & \psi_{mn} & \cdots & \psi_{mN} \\ \vdots & \vdots & & \vdots & & \vdots \\ \psi_{M1} & \psi_{M2} & \cdots & \psi_{Mn} & \cdots & \psi_{MN} \end{bmatrix} \tag{6.21}$$

式中，各 m 行对应于有限元模型特定网格点处的响应，各 n 列对应于特定模态的响应。在矩阵表中，对于受迫声压响应，方程式(6.15) 中的简正模扩展式变为

$$\begin{bmatrix} p_1(t) \\ p_2(t) \\ \vdots \\ p_m(t) \\ \vdots \\ p_M(t) \end{bmatrix} = \begin{bmatrix} \psi_{11} & \psi_{12} & \cdots & \psi_{1n} & \cdots & \psi_{1N} \\ \psi_{21} & \psi_{22} & \cdots & \psi_{2n} & \cdots & \psi_{2N} \\ \vdots & \vdots & & \vdots & & \vdots \\ \psi_{m1} & \psi_{m2} & \cdots & \psi_{mn} & \cdots & \psi_{mN} \\ \vdots & \vdots & & \vdots & & \vdots \\ \psi_{M1} & \psi_{M2} & \cdots & \psi_{Mn} & \cdots & \psi_{MN} \end{bmatrix} \begin{bmatrix} p_1(t) \\ p_2(t) \\ \vdots \\ p_n(t) \\ \vdots \\ p_N(t) \end{bmatrix} \tag{6.22}$$

各模态系数 $P_n(t)$ 根据式(6.16)确定,其中 ω_n 已知,并且 $V_n = \boldsymbol{\Psi}_n^T \boldsymbol{M} \boldsymbol{\Psi}_n$,式中,上标 T 表示转置,$\boldsymbol{M}$ 在有限元分析中得出,如表 6.3 所示。式(6.16)中的模态受迫为

$$F_n(t) = \boldsymbol{\Psi}^T(\dot{\boldsymbol{Q}} - \boldsymbol{S}\ddot{\boldsymbol{w}}) \tag{6.23}$$

式中,$\dot{\boldsymbol{Q}}$ 和 $\ddot{\boldsymbol{w}}$ 分别指网格点体积加速度和壁板加速度的向量;$\boldsymbol{S}$ 指与每个壁板网格相关联的表面积矩阵。同样,方程式(6.16)中的阻尼常数为

$$\boldsymbol{\delta}_n = \frac{\rho c^2}{2V_n} \boldsymbol{\Psi}^T \left[\frac{A}{Z}\right] \boldsymbol{\Psi} \tag{6.24}$$

式中,$[A/Z]$ 指由与各网格点 m 相关联的表面积 A_m 计权的网格点阻抗值矩阵。当根据表 6.3 针对声学简正模分析改编时,大多数结构有限元计算机代码还具有模态频率响应和模态瞬态响应的能力,以方程式(6.22)的形式给出受迫声压响应。

6.7 稳态声压响应

如图 6.1(a)所示,当噪声从点声源发出时,隔声罩内的稳态声压通常值得关注。对于位于 (x_0, y_0, z_0) 点且稳态体积速度为 $\hat{Q}\cos(\omega t + \phi)$ 的点声源,质量流率可在数学上采用狄拉克 δ 函数表示为 $\dot{m}(x、y、z、t) = \rho\hat{Q}\delta(x-x_0)\delta(y-y_0)\delta(z-z_0)\cos(\omega t + \phi)$。在特定的受迫频率 $f = \omega/2\pi$ 下,隔声罩内的声压响应可通过采用频率响应函数技术,由方程式(6.15)～式(6.17)得出:

$$p(x,y,z,t) = \sum_n p_n(x,y,z,\omega)\cos(\omega t + \theta_n) \tag{6.25}$$

式中

$$p_n(x,y,z,\omega) = \frac{\rho c^2 \omega \hat{Q} \boldsymbol{\Psi}_n(x,y,z)\boldsymbol{\Psi}_n(x_0,y_0,z_0)}{V_n\left[(\omega^2 - \omega_n^2 + 2\delta_n^i\omega)^2 + (2\delta_n^r\omega)^2\right]^{1/2}} \tag{6.26}$$

并且

$$\theta_n(\omega) = \varphi - \arctan\frac{\omega^2 - \omega_n^2 + 2\delta_n^i\omega}{2\delta_n^r\omega} \tag{6.27}$$

模态声压的振幅为 $|p_n|$。当 $\hat{Q} = 1$ 时,$|p_n|$ 指模态频率响应函数的振幅。

由式(6.25)可知,隔声罩内某一点的稳态声压可视为频率 ω 相同但振幅 $|p_n|$ 和相位角 θ_n 不同的多个分量的叠加。如果式(6.26)中的声源位置 (x_0, y_0, z_0) 或观测人员位置 (x,y,z) 在特定模态 n 的节面上,则在响应过程中观测到该模态的最小参与因子。同样值得注意的是,该解在声源坐标 (x_0, y_0, z_0) 和观测点 (x,y,z) 是对称的。如果我们把声源放在 (x,y,z) 点,则当在 (x_0, y_0, z_0) 点观测到声源时,在 (x_0, y_0, z_0) 点观测到的声压与在 (x,y,z) 点观测到的声压相同。这就是著名的互易性原理(见第 10 章),它有时可以有效地用于室内声学测量。

当只有均匀压力模态 $(\omega_0 = 0)$ 被激励时,式(6.25)～式(6.27)简化为 $p = p_0\cos(\omega t + \theta_0)$,式中

$$\left.\begin{aligned}p_0(\omega) &= \frac{\rho c^2 \hat{Q}}{V\left[(\omega + 2\delta_0^i)^2 + (2\delta_0^r)^2\right]^{1/2}} \\[2mm] \theta_0(\omega) &= \varphi - \tan^{-1}\frac{\omega + 2\delta_0^i}{2\delta_0^r}\end{aligned}\right\} \tag{6.28}$$

它们与式(6.2)等效。均匀压力模态适用于声源在极低频率[远低于隔声罩的一阶

（$n=1$ 共振）下工作的情况。如果 $L < \lambda/10$，通常可以满足这一要求。其中，L 指空腔的最大线性尺寸，$\lambda = c/f$ 指在受迫频率 $f = \omega/2\pi$ 下工作的声源产生的声音波长。

示例 6.6　当（1）隔声罩壁是刚性的且不存在阻尼时，（2）已知阻抗 Z 的吸声材料均匀地覆盖在一侧壁上，和（3）阻尼用临界阻尼比 ζ_n 表示，确定示例 6.4 中矩形空腔内扬声器激励的稳态声压响应。假设扬声器是一个简单的单极子声源。

解　（1）对于无阻尼（$\delta_n^r = 0$）刚性壁（$\delta_n^i = 0$）隔声罩，根据式（6.25）～ 式（6.27），可得

$$p(x,y,z,t) = \rho c^2 \hat{Q} \sum_{i=0}^{I} \sum_{j=0}^{J} \sum_{k=0}^{K} \frac{\omega \Psi_{ijk}(x,y,z) \Psi_{ijk}(x_0,y_0,z_0)}{V_{ijk} |\omega^2 - \omega_{ijk}^2|} \times \cos\left(\omega t + \phi - \frac{\pi}{2}\right)$$

（6.29）

式中，Ψ_{ijk} 和 $f_{ijk} = \omega_{ijk}/2\pi$ 参见式（6.14），V_{ijk} 是根据式（6.12）确定的，I、J、K 是包含的模数，以求出收敛解。对于封闭式矩形隔声罩，有

$$\frac{V_{ijk}}{V} = \varepsilon_i \varepsilon_j \varepsilon_k$$

（6.30）

式中

$$\varepsilon_n = \begin{cases} 1, & n=0 \\ \dfrac{1}{2}, & n \geqslant 1 \end{cases}$$

$V = L_x L_y L_z$。根据式（6.14）可知，对于每种振动模态，矩形隔声罩拐角处的声压最大。此外，对于每种振动模态，其中一个指数 i、j 或 k 为奇数时，隔声罩中心的声压为零；因此，在隔声罩的几何中心，只有八分之一的振动模态能产生有限的声压。进一步可推理出，在任何一侧壁的中心，其中两个指数（i、j、k）为奇数的模态的声压为零，因此只有 1/4 的振动模态参与其中。最后，在隔声罩的一个边缘的中心，一个指数为奇数的模态的声压为 0，因此只有一半振动模态参与其中。

（2）假设吸声材料均匀覆盖在 $z=0$ 的壁上，根据式（6.19）和式（6.20）可得

$$\left. \begin{aligned} \delta_{ijk}^r &= \frac{cA_{ijk}}{2V_{ijk}} \operatorname{Re} \frac{\rho c}{Z_{ijk}} = \frac{c}{2L_z \varepsilon_k} \operatorname{Re} \frac{\rho c}{Z} \\ \delta_{ijk}^l &= \frac{cA_{ijk}}{2V_{ijk}} \operatorname{Im} \frac{\rho c}{Z_{ijk}} = \frac{c}{2L_z \varepsilon_k} \operatorname{Im} \frac{\rho c}{Z} \end{aligned} \right\}$$

（6.31）

式中，$\rho c/Z_{ijk} = \rho c/Z$，$A_{ijk} = \varepsilon_i \varepsilon_j A_z$ 且 $A_z = L_x L_y$。将式（6.31）代入式（6.25）～（6.27），当 Z 已知时，可以求出声压的级数解。

（3）根据振动理论（见第 13 章），临界阻尼比 ζ_n 与阻尼常数的关系为 $\delta_n = \zeta_n \omega_n$。在复杂形式中，$\zeta_n = \zeta_n^r + i\zeta_n^i$，因此，$\delta_n^r = \zeta_n^r \omega_n$，$\delta_n^i = \zeta_n^i \omega_n$，将其代入式（6.25）～ 式（6.27）中，求出已知 ζ_n 的声压。

图 6.4 显示了实现体积-速度（扬声器）激励的矩形隔声罩（0.61 m×0.51 m×0.40 m）中预测与测量的声压级。传声器位于（0.51 m，0.10 m，0.30 m），声源位于（0.0 m，0.10 m，0.10 m）。使用式（6.25）～ 式（6.27）预测响应，见示例 6.6。图 6.4(a) 所示为无阻尼刚性壁隔声罩中的响应，其中确定了刚性壁空腔模式激励产生的共振峰。理论上，在无阻尼隔声罩中，这些共振的响应应该是无限的。但实际上，由于空气中和边界处存在黏滞热损失，即使壁面非常坚硬的隔声罩也存在阻尼。模态阻尼提供了一种计算这些损失的简便方法；并且很容易代入示例 6.6(a) 的解中。由于损失会产生主要阻力，所以使用模态阻尼的实际值。图 6.4(b) 显示了当已知阻抗的吸声材料覆盖隔声罩底壁时的声压响应。使用方程式（6.31）中

给出的复"阻尼"公式，并基于因吸声材料厚度变化隔声罩高度降低的模式预测响应，也可得出式(6.25)中 $|p_{0,0,0}|$、$|p_{1,0,0}|$ 和 $|p_{0,1,0}|$ 的共振响应。通过比较图 6.4(a) 和图 6.4(b)，可明显发现共振峰的衰减和频移，这是吸声材料的阻力和反应性质造成的。

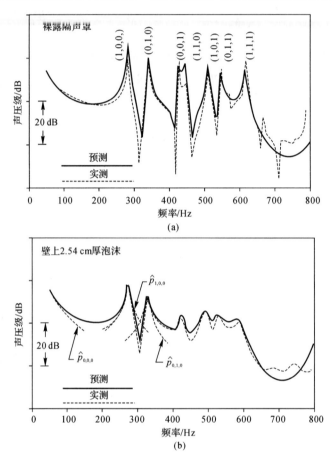

图 6.4　矩形隔声罩内恒定体积速度源的声压级曲线预测与实测值的比较

(a) 裸露隔声罩有 0.5% 的模态阻尼；

(b)2.54 cm 厚隔声泡沫覆盖 0.61 m $\times$ 0.51 m 壁时的实测阻抗$[\rho c / Z = (0.12 + 0.47i)(f/800), 0 \leqslant f < 800$ Hz$]$

6.8　共振驱动隔声罩

如果体积速度 Q 的点声源由频率 ω 的稳态发生器驱动，且如果该频率等于简正模频率 ω_n，那么根据式(6.26)可知模态声压为

$$p_n(x,y,z,\omega_n) = \frac{\rho c^2 \hat{Q} \psi_n(x,y,z) \psi_n(x_0,y_0,z_0)}{V_n \left[(2\delta_n^l)^2 + (2\delta_n^r)^2\right]^{1/2}} \qquad (6.32)$$

根据式(6.32)可知，当 $\delta_n^r = 0, \delta_n^i = 0$ 时，$|p_n| \rightarrow \infty$，因此，ω_n 是无阻尼刚性壁隔声罩的共振频率。

对于有反应壁($\delta_n^i \neq 0$, $\delta_n^r \equiv 0$)的隔声罩，方程式(6.26)中分母的频率依赖性可近似于

$$\omega^2 - \omega_n^2 + 2\delta_n^i \omega \approx \omega^2 - \omega_n^2\left(1 - \frac{2\delta_n^i}{\omega_n}\right) = \omega^2 - \omega_{n0}^2 \qquad (6.33)$$

式中

$$\omega_{n0} = \omega_n \sqrt{1 - \frac{2\delta_n^i}{\omega_n}} \tag{6.34}$$

当 $\omega \to \omega_{n0}$，$|p_n| \to \infty$ 时，可以发现，无阻尼反应壁隔声罩的新共振频率为 ω_{n0}。由于刚性壁具有声抗 δ_n^i，刚性壁隔声罩共振移的共振值 ω_n 和 ω_{n0} 可高于或低于刚性壁频率 ω_n，这取决于 $\delta_n^i < 0$ 或 $\delta_n^i > 0$。根据式（6.27），共振时（即 $\omega = \omega_{n0}$），模态声压和体积速度源之间的相位角为 $0°$ 或 $180°$，该方程式提供了通过实验识别共振频率 ω_{n0} 和隔声罩声抗 δ_n^i 的方法。

当 $\omega = \omega_{n0}$ 时，隔声罩耗散 δ_n^r 决定共振峰的振幅，因为

$$p_n(x, y, z, \omega_{n0}) = \frac{\rho c^2 \hat{Q} \psi_n(x, y, z) \psi_n(x_0, y_0, z_0)}{2\delta_n^r V_n} \tag{6.35}$$

耗散还导致共振频率增加了一个量。$|p_n|$ 最大时，实际共振频率 ω_{res} 为

$$\omega_{res} = \sqrt{\omega_{n0}^2 - 2(\delta_n^r)^2} = \sqrt{\omega_n^2 - 2\delta_n^i \omega_n - 2(\delta_n^r)^2} \tag{6.36}$$

耗散效应（δ_n^r）通常可降低共振频率，但这种效应属于二阶耗散，一般没有反应效应（δ_n^i，一阶耗散）重要，除非 δ_n^r 很大。因此，一般来说，对于一阶耗散，隔声罩的共振频率 $\omega_{res} = \omega_{n0}$［根据方程式（6.34）可知 ω_{n0}］。共振峰的半功率带宽是在低于峰值功率 3 dB（低于峰值压力 6 dB）时共振曲线的宽度，即

$$\Delta\omega_{res} = 2\delta_n^r \tag{6.37}$$

这提供了一种通过实验测定隔声罩耗散 δ_n^r 的方法。

示例 6.7　确定图 6.4(b) 中第一种模式的共振频率。实测壁阻抗为 $\rho c/Z = (0.12 + 0.47i)(f/800)$。

解　对于 $(1,0,0)$ 模态，根据式（6.14）可知 $f_{1,0,0} = 284.8$ Hz。对于该频率，$\rho c/Z = (0.12 + 0.47i)(284.8/800) = 0.043 + 0.167i$。根据吸声材料厚度 2.54 cm，可知 $L_z = 0.41 - 0.025\,4 = 0.384\,6$ m，并且根据式（6.31）可得

$$\delta_{1,0,0}^r = \frac{347.3}{2 \times 0.384\,6 \times 1} \times 0.043 = 19.6$$

$$\delta_{1,0,0}^l = \frac{347.3}{2 \times 0.384\,6 \times 1} \times 0.167 = 76.2$$

将这些值代入式（6.36），得出共振频率为

$$f_{res} = \frac{\omega_{res}}{2\pi} = f_n \sqrt{1 - \frac{2\delta_n^l}{\omega_n} - 2\left(\frac{\delta_n^r}{\omega_n}\right)^2} = \left[284.8 \times (1 - 0.085 - 0.000\,24)^{1/2}\right] \text{ Hz} = 272.4 \text{ Hz}$$

实际上，计算出的频率应略大于这个值，因为阻抗与频率相关，应该在 f_{res} 时进行估算。通过迭代计算得出 $f_{res} = 273$ Hz，图 6.4(b) 实测共振频率为 274 Hz。

6.9　柔性壁对声压的影响

柔性壁可表现出结构共振并以以下两种方式影响声压：①当外部结构或压力载荷引起壁振动时，作为噪声源；②作为一种可以改变空腔声压的边界阻抗。这两种影响可以同时发生在具有柔性壁的空间中，在这种情况下，需要结构声学耦合分析来预测声压响应。首先应考虑柔性壁的两种影响，然后再考虑结构声学耦合响应。

6.9.1 柔性壁作为噪声源

当已知柔性壁的振动速度 $\dot{w}(x,y,z,t)$,表 6.1 第 2 列或第 4 列的边界条件可代入式 (6.16) 和式(6.17)。力是通过壁振动的等效模态体积速度,即

$$Q_n = \hat{Q}_n \cos(\omega t + \phi_n) = -\int_S \dot{w}\psi_n \mathrm{d}S \tag{6.38}$$

式中,假设壁的振动速度 $\dot{w} = \hat{\dot{w}}\cos(\omega t + \phi_w)$ 中,已知振幅 $\hat{\dot{w}}(x,y,z)$ 和相 $\phi_w(x,y,z)$。根据式 (6.26) 和式(6.27),可得出稳态声压响应为

$$p_n(x,y,z,\omega) = \frac{\rho c^2 \omega \hat{Q}_n \psi_n(x,y,z)}{V_n \left[(\omega^2 - \omega_n^2 + 2\delta_n^i \omega)^2 + (2\delta_n^r \omega)^2\right]^{1/2}} \tag{6.39}$$

$$\theta_n(\omega) = \phi - \arctan \frac{\omega^2 - \omega_n^2 + 2\delta_n^l \omega}{2\delta_n^r \omega} \tag{6.40}$$

式中,δ_n^r 和 δ_n^i 与覆盖柔性壁的吸声材料层的声阻抗 Z_a 有关。

图 6.5 所示为使用上述方法计算轿车乘坐室内的受迫声学响应,测量的壁板加速度振幅和相位数据表示壁振动,测量的壁阻抗数据表示吸声材料。该解以矩阵表示,如式(6.22)所示,其声学模态根据有限元分析获得(见图 6.3)。图 6.5(a)显示了由于声学响应的模态特性,轿车乘坐室内的声压级出现了很大的空间变化。图 6.5(b)显示了为每个单独壁板的振动分别计算的声压。考虑各个声压的大小和相位,可以将它们组合起来获得合成声压,如图 6.5(b)所示。这里提供了一种识别主要噪声源的方法,以及必须在多大程度上控制这些噪声源才能产生特定的降噪效果。如图 6.5(b)所示,由于后窗振动引起大振幅声压。还要注意,消除车顶振动会增加驾驶员耳朵的噪声。

6.9.2 柔性壁作为电阻阻抗

壁板振动一般可以表示为简正模展开式,即

$$w = \sum_m W_m(t)\Phi_m(x,y,z) \tag{6.41}$$

式中 　Φ_m——结构振型;

　　W_m——模态振幅。

如果考虑壁板和空腔之间的耦合,对于 m 阶结构模态和 n 阶声学模态,壁板的模态声阻抗可表示为

$$Z_{mn} = (S_{mn})^{-1}\left[C_m + i\omega\left(M_m - \frac{K_m}{\omega^2}\right)\right] \tag{6.42}$$

式中,M_m、C_m 和 K_m 分别表示模态质量、阻尼和 m 壁模式的刚度,且有

$$S_{mn} = \int_S \Phi_m \psi_n \mathrm{d}S \tag{6.43}$$

式中,S_{mn} 表示结构声学耦合。注意,当 $S_{mn} = 0$ 时,结构模态 m 和声学模态 n 之间没有耦合,式 (6.42) 不适用。实际上,当 S_{mn} 足够小时,可以忽略耦合以简化求解。

对于无阻尼隔声罩,将式(6.26)结构声学耦合修改为

$$p_n(x,y,z,\omega) = \frac{\rho c^2 \omega \hat{Q} \psi_n(x,y,z)\psi_n(x_0,y_0,z_0)}{V_n |\omega^2 - \omega_{n0}^2|}\left|\frac{\omega^2 - \Omega_m^2}{\omega^2 - \Omega_{m0}^2}\right| \tag{6.44}$$

式中,$\Omega_m = \sqrt{K_m/M_m}$,表示 m 阶壁模态的自然频率(rad/s);ω_{n0}^2 和 Ω_{n0}^2 为以下方程式的解,即

$$(\omega^2 - \omega_n^2)(\omega^2 - \Omega_m^2) - D^2\omega^2 = 0 \tag{6.45}$$

式中,$D = \sqrt{K_{air}/M_m}$ 和 $K_{air} = \rho c^2 S_{mn}^2 / V_n$(N/m)是相对于 m 阶结构模态的 n 阶声学模态的刚度。

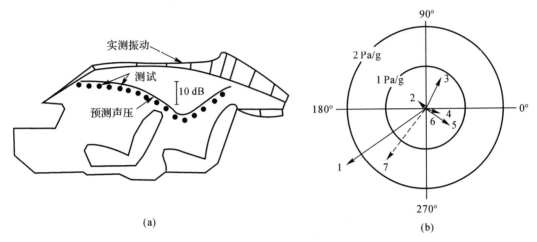

1— 后窗; 2— 后地板; 3— 车顶; 4— 风挡; 5— 后窗台板; 6— 前地板; 7— 合力

图 6.5 轿车乘坐室内声学响应

(a)40 Hz 结构激励下实测声压级与预测声压级空间变化的比较; (b)极坐标下壁板对驾驶员耳部合成声压的作用

方程式(6.44)显示,柔性壁在 $\omega = \Omega_{m0}$ 时产生附加共振,这将在声压响应中表现为共振峰,并对应于壁共振。根据式(6.45)可知,当壁模式的频率低于刚性壁空腔共振($\Omega_m < \omega_n$,质量控制边界时),空腔共振升高($\omega_{n0} > \omega_n$),壁共振降低($\Omega_{m0} < \Omega_m$)。当壁模式的频率高于刚性壁空腔共振($\Omega_m > \omega_n$,刚度控制边界时),空腔共振降低($\omega_{n0} < \omega_n$),壁共振升高($\Omega_{m0} > \Omega_m$)。另外,当 $\omega = \Omega_m$,壁可起到减振器的作用,因此,模态声压 $p_n = 0$。但是,由于其他声学模态的参与,总声压 p 可能不是零。如第 8 章所述,用作减振器的亥姆霍兹共振器具有阻抗 Z_R,并以类似的方式运行。

6.9.3 结构声学耦合响应

以上我们考虑了一个声学模态 n 与一个结构模态 m 的耦合,即当单一耦合系数 S_{mn} 支配模态对(m,n)时的情况。然而,实际上,每种声学模态 n 可与多个结构模态耦合,一般情况下,可将式(6.41)代入式(6.17)的第二个积分,根据式(6.16),有

$$\ddot{P}_n + 2\delta_n \dot{P}_n + \omega_n^2 P_n + \frac{\rho c^2}{V_n} \sum_m S_{mn} \ddot{W}_m = \frac{\rho c^2}{V_n} F_n(t) \tag{6.46}$$

式中,对所有耦合结构模态 m 进行求和。以此类推,一般情况下,每种结构模态 m 可与多个声学模态耦合,式(6.41)中结构模态振幅 $W_m(t)$ 的对应方程式为

$$\ddot{W}_m + 2\Delta_m \dot{W}_m + \Omega_m^2 W_m - \frac{1}{M_m} \sum_n S_{mn} P_n = \frac{R_m(t)}{M_m} \tag{6.47}$$

式中,对所有耦合声学模态 n 进行求和。在后一个结构方程式中,Δ_m 为模态阻尼常数,Ω_m 为自然频率,M_m 为模态质量,$R_m(t)$ 为模态力。由于声学系统和结构系统之间的耦合,有必要同时求解式(6.46)和式(6.47),以得出所有耦合 P_n 和 W_m。该方程式的完整推导和过程讨论详见

参考文献[12]，其有限元实现详见参考文献[14][15]。

为了说明典型的结构声学耦合响应，图6.6给出了一种应用于小金属盒的方法，用于将仪器与外部噪声场隔离[见图6.1(b)]。第11章将详细分析此类隔声罩并预测其噪声衰减。有限元法可用于模拟小金属盒壁板和声学空腔[见图6.6(b)(c)]以计算非耦合结构模态和声学模态。式(6.46)和式(6.47)可得出耦合频率响应，其中图6.6(a)中的外部噪声场被指定为均匀施加在壁板上的外部振荡压力 $\dot{p}_E \cos\omega t$。隔声罩内的噪声衰减以其插入损失为特点，在第11章规定为 $20\,\lg(\dot{p}_I/\dot{p}_E)$，其中 $\dot{p}_I$ 为内部声压。预测的插入损失与实测的插入损失如图6.6(d)所示。结构声学耦合效应在图6.6(e)所示的rms壁板振动中尤其明显，它比较了耦合壁板响应和非耦合（即真空中）壁板响应，并说明了声学空腔模态对结构振动响应的显著影响。

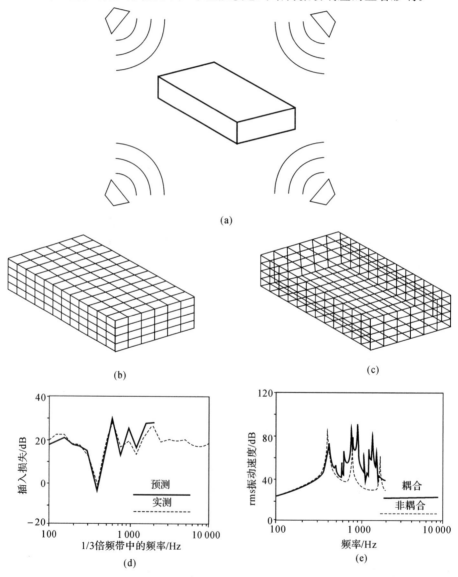

图6.6　预测0.16 cm厚壁30 cm×15 cm×5 cm无衬里铝盒插入损失的结构声学分析

(a)均匀噪声环境中的铝盒；　(b)铝盒壁板的有限元结构模态；　(c)铝盒空腔的有限元声学模态；

(d)铝盒中心预测插入损失和实测插入损失；　(e)30 cm×15 cm壁板耦合面均振动和非耦合面均振动

6.10　随机声压响应

对于确定的稳态声源激励,利用式(6.25)~(6.27)的频率响应函数技术可以得出声压响应。然而,对于不确定的声源激励,通常需要使用随机分析技术得出声压响应。例如,湍流产生的不规则压力波动会产生复杂的声源,这些声源比确定性激励更容易被测量或定义为随机激励。此外,与不规则表面(如道路、跑道和路径)的交互作用更容易表示为随机载荷,而不是确定性载荷。在某些条件下(平稳性),这些激励的平均频率含量可以用谱密度函数表示(见第3章)。然后利用输入的谱密度表示法和频率响应函数技术确定声压输出,利用传统的随机分析理论得出声压谱密度响应。

根据随机分析理论,不确定平稳过程可以通过其自(功率)谱密度函数和互功率谱密度函数[16]来表征。声压 $p(t)$ 等物理变量的功率谱密度(PSD)函数被定义为实量函数 $S_p(\omega)$,则有

$$S_p(\omega) = \lim_{T \to \infty} \frac{2}{T} \left| \int_0^T e^{-i\omega t} p(t) dt \right|^2 \tag{6.48}$$

以此类推,体积速度点声源 $Q(t)$ 的 PSD 函数 $S_Q(\omega)$ 为

$$S_Q(\omega) = \lim_{T \to \infty} \frac{2}{T} \left| \int_0^T e^{-i\omega t} Q(t) dt \right|^2 \tag{6.49}$$

声压响应 PSD 函数和声源激励 PSD 函数通过频率响应函数关联为

$$S_p(x, y, z, \omega) = \sum_n p_n^2(x, y, z, \omega) S_Q(\omega) \tag{6.50}$$

式中　$S_p(x, y, z, \omega)$——声压 PSD 函数;

　　$p_n(x, y, z, \omega)$——式(6.26)中单位声源激励 $\hat{Q} = 1$ 时的模态频率响应函数。

式(6.50)表示随机响应,等效于稳态响应的式(6.25)。然而,对于随机响应,只需要模态频率响应函数的振幅,无需式(6.27)中 $\theta_n(\omega)$ 的相位信息。

随机分析理论的另一个有用结果是,如果几个声源 $Q_1(t), Q_2(t), \cdots, Q_a(t)$ 是统计独立的,则任何一对声源之间的互相关为零,总声压 PSD 响应等于由单个声源引起的 PSD 响应之和,即

$$S_p(x, y, z, \omega) = \sum_a S_{P_a}(x, y, z, \omega) = \sum_a \sum_n p_{an}^2(x, y, z, \omega) S_{Q_a}(\omega) \tag{6.51}$$

当 $Q_a(t)$ 和 $Q_b(t)$ 两种声源是统计相关的,相关性程度通过互功率谱密度函数 $S_{Q_a Q_b}(\omega)$ 相关,即

$$S_{Q_a Q_b}(\omega) = \lim_{T \to \infty} \frac{2}{T} \left[\left(\int_0^T e^{-i\omega t} Q_a(t) dt \right)^* \left(\int_0^T e^{-i\omega t} Q_b(t) dt \right) \right] \tag{6.52}$$

式中,星号表示复共轭。与 PSD 函数不同,互功率谱密度函数通常是一个包含振幅和相位信息的复数。对于相关声源,声压响应的谱密度是一个复数,由下式得出,即

$$S_p(x, y, z, \omega) = \sum_a \sum_b \sum_m \sum_n \left[p_{am}(x, y, z, \omega) e^{i\theta_m(\omega)} \right] \left[p_{bn}(x, y, z, \omega) e^{i\theta_n(\omega)} \right]^* \times S_{Q_a Q_b}(\omega) \tag{6.53}$$

式中,相位关系 $\theta_m(\omega)$ 和 $\theta_n(\omega)$ 可由式(6.27)得出,其中 $\phi = 0°$。声源不相关时,式(6.53)简化为式(6.50)和式(6.51)中先前的实量声压 PSD 函数。

示例 6.8　当(1)隔声罩内有一种单一声源 Q_a,且 PSD 振幅 $S_{Q_a} = S(\omega)$;(2)隔声罩内有

两种不相关的内部声源 Q_a 和 Q_b，且 PSD 振幅 $S_{Q_a} = S(\omega)$，$S_{Q_b} = S(\omega)$；(3) 隔声罩内有两种完全相关的内部声源，$S_{Q_a} = S(\omega)$，$S_{Q_b} = S(\omega)$，且 $S_{Q_a Q_b} = S(\omega)$ 时，确定图 6.1(a) 中非常小的刚性壁隔声罩中的声压 PSD 响应。

解 (1) 对于有单一声源的刚性壁隔声罩，将方程式(6.4)代入方程式(6.50)，可得

$$S_p(x,y,z,\omega) = p_0^2(x,y,z,\omega)S_{Q_a} = \left(\frac{\rho c^2}{\omega V}\right)^2 S_{Q_a} = \left(\frac{\rho c^2}{\omega V}\right)^2 S(\omega)$$

(2) 对于隔声罩内有两种不相关声源，根据式(6.51)，可得

$$S_P(x,y,z,\omega) = \left(\frac{\rho c^2}{\omega V}\right)^2 (S_{Q_a} + S_{Q_b}) = 2\left(\frac{\rho c^2}{\omega V}\right)^2 S(\omega)$$

(3) 对于隔声罩内有两种相关声源，根据方程式(6.54)，可得

$$S_P(x,y,z,\omega) = \left(\frac{\rho c^2}{\omega V}\right)^2 (S_{Q_a} + S_{Q_b} + 2S_{Q_a Q_b}) = 4\left(\frac{\rho c^2}{\omega V}\right)^2 S(\omega)$$

对于不相关的声源，将隔声罩中的声源数量加倍，可使声压 PSD 响应加倍(增加 3 dB)，如(2)所示；对于完全相关的声源，将声源的数量加倍，可使声压 PSD 响应增加四倍(6 dB)，如(2)所示。

方程式(6.50)~式(6.53)中的随机分析公式也适用于结构分析，用相应的结构频率响应函数和结构激励代替声频率响应函数和声源激励[16]。此外，式(6.46)和式(6.47)提供的结构声学耦合分析可用于预测随机激励下的声压 PSD 响应[17]。例如，图 6.7 所示为车辆以恒定速度 V 行驶在任意崎岖道路上时，预测乘坐室内的内部声压 PSD 响应。在本例中，任意道路激励发生在轮胎补片[见图 6.7(a)]处，乘坐室内的声压响应是由传递到车身板件的振动引起的。采用图 6.7(b)(c) 中的车辆有限元模型，通过方程式(6.46)和式(6.47)得出声压频率响应函数。然后，应用图 6.7(d) 中的道路剖面 PSD 函数，通过方程式(6.51)预测声压 PSD 响应，作为车速 V 时每个轮胎补片的激励。图 6.7(e) 显示了乘坐室内预测的声压 PSD 响应和名义上相同车辆内基于实测响应 95% 的置信带。声源和车身板件对声压 PSD 响应的相对参与也可以通过第 3 章和参考文献[17]中的方法来确定。

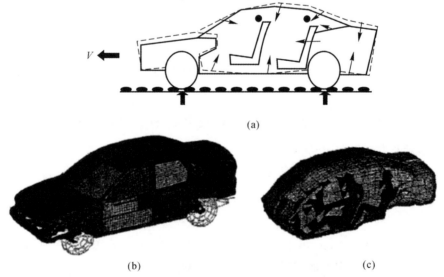

(a)

(b)　　　　　　　　(c)

图 6.7　利用结构声学分析预测声压 PSD 响应

(a)道路内侧噪声产生；　(b)车辆的有限元结构模态；　(c)乘坐室-行李箱的有限元声学模态

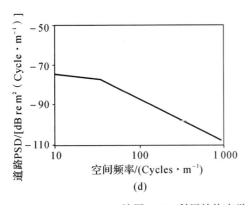 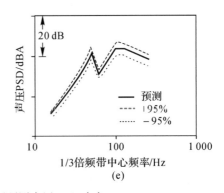

续图 6.7　利用结构声学分析预测声压 PSD 响应

(d)道路剖面功率谱密度；　(e)在前座乘员耳部位置预测的 A 计权声压 PSD 响应和 95％置信区间

6.11　瞬态声压响应

当关闭一个空间的声源时，声音会以一种取决于空间内耗散或阻尼的速率消失或衰减。空间中存在的声学响应可根据式(6.16)的瞬态解获得，即

$$P_n(t) = \frac{\rho c^2}{V \omega_{nD}} \int_0^t F_n(\tau) \mathrm{e}^{-\delta_n^r(t-\tau)} \sin[\omega_{nD}(t-\tau)] \mathrm{d}\tau \tag{6.54}$$

式中，$\omega_{nD} = \sqrt{\omega_n^2 - (\delta_n^r)^2 + (\delta_n^t)^2}$，是隔声罩内声学响应的"阻尼"模态频率。式(6.54)是满足零初始条件的特殊解。对于一般初始条件，上述方程式中必须增加以下自由振动响应：

$$P_n(t) = \mathrm{e}^{-\delta_n^r t} \left[\frac{\dot{P}_n(0) + P_n(0)\delta_n^r}{\omega_{nD}} \sin\omega_{nD} t + P_n(0)\cos\omega_{nD} t \right] \tag{6.55}$$

当初始条件 $P_n(0)$ 和 $\dot{P}_n(0)$ 已知时，式(6.55)可用于确定在 $t = 0$ 时关闭声源后模态的衰减。对于弱阻尼，每个振动模态独立于其他模态，声衰减的整个过程是式(6.15)中与所有相关频带内单独振动模态相关联的声压总和。由于模态的阻尼因数和初始条件不同，长时间声衰减可能不同于短时间声衰减。

混响时间 T 是指声级下降 60 dB 或声压下降至其初始值的 $\frac{1}{1\,000}$ 所需的时间（以 s 为单位）（见第 7 章）。类似地，可以将模态混响时间 T_n 定义为声压在该模态下衰减 60 dB 或其初始值的 $\frac{1}{1\,000}$，由于混响时间是与式(6.55)解的衰减部分$(-\delta_n^r t)$ 相关，则有

$$T_n = \frac{6.91}{\delta_n^r} = \frac{13.82 V_n}{c A_n \mathrm{Re}(\rho c / Z_n)} \tag{6.56}$$

式中，用式(6.19)代替 δ_n^r。当 $c = 343$ m/s(20℃)，用无规入射吸声系数表示，$\alpha_n = 8\,\mathrm{Re}(\rho c / Z_n)$，得出模态混响时间($n > 0$) 为

$$T_n = 0.322 \frac{V_n}{\alpha_n A_n} \tag{6.57}$$

使用式(6.20)和式(6.12)中的公式求出给定 Z 的值。均匀压力模态($n = 0$)必须单独处理。当 $n = 0$ 时，式(6.16)的一般瞬态解减小为

$$P_0(t) = P_0(0)\mathrm{e}^{-2\delta_0^r t} + \frac{\rho c^2}{V}\int_0^t \int_0^\tau F_0(\sigma)\mathrm{d}\sigma \mathrm{e}^{-2\delta_0^r (t-\tau)}\mathrm{d}\tau \qquad (6.58)$$

均匀声压衰减的混响时间为 $T_0 = 6.91/2\delta_0^r = 6.91V/cA\ \mathrm{Re}(\rho c/Z)$，其中 V 的单位为 m^3，A 的单位为 m^2，则有

$$T_0 = 0.161\frac{V}{\alpha A} \qquad (6.59)$$

在这种情况下，均匀声压混响时间的公式与扩散声场混响时间的赛宾公式相同。

如果压力-时间历程由一个单模态控制，则混响时间等于该模态适当的混响时间。如果在 $t=0$ 时关闭声源，则响应位置 (x, y, z) 处与特定模态相关的声压大小可通过式(6.55)得出。最大振幅$[\dot{P}_n(0) = 0]$ 的响应衰减可用方程式表示为

$$p_n(x, y, z, t) = P_n(e)\psi_n(x, y, z)\mathrm{e}^{-\delta_n^r t}\cos(\omega_n t + \theta_n) \qquad (6.60)$$

式中，$\theta_n = \arctan(\delta_n^r/\omega_{nD})$ 为模态相位。如果取 $\cos(\omega_n t + \theta_n)$ 的 rms 时间平均值和 $\Psi_n(x, y, z)$ 的 rms 空间平均值，并将结果指定为 $\bar{p}_n(t)$，则方程式(6.60)表示在 $\lg\bar{p}_n$ 与时间的关系图上[见图 6.8(a)]，声压包络和 rms 声压均随时间线性衰减，且具有恒定的混响时间 T_n。

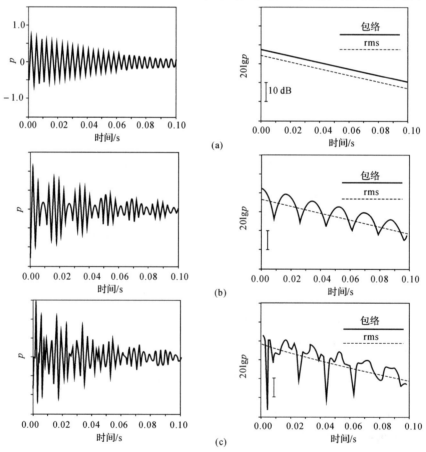

图 6.8　图 6.6 矩形隔声罩的声压衰减曲线

(a) 振动模态(1,0,0)；　(b)(1,0,0)和(0,1,0)模态；　(c) 高达 800 Hz 的模态

[左图显示了传声器位置处瞬时声压的过程，右图显示了左图的包络曲线和

在 $\lg p\text{-}t$ 坐标系上绘制的式(6.61)的 rms 声压]

当许多简正振动模态(每个模态都有自己的振幅、相位、共振频率和阻尼常数)同时衰减时,根据方程式(6.15)可知总 rms(空间和时间)声压为

$$\bar{p}(t) = \sqrt{\bar{p}_I^2 + \bar{p}_{I+1}^2 + \cdots + \bar{p}_{I+N}^2} \qquad (6.61)$$

式中,I 是所考虑频带中的第一个模态,$I+N$ 是衰减中的最后一个模态。在这种情况下,即使模态混响时间在不同模态之间变化不大,衰减包络通常也不像上面那样是线性的,因此频带中的所有模态都具有类似的阻尼常数。衰减包络是不规则的,如图 6.8(b)(c) 所示,因为振动模态有不同的频率,在衰减过程中相互拍打。然而,如果模态混响时间相似[见图 6.8(b)],或者如果长时间衰减由最小阻尼模态控制,则根据式(6.61),rms 衰减将接近线性,当模态混响时间或初始条件不同时,可能发生这种情况[见图 6.8(c)]。

这种对小空间声衰减的简要描述适用于任何大小和形状的空间,并且可以扩展到包括结构声学耦合的效果。大型封闭空间中的声场涉及的模态太多,计算不具有实际意义,但这并不意味着没有不同的简正振动模态,每个模态都有自己的固有频率和阻尼常数。第 7 章将讨论处理涉及大量模态的大型封闭空间的替代方法和更实际的方法。

参 考 文 献

[1] P. M. Morse and K. U. Ingard, *Theoretical Acoustics*, Princeton University Press, Princeton, NJ. 1986.

[2] L. L. Beranek (Ed.), *Noise and Vibration Control*, rev. ed., Institute of Noise Control Engineers, Poughkepsie, NY, 1988.

[3] H. Kutruff, *Room Acoustics*, Applied Science, London, 1979.

[4] L. E. Kinsler, A. R. Frey, A. B. Coppins, and J. V. Saunders, *Fundamentals of Acoustics*, 4th ed., Wiley, New York, 1999.

[5] L. L. Beranek and I. L. Ver, *Noise and Vibration Control Engineering*, Wiley, New York, 1992.

[6] E. H. Dowell, C. F. Chao, and D. A. Bliss, "Absorption Material Mounted on a Moving Wall – Fluid/Wall Boundary Condition," *J. Acoust Soc. Am.*, **70**(1), 244 – 245 (1981).

[7] R. D. Blevins, *Formulas for Natural Frequency and Mode Shape*, *Krieger* Malabar, FL, 1995.

[8] M. J. Crocker (Ed.), *Handbook of Noise and Vibration Control*, Chapter 6: "Numerical Acoustical Modeling (Finite Element Modeling)" and Chapter 7: "Numerical Acoustical Modeling (Boundary Element Modeling)," Wiley, New York, 2006.

[9] M. M. Kamal and J. A. Wolf, Jr. (Eds.), *Modern Automotive Structural Analysis*, Van Nostrand Reuahold, New York, 1982.

[10] G. C. Everstine, "Structural Analogies for Scalar Field Problems," *Int. J. Numer. Methods Eng.*, **17**, 471 – 476 (1981).

[11] P. M. Morse and R. H. Bolt, "Sound Waves in Rooms," *Rev. Modern Phys.*, **16**

(2)，69 – 150 (1944).

[12]　E. H. Dowell，G. F. Gorman III，and D. A. Smith，"Acoustoelasticity：General Theory，Acoustic Natural Modes and Forced Response to Sinusoidal Excitation，Including Comparisons with Experiment，"J. Sound Vib. ，**52**(4)，519 – 542(1977).

[13]　E. H. Dowell，"Reverberation Time，Absorption，and Impedance," *J. Acoust Soc. Am.* ，**64**(1)，181 – 191 (1978).

[14]　D. J. Nefske，J. A. Wolf，Jr. ，and L. J. Howell，"Structural – Acoustic Finite ElementAnalysis of the Automobile Passenger Compartment：A Review of Current Practice," *J. Sound Vib.* ，**80**(2)，247 – 266 (1982).

[15]　S. H. Sung and D. J. Nefske，"A Coupled Structural – Acoustic Finite Element Model for Vehicle Interior Noise Analysis，"*ASME J. Vib. Acoust. Stress Reliabil Design.* **106**，314 – 318 (1984).

[16]　D. E. Newland，*An Introduction to Random Vibration，Spectral and Wavelet Analysis*，Wiley，New York，1994.

[17]　S，H. Sung and D. J. Nefske，"Component Mode Synthesis of a Vehicle Structural – Acoustic System Model，"*Am. Inst. Aero. Astro.* **24**(6)，1021 – 1026 (1986).

第 7 章　空间内声音

空间使用者遇到的声学问题包括教室和会议室中的言语沟通困难、教室中的学生学习和教师声音受影响、工业厂房中的听力损失以及开放式办公室中的语言私密性不足。空间声场包括"信号"（语言等有用声音）和有害"噪声"。为了改变空间声场并改善声学条件，声学家必须了解空间使用者与活动之间的关系、声源、空间及内容物，以及空间声场特性。预测空间声场的模型至关重要。模型允许在设计过程中优化声学条件并在新的或现有空间评估声音控制措施的成本效益。在本章中，在不考虑第 6 章所述的相位、干扰以及模态效应的情况下，我们采用基于能量的方法。这一方法具有合理性，但可能不适用于低频，因为我们关注的是与声波波长相比较大的空间，这些空间形状复杂，并且空间内部可能不是空的。此外，我们对宽频带（总 A 计权，倍频带或 1/3 倍频带）结果感兴趣。在本章中，按时间平均的均方声压 p^2 [单位为 $(N/m^2)^2$] 或者相关声压级 L_p [单位为 dB，$L_p = 10\lg(p^2/p_0^2)$，$p_0 = 2 \times 10^{-5}$ N/m^2] 对声场进行量化。在多声源或声反射的情况下，总能量是各个能量贡献量之和：$p_{\text{tot}}^2 = \sum p_i^2$，$L_{p,\text{tot}} = 10 \times \lg \left(\sum 10^{L_{pi}/10} \right)$。

声源在一定的频率范围内辐射能量，并且在每一个频率上都具有一定的强度。按声功率 W（单位为 W）或相关声功率级 L_W [单位为 dB，$L_W = 10\lg(W/W_0)$，$W_0 = 10^{-12}$ W] 对能量辐射率进行表征，通常在倍频带或 1/3 倍频带中测量能量辐射率。如 7.8 节所述，声源附近表面的存在有效增加了其声功率输出。根据其物理特性和频率，声源可以在所有方向均匀辐射（全向声源）或者或多或少在某些方向辐射（定向声源）。按指向性因数 Q（在接收器方向辐射的均方声压与在所有方向辐射的均方声压的平均值之比）对声源指向性进行量化（见第 4 章）。通常可以将具有三个相似主要维度的小声源建模成致密声源。大多数实声源（大型机械、输送机、建筑墙体）比致密声源更加复杂，在一个或多个维度的空间延伸。读者如果想进一步了解空间声学更基本的方面，请参阅参考文献[1]。

7.1　空间声场和控制因素

7.1.1　声传播

声波从声源传播，并被空间边界、屏障和内容物反射（或散射）。接收器处产生的声场由两部分组成：直接从声源传播到接收器的声音称为直达声，其声幅随着与声源距离的增加而减小，如在自由声场中（如第 1 章和第 2 章所述）；从空间表面和内容物反射到接收器的声音称为混响声，其声幅随着与声源距离的增加而减小，速率取决于声源的几何形状和空间及内容物的声学特性。为了在不考虑与空间内声传播直接相关的声源声功率的情况下研究空间内声传播，我们将声传播函数 $\text{SPF}(r) = L_p(r) - L_W$，定义为表示空间单独对声场影响的变量。然后

可以使用 $L_p(r) = \mathrm{SPF}(r) + L_W$ 得到声压级。因此,根据式(1.27)~式(1.31),对于自由声场中 $Q=1$ 的致密声源,$\mathrm{SPF}(r) = -20\lg r - 11 \text{ dB}$。在多声源的情况下,根据相关声源/接收器距离处的声源声功率级和空间内声传播函数值可以得到各个声源贡献量。通过在功率(p^2)的基础上求各个声级之和可以得到在接收器处的总声压级。

7.1.2 声衰减

在稳态声源开始辐射后不久,空间内能量吸收率和声源能量辐射率之间会达到平衡(稳态)。如果声源停止辐射,空间内能量会随着时间的推移而减少,速率取决于能量吸收率。这便是空间内声衰减。通常以混响时间 T_{60} 表示,即声压级降低 60 dB 所需的时间(s)。计算 T_{60} 基于衰减曲线某些部分的平均衰减率,通常是 $-5 \sim -35 \text{ dB}$ 部分。同样值得注意的是早期衰减时间(EDT),因为它根据前 10 dB 的平均衰减率量化了感知混响。

7.1.3 空气吸声

当声音在空气中传播时,能量被不断吸收。这一过程遵循指数定律,$E(r) = E_0 \mathrm{e}^{-2mr}$,式中,指数中的常数 $2m$ 称为能量空气吸声指数,以奈培每米(Np/m)表示,(1 Np = 8.69 dB),$\mathrm{e} = 2.7183$。空气吸声取决于空气温度、相对湿度、环境压力以及声频。表 7.1 给出了使用参考文献[2]计算的一些典型值。

7.1.4 表面吸声和反射

通过能量吸收系数 α 表示表面吸收入射声能的能力。这是撞击表面的能量中没有被反射的部分,将在第 8 章和第 11 章详细所述。通常在倍频带或 1/3 倍频带中测量。如果 E_i 为入射在吸声系数为 α 的表面上的能量,则反射能量 $E_r = E_i(1-\alpha)$。在不考虑透射的情况下,没有被声能撞击的表面吸收的声能会被反射。如果表面平坦、坚硬且均匀,则反射为镜面反射,即反射角等于入射角。实际上,由于吸声器尺寸有限、表面粗糙以及物理或阻抗不连续,能量会被散射或漫射(反射到一定角度范围内)。这些漫反射通常会导致声衰减更快以及空间内混响时间更短。

表 7.1 预测的能量空气吸声指数

温度/℃	相对湿度/(%)	选定频率下的空气吸声指数 $Z_M/(10^{-3} \text{ Np} \cdot \text{m}^{-1})$						
		125 Hz	250 Hz	500 Hz	1 000 Hz	2 000 Hz	4 000 Hz	8 000 Hz
10	25	0.1	0.2	0.6	1.7	5.8	18.7	43.0
	50	0.1	0.2	0.5	1.0	2.8	9.8	33.6
	75	0.1	0.2	0.5	0.9	2.0	6.5	23.6
20	25	0.1	0.3	0.6	1.2	3.5	12.4	41.6
	50	0.1	0.3	0.7	1.2	2.3	6.5	22.4
	75	0.1	0.2	0.6	1.3	2.2	5.0	15.8

续 表

温度/℃	相对湿度/(%)	选定频率下的空气吸声指数 $Z_M/(10^{-3} \text{ Np} \cdot \text{m}^{-1})$						
		125 Hz	250 Hz	500 Hz	1 000 Hz	2 000 Hz	4 000 Hz	8 000 Hz
30	25	0.1	0.4	0.9	1.5	3.0	8.3	28.8
	50	0.1	0.2	0.8	1.7	3.0	5.8	16.4
	75	0.0	0.2	0.6	1.7	3.3	5.8	13.4

7.1.5　内容物

许多空间内部并不是空的,放有内容物(教室里的桌子或厂房里的机器等各种障碍物,也称为配件)。通常内容物放置在空间的较低区域,只有少量物体放置在较高区域。当然,空间内容物的密度和水平分布可能会有很大的不同。在配有陈设品的区域内传播的声能被分散并部分被吸收,从而明显改变了声场。特别是增加了声衰减率,从而减少了混响时间。后向散射还会导致重新分布朝向声源的稳态声能,从而导致声源附近的声压级升高,并且随着与声源距离的增加,声压级降低的速率会增大。

7.2　扩散声场理论

迄今为止,最著名的预测空间声场的理论模型基于扩散声场理论。由于扩散声场理论简单,因此扩散声场理论得到了广泛的应用。经常被遗忘的是,由于扩散声场的限制性假设,其适用性可能有限。如果空间内声场具有以下属性,则此声场为扩散声场。

(1)在空间的任何位置,能量以相等强度(和随机相位,尽管我们在本章中不考虑相位)从所有方向入射。

(2)混响声不随接收器位置的变化而变化。

仅在专门设计的声学试验空间(即混响室)中粗略估计这些条件,如 7.8 节所述。

7.2.1　平均扩散声场表面吸声系数

扩散声场理论使用在所有空间表面上平均的无规入射表面吸声率。因此,我们将平均扩散声场表面吸声系数定义为

$$\bar{\alpha}_d = \frac{\sum S_i \bar{\alpha}_{di}}{\sum S_i} \tag{7.1}$$

式中,S_i 和 a_{di} 分别为第 i 个表面的表面积和扩散声场吸声系数。如果 α_d 为有用的,则空间的任何部分都不需要强吸声,因为在这种情况下,不可能存在扩散声场。在计算 α_d 时,必须考虑座椅、桌子和人等吸声物体,尽管这些物体的表面积不明确。在这些情况下,常见的做法是给每个物体赋予吸声量 $A_i(\text{m}^2)$,$A_i = \alpha_d S_i$,S_i 为表面积。计算所有物体吸声量的总和,在不改变总面积的情况下,总吸声量包括在 a_d 的计算中。换句话说,式(7.1)中的总面积 $\sum S_i$ 取空间边界的总面积,不包括物体和人。对于间隔较小的吸声器,例如观众席座椅或吊顶隔板,需要

引起注意，因为总吸声量可能取决于覆盖的总面积，而不是各个物体的吸声量的总和。此外，由于材料边缘的衍射效应，小块吸声材料（例如混响室中测量的材料）的吸声系数要高于大块材料（例如覆盖整个空间表面的材料）的吸声系数。在前一种情况下，高吸声材料的吸声系数可能超过 1.0（见 7.7 节）。

7.2.2　赛宾和艾润法

存在多种扩散声场法，在此仅考虑两种方法。两种方法均采用以下方程式表示，其中，方程式（7.3）仅适用于致密声源，即

$$T_{60} = \frac{55.3V}{cA} \text{（声衰减）} \tag{7.2}$$

$$L_p(r) = L_w + 10\lg\left(\frac{Q}{4\pi r^2} + \frac{4}{R}\right) \quad \text{（稳态条件）} \tag{7.3}$$

式中　　T_{60}——混响时间，s；

L_w——声源声功率级，dB（以 10^{-12} W 为基准值）；

L_p——声压级，dB（以 2×10^{-5} N/m² 为基准值）；

c——空气中的声速，m/s，标准温度和压力（STP）下 $c \approx 344$ m/s；

R——空间常数，m²，$R = A/(1-\alpha_d)$；

A——空间内总吸声量，m²，$A = -S\ln(1-\alpha_d) + 4mV$（艾润法）$\approx \alpha_d S + 4mV$（赛宾法）；

r——声源／接收器距离，m；

Q——指向性因数；

$2m$——能量空气吸声系数，Np/m；

V——空间体积，m³；

α_d——平均扩散声场表面吸声系数；

S——空间（表面和屏障）总表面积，m²。

艾润法适用于具有任意平均表面吸声系数的空间。例如，可以用于根据测量的混响时间确定空间表面的吸声系数。但是，如果平均表面吸声系数较低（例如，$\alpha_d < 0.30$），则使用赛宾法较为准确，即在式（7.2）和式（7.3）中，使用 α_d 代替 $-\ln(1-\alpha_d)$。因此，可以在确定混响室内材料的吸声系数时使用赛宾法。当然，特定声场预测中使用的方法必须与用于得到在预测中使用的吸声系数数据的方法保持一致。有关赛宾、艾润以及其他扩散声场理论的相关优点的进一步讨论，请参阅参考文献[1]。

扩散声场理论预测了声场的以下特性：

（1）声衰减/混响时间。声源停止辐射后，接收器处的均方声压随时间呈指数衰减。相应的声压级随时间呈线性下降。大致上，混响时间与 V/S 成正比并与 α_d 成反比。

（2）稳态。总声场是方程式（7.3）圆括号中的第一项和第二项分别表示的直达声和混响声分量之和。靠近声源的直达声场与空间性质无关。声压级以 6 dB/dd 的速率下降（dd 表示距离加倍）。远离声源的混响声场不随声源/接收器距离而变化。大致上（当 α_d 和 m 较小时），其声压级与 α_d 和 S 成反比。声传播函数如图 7.1 所示。

注意，扩散声场理论只考虑了一些相关的空间声学参数，并且大致考虑其中一些参数。特

别是,仅大致对空间几何形状和声源指向性进行建模,不对表面吸声的分布和屏障或内容物的存在进行建模。这一点以及理论基于限制性假设的相关事实严重限制了其适用性。举一个具体的例子,事实上,仅(大约)在表面吸声较小的小型空间发现了采用扩散声场理论预测的在距离声源较远处声压级保持不变(例如混响室,见7.8节所述),大多数空间(尤其是大型空间或吸声空间)中单一声源产生的噪声级随着与声源距离的增加单调降低[例如下文中的图7.4(b)]。参考文献[3]更全面地讨论了扩散声场理论的适用性。

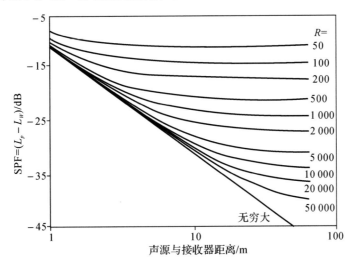

图 7.1 根据扩散声场理论预测的不同空间常数(m²)的声传播函数曲线

如果适用,扩散声场理论可以用于估计在空间装上吸声材料时混响时间和噪声级的降低。假设 A_b 和 A_a 为处理前后空间总吸声量,$A_a = A_b + \Delta A$,ΔA 是空间吸声量的增加量。如果已知 A_b 和 ΔA,可以直接在式(7.2)和式(7.3)中使用 A_b 和 A_a 的值。或者,如果已知处理前的 $T_{60,b}$,可以根据式(7.2)确定处理后的 $T_{60,a}$,如下所示。当 $T_{60,b} = 55.3V/(cA_b)$,则 $A_b = 55.3V/(cT_{60,b})$。当 $T_{60,a} = 55.3V/(cA_a) = 55.3V/[c(A_b + \Delta A)]$,则

$$T_{60,a} = \frac{55.3V}{c\{[55.3V/(cT_{60,b})] + \Delta A\}} \tag{7.4}$$

可以根据处理前的稳态声压级 $L_{p,b}$ 计算处理后稳态声压级 $L_{p,a}$,则有

$$L_{p,a}(r) = L_{p,b}(r) + 10\lg\left[\frac{Q/(4\pi r^2) + 4/R_a}{Q/(4\pi r^2) + 4/R_b}\right] \tag{7.5}$$

在靠近声源的位置(直达声场占主导地位),声压级的下降量较小。在距离所有声源较远的位置(混响声场占主导地位),下降量接近单独混响声压级的下降量。大致上(当 α_d 和 m 较小时),可以根据 $10\lg(A_a/A_b)$ 得出。使空间吸声量加倍可使混响声场的声压级降低 3 dB。同样,使用式(7.2),处理后混响时间为 $T_{60,a} = T_{60,b}(A_b/A_a)$。使吸声量加倍可使混响时间减半。

例如,考虑尺寸为 10 m×5 m×2.4 m(体积 $V = 120$ m³,表面积 $S = 172$ m²)的空间和 $\alpha_b = 0.05$ 的所有具体表面。因此,在不考虑空气吸声的情况下,使用赛宾法,我们得出 $A_b = \alpha_b S = 8.6$ m² 和 $T_{60,b} = 55.3V/(cA_b) = 2.2$ s。为了改善声环境,可以安装 $\alpha_c = 0.9$、表面积为 50 m² 的吸声吊顶。处理后,$A_a = [8.6 + (0.9 - 0.05) \times 50]$ m² = 51.1 m²,因此 $T_{60,a} = [2.2 \times 8.6/51.1]$ s = 0.4 s。

7.3 其他预测方法

当不能使用扩散声场理论时,可以使用其他方法预测空间内稳态声压级、声衰减和混响时间。这些模型仅适用于致密声源。必须采用一组致密声源以及适用于每个声源的预测模型粗略估计扩展声源。实现这一目标有两种主要方法:计算机算法(虚声源法、声线或声束追踪、声辐射度和混合模型等)和经验模型。不同的方法做出定义和限制其适用性和准确性的假设。此外,或多或少地考虑了各种空间声学参数。为了利用不同方法的优点并避免其缺点,建立了将几种方法组合成一个模型的混合模型。经验预测模型通常仅限于应用于特定的建筑类型。

7.3.1 虚声源法

虚声源法基于一种假设,即假设镜面反射的表面反射可以被虚声源的直达声贡献量所代替。图 7.2 所示为部分二维虚拟空间和虚声源阵列的简单示例。虚声源法最简单的实现适用于没有屏障的空长方体空间[4]。在这种情况下,对应于无数反射的虚声源位于三维网格上。考虑到由于空气吸声以及虚声源的声线遇到的每个表面的吸声造成的球面扩散和能量损失,总均方声压是所有虚声源贡献量之和。对于衰减的声音,通过计算距离接收器大于 ct 的所有虚声源之和,计算停止产生声音后时间 t 时的声压,其中,c 为声速。虚声源法可应用于以平面为边界的任意形状的空空间,但是计算时间大大增加,因此这一方法不切实际。假设内容物以随机方式各向同性地分布在整个空间中,虚声源法也可以考虑内容物的存在[5]。在这种情况下,内容物和声源均镜像反射在空间表面。稳态和衰减声场的形成如前所述。但是,内容物的散射和吸声改变了每个虚声源的贡献量,散射还增加了表面吸声量。

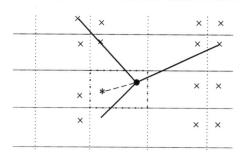

图 7.2 空二维空间的虚拟空间声音传播路径

7.3.2 声线和声束追踪

声线追踪技术[6]可以用于预测具有任意表面吸声分布、不同表面反射特性和不同内容物密度的任意形状空间的声场,也可以对声源指向性进行建模。计算机程序以随机或确定方式模拟了每个声源发射的大量声线(或声束)。每条声线在空间内传播时都会被跟踪,被表面、屏障和内容物反射和散射,直到到达接收器。声线能量根据球面扩散、表面、内容物和空气吸声而衰减。原则上,可以对任何表面反射定律(镜面反射、扩散等)进行建模。奥德特和巴比利[7]

提出了一种计算声线追踪模型中准任意内容物分布的算法。取自参考文献[8]的图 7.3 说明了声线追踪技术的潜力,显示了含有 8 个机械声源的配有陈设品的厂房地面上总 A 计权噪声级的预测降低量的等值线图,总 A 计权噪声级的预测降低由在噪声敏感装配工作台周围引入了声屏障,并在声源区域上方进行了部分天花板吸声处理所致。当然,程序必须在每个频带(即倍频带或 1/3 倍频带)运行,以考虑空间表面吸声系数和屏障插入损失的频率依赖性。使用扩散声场理论不可能进行这种详细的分析,只有通过吸声的增加量才能估计降噪量。然后,可以根据接收器与声学处理的接近值和屏障的估计插入损失的接近值对降噪量进行校正。

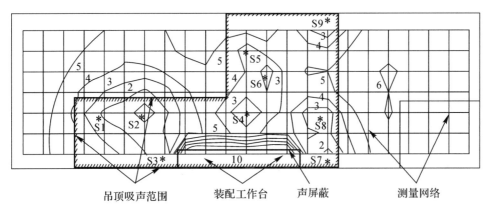

图 7.3　配有陈设品的厂房的平面布置图(尺寸 46.0 m×15.0 m× 7.2 m)

7.3.3　经验模型

根据实验数据建立了经验模型。经验模型通常用于特定类别的空间,办公室、教室以及工业厂房的模型如下所述。在一些类别的空间中,对要预测的声学量进行了测量。根据合适的空间预测因素参数,建立了预测实验结果的经验算法或方程式。例如,这可以包括多变量回归建模,利用统计建模软件找到相互统计独立的最小预测因素集,每个预测因素与要预测的数据高度相关,最准确地预测了测量数据。有关多变量回归建模的更多信息,请参阅参考文献[9]。

7.3.4　可听化

可听化是在一个已经预测了声学响应的虚拟空间中呈现可听声"播放"的过程。允许对空间进行主观评估。如果做得准确,可听化可允许全三维声音感知,具有声源外部化(即在头部外感知到声音)、空间定位和空间性。可听化包括预测虚拟空间以及虚拟空间中虚拟听者的联合响应。通过头部相关传递函数(HRTF)量化了听者响应,HRTF 量化了人类外耳听觉系统的声学响应随频率和角度的变化。利用预测到达接收器的各个声音路径贡献量的模型(例如,声线追踪模型),对空间响应进行预测;由于需要包含相位效应的脉冲响应,因此也必须考虑空间的相位响应。结果是空间-听者组合的双耳脉冲响应(包括左右耳膜的脉冲响应)。这与声信号进行卷积,以便重放给真正的听者。如果读者对此技术的更多详情感兴趣,请参阅参考文献[10]。

7.4 住宅房间和封闭式办公室

舒尔茨[11]调查了住宅房间和封闭式办公室的声压级的预测。他测量了各种小型空间中声压级随声源距离的变化,观察到在距离较远时声压级不会像根据扩散声场理论预测的声压级一样保持不变。事实上,他发现曲线的斜率始终约为-3 dB/dd,尽管曲线的绝对水平变化很大。他还发现,为预测声音在厂房和走廊等地方的传播而建立的现有模型无法预测他的实验结果。因此,舒尔茨提出了以下经验公式,即

$$L_p(r) = L_w - 10\lg r - 5\lg V - 3\lg f + 12 \tag{7.6}$$

式中 r——声源与接收器距离,m;

V——空间体积,m^3;

f——频率,Hz。

注意,此公式未明确包含空间吸声项。这种特性与扩散声场理论预测的特性形成了鲜明的对比,对于局限性来说,是一个很好的例子。

7.5 教 室

7.5.1 相关性和特性

教室在声学上是至关重要的空间,言语沟通在教室中对教学至关重要。在声学上,会议室、体育馆和其他语言室与教室有许多共同点。许多教室在修建时几乎没有注意声学设计。研究表明,教室中的非最佳声学条件会导致教师和学生之间的言语沟通障碍,学生语言发展和学习以及教师声音受影响和其他问题[12-13]。这些问题对于有听觉障碍的听者尤其严重,包括年轻人和听力受损者以及使用第二语言的人。

教室的形式多种多样,小到供几个人使用的小型研讨室,大到供几十个孩子使用的学校教室,以及大到可容纳数百名听者的大学大教室和听众席。较小的教室通常为长方形。较大的教室可能会有扇形平面形状、倾斜的座位和不平坦的天花板轮廓等。在较小的教室里,说话人和听者可以在教室的任何地方,因此,声源与接收器距离可以从不到一米到几米不等。在教室里,说话人通常在教室的一端,听者分散在前面。因此,声源与接收器距离可以从几米到几十米不等。出于卫生方面的原因,教室可能有坚硬的非吸声表面,尽管地毯、墙壁和天花板的吸声并不少见。教室和会议室可能会有非吸声或带衬垫的吸声座椅。当然,室内人员对教室的吸声也很重要。在声学设计中,必须考虑到这一点以及教室占用率变化很大。参考文献[14]详细讨论了(大学)教室的物理和声学特性。特别值得注意的是,语言声级和噪声级随着与声源距离的增加而降低的速率,在小型非吸声教室中速率很小。速率随着教室规模和吸声能力的增加而增加,在大型吸声教室(例如,有人教室)中速率会很大。其中一个后果是,在大型教室里,从座位区的前面到后面,语言声级可能会降低 10 dB 或更多。

7.5.2 语言清晰度

在教室里,如同在其他语言室内,言语沟通的质量和容易程度是首要考虑的问题(见 7.7

节)。质量可以用语言清晰度进行量化,即听者正确识别的单词的百分比。一般来说,我们考虑空间对从说话人到听者的语言信号的准确透射的影响,而不是例如各个说话人和听者特性的影响。言语沟通被认为受到两个主要因素的影响,即教室混响和语言信号与背景噪声级的差异(通常称为信噪比)。混响的影响可以通过早晚能量比 C_{50} 进行量化(在许多情况下,其与早期衰减时间和混响时间高度相关)。频率相关的比率通常以倍频带进行测量。信噪比级差取决于听者位置的语言声级和噪声级。通常考虑总 A 计权或倍频带或 1/3 倍频带等效连续噪声级。如果语音声级保持不变,语言清晰度会随着混响的增加而降低,并随着信噪比级差的增加而增加。存在许多将这两个量组合成单个语言清晰度度量的物理度量;包括有用一有害能量比 U_{50}、清晰度指数(AI)(如 7.7 节中所述)、语言传输指数(STI)和语言清晰度指数(SII)。

许多研究发现,许多教室的声学条件并不理想,噪声级和混响过大。参考文献[15]回顾了公布数据和许多与教室语言清晰度相关的复杂问题。教室语言声源是教师和学生的声音。教室噪声源包括机械设备(如通风口)、教室设备(投影仪、计算机)以及当另一个人发出要听到的信号时教师或学生的声音。当教室位于交通运输系统(如高速公路和机场)附近或当儿童在附近的走廊或玩耍区域活动时,从外面进入教室的噪声会很大。最后,课堂活动会产生很大的噪声,包括家具、玩具等的冲击噪声,可获得由说话人和教室噪声源产生的典型声压级的数据[16]。很可能有许多复杂的因素,包括空间声学,在给定的时间影响给定教室中听者位置的声压级。

一般认为,为了获得良好的语言清晰度,对于无听觉障碍的听者,背景噪声级不应超过 40 dB(A)左右,对于有听觉障碍的听者,背景噪声级不应超过 30 dB(A)。什么是语言清晰度的最佳混响是一个复杂的问题。有一种观点认为,应尽量减少混响。然而,这是基于语言清晰度测试的结果,这些测试是在没有考虑教室声学性能的条件下进行的。涉及有用一有害能量比语言清晰度度量和真实空间声学建模的研究表明,一些混响是有益的(因为其增加了混响语言声级)。结果表明,应根据教室体积和背景噪声对混响进行优化。最佳混响时间从小型安静教室的低值到大型嘈杂教室的 1 s 以上不等。关于这个问题的完整讨论,请参阅参考文献[17]。在任何情况下,在具有高信噪比级差(例如,由语音放大引起的)的教室中,应尽量减少混响。此外,对于有听觉障碍的听者来说,较少的混响是可以忍受的。研究表明,语言清晰度对混响的变化不是很敏感,建议教室混响时间通常为 0.5 s 左右[18]。

一些标准和指南可以帮助设计专业人员在教室和其他教育场所实现高声学质量。规定了新空间和翻新空间的声学条件。讨论了无人空间的混响时间和背景噪声级。并就如何实现设计目标给出建议。两个最近的标准例子是美国的 ANSI S 12.60—2002[19]和英国的《建筑公告 93》[20]。

7.5.3 教室声学预测

教室内声学质量预测涉及预测声源和噪声源产生的室内混响及稳态声压级,其中包括学生活动产生的语音和噪声源。预测时应考虑室内人员和陈设(例如吸声座椅)对声音的吸收。此外,预测还涉及一个适当的预测模型和精准的输入数据。就未经声学处理的小型教室而言,可使用相对准确的扩散场理论。就声学处理后的空间更大的教室而言,则可使用诸如声线追踪等配套技术。当然,也可结合经验模型中的实际数据使用该经验模型。基于各种典型大学教室中语音源形成的混响时间和稳态声压级的测量及已公布的信息,已建立了倍频程混响时间和总 A 计权语言声级的经验模型[21]。在无人教室里,可使用式(7.2)确定 $T_{60,u}$ 的近似值,其中将计算所得的表面平均吸声系数作为贡献量总和与教室平均吸声值之比(见表 7.2),该平均值与教室呈现的吸声特性相关。若使用表 7.3 中的数据,则可将室内人员的吸声作用也囊括其中,同时,可使用室内人员数量估算相关室内吸声增量。对于音量介于常规音量和高声说话间的说话人[总 A 计权声功率级约 74 dB(A)],可根据下述方程式预测无人教室的总 A 计权语言声级,则有

$$T_{60,u} = 0.874 + 0.002\,1(LW) + 0.303\text{refl} + 0.412\text{basic} - 0.384\text{absorb} - 0.804\text{upseat}$$

$$(7.7)$$

$$\text{SLA}_u(r) = I_u + s_u \frac{\lg r}{\lg 2} \tag{7.8}$$

$$I_u = 65.8 - 0.010\,5LW + 1.52\text{fwdist} - 1.41\text{absorb} - 4.32\text{upseat} \tag{7.9}$$

$$s_u = -1.21 - 0.088\,L + 1.14\text{basic} \tag{7.10}$$

式中　$T_{60,u}$——1 kHz 倍频带混响时间,s;

　　　SLA_u——总 A 计权语言声级,dB(A);

　　　　I_u——总 A 计权声传播曲线截距,dB(A);

　　　　s_u——总 A 计权声传播曲线斜率,dB(A)/dd;

　　　　r——声源与接收器间距离,m;

　　　　L——教室平均长度,m;

　　　　W——教室平均宽度,m;

　　fwdist——声源与最近墙壁间的距离,m;若教室内含有利反射体,则 refl=1;若不含,则 refl=0;

　　absorb——量化墙壁或天花板声学处理程度的因数,absorb=1 相当于全覆盖的墙壁或天花板声学处理;在其他情况下,对该值进行按比例缩放。

表 7.2　教室吸声特性的典型倍频带对室内表面平均吸声系数的贡献量

表面特性	125 Hz	250 Hz	500 Hz	1 000 Hz	2 000 Hz	4 000 Hz	8 000 Hz
基本吸声	0.12	0.10	0.10	0.09	0.10	0.09	0.10
地毯地板吸声	0.00	0.00	0.02	0.04	0.07	0.09	0.17
墙壁/天花板吸声	0,01	0.04	0.08	0.10	0.10	0.10	0.10
软垫座椅吸声	0.20	0.20	0.16	0.12	0.09	0.07	0.05

表 7.3　人均吸声倍频带值

频带/Hz	125	250	500	1 000	2 000	4 000	8 000
A_p/m^2	0.25	0.45	0.67	0.81	0.82	0.83	1.14

就非吸声座椅而言,upseat=0;就含垫吸声座椅而言,upseat=1。若教室的全部表面和座椅均为非吸声表面和座椅,basic=1;如若不然 basic=0。

举例来说,在平均尺寸为长 $L=20$ m,宽 $W=10$ m,高 6 m 的大教室内(教室容量 $V=1\ 200$ m³,表面积 $S=760$ m²),常规授课位置与最近(前)墙壁间的距离 fwdist$=2.5$ m。教室的天花板为异型天花板,从而将声音引向教室后方(即有利反射体,refl$=1$)。如果 N_p 等于 50人或 200 人,且在声学处理前,教室内没有吸声表面(absorb$=0$,basic$=1$)和吸声座椅(upseat$=0$)。此时,表面平均吸声系数与表 7.2 中的"基本吸声"构型相对应($\alpha=0.09$)。式(7.2)给出了相应的 $T_{60,u}$ 值。如果空气吸声指数为温度为 20℃、相对湿度为 50% 时的空气吸声指数($m=0.0012$ Np/m,见表 7.1),并使用艾润方法,则在声音频率为 1 kHz 的无人教室内,总吸声量为 $A_u=-S\ \ln(1-\alpha)+4\ mV=[-760\ \ln(1-0.09)+4\times0.001\ 2\times1\ 200]$ m²$=77.4$ m²。根据方程式(7.2),1 kHz 倍频带 $T_{60,u}=55.3V/(cA_u)=[55.3\times1\ 200/(344\times77.4)]$ s$=2.49$ s。如果教室内有 50 人,则教室总吸声量为 $A_o=A_u+N_pA_p=(77.4+50\times0.81)$ m²$=117.9$ m²,且 $T_{60,o}=55.3V/(cA_o)=[55.3\times1\ 200/(344\times117.9)]$ s$=1.64$ s。以此类推,如果教室内有 200 人,$T_{60,o}=0.81$ s。此时,当室内人数过少时,T_{60} 值过大,且随着室内人数的减少骤减。为控制混响,教室采用全覆盖吸声墙壁(absorb$=1$)和含垫吸声座椅(upseat$=1$);因此,basic$=0$。此时,表面平均吸声系数为表 7.2 中给出的基本吸声值、墙壁/天花板吸声值和软垫座椅吸声值之和(例如:当声音频率为 1 kHz 时,该值为 $0.09+0.10+0.12=0.31$)对无人的教室、有 50 人的教室、有 200 人的教室而言 1 kHz 倍频带 T_{60} 值分别为 0.67 s,0.63 s 和 0.52 s。就无人的教室和有 200 人的教室而言,对教室进行声学处理后,T_{60} 均有明显下降,且随着室内人数的减少,T_{60} 的变化也随之减少。

对于语言声级,如果听众就座在教室内距说话人 3 m 和 12 m 的位置,则在对教室进行声学处理前,由式(7.9)得 $I_{u,b}=[65.8-0.010\ 5LW+1.52\text{fwdist}-1.41\text{absorb}-4.32\text{upseat}=65.8-0.010\ 5\times20\times10+1.52\times2.5-1.41\times0-4.32\times0]$ dB(A)$=67.5$ dB(A),根据式(7.10)得 $s_{u,b}=-1.21-0.088L+1.14\text{basic}=-1.21-0.088\times20+1.14\times1=-1.83$ dBA/dd。使用式(7.8)算出任意位置的语言声级 $\text{SLA}_{u,b}(r)=67.5-1.83\ \lg r/\lg2$;据此得出,3 m 和 12 m 处的语言声级为 64.6 dB(A) 和 61.0 dB(A)。可使用式(7.5)计算有人教室的声压级。假设至说话人前 $Q=2$,则当教室内有 50 人时教室内前后位置的语言声级分别为 63.1 dB 和 59.2 dB;当教室内有 200 人时教室内前后位置的语言声级分别为 60.9,56.2 dB(A)。在对教室进行声学处理后,$I_{u,a}=(65.8-0.0105\times20\times10+1.52\times2.5-1.41\times0-4.32\times1)$ dB(A)$=63.2$ dB(A)且 $s_{u,a}=(-1.21-0.088\times20+1.14\times0)$ dB(A)/dd$=-3.0$ dB(A)/dd,此时,在无人教室内前后座位的语言声级分别为 57.1 和 51.1 dB(A);而当教室内有人时,语言声级的降低不超过 1 dB。在对教室进行声学处理后,有 50 人的教室的前后语言声级相较于无人教室而言,分别降低 7.5 和 9.9 dB(A),而在有 200 人的教室,则分别降低 4.5 和 6.1 dB。由于这些结果并未考虑某些相关的非声学因素,因此必须对其进行详尽的说明。例如,实验中假设说话人的声音输出如同扬声器一般,保持恒定不变。事实上,研究表明,说话人的声音输出随教室内声学环境的变化而变化;参考文献[16]提供了预测该现象用的初步经验模型。

在调整实际和假设输出功率级间的差异后,可使用上述经验模型,根据教室噪声源的输出功率级和接收器间距离,估算该噪声源(如投影仪或通风口)产生的噪声级。其中,还应考虑学生活动噪声产生的影响;参考文献[16]提供了预测该影响用的初步经验模型。随后便可确定信噪比的差异。可用教室早期衰减时间和信噪比差异确定语言清晰度指数的值。

7.5.4 教室声音控制

对教室或其他房间语言的声学条件控制和优化包括以下 3 种基本因素:

(1)提升高语言声级:避免教室体积过大,例如,天花板过高并呈拱形;教室的几何形状能令直达声至教室后方。在大型教室中,可通过利用教学区周围的角反射体和异形天花板将声音传至教室后方。至少在天花板的中央部分保有声音反射,以促使语音反射至教室后方。使用近似方形的平面图,从而避免房间既长又宽。可选用语音放大系统或声场增强系统进行放大;但该设计并不在本章范围内,请见参考文献[22]。在教室设计阶段需要考虑的一个重要问题是,无辅助语音的最佳声学条件可能与含语音放大系统的相异。

(2)背景噪声控制:避免开放式设计;控制机械服务的噪声和振动(见第 16 章)。由于教室前方的语言声级最高,因而将通风口面向教室前方放置,从而有助于优化整个教室的信噪比差异。避免送风终端设备的终端速度过高,并将风量控制设备置于距上风口 0.5 m 或更远的位置,以尽量减少湍流产生的噪声。为教室选用安静的设备。可使用地毯和缓冲材料(普遍将分开的网球用作课桌、桌子和椅子腿的缓冲材料)减少学生活动产生的冲击噪声。教室周围的隔板必须能起到充分隔声的效果(见第 10 章);在临界情况下,可能需要使用不可开启的窗户进行隔声。

(3)混响优化:在教室表面上涂敷合适的吸声材料。由于天花板可在说话人和听众间提供有益反射,因此应避免天花板中央部分吸声。使用吸声座椅可以令天花板保持反射,并降低教室内声学条件对教室内人员数量的敏感度。

7.6 工业厂房

7.6.1 相关性和特性

工业厂房内因噪声和混响过大,通常都存在严重的声学问题。大多数司法管辖区均制定有相关法规,旨在通过限制工业工人接触噪声以减少听力受损的风险。混响过大也可能导致言语沟通不畅及识别警告信号能力降低,从而导致危险、压力和疲劳的产生。

虽然工业建筑形状各异、尺寸不一,不过,多数平顶或非平顶(例如斜顶或锯齿形屋顶)建筑平面图为矩形(尺寸比例和建筑平面图尺寸变化较大)。大多数工业厂房的地板由混凝土制成。墙壁常为砖墙或砌块墙,部分含金属覆层。厂房屋顶通常为悬挂式面板结构,由金属桁架或门式框架支撑的金属或其他材质面板组成。举例说来,常见的现代建筑结构之一为钢层面,层面由异型金属内表面、防潮层、数厘米厚隔热层、焦油纸、砾石压重外表面组成。该层面亦由金属桁架支撑。含声学钢层面,内金属层为穿孔面层,并使用吸声材料对剖面进行填充,以在宽频率范围内提供高吸声性能。声学层面可承受的载荷与普通层面相似,但成本仅高出约 10%,因此应始终在设计阶段考虑考虑使用声学层面。就未经声学处理的工业建筑而言,在 125 Hz 和 250 Hz 倍频带中,表面平均吸声系数介于 0.08～0.16 之间,并随建筑架构的变化而变化。在 500～4 000 Hz 倍频带中,该系数则介于 0.06～0.08 之间。

在空荡的未经声学处理的厂房内(平均尺寸为 45 m×42.5 m,高 4 m,双面板顶)内测定的混响时间和 1 kHz 声传播函数曲线见图 7.4[23]。通常,式(7.3)中定义的声传播函数 L_p

(r)——L_W 在中频时具有最长的声源——接收器间距和最长的混响时间。由于面板和空气吸声量增加,两个量在低频和高频时均有所降低。

厂房陈设效果亦如图 7.4 所示,图中分别展示了首次引入 25 台印刷机和新增 25 台印刷机后的混响时间和声传播函数曲线。这些金属质地机器的平均尺寸为 3 m×3 m,高 2 m。将陈设搬入厂房后,混响时间和声传播函数曲线均有明显减少。根据扩散场理论,该厂房减少的混响时间与引入 900 m² 吸声处理减少的时间相当[23]。事实上,混响时间的减少与扩散的增加有关,与吸声的增加无关。随着厂房内陈设的增加,混响时间的百分比变化和声传播函数的幅度变化随频率变化不大。在对其他厂房进行的类似测量中,均得到了相似的结果。这些结果再次说明了扩散场理论的局限性,即扩散场理论不能准确预测复杂房间几何形状或陈设对声音的影响。

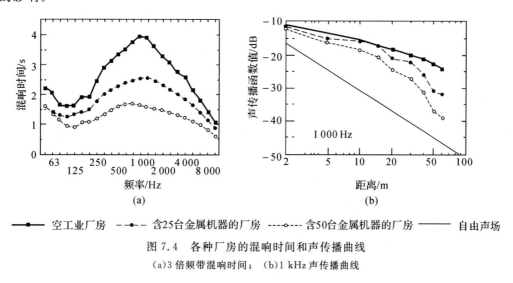

图 7.4　各种厂房的混响时间和声传播曲线
(a)3 倍频带混响时间; (b)1 kHz 声传播曲线

7.6.2　厂房噪声预测

预测工业厂房噪声级和混响时间的模型可分为两类——一类是基于声线追踪和虚声源法的综合模型,另一类是基于简单理论研究法或实证研究法的简化模型。通过对综合模型进行实验评估,得出的一个结论是,本质上最准确的是奥德特和巴比利[7]的声线追踪模型[24]。因为声线追踪可以说明复杂的空间形状、屏障、各向异性吸收和家具分布。通过对简化模型进行实验评估,得出的一个结论是,对于配备家具的厂房,本质上最准确的是库特鲁夫开发的模型[26]。

库特鲁夫[26]基于声辐射度理论开发了简化模型,该模型适用于长而宽且配备家具的厂房,并将地板和天花板上的众多家具作为扩散反射面。根据该模型,对于高度为 h、平均吸声系数为 α 的厂房,可根据以下方程式得出,声功率级 L_W 在距离 r 处的全向致密声源的声压级为

$$L_p(r)=L_W+10\lg\left\{\frac{1}{4\pi r^2}+\frac{1-\alpha}{\pi h^2}\left[\left(1+\frac{r^2}{h^2}\right)^{-1.5}+\frac{\beta(1-\alpha)}{\alpha}\left(\beta^2+\frac{r^2}{h^2}\right)^{-1.5}\right]\right\} \quad (7.11)$$

式中,$\beta\approx1.5\alpha^{-0.306}$。尽管在该模型中假定长度和宽度是无限的,但与各种长度和宽度的厂房的测量值相比,该模型的结果仍然比较正确[25]。该模型的一个缺点是,它不包括可以根据

家具数量的变化而变化的参数。但从图 7.4(b)可以看出,在许多实际情况下,当声源与接收器距离(噪声级控制距离)较小时,这种变化也很小。还有一种预测厂房噪声级和混响时间的模型是经验模型[27]。

当厂房有多个声源时,可通过考虑与声源与接收器平均距离相对应的距离处的噪声,将噪声控制措施的效果确定为第一近似值。由于噪声控制措施而引起的总噪声级的变化近似于该距离处的声传播函数的变化。当处于机器操作员位置时,声源与接收器平均距离很小,通常为1～2 m。当处于一个平面有点接近正方形且声源在地板上均匀分布的房间时,声源与接收器平均距离约为平均水平尺寸的一半。

例如,使用库特鲁夫模型来计算全覆盖吊顶吸声前、后图 7.3 所示厂房的 1 kHz 噪声级(不包括图中所示的声屏和部分吊顶)。计算位置位于装配工作台中间和地面以上 1.5 m 处。厂房长 48.0 m,宽 16.0 m,高 7.2 m。假设厂房表面的平均中频吸声系数分别为 0.07(未处理)和 0.4(处理后)。厂房内有 9 个噪声源,见图 7.3,声功率级为 1 kHz,声源与接收器距离见表 7.4。表 7.4 给出了各声源在处理前、后的噪声级贡献量。总噪声级为各单个声源贡献量之和。计算结果为:处理前 82.4 dB,处理后 78.7 dB。采用天花板处理预计可将装配工作台的 1 kHz 噪声级降低 3.7 dB(这证实图 7.3 所示的处理具有很高的成本效益)。

预测的准确性取决于模型的固有准确性和输入数据的准确性。前文已讨论了厂房表面吸声系数,许多厂房预测模型还包括说明厂房家具密度的参数,但并不知道如何准确地测定该参数。理论上,它可以被估计为家具的总表面积(或者,更实际地说,可以覆盖住各单个物体的想象盒子的总表面积)除以 4 倍的家具区体积[24]。然而,有证据表明,这一算法的结果小于正确值[8]。研究表明,厂房平均家具密度可以达到 0.2 m⁻¹ 或更高,厂房家具区的平均家具密度可以达到 0.5 m⁻¹ 或更高[28]。因此,在任何情况下,任何简化模型都无法预测形状复杂或家具分布复杂或装有高精度屏障的厂房的噪声级。在这些情况下,声线追踪可能是唯一可行的选择。最后,所有预测模型都存在的一个问题是,对噪声源声功率级的准确估计。这一问题已经在第 4 章讨论过。

表 7.4 利用库特鲁夫简化预测模型计算厂房在声学处理前后 1 kHz 噪声级的详情[26]

声源编号	L_W/dB	距离 r/m	处理前 $L_{p,a}(r)$/dB	处理后 $L_{p,b}(r)$/dB
1	94	13.5	70.7	65.3
2	101	9.8	79.1	74.8
3	92	7.6	71.1	67.5
4	94	3.9	75.6	73.5
5	86	9.5	64.2	60.0
6	90	7.6	69.1	65.5
7	91	8.7	69.6	65.6
8	89	8.5	67.6	63.8
9	93	15.5	69.0	63.2
总噪声级			82.4	73.7

7.6.3 厂房噪声控制

为了以符合成本效益的方式降低厂房噪声级(按照现代职业噪声规定的要求),应按照以下优先顺序将噪声控制原则纳入新的设计和改造中。

(1)声源控制。通过设计或改进声学处理降低设备的声功率输出。

(2)直达声场控制。通过增加噪声源与接收器之间的距离,使用隔声罩(见第 12 章),及在接收器周围设置小房间或声屏,隔离接收器和噪声源。对于厂房,屏障和声屏通常是不实用或不经济的选择。通常,设计时可通过适当规划厂房布局,充分利用建筑几何结构、自然屏障(如料堆)和家具来实现隔离。

(3)混响声场控制。在房间表面铺上吸声材料。此类处理的优先级应较低,因为它们往往比较昂贵,而且在噪声源附近(例如操作员位置)不是很有效。此类处理实际可能减少 0～6 dB(A)的噪声。最好的表面处理位置位于最接近噪声源和/或接收器的位置。对于高度较低的工业厂房,这通常暗指天花板。设计时可考虑设置隔声钢层面或在天花板上应用吸声材料或在天花板上悬挂吸声材料进行声学处理,例如,以适当密度、适当模式悬挂的隔声挡板(矩形吸声材料)。一种特别经济有效的处理措施是将吸声器直接悬挂在噪声源上方。但由于会对桥式起重机、照明和喷水灭火系统造成干扰,设置吸声器可能不太符合消防法规和卫生要求。当需要吸收强墙壁反射时,在噪声源靠近墙壁的位置,可以采用形状更规则的隔声罩对墙壁进行处理。注意,在任何形状的厂房内,即使对总噪声级影响不大,表面吸收也可能会大大缓解混响状况,从而减少工作环境中可感知到的"噪声",并改善言语沟通环境。

对工业厂房低噪声设计感兴趣的读者应了解相关的 ISO 标准,它可以帮助完成这项任务。ISO 11688[29-30] 提供了低噪声机械和设备的设计建议。其第 1 部分讨论了如何编制计划,第 2 部分讨论了低噪声设计的原则。ISO 14257[31] 定义了厂房噪声控制声学质量的评估标准,并描述了评估现有厂房时的测量方法。

7.7　开放式办公室

开放式办公室是最常见的现代工作环境之一。在这些大空间中,许多坐着的工作人员被低屏障隔开,这些屏障可隔离工位之间的部分视觉和听觉。这些屏障可以是独立式,但现今通常采用集成家具或隔间的形式。天花板和铺有地毯的地板组成了两大可延伸吸声平面,其水平尺寸远远大于天花板的高度。它们之间的空间摆满了办公家具和屏障,而屏障通常采用吸声屏障。这种空间当然不适用扩散场理论,因为声压级会随着距离声源的距离而不断降低(示例见参考文献[3])。开放式办公室的主要问题不是防止声音向远距离传播,而是在相邻工位之间提供私密性。因此,需重点注意是短程声音路径。如图 7.5 所示,从某个工作位置发出的声音在延伸表面(天花板、墙壁和窗户)发生反射,并在屏障边缘周围或屏障边缘上方发生衍射。必须控制这些声音路径,以便为工作人员提供声学私密性。天花板对声音的反射可通过使用高吸收天花板材料减少,穿过屏障的声透射可通过选择具有适当透射损失的足够重的屏板减少,越过屏障的衍射可通过增加屏障高度减少。

如果把开放式办公室精心设计成一个完整的系统,且相邻工位相互兼容,又不太靠近,则可提供一定程度的声学私密性。如果忽略了系统的某一方面,则将无法获得足够的声学私密性。要想获得足够的声学私密性,首先要解决的问题是减弱从相邻工作空间传来的不必要语音,因为语音比大多数其他类型的噪声更容易使人分散注意力。这通常还必须包括掩蔽声,以使传来的语音不那么容易理解,同时又不造成打扰。应该对诸如打印机和复印机之类的噪声设备提供特殊保护——例如，将它们放置在屏蔽区。会议室应配备能提供良好隔声效果的全高隔断，以便展开要求低背景噪声级和隐私级别特别高的活动。

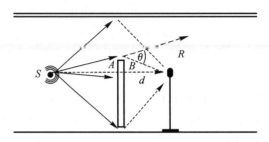

图 7.5　开放式办公室工位之间可能的声音路径横截面图

7.7.1　开放式办公室屏障

屏障（也称为声屏、半高隔断、工位屏板或办公室分隔板）可为工位之间坐着的人员提供声衰减和视觉私密性。它们是系统家具（通常形成隔间）的基本组成部分，可将屏障的功能和配套设施（如存储间、照明、电源、通信和工作台面）组合成一个单元。屏障应能衰减穿过屏障的声音，以便传来的声音可以忽略不计。

越过屏障的衍射声音可传至下一个工位。对于声源与接收器位置之间的无限宽屏障，在无屏障的情况下，相对于接收器处声级的插入损失[32]为

$$IL = 13.9 + 7 \lg N + 1.4(\lg N)^2, \quad N \geqslant 0.001 \tag{7.12}$$

式中　N——菲涅耳数，$N = 2f(A + B - d)/c$；

　　　d——从声源到接收器的直线距离，m；

　　　A——从声源到屏障顶部的距离，m；

　　　B——从屏障顶部到接收器的距离，m；

　　　c——声速；

A、B 和 d——如图 7.5 所示。

声音曲传至屏障另一侧接收器的角度越大（角度为 θ，见图 7.5），屏障的插入损失越大。因此，较高的屏障比较低的屏障更有效，而靠近说话人或听话人的屏障比距离两者相等的屏障更有效。

屏障的总插入损失可结合越过屏障的衍射效应和穿过屏障的透射效应来确定。穿过声屏透射的声音相对于越过声屏衍射的声音应该可以忽略不计，特别是在那些对语言清晰度要求很高的情况下。一个令人比较满意的标准是，规定在 1 000 Hz 时垂直入射声透射损失应比衍射引起的理论插入损失大 6 dB。该标准要求屏障单位面积的最小质量 ρ_s（单位为 kg/m²）应为 $\rho_s \geqslant 2.7(A + B - d)$。对于隔离声屏，可以通过依次将式(7.12)应用于每个边缘，然后求出声能的总和来计算屏障的总效应。

最大屏障尺寸通常取决于物理便利性、可能的干扰气流及开阔视野的保持。建议最小尺寸为高 1.7 m、宽 1.8 m。当然，一个完整的隔间相当于一个长长的屏障，其两端的声传播可以忽略不计。如果需使用高屏障进行声音衰减，但同时必须保持开放的视觉，可通过在低屏障的顶部安装玻璃板或透明塑料屏板来增加其声学高度。屏障底边与地板之间的间隙应较小，否则声音会从屏障下方反射到对面。但这一点并不是关键点，因为沿着这条路径的声音往往

会被家具和地毯扩散或吸收,所以铺地毯时可以留下高 100 mm 的间隙。

7.7.2 评定声学私密性的措施

声学私密性通常被称为语言私密性,因为语音往往是最扰人的(见 7.5 节)。语言私密性本质上是语言清晰度的反义词。也就是说,语言的清晰度越低,语言的私密性就越大。语言私密性(和语言清晰度)与侵扰语音声级有关,而与环境噪声无关。因此,语言私密性与涉及信噪比级差的测量值有关,其中语言是信号,而一般环境噪声是噪声分量。

清晰度指数(AI)指频率加权的信噪比级差测量值,它反映了特定条件下的预期语言清晰度。各频带的信噪比级差根据其对语言清晰度的相对重要性进行加权。将这些加权信噪比级差相加,即可得出 AI 值,该值在 0~1 之间。AI 值为 1 旨在指示预期达到近乎完美清晰度的条件。AI 值接近于 0 旨在指示近乎完美语言私密性的条件。AI 已被广泛用作衡量语言私密性的一种手段;在开放式办公室环境中,当 AI≤0.15,表明语言私密性在正常或可接受范围内。AI 现已被 SII 取代。SII 与 AI 相似,但 SII 值稍大些,使用 SII 时,可接受的语言私密性标准变为 SII ≤ 0.20。SII 和 AI 的描述见 ANSI 标准[33-34]。

图 7.6 说明了该标准的适用性。该图绘制了在模拟开放式办公室环境情况下的语言清晰度中值与 SII 值。由图可以看出,SII=0.2 表示在其以下私密性随 SII 的降低而迅速增加的那个点。人们可以把它看作是提高语言私密性的声学设计改进开始的一个点。实际上,如果仔细考虑声学设计的各个方面,这也是一个切实可行的目标。

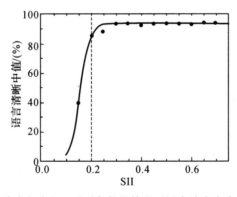

图 7.6 在模拟开放式办公室一系列条件的情况下语言清晰度中值随 SII 的变化[35]

7.7.3 整个工位的声学设计

在带有模块化工位(隔间)的开放式办公室中,工位之间的声传播涉及许多不同的声音路径,而不仅仅是如上所述的越过屏风的简单传播。天花板和工位其他屏板以及附近墙壁都会反射声音。这些反射不仅包括简单的一阶反射,还包括具有多个反射的路径,例如涉及地板和天花板或工位垂直表面的路径。工位之间的声传播问题可利用虚声源法(见 7.3 节)解决,并以计算机算法实现。越过屏风的声音衍射可利用式(7.12)所述的前川结果进行模拟。虚声源法假定所有反射都是镜面反射,所以入射角等于反射角。该模型包括对天花板材料吸声系数(根据标准混响室试验获得)的经验修正,以说明与根据漫反射混响试验室获得的有限入射角范围相比,根据标准混响室试验获得的工位之间声传播的有限入射角范围。该模型已根据各种测量条件进行了验证,并用于说明各种设计参数的影响。有关该模型的详细信息参见参考文献[36]~[39]。

7.7.4　语言声级和噪声级

有两个因素对语言私密性的影响很大,即在开放式办公室内说话的人的语言声级和一般环境噪声级。要想达到可接受的语言私密性,前述因素是不能忽视的。幸运的是,通常在开放式办公室内,人们不会以正常的音量说话。根据对开放式办公室内的说话人进行的检测发现,平均语言声级接近那些以任意音量说话的人。如果采用正常语言声级来计算预期的语言私密性,这就过分夸大了语言私密性的缺乏。建议将图 7.7 所示的中等办公室语言声级(IOSL)作为计算开放式办公室内语言私密性的声压级。它是取从开放式办公室内测量的平均语言声级和偶然声音数据的平均值,再加上 3 dB 而获得的,相当于高于平均语言声级的一个标准偏差。因此,IOSL 频谱代表了开放式办公室内说话声音较大的人,相当于 53.1 dB(A)的自由声场中 1 m 距离处的声压级。参考文献[40]~[42]提供了关于语言声级的更多详细信息。

要想实现语言私密性,一个重要方面是鼓励将低语言声级作为开放式办公室的一种礼仪形式。在开放式办公区域中,不宜进行延伸讨论,而应在封闭式会议室内进行。

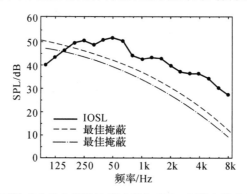

图 7.7　开放式办公室设计计算过程中 IOSL 频谱和噪声掩蔽频谱

当一般环境噪声级较低时,难以获得可接受的语言私密性;而当环境噪声级较高时,可能使人心情烦躁,说话声更大。预期窄波段的环境噪声级是可以接受的,也可以掩盖一部分来自相邻工位的说话声。(噪声对说话声的掩蔽作用是一个值得研究的领域,ANSI S3.5[34]中包含多项关于该主题的参考文献。)因此,一个成功的开放式办公室设计通常包括电子声音掩蔽系统。该设计可以提供近乎理想的噪声级,以掩盖说话声,提高空间的隐私性,同时不会产生过度干扰。掩蔽噪声应调整为与自然通风系统噪声相似的声音,且均匀分布在办公室内。图 7.7 包括经判断得出的最佳噪声掩蔽频谱实例,相当于 45 dB(A)。人们发现,掩蔽声的最大可接受声级约为 48 dB(A)。因此,图 7.7 中的最大掩蔽频谱代表最大噪声掩蔽频谱实例。这两个噪声频谱显示一种能实现可接受的语言私密性的窄波段掩蔽噪声。掩蔽噪声的空间变化应小于 3 dB(A)。

传统的声音掩蔽系统包括集中式电子系统和分布式单元系统。分布式系统具有许多小型独立单元,优点是可以避开致使掩蔽声空间不良改变的相关声源。这两类系统的制造商均声称具有多种应用优势。当声传播到天花板空隙中时,虽然可能使掩蔽声在天花板下办公室内分布更加均匀,但是当穿过天花板瓷砖时,掩蔽声被改变,当穿过灯具时,天花板下局部区域的声级增加。最近,市场上出现了天花板瓷砖和工位屏板配备扬声器的声音掩蔽系统,能更有效地控制产生的掩蔽声,但最好请有经验的专业人员来完成噪声掩蔽系统的安装工作。

7.7.5　重要设计参数

在开放式办公室设计中,首先假设工位屏板的透射损失足以将直接穿过屏板的声音衰减到微不足道的程度。式(7.12)中的表面密度要求通常对应于 STC ≥ 20 的最小值(STC 指声透射等级,是从标准声透射损失测试[43]中获得的,见第 10 章)。接下来,最重要的两个参数分别是天花板的吸声性能和隔离屏障或屏板的高度。如果这两个参数值过低,就不能达到可接受的语言私密性。

图 7.8 中,阴影区表示当想要使 SII ≤ 0.20 时,天花板吸声性能和屏板高度的组合,前提条件是,下文考虑的其他因素也是符合要求的。天花板吸声性能用平均吸声系数(SAA)来表示,SAA 指 250 Hz ~ 2.5 kHz 的 1/3 倍频带吸收系数的平均值。它取代了旧降噪系数(NRC),包含几个极其相似的数值。图 7.8 包含大于 1.0 的 SAA 值,因为受边缘衍射的影响(如 7.2 节所述),这些数值可能都是根据标准试验程序得出的。可见,天花板吸声性能应满足 SAA ≥ 0.90 的要求,隔声板高度应不小于 1.7 m。由于图 7.8 中的结果是在其他参数接近理想值的情况下计算的,因此,当采用阴影区外的天花板吸声性能和屏风高度的组合时,不能达到可接受的语言私密性。

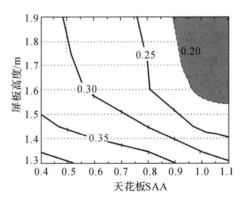

图 7.8　工位屏板高度和天花板吸声性能的组合(SII ≤ 0.20)[44]

还有一个关键设计参数是工位平面面积。图 7.8 的结果适用于面积为 3 m×3 m 的工位。当工位的长度和宽度各减少 1 m 时,产生的 SII 将增加 0.05。也就是说,当工位平面面积为 2 m×2 m 时,想要满足 SII ≤ 0.20 这一标准,屏风高度要高,天花板材料的吸声性能要良好。

7.7.6　其他设计参数

工位屏板和地板的吸声性能对语言私密性的影响小。天花板高度以及天花板是否安装灯具对语言私密性也会产生影响。

图 7.8 显示了当 SAA=0.9 时工位屏板的计算结果。当 SAA 值降至 0.75,相应的 SII 值将降低 0.01。如果屏板吸声系数降至 0.6,SII 值将降低 0.02。整体指标指数似乎仅呈现小

幅下降,但是须记住,大多数设计最多只提供可接受的语言私密性;即使是小幅度的改善也可能使其达到 SII ≤ 0.20 这一标准。当然,如果屏板的吸声性能不高(即 SAA < 0.60),那么产生的 SII 值将显著增加。例如,如果工位屏板没有像其他理想的工位设计那样高的吸声性能,那么 SII 将从 0.2 增至 0.3。

通常不同的地板吸声性能和天花板高度对产生的 SII 值影响很小。在大多数情况下,改变这些参数对 SII 的影响不会超过 0.01。另外,天花板上的灯具会降低开放式办公室设计的语言私密性。灯具的影响取决于其类型和位置。塑料或玻璃材质且呈扁平表面的灯具会产生最强烈的不必要的反射波,当安装在两个工位之间的隔声板上时,产生的反射波最强。当安装在吸声性能良好的天花板上时,SII 值的变量最大。对几种不同类型和位置的灯具进行的效果评估表明,当天花板的 SAA = 0.90 时,SII 值最多可增加 0.08。虽然,这对开放式格栅灯具的效果微小,但是对于高吸收性的天花板,SII 值仍然能够降低。

7.7.7　实际问题和其他问题

在水平面上传播的声音在垂直面的反射作用下将绕过屏障,从而减少工作位置之间的声衰减。为了尽量减少这种影响,墙壁、办公室屏障、方柱、橱柜背面、系统机柜和设备以及书架等表面应采用 SAA 值为 0.7 或以上的吸声材料。例如,2.5 cm 或以上厚度的玻璃纤维和多孔织物覆层就能满足这一要求。在硬表面直接覆盖一层地毯并不是一种有效的解决方案,因为普通地毯的吸声系数较低。当圆柱直径小于等于 0.5 m 时,可不加设吸声材料。要想避免墙壁的反射作用,一种简单的方法是,墙和屏障之间避免任何间隙。为防止表面反射,办公室屏障的两面均应采用吸声材料。

如果工位靠近窗户,那么通常工位屏板和窗户之间的间隙较大。为了使这些工位之间有足够的语言私密性,应在工位屏板上添加一些材料,以填补间隙。用窗帘很难解决这一问题,因为这就要求采用重型、封闭式窗帘;而且,大多数板条百叶窗并不能减少反射。在解决该问题时,将窗户旁边的区域作为走廊为另一种方法。

目前,行业已制定了相关标准程序,用于对现有办公室、拟议办公室实体模型中[45]的语言私密性度、开放式噪声掩蔽系统[46]进行评估。对办公室中的说话声和噪声进行评估,最终确定当前的语言私密性是极其重要的。

7.8　混　响　室

混响室的设计和配备应确保近似于扩散声场。在这些房间里进行了测量,以便根据不同标准,描述标准扩散声场条件下材料的吸声性能、声源的声功率、建筑构件的声传播和其他性能[43,47-52]。一个标准混响室的体积约为 200 m³;有些是用非平行墙建造的。房间的墙壁和表面具有强反射性,因此混响时间很长,由直接声源声场支配的区域尽可能小。

在低频时,对宽带噪声的频率响应显示出对应于各个房间模式的峰值。随着频率的增加,模式之间的间隔变小,模式开始重叠,单个模式不太明显。在一些过渡频率下,噪声频带的房间响应变得近乎恒定,声场的特性变得更均匀,且房间响应可以用统计术语来描述。这个转换点通常由施罗德频率定义[53] $f_{\mathrm{s}} = 2\,000(T_{60}/V)^{1/2}$。对于体积 $V = 250$ m³ 的房间,$T_{60} = 5$ s,$f_{\mathrm{s}} = 282$ Hz。

在低频时,为了使房间响应更加均匀,通常建议添加低频吸声元件。即使当房间体积约为 $200\ m^3$,尺寸正确,吸声量是推荐的,压力的空间变化和声衰减也往往太大,不能满足标准的精度要求。因此,通常在房间内的任意位置、方向上悬挂固定面板,以干扰房间模式并创建更多的漫反射条件。在许多情况下,旋转扩散器的使用也出于此目的。

在矩形房间中,固定扩散器是最重要的吸声测量装置。在非矩形的房间内,可能不需要安装此装置。在整个声衰减过程中,确保衰减声能的一部分被重新传入吸声样品中,这有助于在测量声衰减的过程中创建扩散程度更高的声场。当对一个新型的吸声测量混响室进行调试时,有必要系统地增加扩散器的数量,直到由于混响室中的扩散条件逐渐加剧,测量的吸收系数恰好达到最大值。当然,添加过多扩散器会限制传声器有效位置的数量,传声器必须始终位于距离反射面(如墙壁和扩散板)半波长以上(有关最低频率)。

在用于测量含强音调分量的设备声功率级的混响室中,旋转扩散器特别有用。此类声源会导致声级空间的巨大变化,而使用旋转扩散器则可以有效地降低该变化。通过不断改变房间的几何结构,旋转扩散器将改变模态模式,从而使得声级的一些空间变化均衡。旋转扩散器采用旋转面板的形式,可以降低所需的驱动功率和气动噪声。

除了该措施,为了准确测量均方声压和衰减率,仍需对房间体积进行采样。为了提供声场的统计独立样本,传声器位置必须相距超过一半波长(相关最低频率),距离反射物体的距离必须超过一半波长,以避免对房间平均声级的测量是非典型的。

结果表明,在接近 1、2、3 个无限反射面时,声压和能量增加。均方声压 p^2[单位为 $(N/m^2)^2$]可表示为

$$p^2 = 1 + \sum_{n=1}^{N_{im}} \frac{\sin(kr_n)}{kr_n} \tag{7.13}$$

式中　　k——$2\pi/\lambda$;

　　　　λ——波长;

　　　　p^2——均方声压无图像或远离反射面的均方声压被标准化为 1;

　　　　r_n——测量点处图像到测量点之间的距离;

　　　　N_{im}——图像数,在平面附近有 1 个测量图像,在边缘附近有 3 个测量图像,在拐角附近有 7 个测量图像。

由于此类正干扰效应,小于 $\lambda/2$ 高反射表面声压明显增加。考虑到表面附近声能的增加,在根据空间平均均方声压计算声功率 W 时纳入了一个调整项$(1 + S\lambda/8V)$。因此,用于根据空间平均均方声压 p^2 确定声源的声功率 W 的关系为[54]

$$W = \frac{55.3 p^2 V}{4\rho c^2 T_{60}}(1 + S\lambda/8V) \tag{7.14}$$

式中　　ρ——空气密度,kg/m^2;

　　　　c——空气中的声速,m/s;

　　　　V——房间体积,m^3;

　　　　T_{60}——混响时间,s。

假设室内声场采样的位置仅限于远离房间表面的中心区域。方程式(7.2)假定建立了混响时间与房间吸声量之间的相关性,并作为确定混响室内吸声量的基础[47-48]。

混响室的规划和鉴定是复杂的,最好由经验丰富的专业声学专家来完成。

7.9 消声室和半消声室

消声室指所有内表面具有高吸声量的房间,因此室内的声源基本上是在自由声场条件下辐射的。产生的声场只有一个直接分量。半消声室内设有一个硬地板,所有其他内表面具有高吸声量。半消声室用于测量在坚硬表面上工作的设备(如道路车辆、电器等)的声功率级和辐射模式。确定室内条件与自由声场条件的接近程度,从而评估消声室或半消声室的声学性能,通常通过测量声级随着与全向声源的近似距离的变化来实现,距离每增加 2 倍,声级最好为−6 dB[参见式(7.3)和图 7.1]。

当需要精确测量声源辐射的非干扰声音时[例如,当测量其辐射模式(指向性)或声功率时],在消声室中进行测试。消声室表面是由强吸声材料制成,并在内部安装厚厚的吸声材料。声衬通常由矿物棉或玻璃纤维制成[55]。所有消声室在高频时比低频时的消声性能更佳。消声室的最低使用频率主要取决于消声室的体积和楔形物的深度。当楔形物深度(包括楔形物基础和硬壁之间的任何空气间层)约为 1/4 波长,通常可达到截止频率,此时吸收入射声能的 99%。当大消音室内设有 1 m 深楔形物时,能有效降低 80～100 Hz。为了提供一个可行走的表面,以便在消声室内设置实验,可以提供在完成设置后移除的开放式金属地板网格或永久性金属丝网地板。这种金属丝网地板的周长框架和金属丝网本身(在较小程度上)可能降低消声室的高频性能。

参 考 文 献

[1] L. Cremer, H. A. Müller, and T. J. Schultz, *Principles and Applications of Room Acoustics*, Applied Science, New York, 1982; H. Kuttruff, Room Acoustics, 4th ed., Spon, London, 2000.

[2] ANSI S1. 26, "Method for the Calculation of the Absorption of Sound by the Atmosphere," Acoustical Society of America, Melville, New York.

[3] M. R. Hodgson, "When Is Diffuse-Field Theory Applicable,"Appl. Acoust, **49**(3), 197-207 (1996).

[4] J. B. Allen and D. A. Berkeley, "Image Method for Efficiently Simulating Small-Room Acoustics,"*J. Acoust. Soc. Am.*, **65**(4), 943-950 (1979).

[5] E. A. Lindqvist, "Noise Attenuation in Factories,"*Appl. Acoust.*, **16**, 183-214 (1983).

[6] A. Krokstad, S. Strom, and S. Sorsdal, "Calculating the Acoustical Room Response by the Use of a Ray-Tracing Technique,"*J. Sound Vib.*, **8**(1), 118-125 (1968).

[7] A. M. Ondet and J. L. Barbry, "Modeling of Sound Propagation in Fitted Workshops Using Ray Tracing,"*J. Acoust. Soc. Am.*, **85**(2), 787-796 (1989).

[8] M. R. Hodgson, "Case History: Factory Noise Prediction Using Ray Tracing — Experimental Validation and the Effectiveness of Noise Control Measures," *Noise Control Eng. J.*, **33**(3), 97-104 (1989).

[9]　J. Neter, W. Wasserman, and G. A. Whitmore, Applied Statistics, 4th ed. , Allyn and Bacon, Boston, 1993.

[10]　M. Kleiner, B. - I. Dalenbäck, and P. Svensson, "Auralization—An Overview,"J. Audio Eng. Soc. , **41**(11), 861 - 875 (1993).

[11]　T. J. Schultz, "Improved Relationship between Sound - Power Level and Sound - Pressure Level in Domestic and Office Spaces," Report No. 5290, Bolt Beranek and Newman, Cambridge, MA, 1983.

[12]　B. M. Shield and J. E. Dockrell, "The Effects of Noise on Children at School: A Review,"J. Building Acoust. , **10**(2), 97 - 116 (2003).

[13]　P. B. Nelson, S. D. Soli, and A. Seitz, Acoustical Barriers to Learning , Acoustical Society of America, Melville, NY, 2002.

[14]　M. R. Hodgson, "Experimental Investigation of the Acoustical Characteristics of University Classrooms,"J. Acoust. Soc. Am. , **106**(4), 1810 - 1819 (1999).

[15]　M. Picard and J. S. Bradley, "Revisiting Speech Interference in Classrooms," Audiology, **40**(5), 221 - 244 (2001).

[16]　M. R. Hodgson, R. Rempel, and S. Kennedy, "Measurement and Prediction of Typical Speech and Background - Noise Levels in University Classrooms during Lectures,"J. Acoust Soc. Am. , **105**(1),226 - 233 (1999).

[17]　M. R. Hodgson and E. - M. Nosal, "Effect of Noise and Occupancy on Optimum Reverberation Times for Speech Intelligibility in Classrooms,"J. Acoust. Soc. Am. , **111**(2), 931 - 939 (2002).

[18]　S. R. Bistafa and J. S. Bradley, "Reverberation Time and Maximum Background - Noise Level for Classrooms from a Comparative Study of Speech Intelligibility Metrics,"J. Acoust. Soc. Am. , **107**(2), 861 - 875 (2000).

[19]　ANSI S12. 60, "Acoustical Performance Catena, Design Requirements and Guidelines for Schools," Acoustical Society of America, Melville, New York.

[20]　Building Bulletin 93, Acoustic Design of Schools , Department of Education and Skills, UK, 2004.

[21]　M. R. Hodgson, "Empirical Prediction of Speech Levels and Reverberation in Classrooms,"J. Building Acoust. , **8**(1), 1 - 14 (2001).

[22]　D. Davis and C. Davis, Sound System Engineering , 2nd ed. , Focal Press, Burlington, MA, 1997.

[23]　M. R. Hodgson, "Measurement of the Influence of Fittings and Roof Pitch on the Sound Field in Panel - Roof Factories,"Appl Acoust. , **16**, 369 - 391 (1983).

[24]　M. R. Hodgson, "On the Accuracy of Models for Predicting Sound Propagation inFitted Rooms," J. Acoust Soc. Am. , **88**(2), 871 - 878 (1989).

[25]　M. R. Hodgson, "Experimental Evaluation of Simplified Methods for Predicting Sound Propagation in Industrial Workrooms,"J. Acoust. Soc. Am. , **103**(4), 1933 - 1939 (1998).

[26] H. Kuttruff, "Sound Propagation in Working Environments," *Proc. 5th FASE Symp.*, 17 – 32 (1985).

[27] N. Heerema and M. R. Hodgson, "Empirical Models for Predicting Noise Levels, Reverberation Times and Fitting Densities in Industrial Workrooms," *Appl. Acoust*, **57**(1), 51 – 60 (1999).

[28] M. R. Hodgson, "Effective Fitting Densities and Absorption Coefficients of Industrial Workrooms," *Acustica*, **85**, 108 – 112 (1999).

[29] ISO/TR 11688 – 1, "Recommended Practice for the Design of Low – Noise Machinery and Equipment—Part 1: Planning," International Organization for Standardization, Geneva, Switzerland, 1995.

[30] ISO/TR 116S8 – 2, "Recommended Practice for the Design of Low – Noise Machinery and Equipment—Part 2: Introduction to the Physics of Low – Noise Design," International Organization for Standardization, Geneva, Switzerland, 1998.

[31] ISO 14257, "Measurement and Parametric Description of Spatial Sound Distribution Curves in Workrooms for Evaluation of Their Acoustical Performance," International Organization for Standardization, Geneva, Switzerland, 2001.

[32] Z. Maekawa, "Noise Reduction by Screens," *Appl. Acoust.*, **1**(3), 157 – 173 (1968).

[33] ANSI S3. 5, "American National Standard Methods for the Calculation of the Articulation Index," Acoustical Society of America, Melville, New York, 1969.

[34] ANSI S3. 5, "Methods for Calculation of the Speech Intelligibility Index," Acoustical Society of America, Melville, New York, 1997.

[35] J. S. Bradley and B. N Gover, "Describing Levels of Speech Privacy in Open – Plan Offices," Report IRC – RR – 138, Institute for Research in Construction, National Research Council, Ottawa, 2003.

[36] C. Wang and J. S. Bradley, "Sound Propagation between Two Adjacent Rectangular Workstations in an Open – Plan Office, I: Mathematical Modeling," *Appl Acoust.*, **63**(12), 1335 – 1352 (2002).

[37] C. Wang and J. S. Bradley, "Sound Propagation between Two Adjacent Rectangular Workstations in an Open – Plan Office, II: Effects of Office Variables," *Appl. Acoust*, **63**(12), 1353 – 1374 (2002).

[38] C. Wang and J. S. Bradley, "Prediction of the Speech Intelligibility Index behind a Single Screen in an Open – Plan Office," *Appl. Acoust*, **63**(8), 867 – 883 (2002).

[39] J. S. Bradley and C. Wang, "Measurements of Sound Propagation between Mock – Up Workstations," Report IRC – RR 145, Institute for Research in Construction, National Research Council, Ottawa, 2001.

[40] A. C. C. Warnock and W. Chu, "Voice and Background Noise Levels Measured in Open Offices," Report IR – 837, Institute for Research in Construction, National Research Council, Ottawa, 2002.

[41] W. O. Olsen, "Average Speech Levels and Spectra in Various Speaking/Listening Conditions: A Summary of the Pearson, Bennett, and Fidell (1977) Report," *J. Audiol.*, **7**, 1 – 5 (October 1998).

[42] J. S. Bradley, "The Acoustical Design of Conventional Open – Plan Offices," *Can. Acoust*, **27**(3), 23 – 30 (2003).

[43] ASTM E90, "Standard Test Method for Laboratory Measurement of Airborne Sound Transmission Loss of Building Partitions," American Society for Testing and Materials, Conshohocken, PA, 2004.

[44] J. S. Bradley, "A Renewed Look at Open Office Acoustical Design," Paper N1034, Proceedings Inter Noise 2003, Seogwipo, Korea, August 25 – 28, 2003.

[45] ASTM E1130, "Standard Test Method for Objective Measurement of Speech Privacy in Open Offices Using the Articulation Index," American Society for Testing and Materials, Conshohocken, PA, 2002.

[46] ASTM E1041, "Standard Guide for Measurement of Masking Sound in Open Offices," American Society for Testing and Materials, Conshohocken, PA, 1985.

[47] ASTM C423, "Standard Test Method for Sound Absorption and Sound Absorption Coefficients by the Reverberation Room Method," American Society for Testing and Materials, Conshohocken, PA, 2002.

[48] ISO: 354, "Measurement of Sound Absorption in a Reverberation Room," International Organization for Standardization, Geneva, Switzerland, 2003.

[49] ANSI S1.31, "Precision Methods for the Determination of Sound – Power Levels of Broad – Band Noise Sources in Reverberation Rooms," and. ANSI S1.32, ''Precision Methods for the Determination of Sound – Power Levels of Discrete – Frequency and Narrow – Band Noise Sources in Reverberation Rooms," Acoustical Society of America, Melville, New York.

[50] ISO 3740, 3741, 3742, "Determination of Sound – Power Levels of Noise Sources," International Organization for Standardization, Geneva, Switzerland, 2000.

[51] ISO 140/III, "Laboratory Measurements of Airborne Sound Insulation of Building Elements," International Organization for Standardization, Geneva, Switzerland, 1995.

[52] ASTM E492, "Standard Method of Laboratory Measurement of Impact Sound Transmission Through Floor – Ceiling Assemblies Using the Tapping Machine," American Society for Testing and Materials, Conshohocken, PA, 1992.

[53] M. R. Schroeder, "Frequency – Correlation Functions of Frequency Responses in Rooms," *J, Acoust. Soc. Am.*, **34**(12), 1819 – 1823 (1962).

[54] R. V Waterhouse, "Output of a Sound Source in a Reverberation Chamber and in Other Reflecting Environments," *J. Acoust. Soc. Am.*, **30**(1), 4 – 13 (1958).

[55] L. L. Beranek and H. P. Sleeper, Jr., "Design and Construction of Anechoic Sound Chambers," *J. Acoust Soc. Am.*, **18**, 140 – 150 (1947).

第 8 章 吸声材料和吸声器

8.1 引 言

噪声控制工程师面临的最常见的一个问题就是如何设计一种能够提供理想吸声系数作为频率函数的吸声器,此类吸声器能够尽量降低噪声,降低噪声控制的成本,不产生任何环境影响,并且能够在恶劣的环境条件下工作,如高温、高速湍流或污染。吸声器设计师必须了解如何选择合适的吸声材料、吸声器的几何形状以及防护面层。过去 10 年,关于吸声材料和吸声器的理论知识有了相当大的进步。关于该进步的诸多信息汇总在 K. U. 英加德的《吸声技术阐释》[1]和 F. P. 梅切尔的《绍尔吸声器》[2]以及以 CD - ROM 形式单独售卖的计算机程序中[3]。英加德的书是平装本,篇幅和价格适中,配有 CD - ROM,读者可以根据书中使用的几乎所有公式轻松地进行数值预测。该书对基本的物理过程进行了清楚的解释,并简化了数学处理程序。H. 库特鲁夫的经典书籍《空间声学》[4]主要讲述关于吸声室内声学的方方面面,为表演艺术进行建筑设计的声学家们需要仔细研读该书。白瑞纳克最近更新的经典书籍《声学测量》[5]讲述了用于测量吸声材料和吸声器中所有声学描述符的方法和实验硬件,建议对吸声技术很感兴趣的读者仔细阅读该书。

8.1.1 如何吸声

声音是分子的不规则热运动上粒子运动的有序叠加。空气中有序粒子运动的速度通常比热运动的速度小 6 个数量级。所有吸声器都能将有序粒子运动所携带的能量转化为不规则运动。除了那些压缩和加速流体的力之外,在固体材料存在的情况下由振荡粒子流引起的所有力都会导致声能损失。对上述能量转化最重要的贡献与刚性/柔性壁或多孔/纤维吸声材料骨架与较薄声学边界层中的流体之间的摩擦所产生的阻力有关。多孔和纤维吸声材料的声流为层流,流速较低,阻力与声粒速度成正比。在流速较高的情况下(一般出现在共振器腔口处),声流分离,产生湍流,摩擦力与速度的平方成正比。其他的损耗机理在其他章节有更详细的讨论[1-2],包括空气在低频率下的等温压缩、由于压缩之间的时间滞差将声能直接转换为热量、以及在闭孔泡沫中产生的热流。如果是平板式吸声器和薄片式(非常薄的板)吸声器,声能在振动的柔性板中转换为热量,并以声音的形式从板的后部辐射出来,或以振动能的形式传递到连接的结构中。

吸声器只能吸收入射声能中没有反射到其表面的那部分。因此,尽量使表面上反射的这部分声能保持较低水平是非常重要的。从本质上讲,进入吸声器的入射声能部分应该在穿过吸声器回到表面并从刚性衬垫上反射回来之前消散。否则,吸声器除了最初的反射外,还将声能返回到接收端的流体。这就需要有足够的厚度。吸声器设计的挑战在于尽量使吸声器的厚度保持最小。

8.1.2　吸声系数

平面吸声器的声学性能特征在于吸声系数 α，定义为未反射（即在吸声器中消散，通过吸声器传送至后面的空间，或者以振动能的形式传送至已连接的结构）的声功率 W_{nr} 与吸声器表面的入射声功率 W_{inc} 之比，即

$$\alpha \equiv \frac{W_{nr}}{W_{inc}} \tag{8.1}$$

为了便于分析，将吸声系数用吸声器界面的声压反射因数 R 定义，即

$$\alpha = 1 - |R|^2 \tag{8.2}$$

字母 R 旁边的竖线表示绝对值。通常来说，反射因数 R 是声音入射角、频率、材料以及吸声器几何结构的函数。吸声器具有壁阻抗（也称作表面阻抗）Z_w 的特征，定义：

$$Z_w = \frac{p}{v_n} \tag{8.3}$$

式中　p——声压；

　　　v_n——质点速度的法向分量。

二者均在界面上进行评估。本章大部分内容是对各种各样吸声器所提供的壁阻抗的预测。式（8.1）和式（8.2）中定义的吸声系数根据入射声场的角组成（如垂直入射、斜入射和无规入射）以及吸声器是否有局部反应（声音无法在与界面平行的地方传播）或非局部反应（声音可以在与界面平行的地方传播）来进一步区分。在垂直入射的情况下，局部反应材料和非局部反应材料之间无差别。

1.垂直入射吸声系数 α_0 的测量

可以按照美国材料与试验协会（ASTM）标准 C384-98 在 $\alpha_0 = 4\zeta/(\zeta+l)^2$ 的情况下在阻抗管中测量垂直入射吸声系数 α_0，式中，$\zeta = p_{max}/p_{min}$ 表示试样上游管道的最大驻波声压型和最小驻波声压型的比值。在阻抗管中测量的垂直入射吸声系数值不得超过 1。

2.混响室中无规入射吸声系数 $\alpha_R(rev)$ 的测量

无规入射吸声系数 $\alpha_R(rev)$，也称作赛宾吸声系数，可按照 ASTM C423-02 的要求在混响室中直接测量。该系数定义为 $\alpha_R(rev) \equiv (553V/S)[(1/T_S) - (1/T_0)]$。其中，$V$ 表示混响室的体积，$S = 6.7\ m^2$，表示试样的标准表面积，T_S 和 T_0 分别表示采用试样和不采用试样所测量的混响时间（见第 7 章）。重要的是，要区分两个无规入射吸声系数 $\alpha_R(rev)$ 和 α_R。在混响室内测量的系数 $\alpha_R(rev)$ 可以产生大于 1 的数值（测量值达 1.2，如图 8.10 所示）。该值显然违反了式（8.36）中给出的 α 的理论定义，说明面板吸收的声能大于入射到其上的声能。由于试样尺寸有限的缘故，$\alpha_R(rev)$ 的测量值大于 1 这一事实意味着试样边缘存在衍射。在设计计算中，习惯于将所有大于 1 的 $\alpha_R(rev)$ 值用 1 来替换。无规入射吸声系数 α_R 通过壁阻抗来计算，且不会产生大于 1 的吸声系数。基于对根据 ASTM C423-02 所测量的 $\alpha_R(rev)$ 的分析，对于具有不同厚度和流阻率的欧文斯科宁 700 系列玻璃纤维板，戈弗雷[6]提出了一种经验预测方案，将标准尺寸（6.7 m^2）试样的 $\alpha_R(rev)$ 与 α_R 关联起来，α_R 可根据所计算的试样壁阻抗采用理论预测得到，且有

$$\alpha_R'(rev) = \left(\frac{21.3}{f^{0.5}} + 0.73\right)\alpha_R$$

式中 $\alpha'_R(rev)$——指标准尺寸样本的经验预测赛宾吸声系数;

f——频率。

本公式为低流阻率[范围在 9 000~17 000 N·m/s⁴(1.1 $\rho_0 c_0$/in)]和 1~3 in(2.5~7.5 cm)小层厚度提供合理准确的预测值。对大于 32 000 N·m/s⁴($2\rho_0 c_0$/in)的低流阻率不小于 76 mm(3 in)的层厚,分析法[7]能够产生最好的预测值。

8.2 非吸声器的吸声效果

虽然吸声效率不高,但所有的刚性和柔性结构都能吸声。如果空间内提供了有效的吸声器,那么这些边际吸声器的作用就可以忽略不计了。但是,如果上述吸声器代表了唯一的吸声机制(如:在混响室中没有低频吸声器的情况下),那么上述吸声器以及高频下的空气吸声就构成了吸声总量,并为这些特殊空间内可实现的最大混响时间以及累积混响声压设定了上限值。

8.2.1 刚性无孔壁的吸声效果

一般认为,一个刚性无孔壁无论多大,都会引起入射声音的全反射,这是不正确的。紧邻界面存在两种现象,能够引起小但有限的声能耗散。首先,入射声质点速度的壁面平行分量导致了声边界层的切变力。声边界层与在静止流体和平面交界面上形成的边界层相同,刚性壁面随着声诱导质点运动的壁面平行分量的频率和速度幅值而振荡。其次,不可避免耗散的第二个分量来自于壁面的大热容,这使其无法完全回收疏相中的热能,此部分热能在压缩相中积累。由参考文献[4]可知,对于无规入射声,这两种耗散过程的共同作用导致的吸声系数下限为

$$\alpha_{min} = 1.8 \times 10^{-4} (f)^{1/2} \tag{8.4}$$

式中,f 为频率。如果频率为 1 kHz 和 10 kHz,则根据式(8.4)得到的 α_{min} 值分别为 0.006 和 0.018。

8.2.2 柔性无孔壁的吸声效果

建筑物隔断,如墙壁、窗户和门,可吸收低频声音。当入射声音与一个无孔、柔性、均匀且各向同性的单层隔断(在接收端有另一个空间或户外空间)相互作用时,声功率损失 W^{Loss} 由三部分组成,即

$$W^{Loss} = W^{ForcedTrans} + W^{ResTrans} + W^{ResDiss} \tag{8.5}$$

式中 $W^{ForcedTrans}$——由受迫弯曲波传播的声功率(即受迫弯曲波从接收端辐射出的质量定律部分);

$W^{ResTrans}$——通过自由共振弯曲波传播的声功率;

$W^{ResDiss}$——通过自由共振弯曲波在隔断中耗散的声功率。

式(8.5)中的前两项可以采用隔断的声透射损失(TL)形式表示,而第三项可看作是板材声致共振速度的时空均方值$\langle v^2 \rangle$的函数,从而可得

$$W^{Loss} = W^{inc} 10^{-TL/10} + \langle v^2 \rangle \rho_S \omega \eta S \tag{8.6}$$

式中 W^{inc}——隔断源侧的入射声功率;

η——板材的复合损失因数占板材中通过耗散所产生的能量损失以及板材边界处与临近结构的结构耦合所产生的能量损失的比例；

S——板材的表面积。

吸声系数定义如下

$$\alpha = \frac{W^{\text{Loss}}}{W^{\text{inc}}} \tag{8.7}$$

对于无规入射来说，在声能同样可能产生入射角的情况下，入射声功率为

$$W^{\text{inc}} = S\left(\frac{\langle p^2 \rangle}{4\rho_0 c_0}\right) \tag{8.8}$$

式中　S——隔断（一侧）的表面积，m^2；

　　　$\langle p^2 \rangle$——声源室中的均方时空平均声压，N^2/m^4；

　　　ρ_0——空气密度，kg/m^3；

　　　c_0——设计温度下气体的声速，m/s。

使用第 10 章中的分析结果，对于隔断中通过自由弯曲波耗散的功率来说，能够得到单一、灵活、均匀、各向同性、无孔隔断的无规入射吸声系数 α^{rand} 的近似公式为

$$\alpha^{\text{rand}} \approx 10^{(-TL_{\text{rand}}/10)} + \frac{2\pi\sqrt{12}\rho_0 c_0^3 \sigma_{\text{rad}}}{\rho_M h^2 c_L \omega^2} \tag{8.9}$$

式中　TL_{rand}——壁板的无规入射声透射损失（按照第 10 章测量或预测）；

　　　ω——角频率，$\omega = 2\pi f$；

　　　f——频率，Hz；

　　　σ_{rad}——自由弯曲波的辐射效率（见第 10 章）；

　　　ρ_M——板材密度，kg/m^3；

　　　h——板厚，m；

　　　c_L——板材声速，m/s。

严格来说，只有当通过耗散的能量损失比和自由弯曲波产生的声辐射大于 1 时，即 $h\rho_M \omega \eta_C / \rho_0 c_0 \sigma_{\text{rad}} > 1$，式（8.9）右侧的第二项才有效。由于 σ_{rad} 大大降低，且降低频率低于壁板的相干频率，因此事实情况常常如此。在式（8.9）中，第一项表示因声音传播到接收器空间而造成的能量损失，如第 10 章所定义的。第二项表示板中自由共振弯曲波的耗散以及以振动能的形式传播至边界处邻近结构物的能量损失的综合贡献量。有趣的是，我们注意到，第二项并不取决于板的复合损失因数 η_C（当然，板的 TL_{rand} 取决于临界频率处以及临界频率以上频率范围内的 η_C，而在该范围内，自由弯曲波控制声辐射）。其物理原因是，在损失因数较小的情况下，板的振动更加剧烈，且振动增强和损失因数减小导致的耗散与较大损失因数和振动响应较弱的情况下产生的耗散相同。

式（8.9）中的第一项对于任何类型的隔断（例如，包括双层墙和非均匀非各向同性板）来说都是有效的，而第二项仅对于单层均匀各向同性板状隔断有效。如果是双层墙或双层窗，第一项将在双层墙共振频率处出现峰值，此时 TL_{rand} 出现一个急剧最小值。如果是由两块各向同性的均质板组成的双层隔断（两块板之间有空气间层），则可通过将源侧板的参数代入式（8.9）第二项中进行粗略近似得出。

8.3 薄膜式吸声器

本章称那些被设计用于窄频带或宽频带高效吸声的结构为"吸声器"。本章后述部分将论述这种吸声器的设计。首先论述吸声器的配置，这些配置可以用一些可直接测量的参数来描述，例如刚性壁支撑的空气间层前薄流动阻力层，它可以通过其流动阻力和单位表面积质量来充分表征；然后论述了厚多孔层配置以及调谐吸声器。

8.3.1 刚性壁前薄流动阻力层

如图 8.1 所示，由刚性壁前薄流动阻力材料（空气间层位于这两者之间）组成的吸声器是最容易预测声学性能的配置。因此，将它视为首选配置是合理的。流动阻力层可以是刚性层，也可以是柔性层。

图 8.1 左侧的示意图显示了一种配置，其中刚性多孔层与刚性壁之间的空气间层被分隔成蜂窝状，以阻止声音平行于多孔层平面传播。这种吸声器结构被称为局域反应，因为吸声器内的声场仅取决于界面上特定蜂窝单元位置的声压。吸声器内的声音只能垂直于界面平面传播。图 8.1 右侧的示意图所示的空气间层没有分隔，吸声器内的声音可以平行于界面平面传播。空气间层任何特定位置的声压取决于吸声器声暴露面所有位置的声压。这种结构被称为非局域反应吸声器。

8.3.2 刚性多孔层

刚性薄流动阻力层可以用单个参数来充分表征，即它的流动阻力 R_f 或归一化阻抗 $z' = R_f/(\rho_0 c_0)$，其中，ρ_0 指流体的密度，c_0 指流体的声速。分隔的空气间层的归一化阻抗为 $z'' = j\cot(kt)$，其中，$k = 2\pi/\lambda$ 指波数，λ 指声音的波长，t 指空气间层的深度。

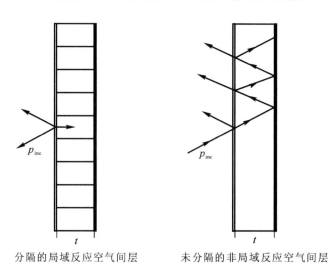

分隔的局域反应空气间层　　　　未分隔的非局域反应空气间层

图 8.1 由刚性壁支撑的空气间层前薄多孔吸声层

垂直入射 $\theta=0$ 的归一化壁阻抗为

$$z_{w0}=z'+\mathrm{j}z''=\frac{R_{\mathrm f}}{\rho c}+\mathrm{jcot}(kt) \tag{8.10}$$

当空气间层的深度为 1/4 波长的奇数倍时,在对应的频率下,如果 $\cot(kt)=0$,则空气间层的阻抗为零。垂直入射吸声系数的最大值为

$$\alpha_{0,\max}=\frac{4z'}{(1+z')^2} \tag{8.11}$$

它表示 $z'=1$ 时的总吸声量。根据参考文献[4],垂直入射吸声系数为

$$\alpha_0(f)=\left\{\left[\left(\frac{R_{\mathrm f}}{\rho_0 c_0}\right)^{0.5}+\left(\frac{\rho_0 c_0}{R_{\mathrm f}}\right)^{0.5}\right]^2+\frac{\rho_0 c_0}{R_{\mathrm f}}\cot^2\left(\frac{2\pi ft}{c_0}\right)\right\}^{-1} \tag{8.12}$$

英加德[1]计算得出了由刚性壁支撑的局域反应(分隔)和非局域反应(未分隔)空气间层前刚性流动阻力层的垂直入射吸声系数和无规入射吸声系数,如图 8.2 所示。它是与归一化频率相关的函数,以空气间层厚度与波长比 $t/\lambda=tf/c_0$ 形式表示,该层的归一化流动阻力 $R_{\mathrm f}/\rho_0 c_0$ 作为参数。图中曲线 a 为垂直入射;b 为无规入射,局域反应空气间层;c 为无规入射,非局域反应空气间层[1]。

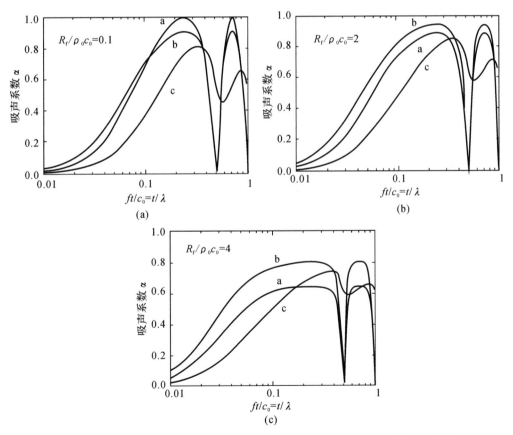

图 8.2　由硬壁支撑的厚度为 t 的空气间层前单个刚性流动阻力层的吸声系数

由图 8.2 可知,当空气间层的深度相当于 1/4 波长的奇数倍[$t=(n+1)\lambda/4,n=0,1,2,$

…]时,在对应的频率下,局域反应空气间层的垂直入射吸声系数达到其最大值。物理原因是,在这些频率下,多孔层后分隔的空气间层的声压为零(从刚性壁完全反射的声音与入射声的相位相差 180°)。因此,穿过多孔层的压力梯度 Δp 达到其最大值,该值在数值上等于多孔层入射侧的声压,即 $\Delta p = p_{inc}(l+R)$,其中,p_{inc} 指入射声的振幅,R 指反射因数,且有

$$R = \frac{R_f - \rho_0 c_0}{R_f + \rho_0 c_0}$$

该压力梯度给出了穿过多孔层的质点速度 $v = \Delta p / R_f$ 和吸声器单位表面积耗散的声功率,即

$$W^{diss} = v\Delta p = \frac{p_{inc}{}^2 (1+R)^2}{R_f}$$

若 $R_f = \rho_0 c_0$,$R = 0$ 且 $W^{diss} = (p_{inc})^2 / (\rho_0 c_0) = W^{inc}$,表明全部入射声能均在多孔层中耗散。对于 $R_f \neq \rho_0 c_0$,吸声系数仍然是最大值,但小于 1。R_f 与 $\rho_0 c_0$ 的差值越大,吸声系数越小。

在与垂直入射相同的频率下,分隔空气间层的无规入射吸声系数达到最大值。然而,由 R_f 值无法得出总吸声量。

从图 8.2 中可以发现的另一个重要特征是,在相当于半波长偶数倍的频率下,分隔局域反应空气间层的垂直和无规入射吸声系数与频率曲线下凹(零吸声)。这是因为,在相应的频率下,从硬壁反射回来的声音在多孔层后与入射声音结合在一起,导致多孔层上没有形成压力梯度,因此在这些频率下声音没有被吸收。这并不影响在未分隔(非局域反应)空气间层得出的无规-入射吸声系数,如曲线 c 所示。无规-入射吸声系数与频率曲线不下凹这一优势必须通过在低频率下大幅降低吸声效果来"实现"。从图 8.2 中观察到的最重要特征是,除非空气间层的厚度超过波长的 1/8,否则在由刚性壁支撑的空气间层前刚性多孔层,无法获得较高的吸声系数。例如,为了在 100 Hz 下实现较高程度的吸声效果,空气间层的厚度必须为 0.4 m (17 in)或更大。

正如下文所述,如果多孔层不是刚性层,在空气间层厚度小于波长的 1/8 一的情况下,可以实现显著的低频吸声效果。

8.3.3 柔软多孔层

鲜为人知的是,与配置有刚性层的吸声器相比,配置有柔软流动阻力层的吸声器在更低的频率下可以实现较高的吸声效果。然而,针对声压非常高的应用,设计这种吸声器时应谨慎。柔软流动阻力层(例如,厚玻璃纤维布或不锈钢金属网)应能够承受由于高振幅声致运动而产生的应力,而不会造成疲劳。如果多孔吸声层是柔软层而非刚性层,则该层的单位面积质量以及该层与硬壁间空气间层的单位面积刚度会导致形成共振系统。接近共振频率时,柔软多孔层将表现出大振幅运动。共振频率 f_{res} 由下式近似得出[1],即

$$f_{res} \approx \frac{1}{2\pi}\left(\frac{\kappa \rho_0 c_0{}^2}{tm''}\right)^{1/2} \tag{8.13}$$

式中 κ——绝热压缩系数,$\kappa = 1.4$;

   t——空气间层的厚度,m;

   m''——柔软多孔层的单位面积质量,kg/m^2。

关于利用柔软多孔屏障预测吸声器吸声系数的分析模型,见参考文献[1]。参考文献[1]

中载明的 CD 上的计算机程序可以预测这种吸声器在局域反应和非局域反应空气间层的垂直和无规入射吸声系数。图 8.3～图 8.5 所示的数据就是采用这种方式计算的,其中,吸声系数作为与归一化频率 $f_n = t/\lambda = tf/c_0$ 相关的函数,柔软多孔层的归一化流动阻力($R_f/\rho_0 c_0$)作为各种柔软层质量与柔软层后空气间层空气质量之比 $MR = m''/t\rho_0$ 的参数。

由图 8.3 可知,接近由式(8.13)得出的质量弹簧共振频率时,达到垂直入射吸声系数的第一个最大值。质量比 $MR = m''/\rho_0 t$ 越大,峰值吸声频率越低。当 $MR = 16$ 时,在相当于归一化频率 $f_n = 0.03$ 的频率下,达到峰值吸声频率。该峰值吸声频率比 $f_n = 0.25$ 频率下刚性多孔层得出的峰值吸声频率低出 8 倍多。还需注意,如果质量比等于归一化流动阻力(即当 $MR = R_f/\rho_0 c_0$ 时),垂直入射吸声系数的第一个峰值是 1(100％吸声率)。为了在宽频带实现相对较高的低频吸声效果,归一化流动阻力 $R_f/\rho_0 c_0$ 介于 2～3 之间似乎是一个不错的选择。

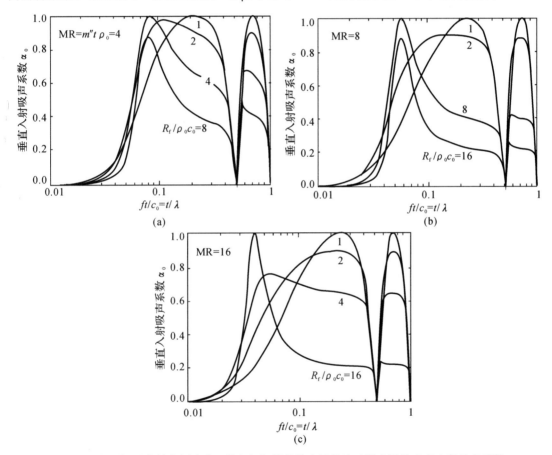

图 8.3　由刚性壁支撑的厚度为 t 的空气间层前单个柔软流动阻力层的垂直入射吸声系数

图 8.4 所示为无规入射吸声系数,作为在局域反应(分隔)空气间层计算得出的与归一化频率相关的函数。柔软多孔层与用于分隔空气间层的蜂窝结构之间必须提供足够的距离,以防柔软层在最大预期位移振幅下撞击蜂窝层。吸声系数与归一化频率曲线的形状与图 8.3 中所示的垂直入射曲线形状相似,但是通过设计参数的组合没有得出总吸声量。为了实现显著的低频吸声效果,质量比 $MR \approx 2$ 似乎是一个不错的选择。

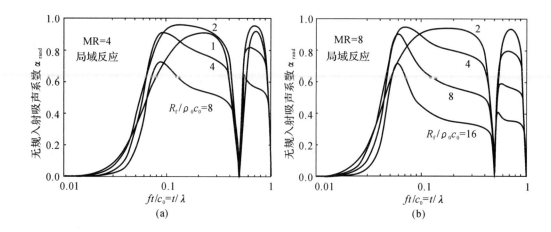

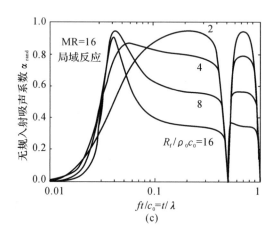

图 8.4　由刚性壁支撑的厚度为 t 的未分隔(局域反应)空气间层前
单个柔软流动阻力层的无规入射吸声系数

　　图 8.5 所示为非局域反应(未分隔)空气间层的无规入射吸声系数。请注意,这种特性与
从图 8.2 和图 8.3 中观察的分隔空气间层特性有很大的区别。第一个也是预期之外的区别
是,通过参数组合没有得出远高于 $\alpha_{rand}=0.8$ 的无规入射吸声系数。对于未分隔空气间层,第
二个也是预期的特性是,在吸声系数趋近于零时,频率响应没有下凹,与分隔空气间层的情况
一样。

8.3.4　多个柔软多孔层

　　如参考文献[1]所述,通过在刚性壁前放置大量(最多 16 个)柔软多孔的低流动阻力层,可
以在近 4 倍频范围内实现非常高的低频吸声效果。参考文献[1]提供的计算机程序可以预测
这种吸声器的垂直入射和无规入射吸声系数,并通过对不同的流动阻力、单位面积质量以及层
数和层位进行反复实验来优化这种吸声器的性能。

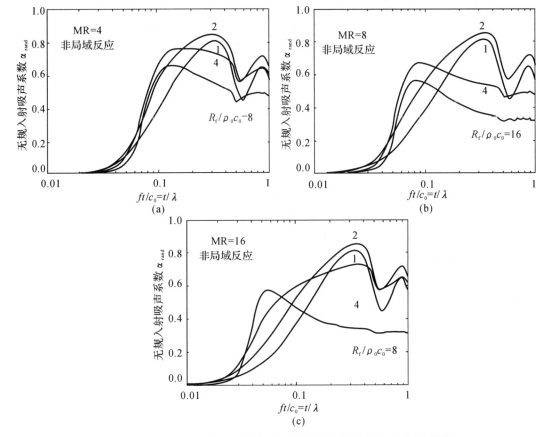

图 8.5　由刚性壁支撑的厚度为 t 的未分隔(非局域反应)空气间层前
单个柔软流动阻力层的无规入射吸声系数

8.4　多孔散装吸声材料和吸声器

多孔散装吸声材料几乎应用于噪声控制工程的所有方面。本节论述了以下几个方面:
(1)采用多孔材料吸声所需的关键物理属性和参数;
(2)用于执行特定噪声控制功能的多孔吸声器的声学性能;
(3)用于根据材料及其几何参数定量设计吸声配置的声学参数;
(4)用于测量多孔吸声材料声学参数和多孔吸声器声学性能的实验方法。

　　用于吸声的多孔材料可以是纤维材料、蜂窝材料或颗粒材料。纤维材料的形式可以是衬垫、木板,或由玻璃、矿物或有机纤维(天然或人造)制成的预制元件,并且包括毛毡和毡制纺织品。纤维材料在消声器中的应用需要某种形式的保护层。最常见的保护层由穿孔金属组成,穿孔金属后布置玻璃纤维布。有时在穿孔金属和玻璃纤维布之间嵌入金属筛。微孔材料包括不同刚度的聚合物泡沫和多孔金属。对于特殊应用,越来越多地使用多孔金属(例如泡沫铝)制造吸声器。在制造过程中,固化之前,金属泡沫中存在闭孔,即没有连通。在该阶段,由这种材料制成的吸声器性能不佳。然而,随着液态金属泡沫的固化,会产生热应力。固化后的泡沫通常具有开裂的单元壁,这大大增加了吸声效果。此外,通过轻微滚压 10～9 mm 厚的泡沫薄片,会发生进一步的机械开裂,并且相邻单元之间的互通区域变宽,这进一步增加了吸声效果。结果是吸声系数随频率而变化,其最大值在 1～5 kHz 之间,峰值高达 95%。通过在金属泡沫和刚性壁之间设置气隙,可以将频率曲线移动到更低的频率。与其他材料相比,金属泡沫并不是很好的吸声器,例如玻璃棉在宽频范围内具有很高的吸声效果。然而,因为多孔金属的重量-比刚度较高、碰撞-能量吸收能力和耐火性良好,因此它适用于飞行器和汽车工业中的吸声面板。

在许多室内和室外应用场合中,可将颗粒材料作为纤维和泡沫吸声器的替代品[8]。吸声用颗粒材料结合了良好的机械强度和非常低的制造成本。颗粒材料可以是未固结的(松散的),也可以通过使用某种形式的黏合剂而固结在颗粒上,例如在木屑板、多孔混凝土和透水路面中。除了人造颗粒材料外,还有许多天然形成的颗粒材料,包括沙子、砂砾、土壤和雪。该类材料的声学特性对于室外声传播具有重要作用。

多孔吸声材料的一个共同特征是孔隙之间是互通的,典型尺寸小于 1 mm,即比噪声控制中相关声音的波长要小得多。

如果多孔材料为柔性薄板,则必须将它们视为弹性的。然而,在许多情况下,这种材料的实心框的刚度比空气的刚度大得多,因此可以认为这种材料在宽频范围内具有刚性。这意味着其可以被视为损耗性均匀介质。本章仅限于可被视为具有刚性肋板的多孔材料。

8.4.1　刚性多孔材料如何吸声

当被入射声波激励时,多孔材料孔隙中的空气分子会发生振荡。靠近周围固体意味着振荡会导致摩擦损失。决定摩擦损失相对贡献量的一个重要因素是相对于黏性边界层厚度的孔径(孔隙宽度)。在低频下,黏性边界层的厚度可能与孔隙宽度相当,黏性损失较高。在高频下,黏性边界层的厚度可能明显小于孔径,黏性损失最低。在这种较高频率下,振荡流为"单向流"。然而,固体的存在会使流动方向发生变化,以及流经不规则孔隙的水流发生扩散和收缩,从而导致波传播方向上的动量损失。这种机制在较高频率下相对重要。在较大的孔隙和较低的频率下,热传导也是造成能量损失的一个因素。在声波传播的过程中,孔隙中的空气发生周期性压缩和减压以及随着温度而变化。如果材料的固体部分是相对导热的,那么较大的表面积-体积比意味着在每半个振荡周期内会发生热交换,并且压缩基本上是等温的。在高频下,压缩过程是绝热的。在等温压缩和绝热压缩之间的频率范围内,热交换过程导致进一步声能损失。在纤维材料中,如果声音平行于纤维平面传播,这种损失会特别高,并且可能占声衰减的 40%(每米传播的能量损失)。因多孔材料骨架的受迫机械振荡造成的损失通常很低,所以忽略它们是合理的。

8.4.2　多孔材料的物理特性及其测量

1.孔隙度

孔隙度的重力测量需要称量已知的干物质体积。由于在廉价的纤维材料(例如矿物棉)中,大水滴(或直径超过 100 μm 的铅粒)可能占重量的 30%,因此它们对声学孔隙度的贡献量应该忽略不计。铅粒可以通过离心方法,与纤维分离。可以同时使用干重和试样量来计算体积密度 ρ_B。然后,可以采用假设的固体密度 ρ_A 来计算孔隙度 h,即

$$h = 1 - \frac{\rho_A}{\rho_B} \qquad (8.14)$$

对于玻璃纤维和矿物棉产品,纤维材料的密度 $\rho_B = 2\,450\ \text{kg/m}^3$。对于石英砂,矿物颗粒的密度为 $2\,650\ \text{kg/m}^3$。一种可用于某些固结颗粒材料的重量测定方法是用水饱和试样,并由饱和和不饱和试样的相对重量来推断孔隙度。在一些应用中,汞被用作孔隙填充液(例如土壤),但对许多材料来说,液体的引入会对孔隙产生影响。根据克里默和休伯特的提议[9],查姆普科斯等人[10]开发了一种干式孔隙度测定法,该方法基于在已知样品量变化很小的情况下对样品容器内压力变化的测量。容器盖是一个活塞,由精密千分尺驱动。试验箱内的压力由灵敏的压力传感器监测,并且经阀门与容器连接的储气罐用于防止该系统受到大气压力波动的影响。据估计,该系统能够将孔隙度的精确值控制在 2% 以内。从声学特性的角度来看,该方法的一个重要特征是它旨在测量互通充气孔隙的孔隙度。然而,重量测定法无法区分密封孔隙和互通孔隙。最近,出现了一种基于位移风量简单测量来测定孔隙度的新方法[11]。这种方法的优点是不需要温度补偿,与查姆普科斯等人提出的方法一样[10]。

一种可用于某些固结材料的备选方法是用水饱和样品,并由饱和和不饱和样品的相对重量来推断孔隙度。

一种声学(超声波)脉冲法,即利用饱和空气多孔材料平板第一界面反射的脉冲来测量孔隙度的方法,被证明对于塑料泡沫[12-14]和无规珠填料[15]具有良好的效果。

堆叠的球形颗粒的孔隙度取决于填料的形式,从最致密填料(面心立方体)的 0.26 到简单立方体填料的 0.426 不等[16]。球体的无规填料的孔隙度为 0.356[17]。颗粒材料孔隙度的近似值可以假定为 0.4。

典型的孔隙度取值范围见表 8.1。

表 8.1　孔隙度和弯曲度的实测值与计算值

材　料	孔隙度 h	测定方法	弯曲度 T	测定方法
铅粒,粒度为 3.8 mm	0.385	通过称量测得	1.6	估计为 $\alpha = l/\phi^{0.5}$(符合声学数据)
			1.799	电解槽模型的预测[20]
砂砾,粒径为 10.5 mm	0.45	通过称量测得	1.55	通过拟合表面导纳数据推导得出
砂砾,粒径 5~10 mm	0.4	通过称量测得	1.46	通过拟合表面导纳数据推导得出
玻璃珠,0.68 mm[26]	0.375	未规定	1.742	实测值[11]
			1.833	电解槽模型的预测[20]
碎石	0.4	未规定	1.664	实测值[11]
泡沫 YB10[26]	0.61	未规定	1.918	实测值[11]
多孔混凝土	0.312	实测值	1.8	通过拟合表面导纳数据推导得出
黏土颗粒,红土,粒度为 1~3 mm	0.52		1.25	通过拟合表面导纳数据推导得出(假设孔隙度为 0.52)
橄榄石砂	0.444	实测值	1.626	电解槽模型的预测[20]
泡沫铝	0.93	通过称量测得	1.1	超声波测量(利用激光产生脉冲)
			1.07	通过拟合表面导纳数据推导得出

续表

材　料		孔隙度 h	测定方法	弯曲度 T	测定方法
聚氨酯泡沫塑料（比利时瑞克塞尔湿润剂）	试样 w1[27]	0.98	实测值	1.06	实测值
	试样 w2[27]	0.97	实测值	1.12	实测值

2.弯曲度

多孔固体的弯曲度是经过固体基质的流体填充路径的不规则性量度。在非常高的频率下,它是造成空气中的声速与通过刚性多孔材料的声速存在差异的原因。曲折度与用来描述饱和于导电流体的多孔固体电导率的形成因子有关。实际上,弯曲度可以采用电导技术来测量,在这种技术中,将饱和多孔试样的电阻率与饱和流体的电阻率单独进行了比较。则有

$$T=\frac{F}{h} \tag{8.15}$$

式中,F 指由下式定义的形成因子:

$$F=\frac{\sigma_{\text{S}}}{\sigma_{\text{f}}} \tag{8.16}$$

式中,σ_{f} 和 σ_{S} 分别指流体和流体饱和样品的电导率。它们反过来可定义为

$$\sigma=\frac{GL}{A} \tag{8.17}$$

式中　L——试样的长度;

　　　A——试样末端的面积;

　　　G——合成电流与施加在试样上的电压之比。

为了测量形成因子,首先将材料的圆柱形试样用导电流体(盐水溶液适用)饱和。饱和是通过在试样上方形成真空后将流体吸入试样来实现的。如果孔径很小,还需要搅拌试样。在按已知间隔放置在两个形状相似的电极之间的饱和样品上施加电压。在单独的不透水装置内,测量相似电压下流体的电导率。使用单独的电流和电压探头确保了试样末端和电极之间的良好接触,消除了与电流电极处的压降相关的问题,并允许同时测量流体和饱和多孔材料的电阻率。

无规堆叠的玻璃球的弯曲度由 $1/\sqrt{h}$ 得出[18]。这已经在 0.33～0.38 的孔隙度范围内得到验证,并且是这种关系的一个特例,即

$$T=h^{-n'} \tag{8.18}$$

式中,n' 取决于颗粒的形状,球体的 n' 值为 0.5[19]。

堆叠的相同球体[20]的另一种推导方法为

$$T=1+\frac{1-h}{2h} \tag{8.19}$$

相同平行纤维系统弯曲度的等效公式为

$$T=\frac{1}{h} \tag{8.20}$$

这意味着用于噪声控制的典型纤维材料的弯曲度略大于1,因为孔隙度接近(但从不大于)1。在刚性多孔材料中,弯曲度是贡献于经典描述所用"结构因子"的属性之一,并且与声音

在多孔和弹性材料中传播的理论中所使用的"附加质量"相关[21]。经典文献中介绍的结构因子包括与频率相关的热效应(复体积模量)和由纤维运动引起的与频率相关的效应。这意味着它只能通过声学手段来确定。为了表征散装多孔材料的声学特性,弯曲度比结构因子更受青睐,因为它具有明确的物理意义,并且在许多情况下可以通过非声学手段推导得出。

在最高频率下,刚性多孔材料中的声速等于空气中的声速除以弯曲度的二次方根。因为它主要体现了多孔材料在较高音频或超声频率下的声学特性,所以弯曲度可以根据超声测量推导得出[22]。

弯曲度的一些代表值见表 8.1。

3.流动阻力和流阻率

用于测定薄多孔材料声学特性的最重要参数是气流阻力 R_f。对于散装、毯状或板式多孔材料,流阻率(单位厚度的比流动阻力)$R_1 = R_f / \Delta x$(Δx 指层厚)是关键的声学参数。流阻率是当稳定气流通过试样时,材料内部单位厚度阻力的量度。流动阻力 R_f 表示施加的压力梯度与诱导的体积流量之比。如果材料的流阻率较高(单位厚度的流阻率较高),这意味着空气很难流过材料表面。在除了噪声控制工程以外的专业中(例如地球物理专业),它更常用来指代透气性(k),与流阻率的倒数有关($k = \eta / R_1$,其中,η 指空气黏度的动态系数)。由于流阻率与渗透率的倒数相关,流阻率高时,渗透率低。通常,渗透率低是由于表面孔隙度极低造成的。

流动阻力测量公式为

$$R_f = \frac{\Delta p}{v} = \frac{TS\Delta p}{V} \tag{8.21}$$

由此可得流阻率为

$$R_1 = \frac{R_f}{\Delta x} \tag{8.22}$$

式中　Δp——厚度为 Δx 的均匀层上的静压差;

　　　v——通过材料的稳定流速;

　　　V——在 T 时间段内通过试样的风量;

　　　S——试样的表面积(一侧)。

由于 R_f 通常取决于流速 v,通常在许多不同的流速下测量并将实测 R_f 与 v 外推至 R_f($v = 0.05$ cm/s),因为低于此质点速度时,大多数纤维材料的流动阻力不再取决于流速。一般来说,当考虑多孔吸声器在较高声级下的特性时,流阻率取决于质点速度这一事实变得很重要。

多孔建筑材料流动阻力和流阻率的测量已经在压缩空气装置上规范化[23],可使用类似的装置来测定土壤或颗粒材料的流阻率(见图 8.6)。在这种测量中,固定试样架中试样的压力梯度与各种(低)流速一起监测。压缩空气通过一系列调节阀和一个非常窄的开口流入储气罐E,从而在与该系统其余部分相连的三根管子的正前方形成一个低压区。由于压差,空气通过试样从环境中抽出。通过系统的气流速度由 3 个流量计控制,全量程在 8.7~0.1 L/min 之间。通常,流速必须保持在 3 L/min 以下,以避免损坏试样结构。

一种比较方法[24]是利用与试样串联放置的经校准已知电阻(层流元件)。使用可变电容压力传感器来测量试样和经校准电阻之间的压差。对于稳定的非脉动流,流动阻力比等于实测压差比。气流也可以以电子方式控制。因加德[1]测量流动阻力所用的独特方法不需要任何流体移动装置、流速计或静压差传感器,只需要一个秒表。该实验设置中,在静压差 $\Delta p = Mg/S$ 的驱动下,气流(在活塞达到其终极速度后)以恒定的速率通过位于管开口底端的试样,静压差由试样架管中紧密滑动的活塞的重力 Mg 和活塞的横截面面积 S 决定。$g = 9.81$ m/s² 为重力加速度。试样的流动阻力与活塞移动一定距离 L 所需的时间 T_L 成反比。试样的流动阻力确定为 $R_f = C(Mg\cos\Phi/LA^2)ST_L$,其中,$A$ 指试样的自由表面积,Φ 指管轴与垂直方向的角度。对于垂直管,取 $\Phi = 0°$。活塞与管壁之间的泄漏流量小是由修正因数 C 引起的,这仅在试样的流动阻力极高时才会发生。C 的计算公式为

$$C = \frac{1 + T_{L0}/T_L}{1 - T_L/T_{封闭}}$$

式中,T_{L0} 和 $T_{封闭}$ 分别指试样移出时和管端紧密关闭时活塞的移动时间。流经试样的流速的变化(需要将流动阻力外推至 5×10^{-4} m/s)可以通过改变管轴角 Φ 或增加活塞质量来实现。

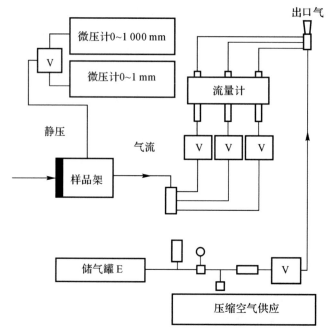

图 8.6　实验室流动阻力测量用压缩空气装置的概念示意图

4.流阻率的经验预测

根据与欧文斯科宁公司理查德·戈弗雷[6]的私人通信,纤维吸声材料的流阻率可以通过本书 1971 版中方程式 10.4 的略微修改版本来近似预测。修改后的方程为

$$R_1 \approx \frac{3\,450}{d^2} \left[\left(\frac{\mathrm{SpGr}_{玻璃}}{\mathrm{SpGr}_{纤维}} \right) \rho_{体积} \right]^{1.53} \tag{8.23}$$

式中　　　　d——纤维的平均直径,μm(10^{-6} m);

$\mathrm{SpGr}_{玻璃}$——玻璃的比重;

$\mathrm{SpGr}_{纤维}$——实际纤维材料的比重;

$\rho_{体积}$——纤维材料的体积密度(减去铅粒的贡献量),kg/m³。

注意:1 μm $= 4 \times 10^{-5}$ in.,$\rho_{体积} \approx \rho_M h$,$\rho_M$ 指纤维材料的密度,h 指孔隙度。实践证明,对

于具有不同体积密度和纤维直径的整个玻璃纤维生产线,根据美国机械工程师学会(ASME)标准 E 522 测量的流阻率值可以通过方程式(8.23)成功预测,校正因数为 0.93。方程式(8.23)也可用于预测聚合物纤维吸声材料的流阻率。对于相同的体积密度,聚合物纤维的表面积和流阻率大约是玻璃纤维的 2.5 倍。

5. 流阻率的理论预测

对于几乎所有的颗粒或纤维吸声材料,流阻率无法根据骨架的几何形状进行分析预测,必须通过测量得出。对于一些理想的吸声材料,例如由相同的球体或平行的相同纤维制成的材料,可以进行这种预测。鉴于预测公式确定的重要参数可用于在无法直接测量流阻率的情况下,确定特定材料成分对其他成分的实测流阻率数据,因此有必要考虑至少一种理论预测可行的理想情况。

对于堆叠的半径为 r 的相同球体,可以证明[20]

$$R_1 = \frac{\eta}{k} = \frac{9\eta(1-h)}{2r^2 h^2} \frac{5(1-\Theta)}{5 - 9\Theta^{1/3} + 5\Theta - \Theta^2} \tag{8.24}$$

式中,h 指孔隙度,并且

$$\Theta = \frac{3}{\sqrt{2\pi}}(1-h) \approx 0.675(1-h) \tag{8.25}$$

半径为 r 的同向平行纤维系统的流阻率等效公式为[25]

$$R_1 = \frac{16\eta h(1-h)}{r^2 h^2 [(1-8\Gamma) + 8\Gamma(1-h) - (1-h)^2 - 2\ln(1-h)]} \tag{8.26}$$

式中,$\Gamma \approx 0.577$。由于实际材料中的细粒含量、随机纤维取向和纤维直径分布有所差异,因此该公式得出的流阻率高于实际纤维材料的流阻率。

6. 多孔颗粒或纤维吸声材料的特性分析

对于某些理想微结构,例如平行孔隙、同向圆柱形孔隙或狭缝状孔隙,可以直接对声学特性进行分析预测[1,19,21]。尽管可以对带任意微结构的多孔颗粒或纤维吸声材料进行分析表征,但这却是一个相对复杂的过程[27-31]。此外,目前,许多所需的参数并不能供执业噪声控制工程师日常使用。因此,本章未对该分析进行回顾。如果想了解最近分析处理措施的全面介绍,读者可查阅参考文献[21]。纤维材料声学特性的半经验公式就是基于这种复杂的分析处理措施推导出来的[32]。还应注意的是,推导出来的经验公式仅能根据孔隙率、颗粒密度和平均粒径等来预测颗粒介质的声学特性[33]。

7. 多孔材料的声学特性

多孔吸声材料的声学特性由其复传播常数 k_a 和复特征阻抗 Z_{Ca} 表征,复传播常数 k_a 和复特征阻抗 Z_{Ca} 可通过以下方程式定义为

$$p(x,t) = \hat{p} e^{-jk_a x} e^{j\omega t} \tag{8.27}$$

$$\langle p(x,t)\rangle_y = Z_{Ca}\langle v_x(x,t)\rangle_y \tag{8.28}$$

式中,$\hat{p}$ 指 $x=0$ 时的振幅;$\langle \cdots \rangle$ 指垂直于某个区域传播方向(x)的平均值,该区域小于波长大于孔径。传播常数为

$$k_a = \beta - j\alpha$$

它包括衰减常数 α,该常数可通过使用探针管传声器测量在非常厚的材料层中传播的平面声波的声压级的降低量来获得。相位常数 β 可通过测量相位随距离的变化来获得。它等于角频

率除以材料内与频率相关的声速。复特征阻抗 $Z_{Ca} = R_{Ca} - jX_{Ca}$ 可通过测量放置在阻抗管中的厚吸声器材料层（厚到无法检测到端部的反射）的表面阻抗来获得。

与使用实际上"无限长"的厚样品相比，另一种选择是使用已知有限长的样品，测量位于阻抗管[其中一端放置扬声器声源，另一端（闭合端）放置样品]中的两个传声器之间的传递函数[34]。也可以使用诸如白噪声或正弦扫描的宽带输入信号。通过频率分析，可以利用传声器的输出信号计算传递函数，然后将传递函数转换为样品的表面阻抗。只需测量两组不同的表面阻抗，即可得出样品的特征阻抗和传播常数。这可以通过使用两个不同厚度的样品[35]或一个带有两个不同长度的空气腔的样品来实现[36]。对于前者，可以使用双厚度法，如果第二个样品的长度是第一个样品的两倍，使用该方法会很方便。在双腔法中，需要对气腔长度的差异进行调整，以便将相关频率范围与管直径和传声器间距相匹配。

8.4.3　实测数据回归分析的经验预测

决定吸声系数的参数有两类。如果 k 和 Z_C 可以用一个参数来表示，则表征将会简单得多。图 8.7(a)所示为几乎无限厚（0.5～1 m 之间，具体取决于吸声器材料的体积密度）不同岩棉材料的实测[37]垂直入射吸声系数 α_0，该系数为与频率相关的函数，以材料的体积密度为参数。图 8.7(a)清楚地表明，体积密度并非是将实测数据点折叠成一条曲线的参数。

1970 年，德拉尼和贝兹利[38]通过对纤维材料的多次测量，推导出了基于量纲参数(f/R_1)的半经验公式。三个公式仅在频率 f 以 $Hz(s^{-1})$ 为单位输入，流阻率 R_1 以 mks rayls/m $(N \cdot s \cdot m^{-4})$ 为单位输入时有效。尽管德拉尼和贝兹利公式已被广泛而成功地应用，但在少数情况下它们仍会出现非物理结果，尤其是当刚性背衬层表面阻抗的实部变为负值时。三木模型[39]基于德拉尼-贝兹利的数据和多孔材料声学特性的电模拟，对这些公式进行了修正。三木公式如下：

$$k_{an} = \frac{k}{k_0} = 1 + 0.109 \left(\frac{\rho_0 f}{R_1}\right)^{-0.618} - j0.160 \left(\frac{\rho_0 f}{R_1}\right)^{-0.618} \tag{8.29a}$$

$$Z_{Cn} = \frac{Z_C}{Z_0} = 1 + 0.070 \left(\frac{\rho_0 f}{R_1}\right)^{-0.632} - j0.107 \left(\frac{\rho_0 f}{R_1}\right)^{-0.632} \tag{8.29b}$$

图 8.7(b)显示了与图 8.7(a)相同的数据点，但系数为与以水平标度测量的无量纲变量 $E = \rho_0 f/R_1$ 相关的函数。其中，ρ_0 为空气密度，f 为频率，R_1 为块反应材料在测量 α_0 时的密度下的流阻率。很明显，$E = \rho_0 f/R_1 = \rho_0 c_0/\lambda R_1$ 就是影响所有实测数据的唯一参数。根据图 8.7(b)，即使对于几乎无限厚的某个层，非常高的吸声效果也只能在 $(\lambda/4) R_1 < \rho_0 c_0$ 的频率范围内获得。在少数情况下（λ 较大时），为了满足这一要求，需要使用低流阻率的吸声材料。归一化无量纲频率变量 $E = \rho_0 f/R_1$ 不仅可用于描述半无限纤维材料层的吸声性能，而且可用于描述块反应材料的传播常数和特征阻抗。

传播常数和特征阻抗可以无量纲方式表示：

$$k_{an} = \frac{k}{k_0} = \frac{a - jb}{k_0} = a_n - jb_n \tag{8.30a}$$

$$Z_{Cn} = \frac{Z_C}{Z_0} = R - jX \tag{8.30b}$$

式中，$k_0 = \omega/c_0$ 为空气中的波数，$Z_0 = \rho_0 c_0$ 为平面波中填充纤维间空隙的气体的特征阻抗。

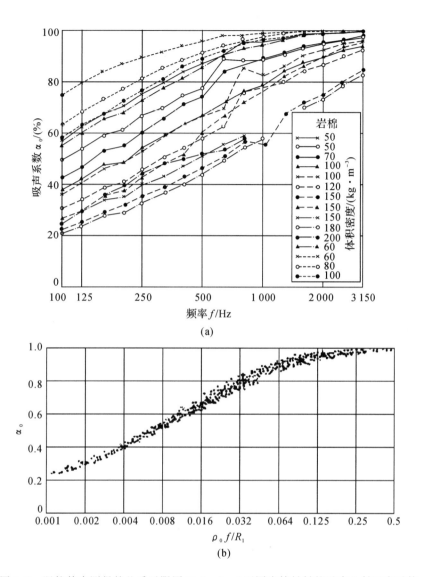

图 8.7　阻抗管中测得的几乎无限厚(0.5～1 m)不同岩棉材料的垂直入射吸声系数

(a)与频率的关系(以体积密度 ρ_A 为参数)；(b)与无量纲频率参数 $\rho_0 f/R_1 = \rho_0 c_0/(R_1\lambda)$)的关系

图 8.8 和图 8.9 所示为各种矿物棉吸声材料的归一化传播常数 k_{an} 和归一化特征阻抗 Z_{Cn} 的实部和虚部曲线图,传播常数和特征阻抗为与归一化频率参数相关的函数,这表明,归一化频率参数 $E = \rho_0 f/R_1$ 确实是纤维多孔吸声材料的通用描述符。通过对 70 多种不同类型材料的声学和材料特性(a、b、R、X 和 R_1)进行仔细测量,获得了如图 8.8 和图 8.9 所示的数据以及玻璃纤维材料的类似曲线[38]。

图 8.8 和图 8.9 中的实线是对数据进行回归分析的结果,其形式为

$$k_{an} = \frac{k}{k_0} = (1 + a''E^{-\alpha''}) - \mathrm{j}a'E^{-\alpha'} \tag{8.31a}$$

$$Z_{Cn} = \frac{Z_C}{Z_0} = (1 + b'E^{-\beta'}) - \mathrm{j}b''E^{-\beta''} \tag{8.31b}$$

式(8.31)中的回归参数 a'、a''、b'、b''、α'、α''、β' 和 β'' 见表 8.2。当归一化频率区间在 $E=$ 0.025以上和以下时，存在不同的回归参数。研究发现，被测纤维材料可分为两类：①矿物棉和玄武岩棉；②玻璃纤维。

表 8.2　预测纤维吸声材料传播常数和特征阻抗用回归系数

材料	E 区间	b'	β'	b''	β''	a''	α''	a'	α'
矿物棉和玄武岩棉	≤0.025	0.081	0.699	0.191	0.556	0.136	0.641	0.322	0.502
	>0.025	0.056 3	0.725	0.127	0.655	0.103	0.716	0.179	0.663
玻璃纤维	≤0.025	0.066 8	0.707	0.196	0.549	0.135	0.646	0.396	0.458
	>0.025	0.023 5	0.887	0.087 5	0.770	0.102	0.705	0.179	0.674

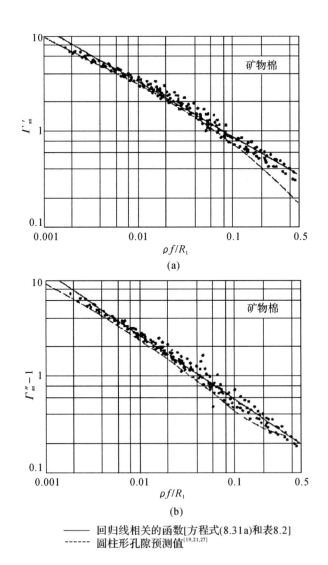

图 8.8　矿物棉实测归一化传播常数 k_{an} 与归一化频率参数 $E=\rho_0 f/R_1$ 的关系

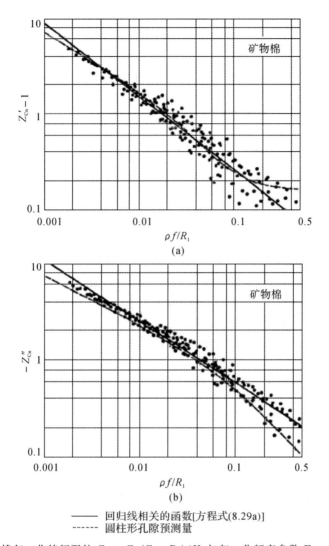

———— 回归线相关的函数[方程式(8.29a)]
------ 圆柱形孔隙预测量

图 8.9　矿物棉归一化特征阻抗 $Z_{Cn} = Z_C/Z_0 = R + iX$，与归一化频率参数 $E = \rho_0 f/R_1$ 的关系

8.4.4　聚酯纤维材料

人们越来越多地使用聚酯纤维材料来代替玻璃和矿物纤维材料，以避免空气中存在可能对健康产生不利影响的纤维。例如，由以下两种纤维混合而成的材料：①聚对苯二甲酸乙二醇酯；②聚对苯二甲酸乙二醇酯芯和共聚酯声衬。原料混合物需在 $150\,^\circ\!C$ 的温度下进行处理，以熔化"双组分"纤维的外衬，从而形成热黏合纤维的骨架。纤维直径在 $17.9 \sim 47.8\ \mu m$ 之间（平均值为 $33\ \mu m$），平均长度为 $55\ mm$。通过对 38 个样品的测量，发现流阻率符合关系式[40]：

$$R_1 D^2 = 26\rho_A^{1.404} \tag{8.32}$$

式中　　D——平均直径，μm；

ρ_A——体积密度，kg/m^3。

用于预测聚酯纤维材料声学性能的回归系数见表 8.3[38]。

表 8.3　预测聚酯纤维材料传播常数和特征阻抗用回归系数

材料	b'	β	b''	β'	a'	α'	a''	α''
聚酯纤维	0.159	0.571	0.121	0.530	0.078	0.623	0.074	0.660

8.4.5　泡沫塑料

由于对火灾危险和有毒燃烧产物的释放的担忧在很大程度上可以通过适当的处理措施来解决，因此泡沫塑料越来越多地用于噪声控制。这些泡沫塑料有几种不同类型的物理结构。其中最常用的是基于聚酯或聚醚多元醇的聚氨酯泡沫。此类泡沫可以是全网状或部分网状，即可除去单元间所有的膜或不同比例的膜。式(8.31)适用于泡沫塑料，可得出与纤维材料相似的回归系数[41-42]。然而，与纤维材料不同的是，人们发现泡沫塑料没有必要区分 E 区间。相关回归系数见表 8.4。

表 8.4 的第一行显示了根据德拉尼和贝兹利(见参考文献[38])的经验公式获得的可比值。尽管这些公式已被梅切尔(见参考文献[37])和三木(见参考文献[39])的公式所取代，但它们表明，泡沫塑料的系数值存在显著差异，德拉尼和贝兹利关系式通常预测不出泡沫塑料的体积特性。

表 8.4　预测泡沫塑料传播常数和特征阻抗用回归系数

材料	b	β'	b''	β'	a'	α'	a''	α''
矿物和玻璃纤维	0.057 1	0.754	0.087	0.732	0.097 8	0.700	0.189	0.595
全网状聚氨酯泡沫 $60 \leqslant R_1 \leqslant 6\ 229$ （卡明斯/比德尔）	0.095 3	0.491	0.098 6	0.665	0.174	0.372	0.167	0.636
混合泡沫塑料 $2\ 900 \leqslant R_1 \leqslant 24\ 300$[42]	0.209	0.548	0.105	0.607	0.188	0.554	0.163	0.592
全网状聚氨酯泡沫 $380 \leqslant R_1 \leqslant 3\ 200$[43]	0.114	0.369	0.098 5	0.758	0.136	0.491	0.168	0.795
部分网状聚氨酯泡沫 $R_1 = 10\ 100$[44]	0.279	0.385	0.088 1	0.799	0.267	0.461	0.158	0.700

8.4.6　温度效应

设计用于高温的吸声器或消声器时，需要了解纤维多孔吸声材料在设计温度下的声学特性。幸运的是，在设计温度 T 下，不需要测量传播常数 k 和特征阻抗 Z_c，因为它们已在室温 T_0 下进行测量，而在室温 T 下测量的这些声学特性值是可以按比例缩放的。但在设计温度下，必须评估无量纲频率变量 $E = \rho_0 f / R_1$。假设温度对 ρ 和 η 的影响为

$$\rho(T) = \rho(T_0) \frac{T_0}{T} \tag{8.33}$$

$$\eta(T) = \eta(T_0)\left(\frac{T}{T_0}\right)^{0.5} \tag{8.34}$$

式中，T 和 T_0 分别为以绝对标度（例如开尔文和兰金度数）测量的设计温度和室温。假设 $\rho = \rho_0(T/T_0)^{-1}$ 和 $c = c_0(T/T_0)^{1/2}$，在设计温度 T 下，声学特性确定为

$$b(T) = b[E(T)]\frac{\omega}{c_0}\left(\frac{T}{T_0}\right)^{-1/2} \tag{8.35a}$$

$$Z_C(T) = Z_{Cn}[E(T)](\rho c_0)\left(\frac{T}{T_0}\right)^{-1/2} \tag{8.35b}$$

式中，$b[E(T)]$ 和 $Z_{Cn}[E(T)]$ 为根据式（8.30）计算的归一化衰减常数和归一化特征阻抗，由式（8.34）和式（8.35）可知，$E = E(T)$。当纤维吸声材料首次用于高温中时，材料会发生变化。垫子和板材中的黏合剂会融掉。从而将体积密度减少到可以忽略不计的量。黏合剂的融除不会明显改变流阻率。首次暴露于高温后，玻璃纤维或矿物纤维会变厚。其原始直径 d_V 将增至融除直径 $d_{BOF} = d_V + 0.5$，增加了约 $0.5~\mu m$。在计算 $E_{BOF}(T_0) = f\rho_0/R_1(1 + 0.5/d_V)^{-2}$ 时，用在室温下测得的修正流阻率乘以系数 $(1 + 0.5/d_V)^{-2}$，可以说明纤维直径的增加量和相应流阻率的减少量。

示例 8.1　在 20°C 和 500°C 时，分别计算非常（几乎无限）厚的玻璃纤维层在 $100~Hz$ 频率下的归一化传播常数和特征阻抗的实部和虚部，并利用表 8.2 中的回归参数值确定 α_N。在 20°C 时，纤维材料的流阻率为 $R_1(T_0) = 16~000~N \cdot s/m^4$，$\rho_0 = 1.2~kg/m^3$。

解　　　　$T_0 = (273 + 20)~K = 293~K,\quad T = (273 + 500)~K = 773~K$

$$E(T_0) = \frac{\rho_0 f}{R_1} = 1.2 \times \frac{100}{16~000} = 0.007~5 < 0.025$$

$$E(T) = E(T_0)\left(\frac{T}{T_0}\right)^{-1.65} = 0.007~5 \times \left(\frac{773}{293}\right)^{-1.65} = 1.5 \times 10^{-3} < 0.025$$

表 8.2 中的回归参数为

| $a' = 0.396$ | $a'' = 0.135$ | $\alpha' = 0.458$ | $\alpha'' = 0.646$ |
| $b' = 0.066~8$ | $b'' = 0.196$ | $\beta' = 0.707$ | $\beta' = 0.549$ |

根据式（8.35），可得出以下数据：

参　数	20°C	500°C
$b = a'E^{-\alpha'}$	3.72	7.78
$a = 1 + a''E^{-\alpha''}$	4.18	10.0
$R = 1 + b'E^{-\beta'}$	3.12	7.62
$X = b''E^{-\beta'}$	2.88	6.9

根据式（8.36），垂直入射吸声系数为

$$\alpha_N = 4\frac{Z'_{an}}{Z'^2_{an} + 2Z'_{an} + 1 + Z''^2_{an}}$$

可得

$$\alpha_N = \begin{cases} 0.49, & \text{当温度为 } 20^\circ\text{C 时} \\ 0.25, & \text{当温度为 } 500^\circ\text{C 时} \end{cases}$$

8.5 大型扁平吸声器的吸声量

当计算吸声量时，入射到吸声器上的被吸收的声波部分是一个值得关注的量。当吸声器的表面平坦且足够大，以至于可以忽略在吸声器边缘散射的声波时，该量最容易确定。对于平面入射声波，可通过以下公式为吸声器表面上的每个点指定一个声能吸收系数 α，即

$$\alpha = \frac{吸收能量}{入射能量} = 1 - |R^2| \tag{8.36}$$

式中，R 为反射因数，定义为界面处反射声压与入射声压之比。高吸声系数($\alpha \to 1$)时要求 $|R| \to 0$。注意，$|R| = 0.1$ 相当于 $\alpha = 0.99$。在本章中，我们将只讨论无限大、平坦、均匀的吸声器。边缘效应表现为吸声器的周长表面积比越大，吸声量越多[45]。当混响室测量的无规入射吸声系数值大于 1 时，也会发生边缘效应。

8.5.1 垂直入射的平面声波

对于垂直于吸声器入射的平面声波，只需知道吸声器的复法向表面阻抗 $Z_1 = Z'_1 - Z''_1$，即声压与界面处质点速度的法向分量之比(见第 1 章)。反射因数与吸声系数的关系为

$$R = \frac{Z_1 - Z_0}{Z_1 + Z_0}, \quad \alpha = \frac{4Z'_1 Z_0}{(Z' + Z_0)^2 + Z''^2_1} \tag{8.37}$$

式中，$Z_0 = \rho_0 c_0$(ρ_0 为密度，c_0 为空气中的声速)为空气对平面波的特征阻抗。

对于由较小孔隙率穿孔面层或布面层组成的多孔层组成的吸声器，式(8.37)必须使用修正后的空气侧表面阻抗。该值将通过计算吸声器表面积的平均空气侧体积速度获得。如果表面阻抗为 Z_i 的吸声器表面覆盖有孔隙率为 h 的穿孔面层，则 $Z_1 = Z_i/h$。

如果 $|R| \to 0$，则式(8.37)表示 $Z_1 \to Z_0$。这意味着理想吸声器的表面阻抗应该类似于无限空气的表面阻抗。当面层较厚(有效的半无限)时，要求多孔吸声材料的特征阻抗 Z_c 仅略高于空气的特征阻抗 Z_0，因此必须保持较高的孔隙率。对于纤维吸声材料，孔隙率应在 0.95～0.99 之间，对于穿孔面层，孔隙率应在 0.25 以上。

图 8.10 所示为在混响室中测得的玻璃纤维织物或穿孔板覆盖物等各种构型的无规入射吸声系数 σ_R(rev)。注意，对于由低比例开放区穿孔板(17%)和低孔隙率、高流阻率织物覆盖物(43 000 mks rayls/m)组成的构型，其结果相对较差。另外，还需注意，α_R(rev)的测量值大于 1。这种特性的原因已在本章引言部分进行过讨论。

8.5.2 垂直入射在刚性壁前多孔层上

刚性壁是一个近乎完美[见式(8.4)]的声反射体。它具有一个声学硬表面。当将多孔层置于这样一个声学硬衬底上时，表面阻抗由该层中的入射声波和(多)反射声波联合控制，即

$$Z_1 = Z_{Ca} \coth(jk_a d) = -jZ_{Ca} \cot(k_a d) \tag{8.38a}$$

式中，d 为层厚。

式(8.38a)可表示为

$$Z_1 = Z_{Ca} \frac{\sinh(bd)\cosh(bd) - j\sin(ad)\cos(ad)}{\cosh^2(bd) - \cos^2(ad)} \tag{8.38b}$$

式(8.38)给出的阻抗具有以下特性：

(1)当 $d \ll \frac{1}{4}\lambda_a$[$\lambda_a = 2\pi/a$ 为吸声材料中的波长，a 的定义见式(8.30a)]，即当层厚较薄或频率较低时，$\coth(jk_{an}d)$ 的幅值总是较大，Z_1 和 Z_0 之间缺乏阻抗匹配，导致吸声系数较小。这就是为什么没有"吸声涂料"，地毯只能适度吸声的原因。

(2)当 d 与材料内部的波长相比足够大并且衰减常数不太小时，该层的声学特性接近"无限厚"层的声学特性。在这种情况下，$\coth(jk_{an}d) \rightarrow 1$，表面阻抗与特征阻抗相同。

(3)当 $\coth(jk_{an}d)$ 最小时，硬衬层的表面阻抗最小，吸声系数最大。对于方程式(8.38b)的扩展形式，当 $bd > 0$（这是唯一值得关注的情况），实部永远不为零。因此，当虚部为零时，归一化表面阻抗约为最小值。事实上，该条件略微低估了最大吸声频率，而 $\cos(ad) = 0$ 时，相当于 $d = \frac{1}{4}\lambda_a$，其高估了最大吸声频率。

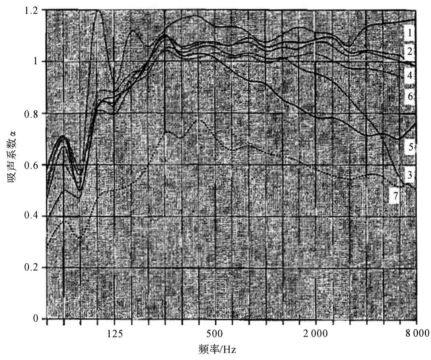

1—高孔隙率织物覆盖物，等效流阻率 12 kPa·s·m^{-2}；　2—穿孔板(32％开放区)加高孔隙率织物覆盖物；
3—穿孔板(17％开放区)加高孔隙率覆盖物；　4—高孔隙率织物覆盖物和玻璃纤维面层加玄武岩纤维芯；
5—低孔隙率织物覆盖物，等效流阻率 43 kN·m·s^{-4}；　6—穿孔板(32％开放区)和玻璃纤维面层加玄武岩纤维芯；
7—穿孔板(17％开放区)、低孔隙率织物覆盖物和玻璃纤维面层

图 8.10　混响室测得的 200 mm 厚排气消声器垫(玄武岩纤维芯，密度 125 kg/m³)的
无规入射吸声系数与频率的关系

一般来说，吸声系数最大时的频率略小于该层 1/4 波长厚时的频率。层厚为两倍时，最大吸声频率将减半。

实际上，如果 $bd > 2$，层厚 d 可被视为"无限厚"。在这种情况下，$Z_1 = Z_{Ca}$。多孔材料的流阻率越高，Z_1 越大于 Z_0。即使在几乎无限厚的极端情况下（在低频时和在低流阻率增大时），吸声系数也会很小。随着频率的增加，总的趋势是 $Z_{Ca} \rightarrow Z_0/h$，对于 $h \approx 1$ 的多孔吸声

器,阻抗匹配越好,吸声系数越高。

声音通过空气间层与刚性壁隔开的吸声层,即图 8.11 所示的吸声构型,经常用于实际应用(例如悬挂式吸声天花板)。

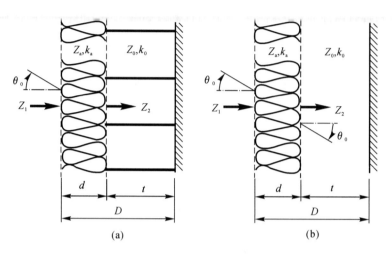

图 8.11 块反应吸声层组合

(a)使声音只能垂直于硬壁传播的气隙; (b)使声音可以平行于硬壁传播的气隙

刚性壁前厚度为 t 的空气层的阻抗为

$$Z_2 = -\,\mathrm{j}Z_{Ca}\cot(k_a t) \tag{8.39}$$

式中,$k_0 = \omega/c_0 = 2\pi\lambda_0/c_0$,为空气中的声波数。该层背面的内反射系数 $R_B = (Z_2 - Z_{Ca})/(Z_2 + Z_{Ca})$,该层正面的表面阻抗为

$$Z_1 = Z_C \left[\frac{Z_2 + \mathrm{j}Z_{Ca}\tan(k_a d)}{Z_{Ca} + \mathrm{j}Z_2\tan(k_a d)} \right] \tag{8.40a}$$

式中 Z_C——多孔层的归一化特征阻抗;

   k_a——多孔层中的(非归一化)传播常数;

   d——层厚。

注意,当 $t = \frac{1}{4}\lambda_0$ 时,Z_2 为零,即由零阻抗支撑的吸声层的阻抗 $Z_s = \mathrm{j}Z_C \tan(k_a d) = Z_C \tanh(\mathrm{j}k_a d)$。如果由硬壁支撑的吸声层的阻抗[即根据式(8.40a)或式(8.38a)$Z_2 \to \infty$]用 Z_h 表示,则 $Z_{Ca} = \sqrt{Z_h Z_s}$。因此式(8.40a)可以写成以下形式,即

$$Z_1 = \frac{Z_h(Z_2 + Z_s)}{Z_2 + Z_s} = Z_h \frac{1 + Z_s/Z_2}{1 + Z_s/Z_2} \tag{8.40b}$$

利用方程式(8.37)中的 Z_1 可以计算出反射因数和吸声系数 a。当空气间层厚度较小时,$t/\lambda_0 < \frac{1}{8}$,$|Z_h| \gg |Z_w|$,以下近似值为有效值,即

$$Z_1 \approx \frac{Z_h}{1 + Z_h/Z_2} \tag{8.41}$$

当吸声层厚度不太小时,即 $|Z_h| \ll |Z_2|$,式(8.41)结果为 $Z_1 \approx Z_h$。因此,在低频时,在吸声层和刚性壁之间设置一层很薄的空气间层的做法是无效的。

只要层厚比波长小($d<\frac{1}{8}\lambda_a$),吸声层后的空气间层就会降低表面阻抗,在低频时,表面阻抗的大小会向空气特征阻抗 Z_0 变化。从而导致反射因数 R 减小,垂直入射吸声系数相应增大。当空气间层的厚度是波长的 1/4,即 $t=\frac{1}{4}\lambda_0$ 时,观察到的改善效果最大。

当空气间层的厚度是 $\frac{1}{2}\lambda_0$ 的倍数时,$\sin(k_0t)\rightarrow 0$,Z_2 的值也很大[见式(8.39)]。在此种频率下,空气间层完全无效。

8.5.3　声音斜入射

对于声音斜入射,必须区分局域反应吸声器和块反应吸声器。局域反应吸声器是指禁止声音在以下部分平行于吸声器表面传播的设备,例如,在分隔多孔层中,在由分隔的空气间层支撑的多孔层中(见图 8.1 左侧),在带有分隔体积块的亥姆霍兹共振器中,以及在小型平板式吸声器中。当流阻率相对较高时,局域反应还可以粗略估计吸声器的行为,从而使透射波向表面法向弯曲,例如,在高密度时或由小颗粒组成的颗粒介质中。在块反应吸声器中,例如低流阻率多孔层,其后可能带有未分隔的空气间层[见图 8.11(b)],在吸声层中或其后的空气空间中,声音可能沿着与吸声器表面平行的方向传播。"局域反应"是指界面处的质点速度只取决于局部声压,而对于块反应吸声器,界面处的质点速度不仅取决于局部声压,而且还取决于声压在整个吸声器体积中的特定分布。有些材料本质上是各向异性的,也就是说,特性随穿过材料的方向而变化,例如,纤维位于与表面平行的平面上的纤维材料。严格地说,在这种材料中,传播常数和特征阻抗是与角度相关的函数,但此处我们不考虑这种复杂性。

1.局域反应吸声器上的斜入射声

局域反应吸声器的特点是表面阻抗 Z_1 与入射角 θ_0 无关。局域反应吸声器的反射因数 $R(\theta_0)$ 由表面阻抗 Z_1 与场阻抗 $Z_0/\cos\theta_0$ 的匹配程度决定,即

$$R(\theta_0)=\frac{Z_1\cos\theta_0-Z_0}{Z_1\cos\theta_0+Z_0} \tag{8.42}$$

式(8.42)表明,$|Z_1|>Z_0$ 时可以得出给定入射角 θ_0 的最佳阻抗匹配和相应的最低反射因数,并且这种"超匹配"表面阻抗将在特定入射角下产生最大的吸声量。

2.块反应吸声器上的斜入射声

矿物纤维和开孔泡沫是最常用的块反应吸声器。只要材料是各向同性的,材料的声学特性就可以通过其传播常数 k_a 和特征声阻抗 Z_a 充分表征。测量和预测这些关键声学参数的方法见 8.4 节"多孔材料的物理特性及其测量"。

3.半无限层

图 8.12 显示了界面入射波、反射波和透射波。这些波的组合必须满足以下边界条件:①阻抗的法向分量相等;②平行于界面的波数分量相等。根据第二个要求得出折射定律为

$$\frac{\sin\theta_1}{\sin\theta_0}=\frac{k_0}{k_a} \tag{8.43}$$

式中,θ_1 为声音在吸声器内部的复传播角。复反射因数为

$$R(\theta_0)=\frac{1-(Z_0/Z_1)\cos\theta_0}{1+(Z_0/Z_1)\cos\theta_0} \tag{8.44a}$$

且

$$Z_1 = \frac{Z_{Ca}}{[1-(k_0/k_a)^2\sin^2\theta_0]^{1/2}} \tag{8.44b}$$

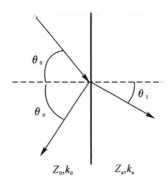

图 8.12　半无限块反应吸声器对斜入射声波的反射和透射

4. 有限层厚度

对于硬壁前厚度为 d 的有限层块反应吸声材料,反射因数为

$$R(\theta_0) = \frac{1-(Z_0/Z_{1d})/\cos\theta_0}{1+(Z_0/Z_{1d})\cos\theta_0} \tag{8.45}$$

式中,$Z_{1d}=(Z_{Ca}/\cos\theta_1)\coth(jk_a d\cos\theta_1)$ 和 θ_1 的定义见式(8.43)。

5. 多 层

如图 8.11 所示,吸声器可由其后带有空气间层的多孔吸声层组成,或者由许多不同厚度和不同声学特性的多孔层组成(见图 8.13)。参考文献[46]提供了描述预测多层吸声器吸声系数的吸声器功能和设计图的解析式。

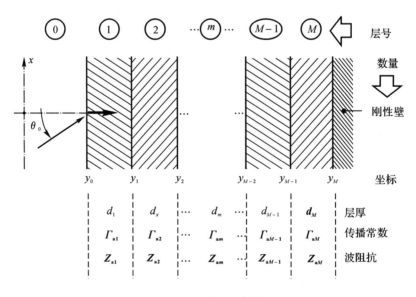

图 8.13　多层吸声器

6. 无规入射

在强度 $I(\theta) = I$ 与入射角 θ 无关的扩散声场中，吸声器小表面积 dS 上的入射声功率为

$$dW_{inc} = IdS \int_0^{2\pi} d\varphi \int_0^{\pi/2} \cos\theta \sin\theta d\theta = \pi IdS \tag{8.46}$$

吸声部分为

$$dW_a = IdS \int_0^{2\pi} d\phi \int_0^{\pi/2} \alpha(\theta) \cos\theta \sin\theta d\theta = 2\pi IdS \int_0^{\pi/2} \alpha(\theta) \cos\theta \sin\theta d\theta \tag{8.47}$$

因此，无规入射吸声系数为

$$\alpha_R = \frac{dW_a}{dW_{inc}} = 2 \int_0^{\pi/2} \alpha(\theta) \cos\theta \sin\theta d\theta \tag{8.48}$$

7. 局域反应吸声器的无规入射吸声系数

当多层吸声器的组成材料发生局域反应时，根据式(8.2)、式(8.42)和式(8.48)可计算出无规入射吸声系数。计算无规入射吸声系数所需的表面阻抗 Z_1 可以在阻抗管中测量或计算，实际无规入射吸声系数 α_R 可以确定为[4]

$$\alpha_R = \frac{8}{|z|} \cos\beta \left[1 + \frac{\cos 2\beta}{\sin\beta} \arctan\left(\frac{|z| \sin\beta}{1 + |z| \cos\beta} \right) - \frac{\cos\beta}{|z|} \ln(1 + 2|z| \cos\beta + |z|^2) \right] \tag{8.49}$$

式中，$z = Z/\rho_0 c_0$，为归一化壁阻抗，$\beta = \arctan[\mathrm{Im}(z)/\mathrm{Re}(z)]$。

在 $|z| = 1.6$ 和 $\beta \approx \pm 30°$ 的归一化壁阻抗下产生的 α_R 的实际最大值 $[\alpha_R(\max) = 0.955]$ 表明，任何局域反应吸声器不能达到完全吸声，甚至不能达到消声室壁要求的最低 99% 的吸声。如第 7 章所述，根据在混响室中测量的无规入射吸声系数 $\alpha_R(\mathrm{rev})$ 可得出大于 1 的客观不可能值(有时超过 1.2)。为避免混淆，应用不同的符号表示计算的物理正确无规入射系数和用混响室法测量的无规入射系数，前者用 α_R 表示，后者用 $\alpha_R(\mathrm{rev})$ 表示。

8. 块反应吸声器的无规入射吸声系数

对于块反应吸声器，式(8.48)中的整数部分只能用数值计算。与阻抗相比，利用多孔声衬的几何和声学特性生成通用设计图更为合适。

8.6　纤维吸声层设计图

出于设计目的，可在设计图中把吸声系数绘制成吸声器的一阶参数(如厚度 d、流阻率 R_1 和频率 f)的函数。本节即包含此类设计图。参考文献[46]给出的多层吸声器的设计图，见图 8.13。

8.6.1　单层吸声器

如图 8.7(b)所示，纤维吸声材料的关键声学参数 k_a 和 Z_{Ca} 仅取决于单个材料参数，即流阻率 R_1(单位厚度比流动阻力)。吸声系数可以计算和绘制成两个无量纲变量的函数发，即

$$F = \frac{d}{\lambda} = \frac{fd}{c_0}, \quad R = \frac{R_1 d}{Z_0} \tag{8.50}$$

则 $k_0 d = 2\pi F$，$E = \rho_0 f/R_1 = F/R$。斜入射时，角度 θ 是第三个输入变量。在设计图中，常数 α 的等值线绘制在 R 与 F 的对数图上。频率 f 的变化会产生一条水平路径，流阻率 R_1 的增加将导

致向上的移动，层厚 d 的增加将导致向右对角的向上移动。吸声层的频率曲线可以通过水平交叉得出，起始点由各个参数值确定。

　　图 8.14 显示了垂直入射时单层吸声器的恒定吸声量线（吸声器可以采用块反应吸声器或局域反应吸声器）。当 $R=1.2$，$F=0.25$ 时，即在厚度 d 等于自由场波长的 1/4 和在 $1.2Z_0$ 的层流动阻力下，吸声量最大。当流动阻力较小时，可以看到，在 1/4 波长的奇数倍处将产生更高的共振。在第一次共振时经过 a 的相对最大值点的第一个最大值的“峰线”为斜线，因此第一个相对最大值将出现在 $F=0.25$ 以下的流动阻力处，以致 $R>1$，频率曲线的第一个相对最大值将出现在比 $F=0.25$ 的流动阻力更高的频率上，以致 $R<1$。随着 R 的变化，高阶共振频率相对平稳。

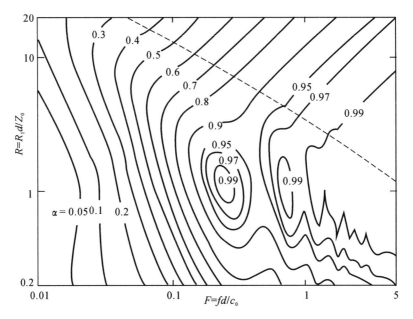

图 8.14　垂直入射声的恒定吸声量线

（厚度为 d 和流阻率为 R_1 无空气间层的纤维吸声器的吸声系数）

　　斜入射时，在 $\theta=30°$ 以下角度的吸声量仅有轻微变化。对于局域反应吸声器，当角度较大时，$\alpha(\theta)$ 会发生变化。图 8.15(a) ～ (c) 左侧的曲线是根据局域反应吸声器 θ 值分别为 30°、45° 和 60° 时的计算值绘制而成等值线图的共振结构在低流动阻力和高频时变得非常明显。

　　图 8.15(a) ～ (c) 右侧的曲线显示了在相同 θ 值下块反应（各向同性）吸声层 $\alpha(\theta)$ 的类似等值线图。与局域反应吸声器相比，块反应吸声器的等值线相对连续。当角度较大时，R 值较小时吸声量最大。

　　图 8.16 左图和右图分别绘制了局域反应吸声器和块反应吸声器的无规入射吸声系数 α_R。对于局域反应吸声器，在 $F=0.367$、匹配流动阻力 $R=1$ 时，即在厚度 $d=0.367\lambda_0$，大于自由场 1/4 波长的情况下，将得出绝对最大值 $\alpha_R=0.95$。对于均匀各向同性吸声器，其吸声系数 α_R 大于局域反应吸声器的吸声系数。对于均匀吸声器，只观察到一个弱共振最大值（属于第二共振），且吸声量等值线比较平滑、稳定。

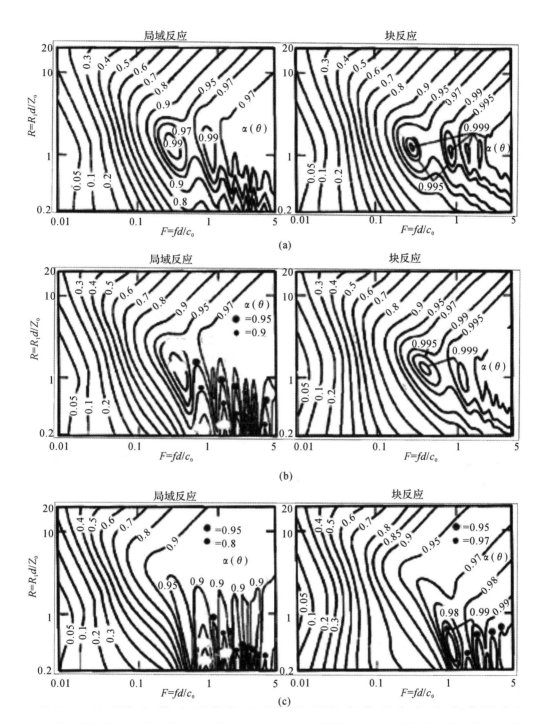

图 8.15 厚度为 d、离散入射角为 θ、流阻率为 R_1、无空气间层的纤维吸声器的恒定吸声量 $\alpha(\theta)$ 线

(a)$\theta = 30°$; (b)$\theta = 45°$; (c)$\theta = 60°$

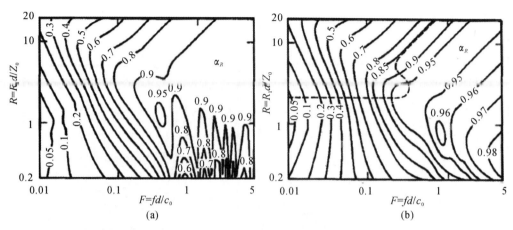

图 8.16　厚度为 d、无空气间层的纤维吸声器的恒定无规入射吸声系数 α_R 线

（a）局域反应声衬；　（b）块反应声衬

1. 设计图中包含的关键信息

目前,通过研究图 8.14 ～ 图 8.16,可以定量地对许多定性已知的一般结论作出回应。

2. 测定吸声器厚度

吸声层开始表现出无限厚的声学特性且不再增加吸声量的厚度 d_∞ 是多少? 该厚度从等值线变为 45° 对角直线的位置开始。厚度 d_∞ 曲线的准确位置将取决于所选择的标准和允许的公差。假设在此限制下可获得 α 的最终值,但有 1% 和 3% 的偏差,则垂直入射的极限曲线(见图 8.14)定义为

$$F = 7.45R^{-1.67} \tag{8.51}$$

如参考文献[2]中的首次推导,当声波从表面到刚性后壁的传播过程中的声衰减为 $8.68\varGamma'_a d_\infty = 24$ dB 时,该层几乎无限厚。如果忽略刚性壁反射对吸声层前端吸声量的影响,该衰减量比通常认为足够(6 ～ 10 dB)的衰减要高得多。

其中 $\Delta L(d_\infty) = 24$ dB 的"几乎无限"层厚 d_∞ 的关系式可以表示为

当 $\theta = 0°$ 时,有

$$fd_\infty^{2.67} R_1^{1.67} = 59 \times 10^6 \tag{8.52a}$$

当 $\theta = 45°$ 时,有

$$fd_\infty^{2.56} R_1^{1.56} = 34.3 \times 10^6 \tag{8.52b}$$

$\theta = 45°$ 块反应条件下,有

$$fd_\infty^{2.4} R_1^{1.4} = 7.7 \times 10^6 \tag{8.52c}$$

无规入射局域反应条件下,有

$$fd_\infty^{2.2} R_1^{1.2} = 1.1 \times 10^6 \tag{8.52d}$$

式中　f——频率,Hz;

　　　d_∞——层厚,m;

　　　R_1——流阻率,N·s/m⁴。

3. 最佳流动阻力

在图 8.14 ～ 图 8.16 中,以垂直标度绘制的吸声层的归一化比流动阻力的最佳值 $R = R_1 d/Z_0$ 取决于设计师想要实现的目标。

如果目标是最大化吸声系数,那么对于局域反应吸声器和块反应吸声器及垂直、倾斜或随机声音入射角,归一化比流动阻力 R 的最佳取值范围为 $1 \sim 2$,但对于入射角 $\theta > 45°$ 的块反应吸声器,$R = 0.7$ 将产生最佳的吸声效果。

吸声系数很大程度上取决于流阻率 R_1,图 8.14 ~ 图 8.16 中的曲线几乎全是水平等值线。设计图显示,常数 α 曲线的典型方向几乎都是垂直的,表明对 R_1 只有轻微依赖性。这是值得庆幸的一点,因为我们确定 R_1 的能力和我们在制造过程中对其值的精确控制度有限。

4. 块反应吸声器与局域反应吸声器

图 8.16 中两幅图的比较表明,在图 8.16 右图虚线上方的左上象限($R > 2, F = fd/c_0 < 0.25$),相同厚度的局域反应吸声器和块反应吸声器的无规入射吸声系数几乎相同(10% 以内)。

将图 8.15(b) 中 $\theta = 45°$ 曲线与图 8.16 中无规入射曲线进行比较,结果表明,除 $\alpha > 0.9$ 的范围(这一范围没有什么实际意义)外,局域反应吸声器和块反应吸声器的 $\theta = 45°$ 曲线与无规入射曲线的误差均在 5% 以内。$\alpha(45°)$ 之间的这种密切吻合表明,我们可通过计算 $\alpha(45°)$ 来代替更难计算的 α_R。

8.6.2　双层吸声器

图 8.11 所示的双层吸声器由一层厚度为 d 的纤维吸声材料和一个厚度为 t 的空气间层组成,总厚度 $D = d + t$。图 8.11(a) 显示了形成局域反应吸声器的分隔(例如,蜂窝状)的空气间层,图 8.11(b) 显示了形成块反应吸声器的未分隔的空气间层。当因没有足够低流阻率的纤维材料保持归一化流动阻力 $R = R_1 d/Z_0 < 2$ 而无法用多孔材料填充整个吸声器厚度时,通常使用图 8.11 中所示的吸声器类型。基于参考文献[5]中的分析,我们计算了与 8.5 节所述单层吸声器类似的设计图。

图 8.17 所示为三种组分($d/D = 0.25$、0.5、0.75)下,厚度为 t 的局域反应气隙[见图 8.11(a)]前厚度为 d 的块反应吸声层在扩散声场中的无规入射吸声系数 α_R 的等值线图。由于图 8.17 中的双层设计曲线并没有绘制成总层厚 D 的函数,因此与图 8.16 中的单层设计曲线没有直接可比性。将这些图与适用于块反应单层吸声器的图 8.16 进行比较,可能会发现一些差异。

(1) 第一个共振最大值的最大吸声量变量 $F = fd/c_0$ 随着 d/D 的减小而移向较小的值,从而导致吸声材料厚度越小,在低频时吸收越高。然而,通常情况下,这种材料的减重幅度并不大。当通过 d 的减小实现吸声量最大值朝向较低 F 值的水平偏移时,需要在纵坐标上增加流阻率,以使 R 保持恒定值。R_1 的增加主要通过增加材料的体积密度 ρ_A 来实现。对于大多数纤维吸声器材料,R_1 与 $\rho_A^{1.5}$ 约成正比。因此,通过增加气隙,可能只能减少吸声器材料很小的净量。

对于较厚的吸声层,即当 d 较大时,气隙并不能达到预期的效果。"无限"厚度开始的极限与单层吸声器的极限相同。

小 d/D 值的分层吸声器的共振结构与局域反应单层吸声器[见图 8.16(a)]更类似。当 $d/D \geqslant 0.5$ 时,块反应单层吸声器图[见图 8.16(b)]的特征(该图必须是 d/D 递增的渐近极限)占主导地位。

(2) 带有气隙的厚度为 d 的多孔层的吸声系数一般高于厚度也等于 d 的单层的吸声系数。但分层吸声器的吸声量小于总厚度等于 $d' = D$ 的单层吸声器的吸声量。在 $R > 1$ 的范围内，$d/D = 0.75$ 的分层吸声器的吸声量相当于 $d' = 1.25d$ 的单层吸声器的吸声量，$d/D = 0.5$ 的分层吸声器的吸声量相当于 $d' = 1.67d$ 的单层吸声器的吸声量。$d/D = 0.25$ 时，图中完全不同的特征排除了类似的等值。

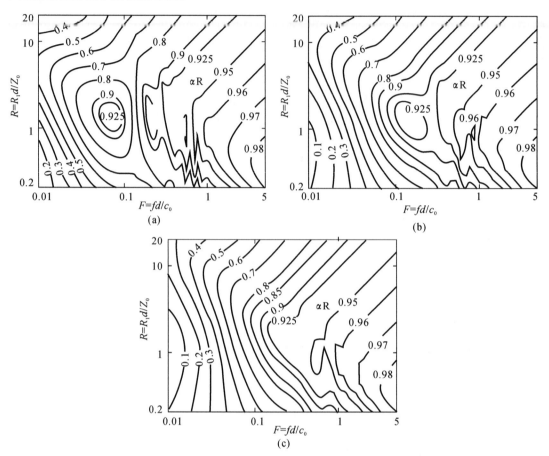

图 8.17　厚度为 t 的局域反应气隙前厚度为 d 的块反应吸声层的恒定无规入射吸声系数 α_R 线

(a)$d/D = 0.25$；　(b)$d/D = 0.5$；　(c)$d/D = 0.75$

（3）当 α_R 值在 $0.7 \sim 0.9$ 之间时，分层吸声器的常数 α_R 线向左明显偏转。因此，最佳流动阻力 R_1d（由曲线最左边的点定义）比单层吸声器具有更明显的意义。

参考文献[45]给出了块反应气隙前带块反应吸声层的分层吸声器的设计图［见图 8.17(b)］。

8.6.3　多层吸声器

图 8.13 所示的多层吸声器的说明见参考文献[4]。当这些层的流阻率 R_1 从界面向刚性壁方向增大时，可达到最佳的吸声效果。根据此类多层吸声器得到的结果要优于根据同等厚度的单层吸声器得到的结果。但这些改善并不能证明所增加成本和复杂性的合理性。图8.18 描绘了一种理想化的实际结构，它由多个多孔层与穿孔和槽组成。

然而，值得注意的是，即使是最精心制作的多层吸声器也无法与消声楔的无规入射吸声性能相匹配。

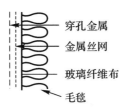

图 8.18　带多孔穿孔层结构的多层吸声器

8.6.4　薄多孔表层

薄多孔表层，如喷涂在塑料、钢丝绒、矿物棉或玻璃纤维布上的矿棉毡，金属丝网布，以及薄穿孔金属，常用于提供机械保护。它们还能减少纤维的损耗。此类薄层的声学特性由其流动阻力 $R_s = \Delta p/v$ 和单位面积质量 ρ_s 表征。表面阻抗为

$$Z_s = \begin{cases} R_s & \text{（固定式）} & (8.53a) \\ \dfrac{\mathrm{j}\omega\rho_s R_s}{\mathrm{j}\omega\rho_s + R_s} & \text{（自由式）} & (8.53b) \end{cases}$$

表面阻抗必须与吸声器的壁阻抗相加。如果多孔表层不能自由移动，则使用式(8.53a)。对于因流动阻力产生的压差而自由移动的表层，应使用式(8.53b)。

表 8.5 和表 8.6 分别提供了关于金属丝网布和玻璃纤维布的设计信息。这两个表中列出的流动阻力值代表了流动阻力的线性部分，仅当质点速度较低时才适合设计使用。当声压级较高(140 dB 以上)时，流动阻力的非线性行为必须通过测量作为表面速度的函数的流动阻力确定。

表 8.5　金属丝网布的机械特性和流动阻力 R_s

金属丝/cm	金属丝/in	金属丝直径		单位面积质量		流动阻力 R_s	
		$\mu m\ (10^{-6}\ m)$	mils $(10^{-3}\ in)$	kg/m²	lb/ft²	N·s/m³	$\rho_0 c_0$
12	30	330	13.0	1.6	0.32	5.7	0.014
20	50	220	8.7	1.2	0.25	5.9	0.014
40	100	115	4.5	0.63	0.13	9.0	0.022
47	120	90	3.6	0.48	0.1	13.5	0.033
80	200	57	2.25	0.31	0.63	24.6	0.06

注：1 in＝2.54 cm，1 mils＝0.025 4 mm，1 lb＝453.6 g，1 ft＝0.304 8 m。

表 8.6　玻璃纤维的机械特性和流动阻力 R_s

制造商[②]	筛　号	表面密度[①]		结构(末端×收获量)	流动阻力/ mks rayls(N·s/m³)
		oz/yd²	g/m²		
1, 2, 3	120	3.16	96	60×58	300
1, 2, 3	126	5.37	164	34×32	45
1, 2, 3	138	6.70	204	64×60	2200
1, 2, 3	181	8.90	272	57×54	380

续表

制造商②	筛 号	表面密度①		结构(末端×收获量)	流动阻力/
		oz/yd²	g/m²		mks rayls(N·s/m³)
3	1 044	10.2	686	14×11	36
2	1 544	17.7	535	14×14	19
3	3 862	12.3	375	20×38	350
1	1 658	1.87	57	24×24	10
1	1 562	1.94	59	30×16	<5
1	1 500	9.60	293	16×14	13
1	1 582	14.5	442	60×56	400
1	1 584	24.6	750	42×36	200
1	1 589	12.0	366	13×12	11

注:①取一个大样品的平均值;
②制造商的编号如下:1—柏林顿玻璃纤维公司;2—J. P. 施韦贝尔公司;3—美国工业织料公司。

烧结多孔金属已研制用于喷气发动机入口消声器。如果有蜂窝状分隔的空气间层作为支撑,它们可以提供良好的吸声性能,并在高声压级和高马赫数切向流下使吸声性能保持线性增加。它们的另一个优点是不需要任何表面保护。表 8.7 给出了一些商用多孔金属板的流动阻力 R_s 和单位面积质量 ρ_s。

表 8.7 宾士域集团生产的烧结多孔金属的比(单位面积)流动阻力 R_s、厚度和单位面积质量①

空气比流动阻力(70°F)		NLF② 500/20	烧结多孔金属名称①	厚 度		单位面积质量	
$\rho_0 c_0$	N·s/m³			mm	in	kg/m²	lb/ft²
0.25	100	3.6	FM 125	1.0	0.04	3.9	0.79
		5.0	FM 127	0.76	0.03	3.3	0.67
		2.6	FM 185	0.5	0.02	2.0	0.4
		2.0	347 - 10 - 20 - AC3A - A	0.5	0.02	1.32	0.27
		2.0	347 - 10 - 30 - AC3A - A	0.76	0.03	1.1	0.23
		2.0	FM 802	0.5	0.02	1.3	0.27
0.88	350	4.7	FM 134	0.89	0.035	3.8	0.77
1.25	500	1.8	FM 122	0.76	0.03	1.4	0.28
		3.6	FM 126	0.66	0.026	3.7	0.76
		3.3	FM 190	0.41	0.016	2.0	0.4
		2.0	347 - 50 - 30 - AC3A - A	0.76	0.03	1.4	0.29

注:①除 FM 802 由 Hastelloy X 制成外,其他所有材料均由 347 型不锈钢制成(由宾士域集团提供);
②非线性因数,以流速分别为 500 cm/s 和 20 cm/s 时的流动阻力比值计算。

　　钢毛毡的厚度通常为 $10\sim45$ mm,单位面积质量 ρ_s 为 $1\sim3.8$ kg/m^2,比流动阻力 R_s 为 $100\sim500$ N·s/m^3。最近,已有要求在规定厚度和密度的矿物棉上缝上钢毛毡的特殊需求。

　　当直接位于多孔吸声层上时,穿孔金属面层可由以下公式给出的串联阻抗 Z_s 来解释,即

$$Z_s = \frac{\mathrm{j}\omega\rho_0}{\varepsilon}\left\{l + \Delta l\left[H(1-|v_h|) - \mathrm{j}\frac{\Gamma_a}{k_0}\frac{Z_a}{Z_0}\right]\right\} \tag{8.54}$$

式中　ε——穿孔面层的部分开口面积;

　　　l——板厚;

　　　Δl——8.5 节中给出的穿孔的末端修正长度;

　　　H——阶梯函数,当 $|v_h| \leqslant 1$ m/s 时为 1,当 $|v_h| > 1$ m/s 时为零,v_h 为穿孔孔中的质点速度。

　　对于薄的、无限制的穿孔面保护板,需要根据式(8.53b)取 Z_s 和 $\mathrm{j}\omega\rho_s$ 的平行组合。

8.7　共振吸声器

　　在建筑声学中,最常用的共振吸声器类型是亥姆霍兹共振器,它由横截面面积限制内的空气体积质量(如覆盖板上的孔或缝)和覆盖板后的空气体积柔量组成。在有限的频率范围内,共振器将以共振频率为中心"吸收"卡槽附近大空间的声能。这种高能量的集中导致卡槽(和内体积)的局部声压很高,远远高于关闭共振器开口时的声压。在空间一侧,近场声压随着距离的增加呈指数衰减。在共振吸声器建筑应用中,应注意不要将共振空间放置在离观众太近的地方,以避免听觉体验的失真。嵌在古希腊圆形剧场座位垂直部分的敞口瓶表明,人们 2 000 多年前就知道局部放大声学共振器附近的声场。但以前的人们不知道的是,这种放大只发生在一个很窄的频带内,不能对语言等宽带信号进行局部放大,从而误导了它们的应用。此类亥姆霍兹共振器(以 19 世纪德国物理学家路德维格·亥姆霍兹命名,他是第一个利用窄带调谐来分析复杂声音的光谱组成的人)如图 8.19 所示。以下方法的基础是假设单个共振器的所有尺寸都比声波波长小(除了带有狭缝的二维共振器),并且共振器的骨架是刚性的。

8.7.1　共振器的声阻抗

　　共振器开口的比声阻抗 Z_R 是封闭空气体积的阻抗 Z_v 和在共振器开口及其周围振荡的空气体积的阻抗 Z_m 之和,即,

$$Z_R = Z_v + Z_m = (Z'_v + \mathrm{j}Z''_v) + (Z'_m + \mathrm{j}Z''_m) \tag{8.55}$$

　　体积阻抗 $Z_v = \mathrm{j}Z''_v$ 为纯虚数,以弹性特性为主,开口阻抗包括实部 Z'_m 和虚部 Z''_m,以质量特性为主。

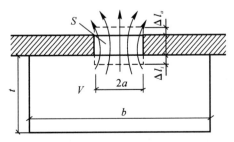

图 8.19　亥姆霍兹共振器的主要几何参数

矩形共振器的体积阻抗为

$$Z_v = j Z'_v = -j \rho_0 c_0 \cot(k_0 t) \frac{S_a}{S_b} \tag{8.56a}$$

式中　　　　S_b——共振器盖板的表面积；

　　　$S_a = \pi a^2$——共振器开口的面积；

　　　　　t——共振器的深度；

　　$V = S_b t$——共振器体积。

如果共振器尺寸比波长($k_0 t \ll 1$)小,则可根据方程式(8.56a)得出

$$Z_v = j Z'_v = -j \frac{\rho_0 c_0^2}{\omega} \frac{S_a}{V} \tag{8.56b}$$

因此,当所有尺寸都小于相关波长时,气腔的形状并不重要。

共振器开口的阻抗 Z_m 由空气从内部到开口、在开口内和从外部到开口振荡的组件的阻抗和可置于共振器开口上以提供电阻的声屏的阻抗(Z_s)组成。对于半径为 a 和孔板厚度为 l 的圆形共振器开口,所得总阻抗为

$$Z'_m = \rho_0 \left[\sqrt{8 v \omega} \left(1 + \frac{l}{2a} \right) + \frac{(2 \omega a)^2}{16 c_0} \right] + Z_s \tag{8.57a}$$

$$Z''_m = \omega \rho_0 \left[l + \left(\frac{8}{3\pi} \right) 2a \right] + \left(l + \frac{1}{2a} \right) \sqrt{8 v \omega} \tag{8.57b}$$

式中,v 为运动黏度(对于室温下的空气,$v = 1.5 \times 10^{-6}$ m²/s)。$0.5(8v/\omega)^{1/2}$ 为黏性边界层厚度[1]。

一般而言,式(8.57a)中的第一项仅适用于光滑的孔口边缘,而对于尖锐的孔口边缘,第一项要高出许多倍。还要注意,方程式(8.57b)中的第二项通常比第一项小,可以忽略不计。

适用于圆形孔口和单个共振器的式(8.57)的计算结果可推广到其他孔口形状以及孔口位于大墙壁或二维或三维拐角处的情况。这种广义形式为

$$Z'_m = \frac{P(l + P/2\pi)}{4 S_a} \rho_0 \sqrt{8 v \omega} + \rho_0 c_0 \frac{k_0^2 S_a / \Omega}{1 + k_0^2 S_a / \Omega} + Z_s \tag{8.58a}$$

$$Z''_m = j \omega \rho_0 \left[l + 2 \Delta l + \frac{P(l + P/2\pi)}{4 S_a} \sqrt{8 v / \omega} \right] \tag{8.58b}$$

式中　P——孔口周长,

　　　S_a——表面积,

　　　Ω——共振器的"观察"空间角度,且

$$\Omega = \begin{cases} 4\pi, & \text{共振器远离所有墙壁时} \\ 2\pi, & \text{平齐安装在远离拐角的墙壁上时} \\ \pi, & \text{平齐安装在二维拐角的墙壁上时} \\ \frac{1}{2}\pi, & \text{平齐安装在三维拐角的墙壁上时} \end{cases}$$

$\Delta l = 16a / 3\pi$,表示内外综合末端修正。

8.7.2　共振频率

但 Z''_m 和 Z''_v 大小相等时,即为亥姆霍兹共振器的共振频率 f_0。根据式(8.56b)和式

(8.57b)可得出

$$f_0 = \frac{c_0}{2\pi}\sqrt{\frac{S_a}{V\langle\cdots\rangle}} \approx \frac{c_0}{2\pi}\sqrt{\frac{S_a}{V(l+16a/3\pi)}} \tag{8.59}$$

式中，$\langle\cdots\rangle = l + \Delta l$，为式(8.56b)方括号中的数。

式(8.59)中忽略了式(8.57b)中的黏性项，但这在计算共振频率时很常见，因为黏性贡献量很小。对于开口面积 S_a 小于共振器顶板面积很少的共振器，空腔靠近侧壁影响共振器开口中的流动。在这种情况下，需根据 $\Delta l = 8a/3\pi + \Delta l_{int}$ 确定综合末端修正[47]。

8.7.3　单个共振器的吸声截面

由于吸声系数 α 对单个共振器或共振器组（组内单个共振器彼此相距甚远，其相互作用可忽略不计）而言毫无意义，则在此情况下，必须用单个共振器的吸声截面面积 A 对吸声性能进行表征。吸声截面系指未扰动声波（无共振器）中声功率流经的表面（垂直于声音入射方向），该声功率与共振器吸收的声功率相同。

共振器开口处消耗的功率为

$$W_m = 0.5|v_a|^2 S_a R_T = \frac{0.5 \times 2^n |p_{inc}|^2 S_a R_T}{|Z_R|^2} \tag{8.60}$$

据此，吸声截面面积为

$$A = \frac{2^n \rho_0 c_0 S_a R_T}{|Z_R|^2} \tag{8.61}$$

当共振器位于自由空间时，$n=0$；当共振器嵌装于墙壁上时，$n=1$；当共振器位于两个平面的结合处时，$n=2$；当共振器位于拐角处时，$n=3$。总声阻 $R_T = Z'_m + Z_{rad}$。

当 $Z''_v + Z''_m = 0$，共振频率为 f_0 时，吸声截面达到其最大值 A_0：

$$A_0 = 2^n \frac{S_a \rho_0 c_0}{R_{rad}}\left(\frac{R_T/R_{rad}}{|1+R_T/R_{rad}|^2}\right) \tag{8.62a}$$

对于嵌装式（$n=1$）圆形共振器面积 $S_a = \pi a^2$，辐射声阻为 $R_{rad} = 2(\pi a)^2 \rho_0 c_0/\lambda_0^2$，根据式(8.62a)，可得

$$A = \frac{1}{\pi}\lambda_0^2\left(\frac{R_T/R_{rad}}{|1+R_T/R_{rad}|^2}\right) \tag{8.62b}$$

式中，λ_0 为共振器共振频率的波长。通过将内阻与共振频率的辐射声阻相匹配，即 $R_T = R_{rad}$，从而获得吸声截面的最大值为

$$A_0^{max} = \frac{\lambda_0^2}{4\pi} \tag{8.63}$$

根据式(8.63)，调谐到 100 Hz 的匹配共振器可以达到最大吸声截面 $A_0^{max} = 0.92\ m^2$。

根据式(8.61)，A 的频率依赖性广义上可以表示为

$$\frac{A(f)}{A_0} = \frac{1}{1+Q^2\phi^2} \tag{8.64}$$

式中，共振器的 Q 值和归一化频率参数 ϕ 为

$$Q = \frac{Z''_m(\omega_0)}{Z'_m(\omega_0)}, \quad \phi = \frac{f}{f_0} - \frac{f_0}{f}$$

图 8.20 为归一化吸声截面 A/A_0 与归一化频率 ϕ（参数为 Q）的函数关系示意图，根据该

图可知吸声截面的归一化带宽 f_0/Q 与相对带宽 $\Delta f/f_0 = 1/Q$ 一致。

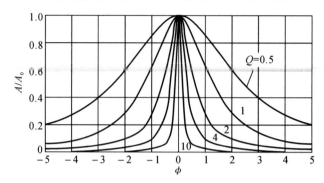

图 8.20　归一化吸声截面 A/A_0 与归一化频率 ϕ(参数为 Q)的函数关系

由此可得，吸声曲线的相对形状由 Q 决定，而共振时的曲线高度则由式(8.62b)括号中的因数决定。为在共振 A_0 处获得高吸声的最佳吸声特性和宽带宽，声阻需与 $R_T = R_{rad}$ 相匹配，且 Q 的值相对较低。

8.7.4　非线性和切向流

振荡空气质量(含末端修正项)是声共振器可逆动能的量度。由于湍流由射流通过孔造成，而孔由高振幅声音和切向流(速度为 U_∞)产生，因此可逆性和空间相干性随湍流增大而减小。高振幅声音和射流均能减少参与振荡运动的空气质量，从而增加共振频率和共振器损失。

非线性和切向流仅影响共振器孔的开口阻抗 Z_m。表 8.8 是由穿孔板高声压级和切向流引起的非线性效应集合。圆孔在穿孔板上有规则地分布。穿孔板的孔隙率为 $\varepsilon = \pi a^2/b^2$，式中 a 为孔半径，b 为孔距。非线性振幅可用基于质点速度马赫数 $M_0 = v/c_0$ 表征，该马赫数是共振器孔质点与空气中声速的比值。非线性切向流可用基于流速马赫数 $M_\infty = U_\infty/c_0$ 表征，式中 U_∞ 是远离墙壁的切向流的速度。表 8.8 所示公式是调整后的解析结果，与实测数据一致[48]，且表 8.8 还提供了板表面的平均阻抗值。

8.7.5　共振器内阻

内阻预测是共振器设计中最困难的一环。摩擦损耗声阻的预测公式为式(8.57a)中第一项，该公式仅适用于圆角孔板周长，无法通过解析的方式预测由锐边产生的附加声阻。表 8.8 包含高声压级和切向流的非线性效应产生的共振器声阻的预测公式。

如果希望获得比摩擦和非线性效应所提供的声阻更高的损耗声阻(例如，获得更大的吸声带宽)，则必须在共振器孔中(或后侧)放置如声屏、毡或纤维吸声材料层等多孔材料。图 8.21 提供了增加共振器声阻的常见方法。图中，R_1 为多孔材料的流阻率，d 为材料厚度，t_1 为材料与盖板背面的间距，t 是共振腔深度，$2a$ 为孔直径，Δl 为末端修正，$\Delta l = 16a/3\pi$，ε 为盖板孔隙率。

将阻流材料置于共振器开口中或后，以减少非线性切向流，并降低对切向流的敏感性。

8.7.6　共振器阵列的平均空间阻抗

通常使用共振器等局部反应吸声器组成表面阵列(见图 8.22)，阵列中的单个共振器呈周期性排列。

表 8.8　高声压级 L_p① 和切向流 U_∞ 引起的穿孔板共振器盖孔非线性阻抗 $Z_m = Z'_m + jZ''_m$

切向流	低 SPL($L_p < L_{01}$)	中 SPL($L_{01} \leqslant L_p \leqslant L_{0h}$)dB	高 SPL($L_p > L_{0h}$)
	$L_{01} = \{107 + 27\lg[4(1-\epsilon^2)\omega\rho_0 v(1+l/2a)^2]\}$dB		$L_{0h} = L_{01} + 30$ dB
无切向流或微量切向流，$M_\infty \geqslant 0.025,U_\infty < 8$ m/s	$Z'_m = R_0 \quad Z''_m = X_0(\delta)$ $R_0 = \dfrac{\rho_0}{\epsilon}\sqrt{8v\omega}\left(1+\dfrac{l}{2a}\right) + (\rho_0/8\epsilon c_0)(2a\omega)^2$ $X_0 = \dfrac{\omega\rho_0}{\epsilon}\left[\sqrt{\dfrac{8v}{\omega}}\left(1+\dfrac{l}{2a}\right)+l+\delta\right]$ $\delta = \delta_0 = 0.85(2a)\varphi_0(\epsilon)$ $\varphi_0(\epsilon) = 1 - 1.47\sqrt{\epsilon}+0.47\sqrt{\epsilon^3}$	$Z'_m = \sqrt{R_h^2 - R_0^2}$ $Z''_m = X_0(\delta)$ $\delta = \delta_0\phi_1(M_0)$ $M_0 = \dfrac{10^{(-2.25+0.025L_p)}}{\sqrt{0.5\rho_0 c_0^2(1+\epsilon^2)}}$	$Z'_m = R_h，\quad Z''_m = X_0(\delta)$ $R_h = \dfrac{1}{\epsilon}\sqrt{2\rho_0(1-\epsilon^2)}\times 10^{(-2.25+0.018L_p)}$ $\delta = \delta_0\phi_1(M_0)$ $\phi_1(M_0) = \dfrac{1+5\times 10^3 M_0^2}{1+10^4 M_0^2}$
有切向流，$M_\infty \geqslant 0.025$，$U_\infty \geqslant 10$ m/s	$L_p \leqslant L_{ml}$ $L_{ml} = 175 + 40\lg M_\infty$ $Z'_m = R_m \quad Z''_m = X_0(\delta)$ $R_m = 0.6\rho_0 c_0\dfrac{1-\epsilon^2}{\epsilon}(M_\infty - 0.025) -$ $40R_0(M_\infty - 0.05)；M_\infty \leqslant 0.05$ $R_m = 0.3\rho_0 c_0\dfrac{1-\epsilon^2}{\epsilon}M_\infty$ $\delta = \delta_0\phi_2(M_\infty)$ $\phi_2(M_\infty) = 1/(1+305M_\infty^3)$	$L_{ml} \leqslant L_p \leqslant L_{mh}$ $Z'_m = \sqrt{R_m^2 + R_h^2}$ $Z''_m = X_0(\delta)$ $M_\infty > 0.05$ $\delta = \delta_0\phi_2(M_\infty)$	$L_p > L_{mh}，\quad L_{mh} = L_{ml} + 18$ dB $Z'_m = R_h \quad Z''_m = X_0(\delta)$ $\delta = \delta_0\phi_1(M_\infty)$

注：①L_p 为频谱峰值处的倍频带 SPL，单位为 dB(以 20 μPa 为基准值)。

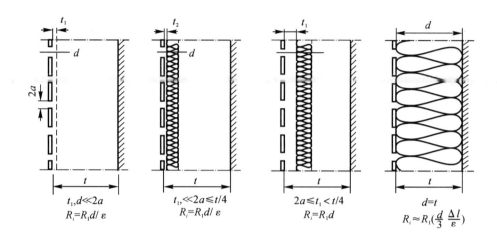

图 8.21　增加共振器声阻及所得声阻率 R_i 的方法

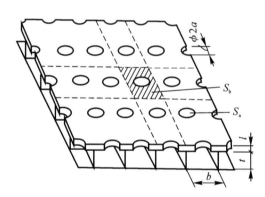

图 8.22　共振器分布于光栅上形成表面阵列

如果图 8.22 中所示尺寸 b 和 $\sqrt{S_b}$ 均远小于声波波长,则无需考虑单个元件(共振器)与声场的相互作用。为了表征吸声器特性,在该情况下仅计算平均空间壁阻抗 Z_1 便可,即

$$Z_1 = \frac{\langle p \rangle}{\langle v \rangle} = \frac{S_b}{S_a}\frac{p_a}{v_a} = \frac{S_b}{S_a}Z_R = \frac{Z_R}{\varepsilon} \tag{8.65}$$

式中,Z_R 为共振器阻抗,其值为式(8.55)共振器孔板的"测量值",表面孔隙率为 $\varepsilon = S_a/S_b$。然后使用有效壁阻抗 Z_1,根据式(8.37)确定吸声系数。表 8.8 中的阻抗 Z_m 是板表面的平均有效阻抗(共振器总阻抗除以孔隙率)。

8.8　平板式和薄片式吸声器

在不能使用亥姆霍兹共振器的情况下,可使用平板式吸声器吸收低频音调噪声。共振器除含薄板质量外,通常还含板周围弹性支座与板间的空气间层刚度。薄片属于柔性薄板中的特例。

8.8.1　柔性薄板或薄片式吸声器

薄片式吸声器的共振频率为

$$f_0 = \frac{\sqrt{\rho_0 c_0^2 / m'' t}}{2\pi} \qquad (8.66)$$

式中　　t——分隔的空气间层深度，m；

m''——单位面积柔性薄片质量，kg/m^2。

若空气间层深度够深（$t > \frac{1}{8}\lambda$），则可根据下式得出多种共振频率 $\omega_n (n = 0,1,2,\cdots)$：

$$\frac{\omega_n t}{c_0} \tan \frac{\omega_n t}{c_0} = \frac{\rho_0 t}{m''} \qquad (8.67)$$

对位于薄片后侧的未分割空气间层，共振频率取决于声音入射角 θ_0。在这种情况下，必须用 $t\cos\theta_0$ 替换式(8.66)和式(8.67)中的 t。如果在不妨碍薄片运动的前提下，用多孔吸声材料填充空气间层，则用 $(t/c_0)\Gamma_a''$ 替代式(8.67)中的 t/c_0。

8.8.2　薄片包裹式多孔吸声器

吸声器由薄箔保护层、多孔层和后置空气间层组成，通常用于多孔材料的防灰、防尘和防水。可通过纳入表面阻抗 Z_1 中的串联阻抗 $Z_S = j\omega m''$，得出薄箔所产生的的影响[见式(8.37)]。由于薄片的响应由其惯性而非薄膜应力控制，因此不对薄片进行拉伸至关重要。确保该条件的可行方法之一是在多孔吸声材料和防护薄片之间插入大网目（$\geqslant 1$ cm）金属丝布。

8.8.3　弹性支承刚性板

弹性支承刚性板就是一种易于分析处理的共振板吸声器。可通过沿周边放置的弹性垫片条的离散点定位弹性支架。此类共振器的有效刚度为

$$s'' = \frac{s_e}{S_p} + \frac{\rho_0 c_0^2}{t}$$

共振频率为

$$f_0 = \frac{1}{2\pi}\sqrt{\frac{s''}{m''}} = \frac{1}{2\pi}\sqrt{\frac{s_e/S_p + \rho_0 c_0^2/t}{m''}} \qquad (8.68)$$

式中，$s_e = S_p \Delta p / \Delta x$，为弹性板支座的动力刚度，$S_p$ 为板的表面积。请注意，弹性支座增加了共振频率（与同等 m'' 的柔性薄片可获得的频率相比）。该情况可通过适当增加 m'' 予以补偿。但是，共振器的 Q（$Q = \sqrt{s''/m''}/R$）值会随着 m'' 的增加而增加，从而导致带宽变窄。

8.8.4　弹性薄片式吸声器

弹性薄片式吸声器含少量封闭在薄箔（$200 \sim 400$ μm）镶板内的空气。典型镶板的尺寸为数厘米。典型薄片镶板吸声器如图 8.23 所示。与典型镶板的尺寸相比，入射声的波长较大。因此，入射声通过关闭所有体积置换振动模态的各镶板壁，定期压缩各独立镶板内的空气。由于镶板壁较薄，共振频率范围为 $200 \sim 3\,150$ Hz，该范围对于建筑应用而言至关重要[49]，可使用塑料（聚氯乙烯）或金属制作薄片。此外，对薄片进行压印可令共振频率的分布更为均匀。图 8.24 所示为测量的两种不同薄片式吸声器构型的无规入射吸声系数，据此可知可实现有效

宽带吸声。

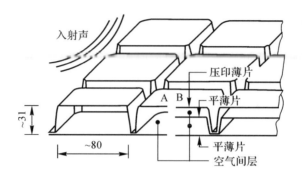

图 8.23 冷拔聚氯乙烯薄片式吸声器结构

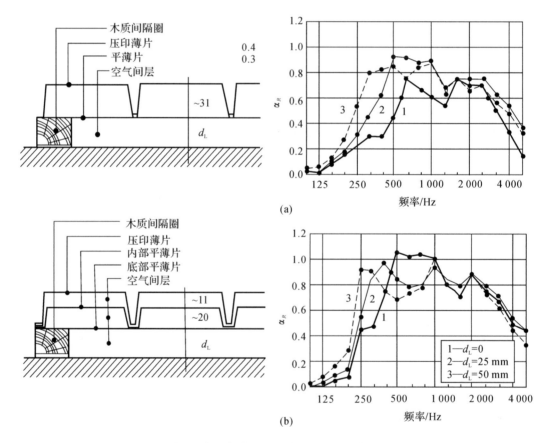

图 8.24 冷拔聚氯乙烯薄片式吸声器的无规入射吸声系数 α_R

该种薄片式吸声器的主要优点有无孔、轻质、不利于细菌生长且可透光。其主要应用于啤酒厂、包装厂、医院和计算机芯片生产区域等高度重视卫生、对灰尘零容忍度的场所。同时,其还可以在诸如游泳池等高湿度环境中充当吸声器,也可在冷却塔中充当消声器挡板。因其透光性,该吸声器在工业厂房应用中具有明显优势,且欧洲在该领域已拥有丰富使用经验[49]。

参 考 文 献

[1]　K. U. Ingard, *Notes on Sound Absorption Technology*, Version 94 – 02, Noise Control Foundation, Poughkeepsie, NY, October 1994.

[2]　F. P. Mechel, *Schall Absorber* [*Sound Absorbers*], Vol. 1: *Aeussere Schallfelder*, *Wechselwirkungen* [*Outer Sound Fields*, *Interactions*]; Vol. 2: *Innere Schallfelder*, *Structuren* [*Internal Sound Fields*, *Structures*]; Vol. 3: *Anwendungen* [*Application*], S. Hirzel Verlag, Stuttgart, 1989.

[3]　F. P. Mechel, *MAPS – Mechels Acoustic Program System*, CD – ROM for Windows, S. Hirzel, Stuttgart, Germany, 2001.

[4]　H. Kutruff, *Room Acoustics*, Applied Science, London, 1973.

[5]　L. L. Beranek, *Acoustic Measurements*, Acoustical Society of America, Melville, New York, 1988.

[6]　R. D. Godfrey, Owens Coming Fiberglass Company, private communication, June 2004.

[7]　T. Northwood, J. *Acoust. Soc. Am.* , **31**, 596 (1959); **35**, 1173 (1963).

[8]　M. J. Swift, "The Physical Properties of Porous Recycled Materials," Ph. D. Thesis, University of Bradford, United Kingdom, 2000.

[9]　L. Cremer and M. Hubert, *Vorlesungen Ueber Technische Akustik* [*Lectures on Technical Acoustics*], 3rd ed. , Springer, Berlin, 1985.

[10]　Y. Champoux, M. R. Stinson, and G. A. Daigle, "Air – Based System for the Measurement of Porosity," J. *Acoust. Soc. Am.* , **89**, 910 – 916 (1991).

[11]　P. Leclaire, O. Umnova, K. V. Horoshenkov, and L. Maillet, "Porosity Measurement by Comparison of Air Volumes," *Rev. Sci. Instrum.* , **74**, 1366 – 1370 (2003).

[12]　Z. E. A. Fellah, S. Berger, W. Lauriks, C. Depollier, C. AristBgui, and J. – Y. Chapelon, "Measuring the Porosity and the Tortuosity of Porous Materials via Reflected Waves at Oblique Incidence," *J. Acoust. Soc. Am.* , **113**, 2424 – 2433 (2003).

[13]　Z. E. A. Fellah, S. Berger, W. Lauriks, C. Depollier, and M. Fellah, "Measuring the Porosity of Porous Materials Having a Rigid Frame via Reflected Waves: A Time Domain Analysis with Fractional Derivatives," *J. Appl. Phys.* , **93**, 296 – 303 (2003).

[14]　Z. E. A. Fellah, S. Berger, W. Lauriks, C. Depollier, and J. Y. Chapelon, "Inverse Problem in Air – Saturated Porous Media via Reflected Waves," *Rev. Sci Int.* , **74**, 2871 – 2879 (2003).

[15]　Z. E. A. Fellah, S. Berger, W. Lauriks, C. Depollier, W. Lauriks, P. Trompette, and J. Y. Chapelon, "Ultrasonic Measurement of the Porosity and Tortuosity of

Air –Saturated Random Packings of Beads,"*J. Appl. Phys.* to appear.

[16] A. S. Sangani and A. Acrivos, "Slow Flow through Periodic Array of Spheres,"*Int. J. Multiphase Flow*, **8**, 343 – 360 (1982).

[17] W. S. Jodrey and E. M. Tory, "Computer – Simulation of Close Random Packing of Equal Spheres,"*Phys. Rev. A*, **32**, 2347 – 2351 (1985).

[18] N. Sen, C. Scala, and M. H. Cohen, "A Self – Similar Model for Sedimentary Rocks with Application to the Dielectric Constant of Fused Glass Beads,"*Geophysics*, **46**, 781 – 795 (1981).

[19] K. Attenborough, "Acoustical Characteristics of Rigid Absorbents and Granular Media,"*J. Acoust. Soc. Am.*, **83**(3), 785 – 799 (March 1983).

[20] O. Umnova, K. Attenborough, and K. M. Li, "Cell Model Calculations of Dynamic Drag Parameters in Packings of Spheres,"*J. Acoust. Soc. Am.*, **107**(3), 3113 – 3119 (2000).

[21] J. F. Allard, *Propagation of Sound in Porous Media*, Elsevier Applied Science, London, 1993.

[22] J. F. Allard, B. Castagnede, M. Henry, and W. Lauriks, "Evaluation of Tortuosity in Acoustic Porous Materials Saturated by Air,"*Rev. Sci. Instrum.*, **65**, 754 – 755 (1994).

[23] ASTM C 522 – 87, "*Standard Test Method for Airflow Resistance of Acoustical Materials*," American Society for Testing and Materials, West Conshohocken, PA, pp. 169 – 173.

[24] M. R. Stinson and G. A. Daigle, "Electronic System for the Measurement of Flow Resistance,"*J. Acoust Soc. Am.*, **83**, 2422 – 2428 (1988).

[25] O. Umnova, University of Salford, United Kingdom, September, 2004. private communication.

[26] P. Leclaire, M. J. Swift, and K. V Horoshenkov. "Determining the Specific Area of Porous Acoustic Materials from Water Extraction Data,"*J. Appl. Phys.*, **84**, 6886 –6890 (1998).

[27] K. Attenborough, "Models for the Acoustical Properties of Air – Saturated Granular Media,"*Acta Acustica*, **1**, 213 – 226 (1993).

[28] K. V. Horoshenkov, K. Attenborough, and S. N. Chandler – Wilde, "Pade Approximants for the Acoustical Properties of Rigid Frame Porous Media with Pore Size Distribution,"*J. Acoust Soc. Am.*, **104**, 1198 – 1209 (1998).

[29] K. V. Horoshenkov and M. J. Swift, "The Acoustic Properties of Granular Materials with Pore Size Distribution Close to Log – normal,"*J. Acoust. Soc. Am.*, **110**, 2371 – 2378 (2001).

[30] D. L. Johnson, J. Koplik, and R. Dashen, "Theory of Dynamic Permeability and Tortuosity in Fluid – Saturated Porous Media," *J. Fluid Mech.*, **176**, 379 – 402 (1987).

[31] O. Umnova, K. Attenborough, and K. M. Li, "A Cell Model for the Acoustical Properties of Packings of Spheres," *Acustica* combined *with Acta Acustica*, **87**, 226 – 235 (2001).

[32] J. F. Allard and Y. Champoux, "New Empirical Relations for Sound Propagation in Rigid Frame Fibrous Materials," *J. Acoust Soc. Am.*, **91**, 3346 – 3353 (1992).

[33] N. N. Voronina and K. V. Horoshenkov, "A New Empirical Model for the Acoustic Properties of Loose Granular Media," *Appl. Acoust.*, **64**(4), 415 – 432 (2003).

[34] J. Y. Chung and D. A. Blaser, "Transfer Function Method of Measuring In – Duct Acoustic Properties. I. Theory, II Experiment," *J. Acoust. Soc. Am.*, **68**(3), 907 – 921 (1980).

[35] C. D. Smith, and T. L. Parrott, "Comparison of Three Methods for Measuring Acoustic Properties of Bulk Materials," *J. Acoust. Soc. Am.*, **74**(5), 1577 – 1582 (1983).

[36] H. Utsuno, et al., "Transfer Function Method for Measuring Characteristic Impedance and Propagation Constant of Porous Materials," *J. Acoust. Soc. Am.*, **86**(2), 637 – 643 (1989).

[37] P. Mechel, *Akustische Kennwerte von Faserabsorbem* [*Acoustic Parameters of Fibrous Sound Absorbing Materials*], Vol. I, Bericht BS 85/83; Vol. II, Bericht BS 75/82, Fraunhofer Inst. Bauphysik, Stuttgart, Germany.

[38] M. E. Delany and E. N. Bazley, "Acoustical Properties of Fibrous Absorbent Materials," *Appl. Acoust.*, **3**, 105 – 116 (1970).

[39] Y. Miki, "Acoustical Properties of Porous Materials—Modifications of Delany – Bazley Models," *J. Acoust. Soc. Jpn.* (E), **11**, 19 – 24 (1990).

[40] M. Garai and F. Pompoli, "A Simple Empirical Model of Polyester Fibre Materials for Acoustical Applications," *Appl. Acoust.* (in press).

[41] A. Cummings and S. P. Beadle, "Acoustic Properties of Reticulated Plastic Foams," *J. Sound Vib.*, **175**(1), 115 – 133 (1993).

[42] Q. Wu, "Empirical Relations between Acoustical Properties and Flow Resistivity of Porous Plastic Open – Cell Elastic Foams," *Appl. Acoust.*, **25**, 141 – 148 (1988).

[43] L. P. Dunn and W. A. Davern "Calculation of Acoustic Impedance of Multilayer Absorbers," *Appl. Acoust.*, **19**, 321 – 334 (1986).

[44] R. J. Astley and A. Cummings, "A Finite Element Scheme for Attenuation in Ducts Lined with Porous Material: Comparison with Experiment," *J. Sound Vib.*, **116**, 239 – 263 (1987).

[45] J. Royar, "Untersuchungen zum Akustishen Absorber – Kanten – Etfekt an einem zwei – dimensionalen Modell" ["Investigation of the Acoustic Edge – Effect Utilizing a Two – Dimensional Model"], Ph. D. Thesis, Faculty of Mathematics and Nature Sciences, University of Saarbrueken, Germany, 1974.

[46] F. P. Mechel, "Design Charts for Sound Absorber Layers," *J. Acoust. Soc. Am.*,

83(3)，1002 - 1013 (1988).

[47]　F. Mechel，"Sound Absorbers and Absorber Functions," in G. L. Osipova and E. J. Judina，(Eds.)，*Reduction of Noise in Buildings and Inhabited Regions* (in Russian)，Strojnizdat，Moscow，1987.

[48]　J. L. B. Coelho，"Acoustic Characteristics of Perforate Liners in Expansion Chambers," Ph. D. Thesis，Institute of Sound Vibration，Southampton，1983.

[49]　F. Mechel and N. Kiesewetter，"Schallabsorberaus Kunstotf - Folie" ["Plastic - Foil Sound Absorber"]，*Acustica*，**47**，83 - 88 (1981).

第9章 被动消声器

9.1 引　言

通过使用两种装置对空气/气体处理/消耗设备(如风扇、鼓风机和内燃机)产生的噪声进行控制：①被动消声器和加衬管，其性能取决于其部件的几何形状和吸声特性；②主动噪声控制消声器，其噪声消除功能由各种机电前馈和反馈技术控制。本章主要讨论被动消声器，主动噪声控制见第 17 章，加衬管请见第 16 章。

消声器这一术语在本章的其余部分通常指任何类型的被动噪声控制装置，而在使用"消声器"可能产生歧义的情况下，则使用具体名称进行指代。

在过去的 40 多年里，众多旨在提高对基本现象的理解并得出更精确设计方法的研究项目都将研究重点放在了消声器上。早期，莫尔斯[1]和克里默[2]的研究为无流加衬管的性能奠定了基础，而戴维斯等人[3]则对无流消声器进行了第一次系统评估。随后，进行了大量的理论和实验研究，解决了诸如均匀流速、温度梯度和现代应用中常见新型消声器部件性能等其他重要问题。定期将对该领域主要成就的综述发表在专业期刊、工程手册章节[4-7]以及芒贾尔[8-9]新近编撰的专门介绍消声器的书籍中。

这方面的分析工作主要得益于传递矩阵法在消声器建模中的早期应用。该方法在早期被广泛用于机械系统的描述[10]，并结合电模拟方法用于描述无流条件下平面波声传播用基本消声器部件[11]的性能。此后，开始研究解决流量对组成区域不连续模块[12-13]元件响应的影响，以及开始建立消声器元件的传递矩阵模型。使用具有对流和耗散效应的传递矩阵对各种抗性消声器在有流情况下的性能进行预测，与实测数据较为吻合[14]。

同时，开始对穿孔板(穿孔)的性能进行系统的研究，以在运输工业的广义应用中利用其耗散特性[15-17]。通常将该穿孔板作为汽车中二管和三管元件的组成部分，分别位于直径较大的刚性壁筒形空腔内的一根和两根穿孔管上。通过将孔板模型与轴向分段穿孔管和未分段空腔的传递矩阵相结合研究该种构型[18-23]。

在较高频率或大型消声器中，三维效应愈发明显。三维消声器的分析方法包括有限元法、边界元法和声波有限元法。在高阶模态开始传播的较高频率上每种方法都有一些固有优势，但一般来说，各方法在实施时均更为复杂且耗时。因此，平面波传递矩阵法是目前最广泛使用的方法，特别是用于被动消声器初始结构的合成[24-26]。

与分析同步进行的实验工作验证了所有开发模型，并指出了需要进一步研究的领域。提出了传递矩阵的直接测量方法[27-31]，以验证/修改现有消声器元件的模型。声源阻抗同样也备受关注，预计声源阻抗会影响消声器的插入损失和系统的净辐射声功率。使用纯音阻抗管法测量六缸发动机的声源阻抗[32-33]，然后使用速度更快的双传声器法测量[34-37]电声驱动器和多缸发动机的阻抗[38-40]。最近，更多使用两个、三个或四个不同的声学负载间接测量法来表征声源阻抗[41-46]。

被动消声器领域进行的研究和开发中涉及的知识非常广泛，无法在一章中予以尽述。因此，本章回顾其基本背景信息，总结消声器的设计方法，通过选例论证这些方法，并讨论对一般应用有用的其他主题和参考文献。如需获得更多的内燃机消声器信息，有关通用汽车消声器开发方法及典型预测和测量结果综述请参阅参考文献[47-50]，有关该领域成果的简明定性综述请参阅参考文献[51][52]，有关消声器相关主要主题的广泛书目和详细讨论请参阅参考文献[8][9]。

9.2 消声器性能指标

一般来说，由于大多数噪声源都有进气口和排气口，因此需要进气和排气消声器。两者间的区别在于流向、回压、气体平均温度和平均声压级，但使用相同的原理和设计方法开发相应的硬件。以下讨论专门针对排气消声器，但对进气消声器同样适用。

9.2.1 消声器选择因素

使用消声器的目的是降低声源辐射噪声，但在大多数应用中，基于预测的声学性能、机械性能、体积/重量和最终系统成本间的权衡做出最终选择。

开发过程中，通过在未消声声源和消声声源的噪声出口同一相对位置测得的自由声场声压级，以确定备选消声器的声学性能（插入损失）。如果在混响空间插入噪声出口，则可在混响声场中的任意位置测量差值，且该声压级差值表示功率插入损失。

消声器对声源机械性能的影响由消声器回压的变化决定。对于风扇或燃气轮机等连续流声源而言，由平均回压增量确定影响。相比之下，对于往复式发动机等间歇流声源而言，当排气阀门打开时，由排气歧管的压力增加函数确定影响。

由于大多数消声器都受到体积/重量的限制，因此消声器的设计过程同样受此影响。此外，初始购买/安装成本和定期维护成本同样对消声器的选择有着重要影响。

由于消声器设计的根本目的是消除噪声，本章的剩余部分将主要讨论消声器声学性能的预测及回压估计。在各应用中单独确定与硬件体积、重量和成本相关的其他性能标准的权衡参数。

9.2.2 影响声学性能的因素

1. 抗性和阻性消声器

从声源发出的声功率的净变化 ΔW 可表示为

$$\Delta W = W_1 - W_2 = W_1 - (W_1^i - W_d) = (W_1 - W_1') + W_d \tag{9.1}$$

式中　　W_1——未消声声源的声功率；

　　　　W_2——消声声源（见图9.1）的声功率；

　　$W_1 - W_1'$——由消声器反射系数变化引起的声源声功率输出的净变化；

　　　　W_d——由消声器的耗散特性引起的声功率。

消声器降噪是在管道系统中引入横截面不连续性控制反射系数，而耗散部分 W_d 在很大程度上取决于消声器元件的耗散特性。实际上，所有消声器元件都在一定程度上反射和耗散声能。然而,通常当消声器的插入损失分别由抗性和耗散机制控制时,则将之分别归类为抗性消声器和阻性消声器。本章也沿用了这一惯例,但大多数常见应用程序均涉及两个极端之间不同程度的重叠。

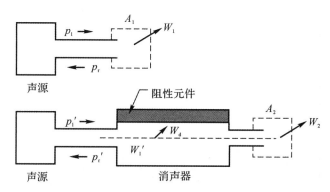

图 9.1　消声器的辐射降噪机制

2.侧向路径和次级声源机制

诸如从发动机等消声声源辐射的声功率包括由排气管出口产生的空传噪声(W_{EX})、由消声器和排气管振动壁辐射的消声器壳体噪声(W_{SH})和由位于消声器上端的声源壳体和声源进气口等额外声源产生的贡献量(W_{AD})。

消声器部件因发动机振动激励、强烈的内部声压场和空气动力产生壳噪声。可通过各种方法大幅度减少此类贡献量,但无法彻底消除该噪声。最终,由其为高性能消声器设定可实现的插入损失限制。

本章中的剩余部分将不考虑噪声 W_{SH} 和 W_{AD} 产生的声功率;也就是说,本章的剩余部分重点讨论了消声器对空传噪声 W_{EX} 产生的影响。不过,人们应该知晓噪声 W_{SH} 和 W_{AD} 的存在和意义,尤其是在实验应用中,由于声源有限,可能需要在存在 W_{SH} 和 W_{AD} 的情况下测量 W_{EX}。

9.2.3　消声器系统建模

1.消声器部件描述

典型消声器系统的基本部件包括噪声源、消声器、连接管和周围的介质[见图 9.2(a)]。连接声源和消声器的管道属于声源的组成部分。图 9.2(b)所示为声学系统的相应电模拟,该模拟被广泛用于促进声透射线的表示和处理。该模拟模型使用声压 p 和质量速度 $\rho_0 Su(\text{kg/s})$,而非电压或电流,表示声源压力 p_s 和内部阻抗 Z_s 时的噪声源、具有四极元件(T_{ij} 和 D_{ij})的消声器和管道段,及终端(或辐射载荷)阻抗为 Z_T 的周围介质。参考文献[8][9]给出了管道和选定消声器元件传递矩阵的解析表达式。部分表达式见第 9.3 节。

假设 p_i、u_i($i=1,2,3$)分别表示图 9.2(b)所示声源-消声器-载荷系统声学部件界面处的声压和质点速度。可通过求解描述部件响应[见图 9.2(b)]的方程组获得上述数值,即

$$p_s = p_3 + \rho_0 Z_s S_3 u_3 \tag{9.2}$$

$$\begin{bmatrix} p_3 \\ \rho_0 S_3 u_3 \end{bmatrix} = \begin{bmatrix} T_{11} & T_{12} \\ T_{21} & T_{22} \end{bmatrix} \begin{bmatrix} p_2 \\ \rho_0 S_2 u_2 \end{bmatrix} \tag{9.3}$$

$$\begin{bmatrix} p_2 \\ \rho_0 S_2 u_2 \end{bmatrix} = \begin{bmatrix} D_{11} & D_{12} \\ D_{21} & D_{22} \end{bmatrix} \begin{bmatrix} p_1 \\ \rho_0 S_1 u_1 \end{bmatrix} \tag{9.4}$$

$$p_1 = Z_T \rho_0 S_1 u_1 \tag{9.5}$$

式中 ρ_0——平均气体密度;

S_i——i 位置处管道横截面面积。

随后可用计算所得的 $p_i, \rho_0 S_i u_i (i=1,2,\cdots)$ 数值结合选定的性能标准确定消声器的有效性。

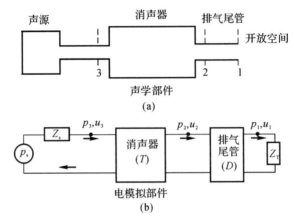

图 9.2   声器的声学部件和电模拟部件

2. 声学性能标准

插入损失(IL)、降噪量(NR)和透射损失(TL)均为最常用的性能标准,且三者均使用声压级差作为性能指标,因此,无需明确式(9.2)中的声源强度 p_s。可通过选择的具体性能判据进一步降低除消声器矩阵 T_{ij} 外所需系统参数(声源阻抗 Z_s、传递矩阵元素 D_{ij} 和终端阻抗 Z_T[①])的数值。

将 IL 定义为由插入消声器产生的辐射声压级的变化,即用消声器替换位于声源下游的长度为 l_1[见图 9.3(a)]的管端道,新管端道长为 l_2[见图 9.3(b)]。插入损失表示为

$$IL = L_b - L_a = 20\lg \left| \frac{p_b}{p_a} \right| \tag{9.6}$$

式中,p_b, p_a 和 L_b, L_a 分别为消声器安装前后排气出口[见图 9.3(a)]同一相对位置(距离和方向)测得的声压和声压级。数学方程式如下:

$$IL = 20\lg \left| \frac{\tilde{T}_{11} Z_T + \tilde{T}_{12} + \tilde{T}_{21} Z_s Z_T + \tilde{T}_{22} Z_s}{D_{11} Z_T + D_{12} + D_{21} Z_s Z_T + D_{22} Z_s} \right| \tag{9.7}$$

式中,$\tilde{T}_{ij}$ 为消声器及其尾管的组合传递矩阵元素($\tilde{T} = TD$),D'_{ij} 为替换的排气管段的传递矩阵元素。如果仅仅在声源末端添加消声器[图 9.3(a)(b)中 $l_1 = l_2 = 0$],则 D' 和 D 为单位矩阵(见 9.3 节抗性元件的传递矩阵)且式(9.7)简化为

$$IL(l_1 = l_2 = 0) = 20\lg \left| \frac{T_{11} Z_r + T_{12} + T_{21} Z_r Z_s + T_{22} Z_s}{Z_T + Z_s} \right| \tag{9.8}$$

---

①   本章中将阻抗 Z 定义为 $p_i/(\rho_0 S_i u_i)$。

且降噪量为

$$\mathrm{NR} = L_2 - L_1 = 20\lg\left|\frac{p_2}{p_1}\right| \qquad (9.9)$$

也就是说,此为消声器上下游消声系统位置 1 和 2[见图 9.3(c)]处分别测得的声压级间的差值。如果 D_{ij} 和 $\widetilde{T}_{ij}$ 分别代表位置 1 和 2 处下游消声器部分的传递矩阵元素,则可根据下述方程式得出降噪量,有

$$\mathrm{NR} = 20\lg\left|\frac{\widetilde{T}_{11}Z_{\mathrm{T}} + \widetilde{T}_{12}}{D_{11}Z_{\mathrm{T}} + D_{12}}\right| \qquad (9.10)$$

TL 是消声端消声器入射波和透射波间的声功率级差[见图 9.3(d)]。根据相应的传递矩阵,下述方程式得出透射损失:

$$\mathrm{TL} = 20\lg\left|\frac{T_{11} + (S/c)T_{12} + (c/S)T_{21} + T_{22}}{2}\right| \qquad (9.11)$$

式中　c——设计温度下的声速;

S——参照管道的横截面面积。

在本方程式中,假设消声器上游排气管的横截面积与尾管的横截面积相同,即 S;仅在声源末端添加消声器($l_1 = l_2 = 0$);在尾管端(或辐射端)消声($Z_{\mathrm{T}} = c/S$)。

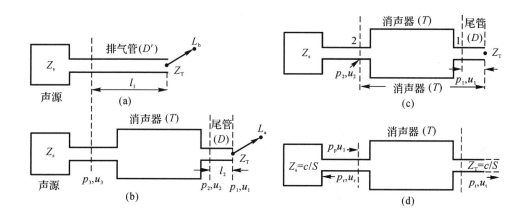

图 9.3　用于确定插入损失(a)(b)、降噪量(c)和透射损失(d)的数值

由于 IL 是消声系统和未消声系统辐射声功率间的级差,因此它是消声器性能最合适的指标。虽然消声前后的数据易于量化,但由于不同应用中 Z_{s} 和 Z_{T} 各不相同,因此很难对该数据进行预测。相比之下,TL 则易于预测,但因其不考虑声源阻抗且模拟了所有消声端的消声出口,其值仅为消声器实际性能的近似值。根据式(9.7)和式(9.11),当噪声源和消声器端均消声时,消声器的 TI 和 IL 相等,即 $Z_{\mathrm{s}} = Z_{\mathrm{T}} = c/S$。同样根据式(9.7)和式(9.11)可知[8],就恒压源($Z_{\mathrm{s}} = 0$)而言,如果消声器上游排气管的横截面面积与尾管的相等,则 NR 和 IL 相同。

在预测要求的精度和可用资源数量间进行权衡,并基于此选定最终评定标准。例如,虽然可通过多种实验方法确定 IL 预测所需的 Z_{s}[32-46],但对于绝大多数应用而言该过程耗资巨大。因此,在清楚知道该参数近似值的情况下,通常基于预测的 IL 进行消声器设计,但在现场试验中基于测得的 IL 进行硬件的最终评估。

9.3 抗性消声器部件和模型

抗性消声器通常由数个管段组成，且这些管段将多个大直径腔室相互连接。这些消声器主要通过阻抗失配降低辐射声功率，即通过使用声阻抗的不连续性将声音反射回声源。大体上，间断越明显，反射功率就越高。通常情况下，通过横截面的突然变化（即膨胀或收缩）、壁特性的变化（即从刚性壁管过渡为直径相等的吸声壁管），或上述两者的任意组合实现声阻抗的不连续性。

9.3.1 表示消声器的基本消声器元件

每个消声器都能分为数段或数个元件，而每段或每个元件均可用一个传递矩阵表示。随后，对这些传递矩阵进行组合从而获得系统矩阵，然后将系统矩阵代入方程式(9.7)、式(9.10)或式(9.11)以预测消声器系统相应的声学性能。

通过图9.4所示消声器说明该程序，已将消声器分解为基本元件，用1～9标示，并用虚线表示。元件1、3、5、7和9为基本等截面管道。元件2为基本面积膨胀，元件4为具有延伸出口管的面积收缩，元件6为具有延伸入口管的面积膨胀，元件8为基本面积收缩。这9个元件由传递矩阵 $T^{(1)}$ 至 $T^{(9)}$ 表征。因此，可使用以下公式通过矩阵乘法获得整个消声器的系统矩阵 $T^{(S)}$。

$$T^{(S)} = T^{(1)} \cdot T^{(2)} \cdot \cdots \cdot T^{(9)} \tag{9.12}$$

可根据本节后续所示公式得出上述各元件的矩阵。

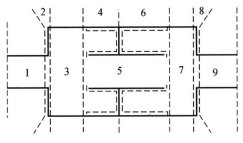

图9.4 消声器的基本元件

上述讨论了一些最常见的抗性消声器元件，并列举了一些设计实例，例如面积逐渐变化的管道（如喇叭管）、面积均匀的柔性壁管道（如软管）、昆克管、内联腔、内联波纹管、催化转化器元件、分支子系统、侧入口/出口、背腔阻力壁元件和穿孔管元件（含/不含穿过穿孔的平均流量）。在过去的30多年里，多名研究人员推导出了这些元件的传递矩阵[53-70]。各元件四级参数的显式表达式见参考文献[8][9]。

消声器元件的多样性和各消声器中元件的数量产生了多种消声器结构，因此，全面研究所有可能的消声器应用超出了本文的范围。就此，本章的剩余部分使用选定的消声器结构进行论证。

(1)用（四极参数）透射矩阵为基本消声器元件建模的典型过程；

(2)根据组成消声器元件的特性（透射矩阵）预测给定消声器结构声学性能的过程；

(3)选择达到近似指定声学性能的消声器的过程。

此外，9.5 节提供了穿孔管元件的其他信息和示意图，并分析了选定穿孔管消声器结构的性能。读者还可以利用从参考文献[8][9]以及参考文献[53]～[69]中获得的相关透射矩阵信息论证其他消声器结构的设计过程。

9.3.2　抗性元件的传递矩阵

消声器元件的传递矩阵是关于元件几何形状、介质状态变量、平均流速和管道声衬（如有）性能的函数。下述结论与平面波在叠加流作用下的线性声传播相符。在某些情况下，该矩阵还可能受非线性效应、高阶模态和温度梯度的影响，本节后续部分将定性讨论特殊情况下的这些后续影响，但下述分析程序中并不包含这些影响。以下为在大多数抗性元件的传递矩阵关系中出现的变量和参数：

p_i——元件 i 位置处的声压；

u_i——元件 i 位置处的质点速度；

ρ_0——平均气体密度，kg/m^3；

c——声速，m/s，$c = 331\sqrt{\theta/273}$；

θ——绝对温度，K；

S_i——i 位置处的元件横截面，m^2；

A、B——右边界和左边界场的振幅；

f——频率，Hz；

V——通过 S 的平均流速；

T_{ij}——透射矩阵或传递矩阵的第 ij 个元素。

$$Y_i = c/S_i$$

$k_c = k_0/(l - Ma^2)$，假设沿直管段的摩擦能量损失可以忽略不计

$$k_0 = \omega/c = 2\pi f/c$$

$$\omega = 2\pi f$$

$$Ma = V/c$$

如 V、c 和 Ma 等没有下标的符号描述的是与参照管相关的量。

1. 横截面均匀的管道

根据下式得出均匀横截面为 S、平均流量为 V_0 的管道内声场中的声压 p 和质量速度 $\rho_0 Su$：

$$p(x) = (Ae^{-jk_c x} + Be^{jk_c x})e^{j(Mk_c x + \omega t)} \tag{9.13a}$$

$$\rho_0 Su(x) = (Ae^{-jk_c x} - Be^{jk_c x})\frac{e^{j(Mk_c x + \omega t)}}{Y} \tag{9.13b}$$

式中，S 为管道的横截面积。可计算当 $x = 0$ 和 $x = l$ 时式（9.13a）和式（9.13b）的值，以分别获得相应声场中的 p_2、$\rho_0 Su_2$ 和 p_1、$\rho_0 Su_1$。在消除常数 A 和 B 后，可得[8,13]

$$\begin{bmatrix} p_2 \\ \rho_0 Su_2 \end{bmatrix} = \begin{bmatrix} T_{11} & T_{12} \\ T_{21} & T_{22} \end{bmatrix} \begin{bmatrix} p_1 \\ \rho_0 Su_1 \end{bmatrix} \tag{9.14}$$

并由下式得出式中的透射矩阵 $T_{管道}$：

$$\boldsymbol{T}_{管道} = \begin{bmatrix} T_{11} & T_{12} \\ T_{21} & T_{22} \end{bmatrix}_{管道} = e^{-jMk_c l} \begin{bmatrix} \cos k_c l & jY_0 \sin k_c l \\ \dfrac{j}{Y} \sin k_c l & \cos k_c l \end{bmatrix} \tag{9.15}$$

在方程式(9.15)的传递矩阵中,忽略了气体与刚性壁间摩擦和湍流可能产生的声能的耗散。这些影响会导致矩阵略有不同[8],在很长的排气系统中可能会很明显,但对于大多数消声器应用来说,这些影响可以忽略不计。

2.横截面不连续性

大多数横截面不连续性建模所用的过渡元件如图9.5(b)(c)(e)(f)和表9.1第一列所示。使用与噪声源的距离递减的元件下标值,通过下式得出过渡位置及其上游和下游位置的横截面面积(S_3,S_2 和 S_1)[8]:

$$C_1 S_1 + C_2 S_2 + S_3 = 0 \tag{9.16}$$

式中,选择常数 C_1 和 C_2(见表9.1)以满足过渡截面区域的兼容性。

表9.1中还表明了各种结构的压力损失系数 K,该系数说明了在不连续处平均流量能量和声场能量转化为热量的比例。如表所示,当面积收缩时,$K \leqslant 0.5$,而当面积膨胀且 S_1/S_3 值较大时,$K \rightarrow (S_1/S_3)^2$。

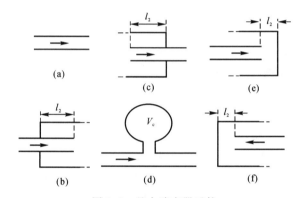

图9.5　基本消声器元件

(a)普通管;　(b)(c)延伸管入口/出口;　(d)共振器;　(e)(f)反向膨胀/收缩

表 9.1　过渡元件的参数值

元件类型	C_1	C_2	K
$S_3 \rightarrow S_2 \; S_1$, L_2	-1	-1	$\dfrac{1-S_1/S_3}{2}$
S_2, $S_3 \rightarrow S_1$, L_2	-1	1	$\left(\dfrac{S_1}{S_3}-1\right)^2$
$S_1 \; S_2$, S_3, L_2	1	-1	$\left(\dfrac{S_1}{S_3}\right)^2$
$S_3 \rightarrow$, $S_1 \; S_2$, L_2	1	-1	0.5

参考文献[8]给出了平均流量下横截面不连续性的传递矩阵,其中包括与马赫数的四次幂(Ma^4)成比例的项。不过,在大多数消声器设计应用中,$Ma \ll 1$;因此,将公式 $1 + Ma^n (n \geqslant 2)$ 的项设置为 1。上游和下游声场 p_3、ρSu_3 和 p_1、ρSu_1 的相关矩阵为 $\boldsymbol{T}_{\text{csd}}$,则有

$$\begin{bmatrix} p^3 \\ \rho_0 S_3 u_3 \end{bmatrix}_{\text{上游}} = \boldsymbol{T}_{\text{csd}} \begin{bmatrix} p_1 \\ \rho_0 S_1 u_1 \end{bmatrix}_{\text{下游}} \tag{9.17}$$

可得

$$\boldsymbol{T}_{\text{csd}} = \begin{bmatrix} 1 & kM_1 Y_1 \\ \dfrac{C_2 S_2}{C_1 S_2 Z_2 + S_2 Ma_3 Y_3} & \dfrac{C_2 S_2 Z_2 - Ma_1 Y_1(C_1 S_1 + S_3 K)}{C_2 S_2 Z_2 + S_3 Ma_3 Y_3} \end{bmatrix} \tag{9.18}$$

式中

$$Z_2 = -\text{j}(c/S_2) \cot k_0 l_2 \tag{9.19}$$

l_2 为延伸入口/出口管的长度(m)。

让长度 l_2 趋于零(如发生图 9.5 所示的突然膨胀和收缩),得到传递矩阵为

$$\boldsymbol{T}_{\text{csd}} = \begin{bmatrix} 1 & KM_1 Y_1 \\ 0 & 1 \end{bmatrix} \tag{9.20}$$

3. 共振器

共振器为管侧壁上的背腔开口[见图 9.5(d)]。开口可由管壁上的单孔[见图 9.6(a)]或一组分布紧密的孔[见图 9.6(b)]组成。该开口后的体积可包括长为 l_t、横截面为 S_n 的里管(该里管末端是横截面积为 S_c、深为 l_c 的直管)[见图 9.6(c)]、开口上下游处长为 l_u 和 l_d 的延伸同心圆柱体[见图 9.6(d)]、总体积为 V_c 的异形腔室[见图 9.6(e)]或长为 l_2 的延伸管(1/4 波长)共振器[见图 9.5(b)(c)(e)(f)]。

假设主管道壁上的共振器安装良好,即穿孔部分的轴向尺寸远小于波长,且通常小于管道直径。该要求确保了管道−空腔相互作用在整个连接开口的表面上同相。可在参考文献[8][9]中找到多孔开口的透射矩阵,这些开口含有需通过穿孔管元件建模的基本轴向尺寸。

由下式可得平稳介质共振器的传递矩阵[9],有

$$\boldsymbol{T}_r = \begin{bmatrix} 1 & 0 \\ \dfrac{1}{Z_r} & 1 \end{bmatrix} \tag{9.21}$$

式中,$Z_r = Z_t + Z_c$,Z_t 为管道与空腔连接的里管阻抗,Z_c 为空腔阻抗。Z_c 与主管道中的流量无关,可通过下列表达式之一得出:

$$Z_c = \begin{cases} Z_{\text{tt}} = -\text{j} \dfrac{c}{S_c} \cot k_0 l_c \\[2mm] Z_{\text{cc}} = -\text{j} \dfrac{c}{S_c} \dfrac{1}{\tan k_0 l_u + \tan k_0 l_d} \\[2mm] z_{\text{gv}} = -\text{j} \dfrac{c}{k_0 V_c} \end{cases} \tag{9.22}$$

式中,下标 tt、cc 和 gv 分别指横管(1/4 波长共振器)、同心圆柱体和普通体积空腔。以上数值,长度 l_u、l_d、l_c,横截面 S_c 和体积 V_c 均如图 9.6 所示。应当注意,在低频时($k_0 l_c \ll 1$,$k_0 l_u \ll 1$,$k_0 l_d \ll 1$),Z_{tt} 和 Z_{cc} 均被简化为关于 Z_{gv} 的表达式。

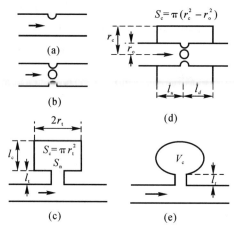

图 9.6　共振器部件和结构

连接管道和空腔的里管，其阻抗 Z_t 随切向流变化而急剧变化；因此，可用两组值对其进行表征。当 $Ma=0$ 时，根据下式得出该数值：

$$Z_t^{[Ma=0]}=\frac{1}{n_h}\left[\frac{ck_0^2}{\pi}+\mathrm{j}\frac{ck_0(l_t+1.7r_0)}{S_0}\right] \tag{9.23}$$

式中　l_t——连接里管的长度，

　　　r_0——孔半径；

　　　S_0——单孔的面积；

　　　n_h——穿孔的总数。

在无平均流量的情况下，该表达式在单孔和局部多孔共振器的预测和测量结果上吻合良好。

切向流（管道中 $Ma\neq0$）对共振器里管的阻抗 Z_t 有很大影响。根据对使用的单孔和多孔里管[15,57]的测量得到经验表达式：

$$Z^{[Ma\neq0]}=\frac{c}{\sigma S_0}\left[7.3\times10^{-3}(1+72Ma)+\mathrm{j}2.2\times10^{-5}(1+51l_t)(1+408r_0)f\right] \tag{9.24}$$

式中，参数 l_t 和 r_0 以 m 为单位，σ 为孔隙率。如有切向流，则就预测而言，式（9.24）的表达式更为适用。

4.其他元件的透射矩阵

可使用用于导出管段、区域不连续性和共振器透射矩阵的质量和动量守恒定律，同时可以采用类似方法以获得其他元件的类似表达式。读者可在参考文献[8][9]和参考文献[53]～[69]中找到关于透射矩阵的其他信息。

9.4　膨胀室消声器的性能预测和设计实例

9.4.1　基本膨胀室消声器(SECM)

如图 9.7 所示，该消声器由不同横向尺寸的排气管、膨胀室和尾管组成。可通过将根据式（9.15）和式（9.18）所得的这些元件的透射矩阵代入式（9.11）得出该基本结构的 TL。

在简化结构中,则可忽略流量或假设流量可忽略的情况下,将三个矩阵乘积简化为下述表达式,有

$$\text{TL}=10\lg\left[1+0.25\left(N-\frac{1}{N}\right)^{2}\sin^{2}kL\right] \tag{9.25}$$

式中　k——波数;

　　　L——腔室长;

　　　N——根据 $N=S_2/S_1$ 所得的面积比(其中,S_2 为腔室横截面面积,S_1 为尾管或排气管横截面面积,假设尾管或排气管横截面面积相同)。

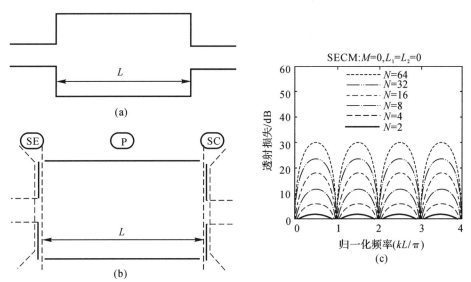

图 9.7　基本膨胀室消声器

(a)典型横截面; (b)消声器元件; (c)不同面积比的预测透射损失

图 9.7(c)给出了面积比(N)数个值的预测 TL,并显示了其与无量纲量($q=kL/\pi$)的关系。TL 曲线的波谷出现在 $kL/\pi=n$ 处,波峰出现在 $kL/\pi=(2n-l)/2$ 处,其中 $k=\omega/c,n$ 为整数。

示例 9.1　使用图 9.7(c)的预测曲线可开发具有规定性能目标的 SECM 的初始设计。举例来说,假设在忽略流速的情况下,温度为 50℃时,通过直径 $d=2$ in(5.1 cm)的管道将小型发动机排气的排气口产生的 180 Hz(音调)降低 10 dB。

在典型的设计过程中,将 180 Hz 的音调与预测声学性能的峰值之一校准。通常情况下,与底面积比(S_2/S_1)曲线的峰值校准将令消声器直径最小,而与位于 kL/π 低值的峰值校准将令消声器的长度最小。在本示例中,可按以下步骤进行设计:

(1)第 1 步:当 $kL/\pi=0.5$ 时,将 180 Hz 的音调与 $S_2/S_1=8$ 曲线、预测 12 dB 峰值校准 [见图 9.7(c)]。

(2)第 2 步:在 50℃(323 K)时,声速 $c=331\times\sqrt{323/273}$(根数)$=360$ m/s。

(3)第 3 步:相应波数 $k=2\pi f/c=(2\pi\times180/360)$ rad/m$=3.14$ rad/m。

(4)第 4 步:消声器长度 L 根据 $kL/\pi=0.5$ 确定,$L=(0.5\pi/k)$ m$=(0.5\pi/3.14)$ m$=0.5$ m。

(5)第 5 步:所需消声器直径 $D=d\sqrt{S_2/S_1}=14.4$ cm。

反对数加减的重要推论之一为将 IL(就本情况而言,即 TL)的波谷值增加 DL 相较于将

IL 的峰值增加 DL 具有更有利的影响。因此,即使是以降低修正后消声器结构的峰值为代价,仍可通过设计调整尝试提高谷值(尤其是低端频率范围内的前几个谷值)。

基本膨胀室消声器的主要缺点是,在某些应用中,时变音调及其谐波可能与周期性波谷同步,从而导致声学性能严重恶化。通过使用延伸管(入口和/或出口)元件,可以在不同程度上解决这个问题。

9.4.2 延伸出口消声器

延伸出口消声器[见图 9.8(a)]为提高单室消声器性能的首个方法。将该结构分解成图 9.8(b)所示的 3 个基本元件:

(1)位于入口处的瞬时膨胀元件(SE),与腔室左壁平齐;

(2)管元件(P);

(3)位于腔室右端的延伸出口元件(EO)。

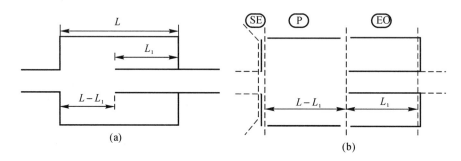

图 9.8 延伸出口消声器

(a)典型结构; (b)消声器组成元件

在延伸出口消声器的设计中引入了一个新的长度值 L_1,它将可用于优化消声器 TL 的无量纲参数(L/d、S_2/S_1 和 L_1/L)的数量增加了 1。

可根据式(9.15)(管元件 P)、式(9.18)(延伸出口元件 EO)和式(9.20)(瞬时膨胀元件 SE)得到图 9.8(b)中所示消声器元件的透射矩阵。

值得注意的是,在某些频率下,由延伸出口元件式(9.19)透射矩阵引入的阻抗 Z_2 近似为零,且分支元件将触发放压条件。在这些条件下,入射波可能会与闭端空腔相互作用,且无向下游传输的声功率。对于刚性端板,当 $\cot(kL_1)=0$ 且符合 $kL_1/\pi=(2n-1)/2$ 时,则会出现该情况。因此,通过正确选择伸入腔室内的管道长度可显著降低声源谱中的主峰值。

图 9.9 说明了无量纲参数 L_1/L 四个值下延伸出口膨胀室的 TL 变化如预期所料,随着 L_1/L 减少,TL 的最大峰值向更高频率移动。此外,对于基本膨胀室消声器,选择适当的 L_1/L 重新确定一些性能峰值,以消除在 $kL=n\pi$[见图 9.9(c)]时可能出现的一些波谷。该 L_1/L 将致使 $kL_1/\pi=(2n-l)/2$,n 为整数。下述两个设计实例均利用了该方法。

示例 9.2 根据应用需要,在忽略流速的情况下,在温度为 100℃时,通过直径 $d=1.5$ in(3.8 cm)的管道,将小型发动机排气的排气口产生的稳定 120 Hz 音调降低 15 dB。

由于音调稳定(即音调不会随时间发生明显变化),因此可以考虑将其与预测 TL 的顶峰值进行校准。据此,选择了图 9.9(a)的结构,特征为 $L_1/L=0.75$,当 $kL/\pi=0.75$ 时,该结构出现一系列相对顶峰值。

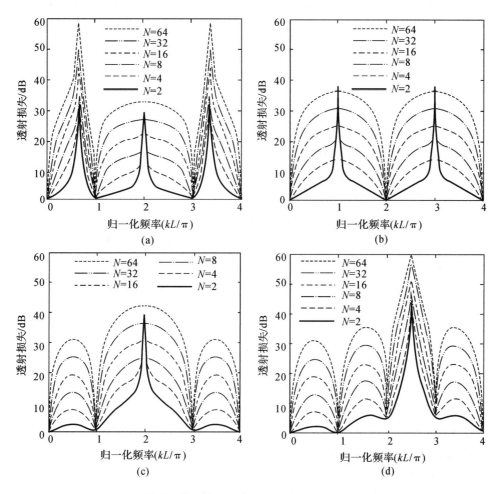

图 9.9 不同出口管长度下延伸出口消声器的透射损失($Ma=0$)

(a)$L_1/L=0.75$; (b)$L_1/L=0.5$; (c)$L_1/L=0.25$; (d)$L_1/L=0.2$

在本示例中,可按以下步骤进行设计:

(1)第 1 步:当 $kL/\pi=0.75$ 时,将 120 Hz 的音调与 $S_2/S_1=8$ 曲线、预测大于 12 dB 峰值校准[见图 9.9(a)]。

(2)第 2 步:在 100℃(373 K)时,声速 $c=(331\times\sqrt{373/273})$ m/s$=387$ m/s。

(3)第 3 步:相应波数 $k=2\pi f/c=(2\pi\times120/387)$ rad/m$=1.95$ rad/m。

(4)第 4 步:所需消声器长度根据 $kL/\pi=0.75$ 确定,$L=(0.75\pi/1.95)$ m$=1.2$ m。

(5)第 5 步:所需消声器直径 $D=d\sqrt{S_2/S_1}=(3.8\times\sqrt{8})$ cm$=10.8$ cm。

示例 9.3 根据应用需要,在忽略流速的情况下,温度为 80℃时,通过直径 $d=2.5$ in (6.3 cm)的管道将小型发动机排气的排气口产生的时变 150 Hz 音调降低 10 dB。此外,假设发动机中的可变载荷导致其频率在 $\pm15\%$ 的范围内变化,即任意一处的操作范围均为 127 Hz$<f<$172 Hz。

由于音调频率并不稳定，可以考虑将其与预测的 TL 中的一个"宽"峰校准。据此，选择了图 9.9(b) 的结构，特征为 $L_1/L=0.5$，当 $kL/\pi=1$ 时，该结构在尖峰周围出现一系列相对"宽状峰"。

在 $kL/\pi=1$ 中 15% 的范围内，所有 $S_2/S_1 \geqslant 4$ 的曲线可能含 TL>10 dB。为获得保守结果，选择 $S_2/S_1=8$ 的曲线，并按照下述步骤完成消声器设计：

（1）第 1 步：当 $kL/\pi=1$ 时，将 150 Hz 的音调与 $S_2/S_1=8$ 曲线、预测大于 10 dB 峰值校准 [见图 9.9(b)]。

（2）第 2 步：在 80℃ (353 K) 时，声速 $c=(331\times\sqrt{353/273})$ m/s=376 m/s。

（3）第 3 步：相应波数 $k=2\pi f/c=(2\pi\times150/376)$ rad/m=2.5 rad/m。

（4）第 4 步：所需消声器长度 L 根据 $kL/\pi=1$ 确定，$L=(1.0\pi/2.5)$ m=1.25 m。

（5）第 5 步：所需消声器直径 $D=d\sqrt{S_2/S_1}=(6.3\times\sqrt{8})$ cm=18 cm。

可以用类似的方法推导出延伸入口消声器的 TL。在流量可忽略不计的情况下，其声学性能与延伸出口消声器相似。换而言之，对于可忽略不计的流量，消声器的任一侧均可作为入口，且 TL 无明显变化。

9.4.3 双调谐膨胀室(DTEC)

通过同时布置长度为 L_2 的延伸入口管道（双调谐），可进一步增强通过延伸出口消声器实现的波谷"填充"。延伸进口处引入附加参数 L_2/L，该参数与延伸出口处参数 L_1/L 结合使用，可用于填充附加波谷，并在更宽的频率范围内进一步提高可实现的 TL。为获取最佳结果，应分别选择 L_1 和 L_2，以便尽可能中和不同波谷组。

新型双调谐膨胀室(DTEC)消声器设计[见图 9.10(a)]包括以下三个基本元件[见图9.10(b)]：
（1）位于膨胀室左端的延伸入口元件(EI)；
（2）管道元件(P)；
（3）位于膨胀室右端的延伸出口元件(EO)。

因此，可为延伸入口处引入新长度 L_2，通过增加无量纲参数（现包括 d/L、S_2/S_1、L_1/L 和 L_2/L）以优化 DTEC 的透射损失。

由式(9.15)（管道元件 P）和式(9.18)（延伸入口元件和延伸出口元件 EI 和 EO）可得出图 9.10(b) 消声器元件的透射矩阵。

在无限多个(L_2/L 和 L_1/L)组合中，选择 $L_1=L/2$ 和 $L_2=L/4$ 组合可得到最优 TL。具体来说，由于延伸入口元件包括与 $\cot(kL_2)$ 成比例的项[见式(9.18)和式(9.19)]，它在 $kL_2=(2n-1)\pi/2$ 处产生阻带，或以同样方式在 $kL=2(2n-l)\pi$ 处产生阻带，以填充 $kL/\pi=2,6,10,\cdots$ 处的波谷。同样，由于延伸出口(EO)元件包括与 $\cot(kL_1)$ 成比例的项，它在 $kL_1=(2n-1)\pi/2$ 处产生阻带，或以同样方式在 $kL=2(2n-l)\pi$ 处产生阻带，以填充 $kL/\pi=1,3,5,\cdots$ 处的波谷。换言之，该设计仅在 $kL/\pi=0,4,8,12,\cdots$ 处存在波谷。

少数面积比值对应的 TL 预测值如图 9.10(c) 所示。其最显著的特征是：n 为整数时，在 $kL/\pi=4n$ 以外的其他位置处均不存在波谷。因此，与任何先前构型相比，该设计为宽带性能提供了更好的解决方案。通过调整入口/出口长度，使其远离 $L_1/L=1/2$ 和 $L_2/L_1=1/4$ 值，可实现限制窄带范围内的高降噪[见图 9.9(a)]。

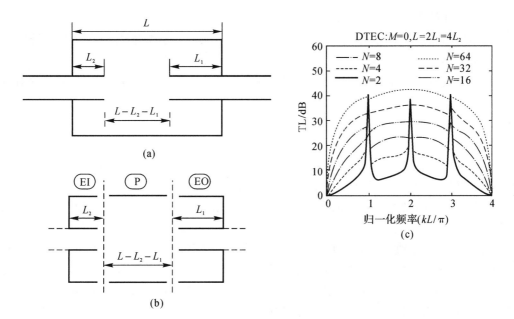

图 9.10　双调谐膨胀室

(a)典型构型；　(b)组成元件；　(c)$L_2=L/4$ 和 $L_1=L/2$ 时的 TL 预测值

示例 9.4　考虑到以下应用,即要求在温度为 120℃且流速可忽略不计的情况下,通过直径 $d=2$ in(5.1 cm)的管道排气的噪声源产生的 $200\sim600$ Hz 宽带噪声降低 10 dB。由于宽带要求,可通过以下步骤选择 DTEC 消声器设计:

(1)第 1 步:目标频带的 400 Hz 中心与图 9.10(c)中 TL 宽带峰值中心 $kL/\pi=2$ 对齐;此处将频率上下限的 kL/π 值(200 Hz 和 600 Hz)分别设置为 1 和 3。

(2)第 2 步:选择 $S_2/S_1=4$ 曲线[见图 9.10(c)],因为它可在 $1<kL/\pi<3$ 范围内提供大于 10 dB 的 TL。

(3)第 3 步:所需消声器直径 $D=d\sqrt{S_2/S_1}=(5.1\times\sqrt{4})$ cm=10.1 cm。

(4)第 4 步:在 120℃(393 K)时,声速 $c=(331\times\sqrt{393/273})$ m/s=397 m/s。

(5)第 5 步:假定 $kL/\pi=1$ 时对应 200 Hz,所需消声器长度 $L=k=\pi c/(2\pi f)=[397/(2\times200)]=0.99$ m,$L_1=L/2=0.495$ m,$L_2=L/4=0.247$ m。

9.4.4　膨胀室消声器一般设计准则

利用更为复杂的消声器结构,可以得到较高电平、较少或较为模糊的波谷透射损失曲线。具体来说,可以级联两个或多个 DTEC,以通过增加系统参数数量进一步优化性能。然而,不断增加的系统复杂性并非没有限制,因为消声器的尺寸和重量是实际应用中的重要设计参数。例如,增加元件数量会减少单个元件的平均长度/直径,从而降低低频性能;会增加隔板数量,从而增加重量。这些竞争因素改善了某些特征,同时降低了其他特征,并促成针对每个应用程序的设计权衡。

仔细检查具有 $1\sim3$ 个 DTEC 的多处设计(此处未详述),可得出以下观察结果或设计注意事项:

(1)SECM 的 TL 在 $kL/\pi = 1,2,3,4,5$ 时为零(波谷)。

(2)如果利用长度等同于膨胀室 1/2 的延伸入口(或出口)管来增强 SECM,则消除对应于 $kL/\pi = 1,3,5,7,9,\cdots$ 的波谷。

(3)如果利用长度等同于膨胀室 1/4 的延伸入口(或出口)管来增强 SECM,则消除对应于 $kL/\pi = 2,6,10,14,\cdots$ 的波谷。

(4)如果利用长度分别等于膨胀室 1/2 和 1/4(DTEC)的延伸入口和延伸出口管来增强 SECM,则 TL 仅在 $kL/\pi = 4,8,12,16,\cdots$ 时保留波谷。

(5)两个相同的级联 DTEC 与单个 DTEC 的 TL 占据相同的包络,除了在低频($kL/\pi <$ 0.5)处可观察到某些性能下降外,通常来说,其波谷较为模糊且电平较高。

(6)在两个相同级联 DTEC 的 TL 占据相同的包络,两个不等的级联 DTEC 的 TL 可以进一步改善。

可通过使用三个或多个级联 DTEC 进一步改善附加 TL,所述级联 DTEC 与单个 DTEC 占据相同的总包络。然而,上述改善会进一步降低低频性能。因此,商用消声器通常不超过两个或三个级联 DTEC。不过,根据特定应用需要被迫使用更多膨胀室的设计师可通过使用其他类型的元件来恢复低频性能,这将在下节中予以讨论。

9.5 穿孔元件消声器综述

众所周知,在声学方面,穿孔元件消声器比相应的简单管状元件消声器更为有效。然而,直到 20 世纪 70 年代末,在沙利文引入其分段模型时,才开始对穿孔元件进行系统的空气声学分析[18-20]。随后便是芒贾尔等人建立的集中参数模型,该模型通过实验验证了穿孔元件的四极参数,即同心管共振器 CTR[见图 9.11(a)]、塞室[见图 9.11(b)]、三管交叉流[见图 9.11(c)]和逆流室[8-9,21-23]。

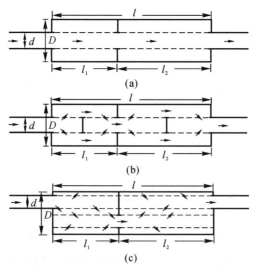

图 9.11 三种穿孔管消声器双室结构示意图
(a)同心管共振器; (b)塞室; (c)三管交叉流消声器

本节主要对部分穿孔元件消声器展开参数化研究,以确定其代表性趋势并制定基本设计准则[25]。同样,此处选择 TL 作为适当的性能指标。穿孔消声器元件阻抗和传透射矩阵参数(几何变量和操作变量方面)的明确表达式以及 TL 和 IL 的计算公式见参考文献[8]第 3 章。

9.5.1　变量范围

穿孔管消声器与之前所述的膨胀室消声器一样拥有多个共同参数,但考虑到穿孔管的附加特征,穿孔管消声器也对应包括其他附加参数。因此,影响图 9.11 穿孔消声器性能的物理参数包括:

Ma——排气管内的平均流量马赫数;

l——消声器外壳总长度;

D——消声器外壳内径;

d——排气管、尾管内径;

d_h——穿孔孔直径(见图 9.12);

C——相邻孔之间的中心距(见图 9.12);

N_c——在固定长度消声器外壳内的室数;

t_w——穿孔管壁厚。

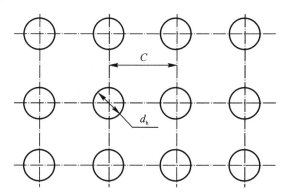

图 9.12　穿孔管壁的参数 d_h 和 C

经常用来代替 d_h 或 C 的明确值的另一个参数是穿孔管壁的孔隙率(或开孔率),其定义为

$$\sigma = \frac{\pi d_h^2}{4C^2} \tag{9.26}$$

对大多数实际应用中遇到的典型构型进行的大量模拟表明:相对来说,穿孔管消声器性能对孔径 d_h 和壁厚 t_w 并不敏感(在 ±1 dB 范围内)。因此,以下所有预测都是在 $d_h = 4$ mm 和 $t_w = 1$ mm 的典型值下进行的。

此外,为了将模拟数量减少至可控范围内,对于本节中考虑的所有情况,管道直径均固定为常见值 $d = 30$ mm。该约束条件不影响相应的预测 TL 曲线,因为当其与无量纲频率参数 kR($R = D/2$ 为壳半径,$k = \omega/c$)对应绘制时,相对于 d 的特定值是不变的。

尽管已对固定值 d、d_h 和 t_w 作了简化,但穿孔管消声器构型数量仍十分庞大,无法进行全面研究。在这种情况下,通过选择参考(默认)构型,然后更改默认值中的单个参数(一次更改一个),可证明每个参数对消声器性能的影响。所研究的参数值范围,包括默认值(最后一列)见表9.2。

表 9.2　穿孔管消声器性能预测中使用的参数值

参数名称	说明	范围	默认值
Ma	马赫数	0.05, 0.1, 0.15, 0.2	0.15
D/d	膨胀比	2, 3, 4	3
C/d_h	中心距	3, 4, 5, 6	4
N_c	室数	1, 2, 3	2
L_2/L	室尺寸	1, 1/2, 1/3	1/2
L/d	消声器长度管直径	15, 20, 25	20

　　TL 是作为无量纲频率 kR 的函数来计算的,以将预测有效性延伸到所有相似几何硬件上,也就是说,消声器仅在长度范围上有所不同。无量纲频率参数 kR 以 0.025 的步长从 0.025 变化至 3,在图 9.11(a)(b)的对称消声器中,这恰好在 3.83 的平面波截止极限内。相比之下,图 9.11(c)的非对称构型的 kR 截止极限为 1.84。

9.5.2　声学性能

　　图 9.13～图 9.17 显示了图 9.11 中消声器的计算值 TL(作为归一化频率 kR 函数)。每幅图中的三个曲线图分别显示了同心管共振器消声器、塞式消声器和三管交叉流消声器的 TL,每个曲线图中不同的迹线对应于表 9.2 中列出的消声器参数值的不同组合。

　　图 9.13 显示了平均流量马赫数对三种穿孔元件消声器设计声学性能的影响。这些预测表明,当平均流量马赫数增加时,TL 普遍增加。这对同心管共振器(CTR)影响最小,对塞式消声器影响最大;鉴于(由于其固有的几何特征)前者和后者的配置分别对通过消声器的平均流量产生了最小和最大"阻碍",所以这并不足为奇。

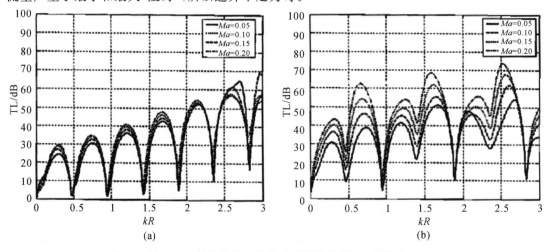

图 9.13　平均流量马赫数对不同消声器 TL 的影响
(a)CTR;　(b)塞式消声器

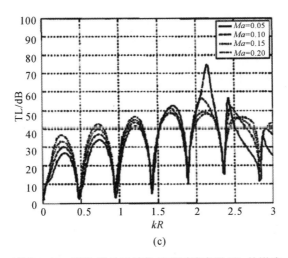

(c)

续图 9.13　平均流量马赫数对不同消声器 TL 的影响

（c)管道消声器

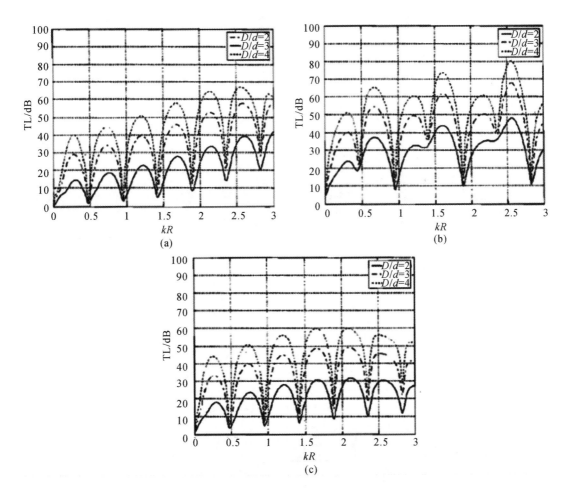

图 9.14　膨胀比对不同消声器 TL 的影响

(a)CTR；　(b)塞式消声器；　(c)三管道消声器

显然，马赫数的选择并不在设计师的控制范围内，因为它是由发动机排量、转速和排气管直径决定的。然而，在选择适用于特定应用的消声器设计时，设计师可将图 9.13 中的信息与回压信息(在 9.6 节中讨论)结合起来。

膨胀比或直径比 D/d 对 TL 的影响如图 9.14 所示。三种穿孔元件消声器的 TL 都随着直径比的增大而显著提高。

在大多数实际应用中，壳体直径 D 与消声器的体积、重量和成本直接相关，并影响消声器的膨胀比 D/d 和消声器类型的选择。与其他两种消声器相比，塞式消声器[见图 9.14(b)]TL 曲线上的交替波谷更高，因此，当空间受到限制时，塞式消声器通常可提供更高的声学性能。但不足之处是，这也会导致产生典型的更高的回压。因此，通常来说，最终通过基于声学性能和机械性能之间的权衡来作出选择。

连续孔之间的中心距(决定孔隙度)对消声器 TL 的影响如图 9.15 所示。由图可见，一方面，就较高孔隙度($\sigma > 0.1$)而言，所有穿孔消声器性能均趋向于简单的膨胀室消声器性能；但就较低孔隙度而言，尤其是对于塞式消声器和三导管消声器，其穿孔消声器性能略高于简单的膨胀室消声器性能。另一方面，降低的孔隙度会提高回压，但 CTR 除外，因为在 CTR 中，回压几乎与孔隙率无关，如本节后面所述。因此，孔隙度提供了另一个参数，可用于权衡以声学性能和机械性能。

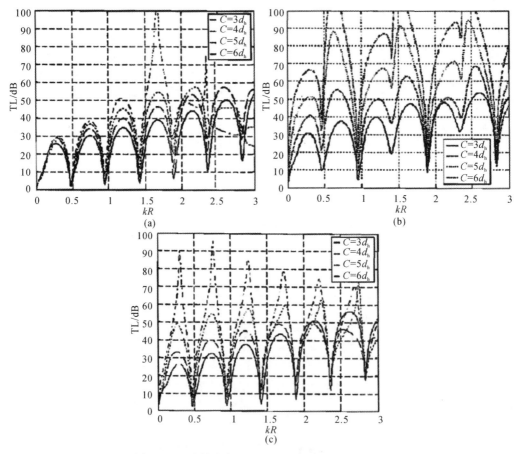

图 9-15　连续孔中心距对不同消声器 TL 的影响

(a)CTR；　(b)塞式消声器；　(c)三管道消声器

此外,也许这一表达更易理解,即常用来代替孔隙度的参数可视为开口面积 x,定义为

$$x = \frac{总开孔面积}{管横截面} \qquad (9.27)$$

分母是指容纳整个平均流量的进口/出口管横截面面积。例如,可根据与所示 $C = 3d_h, 4d_h$, $5d_h$ 和 $6d_h$ 相关联的孔隙度描述 CTR[见图 9.15(a)]和三管道消声器[见图 9.15(c)],也可根据分别为 3.49,1.78,1.25 和 0.87 的对应开孔率值进行描述。塞式消声器[见图 9.15(b)]对应的 x 值是它的一半。

图 9.16 所示为总长度为 l 的消声器的多次等分区对 TL 的影响。各连续波谷之间的归一化频率间隔与分区数成正比,就简单膨胀室消声器而言,这些波谷出现的频率为

$$\sin kl_{1,2} = 0, \quad kl_{1,2} = n\pi, \quad n = 1, 2, 3 \cdots \qquad (9.28)$$

一般来说,除了在 CTR 曲线的低频端 TL 降低外,上述分区均可提高所有三个消声器的 TL。对于 CTR 来说,可优先增加分区 N_c 的数量,因为分区的增加不会增加回压。但是,回压将与其他两种消声器的腔室数立方成正比。因此,在保持回压在可接受水平内的同时,必须仔细考虑增加的分区数和孔隙度,以优化声学性能。

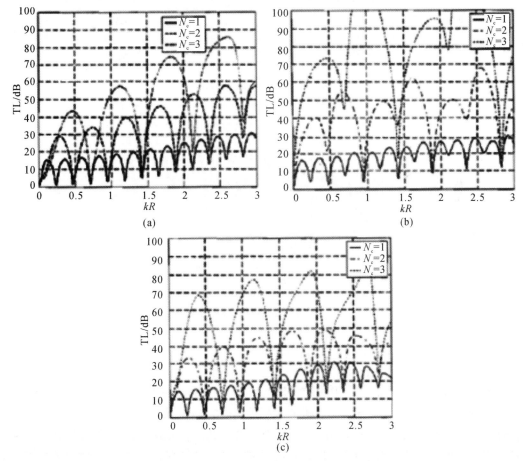

图 9.16 总长度相同的腔室数量对不同消声器 TL 的影响

(a)CTR; (b)塞式消声器; (c)三管道消声器

图 9.17 通过比较 3 种设计中每种设计的等分和非等分消声器的结果,说明了总长度为 l 的非等分消声器对 TL 的影响。我们可以观察到,非等分消声器对 TL 峰的包络无显著影响,对单个峰和波谷的位置有显著影响,使每段交替波谷的水平显著提高。平均而言,非等分分区所产生的附加调谐将提高消声器的整体声学性能。

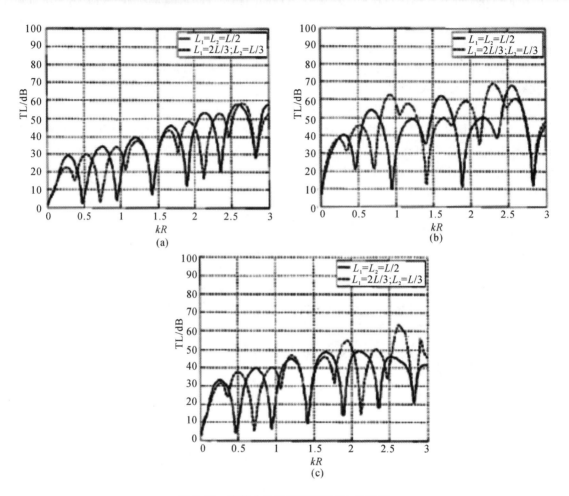

图 9.17 非等分分区消声器对 TL 的影响
(a)CTR; (b)塞式消声器; (c)三管道消声器

9.5.3 回压

由于消声器元件剪切流动区的能量耗散而产生的静压降会导致往复式发动机活塞上产生很大的回压。通常,这会对多汽缸发动机的容积效率、功率和燃油消耗率产生不利影响。

通过系统实验研究[25],可以得出图 9.11 中三种穿孔元件室的压降或压头损耗的经验表达式。研究结果可用某个系数表示,该系数可对压降与管道中输入动态水头的关系进行归一化处理,即

$$y \equiv \frac{\Delta p}{H}, \quad H = \frac{1}{2}\rho U^2 \tag{9.29}$$

参数 y 取决于方程式(9.27)所定义的开孔率 x,其值确定如下:

同心管共振器:

$$y_{ctr} = 0.06x, \quad x > 0.6 \tag{9.30}$$

塞式消声器:

$$y_{pm} = 5.6e^{-0.23x} + 67.3e^{-3.05x}, \quad 0.25 < x < 1.4 \tag{9.31}$$

三管交叉流室:

$$y_{cfc} = 4.2e^{-0.06x} + 16.7e^{-2.03x}, \quad 0.4 < x < 5.8 \tag{9.32}$$

测量参数 y 时[25],通过改变 l_2 的长度来获得所需开孔率 x 的变化(见图9.11)。测量参数值 y[式(9.30)~式(9.32)]与平均流速 U(马赫数 $Ma \leqslant 0.2$)无关,与膨胀比 D/d 和 x 在式(9.30)~式(9.32)所示范围内的长度 l_1 和 l_3 更无关系。然而,这些方程式中的 y 表达式均为最小二乘拟合,因此其不限于上述所示范围;相反,它们包含整个实际范围($0.2 < x < 6.0$)。

同样,第9.3节中膨胀室消声器的回压系数 y_{ec} 可由下式得出[8]:

$$y_{ec} = (1-n)^2 + \frac{1}{2}(1-n), \quad n = \left(\frac{d}{D}\right)^2 \tag{9.33}$$

式(9.30)~式(9.32)表明,穿过 CTR 的静压降(不包括穿过穿孔管壁的净流量)远小于穿过相应的塞式消声器和三管交叉流室的静压降。同样,式(9.30)和式(9.33)表明,穿过 CTR 的压降也小于穿过相同外壳尺寸和管道直径的简单膨胀室的压降。

9.6 阻性消声器

阻性消声器是目前应用最为广泛的一种消声装置,它能有效地降低气体流动管道内的噪声。在此装置中,必须以通过消声器的最小压降来达到宽带声衰音减目的。此类消声器常用于燃气轮机的进排气管道、连接至小型和大型工业风机的空调和通风管道、冷却塔装置以及隔声罩的通风和检修孔,其允许压降范围通常为 $125 \sim 1\,500\,Pa$。与抗性消声器(主要将入射声波反射到声源)不同,阻性消声器通过将通道中传播的声能转换成振动气体颗粒与纤维或多孔吸声材料之间的空隙摩擦产生的热量来达到声衰减目的,如第8章中所述。

阻性消声器理论早已建立[1-2,71-74]且极为复杂。本章提供有关设计信息,可供未接受过全面声学培训的工程师使用。虽然此处介绍了多种几何结构,但最常见的配置包括直片式消声器、圆形消声器和衬管。

9.6.1 衬管

衬管和无衬管以及衬弯管和无衬弯管的声衰减在第16章中予以讨论。常用阻性消声器的几何形状如图9.18所示。

图9.19所示为在典型应用中使用的一些挡板结构。这些结构仅表达声学意义特征。而省略了穿孔面、玻璃纤维布和多孔筛网等保护性处理。如果将图9.19(a)~(i)中描述的相同概念应用于管衬,则图9.19中描述的挡板的一半构成声衬。

图9.19(a)所示的全深度多孔挡板在直片式消声器中最为常见。其他挡板结构用于定制的专用消声器,旨在在特定频率范围内产生高衰减,或在受污染流量或高温恶劣环境中工作。

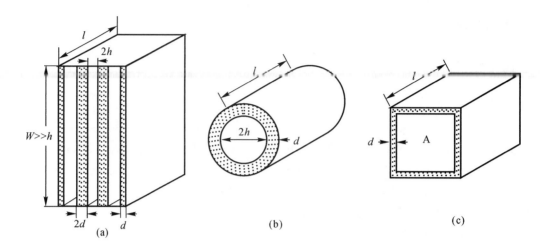

图 9.18　常用消声器的几何形状

(a)直片式消声器；　(b)圆形消声器；　(c)衬管

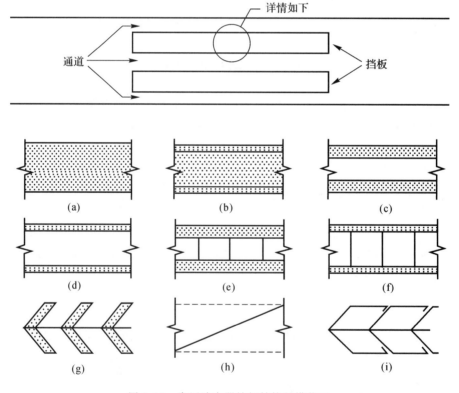

图 9.19　常用消声器挡板结构的横截面

(a)全深度多孔层；　(b)两侧带有薄阻面的多孔中心层；　(c)未分区中心空气空间的厚多孔表面层；

(d)未分区空气空间的薄多孔表面层；　(e)分区中心空气空间的厚多孔层；　(f)分区中心空气空间的薄多孔表面层；

(g)调谐腔(圣诞树状,空腔中的多孔材料不受流动影响)；　(h)暴露于切向流的小百分比穿孔表面板,分区中心空气空间；

(i)亥姆霍兹共振腔

9.6.2　关键性能参数

消声器的关键设计参数包括声插入损耗(IL)、压降(Δp)、气流噪声、尺寸和成本及寿命。消声器设计的难点在于在不超过允许压降和尺寸的情况下,以最小成本获得所需的 IL。通常来说,此类参数需求互为影响,优化设计代表了它们之间的平衡折衷。

1. 插入损耗

消声器 IL 可定义为

$$\text{IL} = 10\lg \frac{W_0}{W_M} \tag{9.34}$$

式中,W_0 和 W_M 分别表示有消声器和无消声器时管道内的声功率。假设沿着消声器外壳的结构承载侧部较低,且来自外壳的声辐射同样较低,则带有消声器的管道声功率为

$$W_M = W_0 \times 10^{-(\Delta L_l + \Delta L_{ENT} + \Delta L_{EX})/10} + W_{SG} \tag{9.35}$$

式中　ΔL_l——长度为 l 的消声器的衰减;

　ΔL_{ENT}——入口损失;

　ΔL_{EX}——出口损失;

　W_{SG}——从消声器流出的气流产生的声功率。

结合方程式(9.34)和式(9.35)可得

$$\text{IL} = -10\lg \left(\frac{W_{SG}}{W_0} + 10^{-(\Delta L_l + \Delta L_{ENT} + \Delta L_{EX})/10} \right) \tag{9.36}$$

在消声器衰减非常高的极端情况下,方程式(9.36)右侧括号内的第二项值与第一项值相近似,可达到的 IL 受消声器自身噪声的影响,在这种情况下,式(9.36)为非线性方程。当消声器通道内的流速足够低时,流动噪声可以忽略不计。在这种情况下,方程式(9.36)为线性方程,且可简化为

$$\text{IL} \approx \Delta L_l + L_{ENT} + \Delta L_{EX} \tag{9.37}$$

2. 入口损失 ΔL_{ENT}

在大多数阻性消声器中,若入射声能通常以平面波形式入射在消声器入口处,则入口损失 ΔL_{ENT} 可降至最小。对于低频直管总是如此。这一较小入口损失可视为安全系数。

然而,如果管道的横向尺寸远大于波长,则入射声场通常包含大量的高阶模态。在狭窄的消声器通道中,将入口管道中的半扩散声场转换为平面波场通常会导致 3～6 dB 的入口损失。根据以往类似情况的经验,或根据比例模型测量,工程师还可指定 0 dB(低频)～8 dB(高频)之间的任何入口损失。若无上述经验或测量结果,可利用图 9.20 估计入口损失。入口管道中有半混响声场,$2h$ 为消声器通道横向尺寸。

3. 出口损失 ΔL_{EX}

当消声器位于管道开口端时会产生大量出口损失 ΔL_{EX},且开口的典型横向尺寸小于波长。在这种情况下,出口损失主要由端部反射决定。通常,插入管道的消声器的出口损失较小,可忽略不计或可考虑作为安全裕度的一部分。

应当注意的是,入口和出口损失的相对重要性会随着消声器长度的增加而减小,因为这两个量均与消声器长度无关。图 9.21 定性地显示了典型声压级与传声器通过消声器记录的距离的关系,并指出了 IL 的三个组成部分。

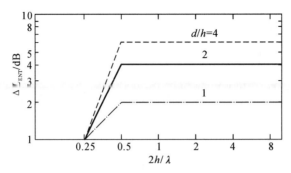

图 9.20　大尺寸管道中消声器的声入口损失系数 ΔL_{ENT}

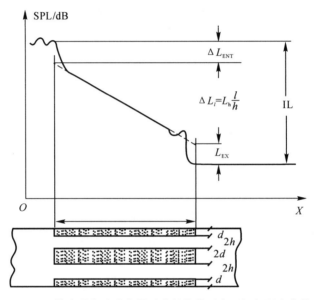

图 9.21　传声器穿过消声器时获得的典型声压级与距离曲线

4. 消声器衰减 ΔL_l

消声器衰减 ΔL_l 与其长度(不包括挡板的尾部和头部)和通道内衬周长 P 成正比,与通道横截面积 A 成反比。其可表示为

$$\Delta L_l = \left(\frac{P}{A}\right) l L_{\text{h}} \tag{9.38}$$

式中, L_{h} 表示取决于(以一种较为复杂的方式)通道和挡板的几何结构、填充挡板的多孔吸声材料的声学特性、频率和温度的参数。同时, L_{h} 也取决于通道中的流速,通常指每通道高度的衰减。本节的主要内容是确定这一重要的归一化声衰减参数。

5. 压降 Δp

消声器上的总压降 Δp_{T} 由入口损失、出口损失和摩擦损失组成,即

$$\Delta p_{\text{T}} = 1/2 \rho v_{\text{P}}^2 \left[K_{\text{ENT}} + K_{\text{EX}} + \left(\frac{P}{A}\right) l K_{\text{F}} \right] = \Delta p_{\text{ENT}} + \Delta p_{\text{EX}} + \Delta p_{\text{F}} \tag{9.39}$$

式中　ρ——气体密度;

v_{P}——消声器通道中气体的表面速度;

K_{ENT}——入口水头损失系数；

K_{EX}——出口水头损失系数。

K_{ENT} 和 K_{EX} 其仅取决于挡板/通道配置的几何形状。

式(9.39)右侧的 Δp_F 表示摩擦损失，具体为

$$\Delta p_F = \frac{P}{A} l K_F \left(\frac{1}{2} \rho v_P^2 \right) \tag{9.40}$$

比较式(9.38)与式(9.40)可以看出，倾向于产生高声衰减 ΔL_l 的挡板结构也倾向于产生高摩擦压力损失 Δp_F。ΔL_l 和 Δp_F 均与$(P/A)l$成正比，说明高消声器衰减和低摩擦压降相互矛盾。这一发现强调了优化 L_h 的必要性，即在通过增加$(P/A)l$来获得更大的声衰减之前，首先要对挡板的声学参数进行优化选择。

9.6.3 直片式消声器

直片式消声器[见图9.18(a)]由于具有良好的声学性能和低成本而被普遍应用。这种消声器的衰减与周长面积比 P/A、长度 l 和 L_h 成正比。因此，最大化$(P/A)L_h$ 可使消声器的衰减最大化。狭窄通道的最大周长面积比为 l/h。考虑进口损失，式(9.38)给出了消声器衰减的简单公式为

$$\Delta L_l = L_h \frac{l}{h} + \Delta L_{ENT} \tag{9.41}$$

根据图9.20可近似计算出 ΔL_{ENT}。下面讨论了如何从消声器的几何和声学参数中得出 L_h。

1. 衰减预测

如图9.19所示，如果满足①声音进入挡板中的多孔吸声材料，并且②进入挡板的声波的大部分能量在其重新进入通道之前消散，则直片式消声器通道中的声能在宽带宽内有效衰减。参考文献[2]中给出了在窄频带中产生最大衰减的壁阻抗公式。

如果通道高度比波长小(即 $2h < \lambda$)，且多孔吸声材料足够吸声且具有足够低的流阻率，以便声波进入挡板而不是在界面反射，则满足要求①。这就需要一种低流阻率的"蓬松"材料。采用中等流阻率的多孔材料，则满足要求②。除非挡板很厚，并且填充了低流阻率的多孔吸声材料，否则易穿透和高耗散的要求是相互矛盾的。因此，挡板厚度和多孔吸声材料的流阻率一直是一个折中选择。

一般来说，消声器的几何结构是由要达到的衰减—频率曲线的形状控制的。为了在频谱的低端实现合理的衰减，挡板厚度 $2d$ 必须为波长的1/8左右。为了在频谱的高端实现合理的衰减，通道高度 $2h$ 必须不大于波长。为了合理地穿透声音并产生所需的耗散，在设计温度下，厚度为 $2d$ 的挡板的总流动阻力 $R_1 d$ 必须是消声器通道中气体特征阻抗的2~6倍。

2. 定量考虑

通过求解通道中的耦合波方程和挡板的多孔材料，且假设在通道和挡板中轴向传播的耦合波具有共同的传播常数 Γ_c，和在通道挡板界面的质点速度和声压都是连续的，则可获得归一化衰减常数 L_h：

耦合波方程[1,71-74]可以采用数值迭代法求解，从而得到共同的传播常数 Γ_c。根据以下方程式得出归一化衰减常数 L_h

$$L_h = 8.68 h \, \mathrm{Re}\{\Gamma_c\} \tag{9.42}$$

式中，Γ_c 取决于通道中气体的特征阻抗 ρ_c、挡板中多孔材料的特征阻抗 Z_a 和传播常数 Γ_c 以及几何形状。

多孔吸声材料的特征阻抗 Z_a 和传播常数 Γ_c（它们是复量，随频率变化）通常不可用。如第 8 章所述，如果多孔吸声材料的流阻率已知，则可以以合理的精度近似这些重要参数。对于纤维吸声材料，可使用第 8 章中给出的经验公式估计散装多孔材料的特征阻抗 Z_a 和传播常数 Γ_a。

通过测量足够多的样品上的特征阻抗和传播常数作为室温下与频率相关的函数，并将这些数据缩放到设计温度，以精确描述多孔材料。注意，如果多孔吸声材料是均匀的，采用第 8 章给出的公式，根据流阻率预测的多孔材料的声学参数计算该衰减，并与实验数据进行比较。

3. 用归一化图预测直片式消声器声学性能

计算了消声器横截面开孔面积不同百分比（即不同 h/d）和挡板中各向同性多孔吸声材料的归一化流动阻力 $R=R_1 d/\rho c$ 不同值的归一化衰减 L_h。如图 9.22(a)～(c)所示，开孔面积比分别为 66%、50% 和 33%。非各向同性材料的影响见参考文献[72]。图 9.22 中的垂直轴表示对数标度的归一化衰减 L_h。下水平标度表示归一化频率参数 $\eta=2h/c$。该图适用于所有温度和气体，前提是声速 c 取实际温度下的值。上水平标度仅对室温下的空气有效，表示半通道高度 h 和频率 f 的乘积。

如图 9.22(a)～(c)所示，在通道高度 $2h$ 相对于波长变大（即 $\eta>1$）时，衰减在高于频率时开始迅速减小。在这个频率范围内，通过采用交错布置挡板的两级消声器，衰减可增加 10 dB。注意，随着消声器横截面开孔面积百分比的减小，可感知的衰减的带宽增加。

如图 9.22 所示，在 $R=R_1 d/\rho c$ 从 1 到 5 的范围内，衰减并不是很依赖流动阻力的实际选择；这种巧合是受欢迎的，因为目前对材料特性缺乏足够的了解和控制是预测过程中最薄弱的环节。注意，如果标准化流动阻力过大（$R \geqslant 10$），则在从 $\eta=0.2$ 到 $\eta=1$ 的频率范围中衰减显著减少，同时在极低频和高频时衰减适度增加。

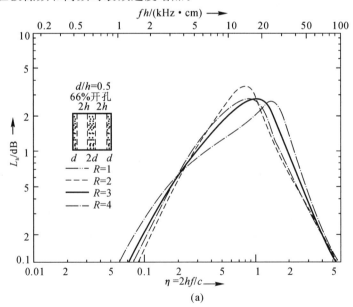

图 9.22　标准化挡板流动阻力 $R=R_1 d/\rho c$ 为参数时，直片式消声器的归一化衰减-频率曲线

(a)66% 开孔

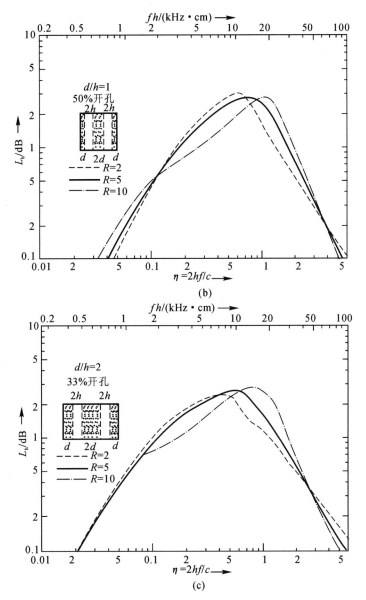

续图 9.22　标准化挡板流动阻力 $R=R_1 d/\rho c$ 为参数时，直片式消声器的归一化衰减-频率曲线

(b)50%开孔；(c)33%开孔

图 9.22 所示的归一化衰减-频率曲线对应于零流量，考虑流量的校正将在后面的章节进行讨论。

下述通过几个例子说明图 9.22 所示设计信息的应用。

示例 9.5　当挡板流动阻力为 $R_1 d=5\rho c$，且温度为 20℃时，管道输送低速空气，预测由 200 mm(8 in)厚、1 m(40 in)长、距中心 400 mm(16 in)平行挡板制成的直片式消声器的衰减-频率曲线。$h=0.1$ m；$d=0.1$ m；$L=1$ m；$c=340$ m/s；$\rho=1.2$ kg/m³；$R=R_1 d/\rho c=5$。

解　(1)确定频率 f^*，对应 $\eta=1$，有

$$f^* = \frac{c}{2h} = \frac{340 \text{ m/s}}{0.2 \text{ m}} = 1\ 700 \text{ Hz}$$

(2)确定 $l/h = 1$ m/0.1 m $= 10$。

(3)确定 $d/h = 1$ 和 $R = 5$ 的适用归一化衰减-频率曲线,图 9.22(b)的实曲线适用。

(4)在具有与图 9.22(b)相同的水平和垂直标度的透明图表纸的水平标度上标记频率 $f^* = 1\ 700$ Hz,并将其与图 9.22(b)中的 $\eta = 1$ 对齐。

(5)垂直移动透明图表纸,直到标记图 9.22(b)中 $L_h = 1$ m 对应于透明覆盖纸上的 10 ($l/h = 10$)。

(6)复制图 9.22(b)中与覆盖纸上的 $R = 5$ 相对应的实曲线。

(7)最后,根据 $\Delta L_l = L_h(1/h)$,复制曲线对应于消声器的衰减-频率曲线。

上述步骤如图 9.23 所示。

示例 9.6 设计一个直片式消声器,使其产生以下所列的衰减:

f/Hz	100	200	500	1 000	2 000	4 000
ΔL/dB	4	9	19	26	10	5

设计步骤:

(1)从图 9.22 中找到与图 9.23 中绘制的期望衰减-频率曲线形状最匹配的图。将图9.23 中的透明纸覆盖在产生最佳匹配的曲线上,并水平和垂直移动透明覆盖纸,直到所有期望的衰减-频率点低于所选的归一化衰减-频率曲线。在这种情况下,图 9.22(c)中的实曲线是最佳匹配。

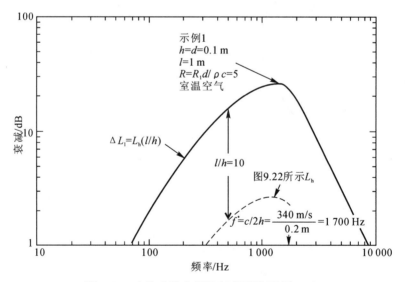

图 9.23 直片式消声器的衰减预测(示例 9.5)

(2)在覆盖纸上,标记透明纸覆盖的适当设计曲线的水平标度上对应于 $\eta = 1$ 的频率 f^*,在垂直标度上标记对应于覆盖纸下设计曲线上的 $L_h = 1$ 的衰减 ΔL^*,如图 9.24 所示。在这种情况下,$f^* = 2\ 000$ Hz,$\Delta L^* = 10$ dB。

(3)注意覆盖纸下的设计曲线与提供最佳匹配的曲线相对应的参数 d/h 和 R 的值。这种情况下, $d/h=2$, $R=R_1d/\rho c=5$。

(4)根据步骤(2)(3)获得的信息,可以获得消声器的几何和声学参数,并得出如下规定的衰减:

通道高度 $2h$:

$$\eta=1=\frac{2hf^*}{c}$$

可得

$$2h=\frac{340\ \text{m/s}}{2\ 000\ \text{s}^{-1}}=0.17\ \text{m}$$

挡板厚度 $2d$:

$$2d=2\times(2h)=2\times0.17\ m=0.34\ \text{m}$$

消声器长度:

$$\Delta L^*=10=\frac{l}{h}$$

可得

$$l=\Delta L^*h=10\times\frac{0.17}{2}\text{m}=0.85\ \text{m}$$

多孔材料单位厚度的流动阻力:

$$\frac{R_1d}{\rho c}=5$$

可得

$$R_1=\frac{5\rho c}{d}=\frac{5}{0.17\ \text{m}}\rho c=(29.4\rho c)\ \text{m}^{-1}$$

或

$$R_1=(0.7\rho c)\ \text{in}^{-1},\quad R_1=1.2\times10^4\ \text{N}\cdot\text{s/m}^4$$

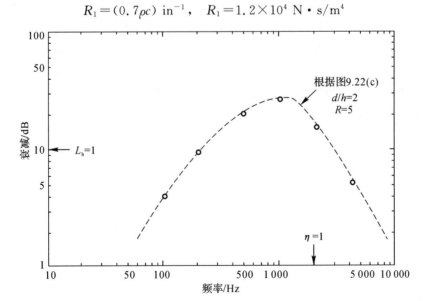

图 9.24　直片式消声器的声学设计(示例 9.6)

4. 横截面面积

消声器的横截面面积由后面讨论的最大允许压降和自发噪声确定。

5. 温度效应

设计温度影响消声器的声学和空气动力性能,因为关键参数声速、气体密度和黏度取决于

温度的影响考虑如下:

$$c(T) = c_0 \sqrt{\frac{273+T}{293}} \tag{9.43}$$

$$\rho(T) = \rho_0 \frac{293}{273+T} \tag{9.44}$$

$$R(T) = R_0 \left(\frac{273+T}{293}\right)^{1/2} \tag{9.45}$$

式中　T——设计温度(℃);

　　　c_0——声速;

　　　ρ_0——20℃时气体(通常是空气)的密度。

$$R_0 = \frac{R_1(20℃)d}{\rho_0 c_0} \tag{9.46}$$

式中,$R_1(20℃)$是多孔散装材料在 20℃时的流阻率。该材料参数通常由制造商提供或测量获得。

示例 9.7　为了说明温度是如何影响消声器性能的,预测示例 9.5 中消声器在 $T = 260℃$(500℉)时的衰减。

解　根据式(9.45)和式(9.43),流阻率和声速必须考虑温度的影响,得出 $c(T) = 457$ m/s,$R(T) = 10$。此后,求解程序将按照示例 9.5 中遵循的相同步骤进行。

(1)$f^* = c(T)/2h = (457$ m/s$)/0.2$ m $= 2\,285$ Hz;$l/h = (1$ m/0.1 m$) = 10$。

(2)对应于 $d/h = 1$ 和 $R = 10$ 的适用归一化衰减曲线是图 9.22(b)所示的短/长虚曲线,如示例 9.5 确定的,图 9.25 中的虚曲线是相同消声器在室温(20℃)时的衰减。

比较 260℃时获得的实曲线与 20℃时获得的虚曲线,我们注意到随着温度的升高,衰减-频率曲线向更高频率的方向移动。这种移动主要是由于声音传播速度随温度的升高而增加。此外,还观察到衰减-频率曲线形状变形。这是由于黏度随着温度的升高而增加,进而导致多孔材料的流阻率增加,使曲线变形。梅切尔[75]也预测了这种影响。

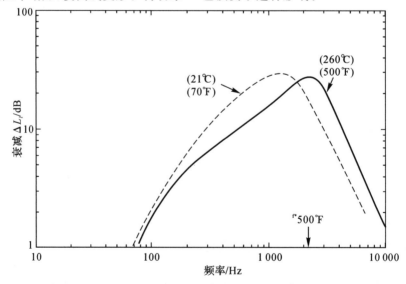

图 9.25　示例 9.5 中的消声器在 260℃(500℉)(示例 9.7)时的衰减

6. 挡板厚度考虑

消声器开孔面积的特定百分比可以通过少量的厚挡板或大量薄挡板来实现。图 9.26 显示了 2 m(6.5 ft)长消声器,50% 开孔面积,挡板厚度 $2d = 2h$ 分别为 152 mm(5 in)、203 mm(8 in)、254 mm(10 in)和 305 mm(12 in)时的衰减-频率曲线。挡板填充有纤维吸声材料,其在 500℃时流阻率 $R_1 = 51\ 500$ N·s/m⁴。图 9.26 所示数据的突出特点是,在中频区,声衰减随挡板厚度的增加而减小。在 500 Hz 时,152 mm(6 in)厚挡板产生 25 dB 的衰减,而305 mm(12 in)厚挡板仅产生 11 dB 的衰减。这是因为声音不能完全穿透厚挡板中的纤维吸声材料。因此,厚挡板中心的材料和空间被浪费。

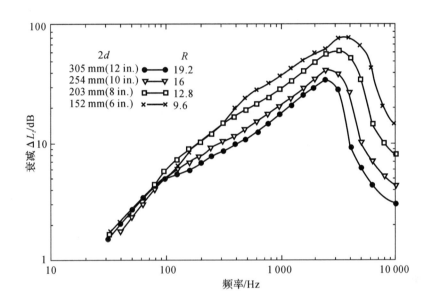

图 9.26　以挡板厚度 $2d$ 为参数,计算 2 m(6.6 ft)长直片式消声器 50% 开孔
面积的衰减－频率曲线

图 9.27 显示了与图 9.26 相同几何形状的消声器的预计声衰减,但在这种情况下,挡板中填充了低流阻率的纤维吸声材料,使得每块挡板的总归一化流动阻力为 $R = R_1 d/\rho c = 2$,从而允许声音完全穿透甚至进入最厚的挡板。因此,低频和中频的声衰减仅与挡板厚度略有关系。比较图 9.26 和图 9.27 可以发现,除非挡板中填充了有足够低流阻率的吸声材料,否则使用几个较厚的挡板(比使用许多较薄的挡板更经济)会降低中频处的声衰减,以便使设计温度下的归一化挡板流动阻力 $R = R_1 d/\rho c$ 远小于 10。满足高温下使用厚挡板要求的纤维吸声材料可能不易获得。因此,在高温应用中,传统设计的消声器挡板的厚度很少超过 $2d = 200$ mm(8 in)。

注意,直片式消声器的衰减-频率曲线单调增加,直至频率 $f = c/2d$,其中通道宽度对应于波长,并在其上方急剧减少。

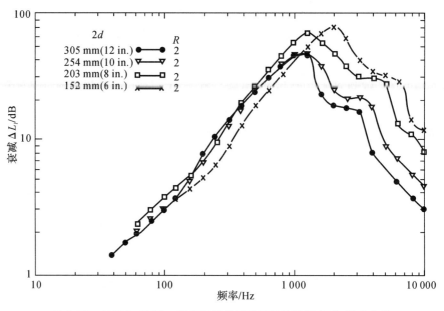

图 9.27　与图 9.26 同一消声器填充纤维填料的计算衰减-频率曲线

9.6.4　圆形消声器

如图 9.18(b)所示，圆形消声器用于连接圆形管道。管道外壳的曲率导致高的形式刚度，从而在低频下造成消声器壁的高透射损失。对于归一化衰减 L_h，圆形消声器的声学性能与直片式消声器非常相似。圆形通道的直径 $2h$ 和均匀各向同性声衬的厚度 d 与直片式消声器的通道宽度 $2h$ 和平行挡板厚度 d 相似。根据以下方程式得出长度为 l 的圆形消声器的衰减 $\Delta L^r(l)$。

$$\Delta L^r(l) = L_h^r \frac{l}{h} \tag{9.47}$$

斯科特[71]和梅切尔[74]研究了圆形管道中的声衰减，为计算其性能奠定了理论基础。

图 9.28 所示为厚度通道半径比 d/h 分别为 0.5、1 和 2 时均匀各向同性声衬圆形消声器的归一化衰减 L_h^r 与归一化频率 $\eta = 2hf/c$ 的曲线，以归一化声衬流动阻力 $R = R_1 d/\rho c$ 为参数。低水平标度适用于所有温度，而高水平标度仅适用于室温下的空气。如图 9.28 所示，归一化衰减随频率单调增加，直到波长对应于通道直径（$\eta = 2hf/c = 2h/\lambda = 1$）。高于此频率时，衰减随频率的增加而迅速减小，直片式消声器也是如此。注意，圆形消声器的最大归一化衰减约为 $L_{h,\max}^r \approx 6$ dB，而直片式消声器 $L_{h,\max}^r \approx 3$ dB。这是因为圆形通道的周长面积比（$2/h$）是直片式消声器窄通道（l/h）的两倍。如预期的那样，衰减带宽随着声衬厚度 d 的增加而向低频方向增加。图 9.28 中所示曲线与直片式消声器的相应曲线使用相同的方法，即应用示例 9.5 和示例 9.7 中前面列出的设计步骤。基于此，梅切尔[75]也预测了类似的曲线和趋势。

9.6.5　夹层结构的消声器

当通道直径比波长大时，圆形消声器的共同缺陷是高频性能较差。可以在通道[76]中插入一个中心体或夹层结构来改善这种缺陷。当中心体就位时，圆形消声器有一个狭窄的环形通道,就像直片式消声器一样,并且衰减将继续单调增加,直到声音的波长等于狭窄环形通道的宽度,如图 9.29 所示[通道直径 $2h$＝0.6 m(24 in),中心体直径 D_i＝ 0.3 m(12 in),声衬厚度 d＝0.2 m(8 in),长度 l＝1.2 m(48 in),T＝20℃(68℉),R_1＝16 000 N·s/m^4(1ρc/in)]。刚性中心体和吸收中心体都会使低频和中频衰减适度增加,这主要是由于通道横截面面积的减小。当波长等于通道直径,且频率大于 560 Hz 时,无中心体的消声器的衰减急剧下降。具有刚性中心体的消声器衰减的频率继续增加至 1 130 Hz,多孔中心体可增加至 2 260 Hz。

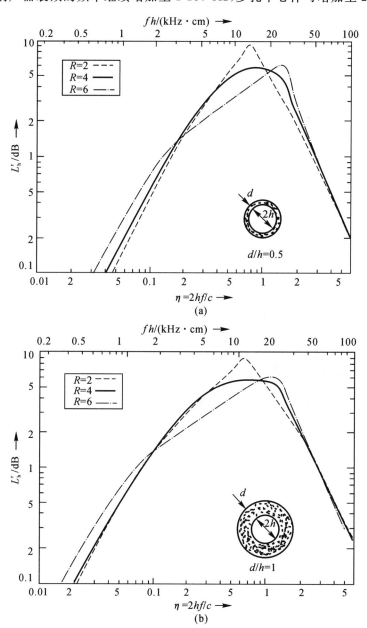

图 9.28　以归一化声衬流动阻力 $R＝R_1 d/\rho c$ 为参数的圆形消声器的归一化衰减 L_h^r 与频率的关系曲线

(a)d/h＝0.5；　(b)d/h＝1

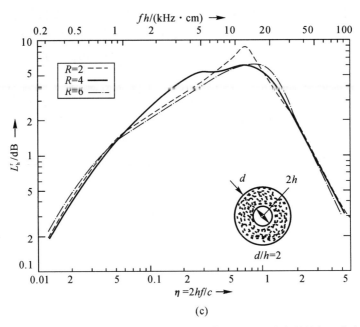

续图 9.28 以归一化声衬流动阻力 $R = R_1 d/\rho c$ 为参数的圆形消声器的归一化衰减 L_h^r 与频率的关系曲线

(c)$d/h = 2$

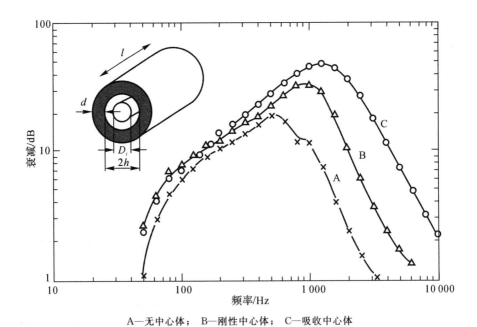

A—无中心体; B—刚性中心体; C—吸收中心体

图 9.29 中心体对圆形消声器衰减-频率曲线的影响

如果中心体不可行,也可以通过在圆形通道中插入平行挡板增加圆形消声器的高频衰减。同样,也可以通过在矩形通道中插入平行挡板(方向垂直于低频厚衬垫平面或侧壁上的分支)增加矩形横截面消声器的高频衰减。正如库尔兹和维尔[77]所详细描述的,插入的平行挡板与壁上消声器低频部分的有益相互作用可增加低频衰减。这种相互作用的机制是由于平行挡板的结构因素导致波速降低,从而提高了侧壁低频衬垫的衰减性能。同样,侧壁低频衬垫的结构因素致使平行挡板的衰减增加。因此,有益的相互作用可使低频和高频的声衰减增加。这类插入式消声器的优点是,与传统的低频和高频消声器部分的系列组合相比,它所需的总长度大大减少。

9.6.6　气流对消声器衰减的影响

气流通过以下方式影响消声器中的声音衰减:

(1)气流稍微改变了声音的有效传播速度;

(2)在通道边界附近形成速度梯度,如果传播方向和气流方向(排气消声器)相同,这会将通道中传播的声音折射到声衬,如果传播方向与气流方向相反(进气消声器),这会将声音"聚焦"到通道中间;

(3)气流增加了挡板的有效流动阻力。

图 9.30(a)显示了当气流方向与声传播方向一致时,气流对排气消声器衰减性能的影响。注意,衰减在低频时减小,在高频时略有增加。在大多数情况下,由于材料劣化或自噪声,不允许马赫数 $Ma>0.1$。

图 9.30(b)显示了声传播与气流方向相反时出现的情况。在这种情况下,低频衰减会增加,因为声音穿过消声器通道需要更长的时间。由于通道中的速度梯度使声音"进入"通道中心,高频衰减减小。气流对衰减的影响可以适当偏移近似于无气流($Ma=0$)时获得的衰减-频率曲线。

当声传播方向和气流方向相同时,通过移动无气流($Ma=0$)衰减曲线[见图 9.31(a)],获得存在气流时的衰减;当声传播方向和气流方向相反时,通过移动无气流($Ma=0$)衰减曲线[见图 9.31(b)],获得存在气流时的衰减。

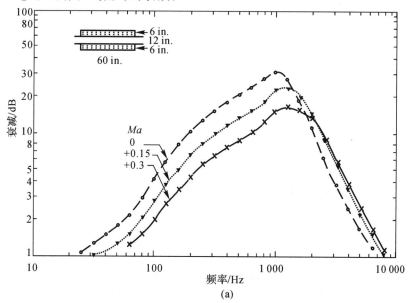

图 9.30　$Ma=0$、0.15、0.3 时,气流对声衰减的影响

(a)气流方向上的声传播

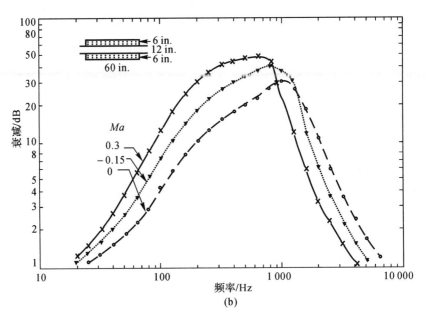

续图 9.30　$Ma=0$、0.15、0.3 时,气流对声衰减的影响

(b)气流相反方向上的声传播

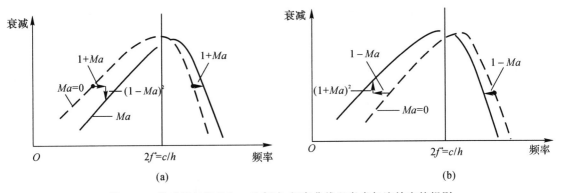

图 9.31　移动无气流($Ma=0$)衰减-频率曲线以考虑气流效应的规则

(a)气流方向上的声传播;　(b)和气流相反方向上的声传播

图 9.32 显示了 $Ma=0.15$ 气流在声传播方向上时消声器的衰减-频率曲线。通过移动和计算获得曲线之间的一致性(考虑到波动方程中的气流效应)是值得推荐的方法。

图 9.31 所示的经验气流修正过程是基于直片式消声器的经验。我们目前还没有衡量该过程适用性和其他消声器几何精度方面的经验。

9.6.7　气流噪声

目前还没有一种通用方法可以预测消声器的气流噪声。消声器制造商如有提供信息,可以应用此类信息。本书提出的经验预测方案是基于管道消声器气流噪声的大量实验数据,并根据 ISO 14163:1998(E)[78] 转载。

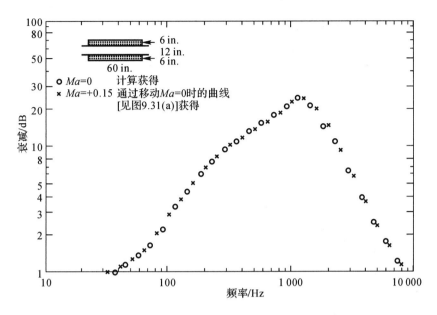

图 9.32　消声器在流动方向声传播的衰减-频率曲线

再生声音的倍频带声功率级的估计值可根据下式得出,即

$$L_{W,\mathrm{oct}} = B + \left\{ 10\lg \frac{P_c S_n}{W_0} + 60\lg Ma + 10\lg \left[1 + \left(\frac{c}{2fH}\right)^2\right] - 10\lg \left[1 + \left(\frac{f\delta}{v}\right)^2\right] \right\} \qquad (9.48)$$

式中　B——取决于消声器类型和频率的值,dB;

　　　v——消声器最窄横截面内的流速,m/s;

　　　c——介质中的声速,m/s;

　　Ma——马赫数($Ma = v/c$);

　　　P——管道静压,Pa;

　　　S——通道最窄横截面面积,m²;

　　　n——通道数量;

　　　f——倍频带中心频率,Hz;

　　　H——垂直于挡板的管道的最大尺寸,m;

　　　δ——表征再生噪声高频谱含量的长度范围,m。

$$W_0 = 1\ \mathrm{W} = 1\ \mathrm{N \cdot m/s}$$

再生声音的声功率级随温度 T 的变化而变化,约为 $-25\lg(T/T_0)$ 分贝。通过 $B=58$ 和 $\delta=0.02$ m 得出在加热、通风和空调设备中使用的光滑壁阻性隔板式消声器的近似值。在这种情况下,式(9.48)的图像如图 9.33 所示(最窄横截面面积 $S=0.5$ m²,最大横向尺寸 $H=1$ m),然后根据以下方程式计算 1 m² 横截面面积的管道的 A 计权声功率级。

$$L_{WA} = -23 + 67\lg \frac{v}{v_0} \qquad (9.49)$$

式中,$v_0 = 1$ m/s。对于其他类型的消声器,尤其是谐振式消声器,在某些频带内 B 值可能更大。但是,没有关于 B 和 δ 值的一般信息。

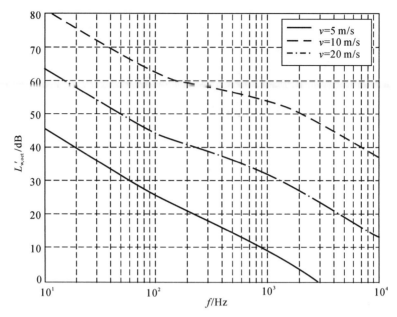

图 9.33　不同流速时再生声音的倍频带声功率级 $L_{w,\text{oct}}$ 和空气的频率 f

9.6.8　消声器压降预测

在设计流量和设计温度下的最大允许压降以及气流噪声,决定消声器的横截面尺寸。尽管有足够的安全系数,消声器设计师仍必须充分利用所有可用的压降。必须仔细分配过渡管道压降(Δp_{trans})和消声器 Δp_{tot} 总压降之间的最大允许压降 Δp_{max},即

$$\Delta p_{\text{max}} \geqslant F_s(\Delta p_{\text{trans}} + \Delta p_{\text{tot}}) \tag{9.50}$$

安全系数($F_s>1$)的具体选择受流入物不均匀程度和消声器系统压降性能保证义务的影响。消声器系统通常包括消声器上游和下游的过渡管道。

艾道奇克[79]编制了如何预测过渡管道入口和出口压降的详细信息。消声器压力损失表示为消声器通道中动压头的乘积 $0.5\rho v_p^2$ 和损失系数。K_{ENT},K_F 和 K_{EX} 分别代表入口、摩擦和出口损失系数,根据表 9.3 中给出的公式进行预测。

所需的消声器表面积由迭代过程确定。首先,求出通道速度 v_p 的方程式(9.39)。根据以下方程式得出初始表面积 A_F':

$$A_F' = \frac{Q}{v_p}\left(\frac{100}{\text{POA}}\right) \tag{9.51}$$

式中　Q——通过消声器的体积流率;

　　　v_p——通道速度;

　POA——消声器横截面开孔面积的百分比(例如,对于直片式消声器,$POA=50$ 表示 $h/d=1$;通道高度与挡板厚度相同)。

基于 $A_F=A_F'$ 的初始值,计算入口和出口过渡的压力损失并将其用于计算消声器压降。根据式(9.50),比较总 $F_s(\Delta p_{\text{trans}}+\Delta p_T)$ 和最大容许压降 Δp_{max}。如果 $F_s(\Delta p_{\text{trans}}+\Delta p_T)>\Delta p_{\text{max}}$,必须增加消声器的表面积。这将导致 Δp_T 的减少和 Δp_{trans} 的相对较小增加,并且迭代

将继续,直到满足式(9.50)中表示的不等式为止。

表 9.3　直片式消声器的压力损失系数

几何形状	图示	损失系数
方边头部	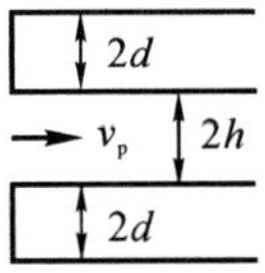	$K_{ENT} = \dfrac{0.5}{1 + h/d}$
圆形头部	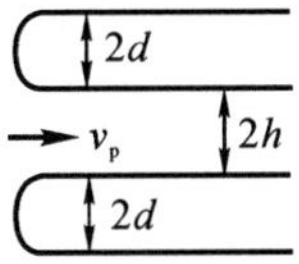	$K_{ENT} \simeq \dfrac{0.05}{1 + h/d}$
典型穿孔金属饰面	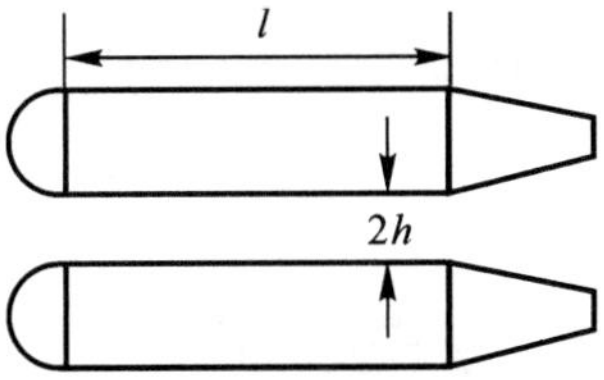	$K_F \approx 0.012\ 5$ $l=$挡板长度,不包括尾部和头部
方形尾部	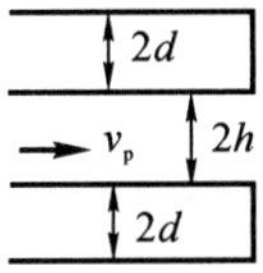	$K_{EX} = \left(\dfrac{1}{1 + h/d}\right)^2$
圆形尾部	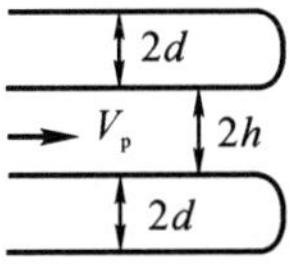	$K_{EX} = 0.7\left(\dfrac{1}{1 + h/d}\right)^2$
流线型尾部	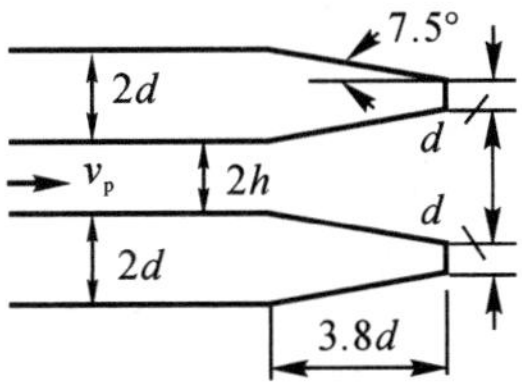	$K_{EX} = 0.6\left(\dfrac{1}{1 + h/d}\right)^2$

9.6.9　经济方面的考虑

对于大型消声器(如用于发电厂的消声器),压降和体积流率的乘积 $Q\Delta p$ 表示损失的大量功率(转化为热量)。在装置的整个设计寿命期间,产生这种功率的成本通常远远超过消声器的采购成本。因此,重要的是指定一个消声器压降,获得最低总成本。总成本包括购买和安装消声器所需的收入现值(随着允许压降的增加而减少)和操作消声器产生的能源成本(随着允许压降的增加而增加)所需的收入现值。最佳压降是总成本最低时的压降。关于如何预测消声器最佳压降的信息见参考文献[80]。

9.7 组合消声器

根据 9.1～9.3 节所述，很显然，由于反对数求和的算法，抗性消声器的 TL 通常有若干波谷，尽管存在峰值，这些波谷还是限制了 TL 的总值。声学内衬管道和直片式消声器（或隔板式消声器）不受此影响，它们具有宽带 TL 曲线的特征。然而，它们在低频时的性能（衰减）相当差，而在低频时，抗性消声器有一个相对边缘。摆脱这些限制的一种方法是将反射或抗性元件和阻性元件组合成一个组合消声器（或复合型消声器）。声学内衬增压室是组合消声器的一个典型例子。图 9.34～图 9.37 说明了该概念，并给出了该过程中的一些设计指南[81]。

图 9.34(a)是一个简单的无声衬轴对称膨胀室（th 为声衬厚度）。图 9.34(b)(c)分别显示了 18.2 mm 和 36.4 mm 厚带内衬（流阻率为 5 000 Pa·s/m²）的膨胀室（th 为声衬厚度）。图 9.34(d)比较了它们的轴向透射损失 TL_a（假设为刚性壳）的计算值。很明显，声衬的作用是提升甚至使波谷水平，特别是在中高频段。

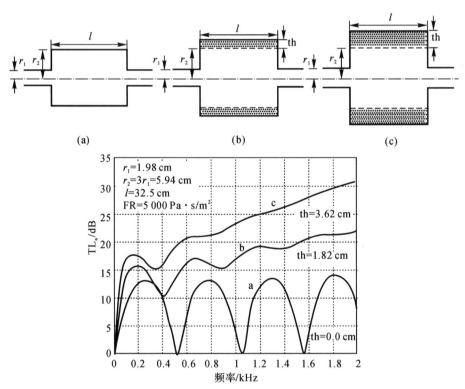

图 9.34　简单的膨胀室或增压室使用隔声声衬的结构和 TL_a 计算结果
(a)无声衬结构；　(b)18.2 mm 厚带内衬结构；　(c)36.4 mm 厚带内衬结构；　(d)TL_a 计算结果

图 9.35 显示了在声学内衬圆形管道中突然膨胀和收缩的效果（使内衬的径向厚度保持恒定）。注意到，区域不连续性（突然的阻抗失配）增加了 TL，特别是在低频（≤ 400 Hz）时。不仅增压室的外壳上有声衬，而且侧壁/板上也有声衬。虽然侧壁声衬有相当大的影响（在增加槽方面），但外壳声衬的影响更为明显。事实上，比较图 9.36 中的曲线 b 和 c 可知，侧壁声衬的相对影响微不足道。

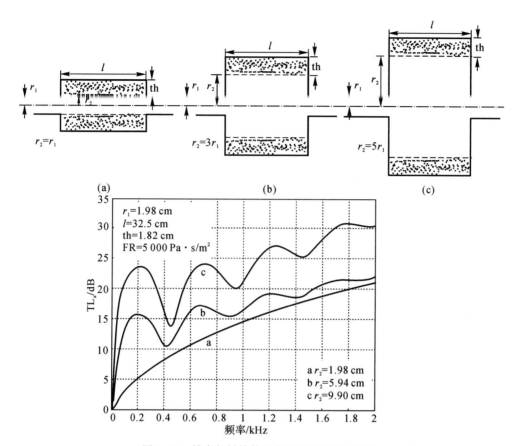

图 9.35　结合加衬管使用突然的区域不连续性

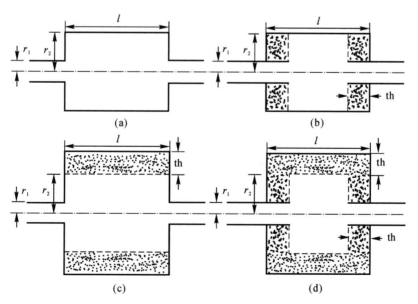

图 9.36　内衬壁和内衬壳的影响

(a)简单的膨胀室(增压室)；　(b)带加衬侧壁的膨胀室；　(c)带加衬外壳的膨胀室；

(d)带加衬外壳和加衬侧壁(或端板)的膨胀室

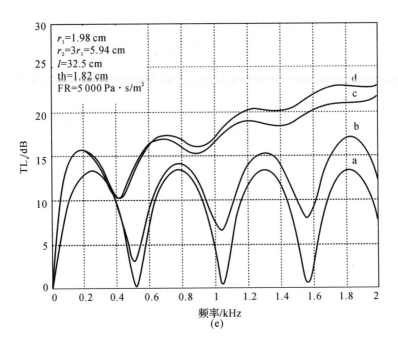

续图 9.36　内衬壁和内衬壳的影响

(e)TL$_a$ 计算结果

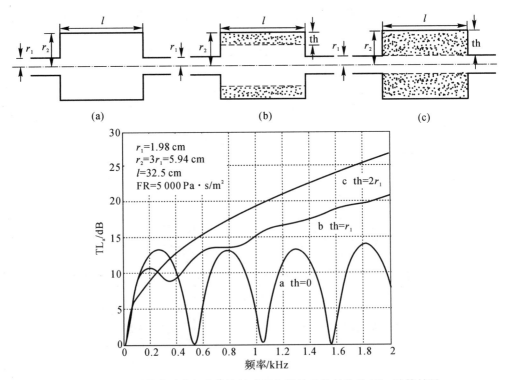

图 9.37　相同外壳总半径内的抗性元件与阻性元件结构及 TL$_a$ 计算结果

在上述所有三幅图中,安装声衬增加了消声器外壳的总半径。有时,增加外壳半径可能是不可行或不可取的。外壳内部声衬会降低突然膨胀和突然收缩的比率。图 9.37 所示为折中(反应和耗散之间)的影响,保持了外壳总半径不变。可以观察到,当简单的无衬腔室具有边缘时,在非常低的频率下,加衬管的性能相对较差,二者可以在组合消声器中互补。

参 考 文 献

[1]　P. M. Morse, "Transmission of Sound in Pipes," *J. Acoust. Soc. Am.*, **11**, 205 – 210 (1999).

[2]　L. Cremer, "Theory of Attenuation of Airborne Sound in a Rectangular Duct with Sound – Absorbing Walls and the Maximum Achievable Attenuation" (in German), Acustica, **3**, 249 – 263 (1953).

[3]　D. D. Davis, Jr., M. Stokes, D. Moore, and L. Stevens, "Theoretical and Experimental Investigation of Mufflers with Comments on Engine Exhaust Design," NACA Report 1192, 1954.

[4]　D. Davis, "Acoustical Filters and Mufflers," in C. Harris (Ed.), Handbook of Noise Control, McGraw – Hill, New York, 1957, Chapter 21.

[5]　N. Doelling, "Dissipative Mufflers," in L. Beranek (Ed.), Noise Reduction, McGraw –Hill, New York, 1960, Chapter 17.

[6]　T. Embleton, "Mufflers," in L. Beranek (Ed.), *Noise and Vibration Control*, McGraw – Hill, New York, 1971, Chapter 12.

[7]　L. Ericsson, "Silencers," in D. Baxa (Ed.), *Noise Control in Internal Combustion Engines*, Wiley, New York, 1982, Chapter 5.

[8]　M. L. Munjal, *Acoustics of Ducts and Mufflers*, Wiley, New York, 1987.

[9]　M. L. Munjal, "Muffler Acoustics," in F. P. Mechel (ed.), *Formulas of Acoustics*, Springer – Verlag, Berlin, 2002, Chapter K.

[10]　C. L. Molloy, "Use of Four Pole Parameters in Vibration Calculations,"*J. Acoust. Soc. Am.*, **29**, 842 – 853 (1957).

[11]　M. Fukuda and J. Okuda, "A Study on Characteristics of Cavity – Type Mufflers," *Bull Jpn. Soc. Mechan. Eng.*, **13**(55), 96 – 104 (1970).

[12]　R. J. Alfredson and P. O. A. L. Davies, "Performance of Exhaust Silencer Components,"*J. Sound Vib.*, **15**(2), 175 – 196 (1971).

[13]　M. L. Munjal, "Velocity Ratio Sum Transfer Matrix Method for the Evaluation of a Muffler with Mean Flow,"*J. Sound Vib.*, **39**(1), 105 – 119 (1975).

[14]　P. T. Thawani and A. G. Doige, "Effect of Mean Flow and Damping on the Performance of Reactive Mufflers,"*Can. Acoust.*, **11**(1), 29 – 47 (1983).

[15]　D. Ronneberger, "The Acoustical Impedance of Holes in the Wall of Flow Ducts,"*J. Sound Vib.*, **24**, 133 – 150 (1972).

[16]　T. Melling, "The Acoustic Impedance of Perforates at Medium and High Sound

Pressure Levels,"*J. Sound Vib.*, **29**(1), 1 – 65 (1973).

[17] P. D. Dean, "An In Situ Method of Wall Acoustic Impedance Measurement in Flow Ducts,"*J. Sound Vib.*, **34**(1), 97 – 130 (1974).

[18] J. W. Sullivan and M. Crocker, "Analysis of Concentric – Tube Resonators Having Unpartitioned Cavities,"*J. Acoust. Soc. Am.*, **64**(1), 207 – 215 (1978).

[19] J. W. Sullivan, "A Method for Modeling Perforated Tube Mufflers Components. I. Theory."*J. Acoust. Soc. Am.*, **66**(3), 772 – 778 (1979).

[20] J. W. Sullivan, "A Method for Modeling Perforated Tube Mufflers Components. II. Applications."*J. Acoust. Soc. Am.*, **66**(3), 779 – 788 (1979).

[21] K. Jayaraman and K. Yam, "Decoupling Approach to Modeling Perforated Tube Muffler Components,"*J. Acoust. Soc. Am.*, **69**(2), 390 – 396 (1981).

[22] P. T. Thawani and K. Jayaraman, "Modeling and Applications of Straight – Through Resonators,"*J. Acoust. Soc. Am.*, **73**(4), 1387 – 1389 (1983).

[23] M. L. Munjal, K. N. Rao, and A. D. Sahasrabudhe, "Aeroacoustic Analysis of Perforated Muffler Components,"*J. Sound Vib.*, **114**(2), 173 – 188 (1987).

[24] M. L. Munjal, M. V. Narasimhan, and A. V. Sreenath, "A Rational Approach to the Synthesis of One – Dimensional Acoustic Filters,"*J. Sound Vib.*, **29**(3), 148 – 151 (1973).

[25] M. L. Munjal, S. Krishnan, and M. M. Reddy, "Flow – Acoustic Performance of the Perforated Elements with Application to Design," *Noise Control Eng. J.*, **40**(1), 159 – 167 (1993).

[26] M. L. Munjal, "Analysis and Design of Pod Silencers,"*J. Sound Vib.*, **262**(3), 497 –507 (2003).

[27] C. W. S. To and A. G. Doige, "A Transient Testing Technique for the Determination of Matrix Parameters of Acoustic Systems, I: Theory and Principles,"*J. Sound Vib.*, **62**(2), 207 – 222 (1979).

[28] C. W. S. To and A. G. Doige, "A Transient Testing Technique for the Determination of Matrix Parameters of Acoustic Systems, II: Experimental Procedures and Results,"*J. Sound Vib.*, **62**(2), 223 – 233 (1979).

[29] C. W. S. To and A. G. Dogie, "The Application of a Transient Testing Method to the Determination of Acoustic Properties of Unknown Systems,"*J. Sound Vib.*, **71**(4), 545 – 554 (1980).

[30] T. Y. Lung and A. G. Doige, "A Time – Averaging Transient Testing Method for Acoustic Properties of Piping Systems and Mufflers with Flow,"*J. Acoust. Soc. Am.*, **73**(3), 867 – 876 (1983).

[31] M. L. Munjal and A. G. Doige, "Theory of a Two Source Location Method for Direct Experimental Evaluation of the Four – Pole Parameters of an Aeroacoustic Element,"*J. Sound Vib.*, **141**(2), 323 – 334 (1990).

[32] A. Galaitsis and E. K. Bender, "Measurement of Acoustic Impedance of an Internal

Combustion Engine,"*J*, *Acoust. Soc. Am.*, **58**(Suppl. 1) (1975).

[33] M. L. Kathuriya and M. L. Munjal, "Experimental Evaluation of the Aeroacoustic Characteristics of a Source of Pulsating Gas Flow,"*J. Acoust. Soc. Am.*, **65**(1), 240 –248 (1979).

[34] M. G. Prasad and M. J. Crocker, "Insertion Loss Studies on Models of Automotive Exhaust Systems," *J. Acoust. Soc. Am.*, 70(5), 1339 – 1344 (1981).

[35] M. G. Prasad and M. J. Crocker, "Studies of Acoustical Performance of a Multi – Cylinder Engine Exhaust Muffler System,"*J. Sound Vib.*, **90**(4), 491 – 508 (1983).

[36] M. G. Prasad and M. J. Crocker, "Acoustical Source Characterization Studies on a Multicylinder Engine Exhaust System,"*J. Sound Vib.*, **90**(4), 479 – 490 (1983).

[37] D. F. Ross and M. J. Crocker, "Measurement of the Acoustic Source Impedance of an Internal Combustion Engine,"*J. Acoust. Soc. Am.*, **74**(1), 18 – 27 (1983).

[38] A. F. Seybert and D. F. Ross, "Experimental Determination of Acoustic Properties Using a Two – Microphone Random Excitation Technique,"*J. Acoust. Soc. Am.*, **61**, 1362 – 1370 (1977).

[39] J. Y. Chung and D. A. Blaser, "Transfer Function Method of Measuring In – Duct Acoustic Properties II. Experiment,"*J. Acoust. Soc. Am.*, **68**, 914 – 921 (1980).

[40] M. L. Munjal and A. G. Doige, "The Two – microphone Method Incorporating the Effects of Mean Flow and Acoustic Damping," *J. Sound Vib.*, **137**(1), 135 – 138 (1990).

[41] H. S. Alves and A. G. Doige, "A Three – Load Method for Noise Source Characterization in Ducts," in J. Jichy and S. Hay, (Eds.),Proceedings of NOISE – CON, National Conference on Noise Control Engineering, State College, PA, Noise Control Engineering, New York, 1987, pp. 329 – 339.

[42] M. G. Prasad, "A Four Load Method for Evaluation of Acoustical Source Impedance in a Duct,"*J. Sound Vib.*, **114**(2), 347 – 356 (1987).

[43] H. Boden, "Measurement of the Source Impedance of Time Invariant Sources by the Two – Microphone Method and the Two – Load Method," Department of Technical Acoustics Report TRITA – TAK – 8501, Royal Institute of Technology, Stockholm, 1985.

[44] H. Boden, "Error Analysis for the Two – Load Method Used to Measure the Source Characteristics of Fluid Machines,"*J. Sound Vib.*, **126**(1), 173 – 177 (1988).

[45] V. H. Gupta and M. L. Munjal, "On Numerical Prediction of the Acoustic Source Characteristics of an Engine Exhaust System,"*J. Acoust. Soc. Am.*, **92**(5), 2716 – 2725 (1992).

[46] L. Desmonds, J. Hardy, and Y. Auregan, "Determination of the Acoustical Source Characteristics of an Internal Combustion Engine by Using Several Calibrated Loads,"*J. Sound Vib.*, **179**(5), 869 – 878 (1995).

[47] P. T. Thawani and R. A. Noreen, "Computer – Aided Analysis of Exhaust

Mufflers," ASME paper 82 – WA/NCA – 10, American Society of Mechanical Engineers, New York, 1982.

[48] L. J. Eriksson, P. T. Thawani, and R. H. Hoops, "Acoustical Design and Evaluation of Silencers,"*J. Sound Vib.*, **17**(7), 20 – 27 (1983).

[49] L. J. Eriksson and P. T. Thawani," Theory and Practice in Exhaust System Design," SAE Technical paper 850989, Society of Automotive Engineers, Warrendale, PA, 1985.

[50] M. L. Munjal, "Analysis and Design of Mufflers—An Overview of Research at the Indian Institute of Science,"*J. Sound Vib.*, **211**(3), 245 – 433 (1998).

[51] A. Jones, "Modeling the Exhaust Noise Radiated from Reciprocating Internal Combustion Engines—A Literature Review,"*Noise Control Eng. J.*, **23**(1), 12 – 31 (1984).

[52] M. L. Munjal, "State of the Art of the Acoustics of Active and Passive Mufflers," *Shock Vib. Dig.*, **22**(2), 3 – 12 (1990).

[53] V. Easwaran and M. L. Munjal, "Plane Wave Analysis of Conical and Experimental Pipes with Incompressible flow,"*J. Sound Vib.*, **152**, 73 – 93 (1992).

[54] E. Dokumaci, "On Transmission of Sound in a Non – uniform Duct Carrying a Subsonic Compressible Flow," *J. Sound Vib.*, **210**, 391 – 401 (1998).

[55] M. L. Munjal and P. T. Thawani, "Acoustic Performance of Hoses—A Parametric Study,"*Noise Control Eng. J.*, **44**(6), 274 – 280 (1996).

[56] K. S. Peat, "A Numerical Decoupling Analysis of Perforated Pipe Silencer Element," *J. Sound Vib.*, **123**, 199 – 212 (1988).

[57] K. N. Rao and M. L. Munjal, "Experimental Evaluation of Impedance of Perforates with Grazing Flow,"*J. Sound Vib.*, **108**, 283 – 295 (1986).

[58] M. L. Munjal, B. K. Behera, and P. T. Thawani, "Transfer Matrix Model for the Reverse – Flow, Three – Duct, Open End Perforated Element Muffler," *Appl. Acoust.*, **54**, 229 – 238 (1998).

[59] M. L. Munjal, B. K. Behera, and P. T. Thawani, "An Analytical Model of the Reverse Flow, Open End, Extended Perforated Element Muffler,"*Int. J. Acoust. Vib.*, **2**, 59 – 62 (1997).

[60] M. L. Munjal, "Analysis of a Flush – Tube Three – Pass Perforated Element Muffler by Means of Transfer Matrices,"*Int. J. Acoust. Vib.*, **2**, 63 – 68 (1997).

[61] M. L. Munjal, "Analysis of Extended – Tube Three – Pass Perforated Element Muffler by Means of Transfer Matrices," in C. H. Hansen (Ed.), *Proceedings of ICSV* – 5, International Conference on Sound and Vibration, Adelaide, Australia, International Institute of Acoustics and Vibration, Auburn, AL, 1997.

[62] A. Selamet, V. Easwaran, J. M. Novak, and R. A. Kach, "Wave Attenuation in Catalytical Converters: Reactive versus Dissipative Effects,"*J. Acoust. Soc. Am.*, **103**, 935 – 943 (1998).

[63]　M. L. Munjal and P. T. Thawani, "Effect of Protective Layer on the Performance of Absorptive Ducts," *Noise Control Eng. J.*, **45**, 14 – 18 (1997).

[64]　M. E. Delany and B. N. Bazley, "Acoustical Characteristics of Fibrous Absorbent Materials," *Appl. Acoust.*, **3**, 106 – 116 (1970).

[65]　F. P. Mechel, "Extension to Low Frequencies of the Formulae of Delany and Bazley for Absorbing Materials" (in German), *Acustica*, **35**, 210 – 213 (1976).

[66]　V. Singhal and M. L. Munjal, "Prediction of the Acoustic Performance of Flexible Bellows Incorporating the Convective Effect of Incompressible Mean Flow," Int. *J. Acoust. Vib.*, **4**, 181 – 188 (1999).

[67]　A Selamet, N. S. Dickey, and J. M. Novak, "The Herchel – Quincke Tube: A Theoretical, Computational, and Experimental Investigation," *J. Acoust Soc. Am.*, **96**, 3177 – 3199 (1994).

[68]　M. L. Munjal and B. Venkatesham, "Analysis and Design of an Annular Airgap Lined Duct for Hot Exhaust Systems," in M. L. Munjal (Ed.), *IUTAM Symposium on Designing for Quietness*, Kluwer, Dordrecht, 2002.

[69]　M. O. Wu, "Micro – Perforated Panels for Duct Silencing," *Noise Control Eng. J.*, **45**, 69 – 77 (1997).

[70]　P. O. A. L. Davies, "Plane Acoustic Wave Propagation in Hot Gas Flows," *J. Sound Vib.*, **122**(2), 389 – 392 (1998).

[71]　R. A. Scott, "The Propagation of Sound between Walls of Porous Material," *Proc. Phys. Soc. Lond.*, **58**, 338 – 368 (1946).

[72]　U. J. Kurze and I. L. Ver, "Sound Attenuation in Ducts Lined with Non – Isotropic Material," *J. Sound Vib.*, **24**, 177 – 187 (1972).

[73]　F. P. Mechel, "Explicit Formulas of Sound Attenuation in Lined Rectangular Ducts" (in German), *Acustica*, **34**, 289 – 305 (1976).

[74]　F. P. Mechel, "Evaluation of Circular Silencers" (in German), *Acustica*, **35**, 179 – 189 (1996).

[75]　F. P. Mechel, Schallabsorber (Sound Absorbers), Vol. III, Anwendungen (Applications), S. Hirzel, Stuttgart 1998.

[76]　M. L. Munjal, "Analysis and Design of Pod Silencers," *J. Sound Vib.*, **262**(3), 497 –507 (2003).

[77]　U. J. Kurze and I. L. Ver, "Sound Silencing Method and Apparatus," U. S. Patent No. 3,738,448, June 12, 1973.

[78]　ISO 14163 – 1998 (E), "Acoustics—Guidelines for Noise Control by Silencers," International Organization for Standardization, Geneva, Switzerland, 1998.

[79]　I. D. Idel'chik, *Handbook of Hydrodynamic Resistance, Coefficients of Local Resistance and of Friction*, translation from Russian by the Israel Program for Scientific Translations, Jerusalem, 1966 (U. S. Development of Commerce, Nat. Tech. Inf. Service AECTR – 6630).

[80] I. L. Ver and E. J. Wood, *Induced Draft Fan Noise Control*, *Vol*. 1: *Design Guide*, Vol. 2: *Technical Report*, Research Report EP 82 – 15, Empire State Electric Energy Research Corporation, New York January 1984.

[81] S. N. Panigrahi and M. L. Munjal, "Combination Mufflers—A Parametric Study," Noise *Control Eng*. *J*., Submitted for publication.

第10章 声音产生

噪声控制工程师的主要职责是知道如何以经济有效的方式降低观察者所在位置的设备产生的噪声。降噪实现方式如下：①在声源处降噪；②沿着传播路径，通过在声源和接收器之间设置广泛的屏障，安装消声器等，如第5章和第9章所述；③在接收器处，通过包围接收器，如第12章所述，或者通过有源噪声控制在接收器周围设立有限的"静默区"，如第18章所述。

通过降低声辐射效率，可以在声源处实现最有效、最经济的噪声控制。声源噪声产生效率的降低导致所有观察者位置的噪声相应降低。相比之下，设置屏障、包围接收器，以及在接收器处设立局部的"静默区"，只针对有限的空间区域有效。在有噪声的设备上安装消声器是一件很麻烦的事情，通常会增加设备的尺寸和重量，降低设备的机械效率。后两种方法通常被称为暴力方法。

如果给定振动速度，通过改变物体的形状，可以被动地降低声源处的噪声辐射效率；如果给定作用在物体上的振动力，通过改变物体的形状和质量，可以被动地降低声源处的噪声辐射效率。通常通过在物体附近放置具有相同体积位移但相位相反的次级声源可以主动降低声辐射效率，如第18章所述，或者通过无源和有源措施的组合可以主动降低声辐射效率。

如果结构可能发生变化，则应首先实施无源措施，即通过主动方式实现所需的额外降噪。即使无源噪声控制措施不能实现所有所需的降噪，也会降低对降噪扬声器功率处理能力的要求。此外，在有源控制失效的情况下，无源噪声控制措施仍然有效。最理想但也最难实现的无源噪声控制措施是需要改变设备结构的措施。降低声辐射效率的相同结构变化也可以提高设备的机械效率，这种情况并不少见。每台机器的主要目的是执行特定的（通常是机械的）功能。噪声是不需要的副产品。在不影响设备主要功能的情况下，必须一直降低声源处的声辐射效率。正如稍后所述，始终通过减少作用在周围流体上的力降低任何噪声源的声辐射效率。

10.1 声辐射的基础知识

本章讨论小型脉动和振荡刚体的声辐射。在本章中，形容词"小型"的意思是与声波波长相比，物体的尺寸很小。第11章将讨论大型物体的声辐射。参考文献[1]详细讨论了所有类型物体的声辐射。

10.1.1 历史回顾

技术声学是应用物理学的一个分支。所有声学现象均可以从牛顿基本定律中推导出来。在20世纪早期，技术声学主要是由具有很强电磁学背景的物理学家或电子工程师发展起来的。原因是只有他们有数学背景讨论一般的动力学现象，最重要的是讨论波动方程。那时，机械工程师的教育几乎完全是关于结构的静态变形和流体动力学中的缓慢现象。物理学家通常采用有助于数学分析的数学形式描述声学现象。遗憾的是，机械工程师通常并不熟悉单极子、偶极子、四极子、等效电路和短路等形式。这对机械工程师来说形成了人为的障碍，由于对机械工程师在动力学现象方面的教育的急剧增加，在最近几十年才克服了这些障碍。

本章尝试解释采用一种笔者认为可行的形式来产生声音的重要现象，其前提是机械工程师已经建立了关于声音产生的理论。正如本章剩余部分所述，在不了解单极子、偶极子、四极子和等效电路的情况下，可以充分描述声辐射现象。

通过声源施加在流体上的力和力矩来表征声源，而不是赋予等效点声源、偶极子强度和四极子强度等抽象描述符的优点是，这种表征能够更好地理解所涉及的物理现象，并识别控制所有类型的声音产生过程的实际物理参数。

10.1.2 小型刚体声辐射的定性描述

在无界流体中振荡的小型刚体受到三种反作用力：①加速流体离开刚体所需的惯性力；②压缩流体的力；③因流体的黏度产生的摩擦力。

惯性力是迄今为止最大的力，与刚体的速度呈90°异相。压缩力与速度同相，比惯性力小得多。然而，由于压缩力决定了声辐射，因此必须将其考虑在内。与其他两种力相比，摩擦力通常足够小，因此可以通过假设流体没有黏度而忽略不计。

声音是由引起流体(气体或液体)局部压缩的现象产生的。本章讨论了由小型刚体的脉动和振荡运动以及作用在流体上的点状力和力矩产生的最常见的声源。

任何使用过自行车打气筒的人均可以证明，当阀门关闭时，保持活塞的重复泵送运动需要相当大的力。封闭空腔内空气的压缩会产生一个大的反作用力，该反作用力与活塞的运动相反。相反的力只取决于冲程的大小，而不取决于泵送的速度。

当阀门打开且软管未连接到轮胎上时，进行相同的重复泵送运动所需的力要小得多。在此情况下，抵抗冲程的力是推动气团(冲程乘以活塞表面积乘以空气密度)通过打开的阀门所需的惯性力。惯性力与气团的加速度(即泵送运动的速度)成正比。如果重复率低，反作用力会非常小，并且随着重复率的增加而增大。在足够高的重复率下，与压缩打气筒内的空气相比，在越来越短的时间内加速必须通过打开的阀门的气团会变得更加困难。在此情况下，使用漏气打气筒所需的力接近在阀门关闭的情况下使用打气筒所需的力。

正如将了解到的，在小型刚体的声辐射中观察到类似的特性，其中只有当移开脉动或振荡刚体附近的流体所需的力与压缩流体所需的力达到相同大小时，才能真正压缩周围的流体。

1. 小型脉动刚体

如果小型物体(例如脉动球体)在低频下工作，此时声波长比可听声波波长大，则压力有两个分量。一个与脉动表面速度呈90°异相，一个小得多的分量与脉动表面速度同相。前一个分量是由于周围流体的惯性，在脉动表面向外运动的过程中，周围流体被推入一个更大的球形区域，而在向内运动的过程中，在没有受到太大的压缩的情况下，周围流体被拉回。压力的后一个分量与表面速度同相，是由于周围流体的压缩。

克服来回晃动流体体积的惯性所需的力随着频率的增加而增大，表面压力的同相分量也是如此。在波长小于球体半径6倍的频率以上，压缩流体比加速流体体积更容易，脉动球体成为有效的声辐射器。压力的同相分量和90°异相分量均匀分布在球体表面，脉动球体全方位辐射声音。

在低频时，不仅脉动球体，所有小型脉动刚体均具有全方位的声辐射方向图，远场声压和辐射声功率仅取决于净体积通量和频率,而与振动模式如何分布在其表面上无关。由于这些独特特性,小型脉动刚体被称为单极子。

2. 小型振荡刚体

对于振荡刚体(例如振荡球体),被向前运动半球体推开的流体会被向后运动半球体所产生的空隙"吸入"。流体在两极之间的球体周围来回流动。流体速度在球体表面附近最高,并随着径向距离的增加呈指数降低。指数降低的速度场被称为近场。近场的动能通量取决于刚体的几何形状、振荡运动的方向和刚体周围流体的密度。附加质量/流体密度是刚体及其运动的一个特性。在声学文献中将其称为附加体积。在流体动力学文献中,附加质量系数被定义为附加体积 V_{ad} 与刚体体积 V_b 之比。

极点(位于振荡运动的方向)之间的推拉作用使得流体容易来回流动,并且对于相同的表面速度,小型振荡刚性球体的表面经受比脉动球体小得多的反作用压力,并且辐射的声音也少得多。振荡球体表面的反作用压力的大小在径向速度最大的极点处最大,在径向速度为零的赤道处为零。因此,声辐射方向图在振荡运动的方向上最大,在垂直于振荡运动的方向上为零。这种特性并不局限于振荡球体,而是适用于任何形状的小型振荡刚体。类似于由振荡电荷引起的磁场的类似辐射方向图,小型振荡刚体被称为偶极子声源。

通过求球体表面压力分布的积分,可以得到施加在流体上的净振荡力。力指向振荡运动的方向。正如稍后所述,对于声辐射,一个小型振荡刚体相当于作用在流体上的点状力(即由一个小表面施加的压力)。辐射声功率是刚体速度和与速度同相的净反作用力分量的乘积。

只有少数刚体表面的反作用压力分布是已知的。因此,不能直接得到其施加在流体上的净振荡力(以及辐射声场)。正如稍后所述,根据刚体的振荡速度和几何形状以及在振荡运动方向上的附加质量,可以预测这些刚体施加在流体上的力(以及其声辐射方向图)。后者通常可以在流体动力学文献中找到,或者可以通过测量支撑在弹簧上的刚体的共振频率确定。首先将其放入真空中,然后浸入流体(最好是液体)中。

3. 力矩激励:横向四极子

在相同方向上呈 180°异相振荡的两个间隔很近的相同的小型刚体,或者呈 180°异相作用在流体上的两个间隔很近的平行的点状力,被称为横向四极子。构成力矩的力通常是由剪切应变引起的。这两种描述均有助于理解声辐射特性。

如果我们考虑在相反方向振荡的两个间隔很近的小型刚体的表述,可以得出,被一个刚体的极子推开的流体不需要流动到相反的极子,而是会容易流动到第二个刚体向后运动的极子所产生的空隙。每个刚体表面上的反作用压力,以及由此产生的声场,均比只有一个刚体振荡时产生的要小得多。

如果我们考虑两个平行的、间隔很近的点状力的模型,我们会发现横向四极子代表了流体受到一个力矩的激励。声源强度的特征在于力矩,无论力矩是由彼此间隔非常近的大的力构成,还是由间隔距离较大的较小的力构成(只要该距离仍然比波长小得多)。

横向四极子在两个平面上的声辐射方向图为零。第一个是垂直于由两个平行力所定义的平面,并在中间与力的平面相交。位于该平面上的所有点与两个朝相反方向运动的刚体之间的距离相等,其对声场的贡献量相互抵消[2]。零声压的第二个平面垂直于振荡刚体的运动方向并穿过其中心。由于构成横向偶极子的两个振荡刚体在这些方向上的径向速度为零,因此该平面上所有点的声压均为零。

声辐射方位图在两个平面上具有最大值。这两个平面均以 45°角与零平面相交。在二维空间中，辐射方位图类似于老式的四叶螺旋桨，4 个叶片表示 4 个最大值，叶片之间的空隙表示最小值。

如果两个相反的力大小不同，则声辐射方位图是与力矩（该力矩由具有与较小的力相同大小的两个相反的力构成）相关的四极子辐射方位图和与等于两个力之差的单点状力相关的偶极子方位图的叠加。

由于偶极子方位图的最大值"填满"了四极子方位图的零平面，因此得到的辐射方位图在任何方向上均没有零值。

4. 沿直线排列的两个相反的力产生的声激励：纵向四极子

如果将两个大小相等但方向相反的动力（相距较小）放在直线上（或两个相同的小型刚体呈 180°异相振荡），则其声辐射方位图类似于单点力的声辐射方位图。然而，指向力的方向的两个最大波瓣要窄得多，辐射声功率也要比仅一个力作用在流体上时小得多。类似于由两个在相反方向上振荡的间隔很近的电荷产生的磁场的指向性图案，这种类型的声源被称为纵向四极子。当一个小型刚体在接近并垂直于水–气界面的水中振荡时，就会出现这种辐射方向图。在此情况下，镜像代表呈 180°异相振荡的相同的第二刚体。

如果两个相反的力大小不同，则得到的辐射方位图是纵向四极子和偶极子方位图的叠加。由于在垂直于力并穿过力对的中心的平面上，两个辐射方位图均具有零值，因此得到的辐射方位图在该平面上具有零值。偶极子分量的贡献量加宽了两个最大波瓣。

5. 辐射声功率

上述所有声源辐射的声功率也可以通过求以声源声学中心为中心的大半径（$kr \gg 1$）球体的强度 $p_{rms}^2(r, \vartheta, \theta)/\rho_0 c_0$ 的积分来确定，式中，$p_{rms}^2(r, \vartheta, \theta)$ 是在角 ϑ 和 θ 指定方向上距离 r 处声压的均方值。

10.1.3 声辐射的声学参数

本节简要介绍流体的声学参数，包括声速、密度和平面波声阻抗。

1. 声音在流体中的传播速度

处于平衡状态的流体和气体分子以相等的概率进行随机运动，方向为 c_t，静止流体中的传播速度为 c_0，则有[2]

$$c_0 = c_t \sqrt{\gamma} = \sqrt{\frac{\gamma R T}{M}} \tag{10.1}$$

式中　γ——比热比，$\gamma = c_p/c_v$，对于空气，$\gamma \approx 1.4$，对于蒸气，$\gamma \approx 1.3$；

　　　R——通用气体常数（$R = 8.9$ J/K）；

　　　T——绝对温度（K）；

　　　M——摩尔质量，空气为 0.029 kg/mol，蒸气为 0.018 kg/mol。

对于空气，由方程式（10.1）得出

$$c_0 = 20.02\sqrt{T(\text{K})} = 342.6\sqrt{\frac{T(\text{K})}{293}} = 342.6\sqrt{\frac{T(\text{℃}) + 273}{293}} \tag{10.2}$$

对于 20℃ = 68℉ = 293 K 的空气，声波在空气中传播的传播速度为 $c_0 = 342.6$ m/s。各个分子以随机方式相互碰撞，相互交换动量。如果分子撞击到坚固的防渗墙上，就会反弹回来。当作用在流体上的动力将非常小但有组织的动态速度叠加在分子的非常大的随机速度上时，就会产生声音。"有组织"一词是指在周期性运动的情况下，叠加速度具有特定方向和特定频率，而在随机运动的情况下，叠加速度具有方向，其频率组成可以用功率谱或自相关函数来描述，如第 3 章所述。在静止流体中，通过激励获得的分子动能引起压缩，从而加速分子。在静止流体中，动能和势能在任何小体积的流体中均是平衡的。如果声源作用在运动介质上，动能取决于流体运动的速度和方向。在本章中，我们只讨论固定介质。第 15 章将讨论运动介质中的声辐射。

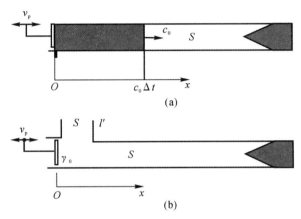

图 10.1　将声音辐射到无限长或消声端接的小直径刚性管道中的振荡平面刚性活塞
(a)确定流体平面波阻抗的假设实验，无侧边支管；
(b)与活塞的表面积和有效长度 l' 相同横截面面积 S 的开口侧支管

我们所遇到的叠加的有组织的声音质点速度通常在 10^{-8}[相当于 14 dB(以 20 μPa 为基准值)声压级]$\sim 10^{-4}$ m/s(相当于 94 dB 声压级)的范围内。

2. 平面波阻抗

可以通过进行类似于图 10.1(a)所示的英加德[2]建议的实验的假设实验得到平面波阻抗。

假设实验 1　如图 10.1(a) 所示，假设表面积为 S 的平面刚性活塞位于小直径(比波长小得多)无限长或消声端接管的左端，管壁为刚性壁，充满密度为 ρ_0 和声速为 c_0 的流体。如果活塞以 v_p 的恒定速度向右运动，活塞的表面会受到反作用压力。为了确定定义为 $Z_0 = p(x=0)/v_p$ 的平面波阻抗，我们需要求出以活塞速度 v_p 在活塞-流体界面($x=0$)处产生的特定压力 $p(x=0)$。在时间 Δt 时，左侧流体的阴影体积 $S_0 c_0 \Delta t$ 获得了质点速度 v_0，而右侧流体的其余部分静止不动。流体在时间 Δt 内获得的动量 M 为 $M = v_0 \rho S_0 c_0 \Delta t$。根据牛顿定律，界面上的力为

$$F(x=0) = Sp(x=0) = \frac{\mathrm{d}}{\mathrm{d}t}M\Delta t = v_p \rho_0 Sc_0 \tag{10.3}$$

可得平面波阻抗 Z_0：

$$Z_0 = \frac{p(x=0)}{v_p} \rho_0 c_0 \tag{10.4}$$

在实心杆上进行相同的思维实验，得到固体的平面波阻抗为

$$Z_0 \approx \rho_M c_L \tag{10.5}$$

式中　c_L——纵波在杆中的传播速度，$c_L = (E/\rho)^{1/2}$，E 为弹性模量；

　　　ρ_M——固体材料密度，kg/m^3。

如果活塞以 $v_p e^{j\omega t}$ 形式的速度振荡，从 $t=0$ 开始，充满流体（空气）的管道中的声压为

$$p(x,t) = v_p \rho_0 c_0 e^{-jkx} e^{j\omega t} \tag{10.6}$$

活塞辐射的声功率 W_{rad} 为

$$W_{rad} = \frac{1}{2} \hat{v}_p \text{Re}[\hat{p}_p(x=0)] S\rho_0 c_0 \tag{10.7}$$

在式（10.6）和式（10.7）中，$\omega = 2\pi f$，f 是频率，$k = \omega/c_0$ 是波数，符号上方的帽形符号表示峰值。由式（10.6）和式（10.7）可知，密度和声速的乘积越大，给定激励速度 v 产生的声压和辐射功率越大。

例如，当在空气柱、水柱和钢柱中产生平面波时，强制速度 $v = 1\ \text{mm/s} = 10^{-3}\ \text{m/s}$ 将产生声压 p、声压级 SPL（单位为 dB，以 $2 \times 10^{-5}\ \text{N/m}^2$ 为基准值），见表 10.1。假设横截面面积为 $10^{-4}\ \text{m}^2$，我们也可以预测辐射声功率 W_{rad}。

表 10.1　平面波 $v = 10^{-3}\ \text{m/s}$ 时的声压、声压级和预测辐射声功率

材　料	$\rho/(\text{kg}\cdot\text{m}^{-3})$	$c/(\text{m}\cdot\text{s}^{-1})$	$p/(\text{N}\cdot\text{m}^{-2})$	SPL/dB	W_{rad}/W
刚性管内的空气	1.21	344	0.42	86	4.2×10^{-8}
刚性管内的水	998	1481	1478	157	1.5×10^{-4}
空气中的钢筋	7700	5050	3.9×10^4	186	3.9×10^{-3}

在平面波中，界面处振动激励产生的所有体积位移均转化为压缩，界面处产生的声压与激励速度同相。在此情况下，声辐射是可以达到的最大值。在其他情况下，因振动激励而位移的体积主要用于"推开"而不是压缩流体，因此在界面处产生的声压要小得多。也就是说，压力只有一个与激励振动速度同相的小分量，这是因为小型物体低频声辐射效率低。对于此类小声源，随着频率的增加保持相同的速度意味着越来越难以推开流体。当压缩流体比推开流体容易得多时，界面产生的压力达到最大值，并与激励速度几乎同相，声辐射的效率接近平面波的效率。剩余的非常小但有限的相位差是必要的，因为其决定了波阵面的曲率半径。

3. 在带有开口侧支管的刚性管中产生声音的活塞

为了定量说明如果推开流体比压缩流体容易，则会降低声音产生效率的效果，请考虑图 10.1(b) 所示的情况。不同于图 10.1(a) 所示的情况，在活塞附近的管道上增加了一个开口侧支管。假设活塞、主管和侧支管均具有相同的横截面面积 S，并且开口侧支管的有效长度为 l'。侧支管中的气团为 $\rho_0 S l'$。推开气团所需的力 $j\omega v_p \rho_0 S l'$ 小于压缩流体所需的力 $v_p \rho_0 c_0 S$，并且开口侧支管的存在会降低活塞在流体上施加力的能力。

根据下式可以得出峰值速度幅值为 $\hat{v}_p$ 的振荡活塞产生的声压：

$$\hat{p}(x=0) = \hat{v}_p \frac{1}{1/(j\omega\rho_0 l') + 1/(\rho_0 c_0)} \tag{10.8}$$

分离式（10.7）中的实部和虚部可得出

$$\hat{p}(x=0) = \hat{v}_p \frac{(\omega\rho_0 l')^2 \rho_0 c_0 + (j\omega\rho_0 l')(\rho_0 c_0)^2}{(\rho_0 c_0)^2 + (\omega\rho_0 l')^2} \tag{10.9}$$

在低频下,当 $\omega\rho_0 l' \ll \rho_0 c_0$,由式(10.8)可得出

$$\hat{p}(x=0) \approx \hat{v}_p(\mathrm{j}\omega\rho_0 l') \tag{10.10}$$

在高频下,当 $\omega\rho_0 l' \gg \rho_0 c_0$,由方程式(10.8)可得出

$$\hat{p} \approx \hat{v}_p\rho_0 c_0 \tag{10.11}$$

由式(10.9)和式(10.10)可知,活塞产生的声压很小,几乎与活塞速度呈90°异相,并随频率 ω 呈线性增加。使用电气工程师的词汇,开口侧支管中气团的低阻抗 $\mathrm{j}\omega\rho_0 l'$,"分流"管中流体的平面波阻抗 $\rho_0 c_0$。

更具体地说,在低频下,因振荡活塞而位移的大部分体积流入开口侧支管,在开口侧支管遇到的"阻力"很小,只有很小一部分流入主管。因此,由于侧支管和主管的存在,施加在活塞上的反作用力的大小仅比保持侧支管中的流体团振荡所需的小力大一点。同样的微弱力施加在主管中的流体上,这个力比侧支管的入口关闭时的力要小得多。因此,主管中的声压也大大减小。

活塞辐射到主管中的声功率是活塞速度和与速度同相的反作用力的小分量的乘积,可得

$$W_{\mathrm{rad}} = \frac{1}{2}\hat{v}_p\mathrm{Re}\left[\hat{p}(x=0)\right]S = \frac{1}{2}\hat{v}_p^2 S\frac{\rho_0 c_0 (\omega\rho_0 l')^2}{(\rho_0 c_0)^2+(\omega\rho_0 l')^2} \tag{10.12}$$

变量上方的帽形符号表示峰值振幅。如果使用活塞速度的均方根值,则方程式(10.12)中将省略因数 $\frac{1}{2}$。

由式(10.12)可知,在低频下,当 $\omega\rho_0 l' \ll \rho_0 c_0$ 时,辐射声功率随着频率的降低而接近零。在高频下,当 $\omega\rho_0 l' \gg \rho_0 c_0$ 时,辐射声功率与频率无关,并且接近式(10.7)中没有开口侧支管的管道所获得的值。

4. 带有代表脉动球体声辐射的开口侧支管的管道

根据克里默和休伯特[3]的定性建议,我们为式(10.9)和式(10.12)中的 S 和 l' 赋予了具体的值,即 $S = 4\pi a^2$,$\hat{v}_p = \hat{v}_s$,$l' = a$,考虑到波数 $k = \omega/c_0$ 和 $\hat{v}_p S = \hat{v}_s 4\pi a^2 = \hat{q}$ 是声源的峰值体积速度,式(10.9)给出了熟知的球体表面声压峰值的公式[3]:

$$\hat{p}(a) = \hat{v}_s\frac{\mathrm{j}\omega\rho_0 a}{1+\mathrm{j}ka} \tag{10.13}$$

还应注意,侧支管中的流体体积为 $V_{\mathrm{ad}} = 4\pi a^3$,流体的附加质量为 $M_{\mathrm{ad}} = 4\pi a^3\rho_0$。对于脉动球体,体积 V_{ad} 是球体体积的3倍,在声学文献中称为附加体积,M_{ad} 称为附加质量。附加质量在小型脉动和振荡刚体的声辐射中起着中心作用。附加质量是对这些刚体对周围流体施加动力的能力的量度。

将相同的值代入式(10.12)中,得到熟知的由半径为 a 和峰值表面速度为 $\hat{v}_s$ 的脉动球体辐射的声功率公式[4]:

$$W_{\mathrm{rad}} = \hat{v}_s^2 4\pi a^2\left(\frac{\rho_0 c_0}{2}\right)\frac{(ka)^2}{1+(ka)^2} = \hat{q}^2\left(\frac{\rho_0 c_0}{2}\right)\frac{(ka)^2}{1+(ka)^2} \tag{10.14}$$

10.1.4　体积位移声源的声辐射

为了描述小体积位移声源的声辐射,我们采取了不同寻常的方法,从声源在最受约束的环境中工作的情况开始,然后逐渐减弱约束,最终得到声源在无扰动无限流体中工作的不受约束的情况。

图 10.2(a) 显示了采用在刚性线性喇叭口中以轴向速度 v_p 振动的活塞表示的体积位移声源的起始点。喇叭代表约束。线性喇叭是一个尖端被切断的刚性空心圆锥。切断端为喇叭的吹口。线性喇叭的横截面面积的直径随着与尖端的距离 r 的增加而线性增加，并且其横截面面积随着 r^2 的增加而增加。选择适当的喇叭口的横截面面积 $l\theta$，以适合说话者嘴部。符号 θ 是立体角(θ 等于 1/4 空间的 π，半空间的 2π，全空间的 4π，如图 10.3 所示)。

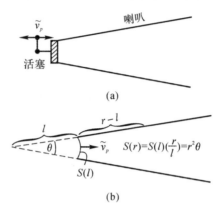

图 10.2　驱动线性声喇叭的振动活塞声源

喇叭大端的横截面面积选择为 $S_{端部} \geqslant \lambda^2 \geqslant c_0^2/f_{int}^2$，其中，$f_{int}$ 是最低响应频率(对于语音通信通常为 500 Hz)，因此实际上喇叭远端没有声音反射。如果满足此条件，线性喇叭的使用相当于通过喇叭的端部和吹口横截面面积的比率来增加说话者嘴部尺寸，如图 10.2(b)所示。

喇叭的横截面面积可以表示为

$$S(r) = \theta r^2 \tag{10.15}$$

根据克里默和休伯特[3] 的观点，作为与尖端距离函数的喇叭内部的声压可以表示为

$$\tilde{p}(r) = \frac{\tilde{v}_p (l/r)}{1/(\rho_0 c_0) + 1/(j\omega\rho_0 l)^2} \tag{10.16}$$

式中　　v_p—— 喇叭口处活塞的振动速度；

　　　　l—— 从锥体的切断尖端到吹口端的径向长度，如图 10.2 所示。

由式(10.16)可知以下几点。

(1) $j\omega\rho_0 l$ 代表附加质量，该附加质量是横截面膨胀的结果，从而有可能将流体推离轴。在极端情况下，当 $\theta \to 0$ 时，喇叭变成刚性管，附加质量变成无穷大。这意味着管道中的近场延伸到无穷远。

(2) 声音在所有频率下在线性喇叭中传播(指数喇叭中不存在这种情况，在指数喇叭中，声音不会在低于截止频率的频率下传播)。

(3) 在低频下，当 $kl = (\omega/c_0)l \ll 1$ 时，声压随频率线性增加，$p(r) \approx j\omega\rho_0 (l^2/r)\tilde{v}_p$。

(4) 在频率 $\omega \geqslant c_0/l$ 以上，线性喇叭以最高效率工作，作为距离函数的声压变为 $p(r) \approx v_p (l/r)\rho_0 c_0$。

考虑到喇叭口处的体积速度为 $q = v_p \theta l^2$，辐射声功率为

$$W_{rad} = q^2 \rho_0 c_0 \left(\frac{k^2}{\theta}\right) \frac{1}{1+(kl)^2} = q^2 \frac{\rho_0 \omega^2}{c_0 \theta} \left[\frac{1}{1+\pi (S/\lambda^2)(4\pi/\theta)}\right] \tag{10.17}$$

图 10.3 显示了在我们通过将立体角 θ 从 0 增加到 4π 来逐渐削弱约束后出现的情况。在极端情况下,当喇叭的立体角 θ 为零且尖端长度 l 接近无穷大时,喇叭变成圆柱形管,如上面的示意图所示。在这种极端情况下,管道中的声压为

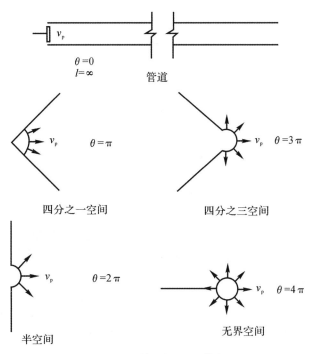

图 10.3 增加喇叭的立体角 θ

$$p(r,t) = (q/S)\, e^{-jkr}\, e^{j\omega t} \tag{10.18}$$

这表明理论上声压大小不会随着距离的增加而减小。该特性的实际应用如图 10.11(a) 所示。

现在考虑将喇叭的立体角从 $\theta=0$ 增加无穷小的 $\Delta\theta$ 的影响。其结果是声场特性的现象学变化,即声压在无限大的轴向距离处接近零,而管道的声压将保持与活塞表面一样高。这种量子跳跃在牛顿物理学中是不允许的。声场特性的变化是快速而连续的。在管道的恒定横截面面积中,近场无限延伸。在具有无穷小立体角的线性喇叭中,近场几乎无限延伸。由于实际上只有有限长度的管道和喇叭,因此在具有无穷小立体角的消声端接的有限长度喇叭末端附近的传声器的声压实际上与管道中的声压相同。

现在以具有实际意义的立体角探讨式(10.17)中给出的线性喇叭的特性。由式(10.17)可得

$$W_{\text{rad}} = q^2 (\rho_0 c_0) \left(\frac{k^2}{4\pi}\right) n \tag{10.19}$$

式中,$n=1$,即体积声源位于无限无扰动流体中时;$n=2$,即体积声源被嵌装在无限坚硬平面挡板中并辐射到半空间中时;$n=4$,即声源位于二维角落并辐射到 1/4 空间时;$n=8$,即声源位于三维角落并辐射到 1/8 空间时。

如果存在净体积位移(就远场声压和辐射声功率而言),振动表面上速度的具体分布并不重要。这是因为非体积位移振动模式(偶极子、四极子等)辐射低频声音的效率远低于体积位

移振动模式。

图 10.4 显示了振动速度分布不同但净体积速度相同的体积声源,下行图中实线和虚线表示振动表面在两个时间点的位置。实线表示最大体积位移位置,虚线表示最小体积位移位置。

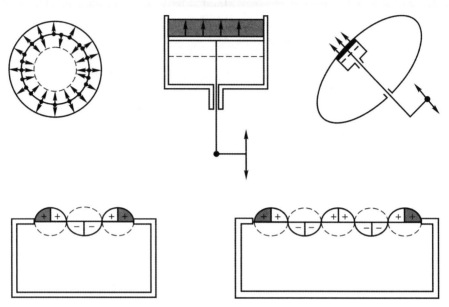

图 10.4　振动速度分布不同但净体积速度相同的小体积声源

脉动球体最大可达到体积速度的极限。体积 $V_{球体} = 4\pi a^3/3$ 的小型脉动球体可达到的最大峰值体积速度 $\hat{q}_{max}$ 受到以下限制:① 体积位移不可能大于球体体积;② 不具有超声速表面速度的要求;③ 将非线性失真保持在可接受范围内的要求。在下面的方程式中将对这些要求进行解释,即

$$\frac{\hat{q}_{max}}{V_{球体}} \leqslant \frac{n}{a/(3c_0) + 1/(12\pi\omega)} \tag{10.20}$$

式中,分母的第一项表示第一个极限,第二项表示第二个极限;分子的因数 $n \ll 1$,表示第三个极限。

结合式(10.19)和式(10.20)并求解 $\hat{W}_{rad}$,得出半径为 a 的脉动球体能产生的最大峰值声功率:

$$\hat{W}_{rad}(max) \leqslant 2\pi\left(\frac{\rho_0 c_0^3 a^4 k^2 n^2}{\{1 + [3/(12\pi)][1/(ka)]\}^2}\right) =$$
$$2\pi\left(\frac{\rho_0 \omega^2 c_0 a^4 n^2}{\{1 + [3/(12\pi)][c_0/(\omega a)]\}}\right) \tag{10.21}$$

如果我们使用脉动球体作为扬声器来再现声音和音乐,则在 $0.001 \sim 0.01$ 范围内选择 n 较为合适,以使峰值事件的失真保持在可容忍的范围内。

十二面体形状的隔声罩通常用于模拟全向体积声源,隔声罩的 12 个面上均嵌装有扬声器。图 10.5 中上面的照片显示了作者为美国国家航空航天局兰利研究中心开发的一种特殊的互易换能器[5-7](扬声器)。图 10.5 中下面的照片显示了从扬声器中心拆除的内部传声器。

内部传声器用于校准低频下的体积速度,测量和补偿声学负载(当扬声器放置在小的受限环境中,例如汽车内部或飞机驾驶舱内或放置在边界附近)对体积速度的影响,以及测量低频下的非线性失真。通过将换能器校准为传声器,并利用互易性原理获得作为施加到扬声器电压函数的体积速度,来实验性地完成换能器在中频和高频下的体积速度校准。

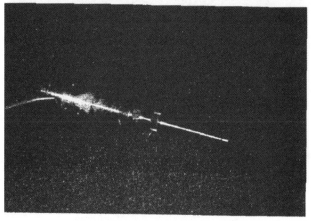

图 10.5　边长为 4 in(0.101 6 m)的十二面体扬声器(用于模拟脉动球体作为全向声源,
并进行体积速度校准和声学负载补偿)的照片

示例 10.1　在失真参数 $n=0.005$ 和 $n=0.01$ 的情况下,确定在 100 Hz 下辐射 1 W 峰值声功率的脉动球体的最小半径 $a_{\min}$。

解　当半径为 a 时,求解式(10.21)可得

$$a_{\min} = \begin{cases} 0.088 \text{ m} \approx 3.5 \text{ in}, & n=0.005 \\ 0.075 \text{ m} \approx 3 \text{ in}, & n=0.01 \end{cases}$$

上述研究表明,要在低频下辐射出物理上有意义的声功率,需要相当大的声源。因此,点声源实际上是不可能的。此外,如果不存在点声源,则没有物理上有意义的声学偶极子和四极子。

因此,在工程声学词汇中替换以下内容在物理上更有意义:小体积声源代替单极子或点声源,力(作用在流体上)代替偶极子,力矩(作用在流体上)代替四极子。

10.1.5 非体积位移声源的声辐射

图 10.6(a)(b) 显示了无界流体对刚性非体积位移声源的响应，图(c)(d) 显示了无界流体对体积位移声源的响应。与声波波长相比，所有声源都很小。图 10.6 上一行描述了刚体，并显示了负责声音产生的变量；下一行以示意的方式显示了如何推开流体粒子，从而产生近场。符号 $\tilde{v}_{\mathrm{b}}$ 代表刚体的动态速度，$\tilde{v}_{\mathrm{n}}$ 代表近场中的质点速度。正如稍后所述，对刚体外的整个流体体积积分的近场动能通量 $w(0.5\rho_0\tilde{v}_{\mathrm{n}})$ 代表附加质量，这是对振动体对流体施加动力（"抓住"）的能力的量度。

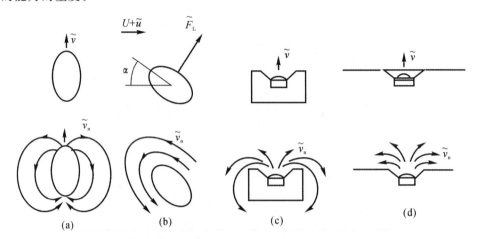

图 10.6 各种非体积位移声源和体积位移声源以及近场中相关的质点速度的示意图
(a) 非体积位移声源，在无界流体中以速度 $\tilde{v}$ 运动的任意形状的小型刚体；
(b) 暴露在静止速度为 U 且波动分量为 $\tilde{u}$ 的流场中的小型静止刚体

[迎角为 α，产生的动力为 $\tilde{F}_{\mathrm{L}} = C_{\mathrm{L}}(\frac{1}{2}\rho_0\tilde{u}^2)$，$C_{\mathrm{L}}$ 是刚体的升力系数]；

(c) 小体积位移声源（典型的示例是安装在密封的刚性隔声罩表面的扬声器）；
(d) 嵌装在无限大平面刚性挡板上的小体积位移声源

在图 10.6 中，(a)(b) 是非体积移位声源的示例，(c)(d) 是体积移位声源的示例。

在图 10.6(a) 中，上面的示意图描绘了一个小型刚体，此刚体以速度 $\tilde{v}_{\mathrm{b}}$ 在一维空间中进行随机运动，下面的示意图描绘了在给定时刻在近场中的质点速度方向和路径。注意，刚体前表面"推开"的流体被刚体向后运动的后表面所产生的空隙"吸入"。这种"推拉"情况产生了非常小的力。借用电子工程师的词汇，这种情况被称为"声短路"。

在图 10.6(b) 中，上面的示意图描绘了暴露在平均速度为 U 且波动分量为 $\tilde{u}$ 的流场中的小型静止刚体。气流的波动分量产生波动升力 $\tilde{F}_{\mathrm{L}}$ 和波动阻力 $\tilde{F}_{\mathrm{D}}$（为了保持清楚，阻力未示出）。

在图 10.6(c) 中，上面的示意图显示了安装在刚性隔声罩表面上的扬声器。在此情况下，刚性隔声罩通过扬声器向后运动的背面防止"拉动"。在没有"拉力"的情况下，仅靠"推"将流体移开需要更多的力。作用在流体上的力越大，声辐射就越高。这就是为什么背面封闭的小型振荡表面会比背面未封闭的相同表面能更有效辐射声音的原因。

背面封闭的声源在背面的体积位移量与在正面的体积位移量相同。然而，刚性隔声罩阻止了因背面而位移的体积与周围流体进行"连通"。如果恒定振幅的动力驱动振动速度[这是图 10.6(c) 上面的示意图中所示的扬声器的情况],可获得的振动速度会受到隔声罩体积中空气的体积刚度或扬声器移动部分的质量的限制。

如果与声波波长相比隔声罩较小,则在每个振动周期内,在有源部分的表面产生的声压有时间在隔声罩外壁周围扩散。其直接结果是,所有小体积位移声源(不管是何种几何形状)在远场均具有全方位的声辐射方位图。

在图 10.6(d) 中,上面的示意图显示了嵌装在平面无限刚性挡板中的振动表面(扬声器膜形式)。这种情况基本上类似于图 10.6(c) 中的构型,只是声辐射必须发生在半球(半空间)。因此,对于相同的体积位移,给定径向距离 r 处的均方声压 p_{rms}^2 将是全向辐射声源产生的声压的两倍。

1. 无界流体对小型振荡刚体激励的响应

作用在流体上的动态"近点"力始终以小面积上的动压的形式存在。所谓小,我们在此处和本章的其余部分是指刚体比声波波长($\lambda = c_0 / f$)小。

最典型的问题是,小型刚体如何对流体展开有组织的运动。也就是说,在分子碰撞过程中,随着距离的增加而向各个方向扩散。

2. 小型振荡刚性球体对流体激励的声能扩散

本节讨论了一维、谐波和随机运动的小型振荡刚体的声辐射方位图和辐射声功率的预测。

3. 谐波激励

小型刚性球体的简谐一维振荡速度 $v(\omega) = \tilde{v}_b \mathrm{e}^{\mathrm{j}\omega t}$ 产生的声场是众所周知的,对于 $r \geqslant a$,可得[4]

$$\hat{p}(r, \varphi, \omega) = \hat{v}_b(\omega) \cos(\varphi) \left(\frac{\mathrm{j}\omega\rho_0 a^3}{2 - k^2 a^2 + \mathrm{j}2ka} \right) \left(\frac{1 + \mathrm{j}kr}{r^2} \right) \mathrm{e}^{-\mathrm{j}k(r-a)} \mathrm{e}^{\mathrm{j}\omega t} \qquad (10.22)$$

式中　$\hat{p}(r, \varphi, \omega)$——在 φ 方向上距离 $r(\mathrm{m})$ 处的峰值声压,$\mathrm{N/m}^2$;

$\qquad \hat{v}_b$——$\varphi = 0$ 方向刚体的峰值速度,$\mathrm{m/s}$;

$\qquad \omega$——角频率,$\omega = 2\pi f$,Hz;

$\qquad f$——振荡频率,Hz;

$\qquad \rho_0$——流体密度,$\mathrm{kg/m}^3$;

$\qquad a$——球体半径,m;

$\qquad k$——波数,$k = \omega / c_0$,m^{-1};

$\qquad c_0$——声音传播速度,$\mathrm{m/s}$。

在两种极端情况下,即在球体表面($r = a$)和 $kr \gg 1$ 处的几何远场上,计算式(10.22)是有益的。

在振荡球体的表面上,可由式(10.22)得出流体的反作用压力

$$\hat{p}(a, \varphi, \omega) = \hat{v}_b(\omega) \cos(\varphi) \mathrm{e}^{\mathrm{j}\omega t} \frac{k^4 a^4 + \mathrm{j}ka(2 + k^2 a^2)}{4 + k^4 a^4} \qquad (10.23)$$

球体的辐射阻抗[定义为表面压力与径向速度之比 $\hat{v}_b \cos(\varphi)$]为

$$Z_{rad} = \begin{cases} \rho_0 c_0 \left\{ \dfrac{k^4 a^4 + jka(2 + k^2 a^2)}{4 + k^4 a^4} \right\} & \text{(10.24a)} \\[3mm] \rho_0 c_0 \left(\dfrac{k^4 a^4}{4} + \dfrac{jka}{2} \right), \quad ka \ll 1 & \text{(10.24b)} \\[3mm] \rho_0 c_0, \quad ka \gg 1 & \text{(10.24c)} \end{cases}$$

通过求球体表面基本径向力的轴向分量 $dF_x = \cos(\varphi) dF_{rad} = p(a, \varphi)\cos(\varphi)dS$ 的积分可以得到在振荡方向上施加在流体上的动力 F_{ax}:

$$\hat{F}_{ax} = \begin{cases} \dfrac{2}{3}\hat{v}_0 \rho_0 c_0 (2\pi a^2) \dfrac{k^4 a^4 + jka(2 + k^2 a^2)}{4 + k^4 a^4} & \text{(10.25a)} \\[3mm] j\omega \rho_0 \hat{v}_0 \dfrac{2\pi a^2}{3} = j\omega \hat{v}_0 \rho_0 V_{ad}, \quad ka \ll 1 & \text{(10.25b)} \\[3mm] \dfrac{4\pi a^2}{3} \rho_0 c_0 \hat{v}_0, \quad ka \gg 1 & \text{(10.25c)} \end{cases}$$

式中,V_{ad} 是附加体积,则 $\rho_0 V_{ad}$ 是附加质量。由式(10.24b)可知,在低频时,$\hat{F}_{ax}$ 是在等于附加质量的集中质量上产生与球体相同加速度($j\omega\hat{v}_0$)所需的力。

辐射声功率 W_{rad} 是振荡速度和与其同相的轴向力分量的乘积,即

$$W_{rad} = \begin{cases} \dfrac{1}{2}|\hat{v}_0| \operatorname{Re}\{F_{ax}\} = \dfrac{1}{2}|\hat{v}_0|^2 \rho_0 c_0 (4\pi a^2) \dfrac{k^4 a^4}{4 + k^4 a^4} & \text{(10.26a)} \\[3mm] \dfrac{1}{2}|\hat{v}_0|^2 \rho_0 c_0 (\pi a^2 / 3) k^4 a^4, \quad ka \ll 1 & \text{(10.26b)} \\[3mm] \dfrac{1}{2}|\hat{v}_0|^2 \rho_0 c_0 (4\pi a^2 / 3), \quad ka \gg 1 & \text{(10.26c)} \end{cases}$$

式(10.25)表明,在低频($ka \ll 1$)时,辐射声功率很小,并且随着频率的四次方而增加,而在高频($ka \gg 1$)时,辐射声功率达到与频率无关的值。

在远场($kr \gg 1$),式(10.22)表示为

$$\hat{p}(r, \varphi, \omega) = \begin{cases} -\dfrac{\hat{v}_0}{r}\cos(\varphi) \rho_0 c_0 k^3 a^3 \dfrac{(2 - k^2 a^2) + j2ka}{4 + k^4 a^4} & \text{(10.27a)} \\[3mm] -\dfrac{\hat{v}_0(\omega)\cos(\varphi)}{4\pi c_0 r}\omega^2 \rho_0 2\pi a^3, \quad ka \ll 1 & \text{(10.27b)} \\[3mm] -\hat{v}_b \rho_0 c_0 \left(\dfrac{a}{r}\right)\cos(\varphi), \quad ka \gg 1 & \text{(10.27c)} \end{cases}$$

4. 小型振荡刚性非球体的声辐射

假设 $2\pi a^3/2 = 4\pi a^3/3 + 2\pi a^3/3$ 和 $V_b = 4\pi a^3/3$ 是球体体积,$V_{ad} = 2\pi a^3/3$ 是振荡刚性球体的附加体积,可将式(10.24)写成

$$\hat{p}(r, \varphi, \omega) \approx -\dfrac{\omega^2 \rho_0}{4\pi rc}\hat{v}_b(\omega)\cos(\varphi)[V_b + V_{ad}(\square, \Psi)]e^{j(\omega t - kr)} \qquad \text{(10.28)}$$

式中,V_{ad} 自变量中的符号 $\square$ 和 Ψ 表示附加质量取决于刚体的几何形状及其振荡运动的特定方向。

式(10.27b)仅适用于小型振荡刚性球体,式(10.28)适用于振荡球体,并且对于任何形状的小型刚体来说都是一个很好的工程近似。可将式(10.28)重写为

$$\hat{p}(r, \varphi, \omega) \approx -\dfrac{\omega^2 \rho_0}{4\pi rc_0}\hat{v}_b(\omega)\cos(\varphi)(S_p l_v)e^{j(\omega t - kr)} \qquad \text{(10.29)}$$

式中，S_p 是刚体在垂直于振荡运动的平面上的投影面积。

$$l_v \equiv \frac{V_b + V_{ad}(\square, \Psi)}{S_p} \tag{10.30}$$

是定义的长度，其中，角 Ψ 对应于刚体振荡的方向。长度 l_v 的重要性在于其定义了 $ka \ll 1$ 的频率范围，在 $ka \ll 1$ 范围内，可以认为刚体很小，且式(10.29)有效。

振荡刚体附近指向性图案的 $\cos\varphi$ 依赖性仅适用于球体。然而，在任何小型振荡刚体(即 $kr \gg 1$ 和 $kl_v \ll 1$)的远场中，如果因刚体的向前运动面而位移的流体自由地流动到相对面留下的空隙，则适用相同的 $\cos\varphi$ 依赖性。科普曼和法恩林对此进行了详细的数学证明[8]。

5. l_v 预测

各种三维和二维物体的长度 l_v 见表 10.2。表 10.2 中的 l_v 值是利用纽曼[9]给出的 V_{ad} 公式计算出的。

对于长轴为 $2a$、短轴为 $2b$ 以及长宽比为 b/a 的椭球体，通过在图 10.7 中以期望的 b/a 求出 $m''_{11} = V_{ad}(x)/V_b$，$m''_{22} = V_{ad}(y)/V_b = V_{ad}(z)/V_b$，并进行表 10.2 中所示的运算，得到了 Ver-长度 l_{vx}，l_{vy} 和 l_{vz}。通过求出属于适当 b/a 的 m'_{55} 的数值并进行表 10.2 中所示的运算，得到了椭球体绕任何短轴旋转时增加的转动惯量(除了在真空中测量的转动惯量之外)。附加质量系数 m'_{11} 对应于纵向加速度，m'_{22} 对应于赤道面中的横向加速度，并且 m'_{55} 表示绕赤道面中的轴旋转的附加转动惯量系数，表示附加转动惯量与流体的位移体积的转动惯量之比。

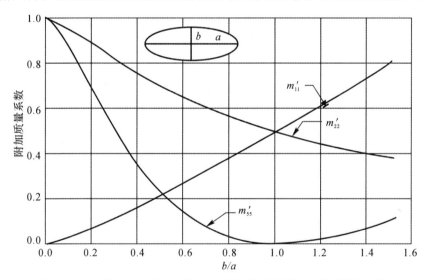

图 10.7　长度为 $2a$、最大直径为 $2b$ 的椭球体的附加质量系数 V_{ad}/V_b

6. 预测辐射声功率

通过求以小型振荡刚体为中心的半径为 r 的大型球体表面的远场强度 $I = p^2(r, \varphi, \omega)/\rho_0 c_0$ 的积分可以得到小型振荡刚体辐射的声功率，即

$$W_{rad} \approx \int_0^\pi \frac{|\hat{p}|^2(r,\varphi,\omega)}{\rho_0 c_0} 2\pi r^2 \sin(\varphi) d\varphi \tag{10.31}$$

结合式(10.29)和式(10.31)可得

$$W_{rad} \approx \frac{k^4 \rho_0 c_0 S_p^2 (l_v)^2}{12\pi} v_{b,rms}^2 \tag{10.32}$$

表 10.2　振荡和旋转刚体的附加体积 V_{ad}，Ver－长度以及附加转动惯量 M

名称和示意图	V_{ad} 和 l_v	M
半径为 a 的球体 	$V_{ad}(x)=V_{ad}(y)=V_{ad}(z)=2\pi a^3/3$ $I_{vx}=I_{vy}=I_{vz}=2a$	$M_x=M_y=M_z=0$
长宽比为 a/b 的椭球体 	$V_{ad}(x)=\left(\dfrac{4}{3}\right)\pi ab^2 m'_{11}$ $V_{ad}(y)=V_{ad}(z)=\left(\dfrac{4}{3}\right)\pi ab^2 m'_{22}$ $l_{vx}=\left(\dfrac{4}{3}\right)a(1+m'_{11})$ $l_{vy}=l_{vz}=\left(\dfrac{4}{3}\right)\left(\dfrac{b^2}{a}\right)(1+m'_{22})$	$M_x=0$ $M_y=M_z=\left(\dfrac{4}{15}\right)\pi\rho_0 ab^2(a^2+b^2)$
长薄条状板材 $L\gg 2a$；$kL\ll 1$ 	$V_{ad}(x)=V_{ad}(z)=0$ $V_{ad}(y)=\pi a^2 L$ $l_{vx}=l_{vz}=0$ $l_{vy}=(\pi/2)a$	$M_x=\left(\dfrac{1}{8}\right)\pi\rho_0 a^4 L$
长圆翅片杆 $L\gg 2a$；$kL\ll 1$ 	$V_{ad}(x)=\text{NPI}^{a\,①}$ $V_{ad}(y)=\pi a^2 L$ $V_{ad}(Z)=\pi\left[a^2+(b^2-a^2)^2/b^2\right]L$ $l_{vx}=\text{NPI}^a$ $l_{vy}=\pi a$ $l_{vz}=\pi\left[a^2/b+(b^2-a^2)^2/2b^3\right]$	M_x 见表注 ②

续表

名称和示意图	V_{ad} 和 l_v	M
垂直交叉的长矩形板 $L \gg 2a$；$kL \ll 1$	$V_{ad}(x) = NPI^a$ $V_{ad}(y) = V_{ad}(Z) = \pi a^2 L$ $l_{vx} = NPI^a$ $l_{vy} = l_{vz} = (\pi/2)a$	$M_x = (2/\pi)a^4 L$
半径为 a 的长圆柱杆 $L \gg 2a$；$kL \ll 1$	$V_{ad}(x) = NPI^a$ $V_{ad}(y) = V_{ad}(Z) = \pi a^2 L$ $l_{vx} = NPI^a$ $l_{vy} = l_{vz} = \pi a$	$M_x = 0$
椭圆形截面的长杆 $L \gg 2a$；$kL \ll 1$	$V_{ad}(x) = NPI^a$ $V_{ad}(y) = \pi a^2 L$ $V_{ad}(Z) = \pi b^2 L$ $l_{vx} = NPI^a$ $l_{vy} = l_{vz} = (\pi/2)(a+b)$	$M_x = \left(\dfrac{1}{8}\right)\pi \rho_0 a^4 L$

续表

名称和示意图	V_{ad} 和 l_v	M
方形截面的长杆 $L \gg 2a, kL \ll 1$ $2a$ $2a$ L	$V_{ad}(x) = \mathrm{NPI}^a$ $V_{ad}(y) = V_{ad}(z) = 4.754a^2L$ $l_{vx} = \mathrm{NPI}^a$ $l_{vy} = l_{vz} = 2.38a$	$M_x = 0.725a^4L$

注：①NPI 没有实际意义。

②$M_x = \{\pi^{-1}\csc^4 a[2a^2 - a\sin(4a) + (1/2)\sin^2(2a)] - \pi/2\}$，$\sin(a) = 2ab/(a^2 + b^2)$，$\pi/2 < a < \pi$。

对于半径为 a 的小型振荡刚性球体，投影在垂直于振荡运动方向的平面上的面积为 $S_p = \pi a^2$，$l_v = 2a$，由方程式（10.32）可得

$$W_{rad}(球体) = \frac{\rho_0 c_0 (4\pi a^2)(ka)^4}{24} \mid v_b \mid^2 \tag{10.33}$$

此式为熟知[3-4] 的计算以均方根速度幅值 $v_{b,rms}$ 振荡的半径为 a 的小型（$ka \ll 1$）球体辐射的声功率的公式。

7. 随机激励

研究小型刚性球体在一维空间中（例如，在 x 方向）进行随机运动的情况。如第 3 章所述，随机运动的特征在于其在 x 方向上的速度功率谱 $S_{vv}(x)$。

第 3 章中定义的功率谱表示通过对 1 Hz 带宽内的随机时间信号进行滤波、乘以其自身并对乘积进行时间平均得到的量。在本章中，我们用带双下标的符号 S 来表示功率谱或互功率谱。S 的双字母下标表示在时间平均之前两个滤波信号中的某个信号与另一个信号相乘。例如，符号 $S_{vv}(\omega)$ 表示在以角频率 $\omega = 2\pi f$ 为中心的 1 Hz 带宽内滤波的随机速度信号的自功率谱，其中 f 是频率。符号 $S_{xy}(\omega)$ 表示通过在 1 Hz 带宽内对两个随机信号 $x(t)$ 和 $y(t)$ 进行滤波、相乘并对乘积进行时间平均得到的两个信号的互功率谱。由两个信号 $z(t) = x(t) + y(t)$ 叠加得到的信号功率谱计算为 $S_{zz}(\omega) = S_{xx}(\omega) + S_{yy}(\omega) + 2S_{xy}(\omega)$。如果两个随机过程 $x(t)$ 和 $y(t)$ 不相关，则 $S_{xy}(\omega) = 0$。如果具有相同功率谱密度的两个随机过程完全相关（即成因相同），则互功率谱与自功率谱相同，$S_{xy}(\omega) = S_{xx}(\omega) = S_{yy}(\omega)$，$S_{zz}(\omega) = 4S_{xx}(\omega) = 4S_{yy}(\omega)$。

如果振动体的速度仅在 x 方向上，并且是时间的随机函数，功率谱为 $S_{v_x v_x}(\omega)$，则从正 x 轴在 φ 方向距离 r 处的声音的功率谱 $S_{pp}(r, \varphi, \omega)$ 为

$$S_{pp}(\omega, r, \varphi) = S_{v_x v_x}(\omega) \mid h_1(\omega, \rho_0, k, a, r, \varphi) \mid^2 \tag{10.34}$$

式中

$$h_1(\omega, \rho_0, k, l_v, r, \varphi) = \frac{\omega^2 \rho_0}{4\pi r c_0} \cos\varphi (S_p l_v) e^{jkr} \tag{10.35}$$

8. 假设实验 2：作用在流体上的力

为了求出作用在流体上的动力 F_f，进行图 10.8 所示的思维实验。在任意形状的小型空心

刚体的重心施加动力 F_b,确定刚体响应力的振荡速度 v_b 为

$$F_b = v_b(\mathrm{j}\omega m_b + Z_{rad}) \qquad (10.36)$$

式中,m_b 是刚体质量,$Z_{rad} = F_f / v_b$ 是辐射阻抗,则有

$$F_b = \mathrm{j}\omega v_b[\rho_M(V_b - V_c) + \rho_0 V_c + \rho_0 V_{ad}(\square, \Psi)] \qquad (10.37)$$

式中 V_b 振荡空心刚体的体积;

       V_c —— 充满与刚体周围相同流体的内部空腔的体积;

       ρ_M —— 刚体固体部分的密度;

       V_{ad} —— 附加体积,在流体动力学词汇中为附加质量系数。

V_{ad} 自变量中的符号 $\square$ 和 Ψ 是为了提醒我们,这是刚体几何形状的函数,是刚体振荡运动相对于刚体一个指定轴的特定角度的函数。

现在通过设置 $V_c \to V_b$ 研究式(10.37)的非常重要的极端情况,即空心刚体的壁厚接近零(并且仍然保持刚性)。在此情况下,整个施加的动态激励力 $F_b = F_f$ 直接作用在流体上,从而得出

$$F_f = v_b \mathrm{j}\omega \rho_0 V_b + v_b \mathrm{j}\omega \rho_0 V_{ad}(\square, \psi) \qquad (10.38)$$

式(10.38)中的第一项表示因刚体而位移的流体体积的动量通量 $\rho_0 V_b[\partial(v_b)/\mathrm{d}t]$,第二项表示通过求刚体外部整个体积与刚体速度异相的质点速度分量的积分得到的近场动量通量 $\rho_0 V_{ad}(\square, \Psi)[\partial(v_b)/\mathrm{d}t]$。幸运的是,由于以下原因,我们不需要通过积分得到 $V_{ad}(\square, \Psi)$。

(1) 流体动力学家已经对许多相关的刚体几何形状进行了计算(见表 10.1 和图 10.7);

(2) 对于大多数有实际意义的刚体,可以很好地近似为适当长宽比的椭球体(见图 10.7);

(3) 可以通过实验确定。

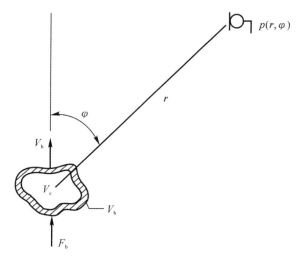

图 10.8   确定作用在流体上的力 F_f 以及通过使振荡空心
刚体的壁厚接近零而产生的声场的假设实验

式(10.38)非常重要。它表示:

(1) 作用在流体上的力沿着振荡运动的方向作用;

(2) 体积为零($V_b = 0$)的二维物体可以对流体施加力,前提是其速度有一个垂直于其平面的分量,因此 $V_{ad} \neq 0$;

(3) 在没有有限的附加质量的情况下(即 $V_{ad} \neq 0$),不能对流体施加力。

通过对式(10.38)求解 v_b,并将该值代入式(10.25)中,得到由点状力 F_f 产生的作为距离 r、方向 φ 和频率 ω 函数的远场声压:

$$p(r,\varphi,\omega) = -\mathrm{i}\,\frac{kF_f\cos\varphi}{4\pi r}\mathrm{e}^{\mathrm{j}(\omega t-kr)} = -\mathrm{i}\,\frac{F_f\cos\varphi}{2r\lambda}\mathrm{e}^{\mathrm{j}(\omega t-kr)} \qquad (10.39)$$

通过求以激振点为中心的半径为 $r \gg 1/k$ 的球体表面的强度 $I = p^2(r,\vartheta,\omega)/\rho_0 c_0$ 的积分得到辐射声功率 W_{rad}:

$$W_{rad} = \frac{k^2 F_{f,rms}^2}{12\pi\rho_0 c_0} = \frac{\omega^2 F_{f,rms}^2}{12\pi\rho_0 c_0^3} \qquad (10.40)$$

如果激励是随机的,激励和响应参数必须由其各自的功率谱代替。

式(10.39)描述了声学扩散定律。它完整回答了"如何通过分子碰撞过程在其他方向随着距离的增加使有组织的运动(也就是说,在施力点的力的方向)扩散?"这一问题。

式(10.39)表明:

(1) 任何特定方向上的声压与该方向上的力向量的投影 $F_f\cos\varphi$ 成比例,表明扩散强度随着 $\cos\varphi$ 的变化而变化。辐射声压在力的方向上达到其最大值,在垂直于力的方向为零。这与刚体的振荡运动在运动方向上对流体施加最大的力,而在垂直于运动方向上根本没有施加力是一致的。三维指向性图案 $\cos\varphi$ 由两个单位直径的球体表示,这两个球体在振荡运动的方向或力的方向上对齐,并且以振荡刚体的线或力作用于流体的点为中心,如图 10.9 所示(二维)。

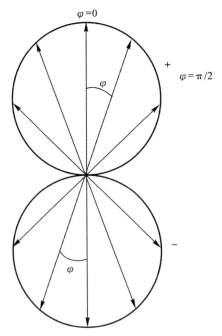

图 10.9　在 $\varphi=0$ 方向振荡的小型刚体或在 $\varphi=0$ 方向作用于流体的振荡力的远场声辐射方向图

(2) 任何方向的声压均与声源与接收器距离 r 成反比。

（3）与作用在流体上的动力 F_f 的成因无关，声压完全决定了小型刚体的声辐射方位图和声功率输出。例如，力可以是对刚体振荡运动的反作用力，也可以是由于流入速度的波动或翼型后缘的涡旋脱落而在小型静止刚体上产生的波动升力或阻力引起的反作用力。波动流入是由与刚体尺寸相比较大的引入湍流引起的。如果与刚体尺寸相比对流压力波动（湍流）较大，则力将与在静止流体中沿非定常流入的波动分量的方向和速度移动刚体并预测升力和阻力所得到的力相同。

然而，暴露在波动空气动力下的刚性静止物体将声音辐射到运动介质中。因此，辐射声压和声功率不同于对流体施加相同动力的振荡刚体在静止介质中产生的声压和声功率。第 15 章讨论了运动介质对声辐射的影响。

（4）声压与周围流体的密度无关。这是因为力引起的流体加速度与密度成反比，声压与密度和加速度的乘积成正比。

如果施加的力 F_f 是随机的，则其特征是功率谱密度 $S_{FF}(\omega)$ 和由功率谱密度 $S_{pp}(r, \varphi, \omega)$ 产生的声压，如第 3 章所述。在此情况下，方程式（10.39）可表示为

$$S_{pp}(\omega, r, \varphi) = S_{FF}(\omega) \left| \frac{\omega \cos\varphi}{4\pi r c_0} \right|^2 \tag{10.41}$$

辐射声功率的功率谱为

$$S_w(\omega) = S_{FF}^2(\omega) \left| \frac{\omega^2}{12\pi \rho_0^2 c_0^3} \right|^2 \tag{10.42}$$

9. 有界流体对点力激励的响应

简要研究边界附近对声辐射方位图和点力辐射声功率的影响是有益的。我们将考虑

（1）无限长（或有限长，但两端消声端接）的小直径刚性管围绕振荡刚体的最严格的限制边界；

（2）刚性平面边界；

（3）屈服平面边界。

10. 刚性管道周围点力

图 10.10 显示了任意方向的点力作用在直径为 d、横截面面积为 $S = d^2\pi/4 = r^2\pi$ 的管道（管道两端采用消声端接）内流体的情况。假设管道的轴与笛卡尔坐标系的 x 轴重合，以及作用于 $x = 0$ 的点力具有分量 F_x，F_y 和 F_z。［如果我们把已知速度为 v_b 的小型振荡刚体放入管道中，我们必须首先根据式（10.38）确定振荡力 F_f。］将我们的分析限制在与管道内径（即 $\lambda \gg d$）相比声波波长较大的频率范围内，此时只有平面声波可以在管道中传播，并且假设产生力的刚体的近场不受管道存在（即 $kl_v \ll d$）的影响。这是合理的假设，因为我们始终可以选择一个相当小的物体，并通过适当增加其振荡速度（只要 $v_b \ll c_0$）进行补偿，从而在流体上产生相同的力。在存在这些微小限制的情况下，距离 $x \gg d$ 处的声压、声压 $p(x)$ 以及任何 $x \gg d$ 的功率谱 S_{pp} 为

$$p(x) = -p(-x) = \left(\frac{F_x}{S}\right) e^{-kx} e^{j\omega t} \tag{10.43}$$

$$S_{pp}(f) = \left(\frac{S_{FF}(f)}{S}\right) \tag{10.44}$$

注意，式（10.40）表示在刚性管道内传播的声音的振幅不会随着距离的增加而减小，与点力作用在无界流体上的情况一样［见式（10.39）］。在发明电声通信之前，船长与远在船腹的船

员通过管道进行沟通，如图 10.11(a) 所示，并使用声喇叭与在甲板上的船员进行沟通，如图 10.11(b) 所示。

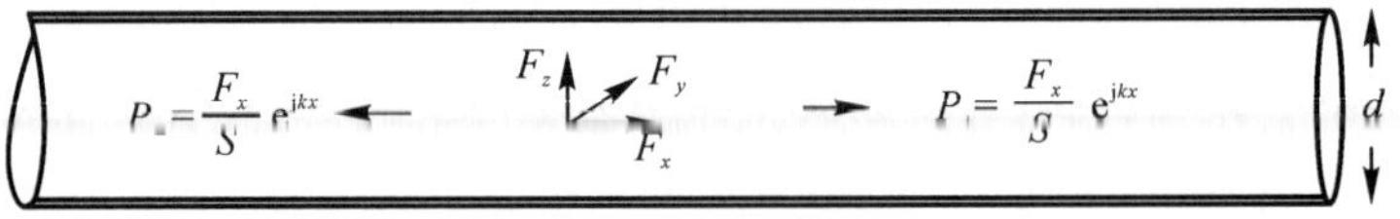

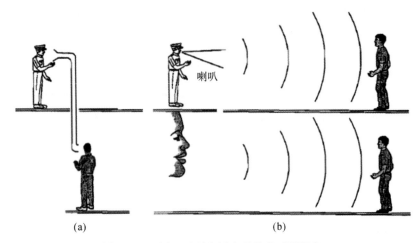

图 10.10　施加在小直径、无限长或两端消声端接刚性管道中流体上的力

图 10.11　用于远距离语音通信的无源设备

（a）船长向位于下甲板的船员发出命令；

（b）船长用声喇叭向远在甲板上的船员发出命令（相当于将扬声器口扩大到喇叭下游横截面面积的大小）

向右和向左辐射相等的声功率，总声功率为

$$W'_{\mathrm{rad}} = \frac{2\left[(F_x)^2/S\right]}{\rho_0 c_0} \tag{10.45}$$

辐射声功率的功率谱密度为

$$S'_{\mathrm{ww}}(f) = \frac{S^2_{F_x F_x}(f)}{\mid S(\rho_0 c_0)\mid^2} \tag{10.46}$$

加撇符号表示当点力作用在小直径（$kr \ll 1$）刚性管道内时得到参数。

$W'_{\mathrm{rad}}/W_{\mathrm{rad}}$ 比值是对用刚性管道封闭力对辐射声功率影响的量度。用式（10.45）除以式（10.39）可得

$$\frac{W'_{\mathrm{rad}}}{W_{\mathrm{rad}}} = \left(\frac{6\pi}{S}\right)\left(\frac{1}{k^2}\right)\left[\frac{1}{1+(F_y/F_x)^2+(F_z/F_x)^2}\right] \tag{10.47}$$

式（10.47）表明，在与 F_y 和 F_z 的大小无关的情况下，如果 $F_x=0$，则不辐射声功率。如果力与管道的轴对齐（即 $F_y=F_z=0$），并且中括号内的值为 1，则将力置于管道内的影响达到其最大值。在此情况下，式（10.47）可简化为

$$\frac{W'_{\mathrm{rad}}}{W_{\mathrm{rad}}} = \left(\frac{3}{2\pi}\right)\frac{c_0^2}{sf^2} \tag{10.48}$$

示例 10.2　在温度为 20℃（68℉）、频率为 $f=100$ Hz 下，当轴向力位于内径 $a=2.5$ cm 的刚性管道中时，计算增加的辐射声功率和声功率级。

解 利用式(10.2),我们发现 $c_0 = 342.6$ m/s,根据上述值,由式(10.48)得出

$$\frac{W'_{rad}}{W_{rad}} = \frac{(3/2\pi) \times 342.6^2}{\pi \times 0.025^2 \times 100^2} = 2\,854$$

这表明在刚性管道中的同一轴向点力辐射的声功率是在无界流体中的 2 854 倍,相当于声功率级增加了 10 lg2 854 = 34.6 dB。

10.2 附近平面边界对声辐射的影响

在本节中,我们只考虑完全刚性和完全屈服的平面边界。其他有实际意义的边界,例如使用有限厚度的多孔吸声材料加衬刚性边界,超出了本章的范围。有关这种情况的指导,请参阅第 6 章。无限大无孔壁接近无限刚性平面边界,无扰动水平空气-水界面接近完全屈服平面边界。关于其对点力(或小型振荡刚体)辐射的声功率的影响,平面边界不需要无限大。在实际应用中,其从力的位置向各个方向延伸许多声波波长就已足够。

通过在挡水侧壁和水池底部加衬一层后面带有弹性垫层的薄薄的不透水箔片,使水箱几乎能释放所有边界压力(压力反射系数 $R \approx -1$)。这些水池相当于混响室,除非在此情况下,(充气)混响室的声压反射系数为 $R \approx -1$ 而不是 $R \approx +1$。在这两种情况下,壁理论上的吸声系数为零,$\alpha \approx 1 - |R^2|$(见第 8 章)。正如稍后所述,如果声源距离平面边界不到半个波长,刚性边界附近会增加声功率输出,而屈服边界附近会减少声功率输出。

10.2.1 附近平面刚性边界的影响

刚性平面边界是质点速度为零、声压倍增的地方。如图 10.12 所示,如果声源是一个小型振荡刚体或作用在流体上的动力,则虚声源的指向性图案必须具有与实际声源相同的强度,但具有镜像的指向性图案,以便在垂直于边界平面的方向上产生零质点速度,同时,使在刚性边界平面内的所有位置处的声压倍增。

刚性平面边界的接收端的声场可以看作是实声源及其镜像置于无限流体中时产生的声场的叠加。当声源接近平面刚性界面时,声源侧的声场接近声源强度倍增的单个声源的声场。

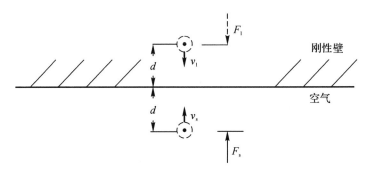

图 10.12 通过镜像原始声源并在声源侧半空间叠加实声源和同相虚声源的声场而形成的平面刚性边界(例如空气-硬壁界面)的示意图

如果其接近刚性二维角(即两个垂直刚性平面的交点),将会有三个折叠镜像,并且声源侧 1/4 空间中的声场接近 4 倍声源强度的单个声源的声场。如果声源接近三维角(三个垂直刚性平

面的交点),将会有7个折叠镜像,声源侧1/8空间的声场接近8倍声源强度的单个声源的声场。

10.2.2 附近平面压力释放边界的影响

图10.13所示的垂直于界面的力和图10.14所示的平行于界面的力的平面水-气界面很好地近似了压力释放边界。对于斜入射力,力向量可以分解为垂直于界面的分量和平行于界面的分量。因此,我们将只研究垂直和平行的情况。如果声源是一个小型振荡刚体或作用在流体上的动力,则虚声源的指向性图案必须具有与实际声源相同的强度但相反的相位,并具有镜像的指向性图案,以便在整个界面上产生零声压,同时,使在压力释放边界的平面内的所有位置处的声音质点速度倍增。

10.2.3 激励垂直于压力释放边界

在图10.13所示的情况下,如果与波长相比,声源与界面之间的距离很小($kd \ll 1$),施加力的物体很小($kl_v \ll 1$),并且运动方向和施加在流体上的力垂直于平面压力释放界面,则由实声源及其负镜像产生的声压的叠加可以得出液体中的声压、声强以及辐射声功率(通过将比斯和汉森[10]给出的相应公式中的$F = \rho_0 \omega Qh$替换为由强度为Qh的两个偶极子构成的纵向四极子的声辐射得到声压、声强以及辐射声功率,式中,Q是构成偶极子的单极子的体积速度,$2h$是它们之间的距离):

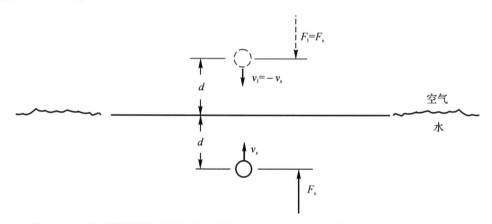

图 10.13　通过镜像原始声源并在声源侧半空间180°异相镜像叠加实声源和虚声源的声场而形成的平面压力释放边界(例如水-空气界面)的示意图

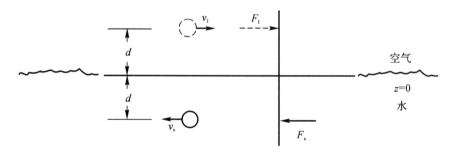

图 10.14　通过180°异相镜像原始声源并在声源侧半空间叠加原始声源和虚声源的声场而形成的平面压力释放边界(例如水-空气界面)的示意图

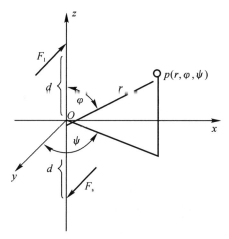

续图 10.14　通过 180° 异相镜像原始声源并在声源侧半空间叠加原始声源和虚声源的
声场而形成的平面压力释放边界（例如水-空气界面）的示意图

$$p(r,\varphi,\omega) = \left(\frac{1}{\pi r}\right)\left(\frac{\omega^2}{c_0^2}\right) Fd\cos^2\varphi = \left(\frac{1}{\pi r}\right)k^2 Fd\cos^2\varphi \tag{10.49}$$

$$I(r,\varphi,\omega) = \left[\frac{F^2 d^2 k^4 \cos^4\varphi}{(\pi r)^2 \rho_0 c_0}\right] = \frac{F^2 d^2 \omega^4 \cos^4\varphi}{(\pi r)^2 \rho_0 c_0^5} \tag{10.50}$$

$$W_{\mathrm{rad}} = \left(\frac{4}{5\pi}\right)\frac{F^2 d^2 k^4}{\rho_0 c_0} = \left(\frac{4}{5\pi}\right)F^2 d^2 \omega^4 \cos^4\varphi \tag{10.51}$$

式中　　$p(r,\varphi,\omega)$——距离 r 处的声压，与运动方向或力成角度 φ，角频率是 $\omega = 2\pi f$；

$\quad\quad I(r,\varphi,\omega)$——激振点径向的声强；

$\quad\quad W_{\mathrm{rad}}$——辐射声功率；

$\quad\quad F$——力的均方根值；

$\quad\quad d$——激振点与平面压力释放边界之间的距离（即激振点在水中的深度）。

注意，式(10.49)~式(10.51)适用于以下两种情况：

(1) 单个激励源与平面压力释放边界的距离为 d。

(2) 两个距离为 $2d$ 的相同小型物体在无限流体中以相同的振幅但相反的相位振荡（在实际应用中，与界面之间的距离足够远）。

由式(10.49)可知：辐射方位图比物体辐射到无限流体中时得到的辐射方位图更具方向性（$\cos^2\varphi$ 和 $\cos\varphi$）；声压与流体密度无关。比较式(10.49)与式(10.39)，发现压力释放边界附近的低频声辐射效率明显降低。了解四极子的人会发现，式(10.49)~式(10.51)描述了纵向四极子，其由作用在流体上相距 $2d$ 的两个大小相等的相反的力，或者由相距 $2d$ 以相反的方向振荡的两个大小相等的小型刚体构成。

10.2.4　激励平行于压力释放边界

图 10.14 显示了激励平行于平面压力释放边界的情况。对于这种情况，以与上述纵向四极子相似的方式得到的声场描述符号是

$$p(r,\varphi,\omega) = \left(\frac{1}{\pi c_0^2 r}\right)\omega^2 Fd\cos\varphi\sin^2\psi \tag{10.52}$$

$$I(r, \varphi, \psi, \omega) = \left(\frac{1}{\rho_0 c_0^5}\right)\left(\frac{1}{\pi r}\right)^2 \omega^4 (Fd)^2 \cos^2\varphi \sin^4\psi \tag{10.53}$$

$$W_{\text{rad}} = \frac{4}{15\pi}\left[\frac{(Fd)^2 k^4}{\rho_0 c_0}\right] = \frac{4}{15\pi}\left[\frac{(Fd)^2 \omega^4}{\rho_0 c_0^5}\right] \tag{10.54}$$

了解四极子的人会发现，方程式（10.52）~ 式（10.54）描述了横向四极子。

10.2.5　无限流体中振荡力矩的声辐射

振荡力矩由一对振荡力组成，它们作用在同一平面上，大小相同但方向和相位相反，且相距很短。

观察图 10.14，我们发现力对具有上述所有特性。因此，如果我们用 M 代替方程式（10.52）~ 式（10.54）中的 Fd，方程式描述了振荡力矩的声辐射，可得

$$p(r, \varphi, \omega) = \left(\frac{1}{\pi c_0^2 r}\right)\omega^2 M\cos\varphi \sin^2\psi \tag{10.55}$$

$$I(r, \varphi, \psi, \omega) = \left(\frac{1}{\rho_0 c_0^5}\right)\left(\frac{1}{\pi r}\right)^2 \omega^4 M^2 \cos^2\varphi \sin^4\psi \tag{10.56}$$

$$W_{\text{rad}} = \frac{4}{15\pi}\left(\frac{M^2 k^4}{\rho_0 c_0}\right) = \frac{4}{15\pi}\left(\frac{M^2 \omega^4}{\rho_0 c_0^5}\right) \tag{10.57}$$

如果 $kd \ll 1$，则力矩可以是 F 和 d 的任意组合。

如图 10.15 所示，力矩 M 可以是固体绕非旋转对称轴振荡旋转，作用在流体上的剪切应力（因为其为高速射流的主要噪声源），或任何其他加速度运动的结果，该运动导致物体的转动惯量增加，超过在真空中发生振荡旋转时的转动惯量。对于许多物体形状，作用在流体上的转动惯量 M 的附加力矩见表 10.2 中的 M_x，对于不同长宽比的椭球体，作用在流体上的转动惯量 M 的附加力矩如图 10.15 所示。

图 10.15 显示了流体力矩激励的各种方式。图 10.15(a) 描述了物体绕非对称轴振荡旋转产生的力矩激励，图 10.15(b) 显示了沿同一轴定常旋转产生的激励。图 10.15(c) 显示了剪切力产生的力矩激励，$\tilde{F} = \tilde{\sigma} dS$ 作用于小流体体积 $dV = 2(dS)d$。$\tilde{\sigma}$ 为波动剪切应力（N/m^2）。这是在高速射流剪切层中发现的力矩激励类型，在第 15 章中将进行讨论。

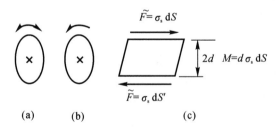

图 10.15　在流体上施加力矩的不同方式
(a)围绕非回转轴线的旋转振荡；　(b)围绕非回转轴的旋转；　(c)剪切应力

10.3　减少声辐射的措施

在本节中，我们将讨论噪声控制工程师和机械设计者可能采用的一些措施，以尽量减少振动体的声辐射。10.1 节已经定性地讨论了大多数措施。在本节中，我们将以概念草图的形式

展示一些具体的措施,并提供参考文献,读者可以在其中找到更详细的设计信息。

10.3.1　鱼作为最小化附加质量的例子

通过进化发展,鱼已经形成了当它们向前加速运动时,可以使作用于它们的反作用力最小化的体形。在不运动的情况下,大多数鱼的胸鳍会垂直于鱼体张开。如果鱼感觉到危险并想尽快逃离,胸鳍会快速向后移动(如同划桨船的桨)。为了使胸鳍向此方向移动,鱼的附加质量很大,能够在水面上产生很大的冲力,推动它们前进。当胸鳍靠近鱼体时,鳍旋转 90° 以调整鱼体,这样它们对摩擦系数的贡献量可以忽略不计。在第一次冲击爆发后,胸鳍不会再张开,直到鱼想用胸鳍快速停止向前运动。在胸鳍对齐的情况下,活动尾巴可以向前运动。休息时,鱼会再次张开胸鳍,为下一次逃离做准备。

为了生存,食肉鱼必须形成尽量减小向前游动的附加质量的体形,以便当它们靠近猎物加快速度(加速)时,产生的水声最小。否则,猎物会很早就感觉到食肉鱼加速时发出的声音,并迅速冲进安全的藏身之处。在给定振荡速度下,在选择在物体运动方向上辐射的声音最少的体形时,噪声控制工程师最好选择与鱼体相似的振动体的形状。

如图 10.16 所示,最有发展潜力的体形将类似于通过在两个相同大小的鱼的最大横截面面积的位置进行垂直切割并将两个头部装配在一起,使两张嘴指向相反的方向而得到的形状。对于不同于向前方向的运动,尤其是垂直于向前方向的运动,鱼的附加质量要大得多,表明不同于球体的几何形状的振动体的附加质量的方向和形状依赖性的重要性。球体的区别在于在任何运动方向均有相同的、大的附加质量进行加速。大的附加质量是没有球形鱼体的原因(除了一些缓慢游动的鱼类,它们通过膨胀自己欺骗它们的潜在捕食者)。如果鱼会转动而不是游动(主要沿笔直路径),它们均会有近似球体的身体。另外,如果我们希望减少刚体旋转产生的噪声,球体是最好的选择。用随物体旋转的球壳包围旋转的非球形物体将大大减少噪声辐射。

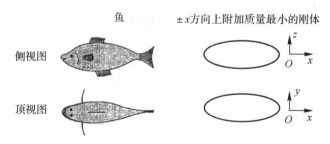

图 10.16　向鱼学习如何设计在特定方向振荡时由于附加质量
最小而产生声辐射最小的物体

10.3.2　降低特定频率的声辐射

有一种专门或主要辐射音调噪声的噪声源,如电力变压器和涡轮发电机。图 10.17 和图 10.18 显示了如何通过将调谐到其音调噪声输出频率的亥姆霍兹共振器阵列排列在辐射表面上对此类设备产生的音调噪声进行控制。

如图 10.18(b)所示,通过谐振器口在其共振频率附近的低阻抗可以产生谐振器调谐频率下的噪声辐射。因谐振器表面的固体部分而位移的流体更容易进入谐振器体积,而不容易受到压缩。压缩越小,辐射声音越低。有关如何设计亥姆霍兹共振器的信息见第8章。

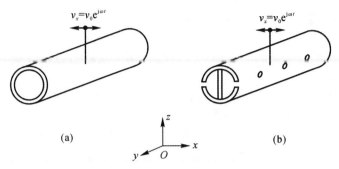

图 10.17　亥姆霍兹共振器并入物体

(a)垂直于其轴线振动;　(b)作为轮辐以恒定速率旋转的加强结构管柱

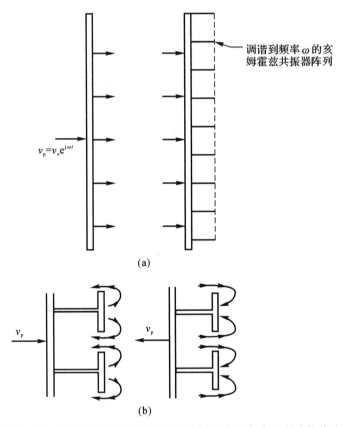

图 10.18　亥姆霍兹共振器阵列排列在大型平面(如变压器油箱外壁)

就电力变压器而言,音调频率在美国为 120 Hz、240 Hz、360 Hz、480 Hz,在欧洲为 100 Hz、200 Hz、300 Hz、400 Hz。针对此类噪声源的噪声控制措施及其优缺点和成本见参考文献[11]。

10.3.3　真空气泡

图 10.19 显示了通过在变压器油箱的油侧表面衬上真空气泡来减少变压器油箱的声辐射

的概念,以及真空气泡的存在(由于柔量非常大)如何减轻油箱壁上的动压,从而减少声辐射。真空气泡可以垂直于壁或平行于壁,图 10.19(b)显示了真空气泡如何"吸收"周期性接近和后退的油的动量,真空气泡比油或油箱壁更柔顺。油的速度是由磁致伸缩力驱动的变压器铁心振动引起的。如图 10.20(a)所示,真空气泡是两个弯曲的薄壳,中间体积很小。当空腔被抽空时,壳体几乎变平。在这种抽空的最终状态下,它们产生的柔量(动态体积刚度的倒数)可能比它们所替换的空气体积的柔量大 50 倍,比它们所替换的油体积的柔量大 1 000 倍。真空气泡的一个独特特性是空腔中存在真空,并且对动态柔量没有限制,如同空腔中充满流体。在低于它们的共振频率(由壳体的表面质量及其动态体积柔量决定)的情况下,它们的体积柔量与频率无关。即使频率接近零,它们也能正常工作。有关如何为特定应用设计真空气泡的信息见参考文献[12]~[14]。

　　图 10.20 显示了真空气泡(其发明者比肖尔博士[12]称之为 Scillator)在抽空空腔前后的几何形状。顾名思义,真空气泡只在真空状态下有用。

　　真空气泡对静态压力(空气中的大气压力和液体中的深度相关压力)的变化非常敏感。因此,它们最有发展潜力的应用是在空间站,在空间站可以精确地控制静态气压。

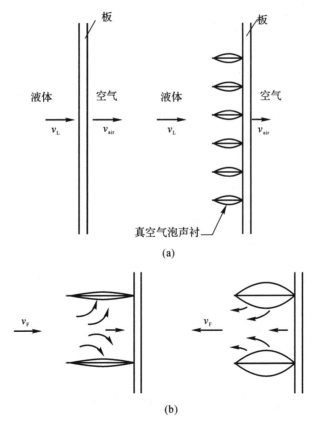

图 10.19　通过在油箱壁的油侧表面衬上一些具有极高体积柔量的
真空气泡,减少变压器油箱的声辐射

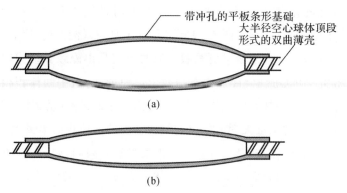

图 10.20　真空气泡的概念草图

(a)抽空空腔前的横截面形状；　(b)抽空空腔后的形状

参 考 文 献

[1]　M. C. Junger and D. Feit, *Sound Structures and Their Interaction*, 2nd ed. , MIT Press, Cambridge, MA, 1986.

[2]　U. K. Ingard, *Notes on Sound Absorption Technology*, Version 94 - 02, Noise Control Foundation, Arlington Branch, Poughkeepsie, NY, pp B - 5 (out of print). A CD version can be purchased from the author at www. ingard. com.

[3]　L. Cremer and M. Hubert, *Vorlesungen ueber Technische Akustik*, [Lectures about Technical Acoustics], 3rd ed. , Springer, Berlin, 1985.

[4]　M. Heckel and H. A Mueller, *Taschenbuch der Technischen Akustik*, 2nd ed. , Springer, Berlin, 1994.

[5]　I. L. Ver, "Reciprocity as a Prediction and Diagnostic Tool in Reducing the Transmission of Structureborne and Airborne Noise into an Aircraft Fuselage," BBN Report No. 4985, NASA Contract No. NASI - 16521, January 3, 1982, Bolt Beranek and Newman Inc. , Cambridge MA.

[6]　I. L. Ver "Using Reciprocity and Superposition as a Diagnostic and DesignTool in Noise Control," *Acustica*, *Acta Acoustica*, **82**, 62 - 69 (1996).

[7]　I. L. Ver and R. W. Oliphant, "Acoustic Reciprocity for Source - Path - Receiver Analyses," *Noise Vibration*, March 1996, pp. 14 - 17.

[8]　G. H. Koopmann and J. B. Fahnline, *Designing Quiet Structures; A Sound Power Minimization Approach*, Academic, New York, 1997.

[9]　J. N. Newman, *Marine Hydrodynamics*, MIT Press, Cambridge, MA, 1980, p. 144.

[10]　D. A. Bies and C. H. Hansen, *Engineering Noise Control Theory and Practice*, Unwin Hyman, Boston, 1988.

[11]　I. L. Ver, C. L. Moore, et al. , "Power Transformer Noise Abatement," BBN

Report No. 4863, October 1981. Submitted to the Empire State Electric Energy Research Corporation (ESEERCO).

[12] O. Bschorr and E. Laudien, "Silatoren zur Daempfung und Daemmung von Schall" [Vacuum Bubbles for Absorption and Reduction of Sound], Automobil - Industrie, 2, 159 - 166 (1988).

[13] I. L. Ver, "Potential Use of Vacuum Bubbles in Noise Control," BBN Report No. 6938, NASA CR - 181829, December 1988, Bolt Beranek and Newman, Inc., Cambridge MA.

[14] I. L. Ver, "Noise Reduction from a Flexible Transformer Tank Liner," Phase I, Feasibility Study, BBN Report No. 6240, February 1987, Bolt Beranek and Newman, Inc., Cambridge MA.

第 11 章　声波与固体结构的相互作用

结构对动力或动压的响应是结构动力学和声学的研究课题。结构动力学主要关注严重到足以危及结构完整性的动态应力。结构声学研究由力、力矩和压力场激励引起的结构中的低级动态过程。空气和结构噪声问题的主要研究方向是预测结构中的功率输入、激励结构的响应、连接结构的结构声传播,以及振动结构发出的声音。

本章的主题针对噪声控制问题,因此仅限于听频范围和空气作为周围介质,尽管许多概念直接适用于液体介质或更高或更低的频率。

典型的噪声控制问题如图 11.1 所示。左侧空间(声源空间)中弹性支撑的楼板受到撞击器周期性冲击的激励,右侧接收室中的传声器记录下由此产生的噪声。一部分振动能量在浮置板中消散,一部分作为声音直接辐射到声源室内,其余的通过弹性层传输到建筑结构中。

辐射声能在声源室内形成混响声场,进而激励墙壁。分隔两个空间的墙壁上的振动(图 11.1 中路径 1)将声音直接辐射到接收室。声源室其他隔断上的振动以结构声音的形式传播到接收室 6 个隔断上,并将声音辐射到接收室。使用波 2、2′、3 和 3′ 标示结构承载路径。

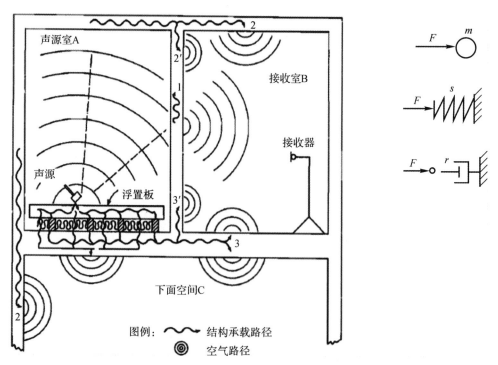

图 11.1　空间 A 中冲击声源和空间 B 中接收器之间的声音传播路径,
以及空间 A、B 到下面空间 C 的声音传播路径

为了将接收室内的噪声级降低所需数量,声学工程师必须估计通过每条路径从声源室传输到接收室的声功率,然后制定适当的措施以减少浮置板的功率输入,增加板中的功率耗散,增加隔振,减少沿声源室和接收室之间的传播路径的结构噪声,减少声源室隔断辐射的声音,并通过增加吸声减轻声音在接收室中形成混响。

本章的目的是提供解决此类典型噪声控制工程问题所需的信息。

11.1　固体中的波动类型

固体中的波动可以在剪切和压缩时储存能量。固体中可能出现的波的类型包括压缩波、弯曲波、剪切波、扭转波和瑞利波。压缩波在气体和液体中具有重要的实际意义,只能在压缩时储存能量。固体中不同类型的波是由不同的应力方式引起的。对于在固体、液体和气体中传播的波,介质必须能够以动能和势能的形式交替储存能量。动能储存在有质量且运动中的介质的任何部分,而势能储存在经历弹性变形的部分。

固体材料的特性由下列参数限定:密度 $\rho_M(\mathrm{kg/m^3})$,弹性模量 $E(\mathrm{N/m^2})$,泊松比 ν,损失因数 η。

剪切模量 G 与弹性模量 E 的关系为

$$G = \frac{E}{2(1+\nu)} \tag{11.1}$$

表 11.1 左侧的示意图显示了杆和板中压缩波、剪切波、扭转波和弯曲波的典型变形图。固体材料的声学重要参数见表 11.2。钢板的厚度和单位表面积重量见表 11.3。穿孔金属的开孔面积百分率见表 11.4。

表 11.1　固体中的声速、固体在不同波型下的变形以及传播速度计算公式

图　示	计算公式
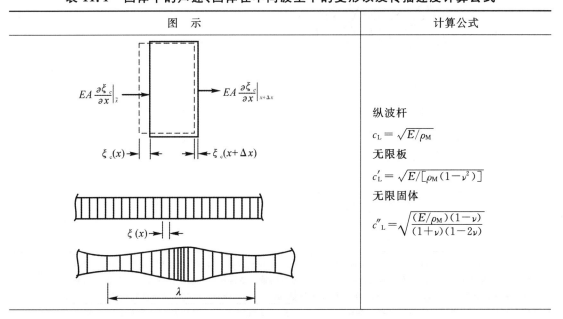	纵波杆 $c_L = \sqrt{E/\rho_M}$ 无限板 $c'_L = \sqrt{E/[\rho_M(1-\nu^2)]}$ 无限固体 $c''_L = \sqrt{\dfrac{(E/\rho_M)(1-\nu)}{(1+\nu)(1-2\nu)}}$

续表

图　示	计算公式
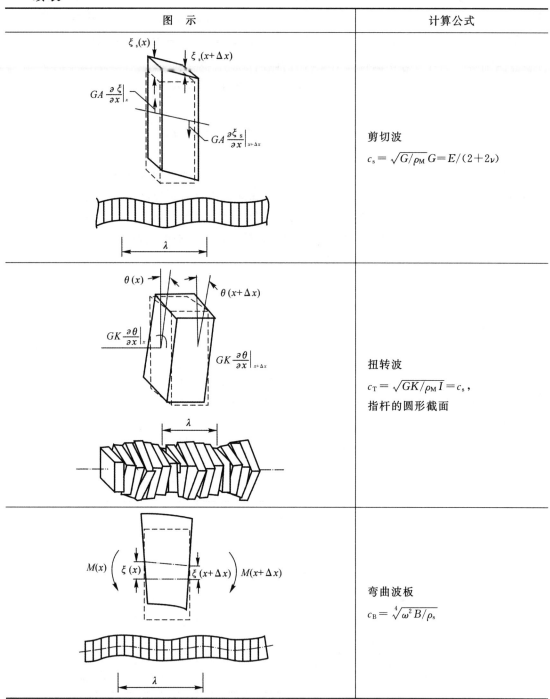	剪切波 $c_s = \sqrt{G/\rho_M}$　$G = E/(2+2\nu)$
	扭转波 $c_T = \sqrt{GK/\rho_M I} = c_s,$ 指杆的圆形截面
	弯曲波板 $c_B = \sqrt[4]{\omega^2 B/\rho_s}$

　　注：弹性模量 $E(\text{N/m}^2)$，将应力 S（单位面积的力）与应变（单位长度的长度变化）相关。泊松比 ν 指在抗压应力下，圆形杆的单位长度横向伸长与单位长度收缩之比，它是一个无量纲的量。结构材料的泊松比约等于 0.3；橡胶材料的泊松比约等于 0.5。材料的密度为 $\rho_M(\text{kg/m}^3)$。ρ_s 指板的单位面积质量 (kg/m^2)，或杆、棒、梁的单位长度质量 (kg/m)。剪切模量 G 指剪切应力与剪切应变之比 $(\text{N/m})^2$。I 指惯性极矩 (m^4)。抗扭刚度因数 $K(\text{m}^4)$ 将扭曲与产生的剪切应变相关。对于均质板，单位宽度的抗弯刚度 $B = Eh^3/[12(1-\nu^2)]$，其中，h 指杆（或板）在弯曲方向上的厚度 (m)。对于矩形杆，$B = Eh^3 w/12$，其中，h 指弯曲平面内的横截面尺寸，w 指垂直于弯曲平面的横截面尺寸（和宽度）。

表 11.2　固体材料的主要声学参数

材 料	密度 ρ_M / (kg·m⁻³)	弹性模量 E / (N·m⁻²)	泊松比 ν	声速 c_L / (m·s⁻¹)	表面密度与临界频率的乘积 $\rho_s f_c$ Hz·kg·m⁻²	Hz·lb·ft⁻²	临界频率下的 $TL, R(f_c)$/dB	1 000 Hz 频率下的内部弯曲阻尼因数 η_1 [①]	声学-机械转换效率 η_{am}, 见式(11.66)
铝	2 700	7.16×10^{10}	0.34	5 150	34 700	7 000	48.5	$10^{-4}-10^{-2}$[②]	2.5×10^{-3}
铜	8 900	1.3×10^{11}	0.35	3 800					3.3×10^{-4}
玻璃	2 500	6.76×10^{10}		5 200	38 000	7 800	49.5	$0.001-0.01$[②]	2.7×10^{-3}
铅（化学或锑）	11 000	1.58×10^{10}	0.43	1 200	605 000	124 000	73.5	0.015	1.4×10^{-4}
有机玻璃或透明合成树脂	1 150	3.73×10^{9}	—[③]	1 800	35 400	7 250	49.0	0.002[②]	2×10^{-2}
钢	7 700	1.96×10^{11}	0.31	5 050	97 500	20 000	57.5	$10^{-4}-10^{-2}$[②]	8.5×10^{-4}
砖	1 900~2 300	—[③]	—[③]	—[③]	34 700~58 600	7 000~12 000	48.5~53	0.01	—[③]
密实浇筑混凝土	2 300	2.61×10^{10}	—[③]	3 400	43 000	9 000	50.5	0.005~0.02	1.9×10^{-3}
混凝土（炼砖）板，两面抹 5 cm厚的灰泥	1 500	—	—	—	48 800	10 000	51.5	0.005~0.02	—[③]
砌块	750	—	—	—	23 200	4 750	45.0	0.005~0.02	

续表

材　料	密度 ρ_M /(kg・m^{-3})	弹性模量 E /(N・m^{-2})	泊松比 ν	声速 c_L /(m・s^{-1})	表面密度与临界频率的乘积 $\rho_s f_c$		临界频率下的 TL,$R(f_c)$/dB	1000 Hz 频率下的内部弯曲阻尼因数 η_i①	声学-机械传换效率 η_{am},见式(11.66)
					Hz・kg・m^{-2}	Hz・lb・ft^{-2}			
空心煤渣,含 1.6 cm 砂浆,标称厚度为 15 cm (6 in)	900	—	—	—	25 500	5 220	46.0	0.005~0.02	—⑦
空心混凝土,标称厚度为 15 cm(6 in)	1 100	—	—	—	23 000	4 720	45.0	0.007~0.02	—⑦
空心混凝土,空隙填砂,标称厚度为 15 cm(6 in)	1 700	—⑨	—⑨	—⑨	42 200	8 650	50.0	随频率变化	—⑦
实心密实混凝土,标称厚度为 10 cm(4 in)	1 700	—⑨	—⑨	—⑨	54 100	11 100	52.5	0.012	—⑦
石膏板,厚度为 1.25~5 cm (0.5~2 in)	650	—⑨	—⑨	6 800	20 000	4 500	45.0	0.01~0.03	—⑦

续表

材料	密度 ρ_M/ (kg·m^{-3})	弹性模量 E/ (N·m^{-2})	泊松比 ν	声速 c_L/ (m·s^{-1})	表面密度与临界频率的乘积 $\rho_s f_c$ Hz·kg·m^{-2}	Hz·lb·ft^{-2}	临界频率下的 TL, $R(f_c)$/dB	1 000 Hz 频率下的内部弯曲阻尼因数 η_i ①	声学-机械转换效率 η_{am}, 见式(11.66)
金属或石膏车床上的实心石膏	1 700	—③	—③	—③	24 500	5 000	45.5	0.005~0.01	—③
冷杉木材	550	—③	—③	3 800	4 880	1 000	31.5	0.04	9×10^{-3}
石膏板,厚度为 0.6~3.12 cm(0.5~2 in)	600	—③	—③	—③	12 700	2 600	40	0.01~0.04	—③
与塑料粘合的木质废料,23 kg/m²(5 lb/ft²)	750	—③	—③	—③	73 200	15 000	55.0	0.005~0.01	—③

注:① η 值的范围基于有限的数据。较小数值是材料本身的标准值,而较大数值是在就位板上观测的最大值。
② 由这些材料制成的损失因数的结构易因施工技术和边界条件的影响。
③ 该参数没有意义或无法获得。

表 11.3　钢板的 USS 量规和挂码

量规	钢制 USS 量规改装版 厚度 in	mm	表面重量 lb/ft²	kg/m²	镀锌钢 USS 量规 厚度 in	mm	表面重量 lb/ft²	kg/m²	不锈钢铬合金 USS 量规 厚度 in	mm	表面重量 lb/ft²	kg/m²	不锈钢铬镍 USS 量规 表面重量 lb/ft²	kg/m²	蒙乃尔合金 USS 量规 厚度 in	mm	表面重量 lb/ft²	kg/m²
32	0.01	0.254				0.330	0.563	2.75	0.01	0.254	0.418	2.04	0.427	2.08				
31	0.011	0.279			0.013	0.356	0.594	2.90	0.010 9	0.277	0.45	2.20	0.459	2.24				
30	0.012	0.305	0.5	2.44	0.014	0.399	0.656	3.20	0.0125	0.318	0.515	2.51	0.525	2.56				
29	0.013 5	0.343	0.563	2.75	0.015 7	0.437	0.719	3.51	0.014	0.356	0.579	2.83	0.591	2.89				
28	0.014 9	0.378	0.625	3.05	0.017 2	4.750	0.781	3.81	0.015 6	0.396	0.643	3.14	0.656	3.20				
27	0.016 4	0.417	0.688	3.36	0.187	0.513	0.844	4.12	0.017 1	0.434	0.708	3.46	0.721	3.52				
26	0.017 9	0.455	0.75	3.66	0.020 2	0.551	0.906	4.42	0.018 7	0.475	0.772	3.77	0.787	3.84	0.018 7	0.475	0.827	4.04
25	0.020 9	0.531	0.875	4.27	0.021 7	0.627	1.031	5.03	0.021 8	0.554	0.901	4.40	0.918	4.48	0.021 8	0.554	0.965	4.71
24	0.023 9	0.607	1	4.88	0.024 7	0.701	1.156	5.64	0.025	0.635	1.03	5.03	1.05	5.13	0.025	0.635	1.148	5.60
23	0.026 9	0.683	1.125	5.49	0.027 6	0.777	1.281	6.25	0.028 1	0.714	1.158	5.65	1.181	5.77	0.028 1	0.714	1.128 6	5.51
22	0.029 9	0.759	1.25	6.10	0.030 6	0.853	1.406	6.86	0.031 2	0.792	1.287	6.28	1.312	6.41	0.031 2	0.792	1.424	6.95
21	0.032 9	0.836	1.375	6.71	0.033 6	0.930	1.531	7.47	0.034 3	0.871	1.416	6.91	1.443	7.04	0.034 3	0.871	1.562	7.63
20	0.035 9	0.912	1.5	7.32	0.036 6	1.006	1.656	8.08	0.037 5	0.953	1.545	7.54	1.575	7.69	0.037 5	0.953	1.7	8.30
19	0.041 8	1.062	1.75	8.54	0.039 6	1.158	1.906	9.31	0.043 7	1.110	1.802	8.80	1.837	8.97	0.043 7	1.110	1.975	9.64
18	0.047 8	1.214	2	9.76	0.045 6	1.311	2.156	1.053	0.05	1.270	2.06	10.06	2.1	10.25	0.05	1.270	2.297	11.21
17	0.053 8	1.367	2.25	10.98	0.051 6	1.461	2.406	1.175	0.056 2	1.427	2.317	11.31	2.362	11.53	0.056 2	1.427	2.572	12.56
16	0.059 8	1.519	2.5	12.21	0.057 5	1.613	2.656	12.97	0.062 5	1.588	2.575	12.57	2.625	12.82	0.062 5	1.588	2.848	13.90
15	0.067 3	1.709	2.812	13.73	0.063 5	1.803	2.969	14.49	0.070 3	1.786	2.896	14.14	2.953	14.42	0.070 3	1.786	3.216	15.70

续表

量规	钢制 USS 量规改装版				镀锌钢 USS 量规				不锈钢铬合金 USS 量规				不锈钢铬镍 USS 量规		蒙乃尔合金 USS 量规			
	厚度 in	mm	表面重量 lb/ft²	kg/m²	厚度 in	mm	表面重量 lb/ft²	kg/m²	厚度 in	mm	表面重量 lb/ft²	kg/m²	表面重量 lb/ft²	kg/m²	厚度 in	mm	表面重量 lb/ft²	kg/m²
14	0.074 7	1.897	3.125	15.26	0.078 5	1.994	3.281	16.02	0.078 1	1.984	3.218	15.71	3.281	16.02	0.078 1	1.984	3.583	17.49
13	0.089 7	2.278	3.75	18.31	0.093 4	2.372	3.906	19.07	0.093 7	2.380	3.862	18.85	3.937	19.22	0.093 7	2.380	4.272	20.86
12	0.104 6	2.657	4.375	21.36	0.108 4	2.753	4.531	22.12	0.109 3	2.776	4.506	22.00	4.593	22.42	0.109 3	2.776	5.007	24.44
11	0.119 6	3.038	5	24.41	0.123 3	3.132	5.156	25.17	0.125	3.175	5.15	25.14	5.25	25.63	0.125	3.175	5.742	28.03
10	0.134 5	3.416	5.625	27.46	0.138 2	3.510	5.781	28.22	0.140 6	3.571	5.793	28.28	5.906	28.83	0.140 6	3.571	6.431	31.40
9	0.149 7	3.802	6.25	30.51	0.153 2	3.891	6.406	31.27	0.156 2	3.967	6.437	31.43	6.562	32.04	0.156 2	3.967	7.166	34.98
8	0.164 4	4.176	6.875	33.56	0.168 1	4.270	7.031	34.33	0.171 8	4.364	7.081	34.57	7.218	35.24	0.171 8	4.364	7.855	38.35
7	0.179 3	4.554	7.5	36.62					0.187 5	4.763	7.59	37.05	7.752	37.85	0.187 5	4.763	8.59	41.94

表 11.4 穿孔板的开孔面积百分比

直径除以中心距或正方形的边除以中心距，D/C 或 S/C	标准交错圆孔	标准交错圆孔	直方孔
0.200	3.6	3.1	4.0
0.225	4.6	4.0	5.1
0.250	5.7	4.9	6.3
0.275	6.9	5.9	7.6
0.300	8.1	7.1	9.0
0.325	9.6	8.3	10.6
0.350	11.1	9.6	12.3
0.375	12.8	11.0	14.1
0.400	14.5	12.6	16.0
0.425	16.4	14.2	18.1
0.450	18.4	15.9	20.3
0.475	20.5	17.7	22.6
0.500	22.7	19.6	25.0
0.525	25.0	21.6	27.6
0.550	27.4	23.8	30.3
0.575	30.0	26.0	33.1
0.600	32.7	28.3	36.0
0.625	35.4	30.7	39.1
0.650	38.3	33.2	42.3
0.675	41.3	35.8	45.6
0.700	44.4	38.5	49.0

续表

直径除以中心距或正方形的边除以中心距，D/C或S/C	标准交错圆孔 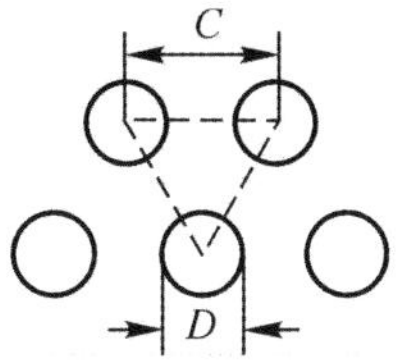	标准交错圆孔 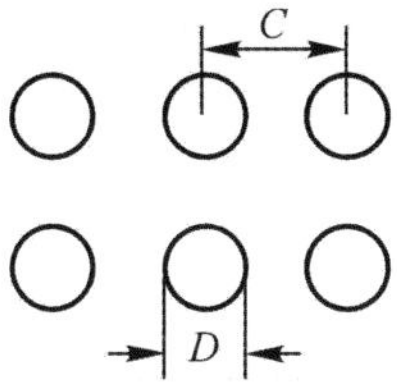	直方孔 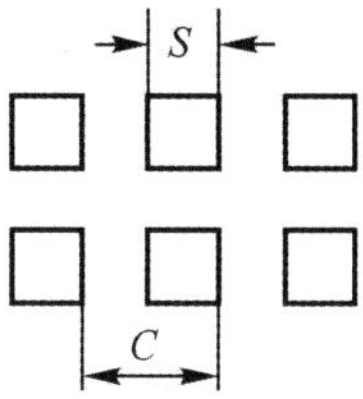
0.725	47.7	41.3	52.6
0.750	51.0	44.2	56.3
0.775	54.4	47.2	60.0
0.800	58.0	50.3	64.0
0.825	61.7	53.5	68.0
0.850	65.5	56.7	72.3
0.875	69.5	60.1	76.6
0.900	73.5	63.6	81.0
0.925	77.6	67.2	85.6
0.950	81.9	70.9	90.3

在讨论结构声时，我们必须区分速度和传播速度。速度一词指的是结构的振动速度（即局部位移的时间导数），与激励成线性比例，以字母 v 表示。如表 11.1 所示，对于纵波，位移和速度在波传播方向上，对于剪切波和弯曲波，位移和速度垂直于波传播方向。

速度一词指的是结构声的传播速度，这是结构在各种波动中的特性，如果变形足够小，能避免非线性，则与激励强度无关。传播速度以字母 c 表示。我们必须区分相速和群速（或能量速度）。

根据波长 λ 即正弦波的相位在传播方向上改变 360° 的距离，正弦波的频率 f 定义相速 c，因此，$c = \lambda f$。计算各种波型相速的公式见表11.1。注意，纵波、剪切波和扭转波的相速与频率无关。因此，它们被称为非分散波。这意味着，无论在何处感测到轴向运动，轴向撞击半无限长杆一端的锤击引起的脉冲的时程均具有相同的形状，如图 11.2(a) 所示。由于在不同位置感测到的脉冲是相互延迟的，因此可以通过实验将纵波的传播速度确定为轴向距离和到达时间差的比值。由于所有频率分量以相同的速度传播，相速（仅针对稳态正弦激励定义）与能量传输速度相同。

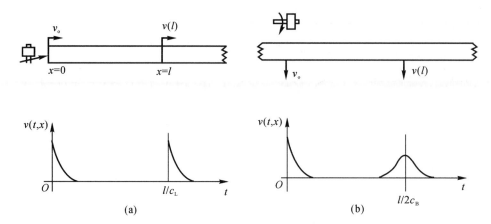

图 11.2   脉冲激励下梁运动的时程

(a)产生轴向冲击的非分散压缩波； (b)产生正冲击的分散弯曲波

通过用垂直作用于梁轴线的稳态正弦力激励无限梁并测量沿梁的相位 $d\varphi/dx$ 的梯度,可以很容易地测量出弯曲波的相速。相速 c_B 定义为

$$c_B = \frac{2\pi f}{|\,d\varphi/dx\,|} \tag{11.2}$$

然而,在图 11.2(b) 所示的复杂波形的情况下,无限梁通常受到影响,并且产生了包含宽频带的弯曲波脉冲。由于它们的相速较高,高频分量的速度比低频分量的速度快。因此,脉冲宽度随着脉冲沿着梁的传播而增加。弯曲波脉冲的能量传输速度不明显。在轻流体负载的情况下(当周围流体中携带的能量可以忽略不计时),将能量传输速度定义为传输功率 W 和能量密度 E''(梁单位长度能量) 的比值是有意义的。对于频谱峰值在频率 f 处的脉冲,能量速度 c_{BG} 是相速[1] 的两倍,即

$$c_{BG}(f) = 2c_B(f) \tag{11.3}$$

因此,平面弯曲波在垂直于传播方向的结构单位面积传播方向上传输的功率为

$$W_S = c_{BG}E'' = 2c_B\rho_M v^2 \tag{11.4}$$

式中 v—— 弯曲波速的均方根值；

ρ_M—— 材料密度。

根据式(11.4),横截面为 S 的无限梁中的弯曲波功率为

$$W = 2c_B S\rho_M v^2 \tag{11.5}$$

厚度为 h 的板穿过平行于波阵面、长度为 l 的线传输的功率为

$$W = 2c_B h l\rho_M v^2 \tag{11.6}$$

11.2   机械阻抗和功率输入

除了起始瞬变,当结构受到静力时,激振点处的速度为零。因此,静力不会将功率传输到固定结构中。对于由点力或力矩引起的动态激励[力矩 $M = Fl_M$ 被定义为一对大小相等但方

向相反、同时作用在激振点两侧的短距离（$\frac{1}{2}l_{\text{M}}$）处的力（$\boldsymbol{F}$）］，激振点处始终存在有限的动态速度或动态旋转。如果激振点处的速度有一个与力同相的分量，或者角速度有一个与力矩同相的分量，则功率会被连续地输入到结构中。

11.2.1　机械阻抗

机械阻抗是对结构如何"抵抗"外力或力矩的量度。深入了解机械阻抗是了解和解决大部分噪声控制问题的必要条件。最好通过考虑作用在理想集总参数系统（例如刚性自由质量、无质量弹簧或阻尼器）上的谐波力 $F=\hat{F}\mathrm{e}^{\mathrm{j}\omega t}$，引入机械阻抗的概念。速度响应也是 $v=\hat{v}\mathrm{e}^{\mathrm{j}\omega t}$ 形式的调和函数。力阻抗 Z_{F} 定义为

$$Z_{\text{F}}=\frac{\hat{F}}{\hat{v}} \tag{11.7}$$

力矩阻抗 Z_{M} 定义为

$$Z_{\text{M}}=\frac{\hat{M}}{\hat{\dot{\theta}}} \tag{11.8}$$

式中　M—— 激励力矩（扭矩）；

　　　$\dot{\theta}$—— 激振点处的角速度。

基本集总元件的点力阻抗如下所示：

刚体	$Z_{\text{F}}=\mathrm{j}\omega m$	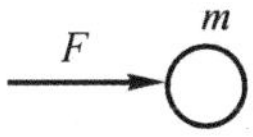
弹簧	$Z_{\text{F}}=-\mathrm{j}s/\omega$	
阻尼器	$Z_{\text{F}}=r$	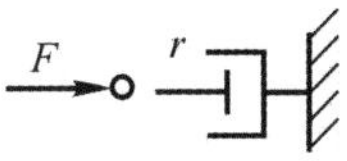

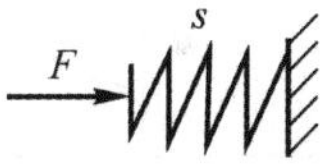

其中，m 是刚体质量，s 是弹簧刚度，r 是阻尼器阻力。注意，力的方向必须穿过质量的重心，以便速度响应不受旋转影响，并且在力的方向上。对于刚性质量和无质量弹簧，力阻抗是虚的，表明力和速度是正交的，功率输入为零。

无限结构的点力和力矩阻抗的计算公式分别见参考文献[2-12]以及表11.5和表11.6。力和力矩阻抗均为理想化概念，针对点力和点力矩定义。如果力或力矩作用的表面小于结构波长的 1/6，则可以认为力或力矩作用在某一点上。当然，激励表面积必须足够大，以便力不会引起结构的塑性变形。力和力矩阻抗之间存在比例关系，即

$$Z_{M}=l_{\text{M}}^{2}Z_{F} \tag{11.9}$$

式中，l_{M} 是表 11.7 中给出的有效长度。

表 11.5　无限结构的驱动力点阻抗

构　件	图　片	等效质量[见式(11.19)]	驱动点力阻抗	适用范围	辅助表达式和注释
半无限、无限受压梁		$\lambda_L/2\pi$　S；λ_L/π　S	$Z_F = \rho_M c_L S$ $Z_F = 2\rho_M c_L S$	$S < (\lambda_L/4)^2$	$c_L = \sqrt{\dfrac{E}{\rho_M}}$ S 为横截面面积 $\lambda_s = \dfrac{1}{f}\sqrt{\dfrac{E}{2(1+\nu)\rho_M}}$
半无限、无限弯曲梁		$\dfrac{\sqrt{2}}{2\pi}\lambda_B$　S；$\dfrac{\sqrt{2}}{\pi}\lambda_B$　S	$Z_F = \dfrac{1}{2}(1+j)\,\rho_M S c_B$ $Z_F = 2(1+j)\,\rho_M S c_B$	$S < (\lambda_s/6)^2$ $2r > 9S/\lambda_s$	r 为接触面的半径 $c_B = \left(\dfrac{EI\omega^2}{\rho_M S}\right)^{1/4}$ ν 为泊松比 $\lambda_B = c_B/f$ I 为惯性板矩
无限薄板—垂直力和水平力(平面内)		$\lambda_B/2$　h	$Z_F = 8\sqrt{B'\rho_M c_L h} = 2.3\rho_M c_L h^2$ $\dfrac{1}{Z_F} = \dfrac{\pi f}{4Gh} \times \left(\dfrac{3-u}{2}+jH\right)$	$h < \lambda_B/6$ $2r > 3h$ $\lambda_s \gg 2\pi r > 10h$	$B' = \dfrac{Eh^3}{12(1-\nu^2)}$ $\lambda_s = \dfrac{1}{f}\sqrt{\dfrac{E}{2(1+\nu)\rho_M}}$ $H = K + L$ $K = (1-\mu)\ln\left(\dfrac{\lambda_L}{\pi r}\right)$ $L = 2\ln\left(\dfrac{\lambda_s}{\pi r}\right)$

续表

构 件	图 片	等效质量[见式(11.19)]	驱动点力阻抗	适用范围	辅助表达式和注释
半无限薄板			$\text{Re}\{1/Z_F\} = [n_l(f) + n_s(f)]/8M$ $Z_F = 3.5\sqrt{B'\rho_M h} \approx \rho_M c_L h^2$	$h < \lambda_B/6$ $2r > 3h$	$n_L(\varpi)$ 为纵向模态密度 $n_L(\varpi)$ 为剪切模态密度 $M=$总质量 $\lambda_l = c_L/f$ $\lambda_s = c_s/f$ $\lambda_B = c_B/f$
梁加劲无限薄板		$\frac{\sqrt{2}}{\pi}\lambda_{Bb}$ 高频近似值	$Z_F = \dfrac{(1-j)k'}{4\rho_s'\omega}$ $Z_F \approx Z_{FB} = 2(1+j)\rho_M S_b c_B$	$S_b < (\lambda_B/6)^2$ $2r > 9S_b/\lambda_B$	$\rho_s' = \rho_M S_B + 2\rho_M h/k_p$ $k' = \left(\dfrac{\rho_s'}{B}\right)^{1/4}\omega^{1/2} A$ $\varDelta = 1 - j\dfrac{\rho_M h}{2\rho_s' k_p}$ k_B 为板弯曲波数 $B = Eh^3 b/3$ $s = k_b/k_p$
无限管柱		λ_B/π ρ_l	$Z_F = 2\sqrt{\rho_l F_T}$		$c_s = \sqrt{F_T/\rho_l}$ ρ_l 为单位长度质量 F_T 为张力
半无限板，在平面内施加边界力		$0.16\lambda_L$	$\dfrac{1}{Z_F} = -\dfrac{j\omega^2}{\pi Eh}\lg a + \dfrac{\omega}{4}\left(\dfrac{1}{D}+\dfrac{1}{S}\right)$		$D = \dfrac{Eh(1-\nu)}{(1-\nu)(1-2\nu)}$ $S = Gh$ $\varsigma=$剪切模量

续表

构件	图片	等效质量	驱动点力阻抗	适用范围	辅助表达式和注释
无限波纹板		见式(11.19)	$Z_F = 8\left[(\rho_M h)^2 \times B_x B_y\right]^{1/4}$	$S \ll \lambda_B$	$B_y = \dfrac{Eh^3}{12(1-\nu^2)}$ $B_x \cong \left(\dfrac{1-\nu}{1+\nu}\right)^2 \dfrac{S}{S'} B_y$ $f_{c1} = \dfrac{c_0^2}{2\pi}\sqrt{\dfrac{\rho_M h}{B_x}}$ $f_{c2} = f_{c1}\sqrt{\dfrac{B_x}{B_y}}$
弹性半空间		—	$Z = \dfrac{-j0.64G_r}{f(1-\nu/2)} + 1.79r^2\sqrt{\dfrac{4G\rho_M}{1-\nu}}$	$2r > \lambda_s/6$	ρ_M 为密度 G 为剪切量 ν 为泊松比
无限圆柱壳			$Z_\infty \approx 2.3\rho_M c_L h$ $\text{Re}\left(\dfrac{1}{Z_\infty}\right) = \dfrac{\sqrt{12}}{8\rho_M c_L h^2}\times\left(\dfrac{f}{f_R}\right)^{2/3}$	$f > 1.5f_R$ $f < 0.7f_R$	$f_R = c_L/\pi D$,为环频率

表 11.6　半无限和无限结构的力矩阻抗 Z_M

构件	图片	驱动点力矩阻抗
半无限梁自由端		$\dfrac{(1-\mathrm{j})\rho_l c_B^3(f)}{8\pi^2 f^2}$
销接端		$\dfrac{(1-\mathrm{j})\rho_l c_B^3(f)}{4\pi^2 f^2}$
无限梁		$\dfrac{(1-\mathrm{j})\rho_l c_B^3(f)}{2\pi^2 f^2}$
无限均匀各向同性板		$\dfrac{16\rho_M h c_L^2 k_B^{-2}(f)}{2\pi f\left[(1-\mathrm{j})1.27\ln(k_B a/2.2)\right]}$
半无限均匀各向同性板		$\dfrac{12\rho_M h c_L^2 k_B^{-2}(f)}{2\pi f\left[(1-\mathrm{j})3.35\ln(kr/3.5)\right]}$
均匀各向同性板的接头处		$\dfrac{\rho_M c_L^2 h^3}{75.4 f}\left\{16\left[\dfrac{(1+\mathrm{j})1.27\ln(kb/2.2)}{1+(1.27\ln kb/2.2)^2}\right]\right.$ $\left.+12\left[\dfrac{(1+\mathrm{j})3.35\ln(kr/3.5)}{1+(3.35\ln kr/3.5)^2}\right]\right\}$

注:ρ_l—单位长度质量,kg/m;$c_B(f)$—弯曲时的弯曲波速,m/s,$C_B(f)=\sqrt{2\pi f}(EI/\rho_l)^{1/4}$;$E$—弹性模量,N/m^2;$I$—弯曲时的面积惯性矩,m^4;$f$—频率;$\rho_M$—材料密度,kg/m^3;$k_B(f)$—弯曲波数;$K_B(f)=2\pi f/c_B(f)$;$h$—板厚。

11.2.2 功率输入

对于阻尼器，力阻抗是实数。速度与力同相，连续输入阻尼器并在阻尼器中耗散的功率由 $\frac{1}{2}\,|\,\hat{F}\,|^{2}/r$ 得出。更普遍的是，对于具有复力阻抗 Z_F 的系统，输入功率为

$$W_{\mathrm{in}}=\frac{\omega}{2\pi}\int_{0}^{2\pi/\omega}F(t)v(t)\mathrm{d}t=\frac{1}{2}\,|\,\hat{F}\,|\,|\,\hat{v}\,|\,\cos\varphi=\frac{1}{2}\,|\,\hat{F}\,|^{2}\mathrm{Re}\left\{\frac{1}{Z_F}\right\} \tag{11.10}$$

式中，$\hat{F}$ 和 $\hat{v}$ 是激振力和速度的峰值振幅；φ 是 $F(t)$ 和 $v(t)$ 之间的相对相位；$\mathrm{Re}\{\}$ 是括号内量的实部。方程式(11.10)适用于任何情况，不仅仅适用于阻尼器。

刚性质量、无质量弹簧和阻尼器是表示结构元件动态特性的有用抽象概念。在足够低的频率下，弹性固定泵的外壳像刚性质量，而支撑泵的弹性橡胶支架像弹簧。当随着频率的增加，结构波长小于结构元件的最大尺寸时，机械元件的集总参数表征无效。

为了讨论比结构波长大的有限结构，我们需要另一个有用的抽象概念。对于控制功率输入的输入阻抗，将结构视为无限结构是有用的。预测结构的振动响应和声辐射的策略是，在假设结构为无限结构的情况下，估计输入功率，然后预测输入功率在实际有限结构中引起的平均振动。由于大多数结构是由板和梁组成，因此我们的策略要求我们表征无限板和梁的阻抗。调用无限大小的抽象概念，使得从边界反射的结构波不会回到激振点。在这方面，如果与输入相干的反射波不会回到激振点，则可以认为结构是无限结构，因为边界完全吸收，或者因为有足够的阻尼，使得反射波引起的响应比局部激励引起的响应小。

对于点力激励，无限结构的特征在于其点力阻抗 $\widetilde{Z}_{F\infty}$ 或点输入导纳（也称为迁移率）$\widetilde{Y}_{F\infty}$，定义为

$$\widetilde{Z}_{F\infty}=\frac{\widetilde{F}_{0}}{\widetilde{v}_{0}} \tag{11.11}$$

$$\widetilde{Y}_{F\infty}=\frac{1}{\widetilde{Z}_{F\infty}}=\frac{\widetilde{v}_{0}}{\widetilde{F}_{0}} \tag{11.12}$$

式中　$\widetilde{F}_{0}$——施加的点力；

　　　$\widetilde{v}_{0}$——激振点处的速度响应。

符号上方的波形符号（我们将在进一步的考虑中省略）表示 F_{0} 和 v_{0} 是由大小和相位表示的复标量。由于 $\widetilde{v}_{0}$ 通常有一个与 $\widetilde{F}_{0}$ 同相的分量和一个与 $\widetilde{F}_{0}$ 异相的分量，因此参数 $\widetilde{Z}_F$ 和 $\widetilde{Y}_F$ 通常有实部和虚部。

点力或点速度源（即高内部阻抗的振动源）激励的无限结构的功率输入分别为

$$W_{\mathrm{in}}=|\,\frac{1}{2}\hat{F}_{0}^{2}\,|\,\mathrm{Re}\left\{\frac{1}{Z_{F\infty}}\right\} \tag{11.13a}$$

$$W_{\mathrm{in}}'=G_{\mathrm{FF}}\mathrm{Re}\left\{\frac{1}{Z_{F\infty}}\right\} \tag{11.13b}$$

$$W_{\mathrm{in}}=\left(\frac{1}{2}\hat{v}_{0}^{2}\right)\mathrm{Re}\{Z_{F\infty}\} \tag{11.14a}$$

$$W_{\mathrm{in}}'=G_{\mathrm{VV}}\mathrm{Re}\{Z_{F\infty}\} \tag{11.14b}$$

式中　$\hat{F}_{0}$ 和 $\hat{v}_{0}$——激励正弦力和速度的峰值振幅；

　　　G_{FF} 和 G_{VV}——宽带随机激励时的力和速度谱密度。

对于峰值振幅 $\widetilde{M}$ 的力矩或峰值振幅 $\hat{\theta}$ 的强制角速度引起的激励,相应的表达式为

$$W_{\text{in}} = \mid \frac{1}{2}\hat{M}_0^2 \mid \text{Re}\left\{\frac{1}{Z_M}\right\} \tag{11.15a}$$

$$W'_{\text{in}} = G_{MM}\text{Re}\left\{\frac{1}{Z_M}\right\} \tag{11.15b}$$

$$W_{\text{in}} = \mid \frac{1}{2}\hat{\theta} \mid \text{Re}\{Z_M\} \tag{11.16a}$$

$$W'_{\text{in}} = G_{\theta\theta}\text{Re}\{Z_M\} \tag{11.16b}$$

表 11.5 列出了为无限结构的点力阻抗 $Z_{F\infty}$,表 11.6 列出了半无限和无限结构的力矩阻抗 $Z_{M\infty}$。表 11.7 为根据式(11.9)连接点力和力矩阻抗的有效长度 l_M。力、速度、力矩和角速度激励下无限结构的功率输入信息见表 11.8。参考文献[12]中给出了阻抗公式的最完整的集合,包括梁、箱形梁、具有弹性或蜂窝芯材的正交各向异性板和夹层板、格栅、均质和加劲肋圆柱、球壳、板边、以及各种隔振器的板交叉点和传递阻抗。

表 11.7　无限梁和板的有效长度 l_M 以及力和力矩阻抗 $Z_M = l_M^2 Z_f$[6]

构　件	图　片	等效力对	有效长度 l_M	辅助表达式
弯曲梁			$\dfrac{\lambda_B}{2\pi}/\sqrt{j}$	$j = \sqrt{-1}$
扭转梁			$0.79i$	对于空心梁: $i = \sqrt{\dfrac{d_o^2 - d_i^2}{2}}$ d_o 为外径 d_i 为内径
板,垂向力矩			$\dfrac{\lambda_B/\sqrt{8\pi j}}{\sqrt{\ln(\lambda_B/\pi r)}}$	弯曲波: $3h < 2r \ll \lambda_B/\pi$
板,平面内扭矩			$\dfrac{r}{\sqrt{\ln(\lambda_s/\pi r)}}$	剪切波: $3h < 2r \ll \lambda_s/\pi$ λ_s 为剪切波长

表 11.8 结构的功率输入

构件	图片	无限构件的功率输入		有限构件		辅助表达式
		力或力矩激励	速度或角速度激励	无限特性的表征	W_{fin}/W_{inf}	
纵波运动梁，力或速度激励		$\dfrac{|\hat{F}|^2}{4\rho_M S c_L}$	$4|\hat{v}|^2 S\rho_M c_L$	$\omega > \dfrac{\pi c_L}{\eta l}$	$\dfrac{4}{\pi\eta}$	$c_L=\sqrt{E/\rho_M}$ L 为长度 η 为损失因数 Q 为扭转常数 G 为剪切模量 J 为单位长度的质量惯性矩 $c_T=\sqrt{\dfrac{E/\rho_M}{GQ/J}}$，为扭转波速
扭转梁，力矩或角速度激励		$\dfrac{|\hat{M}|^2}{4GQJ}$	$4|\hat{\theta}|^2\sqrt{GQJ}$	$\omega > \dfrac{\pi c_T}{\eta l}$	$\dfrac{4}{\pi\eta}$	
弯曲梁，力或速度激励		$\dfrac{|\hat{F}|^2}{8\rho_M S c_B(f)}$	$|\hat{v}|^2 S\rho_M c_B(f)$	$\omega > \dfrac{4\pi c_B(f)}{\eta l}$	$\dfrac{4\sqrt{2}}{\pi\eta}$	

构件	图片	无限构件的功率输入		有限构件		辅助表达式
		力或力矩激励	速度或角速度激励	无限特性的表征	$W_{\mathrm{fin}}/W_{\mathrm{inf}}$	
弯曲梁，力矩或角速度激励		$\dfrac{\|\hat{M}\|^2 c_{\mathrm{B}}(f)}{8EI}$	$\dfrac{\|\hat{\dot{\theta}}\|^2 EI}{c_{\mathrm{B}}(f)}$	$\omega > \dfrac{4\pi c_{\mathrm{B}}(f)}{\eta l}$	$\dfrac{2\sqrt{2}}{\pi \eta}$	ρ_{M} 为密度 E 为弹性模量 I 为二次惯性矩 $\hat{\dot{\theta}}$ 为角速度 c_{B} 为 $\sqrt{\omega}\sqrt{\dfrac{EI}{\rho_{\mathrm{M}}S}}$，为弯曲波速 $B_{\mathrm{p}}=\dfrac{h^3 E}{12(1-v^2)}$ S 为面积
弯曲板，力或速度激励		$\dfrac{\|\hat{F}\|^2}{16\sqrt{B_{\mathrm{p}}\rho_{\mathrm{M}}h}}=\dfrac{\|\hat{F}^2\|}{4.6\rho h^2 c_{\mathrm{L}}}$	$4\hat{v}^2\sqrt{B_{\mathrm{p}}\rho_{\mathrm{M}}h}=1.15\hat{v}^2\rho_{\mathrm{M}}h^2 c_{\mathrm{L}}$	$\omega > \dfrac{8}{\eta l_1 l_2}\sqrt{\dfrac{B_{\mathrm{p}}}{\rho_{\mathrm{M}}h}}$	$\dfrac{32 l_2}{\pi^2 \eta(l_1^2+l_2^2)}\dfrac{\omega}{c_{\mathrm{B}}}$	
弯曲板，力矩或角速度激励		$\sim\dfrac{\omega\|\hat{M}\|^2}{16B_{\mathrm{p}}}$ 对于 $r > h$	$4\|\hat{\dot{\theta}}\|^2 B_{\mathrm{p}}/\omega\left\{1+\left[\dfrac{4}{\pi}\ln\left(\dfrac{\omega r}{c_{\mathrm{B}}}\right)-\dfrac{8}{\pi(1-v)}\left(\dfrac{h}{\pi r}\right)^2\right]^2\right\}$	$\omega > \dfrac{8}{\eta l_1 l_2}\sqrt{\dfrac{B_{\mathrm{p}}}{\rho_{\mathrm{M}}h}}$		

构件	图片	无限构件的功率输入		有限构件		辅助表达式
		力或力矩激励	速度或角速度激励	无限特性的表征	W_{fin}/W_{inf}	
弯曲薄壁管，力激励		$\hat{F}^2/(16\pi\rho_M rh\sqrt{c_L r\omega})$ 对于 $f<0.123c_L h/r$ $\hat{F}^2\sqrt{V}/(2+V)/(\omega\rho_s 2\lambda^2/\pi^2)$ 对于 $f<0.123c_L h/r$				$V=\omega r/c_L$ 为等效厚度板中的 λ_p 为 弯曲波长 $\rho_s=\rho_M h$
等距弯板，多个力激励		$\hat{F}^2[2J_1(z)/z]^2/(16\sqrt{B_p\rho_M h})$				$Z=2\pi a/\lambda_B$ J_1 为一阶贝塞尔函数
弯曲板，大面积速度激励		$\hat{v}^2\dfrac{\pi}{2}\rho_M c_B(r+0.8\lambda_B)h$				
弹性半空间，单一力		$\dfrac{48\hat{F}^2}{\omega\rho_M\pi\lambda_s^3}$				$\lambda_s=\sqrt{G\rho_M/f}$ 为剪切波长

续表

构　件	图　片	无限构件的功率输入		有限构件		辅助表达式
		力或力矩激励	速度或角速度激励	无限特性的表征	$W_{\text{fin}}/W_{\text{inf}}$	
等距弹性半空间，等于一条直线上的多个力	$\hat{F}=\Sigma\hat{F}_i$	$\dfrac{16\hat{F}^2}{\omega\rho_M l\lambda_s^2},\ l>\lambda_s/2$				
由附近各极子激励的无限板　单极子		$W_{\text{mon}}\approx\dfrac{Q^2\,(\rho_0 c_0)^2\,\text{Re}\{Y_\infty\}}{(f_c/f)-1}\times$ $\exp\left(\dfrac{4\pi f}{c_0}y\sqrt{f_c/f-1}\right),\ f<f_c$ $y\ll\lambda_0/4$				Q 为均方根体积速度 Y_∞ 为点力导纳 k_B 为自由板弯曲波数 f_c 与临界相干频率
横向偶极子		轻质流体负载 $W_{\text{LD}}\approx0.5(k_B d)^2\,W_{\text{mon}},\ f<f_c$				
垂直偶极子		$W_{\text{PD}}\approx W_{\text{mon}}(k_B d)^2[1-(f/f_c)]^{32}$ (对于 $f<f_c$ 以及轻质流体负载)				

对于近似计算或表 11.5～表 11.8 中未给出公式的情况，可以根据黑格尔[10-11]估算无限结构的功率输入：

$$W_{in} = \frac{\frac{1}{2}\hat{F}_0^2}{Z_{eq}} \tag{11.17}$$

$$W_{in} = \left(\frac{1}{2}\hat{v}_0^2\right)Z_{eq} \tag{11.18}$$

式(11.17)用于局部力激励（即低阻抗振动源），方程式(11.18)用于局部速度激励（即高阻抗振动源），Z_{eq} 可估计为

$$Z_{eq} = \omega\rho_M S[\alpha\lambda] \quad （梁） \tag{11.19a}$$

$$Z_{eq} = \omega\rho_M h[\pi(\alpha\lambda)^2] \quad （板） \tag{11.19b}$$

$$Z_{eq} = \omega\rho_M \left[\frac{4}{3}\pi(\alpha\lambda)^3\right] \quad （半无限体） \tag{11.19c}$$

式中 ρ_M——材料密度；

　　　　S——梁的横截面面积；

　　　　h——板厚度；

　　　　λ——最强烈激励的运动（弯曲、剪切、扭转或压缩）的波长。

当结构在"中间"被激励时，ϵ 为 1；当结构在末端或边缘（半无限结构）被激励时，ϵ 为 0.5。α 是 0.16～0.6 范围内的数，如果未知，通常使用 $\alpha = 0.3$。

式(11.19)中的等效阻抗 Z_{eq} 有一个有启发性且易于记忆的解释，即点输入阻抗的大小大致等于集中质量的阻抗，该集中质量位于以激振点为中心的半径为 $r \approx \frac{1}{3}\lambda$ 的球体内。这部分结构见表 11.5 第三栏。该原理可扩展到梁加筋板等复合结构[10]，由式(11.19a)和式(11.19b)的组合得出，即

$$Z_{eq} \cong \omega\rho_B S_B\left(\frac{1}{3}\lambda_{BB}\right) + \omega\rho_p h\left(\frac{1}{3}\lambda_{BP}\right) \tag{11.20}$$

另一个有用的经验法则是，对于功率输入，力矩 $\hat{M}$ 和强制角速度 $\hat{\theta}$ 产生的激励可以通过等效点力 $\hat{F}_{eq}$ 或等效速度 $\hat{v}_{eq}$ 表示[11]：

$$\hat{F}_{eq} \approx \frac{\hat{M}}{0.2\lambda_B} \tag{11.21}$$

$$\hat{v}_{eq} \approx \hat{\theta}(0.2\lambda_B) \tag{11.22}$$

如果激振力延伸到比弯曲波长大的区域，则传输到结构中的功率明显小于集中力的情况。对于扩展速度源，传输的功率明显大于集中速度激励的情况。

根据参考文献[5]，可以根据波德定理预测点力阻抗的实部 $Re\{Z_{F\infty}\}$ 为

$$Re\{Z_{F\infty}\} \approx |Z_{eq}| \cos\left(\frac{1}{2}\epsilon\pi\right) \tag{11.23}$$

式中，ϵ 在这里被定义为 Z_{eq}-频率关系曲线的指数（即 $Z_{eq} \sim \omega^\epsilon$）。对于均匀各向同性厚板，$\epsilon = 0$；对于弯曲梁，$\epsilon = 0.5$；对于低于环频率的圆柱体，$\epsilon = \frac{2}{3}$。

当激振点靠近结构接合处时，会反射部分入射振动波。反射波影响激振点处的速度，从而

也影响驱动点阻抗,进而影响功率输入。图 11.3(a) 显示了相同的消声端接梁组成的 T 型接合处附近对作为接合处和激振点之间距离 x_0 函数的点力阻抗 $Z_2(x_0)$ 的影响[13]。不出所料,当 $x_0 < \frac{1}{3}\lambda_B$ 时,阻抗随着距离的减小而迅速增加。即使对于大的 x_0,接合处也有相当大的影响,导致阻抗大小出现大约 2∶1 的波动。图 11.3(b) 显示了沿 3 个梁分支的梁振动速度 $|v(x)|$ 的测量分布,表明观察到的强驻波图仅限于位于接合处和激振点之间的梁 2 部分。

仅在周围流体介质对结构响应没有明显影响时,表 11.5 ~ 表 11.8 中给出的阻抗公式才适用。这通常适用于作为周围介质的空气,但不适用于密度比空气高 800 倍的水。低频流体负载的影响相当于[14] 增加单位面积虚质量 ρ'_s,到板的单位面积质量,即

$$\rho'_s = \frac{\rho_0 c_B(f)}{\omega} \approx \rho_0 \left[\frac{1}{6}\lambda_B(f) \right] \tag{11.24}$$

在式(11.24)中,ρ_0 是流体密度,$c_B(f)$ 和 $\lambda_B(f)$ 是弯曲波速度和无载板中自由弯曲波的波长(见表 11.1)。由于 ρ'_s 与 $\omega^{1/2}$ 成反比,因此流体负载导致激振点处的响应在低频下比在高频下降低更多。参考文献[14] ~ [17] 讨论了流体负载影响。

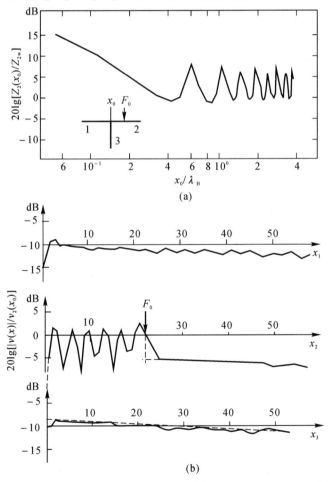

(a)

(b)

图 11.3　T 型接合处附近对测量的点力阻抗和速度响应的影响[13]

(a) 作为归一化距离 x_0/λ_B 函数的归一化力阻抗 $Z_1(x_0)/Z_{1\infty}$,x_i 是沿着梁 i 与接合处的距离;

(b) 三个梁分支的归一化速度的分布 $v(x)/v_0$。

11.3　有限结构的功率平衡和响应

对于有限结构，激振点处的响应以及相应的输入导纳 $Y=1/Z$ 取决于从边界或不连续处反射的波的贡献量。因此，Y 随激振点的位置和频率而变化。然而，有限结构的空间平均和频率平均输入导纳 $\langle Y(x,f)\rangle_x$ 和 $\langle Y(x,f)\rangle_f$ 均等于同等无限结构[18]的点输入导纳，即

$$\langle Y(x,f)\rangle_x = \langle Y(x,f)\rangle_f = Y_\infty \qquad (11.25)$$

图 11.4(a)(b) 分别显示了有限板的点输入导纳的实部和虚部随位置 x 和频率 f 的典型变化。这种特殊特性具有相当重要的现实意义：

（1）由随机噪声特性的点力引入有限结构的功率可以很好地近似为由相同的力引入同等无限结构的功率；

（2）由大量随机分布的点力引入有限结构的功率可以近似为由同样的力引入同等无限结构的功率。

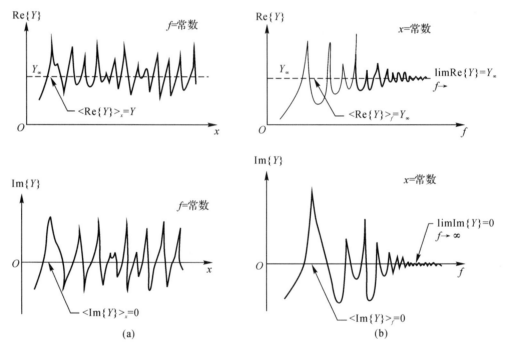

图 11.4　有限板点输入导纳的实部 Re{Y} 和虚部 Im{Y} 的典型波动
(a) 位置 x 的函数（〈　〉$_x$ 是固定频率下的空间平均值）；
(b) 频率 f 的函数（〈　〉$_f$ 是固定位置处的频率平均值）

11.3.1　共振模态和模态密度

图 11.4(a) 中的峰值对应于有限结构的共振频率，其中从边界反射的波在闭合路径中传播，以便它们同相到达起始点。对应于这种特定闭合路径的空间变形图被称为模态振型，其出现的频率被称为有限结构的本征频率或固有频率。这种共振的重要性在于多重反射的同相叠加所导致的高横向速度，这可能导致声辐射或疲劳的增加。

只有少数高度理想化的结构才有可能精确计算固有频率。幸运的是，模态密度 $n(f)$ 被定

义为 1 Hz 带宽内的平均固有频率，它对边界条件的依赖性不太强。因此，可以使用同等理想化系统的公式对模态密度进行可靠的统计预测。

例如，比一阶共振高出两个倍频程的长宽比不太高的薄、平、均匀、各向同性板的模态密度已经很好地近似为等表面积矩形板的模态密度[1]，即

$$n(f) \approx \frac{\sqrt{12}\,S}{2c_{\mathrm{L}}h} \tag{11.26}$$

式中　S—— 面积（一侧）；

　　　h—— 厚度。

注意，$n(f)$ 与频率无关，对于大且薄的板，$n(f)$ 较大。

比一阶空间共振高出一个倍频程的体积为 V 的空间的模态密度通常很好地近似为硬墙矩形空间的模态密度的第一项。

$$n(f) = \frac{4\pi V}{c_0^3}f^2 + \frac{\pi S}{c_0^2} + \frac{L}{8c_0} \tag{11.27}$$

式中　S—— 总墙壁表面积；

　　　L—— 矩形空间的最大尺寸。

许多有限结构的一阶共振频率、模态密度和模态振型以及同等无限结构的点输入阻抗（导纳倒数）见表 11.9。模态振型、固有频率和模态密度的更多详细信息见参考文献[19]。同等无限系统[1] 的模态密度与点力导纳实部之间存在以下重要关系：

$$\mathrm{Re}\{Y_\infty\} = \frac{n(f)}{iM}, \quad i = \begin{cases} 4\,(\text{薄板}) \\ 2\,(\text{薄圆柱体}) \\ 1\,(\text{薄球体}) \end{cases} \tag{11.28}$$

式中，M 为有限系统的总质量。

11.3.2　功率平衡

功率平衡由下式给出，即

$$W_{\mathrm{in}} = W_{\mathrm{d}} + W_{\mathrm{tr}} + W_{\mathrm{rad}} \tag{11.29}$$

说明在稳态下，引入的功率 W_{in} 等于结构中消耗的功率 W_{d}、传输到连接结构的功率 W_{tr} 以及作为声音辐射到周围流体中的功率 W_{rad} 之和。如果激励是由峰值振幅为 $\hat{F}_0$ 的点力引起的，并且结构是厚度为 h、面积为 S（一侧）、密度为 ρ_{M} 的均匀各向同性薄板，纵波速度为 c_{L}，浸入密度为 ρ_0，声速为 c_0 的流体中，则式（11.29）表示为

$$\frac{1}{2}\hat{F}^2\,\mathrm{Re}\{Y_F\} = \langle v^2 \rangle S(\rho_s\omega\eta_{\mathrm{d}} + \rho_s\omega\eta_{\mathrm{tr}} + 2\rho_0c_0\sigma) \tag{11.30}$$

式中　ρ_s—— 板的单位面积质量，$\rho_s = \rho_{\mathrm{M}}h$；

　　　ω—— 角频率，$\omega = 2\pi f$；

　η_{d}、η_{tr}—— 耗散和透射损失因数；

　　　σ—— 板的声辐射效率（见第 11.6 节）。

将耗散损失和透射损失合并为单个复合损失因数 $\eta_{\mathrm{c}} = \eta_{\mathrm{d}} + \eta_{\mathrm{tr}}$，并假设 $\mathrm{Re}\{Y_F\} = Y_{F\infty} = l/Z_{F\infty} = l/(2.3\rho_sc_{\mathrm{L}}t)$，如表 11.5 所示，并求解时空平均均方板速度 $\langle v^2 \rangle$ 得出

$$\langle v^2 \rangle = \frac{\hat{F}_0^2}{4.6\rho_s^2c_{\mathrm{L}}t\omega\,\eta_{\mathrm{c}}S(1 + 2\rho_0c_0\sigma/\rho_s\omega\eta_{\mathrm{c}})} \tag{11.31}$$

表 11.9　有限结构的一阶共振频率、振动模式和模态密度[19]

构件	图片	边界条件①	一阶共振频率	振动模式 $\varphi(x,y,z)$	模态密度② $n(\omega)$	辅助公式
压缩梁		f—f c—c	$c_L/2l$	$\cos(n\pi x/l)$ $\sin(n\pi x/l)$	$l/\pi c_L$	
弯曲梁		p—p f—f c—c c—f	$(\pi/2)(\kappa c_L/l^2)$ $(1/2\pi)(4.73/l)^2\kappa c_L$ $(1/2\pi)(4.73/l)^2\kappa c_L$ $(1/2\pi)(1.875/l)^2\kappa c_L$	$\sqrt{2}\sin(k_n X)$ $\sqrt{2}\sin(k_n X)$ 见参考文献[19]	$\dfrac{l}{2\pi}\sqrt{\dfrac{1}{\omega\kappa c_L}}$	$\kappa=\sqrt{I/S}$ 回转半径 $k_n=\sqrt{2\pi f_n}/c_L\,\kappa$ a/b 为纵横比 h 为板厚,m S 为面积,m² c_{Lt} 为 5 050 m/s c_L 为纵波波速
弯曲矩形板		ffff ssss cccc	$\begin{array}{c\|ccc} a/b & 1 & 1.5 & 2.5 \\ \hline C_1 & 3.33 & 3.31 & 2.13 \\ & 4.88 & 5.28 & 7.1 \\ & 8.89 & 10.0 & 14.6 \end{array}$ $f_1=10^3 C_1(h/S)(c_L/c_{Lt})$	见参考文献[19]	$\dfrac{\sqrt{12}\,S}{4\pi c_L h}$	

续表

构件	图片	边界条件[①]	一阶共振频率	振动模式 $\varphi(x,y,z)$	模态密度[②] $n(\omega)$	辅助公式
薄膜			见参考文献[18]	见参考文献[19]	$\dfrac{S}{2\pi c_{\mathrm{m}}}$	F' 为单位长度张力 ρ_{s} 为单位面积质量 $c_{\mathrm{m}}=\sqrt{F'/\rho_{\mathrm{s}}}$ $c_{\mathrm{s}}=\sqrt{F'/\rho_l}$ F 为张力 ρ_l 为单位长度质量 V 为 $l_x l_y l_z$ c_0 为声速 $n=1,2,3,\cdots$
管柱		$c-c$	$\pi c_{\mathrm{s}}/l$	$\sin(n\pi x/l)$	$l/\pi c_{\mathrm{s}}$	
矩形空气空间		硬墙	$c_0/2l_{\max}$	$\cos\left(\dfrac{n_x\pi x}{l_x}\right)\cos\left(\dfrac{n_y\pi y}{l_y}\right)\cos\left(\dfrac{n_z\pi z}{l_z}\right)$	$n(\omega)=\dfrac{\omega^2 V}{2\pi^2 c_0^3}+\dfrac{S\omega}{4\pi c_0^2}+\dfrac{L}{16\pi c_0}$	

注：①f 代表自由；s 代表简支；c 代表阻尼；p 代表销接；

②$n(\omega)=n(f)/2\pi$，$S=2(l_x l_y+l_x l_z+l_y l_z)$，$L=4(l_x+l_y+l_z)$。

示例 11.1 当 $\sigma = l$ 且 $\eta_c = 0.01$ 时，预测 2 mm 厚、1 mm × 2 m 钢板在 10 kHz 频率下对峰值振幅为 $\hat{F}_0 = 10$ N 的点力的时空平均速度响应 $\langle v^2 \rangle^{1/2}$。将 $\langle v^2 \rangle$ 与激振点 v_0^2 处的均方速度进行比较。与式（11.31）和表 11.2 相关的输入参数如下：

$$\hat{F}_0 = 10 \text{ N}, \quad \rho_s = \rho_M t = 7\,700 \text{ kg/m}^3 \times 2 \times 10^{-3} \text{ m} = 15.4 \text{ kg/m}^2$$

$$c_L = 5050 \text{ m/s}, \quad \omega = 2\pi f = 2\pi \times 10^4 \text{ rad/s}, \quad \eta_c = 0.01$$

$$S = 2 \text{ m}^2, \quad \rho_0 = 1.2 \text{ kg/m}^3, \quad c_0 = 340 \text{ m/s}, \quad \sigma = 1$$

可得

$$\langle v^2 \rangle = \left[\frac{10^2}{4.6 \times 15.4^2 \times 5.05 \times 10^3 \times 2 \times 10^{-3} \times 2\pi \times 10^4 \times 10^{-2}} \times \right.$$

$$\left. \frac{1}{2(1 + 2 \times 1.2 \times 340 / 15.4 \times 2\pi \times 10^4 \times 2 \times 10^{-2})} \right] \text{ m/s}^2 =$$

$$6.7 \times 10^{-6} \text{ m/s}^2$$

$$\sqrt{\langle v \rangle^2} = 2.6 \times 10^{-3} \text{ m/s}$$

$$v_0^2 = \frac{1}{2} \hat{F}_0^2 Y_\infty = \frac{\hat{F}^2}{4.6 \rho_s c_L t} = \left(\frac{10^2}{4.6 \times 15.4 \times 5.03 \times 10^3 \times 2 \times 10^{-3}} \right) \text{ m/s} = 0.14 \text{ m/s}$$

$$\frac{v_0^2}{\langle v^2 \rangle} = \frac{(0.14)^2}{6.7} \times 10^6 = 2\,925, \quad \sqrt{\frac{\langle v^2 \rangle}{v_0^2}} = 54$$

11.4 声音在平面界面的反射和传播

当在均匀介质中传播的平面声波遇到另一种介质的平面界面时，它可能被全反射、部分反射，或全透射，这取决于入射角、声音的传播速度和界面两侧材料的密度。具有实际价值的界面位于空气和水之间、空气和固体材料之间、空气和多孔材料（如地面或吸声材料）之间以及纤维吸声材料层之间，第 8 章。

最简单的情况是入射平面波的波阵面平行于界面平面（即波垂直于界面传播），如图 11.5 所示。其中，p_{inc}、p_{ref} 和 p_{tr} 分别为入射、反射和透射压力的峰值振幅；ρ 和 c 分别为相应介质的密度和声速。在这种简单的情况下，透射波 p_{tran} 保持入射波 p_{inc} 的传播方向，并适用以下关系：

$$\frac{p_{tran}}{p_{inc}} = \frac{4 R_e\{Z_2\} / R_e\{Z_1\}}{|Z_2/Z_1 + 1|^2} = \frac{2Z_2}{Z_2 + Z_1} \tag{11.32}$$

$$\frac{p_{ref}}{p_{inc}} = 1 - \frac{W_{tran}}{W_{ref}} = \frac{Z_2 - Z_1}{Z_2 + Z_1} \tag{11.33}$$

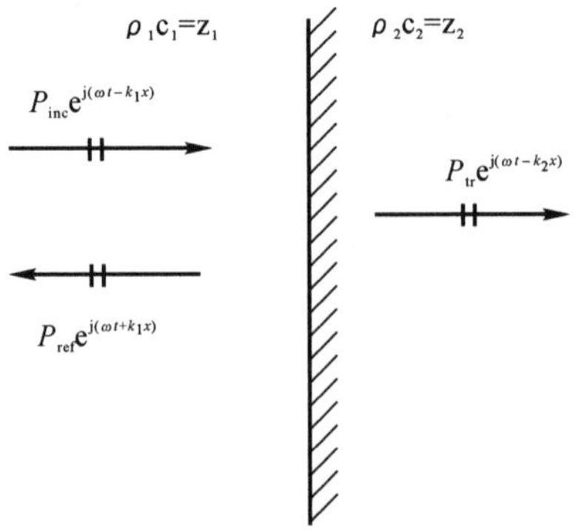

图 11.5 垂直入射在无限厚介质的平面界面上的平面声波的反射和透射

对于功率透射和反射,有

$$\frac{W_{\text{tran}}}{W_{\text{inc}}} = 1 - \left| \frac{Z_2 - Z_1}{Z_2 + Z_1} \right|^2 \tag{11.34}$$

$$\frac{W_{\text{ref}}}{W_{\text{inc}}} = \left| \frac{Z_2 - Z_1}{Z_2 + Z_1} \right|^2 \tag{11.35}$$

式中,$Z_i = \rho_i c_i$ 是平面波介质 i 的特征阻抗;ρ_i 和 c_i 是介质的密度和声速。对于空气-钢界面和水-钢界面,Z_2/Z_1 分别为 $3.9 \times 10^7 / 4.1 \times 10^2$ 和 $3.9 \times 10^7 / 1.5 \times 10^6$,由式(11.32)～式(11.35)得出

界面	$p_{\text{tran}}/p_{\text{inc}}$	$p_{\text{ref}}/p_{\text{inc}}$	$W_{\text{tran}}/W_{\text{inc}}$	$W_{\text{ref}}/W_{\text{inc}}$
空气-钢	1.999 98	0.999 98	0.000 04	0.999 96
水-钢	1.927	0.927	0.141	0.859

　　这表明从空气垂直入射到大块固体材料上的平面波只传输极小部分的入射声能,而从液体入射的平面波能够传输重要部分的入射声能。

　　如果平面波以斜角 φ_1($\varphi_1 = 0$ 为垂直入射)到达平面界面,则反射波的角度 $\varphi_r = \varphi_i$,但透射波的角度 φ_2 取决于两种材料中传播速度的比率(根据斯涅尔定律):

$$\frac{c_1}{c_2} = \frac{\sin\varphi_1}{\sin\varphi_2} \tag{11.36}$$

　　如果平面界面在两种半无限流体之间或流体和多孔吸声材料之间,则只产生压缩波。但是,在流体和固体之间的界面上,传输到半无限固体中的能量包含压缩波和剪切波。如图11.6所示,如果 $c_2 < c_1$,则透射波朝向界面法线,如果 $c_2 > c_1$,则透射波远离法线。图中 $k_1 = \omega/c_1$,$k_2 = \omega/c_2$。

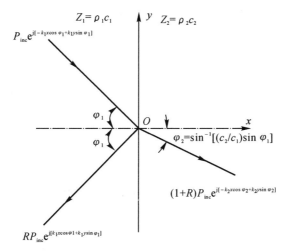

图 11.6　斜入射平面声波在两个半无限厚介质平面界面的反射和透射

　　如果 $c_2 < c_1$,即使对于切线入射($\phi_1 = 90°$),也始终存在透射波,对于无损介质,功率透射达到 100%,入射角 φ_1 满足下式:

$$\left(\frac{Z_1}{Z_2} \right)^2 = \frac{1 - (c_2/c_1)^2 \sin^2\varphi_1}{\cos^2\varphi_1} \tag{11.37}$$

如果 $c_2 > c_1$,则声音传播仅发生在有限的入射角范围内,即 $0 < \varphi_1 < \varphi_{1L} = \sin^{-1}(c_1/c_2)$。对于角 $\varphi_1 > \varphi_{1L}$,存在全反射,声波仅以近场的形式穿透到第二种介质中,该近场随着与界面距离的增加呈指数衰减。斜入射声音的压力反射系数由下式得出:

$$R(\psi_1) = \frac{p_{\text{ref}}(\varphi_1)}{p_{\text{inc}}(\varphi_1)} = \frac{Z_2/\sqrt{1 - [(c_2/c_1)\sin\varphi_1]^2} - Z_1/\cos\varphi_1}{Z_2/\sqrt{1 - [(c_2/c_1)\sin\varphi_1]^2} + Z_1/\cos\varphi_1},$$

$$c_2 < c_1 \text{ 或 } c_2 > c_1 \text{ 且 } \varphi_1 < \varphi_{1L} \tag{11.38}$$

对于压缩波,从空气到钢的平面波声音传播的极限角为 $\varphi_{LC} = \sin^{-1}(c_0/c_s) = 3.8°$,对于剪切波,从空气到钢的平面波声传输的极限角为 $\varphi_{LS} = \sin^{-1}(c_0/c_s) = 4.5°$。对于从水到钢的声音传播,相应的极限角分别为 $\varphi_{LC} = 13°$ 和 $\varphi_{LS} = 15°$。对于大于这些的角度,固体中存在全反射和指数衰减的近场。

11.5 结构元件之间的功率传输

在前面的章节中,连接结构的功率损失仅被视为增加激励结构损失因数的附加机制。然而,在许多实际问题中,传输到邻近结构的功率是降噪计划的主要原因。

功率平衡方程表明,引入直接激励结构的功率在直接激励结构中耗散或传输到相邻结构。因此,如果在降噪问题中,功率被限制在激励结构中,则该结构中耗散的功率必须远远超过传输到相邻结构的功率。这就要求激励结构具有较高的损失因数,并且需要能够尽量减少传输到相邻结构的功率的结构。实现高频阻尼的方法是第 14 章的主题。

11.5.1 通过改变横截面面积减少功率传输

引起入射压缩波或弯曲波部分反射的最简单的结构是横截面面积的突然变化,如图 11.7 所示。

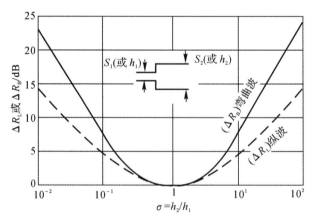

图 11.7 作为厚度比函数的横截面不连续处的衰减[1]

1. 压缩波的反射损失

定义为入射功率与透射功率对数比(对于同一材料的两个部分)的反射损失 ΔR_L 计算为[1]

$$\Delta R_{\mathrm{L}} = 20 \lg \left[\frac{1}{2} (\sigma^{1/2} + \sigma^{-1/2}) \right] \tag{11.39}$$

式中,$\sigma = S_2 / S_1$ 是横截面面积的比率(见图 11.7)。

作为横截面面积比函数的反射损失如图 11.7 中虚线所示。由于对于 S_1 和 S_2 式(11.39)是对称的,因此反射损失与入射波方向无关。该方程式也适用于 $\sigma = h_2/h_1$ 为厚度比的板。注意,横截面面积的 $1:10$ 变化仅产生 $4.8\ \mathrm{dB}$ 的反射损失。为了达到 $10\ \mathrm{dB}$ 的反射损失,横截面面积的 $1:40$ 变化是必要的。

2. 弯曲波的反射损失

低频垂直入射弯曲波的反射损失与频率无关,由下式得出[1]:

$$\Delta R_{\mathrm{B}} = 20 \lg \frac{\frac{1}{2}(\sigma^2 + \sigma^{-2}) + (\sigma^{1/2} + \sigma^{-1/2}) + 1}{(\sigma^{5/4} + \sigma^{-5/4}) + (\sigma^{3/4} + \sigma^{-3/4})} \tag{11.40}$$

该方程式也如图 11.7 所示(实线)。

从图 11.7 得出结论,改变横截面面积并不是在承重结构中实现高反射损失的切实可行的方法。

11.5.2 L 型接合处的自由弯曲波的反射损失

需要改变弯曲波方向的结构元件在结构中起着重要作用。这里,我们考虑在两块板(或梁)之间接合处以直角垂直入射的弯曲波。对于低频,透射和反射能量主要以弯曲波的形式存在。在该频率范围内,相同材料的板和梁的反射损失(入射功率与透射功率的对数比)由下式得出[1],即

$$\Delta R_{\mathrm{BB}} = 20 \lg \left[\frac{\sigma^{5/4} + \sigma^{-5/4}}{\sqrt{2}} \right] \tag{11.41}$$

该方程式如图 11.8 所示。由于 ΔR_{BB} 在 σ 中是对称的,因此反射因数不取决于原始弯曲波是从较厚还是较薄的梁或板入射。注意,对于相同的厚度($\sigma = 1$),最低反射损失为 $3\ \mathrm{dB}$。如果构成接合处的两块板或梁的材料不同,则将 $\sigma = h_2/h_1$ 的比值替换为

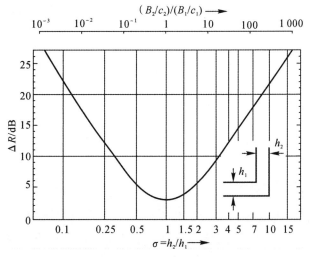

图 11.8　作为厚度比函数的拐角处弯曲波的衰减(没有纵波相互作用)[1]

$$\sigma = \left(\frac{B_2 c_{B1}}{B_1 c_{B2}}\right)^{2/5} \tag{11.42}$$

式中,B 和 c_B 分别是自由弯曲波的抗弯刚度和传播速度(见表 11.1)。在较高的频率下,入射弯曲波也会激发第二结构中的纵波[1]。

11.5.3 弯曲波通过十字接合处和 T 型接合处的反射损失

可能提供入射弯曲波的实质反射的其他结构是图 11.9 所示的墙壁的十字接合处和图 11.10 所示的 T 型接合处。如果垂直入射的弯曲波从板 1 到达十字接合处,则它被部分反射并部分透射到其他板。透射功率分成许多不同的波类型,即板 3 中的弯曲波以及板 2 和板 4 中的纵波和弯曲波。由于几何形状的对称性,板 2 和板 4 将具有相同的激励[1]。

对于相同材料的板或梁,反射损失(定义为入射弯曲波功率与透射弯曲波功率的对数比)作为板厚度比的函数给出,如图 11.9 和图 11.10 所示。当板由不同材料制成时,$\sigma = h_2/h_1$ 的比值由式(11.42)得出。在方向不变的情况下透射的弯曲波的振幅受到垂直板的限制,并且该方向上的反射损失 ΔR_{13} 随着限制板厚度 h_2 的增加而单调增加。由于该板有效地阻止了接合处水平板的垂直运动,即使对于非常薄的垂直壁,ΔR_{13} 仍保持在 3 dB,这表明只有弯矩携带的功率才能通过接合处。对于在接合处改变方向的弯曲波,在厚度比 $\sigma = h_2/h_1 = 1$ 时,十字接合处的反射损失达到最小值($\Delta R_{12} = 9$ dB);当厚度比 $\sigma = h_2/h_1 = 1.32$ 时,T 型接合处的相应数值为 6.5 dB。反射损失随后对称地增加,以增大或减小厚度比(h_2/h_1)。

计算无规入射时十字接合处自由弯曲波的透射率,并确定许多密实和轻质混凝土板组合的反射损失[20]。ΔR_{12} 结果如图 11.9 所示($x's$),表明无规入射时 ΔR_{12} 略高于垂直入射时的结果。还发现,对于无规入射,ΔR_{12} 与频率无关,但 ΔR_{13} 随着频率的增加而减小。

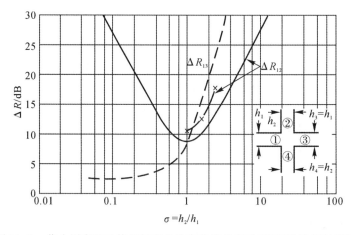

图 11.9　作为厚度比函数的板交点处弯曲波的衰减(没有纵波相互作用)

11.5.4 从梁到板的功率透射

现代建筑的结构部分通常包括柱和结构楼板。因此,模拟这种情况的从梁到板的功率透射具有实际意义。首先考虑从梁入射到无限均质板上的纵波和弯曲波的反射损失。

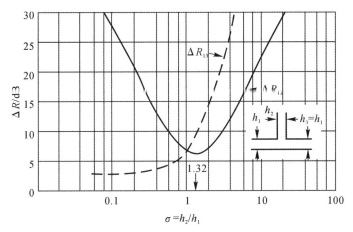

图 11.10　作为厚度比函数的板交点处弯曲波的衰减(没有纵波相互作用)[1]

1. 纵波的反射损失

当梁中的纵波到达板时,其能量部分反射回梁,部分以弯曲波的形式透射到板。反射损失(等于入射与透射功率的对数比)由下式得出[21]:

$$\Delta R_{\mathrm{L}} = -10\lg\left(1 - \left|\frac{Y_{\mathrm{b}} - Y_{\mathrm{p}}}{Y_{\mathrm{b}} + Y_{\mathrm{p}}}\right|^{2}\right) \tag{11.43}$$

式中　Y_{b}——纵波半无限梁的导纳, $Y_{\mathrm{b}} = 1/Z_{\mathrm{b}}\,(\mathrm{m/N \cdot s})$;

　　　Y_{p}——无限板的点导纳 $Y_{\mathrm{p}} = 1/Z_{\mathrm{p}}\,(\mathrm{m/N \cdot s})$。

Y_{p} 和 Y_{b} 均为实数且与频率无关,通过取阻抗的倒数,可以从表 11.5 中找到无限梁和板的 Y_{p} 和 Y_{b}, 即 $Y_{\mathrm{b}} = 1/\rho_{\mathrm{b}} c_{\mathrm{Lb}} S_{\mathrm{b}}$ 和 $Y_{\mathrm{p}} = l/2.3 \rho_{\mathrm{p}} c_{\mathrm{Lp}} h^{2}$。

2. 纵波在梁和板之间的完全功率透射

由式(11.43)可知,当 $Y_{\mathrm{b}} = Y_{\mathrm{p}}$ 时,反射因数为零(所有入射能量均透射到板)。使上述给出的 Y_{p} 和 Y_{p} 值相等,得出了从梁到板的完全功率透射要求:

$$S_{\mathrm{b}} = 2.3 \frac{\rho_{\mathrm{p}} c_{\mathrm{Lp}} h^{2}}{\rho_{\mathrm{b}} c_{\mathrm{Lb}}} \tag{11.44}$$

如果柱和板的材料相同,则 $\rho_{\mathrm{p}} c_{\mathrm{Lp}} = \rho_{\mathrm{b}} c_{\mathrm{Lb}}$, 式(11.44)可简化为

$$S_{\mathrm{b}} = 2.3 h^{2} \tag{11.45}$$

该方程式表明,对于从方形截面梁到大型板的理想功率传输,梁的横截面尺寸必须是板厚度的 1.52 倍,对于圆形截面梁,半径必须是板厚度的 0.86 倍。实际上,这完全在建筑结构中常见的板厚-柱截面比的范围内。测量了不同几何形状的钢梁和钢板连接件的反射因数[21]。基本不匹配(a)和接近匹配(b)的结果如图 11.11 所示。

3. 弯曲波的反射损失

当梁携带自由弯曲波时,波获得的一部分能量通过有效弯矩透射到板,并在板中激发径向传播的自由弯曲波,一部分入射能量从接合处反射出来。此处,由板和梁各自的力矩阻抗[1,21]决定反射损失,即

$$\Delta R_{\mathrm{b}} = -10\lg \frac{Y_{\mathrm{b}}^{M} - Y^{M}}{Y_{\mathrm{b}}^{M} + Y_{\mathrm{p}}^{M}} \tag{11.46}$$

式中,力矩导纳 Y_{b}^{M} 和 Y_{p}^{M} 由下式得出[1,20]:

$$Y_b^M = \frac{2}{1+j} \frac{k_b^2}{\rho_b S_b c_{B_b}} \tag{11.47}$$

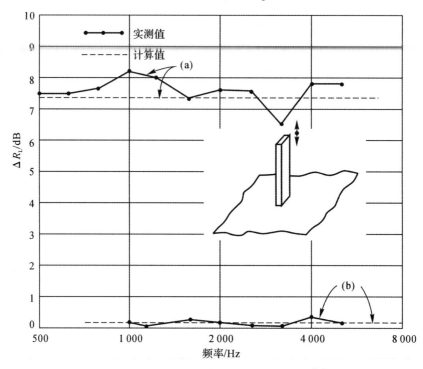

图 11.11 钢梁板系统纵波反射损失 ΔR_L[21]

(a) 板厚度 2 mm,梁横截面 10 mm × 20 mm; (b) 板厚度 4 mm,梁横截面 5 mm × 10 mm

且

$$Y_b^M = \frac{\omega}{16B_p}\left(1+j\,\frac{4}{\pi}\ln\frac{1.1}{k_p a}\right) \tag{11.48}$$

式中　k—— 波数,m^{-1};

　　　B_p—— 板单位宽度的抗弯刚度,N·m;

　　　a—— 组成板力矩的一对点力的有效距离,m,对于矩形和圆形梁横截面,$a_r = \frac{1}{3}d$,$a_c = 0.59r$;

　　　d—— 矩形梁横截面的侧面尺寸(弯曲方向),m;

　　　r—— 圆形梁横截面半径,m。

在杆两个垂直弯曲方向上,连接到 0.2 cm 厚的半无限钢板上的横截面面积为 1×2 cm 的钢杆的弯曲波激励下的反射损失[21] 如图 11.12 所示(板厚度 2 mm,梁横截面 10 mm × 20 mm)。

4. 弯曲波的完全功率透射

由于板和梁的力矩阻抗均与频率有关,因此只能在单一频率下发生完全功率透射($\Delta R_B = 0$)。当梁和板的力矩阻抗的实部和虚部相等时,达到了理想功率透射的标准,这就要求

$$\lambda_b = 0.39\frac{B_b}{B_p} \tag{11.49}$$

$$\lambda_p = 2.6a \tag{11.50}$$

式中　B_b——梁的抗弯刚度，N·m²；

　　　λ_b——梁弯曲波长，m；

　　　λ_p——板弯曲波长，m。

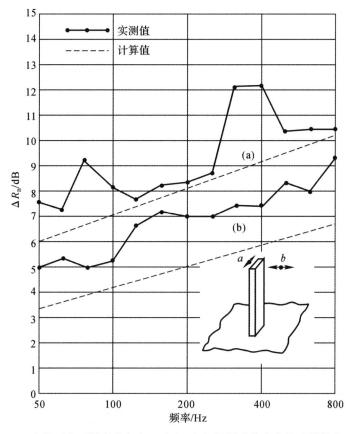

图 11.12　在梁两个不同弯曲方向(a 和 b)上钢梁板系统弯曲波反射损失 ΔR_B[21]

11.5.5　减少由薄弹性层隔开的板之间的功率透射

在建筑结构中，通常通过在结构元件之间插入一层薄薄的弹性材料形成所谓的振动中止。振动中止的几何形状如图 11.13 所示。这种结构通常也用作膨胀节。

1. 压缩波的反射损失

反射损失由下式得出[1]，即

$$\Delta R_L = 10\lg\left[1 + \left(\frac{\omega Z_1}{2s_i}\right)\right] \tag{11.51}$$

式中　Z_1——压缩波的固体结构阻抗，N·s/m；

　　　s_i——压缩时弹性层的刚度，N/m。

在某一频率($\omega = 2s_i/Z_1$)以上，ΔR_L-频率关系曲线随着频率的增加以 20 dB/10 倍频的斜率增加。若低于此频率，弹性层几乎完全透射入射波。例如，插入两个 10 cm 厚混凝土板(或柱)之间的 3 cm 厚软木层的 ΔR_L-频率关系曲线如图 11.13 所示。

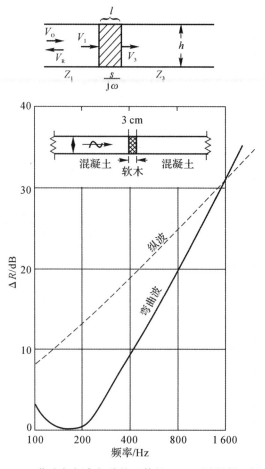

图 11.13　作为与频率相关的函数的 10 cm 厚混凝土板之间
3 cm 厚软木弹性夹层引起的衰减

为了实现高反射损失，弹性层必须达到承载要求允许的柔软度($s_i/\omega \ll Z_1$)。但是，层的刚度不能通过增加厚度而无限地降低。对于层的厚度与弹性材料中压缩波的波长相当的频率，该层不再被认为是以其刚度为特征的简单弹簧。该频率范围内的反射损失[1] 为

$$\Delta R_L = 10\lg\left[\cos^2 k_i l + \frac{1}{4}\left(\frac{Z}{Z_i} + \frac{Z_i}{Z}\right)^2 \sin^2 k_i l\right] \quad (11.52)$$

式中　k_i——弹性材料中压缩波的波数，$\mathrm{m^{-1}}$；

　　Z——压缩波的同等无限结构阻抗，$Z = Z_1 = Z_3$，$\mathrm{N \cdot s/m}$；

　　Z_i——压缩波的同等无限(长度)弹性材料阻抗，$\mathrm{N \cdot s/m}$；

　　l——弹性层长度，m。

假设阻抗 Z，Z_i 和波数 k_i 为实数，则式(11.52)不考虑弹性材料中的波阻尼。不出所料，对于 $Z_i = Z$、$\Delta R_L = 0$，当 $k_i l = (2n + l)\left(\frac{1}{2}\pi\right)$ 时，ΔR_L 达到最大值，即

$$\Delta R_{L,\max} = 20\lg\frac{Z_i^2 + Z^2}{2ZZ_l}, \quad 当 l = \frac{1}{2}(2n+1)\lambda_i 时 \quad (11.53)$$

对于 $k_i l = n\pi$ $(l = \frac{1}{2}n\lambda_i)$，式(11.51)的分母为 1，$\Delta R_L$ 与 Z 无关，可得

$$\Delta R_{L,min} = 0, \quad 当 l = \frac{1}{2}n\lambda_i 时$$

最后，对于 $k_i l \ll 1$ 和 $Z_i \ll Z$ 的情况，式(11.52)简化为式(11.51)。

2. 弯曲波的反射损失

图 11.13 中的几何图形表明，对于垂直入射的弯曲波，作用在接合处两侧的力矩和力必须相等。但是，由于弹性层的剪切和压缩变形，接合处两侧的横向速度和角速度不同。弹性层对弯曲波的作用与对压缩波的作用大不相同[1]。最显著的区别是入射弯曲波在某一频率下完全透射，而在另一更高频率下完全反射。遗憾的是，事实证明对于相关的建筑结构，完全透射频率通常出现在音频范围内。例如，对于 10 cm 厚混凝土板之间的 3 cm 厚软木层，图 11.13 显示了作为与频率相关的函数的弯曲波反射因数。透射在 170 Hz 的频率下为完全透射，然后随着频率的增加而降低。弯曲波的反射损失可以近似为[1]

$$\Delta R_B \approx 10\lg\left[1 + \frac{1}{4}\left(1 - \frac{E}{E_i}\frac{2\pi^3 lh^2}{\lambda_B^3}\right)^2\right] \tag{11.54}$$

式中　E——结构材料的弹性模量；

　　　E_i——弹性材料的弹性模量；

　　　l——弹性层长度，m；

　　　h——结构厚度，m；

　　　λ_B——结构中弯曲波的波长，m。

弹性层形成弯曲波完全透射的结构的弯曲波长由下式得出，即

$$\lambda_{B,trans} = \pi\left(\frac{E}{E_i}h^2 l\right)^{1/3} \tag{11.55}$$

如果希望降低完全透射的频率，E/E_i 比率和弹性层的长度必须很大。但是，与弹性层中弯曲波的波长相比，弹性材料的长度应始终较小，以避免共振。

当板中的弯曲波长等于 π 乘以板厚度（$\lambda_{Bs} = c_b / f_s = \pi h$）时，入射弯曲波发生完全反射。因此，发生完全反射的频率与弹性层的动态特性和长度无关，而是由板或梁的厚度和动态特性决定的。

11.6　声　辐　射

第 10 章讨论了小型刚体的声辐射。本节专门讨论由点力或声场激发振动的柔性薄板的声辐射。第 10 章讨论了小型刚体的声辐射。

刚性和弹性结构的振动迫使界面处的周围流体或气体颗粒以与振动结构相同的速度振荡，从而产生声音。声波以压缩波的形式传播，压缩波以声速在周围介质中传播。

11.6.1　无限刚性活塞

从概念上讲，最简单的声辐射结构是无限平面刚性活塞。活塞的运动迫使流体颗粒沿着垂直于活塞平面的平行线运动。不存在可能导致惯性反作用力（例如可能沿着流体可以移动

到侧面的有限活塞的边缘发生的力)的发散。因此,单位面积反作用力(即声压)完全归因于压缩效应。这与将活塞放在刚性壁管中的情况相同,如第 10 章所述。如果活塞以速度 $\hat{v}\cos\omega t$ 振动,则会产生垂直于活塞平面传播的平面声波。作为距离函数的声压为

$$p(x,t) = \hat{v}\rho_0 c_0 \cos(\omega t - k_0 x) \tag{11.56}$$

单位面积辐射声功率为

$$W'_{rad} = 0.5\hat{v}^2 \rho_0 c_0 = \langle v^2 \rangle_t \rho_0 c_0 \tag{11.57}$$

式中　　　ρ_0——介质的密度;

　　　　　c_0——介质的声速;

　　$\omega = 2\pi f$——角频率;

　　　　　k_0——波数,$k_0 = \omega/c_0 = 2\pi/\lambda_0$;

　$\lambda_0 = c_0/f$——辐射声音的波长;

　　　　$\langle v^2 \rangle_t$——时间平均均方速度(即 $v = v_{rms}$)。

11.6.2　弯曲的无限薄板

如果速度幅值为 $\hat{v} = \sqrt{2}v$ 和弯曲波速为 c_B 的平面弯曲波沿正 x 方向在薄板上传播,则作为 x 和垂直距离 z 函数的声压由下式得出[1],即

$$\hat{p}(x,y) = \frac{\mathrm{j}\hat{v}\rho_0 c_0 \mathrm{e}^{\mathrm{j}\omega t}}{\sqrt{(k_B/k_0)^2 - 1}} \mathrm{e}^{-\mathrm{j}k_B z} \exp\left(-z\sqrt{k_B^2 - k_0^2}\right) \tag{11.58}$$

式中,$k_B = 2\pi f/c_B = 2\pi/\lambda_B$ 和 $k_0 = 2\pi f/c_0 = 2\pi/\lambda_0$ 分别是板中的弯曲波数和空气中的波数。由式(11.58)可知,对于 $c_B < c_0 (k_B/k_0 > 1)$,声压与界面处的速度成 90° 异相,因此板没有辐射声功率。声压构成了一个近场,它随着 z 的增加呈指数衰减。对于 $c_B > c_0$,$k_B/k_0 < 1$,式(11.58)可表示为

$$\hat{p}(x,y) = \frac{\hat{v}\rho_0 c_0 \mathrm{e}^{-\mathrm{j}\omega t}}{\sqrt{1 - (k_B/k_0)^2}} \mathrm{e}^{-\mathrm{j}k_B x} \exp\left(-\mathrm{j}k_0 z \sqrt{1 - \left(\frac{k_B}{k_0}\right)^2}\right) \tag{11.59}$$

式中,压力和速度在界面处同相($z=0$),板的单位面积辐射的声功率为

$$W'_{rad} = \begin{cases} \dfrac{0.5\hat{v}^2 \rho_0 c_0}{\sqrt{1 - (\lambda_0/\lambda_B)^2}}, & \lambda_B > \lambda_0 \\ 0, & \lambda_B < \lambda_0 \end{cases} \tag{11.60}$$

其随着频率的增加($\lambda_0/\lambda_B \ll 1$),接近方程式(11.57)得出的无限刚性活塞的声功率。

11.6.3　辐射效率

通常将振动体的辐射效率定义为

$$\sigma_{rad} = \frac{W_{rad}}{\langle v_n^2 \rangle \rho_0 c_0 S} \tag{11.61}$$

式中　　$\langle v_n^2 \rangle$——区域 S 的辐射表面的时空平均均方振动速度的法向分量;

　　　　W_{rad}——辐射声功率。

根据此定义,对于活塞,由式(11.57)和式(11.60),可得

$$\sigma_{rad} = \begin{cases} 1, & \text{无限刚性活塞} \\ 0, & \text{弯曲的无限板}, \lambda_B < \lambda_0 \\ [1-(\lambda_0/\lambda_B)]^{-1/2}, & \text{弯曲的无限板}, \lambda_B > \lambda_0 \\ (k_0 a)^2/[1+(k_0 a)^2], & \text{脉动球体} \end{cases} \qquad (11.62)$$

重要的是要知道,与波长相比,辐射效率不仅取决于辐射体的大小和形状,还取决于辐射体振动的方式。如果球体前后振动而不是脉动,则净体积位移为零,辐射效率为[22]

$$\sigma_{rad} = \frac{(k_0 a)^4}{4+(k_0 a)^4} \qquad (11.63)$$

比较式(11.62)和式(11.63)发现,在低频下,平移振动的刚体比相同表面积的脉动体辐射的声功率要小得多[约为 $\frac{1}{4}(k_0 a)^2$ 倍]。表 11.10 给出了一些典型结构元件的辐射效率(更多信息见参考文献[22][23])。长宽比近似为 1 的振荡三维物体(如球体或立方体)的辐射效率如图 11.14 所示,作为刚体振荡的圆杆的辐射效率如图 11.15 所示。注意,随着频率的增加,当振动体的相邻异相运动部分之间的距离大于辐射声音的波长时(即,对于振动体, $2\pi a > \lambda_0$,对于弯曲板, $\lambda_B > \lambda_0$),会更加难以足够快速地推开并压缩空气,辐射效率接近 1。

表 11.10　振动体的辐射效率[1,23,28]

振动体	图　片	σ_{rad}	辅助表达式
小型脉动体	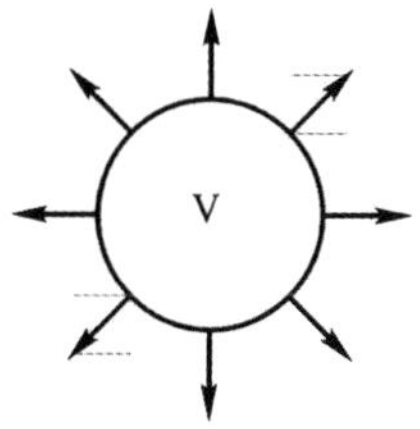	$\dfrac{(ka)^2}{1+(ka)^2}$	c_0 为声速 $k_0 = 2\pi f/c_0$ a 为源半径
小型振荡刚体	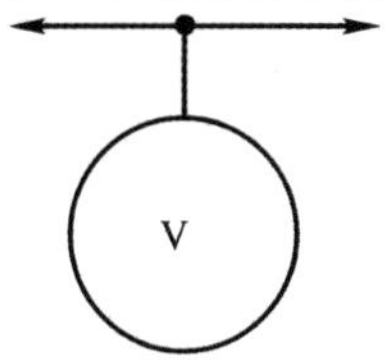	$\dfrac{(ka)^4}{4+(ka)^4}$	
脉动管	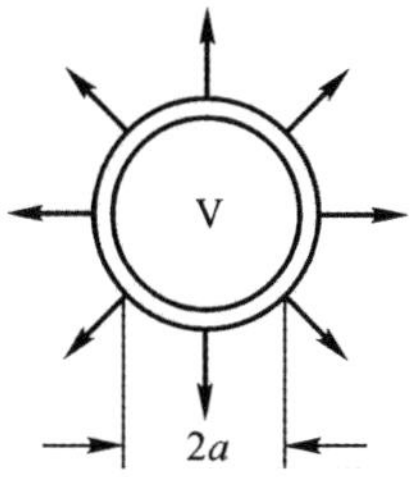	当 $(\pi/2)k_0 a \leqslant 2/\pi$ 时, $2/\pi k_0 a \mid H_1 (k_0 a)\mid^2$	H_1 为第二类一阶汉克尔函数 $k_0 = 2\pi f/c_0$
振荡管或杆	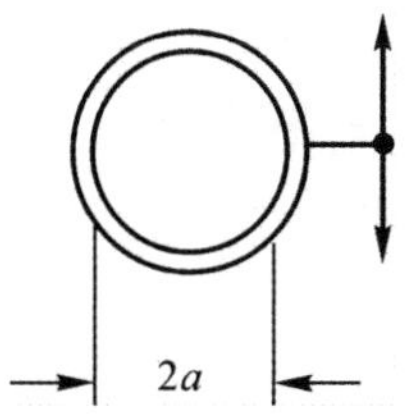	$2/\pi k_0 a \mid H_1(k_0 a)\mid^2$,	$H'_1 = H_1$,为关于自变量的一阶导数

续表

振动体	图　片	σ_{rad}	辅助表达式
弯曲圆管		$0;f<f_c$ $(k_0a)^3\left[1-\langle f_c/f\rangle\right];f>f_c,\ k_da\ll1$ $1;f>f_c,\ k_0a\gg1.5$	$k_d^2=k_0^2-k_B^2$ $k_H=2\pi/\lambda_H$ f_c 为临界频率，式中：$k_B=k_0$
矩形和椭圆形弯曲梁		见参考文献[22]	
支撑自由弯曲波的无限薄板		当 $f<f_c$ 时，等于 0 当 $f>f_c$ 时，等于 $1/[1-(f_c/f)]^{1/2}$	
支撑自由弯曲波的有限薄板：由刚性挡板包围的板		$\dfrac{Pc_0}{\pi Sf_c}\sqrt{f/f_c}\,c_1;f<f_c$ $0.45(P/\lambda_c)1/2(L_{min}/L_{max})^{1/4};$ $f=f_c$ $(1-f_c/f)^{-1/2};f>1.3f_c$ $1;f\geqslant1.3f_c$	f_c 为临界频率，见式(11.94) $\lambda_c=c_0/f_c$ $S=L_{max}L_{min}$，为面积（一侧） $P=2(L_{max}+L_{min})$，为周长 $\beta=(f_c/f)^{1/2}$
		当 $f<0.5f_c$，$g_1(\beta)=(4/\pi^4)\left[(1-2\beta^2)/\beta(1-\beta^2)^{1/2}\right]$; 当 $f>0.5f_c$，$g_2(\beta)=\left(\dfrac{1}{4\pi^2}\right)\times\dfrac{(1-\beta^2)\ln\left[(1+\beta)/(1-\beta)\right]+2\beta}{(1-\beta^2)^{3/2}}$; $C_1=\begin{cases}1(简支边缘)\\ \beta^2\exp(10\lambda_c/P)(固定边缘)\end{cases}$ $\sigma_{rad}=\dfrac{P}{S}\dfrac{c_0}{\pi^2}\sqrt{\dfrac{f}{f_c^3}}$	
支撑自由弯曲波的无限厚板		$0.45\sqrt{P/\lambda_0}$，当 $f\leqslant f_b$ 1，当 $f\gg f_b$	$f_b=f_c+\dfrac{5c_0}{P}$ P 为周长
无限板声受迫波		$\sigma_F=1/\cos\varphi$	φ 为入射角（°）

续　表

振动体	图　片	σ_{rad}	辅助表达式
有限方形板斜入射平面声波激励		$\sigma_F = \min \begin{cases} A[(k_o/2)\sqrt{S}], \\ 1/\cos\varphi \end{cases}$ 0. $1\lambda_0^2 <$ $S < 0.4\lambda_0^2$ $\sigma_F = \min \begin{cases} [(0.5)^{(\varphi/90)}\sqrt{k_0/2\sqrt{S}}], \\ 1/\cos\varphi \end{cases}$ $S > 0.4\lambda_0^2$	$A = (0.5)(0.8)^{(\varphi/90)}$ $\alpha = 1 - 0.34\varphi/90$ $k_0 = 2\pi/\lambda_0 = 2\pi f/c_0$
有限方形板扩散声场激励		当 $k_0\sqrt{S} > 1$ 时，$\sigma_F = 0.5[0.2 + \ln(k_0\sqrt{S})]$	

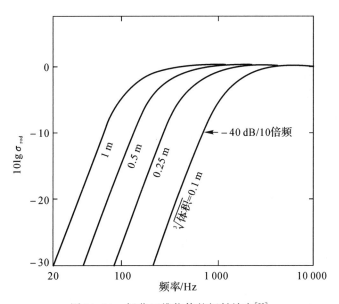

图 11.14　振荡三维物体的辐射效率[22]

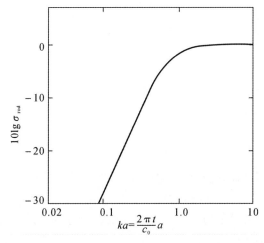

图 11.15　半径为 a 的振荡刚性管和杆的辐射效率[22]

11.6.4 点激励无限薄板

当大小为 $\hat{F}_0$ 的点力或大小为 $\hat{v}_0$ 的强制局部速度激励非常大的均匀各向同性薄板时，传播速度为 $c_B(f) \sim \sqrt{f}$ 的自由弯曲波从激振点径向传播。在低频下，当 $c_B < c_0$ 时，自由弯曲波不发出声音。在远离激振点的地方，波阵面接近一条直线，产生的声辐射是由激振点附近的板的同相振动引起的。声强辐射方向图具有 $\cos^2\varphi$ 相关性，φ 是相对于板法线的角度。机械功率输入 W_{in}、辐射声功率 W_{rad} 和声学-机械转换效率 $\eta_{am} = W_{rad}/W_{in}$ 如下所示：

点力激励   点速度激励

$$W_{in} = \frac{1}{2}\hat{F}_0^2 \frac{1}{2.3\rho_s c_L h} \qquad W_{in} = \left(\frac{1}{2}\hat{v}_0^2\right)2.3\rho_s c_L h \tag{11.64}$$

$$W_{rad}(f < f_c) = \hat{F}^2 \frac{\rho_0}{4\pi\rho_s^2 c_0} \qquad W_{rad} = \hat{v}^2 \frac{c_L^2 h^2 \rho_0}{2.38 c_0} \tag{11.65}$$

$$\eta_{am}(f < f_c) = 0.37\frac{\rho_0}{\rho_M}\frac{c_L}{c_0} \qquad \eta_{am} = 0.37\frac{\rho_0}{\rho_M}\frac{c_L}{c_0} \tag{11.66}$$

式中 $\rho_s = \rho_M h$——板的单位质量；

            ρ_M——密度；

            c_L——板材料中纵波的速度；

            h——板厚度；

         ρ_0、c_0——周围流体的密度和声速。

式(11.64)～式(11.66)包含以下非常令人惊讶的信息：

(1) W_{in}、W_{rad} 和 η_{am} 与频率和板损失因数无关；

(2) 对于点力激励，辐射声功率仅取决于板的单位面积质量（$W_{rad} \sim 1/\rho_s^2$），而不取决于刚度；

(3) 对于点速度激励，辐射声功率仅取决于刚度（$W_{rad} \sim c_L^2 h^2$），而不取决于板材密度；

(4) 对于点力或点速度激励，声学-机械转换效率是相同的，与板厚度 h 无关，是材料常数 $[\eta_{am} \sim (c_L/\rho_M)(\rho_0/c_0)]$。

对于噪声控制工程师，以上结果(2)(3)非常重要。为了最大限度地减少高阻尼、点激励、薄板状结构的声辐射，对于力激励（例如，通过低阻抗振动源），板应具有大的单位面积质量，对于速度激励（通过高阻抗振动源），板应具有低刚度（低 E/ρ_M）。

式(11.66)为小提琴制造商提供了理论依据，他们希望将振动弦的大部分机械功率转换为辐射声，使用木材（$\eta_{am} = 0.024$）而不是钢（$\eta_{am} = 0.0023$）或铅（$\eta_{am} = 0.0004$）作为小提琴的主体。

还应注意，由于只考虑从激振点附近辐射的声音，因此式(11.65)得出的辐射声功率通常表示有限板可达到的最小值。

11.6.5 点激励有限板

对于有限板，辐射的声功率有两个分量。第一个分量从式(11.65)中给出的激振点附近辐射。第二个分量由自由弯曲波辐射，它们与板边缘和不连续处相互作用。这两个分量对总辐射噪声的贡献量用以下两式中的第一项和第二项表示，其中第一个方程式适用于点力激励，

第二个方程式适用于点速度激励，即

$$W_{\text{rad}}^{\text{F}} \approx \hat{F}^2 \left(\frac{\rho_0}{4\pi\rho_s^2 c_0} + \frac{\rho_0 c_0 \sigma_{\text{rad}}}{4.6\rho_s^2 c_{\text{L}} h\omega\,\eta_{\text{c}}} \right) \tag{11.67a}$$

$$W_{\text{rad}}^{v} \approx \hat{v}^2 \left[\frac{\rho_0 c_{\text{L}}^2 h^2}{2.38 c_0} + 1.15 \left(\frac{c_{\text{L}} h}{\omega\,\eta_{\text{c}}} \right) \rho_0 c_0 \sigma_{\text{rad}} \right] \tag{11.67b}$$

式中　η_{c}—— 复合损失因数；

$\quad\quad\sigma_{\text{rad}}$—— 板对于自由弯曲波的辐射效率。

式(11.67)中的第二项是由有限板的功率平衡（见 11.3 节）推导出的，假设有限板的机械功率输入可以很好地近似于同等无限板的功率输入。

式(11.67a)和式(11.67b)可用于评估复合损失因数（$\eta_{\text{c}}^{\max}$）的有用上限，如果超过该上限，只会导致额外费用，但不会显著降低辐射噪声。这是通过使方括号中的第一项和第二项相等并求解 η_{c} 来实现的。

11.7　声激励和声音传播

声音传播过程包括声源侧声场的描述、振动响应的预测以及从隔断的接收端进入接收室的声辐射。第 7 章讨论了声源侧声场的描述。本节将讨论后两项。对于适当的分析方法，与声波波长相比，隔断可以分为小隔断或大隔断。

11.7.1　小隔断的声音传播

在下面的分析中，我们定义了一个小隔断（其尺寸比声波波长小）。因此，如果频率足够低，即使是大隔断也被认为是"声学小隔断"。

在噪声控制工程书籍中，声学小型板的声音传播问题大多被忽略，或者只被定性处理。其原因在于，传统的声透射损失定义是基于入射声功率和透射声功率的比值，在低频范围内是没有意义的。在低频范围内，辐射到接收室内的声功率与撞击隔断声源侧的声音的入射角无关。在低频范围内，对于切线入射（声源侧声波平行于隔断传播），隔断辐射的声功率与垂直入射（声源侧声波垂直于隔断平面传播）时相同。

如图 11.16 所示，用安装在两个混响室之间的测试段中的小型、单一、均匀、各向同性板开始研究声音传播是有益的。

我们的研究在非常低的频率下开始，并通过逐渐增加入射声的频率进行研究。我们将研究以下情况。

(1)面板尺寸 L 与声波波长 λ 相比较小，而入射声波的频率 f 与板的一阶机械共振的频率 f_{M1} 相比较小，即

$$L \ll \lambda \text{ 且 } f \ll f_{\text{M1}}$$

(2)面板尺寸 L 与声波波长 λ 相比较小，而入射声波的频率 f 与板的一阶机械共振的频率 f_{M1} 匹配，即

$$L \ll \lambda \text{ 且 } f = f_{\text{M1}}$$

(3)面板尺寸 L 与声波波长 λ 相比较小，而入射声波的频率 f 远大于板的一阶机械共振的频率 f_{M1}，即

$$L \ll \lambda \text{ 且 } f \gg f_{M1}$$

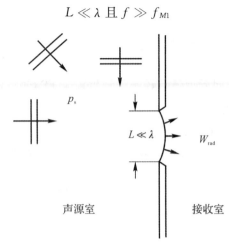

图 11.16　小型均匀各向同性隔断的声音传播

1.情况 1（$L \ll \lambda$ 且 $f \ll f_{M1}$）

如果隔断尺寸比声波波长小得多，即使在切线入射（即声波平行于板传播）时，声压在板的声源侧也几乎是恒定的。在任何其他入射角度下，声压在板上的分布甚至比在切线入射时更均匀。在垂直入射（即声波垂直于板的平面传播）时，声压绝对均匀地分布在板的表面上，与波长无关（对于垂直入射，轨迹波长在所有频率下均为无限大）。在情况 1 的频率范围内，板的声音传播由其体积柔量 C_v 控制，定义为

$$C_v \equiv \frac{\Delta V}{p} \tag{11.68}$$

式中　C_v—— 板的体积柔量，$\mathrm{m^5/N}$；

　　　p—— 板声源侧的声压，$\mathrm{N/m^2}$。

只要板的尺寸与声波波长相比较小，则 $p_s = 2p_{inc}$，p_{inc} 是入射声波的振幅。

考虑到体积速度 $q = \mathrm{d}\,\Delta V/\mathrm{d}t = \mathrm{j}\omega C_v\, p_s$，并使用第 10 章方程式（10.49），辐射声功率公式为

$$W_{rad} = q^2 (\rho_0 c_0) \left(\frac{k^2}{2\pi} \right) = \frac{\omega^4 C_v^2 (\rho_0/c_0)}{2\pi} p_s^2 \tag{11.69}$$

式中　ρ_0—— 气体密度，$\mathrm{kg/m^3}$；

　　　c_0—— 气体中的声速，$\mathrm{m/s}$。

考虑到我们的小型板向半空间全向辐射，作为距离函数的声压为

$$p(r) = \frac{p_s}{2\pi r} (\omega^2 C_v \rho_0) \tag{11.70}$$

式中，r 是距面板中心的径向距离，单位为 m。

第 12 章给出了具有简支边和固支边的矩形板的体积柔量 C_v 和共振频率 f_{M1} 的预测公式。在实际应用中发现的面板具有 C_v，其比具有固支边的矩形板的预测值大，比具有简支边的矩形板的预测值小。此外，实际面板的共振频率在具有固支边和简支边的矩形板的预测共振频率之间。

2.情况 2（$L \ll \lambda$ 且 $f \approx f_{M1}$）

在面板的一阶共振频率 f_{M1} 下，面板阻抗的质量部分（其随频率增加而增加）在数量上相

等,但在相位上与面板阻抗的刚度部分(其随频率增加而减少)相反。在共振频率及其附近,即使声源侧的小声压也能引起大的体积速度,并且面板运动仅受面板中的能量耗散及其辐射声阻的限制。在 f_{M1} 附近,面板接收端辐射的声功率达到最大值。不能通过分析预测面板中的耗散损失。因此,不能以满意精度预测声音传播。在设计低频高强度音调分量设备的外壳时,面板或子面板的选择应确保其一阶共振频率应明显高于封闭式设备低频音调分量的频率。可以通过在两个垂直方向弯曲板状元件增加板状元件的一阶共振频率,以获得形状刚度。

3. 情况 3($L \ll \lambda$ 且 $f \gg f_{M1}$)

在一阶机械共振频率以上,板的速度由单位面积质量 $\rho_s = \rho_M h$ 控制,ρ_M 为板材密度 (kg/m³),h 为板厚度(m)。

该频率范围内板的体积速度可近似为

$$q \approx p_s \frac{S}{j\omega\rho_s} \tag{11.71}$$

辐射声功率可近似为

$$W_{rad} \approx p_s^2 \frac{\omega^2 S^2 \rho_0 c_0}{2\pi} \tag{11.72}$$

距离 r 处的声压可近似为

$$p(r) \approx p_s \frac{\omega^2 \rho_0^2 S}{2\pi r} \tag{11.73}$$

式中,S 是板的表面积(一侧),单位为 m²。

如第 6 章所述,通过确定板的每个体积位移模式对板声源侧空间均匀声压的响应,并将净体积速度确定为所有模式体积速度的总和,可以获得更精确的透射声功率预测。

如果已知板振动 $v(x, y)$ 的空间分布,则接收器侧半空间 $p(x, y, z, \omega)$ 中的声压可计算为[1]

$$p(x, y, z, \omega) = \frac{j\omega\rho_0}{2\pi} \int v(x, y, \omega) \frac{e^{-jkr}}{r} dS \tag{11.74}$$

式中,r 是板的小表面元件和观察点之间的距离。式(11.74)仅适用于安装在无限平坦硬壁上的平板。

在低频范围内,板的尺寸与声波波长相比很小($\sqrt{s} \ll \lambda$),透射声功率仅取决于板 p_s 声源侧的声压,而不取决于入射角或入射到板声源侧的声功率 W_{inc}。因此,式(11.79)和式(11.80)中给出的声透射损失的传统定义在此频率范围内没有意义。

11.7.2　大隔断的声音传播

本节讨论声学大隔断的声透射损失,其中有意义的是描述入射到隔断声源侧声功率的激励,并分别定义式(11.75)和式(11.76)中给出的透射系数 τ 和声透射损失 R。

噪声控制工程师必须处理的最常见的问题是声音通过窗户、墙壁和楼板等实心隔断的传播。问题可能是预测问题或设计问题。预测问题通常是:给定噪声源、到隔断的传播路径、隔断的尺寸和结构以及接收室的室内声学参数,预测接收室内的噪声级。设计问题通常是:给定声源、传播路径、接收室的室内声学参数和噪声标准(以倍频带声压级的形式),确定这些隔断的结构,以确保噪声标准满足足够的安全裕度。

表征通过隔断的声音传播的透射系数 τ 和声透射损失 R 定义如下:

$$\tau(\varphi, \omega) = \frac{W_{\text{trans}}(\varphi, \omega)}{W_{\text{inc}}(\varphi, \omega)} \tag{11.75}$$

$$R(\varphi, \omega) = 10 \lg \frac{1}{\tau(\varphi, \omega)} = 10 \lg \frac{W_{\text{inc}}(\varphi, \omega)}{W_{\text{trans}}(\varphi, \omega)} \tag{11.76}$$

式中,$W_{\text{inc}}(\varphi, \omega)$ 是在频率 $\omega = 2\pi f$ 时在声源侧以角度 φ 入射的声功率,$W_{\text{trans}}(\varphi, \omega)$ 是透射的功率(由接收端辐射)。

虽然有时可能需要了解窗户或幕墙在特定入射角下的声透射损失,但更常见的问题是描述两个相邻空间之间的声透射,在这两个空间中,声音以几乎相等的概率从各个角度入射到隔断上。在"无规入射"声场中,声强(单位面积上的能量入射)与声源室的空间平均均方声压 $\langle p^2 \rangle$ 有关,即

$$I_{\text{rad}} = \frac{\langle p^2 \rangle}{4\rho_0 c_0} \tag{11.77}$$

用于测量隔断声透射损失的实验室程序 ASTM E90 − 02[24] 和 ISO 140 − 1:1997[25],是基于通过利用大型混响室(见第 7 章)作为声源室和接收室获得的扩散声场。图 11.17 所述的测量程序有三个步骤。第一步是测量入射到面积为 S_w 的测试隔断的声源侧表面上的声功率:

$$W_{\text{inc}} = I_{\text{inc}} S_w = \frac{\langle p^2_{\text{声源}} \rangle S_w}{4\rho_0 c_0} \tag{11.78}$$

通过对声场进行空间采样,测量声源室内的平均空间–时间均方声压级 $\langle p^2_{\text{声源}} \rangle$。第二步是根据接收室的功率平衡测量透射声功率 W_{trans}:

$$W_{\text{trans}} = \frac{\langle p^2_{\text{rec}} \rangle A_r}{4\rho_0 c_0} \tag{11.79}$$

得出实验室声透射损失为

$$R_{\text{lab}} = 10 \lg \frac{W_{\text{inc}}}{W_{\text{trans}}} = \langle L_p \rangle_s - \langle L_p \rangle_R + 10 \lg \frac{S_w}{A_r} \tag{11.80}$$

式中,A_r 是接收室内的总吸声量。第三步是根据已知的体积和测量的接收室混响时间 T_{60} 确定 A_r,如第 7 章所述。

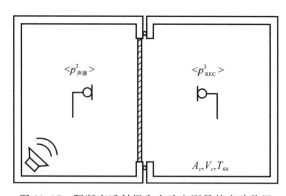

图 11.17　隔断声透射损失实验室测量的实验装置

一旦测量了 R_{lab},它就可以用于预测特定接收室(对于强度为 I_{inc} 的入射声场,其以通过表面积为 S_w 的隔断的总吸声量 A_r 为声学特征)内的均方声压:

$$\langle p_r^2 \rangle = \frac{\bar{\tau} I_{inc} S_w (4\rho_0 c_0)}{A_r} = \frac{\bar{\tau} S_w < p_{声源}^2}{A_r} \tag{11.81a}$$

$$\langle SPL_R \rangle = \langle SPL_s \rangle - R_{lab} + 10\lg\frac{S_w}{A_r} \tag{11.81b}$$

前提是隔断不比测试隔断的小很多,并且边缘条件没有太大的不同。标准窗户、门和墙的实测无规入射声透射损失与频率关系曲线可从制造商处获得,并应用于设计和预测工作中。比斯和汉森在表 8.1 中给出了一些选定隔断的实测声透射损失。

以下讨论的目的是确定控制声音通过隔断传播的物理过程和关键参数,并提供分析方法,以进一步形成处理实验室测量数据所需的判断法。然而,最重要的是,这将侧重于预测不同于标准实验室测量(即近切线入射)情况下的声透射损失,以及为独特应用设计非标准隔断任务下的声透射损失。

入射声波对结构的激励与局部力、力矩、强制速度或角速度的激励有很大不同。如前几节所述,薄板状结构对局部激励的响应导致自由弯曲波的径向传播。这些波的传播速度 $c_B(f)$ 和摆锤的周期一样,是板的独特特性。板越薄且频率越低,传播速度越慢。

如果结构受到入射声波的激励,则在板的整个外露表面上同时产生作用力。入射声强化了其在板上的空间图,使其瞬间符合其轨迹。当声音几乎平行于板运动(切线入射)时,轨迹以接近声源侧介质中声速的速度沿着板“运动”,当声音入射接近垂直入射时,轨迹接近无穷大。薄板对声音激励的“声受迫”响应被称为“受迫波”。与自由弯曲波相反,受迫弯曲波的速度与频率、板厚度和单位面积质量无关(尽管响应大小取决于这些参数)。由于其为超声速,受迫波在所有频率上都非常有效地辐射声音(例如,其辐射效率 $\sigma_F \geqslant 1$),除了与声波波长相比较小的面板。

11.7.3　垂直入射平面声波通过无限板的传播

如图 11.18 所示,当平面声波垂直入射到厚度为 h 的均匀各向同性平板上时,建议首先考虑最不复杂的情况,从而引入声音传播的复杂过程。由于施加在板上的压力在板的整个表面上是同相的,因此只激发了压缩波。声压振幅为 p_+ 的声波在特性平面波阻抗为 $Z_{01} = \rho_{01} c_{01}$ 的气体中传播,遇到特征阻抗为 $Z_M = \rho c_L$ 的实心板,在传播侧(右侧)将声音辐射到另一个特征阻抗为 $Z_{02} = \rho_{02} c_{02}$ 的气体中。界面处的多重反射和透射现象取决于方程式(11.32)和式(11.33)。如图 11.18 所示,通过求透射分量的和获得接收器侧介质中透射声压 p_T 右侧所有无限分量的总和的大小,可得[26]

$$p_T = p + \frac{(1+R_0)(1+R_2)e^{-jk_m h}}{1 - R_1 R_2 e^{-j2k_m h}} \tag{11.82}$$

式中　R_0、R_1 和 R_2——图 11.18 所示界面和方向的反射因数;

　　　　h——板厚度。

可以通过复波数 $k'_m = k_m\left(1 + \frac{1}{2}j\eta\right)$ 考虑传播损失,其中,$k_m = \omega/c_L$ 是板中压缩波的波数,η 是损失因数。垂直入射声透射损失定义为

$$R_N = 10\lg\frac{W_{inc}}{W_{rad}} = 10\lg\frac{p_+^2}{p_T^2} \tag{11.83a}$$

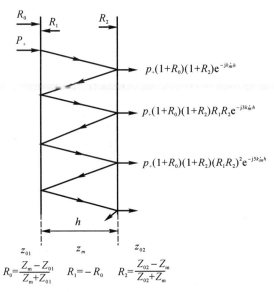

$$R_0 = \frac{Z_m - Z_{01}}{Z_m + Z_{01}} \quad R_1 = -R_0 \quad R_2 = \frac{Z_{02} - Z_m}{Z_{02} + Z_m}$$

图 11.18　垂直入射声波通过均匀各向同性平板的传输

假设相同的气体在板的两侧,由式(11.82)可得

$$R_N = 10\lg\left[\cos^2 k'_m h + 0.25\left(\frac{Z_0}{Z_m} + \frac{Z_m}{Z_0} \right)^2 \sin^2 k'_m h \right] \tag{11.83b}$$

对于 $|k'_m h| \ll 1$,可得简单表达式:

$$R_N \approx 10\lg\left[1 + \left(\frac{\rho_s \omega}{2\rho_0 c_0} \right)^2 \right] \tag{11.83c}$$

式(11.83)称为垂直入射质量定律。在式(11.83c)中,$\rho_s = \rho h$ 是板的单位面积质量,$\rho_0 c_0 = Z_0$ 是气体的特征阻抗,假设两边相同。

图 11.19 显示了计算出的 0.6 m(2 ft)厚密实混凝土墙的垂直入射声透射损失。在低频下 [板厚度小于压缩波长的六分之一($f < c_L/6h$)],声透射损失遵循式(11.83c)的垂直入射质量定律,频率或单位面积质量每增加一倍,声透射损失增加约 6 dB。在高频时,板中出现压缩波共振,在 $f_n = n c_L/2h$ 时,R_N-频率关系曲线显示出强极小值,可得

$$R_N^{\min} = 20\lg\left(1 + \frac{\pi}{4} \frac{Z_m}{Z_0} \eta n \right) \tag{11.84a}$$

可达到的最大声透射损失可以近似为

$$R_N^{\max} \approx 20\lg \frac{Z_m}{2Z_0} \tag{11.84b}$$

式(11.84a)表明,如果 $\eta = 0$,入射声在压缩波共振下完全透射($R_N^{\min} = 0$ dB)。但是,式(11.84a)表明,即使 $\eta = 0.001$ 的小损失因数也能确保混凝土隔断的垂直入射声透射损失在压缩波共振时不会下降到 24 dB 以下。注意,对于无规入射,没有观察到此类下降,因为不同入射角对应于出现此类下降的不同频率。如式(11.84b)所示,任何厚度的均匀各向同性单板的可实现的最大垂直入射声透射损失受特征阻抗比值限制,密实混凝土为 80 dB,钢材为 94 dB,木材为 68 dB。

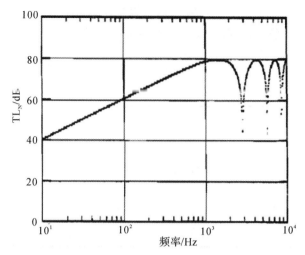

图 11.19　假设 $\eta = 0$,根据式(11.83b)计算的 0.6 m 厚密实混凝土
墙的垂直入射声透射损失 R_0

11.7.4　斜入射平面声波通过无限板的传播

斜入射声通过无限平板的传播可以用剪切波和压缩波来表达(板的弯曲被认为是这两种波型的叠加),也可以用板的弯曲波动方程来表达。

1. 压缩波和剪切波的组合公式

在本书 1992 年版的第 9 章中讨论过剪切波和压缩波的组合公式,该公式也适用于厚板。这种公式太过复杂,不能在这里展示。感兴趣的读者可以参考 1992 年版本书的参考文献[27][28]。

2. 分离阻抗公式

通过板的声音传播可以方便地用分离阻抗 Z_s(其定义如下[1,26])来表征:

$$Z_s = \frac{p_s - p_{rec}}{v_n} \tag{11.85}$$

式中　p_s——板声源侧表面处声压的复振幅,代表入射压力和反射压力的总和($p_s = p_{inc} + p_{refl}$);

p_{rec}——接收器侧表面上声压的复振幅;

v_n——板接收器侧表面的法向速度的复振幅。

对于单面板,通常假设面板的两个表面以相同的速度同相振动。板的透射系数 τ 及其声透射损失 R 由下式得出[1,26]:

$$\tau(\varphi) = \frac{I_{trans}}{I_{inc}} = \left| 1 + \frac{Z_s \cos\varphi}{2\rho_0 c_0} \right|^2 \tag{11.86}$$

$$R(\varphi) = 10\lg \frac{1}{\tau(\varphi)} = 10\lg\left(\left| 1 + \frac{Z_s}{2\rho_0 c_0 / \cos\varphi} \right|^2 \right) \tag{11.87}$$

式中,φ 是声音入射角(对于垂直入射,$\varphi = 0$)。

根据式(11.87)的分离阻抗的声音传播公式非常适合于预测多层隔断的声透射损失,组成层可以是由具有和不具有多孔吸声材料(例如双瓦楞和三瓦楞)、窗等的空气间层分隔的薄板。

其原因在于,通过适当组合组成层的分离阻抗,可以快速获得多层隔断的分离阻抗。

通过求解明德林[29]制定的板的弯曲波动方程可以获得各向同性厚板的分离阻抗,即

$$\left(\nabla^2 - \frac{\rho_M}{G}\frac{\partial^2}{\partial t^2}\right)\left(B\,\nabla^2 - \frac{\rho_M h}{12}\frac{\partial^2}{\partial t^2}\right)\xi(x,y) + \rho_M h\frac{\partial^2}{\partial t^2}\xi(x,y) =$$
$$\left(1 - \frac{B}{Gh}\nabla^2 + \frac{\rho_M h^2}{12G}\frac{\partial^2}{\partial t^2}\right)\Delta p(x,y,0) \tag{11.88}$$

式中 $\Delta p(x,y,0)$——板的压差;

         $\zeta(x,y)$——垂直于板表面的 z 方向上的板位移;

$\nabla^2 = \partial^2/\partial x^2 + \partial^2/\partial y^2$——拉普拉斯算子;

         ρ_M——密度;

         G——剪切模量;

         B——抗弯刚度;

         h——面板厚度。

对于入射角为 φ 的平面声波,通过求解式(11.88)可得[30]

$$Z_s = \frac{j\{[\rho_M h + (\rho_M h^3/12 + \rho_M B/G)(\omega^2/c_0^2)\sin^2\varphi]\omega - [(B/c_0^4)\sin^4\varphi + \rho_M h^3/(12G)]\omega^3\}}{1 + B\omega^2\sin^2\varphi/(Gc_0^2 h) - \rho_M h^2\omega^2/(12G)}$$
$$\tag{11.89}$$

式(11.89)可以近似为

$$Z_s \approx Z_m + \left(\frac{1}{Z_B} + \frac{1}{Z_{sh}}\right)^{-1} \tag{11.90}$$

式中, $Z_m = j\omega\rho_M h$ 是板单位面积质量阻抗, $Z_B = -jB\omega^3\sin^4\varphi/c_0^4$ 和 $Z_{sh} = -jGh\omega\sin^2\varphi/c_0^2$ 是板单位面积弯曲波和剪切波阻抗。

如果 $|Z_{sh}| \ll |Z_B|$,则板主要以剪切波形式反应,且 $Z_s \approx Z_m + Z_{sh}$ 。在此情况下,由式(11.89)得出

$$R_{sh}(\varphi) = 20\lg\left|1 + \frac{j\omega\rho_M h[1 - (c_s/c_0)^2\sin^2\varphi]}{2\rho_0 c_0/\cos\varphi}\right| \tag{11.91}$$

式(11.91)表明,在所有入射角下,可以避免入射声波和板中的自由剪切波(会导致完全透射)之间的轨迹重合,前提是面板专门设计成产生低剪切波速度,使得 $c_s^2 = G/\rho < c_0^2 = P_{0k}/\rho_0$ 。遗憾的是,用任何建筑级材料制成的均质板均不能满足此理想条件。但是,正如稍后所述,对于特殊设计[31]的非均匀夹层板,有可能在不影响面板静态强度的情况下,满足 $c_s < c_0$ 标准,从而保持质量定律特性

$$R_{sh}(\varphi) \approx R_{质量}(\varphi) = 20\lg\left(1 + \frac{\rho_2\omega\cos\varphi}{2\rho_0 c_0}\right) \tag{11.92}$$

代表单位面积质量 $\rho_s = \rho_M h$ 与抗剪面板相同的柔性面板。

薄而均匀的面板更容易弯曲而不是剪切,因此 $Z_B \ll Z_{sh}$ 。因此 $Z_s \approx Z_m + Z_B$,由式(11.87)和式(11.89)得出,即

$$R(\varphi) = 10\lg\frac{1}{\tau(\varphi)} = 10\lg\left|1 + \frac{j\rho_s\omega[1 - (f/f_c)^2\sin^4\varphi]}{2\rho_0 c_0/\cos\varphi}\right|^2 \tag{11.93}$$

式中, f_c 是板中自由弯曲波的速度 $c_B(f_c)$ 与介质中声速相等时的临界频率。通过下式得出:

$$f_c = \left(\frac{\omega_c}{2\pi}\right) = \left(\frac{c_0^2}{2\pi}\right)\left(\frac{\rho_s}{B}\right)^{1/2} \tag{11.94}$$

式中　ρ_s——单位面积质量，$\rho_s = \rho_M h$，kg/m^2；

　　　h——板厚，m；

　　　B——板的抗弯刚度，N·m，$B = Eh^3/[12(1-\nu^2)]$

因此，对于特定的板材和流体（通常为空气），乘积 $f_c \rho_s$ 是一个常数。通过下式得出：

$$f_c \rho_s = \left(\frac{c_0^2}{2\pi}\right)\sqrt{12(1-\nu^2)}\sqrt{\frac{\rho_M}{E}} \tag{11.95}$$

表 11.2 列出了空气作为周围介质的乘积，用于确定 f_c，$f_c = \rho_s\, f_c/f_c$。

可以很容易地通过切割长度为 l（单位为 m）的窄带材，将窄带材的两端支撑在棱口上（以模拟简支边条件），并测量止动块中点处的垂度 d（单位为 mm）确定均匀各向同性板在空气中的相干频率。相干频率计算公式为

$$f_c = 1.65 \times 10^2 \sqrt{\frac{d/\mathrm{mm}}{l/\mathrm{m}}} \tag{11.96}$$

式（11.93）表明，在式（11.94）中给出的临界频率 f_c 以上，当 $f = f_c/\sin^2\varphi$（称为相干频率）时，入射声波和板中自由弯曲波之间出现轨迹重合，如果板没有内部阻尼，会导致完全透射。

通常通过引入复数弹性模量 $E' = E(1+\mathrm{j}\eta)$ 来计算式（11.88）中的内部阻尼，该复数弹性模量会导致复波数 $k_c' = k_c\left(1+\frac{1}{2}\mathrm{j}\eta\right)$ 和 $k_s' = k_s\left(1+\frac{1}{2}\mathrm{j}\eta\right)$，并得到以下经修改的声透射损失形式：

$$R(\varphi) = 10\lg\frac{1}{\tau(\varphi)} = 10\lg\left(\left|1+\frac{\rho_s\omega}{2\rho_0 c_0/\cos\varphi}\left\{\eta\left(\frac{f}{f_c}\right)^2\sin^4\varphi + \mathrm{j}\left[1-\left(\frac{f}{f_c}\right)^2\sin^4\varphi\right]\right\}\right|^2\right) \tag{11.97}$$

式（11.97）表明，在 $f = f_c/\sin^2\varphi$ 附近，声透射损失与频率关系曲线呈现出由阻尼控制的最小值。

图 11.20 显示了在垂直入射（$\varphi = 0°$）、$\varphi = 45°$ 和近切线入射（$\varphi = 85°$）角下，根据式（11.97）计算的 $4.7\ \mathrm{mm}\left(\frac{3}{16}\ \mathrm{in}\right)$ 厚玻璃板的声透射损失与频率关系曲线。图 11.20 说明了随着入射角的增加（由于 $\cos\varphi$ 项），声透射损失的降低，以及在 $f = f_c/\sin^2\varphi$ 时出现的迹线匹配下降。

11.7.5　无规入射（扩散）声音通过无限板的传输

平面波以一个特定的角度撞击板并不是一个典型的问题。空间中的声场最好模拟成扩散声场，扩散声场是在各个方向上以相等的概率传播的平均强度相同的平面声波的集合。板上的单位面积区域会在任何时刻暴露于从半球上的所有区域入射的平面声波，该半球的中心是板上的区域。这些波是不相关的，但强度相等。从任何特定角度入射到板上的单位面积声强为角度 I_{inc} 处平面波的强度乘以入射角的余弦。总透射强度为

$$I_{\mathrm{trans}} = \int_\Omega \tau(\varphi) I_{\mathrm{inc}}\cos\theta\, \mathrm{d}\Omega \tag{11.98}$$

积分在立体角为 Ω 的半球上，$\mathrm{d}\Omega = \sin\varphi\, \mathrm{d}\varphi \mathrm{d}\theta$。由于 I_{inc} 对于所有平面波都是相同的，并且 τ 与极角 θ 无关，因此平均透射系数可以由下式定义

$$\bar{\tau} = \frac{\displaystyle\int_0^{\varphi_{\mathrm{lim}}} \tau(\varphi)\cos\varphi\sin\varphi\, \mathrm{d}\varphi}{\displaystyle\int_0^{\varphi_{\mathrm{lim}}} \cos\varphi\sin\varphi\, \mathrm{d}\varphi} \tag{11.99}$$

式中，$\varphi_{\lim}$ 是声场的极限入射角。对于无规入射，$\varphi_{\lim}$ 取 $\dfrac{1}{2}\pi$，或 $90°$。透射系数 $\tau(\varphi)$ 如式 (11.97) 所示，无规入射声透射损失由下式得出

$$R_{无规}=10\lg\frac{1}{\tau} \tag{11.100a}$$

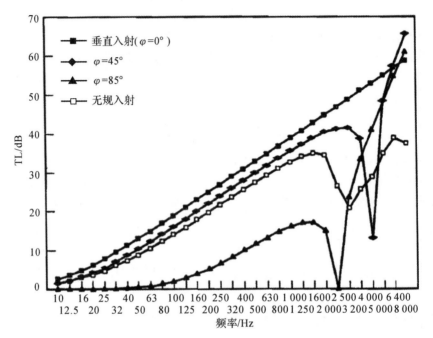

图 11.20　不同入射角下 $3.7\ \mathrm{mm}\left(\dfrac{3}{16}\ \mathrm{in}\right)$ 厚无限玻璃板的计算 TL 与频率关系曲线

在低频 $(f\ll f_c)$ 下，通过算出式 (11.97) 的自变量在 $0°\sim90°$ 的 φ 范围内的平均数得到无规入射声透射损失（对于 $TL_N>15\ \mathrm{dB}$），得出[32-33]：

$$R_{无规}\approx R_0-10\lg(0.23R_0) \tag{11.100b}$$

这通常称为无规入射质量定律。

使用场入射质量定律已经成为惯例，其定义为（对于 $R_0\geqslant15\ \mathrm{dB}$）[34]

$$R_{声场}\approx R_0-5\ \mathrm{dB} \tag{11.101}$$

该结果比方程式 (11.100b) 更符合测量数据，近似于式 (11.99) 中极限角 $\phi_{\lim}$ 约为 $78°$ 的扩散入射声场[34]。

适用于远低于相干频率的频率下质量定律声透射损失 R_0、$R_{声场}$ 和 $R_{无规}$ 与 $f\rho_s$ 的关系见图 11.21。场入射假设一个允许所有入射角与法线成 $78°$ 角的声场。

1. 各向同性薄板的场入射声透射 $R_{声场}$

必须通过数值积分求解式 (11.98) 和式 (11.99)。

对透射系数进行 $0°\sim78°$ 角的此类积分，并应用方程式 (11.100a) 计算所有 f/f_c 值对应的场入射声透射损失，结果如图 11.22 所示。纵坐标为临界频率 $R_0(f_c)$ 下的场入射声透射损

失 $R_{声场}$ 与垂直入射质量定律声透射损失之差。纵坐标为 f 频率下的场入射声透射损失与临界频率($f/f_c=1$)下的垂直入射声透射损失之差。请注意,对于小于 15 dB 的透射损失预测值或图上的虚线区域,声透射损失取决于表面重量和损失因数,并且曲线仅提供了实际透射损失的下限估计值。利用曲线可以 ① 确定表 11.3 所示的 $\rho_s f_c$;② 确定 f_c;③ 确定图 11.21 或表 11.3 所示的 $R_0(f_c)$;④ 从图 9.21 中读取所需 η 对应的 $R_f(f) - R_0(f_c)$;⑤ $R_f(f) = [R_f(f) - R_0(f_c)] + R_0(f_c)$。上曲线表示方程式(11.83c)中定义的垂直入射质量定律。当已知板的单位面积质量和临界频率时,由式(11.83c)或图 11.21 可以轻松确定垂直入射质量定律声透射损失。请注意,图 11.22 所示的透射损失预测值在 $f \ll f_c$ 时约小于 15 dB 或者在 $f \simeq f_c$ 时约小于 25 dB,不是准确值。

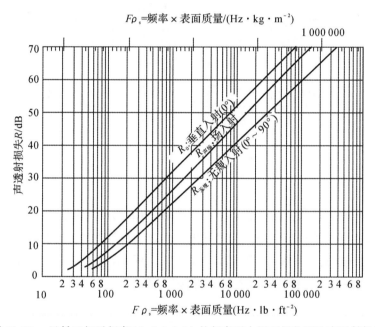

图 11.21　远低于相干频率($f \leqslant 0.5 f_c$)的频率下大型面板的理论声透射损失

示例 11.2　在 500 Hz 频率下,计算重量为 10 lb/ft² 的铝板的垂直入射质量定律。此外,测定无规入射和场入射质量定律。当 $\eta = 10^{-2}$ 时,2 800 Hz 频率下的 $R_{声场}$ 是多少?

求解　由式(11.83c)和图 11.21 上曲线得出垂直入射质量定律,即 $f\rho_s = 5\,000$ Hz·lb/ft²。由图 11.21 可知,$R_0 = 45.5$ dB。由式(11.100b)和图 11.21 中的下曲线得出无规入射质量定律,即 $R_{无规} = 35$ dB。由方程式(11.101)和图 11.21 中的中间曲线得出场入射质量定律,即 $R_{声场} = (45.5 - 5)$ dB $= 40.5$ dB。

由表 11.2 可知,$\rho_s f_c = 7000$ Hz·lb/ft²;由图 11.21 可知,$f_c = 7000/10 = 700$ Hz 且 $R_0(f_c) = 48$ dB。通过评估图 11.22 中 $f/f_c = 2\,800/700 = 4$ 以及 $\eta = 0.01$ 对应的数值,我们得出 $R_f(f) - R_0(f_c) = -6$ dB,从而得出 $R_r(f) = [R_r(f) - R_0(f_c)] + R_0(f) = (-6 + 48)$ dB $= 42$ dB。

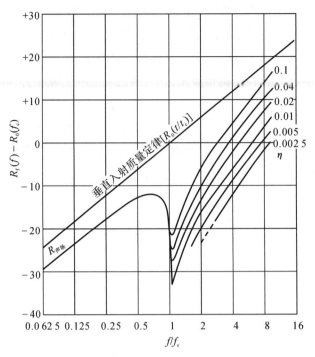

图 11.22　场入射受迫波透射损失

2. 正交各向异性板声透射

正交各向异性板声透射不同于各向同性板声透射，因为正交各向异性板在不同主方向上的抗弯刚度明显不同。平板抗弯刚度的差异可能是由于板材的各向异性（例如木材，由颗粒定向造成）或板的结构（例如波纹、挡边、切口等）造成。因此，自由弯曲波的波速在这两个方向上是不同的，正交各向异性板具有两个相干频率[35]，即

$$f_{c1} = \frac{c_o^2}{2\pi} \sqrt{\frac{\rho_s}{B_x}} \tag{11.102a}$$

$$f_{c2} = \frac{c_o^2}{2\pi} \sqrt{\frac{\rho_s}{B_y}} \tag{11.102b}$$

式中　B_x—— 最大刚度方向上的抗弯刚度；

B_y—— 垂直于最大刚度方向的方向上的抗弯刚度。

正交各向异性板的无规入射声透射损失预测为[35]

$$R_{无规} \cong \begin{cases} 10\lg\left(\dfrac{\rho_s \omega}{2\rho_0 c_0}\right)^2 - 5, \quad f \ll f_{c1} \\[2mm] 10\lg\left(\dfrac{\rho_s \omega}{2\rho_0 c_0}\right)^2 - 10\lg\left[\dfrac{1}{2\pi^3}\dfrac{1}{\eta}\dfrac{f_{c1}}{f}\sqrt{\dfrac{f_{c1}}{f_{c2}}}\left(\ln\dfrac{4f}{f_{c1}}\right)^4\right], \quad f_{c1} < f < f_{c2} \\[2mm] 10\lg\left(\dfrac{\rho_s \omega}{2\rho_0 c_0}\right)^2 - 10\lg\dfrac{\pi f_{c2}}{2\eta f}, \quad f > f_{c2} \end{cases} \tag{11.103}$$

式中，η 指损失因数。对于如图 11.23 所示的波纹板，抗弯刚度可以粗略估计为

$$B_y = \frac{Eh^3}{12(1-\nu^2)} \tag{11.104a}$$

$$B_x = B_y\left(\frac{s}{s'}\right) \tag{11.104b}$$

式中　s——波纹沿表面的距离；

　　　s'——波纹沿直线的距离。

请注意，由波纹、挡边和加强件引起的抗弯刚度增加总是会导致声透射损失降低，而诸如局部深锯切等降低抗弯刚度的措施会导致板的声透射损失增加。

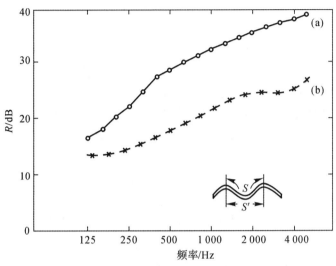

图 11.23　钢板的实测声透射损失[28]

(a) 平板，$\rho_s = 8 \text{ kg/m}^2$；　(b) 波纹板，$\rho_s = 11 \text{ kg/m}^2$

3. 非均质板的声透射损失

非均质板（例如适当设计的夹层板）的声透射损失可能大大高于相同单位面积质量的均质板，前提是这种板有利于自由剪切波（具有与频率不相关的传播速度）的传播，而不是传播速度随频率增加而增大的自由弯曲波。然而，它们的设计必须确保剪切波速始终低于空气中的声速，以免出现轨迹重合。因此，这种所谓的剪力墙板的声透射损失近似于场入射质量定律。有关这种板的设计信息，见参考文献[31]。然而，普通夹层板是性能极差的隔声屏障，因为它们的质量小、抗弯刚度高，导致相干频率通常处于音频范围的中间。当面板与封闭空气的组合刚度阻抗之和等于板的质量阻抗时，在对应的频率下出现扩张共振，这也导致夹层板的声透射损失进一步恶化。

11.7.6　有限尺寸板声透射

对于大多数建筑应用，如果典型板状隔断的一阶共振频率远低于相关频率范围并且板的尺寸远大于声波波长，可由式（11.97）或图 11.22（严格意义上仅适用于无限大的板）来预测有限壁板的声透射损失。在许多工业应用中，必须考虑板的有限尺寸[36]。

在有限壁板中，声受迫弯曲波接触板的边界并产生自由弯曲波，使得入射的受迫弯曲波和产生的自由弯曲波之和满足特定的板边界条件（例如，固定端的零位移和角位移）。因此，声受迫弯曲波不断地将自由弯曲波能馈送到有限壁板中，并形成一个混响的自由弯曲波场。该自由弯曲波场的均方振动速度（v_{FR}^2）可以利用有限壁板的功率平衡来得出。在有限壁板边界处引入的功率等于因板材黏性损失、能量流进入相连结构和声辐射而损失的功率。有限壁板辐射且传播的声音由下式得出，即

$$W_{rad} = \langle v_{FO}^2 \rangle \rho_0 c_0 S \sigma_{FO} + \langle v_{FR}^2 \rangle \rho_0 c_0 S \sigma_{FR} \tag{11.105}$$

式中　$\langle v_{FO}^2 \rangle$——声受迫超声速弯曲波的均方速度；

　　　σ_{FO}——受迫波的辐射效率，$\sigma_{FO} \geqslant 1$；

　　　S——板的表面积；

　　　σ_{FR}——自由弯曲波的辐射效率。

由于低于板的临界频率（$f \ll f_c$）时 $\sigma_{FR} \ll 1$，所以通常情况 $[\langle v_{FR}^2 \rangle \gg \langle v_{FO}^2 \rangle]$ 下，板的振动响应由自由弯曲波决定，而声辐射由强度较低但辐射效率更高的受迫波决定。

声透射损失的传统定义为 $R = 10 \lg(W_{inc}/W_{trans})$，其中，$W_{inc}$ 指声源侧入射的声功率，W_{trans} 指由板接收端辐射的声功率。如果入射声是以入射角 φ（对于切线入射，$\varphi = 90°$）到达的平面波，则假设

$$W_{inc} = \frac{0.5 |\hat{p}_{in}|^2 S \cos\varphi}{\rho_0 c_0} \tag{11.106}$$

这一假设导致的难题是，当切线入射（$\varphi = 90°$）时，板上没有功率入射。众所周知，切线入射声激励板产生受迫振动，并且当板中的受迫弯曲波和接收端平行于板传播的声波接触有限壁板的边界时，板将声音辐射到接收室。在根据式（11.101）计算无限板的场入射声透射损失时，通过将入射角范围限制在 78° 避免了这个未解决的概念问题[34]，从而实现与此类实验中通常采用的板尺寸实验室测量结果的合理吻合。

显然，对板产生受迫的不是入射声功率，而是声源侧的均方声压。由于该量度与声源室的声能密度成正比，即 $E_s = \langle p_s^2 \rangle / \rho_0 c_0^2$，所以有人[37-38]提出将有限隔断的声透射损失定义为

$$R_E \equiv 10 \lg \left(\frac{E_s}{E_R} \frac{S}{A} \right) \tag{11.107}$$

式中　$E_R = 4 W_{trans}/c_0$——接收室内的声能密度；

　　　S——板（一侧）的表面积；

　　　A——接收室内的总吸声量。

透射声功率 $W_{trans} = \frac{1}{4} c_0 A E_R$ 由板的传声速度决定。受迫响应由质量控制分离阻抗 $Z_s \approx j\omega\rho_s$ 决定。声受迫有限壁板的声辐射由其辐射阻抗 $Z_{rad} \approx \text{Re}\{Z_{rad}\} = \rho_0 c_0 \sigma_F$ 决定。因此，有限隔断的低频声透射损失预测如下[38]：

$$R_E \approx R_0 - 3 - 10 \lg \sigma_F \tag{11.108}$$

式中　R_0——方程式（11.83c）中给出的垂直入射质量定律声透射损失；

　　　σ_F——表 11.10 给出的有限壁板的受迫波辐射效率。σ_F 取决于板的尺寸和入射角，可能小于或大于 1。

这意味着，如果有限壁板的尺寸小于波长，即使是切线入射，板的声透射损失也可能大于垂直入射质量定律。当板的尺寸远大于声波波长时，σ_F 趋近于 $1/\cos\varphi$。为了预测有限隔断在

整个低频范围($f \ll f_c$)内的声透射损失,应使用式(11.108)。

根据参考文献[38],可以使用有限壁板的传统声透射计算公式来粗略估计有限隔断的声透射损失,即用 $1/\sigma_F$ 代替方程式(11.97)中的 $\cos\varphi$ 和用 $\sqrt{1-1/\sigma_F^2}$ 代替 $\sin\varphi$ 并对式(11.99)进行从 $\varphi=0$ 到 $\varphi=90°$ 的积分,从而得出与实验室测量结果良好吻合的无规入射声透射损失估计值。没有必要将入射角范围限制在 $78°$。表 11.10 给出了无规入射(扩散声场)声受迫激励的辐射效率,式(11.108)中应使用该表达式。如图 11.24 所示,对于通常用于实验室测量的表面积大约为 4 m^2 的隔断,无规入射声透射损失的预测值比垂直入射质量定律低 5 dB,这为在该尺寸的隔断中使用式(11.101)中定义的场入射质量定律提供了理论依据。然而,请注意,对于小型隔断,式(11.108)更具准确性。应该指出的是,所有声透射损失预测公式仅适用于当受迫响应受到质量控制时,远高于板的一阶弯曲波共振的频率范围。对于非常坚硬的小型隔断,相关的频率范围可以扩展到低于一阶弯曲波共振频率的刚度控制范围①。在这种情况下,正如第 12 章的 12.7 节开头部分所述,应使用板的体积柔量来预测声透射。

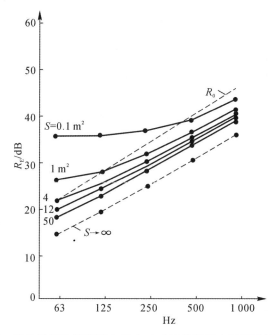

图 11.24　质量控制低频范围内 25 kg/m^2 板的无规入射声透射损失[37-38]

下述介绍用于预测单隔断声透射损失的经验方法。在初步设计中有用的另一种方法如图 11.25 所示。该图假设声源侧存在混响声场,并用水平线或平台来粗略估计接近临界频率时的特性。A 左侧的曲线部分由场入射质量定律曲线确定(见图 11.21)。从 A 到 B 的一条线的平台高度和长度由图中的表确定。B 以上的部分通过外推得出。该图对于大型板来说是相当精确的。板的长度和宽度至少应为板厚的 20 倍[34]。本质上,该方法考虑材料的损失因数完全由材料选型决定,并替代临界频率范围内受迫波分析用波峰和波谷的"平台"或水平线[34,39]。它的应用见示例 11.3。

---

① 对于该频率范围内的预测,使用式(11.70)~式(11.73)。

示例 11.3 通过替代(平台)方法,计算 $\frac{1}{8}$ in(3 mm)厚 5×6.5 ft(1.52×2 m)铝板的声透射损失。

求解 由表 11.2 可知,表面质量和临界频率的乘积为 $\rho_s f_c=34\ 700$ Hz·kg/m²。$\frac{1}{8}$ in 厚铝板的表面密度为 8.5 kg/m²。从图 11.21 可以看出,临界频率下的垂直入射声透射损失为 $R_0(f_c)=48.5$ dB,$1\ 000$ Hz 下的场入射声透射损失为 $R_{声场}(8\ 500$ Hz·kg/m²$)=31.5$ dB。

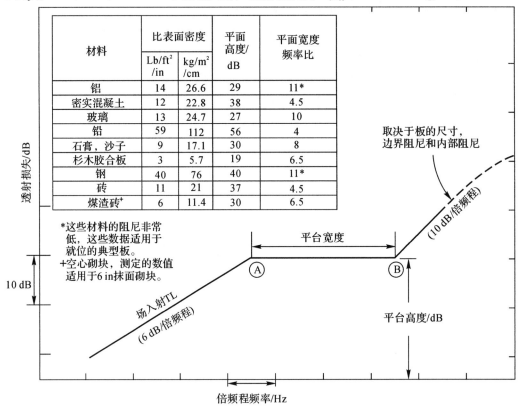

图 11.25 用于估算单板声透射损失的近似设计图

平台法的步骤如下[34,39]:

(1)使用半对数坐标纸[坐标(dB)与对数频率],将场入射质量定律声透射损失绘制成一条线,该线在 $1\ 000$ Hz 频率下通过 31.5 dB 点,斜率为 6 dB/倍频程。

(2)由图 11.25 可知,铝的平台高度为 29 dB。通过绘制平台可得出平台截距,以及大约 750 Hz 频率下的场入射质量定律曲线。

(3)由图 11.25 可知,平台宽度为频率比 11。因此,平台的频率上限为 11×750 Hz$=8\ 250$ Hz。

(4)从 29 dB,8 250 Hz 点开始,画一条向上倾斜的线,斜率为 10 dB/倍频程。这样,就完成了平台法估计[见图 11.34 中的曲线 b]。

11.7.7 双层隔断和多层隔断声透射

单隔断可获得的最高声透射损失受质量定律的限制。打破这种质量定律限制的方法是使用多层隔断,例如双层墙壁,其中两块实心板由空气间层隔开,空气间层通常包含纤维吸声材料;再如双层窗,其中透光性要求不允许使用吸声材料。

多层隔断声透射可以采用与第 8 章中论述的多层吸声器吸声系数相似的方式计算。图 11.26 显示了 $f=\omega/2\pi$ 频率下的平面声波以 φ 角入射到具有 N 个层和 $N+1$ 个界面的板上的情况。重要的边界条件包括:所有这些层中平行于板表面的波数分量 $k_x=k\sin\varphi$ 必须相同,并且这些层的界面的声压和质点速度必须是连续的[40-42]。

这些层由各自的波阻抗公式以及各自的压力公式来表征,波阻抗公式将输入端界面 Z_1 的复波阻抗与末端界面 Z_T 的复波阻抗相关联,压力公式将输入端界面 p_1 的复声压与末端界面 p_T 的复声压相关联。

不透水正交各向异性薄板的阻抗和压力公式由下式得出[42]:

$$Z_{\mathrm{I}} = Z_{\mathrm{T}} + Z_{\mathrm{S}} = Z_{\mathrm{T}} + \mathrm{j}\left[\omega\rho_{\mathrm{s}} - \frac{1}{\omega}(B_x k_x^4 + 2B_{xy}k_x^2 k_y^2 + B_y k_y^4)\right] \tag{11.109}$$

$$p_{\mathrm{I}} = p_{\mathrm{T}}\frac{Z_{\mathrm{I}}}{Z_{\mathrm{T}}} \tag{11.110}$$

式中　ρ_{s}—— 单位面积质量;

　　B—— 正交各向异性板的抗弯刚度。

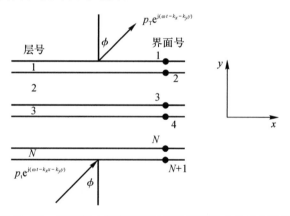

图 11.26　平面斜入射声波通过无限横向尺寸多层板传播

对于各向同性板,式(11.109)中的第二项简化为 $Z_{\mathrm{s}}=Z_{\mathrm{m}}+Z_{\mathrm{B}}=\mathrm{j}(\omega\rho_{\mathrm{m}}-Bk_x^4/\omega)$。如果不透水层是各向同性均质板与黏结阻尼材料的组合物,阻尼材料的特性包括厚度 h_{D}、弹性模量 E_{D}、泊松比 ν_{D} 以及阻尼损失因数 η_{D},板的特性包括厚度 h_{p}、弹性模量 E_{p}、泊松比 ν_{p} 以及损失因数 η_{p},则复抗弯刚度 $B=B_{\mathrm{comp}}(l+\mathrm{j}\eta_{\mathrm{comp}})$ 可由下式得出[1,42]:

$$B_{\mathrm{comp}} = \frac{E_{\mathrm{p}}h_{\mathrm{p}}^3}{12(1-\nu_{\mathrm{p}}^2)} + \frac{E_{\mathrm{D}}h_{\mathrm{D}}(h_{\mathrm{p}}+h_{\mathrm{D}})^2}{4(1-\nu_{\mathrm{D}}^2)} \tag{11.111}$$

$$\eta_{\mathrm{comp}} = \frac{1}{4}B_{\mathrm{comp}}(\eta_{\mathrm{p}}E_{\mathrm{p}}h_{\mathrm{p}} + \eta_{\mathrm{D}}E_{\mathrm{D}}h_{\mathrm{D}})(h_{\mathrm{p}}+h_{\mathrm{D}})^2 \tag{11.112}$$

对于厚度为 h 的多孔吸声层,阻抗和压力公式由下式得出[42]:

$$Z_{\mathrm{I}} = Z_{\mathrm{a}}\frac{k_{\mathrm{a}}}{k_{\mathrm{ay}}}\frac{(1+Z_{\mathrm{a}}\Gamma_{\mathrm{a}}/Z_{\mathrm{T}}\Gamma_{\mathrm{ay}})\mathrm{e}^{\mathrm{j}\Gamma_{ay}h} + (1-Z_{\mathrm{a}}\Gamma_{\mathrm{a}}/Z_{\mathrm{T}}\Gamma_{\mathrm{ay}})\mathrm{e}^{-\mathrm{j}\Gamma_{ay}h}}{(1+Z_{\mathrm{a}}\Gamma_{\mathrm{a}}/Z_{\mathrm{T}}\Gamma_{\mathrm{ay}})\mathrm{e}^{\mathrm{j}\Gamma_{ay}h} - (1-Z_{\mathrm{a}}\Gamma_{\mathrm{a}}/Z_{\mathrm{T}}\Gamma_{\mathrm{ay}})\mathrm{e}^{-\mathrm{j}\Gamma_{ay}h}} \tag{11.113}$$

$$p_{\mathrm{T}} = \frac{p_{\mathrm{I}}}{2}\left[\left(1+\frac{Z_{\mathrm{a}}\Gamma_{\mathrm{a}}}{Z_{\mathrm{I}}\Gamma_{\mathrm{ay}}}\right)\mathrm{e}^{-\mathrm{j}\Gamma_{ay}h} + \left(1-\frac{Z_{\mathrm{a}}\Gamma_{\mathrm{a}}}{Z_{\mathrm{I}}\Gamma_{\mathrm{ay}}}\right)\mathrm{e}^{\mathrm{j}\Gamma_{ay}h}\right] \tag{11.114}$$

式中　$Z_a = \rho_0 c_0 Z_{an}$——多孔散装材料中的平面波的复特征声阻抗,Z_{an}指该声阻抗的归一化值;

　　　$\Gamma_a = \Gamma_{an} k_0$——散装多孔材料中的平面声波的复波数,$\Gamma_{ay}^2 = \Gamma_a^2 - k_x^2$。

用于根据多孔材料的流阻率 R_1 计算 Γ_{an} 和 Z_{an} 的公式见第 8 章[见式(8.22)和式(8.19)]。参考文献[42]给出的关于 Γ_a 和 Z_a 的简单近似公式不太精确,因此不推荐使用。

在空气层没有多孔吸声材料的特殊情况下,将 $Z_a = \rho_0 c_0$ 和 $k_a = k_0$ 代入式(11.113)和式(11.114)。

分层隔断声透射损失的计算步骤如下。

(1) 将接收端界面(见图 11.26 中的界面 1)的终端阻抗设置为 $Z_T = \rho_0 c_0 / \cos\varphi$。

(2) 对于第 1 层,应用适当的阻抗公式并计算界面 2 的输入阻抗。

(3) 将步骤(2)中计算得出的阻抗作为第 2 层的末端阻抗,计算界面 3 的输入阻抗,并继续进行一系列阻抗计算,直到获得声源侧界面(见图 11.26 中的界面 $N+1$)的输入阻抗 Z_{N+1}。

(4) 计算声源侧界面的声压,作为入射声压和反射声压之和,即 $p_{N+1} = p_1 [2\alpha/(\alpha + 1)] \times e^{j(\omega t - k_x x - k_y y)}$,式中:$\alpha = Z_{N+1}(\rho_0 c_0 / \cos\varphi)$。

(5) 依次应用适当的声压公式,直到获得接端界面的声压 p。

(6) 测定所有相关频率下的透射系数 $\tau(\omega, \varphi) = p_1^2 p_1^2$。

(7) 以 $1/3°$ 为增量,对从 $\varphi = 0°$ 到 $\varphi = 90°$ 的入射角执行计算步骤(1)～(6)。

(8) 计算各向同性层的无规入射声透射系数(关于正交各向异性不透水层,见参考文献[42]),则有

$$\tau_R(\omega) = \int_0^{\pi/2} \tau(\omega, \varphi) \sin 2\varphi \, d\varphi$$

(9) 计算无限分层隔断的无规入射声透射损失,即

$$R_{\text{无规}}(\omega) = 10 \lg \frac{1}{\tau_R \omega}$$

图 11.27 显示了根据式(11.109)～式(11.114)计算的无限 3 层隔断及其组成层的无规入射声透射损失。隔断由两块 1 mm 厚钢板和一个 100 mm 厚空气间层组成,可能包含也可能不包含纤维吸声材料。图11.27 阐释了使用吸声层的优势。注意,当频率低于 500 Hz 时,空气间层中不包含吸声材料的双层墙壁的无规入射声透射损失远低于 1 mm 单钢板或与吸声层组合的单板的无规入射声透射损失。当空气间层填充有多孔吸声材料时,可获得最高的声透射损失。在实际情况中,隔断边界面板之间的漏声和结构连接通常将高频下可达到的最高声透射损失限制在 40 ～ 70 dB 范围内。在低频下,隔断的有限尺寸导致损失值大于无限隔断的预测值。吸声材料在空气间层中的作用导致斜入射声向法线折射,从而降低板之间空气的动力刚度。吸声材料还可以防止高声能积聚在空腔内。这些因素都会导致声透射损失大幅增加。吸声材料的流阻率应该约为 $R_1 = 5000$ N·s/m⁴[43]。R_1 值越高,效果越差。

使用比空气中的声速低 50% 的气体(例如 SF_6 或 CO_2)填充空气间层,具有与吸声材料相同的效果[44-45],如图 11.28 所示。使用比空气中的声速高 3 倍的轻气体,例如氢气,也可以改进声透射损失,其效果与重气体填料相同。在这种情况下,改进是因为气体填料中的声速较高,使得气体的切线推进比压缩更容易。双层窗可以是气密的,而且必须透光,是可以利用这种有益效果的隔断。

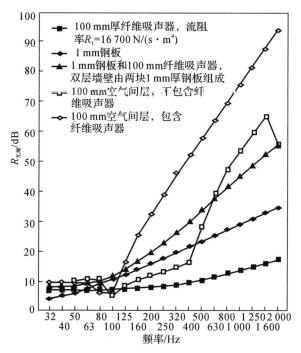

图 11.27　计算的双层墙壁及其组成层的无规入射声透射损失

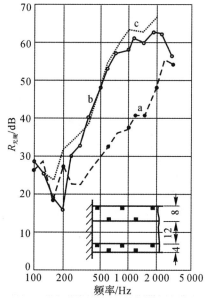

a— 实测值,间隙填充气体；　b— 实测值,间隙填充 SF_6；　c— 计算值,间隙填充矿物棉

图 11.28　通过在间隙中填充重气体(SF_6)而实现的双层玻璃隔断

（没有接触边界）的声透射损失改进

下述介绍用于预测双层隔断声透射损失的经验方法。哥斯尼里[46]提出了一种简化方法,用于当两个组合的单隔断 R_I 和 R_{II} 的实测声透射损失可用、不存在结构连接并且间隙填充有

多孔吸声材料时,预测双层隔断的声透射损失 R,则有

$$R \approx R_{\text{I}} + R_{\text{II}} + 20\lg\left(\frac{4\pi f \rho_0 c_0}{s'}\right) \tag{11.115}$$

式中

$$s' = \begin{cases} \dfrac{\rho_0 c_0^2}{d}, & f < f_{\text{d}} = \dfrac{c_0}{2\pi d} & (11.116a) \\ 2\pi f \rho_0 c_0, & f > f_{\text{d}} & (11.116b) \end{cases}$$

指单位面积间隙的动力刚度,d 指间隙厚度。

如果组合的单隔断的实测声透射损失数据不可用,则可以根据材料特性预测由两个相同板制成的双层墙壁的声透射损失,即

$$R(f_{\text{R}} < f < f_{\text{c}}) \approx 20\lg\frac{\pi f \rho_{\text{s1}}}{\sqrt{2}\,\rho_0 c_0} + 40\lg\left(\frac{\sqrt{2}\,f}{f_{\text{R}}}\right) \tag{11.117a}$$

$$R(f > f_{\text{R}}, f > f_{\text{c}}) \approx 40\lg\left[\frac{\pi f \rho_{\text{s1}}}{\rho_0 c_0}\sqrt{2}\,\eta\left(\frac{f}{f_{\text{c}}}\right)^{1/4}\right] + 20\lg\frac{4\pi f \rho_0 c_0}{s'} \tag{11.117b}$$

式中　　f_{c}——板的临界频率;

　　　　f_{R}——双层墙壁的共振频率,且有

$$f_{\text{R}} = \frac{1}{2\pi}\sqrt{\frac{2\sqrt{2}\,s'}{\rho_{\text{s1}}}} \tag{11.118}$$

由图 11.29 可知,方程式(11.115)在整个频率范围内与实测数据吻合良好,而方程式(11.117a)和式(11.117b)仅在远低于和远高于临界频率时与实测数据吻合良好,但在接近临界频率时与实测数据不吻合。参考文献[30]以及比斯和汉森(见参考书目)给出了带有点和线桥的双层墙壁的声透射损失预测方法。

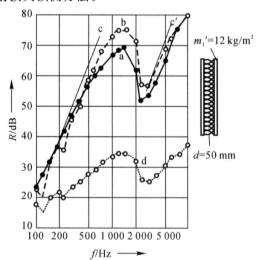

a—实测值;　b—由式(11.117)预测得出的数值;
c—由式(11.116a)和(11.116b)预测得出的数值;　d—实测的单面石膏板墙壁声透射损失

图 11.29　由两块相同的 12.5 mm 厚石膏板组成的双层隔断的声透射损失[46],
(这两块石膏板由填充有纤维吸声材料的 50 mm 厚间隙隔开)

11.7.8 风管和管道的声透射损失

传播高强度内部声音的管道和风管因受激励而发生振动,并向外辐射声音。这种沿输出方向(即,从内到外)的声透射由输出声透射损失 R_{io} 表征,它是声能从风管内部辐射到外部的速率的量度。当管道和风管穿过高强度声区时,例如在机械设备室内,外部声场激励风管壁振动,振动壁产生内部声场,该内部声场可以传播到较远的安静区域。这种从外部到内部方向的声透射由输入声透射损失 R_{oi} 表征,它是声能从外部声场进入风管的速率的量度。

由长度为 l 的风管或管道辐射的声功率级 L_W^{io}(单位 dB,以 10^{-12} W 为基准值)预测如下[47]

$$L_W^{io}(l) = L_W^i(0) - R_{io} + 10\lg\left(\frac{Pl}{S}\right) + 10\lg C \tag{11.119a}$$

式中

$$C = \frac{1 - e^{-(\tau+\beta)l}}{(\tau+\beta)l} \tag{11.119b}$$

$$\tau = \frac{P}{S} \times 10^{-R_{io}/10} \tag{11.119c}$$

$$\beta = \frac{\Delta L_1}{4.34} \tag{11.119d}$$

式中 $L_W^i(0)$ —— 管道内声源侧的声功率级;

     S —— 横截面面积,m^2;

     P —— 风管横截面的周长,m;

     ΔL_1 —— 由于多孔声衬导致的风管内部单位长度声衰减,dB。

式(11.119a)仅包含可测量的量度,用作输出声透射损失 R_{io} 的实验评估依据,即测量长度为 l 的试验风管辐射到混响室的声功率 $W_{io}(l)$、风管内声源侧的声功率 $W_i(0)$ 和风管内的声衰减 ΔL_i 并通过迭代求解 R_{io} 的式(11.119a)。

当长度为 l 的风管穿过嘈杂区域时,在一个方向上传播的声音的声功率级 $L_W^{io}(l)$(以及输入风管的声音)由下式预测[47]:

$$L_W^{io}(l) = L_W^{inc} - R_{io} - 3 + C \tag{11.120}$$

式中 L_w^{inc} —— 入射到长度为 l 的风管上的声音的声功率级;

     R_{io} —— 输入声透射损失;

     C —— 见方程式(11.119b)。

根据互易性原理[48],输出和输入声透射损失之间存在以下关系:

$$R_{oi} \approx R_{io} - 10\lg\left\{4\gamma\left[1 + 0.64\frac{a}{b}\left(\frac{f_{cut}}{f}\right)^2\right]\right\} \tag{11.121}$$

式中 a、b —— 矩形风管横截面的较大边和较小边;

     f —— 频率;

     f_{cut} —— 风管的截止频率;

     γ —— 频率小于截止频率时等于 1,频率大于截止频率时等于 0.5。

对于无声衬、无隔热材料的矩形金属板管,用于预测输出声透射损失的经验方法见参考文献[48]～[50]。第 17 章包含低速 HVAC 系统中最常用尺寸的矩形金属板管随频率变化的倍频带输出声透射损失预测值。参考文献[49][50]给出了圆形管和扁平椭圆形管的声透射损失预测值。图 11.30 显示了无声衬、无隔热材料的金属板管的输入声透射损失。对于实测输出声透射损失，实曲线是通过直接测量输入声透射损失而得出，而空心圆代表通过应用式（11.121）中体现的互易关系式获得的数据点。式（11.121）的重要性在于，它不需要分别测量 R_{oi} 和 R_{io}，因为如果其中一个已经测量得出，则另一个可以预测得出。

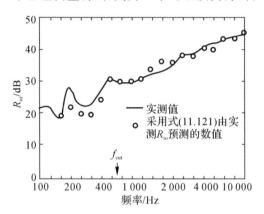

图 11.30　0.3 m×0.91 mm 厚金属板管的输入声透射损失 R_{io}[48]

11.7.9　复合隔断声透射

用于分隔相邻空间的隔断通常由具有不同声透射损失的区域组成，例如墙壁的门上有未遮盖的钥匙孔。如果复合隔断的所有部分在声源侧的平均声强 I_{inc} 相同，那么传播的声功率为

$$W_{trans} = I_{inc} \sum_{i=1}^{n} S_i \times 10^{-R_i/10} = I_{inc} \sum_{i=1}^{n} S_i \tau_i \tag{11.122a}$$

并且，复合隔断的声透射损失为

$$R_{comp} = 10\lg \frac{W_{inc}}{W_{trans}} = -10\lg \sum_{i=1}^{n} \frac{S_i}{S_{tot}} \times 10^{-R_i/10} \tag{11.122b}$$

式中　S_i——第 i 个部件的表面积；

　　　S_{tot}——所有部件的总面积；

　　　R_i——第 i 个部件的声透射损失。

在厚度为 h 的薄板中，半径为 $a \ll \lambda_0$ 的小孔的声透射损失由下式粗略估计为[26]

$$R_{hole} \approx 20\lg \frac{h+1.6a}{\sqrt{2}\, a} \tag{11.123}$$

这表明薄隔断中的小孔（$h<a$）产生了与频率不相关的声透射损失，即 $R_{hole} \approx 0$ dB。然而，请注意方程式（11.123）仅适用于小型圆孔。长窄缝会产生"负的声透射损失"[51]。通过用多孔吸声材料或弹性材料密封这些孔和缝隙或将它们设计成消声器接头，可以大大增加孔和缝隙的声透射损失。这种声学密封开口的声透射损失预测见参考文献[52][53]。

11.7.10　侧向声透射

隔断的声透射损失是在声学实验室测量的，声音仅从声源室经被测隔断传播到接收室。

然而,如果构成建筑物一部分的隔断相同,那么声音可以通过许多路径传播,如图 11.31 所示。路径 1 代表主路径,由独立隔断的声透射损失 R_1 表征,通常可通过实验室测量获得。$n=4$ 条路径(第 1 条为直接路径,第 2、3、4 条为侧向路径)中每条路径的声透射损失定义为[54]

$$R_n \equiv 10\lg \frac{W_1^{\text{inc}}}{W_{\text{trans}}^n} \tag{11.124}$$

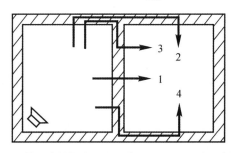

图 11.31　典型建筑物内两个相邻空间之间的声透射路径[54]

复合声透射损失组合了沿着四条路径中的每一条路径的声透射,定义为

$$R_{\text{comp}} \equiv -10\lg \left(10^{-R_1/10} + \sum_{n=2}^{4}\sum_{m=1}^{4} 10^{-R_{mn}/10}\right) \tag{11.125}$$

式中　$m=4$ 代表 4 个声激励侧向隔断(即,接收室的两个侧壁、楼板和天花板),每个隔断沿着三条侧向路径 $n=2,3,4$ 中的每一条路径传播声音。通常,侧向路径 $n=2$ 对接收室声功率的贡献量与另外两条侧向路径 $n=3$ 和 $n=4$ 的贡献量之和相同。声源室和接收室后壁的贡献量通常可以忽略不计。沿着侧向路径 $n=2,3,4$ 的侧向传播过程如下:①声源室的声场激励侧壁振动;②振动通过墙壁接头传播到接收室墙壁;③接收室墙壁将声功率辐射到接收室,包括在由独立隔断通过直接路径传播的声功率中。如果声源室和接收室没有共用隔断,整个透射过程通过侧向路径进行。对于有共用隔断的相邻空间,应使用式(11.125)中给出的复合声透射损失来预测接收室内的声压级。对于均匀各向同性单壁结构,部件侧向声透射损失 R_{mn} 可以粗略估计为[54]

$$R_{mn} = 10\lg\left[\frac{1}{4\pi\sqrt{12}}\left(\frac{\rho_{\text{M}}}{\rho_0}\right)^2 \frac{c_{\text{L}}h^3\omega^2}{c_0^4}\eta_m\right] + \Delta L_{\text{junct}} + 10\lg\frac{S_1}{S_{\text{rad}}} - 10\lg(\sigma_m\sigma_{\text{rad}}) \tag{11.126}$$

式中　ρ_{M}——密度;

$\quad\quad c_{\text{L}}$——墙体材料的纵波速度;

$\quad\quad h$——厚度;

$\quad\quad \eta_m$——声源室内第 m 个隔断的复合损失因数;

ΔL_{junct}——墙壁接头处沿传播路径 n 的结构声振幅衰减;

$\quad\quad S_1$——独立隔断的表面积;

$\quad\quad S_{\text{rad}}$——接收室内沿路径 n 透射的隔断的表面积;

$\quad\quad \sigma_m$——声源室第 m 个隔断的辐射效率;

$\quad\quad \sigma_{\text{rad}}$——辐射通过第 n 条路径传播的声音(由于声源室第 m 个隔断的声致振动而产生)的接收室隔断的辐射效率。

利用 11.8 节讨论的统计能量分析法,可以更准确地预测侧向路径对声透射损失的影响。

11.8 统计能量分析

统计能量分析(SEA)是处理复共振系统振动的一种方法。它可用于计算板、梁等相连共振系统之间以及隔声罩内板和混响声场之间的能量流[55-59]。

11.8.1 模态组系统

对于结构或声学空间中存储的能量 E，模态组系统可以被视为共振模态或共振器的系统。首先，我们考虑具有相同窄频带 $\Delta\omega$ 范围内模态共振频率的两个耦合结构两组共振模态之间的功率流（见图 11.32）。

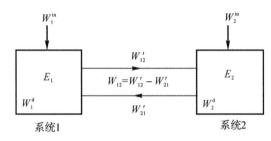

图 11.32　阐释两个非耗散耦合系统间功率流的框图

我们假设第一个系统（图 11.32 中的方框 1）的每个共振模态具有相同的能量。此外，假设第一个系统的各个共振模态与第二个系统的每个共振模态的耦合大致相同。

如果我们进一步假设在一个系统中携带能量的波与携带通过耦合到另一个系统而获得的能量的波不相关，我们可以将功率流（每个方程式是针对窄频带 $\Delta\omega$ 而编写）分离如下：

$$W'_{12} = E_1 \omega \eta_{12} \tag{11.127}$$

$$W'_{21} = E_2 \omega \eta_{21} \tag{11.128}$$

式中　W'_{12}—— 由系统 1 传播至系统 2 的功率，W；

$\qquad W'_{21}$—— 由系统 2 传播至系统 1 的功率，W；

$\qquad E_1$—— 系统 1 中的总能量，m·kg/s；

$\qquad E_2$—— 系统 2 中的总能量，m·kg/s；

$\qquad \omega$—— 频带的中心频率，rad/s；

$\qquad \eta_{12}$—— 由系统 1 到系统 2 的耦合损失因数，定义见式(11.127)；

$\qquad \eta_{21}$—— 由系统 2 到系统 1 的耦合损失因数，定义见式(11.128)。

因此，两个系统之间的净功率流为

$$W_{12} = W'_{12} - W'_{21} = E_1 \omega \eta_{12} - E_2 \omega \eta_{21} \tag{11.129}$$

11.8.2 模态能量 E_m

我们将模态能量定义为

$$E_m = \frac{E(\Delta\omega)}{n(\omega)\Delta\omega} \tag{11.130}$$

式中　$E(\Delta\omega)$—— 角频带 $\Delta\omega$ 的系统总能量；

$n(\omega)$——模态密度,即以角频率 ω 为中心的单位带宽($\Delta\omega = 1$)中的模态数;

$\Delta\omega$——带宽,rad/s。

如果之前关于模态中能量分布均等且耦合损失因数相同的假设有效,那么可以证明

$$\frac{\eta_{21}}{\eta_{12}} = \frac{n_1(\omega)}{n_2(\omega)} \qquad (11.131)$$

式中　　$n_1(\omega)$——频率 ω 下系统 1 的模态密度,s;

$n_2(\omega)$——频率 ω 下系统 2 的模态密度,s。

由式(11.131)可知,如果两个系统中的总能量相等,即 $E_1 = E_2$,那么由模态密度较低 $[n(\omega)$ 较低$]$ 的系统向第二个系统传递的能量比由第二个系统向第一个系统传递的能量要多。

结合式(11.129)和式(11.131)可得[①]

$$W_{12} = \omega \eta_{12} n_1(\omega)(E_{m1} - E_{m2})\Delta\omega \qquad (11.132)$$

式中　　W_{12}——以 ω 为中心的频带 $\Delta\omega$ 内系统 1 和系统 2 之间的净功率流,W;

E_{m1},E_{m2}——系统 1 和 2 的模态能量[见式(11.130)],W·s/Hz。

如果括号中的第一项大于第二项,则该方程式为正。

SEA 法的原理由式(11.132)得出,该方程式是一个以能量为动态自变量的简单代数方程式。其中指出,以频率 ω 为中心的窄频带内两个耦合系统之间的净功率流与相同频率下两个系统的模态能量之差成正比。功率流从模态能量较高的系统传递至模态能量较低的系统。

这可能有助于理解式(11.132),前提是我们采用温度不同的两个相连物体之间热传递的热力学类比,其中热流从温度较高的物体传递到温度较低的物体并且净热流与两个物体的温度差成正比。因此,模态能量 E_m 类似于温度,净功率流 W_{12} 类似于热流。净功率流为零的两个系统模态能量相等的情况类似于两个物体的温度相等的情况。

11.8.3　振动模态的能量相等

如果结构的波场扩散,组内模态的能量通常相等。此外,由于结构的频率相邻共振模态通过散射和阻尼相互耦合,所以即使波场不扩散,共振模态的模态能量也总是在窄频带内往往趋于均衡。

11.8.4　两个系统中的波之间不相关

在声透射问题中,通常只有一个系统被激励。传播至非受激系统的功率 W'_{12} 在该系统中形成一个半扩散的振动场。因此,相对于携带入射功率 W'_{12} 的波,携带透射功率 W'_{12} 至受激系统的波几乎总是发生充分延迟和相位无规化,使得两个波场之间几乎没有相关性。

11.8.5　实现耦合损失因数相等

组内各个模态之间的耦合损失因数相等是一个性质相似的模态分组问题。如果耦合的系统是混响声场中的一个板,则对声慢边界模态和角模以及声快表面模态进行单独分组。

---

① 如果式(11.132)符合一致性关系 $W_{12} = -W_{21}$,则式(11.131)是一个必要条件。

11.8.6　复合结构

复合结构通常由许多构件组成，例如板、梁、加强件等。如果结构振动的波长小于构件的特征尺寸，我们可以将复杂的结构划分成更简单的构件。在这种情况下，复杂结构的模态密度大约是其构件的模态密度之和。如果已知功率输入、各耦合损失因数和每个构件中耗散的功率，则由功率平衡方程式可以得出该结构各个构件中的振动能量。

如第 14 章所述，通过将结构的一个构件与该结构的其余构件分离并测量其衰减率，可以得出该结构的耗散损失因数。耦合损失因数可采用实验法，由式（11.132）确定；然而，这个过程比较困难。针对几种简单结构连接件的耦合损失因数，提供了理论解[59]。当需要声场和简单结构之间的耦合损失因数时，如果已知结构的辐射比，则可以由式（11.131）计算出该损失因数，如 11.9 节所述。

11.8.7　双结构系统中的功率平衡

图 11.32 中的简单双构件系统的功率平衡由以下两个方程式得出：

$$W_1^{\text{in}} = W_1^{\text{d}} + W_{12} \tag{11.133}$$

$$W_2^{\text{in}} = W_{12} + W_2^{d} \tag{11.134}$$

式中　　W_1^{in}—— 系统 1 的输入功率，W；

　　　　W_1^{d}—— 系统 1 中耗散的功率，W；

　　　　W_{12}—— 系统 1 通过耦合[①]至系统 2 而损失的净功率，$W_{12} = W'_{12} - W'_{21}$，W；

　　　　W_2^{in}—— 系统 2 的输入功率，W；

　　　　W_2^{d}—— 系统 2 中耗散的功率，W。

系统中耗散的功率通过耗散损失因数 η_i 与该系统中存储的能量 E_i 相关，即

$$W_i^{\text{d}} = E_i \omega \eta_i \tag{11.135}$$

式中，E_i 为系统 i 中存储的能量，N・m。

假设第二个系统没有直接功率输入（$W_2^{\text{in}} = 0$），则结合式（11.130）～式（11.132）、式（11.134）以及式（11.135）（$i = 2$）可以得出两个相应系统中存储的能量之比：

$$\frac{E_2}{E_1} = \frac{n_2}{n_1} \frac{\eta_{21}}{\eta_{21} + \eta_2} \tag{11.136}$$

如果耦合损失因数远大于系统 2 中的损失因数，也就是说，如果 $\eta_{21} \gg \eta_2$，则由式（11.136）可以得出模态能量等式（$E_1/n_1\Delta\omega = E_2/n_2\Delta\omega$）。

11.8.8　驱动自由悬挂板的扩散声场

我们来分析一个激励均质板（系统 2）的特殊情况，该板自由悬挂，暴露在混响室（系统 1）的扩散声场中。

在这种情况下，每个系统的总能量为

---

① 　在前面的分析中，我们假设耦合是非耗散的。

$$E_1 = DV = \frac{\langle p^2 \rangle}{\rho_0 c_0^2} V \tag{11.137}$$

$$E_2 = \langle v^2 \rangle \rho_s S \tag{11.138}$$

式中　　D——混响室内的平均能量密度，N/m^2；

$\quad\langle p^2 \rangle$——均方声压（时空平均值），N^2/m^4；

$\quad V$——混响室的体积，m^3；

$\quad\langle v^2 \rangle$——板的均方振动速度（时空平均值），m^2/s^2；

$\quad S$——板的表面积（一侧），m^2；

$\quad\rho_s$——板的单位面积质量，kg/m^2。

为获得耦合损失因数 η_{21}，我们必须首先认识到，W_{21} 等于因受激励而振动的板辐射至混响室的功率。则有

$$W_{rad} = W'_{21} = 2 \langle v^2 \rangle \rho c \sigma_{rad} S \equiv E_2 \quad \omega \eta_{21} = \langle v^2 \rangle \rho_s S \omega \eta_{21} \tag{11.139}$$

式中　　σ_{rad}——板的无量纲辐射比；

$\quad W_{rad}$——板两侧辐射的声功率，对应于因数 2，W。

通过求解 η_{21}，可得

$$\eta_{21} = \frac{2\rho_0 c_0 \sigma_{rad}}{\rho_s \omega} \tag{11.140}$$

混响室 $n_1(\omega)$ 内混响声场的模态密度和薄均质板 $n_2(\omega)$ 的模态密度见表 11.7，即

$$n_1(\omega) \approx \frac{\omega^2 V}{2\pi^2 c_0^3} \tag{11.141}$$

$$n_2(\omega) = \frac{\sqrt{12} S}{4\pi c_L h} \tag{11.142}$$

式中　　c_L——纵波在板材中的传播速度，m/s；

$\quad h$——板厚，m。

通过将式（11.137）～式（11.142）代入式（11.135），得出声压和板传声速度之间的预期关系为

$$\langle v^2 \rangle = \langle p^2 \rangle \frac{\sqrt{12} \pi c_0^2}{2\rho_0 c_0 h c_L \rho_s \omega^2} \frac{1}{1 + \rho_s \omega \eta_2 / 2\rho c \sigma_{rad}} \tag{11.143}$$

板的均方（时空平均值）加速度简写为

$$\langle a^2 \rangle = \omega^2 \langle v^2 \rangle = \langle p^2 \rangle \frac{\sqrt{12} \pi c_0^2}{2\rho_0 c_0 h c_L \rho_s} \frac{1}{1 + \rho_s \omega \eta_2 / 2\rho_0 c_0 \sigma_{rad}} \tag{11.144}$$

可以看出，只要板中耗散的功率比该板辐射的声功率小（$\rho_s \omega \eta_2 \ll 2\rho_0 c_0 \sigma_{rad}$），由声场与板的模态能量等式可以得出适当的板传声速度和加速度。此外，在这种情况下，板的均方加速度与均方声压之比与频率不相关。

通常，板的响应总是小于通过模态能量等式计算的响应，等于声辐射造成的功率损失与总功率损失之比，模态能量由式（11.143）或式（11.144）右边最后一个因数计算得出。在研究声场对结构的激励时，我们通常可以根据相等模态能量的概念对结构响应的上限进行简单估计。

示例 11.4 计算混响室内弹性悬挂的 0.005 m 厚均匀铝板的均方根速度和加速度。在以频率 $f = \omega/2\pi = 1\,000$ Hz 为中心的 1/3 倍频带中测量的空间平均声压级为 $L_p = 100$ dB($\sqrt{\langle p^2 \rangle} = 2$ N/m²)。板和周围介质的适当常数包括:$\rho_s = 13.5$ kg/m²;$c_L = 5.2 \times 10^3$ m/s;$h = 5 \times 10^{-3}$ m;$\rho_0 = 1.2$ kg/m³;$c_0 = 344$ m/s;$\eta_2 = 10^{-4}$。

解 计算因数:

$$\frac{\rho_s \omega \eta_2}{2\rho_0 c_0 \sigma_{rad}} = \frac{13.5 \times 2\pi \times 10^3 \times 10^{-4}}{2 \times 1.2 \times 344 \times \sigma_{rad}} = \frac{8.5}{820\sigma_{rad}} \ll 1$$

根据上述不等式,由式(11.144)得出的板的均方加速度简化为

$$\langle a^2 \rangle \approx \langle p^2 \rangle \frac{\sqrt{12}\,\pi c_0^2}{2\rho_0 c_0 h c_L \rho_s} = 19 \text{ m}^2/\text{s}^4$$

或者,$a_{rms} = \sqrt{\langle a^2 \rangle} = 4.34$ m/s²,加速度级为 113 dB(以 10^{-5} m/s² 为基准值)。

均方速度为

$$\langle v^2 \rangle = \frac{\langle a^2 \rangle}{\omega^2} = \frac{19}{4\pi^2 \times 16^6} = 4.76 \times 10^{-7} \text{ m}^2/\text{s}^2$$

或者,$v_{rms} = \sqrt{\langle v^2 \rangle} = 6.9 \times 10^{-4}$ m/s,速度级为 97 dB(以 10^{-8} m/s 为基准值)。

11.8.9 用 SEA 法计算简单均匀结构的声透射损失

SEA 法可用于分析通过单一共用薄均匀隔断相互耦合(即没有侧向路径)的两个混响室之间的声透射[58]。系统 1 是声源室内扩散混响声场模态的集合,在频带 $\Delta\omega$ 内共振。系统 2 是一组适当选择的墙体振动模态。系统 3 是接收室内扩散混响声场模态的集合,在频带 $\Delta\omega$ 内共振。声源室内的扬声器是唯一的功率源,与其他两个系统通过耦合损失的功率相比,认为每个系统耗散的功率较大,如图 11.33 所示,图中 W_{13} 是由共振频率位于声源频带之外的模态传播声音。低于临界频率时,"非共振"模态很重要。

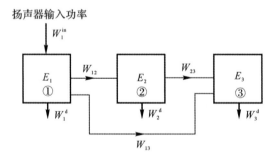

图 11.33 用于阐释三向耦合系统中功率流的框图

计算步骤如下:

(1)将 WW_1^{in} 与混响室内的吸声所损失的功率损失相关,从而得出 $\langle p_1^2 \rangle$,即声源室内的空间平均均方声压。

(2)计算 $E_1 = \langle p_1^2 \rangle V_1/\rho c^2$,其中 V_1 指声源室的体积。

(3)在面积为 S_2 的隔断上入射的混响声功率为 $W_{inc} = E_1 c S_2/4V_1 = p_1^2 S_2/4\rho c$。

(4)根据带宽内共振模态的墙体功率平衡,然后确定 $\Delta\omega$,即 $W_{12} = W_2^d + W_{23}$,因此由式

(11.135) 和式 (11.139) 可算得 W_{12}，即式 (11.132)。因为式 (11.32) 中的 η_{12} 未知，所以用式 (11.131) 和损失因数 η_{21} 的定义替换它，得出 $\eta_{21} = \rho_0 c_0 \sigma_{\text{rad}} / \rho_s \omega$。

(5) 墙体的振动能量为 $E_2 = \langle v^2 \rangle \rho_s S_2$。

(6) 结合步骤 (3)(4)(5)，得出墙体的均方速度 $\langle v^2 \rangle$，作为与声源室均方压力 $\langle p_1^2 \rangle$ 相关的函数。

(7) 辐射至接收室的功率为

$$W_{23} = \rho_0 c_0 S_2 \sigma_{\text{rad}} \langle v^2 \rangle$$

(8) 最后，通过步骤 (7) 除以步骤 (3) 得出共振透射系数 τ_r。

(9) 共振声透射损失定义为 $R_r = 10 \lg (1/\tau_r)$，由步骤 (8) 以及式 (11.97) 计算得出，并且假设 $\rho_s \omega \eta_2 \gg 2\rho_0 c_0 \sigma_{\text{rad}}$，可得

$$R_r = 20\lg\left(\frac{\rho_s \omega}{2\rho_0 c_0}\right) + 10\lg\left(\frac{f}{f_c} \frac{2}{\pi} \frac{\eta_2}{\sigma_{\text{rad}}^2}\right) \tag{11.145}$$

式 (11.145) 中的第一项粗略估计为垂直入射质量定律声透射损失 R_0，因此方程式 (11.145) 变为

$$R_r = R_0 + 10\lg\left(\frac{f}{f_c} \frac{2}{\pi} \frac{\eta_2}{\sigma_{\text{rad}}^2}\right) \tag{11.146}$$

式中　f_c —— 临界频率 [见式 (11.94)]，Hz；

η_2 —— 墙体无量纲总损失因数；

σ_{rad} —— 墙体无量纲辐射效率。

因此，我们用 SEA 法得出由一面共用墙隔开的两个混响室之间的声透射损失。

低于临界频率时，当墙体的尺寸大于声波波长时，可由表 11.8 得出辐射因数 σ_{rad}。

需注意的是，如果将等效无限墙体的声透射损失与通过 SEA 法测量和预测的数据进行比较，我们会发现当高于临界频率时，无限墙体的声透射损失 R 与由式 (11.146) 得出的结果相同，这仅考虑了有限墙体的共振传播。

当低于临界频率时，有限壁板的声透射损失更容易受到共振频率位于激励信号频带之外的模态贡献量的控制，而不是共振频率位于激励信号频带内的模态。因为先前的 SEA 计算中仅包含后者的贡献量，所以式 (11.146) 通常会高估低于临界频率时有限壁板的声透射损失。

由图 11.34 可知，对于 $\frac{1}{8}$ in 厚铝板，当低于临界频率时，仅共振模态的声透射损失 [曲线 (a)] 就比实际板 [曲线 (d)] 的实测值高出约 10 dB。

近似考虑受迫波和共振波的复合透射因数粗略估计为

$$\frac{1}{\tau} = \frac{W_{\text{inc}}}{W_{\text{受迫}} + W_{\text{res}}} = \frac{(\langle p^2 \rangle / 4\rho c) S_2}{\langle p^2 \rangle (\pi \rho c S_2 / \rho_s^2 \omega^2) + \langle p^2 \rangle (\sqrt{12} \pi c^3 \rho \sigma_{\text{rad}}^2 S_2 / 2\omega^3 \rho_s^2 c_L h \eta_2)} \tag{11.147}$$

在低频下，当分母中的第一项占主导地位时，透射因数变为

$$\frac{1}{\tau} \approx \frac{1}{\pi}\left(\frac{\rho_s \omega}{2\rho c}\right)^2 \tag{11.148}$$

并且，声透射损失为 [见式 (11.101)]

$$R = 10\lg\frac{1}{\tau} \approx R_0 - 5 = R_{\text{声场}} \tag{11.149}$$

在高频下，当分母中的第二项占主导地位时，声透射损失由式 (11.146) 得出。

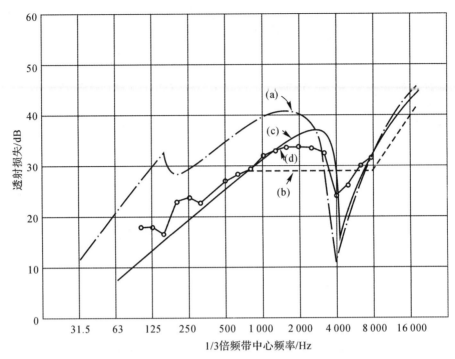

(a)—共振模态计算; (b)—平台计算; (c)—受迫波计算; (d)—实验结果

图 11.34 5 ft×6.5 ft×$\frac{1}{8}$ in(1 in=0.025 4 m, 1 ft=0.304 8 m)铝板

声透射损失实验值和理论值的比较[58]

11.9 结构声场激励和点力激励之间的等效性

在建筑物、船舶和载具发动机舱的机械设备室内,边界(例如墙体、地面和天花板)同时受到空传噪声和动力的激励。空传噪声可能来自机械外壳,而动力可能是作用在机械与地面的刚性或弹性连接点上的力,或作用在管道、导管或风管(与振动机刚性连接)与墙体或天花板连接点上的力。

噪声控制工程师面临的难题是,预测对结构的振动响应进行控制的是空传噪声还是连接点的动力。控制结构振动响应的激励类型也将控制远距离噪声和振动敏感接收器位置的空传噪声和振动。

在噪声控制工程实践中,已要求笔者预测地铁列车通过附近隧道时所产生的漫游(低频无规噪声)是高于还是低于计划音乐厅的人类听觉阈值。在另一个项目中,笔者必须预测眼科医生是否能够在另一个地铁隧道附近的医院进行视网膜手术。

由于轮轨相互作用而施加在隧道底板上的动力可以通过在"浮置板"上安装轨道而大幅度减小,浮置板由厚混凝土板组成,由铺设在隧道底板上的弹性橡胶支架支撑。然而,浮置板对于降低隧道墙体和顶板的空传噪声暴露没有任何有利的影响。实际上,浮置板会导致空传噪声增加,特别是在接近其相干频率的频率范围内,弯曲波在浮置板中的传播速度与空气中的传播速度一致,使浮置板成为一种非常有效的声辐射器。因此,隧道结构的空传噪声激励可能会控制隧道墙体的低频振动响应以及远距离观察者位置的噪声和振动。

为能够定量判断空传噪声对板状结构力激励的相对重要性,推导可得如下关系式[60]:

$$F_{eq} = \eta\left(\frac{c_0}{f}\right)\sqrt{\frac{\sigma_{rad}S_f}{\pi}} = \eta\lambda\sqrt{\frac{\sigma_{rad}S_f}{\pi}} \times 2 \times 10^{-5} \times 10^{L_p/20} \tag{11.150}$$

式中　F_{eq}——在表面积为 S_f 的隔断上产生的自由弯曲波响应的点力,与时空平均声压为 p 的无规入射声场相同;

σ_{rad}——隔断的辐射效率,在高于相干频率的频率下,它等于 1,根据互易性原理,σ_{rad} 也是声波与结构振动响应耦合程度的量度;

$\lambda = c_0/f$——声波波长,m;

c_0——空气中的声速,m/s;

f——频率,Hz;

L_p——声压级,dB(以 2×10^{-5} N/m² 为基准值)。

式(11.150)可以改写成易于记忆的形式:

$$F_{eq}^2 = \frac{4}{\pi}\left(\frac{(pS)^2}{S/(\lambda/2)^2}\right) \approx \frac{(pS)^2}{S/(\lambda/2)^2} \tag{11.151}$$

式(11.151)中的分子指力的二次方(声压与面积的乘积),分母指组成整个表面积 S 的面积数目,每个面积是半波长的二次方。面积 $(\lambda/2)^2$ 指隔断表面声压同相的场所。

式(11.150)和式(11.151)非常简单,且普遍适用,因为:

(1)力/声压等效性并不隐含地取决于隔断的材料属性,例如密度、弹性模量、损失因数和几何形状;

(2)它们不取决于流体的密度;

(3)它们也适用于含流体负载的隔断,例如嵌入土壤中的混凝土板或另一侧有流体的钢板。

式(11.150)和式(11.151)具有该等独特属性的原因是,对声音和点力的振动响应同样取决于这些属性。例如,弱阻尼结构对声音和点力激励的响应同样强烈,由高密度材料制成的板对声音激励和强励的响应也不如由低密度材料制成的板那么强烈,等等。方程式(11.150)和式(11.151)是通过假设隔断大于弯曲波长并且产生声场的空间大于声波波长而推导得出。结构和声场都以多模态方式响应,它们的响应由共振模态控制。

在噪声控制设计中,机械和设备的空传噪声强度都以声功率 $W(f)$ 或声功率级频谱 $L_W(f)$ 的形式给出。室内由注入的声功率产生的扩散场声压由下式得出

$$\frac{p^2}{4\rho_0 c_0}S_{tot}\bar{\alpha} = W_f \tag{11.152}$$

结合方程式(11.150)和式(11.152),可得

$$F_{eq}(f) = W(f)\frac{\rho_0 c_0^3 \sigma_{rad}(f)}{f^2}\left(\frac{1}{\alpha}\right)\left(\frac{S_i}{S_{tot}}\right)\left(\frac{4}{\pi}\right) \tag{11.153}$$

式中　$W(f)$—— 机械的声功率,W;

$F_{eq}(f)$—— 作用在固体边界上的等效点力,N/m²,由于机械的声功率输出,它产生的边界共振(即自由弯曲波)振动响应与室内产生的声场相同;

S_i—— 直接受力激励的边界表面积(一侧)，m^2；

S_{tot}—— 混响室所有边界的总表面积，m^2；

α—— 内边界表面的吸声系数。

式(11.150)、式(11.151)以及式(11.153)的适用性已经通过激励地下通风机室的边界进行了简单的实验检验[61]。首先用振动器激励一面墙，用阻抗头内置的测力计测量合点力 $F(f)$，阻抗头将振动器连接到通风机室墙体。然后，由扬声器在通风机室内产生声场，并用经校准的传声器测量声压级 SPL(f)。对于这两种类型的激励，力和声压级都是在一系列相同的纯音频率下产生，以最大限度地提高信噪比。响应由地震检波器在较远位置处以地面振动的形式测量。

示例 11.5 预测计划音乐厅是否可以建在现有地铁线路附近，而不对地铁列车施加速度限制，也不用弹性隔振垫支撑整个音乐厅。设计目标是将音乐厅的漫游噪声保持在人类听觉阈值以下，即 63 Hz 中心频率倍频带内的 35 dB。

地铁隧道的横截面为 10 ft×10 ft(1 ft＝0.304 8 m)，地铁列车长 100 ft。隧道墙体、顶板和底板均浇筑 0.4 m 厚混凝土。执行的分析预测表明，在浮置板上安装轨道可将作用于隧道底板上的合力在63 Hz 中心频率倍频带内降低至 200 N，并且这种动力预计会在音乐厅产生 30 dB 的声压级。这比人类听觉阈值低 5 dB。根据在地铁列车通过隧道期间进行的声级测量，声压级在 63 Hz 中心频率倍频带内为 110 dB。预测这种空气激励是否会在音乐厅产生高于 35 dB 听觉阈值的噪声级。

解 临界频率 f_c 由表11.2预测得出。混凝土密度 $\rho＝2300$ kg/m^3，单位面积质量 $\rho_s＝\rho h$ ＝ 2300 × 0.4 ＝ 920 kg/m^2，$f_c\rho_s＝43\ 000$，$f_c＝(43\ 000/920)$ Hz ＝ 47 Hz。 因此，$\sigma_{rad}(f＝63\ Hz)\approx 1$。暴露于高水平空传噪声激励的隧道表面积 $S_{tot}＝(10×10×100)$ $ft^2＝$ 10 000 $ft^2＝929$ m^2。基于这些数值，由式(11.150)可得

$$F_{eq} = \left(\frac{c_0}{f}\right)\sqrt{\frac{S_{tot}}{\pi}} \times 2 \times 10^{-5} \times 10^{SPL/20} = \left[\left(\frac{340}{63}\right) \times \sqrt{\frac{929}{\pi}} \times 2 \times 10^{-5} \times 10^{110/20}\right] N＝586\ N$$

因此，可以预测音乐厅内由隧道墙体空传噪声激励引起的噪声级为

$$SPL_{大厅}(f＝63\ Hz) = \left[30 + 20\lg\left(\frac{586}{200}\right)\right] dB \approx 39\ dB$$

这比设计目标高出 4 dB，表明如果不限制列车速度或将音乐厅建在需要在 63 Hz 频率下提供高度隔离的隔振器上，设计目标就无法实现。

11.10 互易性原理和叠加原理

互易性原理和叠加原理适用于具有定常参数的线性系统。不仅是固体结构，静止时的流体空间也属于这一类。因此，互易性原理和叠加原理适用于由声学空间包围的固体结构组成的系统，并且不仅在结构噪声和空传噪声方面，还在涉及声波与固体结构相互作用的结构声学方面，都可以得到充分利用。

图 11.35 所示的叠加原理允许利用最简单的激励源，例如点力(F_1)源或点-单极子(Q_1)声源，来探索对更复杂激励源的响应，例如作用在结构构件上的力矩(M_1)或辐射到声学空间

（v_2 和 p_2）中的声偶极子（D_1）。注意,结构和声学空间可以是任意形状,不受或受到弹性或吸声边界的约束,并且可以包含任意数目和尺寸的刚性或弹性散射体。互易性原理可以追溯到瑞利[62],见图 11.36 上部的三个示意图。其中指出

$$F_2 v_2 = F_1 v_1 \tag{11.154a}$$

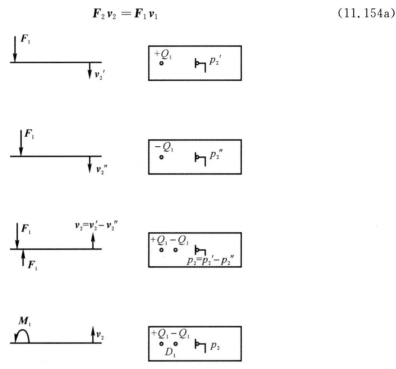

图 11.35　利用叠加原理预测结构和声学空间对复杂激励源的响应

当点 1 是源,点 2 是接收器时,F_1 指（广义）力;当点 1 是接收器,点 2 是源时,v_1 指（广义）速度。由向量积 $F_1 v_1$ 必须得出瞬时功率或者在复数表示法中,由 $\mathrm{Re}\left\{\frac{1}{2} F_1 v_1{}^*\right\} = \mathrm{Re}\left\{\frac{1}{2} F_2 v_2{}^*\right\}$ 必须得出时间平均功率。注意,F 和 v 均为向量。如果 v_1、F_1、v_2 和 F_2 按同一方向测量或应用,如图 11.36 左下方的示意图所示,向量表示法可以换算成不太复杂的标量表示法,其中力和速度由幅值和相位表征（即 $\tilde{F} = F\mathrm{e}^{\mathrm{j}\varphi f}, \tilde{v} = v\mathrm{e}^{\mathrm{j}\varphi r}$）。在这种情况下,互易性原理采用传递函数的等式则有,

$$\frac{\tilde{v}_2}{\tilde{F}_1} = \frac{\tilde{v}_1}{\tilde{F}_2} \tag{11.154b}$$

在我们后面的讨论中,需记住这一点,因为这里没有进行特殊的向量表示。由于单极子强度 $\tilde{Q}$ 和声压 $\tilde{p}$ 均为标量（由它们的幅值和相位定义）,因此在图 11.36(b) 所示的声学情况下不存在方向限制[63-64]。然而,偶极子和四极子声源（由相邻异相单极子构成）具有高度定向辐射特性,并且必须连接到声场的定向量,例如相对于偶极子或四极子声源的定向在相同方向上测量的压力梯度 $\mathrm{d}p/\mathrm{d}x$ 和 $\mathrm{d}^2 p/\mathrm{d}^2 x$,以便应用互易性原理。

表 11.11 包含适用于高阶激励源和响应的有用互易关系式。这些关系自动遵循由叠加原理和互易性原理的联合应用到简单声源的适当组合,例如点力和声单极子。

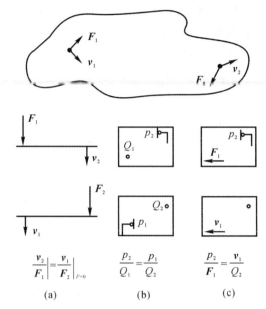

$$\left|\frac{\boldsymbol{v}_2}{\boldsymbol{F}_1}\right|=\left.\left|\frac{\boldsymbol{v}_1}{\boldsymbol{F}_2}\right|\right|_{F=0} \qquad \frac{p_2}{Q_1}=\frac{p_1}{Q_2} \qquad \frac{p_2}{\boldsymbol{F}_1}=\frac{\boldsymbol{v}_1}{Q_2}$$

(a)　　　　　　　　(b)　　　　　　　　(c)

图 11.36　适用于复杂结构的互易性原理

(a) 结构；　(b) 声学空间；　(c) 耦合到声学空间的结构

表 11.11　高阶激励源与响应的互易关系[63]

M_1　Θ_2	$\dfrac{\dot{\Theta}_2}{M_1}=\dfrac{\dot{\Theta}_1}{M_2}$	Θ_1　M_2
M_1　v_2	$\dfrac{v_2}{M_1}=\dfrac{\dot{\Theta}_2}{F_2}$	Θ_2　F_2
F_1　F_{2p}	$\dfrac{F_{2p}}{F_1}=\dfrac{F_{1p}}{F_2}$	F_{1p}　F_2
M_1　F_{2p}	$\dfrac{F_{2p}}{M_1}=\dfrac{\dot{\Theta}_1}{v_2}$	Θ_1　v_2
F_1　F_{2p}	$\dfrac{F_{2p}}{F_1}=\dfrac{v_1}{v_2}$	v_1　v_2
v_{p2}　$\vec{D}_1$	$\dfrac{v_p^2}{D_1}=\dfrac{v_p^1}{D_2}$	D_2　v_{p1}

注：M 为力矩，v 为速度，v_p 为质点速度，$\dot{\Theta}$ 为角速度，F 为力，F_p 为作用于销接约束体上的力，D 为偶极子声源。

互易性原理在实验和分析工作中发挥相当大的优势。在实验工作中,用点力和力矩激励复杂结构并测量这种激励在载具内部产生的声压比较困难并且烦琐。通过在传声器位置放置一个已知体积速度的小型声源,测量该位置和所施加力方向上的振动响应,并应用图 11.36(c) 所示的互易关系式,几乎总是更容易获得声压和激励力或力矩之间的预期传递函数。

图 11.36(c) 所示的互易形式在结构声学中是最有用的。它的实际应用见参考文献 [64]。在直接实验中,力 $\tilde{F}_1$ 由振动器施加到结构上(其幅值和相位由嵌入振动器和结构之间的测力计测量),声压 p_2 的幅值和相位由传声器测量。将 F_1 和 p_2 的相位引用到振动器上施加的电压 U。在比直接实验更容易执行的互易实验中,将具有经校准体积速度响应 Q 的小型全向声源(直径小于 1/4 声波波长的封闭扬声器)放置在前述传声器位置,并且用小型加速度计测量结构在前述激振点 v_2 的速度响应(在施加力的相同方向)。将 Q 和 v_2 的相位引用到扬声器声源上施加的电压 U。声源的体积速度校准值(Q/U)是通过将声源放置在消声末端的硬管中,用挡板控制使它仅向消声末端位置辐射,扫描相关频率范围内的扬声器电压并测量传递函数(p/U)来获得,其中,U 指扬声器上施加的电压,p 指由距离声源达两倍管径或者更远位置的传声器测量的声压。然后计算声源的预期体积速度校准值 [65],即

$$| Q/U | = | P/U | (S/\rho_0 c_0)$$

式中　S——硬管的横截面面积;

　　　ρ_0——空气密度;

　　　c_0——空气中的声速。

当相位信息具有重要作用时,可以在消声室内通过测量距离声源较远位置 $r \gg \lambda_0$ 的声压 $p(r)$ 并计算体积速度校准值 $Q/U = [p(r)/U](4\pi r^2/\rho_0 c_0)\mathrm{e}^{-\mathrm{j}2\pi fr/c_0}$ 来校准声源。

图 11.37 说明了互易性原理在复杂结构声学问题中的应用,即预测汽车内部噪声对减振器点力激励的影响。首先,由点力激励减振器,并测量在驾驶员头部位置产生的声压,得到由实线表示的直接传递函数 $\tilde{p}/F$。然后,通过将已知体积速度 $\tilde{Q}$ 的点声源放置在前述传声器位置并测量减振器的振动速度响应来进行互易实验。以这种方式获得的传递函数 $v/\tilde{Q}$ 如图 11.37(a) 中的虚线所示。通过将 $\tilde{p}$ 和 F 的相位引用到振动器上施加的电压,以及将 v 和 $\tilde{Q}$ 的相位引用到扬声器声源上施加的电压,不仅可以保留互易传递函数 $\tilde{p}/F$ 和 $v/\tilde{Q}$ 的幅值,还可以保留其相位,从而可以预测由许多同时作用的力和力矩引起的内部噪声。图 11.37(b) 所示为传递函数对的展开相位。

11.10.1　多个相关力引起的噪声预测

存在多个相关力输入时,互易性原理和叠加原理的应用如图 11.38 所示。问题是在上声源室安装振动器后,需要预测下接收室的声压 p_R。建筑物建成后,机械制造商将提供机械安装在软弹簧上时传递至楼板的力 $\boldsymbol{F}_1$ 和 $\boldsymbol{F}_2$ 的幅值、方向和相互相位 φ_{12}。p_R 的预测步骤如图 11.38(b) 的下半部分所示,即测量互易传递函数 $-v_1/\tilde{Q}_R = \tilde{p}_R/F_1$ 和 $-v_2/\tilde{Q}_R = \tilde{p}_{R2}/F_2$ 并利用叠加原理。φ_{1Q} 和 φ_{2Q} 分别表示传递函数 $\tilde{v}_1/\tilde{Q}_R$ 和 $\tilde{v}_2/\tilde{Q}_R$ 的相位,它们都可以轻松引用到扬声器声源的激励电压。力和速度必须在同一方向测量。通过对接收室内的多个不同扬声器位置进行互易预测,也可以预测 p_R 的空间变化。该方法可以轻松扩展到两个以上同时作用的相关力 [66]。

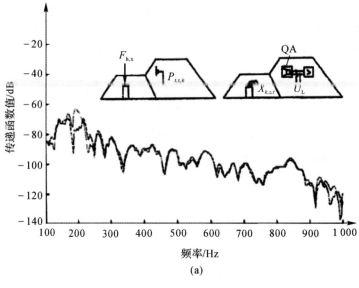

(a)

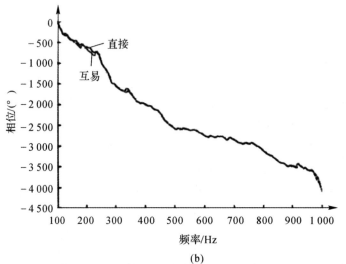

(b)

图 11.37　在客车内部测量的互易传递函数对

（a）传递函数；　（b）展开相位

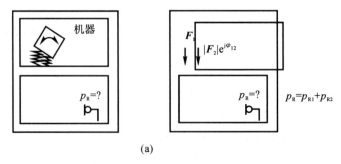

(a)

图 11.38　利用互易性原理和叠加原理来预测由作用于建筑结构上的

两个相关力 $\tilde{F}_1$ 和 $\tilde{F}_2$ 引起的混响室声压

（a）实际情况；

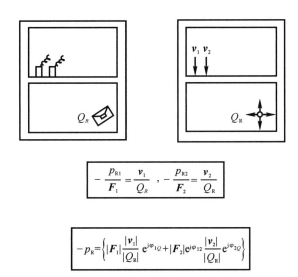

$$-\frac{p_{R1}}{F_1}=\frac{v_1}{Q_R}\quad,\quad -\frac{p_{R2}}{F_2}=\frac{v_2}{Q_R}$$

$$-p_R=\left\{|F_1|\frac{|v_1|}{|Q_R|}\mathrm{e}^{\mathrm{j}\varphi_{1Q}}+|F_2|\mathrm{e}^{\mathrm{j}\varphi_{12}}\frac{|v_2|}{|Q_R|}\mathrm{e}^{\mathrm{j}\varphi_{2Q}}\right\}$$

续图 11.38　利用互易性原理和叠加原理来预测由作用于建筑结构上的
两个相关力 $\widetilde{F}_1$ 和 $\widetilde{F}_2$ 引起的混响室声压

(b) 互易预测

　　在飞行器和地面载具设计的早期阶段,即早在飞行器的适航版本或地面载具的适于行驶版本可用之前,互易性原理是最有用的。互易性原理有助于噪声控制工程师找到一些难题的答案:

　　(1)在发动机燃烧速度下,结构噪声对乘坐室噪声的贡献量是多少?

　　(2)大部分结构噪声由哪种发动机架传递?

　　(3)哪个方向的振动力最关键?

　　(4)哪种作用在各发动机架位置上的力的相互相位最关键?

　　(5)最重要的是,改变发动机架的设计对隔声间噪声有什么影响?

　　所有这些问题的答案都可以在不对各发动机架施加三个正交方向上的已知力的情况下得到。

11.10.2　利用互易性原理识别源强度

　　当在载具、设备和机械运行期间无法直接测量噪声源和振动源的强度时,可以利用互易性原理来间接获得这些强度。实现方式如下:在可接近的较远接收器位置测量设备运行期间的噪声或振动,并且当设备不运行时,在这些较远的接收器位置激励噪声或振动并在源位置测量声学或结构响应(以可达者为准)。原理如图 11.39 所示。在图 11.39 所示的三个问题中,常见的问题是关于激励源位置和性质的了解。它们的幅值和相互相位未知,必须通过在较远位置观察对这些源的响应和如下所述的互易实验来确定。

　　图 11.39 的左上侧表示隔声罩中的声场由两个强度和相互相位 $\widetilde{Q}_1(?)$ 和 $\widetilde{Q}_2(?)$ 未知的单极子声源激励的情况。(例如,通向往复式压缩机两个气缸的入口管的开口)。上部示意图所示的第一个实验是在可接近的较远位置 3 和 4,测量两个源同时工作时声压 $\widetilde{p}_3$ 和 $\widetilde{p}_4$ 的幅值和相互相位。当这些源不工作时,通过将已知体积速度 Q 的单极子声源放置在前述传声器位置 3 和 4 处并测量前两个源位置产生的声压 $\widetilde{p}_{13}$、$\widetilde{p}_{23}$、$\widetilde{p}_{14}$ 以及 $\widetilde{p}_{24}$ 的幅值和相位,进行下部两个

示意图所示的互易实验。声压的相位引用到扬声器电压。

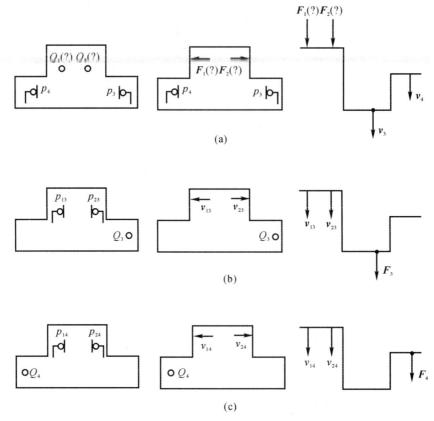

图 11.39　利用互易性原理和叠加原理识别源强度

(a) 有激活源的较远位置处的响应测量； (b)(c) 无激活源的互易测量

图 11.39 中间一列的示意图阐释了这样一种情况:隔声罩中的声场由位置和方向已知但幅值和相互相位未知的两个同时作用于隔声罩壁上的力 $\widetilde{F}_1$ 和 $\widetilde{F}_2$ 产生(例如,由安装有隔振装置的往复式或转动机械引起的力)。在这种情况下,由互易实验可以得出前述施力点 $\widetilde{v}_{13}$、$\widetilde{v}_{23}$、$\widetilde{v}_{14}$ 以及 $\widetilde{v}_{24}$ 的振动速度响应,其测量方向与力的方向相同。

图 11.39 右上角的示意图阐释了当测定两个力 $\widetilde{F}_1(?)$ 和 $\widetilde{F}_2(?)$ 的未知幅值和相互相位时必须对其进行判断的情况(例如,通过隔振机器传递到结构楼板的力)。在这种情况下,通过由已知力 $\widetilde{F}_3$ 和 $\widetilde{F}_4$ 激励两个较远观测点 3 和 4 的两个建筑结构并测量前述施力点 1 和 2 处的速度响应 $\widetilde{v}_{13}$、$\widetilde{v}_{23}$、$\widetilde{v}_{14}$ 以及 $\widetilde{v}_{24}$ 来执行互易实验。利用互易性原理和叠加原理,可以得到以下几组线性方程:

$$\widetilde{p}_3 = \widetilde{Q}_1(?)\left[\frac{\widetilde{p}_{13}}{\widetilde{Q}_3}\right] + \widetilde{Q}_2(?)\left[\frac{\widetilde{p}_{23}}{\widetilde{Q}_3}\right] \tag{11.155a}$$

$$\widetilde{p}_4 = \widetilde{Q}_1(?)\left[\frac{\widetilde{p}_{14}}{\widetilde{Q}_4}\right] + \widetilde{Q}_2(?)\left[\frac{\widetilde{p}_{24}}{\widetilde{Q}_4}\right] \tag{11.155b}$$

可用于求解两个未知的 $\widetilde{Q}_1(?)$ 和 $\widetilde{Q}_2(?)$。同样,用于获得图 11.39 中间一列示意图所示的 $\widetilde{F}_1(?)$ 和 $\widetilde{F}_2(?)$ 的方程式组为

$$\widetilde{p}_3 = \widetilde{F}_1(?\ )\left[\frac{\widetilde{v}_{13}}{\widetilde{Q}_3}\right] + \widetilde{F}_2(?\ )\left[\frac{\widetilde{v}_{23}}{\widetilde{Q}_3}\right] \tag{11.155c}$$

$$\widetilde{p}_4 = \widetilde{F}_1(?\ )\left[\frac{\widetilde{v}_{14}}{\widetilde{Q}_4}\right] + \widetilde{F}_2(?\ )\left[\frac{\widetilde{v}_{24}}{\widetilde{Q}_4}\right] \tag{11.155d}$$

用于获得图 11.39 右侧示意图所示的 $\widetilde{F}_1(?\ )$ 和 $\widetilde{F}_2(?\ )$ 的方程式组为

$$\widetilde{p}_3 = \widetilde{F}_1(?\ )\left[\frac{\widetilde{v}_{13}}{\widetilde{F}_3}\right] + \widetilde{F}_2(?\ )\left[\frac{\widetilde{v}_{23}}{\widetilde{F}_3}\right] \tag{11.155e}$$

$$\widetilde{p}_4 = \widetilde{F}_1(?\ )\left[\frac{\widetilde{v}_{14}}{\widetilde{F}_4}\right] + \widetilde{F}_2(?\ )\left[\frac{\widetilde{v}_{24}}{\widetilde{F}_4}\right] \tag{11.155f}$$

如果存在 n 个未知激励源,预测方程式表示 $n \times n$ 矩阵。

11.10.3　互易性原理在结构声激励中的扩展

如图 11.40 所示,互易关系式可以扩展到结构的表面激励(例如,通过入射声波)。首先考虑表面积为 dA 且暴露于局部声压 $\widetilde{p}_1$ 下的圆柱体(例如飞行器机身)表面的小型部件,如图 11.40(a) 中的左图所示,得出局部力 $\widetilde{F}_1 = \widetilde{p}_1 dA$。对于这个力,由图 11.36(c) 所示的互易关系式可以得出 $\Delta \widetilde{p}_{R1}/\widetilde{F}_1 = \Delta \widetilde{v}_{1R}/Q_R$,当 $\widetilde{F}_1 = \widetilde{p}_1 dA$ 且 $\Delta \widetilde{Q}_{1R} = \Delta \widetilde{v}_{1R}$ 时,该式变为

$$\frac{\Delta \widetilde{p}_R}{\widetilde{p}_1} = \frac{\Delta \widetilde{Q}_{1R}}{Q_R} \tag{11.156a}$$

当结构暴露于复杂的声场分布 $\widetilde{p}_1, \widetilde{p}_2, \cdots, \widetilde{p}_n$ 时,如图 11.40(c) 所示,接收器位置的内部声压 $\widetilde{p}_R$ 由下式得出,即

$$\widetilde{p}_R = \sum_{i=1}^{n} \widetilde{p}_i \left(\frac{\Delta \widetilde{Q}_{iR}}{\widetilde{Q}_R}\right) \tag{11.156b}$$

式中,传递函数 $\Delta \widetilde{Q}_{1R}/\widetilde{Q}_R$ 表示作为传感器的结构的互易校准。费伊[67] 提出的互易性原理的扩展具有如下优点:结构的互易校准(以离散传递函数 $\Delta \widetilde{Q}_{iR}/\widetilde{Q}_R$ 的形式)可以由直接测量结构局部体积位移 $\Delta \widetilde{Q}_{iR}/j\omega$ 的电容传感器来执行。为了获得足够的分辨率,用于测量体积位移的方形电容传感器的边长不得超过声波波长的 1/8。注意,薄板状结构中的弯曲波长通常比传感器的尺寸小得多,因此电容传感器充当波数滤波器,仅考虑引起净体积位移的振动场的分量。对仅在局部近场引起体积位移的高波数分量"求平均值"。电容传感器的另一个优点是它不会影响结构的振动响应。

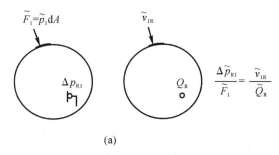

(a)

图 11.40　互易性原理在结构声激励中的扩展

(a) 作用于结构较小面积(dA)上的外部压力 $\widetilde{p}_1$ 与由此产生的内部声压 $\Delta \widetilde{p}_{R1}$ 的互易关系式,
以及由前述接收器位置的体积速度为 Q_R 的内部点声源产生的结构响应 v_{1R};

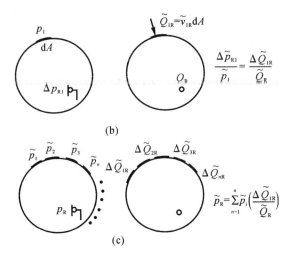

续图 11.40　互易性原理在结构声激励中的扩展

(b) 将体积速度响应 $\Delta\tilde{Q}_{1R} = d\tilde{v}_{1R}dA$ 代入互易关系式；

(c) 外部入射声压激励 p_i 与内部声压 $\tilde{p}_R$ 的互易关系式，以及由体积速度为 $\tilde{Q}_R$ 的内部点声源产生的结构体积速度响应 $\Delta\tilde{Q}_{1R}$

在无法直接测量辐射声音的情况下（例如，其他相关振动源主导着声场），互易性原理也可以用于预测由振动体的复杂振动模式引起的声压。互易预测分两步进行。首先，通过在大量位置测量振动速度 $\tilde{v}_i$，在设备运行期间绘制振动体的振动模式。速度响应的相位引用到在指定参考位置测量的速度。然后，关闭机械，将已知体积速度为 Q 的点声源放置在接收器位置，在该位置需要预测声压并测量由点声源在沿着振动体静止表面的不同位置产生的声压 $\tilde{p}$。将压力响应的相位轻松引用到扬声器声源上施加的电压。由振动体周期振动引起的接收器位置的声压 $\tilde{p}_R$ 预测为

$$\tilde{p}_R = \sum_{i=1}^n \tilde{v}_i dA_i \frac{\tilde{p}_i}{Q} \approx \sum_{i=1}^n \Delta\tilde{Q}_i \frac{\tilde{p}_i}{Q} \qquad (11.156c)$$

式中，dA_i 指面积，$\Delta\tilde{Q}_i = \tilde{v}_i dA_i$ 指振动表面第 i 个样品的体积速度。

图 11.41 中的实线表示当薄板由于振动器激励而产生复杂振动模式时，在混响室内特定位置直接测量的声压 $\tilde{p}_R$。虚曲线表示根据式(11.156a)，利用板上的 $n=81$ 个取样点进行互易预测[67]。实验结果表明了互易预测在工程应用中的可行性。

11.10.4　运动介质中的互易性原理

根据互易性原理，源和接收器的功能交换不应导致声传播路径发生任何变化。只有当声学介质处于静止状态时，上述要求是合理的。如图 11.42 所示，源和接收器功能的反转后，流向必须反转。流线必须保持不变，以确保源和接收器之间的传播路径保持不变。如果源和接收器位置交换后均匀平均流方向发生反转，则源和接收器之间的传播路径保持不变。在这种情况下，或者在势流马赫数较小的情况下（剪切层小于声波波长），互易性原理也适用于运动介质[68]。势流的反转通常在分析计算中很容易实现。然而，在剪切层不小于声波波长的许多实验情况下，互易性原理并不适用。

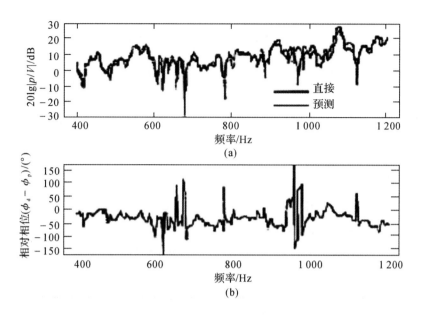

图 11.41 当薄板由于振动器激励而产生复杂振动模式时在混响室内特定位置产生的声压响应

（a）压力幅值； （b）直接测量的相位谱减去预测压力的相位谱

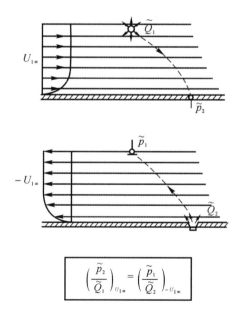

图 11.42 运动介质中的互易性原理

关于互易性原理的基本问题，见参考文献[69]～[71]。关于互易性原理和叠加原理在预测由复杂空气声源或结构源激励的功率输入结构中的分析应用，见参考文献[66][72][73]。关于互易性原理在船舶声学中的应用，见参考文献[74][75]。

11.11 冲 击 噪 声

在许多实际情况中，结构的激励可以由块体对其表面的周期冲击来合理地表示。住宅内的人行道、冲床和锻锤都属于这一类。本节仅讨论了建筑物内的人行道噪声。为了预测和控制机械和设备的冲击噪声，读者可以参阅参考文献[76]～[85]，其中涵盖了机械冲击噪声的各个方面。

11.11.1 标准撞击器

标准撞击器[86]用于评定住宅楼板的冲击噪声隔离。它由 5 个沿一条线等距分布的铁锤组成，两个末端铁锤之间的距离约为 40 cm。铁锤以 10 次/s 的速度连续冲击待测楼板的表面。每个铁锤的质量为 0.5 kg，下落速度相当于自由落体高度，即 4 cm。铁锤承击面的面积约为 7 cm²，呈圆形，就好像它是半径为 50 cm 的球面的一部分。楼板的冲击噪声隔声能力通过将标准撞击器放置在待测楼板上并测量下接收室内的空间平均 1/3 倍频带声压级 L_p 来评定，则有

$$L_n \equiv L_p - 10\lg \frac{A_0}{\overline{S\alpha}_{S,ab}} (\text{dB}, \text{以 } 2 \times 10^{-5} \text{ N/m}^2 \text{ 为基准值}) \tag{11.157a}$$

式中 L_p —— 实测的 1/3 倍频带声压级，dB；

$\overline{S\alpha}_{S,ab}$ —— 接收室的总吸声量（见第 7 章），m²；

A_0 —— 吸声参考值，$A_0 = 10$ m²。

冲击噪声问题的物理公式指周期力脉冲对板的激励。这种周期力可以用傅里叶级数表示，傅里叶级数由无限数量的离散频率分量组成，每个分量的幅值为 F_n，则有

$$F_n = \frac{2}{T_r} \int_0^{T_r} F(t) \cos \frac{2\pi n}{T_r} t \, \mathrm{d}t \tag{11.157b}$$

式中，$T_r = l/f_r = 0.1$ 指锤击时间间隔，$n = 1, 2, 3, \cdots$。图 11.43(a) 中的曲线表示力 $F(t)$ 的时间函数，图 11.43(b) 中的曲线表示力的傅里叶分量幅值。

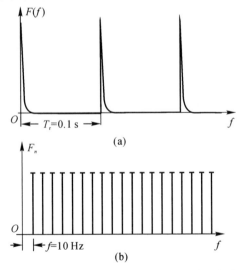

图 11.43 $F(t)$ 的时间函数与傅里叶分量幅值

(a) 时间函数； (b) 标准撞击器施加在厚重刚性楼板上的力的傅里叶分量

实验事实是,当铁锤锤击坚硬的混凝土板时,即使与冲击试验中的相关最高频率相比,力脉冲的持续时间也很短。对于不太坚硬的结构,例如木质楼板,这种假设不适用,必须在方程式(11.157b)中确定和使用 $F(t)$ 的准确形式。对于厚混凝土板,力脉冲的有效长度足够短,使得 $\cos[(2\pi n/T_r)t]\approx 1$,并且所有分量的幅值相同。因为式中(11.157b)的积分是单次锤击的动量(假设没有回弹),等于 mv_0(kg·m/s),所以重复频率 f_r 下力的傅里叶分量幅值为

$$F_n = 2f_r m v_0 \tag{11.158}$$

铁锤的瞬间冲击速度为

$$v_0 = \sqrt{2gh} \tag{11.159}$$

式中　　h—— 铁锤的下落高度,m;

　　　　g—— 重力加速度($9.8\ \text{m/s}^2$)。

我们定义均方力谱密度 S_{f0},即当乘以带宽时,将得到相同带宽下的均方力值为

$$S_{f_0} = \frac{1}{2}T_r F_n^2 = 4f_r m^2 gh \tag{11.160}$$

对于标准撞击器,S_{f0} 的数值为 $4\ \text{N}^2/\text{Hz}$。

相应地,倍频带内的均方力 $\Delta f_{\text{oct}} = f/\sqrt{2}$ 为

$$F_{\text{rms}}^2(\text{oct}) = \frac{4}{\sqrt{2}}f \tag{11.161}$$

通过将式(11.161)代入式(11.67a),计算得出由受冲击板(假设是各向同性板和均质板)辐射到下接收室的倍频带声功率级,即

$$L_W(\text{oct}) \approx 10\lg_{10}\left(\frac{\rho c\sigma_{\text{rad}}}{5.1\rho_p^2 c_L \eta_p t^3}\right) + 120\,(\text{dB,以}10^{-12}\,\text{W 为基准值}) \tag{11.162}$$

式中　　ρ—— 空气密度,kg/m^3;

　　　　c—— 空气中的声速,m/s;

　　σ_{rad}—— 板的辐射因数;

　　　ρ_p—— 板材密度,kg/m^3;

　　　c_L—— 纵波在板材中的传播速度,m/s;

　　　η_p—— 板的复合损失因数;

　　　t—— 板厚,m。

请注意,声功率级与倍频带的中心频率无关,通过将板厚增加一倍,可使辐射到下接收室的噪声级降低 9 dB,并且声功率级随损失因数的增加而减小。

11.11.2　用弹性面层改善冲击噪声隔声

经验表明,8~10 in(1 in=0.025 4 m)厚密实混凝土板的冲击噪声级太高,不可接受。通过进一步增加板厚来降低冲击噪声不具有经济可行性。

通过在结构板上加一层比板软得多的弹性面层可以有效地降低冲击噪声。如图 11.44 所示,弹性层改变了力脉冲的形状和由冲击锤引入板中的机械功率。

我们预计,如果弹性层是线性且非离散的,在冲击的瞬间 $t=0$,速度将达到最大值 v_0。然后,根据图 11.44(a)中所示的函数,速度将会降至零,块体将会回弹直至达到几乎相同的速度(假设铁锤不会二次弹起)。力函数如图 11.44(b)所示。

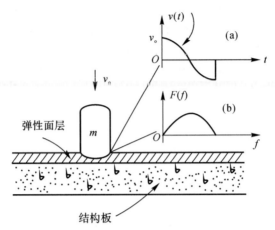

图 11.44　刚性板上弹性面层的单次锤击速度和力脉冲

(a) 速度脉冲；　(b) 力脉冲

通过新增软面层来改善冲击噪声隔声是根据对数比[87]来定义的,即

$$\Delta L_n = 20\lg\frac{F}{F'} = 20\lg\left|\frac{1 - nf_r/f_0}{\cos[(\pi/2)n(f_r/f_0)]}\right| \tag{11.163}$$

$$n = 1,\ 2,\ 3,\ \cdots \tag{11.164}$$

$$f_0 = \frac{1}{2\pi}\sqrt{\frac{A_h}{m}}\sqrt{\frac{E}{h}} \tag{11.165}$$

式中　F',F——作用于有和没有弹性面层的板上的力,N;

　　　A_h——铁锤的承击面积,m^2;

　　　m——铁锤的质量,kg;

　　　E——弹性材料的动态弹性模量,N/m^2;

　　　h——层厚,m。

标准撞击器弹性面层的特征频率 f_0 如图 11.45 所示,是与 E/h 相关的函数。

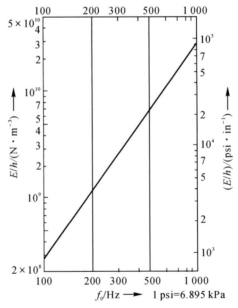

f_0— 特征频率；　E— 弹性模量；　h— 层厚

图 11.45　弹性面层选择图

式(11.163)假设无阻尼,如图 11.46 所示,是与归一化频率 f/f_0 相关的函数。低于 $f/f_0 = 1$ 时,改善为零。高于 $f/f_0 = 1$ 时,改善以 40 dB/dec(dec 表示 10 倍频)的渐近斜率增加。

由图 11.45 和图 11.46(使用 40 dB/dec 的渐近线)可知,可以选择一个弹性面层,以达到规定的 ΔL_n。

示例 11.6 在 300 Hz 频率下,冲击噪声隔声所需的改善应为 20 dB。针对混凝土板,设计一个弹性覆盖层。

解 根据图 11.46,我们得出 $f/f_0 \approx 3$,式中,$f_0 = 100$ Hz。将该 f_0 值代入图 11.45,可以得出 $E/h = 2.8 \times 10^8$ N/m³(或者 $E/h \approx 1\ 000$ psi/in)。任何具有该弹性模量-厚度比的材料都能实现所需的改善。如果我们希望选择 0.31 cm $\left(\frac{1}{8}\ \text{in}\right)$ 厚面层,材料的动态模量应为 8.7×10^5 N/m²(8 000 psi)。由于大多数弹性材料的动态模量约为静态实测弹性模量的两倍[88],因此应选择 $E \leqslant 4.35 \times 10^5$ N/m²(4 000 psi)的材料。

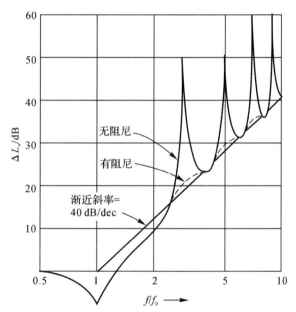

图 11.46 弹性面层冲击噪声隔声的改善 ΔL_n 与归一化频率
(选择 f_0 以达到得预期的改善)

弹性面层常用的材料有橡胶状材料、乙烯基软木砖或地毯。已经测量并报告了各种弹性面层结构的冲击隔离改善曲线(ΔL_n 与频率)[89]。

对于组合楼板(带重型结构板),下接收室内的预期归一化冲击噪声级(见图 11.1)为裸混凝土结构楼板的冲击噪声级减去通过弹性面层实现的改善,即

$$L_{n,\text{comp}} = L_{n,\text{bare}} - \Delta L_n \tag{11.166}$$

式中

$$L_{n,\text{bare}}(\text{oct}) = 116 + 10\lg\left(\frac{\rho c \sigma_{\text{rad}}}{5.1\rho_{\text{p}}^2 c_{\text{L}} \eta_{\text{p}} t^3}\right) \quad (\text{dB},\text{以 } 2 \times 10^{-5}\ \text{N/m}^2 \text{ 为基准值}) \tag{11.167}$$

适用于均匀各向同性板。

关于大量楼板结构的冲击噪声隔声的实测值以及通过不同面层实现的冲击噪声隔声改善,见参考文献[89]。

通常,在结构板上方使用浮式楼板通常比柔软的弹性面层更具实用性。优点包括:改善了组合楼板的冲击噪声隔声和空气声透射损失;行走面坚硬。为便于分析,可将浮式楼板分为局域反应浮式楼板和共振反应浮式楼板,定义如下:

(1)局域反应浮式楼板。铁锤作用于上层板(板 1)的冲击力主要在激振点附近传递到结构板(板 2)并且板 1 上没有空间均匀的混响振动场。在这种情况下,浮置板中弯曲波的阻尼较高。如果作用于板 1 上的力的傅里叶幅值由方程式(11.158)得出,传播声级的降低为[87]

$$\Delta L_n = 20\lg\left[1+\left(\frac{f}{f_0}\right)^2\right] \approx 40\lg\frac{f}{f_0} \tag{11.168}$$

式中

$$f_0 = \frac{1}{2\pi}\sqrt{\frac{s'}{\rho_{s_1}}} \tag{11.169}$$

且　ρ_{s_1} —— 浮置板的单位面积质量,kg/m^2;

　　s'—— 板 1 和板 2 之间弹性层的单位面积动力刚度,包括截留空气,N/m^3。

(2)共振反应浮式楼板。如果浮置板较厚、较硬且阻尼低,铁锤的冲击力会或多或少激励空间均匀的混响弯曲波场。

在高频下,冲击噪声隔声的改善可以粗略估计如下[87,90],其中板 1 中耗散的功率超过传播到板 2 的功率,则有

$$\Delta L_n \approx 10\lg\frac{2.3\rho_{s_1}^2\omega^3\eta_1 c_{L_1}h_1}{n's^2} \tag{11.170}$$

式中　　h_1—— 浮置板的厚度,m;

　　　　c_{L1}—— 纵波在浮置板中的传播速度,m/s;

　　　　ρ_{s_1}—— 浮置板的单位面积质量,kg/m^2;

　　　　η_1—— 浮置板的损失因数;

　　　　n'—— 板的单位面积弹性支架数;

　　　　s—— 支架刚度,N/m。

由方程式(11.170)可知,与局域反应情况相反,在局域反应情况下,ΔL_n 以 40 dB/dec(频率增加)的速率增加,而如果浮置板的损失因数 η_1 与频率不相关,则增加速率仅为 30 dB/dec。另一个区别是,ΔL_n 与该损失因数的相关性显著。损失因数由板材本身耗散的能量和弹性支架耗散的能量决定。

图 11.47 所示为分别受到标准撞击器和高跟鞋冲击的浮式楼板系统的改善[91]。可以观察到,在共振频率 f_0 附近时,改善为负。

11.11.3　冲击噪声隔声与声透射损失

无论楼板由撞击器的铁锤还是声源室的空传噪声场激励,声音都会辐射到接收室内。对于给定楼板,空气声透射损失 R 和归一化冲击噪声级 L_n 之间存在密切关系。

在声激励情况下,传播到接收室的声功率包括受迫波和共振波的贡献量。当低于板的临界频率时,受迫波通常占主导地位,而当高于板的临界频率时,共振波占主导地位。由标准撞

击器激励板而传播的声功率由近场分量和混响分量的贡献量组成。

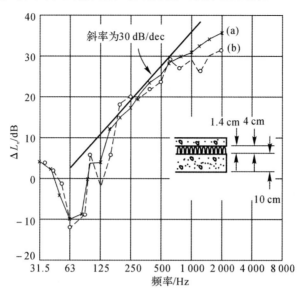

图 11.47　共振反应浮式楼板冲击噪声隔声的改善 ΔL_n

（a）由标准撞击器激励；　（b）由高跟鞋激励

假设在倍频带测量，声透射损失 R 与归一化冲击噪声级之间的关系为[92]

$$L_n + R = 84 + 10\lg\left\{\frac{S_{f_0} f}{\sqrt{2}}\left[\frac{\rho/(2\pi\rho_s^2 c) + \rho c\sigma_{\text{rad}}/(2.3\rho_s^2 c_L\omega\eta_p h)}{\pi\rho c/(\omega^2\rho_s^2) + \pi\sqrt{12}\,c^3\rho\sigma_{\text{rad}}^2/(2\rho_s^2 c_L\omega^3\eta_p h)}\right]\right\} \quad (11.171)$$

式中　ρ_s —— 板的单位面积质量，kg/m^2；

$\quad\quad c_L$ —— 纵波在板中的传播速度，m/s；

$\quad\quad \sigma_{\text{rad}}$ —— 板的辐射因数；

$\quad\quad h$ —— 板厚，m；

$\quad\quad \eta_p$ —— 板的复合损失因数；

$\quad\quad S_{f0}$ —— 式（11.160）中给出的均方力谱密度，N^2/Hz。

对于阻尼较低的厚板等特殊情况，有

$$L_n + R = 43 + 30\lg f - 10\lg \sigma_{\text{rad}} - \Delta L_n \quad (11.172)$$

式中，ΔL_n 仅表示面层的影响，对于裸结构板，根据定义，$\Delta L_n = 0$。

由式（11.172）可知，空气声透射损失和归一化冲击噪声级之和与高于结构板临界频率时板的物理特性无关，式中 $\sigma_{\text{rad}} \approx 1$。

当低于相干频率时，在该频率下，受迫波控制着空气声透射损失，但冲击噪声隔声仍然由受冲击板的共振控制，由式（11.171）可得[92]

$$R + L_n = 39.5 + 20\lg f - \Delta L_n - 10\log\frac{\eta_p}{f_c\sigma_{\text{rad}}} \quad (11.173)$$

式中　ΔL_n —— 仅指面层的影响（对于结构板，影响为零），dB；

$\quad\quad f_c$ —— 结构板的临界频率，Hz。

在这种情况下，$R + L_n$（dB）取决于板的物理特性和频率。图 11.48 所示为典型浮式楼板的实测声透射损失 R 和归一化冲击声级 L_n 及其总和。总和的实测值和预测值吻合较好，这表明为消除侧向传播而采取的预防措施很成功。

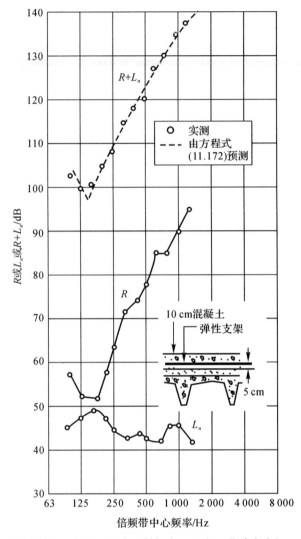

图 11.48　共振反应浮式楼板组件的实测声透射损失 R 和归一化冲击声级 L_n 及其总和 $(R+L_n)$

在现场检查浮式楼板的性能时，建议同时测量 R 和 L_n。实测的 R 和由方程式(11.173)计算的 R 之差是侧向传播的直接迹象。在声激励和冲击激励过程中，通过测量源和接收室内墙面的加速度级，可以立即识别侧向路径。

关于楼板组件冲击噪声隔声的测量和评估，见 ASTM E492－90(1996)、ASTM E989－89(1999)以及 ASTM E1007－97。

<h1 align="center">参 考 文 献</h1>

[1]　L. Cremer, M. Heckl, and E. E. Ungar, *Structureborne Sound*, 2nd ed., Springer Verlag, Berlin 1988.

[2]　M. Heckl, "Compendium of Impedance Formulas," Report No. 774, Bolt Beranek

and Newman, Cambridge, MA, May 26, 1961.

[3] I. Dyer, "Moment Impedance of Plate,"*J. Acoust Soc. Am.*, **32**, 247 – 248 (1960).

[4] E. Eichler, "Plate Edge Admittances,"*J. Acoust. Soc. Am.*, **36**(2), 344 – 348 (1964).

[5] H. G. D. Goyder and R. G. White, "Vibrational Power Flow from Machines into Builtup Structures, Part I: Introduction and Approximate Analyses of Beam and Plate – Like Foundations,"*J. Sound Vib.*, **68**(1), 59 – 75 (1980); "Part II: Wave Propagation and Power Flow in Beam – stiffened Plates," *J. Sound Vib.*, **68**(1), 77 – 96 (1980); "Part III: Power Flow through Isolation Systems" *J. Sound Vib.*, **68** (1), 97 – 117 (1980).

[6] U. J. Kurze, *Laermarm Konstruieren XII; Mechanische Impedance [Low Noise Design XII; Mechanical Impedance]*, *Bundesanstalt fuer Arbeitschutz*, FB Nr. 398, Wirtschaftverlag NW, Bremerhaven, 1985.

[7] K. P. Schmidt, *Laermarm Konstruieren (III); Aenderung der Eingangsimpedanz als Massnahme zur Laermminderung [Low Noise Design (III); Reducing Noise by Changing the Input Impedance] Bundesanstalt fuer Arbeitschutz*, FB Nr. 169, Wirtschaftsverlag NW, Bremerhaven, 1979.

[8] VDI 3720, Blatt 6 (Preliminary, July 1984), *Noise Abatement by Design; Mechanical Input Impedance of Structural Elements*, *Especially Standard –Section Steel*, VDI – Verlag, Dusseldorf, 1984 (in German).

[9] M. Heckl, "Bending Wave Input Impedance of Beams and Plates," in *Proceedings 5th ICA*, Liége, Paper L67, 1965 (in German):

[10] M. Heckl, "A Simple Method for Estimating the Mechanical Impedance," in *Proceedings DAGA*, VDI Verlag, 1980, pp. 828 – 830 (in German).

[11] M. Heckl, "Excitation of Sound in Structures,"*Proc. INTER – NOISE*, 1988, pp. 497 – 502.

[12] R. J. Pinnington, "Approximate Mobilities of Builtup Structures," Report No. 162, Institute of Sound and Vibration Research, Southampton, England, 1988.

[13] H. Ertel and I. L. Vér, "On the Effect of the Vicinity of Junctions on the Power Input into Beam and Plate Structures,"*Proc. INTER – NOISE*, 1985, pp. 684 – 692.

[14] P. W. Smith Jr., "The Imaginary Part of Input Admittance: A Physical Explanation of Fluid – Loading Effects on Plates,"*J. Sound Vib.*, **60**(2), 213 – 216 (1978).

[15] M. Heckl, "Input Impedance of Plates with Radiation Loading,"*Acustica*, **19**, 214 – 221 (1967/68) (in German).

[16] D. G. Crighton, "Force and Moment Admittance of Plates under Arbitrary Fluid Loading,"*J. Sound Vib.*, **20**(2), 209 – 218 (1972).

[17] D. G. Crighton, "Point Admittance of an Infinite Thin Elastic Plate under Fluid Loading,"*J. Sound Vib.*, **54**(3), 389 – 391 (1977).

[18] R. H. Lyon, "Statistical Analysis of Power injection and Response in Structures and

Rooms,"*J. Acoust Soc. Am.*, **45**(3), 545 – 565, (1969).

[19] R. D. Blevins, *Formulas for Natural Frequency and Mode Shape*, Van Nostrand Reinhold, New York, 1979.

[20] T. Kihlman, "Transmission of Structureborne Sound in Buildings," Report No. 9. National Swedish Institute of Building Research, Stockholm, 1967.

[21] M. Paul, "The Measurement of Sound Transmission from Bars to Rates,"*Acustica*, **20**, 36 – 40 (1968) (in German).

[22] E. J. Richards et al. "On the Prediction of Impact Noise, II: Ringing Noise,"*J. Sound Vib.*, **65**(3), 419 – 451 (1979).

[23] R. Timmel, "Investigation on the Effect of Edge Conditions on Flexurally Vibrating Rectangular Panels on Radiation Efficiency as Exemplified by Clamped and Simply Supported Panels,"*Acustica*, **73**, 12 – 20 (1991) (in German).

[24] ASTM E90 – 02 1990, "Laboratory Measurement of Airborne – Sound Transmission Loss of Building Partitions," American Society for Testing and Materials, Philadelphia, PA.

[25] ISO 140 – 1:1997 "Laboratory Measurement of Airborne Sound Insulation of Building Elements," American National Standards Institute, New York.

[26] L. Cremer, *Vorlesungen ueber techische Akustik*, [*Lectures on Technical Acoustics*], Springer – Verlag, Berlin, 1971.

[27] H. Reissner, "Der senkrechte und schräge Durchtritt einer in einem fluessigen Medium erzeugten ebenen Dilations (Longitudinal) – Welle durch eine in diesem Medium benfindliche planparallele feste Platte" ["Transmission of a Normal and Oblique – Incidence Plane Compressional Wave Incident from a Fluid on a Solid, Plane, Parallel Plate"]*Helv. Phys. Acta*, **11**, 140 – 145 (1938).

[28] M. Heckl, "The Tenth Sir Richard Fairey Memorial Lecture: Sound Transmission in Buildings," *J. Sound Vib.*, **77**(2), 165 – 189 (1981).

[29] R. D. Mindlin, "Influence of Rotary Inertia and Shear on Flexural Motion of Elastic Plates,"*J. Appl. Mech.*, **18**, 31 – 38 (1951).

[30] B. H. Sharp, "A Study of Techniques to Increase the Sound Insulation of Building Elements," Report WR – 73 – 5, HUD Contract No. H – 1095, Wyle Laboratories, Arlington, VA June 1973.

[31] G. Kurtze and B. G. Watters, "New Wall Design for High Transmission Loss or High Damping," *J. Acoust Soc, Am.*, **31**(6), 739 – 748 (1959).

[32] H. Feshbach, "Transmission Loss of Infinite Single Plates for Random Incidence," Report No. TIR 1, Bolt Beranek and Newman, Cambridge Mass. October 1954.

[33] L. L. Beranek, "The Transmission and Radiation of Acoustic Waves by Structures" (the 45th Thomas Hacksley Lecture of the British Institution of Mechanical Engineers),*J. Inst. Mech. Eng.*, **6**, 162 – 169 (1959).

[34] L. L. Beranek, *Noise Reduction*, McGraw – Hill, New York, 1960.

[35] M. Heckl, "Untersuchungen an Orthotropen Platten" ["Investigations of Orthotropic Plates"]*Acustica*, **10**, 109 – 115 (1960).

[36] M. Heckl, "Die Schalldaemmung von homogene Einfachwaenden endlicher Flaeche" ["Sound Transmission Loss of the Homogeneous Finite Size Single Wall"], *Acustica*, **10**, 98 – 108 (1960).

[37] H. Sato, "On the Mechanism of Outdoor Noise Transmission through Walls and Windows; A Modification of Infinite Wall Theory with Respect to Radiation of Transmitted Wave,"*J. Acoust Soc*, *Jpn.*, **29**, 509 – 516 (1973) (in Japanese).

[38] J. H. Rindel, "Transmission of Traffic Noise through Windows; Influence of Incident Angle on Sound Insulation in Theory and Experiment," Ph. D. Thesis, Technical University of Denmark, Report No. 9, 1975 (also see *Proc. DAGA*, pp. 509 – 512), 1975; also private communications.

[39] B. G. Watters, "Transmission Loss of Some Masonry Walls,"*J. Acoust Soc. Am.*, **31**(7), 898 – 911 (1959).

[40] Y. Hamada and H. Tachibana, "Analysis of Sound Transmission Loss of Multiple Structures by Four – Terminal Network Theory,"*Proc. INTER – NOISE*, 1985, pp. 693 – 696.

[41] A. C. K. Au and K. P. Byrne "On the Insertion Loss Produced by Plane Acoustic Lagging Structures,"*J. Acoust Soc. Am.*, **82**(4), 1325 – 1333 (1987).

[42] A. C. K. Au and K. P. Byrne, "On the Insertion Loss Produced by Acoustic Lagging Structures which Incorporate Flexurally Orthotropic Impervious Barriers," *Acustica*, **70**, 284 – 291 (1990).

[43] K. Goesele and U. Goesele, "Influence of Cavity – Volume Damping on the Stiffness of Air Layer in Double Walls,"*Acustica*, **38**(3), 159 – 166 (1977) (in German).

[44] K. W. Goesele, W. Schuele, and B. Lakatos. (*Glasfuellung bei Isolierglasscheiben*) *Forschunggemeinschaft Bauen und Wohen* [*Gas Filling of Isolated Glass Windows*], FBW Blaetter, Vol. 4, 1982 Stuttgart.

[45] H. Ertel and M. Moeser,*Effects of Gas Filling on the Sound Transmission Loss of Isolated Glass Windows in the Double Wall Resonance Frequency Range*, FBW Blaetter, Stuttgart, Vol. 5, 1984 (in German).

[46] K. Goesele, "Prediction of the Sound Transmission Loss of Double Partitions (without Structureborne Connections)," *Acustica*, **45**, 218 – 227 (1980) (in German).

[47] I. L. Vér, Definition of and Relationship between Breakin and Breakin Sound Transmission Loss of Pipes and Ducts,"*Proc. INTER – NOISE*, 1983, pp. 583 – 586.

[48] L. L. Vér, "Prediction of Sound Transmission through Duct Walls;Breakout and Pickup," ASHRAE Paper 2851 (RP – 319), *ASHRAE Trans.*, **90**(Pt. 2), 391 – 413 (1984).

[49] Anonymous, "Sound and Vibration Control," in *ASHRAE Handbook*, *Heating*,

Ventilating, *and Air –Conditioning Systems and Applications*, American Society of Heating, Refrigerating and Air Conditioning Engineers, Atlanta, GA, 1987, Chapter 52.

[50]　A. Cummings, "Acoustic Noise Transmission through Duct Walls," *ASHRAE Trans*" **91**(Pt. 2A), 48 – 61 (1985).

[51]　M. C. Gomperts and T. Kihlman, "Transmission Loss of Apertures in Walls," *Acustica*, **18**, 140 (1967).

[52]　F. P. Mechel, "The Acoustic Sealing of Holes and Slits in Walls," *J. Sound Vib.*, **111**(2), 297 – 336 (1986).

[53]　F. P. Mechel, "Die Schalldaemmung von Schalldaempfer – Fugen" ["Acoustical Insulation of Silencer Joints"], *Acustica*, **62**, 177 – 193 (1987).

[54]　W. Fasold, W. Kraak, and W. Schirmer, *Pocketbook Acoustic*, Part 2, Section 6. 2, VEB Verlag Technik, Berlin, 1984 (in German).

[55]　R. H. Lyon and G. Maidanik, "Power Flow between Linearly Coupled Oscillators," *J. Acoust Soc. Am.*, **34**(5), 623 – 639 (1962).

[56]　E. Skudrzyk, "Vibrations of a System with a Finite or Infinite Number of Resonances," *J. Acoust. Soc. Am.*, **30**(12), 1114 – 1152 (1958).

[57]　E. E. Ungar, "Statistical Energy Analysis of Vibrating Systems," *J. Eng. Ind. Trans. ASME Ser. B*, **87**, 629 – 632 (1967).

[58]　M. J. Crocker and A. J. Price, "Sound Transmission Using Statistical Energy Analysis," *J. Sound Vib.*, **9**(3), 469 – 486 (1969).

[59]　R. H. Lyon, *Statistical Energy Analysis of Dynamical Systems*; *Theory and Application*, MIT Press, Cambridge, MA, 1975.

[60]　I. L. Ver, Equivalent Dynamic Force that Generates the same Vibration Response as a Sound Field, Proceedings of Symposium on International Automotive Technology, SIAT 2005 – SAE Conference, Pune, India, 19 – 22 January 2005, pp 81 – 86.

[61]　Private communications. J. Barger of BBN LLC.

[62]　Lord Rayleigh, *Theory of Sound*, Vol. I, Dover, New York, 1945, pp. 104 – 110.

[63]　M. Heckl, "Some Applications of Reciprocity Principle in Acoustics," *Frequent*, **18**, 299 – 304 (1964) (in German).

[64]　I. L. Vér, "Uses of Reciprocity in Acoustic Measurements and Diagnosis," *Proc. INTER – NOISE*, 1985, pp. 1311 – 1314.

[65]　I. L. Vér, *Reciprocity as a Prediction and Diagnostic Tool in Reducing Transmission of Structureborne and Airborne Noise into an Aircraft Fuselage*, *Vol. 1*: *Proof of Feasibility*, BBN Report No. 4985 (April 1982); Vol. 2: *Feasibility of Predicting Interior Noise Due to Multiple*, *Correlated Force Input*, BBN Report No. 6259 (May 1986), NASA Contract No. NAS1 – 16521, Bolt Beranek and Newman.

[66]　I. L. Vér, "Use of Reciprocity and Superposition in Predicting Power Input to Structures

Excited by Complex Sources,"*Proc. INTER – NOISE*, 1989, pp. 543 – 546.

[67] F. J. Fahy, "The Reciprocity Principle and Its Applications in Vibro – Acoustics," *Proc. Inst. Acoust (UK)*, **12**(1), 1 – 20 (1990).

[68] L. M. Lyamshev, "On Certain Integral Relations in Acoustics of a Moving Medium,"*Dokl. Akad. Nauk SSSR*, **138**, 575 – 578 (1961); Sov. Phys. Dokl, **6**, 410 (1961).

[69] Yu I. Belousov and A. V. Rimskii – Korsakov, "The Reciprocity Principle in Acoustics and Its Application to the Calculation of Sound Fields of Bodies," *Sov. Phys. Acoust.*, **21**(2), 103 – 109 (1975).

[70] L. Cremer, "The Law of Mutual Energies and Its Application to Wave – Theory of Room Acoustics,"*Acoustica*, **52**(2), 51 – 67 (1982/83) (in German).

[71] M. Heckl, "Application of the Theory of Mutual Energies,"*Acustica*, **58**, 111 – 117 (1985) (in German).

[72] J. M. Mason and F. J. Fahy, "Development of a Reciprocity Technique for the Prediction of Propeller Noise Transmission through Aircraft Fuselages," *Noise Control Eng. J.*, **34**, 43 – 52 (1990).

[73] P. W. Smith, "Response and Radiation of Structures Excited by Sound,"*J. Acoust. Soc, Am.*, **34**, 640 – 647 (1962).

[74] H. F. Steenhock and T. TenWolde, "The Reciprocal Measurement of Mechanical – Acoustical Transfer Functions,"*Acustica*, **23**, 301 – 305 (1970).

[75] T. TenWolde, "On the Validity and Application of Reciprocity in Acoustical, Mechano – Acoustical and other Dynamical Systems,"*Acustica*, **28**, 23 – 32 (1973).

[76] E. J. Richards, M. E. Westcott, and R. K. Jeyapalan, "On the Prediction of Impact Noise, I：Acceleration Noise,"*J. Sound Vib.*, **62**, 547 – 575 (1979).

[77] E. J. Richards, M. E, Westcott, and R. K. Jeyapalan, "On the Prediction of Impact Noise, II：Ringing Noise,"*J. Sound Vib.*, **65**, 419 – 451 (1979).

[78] E. J. Richards, "On the Prediction of Impact Noise, III：Energy Accountancy in Industrial Machines,"*J. Sound Vib.*, **76**, 187 – 232 (1981).

[79] J. Cuschieri and E. J. Richards, "On the Prediction of Impact Noise, IV：Estimation of Noise Energy Radiated by Impact Excitation of a Structure,"*J. Sound Vib.*, **86**, 319 – 342 (1982).

[80] E. J. Richards, I. Carr, and M. E. Westcott, "On the Prediction of Impact Noise, Part V：The Noise from Drop Hammers," *J. Sound Vib.*, **88**, 333 – 367 (1983).

[81] E. J. Richards, A. Lenzi, and J. Cuschieri, "On the Prediction of Impact Noise, VI：Distribution of Acceleration Noise – with Frequency with Applications to Bottle Impacts,"*J, Sound Vib.*, **90**, 59 – 80 (1983).

[82] E. J. Richards and A. Lenzi, "On the Prediction of Impact Noise, VII：Structural Damping of Machinery,"*J. Sound Vib.*, **91**, 549 – 586 (1984).

[83] J. M. Cuschieri and E. J. Richards, "On the Prediction of Impact Noise, VIII：Diesel

Engine Noise," *J Sound Vib.* , **102**, 21 – 56 (1985).

[84] E. J. Richards and G. J. Stimpson, "On the Prediction of Impact Noise, Ⅸ: The Noise from Punch Presses,"*J. Sound Vib.* , **103**, 43 – 81 (1985).

[85] E. J. Richards and I. Carr, "On the Prediction of Impact Noise, Ⅹ: The Design and Testing of a Quietened Drop Hammer,"*J. Sound Vib.* , **104**(1), 137 – 164 (1986).

[86] ASTM E492 – 90, "Standard Test Method for Laboratory Measurement of Impact Sound Transmission through Floor – Ceiling Assemblies Using the Tapping Machine," American Society for Testing and Materials, Philadelphia, PA, 1996.

[87] I. L. Vér, "Impact Noise Isolation of Composite Floors,"*J. Acoust. Soc. Am.* , **50** (4, Pt. 1), 1043 – 1050 (1971).

[88]   K. Gösele, "Die Bestimmung der Dynamischen Steifigkeit von Trittschall – Dämmstoffen," Boden, Wand und Decke, Heft 4 and 5, Willy Schleunung, Markt Heidenfeld, 1960.

[89] I. L. Vér and D. H. Sturz "Structureborne Sound Isolation," in C. M. Harris (ed.),*Handbook of Acoustical Measurements and Noise Control* , 3rd ed. , McGraw – Hill, New York, 1991, Chapter 32.

[90] I. L. Vér, "Acoustical and Vibrational Performance of Floating Floors," Report No. 72, Bolt Beranek and Newman, Cambridge, MA, October 1969.

[91] R. Josse and C. Drouin, "Étude des impacts lourds a l'inteneur des bâtiments d' habitation," Rapport de fin d'étude, Centre Scientifique et Technique du Bâtiment, Paris, February 1, 1969, DS No. 1, 1. 24. 69.

[92]   I. L. Vér, '"Relationship between Normalized Impact Sound Level and Sound Transmission Loss,"*J. Acoust. Soc. Am.* , **50**(6, Pt. 1), 1414 – 1417 (1971).

[93]   L. Cremer, "Theorie des Kolpfschalles bei Decken mit Schwimmenden Estrich," Acustica,**2**(4), 167 – 178 (1952).

参 考 书 目

Beranek, L. L. , *Acoustical Measurements* , rev. ed. , Acoustical Society of America, Woodbury, NY, 1988.

Bies, D. A. , and C. H. Hansen,*Engineering Noise Control* , Unwin Hyman, London/ Boston/Sydney, 1988.

Cremer, L. , M. Heckl, and E. E. Ungar,*Structureborne Sound* , 2nd ed. , Springer – Verlag, Berlin, Heidelberg, New York, London, Paris, Tokyo, 1988.

Fahy, F. , *Sound and Structural Vibration* , Academic, London, 1989, revised, corrected paperback edition.

Fasold, W. , W. Kraak, and W. Shirmer, *Taschenbuch Akustik* [*Pocket Book Acoustics*] Vols. 1 and 2, VEB Verlag Technik, Berlin, 1984.

Harris, C. M. (Ed.),*Handbook of Acoustical Measurements Noise and Control* , 3rd ed. , McGraw – Hill, New York, 1991.

Junger, M. C. , and D. Feit, *Sound Structures and Their Interaction*, 2nd ed. , MIT Press, Cambridge, MA, 1986.

Reichardt, W. , *Technik – Woerterbuch*, *Technische Akustik* [*Dictionary of Technical Acoustics*; English, German, French, Russian, Spanish, Polish, Hungarian, and Slowakian], VEB Verlag, Technik, Berlin, 1978.

Mechel, F. P. (Ed.), *Formulas of Acoustics*, Springer, Berlin, 2002.

Heckl, M. , and H. A. Mueller, *Taschenbuch der Technischen Akustik* [*Pocketbook of Technical Acoustics*], 2nd ed. , Sponger, Berlin, 1997.

第 12 章　隔声罩、隔声间和包装材料

本章主要介绍隔声罩、隔声间和包装材料的声学设计。隔声罩是容纳噪声源（通常是机械）的结构，用于保护环境免受噪声源发出的噪声的影响。隔声间是全封闭结构，专门为保护人员免受环境噪声的影响而设计。由隔声间保护的人员可能包括嘈杂机械的操作员、制作过程的监管员或公路收费站的值班员。包装材料属声学结构，它用于紧密地包裹机械、阀门和相连管道的外壳，从而在高频时提供大幅度降噪，在低频时实际上不会提供降噪，并且在高低频率之间的频率范围内提供适度的降噪。

最近发布的国际标准 ISO 15667:2000E[1]，标题为《隔声罩和隔声间噪声控制指南》，定义了大量声学性能额定值并规定了在实验室或现场获得这些额定值的测量程序。这些性能量度包括单数、频谱和指向性信息，隔声罩的性能量度见表 12.1，隔声间的性能量度见表 12.2。为了便于比较，这两个表保留了标准中使用的某些繁琐的术语。

ISO 15667:2000E 中的技术内容在很大程度上基于本书 1992 年版第 13 章的内容[2]，因此，读者将会在本章了解到许多信息。该标准包含了关于声学隔声罩和隔声间输入信息收集、规划和性能验证的合理建议。

该标准的附件 A 提供了大量示意图，阐释了连接壁板的详图、楼板上气密隔声罩的安装、门和观察窗周围的密封、封闭机器的隔振、管道和竖井穿孔、通风的可能性等等。尽管这些示意图中包含的信息是有用的，笔者建议隔声罩的购买者与经验丰富的噪声控制硬件供应商签订一份合同，供应商应拥有相似的已证明详细信息和必要的经验，能够将隔声罩集成到整体设计中，并成功地在现场安装隔声罩。如将附件 A 中包含的施工详图提供给无噪声控制硬件生产经验的当地钣金车间，虽然可能会降低报价，但最终结果很可能会令人失望。

该标准在附件 B 中，提供了信息丰富的案例研究，非专业读者可以在这些案例研究中找到功能隔声罩和隔声间的典型声学性能范围，这些隔声罩和隔声间设有可操作的门以及用于通风的进气口和排气口等。

隔声罩和包装材料的关键区别在于，使用隔声罩的情况下，吸声层与振动设备的表面不接触，而使用包装材料的情况下，多孔吸声层与其所包裹的振动体表面完全接触。因为包装材料的多孔吸声材料在振动设备和外部层之间提供了全表面结构连接，所以它不仅必须是良好的吸声器，而且还必须具有较高的弹性，从而防止振动传递到外部不透水层而作为声音辐射。如果多孔材料和振动设备之间没有接触，隔声罩内使用的吸声材料可以配置相当坚硬的骨架。包装材料最常用于减少振动表面（例如管道和风管）的声辐射，有时也用于获得隔声罩的额外声衰减。由于玻璃纤维和矿物棉等纤维吸声材料是良好的隔热材料，因此适当设计的包装材料可以提供充分的隔声和隔热效果。另外，隔声罩的隔热性能可能是有害的，并且需要提供隔声罩内部的辅助冷却，以防高温积聚。本章仅论述了隔声罩和包装材料的声学设计。

表 12.1　隔声罩的声学性能量度(ISO 15667:2000)

声功率隔声量[1] D_W	计权声功率隔声量[1] D_{WW}	声压隔声量[1] D_p	A 计权声功率隔声量[1] D_{PA}
$L_{Wo}(f)$ ；$L_{We}(f)$（隔声罩）	$D_{WW}(f)$ 是根据 ISO 717-1，由 $D_W(f)$ 得出的，结果是一个单一数值	$L_{po}(f,x,\theta)$ ；$L_{pe}(f,x,\theta)$	$L_{AO}(x,\theta)$ ；$L_{AE}(x,\theta)$
$D_W(f)=L_{Wo}(f)-L_{We}(f)$ L_W 为未封闭声源的声功率级 L_{We} 为根据 ISO 11546-1 或 ISO 110546-2 获得的封闭声源的声功率级 $D_W(f)=R(f)+10\lg[\alpha(f)]$ $R(f)$ 为根据 ISO 140-3 获得的隔声罩壁的声透射损失 $\alpha(f)$ 为隔声罩板内侧的平均吸声系数		$D_p(f,x,\theta)=L_{po}(f,x,\theta)-L_{pe}(f,x,\theta)$ $L_{po}(f,x,\theta)$ 为方向 θ 距离 x 处未封闭声源的声压级谱 $L_{pe}(f,x,\theta)$ 为方向 θ 距离 x 处封闭声源的声压级谱	$D_{PA}(X,\theta)=L_{AO}(X,\theta)-L_{AE}(X,\theta)$ 单位为 dB(A) 对于未封闭声源，L_{AO} 单位为 dB(A) 对于封闭声源，L_{AE}

注：①不包含指向性信息。如果声源极具指向性且声源极靠近一面墙体的距离小于与其他墙体的距离，则用性有限。

②用于在声源谱未知的情况下粗略比较不同的隔声罩。

③最适合不同方向上隔声性能的详细分析。

④已知声功率谱的特定机械的单个额定值。

表 12.2　隔声间的声学性能量度(ISO 15667:2000)

声压隔声量① D_p	A计权声功率隔声量① D_{PA}	视在声压隔声量① D'_p
空间　$\langle L_{po}(f)\rangle$ 隔声间　$\langle L_{pc}(f)\rangle$	$L_{pA}(x)$ $L_{pAC}(x)$	$L_{po}(f,x)$ $L_{pc}(f,x)$
$D_p = \langle L_{po}(f)\rangle - \langle L_{pc}(f)\rangle$ $\langle L_{po}(f)\rangle =$ 空间内半扩散声场的空间平均声压级 $\langle L_{pc}(f)\rangle =$ 隔声间内的空间平均声压级	$D_{PA} = L_{pA}(x) - L_{pAC}(x)$ $L_{pA}(x)$ 为无隔声间的空间内位置 x 的 A计权声压级 $L_{pAC}(x)$ 为隔声间内相同位置 x 处的 A计权声压级	$D'_p = L_{po}(f,x) - L_{pc}(f,x)$ $L_{po}(f,x)$ 为声场任意分布时，频率 f 下位置 x 处的声压级 $L_{pc}(f,x)$ 为频率 f 下，隔声间内位置 x 处的声压级

注：①$\langle L_{po}(f)\rangle$限定为半扩散场。

②$L_{pA}(x)$指空间内的实际 A计权声级。

③L_{po}由声压任意分布而产生。

12.1　隔　声　罩

根据隔声罩的尺寸(对照声波波长和弯曲波长),隔声罩可以被称为小型隔声罩或大型隔声罩。如果弯曲波长大于最大壁板尺寸且声波波长大于隔声罩空间的最大内部尺寸,隔声罩被称为小型隔声罩[①]。在小型隔声罩中,内部空间不会产生声共振。如果隔声罩空间的最大尺寸为 $L_{max} \leqslant \frac{1}{10}\lambda$,声压在空间内均匀分布。如果隔声罩的所有内部尺寸大于声波波长并且在相关频率范围内,内部空间中产生大量声共振,隔声罩被称为大型隔声罩。因此,即使实际尺寸较大的隔声罩在极低频率下也视为小型隔声罩,而实际尺寸较小的隔声罩在极高频率下视为大型隔声罩。在几乎所有的隔声罩中,隔声罩壁已经在产生一阶声共振时的频率范围内表现出大量的结构共振。

如果隔声罩与封闭设备没有机械连接,称为独立式隔声罩。如果有机械连接,称为机装式隔声罩。如果封闭设备紧密包裹并且机械的体积与隔声罩的体积相当,则隔声罩被称为紧密贴合隔声罩。没有明显声开孔的隔声罩被称为密封隔声罩,有明显漏声(有意或无意)的隔声罩被称为漏声隔声罩。图 12.1 所示为密封隔声罩的各种配置。本章将论述隔声罩的声学设计。米勒和蒙托尼在一本手册中论述了非声学方面 —— 例如通风、安全和经济性(见参考书目)。关于施工细节和采购规范的编写建议,参见 VDI 指南(见参考书目)。

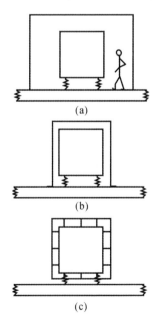

(a)

(b)

(c)

图 12.1　隔声罩的类型

(a)独立式大型隔声罩；　(b)独立式紧密贴合隔声罩；　(c)机装式紧密贴合隔声罩

---

① 第 6 章也论述了小型隔声罩。

12.1.1 插入损失（作为声学性能量度）

插入损失是对所有类型隔声罩声学性能的最合适描述。隔声罩插入损失（IL）的实用性定义如图12.2所示。对于置于室内的噪声源，例如厂房仓库内的机械，图12.2(a)所示的隔声罩声功率插入损失是最有意义的。将其定义为

$$\mathrm{IL}_W = 10\lg\left(\frac{W_O}{W_E}\right) = L_{WO} - L_{WE} \tag{12.1}$$

式中　W_O——未封闭声源辐射的声功率；

　　　L_{WO}——相应的声功率级；

　　　W_E——封闭声源辐射的声功率；

　　　L_{WE}——相应的声功率级。

W_O 和 W_E 均在混响室测量（见第4章）或使用声强计测量。

对于室外部署的设备使用的隔声罩，一个不太精确但更容易实现的插入损失定义，即所谓的声压插入损失或 IL_p，如图 12.2(b) 所示，是最合适的。将其定义为

$$\mathrm{IL}_p \equiv \mathrm{SPL}_O - \mathrm{SPL}_E \tag{12.2}$$

式中　SPL_O——在没有隔声罩的声源周围的多个位置测量的平均声压级；

　　　SPL_E——在由隔声罩包裹的声源上测量的平均声压级。

可以在以声源位置为中心的圆上选择测量位置。测量距离至少应为隔声罩最大尺寸的 3 倍。式(12.1) 和式(12.2) 表示在现场或实验室容易实现的定义。使用这些定义，可以轻松确定特定隔声罩是否满足声功率级降低、特定距离处声压级降低或特定距离和方向上声压级降低的特定性能要求。如果实验室设施可用，声压插入损失也可以在大型的半消声室测量。

请注意，如果未封闭声源和封闭声源的辐射方向是全向的，那么两种测量方法得到的结果是相同的（$\mathrm{IL}_W = \mathrm{IL}_p$）。

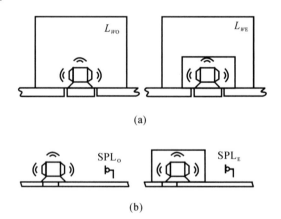

(a)

(b)

图 12.2　隔声罩插入损失 IL 的实用性定义

（a）功率损失，$\mathrm{IL}_W \equiv L_{WO} - L_{WE}$；　（b）声压损失，$\mathrm{IL}_p \equiv \mathrm{SPL}_O - \mathrm{SPL}_E$

12.1.2 声学性能的定性描述

图12.3所示为独立式密封隔声罩的声插入损失-频率曲线的典型形状。区域Ⅰ是小型隔

声罩区,其中内部空气空间和隔声罩壁板都没有产生共振。在该频率范围内,插入损失与频率无关,而是取决于隔声罩壁的体积柔量(体积刚度的倒数)与封闭空气空间的体积柔量之比。

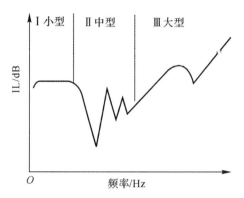

图 12.3 独立式密封隔声罩的典型插入损失-频率曲线

区域 Ⅰ:取决于板的刚度,阻尼和内部吸声量无效;区域 Ⅱ:取决于共振,阻尼和内部吸声量有效;区域 Ⅲ:取决于声透射损失,声透射损失和内部吸声量有效,通常受到漏声的限制。

图 12.3 中的区域 Ⅱ 是中间区域,其中插入损失取决于隔声罩结构与封闭声学空间的共振交互。该区域由插入损失的多个交替的最大值和最小值表征。通常,当内部空气空间的体积柔量与壁板的体积柔量之和与壁板的质量柔量一致时,插入损失的第一个也是最重要的最小值出现。该共振频率下的插入损失通常决定了隔声罩的低频插入损失,并且在某些情况下可能为负,这意味着有隔声罩的设备可能比没有隔声罩的设备辐射的噪声更多。在隔声罩体积的声共振下,插入损失的额外最小值出现。当壁板的结构共振频率和隔声罩体积的声共振频率重合时,插入损失的进一步最小值出现。至关重要的是,针对辐射以音调特征为主的噪声的声源(例如变压器、传动装置、往复式压缩机和发动机等)而设计的隔声罩不应产生与声源噪声主要分量的频率相对应的结构共振或声共振。

图 12.3 中的区域 Ⅲ 是大型隔声罩区,其中隔声罩壁板和内部空气空间都产生大量的声共振。在这种情况下,可采用室内声学统计方法来预测隔声罩内部的声场(见第 7 章)和隔声罩壁声透射(见第 11 章)。在此频率范围内,插入损失取决于隔声罩壁板的内部吸声量和声透射损失(R)。区域 Ⅲ 中插入损失-频率曲线的倾角对应于壁板的相干频率(见第 11 章),对于最常用的壁板(1~2 mm 钢或铝),相干频率高于相关频率范围。如果板的刚度与其单位面积质量之比较大(例如蜂窝壁板),相干频率可能在相关频率范围内。

以下各节论述了小型和大型隔声罩的插入损失预测。中频范围内的性能预测需要对耦合的机械声系统进行详细的有限元分析,如第 6 章所述。

12.1.3 小型密封隔声罩

对于小型密封隔声罩,空腔内的声压分布均匀,插入损失由下式可得[4-5]

$$IL_{SM} = 20\lg\left(1 + \frac{C_v}{\sum_{i=1}^{n} C_{wi}}\right) \tag{12.3}$$

$$C_v = \frac{V_0}{\rho c^2} \tag{12.4}$$

式中　C_v—— 隔声罩内部的气体体积柔量;

　　　V_0—— 隔声罩体积内的气体体积;

　　　ρ—— 气体的密度;

　　　c—— 气体中的声速;

　　　C_{wi}—— 第 i 块隔声罩壁板的体积柔量,其定义如下:

$$C_{wi} = \frac{\Delta V_{pi}}{p} \tag{12.5}$$

式中　ΔV_{pi}—— 第 i 块隔声罩壁板在均匀压力 p 作用下的体积位移。

这里假设隔声罩为矩形,由 n 块独立、均匀的各向同性板组成,每块板都有各自的体积柔量。

当频率低于各向同性隔声罩壁板的一阶机械共振时,均匀各向同性板的体积柔量 C_{wi} 由下式得出[3],即

$$C_{wi} = \frac{10^{-3} A_{wi}^3 F(\alpha)}{B_i} \tag{12.6}$$

式中　A_{wi}—— 第 i 块壁板的表面积;

　　　$F(\alpha)$—— 与壁板纵横比 $\alpha = a/b$ 相关的函数,a 指壁板的最长边尺寸,b 指最小边尺寸,如图 12.4 所示。

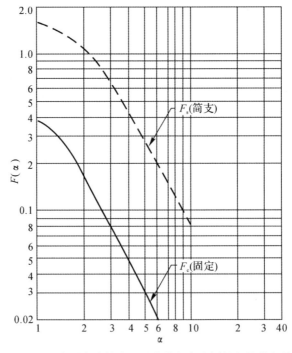

图 12.4　具有固定或简支边界的均匀各向同性板的体积柔量
函数 $F(\alpha)$ 与纵横比 $\alpha = a/b$ 的关系图

对于均匀各向同性壁板,壁板的单位长度抗弯刚度为

$$B = \frac{Eh^3}{12(1 - \nu^2)} \tag{12.7}$$

式中　E—— 壁板的弹性模量；

　　　h—— 厚度；

　　　ν—— 泊松比。

对于矩形隔声罩,结合式(12.3) ～ 式(12.7) 得出

$$\mathrm{IL}_{\mathrm{SM}} = 20\lg\left[1 + \frac{V_0 E h^3}{12 \times 10^{-3}(1-\nu^2)\rho c^2} \sum_{i=1}^{6} \frac{1}{A_{wi}^3 F(\alpha_i)}\right] \tag{12.8}$$

对于具有固定壁且边长为 a 的立方体隔声罩的特殊情况,由式(12.8) 可得

$$\mathrm{IL}_{\mathrm{SM}} = 20\lg\left[1 + 41\left(\frac{h}{a}\right)^3 \frac{E}{\rho c^2}\right] \tag{12.9}$$

由式(12.8)可知,如果隔声罩的边长小,纵横比大,壁厚大,端条件固定并且壁板由弹性模量较高的材料制成,就会产生很高的插入损失。简而言之,对于低频时具有高插入损失的隔声罩,隔声罩壁必须尽可能坚硬。根据式(12.9), $a = 300$ mm、$E = 2 \times 10^{11}$ N/m^2、$\rho = 1.2$ kg/m^3 且 $c = 340$ m/s 的立方体钢制隔声罩的低频插入损失适用于以下两种不同的壁厚 h,见表 12.3。

表 12.3　立方体钢制隔声罩的低频插入损失

壁厚 h	固 定		简 支	
	IL_s	f_0	IL_s	f_0
3 mm	35.5 dB	296 Hz	24 dB	162 Hz
1.5 mm	18.5 dB	148 Hz	9 dB	81 Hz

f_0 指各相同均匀各向同性固定板的共振频率。以上列出的插入损失值仅在远低于 f_0 的频率下适用。请注意,在该表中,与简支边界条件相比,固定端条件下的插入损失更高。实际上,固定端几乎不可能实现。因此,应在初始设计中使用简支边界条件,以确保达到设计的性能。

在相同隔声罩体积和相同总重量情况下,用何种材料来制造小型密封立方体隔声罩,从而在低频下产生最高的插入损失,是一个极具实际意义的问题。假设边长为 a 的立方体隔声罩的总质量为 $M = 6\rho_{\mathrm{M}} a^2 h$,式(12.9) 可表示为

$$\mathrm{IL}_{\mathrm{SM}} = 20\lg\left[1 + 0.19\frac{M^3}{a^9 \rho c^2}\left(\frac{c_{\mathrm{L}}}{\rho_{\mathrm{M}}}\right)^2\right] \tag{12.10}$$

式中　$c_{\mathrm{L}} = \sqrt{(E/\rho_{\mathrm{M}})}$—— 散装隔声罩材料中纵波的波速；

　　　ρ_{M}—— 隔声罩材料的密度。

由方程式(12.10)可知,对于所有具有相同隔声罩质量 M 的材料,具有最大 $c_{\mathrm{L}}/\rho_{\mathrm{M}}$ 比的材料产生的插入损失最高。表 12.4 给出了常用材料的 $c_{\mathrm{L}}/\rho_{\mathrm{M}}$ 比和归一化低频插入损失 $\Delta\mathrm{IL}$,其中 $\Delta\mathrm{IL}$ 定义为由特定材料制成的隔声罩的低频插入损失减去具有相同体积和重量的钢制隔声罩的插入损失。由表 12.4 可知,在低频插入损失方面,铝和玻璃优于钢,铅是最不合适的选择。然而,请注意,如果相干频率在相关频率范围内,该结论对于大型隔声罩可能正好相反。

1. 坚硬的小型隔声罩

由于在极低频率($L_{\max} < \frac{1}{10}\lambda$)下,小型密封隔声罩的插入损失取决于隔声罩壁的体积柔

量,宜选择能够在容许隔声罩重量范围内提供最高壁刚度的结构。由一个圆形柱体和两个半球形端盖组成的隔声罩是一个非常坚硬的结构,并且与具有相同体积和重量的矩形隔声罩相比,产生的插入损失更高。图 12.5 显示了这种未进行内部吸声处理的特殊小型圆柱形隔声罩的声学特性。图 12.5(a) 为插入损失与用外部声源测量的频率的关系,表明大多数频率下的插入损失超过 55 dB。图 12.5(b) 为用外部声源激励时封闭空气空间内的声压级,表明在 550 Hz 及以上频率下存在较强的声共振。图 12.5(c) 为由外部声源引起的圆柱壳的声致振动加速度。在 1.5 kHz、3 kHz 和 3.75 kHz 下,可以观测到较强的结构共振。观察图 12.5 中的三条曲线,可以发现插入损失最小时的频率要么与内部空间的声共振重合,要么与隔声罩壳体的结构共振重合。接近于 1.5 kHz、3 kHz 和 3.75 kHz 时,插入损失-频率曲线的强极小值是由于壳体的结构共振与内部空气空间的声共振重合而引起的。

表 12.4　不同建筑材料的低频插入损失 Δ IL 和 c_L/ρ_M 比的差异

	铅	钢	混凝土	树脂玻璃	铝	玻　璃
$c_L/\rho_M[\mathrm{m^4 \cdot (kg \cdot s)^{-1}}]$	0.11	0.65	1.5	1.6	1.9	2.1
Δ IL$^{\textcircled{1}}$/dB	-31	0	$+14$	$+15$	$+19$	$+20$

注:Δ IL 适用于侧面相同的立方体隔声罩。

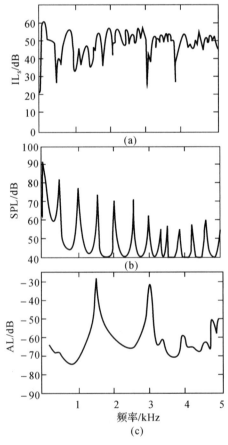

图 12.5　未进行内部吸声处理的小型密封圆柱形隔声罩的声学特性
(a) 插入损失 IL；　(b) 内部空间的共振声响应 SPL；
(c) 隔声罩壁的声致振动加速度响应 AL

对于给定的总重量,实现低壁柔量的另一种方法是用复合材料制成隔声罩壁,该复合材料由夹在两块轻质板之间的蜂窝芯材组成。福克斯、阿克曼和佛罗伍德[6] 所描述的这种高刚度、轻量板的一种特殊形式,除了低体积柔量之外,还在低频下提供较高的吸声量。在这种情况下,板的内侧有两个双膜。第一个是厚膜,刚性粘合到蜂窝芯材上,具有圆孔,用于在每个蜂窝空腔内形成向内的亥姆霍兹共振器。第二个是薄膜,覆盖在第一个膜上,可以在共振器开孔上方自由移动。第二个薄膜的使用,由于薄膜的质量覆盖了开孔而降低了亥姆霍兹共振器的共振频率,并且由于空气抽运而增加了耗散。这种亥姆霍兹板可以由不锈钢、铝或透光塑料制成。它们完全密封,可以用软管冲洗干净。图 12.6 显示了边长为 1 m 的立方体隔声罩的插入损失-频率曲线。实曲线是由上述亥姆霍兹板制成的隔声罩壁而获得,隔声罩壁的厚度为10 cm,单位面积质量为 8.5 kg/m²,没有任何额外的吸声内衬。虚曲线是由碎木板制成的尺寸相同的隔声罩而获得,隔声罩的厚度为 1.3 cm,内有 5 cm 吸声内衬,单位面积质量为10 kg/m²。亥姆霍兹板隔声罩提供了卓越的低频性能,不需要额外的吸声内衬。然而,这种隔声罩在中频(250 Hz 以上)下的插入损失较低,因为轻质板和硬板的相干频率较低。

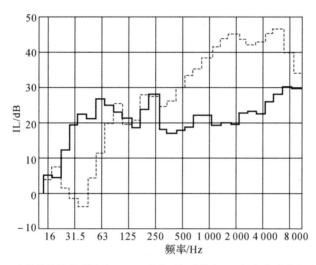

实曲线 — 亥姆霍兹板壁,厚度为 10 cm,单位面积质量为 8.5 kg/m²,未进行吸声处理;

虚曲线 — 碎木板壁,厚度为 1.3 cm,内有 5 cm 厚吸声层,单位面积质量为 10 kg/m²

图 12.6　两个 1 m×1 m×1 m 隔声罩的实测插入损失[6]

2. 小型漏声隔声罩

除了气密压缩机等特殊结构外,所有的隔声罩都可能发生漏声,并在频率接近 0 时提供零插入损失。如果厚度为 h 的隔声罩壁上出现半径为 a_L 的圆孔形式的漏声,该漏声表示柔量 $C_L = 1/j\omega Z_L$,其中,Z_L 指漏声的声阻抗,可得

$$C_L = \frac{(\pi a_L^2)^2}{-\omega^2 \rho (h + \Delta h) \pi a_L^2 + j\omega R} \tag{12.11}$$

式中　　　　　h—— 板厚;

　　$\Delta h \approx 1.2 a_L$—— 末端修正;

　　R—— 漏声阻抗的实部。

由于体积速度源 q_0 的作用,小型漏声隔声罩内产生的声压为

$$p_{\text{in s}}^{\text{leaky}} = \frac{q_0}{j\omega} \frac{1}{C_L + C_v + \sum_i C_{wi}} \tag{12.12}$$

并且小型漏声隔声罩的插入损失为

$$\text{IL}_{\text{leaky}} = \text{IL}_L = 20\lg \frac{C_L + C_v + \sum_i C_{wi}}{C_L + \sum_i C_{wi}} \tag{12.13}$$

式中,C_v 和 C_{wi} 分别由式(12.4)和式(12.5)得出。由于 C_L 随着频率趋近于零而趋近于无穷大,对于任何形式的漏声,漏声隔声罩的插入损失趋近于零。在趋近于亥姆霍兹共振频率时,柔量漏声隔声罩的插入损失变为负值,则有

$$f_{0L} = \frac{a_L c}{2} \sqrt{\frac{1}{\pi(h + \Delta h)(V_0 + \rho c \sum_i C_{wi})}} \tag{12.14}$$

由于 $C_L / \sum_i C_{wi}$ 随着频率的增加而变小,小型漏声隔声罩的插入损失 IL_L 趋近于密封隔声罩的插入损失 IL_S。这种特性如图 12.7 所示。

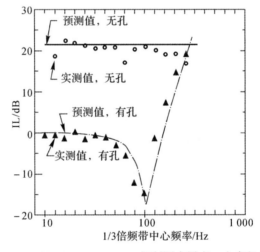

图 12.7　50 mm×150 mm×300 mm 铝制隔声罩有一个直径为 9.4 mm 的
单孔的声压插入损失(由外向内)实测值和预测值

12.1.4　密封紧密贴合隔声罩

紧密贴合隔声罩是指相当大一部分封闭空间被静止设备占据的隔声罩。这种隔声罩适用于必须用最小附加空间来降低辐射噪声的情况。载具发动机隔声罩、便携式压缩机和移动式变压器都属于这一类。

如图 12.1(b)所示,独立式紧密贴合隔声罩与振动源没有机械连接,隔声罩壁仅由空气路径激励振动。相反,如图 12.1(c)所示,机装式紧密贴合隔声罩壁由空气路径和结构承载路径激励。

紧密贴合隔声罩的特性在于,与大多数频率范围内的声波波长相比,气隙(机械振动

面和隔声罩壁之间的垂直距离）较小。紧密贴合隔声罩壁通常由薄平板金属制成,内表面有一层吸声材料,例如玻璃纤维或隔声泡沫。吸声内衬的目的是减弱空气间层的声共振。

1. 独立式紧密贴合隔声罩

独立式紧密贴合隔声罩与振动设备之间没有结构连接,与类似的机装式隔声罩相比,它能提供更高的插入损失。如果隔声罩完全密封,它的插入损失取决于:隔声罩壁的厚度、尺寸和材质;壁板的边界连接条件及其损失因数;机械表面的振动模式;壁和机械之间的气隙的平均厚度;气隙中吸声材料的类型。

图 12.8 所示为由厚度为 h 的 0.6 m×0.4 m 隔声罩壁和厚度为 T 的可变间距间隙组成的紧密贴合隔声罩模型的功率插入损失的实测相关性。为了获得这些数据,对大量扬声器(表示封闭机器的振动面)进行了定相,以模拟各种振动模式[8]。图 12.8(a) 分别显示了 1 mm 厚铝壁板和钢壁板的实测插入损失与频率的相关性。因为钢板和铝板实际上具有相同的动态特性,所以钢壁板的较高插入损失归因于其较高的质量。在 300 Hz ～ 1 kHz 频率范围内,9 dB 平均差对应于两种材料的密度差。图 12.8(b) 显示了壁厚的影响。同样,插入损失随着壁厚的增加而增大。低于 250 Hz 时,插入损失取决于空气的刚度和壁板的刚度和阻尼,IL_W 随频率的增加变化不大。在 200 Hz ～ 1 kHz 频率范围内,IL_W 取决于空气的体积刚度和壁的单位面积质量,IL_W 以 40 dB/dec 的斜率递增。高于 1 kHz 时,插入损失受到空气间层的声共振的限制。图 12.8(c) 显示了插入损失随着气隙厚度的增加而增大。图 12.8(d) 显示了空气间层中的吸声材料和隔声罩壁的阻尼处理对实现的插入损失的影响。空气间层的吸声处理防止空气间层发生声共振,并使得插入损失大幅度增加到 1 kHz。结构阻尼有助于减少 160 Hz 下有效辐射板共振的有害影响。吸声处理和结构阻尼的组合,使得插入损失随着频率的增加而平稳、急剧增大,并提供了非常高的声学性能。

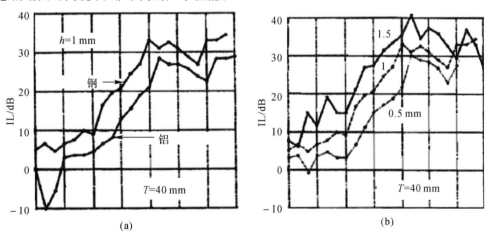

图 12.8　关键参数对紧密贴合隔声罩模型功率插入损失的影响[8]（壁板 0.6 m×0.4 m）

(a) 墙壁材料的影响,4 cm 气隙,同相激励;　(b) 壁板厚度的影响,4 cm 气隙,同相激励;

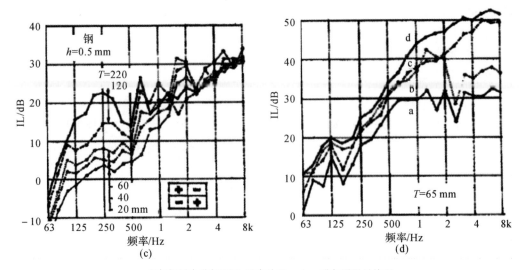

a— 空气间层未进行阻尼、吸声处理; b— 进行了阻尼处理;

c— 空气间层未进行阻尼处理,但进行了吸声处理; d— 进行了阻尼和吸声处理

续图 12.8 关键参数对紧密贴合隔声罩模型功率插入损失的影响[8](壁板 0.6 m×0.4 m)

(c) 平均气隙厚度的影响,0.5 mm 钢板,四极子激励;

(d) 吸声材料和结构阻尼的影响,1 mm 钢板,6.5 cm 气隙,同相激励

2. 一维模型

根据布莱恩、费舍尔和福克斯的研究[9],可以用图 12.9 所示的简单一维模型,以合理的精度预测独立式密封紧密贴合隔声罩的插入损失。假设机械壁(A)以速度 v_M 同相振动(例如刚性活塞),并且机械的运动不受隔声罩的影响。振动机械由平滑而柔软的不透水隔声罩壁(D)包裹,隔声罩壁(D) 的内部有厚度为 l_a 的吸声内衬(C),并且机械和吸声层之间有厚度为 l_0 的气隙(B)。隔声罩外表面上的声压(见图 12.9 中的点 1) 为

$$p_1 = p_2 \left(1 - \frac{\mathrm{j}\omega\rho_s}{Z_0} \right) \tag{12.15}$$

式中,$Z_0 = \rho c$ 指空气的特征阻抗。以下方程式用于获得 p_1,它是与机械壁振动速度 v_M 相关的函数,即

$$p_3 = 0.5 p_2 \left[\left(1 + \frac{Z_a}{Z_3} \right) \mathrm{e}^{-\mathrm{j}\varGamma_a l_a} + \left(1 - \frac{Z_a}{Z_3} \right) \mathrm{e}^{\mathrm{j}\varGamma_a l_a} \right] \tag{12.16}$$

$$p_4 = v_M Z_4 = 0.5 p_3 \left[\left(1 + \frac{Z_0}{Z_4} \right) \mathrm{e}^{-\mathrm{j}k_0 l_0} + \left(1 - \frac{Z_0}{Z_4} \right) \mathrm{e}^{\mathrm{j}k_0 l_0} \right] \tag{12.17}$$

$$Z_2 = Z_0 + \mathrm{j}\omega\rho_s \tag{12.18}$$

$$Z_3 = Z_a \frac{(1 + Z_a/Z_2)\mathrm{e}^{\mathrm{j}\varGamma_a l_a} + (1 - Z_a/Z_2)\mathrm{e}^{-\mathrm{j}\varGamma_a l_a}}{(1 + Z_a/Z_2)\mathrm{e}^{\mathrm{j}\varGamma_a l_a} - (1 - Z_a/Z_2)\mathrm{e}^{-\mathrm{j}\varGamma_a l_a}} \tag{12.19}$$

$$Z_4 = Z_0 \frac{(1 + Z_0/Z_3)\mathrm{e}^{\mathrm{j}k_0 l_0} + (1 - Z_0/Z_3)\mathrm{e}^{-\mathrm{j}k_0 l_0}}{(1 + Z_0/Z_3)\mathrm{e}^{\mathrm{j}k_0 l_0} - (1 - Z_0/Z_3)\mathrm{e}^{-\mathrm{j}k_0 l_0}} \tag{12.20}$$

式中 $k_0 = 2\pi f/c$—— 空气中的声波数;

ρ——声密度；

c——声速；

Z_a——第 8 章中给出多孔吸声材料的复特征阻抗；

Γ_a——复传播常数。

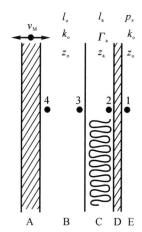

A— 以速度 v_M 振动的机械壁； B— 厚度为 l_0 的气隙； C— 厚度为 l_a 的吸声层；

D— 单位面积质量为 ρ_s 的不透水隔声罩壁； E— 有声音辐射的自由空间

图 12.9 用于预测独立式密封紧密贴合隔声罩功率插入损失的一维模型[9]

未封闭机器壁辐射的声功率为

$$W_0 = v_M^2 \rho c A \tag{12.21a}$$

并且当采用独立式紧密贴合隔声罩时，有

$$W_A = \frac{p_1^2}{\rho c} A \tag{12.21b}$$

插入损失为

$$\mathrm{IL_F} = 10\lg \frac{W_0}{W_A} = 20\lg \frac{v_M \rho c}{p_1^2} \tag{12.22}$$

在推导该方程式时，没有考虑隔声罩表面和机械表面之间表面积或辐射效率可能的变化。

如果已知隔声罩壁上的声音入射角（即特定的斜入射角或无规入射角），可以根据第 11 章中介绍的分层介质中声透射的二维模型来预测独立式紧密贴合隔声罩的功率插入损失。

3. 机装式紧密贴合隔声罩

如果紧密贴合隔声罩是机装式，机械和隔声罩壁之间的刚性或弹性连接会造成隔声罩壁上产生额外声辐射。假设机械的振动速度 v_M 不受互连隔声罩的影响，则由于结构连接而辐射的额外声功率 W_M 为

$$W_M = \sum_{i=1}^{n} F_i^2 \left(\frac{\rho}{\rho_s^2 c} + \frac{\rho c \sigma}{2.3 \rho_s^2 c_L h \omega \eta} \right) \tag{12.23}$$

式中

$$F_i^2 = \frac{v_{Mi}^2}{\mid 1/2.3 \rho_s^2 c_L h + \mathrm{j}\omega/s \mid^2} \tag{12.24}$$

式中　　F_i——由第 i 个连接点传递的力;

v_{Mi}——机械在第 i 个连接点的振动速度;

n——机械和均匀各向同性隔声罩壁之间的连接点数;

ρ_s——隔声罩壁的单位面积质量;

h——壁厚;

c_L——纵波在墙壁材料中的速度;

η——损失因数;

σ——辐射效率;

s——用于将隔声罩壁连接到机械的弹性支架的动力刚度(对于刚性点连接,$s = \infty$)。

为了尽量减少结构传递,宜在机械上振动最小的位置选择连接点。机装式紧密贴合隔声罩的插入损失为

$$\mathrm{IL_{MM}} = 10 \lg \frac{W_0}{W_A + W_M} \tag{12.25}$$

式中,W_0 和 W_A 由方程式(12.21a)和式(12.21b)得出。

图 12.10 显示了由布莱恩、费舍尔和福克斯[9]在三种配置中进行实验和分析研究的紧密贴合隔声罩:独立式、刚性机装式和弹性机装式。图 12.11 显示了三种配置中每种配置的实测插入损失。机装式隔声罩由机械每侧的四个点支撑,在高频下产生的插入损失比独立式隔声罩低得多。弹性机装式隔声罩产生的插入损失比刚性机装式隔声罩高。

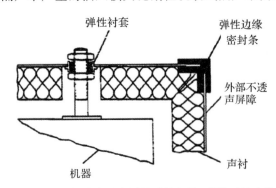

图 12.10　机装式紧密贴合隔声罩的弹性机垫、弹性面板边缘连接[9]

由基于式(12.15)～式(12.25)的简单一维分析模型得出的预测数据与实测数据吻合良好,见参考文献[9]。这种非预期良好吻合的原因是,吸声处理有效地防止了声音在平行于隔声罩壁的平面中传播(以及声共振的发生),并且还为薄隔声罩壁提供了结构阻尼。用较薄、效果欠佳的隔声泡沫代替有效的玻璃纤维吸声处理,大大降低了插入损失,说明了有效吸声处理的重要性。图 12.12 显示了隔声罩板边界连接的具体选择如何影响机装式紧密贴合隔声罩的插入损失。与刚性连接(焊接)边界相比,图 12.10 所示的弹性密封边界产生的插入损失更高。由于板的平面内运动(没有辐射声音)与连接板的正常运动(有效地辐射声音)之间的耦合减少,利用弹性密封边界可以获得更好的性能。弹性边界密封还增加了隔声罩板的损失因数,从而降低了它们的共振响应。

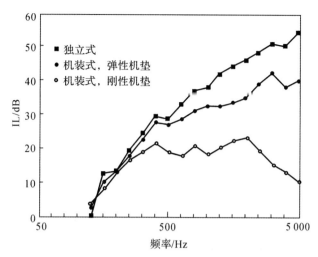

图 12.11　1 mm 钢板制密封型紧密贴合隔声罩(1 m×0.6 m×0.8 m)的插入损失[7,10]
（机器与隔声罩壁相距 50 mm，内衬 50 mm 厚，流阻率 $R_1 = 2×10^4$ N·s/m⁴）

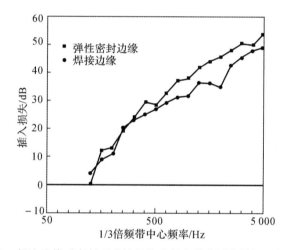

图 12.12　板边连接对密封型弹性机装式紧密贴合隔声罩插入损失的影响

12.1.5　中型隔声罩

图 12.3 和图 12.13 中区域Ⅱ所指定的中频范围被定义为隔声罩壁、隔声罩空气体积或此两者都表现出共振的频率范围，但该共振并不重叠，因此统计方法还不适用。

通过比较图 12.13 中的实线和虚线，表明从外向内方向上测量的插入损失(例如在噪声测试设施的静音控制室中)与传声器位置的关系。低于 400 Hz 时，隔声罩内声压分布均匀，角落传声器测得的声压与放置在中心的传声器测得结果相同。565 Hz 时发生第一次声共振，导致在 500 Hz 和 800 Hz 中心频率 1/3 倍频带中隔声罩角落处的插入损失非常低，如虚曲线所示，但隔声罩中心位置相同频带中的插入损失却较高，如实曲线所示。对面板(见第 14 章)进行阻尼处理，可以减少结构共振引起的波动以及内部吸声内衬声共振引起的波动(见第 8 章)。

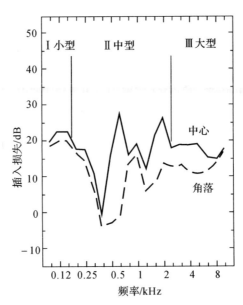

图 12.13　传声器位置对尺寸为 50 mm×150 mm×300 mm(1.6 mm 厚)、内空、平面、
密封且无衬里铝隔声罩从外向内方向测得的声压插入损失的影响[11]

由于该中频范围内的插入损失随频率和位置波动很大，因此很难对插入损失进行准确的分析预测。通常，必须采用有限元分析（见第 6 章）、模型尺寸或全尺寸实验或粗略近似法。对于粗略近似法，通常将低频和高频预测值相结合得出中间值。

12.1.6　无内部吸声处理的隔声罩

有些情况下，如存在细菌滋长或可燃颗粒积聚风险的情况，禁止在隔声罩内使用多孔或纤维吸声材料。这种情况下，必须使用裸露隔声罩。对于此类隔声罩，简单分析模型可产生零插入损失。因此，处理这种极端情况也具有理论意义。

下面介绍大型裸露隔声罩的声学性能预测即使隔声罩由未经任何内部吸声处理的均质各向同性面板制成，内部声压也不会无限高，隔声罩的插入损失也不会为零。

内部声压不会趋于无穷大，因为内部声场通过以下过程消耗功率：强制弯曲波对墙壁的声辐射、自由弯曲波对墙壁的声辐射、自由弯曲波在面板上的能量耗散，以及由于声剪切层和热传导损失，不透声隔声罩面板内表面上不可避免的声能量耗散。

由于上述过程耗散能量，因此隔声罩的插入损失是有限的。

内部声场的功率平衡可表示为

$$W_{声源} = +W_{rad}^{受迫} + W_{rad}^{自由} + W_d^{自由} + W_d^{剪切} \tag{12.26}$$

式中　$W_{声源}$ —— 封闭声源的声功率；

　　　　$W_{rad}^{受迫}$ —— 受迫弯曲波辐射的声功率；

　　　　$W_{rad}^{自由}$ —— 自由弯曲波辐射的声功率；

　　　　$W_d^{自由}$ —— 自由弯曲波在面板上消耗的声功率；

　　　　$W_d^{剪切}$ —— 由于不透声实心墙内表面的剪切和热传导而损失的声功率。

除非面板阻尼非常强，否则与自由弯曲波耗散的功率相比，受迫弯曲波耗散的功率很小，可以忽略不计。

将第 11.8 节中的适当关系和参考文献[12]中的 α_{mm} 代入式(12.26)，得出裸露隔声罩壁的无规入射吸声系数为

$$\overline{\alpha}_{\rm rand} = \frac{W^{\rm tot}_{损失}}{W_{入射}} = A + B + C + D \tag{12.27}$$

对于隔声罩中平均空间均方声压，有

$$\overline{p}^2 = \frac{4\rho_0 c_0 W_{声源}}{S_{\rm tot}(A + B + C + D)} \tag{12.28}$$

对于裸露隔声罩的插入损失，有

$$\mathrm{IL}_{裸露} = 10\lg\left(\frac{A + B + D}{A + BC}\right) \tag{12.29}$$

式中

$$A = \frac{1}{1 + (1/52)\left[\omega\rho_s/(\rho_0 c_0)\right]^2}, \quad B = \frac{2\pi\sqrt{12}\,c_0^2\rho_0 c_0\sigma_{\rm rad}}{c_{\rm L}\rho_{\rm M}h^2\omega^2}$$

$$C = \frac{\rho_0 c_0\sigma_{\rm rad}}{\rho_0 c_0\sigma_{\rm rad} + \rho_s\omega\eta}, \quad D = \alpha_{\min} = 0.72\times10^{-4}\sqrt{\omega}$$

式中　　$S_{\rm tot}$——隔声罩内表面总面积，m^2（假设所有 6 个隔断均由相同面板制成）；

ρ_s——单位面积板材的质量，$\rho_s = h\rho_{\rm M}$，$\mathrm{kg/m}^2$；

$\rho_{\rm M}$——板材密度，$\mathrm{kg/m}^3$；

h——板厚度，m；

ω——角频率，$\omega = 2\pi f$，Hz；

ρ_0——空气密度，$\mathrm{kg/m}^3$；

c_0——声速，$\mathrm{m/s}$；

$\sigma_{\rm rad}$——板上自由弯曲波的辐射效率（见第 11 章）；

η_c——板的损失因数（见第 14 章）。

检查式(12.29)，注意，当 $\eta = 0$，$C = 1$ 且 $D \approx 0$ 时，式(12.29)应得出 $\mathrm{IL} = 0$。在相干频率附近（即声透射损失的平稳区域），其中 $B \gg A$，裸露隔声罩的插入损失大约为

$$\mathrm{IL} \approx 10\lg\frac{1}{C} = 10\lg\frac{\rho_0 c_0\sigma_{\rm rad} + \rho_s\omega\eta}{\rho_0 c_0\sigma_{\rm rad}} \approx 10\lg\frac{\rho_s\omega\eta}{\rho_0 c_0\sigma_{\rm rad}} \tag{12.30}$$

图 12.14 将使用式(12.8)（低频）和式 12.27（高频）预测的无衬里密封隔声罩的插入损失与参考文献[11]中的实验数据进行了比较。无论是该特定隔声罩还是各种尺寸和壁板厚度不同的无衬里密封隔声罩，在低频和高频条件下，预测值与测量值都相当一致，这表明式(12.8)和式(12.27)所包含的预测公式能为工程设计提供合理的估计值。图 12.14 还表明，如未经内部吸声处理，即使在高频下插入损失也非常小，这强调了隔声罩吸声设计的重要性。

12.1.7　配内部吸声处理的大型隔声罩

该频率下（即隔声罩壁板和隔声罩体积在给定频带中都表现出大量共振模式）的隔声罩即被称之为大型隔声罩，预测内部声场级以及隔声罩壁板振动响应和声辐射的统计方法对其适用。如图 12.15 所示，工业噪声控制中使用的大型隔声罩具有许多传输声能的路径。这些路径可分为穿过隔声罩壁、穿过开口以及穿过结构承载路径三组基本类型。第一组的特征是内

部声场对隔声罩壁产生声激励,导致外壁表面产生声辐射。该路径的声透射辨识率相对较高,且在大多数情况下,可对透射声功率进行预测且工程精度较高(见第 11 章)。第二组的特征是声能通过隔声罩壁上的开口逸出,例如进气管和排气管、面板间的间隙以及地板和门填料周围的间隙。这些也很容易辨识[13-15],但不易控制。第三组的特征是动力造成的振动对固体表面的辐射,例如刚性连接到封闭振动设备时的隔声罩壁、穿过隔声罩壁的轴和管道,以及地板的未覆盖部分的振动。如果没有关于封闭机器运动及其动态特性的详细信息,很难预测该路径。因此,应避免与振动源紧密连接。为了平衡设计,必须控制这些传输路径且避免对其中任何一条进行超裕度设计。

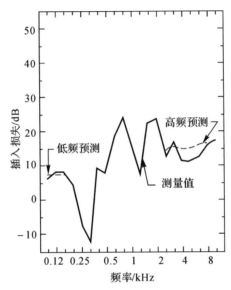

图 12.14 对 50 mm×150 mm×300 mm(0.8 mm 厚)密封且无衬里铝隔声罩(外部声源)的
基于声压的插入损失的测量值和预测值的比较[11]

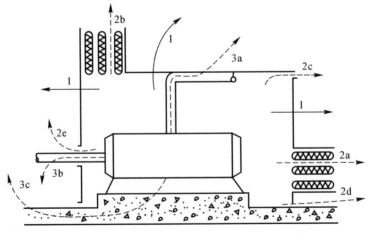

1—穿过隔声罩壁; 2—穿过开口; 3—穿过结构承载路径
图 12.15 典型隔声罩的噪声传播路径

1. 预测高频插入损失的分析模型

大型声学加衬隔声罩中所封闭声源发出的声功率与没有隔声罩时发出的大致相同。为实现高功率插入损失,必须将大部分辐射声功率耗散在隔声罩内部(即转换成热能)。这点可通过此类方法来实现,即提供声透射损失较高的墙壁来吸收声波,以及对内部进行吸声处理以将捕获的声能转换成热能。

分析高频率下隔声罩的声学特性时,第一步是预测隔声罩内扩散声场的平均空间-时间均方声压$\langle p^2 \rangle$。一旦预测了内部声场,即可确定通过各种路径从隔声罩逸出的声功率。通过均衡所有噪声源辐射到隔声罩的声功率,通过耗散(在吸声内衬、空气和墙壁结构中)功率损失,以及通过隔声罩壁和各种开口的声透射,即可得到隔声罩内部扩散声压的均方值。根据参考文献[4],功率输出 W_0 的声源在隔声罩中产生混响声场,其平均空间均方声压$\langle p^2 \rangle$可表示为

$$\langle p^2 \rangle = W_0 \frac{4\rho c}{S_{\mathrm{w}} \left[\alpha_{\mathrm{w}} + \sum_i (S_{\mathrm{w}i}/S_{\mathrm{w}}) 10^{-R_{mi}/10} + D \right] + S_i \alpha_i + \sum_k S_{sk} + mV + \sum_j S_{\mathrm{G}j} 10^{-R_{\mathrm{G}j}/10}}$$

(12.31)

$$D = \left(\frac{4\pi \sqrt{12} \rho c^3 \sigma}{c_{\mathrm{L}} h \rho_s \omega^2} \right)_s \left(\frac{\rho_s \omega \eta}{\rho_s \omega \eta + 2\rho c \sigma} \right)$$

(12.32)

式中　S_{w}——总内壁表面;

　　　$S_{\mathrm{w}i}$——第 i 个墙壁的表面积;

　　　α_{w}——墙壁的平均能量吸声系数;

　　　$R_{\mathrm{w}i}$——第 i 个墙壁的声透射损失;

　　　ρ_s——典型壁板的单位面积质量;

　　　η——典型壁板 m 处的损失因数;

　　　σ——典型面板的辐射效率;

　　　c_{L}——纵波在板材中的传播速度;

　　　h——壁板厚度;

　　　$S_i \alpha_i$——超过墙壁吸声量的内部总吸声量(即机体本身);

　　　$S_{\mathrm{G}j}$——第 j 个泄漏点或开口的面积;

　　　$R_{\mathrm{G}j}$——第 j 个泄漏点或开口的声透射损失;

　　　S_{sk}——第 k 个消声器开口的表面积(假设完全吸收);

　　　m——空气吸声的衰减常数;

　　　V——自由内部空间的体积。

单位表面积上的入射声功率可表达为

$$W_{\mathrm{inc}} = \frac{\langle p^2 \rangle}{4\rho c} = \frac{W_0}{\{\cdots\}}$$

(12.33)

式中　$\{\cdots\}$——式(12.31)中的分母表达式;

　　　W_0——封闭机器的输出声功率。

方程式(12.31)中的分母项从左到右分别代表通过墙壁吸收的功率损失($S_{\mathrm{w}}\alpha_{\mathrm{w}}$),通过隔声罩壁声音辐射的功率损失($\sum_i S_{\mathrm{w}i} \times 10^{-R_{\mathrm{w}i}/10}$),通过黏滞阻尼影响墙壁中的功率损失

(S_wD),除了墙壁外通过吸声表面的功率损失(S_ia_i),消声器端子的声功率损失($\sum_k S_{sk}$),空气吸声(mV),以及通过开口和间隙向外部的声透射($\sum_j S_{Gj} \times 10^{-R_{Gj}/10}$)。

对于不同隔声罩甚至对于不同频率范围内的同一隔声罩,不同分母项的相对重要性可能存在很大不同。例如,对于无任何吸声处理的小型气密罩,壁板中的功率耗散可能是最重要的,而对于具有适当的内部吸声处理的隔声罩,功率耗散通常可以忽略不计。在频率高于 1 000 Hz 的大型隔声罩中,空气吸声非常重要。通过隔声罩壁传输的声功率 W_{TW},通过间隙和开口传输的声功率 W_{TG} 以及通过消声器传输的声功率 W_{TS} 分别为

$$W_{TW} = \frac{W_0 \left(\sum_i S_{wi} \times 10^{R_{wi/10}} \right)}{\{\cdots\}} \tag{12.34}$$

$$W_{TG} = \frac{W_0 \left(\sum_j S_{Gj} \times 10^{-R_{Gj}/10} \right)}{\{\cdots\}} \tag{12.35}$$

$$W_{TS} = \frac{W_0 \left(\sum_k S_{sk} \times 10^{-\Delta L_k/10} \right)}{\{\cdots\}} \tag{12.36}$$

式中,ΔL_k 是通过开口 k 上消声器的声衰减。隔声罩从内向外方向上功率插入损失表示为

$$IL = 10 \lg \frac{W_0}{W_{TW} + W_{TG} + W_{TS} + W_{SB}} \tag{12.37}$$

方程式形式为

$$IL = 10 \lg \frac{\{\cdots\}}{\sum_i S_{wi} \times 10^{-R_{wi}/10} + \sum_k S_{sk} \times 10^{-\Delta L_k/10}} \times \frac{1}{\sum_j S_{Gj} \times 10^{-R_{Gj}10} + W_{SB}(\{\cdots\}/W_0)} \tag{12.38}$$

式中,W_{SB} 是根据式(12.23)和式(12.24)单独考虑的通过结构承载路径传输的声功率。

由式(12.38)分母可知,如果要充分利用隔声罩壁的高声透射损失,必须对通过间隙、开口、进气口和排气口消声器的空气路径和结构承载路径进行控制,确保与墙壁声辐射相比这些路径的声辐射贡献量较少。如果这些路径控制得当,且通过内壁表面的吸声处理和内部的声吸收来实现声耗散,那么如果 $R_{wi} = R_w$,则通过以下公式可得出隔声罩插入损失近似值,即

$$IL \approx 10 \lg \left(1 + \frac{S_w \alpha_w + S_i \alpha_i}{S_w} \times 10^{R_w/10} \right) \tag{12.39}$$

我们进一步假设式(12.39)中第二项远大于 1,且隔声罩内部的总吸声量表示为 $S_w \alpha_w + S_i \alpha_i = A$,则式(12.39)可简化为

$$IL \approx R_w + 10 \lg \frac{A}{S_w} \tag{12.40}$$

如内部吸声值非常小,那么通过该近似公式可得到负插入损失。声学文献中已对此予以公布,但未提及其有限的有效性。注意,只有在无泄漏点且 α_w 接近 1 时,大型隔声罩的插入损失才能接近隔声罩壁板的声透射损失。

2.影响隔声罩插入损失的关键参数

图 12.16 展示了大型隔声罩中声透射和声耗散的主要路径。表 12.4 总结了影响隔声罩插入损失的关键参数。费希尔和韦列斯[10]、库尔兹和穆勒[16]已对以下几方面进行了系统的

实验研究:① 壁板参数的选择;② 吸声内衬的选择;③ 泄漏点的选择;④ 邻近隔声罩壁的封闭机器及其振动模式如何影响隔声罩的声学性能。参考文献[10] 中采用的模型机器声源由壁厚为 1 mm 的 1 m×1.5 m×2 m 钢箱组成,并可将此类钢箱组合为一个小型(3 m×2 m×1.5 m)和一个大型(4 m×2 m×1.5 m)模型机器。内部扬声器或内部撞击器可对模型机器壁进行激励,以模拟声音和结构承载激励。经研究,矩形步入式隔声罩的内部尺寸为 4.5 m×2.5 m×2 m,且配备有人员操作通道门。墙板厚度和材料以及内衬厚度均为变量。

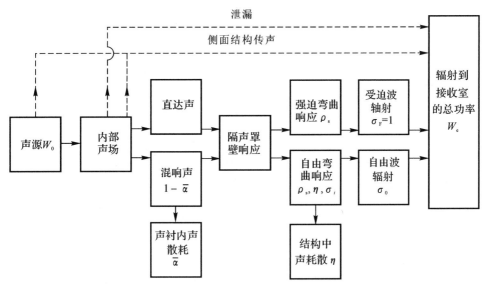

W_0— 声源声功率输出; $\bar{\alpha}$ 平均吸声系数; ρ_s— 单位面积质量; η— 损失因数;

σ_i— 对于向内方向上的辐射,壁板的辐射效率; σ_o— 对于向外方向上的辐射,壁板的辐射效率;

σ_F— 受迫波的辐射效率,$\sigma_F=1$; W_e— 隔声罩辐射的总声功率

图 12.16　隔声罩中控制声衰减过程的关键部件框图

表 12.4　关键参数对大型隔声罩声音插入损失的影响

参 数	符 号	对插入损失的影响
声衬吸声系数	$\bar{\alpha}$	通过减少混响声音累积来增加插入损失
机器与隔声罩间的距离	d	如果 d 下降超过一定限度,则减少低频时的插入损失(紧密贴合隔声罩特征)
壁板厚度	h	增加插入损失
壁板材料密度	ρ_M	增加插入损失
面板材料中的纵波速度	$c_L = \sqrt{E/\rho_M}$	低于临界频率时降低插入损失
壁板损失因数	η	增加插入损失,特别是接近和高于临界频率时以及第一次面板共振时的插入损失

续 表

参　数	符　号	对插入损失的影响
壁板临界频率	$f_c = c^2/1.8c_L h$	单位面积给定质量的 f_c 越高，插入损失越高
壁板辐射效率	σ_i，σ_0	向内方向上的辐射效率 σ_i 越高，则向外方向上的辐射效率 σ_0 越小
加强件	—	通过增加 σ 减少插入损失
泄漏点	—	限制可达到的插入损失，注意门垫和贯穿件
结构侧向承载	—	限制可达到的插入损失，注意振动机器和隔声罩间的紧密连接以及地面振动

3. 壁板参数

图 12.17 显示了 3 个不同壁厚 h 值下测得的插入损失与频率，其表明壁厚大于 1.5 mm 以上时，进一步增加壁厚会轻微改善低频处的插入损失，但会稍微降低高频处的插入损失，从而使各频率处插入损失趋于一致。图 12.17 还包括 1.5 mm 厚钢板的场入射声透射损失（如虚线所示）以作比较，表明高达 500 Hz 时，插入损失与面板的场入射声透射损失匹配良好。

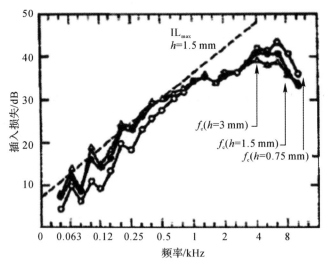

图 12.17　测得的不同厚度（h）钢板大型步入式隔声罩的功率插入损失与频率曲线[10]
（吸声处理，70 mm 厚，门密封；f_c，相干频率；$\text{IL}_{\max} = R_f$ 代表可实现的最大插入损失）

图 12.18 对典型 2.1 m × 1.2 m 壁板 1.5 mm 厚钢板，70 mm 厚吸声处理的实测声透射损失和相同无限隔声罩板（其插入损失在用相同板制成的隔声罩上测得）的预测声透射损失进行了比较。数据表明，第 11 章所示的无限板的预测公式可用于准确预测这种特定尺寸的有

限板的声透射损失,且高于 500 Hz 时,插入损失主要取决于轻微的意外泄漏。根据参考文献[10],吸声内衬为壁板提供了足够的结构阻尼,因此额外的阻尼处理并不会改善性能。

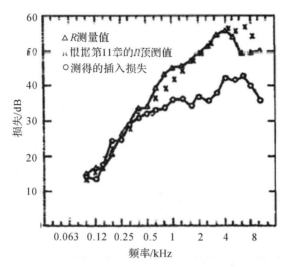

图 12.18　比较测得的隔声罩插入损失 IL 与面板声透射损失 R[10]

用外部 L 形通道加固壁板,可提高辐射效率,从而导致声学性能略有下降。使用单位面积质量相等的钢制和木制刨花板得出了不同的声透射损失,但实际上也得到了相同的插入损失,因为在刨花板存在相干频率的频率范围内,已使用泄漏点对插入损失进行了控制。

一般来说,所选择的壁板应具有足够高的相干频率,确保高于相关的频率范围,并应足够大,确保其第一次结构共振发生在相关频率范围之下,但还应足够重,确保能得到符合插入损失要求的场入射质量定律声透射损失。1.5 mm 厚的钢板通常能满足大部分此类要求。

坚硬的轻质板(如蜂窝板)通常可得到低至 500 Hz 的临界频率,且其声透射损失在该频率范围内非常低。因此,除非要求隔声罩仅在非常低的频率下提供高插入损失,对中高频性能无要求,否则隔声罩设计不宜采用此类板。

4. 吸声处理效果

如图 12.19 所示,与选择特定的墙壁材料或壁厚相比,选择合适的吸声处理更为关键。吸声处理有助于增加插入损失,方法是:减少中高频下隔声罩中的混响声音累积,增加高频下隔声罩壁的声透射损失,以及覆盖相邻面板间以及面板和框架间的一些意外泄漏点。如可行,选择的内部吸声处理厚度应确保相关频率范围的垂直入射吸声系数,即 $\alpha \geqslant 0.8$。如第 8 章所示,确保层厚 $d \geqslant \lambda_L/10$(其中 λ_L 是频率范围下端的声波波长),以及选择归一化流动阻力为 $1.5 \leqslant R_1 d/\rho c < 3$ 的多孔材料,可得到该垂直入射吸声系数。

5. 泄漏点

泄漏点会降低小型隔声罩的插入损失,对大型隔声罩亦是如此[见式(12.13)]。泄漏点对插入损失的减少($\Delta \mathrm{IL_L}$)可表示为

$$\Delta \mathrm{IL_L} \equiv \mathrm{IL_s} - \mathrm{IL_L} \approx 10\lg(1 + \beta \times 10^{R_w/10}) \tag{12.41}$$

式中　$\mathrm{IL_s}$——密封隔声罩的插入损失;

　　　　$\mathrm{IL_L}$——泄漏隔声罩的插入损失;

　　　　R_w——隔声罩壁的声透射损失;

β——泄漏率因数，$\beta = (1/S_w) \sum_j S_{Gj} \times 10^{-R_{Gj}/10}$；

S_{Gj}——表面积；

R_{Gj}——第 j 个泄漏点的声透射损失。

泄漏点声透射损失可为正，或在较宽的刚性壁间隙存在纵向共振时，泄漏点声透射损失也可为负。初步计算中，通常假设 $R_{Gj} = 0$。这种情况下，$\beta = \sum_j S_{Gj}/S_w$ 是泄漏点和间隙的总表面积与隔声罩壁表面积（一侧）之比。

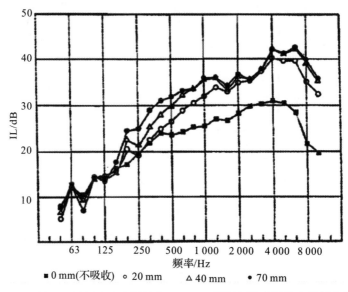

■ 0 mm(不吸收) ○ 20 mm △ 40 mm ● 70 mm

图 12.19　使用不同厚度吸声材料的 1.5 mm 厚钢板隔声罩的实测插入损失[10]

图 12.20 是式(12.41)的图形表示法，隔声罩壁的声透射损失 R_w 可降低隔声罩插入损失 ΔIL，其以泄漏率因数 β 为参数；S_w 是壁表面积，R_{Gj} 和 S_{Gj} 分别是第 j 个泄漏点的声透射损失和表面积。该图表明隔声罩壁的声透射损失越高，即可更大程度地降低泄漏引起的插入损失。例如，对于 R_w 为 50 dB 的壁板组装而成的隔声罩，如其插入损失降低不超过 3 dB，则所有泄漏点的总面积必须小于隔声罩总表面积的 0.001%（$\beta = 10^{-5}$）。

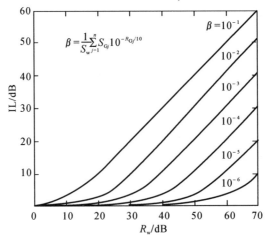

图 12.20　式(12.41)的图形表示

6. 机器位置

费舍尔和韦列斯[10]的实验研究表明,隔声罩在低频时的插入损失也取决于隔声罩内封闭机器的具体位置。 低频时,机器平壁和隔声罩平壁板间的距离 d 小于声波波长的 $1/8$ ($d < \lambda/8$),经观察,插入损失(从机器处于中心位置时获得的值开始,确保所有壁间距都大于 $\lambda/8$)降低了高达 5 dB。请注意,机器与壁间的距离 d 含声衬厚度。一般来说,具有全向声辐射的机器应置于中央。避免将机器的噪声侧置于非常靠近隔声罩壁、门、窗和通风口的地方,这点尤为重要。

7. 机器振动模式

隔声罩的插入损失也取决于机器特定的振动模式,尽管该因素影响似乎并不是很大。实验研究[10]表明,使用模型机器内部的扬声器和使用 ISO 撞击器模型机器的激励进行测量时,插入损失的变化约为 ± 2.5 dB。

8. 穿地侧部传输

如果地板直接接触振动力、隔声罩内部声场或同时接触两者,则可从侧向严格限制隔声罩的潜在插入损失。图 12.21 展示了穿地侧部传输相关的最佳至最差的典型隔声罩装置。就大多数设备而言,必须为地板提供隔振、结构断裂装置或两者兼有,以减少地板的结构承载激励的传输。第 11 章和第 13 章描述了适用的预测工具和隔离方法。对于图 12.21(c)(d),当内部声场直接撞击地板时,地板的声致振动可对隔声罩的可实现插入损失加以限制。这一限制大致估算如下,即

$$\mathrm{IL_L} \approx R_\mathrm{F} + 10\,\lg\sigma_\mathrm{F} \tag{12.42}$$

式中　R_F —— 声透射损失;

　　　σ_F —— 楼板的辐射效率。

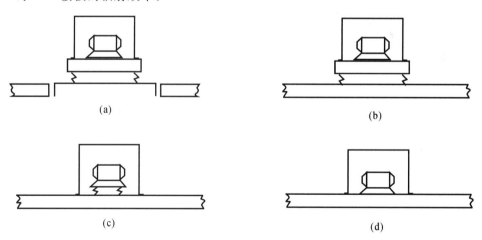

图 12.21　关于地板侧部传输相关的隔声罩装置等级
(a)最佳;　(b)好;　(c)不好;　(d)最差

9. 由内向外和由外向内的传输关系

隔声罩通常用于包围噪声设备,以减少隔声罩外接收器的噪声暴露。较少见的情况是,用隔声罩包围接收器(即形成一个舱室),以减少其噪声暴露于隔声罩以外的声源中。在前一种情况下,隔声罩的声学性能由从内向外方向上的插入损失 $\mathrm{IL_{io}}$ 决定,而后一种情况下,由其从

外向内方上的插入损失 IL_{oi} 决定。本章中我们所有的考虑都涉及到从内向外的声传播。根据互易原理(见第 11 章),交换声源和接收器的位置不会影响传递函数。虽然严格来说,它只适用于点声源和接收器,但也可以应用于扩展声源和隔声罩中的平均观察者位置,从而得出 $IL_{io} = IL_{oi}$。

例:为了演示先前提供的设计信息的使用方法,对参考文献[10]中实验研究的大型声学加衬步入式隔声罩的插入损失进行预测。隔声罩尺寸为 $4.5\ m \times 2.5\ m \times 2.0\ m$,由 $1.5\ mm$ 厚钢板制成,内部有 $70\ mm$ 厚的吸声内衬。图 12.18 中由三角形数据点表示的壁板声透射损失 R_w,以及参考文献[10]中内板表面的吸声系数 $\bar{\alpha}$,形成一个曲线,该曲线从 $100\ Hz$ 的 0.16 值开始单调递增,直至在 $600\ Hz$ 时达到 0.9 平稳值。将以下值代入式(12.38)可预测插入损失:$S_{wi} = S_w = 39\ m^2$,$\sum_j S_{Gj} \times 10^{-R_{Gj}/10} = 10^4$,$S_{Gj} = 3.9 \times 10^{-3}$,假设泄漏点占墙壁表面积的 $(1/100)\%$,假设没有消声器开口($S_s = 0$)和结构连接件($W_{SB} = 0$),且假设面板耗散($S_w D$)和声辐射引起的空气吸声(mV)、机器吸声($S_i \alpha_i$)和功率损失($10^{-R_w/10}$)与内壁表面吸声处理中消耗的功率相比较小。

则式(12.38)可简化为

$$IL_L \approx 10\lg \frac{S_w \bar{\alpha}}{\sum_i S_{wi} \times 10^{-R_{wi}/10} + \sum_j S_{Gj} \times 10^{-R_{Gj}/10}}\ dB \qquad (12.43)$$

式(12.43)预测的插入损失-频率曲线在图 12.22 中用空心圆表示,而实曲线表示实测数据。测得的壁板声透射损失 R_w 用虚线表示,代表只有在没有泄漏且无规入射吸声系数接近 1 时才能达到的极限插入损失。观察图 12.22,注意,假设泄漏为 0.1%($\beta = 10^{-4}$),可得到与实测数据相当一致的预测值,这表明即使泄漏率非常小,也能显著降低隔声罩的潜在插入损失,另外,只有在隔声罩安装期间非常小心,在初始性能检查时小心堵住所有泄漏点且仔细调整门垫后才能确保泄漏率非常小。

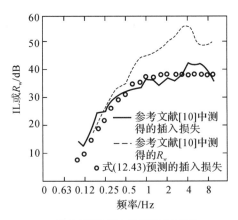

——参考文献[10]中测得的插入损失;

— — —参考文献[10]中测得的 R_w; ○式(12.43)预测的插入损失 IL

图 12.22 漏声隔声罩的典型声学性能

12.1.8 局部隔声罩

如因机器的工作过程或安全和维护要求无法使用整体隔声罩,则可使用局部隔声罩(此类隔声罩的开放面积超过 10%）来降低辐射噪声。当局部隔声罩离声源足够远,确保声源的近场与开口边缘的流体动力学相互作用不会增加声源声功率,以及当局部隔声罩壁未与振动机器刚性连接作为共鸣板时,局部隔声罩可提供 5 dB 或更小的合适插入损失。根据参考文献[17],局部隔声罩的功率插入损失可通过下式估算:

$$IL = 10\lg\left[1 + \alpha\left(\frac{\Omega_{tot}}{\Omega_{open}} - 1\right)\right] \tag{12.44}$$

$$\beta = \sum_j \left(\frac{S_{Gj}}{S_w}\right) \times 10^{-R_{Gj}/10} = 10^{-4}$$

式中　Ω_{tot}——未封闭声源的声辐射立体角;

　　　Ω_{open}——在封闭声源（位于距离 r 处）处观察到的开口区域 S_{open} 的声立体角,
　　　　　　$\Omega_{open} = S_{open}/r$。

参考文献[17]包含 54 个不同局部隔声罩的构造细节、实测插入损失与频率曲线以及成本信息。

12.2　包装材料

许多机器和管道需采取隔热措施来保护操作人员或防止过多的热量损失。通常,需为其提供至少 25 mm(1 in)厚玻璃或陶瓷纤维毯,以实现适当保护。由于许多热设备,例如涡轮机、锅炉给水泵、压缩机阀门和管道,也是强噪声来源,因此在多孔毯的顶部提供（优选）柔软的不透声表层通常无法实现隔热和隔声。不透声表层也为多孔毯提供保护。从声学上讲,结合使用弹性毯和厚重且柔软的不透声表层可提供一个弹簧质量隔振系统。在此类频率下,即表层的质量阻抗超过这些柔性毯的骨架与截留空气的结合刚度阻抗,表层振幅变得小于机器表面的振幅,且包装会使插入损失随频率增加而单调递增。包装材料的插入损失与紧密贴合隔声罩的插入损失的确定方式相同,扁平包装材料的插入损失可使用与紧密贴合隔声罩相似的插入损失预测方式进行预测。

包装材料和紧密贴合隔声罩的主要区别在于,包装材料多孔层的骨架与机器的振动表面完全接触,但紧密贴合隔声罩隔并未与其完全接触。因此,就包装材料而言,振动机器表面不仅通过纤维间空隙中的声传播,还通过多孔材料骨架,将压力传递到不透声表层。在此类低频率下,即多孔层厚度 L 比声波波长小得多,可用单位面积刚度 S_{tot} 表示多孔层,根据梅切尔[18]的研究,可通过以下方程式对该刚度进行估算:

$$S_{tot} = S_M + S_L\left(1 - \frac{P}{A}\sqrt{\frac{\rho c^2}{L\pi f\gamma R_1 h'}}\right) \tag{12.45}$$

式中,S_L 是截留空气的刚度,且

$$S_L \approx \frac{\rho c^2}{\gamma L h'} \tag{12.46}$$

式中　γ——绝热指数;

　　　h'——孔隙率;

　　　f——频率;

　　　R_1——材料的流阻率。

S_M 由下式得出,即

$$S_M = (2\pi f_0)^2 \rho_s \tag{12.47}$$

在式(12.47)中,符号 f_0 代表质量-弹簧系统的测量共振频率,该系统由小矩形或正方形多孔材料组成,其上覆盖有单位面积质量为 ρ_s 的金属板。将质量弹簧-系统放在振动台顶部并进行扫频可测量共振频率。式(12.45)的第二项说明了沿表面积为 A 的测试样品的周长 P 逸出的空气,实验中将其代入式(12.47)。然后,确定多孔材料的弹性模量为 $E = S_{tot}/L$,确定多孔层中纵波速度为 $c_L = \sqrt{E/\rho_M}$,其中 ρ_M 是多孔材料的密度,波数为 $k = 2\pi f/c_L$。伍德和昂加尔[19] 报告的一些常用隔热材料的特性见表 12.5。

表 12.5 　　与常用隔热材料的特性

材　　料	单位面积动力刚度 $S_M/(\mathrm{N \cdot m^{-3}})$	密度 $\rho_M/(\mathrm{kg \cdot m^{-3}})$
Erco - Mat①	1.3×10^7	138
Erco - Mat F①	2×10^6	104
玻璃纤维②	4×10^4	12

注:①Nedled 玻璃纤维绝缘。
　　② 低密度欧文斯科宁玻璃纤维毡。

伍德和昂加尔[19] 将多孔绝热层视为密度为 ρ 的载波介质,以及复合弹性模量 $E' = E(1 + \mathrm{j}\eta)$ 并以其单位面积质量 ρ_s 表征柔软的不透声表层,从而推导出解析公式为

$$IL = 20\lg \left| \cos(kL) - \frac{\rho_s}{\rho_M L}(kL)\sin(kL) \right| \tag{12.48}$$

式中,$k = \omega / \sqrt{E(1 + \mathrm{j}\eta)/\rho_M}$,是多孔层的复传播常数,$\eta = 1/Q$ 为损失因数,$\rho_s\omega$ 为覆盖层单位面积的质量阻抗。

在非常低的频率下,$kL \ll 1$,式(12.48)可近似表示为

$$IL_L = 20\lg \left[1 - \left(\frac{\omega}{\omega_n} \right)^2 \right] \tag{12.49}$$

式中,$\omega_n = E/\rho_s L$,是由刚度为 E/L 且单位面积质量为 ρ_s 的无质量弹簧组成的系统的共振频率。根据式(12.49),如 $\omega \ll \omega_n$,覆层不提供插入损失,但如 $\omega \approx \omega_n$,会得出负插入损失(放大辐射声音)。

如频率高于共振频率($\omega \gg \omega_n$),覆层会提供一个声衰减,其随频率增加而单调递增。注意,式(12.48)中余弦项和正弦项都不能超过1,高频时插入损失-频率曲线的上限可由下式得出[19],即

$$IL_L \leqslant 20\lg \left[1 + \frac{\rho_s}{\rho_L}(kL)^2 \right] \tag{12.50}$$

12.2.1　管道包装材料

管道包装材料由弹性多孔层和不透声护套组成。不透声护套通常是金属片或负载塑料。其声学性能的实现方式与扁平包装材料相似,但有一个重要的区别,虽然扁平包装材料不会增加声辐射面,但是当包装材料应用于小直径管道时,不透声护套的直径可显著大于裸管直径。从而增加了辐射面和辐射效率。因此,低频时,低于或略高于管道包装材料的共振频率且插入损失为负。通常仅在频率高于 200 Hz 时才可实现正插入损失。

根据麦克尔逊、弗里兹和萨扎努芬[20]的研究,包装材料的最大可实现插入损失可以通过经验公式来估算,则有

$$\mathrm{IL_{max}} = \frac{40}{1 + 0.12/D} \lg \frac{f}{2.2 f_0} \tag{12.51}$$

其中

$$f_0 = 60 / \sqrt{\rho_s L} \tag{12.52}$$

式中　L——多孔弹性层厚度;

　　　D——管道直径;

　　　ρ_s——不透声护套的单位面积质量($\mathrm{kg/m^2}$)。

仅在管道和护套间无结构承载连接件且频率 $f \geqslant 2/f_0$ 时,式(12.51)才有效。图 12.23 显示了摘自参考文献[20]的典型管道包装材料插入损失测量值与频率的关系曲线,此类包装材料由厚度为 0.75 ~ 1 mm 的镀锌钢套和符合以下参数的多孔弹性层组成(见表 12.6)。

表 12.6　多孔弹性层的参数

厚度 L/mm	30,60,80,100
密度 /($\mathrm{kg \cdot m^{-3}}$)	85 ~ 120
流阻率 /($\mathrm{N \cdot s \cdot m^{-4}}$)	3×10^4
动态弹性模量 /($\mathrm{N \cdot m^{-2}}$)	2×10^5

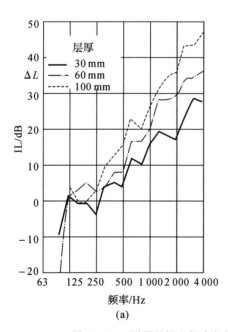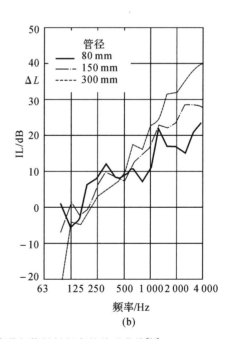

(a)　　　　　　　　　　　　　(b)

图 12.23　测量的插入损失与管道包装材料频率的关系曲线[20]

(a) 层厚的影响；　(b) 管径的影响

图 12.23(a) 展示了层厚 L 对直径为 $D = 300$ mm 的管道插入损失的影响,而图 12.23(b) 展示了恒定层厚 $L = 60$ mm 时管道直径 D 的影响。250 Hz 以上的插入损失随多孔层厚度以

及裸管直径的增加而增加。由式(12.52)预测的插入损失测量值的标准偏差为 4 dB。

注意,管道和套管间的垫片会导致插入损失值可能远远低于式(12.50)所预测的值,除非垫片的动态硬度低于多孔层。

参 考 文 献

[1] ISO 15667:2000E, "Guidelines for Noise Control by Enclosures and Cabins," International Organization for Standardization, Geneva, Switzerland, 2000.

[2] I. L. Ver, "Enclosures and Wrappings," in L. L. Beranek and I. L. Ver (Eds.), *Noise and Vibration Control Engineering*, J. Wiley, New York, 1992.

[3] R. H. Lyon, "Noise Reduction of Rectangular Enclosures with One Flexible Wall,"*J. Acoust. Soc. Am.*, **35**(11), 1791 – 1797 (1963).

[4] I. L. Vér, "Reduction of Noise by Acoustic Enclosures," in *Isolation of Mechanical Vibration, Impact and Noise*, Vol. 1, American Society of Mechanical Engineers, New York, 1973, pp. 192 – 220.

[5] J. B. Moore, "Low Frequency Noise Reduction of Acoustic Enclosures," *Proc. NOISE – CON*, (1981) pp. 59 – 64.

[6] H. M. Fuches, U. Ackermann, and W. Frommhold, "Development of Membrane Absorbers for Industrial Noise Abatement,"*Bauphysik*, **11**(H. 1), 28 – 36 (1989) (in German).

[7] M. H. Fischer, H. V, Fuchs, and U. Ackermann, "Light Enclosures for Low Frequencies,"*Bauphysik*, **11** (H. 1), 50 – 60 (1989) (in German).

[8] I. L. Vér and E. Veres, "An Apparatus to Study the Sound Excitation and Sound Radiation of Platelike Structures,"*Proc. INTER – NOISE*, (1980) pp. 535 – 540.

[9] K. P. Byrne, H. M. Fischer, and H. V. Fuchs "Sealed, Close – Fitting, Machine – Mounted Acoustic Enclosures with Predictable Performance,"*Noise Control Eng. J.*, **31**, 7 – 15 (1988).

[10] M. H. Fischer and E. Veres, "Noise Control by Enclosures" Research Report 508, Bundesanstalt fuer Arbeitschutz, Dortmund, 1987 (in German); also Fraunhofer Institute of Building Physics Report, IBP B5 141/86, 1986.

[11] J. B. Moreland, Westmghouse Electric Corporation, private communication.

[12] L. Cremer, M. Heckl, and E. E. Ungar, *Structureborne Sound*, Berlin, Springer, 1988.

[13] K. Goesele,*Berichte aus der Bauforschung [Sound Transmission of Doors]*, H. 63 Wilhelm Ernst & Sohn Publishers, Berlin, 1969, pp. 3 – 21.

[14] F. P, Mechel, "Transmission of Sound through Holes and Slits Filled with Absorber and Sealed,"*Acustica*, **61**(2), 87 – 103 (1986).

[15] F. P. Mechel, "The Acoustic Sealing of Holes and Slits in Walls,"*J. Sound Vib.*, III(2), 297 – 336 (1986).

［16］　G. Kurtze and K. Mueller "Noise Reducing Enclosures," Research Report BMFT –
FB – HA 85 – 005, Bundesministerium fuer Forschung und Technologie, Berlin, 1985
(in German).

［17］　U. J. Kurze et al., "Noise Control by Partial Enclosures; Shielding in the
Nearfield," Research Report No. 212, Bundesanstalt fuer Arbeitschutz und
Unfallforshung, 1979 (in German).

［18］　F. R Mechel, "Sound Absorbers and Absorber Functions" in *Reduction of Noise in
Buildings and Inhabited Regions*, Strojnizdat, Moscow, 1987 (in Russian).

［19］　E. W. Wood and E. E. Ungar, BBN Systems and Technologies Corporation, private
communications.

［20］　R. Michelsen, K. R. Fritz, and C. V Sazenhofen, "Effectiveness of Acoustic Pipe
Wrappings" in*Proc. DAGA'* 80, VDE – Verlag, Berlin, 1980, pp. 301 – 304 (in
German).

参 考 书 目

Miller, R, K., and W. V. Montone, *Handbook of Acoustical Enclosures and Barriers*,
Fairmont, Atlanta, GA, 1978.

"Noise Reduction by Enclosures," VDI Guideline 2711, VDI – Verlag GmbH,
Dusseldorf, Germany (in German).

第 13 章 隔　　振

13.1　隔振措施的使用

隔振措施指使用相对有弹性的元件来减少一个结构或机械部件传递到另一个结构或机械部件的振动力或运动。弹性元件（可以是弹簧）被称为隔振器。隔振通常用于保护设备敏感项目不受其所支撑的结构的振动影响，或减少其所支撑的机器在结构中引起的振动力。隔振也可用于减少向结构部件传递的振动力，人们希望控制振动伴随的声辐射。

13.2　经　典　模　型

13.2.1　质量-弹簧-阻尼器系统

通过对线性一维完全平移的理想质量-弹簧-阻尼器系统进行分析，可从各方面对隔振进行了解，如图 13.1 所示。刚度为 k 的无质量弹簧（产生与位移成比例的回复力）以及黏滞阻尼系数为 c 的无质量阻尼器（产生与速度成比例并与之相反的力）平行组装构成隔振器。刚性质量 m 在这里仅垂直移动不旋转，且与要保护的项[见图 13.1(a)]或振动力作用于其上的机器框架[见图 13.1(b)]相对应。

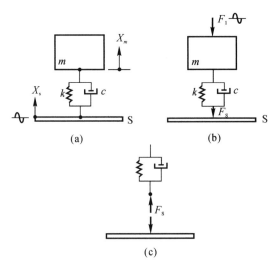

图 13.1　一维平移质量-弹簧-阻尼器系统
(a) 由支架的运动激发； (b) 由作用在质量上的力激发； (c) 隔振器和支架间的力 F_s

13.2.2　传递率

虽然图 13.1(a)(b) 的质量-弹簧-阻尼器图相似,但实质上其所描述的情况有所不同。图 13.1(a) 中,假定支架 S 在给定频率下以规定的振幅 X_S 垂直振动,则隔振器旨在将质量 m 的位移幅度 X_m 保持在可接受的小范围内。图 13.1(b) 中,假定给定频率下的规定振幅 F_1 的力作用于质量 m 上;则隔振器旨在将作用在支架上的力的振幅 F_S 保持在可接受范围内,从而使支架 S 的运动也足够小。

对于图 13.1(a) 所示情况,质量的位移振幅与支架 S 的干扰位移振幅之比 $T = X_m / X_S$ 被称为(运动)传递率。对于图 13.1(b) 所示情况,传递给支架 S 的力的振幅与干扰力的振幅之比 $T_F = F_S / F_1$ 被称为力传递率。但对于图 13.1(b) 所示的力激励,在许多实际情况中,支架非常坚硬或结实,可确保其位移几乎为零。结果表明,可使用确定运动传播性[图 13.1(a) 所示情况]时所用的表达式来确定使用固定支架时的力传递率 T_{F0}[图 13.1(b) 所示情况],即

$$T = T_{F0} = \sqrt{\frac{1 + (2\zeta r)^2}{(1 - r^2)^2 + (2\zeta r)^2}} \tag{13.1}$$

式中,$r = f / f_n$ 是质量弹簧系统的激励频率与固有频率之比,$\zeta = c / c_c$,称为阻尼比,是系统的黏滞阻尼系数 c 与其临界阻尼系数 c_c 之比。该等式[1-2] 不仅适用于图 13.1 所示简单系统,也适用于任何数学线性系统[3]。因此,文献中通常对这两种类型的传递率不做区分。

根据 $c_c = 2\sqrt{km} = 4\pi f_n m$ 可得出临界阻尼系数。弹簧质量系统的固有频率 f_n 为[1-2]

$$2\pi f_n = \sqrt{\frac{k}{m}} = \sqrt{\frac{kg}{W}} = \sqrt{\frac{g}{X_{st}}} \tag{13.2}$$

式中　g——重力加速度;

　　　W——与质量 m 相关的重力;

　　　X_{st}——弹簧因该重量产生的静态偏转。

在常用单位中,有

$$f_n(\text{Hz}) \approx \frac{15.76}{\sqrt{X_{st}(\text{mm})}} \approx \frac{3.13}{\sqrt{X_{st}(\text{in})}} \tag{13.3}$$

仅当弹簧具有数学线性特征时,也就是说,当弹簧的力-挠度曲线的斜率(该斜率与刚度 k 相对应)为恒定值时,$X_{st} = k/W$ 与式(13.3) 的关系才成立。对于平衡偏转周围的小振幅振动,可取式(13.2) 第一种形式中的 k 值,作为施加载荷 W 时弹簧静态偏转时弹簧的力-偏转曲线①的斜率 dF/dx。然而,对于一些实际应用的隔振器,特别是那些采用弹性材料的隔振器,其有效的动力刚度可能比准静态力-挠度曲线所示刚度大得多[4]。

图 13.2 基于式(13.1) 展示了几个阻尼比的曲线。频率比较小时,$r \ll 1$,传递率 T 约等于 1;运动或力的传递基本上没有衰减或放大。r 值接近 1.0 时,T 变大($r = 1$ 或 $f = f_n$,$T = l/2\zeta$);系统在共振时给予响应,导致运动或力被放大。$r = \sqrt{2}$ 时,所有曲线都经过 1。

$r > \sqrt{2}$ 时,T 小于 1,且随着 r 的增加而递减。在这个高频范围(可称为隔振范围)内,质量的惯性在限制质量偏移,从而限制质量引起的支架位移或作用在质量上的力方面起主导作

---

① 　在给定范围内 $k = dF/dx$ 与所施加负载 W 成比例的非线性弹簧元件是隔振器的基础,其实际优势是为给定范围内的所有负载提供相同的固有频率[4]。

用。因此,在传递率较小的情况下,要想实现良好的隔振效果,则需选择 k 值尽可能最小(即具有最大实际静态偏转 X_{st})的隔振器,以便在给定激励频率下可获得最小 f_n 值和 $r=f/f_n$ 的最大值。

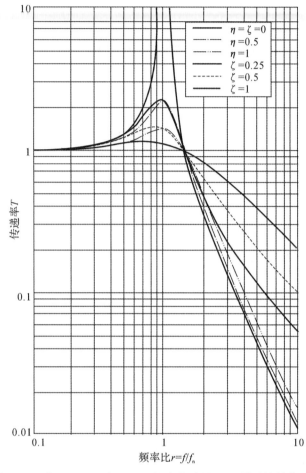

图 13.2　式(13.1)和式(13.4)得出的质量-阻尼器系统的传递率

13.2.3　隔振效率

有时,隔振系统的性能特征为隔振效率 I,根据 $I=1-T$ 可得出 I 值。传递率表示传递的扰动运动或力的百分比,隔振效率表示传递的扰动小于激励的部分。隔振效率通常用百分比表示。例如,如果传递率为 0.008 5,隔振效率为 0.991 5(或 99.15%),表明 99.15% 的干扰不会"通过"隔振器。

13.2.4　阻尼影响

在隔振范围内,即频率比 $r>\sqrt{2}$,黏滞阻尼的增加会导致传递率增加,如图 13.2 或式(13.1)所示。虽然这个事实在许多文本中有所提及,但这并没有什么实际意义,原因有两点:第一,实践中,人们很少会遇到阻尼比大于 0.1 的系统,除非系统专门设计为高频阻尼 — 即阻尼比较小,当然阻尼比小幅度变化对传递率几乎没有影响;第二,式(13.1)和图13.2仅适用于黏滞阻尼系统,其中阻尼器产生与速度成比例的减速力。虽然对这类系统的研究最为广泛(主要是因为此类系统的数学分析相对比较容易),但实际系统中的减速力通常还取决于其他参数。

对于实际应用的隔振器,与黏滞阻尼相比,其阻尼效果通常用结构阻尼表示更好。在结构阻尼中,减速力与运动的作用方向相反(在黏滞阻尼中亦是如此),但与位移成比例。对于结构阻尼系统[2],有

$$T = F_{F0} = \sqrt{\frac{1 + \eta^2}{(1 - r^2)^2 + \eta^2}} \tag{13.4}$$

式中,η 表示系统的损失因数①。

如图 13.2 所示,如果结构阻尼系统在固有频率下的放大率与类似的黏滞阻尼系统相同,则 $\eta = 2\zeta$,且结构阻尼系统在隔振范围内的传递率随阻尼的增加而增加的速度远低于黏滞阻尼系统的增加速度。

实际应用的隔振装置的阻尼通常很小,即 $\zeta < 0.1$。对于这么小的阻尼,其在隔振范围内的传递率与零阻尼的传递率没什么区别,因此可通过下式粗略估计该范围内的传递率,即

$$T = T_{F0} = \frac{1}{|r^2 - 1|} \approx \left(\frac{f_n}{f}\right)^2 \tag{13.5}$$

式中,最右边的表达式适用于 $r^2 = (f/f_n)^2 \gg 1$。

13.2.5 惯性底座影响

隔离机器通常安装在一个大型支架上,通常称为惯性底座,以增加隔振质量。如果隔振器不随着质量的增加而改变,则系统的固有频率会降低,与给定激励频率相对应的频率比 r 会增加,并且传递率会降低,也就是说,提高了隔振效果。

然而,实际考虑因素(例如隔振器的承载能力)通常要求隔振器总刚度随着质量的增加而增加,且静态偏转变化很小。(事实上,传统的商用隔振器所能承受的负载和相应的静态偏转均有所规定。)如式(13.3)所示,如静态偏转保持不变,固有频率则保持不变,且惯性底座的增加不会改变传递率。

因此,实践中惯性底座通常不会显著提高隔振效果,但较坚硬的弹簧支撑较大质量时,直接作用在隔振质量上的力仅使该质量产生较小的静态和振动位移。

13.2.6 机器速度影响

旋转或往复式机器的主要激振力通常由动态不平衡引起,且在与机器的转速和/或该转速的倍数相对应的频率上出现。因此,更高的速度与更高的激励频率和更大的 r 值相对应,因此可降低传递率(或提高隔振效果)。如式(13.1)或式(13.5)所述,随着速度(和激励频率)的增加,传递率(传递力与激励力之比)变小;在隔振范围内,传递率几乎与激励频率的平方成反比。然而,与不平衡相关的激振力随着速度(和频率)的平方而变化,即随着速度而增加,与传递率的降低幅度大致相同。最终结果是,传递给支架结构的力的大小实际上不受速度变化的

---

① 式(13.4)中的损失因数随根据实验数据确定的频率而变化,见第14章。

影响,尽管速度变化确实会影响这些力出现的频率。

13.2.7 经典模型的局限性

尽管线性单自由度模型对隔振系统的行为提供了一些有用的见解,但显然其未考虑到很多实际安装方面的问题。显然,真正的弹簧并非无质量,其可能是非线性的,以及真正的机器框架和支架结构也并非是刚性的。弹性支撑的质量通常不仅可垂直移动,还可水平移动,另外还可以摇摆。

此外,在简单的经典分析中,激振力或运动的振幅均取恒定值,且与产生的响应无关,而实际上,激振通常主要取决于响应,如13.4节"振动源负载"中所述。

注意,图13.1中单个弹簧和阻尼器代表整个隔振系统,但际上可能其由许多隔振器组成。增加隔振器相当于增加了隔振系统的刚度。

13.3 三维质量的隔振

13.3.1 概述

图13.1所示质量只能垂直移动而不能旋转,且系统只有一个固有频率;而实际的刚性三维质量有6个自由度,且可在三个坐标方向平移并绕三个轴旋转。因此,弹性支撑的刚性质量具有六个固有频率。非刚性质量有许多与其变形相关的附加频率。就此获得的有效隔振要求所有固有频率需显著低于相关的激励频率。对一般隔振刚性质量的固有频率和响应有一些说明[3,5],但它太复杂了,提供不了多少实用见解,且往往很少用于设计。

13.3.2 垂直运动和摇摆的耦合

图13.3所示是质量 m 的示意图,质量 m 通过其重心支撑在平面内的两个隔振器上,平行于纸张平面(或在垂直于纸张平面的方向上延伸的两排隔振器上),距离质量重心 a_1 和 a_2 处的刚度分别为 k_1 和 k_2。在质量重心处施加向下的力通常不仅会使重心向下位移,而且会使质量旋转,这点很容易理解,且后者是因隔振力产生的力矩而引起的。同样地,除了垂直平移之外,支架S的完全垂直上下运动通常会使质量摇摆。这里的垂直和摇摆运动被称之为"耦合"。

如果质量不摇摆,可能出现完全垂直振动的固有频率 f_v(即"未耦合"的垂直固有频率)由下式得出:

$$2\pi f_v = \sqrt{\frac{k_1 + k_2}{m}} \tag{13.6}$$

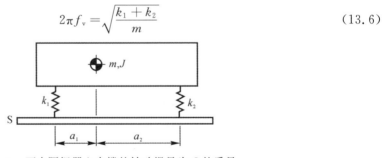

图13.3 两个隔振器上支撑的转动惯量为 J 的质量 m

如质量重心不垂直移动,则质量发生摇摆的固有频率 f_r(即未耦合的摇摆频率)由下式得出:

$$2\pi f_r = \sqrt{\frac{k_1 a_1^2 + k_2 a_2^2}{J}} \tag{13.7}$$

式中,J 表示穿过质量重心并垂直于纸面的轴周围的质量惯性极矩。

摇摆频率 f_r 可小于或大于 f_v。一般情况下,系统的两个固有频率不同于这两个频率,且与结合了旋转和垂直平移的运动(但未旋转到纸平面之外)相对应。这些"耦合"的运动频率总是高于和低于前述的非耦合运动频率。也就是说,一个耦合运动频率低于 f_v 和 f_r,另一个高于 f_v 和 f_r;实际上耦合增加了固有频率之间的传播[6-7]。

耦合运动会使隔振问题变得复杂,因为人们需要确保两个耦合的固有频率都显著低于相关的激励频率。为简化隔振问题,可对隔振器的位置和刚度进行选择,确保当质量向下移动而不旋转时,隔振器产生的力致使重心周围的净力矩为零。如隔振器是线性的,其设计确保其在承受静载荷情况下具有相同的静态偏转,则会出现这种情况。(选择具有相同空载高度和相同静态偏转的隔振器也能使隔离设备保持水平。)式(13.6)和式(13.7)中的 f_v 和 f_r 为系统的实际固有频率,且重心处的垂直力或垂直支架运动不会产生摇摆。

13.3.3 隔振器水平刚度影响

前面的讨论中忽略了横向平移运动和隔振器水平刚度的影响。然而,任何支撑垂直载荷的实际隔振器的水平刚度也是有限的,且一些系统中可能存在独立的水平作用隔振器。图 13.4 是刚度为 k_1 和 k_2 的两个垂直隔振器(或在垂直于纸张平面方向上延伸的两排此类隔振器)上的质量示意图。这些隔振器或单独的水平作用隔振器的水平刚度影响由刚度为 h_1 和 h_2 的水平作用弹簧元件表示,这里假设作用在质量重心下方 b 距离处的同一平面上。

图 13.4 所示系统有三个自由度,因此其有三个固有频率。如垂直作用隔振器的选择和定位可确保其具有相同的静态偏转,那么垂直平移和摇摆运动之间的耦合非常小(如 13.2 节所述),且与垂直平移相对应的固有频率由式(13.6)得出。与旋转和水平平移均相关的另外两个固有频率可使用[6-7]中的两个 f_H 值来确定,即

$$\frac{f_H}{f_v} = (N \pm \sqrt{N^2 - SB})^{1/2} \tag{13.8}$$

其中

$$N = \frac{1}{2}\left[S\left(1 + \frac{b^2}{r^2}\right) + B\right], \quad B = \frac{a_1^2 k_1 + a_2^2 k_2}{r^2(k_1 + k_2)}, \quad S = \frac{h_1 + h_2}{k_1 + k_2} \tag{13.8a}$$

式中,$r^2 = J/m$,表示穿过质量重心的轴周围的质量回转半径的平方。

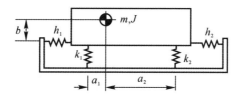

图 13.4   由两个垂直和两个共线水平作用隔振器支撑的转动惯量为 J 的质量 m

对于密度均匀的矩形质量，其重心即几何中心，回转半径的平方为 $r^2 = \dfrac{1}{12}(H^2 + L^2)$，其中 H 和 L 分别代表质量的垂直和水平边缘的长度（在图 13.4 所示平面内）。

13.3.4 质量或支架的非刚性

如图 13.1(a) 所示质量是柔性的而非刚性，且在某一频率下具有共振，那么该频率下的激励会使其显著偏转（通过变形），导致传递率高、隔振效果差。如果图 13.1(b) 所示系统在支架的共振频率下被激励，则出现类似的情况。

图 13.5 是与非刚性支架隔离的机器的垂直平移运动示意图，其中机器用受振荡力 F 影响的质量 m 表示；隔振器用弹簧 k 表示；支架结构用弹簧 k_s 上的有效质量 m_s 表示；支架由弹簧-质量系统表示，例如，在其基本共振时建筑物地板的静态刚度以及参与地板振动的有效质量。隔振器和地板阻尼对非共振振动的影响很小，为简单起见可忽略不计。如 f_M 表示刚性支架上隔离机器的固有频率，f_s 表示机器未就位时支架的固有频率，则

$$2\pi f_M = \sqrt{\frac{k}{m}}, \quad 2\pi f_s = \sqrt{\frac{k_s}{m_s}} \tag{13.9}$$

力传递率即传递给支架的力 F_s 与激励力 F 之比，则有

$$T_F = \frac{F_s}{F} = \left| \frac{1 - R^2}{(1 - R^2)(1 - R^2 G^2) - R^2 / M} \right| \tag{13.10}$$

式中，$R = f / f_s$，$G = f_s / f_M$，$M = m / m_s$，f 代表激励频率。

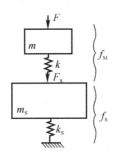

图 13.5　非刚性支架结构上隔离机器的示意图

图 13.6 展示了根据式(13.10)计算的典型案例的传递率曲线图（式中 $M = 1/2$，$G = 2$），以及使用固定（无限刚性）支架得到的传递率相应曲线图。对于使用非刚性支架的系统中两个共振频率之间的激励频率，使用非刚性支架得到的传递率小于使用刚性支架得到的传递率；对于高于两个共振频率上限的激励频率，情况正好相反。如激励频率足够高，两个传递率之间的差异可忽略不计。

使用非刚性支架的系统中两个共振频率 f_c 可根据下式得到：

$$\left(\frac{f_c}{f_M} \right)^2 = P \pm \sqrt{P^2 - G^2}, \quad P = \frac{1}{2}(1 + G^2 + M) \tag{13.11}$$

G 和 M 定义见式(13.10)。式(13.11)中加号项得到的较高共振频率通常高于 f_M 和 f_s；减号项得到的较低共振频率通常低于 f_M 和 f_s。

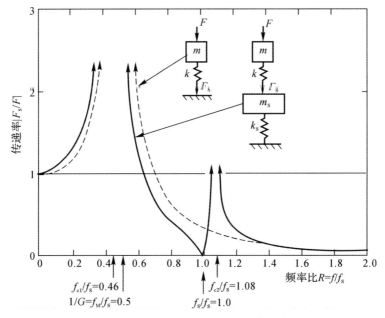

图 13.6 对刚性和非刚性支架得到的传递率的比较

13.4 高频注意事项

虽然前面章节中讨论的关系通常足以在相对较低的频率(即通常低于机器和支架结构本身的共振频率的频率)下进行分析和设计,但在较高频率下会出现可能需考虑的复杂情况。高频时,隔离件和支架结构不再表现为刚性质量,隔振器可能会出现内部共振,且振动源往往会受到"负载"的影响。

13.4.1 振动源负载

振动源负载指因与振动运动相反的力而降低该振动源的振动。例如,当一只手放在金属板隔声罩上时其所产生的反作用力会降低隔声罩的振动。同样,当因(无振动)机器产生的反作用力而用螺栓将其固定在工厂地板上时,其以一定振幅振动工厂地板的振动往往会变小。

在后一个示例中,如果机器与地板隔离,其在地板上产生的反作用力可能比用螺栓将其刚性固定在地板上产生的反作用力小;如果机器被隔离,则与刚性固定在地板上相比,地板可能振动更大。由于较大的地板振动会传递到机器上,因此使用隔离措施会保护机器,使传递率因素的影响比预期更少。

为了评估在这种情况下隔振器对机器的保护程度,需定量描述振动源对负载的响应。测量振动源产生的运动可实现该定量描述,因为其作用于几个具有不同动态特征(阻抗)的不同质量或结构上,而这些质量或结构会产生不同的(已知或测量的)反作用力。假设对于任何给定频率下的负载,振动源的响应是"线性的",该假设通常足以实现预测。也就是说,振动源产生的运动幅度与反作用力的幅度 F_0(其与振动源产生的力的幅度相同)成比例减小。同样可使用加速度、位移或速度描述给定频率下的振动源运动,但大家习惯使用速度来描述。对于线

性振动源,可表达振动源速度幅值 V_0 与力间的依赖关系,则有[8]

$$V_0 = V_{自由} - M_s F_0 \tag{13.12}$$

式中,$V_{自由}$ 代表无反作用力(即其产生的力为零)时振动源产生的速度振幅。(通常,不同频率下,给定振动源的参数 $V_{自由}$ 和 M_s 可能不同。)表示 V_0 随 F_0 增加而快速下降的量 M_s 被称为振动源迁移率,其可根据 $M_s = V_{自由}/F_{阻挡}$ 得出,$F_{阻挡}$ 表示振动源被"阻挡"使其速度 V_0 为零时得到的力幅值。

$M_s = 0$ 与速度源相对应,这点很容易验证。也就是说,与输出速度幅度恒定的速度源相对应,无须考虑输出力 F_0 的大小。同样,无限 M_s 与力源相对应,其输出力 F_0 为恒定值且独立于其输出速度[8]。(例如,旋转的不平衡质量产生的力实际上独立于其支架运动,因此其作用方式与力源基本相同。另外,由带大飞轮的轴所驱动的活塞以基本相同的幅度运动,无须考虑作用在其上的力大小,因此其表现形式与速度源相同。)

13.4.2 隔振效果[3,8]

存在显著的振动源载荷时,无法根据传递率评估隔振系统的性能,因为在传递率定义中,干扰值是给定的,因此实际应用中干扰值取常数。负载下的有用隔振性能即所谓的隔振效果 E。隔振效果指与振动源刚性连接的被保护项(称为"接收器")的振动速度大小与接收器的速度大小之比,在振动源和接收器之间插入隔振器来代替该刚性连接即可得到隔振效果。隔振效果定义与空气声学中的插入损失定义类似。

如果接收器速度 V_R 与作用在接收器上的力 F_R 成比例,那么 $V_R = M_R F_R$,式中,M_R 被称为接收器迁移率①,那么隔振效果可以用作用在接收器上的力的比率以及接收器速度比率来表示,即

$$E = \frac{V_{Rr}}{V_{Ri}} = \frac{F_{Rr}}{F_{Ri}} \tag{13.13}$$

式中,增加的下标 r 指刚性连接代替隔振器的情况,下标 i 表示设置隔振器的情况。

传递率 T 越小,隔振效果越好,但 E 值则是越大,隔振效果越好。因此,有时可使用效率的倒数来描述隔振系统的性能。虽然该倒数不同于一般情况下(即振动源受负载影响)的传递率 T,但在振动源不受负载影响的特殊情况(即产生与负载无关的速度或力幅值的振动源)下,$E = l/T$。

13.4.3 无质量线性隔振器的效果

如果一个隔振器传递任何施加在其上的力,则认为该隔振器"无质量"(如果一个无质量隔振器不能无限加速,那么其两侧必须受到相等但方向相反的力)。"线性"隔振器的偏转与所施加的力成正比。在任何频率下,通过这种隔振器的速度差也与所施加的力成比例,该速度差的大小与所施加的力的大小之比称为隔振器的迁移率 M_1。与隔振器刚度倒数一样,软隔振器的 M_1 较大,而刚性隔振器的 M_1 为零。

---

① 对于配置简单的接收器,可通过分析来估算其在连接点处的迁移率(如参考文献[9][10])或可进行测量(作为频率的函数)。速度和力通常用复量或相量来表示,以表示正弦变化量的大小和相对相位。迁移率通常也为复量。

无质量线性隔振器的效率为[8,11]

$$E = \left| 1 + \frac{M_{\mathrm{I}}}{M_{\mathrm{S}} + M_{\mathrm{R}}} \right| \tag{13.14}$$

接收器共振时,在给定的力 F_{R} 作用下,接收器振动速度 V_{R} 较大,因此接收器的迁移率较人。根据式(13.14),存在这种共振时,隔振器的效率较低。

式(13.14)还表明,如果振动源迁移率 M_{S} 较大,则效率较低。如力源的 M_{S} 是无限的,则效率等于1,这表明如用刚性连接取代隔振器,接收器与隔震器的振动程度相同。这个结果最初虽让人吃惊,但确实是正确的,的力源产生的力都是相同的,无须考虑其速度或位移,且隔振器会传递所有这些力,而较软的隔振器只会使力源在其输出点产生更大的位移。

13.4.4 隔振器质量影响后果

隔振器质量影响可忽略不计,也就是说,只要隔振器的频率明显低于隔振器第一个内部或驻波共振频率,即可认为隔振器无质量①。如图13.7所示,这种驻波共振往往会显著降低隔振器效率。图中,实线计算的损失因数 $\eta = 0.1$;虚线计算的损失因数 $\eta = 0.6$;频率标准化为 f_{n},即使用无质量弹簧得到的基本共振频率。该图展示了模拟等截面悬臂梁的板簧的计算传递率。在无质量隔振器的共振频率 $f_{\mathrm{n}} = (1/2\pi)\sqrt{k/m}$ 附近,从图左上角可识别到常见的传递率曲线(与图13.2类似)。传递率不会像无质量弹簧那样随着激励频率的增加单调递降(见 $m_{\mathrm{sp}} = 0$ 的曲线);相反,会出现与波束驻波共振相关的次峰。这些峰值开始出现的频率随着隔离质量 m 与弹簧质量 m_{sp} 之比增加而增加。虽然图中每个质量比只显示两个峰值,但实际上会出现一系列峰值,这些峰值随着频率的增加而更加靠近。这些峰值的幅度随着阻尼的增加而减小。

为了减少驻波共振的影响,需要选择高频阻尼隔振器,且其隔振器配置应确保在相对较高频率时开始出现驻波共振。这意味着需使用具有高刚度重量比的材料,或者使用纵波速高 $\sqrt{E/\rho}$(式中 E 表示材料的弹性模量,ρ 表示其密度)的等效材料,以及使用总体尺寸小的配置。

在任何系统(该系统中隔振器质量影响不可忽略)指定频率下的隔振效果可根据下式[8]得出:

$$E = \left| \frac{\alpha}{M_{\mathrm{S}} + M_{\mathrm{R}}} \right| \left| 1 + \frac{M_{\mathrm{S}}}{M_{\mathrm{lsb}}} + \frac{M_{\mathrm{R}}}{M_{\mathrm{lrb}}} \left(1 + \frac{M_{\mathrm{S}}}{M_{\mathrm{lsf}}} \right) \right| \quad \frac{1}{\alpha^2} = \frac{1}{M_{\mathrm{lrb}}} \left(\frac{1}{M_{\mathrm{lsb}}} - \frac{1}{M_{\mathrm{lsf}}} \right) \tag{13.15}$$

式中:如果隔振器的接收端被"阻挡"(即阻止移动),则 M_{lsb} 表示在隔振器的振动源端测量的隔振器迁移率(即速度-力比);如果振动源端被阻挡,则 M_{lrb} 表示在隔振器的接收器端测量的迁移率;如果接收端"畅通"或未被阻挡,则 M_{lsf} 表示在振动源端测量的迁移率。对于无质量隔振器,式(13.15)可简化为式(13.14),其中 $M_{\mathrm{lsb}} = M_{\mathrm{lrb}} = M_{\mathrm{I}}$,且 M_{lsf} 是无限的,这点很容易验证。

---

① 较低频率下,隔振器质量的唯一影响是会略微降低系统的基本共振频率。可根据隔振器刚度和质量(隔离质量与一部分隔振器质量的总合)来计算修正后的共振频率。如果隔振器由压缩或剪切的均匀弹簧或衬垫组成,分数为1/3;如果隔振器由等截面悬臂梁组成,分数约为0.24。

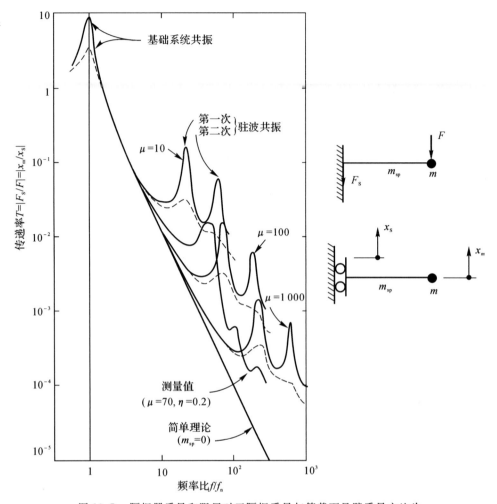

图 13.7　隔振器质量和阻尼对于隔振质量与等截面悬臂质量之比为
$\mu = m/m_{sp}$ 的等截面悬臂传递率的影响[11-13]

13.5　双层隔振

　　如前所述,施加在无质量隔振器一侧的力必须通过隔振器另一侧相等但方向相反的力来平衡。对于有一些质量的隔振器,情况并非如此,因为施加在其一侧的力是通过惯性力和作用在隔振器另一侧的力之和来平衡。因此,与无质量隔振器不同,有质量隔振器传递的力可能小于所施加的力。

　　通过在隔振器"内部"增加一个集中质量,即使在隔振器本身的质量影响可忽略的低频下,也可以实现此类力折减。即考虑将弹簧切割成两个弹簧,并在两个弹簧之间焊接一个刚性质量块,从而形成一个由两个弹簧组成且中间焊接有质量块的隔振器。如果质量 m 安装在该隔振器的顶部,即可得到一个可用图表[与图 13.8(a) 类似的] 表示的系统。因为这个系统由两个弹簧质量系统串联组成,所以称为两层隔振。

13.5.1 传递率

图 13.8(a) 所示系统具有两个固有频率 f_b,可根据下式得出:

$$\left(\frac{f_b}{f_0}\right)^2 = Q \pm \sqrt{Q^2 - B^2}, \quad Q = \frac{1}{2}\left(B^2 + 1 + \frac{k_2}{k_1}\right) \tag{13.16}$$

式中

$$B = \frac{f_I}{f_0}, \quad 2\pi f_I = \sqrt{\frac{k_1 + k_2}{m_I}}, \quad 2\pi f_0 = \frac{1}{\sqrt{m(1/k_1 + 1/k_2)}} \tag{13.16a}$$

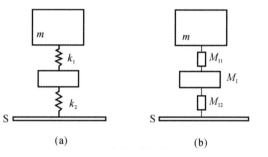

图 13.8　具有中间质量 m_I 的双层隔振

(a) 弹簧；(b) 一般隔振元件

频率 f_0 是在无任何质量 m_I 的情况下系统的固有频率,也就是说,频率 f_0 是传统简单的单级系统的固有频率。频率 f_I 是质量 m_I 在两个弹簧之间移动的固有频率,质量 m 保持完全不动。如果在平方根之前使用加号项计算,则获得的频率上限 f_b 总是大于 f_0 和 f_I;采用减号项得到的较低频率 f_b 总是低于 f_0 和 f_I。

如图 13.8(a) 所示类似,两级系统的传递率为

$$\frac{1}{T} = \frac{1}{T_{F0}} = \frac{1}{B^2}\left(\frac{f}{f_0}\right)^4 - \left[1 + \frac{1 + k_2/k_1}{B^2}\right]\left(\frac{f}{f_0}\right)^2 + 1 \approx \left(\frac{f^2}{f_0 f_I}\right)^2 \tag{13.17}$$

式中最后一个近似表达式适用于高频,即激励频率远大于 f_0 和 f_I。

图 13.9 展示了 $B = f_I/f_0 = 5$ 和 $k_2/k_1 = 1$ 的无阻尼两级系统的传递率示意图,以及(无阻尼)单级系统的传递率示意图。显然,两级系统的第二个固有频率($f/f_0 \approx 5.1$)与系统的传递率一样,随后随着频率的增加而迅速下降。高频下,即稍高于上述第二个固有频率,可看出两级系统的传递率小于具有相同基本固有频率的单级系统的传递率。如式(13.17)所示,两级系统的高频传递率与激励频率的四次方成反比,而式(13.5)表明单级系统的传递率仅与激励频率的二次幂成反比。

与单级系统相比,两级系统的优势在于,其会大大降低高频(即高于其两个固有频率中较高的频率)下的传递率。缺点是在低频(即在其第二固有频率)下会产生额外的传递率峰值。因此,通常只有当上述第二个固有频率稍低于相关的最低激励频率时,双层隔离才会发挥优势。为了使两级系统发挥其优势,通常需要相对较大的中间质量 m_I。如需隔离几个项目时,通常有利的做法是将这些项目支撑在一个常用的大型平台上(通常称为"底基层"或"筏形基础"),将各项目与平台隔离,然后将平台与支撑平台的结构隔离。该布置中,平台是每个隔离项目所用的相对较大的中间质量,从而获得高效的双层隔离性能,且重量损失相对较小。

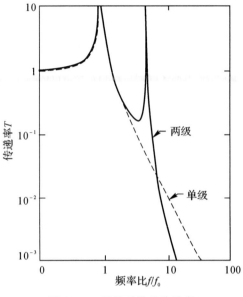

图 13.9　两级系统的传递率

13.5.2　隔振效果

尽管上述结果仅适用于严格的无阻尼隔振器,但除了接近固有频率的情况外,这些结果同时也为弱阻尼系统的特性提供了合理近似值作为参考。考虑到高频阻尼或更复杂的线性隔振器配置(如采用弹簧和阻尼器多种串联和并联组合模式来构建隔振器),可简单地用每个隔振器的迁移率来表示隔振器的隔振效果,如图 13.8(b) 所示。如 13.4 节中所讨论,振动源迁移率 M_S 是振动源对负载效应敏感性的度量,而隔振效果 E 是隔振性能的度量,与传递率不同的是,隔振效果考虑了负载效应。如果用图 13.8(b) 中的 S 来表示一般的线性源,并用迁移率为 M_R 的一般线性接收器代替质量 m,可以得到一般的两级线性系统,其隔振效果为[8]

$$E = |\, E_1 + \Delta E \,|, \quad E_1 = 1 + \frac{M_I}{M_S + M_R} \tag{13.18a}$$

式中

$$M_I = M_{I1} + M_{I2}, \quad \Delta E = \frac{(M_{I1} + M_S)(M_{I2} + M_R)}{M_m(M_S + M_R)} \tag{13.18b}$$

一般认为 E_1 相当于单级系统的隔振效果[见式(13.14)],也就是说,对于记入质量为零的两级系统,M_I 表示串联的两部分隔振器的迁移率。因此,ΔE 表示增加迁移率为 M_m 的记入质量 m_1 后获得的效果增加值。注意,ΔE 与 M_m 成反比,也就是说,记入质量越大,效果增加值越大。

13.5.3　隔振器刚度分布的优化

选择了整个隔振器的迁移率 M_I(或等效柔量或刚度)之后,就需要考虑如何在组件 M_{I1} 和 M_{I2} 之间分配这种迁移率。假设 r_1 表示所记入质量的振动源侧的总迁移率,可得 $M_{I1} = r_1 M_I$,$M_{I2} = (1 - r_1)M_I$,即可得到 ΔE 的最大值,即

$$\Delta E_{\max} = \frac{(M_{\mathrm{I}} + M_{\mathrm{S}} + M_{\mathrm{R}})^2}{4M_m(M_{\mathrm{S}} + M_{\mathrm{R}})} \tag{13.19}$$

r_1 取最佳值，则[①]

$$r_{\mathrm{opt}} = \frac{1}{2}\left(1 + \frac{M_{\mathrm{R}} - M_{\mathrm{S}}}{M_{\mathrm{I}}}\right) \tag{13.20}$$

根据式(13.18b)，在有效的隔振系统中，M_{I1} 必须远大于 M_{S}，M_{I2} 也必须远大于 M_{R}。在有效系统中，$r_{\mathrm{opt}} \approx 1/2$，用 M_{I} 替换式(13.19)分子括号中的表达式，可得到 $\Delta E_{\max}$ 的近似值。因此，如果隔振器的总迁移率足够大，也就是说，如果隔振器的总体刚度足够小，可以将相同的迁移率或刚度分配给两个隔振器部件，以获得最大的隔振效果增加值 $\Delta E_{\max}$。

可以看出[8]，如上所述，只要 $M_{\mathrm{I}} \gg M_{\mathrm{R}}$，将给定质量"置于"隔振器内实现具有两个隔振器（相似迁移率）部件的两级系统，比将该质量直接放置在接收器上的隔振效果更好。除非接收器共振范围内的 M_{R} 非常大，一般情况下，可以满足 $M_{\mathrm{I}} \gg M_{\mathrm{R}}$ 这一条件。同样，只要 $M_{\mathrm{I}} \gg M_{\mathrm{S}}$，将质量放置在隔振器内比将质量直接放置在振动源处的隔振效果更好。一般情况下，上述不等式条件可得到满足，但本质上类似于力源的振动源除外，因其具有非常高的迁移率。

13.6　隔振器的实际应用

市面上有许多不同的隔振器，其尺寸、负载能力、连接方式各不相同，有些还具有多种特殊功能[4]。隔振器详细信息一般可联系供应商获取或查阅产品目录。

大多数商用隔振器包含金属或弹性元件。金属元件通常为螺旋弹簧，但也可能为弯曲结构，例如弹簧片或锥形贝氏垫圈。螺旋弹簧主要用于压缩，由于这种拉伸弹簧的结构会引起应力集中，因此疲劳寿命较短。螺旋弹簧隔振器组件通常安装在外壳中，其中弹簧布置为并联和/或串联形式，组件的设计应确保横向与轴向具有相同的刚度，也可安装摩擦装置（例如钢丝网嵌件）、阻尼器以限制由于大扰动（例如地震）引起的偏移，以及串联的弹性衬垫以加强高频的阻尼和隔振。小心安装外壳中的弹簧系统，避免外壳元件之间以及元件与弹簧之间缠绕。

部分商用金属隔振器采用金属丝网衬垫或织物组件来确保弹性和阻尼。也有部分隔振器使用钢丝绳圈或钢丝绳环，不仅提供阻尼，而且可作为弹簧使用。

在许多使用弹性元件的商用隔振器中，这些元件以粘合或以其他方式与支撑板或套管连接，便于紧固到其他部件上。隔振器的设计应确保弹性元件用于剪切、扭转、压缩或多种模式中。还有各种弹性垫圈、索环、套筒和垫圈，与螺栓或类似紧固件结合使用，以实现连接和隔离。

弹性衬垫本身也具有隔振器的作用，包括其他弹性材料垫，如软木、毛毡、玻璃纤维和金属网。弹性衬垫使用方便且相对便宜，可以根据所需支撑的载荷选择不同的尺寸，并且根据所需刚度选择不同的厚度。

设计和选择硬（与泡沫相比）弹性材料衬垫时，需考虑衬垫的刚度不仅取决于其厚度和面积，还取决于其形状和制约因素。这种特性是由于弹性材料的不可压缩性导致的，衬垫被压缩时体积基本不变，因此如果限制衬垫边缘不能向外凸出，则本质上衬垫不会被压缩。可以用衬

---

① 各迁移率为真实数量时，此结果才适用。尽管一般情况下采用复量表示迁移率时使用更复杂的表达式，但仍可通过这一结果有更直观的理解。

垫的形状因数来表征衬垫的压缩度,形状因数为衬垫的承载面积与自由膨胀边缘包含的总面积的比值。形状因数越大,衬垫的有效刚度就越大。但衬垫在保持恒定体积的同时自由变形度也受到承载表面相对于相邻表面滑动的难易程度的影响;这种滑动受到的限制越多,衬垫的有效刚度就越大。部分商用隔振垫配有顶部和底部承载表面,粘合到金属或其他加强板上,以消除由于不可预测的滑动造成的刚度不确定性。

为避免形状因数对衬垫选型的影响,许多商用隔振垫配置多个切口(例如,紧密间隔的孔阵列)或挡边,这些切口或挡边在每单位表面积上的凸出面积大致恒定。如果带挡边或波纹的衬垫或带有切口的衬垫堆叠使用,一般在衬垫质之间加刚性材料板(例如金属板),以分配承载面上的载荷,且可避免衬垫上的突起部分伸到相邻衬垫上的开口中。

对于广泛使用的气动或空气弹簧隔振器,其弹性主要来自有限体积空气的压缩性。这类隔振器一般采用充气橡胶或塑料枕头的形式,通常为圆柱形或环形,基本上由缸内活塞结构组成。可将空气弹簧设置成以较小的有效刚度支撑大载荷,且比相同刚度的金属弹簧的高度更小。实际应用的空气弹簧可以提供低至约 1 Hz 的基本共振频率。在某些负载条件下,某些空气弹簧配置的横向会出现不稳定现象,需要使用横向约束措施,其中有些具有相当大的横向稳定性。

活塞-气缸型空气弹簧可以配备调平控制装置,该调平控制装置可自动将隔离件的静止位置保持在距参考面的预定距离处,并且(使用若干个空气弹簧和合适的控制系统)保持在预定倾斜度。活塞式空气弹簧的刚度与 PA^2/V 成正比,其中,P 表示气压,A 表示活塞表面积,V 表示气缸容积。乘积 $(P - P_0)A$(其中 P_0 表示环境大气压力)等于弹簧承受的静载荷。使用更大的有效容积后,在给定的气压下,可以在给定面积上获得更低的刚度。出于这个原因,一些商用空气弹簧隔振器可配备辅助油箱,通过管道与气缸连通。在某些情况下,通过管道中的流动收缩提供低频阻尼。如果活塞-气缸式空气弹簧中的压力比大气压力大得多,弹簧中的压力几乎与它所承受的载荷成正比。因为弹簧的刚度与该压力成正比,所以使用这种空气弹簧隔振系统获得的固有频率基本上与负载无关,因此空气弹簧(如其他恒定固有频率系统[4])对于可变或不确定负载的隔振效果较佳。

摆锤式一般用于固有频率较低的水平作用隔振系统中,使用较为便利。如果用摆锤长度代替方程式中的 X_{st},则可从式(13.3)中计算出摆锤系统的水平固有频率。部分商用隔振系统结合了水平隔振的摆锤作用和垂直隔振的弹簧作用。

近年来,国内也大量研究进口隔振系统,或用于特殊应用,包括通过磁悬浮或静电悬浮或气体/液体流或薄膜来提供弹簧作用的隔振系统。

主动隔振系统(见第 18 章)受到越来越多的关注。这种系统本质上是动态控制系统,其中采用适当的传感器感测待保护物品的振动,该传感器输出经过适当处理,可驱动作用在物品上的致动器,从而减小其振动。主动系统相对复杂,但在某些条件下,这种系统的隔振性能比被动系统更好,特别是在低频干扰的情况下,通过被动方式衰减低频干扰最为困难。

参 考 文 献

[1]　W. T. Thomson, *Theory of Vibration with Applications*, 2nd ed., Prentice - Hall, Engle - wood Cliffs, NJ, 1981.

[2] J. C. Snowdon, *Vibration and Shock in Damped Mechanical Systems*, Wiley, New York, 1968.

[3] D. J. Mead, *Passive Vibration Control*, Wiley, New York, 1998.

[4] E. I. Rivin, *Passive Vibration Isolation*, American Society of Mechanical Engineers, New York, 2003.

[5] H. Himelblau, Jr. and S. Rubin, "Vibration of a Resiliently Supported Rigid Body," in C. M. Hams and C. E. Crede (Eds.), *Shock and Vibration Handbook*, 2nd ed. McGraw–Hill, New York, 1976.

[6] J. N. Macduff and J. R. Curreri, *Vibration Control*, McGraw–Hill, New York, 1958.

[7] C. E. Crede and J. E. Ruzicka, "Theory of Vibration Isolation,"in C. M. Hams and C. E. Crede (Eds.), *Shock and Vibration Handbook*, 2nd ed., McGraw–Hill, New York, 1976.

[8] E. E. Ungar and C. W. Dietrich, "High–Frequency Vibration Isolation,"*J. Sound Vib.*, 4, 224–241 (1966).

[9] L. Cremer, M. A. Heckl, and E. E. Ungar, *Structure–Borne Sound*, 2nd ed., Springer–Verlag, Berlin, 1988.

[10] E. E. Ungar, "Mechanical Vibrations," in H. A. Rothbart (Ed.), *Mechanical Design and Systems Handbook*, 2nd ed., McGraw–Hill, New York, 1985, Chapter 5.

[11] D. Muster and R. Plunkett, "Isolation of Vibrations," in L. L. Beranek (Ed.), *Noise and Vibration Control*, McGraw–Hill, New York, 1971, Chapter 13.

[12] E. E. Ungar, "Wave Effects in Viscoelastic Leaf and Compression Spring Mounts," *Trans. ASME Ser.* B, **85**(3), 243–246 (1963).

[13] D. Muster, "Resilient Mountings for Reciprocating and Rotating Machinery," Eng. Rept. No. 3, ONR Contract N70NR–32904, July 1951.

第 14 章 结 构 阻 尼

14.1 阻尼的影响

结构的动态响应和声透射特性主要由质量、刚度和阻尼三个参数确定。质量和刚度分别与动能和应变能的存储有关,而阻尼则与能量耗散有关,或者更准确地说,与振动相关的机械能转化为机械振动无法获得的形式(通常为热能)。

阻尼本质上只影响受振动结构中能量平衡控制的振动运动,依赖于力的平衡的振动运动实际上不受阻尼的影响。例如,典型质量-弹簧-阻尼器系统对稳定正弦力的响应。如果该力的作用频率明显低于系统的固有频率,则由所施加的力和弹簧力之间的准静态平衡控制响应。如果所施加的力的作用频率远高于系统的固有频率,则由所施加的力和质量惯性之间的平衡来控制响应。在这两种情况下,阻尼实际上对响应没有影响。但在共振时,激励频率与固有频率匹配时,弹簧和惯性作用相互抵消,且在每个周期中,施加的力向系统提供部分能量,导致系统的能量(和振幅)增加,直至达到稳定状态,此时每个周期的能量输入等于每个周期由于阻尼而损失的能量。

根据如上所述的能量考虑,可以看出增加阻尼将导致:①未受迫振动的衰减加快;②自由传播结构波的衰减加快;③受稳定周期性或随机激励的结构共振处的幅度减小,伴随应力减小和疲劳寿命增加;④对声音的响应降低,在相干频率(干扰压力的空间分布与结构位移的空间分布相匹配)以上的声透射损失增加(声传播降低);⑤共振时的振动累积速率降低;⑥"自激"振动的幅度降低,其中振动结构由于其振动运动而接受来自外部源(例如风)的能量。

14.2 阻尼的量度和测量

大多数阻尼的量度基于具有理想阻尼行为的简单系统的动态响应。阻尼测量一般包括观察此类动态响应的某些特性。

14.2.1 未受迫振动(黏性阻尼)的衰减

振动系统的许多特性可以用图 14.1 所示的简单理想线性质量-弹簧-阻尼器系统来解释。如果该系统距其平衡位置的位移量为 x,无质量弹簧产生力大小为 kx,趋向于将质量 m 恢复到其平衡位置,无质量阻尼器产生大小为 $c\dot{x}$ 的减速力。其中,k 和 c 是比例常数,k 为弹簧常数,c 为黏性阻尼系数。

如果该系统距其平衡位置的位移量为 X_0,然后释放质量,所产生的位移随时间 t 而变化[1],即

$$x = X_0 e^{-\zeta \omega_n t} \cos(\omega_d t + \varphi) \tag{14.1}$$

前提是 $\zeta < 1$。式中，φ 表示相位角，取决于质量释放的速度，ω_n 和 ω_d 表示系统的无阻尼和阻尼固有角频率，且有

$$\omega_n = \sqrt{\frac{k}{m}} = 2\pi f_n, \quad \omega_d = \omega_n \sqrt{1 - \zeta^2} \tag{14.2}$$

式中，f_n 表示周期（无阻尼）固有频率。常数 ζ 为阻尼系数或临界阻尼百分比，定义如下

$$\zeta = \frac{c}{c_c}, \quad c_c = 2\sqrt{km} = 2m\omega_n \tag{14.3}$$

式中，c_c 为临界阻尼系数。实际应用中 ζ 值一般比较小，ω_d 足够接近 ω_n，因此一般无须区分阻尼和无阻尼固有频率。此外，上述 ω_d 表达式仅适用于黏性阻尼，其他关系式适用于其他阻尼模式。

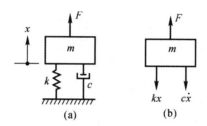

图 14.1　单自由度系统

（a）质量-弹簧-阻尼器系统或结构振动模式的示意图；（b）质量自由体示意图

式（14.1）的右边表示余弦函数，其振幅 $X_0 e^{-\zeta\omega_n t}$ 随着时间 t 的增加而减小（见图 14.2），其下降速率为 $\zeta\omega_n$，因此与 ζ 成正比。式（14.1）不适用于 ζ 值大于等于 1（或 c 值大于等于 c_c）的情况。对于 ζ 或 c 值较大的情况，可以得到由纯指数表达式表示的非振荡衰减，而不是由式（14.1）表示。临界阻尼系数 c_c 构成振荡衰减和非振荡衰减之间的边界。

对数衰减 δ 是自由振荡衰减速度的一种约定俗成的表示方式。定义如下[1]：

$$\delta = \frac{1}{N} \ln \frac{X_i}{X_{i+N}} \tag{14.4}$$

式中 X_i 表示任何选定峰值对应的 x 值，而 X_{i+N} 表示从前述峰值开始 N 个周期对应的峰值。由式（14.1）可得 $\delta = 2\pi\zeta$。

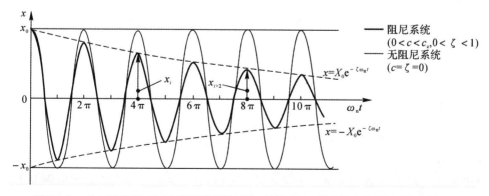

图 14.2　从初始位移 X_0 以零速度释放质量-弹簧-阻尼器系统的位移随时间的变化

振荡量的对数测量已长期应用于声学中，类似于声级的定义也已在振动领域得到应用，特

别是在测量方面。例如，可以确定位移级 L_x（单位为 dB）对应于类似于声压级的振荡位移 $x(t)$ 的关系，即

$$L_x = 10\lg\frac{x^2(t)}{x_{\text{ref}}^2} \tag{14.5}$$

式中，x_{ref} 表示定义位移衰减率 u（常数）参考值。然后可以确定衰减率 Δ（单位为 dB/s），得出黏性阻尼系统的关系式[2] 为

$$\Delta = -\frac{\mathrm{d}L_x}{\mathrm{d}t} = 8.69\zeta\omega_{\text{n}} = 54.6\zeta f_{\text{n}} \tag{14.6}$$

同样类似于声学，可以将混响时间 T_{60} 定义为位移级降低 60 dB 所需的时间，可得

$$T_{60} = \frac{60}{\Delta} = \frac{1.10}{\zeta f_{\text{n}}} \tag{14.7}$$

因速度级和加速度级可以完全按式（14.5）中位移级的定义方式来定义，所以式（14.6）和式（14.7）中的衰减率和混响时间表达式也适用于其他振动级。

如果阻尼不太大的扩展结构在未受迫的情况下以某一固有频率振动，该结构上的所有点彼此同相或者反相运动，称该结构在其模态下振动。除模态固有频率外，每个模态对应一个模态质量、模态刚度和模态阻尼值。借助于这些参数，模态振动的特性可以用等效的简单质量-弹簧-阻尼器系统的特性来描述[1,3,4]。因此，关于这个系统的所有上述讨论也适用于结构模态。

当然，扩展结构也可以表现出给定频率的波动，其中并不是所有的点均彼此同相或反相运动。这种运动可以用自由传播的波来描述，也因阻尼而降低。对于梁上的弯曲波或板上的非铺展（直峰）弯曲波，空间衰减率 Δ_λ 定义为每波长振动级的降低，一般 $\Delta_\lambda = 27.2\zeta$。

14.2.2　稳定的受迫振动

如果图 14.1 的系统受到正弦力 $F(t) = F\cos\omega t$，那么它的运动方程式可以表示为

$$m\ddot{x} + c\dot{x} + kx = F(t) = F\cos\omega t \tag{14.8}$$

代入 $x(t) = X\cos(\omega t - \varphi)$ 并求解 X 和 φ，可得到运动的稳态解。或者可以取 $x(t) = \mathrm{Re}\lfloor \bar{X}\mathrm{e}^{\mathrm{j}\omega t}\rfloor$ 来求解，其中 $\mathrm{j} = \sqrt{-1}$，复振幅或相量 $\bar{X} = X\mathrm{e}^{-\mathrm{j}\varphi}$ 表示振动的振幅和相位[①]。就相量而言（省略"Re"），运动方程式可表示为

$$(-m\omega^2 + \mathrm{j}\omega c + k)\bar{X} = (\bar{k} - m\omega^2)\bar{X} = F \tag{14.9}$$

如前所述，复合刚度为

$$\bar{k} = k + \mathrm{j}\omega c = k + k_i = k\left(1 + \frac{\mathrm{j}k_i}{k}\right) \tag{14.10}$$

其中包括系统阻尼和刚性的相关信息。通过任一种求解方法，可以确定

$$\frac{X}{F/k} = \frac{X}{X_{\text{st}}} = \frac{1}{\sqrt{(1-r^2)^2 + (2r\zeta)^2}} \qquad \tan\varphi = \frac{2r\zeta}{1-r^2} \tag{14.11}$$

式中，$r \equiv \omega/\omega_{\text{n}}$。

偏转 $X_{\text{st}} = F/k$ 是为获得无量纲表达式而引入的，它是系统受到大小为 F 的静态作用力之后发生的准静态或零频率变形。比率 X/X_{st} 表示在动态激励下振幅超过准静态偏转的因数，

---

① 请注意，对于任何实数 z，$\mathrm{e}^{\mathrm{j}z} = \cos z + \mathrm{j}\sin z$。振幅 X 等于相量的绝对值，也就是说，$X = |\bar{X}|$。

称为放大率。

前述响应表达式（以及与速度 V 或加速度 A 有关但与位移无关的相关表达式）取决于阻尼，因此，可以从相应的测量中提取阻尼数据。从式（14.11）的放大率表达式中可以导出阻尼量度，其曲线图如图 14.3 所示。一种是共振放大，通常用字母 Q 表示，简称为系统的"Q"[2]。对应于激励频率 ω 等于固有频率 ω_n 时且与黏性阻尼比相关时产生的 X/X_{st} 值，关系式为 $Q = 1/2\zeta$，第二种常用量度是相对带宽 $b = \Delta\omega/\omega_n \approx 1/Q$，其中 $\Delta\omega$ 表示放大率为 $Q/\sqrt{2}$ 时两个频率之间的差值（一个低于 ω_n，一个高于 ω_n，见图 14.3）。一般称这些频率为半功率点，因为在这些频率下，系统中存储的能量（以及系统消耗的能量）与振幅的平方成正比［见式（14.6）］，为最大值的一半。

根据式（14.11），相位滞后 φ 也提供了阻尼量度。如图 14.4 所示，在"奈奎斯特图"中使用相位信息特别方便，即在多个频率下的响应实线和虚线图。结构阻尼的放大图和黏性阻尼的迁移率图为圆形；其他的图为近似圆，且阻尼越小，越接近圆形。直径等于或近似等于 Q，图中对应 $\zeta = 0.2$，$\eta = 0.4$。对这些图进行适当地无量纲化，可确定其直径等于 Q[5-6]。

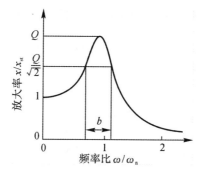

图 14.3 质量-弹簧-阻尼器系统对正弦力的稳态响应

如果图 14.1 的系统（或由该系统构建的结构模态）受到宽带力（或宽带模态作用力）而非单频正弦力的作用，那么质量的均方位移 $\overline{x^2}$ 满足[7]

$$\frac{\overline{x^2}}{\pi S_F(\omega)\omega_n/k^2} = \frac{1}{2\zeta} \tag{14.12}$$

式中，$S_F(\omega)$ 是以角频率表示的力的谱密度（即每单位角频率间隔的激振力平方值）。应注意，周期频率的谱密度符合 $S_F(f) = 2\pi S_F(\omega)$。对于所有频率下均具有恒定谱密度的激振，上述方程式可进行精确计算。对于谱密度仅在系统固有频率 ω_n 附近缓慢变化的激振，上述方程式可以进行近似计算，方程式中使用的谱密度值对应于 ω_n。

14.2.3 能量与复合刚度

目前讨论的所有阻尼量度均基于简单系统的运动。但由于阻尼与能量耗散有关，所以与能量相关的阻尼量度更为基本和普遍。

阻尼容量 ψ 是每个周期消耗的能量与振动系统中总能量的比值。损失因数 η 是每弧度消耗的能量与总能量的比值。如果 D 表示每个周期消耗的能量，W 表示系统中的总能量，则

$$\eta = \frac{\psi}{2\pi} = \frac{D}{2\pi W} \tag{14.13}$$

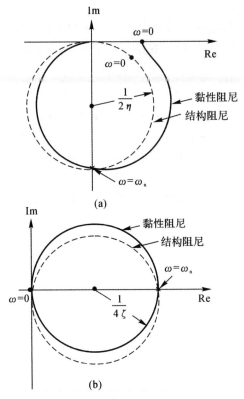

图 14.4　黏性阻尼和结构阻尼质量-弹簧-阻尼器系统的无量纲响应奈奎斯特图

(a) 放大率 X/X_{st} 的实部与虚部；(b) 迁移率 $Vk/F\omega_n = Vc_c/2F$ 的实部和虚部

这些表达式适用于所有阻尼机制,当其应用于黏性阻尼质量-弹簧-阻尼器系统的特殊情况时,如图 14.1 所示,在该系统中,消耗的能量对应于阻尼器上所做的功,并且可以确定在角频率 ω 和位移幅度 X 服从 $D = \pi\omega c X^2$ 的稳定振动中每个周期消耗的能量。系统储存的总能量 W 由质量动能 W_{kin} 和弹簧势能(或应变能)W_{pot} 组成。如果消耗的能量与储存的总能量相比很小,那么当动能为零时,即弹簧的振幅达到最大时,W 约等于弹簧储存的能量,并且 $W = W_{kin} + W_{pot} \approx kX^2/2$。

因此,通过式(14.3)和式(14.13)可得出黏性阻尼系统的损失因数为

$$\eta \approx \frac{\omega c}{k} = \frac{2\zeta\omega}{\omega_n} = 2r\zeta \tag{14.14}$$

由式(14.10)可得

$$\bar{k} = k(1 + j\eta), \quad k_i/k = \eta \tag{14.15}$$

式(14.14)表明,在黏性阻尼系统的特定情况下,损失因数与频率成比例。在损失因数表现出其他频率依赖性的情况下,式(14.13)和式(14.15)仍然适用,且如果用 η 代替 $2r\zeta$,则式(14.11)成立。上述方程不仅适用于损失因数恒定的结构阻尼,也适用于通过实验确定频率变化的损失因数。

14.2.4　阻尼量度的相互关系

以下关系适用于所有频率:

$$\eta = \frac{\psi}{2\pi} = \frac{k}{k_i} = |\tan\varphi|_{r=0} \tag{14.16a}$$

但在共振时才比较精确,对于小阻尼,$\eta \approx b$,则

$$\eta = \frac{1}{Q} = 2\zeta \tag{14.16b}$$

对于具有黏性阻尼的系统,有

$$2\zeta = \frac{\delta}{\pi} = \frac{2.20}{f_n T_{60}} = \frac{\Delta}{27.3 f_n} = \frac{\Delta_\lambda}{13.6} \tag{14.16c}$$

对于阻尼较小的系统,取 $\eta \approx 2\zeta$,考虑系统特性近似黏性阻尼系统,并使用式(14.16c)的关系。

14.2.5 阻尼测量

大多数测量结构阻尼的方法均基于前述讨论的简单系统的响应,如前所述,也对应于结构模态的响应。但与质量-弹簧-阻尼器系统不同的是,结构阻尼具有多种模态和相应的固有频率。因此,许多适用于简单系统的方法只能应用于结构模态,由于固有频率或模态振型的不同,这些结构模态的响应可以与所有其他模态的响应分开讨论。

对数衰减 δ 的测量通常仅适用于能够获得振幅-时间轨迹清晰记录的结构模态。如果存在多种模态,这些模态的衰减响应会叠加,难以解释记录。

如需研究衰减信号的包络,则无须对式(14.4)中包含的波峰(用于确定对数衰减)进行计算。一般用调整振幅对时间的对数,即可快速评估信号包络。由于负数没有对数,因此必须进行调整。在调整后的对数关系中,包络变成一条直线,该直线的斜率与 $\zeta\omega_n$ 成正比,因此与衰减率成正比。通过斜率的测量,不仅可以评估阻尼,同时也可以观察包络线与直线的偏差,从而判断结构阻尼是否为黏性阻尼且与振幅无关,以及判断是否存在不同衰减率的响应的叠加。

衰减率的确定也适用于激发多种模态的频带。典型的阻尼测量包括在给定频带内通过宽带力激励结构,切断激励,然后观察整流信号对数的包络,可通过调谐到激励频带的带通滤波器[①]来传输传感器(通常是加速度计)的输出,以获得整流信号。可以使用该通带的中心频率表示该频带中所有模态的 ω_n。解释产生的包络和对重复测量结果取平均值时,一般要做出一些判断,因为频带中的不同模态表现出的衰减可能会有轻微差异。

从概念上来说,测量结构阻尼的直接方法是将稳态结构的能量耗散和总振动能量 W 的测定值代入式(14.13)中[8]。可采用阻抗头或测量激振点处的力和运动的类似传感器装置来激励该结构。瞬时力和速度值相乘,对乘积进行时间平均,得到单位时间内的平均能量输入,也就是稳态条件下单位时间内的耗散能量。对于给定的激励频率 f,每个周期消耗的能量 D 等于单位时间消耗的能量的 $1/f$。

存储在结构中的能量 W 可以由结构的动能来确定,根据结构的质量分布信息及合适的加速度计阵列或其他运动传感器测量的速度值来计算动能。使用这种测量方法时,应特别注意仪器选择和校准,这种方法有一个显著的优势:因为涉及对耗散能量的直接测量,所以这种方

---

① 滤波器的响应必须足够快,以便能够跟踪衰减的信号;否则,只能观察到滤波器响应的衰减,而不是结构振动的衰减。更大阻尼的更快衰减需使用通带更宽的滤波器来观察。

法不依赖于任何特定的耗散模式。同时还可以采用这种方法研究损失因数随振幅的变化。

也可使用力-运动传感器组合直接测量复数阻抗或迁移率（或其他力-运动比），通常基于奈奎斯特图中提取的阻尼信息。目前市面上已经研发出多种专用模态试验或模态参数提取仪器和软件。

也可以进行简单的稳态正弦响应测量，以直接基于定义来测量 Q 和半功率点带宽 b。这些测量需要特别小心，以确保相关模态的近共振响应不会受到其他模态（共振频率接近对应模态的共振频率）响应的显著影响。

14.3 阻尼模型

14.3.1 分析模型

上述大部分内容围绕"黏性"阻尼展开讨论，其中能量耗散是由与振动系统速度成正比且方向与速度方向相反的力引起的。目前已广泛使用这种阻尼作用的黏性模型，因为这种模型产生了相对简单的系统运动线性微分方程式，并且可以计算出一些真实系统作用的合理近似值（特别是在小振幅下）。

在许多其他广泛使用的模型中，还涉及运动反向力（是速度的函数）。在干摩擦或库仑阻尼中，力的大小是恒定的（但当速度改变时，力的代数符号也会改变）。在二次方律和幂定律阻尼中，力的大小与速度的平方或幂数成正比。当然，也可以采用现代数值方法简便分析涉及其他速度依赖性的模型，例如从相应的实验中获得的模型。

而在黏性阻尼中，减速力与速度成正比，在结构阻尼中，减速力与位移成正比。如前所述，结构阻尼具有恒定损失因数 η，结构阻尼系统的无量纲响应关系见式（14.11）（用 η 代替 $2r\zeta$）。由于减速力的不同，除了接近固有频率，结构阻尼系统的特性也不同于黏性阻尼系统。结构阻尼模型通常可适用于根据实验数据确定的损失因数，该损失因数随频率变化。利用损失因数的适当频率依赖性，可以建立结构阻尼模型来表示黏性阻尼系统的正弦响应，实际上，也可以表示损失因数与振幅无关的任何系统的正弦响应[①]。

14.3.2 模型适用范围

如需确定系统对特定激励的精确响应，一般应对所有力进行完整说明，包括阻尼力，也就是说，需要一个对应于实际系统的阻尼模型。例如，如需研究急刹车或振动工具运动的"波形"，或者需要确定系统对瞬态（如冲击）的响应，则应建立一个对应于实际系统的阻尼模型。

但在许多实际情况中，系统运动的详细情况并不重要，而振幅影响较大。如上所述，在稳定共振或自由衰减条件下（以及在一些其他情况下），振幅基本上建立在系统中能量的基础上。对于这种情况，只要模型中给出了每个周期的正确能量耗散，阻尼模型的详细情况并不重要。正是由于这个原因，目前广泛使用的方法是仅考虑能量来测量阻尼[②]。

---

① 应注意频率到时域的转换。并非损失因数的所有可能频率变化都会导致物理上可实现的结果，例如，部分频率变化表示在力施加之前开始的系统运动[9]。

② 等效黏性阻尼是与系统中实际存在的阻尼具有相同能量耗散的黏性阻尼，一般用于分析。研究系统运动的详细情况时，不得使用这种阻尼模型。

14.4 阻尼机制和大小

由于阻尼是在振动相关能量向振动无法获得的其他形式的能量的转换过程中产生的,所以每一种阻尼机制就对应一种从振动系统中移除能量的方法,包括将机械能转化为热能的机制,以及将能量从相关振动系统中转移出去的机制。

14.4.1 能量耗散和转换

材料阻尼、机械滞后和内耗指的是由于施加在材料上的变形,导致材料内的机械能转化为热能。这种转换可能是由于对分子、晶格或金属颗粒水平的各种影响造成的,包括磁、热、冶金和原子现象[10]。部分常见材料的损失因数范围见图14.5。金属的损失因数随着应变幅的增加而增加,特别是在屈服点附近,但是塑料和橡胶的损失因数与应变幅(甚至一定数量级的应变)的关系不大。一些材料的损失因数,特别是可以流动或蠕变的材料,往往随着温度和频率的变化发生显著变化。

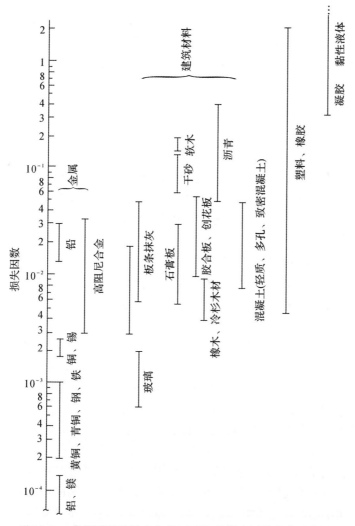

图 14.5 常温下材料微小应变(音频)的损失因数的典型范围

结构和结构接触的固体或流体之间的相对运动产生的摩擦也可能引起振动结构的阻尼。此外，由于运动产生涡流，并将涡流进一步转换为热能，在磁场中运动的导电结构也会产生阻尼。

与振动结构接触的颗粒材料，如沙子等，一般通过两种不同的机制产生阻尼。振幅较小的情况下，阻尼主要是由相邻晶粒上粗糙体的相互作用以及机械滞后引起的伴随能量损失造成的。振幅较大的情况下，阻尼主要由结构和晶粒之间或各晶粒之间的碰撞而产生。这些碰撞导致结构和颗粒材料的高频振动，并产生相关结构振动不可使用的振动能量（最终转化为热能）[11]。碰撞阻尼器中一个小元件撞击振动结构，类似依赖于振动结构的能量转化为更高频率的振动。

14.4.2 边界和加强件引起的阻尼

对于可视为均质板的面板或其他结构部件，可以根据边界吸声系数的信息来估算板材边界处的能量损失因数 η_b，这种损失由能量向相邻面板的传输及在面板边界处的耗散导致[12]。对于在面板上以弯曲波长 λ 明显短于面板边缘的频率振动，振动面积为 A，该损失因数的公式如下：

$$\eta_b = \frac{\lambda}{\pi^2 A} \sum \gamma_i L_i \tag{14.17}$$

式中，γ_i 表示长度为 L_i 的第 i 个边界增量的吸声系数，系数总和延伸到所有边界增量。

在频率 f 下，设板材材料的纵波速度为 c_L，泊松比为 ν，板材厚度为 h，这种均质板弯曲波长的公式为 $\lambda = \sqrt{(\pi/\sqrt{3})hc_L/f(1-\nu^2)}$。

边界元件的吸声系数 γ 是撞击边界元但未返回到面板上的板弯曲波能量。一般情况下，通过分析无法很好地预测给定边界元件相关的吸声系数值，但可以通过实验确定。例如，可以将长度为 L_0 的边界元件添加到面板中，测量不同频率下产生的损失因数增加量 $\Delta\eta$，并根据公式 $\gamma_0 = (\Delta\eta)\pi^2 A/\lambda L$ 计算该边界元件的吸声系数值 γ_0，具体可由式（14.17）得出。式（14.17）和 γ_0 的表达式基于边界元件的吸声系数与其长度无关这一假设，如果波长 λ 明显小于元件长度，则这一假设成立。

也可使用式（14.17）研究线性不连续性的阻尼效应，例如接缝或附加加固梁，前提是知道相应的吸声系数。由于板波可以撞击位于面板区域内不连续的两侧，因此对于这样的不连续位置，需使用式（14.17）中实际间断长度的两倍进行计算。

连接到面板上的梁或加强件的能量能够消散，因此它们能够产生的阻尼绝大程度上取决于所使用的紧固方法。如果采用连续焊接或刚性黏合剂将金属梁连接到金属板或板接缝中，则金属梁几乎不产生阻尼。但如果采用柔性、耗散黏合剂固定，或者采用多个固定点固定，例如通过铆钉、螺栓或点焊，则会产生显著的阻尼。在高频下，面板上的弯曲波长小于紧固点之间的距离，主要阻尼不由界面摩擦引起，而是由相邻表面（连接点之间的位置）彼此间的相对运动产生的"空气抽运"作用引起。此处的能量损失是由不同的表面之间空气或其他流体的黏度造成的[13-15]。

可以从图 14.6 中总结的实验结果估算出采用多个固定点固定到面板上的梁的高频吸声系数，图 14.6 中列出了梁的折算吸声系数 γ_r 随折算频率 f_r 或紧固件间距与板弯曲波长的比率 d/λ 的变化。图中给出了这些折算量的定义，这些折算将吸声系数与这些参数的参考值

（带下标 0 的数据）相关联,解释了吸声系数对板材料梁宽 ω、板厚度 h、紧固件间距 d 和纵波速度 c_L 的依赖性。应注意,图 14.6 中的面板处于大气压下的空气中;在折算气压中面板的吸声系数值会偏小,压力增大时,吸声系数值会增大。目前已有理论[13]可以解释大气压力变化的影响以及接触面之间存在的其他气体或液体。

14.4.3　能量传输引起的阻尼

1. 结构传导

从振动结构传输出去的能量构成了从该结构损失的能量,因此导致产生阻尼。能量传输可能发生在相邻的结构元件或与振动结构接触的流体上。

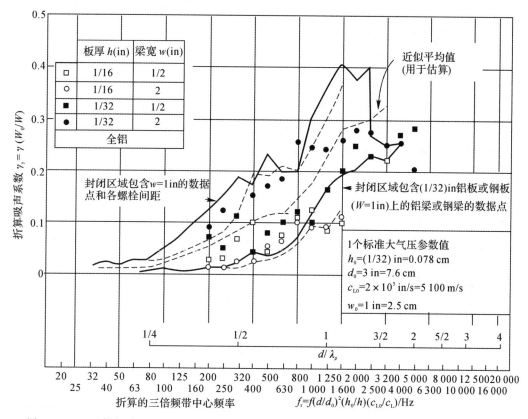

图 14.6　通过铆钉、螺栓或点焊固定在板上的梁的折算吸声系数数据汇总[15]（1 in = 2.54 cm）

例如,多面板阵列中的面板（如飞行器机身）产生阻尼的原因不仅包括面板内的能量耗散,还包括能量到相邻面板的传输。能量传输导致很难在实际应用中测量与其他部件相连的结构部件的耗散阻尼。通过试样支架传输的能量容易污染耗散阻尼的实验室测量,可能会在固有阻尼较小的试样测量中导致较大误差。

如果一个结构元件在给定点与振动结构相连,那么在频率 f 下,每个周期内传输到连接结构上的能量 D 为

$$D = \frac{V_s^2 \mathrm{Re}[Z_A]}{2f} \left| 1 + \frac{Z_A}{Z_s} \right|^{-2}$$

$$(14.18)$$

式中　　V_S——与附加结构连接之前,振动结构在连接点处的速度振幅;

　　　　Z_A——附加结构的驱动点阻抗;

　　　　Z_S——连接点处振动结构的阻抗(两个阻抗均在 V_S 方向上测量)。

可以通过式(14.13)得山。

波导吸声器是一种阻尼装置,可将能量从连接点传导出去并耗散该能量。这种吸声器本质上是一个结构元件,波可以沿着该结构元件传播,并且该结构元件包括波传输能量的耗散装置。例如,由高阻尼塑料制成或涂有高阻尼材料的细长梁(可为直梁或某种形式的卷梁)可以在远高于梁基频共振频率下作为波导吸声器。为达到吸声效果,波导吸声器必须支持相关频率范围内的波,吸声器必须连接在振动结构以相当大的振幅移动的点上,并且它的阻抗必须确保不会过度减小振动结构在连接点上的运动[16]。

调谐阻尼器,通常也称为动力吸声器或抵消器,其直观的作用是作为一个质量-弹簧-阻尼器系统,弹簧座连接到振动结构上的一个点上。在接近阻尼器固有频率的区域,调谐阻尼器可会阻止连接点的运动,并耗散相当大的能量;在这个频率范围之外,调谐阻尼器的阻尼效果通常很弱。任何系统,如梁或板,如果在相关频率下表现出共振,则可在该频率下作为调谐阻尼器。在相对较宽的频率范围内,可以在板表面上布置一些固有频率稍有不同的小调谐阻尼器来获得板的大阻尼[17]。

2. 声辐射

振动结构辐射的声音从结构中传输能量,从而产生阻尼。对于厚度为 h、材料密度为 ρ_p 的均质板,可以利用如下关系式[14],根据面板一侧的辐射效率 σ,计算出频率为 f 时面板因声辐射导致的损失因数 η_R,即

$$\eta_R = \frac{\rho}{\rho_p} \frac{c}{2\pi f h} \sigma \qquad (14.19)$$

式中,ρ 和 c 分别表示环境介质的密度和该介质中的声速。如果面板可以从两侧辐射声音,则 η_R 是式(14.19)计算值的两倍大。辐射效率 σ 的大小取决于面板上的振动速度分布以及频率,因此对于不同的激励分布,辐射效率通常也不同。

对于一个固有阻尼很小并且在一个点处激励的板,辐射效率为[18]

$$\sigma = \begin{cases} (Uc/\pi^2 A f_c)\sqrt{f/f_c}, & f \ll f_c \\ 0.45\sqrt{Uf_c/c}, & f = f_c \\ 1.0, & f \gg f_c \end{cases} \qquad (14.20)$$

式中　　A——面板的表面积(一侧);

　　　　U——面板周长;

　　　　f_c——相干频率,该频率是板弯曲波长等于环境介质中声波波长时的频率,可通过 $f_c \approx c^2/l.8hc_L$ 计算,其中 c_L 表示板材料中的纵波速度。

关于辐射效率的更详细信息见第11章。式(14.20)可用于估算阻尼此昂对较小的板的辐射效率。该方程还可对周长 U 不小于总肋长度两倍的肋板的辐射效率进行合理的估算。

14.5 黏弹性阻尼处理

14.5.1 黏弹性材料和材料组合

兼具阻尼(能量耗散)和结构(应变能存储)能力的材料称为黏弹性材料。尽管几乎所有材料均属于黏弹性材料,但黏弹性材料通常仅表示能量耗散与能量存储能力比率相对较高的材料,如塑料和弹性体。

一般情况下,强度重量比较高的结构材料的固有阻尼很小,如图 14.5 所示,而高阻尼的塑料和橡胶的强度相对较低。因此,对于同时需要强度和阻尼的情况,考虑使用高强度材料和高阻尼黏弹性材料的组合。向结构元件中增加黏弹性材料称为黏弹性阻尼处理。

如果发生偏转,复合结构通过每个结构元件中的各种变形(如剪切、拉伸和压缩、弯曲)来储存能量。如果 η_i 表示与第 i 个元件变形相对应的损失因数,而 W_i 表示该变形中存储的能量,则整个结构的损失因数 η 为[19]

$$\eta = \sum \eta_i \frac{W_i}{W_T} \tag{14.21}$$

式中,$W_T = \sum W_i$ 维表示储存在结构中的总能量。式(14.21)表明,复合结构的损失因数 η 等于对应于所有元件变形的损失因数的加权平均值,其中能量存储作为权重因数。从该表达式中也可以得到一个重要结论:只有当元件对应的损失因数很大,并且与元件对应的能量存储对总能量存储的贡献量很大时,元件变形才能对总损失因数起显著作用①。

14.5.2 黏弹性材料的机械性能

因为黏弹性材料具有能量储存和能量耗散能力,所以可以用复量的弹性模量和剪切模量来描述这类材料的特性,类似于式(14.10)中对复合刚度的定义。材料的复合弹性模量 $\bar{E}$ 是应力相量与应变相量之的比值,可以写成 $\bar{E} = E_R + jE_I = E_R(l + j\eta_E)$[10],其中实部 E_R 称为储能模量,虚部 E_I 称为损失模量,与弹性模量相关的损失因数 η_E 等于 E_I/E_R,同样的定义适用于复合剪切模量②。

对于塑料和弹性体来说,最具有实际使用价值的黏弹性材料的实模量和虚模量以及损失因数随频率和温度变化很大。但这些参数随材料的应变幅、预载荷和老化的变化相对较小[10]。出于所有实际考虑,与剪切模量相关的损失因数通常等于与弹性模量相关的损失因数,因此一般无须区分这两者。此外,由于大多数有实际应用价值的黏弹性材料实际上是不可压缩的,剪切模量值约等于相应弹性模量值的 1/3。一般情况下,$\eta_E^2 \ll 1$,因此 $|\bar{E}| \approx E_R$。

图 14.7 所示为典型黏弹性材料的(真实)剪切模量和损失因数随频率和温度的变化。在低频和 / 或高温下,材料足够柔软且移动性较好,以确保应力施加后出现应变而不出现明显的

---

① 式(14.21)仅适用于所有储能元件同相偏转的情况,这些元件同时达到最大储能。

② 复模量表示法的一个优点是易于在分析中加入阻尼。只需要用相应的复模量代替对应的无阻尼公式中的实模量,或者用相应的复合刚度代替实刚度,就可以得到包括阻尼在内的对应公式。这种方法适用于集总参数动态系统以及连续系统,并且可以考虑不同元件和材料的不同阻尼值。

相移，因此阻尼很小，此时材料处于"橡胶状"。在高频和／或低温下，材料比较坚硬且移动性较差，可能易碎，相对无阻尼，并且特性类似玻璃，此时材料处于"玻璃态"。在中等频率和温度下，模量取中间值，损失因数最高，此时材料处于"过渡"状态。

这种材料特性可以用构成聚合材料的长链分子的相互作用来解释。在低温下，分子相对不活跃，分子排列较为"紧密"，因此具有很高的刚度，并且分子的相对运动很少，所以几乎没有分子间"摩擦"来产生阻尼。在高温下，分子比较活跃，分子间的相对运动更容易，导致刚度变低，并且由于分子间相互作用很小，因此分子间的摩擦导致能量耗散也很小。在中等温度下，分子的相对运动和相互作用也处于中间水平，刚度为中间值，损失因数最大。类似的机理也适用于频率对材料性质的影响，分子的惯性导致分子迁移率降低，并随着频率的增加而相互作用。

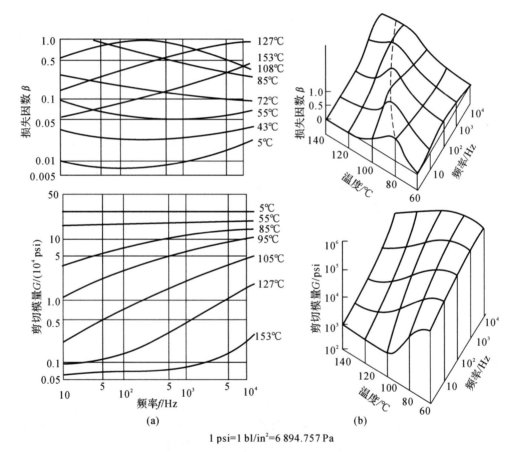

1 psi=1 bl/in²=6 894.757 Pa

图 14.7　聚酯塑料剪切模量和损失因数对频率和温度的依赖性[20]

（a）恒温下频率的函数；　（b）温度-频率平面上的等距图

图中可以观察到存在温度-频率等效性，即适当的温度下降与给定频率增加的效果相同，因此可以通过简单的曲线来描述，其中每个材料模量的频率和温度变化的数据集中用单一曲线来表示[10,21]。将数据相对于折算频率 $f_R = f\alpha(T)$ 作图即可实现这种集中表示，其中 $\alpha(T)$ 是温度 T 的选择性函数。在这种形式的数据表示中，函数 $\alpha(T)$ 可以在单独的图中进行分析，或者如叠加在简化数据图上的标准化[22-23]诺谟图所示。图 14.8 所示包括曲线图和诺谟图，其用途见图例。叠加在数据图上的诺谟图有助于确定对应于频率 f 和温度 T 的折算频率 f_R。当 $f=15$ Hz，$T=20℃$ 时，$f_R=5\times10^3$ Hz，$E=3.8\times10^6$ N/m²，$\eta=0.36$。

可从材料供应商处获取阻尼材料性能数据。数据汇编见参考文献[10][21]和[24]。表 14.1 中列出了一些材料的关键信息，以便于根据本章后续部分讨论的概念对特定应用进行初步材料比较和选择。对于表中列出的每种材料，该表中列出了材料的最大损失因数值 η_{max}，以及在三种频率下获得最大损失因数的对应温度。该表还列出了弹性模量的三个值：E_{max} 是弹性模量的最大值，适用于低温（即温度远低于 η_{max} 对应的温度）；E_{min} 是 E 的最小值，适用于高温；过渡值 E_{trans} 适用于 η_{max} 范围；损失模量的最大值 $E_{l,max}\approx\eta_{max}E_{trans}$，适用于过渡范围。

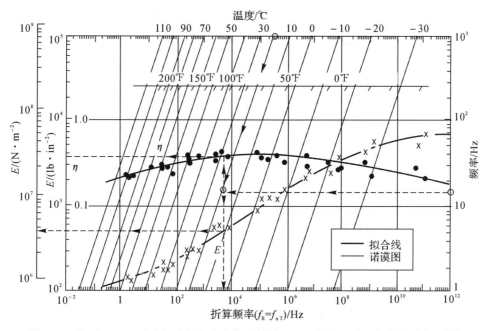

图 14.8 "Sylgard 188"有机硅封装化合物弹性模量 E 和损失因数 η 的折算频率图[25]

表 14.1　部分商用阻尼材料的性能

材　料	最大损失因数 η_{max}	η_{max}对应的温度/℉[①]			弹性模量[②]/psi(1 psi=6 894.757 Pa)			
		10 Hz	100 Hz	1 000 Hz	E_{max}	E_{min}	E_{trans}	$E_{l,max}$
Antiphon - 13	1.8	25	75	120	3×10^5	1.2×10^3	1.9×10^4	$3.\times10^3$
blachford Aquaplas	0.5	50	80	125	1.6×10^6	3×10^4	2.2×10^5	1.1×10^5
Barry Controls H - 326	0.8	-40	-25	-10	6×10^5	3×10^3	4.2×10^4	3.4×10^4
Dow Coming Sylgard 188	0.6	60	80	110	2.2×10^4	3×10^2	2.6×10^3	1.5×10^3
EAR C - 1002	1.9	23	55	90	3×10^5	2×10^2	7.7×10^3	1.5×10^4
EAR C - 2003	1.0	45	70	100	8×10^5	6×10^2	2.2×10^4	2.2×10^4
lord LD - 400	0.7	50	80	125	3×10^6	3.3×10^3	1×10^5	7×10^4
Soundcoat DYAD 601	1.0	15	50	75	3×10^5	1.5×10^2	6.7×10^3	6.7×10^3

续表

材　料	最大损失因数 η_{max}	η_{max}对应的温度/℉[1]			弹性模量[2]/psi(1 psi＝6 894.757 Pa)			
		10 Hz	100 Hz	1 000 Hz	E_{max}	E_{min}	E_{trans}	$E_{1,max}$
Soundcoat DYAD 606	1.0	70	100	130	3×10^5	1.2×10^2	6×10^3	6×10^3
Soundcoat DYAD 609	1.0	125	150	185	2×10^5	6×10^2	1.1×10^4	1.1×10^4
Soundcoat N	1.5	15	30	70	3×10^5	7×10^1	4.6×10^3	6.9×10^3
3M ISD－110	1.7	80	115	150	3×10^4	3×10^1	1×10^3	1.7×10^3
3M ISD－112	1.2	10	40	80	1.3×10^5	8×10^1	3.2×10^3	3.9×10^3
3M ISD－113	1.1	－45	－20	15	1.5×10^5	3×10^2	2.1×10^2	2.3×10^2
3m 468	0.8	15	50	85	1.4×10^5	3×10^1	2×10^3	1.6×10^3
3M ISD－830	1.0	－75	－50	－20	2×10^5	1.5×10^2	5.5×10^3	5.5×10^3
GE SMRD	0.9	50	80	125	3×10^5	5×10^3	3.9×10^4	3.5×10^4

注:①应转换成℃,使用公式℃$=\dfrac{5}{9}$(℉－32)。

②源于参考文献[11]中曲线的近似值。除了$E_{1,max}$代表损失(虚)模量的最大值,其余数值对应于弹性模量的存储(真)值。E_{max}适用于低温和/或高频,E_{min}适用于高温和/或低频,E_{trans}和$E_{1,max}$适用于η_{max}的范围,除以3得到相应的剪切模量值,要转换成 N/m²,将列表值乘以7×10^3。

应注意,聚合材料(包括塑料和弹性体)的机械性能一般比金属和其他典型结构材料更容易发生变化。这种可变性一部分是由于聚合物的分子结构和相对分子质量分布,分子结构和分子量分布不仅取决于材料的化学成分,还取决于材料加工过程。在大量实际应用中,由于添加到各种商业材料中的增塑剂和填料的类型和数量不同,也导致了额外的性能可变性。因此,表面相同的聚合材料表现出截然不同的机械性能是很常见的。同样,即使是同一生产过程中的材料样品,在使用频率和温度下的损失因数和模量差异也很大,这表明关键应用中需要严格的质量控制和性能验证。

14.5.3　涂有黏弹性层的结构

如果知道所有组成元件中存储的各种变形中的能量W_i,就可以使用式(14.21)计算给定模式下振动结构的损失因数。事实上,在现代有限元分析法[26-28]中,可计算模态变形量,然后应用这些变形量来评估所有的储能部件,再使用式(14.21)计算出损失因数。

实际中已对均质梁和板结构在非常接近实际条件时的弯曲分析结果进行了大量的研究。这些研究结果对设计指导和重要参数的理解具有非常重要的意义,一般适用于挠度分布为正弦曲线的结构①。

---

①　距离边界一个或多个波长的位置处,在自然模态下振动的梁(或板)的变形分布近似为正弦分布(梁的变形分布为一维正弦,板的变形分布为二维正弦),且与边界条件无关。因此,随着频率的增加,正弦变形分布的假设适用于更多的结构部分。

14.5.4 两分量梁

如图 14.9 所示,在加入黏弹性嵌件或材料层的均质梁的弯曲中,与剪切和扭转变形相关的能量存储(和耗散)通常可以忽略不计。图中,如果接触部件在所有表面上保持无滑动,并且基本结构(非黏弹性)部件的损失因数可以忽略不计,那么复合梁的损失因数 η 与黏弹性部件材料的损失因数 β 的关系式为[29-30]

$$\frac{\eta}{\beta} = \left[1 + \frac{k^2(1+\beta^2) + (r_1/H_{12})^2 \alpha}{k[1 + (r_2/H_{12})^2 \alpha]} \right]^{-1} \tag{14.22}$$

式中,$\alpha = (1+k)^2 + (\beta k)^2$。下标 1 表示结构(无阻尼)部件,下标 2 表示黏弹性部件,$k = K_2/K_1$,其中 $K_i = E_i A_i$,表示部件 i 的拉伸刚度,以其弹性模量(实部)E_i 和横截面面积 A_i 表示。$r_i = \sqrt{I_i/A_i}$ 为 A_i 的回转半径,其中 I_i 为 A_i 的中心转动惯量。

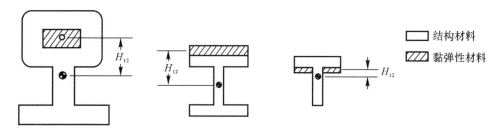

图 14.9 带有黏弹性嵌件或附加层的梁的侧视图

对于大部分的结构部件,其拉伸刚度远大于黏弹性部件的拉伸刚度,即 $k \ll 1$,且式(14.22)可简化为

$$\eta \approx \frac{\beta E_2 I_{\mathrm{T}}}{E_1 I_1 + E_2 I_{\mathrm{T}}} \approx \frac{\beta E_2}{E_1} \frac{I_{\mathrm{T}}}{I_1} \tag{14.23a}$$

式中,$I_{\mathrm{T}} = I_2 + H_{12}^2 A_2 = A_2(r_2^2 + H_{12}^2)$,表示 A_2 绕 A_1 中性轴的转动惯量。

式(14.23a)中最后一个表达式适用的条件是 $E_2 I_{\mathrm{T}} \ll E_1 I_1$,该条件一般在实际结构中成立,其中黏弹性部件的面积和弹性模量小于结构部件的面积和弹性模量。在这种情况下,复合结构的中性轴与结构部件的中性轴非常接近,且主要能量存储与结构部件的弯曲(其抗弯刚度为 $E_1 I_1$)有关。主要能量耗散与黏弹性部件的伸展和压缩相关,平均伸展(等于黏弹性部件中性轴的伸展)由弯曲曲率与黏弹性部件和结构部件中性轴之间的距离 H_{12} 决定[①]。弯曲曲率在振动结构的波腹处最大,因此,大多数阻尼作用发生在波腹处,波腹处附近的材料几乎没有阻尼作用。

式(14.23a)包含两个比率;第一个仅涉及材料属性,第二个仅涉及几何参数。这表明黏弹性材料最重要的动态力学性能是其拉伸损失模量 $E_1 = \beta E_2$。与根据一般能量表达式[见式(14.21)]得出的结论一致,复合结构采用黏弹性材料才可获得良好阻尼,黏弹性材料不仅具有高损失因数,而且具有相当大的储能能力。

---

① 结构部件和黏弹性部件之间的"间隔圈",即横向较硬、纵向较软的层面(如蜂窝结构),可增加 H_{12},从而增加黏弹性材料获得的给定量阻尼[30]。

14.5.5　带黏弹性涂层的板材

条状板材(见图14.10的嵌件)是两分量梁的特殊情况,其中两个组件均为矩形横截面。因此式(14.22)和式(14.23a)适用,$r_i = H_i / \sqrt{12}$,$H_{12} = \dfrac{1}{2}(H_1 + H_2)$,其中 H_i 表示部件厚度。前面部分讨论的能量储存和耗散,以及关于主要阻尼材料特性的注释均适用。

图14.10所示是 $\beta^2 \ll 1$ 时基于式(14.22)绘制的曲线图。从图中可以看出:当相对厚度较小,$h_2 = H_2/H_1$,损失因数比 η/β 与黏弹性层厚度成正比;而相对厚度很大时,损失因数比接近1。也就是说,涂层板的损失因数接近黏弹性涂层的损失因数,这与研究结果一致[①]。从图中还可以明显看出,阻尼层相对厚度较小时,损失因数比与模量比 $e_2 = E_2/E_1$ 成正比。阻尼层相对厚度较小时,即在图14.10中的曲线近乎为直线的区域中,涂层板的损失因数也可采用下式进行估算[30],即

$$\eta \approx \frac{\beta E_2}{E_1} h_2 (3 + 6 h_2 + 4 h_2^2) \tag{14.23b}$$

式中,$h_2 = H_2/H_1$。

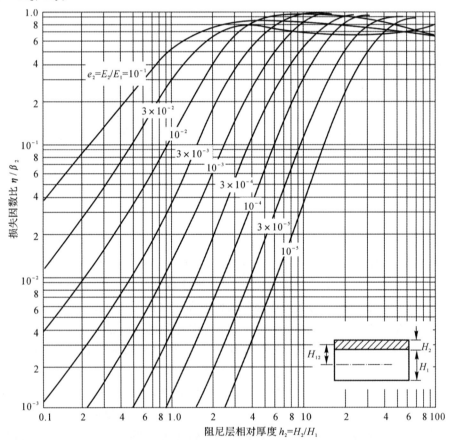

图14.10　带黏弹性层条状板材的损失因数 η 与阻尼层相对厚度和相对模量的关系[30]

(曲线适用于损失因数 β 较小的黏弹性材料)

---

① 对于非常厚的黏弹性涂层,厚度方向的变形(在此简化分析中未考虑)也可能起重要作用,尤其是在黏弹性材料中出现驻波共振的频率下[31]。

如果将两个黏弹性层涂到板上,每侧各涂一层,则涂层板的损失因数为各层的损失因数的总和,假设每个黏弹性层的相对抗拉刚度较低,即 $E_2 H_2 \ll E_1 H_1$,则可对每一层单独计算。如不满足这个不等式,则需进行更复杂的分析。

14.5.6 带黏弹性夹层的三分量梁

图 14.11 显示了由两个结构(非黏弹性)部件组成的均匀梁,这两个部件通过相对较薄的黏弹性部件相互连接。H_{13} 是结构部件中性轴之间的距离。梁的变形为垂直变形,波沿梁的长度方向传播,垂直于纸面。在实际应用中,这种三分量梁的性质优于两分量梁,因为三分量梁的黏弹性材料仅在梁边缘暴露。但在重量相同时,也可将三分量梁设计成比两分量梁的阻尼更高的形式[①]。

对于拉伸和抗弯刚度小于结构部件拉伸和抗弯刚度的带黏弹性层的三分量梁,其弯曲的主要能量耗散与黏弹性部件的剪切有关,最大的能量存储与两个结构部件的拉伸／压缩和弯曲有关。黏弹性部件的剪切在振动结构的节点处最大。因此,大部分能量耗散发生在节点附近的黏弹性材料中,而在波腹附近的能量耗散相对较少。为确保有效阻尼,应重点确保黏弹性材料中的剪切作用不受结构互连(如螺栓)的限制(特别是在节点处和节点附近)。

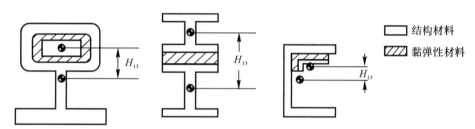

图 14.11 由两个结构部件通过黏弹性部件连接而成的复合梁侧视图

这种三分量梁的空间正弦偏转形状对应的损失因数 η 与黏弹性材料的损失因数 β 相关性为[29-30]

$$\eta = \frac{\beta Y X}{1 + (2 + Y)X + (1 + Y)(1 + \beta^2)X^2} \tag{14.24}$$

其中

$$X = \frac{G_2 b}{p^2 H_2} S, \quad \frac{1}{Y} = \frac{E_1 I_1 + E_3 I_3}{H_{13}^2} S, \quad S = \frac{1}{E_1 A_1} + \frac{1}{E_3 A_3} \tag{14.25}$$

式中 E_i, A_i 和 I_i —— 部件 i 的弹性模量、横截面面积和转动惯量;

H_{13} —— 两个结构部件的中性轴之间的距离;

G_2 —— 黏弹性材料的剪切模量(实部);

H_2 —— 黏弹性层的平均厚度;

b —— 在梁的横截面上测量的黏弹性层长度。

下标 1 和 3 代表结构部件,下标 2 代表黏弹性部件。

---

① 应注意,为获得更大阻尼而进行的设计变更通常也会引起质量和刚度的变化,影响结构的振动响应,应在设计过程中予以考虑[17,32,33]。

梁的变形空间正弦波数 p 满足

$$\frac{1}{p^2} = \left(\frac{\lambda}{2\pi}\right)^2 = \frac{1}{\omega}\sqrt{\frac{B}{\mu}} \qquad (14.26)$$

式中　λ—— 弯曲波长；

　　　B—— 抗弯刚度；

　　　μ—— 复合梁单位长度的质量。

三分量结构的结构参数 Y 仅取决于两个结构部件的几何形状和弹性模量，而抗剪参数 X 取决于黏弹性层的性质和梁的变形波长。抗剪参数 X 与梁弯曲波长与衰减距离之比的二次方成正比[34]，即局部剪切扰动按因数 e 衰减的距离，其中 e $\approx$ 2.72，为自然对数的底数。因此，X 也是黏弹性层对两个结构部件的弯曲运动连接程度的度量。

三分量梁的(复合)抗弯刚度为

$$\bar{B} = (E_1 I_1 + E_3 I_3)\left(1 + \frac{X^* Y}{1 + X^*}\right), \quad X^* = X(1 - \mathrm{j}\beta) \qquad (14.27)$$

它的大小 $B = |\bar{B}|$。因此，对于 X 较小的复合梁，其抗弯刚度 B 等于结构部件的抗弯刚度之和，也就是说，等于两个部件(未相互连接)所表现出的总抗弯刚度。当 $X \gg 1$ 时，B 接近 X 的 $1 + Y$ 倍，也就是等于带结构部件 1 和 3(刚性连接)的梁的抗弯刚度。

对于给定的 β 和 Y 值，复合梁的损失因数 η 取其最大值：

$$\eta_{\max} = \frac{\beta Y}{2 + Y + 2/X_{\mathrm{opt}}} \qquad (14.28)$$

式中，X_{opt} 为 X 的最佳值，有

$$X_{\mathrm{opt}} = \left[(1 + Y)(1 + \beta^2)\right]^{-1/2} \qquad (14.29)$$

借助这些定义，可以根据比例 $R = X/X_{\mathrm{opt}}$ 将式(14.24)改写为如下形式，来简单地表示三分量梁阻尼特性，即

$$\frac{\eta}{\eta_{\max}} = \frac{2(1 + N)R}{1 + 2NR + R^2}, \quad N = \left(1 + \frac{1}{2}Y\right)X_{\mathrm{opt}} \qquad (14.30)$$

图 14.12[基于式(14.28)和式(14.29)]所示为 $\eta_{\max}/\beta$ 随 Y 单调增加的性质，表明在高阻尼复合结构的设计中应选择 Y 值较大的材料[①]。图 14.13 给出了一些常见材料配置的近似 Y 值。图 14.14 所示为 $\eta/\eta_{\max}$ 随 X/X_{opt} 的变化规律，可以看出，要获得接近 $\eta_{\max}$ 的损失因数，必需保证给定设计 X 的动作值尽可能接近 X_{opt}。

如果已知波数 $p = 2\pi/\lambda$ 和给定梁振动相关的频率，可以将梁参数与相关频率和温度下的材料特性代入式(14.24)和式(14.25)或式(14.28)～式(14.30)来计算复合梁的损失因数 η。式(14.28)～式(14.30)还可用于判断给定材料配置与最佳值之间的差距。

如果仅仅已知频率而不知道对应于梁振动的波数 p，则需使用式(14.26)确定 p。将根据式(14.27)计算的 B 代入式(14.26)中，然后将结果代入式(14.25)第一个等式中，得到关于 X 的三次方程式。虽然可以用数字解此方程，但通常使用图 14.15 所示的迭代过程可以更加方

---

① 黏弹性部件和一个或两个结构部件之间插入的抗剪可拉伸软"间隔圈"(如蜂窝结构)可增加 H_{13}，从而增加 Y 的值，见式(14.25)。对于复合结构的给定变形，间隔圈可增加黏弹性部件中的剪切应变，从而增加能量存储和耗散，达到增加阻尼的目的[30,34]。

便地确定 X。

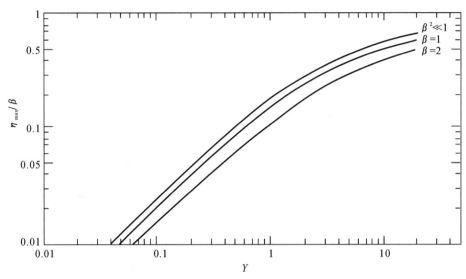

图 14.12　三分量梁或板的最大损失因数 $\eta_{\max}$ 与弹性材料的
结构参数 Y 和损失因数 β 的相关性

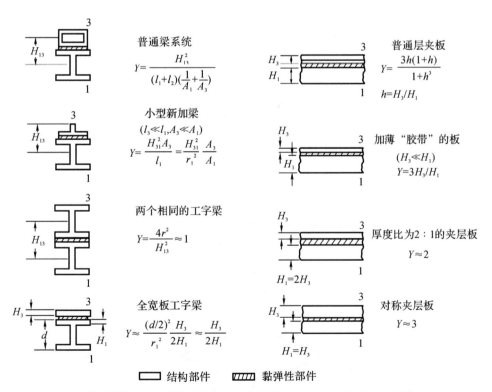

I— 转动惯量；　A— 横截面面积；　r— 回转半径；　H_{13}— 中性轴之间的距离

图 14.13　带薄黏弹性部件和相同材料结构部件的三分量梁和板的结构参数 Y 值

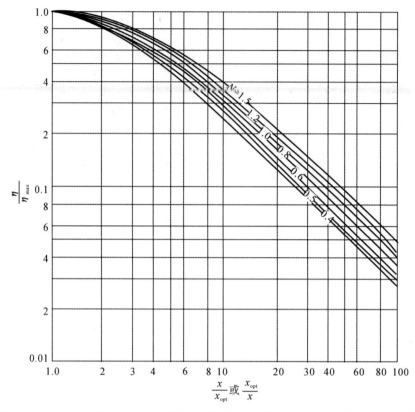

图 14.14　三分量梁或板的损失因数 η 与抗剪参数 X［由式(14.30) 得出］的相关性

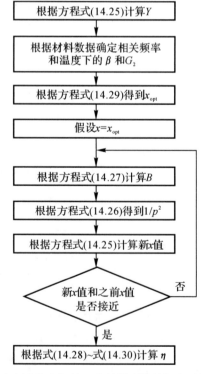

图 14.15　确定波长未知的三分量梁或板的损失因数的迭代过程

与上述两分量梁相反,三分量梁的损失因数 η 的主要决定因素并非黏弹性材料的损失模量(即损失因数 β 和储能模量 E_2 或 G_2 的乘积)。三分量梁的损失因数分别取决于 β 和 G_2,在设计三分量梁时必须考虑这两个独立的相关性。高阻尼三分量梁结构的设计需选择结构参数 Y 较大的配置,选择相关频率和温度范围内损失因数 β 较大的阻尼材料,调整阻尼材料厚度 H_2 和长度 b,以确保 X[由式(14.25)适用于相关频率和温度的 G_2 值计算]近似等于 X_{opt}[由式(14.29)得出]。由此设计的材料的损失因数近似等于 η_{max},如式(14.28)所示。

对于任何设计的预期性能,应采用上述程序对相关的频率和温度范围进行检查。请注意,给定设计可能在有限的频率和温度范围内性能最佳,此时工作条件下的 X 约等于 X_{opt},而在该范围外性能降低。

14.5.7 带黏弹性夹层的板材

由两个结构层之间的黏弹性层组成的条状板材是三分量梁的特殊情况。在条状板材中,所有部件均具有相同宽度的矩形横截面,式(14.25)可对应转化为

$$X = \frac{G_2}{p^2 H_2}S, \quad \frac{1}{Y} = \frac{E_1 H_1^3 + E_3 H_3^3}{12 H_{31}^2}S, \quad S = \frac{1}{E_1 H_1} + \frac{1}{E_3 H_3} \qquad (14.31)$$

如果进一步用 $\frac{1}{12}(E_1 H_1^3 + E_3 H_3^3)$ 代替式(14.27)中的 $E_1 I_1 + E_3 I_3$,并将式(14.26)中的 μ 解释为板的单位表面积的质量,则上述所有关于梁的情况也适用于板材。

参 考 文 献

[1] W. T. Thomson, *Theory of Vibration with Applications*, 2nd ed., Prentice – Hall, Englewood Cliffs, NJ, 1981.

[2] R. Plunkett, "Measurement of Damping," in J. F. Ruzicka (Ed.), *Structural Damping*, American Society of Mechanical Engineers, New York, 1959.

[3] K. N. Tong, *Theory of Mechanical Vibration*, Wiley, New York, 1960.

[4] E. E. Ungar, "Mechanical Vibrations/5 m H. A. Rothbart (Ed.), *Mechanical Design and Systems Handbook*, 2nd ed., McGraw – Hill, New York, 1985, Chapter 5.

[5] D. J. Ewins, *Modal Testing: Theory and Practice*, Research Studies Press, Letchworth, Hertfordshire, England, 1986.

[6] V. H. Neubert, *Mechanical Impedance: Modelling/Analysis of Structures*, Josens Printing and Publishing, State College, PA, distributed by Naval Sea Systems Command, Code NSEA – SSN, 1987.

[7] B. L. Clarkson and J. K. Hammond, "Random Vibration," in R. G. White and J. G. Walker (Eds.), *Noise and Vibration*, Wiley, New York, 1982, Chapter 5.

[8] B. L. Clarkson and R. J. Pope, "Experimental Determination of Modal Densities and Loss Factors of Flat Plates and Cylinders," *J. Sound Vib.*, 77(4), 535 – 549 (1981).

[9] S. H. Crandall, "The Role of Damping in Vibration Theory," *J. Sound Vib.*, **11**(1), 3 – 18 (1970).

[10] A. D. Nashif, D. I. G. Jones, and J. P, Henderson, *Vibration Damping*, Wiley, New York, 1985.

[11] G. Kurtze, "Körperschalldämpfung durch Körnige Medien" [Damping of Structure - Borne Sound by Granular Media], *Acustica*, **6**(Beiheft 1), 154 - 159 (1956).

[12] M. A. Heckl, "Measurements of Absorption Coefficients on Plates," *J. Acoust. Soc. Am.*, **34**, 308 - 808 (1962).

[13] G. Maidanik, "Energy Dissipation Associated with Gas - Pumping at Structural Joints," *J. Acoust Soc. Am.*, **34**, 1064 - 1072 (1966).

[14] E. E. Ungar, "Damping of Panels Due to Ambient Air," in P. J. Torvik (Ed.), *Damping Applications in Vibration Control*, AMD - Vol 38, American Society of Mechanical Engineers, New York, 1980, pp. 73 - 81.

[15] E. E. Ungar and J. Carbonell, "On Panel Vibration Damping Due to Structural Joints," *AIAA J.*, **4**, 1385 - 1390 (1966).

[16] E. E. Ungar and L. G. Kurzweil, "Structural Damping Potential of Waveguide Absorbers," *Trans. Internoise* 84, December 1985, pp. 571 - 574.

[17] D. J. Mead, *Passive Vibration Control*, J Wiley, New York, 2002.

[18] L. Cremer, M. Heckl, and E. E. Ungar, *Structurebome Sound*, 2nd ed., Springer - Verlag, New York, 1988.

[19] E. E. Ungar and E. M. Kerwin, Jr., "Loss Factors of Viscoelastic Systems in Terms of Energy Concepts." *J. Acoust Soc. Am.*, **34**(7), 954 - 957 (1962).

[20] E. E. Ungar, "Damping of Panels," in L. L. Beranek (Ed.), *Noise and Vibration Control*, McGraw - Hill, New York, 1971, Chapter 14.

[21] D. I. G. Jones, *Handbook of Viscoelastic Vibration Damping*, Wiley, New York, 2002.

[22] ISO 10112, "Damping Materials—Graphic Presentation of the Complex Modulus," International Organization for Standardization, Geneva, Switzerland, 1991.

[23] ANSI S2. 24 - 2001, "Graphical Presentation of the Complex Modulus of Viscoelastic Materials," American National Standards Institute, Washington, DC, 2001.

[24] J. Soovere and M. L. Drake, "Aerospace Structures Technology Damping Design Guide," AFWAL - TR - 84 - 3089, Flight Dynamics Laboratory, Wright - Patterson Air Force Base, OH, December 1985.

[25] D. I. G. Jones and J. P. Henderson, "Fundamentals of Damping Materials," Section 2 of Vibration Damping Short Course Notes, M. L. Drake (Ed.), University of Dayton, 1988.

[26] M. L. Soni and F, K. Bogner, "Finite Element Vibration Analysis of Damped Structures." *AIAA J.*, **20**(5), 700 - 707 (1982).

[27] C. D. Johnson, D. A. Kienholz, and L. C. Rogers, "Finite Element Prediction of Damping in Beams with Constrained Viscoelastic Layers," *Shock Vib. Bull.*, **51**(Pt. 1), 71 - 82 (1981).

[28]　M. R Kluesner and M. L. Drake, "Damped Structure Design Using Finite Element Analysis," *Shock Vib. Bull.*, **52**(Pt. 5), 1 - 12 (1982).

[29]　E. E. Ungar, "Loss Factors of Viscoelastically Damped Beam Structures," *J. Acoust. Soc. Am.*, **34**(8), 1082 - 1089 (1962).

[30]　D. Ross, E. E. Ungar, and E. M. Kerwin, Jr., "Damping of Plate Flexural Vibrations by Means of Viscoelastic Laminae," in J. Ruzicka (Ed.), *Structural Damping*, American Society of Mechanical Engineers, New York, 1959, Section 3.

[31]　E. E. Ungar and E. M. Kerwm, Jr., "Plate Damping Due to Thickness Deformations in Attached Viscoelastic Layers," *J. Acoust. Soc. Am*" **36**, 386 - 392 (1964).

[32]　D. J. Mead, "Criteria for Comparing the Effectiveness of Damping Materials," *Noise Control*, **1**, 27 - 38 (1961).

[33]　D. J. Mead, "Vibration Control (I)," in R. G. White and J. G. Walker (Eds.), *Noise and Vibration*, Ellis Horwood, Chichester, West Sussex, England, 1982.

[34]　E. M. Kerwin, Jr., "Damping of Flexural Waves in Plates by Spaced Damping Treatments Having Spacers of Finite Stiffness," in L. Cremer (Ed.), *Proc. 3rd Int. Congr. Acoust.*, 1959, Elsevier, Amsterdam, Netherlands, 1961, pp. 412 - 415.

第15章 气流噪声

15.1 引　言

由不稳定气流以及气流与固体的相互作用产生的声音称为空气动力声。不稳定气流常常激发气流边界表面的结构振动模式，从而产生结构声。影响生产的气流声和噪声是大多数工业过程中常见的副产品。船舶、汽车、飞行器、火箭等的运行也可能产生这种噪声，并可能对结构稳定性产生不利影响，也是导致疲劳的重要原因。

在整个时均流马赫数范围内，包括空调系统和水下应用中与气流相关的最低马赫数（0.01或更低），以及喷气发动机和高压阀门的高超声速范围，必需对空气动力声源进行实践性理解。在亚声速流中，声音可以归因于三种基本的空气动力源类型，即单极子、偶极子和四极子[1]。

本章对这些基本的声源类型进行了讨论，并对紊流射流、扰流板和翼型、边界层和壁腔、燃烧和阀门分离流相关的噪声机理进行了综述。

15.2　气动声源类型

15.2.1　空气动力单极子声源

质量或热量不稳定地进入流体会产生单极辐射。典型的例子是脉冲射流（喷嘴周期性地射流高速空气）、较大壁面上小孔的湍流（气流在孔中引起脉动运动）、不稳定燃烧过程以及从边界或脉冲激光束释放热量。

单极子声源在静止流体中的辐射相当于脉动球体产生的辐射（见图 15.1）。声压的振幅和相位均为球对称。单极子声源由不稳定流速产生时，辐射声功率与流动参数之间的维度关系为

$$W_{单极子} \propto \frac{\rho L^2 U^4}{c} = \rho L^2 U^3 Ma \tag{15.1}$$

式中　$W_{单极子}$——辐射声功率，W；

　　　　ρ——平均气体密度，kg/m^3；

　　　　c——气体中的声速，m/s；

　　　　U——声源区流速，m/s；

　　　　L——声源区中气流的长度尺度，m；

　　　　Ma——马赫数，$Ma = U/c$，无量纲。

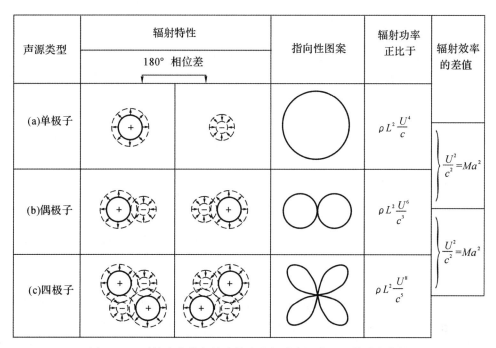

图 15.1　平均密度均匀的流体中的气动声源类型及其维度特性

15.2.2　空气动力偶极子

不稳定气流与表面或物体相互作用时,当偶极子强度等于物体上的力时,或者气流中平均流体密度发生显著变化时,就产生偶极子声源。这种声源存在于湍流冲击定子、转子叶片和其他控制表面的压缩机中。同样,固体(如电报线、支柱和机翼)的不稳定涡旋脱落会产生"振鸣"音调,这也是偶极子声源造成的。其他例子包括排放到较冷环境介质中的热射流产生的噪声,以及平均压力梯度中温度(或"熵")非均匀性增加产生的噪声,如管道收缩。

偶极子相当于一对相等的反相单极子声源,其间隔距离远小于声波长。单极子辐射之间的相消干涉降低了偶极子相对于单极子产生声音的效率,并产生双瓣八字形辐射声场形,该场形与偶极轴夹角的余弦成正比[见图 15.1(b)]。在平均密度均匀的流体中,气动偶极子声功率的维度相关性为

$$W_{\text{偶极子}} \propto \frac{\rho L^2 U^6}{c^3} = \rho L^2 U^3 Ma^3 \tag{15.2}$$

与单极子功率输出相差一个因数 Ma。在亚声速流($Ma < 1$)中,偶极子是效率较低的声源。

如果声源区(例如,排放到较冷环境大气中的热射流的剪切层)中气流的特定熵或温度不均匀,则其密度也是可变的。湍流中相对较强的压力波动随后被密度变化散射并产生偶极子声音。偶极子强度与湍流压力场中密度不均匀时的实际温度不均匀性增加和密度均匀时的实际温度不均匀性增加之差成正比[2]。相应声功率的维度相关性为

$$W_{\text{熵}} \propto \frac{\rho L^2 (\delta T/T)^2 U^6}{c^3} = \rho L^2 \left(\frac{\delta T}{T}\right)^2 U^3 Ma^3 \tag{15.3}$$

式中,$(\delta T/T)^2$ 是均方温度波动。

15.2.3　空气动力四极子声源

四极子辐射是在没有障碍物的情况下由湍流气体中的雷诺应力产生的。这些应力由不稳定气流引起的流体动量对流引起。雷诺应力必须成对出现，因为流体的净动量是恒定的。这种力对称为四极子声源，相当于相等和相反的偶极子声源[见图15.1(c)]。

空气动力四极子声源和熵偶极子声源是高声速、亚声速、紊流喷气式飞机的主要声源类型。湍流速度梯度和平均速度梯度均较高时，例如在射流的湍流混合层中，四极子声源强度较大。

辐射四极子声功率的维度相关性为

$$W_{\text{四极子}} \propto \frac{\rho L^2 U^8}{c^5} = \rho L^2 U^3 Ma^5 \tag{15.4}$$

与偶极子功率相差一个因数 Ma^2。在亚声速($Ma < 1$)时，由于图15.1(c)所示的双重噪声消除，四极子辐射效率低于偶极子辐射效率。

对于亚声速流，单极子、偶极子和四极子声源各自的辐射效率均有所降低，但其辐射声功率对流速的相关性显示出相反的趋势，即对于单极子、偶极子和四极子声源，总辐射声功率分别与流速的四次幂、六次幂和八次幂成正比。因此，如果流速足够大，四极子声源的辐射可能是主要声源，即使产生声音的效率很低。对于排气速度为高亚声速的喷气发动机来说，一般情况下，四极子声源的辐射是主要声源，尽管由不稳定燃烧或剧烈燃烧(主要是单极子)或压缩机噪声(主要是偶极子)引起的其他内部声源也可能对总噪声的贡献量很大。

每种声源的比例常数值取决于发声机制和气流配置。因此，振鸣线的常数不同于边缘音的常数，尽管二者均由不稳定的表面力(偶极子声源)导致。但可用比例关系式(15.1)～式(15.4)估计一个或多个声源参数的变化对辐射声功率的影响。喷气(四极子声源)的排气速度 U 增加两倍时，将导致声功率级增加24 dB(流速的八次幂)，而排气喷嘴面积 A 增加两倍(与 L^2 成正比)，仅导致声功率级增加3 dB。由于喷气发动机的推力与 AU^2 成正比，如果将喷嘴面积增加2倍实现推力加倍，代替将排气速度增加1.4倍实现推力加倍，辐射声音的增加量将会更小。

15.2.4　分数阶空气动力声源

尺寸远大于声波波长的表面上的空气动力偶极子声源产生声音的效率一般与式(15.2)和式(15.3)所得效率不同。例如，光滑平壁上湍流相关的偶极子净强度为零；板壁为声音的平面反射体时，辐射与气流中四极子声源产生的辐射相同。类似地，由大楔形物体边缘附近的湍流引起的偶极子净强度随着角度 γ 而变化，$\gamma = 180°$ 时(即对于平壁)，等于四极子的净强度，$\gamma = 0°$ 时(棱口)，等于多极分数阶3/2。后一种情况对估算翼型的前缘和后缘噪声很重要，在足够大的频率下，声功率与 $\rho L U^3 Ma^2$ 成正比。

15.2.5　声源运动的影响

如果声源与流体之间存在相对运动，声源辐射的方向特性就会发生变化。声音的频率和强度在声源前方增加，在声源后方降低。一般情况下，发射出接收到的声音时，根据声源位置确定观察者在坐标系中的位置。

对于强度为每秒 $q(t)$ 千克(等于体积速度和流体密度的乘积)的单极子声源,在图 15.2 所示的方向上以恒速 U 移动,远场中的声压为

$$p_{\text{单极子}} = \pm \frac{\mathrm{d}q/\mathrm{d}t}{4\pi r \,(1-Ma_{\text{fr}})^2} \tag{15.5}$$

式中,方括号表示发射声音时对声音的评估。(r, Φ) 是确定发射声音时相对于声源的观察者位置的坐标,加号和减号按照 $Ma_{\text{fr}}<1$ 或 $Ma_{\text{fr}}>1$ 确认,则

$$Ma_{\text{fr}} = \left(\frac{U}{c}\right)\cos\Phi(\text{无量纲})$$

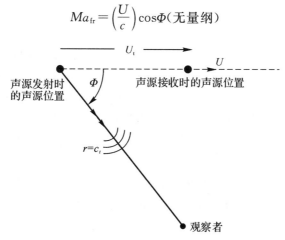

图 15.2　确定从运动声源发射接收到的声音时观察者位置的坐标

接收声音的频率为 $f/(l-Ma_{\text{fr}})$,其中 f 是相对于声源固定的帧频率。$1/(l-Ma_{\text{fr}})$ 称为多普勒因子。多普勒因子的作用是改变声场的频率和振幅。

对于强度为 $f_i(t)$(单位为 N)的均匀平移偶极子,其多普勒因子相当于 i 方向上施加的力,对于由 i 和 j 方向确定的四极子 $T_{ij}(t)$(单位为 N·m)(多普勒因子相当于施加到流体上的力对),相应的声压力场转化为

$$p_{\text{偶极子}} = \pm \frac{\mathrm{d}f_r/\mathrm{d}t}{4\pi cr\,(1-Ma_{\text{fr}})^2}, \quad p_{\text{四极子}} = \frac{\mathrm{d}^2 T_{rr}/\mathrm{d}t^2}{4\pi c^2 r\,|\,1-Ma_{\text{fr}}\,|^3} \tag{15.6}$$

式中,f_r、T_{rr} 表示声音发射在观察者方向上偶极子和四极子声源强度的分量,加号和减号按照 $Ma_{\text{fr}}<1$ 或 $Ma_{\text{fr}}>1$ 确认。

这些表达式适用于匀速运动的理想点源。声源运动对真实空气动力声源的影响通常要复杂得多。例如,脉动球体在静止时是单极子声源。但在匀速平移运动中,声音辐射以 7/2 的多普勒指数放大,而不是式(15.5)中的指数 2。这是因为偶极子的运动导致单极子增大,而偶极子的强度与对流马赫数 Ma_{fr} 成正比。体积脉动与球体上时均流的相互作用在流体上产生净脉动力。

15.3　气体射流噪声

高速射流产生的声音通常由几个不同的声源同时作用导致。射流混合噪声是由射流与周围介质的湍流混合引起的,对于不完全膨胀的超声速射流,由射流中通过冲击单元的湍流对流产生的冲击伴随噪声,是辐射的主要成分。真实射流中声源的特性与 15.2 节中描述的理想化

模型有很大差异。位于"射流管"内的声源也会对噪声产生显著影响。在燃气涡轮发动机中，额外声辐射包括燃烧噪声以及由风扇、压缩机和涡轮系统的相互作用产生的音调和宽带声音。下述讨论基于几个独立研究者获得和验证的实验数据,并由汽车工程师协会整理用于预测[3],同时给出了预测理想声辐射介质中射流自由场辐射的公式。在许多应用中,考虑到由表面反射引起的大气衰减和干扰,必须修改这些预测。

15.3.1　射流混合噪声

混合噪声是射流产生声音的最基本来源。最简单的自由射流是通过圆形渐缩喷嘴从一个大油箱中流出的气流,如图 15.3 所示。气体在油箱中从接近零的速度加速到喷嘴最窄横截面处的峰值速度。压力比 p_0/p_s 超过 1.89 时,声速流出现在喷嘴出口处,其中 p_0 是稳定的油箱压力,p_s 是喷嘴后的环境压力。高于该临界压力比会导致喷嘴后出现冲击单元结构和流动"阻塞",除非喷嘴的渐缩部分之后是压力平稳降低到 p_s 的发散部分。

对于理想化的无激波射流,气流和固体边界之间无相互作用。噪声完全是由剪切层中的湍流混合产生的。声源在喷嘴后延伸相当长的距离。噪声的高频成分主要在喷嘴附近产生,喷嘴附近的涡旋尺寸较小。喷嘴后的涡旋尺寸增大,辐射的频率更低。这时声源为四极子声源,其强度和指向性受不均匀流体密度(温度)和流动对流的影响而改变。

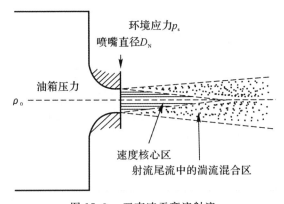

图 15.3　亚声速无紊流射流

混合噪声的总辐射声功率(W) 可以用射流的机械流功率来表示,即

$$W_{机械流} = \frac{1}{2} m U^2 \tag{15.7}$$

式中　m—— 气体质量流量,kg/s;

　　　U—— 完全膨胀平均射流速度,m/s。

$W/\frac{1}{2} m U^2$ 与射流马赫数 $Ma = U/c$ 以及密度比 ρ_j/ρ_s 的相关性详见图 15.4,其中 c 是环境声速,ρ_j 和 ρ_s 分别是完全膨胀射流和环境空气的密度(单位为 kg/m³)。$Ma < 1.05$ 时,声功率随着 ρ_j/ρ_s 的降低(即随着射流温度的升高)而增加,并且在马赫数较高时降低。$Ma < 1$ 时,可以从下式估算出 W,则

$$\frac{W}{W_{机械流}} = \frac{4 \times 10^{-5} (\rho_j/\rho_s)^{(w-1)} Ma^{4.5}}{(1 - Ma_c^2)^2} \quad Ma < 1 \tag{15.8}$$

式中，$Ma_c = 0.62U/c$，w 是由下式计算出的射流密度指数[4]，即

$$w = \frac{3Ma^{3.5}}{0.6 + Ma^{3.5}} - 1 \tag{15.9}$$

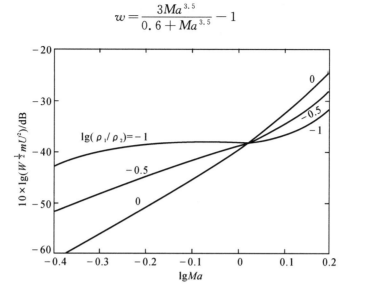

图 15.4　射流混合噪声的声功率与机械流功率之比与完全膨胀射流马赫数的相关性

式(15.9) 适用于 $Ma > 0.35$ 的情况，包括超声速区，且适用于下述公式。

空间任意点的总声压级为

$$\text{OASPL} = 20 \times \lg \frac{p_{\text{rms}}}{20\,\mu\text{Pa}} \tag{15.10}$$

式中，p_{rms} 是声压，单位为 Pa（见第 2 章）。剪切层中的声源对流和折射导致声场为定向声场，最大噪声沿与射流轴成 θ 角的方向辐射，θ 角为 $30° \sim 45°$。

图 15.5 所示为三种不同射流马赫数 $Ma = U/c$ 下，固定观察者距离下的典型场方向性。图中的曲线给出了声压级相对于 $\text{OASPL}(\theta) - \text{OASPL}(90°)$ 的变化，并由以下公式近似得出，即

$$\text{OASPL}(\theta) = \text{OASPL}(90°) - 30 \times \lg\left[1 - \frac{Ma_c\cos\theta}{(1 + Ma_c^5)^{1/5}}\right] - 1.67 \times$$

$$\lg\left[1 + \frac{1}{10^{(40.56 - \theta')} + 4 \times 10^{-6}}\right] \tag{15.11}$$

式中，$Ma_c = 0.62U/c$，$\theta' = 0.26(180° - \theta)Ma^{0.1}$。

式(15.11) 右侧的最后一项可以忽略不计，除非 $\theta < 180° - 150°/Ma^{0.1}$，也就是说，靠近喷射轴的方向除外。

$\theta = 90°$ 时，射流混合噪声的总声压级可由以下公式计算得出，即

$$\text{OASPL} = 139.5 + 10 \times \lg \frac{A}{R^2} + 10 \times \lg\left[\left(\frac{p_s}{p_{\text{ISA}}}\right)^2 \left(\frac{\rho_j}{\rho_s}\right)^w\right] + 10 \times$$

$$\lg\left(\frac{Ma^{7.5}}{1 - 0.1Ma^{2.5} + 0.015Ma^{4.5}}\right) \tag{15.12}$$

式中　A——完全膨胀射流面积，亚声速射流时为 $\frac{1}{4}\pi D_N^2$，m^2；

　　　　D_N——喷嘴出口直径，m；

R——距喷嘴出口中心的距离，m；

p_{ISA}——海平面国际标准大气压，$p_{ISA} = 10.13\ \mu Pa$。

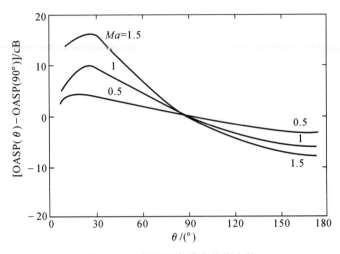

图 15.5　射流混合噪声的指向性

图 15.6 所示为 $OASPL(90°) - 10 \times \lg(A/R^2)$ 与射流马赫数 Ma 和密度比 ρ_j/ρ_s 的相关性。

射流混合噪声的声压级（SPL）频谱为宽带频谱，频率为 $f = f_p$ 时达到峰值，f 是辐射方向 θ、射流马赫数 Ma 和温度比 T_j/T_s 的函数，其中 T_j（开尔文）是完全膨胀射流温度，T_s（开尔文）是环境气体温度。频谱在 $0.3 < S < 1$ 的范围内出现宽峰，其中

$$S = \frac{f_p D_N}{U} \tag{15.13}$$

为 $\theta \geqslant 50°$ 和不同 T_j/T_s 值的斯特劳哈尔数（无量纲），见表 15.1。在实际应用中，除非表中另有说明，一般规定 1/3 倍频带频谱的峰值与相同 θ 值下的总 SPL 之间的差值 $\Delta = OASPL - SPL_{peak}$ 为 11 dB。

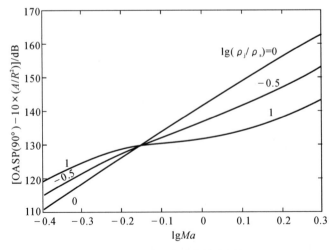

图 15.6　$\theta = 90°$ 时的总声压级

表 15.1　不同 T_j/T_s 值对应的斯特劳哈尔数(Δ 值)

T_j/T_s	$\theta = 50°$	$\theta = 60°$	$\theta = 70°$	$\theta = 80°$	$\theta \geqslant 90°$
1	0.7 (11 dB)	0.8 (11 dB)	0.8 (11 dB)	1.0	0.9
2	0.5 (10 dB)	0.4 (10 dB)	0.6 (11 dB)	0.5	0.6
3	0.3 (9 dB)	0.4 (10 dB)	0.4 (10 dB)	0.4	0.5

注:$U/c \leqslant 2.5$(左列)时,在射流混合噪声的 1/3 倍频带频谱峰值处的斯特劳哈尔数 $S = f D_N/U$;$\theta \geqslant 80°$ 时,$\Delta =$ OASPL $-$ SPL$_{peak} \approx 11$ dB。

　　图 15.7 所示为 $\rho_j = \rho_s$ 和角度 $\theta \geqslant 90°$ 时典型的 1/3 倍频带 SPL 频谱 SPL(f) $-$ OASPL。尽管在 $\theta < 50°$ 且射流剪切层对声音的折射影响很大时($f > f_p$),温度与马赫数的相关性很大,但所有温度和角度的特性形状均相同。对于亚声速射流,频谱在低频时大致与 f^3 成正比,在 $f > f_p$ 时衰减为 $1/f$。

　　图 15.4 ~ 图 15.7 和表 15.1,必要时由式(15.8)和式(15.9)补充,包括估算射流混合噪声的 SPL,指向性和频谱的一般程序。

　　示例 15.1　找出距离喷射轴 60° 和距离喷气嘴(直径为 0.03 m)3 m 处的总射流混合噪声声功率和声压级频谱。射流以声速($U/c = 1$)即 340 m/s 排放到环境空气中(15℃,$p_s = 10.13\ \mu$Pa,$\rho_s = 1.225$ kg/m³)。

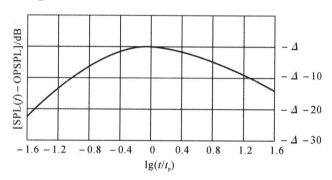

图 15.7　辐射方向 $\theta \geqslant 90°$ 且 $\rho_j = \rho_s$ 时的 1/3 倍频带 SPL $-$ OASPL

　　解　机械流功率 $\frac{1}{2} m U^2 = 1.70 \times 10^4$ W,ρ_j/ρ_s 和 U/c 均为 1。因此,从图 15.3[或式(15.8)和式(15.9)]中可知,声功率与机械流功率之比为 1.0×10^{-4};总声功率为 1.7 W,从图 15.6[或式(15.12)]可知,相对于喷射轴成 90° 且 $R = 3$ m 的 OASPL 为 98.8 dB(对应20 μPa)。从式(15.11)可知,相对于喷射轴成 60° 且 $R = 3$ m 的 OASPL 为 103.5 dB,且斯特劳哈尔数峰值为 0.8。1/3 倍频带 SPL 频谱见图 15.6,纵坐标加 103.5 dB,$\Delta = 11$ dB(见表15.1)。

　　实际情况中,从管道和发动机喷嘴排出的射流不是平滑、低湍流的气流,而是在从喷嘴喷出之前已被扰动或扰流的气流。在这种情况下,除非射流速度 U 超过 100 m/s,否则上述程序无效。低于这一速度时,空气动力学产生的噪声主要来自内部声源。

15.3.2　不完全膨胀射流的噪声

　　超声速、欠膨胀或"阻塞"射流包含冲击单元,气流通过冲击单元反复膨胀和收缩(见图

15.8)。一般为 7 个或更多不同的单元,在喷嘴后延伸至 10 倍射流直径。这些单元是射流噪声的另外两个组成部分:刺耳声和宽带冲击伴随噪声。刺耳声由一种反馈机制产生,在这种机制中,剪切层中对流的扰动在穿过激波驻波系统时产生声音。声音通过环境空气向前传播,且在喷嘴出口处导致新的气流扰动。气流向后对流时,气流扰动将放大,气流遇到冲击时,形成一个反馈回路。刺耳声的一个显著特征是频率与辐射方向无关,基波约出现在 $f = U_c/L(l + M_c)$ 处,其中 $M_c = U_c/c$,U_c 是剪切层扰动的对流速度,L 是第一个冲击单元的轴向长度,c 是环境声速。虽然模型实验中经常出现刺耳声,且是喷气发动机阻流的重要原因,但一般情况下,对喷嘴设计稍作改装(例如开槽)便可消除刺耳声。

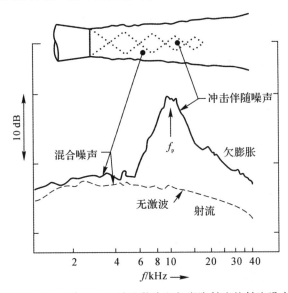

图 15.8 $\theta = 90°$、$\beta = 1$ 时无激波和欠膨胀射流的射流噪声谱

实际上,宽带冲击伴随噪声对超声速喷气发动机很重要。可以通过适当的喷嘴设计来抑制这种噪声,但不能完全消除,即这种噪声总是存在于渐缩喷嘴中。主频通常高于刺耳声,可以涵盖若干倍频带。用于预测时,可分别估算混合噪声和冲击伴随噪声占射流产生的总声功率的比例。混合噪声预测与无激波射流预测相同。

冲击伴随噪声的总 SPL 几乎独立于声辐射方向,可通过以下公式估算,即

$$\text{OASPL} = C_0 + 10 \times \lg \frac{\beta^n A}{R^2} \tag{15.14}$$

$$C_0 = 156.5 \text{ dB}, \quad n = \begin{cases} 4, & \beta < 1, \quad \dfrac{T_j}{T_s} < 1.1 \\ 1, & \beta > 1 \end{cases}$$

$$C_0 = 158.5 \text{ dB}, \quad n = \begin{cases} 4, & \beta < 1, \quad \dfrac{T_j}{T_s} > 1.1 \\ 2, & \beta > 1 \end{cases}$$

式中　　T_j——总(油箱)射流温度,K;

　　　　T_s——总环境温度,K;

　　　　Ma_j——完全(理想状态下)膨胀的射流马赫数(依据射流声速);

β——$\sqrt{Ma_j^2-1}$。

冲击伴随噪声谱在下述 f_p 附近有一个确定的峰值,即

$$f_p = \frac{0.9U_c}{D_N\beta(1-M_c\cos\theta)} \tag{15.15}$$

式中,对流速度 $U_c = 0.7U$,θ 从喷射轴处测量。当 $T_j/T_s > 1.1$ 时,1/3 倍频带 SPL(对应 20 μPa) 可采用下式计算:

$$\text{SPL} = 143.5 + 10 \times \lg\frac{\beta^n A}{R^2} - 16.13 \times \lg\left(\frac{5.163}{\sigma^{2.55}} + 0.096\sigma^{0.74}\right) +$$

$$10 \times \lg\left\{1 + \frac{17.27}{N_s} \cdot \sum_{i=0}^{N_s-1}\left[C(\sigma)^{(i^2)} \times \sum_{j=1}^{N_s-i-1}\frac{\cos(\sigma q_{ij})\sin(0.1158\sigma q_{ij})}{\sigma q_{ij}}\right]\right\} \tag{15.16}$$

式中,$C(\sigma) = 0.8 - 0.2 \times \lg(2.239/\sigma^{0.2146} + 0.0987\sigma^{2.75})$;$\sigma = 6.91\beta D_N f/c$,无量纲;$c$ = 环境声速,m/s;$N_s = 8$(激波次数);$q_{ij} = (1.7ic/U)\{l + 0.06[j + \frac{1}{2}(i+1)]\}[1 - 0.7(U/c)\cos\theta]$;$n$ 的定义见式(15.14)。在 $T_j/T_s < 1.1$ 的"冷射流"情况下,预测值式(15.16) 应减少 2 dB。

冲击伴随噪声的预测程序适用于冲击单元噪声比例较大时对应的所有角度 θ(比如 $\theta > 50°$)。结合使用射流混合噪声的预测程序时,可将混合噪声和冲击伴随噪声的均方声压的各个频带所占比例相加来估测整个射流噪声的 1/3 倍频带声压谱。冲击伴随噪声的影响如图 15.8 所示,图 15.8 对相同压力比下渐缩-扩散喷嘴的完全膨胀、无激波超声速射流的射流混合噪声频谱进行了比较。在后一种情况中,频谱峰值出现在式(15.15)所示频率下。

15.3.3　飞行的影响

多普勒放大(见 15.2 节)和射流与射流环境之间的平均剪切减小的共同作用改变了飞行中喷气发动机产生的噪声。根据系列实验研究[3],得出了相应的经验公式,以根据相应的静态水平预测飞行中的 SPL。

马赫数在 $1.1 < Ma < 1.95$ 的范围内时,射流混合噪声 $\text{OASPL}(\theta)_{\text{flight}}$ 与 $\text{OASPL}(\theta)_{\text{static}}$ 相关。

$$\text{OASPL}(\theta)_{飞行} = \text{OASPL}(\theta)_{静态} - 10 \times \lg\left[\left(\frac{U}{U-V_f}\right)^{m(\theta)}(1 - Ma_f\cos\Phi)\right]$$

$$m(\theta) = \left[\left(\frac{6959}{|\theta - 125|^{2.5}}\right)^7 + \frac{1}{[31 + 18.5Ma - (0.41 - 0.37Ma)\theta]^7}\right]^{-1/7} \tag{15.17}$$

式中　θ——声音发射迟滞时间时喷射轴和观察者之间的角度;

　　　Φ——声音发射迟滞时间时飞行方向和观察者方向之间的角度,如图 15.2 所示;

　　　U——完全膨胀射流速度(相对于喷嘴),m/s;

　　　V_f——飞行器飞行速度,m/s;

Ma_f——相对于空气中声速的飞行马赫数,$Ma_f = V_f/c$。

该公式适用于 $20° < \theta < 160°$ 的情况。对于 $Ma < 1.1$ 和 $Ma > 1.95$,相对速度指数 $m(\theta)$ 应分别根据上述公式 $Ma = 1.1$ 和 1.95 时进行计算。

可使用图 15.6 估算飞行中 1/3 倍频带 SPL 频谱,其中 OASPL 由式(15.17)确定,斯特劳哈尔数 $f D_N/U$ 由基于射流速度的斯特劳哈尔数 $f D_N/(U-V_f)$ 代替。

对于冲击伴随噪声,飞行对频谱和 OASPL 的大致影响由下式计算,即

$$\text{SPL}_{飞行} = \text{SPL}_{静态} - 40\lg \times (1 - Ma_f\cos\Phi) \qquad (15.18)$$

15.4   燃气涡轮发动机的燃烧噪声

高速喷气发动机的射流混合噪声和冲击伴随噪声是由喷嘴后气流声源造成的。近年来,随着大直径、高旁通比涡轮扇发动机的引入,这两种噪声逐渐降低,质量射流速度大大降低。因此,研究中重点关注发动机内产生的噪声(称为中心噪声),该噪声在频率小于 1 kHz 时占主导地位。燃烧过程是中心噪声的一个重要组成部分,直接以上升暖气流单极子声源的形式,间接通过温度和密度的不均匀性("熵点")产生,非均匀流中这些不均匀性增加时为偶极子声源。

下述噪声预测方案基于涡轮喷气发动机、涡轮轴发动机和涡轮扇发动机的燃烧噪声分析以及模型尺寸数据[3]。评估研究包含环形、罐式和"混合"燃烧器。

总声功率级(OAPWL,单位为 dB)是燃烧器和涡轮机抽气温度的运行条件的函数,可以采用以下方程式进行估算,即

$$\text{OAPWL} = -60.5 + 10 \times \lg\frac{mc^2}{\Pi_{\text{ref}}} + 20 \times \lg\frac{(\Delta T/T_1)(P_1/p_{\text{ISA}})}{[(\Delta T)_{\text{ref}}/T_s]^2} \qquad (15.19)$$

式中 m——燃烧器质量流率,kg/s;

　　　P_1——燃烧器入口总压力,Pa;

　　　ΔT——燃烧器总温升,K;

　$(\Delta T)_{\text{ref}}$——最大起飞条件下发动机涡轮的参考总抽气温度,K;

　　　T_1——入口总温度,K;

　　　T_s——海平面大气温度,288.15 K;

　　　Π_{ref}——标准功率,$\Pi_{\text{ref}} = 10^{-12}$ W;

　　　p_{ISA}——海平面大气压,10.13 kPa = 1.013×10^4 N/m²;

　　　c——海平面声速,340.3 m/s。

用此公式预测的结果可精确到 ±5 dB。

1/3 倍频带声功率级频谱 PWL(f) 根据 OAPWL 由下式进行计算:

$$\text{PWL}(f) = \text{OAPWL} - 16 \times \lg[(0.003\,037f)^{1.850\,9} + (0.002\,051f)^{-1.816\,8}] \qquad (15.20)$$

式中,f 为频率(Hz)。该公式适用于 100 Hz ≤ f ≤ 2 000 Hz。频谱基本上关于峰值($f = 400$ Hz)对称(见图 15.9)。如观察到的峰值频率 f_p 与上述峰值位置不同,应移动图中的频谱,保持其形状,以便峰值与观察值一致。在式(15.20)中,用 400 f/f_p 代替 f。

1/3 倍频带声功率压力谱可采用以下公式确定,即

$$\text{SPL} = -10.8 + \text{PWL}(f) - 20 \times \lg R -$$
$$2.5 \times \lg\left[\frac{1}{(10^{(1.633-0.056\,7\theta)} + 10^{(19.43-0.233\theta)})^{0.4}} + 10^{(4.333-0.115\theta)}\right] \qquad (15.21)$$

式中 θ——与射流排气轴的角度;

　　　R——观察者距离,m。

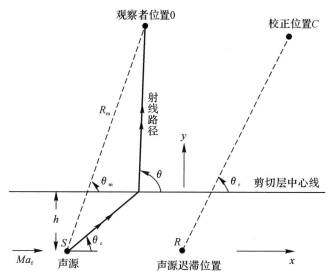

图 15.9 燃烧器噪声的 1/3 倍频带功率级谱

根据式(15.21),峰值辐射预计出现在 $\theta \approx 60°$ 处,尽管在甚低频($\leqslant 200$ Hz)下,峰值可能会稍微向喷射轴偏移。

对于飞行速度为 V_f 的飞行器,预测 SPL 的校正值可以采用式(15.18)来估计。

15.5 湍流边界层噪声

湍流边界层下方可能出现的强烈压力波动是声音和结构振动的原因。气流中的空气动力声源直接产生声音,边界层压力激发的结构模态在壁面不连续处(如角、肋、支柱处)的衍射可间接产生声音。

在硬壁上边界层下产生的压力称为阻塞压力,是如果没有该壁,名义上相同的气流将产生两倍的压力。湍流边界层的均方根壁压 p_{rms}(单位为 Pa)可采用下式估算[5],即

$$\frac{p_{rms}}{q} \approx \sigma\varepsilon^* = \frac{\sigma}{\frac{1}{2}(1 + T_w/T) + 0.1(\gamma - 1)Ma^2} \tag{15.22}$$

式中 q—— 局部动压,$q = \frac{1}{2}\rho U^2$,Pa;

     ρ—— 边界层外缘的流体密度,kg/m³;

     U—— 边界层外缘的自由流速度,m/s;

   Ma—— 自由流马赫数,$Ma = U/c$,无量纲;

     c—— 边界层外缘的声速,m/s;

     T—— 边界层外缘的温度,K;

   T_w—— 壁的温度,K;

     Y—— 气体比热比,无量纲。

$\sigma \equiv (p_{rms}/q)_{incompressible}$,式(15.22)表示通过压缩因数 ε^* 从不可压缩流到可压缩状态的映射。近期测量研究[6]表明,当前认可值 $\sigma = 0.006$ 可能偏低,可以取更好的近似值 $\sigma = 0.01$。

在许多应用中,如果流体分离,壁面压力波动会大得多。例如,当分离发生在压缩角、斜坡角或膨胀角时,均方根壁压通常会超过局部动压 q 的 2%。

柔性壁对边界层作用力的结构响应取决于压力波动的时间和空间特性。对于局部平壁,可以用壁压波数–频谱 $P(\mathbf{k},\omega)$ 来表示这些特性。这是壁压 R_{pp} 空时相关函数两边的傅里叶变换 $(1/2\pi)^3\int_{-\infty}^{\infty} R_{\mathrm{pp}}(x_1,x_3,t)\exp[-i(\mathbf{k}\cdot\mathbf{x}-\omega t)]\mathrm{d}x_1\mathrm{d}x_3\mathrm{d}t$。按照惯例,取坐标轴 (x_1,x_2,x_3),x_1 和 x_3 分别平行于和垂直于时均流,x_2 在壁外测量,波数 $\mathbf{k}=(k_1,k_3)$ 仅具有平行于 x_1 和 x_3 轴的分量。例如,阻塞压力谱 $P_0(\mathbf{k},\omega)$ 的主要性质仅适用于低马赫数气流($Ma\ll 1$)。

15.5.1　低马赫数下的壁压谱

$P_0(\mathbf{k},\omega)$ 是 ω 的偶函数,当 $\omega>0$ 时,其一般特征如图 15.10 所示[7](其中 δ 是边界层厚度)。最强的压力波动是由波数平面对流脊中的涡流产生的,这些涡流以大约 70% 自由流速沿壁对流。$k\equiv|\mathbf{k}|<\omega/c$($c$ 为声速)区域称为声学域,$k_0=\omega/c$ 为声波数。相邻的次对流区域($k_0<k\ll\omega/U_c$)可用于确定壁对湍流压力的结构响应。在这些区域中,$10\times\lg[P_0(\mathbf{k},\omega)]$ 通常比对流区域的水平低 $30\sim 60$ dB。

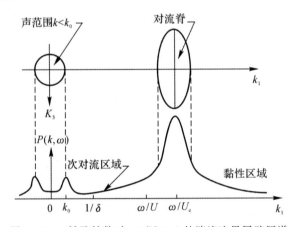

图 15.10　低马赫数时 $\omega\delta/U\gg 1$ 的湍流边界层壁压谱

声学区域的压力波动对应于流体中的声波。对于光滑的平壁,声音主要由气流中的四极子声源产生[7],壁的固定区域产生的声压频谱(见图 15.11)为

$$\Phi(\omega)=2\frac{A}{R^2}k_0^2\cos^2\theta P_0(k_0\sin\theta\cos\varphi,k_0\sin\theta\sin\varphi,\omega) \tag{15.23}$$

其中

$$\mathrm{OASPL}=10\times\lg\left[\int_0^\infty\Phi(\omega)\mathrm{d}\omega/(20\mu\mathrm{Pa})^2\right]$$

式中　A——墙壁区域的面积,m^2;

　　　　R——观察者距区域中心的距离,m;

　　　　θ,φ——图 15.11 中确定的观察者极角。

蔡斯[8]提出阻塞压力的下述表达式,适用于整个波数范围,且基于对流和次对流范围实验数据的经验拟合:

$$\frac{p_0(k,\omega)}{\rho^2 v^{*2}\delta^3} = \frac{1}{[(k_+\delta)^2+1.78]^{5/2}}\left\{\frac{0.1553(k_1\delta)^2 k^2}{|k_0^2-k^2|+\beta^2 k_0^2}+0.00078\times\right.$$

$$\left.\frac{(k\delta)^2[(k_+\delta)^2+1.78]}{(k\delta)^2+1.78}\left(4+\frac{|k_0^2-k^2|}{k^2}+\frac{k^2}{|k_0^2-k^2|+\beta^2 k_0^2}\right)\right\}\frac{\omega\delta}{U}>1$$

$$\tag{15.24}$$

$$k_+ = \sqrt{(\omega-U_c k_1)^2/9v_*^2+k^2}$$

$$\beta \approx 0.1$$

$$U_c \approx 0.7U$$

式中　δ—— 边界层厚度(离平均流速为 $0.99U$ 的壁的距离),m;

　　　ρ—— 平均流体密度,kg/m³;

　　　v_*—— 摩擦速度 $\approx 0.035U$,m/s;

　　　U—— 边界层外缘的主流速度,m/s;

　　　ω—— 角频率,$\omega=2\pi f$,rad/s。

　　式(15.24)等号右边大括号中的第一项决定对流脊附近的对流性质,第二项决定低波数和声范围。数值系数 β 控制声范围边界 $k=k_0$ 处频谱峰值的高度(见图15.10),并可确定平行于壁面传播的声波强度。

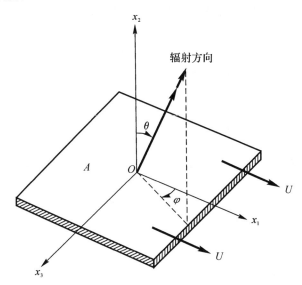

图 15.11　墙壁区域(面积为 A)发出声辐射的坐标

　　示例 15.2　平壁在面积 A 上由低马赫数湍流激励时,估算板壁在弯曲运动中的功率损失频谱 $\psi(\omega)$,其中该区域的法向阻抗 $Z(k,\omega)$(kg/m²·s)与 k 的方向无关。

　　解　阻抗满足方程式 $Z(k,\omega)=-p(k,\omega)/v_2(k,\omega)$,其中 p 和 v_2 分别表示板壁上的压力和法向速度的傅里叶分量。假设 $Z=R-iX$,其中 R 和 X 分别为阻抗的有功分量和无功分量。弯曲运动的总功率等于 $\int_0^\infty \Psi(\omega)\mathrm{d}\omega$,其中

$$\Psi(\omega)=2A\int_{k>|k_0|}^{\infty}\frac{R(\boldsymbol{k},\omega)P_0(\boldsymbol{k},\omega)\mathrm{d}^2 k}{R(\boldsymbol{k},\omega)^2+[X(\boldsymbol{k},\omega)+\rho\omega/\sqrt{k^2-k_0^2}]^2}$$

弯曲模波数为方程式 $X(\boldsymbol{k},\omega)+\rho\omega/\sqrt{k^2-k_0^2}=0$ 的根，其中 $k=k_n, n=1,2,3,\cdots$。实际上，这些情况常存在于波数较低的区域，其中 $P_0(\boldsymbol{k},\omega)=P_0(\boldsymbol{k},\omega)$，因此，当 $R\ll X$ 且 Z 是 $k\equiv\boldsymbol{k}$ 和 ω 的函数，有

$$\boldsymbol{\Psi}(\omega)\approx\sum_n\frac{4\pi^2Ak_nP_0(k_n,\omega)}{\left|(\partial/\partial k)\left[X(\boldsymbol{k},\omega)+\rho\omega/\sqrt{k^2-k_0^2}\right]\right|k_n}$$

同时，板壁由抗弯刚度为 $B(\mathrm{kg}\cdot\mathrm{m}^2/\mathrm{s}^2)$、单位面积质量密度为 $m(\mathrm{kg/m}^2)$ 且阻尼可忽略不计的真空支撑弹性薄板组成时，$X=-(Bk^4-m\omega^2)/\omega$，并且在 $k=k^*>|k_0|$ 处仅出现一种弯曲模态，则有

$$\boldsymbol{\Psi}(\omega)=\frac{4\pi^2A\omega(k^{2*}-k_0^2)P_0(k^*,\omega)}{5Bk^{4*}-4B(k_0k^*)^2-m\omega^2}$$

式中 k^* 为 $Bk_4-m\omega^2-\rho\omega^2/\sqrt{k^2-k_0^2}=0$ 的正根。可以替代式（15.24）中的 $P_0(k^*,\omega)$ 进行数值估算。

15.6　管道中流体流动的噪声

管道系统中的噪声主要来自控制阀（见 15.11 节）和高速运转的机械（见第 18 章）。但在某些情况下，流体流过略微不连续的区域（如弯管、三通、型锻和其他部件）所引起的噪声可能会很大。为此，本书中研究了一种方法，可以估算此类由流体引起的噪声的近似值。

湍流边界层中的压力波动驱动流体撞击管道壁，从而向外辐射声音。如 15.5 节所述，柔性壁对边界层作用力的结构响应取决于压力波动的时间和空间特性。Seebold[9] 提出了以下近似法，以估算管道系统中流体流动产生的噪声。采用该方法可以估算不间断直管[10]中充分发展湍流因边界层压力波动而产生的噪声，然后对局部不连续性结构进行损失因数修正。这种损失因数修正的原理是：在不连续处辐射出的声功率与此处压降 Δp 的平方约成正比，因此可以与压头损失因数 K 相关联。其中 $\Delta p=K\left(\frac{1}{2}\rho U^2\right)$。

在以频率 f_c 为中心的倍频带中，距离管道 1 m 处的声压级约为

$$\mathrm{SPL}=-3.5+40\lg U+20\lg\rho+20\lg K-$$
$$10\lg\left[\frac{t}{D}\left(1+\frac{1.83}{D}\right)\right]-5\lg\left[\frac{f_c}{f_r}\left(1-\frac{f_c}{f_r}\right)\right]+\Delta L(f_c) \tag{15.25}$$

式中　U——气体流速，m/s；

　　　ρ——流体密度，$\mathrm{kg/m}^3$；

　　　t——管壁厚度，m；

　　　D——管道内径，m；

　　　f_c——倍频带中心频率，Hz；

　　　f_r——管道环频率，Hz，就钢管而言，$f_r=1\,608/D$；

　　　K——每 10 倍管径的管段总损失因数，无量纲。

频谱修正 $\Delta L(f_c)$ 取决于倍频带中心频率 f_c 与管道流体的斯特罗哈频率的比值，$f_p=0.2U/D$，具体如下[11]：

$$\Delta L = \begin{cases} 10.4 + 11.4\lg \dfrac{f_c}{f_p}, & \dfrac{f_c}{f_p} < 5 \\[2mm] 7, & 0.5 \leqslant \dfrac{f_c}{f_p} < 5 \\[2mm] 14 - 10\lg \dfrac{f_c}{f_p}, & 5 \leqslant \dfrac{f_c}{f_p} < 12 \\[2mm] 41.9 - 36.1\lg \dfrac{f_c}{f_p}, & \dfrac{f_c}{f_p} \geqslant 0.5 \end{cases} \tag{15.26}$$

使用式(15.25)计算时,管道系统应视为由 10 倍管径的管段连接而成。总损失因数 K 由各 10 倍管径的管段中的流体配件和元件的损失因数 K_i 的总和来确定。然后,将该总损失因数代入式(15.25)中,可以估算出该管段(距离管壁 1 m 处)中产生的流动噪声。表 15.2 中给出了各种管道部件的损失因数。例如,直管的损失因数是每 10 倍管径的管段速位差的 0.12 倍。另外,包含膨胀器(1.5∶1)、弯管(90°,$R/D = 1.5$)和三通(流通式)的 10 倍管径的管段的总损失因数约为 1,即 $K \approx 0.1 + 0.33 + 0.5 \approx 1$。

表 15.2 压头损失因数 K[9]

管道部件			k
直管(10 倍管径的管段)			0.12
45°弯头	螺纹连接		0.42
	焊接	$R/D = 1$	0.29
		$R/D = 1.5$	0.21
90°弯头	螺纹连接		0.92
	焊接	$R/D = 1$	0.45
		$R/D = 1.5$	0.33
180°弯头	螺纹连接		2.00
	焊接	$R/D = 1$	0.60
		$R/D = 1.5$	0.43
三通	螺纹连接	直通运管	1.80
		直通口	0.50
	焊接	直通运管	1.40
		直通口	0.40
减速器	$D_2/D_1 = 0.3$		0.25
	$D_2/D_1 = 0.5$		0.17
	$D_2/D_1 = 0.7$		0.07
扩管	$D_2/D_1 = 3$		0.80
	$D_2/D_1 = 2$		0.56
	$D_2/D_1 = 1.25$		0.10

续表

管道部件		k
突然缩小	$D_2/D_1=0.1$	0.48
	$D_2/D_1=0.33$	0.41
	$D_2/D_1=0.8$	0.12
突然扩大	$D_2/D_1=10$	0.98
	$D_2/D_1=3$	0.79
	$D_2/D_1=1.25$	0.12

15.7　扰流板噪声

扰流板噪声指的是由跨越时均流的输送管道的障碍物或其他障碍物产生的噪声。需估算开口端的声辐射大小时，应讨论空气在管道中的流动情况，可视其为"半无限"。扰流板噪声生成系统如图 15.12 所示。实际上，扰流板可为支撑杆、纵梁、导流叶片或其他流量控制装置。名义上稳定的时均流会在扰流板上施加不稳定的升力和阻力，因此扰流板相当于偶极子声源。

需要估计开口端的声辐射。扰流板噪声发生系统示意图如图 15.12 所示。扰流板上不稳定的阻力产生声功率，声功率从管道的开口端向外辐射。实际上，扰流板可充当支撑杆、纵梁、导叶或其他流量控制装置。名义上稳定的时均流会在扰流板上施加不稳定的升力和阻力，因此扰流板相当于偶极子声源。

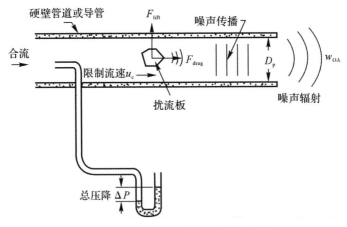

图 15.12　扰流板噪声发生系统示意图

理想情况如下：

（1）扰流板可以是任意形状，但横流尺寸相对于管道横截面而言较小。这样，扰流板附近的流速比管道的平均流速不会大很多，所以可以忽略湍流混合噪声（四极子）。因此，排除阀门节流的情况（见 15.11 节）。

（2）噪声谱的峰值频率低于管道的截断频率 f_{co}，则有

$$f_{co} = \begin{cases} 0.293c/r & \text{（圆形管）} \\ 0.5c/w & \text{（矩形管）} \end{cases} \tag{15.27}$$

式中　　c——声速，m/s；

　　　　r——圆形管半径，m；

　　　　w——矩形管的最大横向尺寸，m。

如果这一条件无法满足，那么在接近或高于峰值频（很大程度上决定了总声功率的大小）时，管道横向模态会影响传播声功率。

（3）管壁具有声学刚性。扰流板上的波动升力在管壁内经过镜像作用被消除，同时不稳定阻力产生声音，此声音相当于一个轴平行于平均流量的声偶极子。因此，低噪声扰流板系统应采用翼型结构等低阻力主体结构，不要采用网格或其他特殊形状的结构。

就图 15.12 所示的基本扰流板结构而言，波动阻力与扰流板系统主体结构所承受的稳态阻力成正比。这取决于扰流板上的压降 ΔP（采用总压探头测得的上、下游压力差）。另外，从管道开口端辐射出的宽带噪声为[12]

$$W_{OA} = \frac{k(\Delta P)^3 D_p^3}{\rho^2 c^3} \tag{15.28}$$

式中　　W_{OA}——总辐射声功率，W；

　　　　k——比例常数，无量纲；

　　　　ΔP——扰流板上的总压降，Pa；

　　　　D_p——管道直径，m；

　　　　ρ——大气密度，kg/m³；

　　　　c——大气声速，m/s。

式（15.28）未提到扰流板几何特性的具体信息，，但这些信息隐含在压降 ΔP 中。根据各种试验扰流板结构可以发现，对于空气而言，常数 k 约为 2.5×10^{-4}。

式（15.28）得出的是宽带声功率。严格来说，它是噪声中无离散频率分量的条件下的一个下限值。在某些条件下（如边缘音激励），噪声中存在离散频率，与宽带声功率级形成鲜明对比[13]。当确定噪声中存在离散频率时，通常可以通过磨圆或修圆锐角或锐边，或通过用吸声材料处理反射面来切断反馈路径的方式，以消除或控制离散音。

对于扰流板产生的噪声，在管道外测得的频谱呈丘状结构（见图 15.13），峰值频率为

$$f_p \approx \frac{u_c}{db} \tag{15.29}$$

式中　　u_c——限制流速，m/s；

　　　　d——扰流板投影宽度，m；

　　　　b——常数 0.2（压差 $\Delta P = 4\,000$ Pa）或 0.5（压差 $\Delta P = 40\,000$ Pa）。

表 15.3 给出了冷空气的限制流速 u_c 与 ΔP 之间的函数关系。可以根据表中的值进行插值。

示例 15.3　计算扰流板产生的噪声声功率级频谱，其中该扰流板由一块宽 2 cm 的平板组成，横跨一根内径 $D_p = 5$ cm 的圆管，扰流板上的压降 $\Delta P = 10\,000$ Pa。

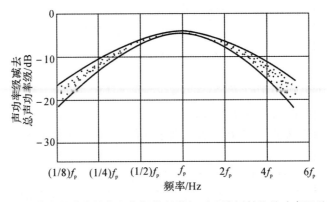

图 15.13　管内扰流板噪声的广义倍频带频谱与开口端辐射的总功率以及峰值频率

表 15.3　冷空气的限制流速 u_c 与压降的函数关系

$\Delta P/\mathrm{Pa}$	2 500	5 000	10 000	20 000	30 000	40 000
$u_c/(\mathrm{m \cdot s^{-1}})$	63	90	124	173	209	238

解　总声功率 $L_W \approx 101$ dB(以 10^{-12} W 为基准值)。当 $\Delta P = 10\,000$ Pa 时,频谱的峰值频率估计为 $f_p \approx 0.35 u_c/d$。

从表 15.3 可以看出,$u_c = 124$ m/s,此时 $f_p \approx 2\,170$ Hz。根据图 15.13,给纵坐标加 101 dB,可得出倍频带声功率频谱。

15.8　网格或格栅噪声

气流通过空调管末端的网格、格栅、出风口、导叶或多孔板时产生的噪声的特性与扰流板产生的声音的特性相似。主要区别是:① 网格位于管道的开口端;② 管道横截面积较大(即 $0.04 \sim 1$ m²);③ 管道中的空气流速很慢,一般不超过 30 m/s。从出风口各气道(或气孔)排出的"空气喷射"速度通常很小(< 100 m/s),所以射流混合噪声可以忽略不计。主要声源为偶极子声源,同气流与出风口元件(例如导叶)之间的相互作用密切相关。

当管道端部采用圆杆网格时[见图 15.14(a)],会产生周期性涡旋脱落,在各圆杆上产生波动升力并产生辐射声音调分量。声源是一个偶极子(轴平行于升力方向),而且还是一个阻力偶极子。音调频率的近似值为

$$f = \frac{0.2u}{D_R} \tag{15.30}$$

式中　u—— 平均流速,m/s;

$\quad\quad D_R$—— 圆杆直径,m。

当管道端部采用有圆柱孔且孔边清晰的孔板时,反馈机制会产生音调振荡[见图 15.14(b)]。

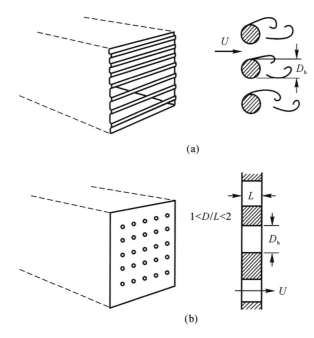

(a)

1<D/L<2

(b)

图 15.14　特殊管道端部

(a) 圆杆；(b) 有圆柱孔且孔边清晰的孔板

在一般情况下,典型的空调网格产生的噪声是宽频带噪声,具有偶极子特性,声功率随速度的六次方变化。与扰流板噪声相同,总声功率与网格上的压降 ΔP 相关,与网格的具体几何特性无关。为此,我们引入压降系数:

$$\xi = \Delta P / \frac{1}{2} \rho u^2 \qquad (15.31)$$

式中　ρ——空气密度,kg/m^3;

　　　u——网格前管道内的平均流速,m/s。

表 15.4 说明了三种典型的出风口结构及其压降系数 ξ[14]。制造商通常会提供类似出风口结构的 ξ 值。如果没有准确的 ξ 值,可根据该图进行估算。

如果制造商没有提供类似出风口结构的 ξ 值,空调出风口的总声功率级 L_W 可以采用经验公式[14]估算。

$$L_W = [10 + 10 \times \lg(S\xi^3 u^6)] \quad (dB,以 10^{-12}W 为基准值) \qquad (15.32)$$

式中　S——出风口前的管道横截面面积,m^2;

　　　ΔP——出风口压降,Pa。

即使流速和出风区域做归一化处理,不同出风口的噪声谱也呈现不同形状。结构差异往往呈现出不同的频率状态,出风口设计不合理会辐射出离散频率声音。实际上,就噪声控制问题而言,可采用一般频谱形状 $L_W - 10 \times \lg(S\xi^3 u^6)$(单位为 dB,以 $10^{-12}W$ 为基准值)确定出风口噪声谱在 ± 5 dB 范围内管道速度 u(m/s),如图 15.16 所示。

表 15.4　3 种典型出风结构及其压降系数[14]

结　　构	管道面积 /m²	备　　注	压降系数 ξ
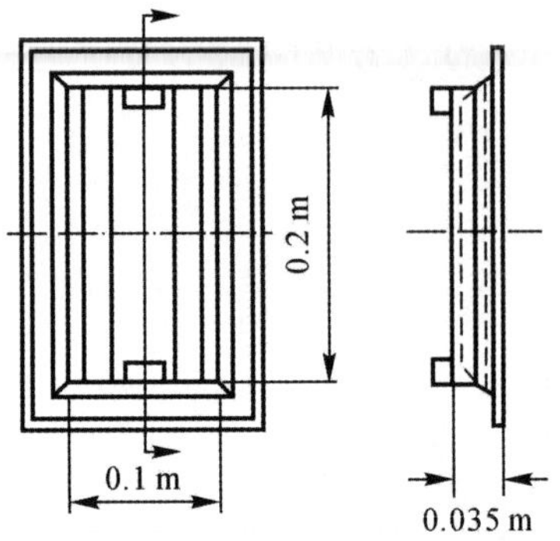 （0.2 m × 0.1 m，0.035 m）	0.020	平行百叶	2.9
	0.020	倾斜百叶	2.7
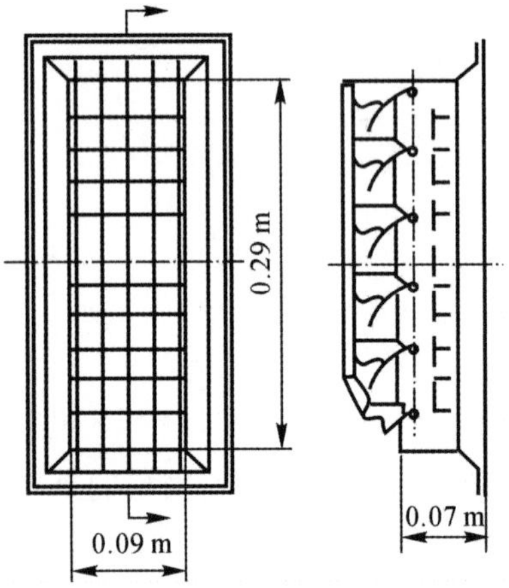 （0.29 m × 0.09 m，0.07 m）	0.028	平行百叶 风口开	4.8
	0.028	平行百叶 风口半闭	7.3
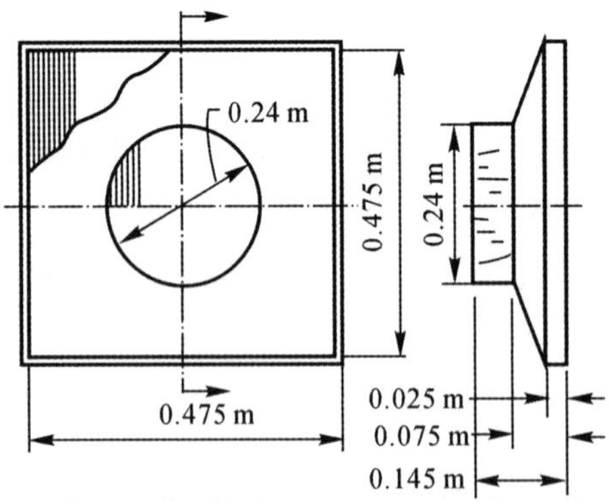 （0.475 m × 0.475 m，0.24 m，0.025 m，0.075 m，0.145 m）	0.046	接水盘开 平行挡风板	5.6
	0.046	接水盘闭 平行挡风板	6.2
	0.046	接水盘开 偏转挡风板	19.8
	0.046	接水盘闭 偏转挡风板	19.9

　　要估计出风口辐射声功率谱，首先要根据图 15.15 确定特定流速的相关曲线。图中，纵坐标增加 $10 \times \lg(S\xi^3)$，形成 1/3 倍频带频谱，误差约为 ±5 dB。

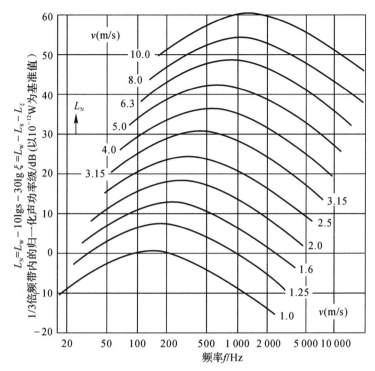

图 15.15　各种流速条件 1/3 倍频带内归一化辐射声功率级

15.9　翼型和支撑杆噪声

15.9.1　湍流中支撑杆产生的噪声

长支撑杆、翼型结构、导叶等对平均气流的阻力可以忽略不计。当处于湍流中时,升力波动大,出现偶极型宽带声源。辐射强度取决于翼型尺寸和湍流强度以及速度波动关联长度。

当平均流量马赫数较低(< 100 m/s)并且与最近边界(如管壁)的距离不低于声波波长的阶数时,可以对辐射做简单描述。在这种情况下,总辐射声功率 $\Pi(\omega)$ 的频谱密度由下式可得近似值:

$$\Pi(\omega) = \frac{\pi l a^2 \rho u^2 Ma^3 (\omega \Lambda / U)^4}{4(1 + \pi \omega a / U)\left[1 + (\omega \Lambda / U)^2\right]^{5/2}\left[1 + (\omega a / 3c)^3\right]^{1/3}} \tag{15.33}$$

式中　ω——角频率,$\omega = 2\pi f_{in}$,Hz;

a——翼弦,m;

l——翼展,m;

ρ——平均流密度,kg/m³;

u——升力方向湍流速度均方根值,m/s;

U——平均流速,m/s;

Ma——平均气流马赫数 $= U/c$,无量纲;

c—— 声速，m/s；

Λ—— 湍流积分尺度，m。

总辐射声功率 $W = \int_0^\infty \bar{\Pi}(\omega)\mathrm{d}\omega$（单位为 W），可由下式估算，即

$$W = \frac{1.78(la^2/\Lambda)\rho u^2 UMa^3}{(1 + 10.71a/\Lambda)(1 + 1.79Ma/\Lambda)}, \quad 0 \leqslant Ma \leqslant 0.3 \tag{15.34}$$

低频条件下，声强表现为与 $\cos^2\theta$ 成比例的特征偶极场形状，其中 θ 从平均升力方向测量。较高频率条件下（声波波长远小于翼弦，但大于翼厚），场形呈心形，在正向上为零，在平均流量方向附近出现峰值。

15.9.2 翼型自身噪声

除了阵风／流入湍流引起的噪声外，当翼型表面边界层的自然不稳定性引起的湍流扫过后缘时，翼型自身也会产生噪声。当湍流涡的水动力波长大于后缘翼厚时，这种现象尤其明显。由于尾涡涡流脱落能缓解后缘不稳定运动的剧烈程度，所以后缘产生的噪声比前缘小。在频率较高的条件下，这种现象更为明显[15]。

噪声可能是由后缘附近分布有升力偶极引起的。低频条件下，声强表现出与 $\cos^2\theta$ 成比例的特征偶极场形状，在翼型平均运动平面上为零。较高频率条件下（声波波长远小于翼弦），场形呈心形，在顺气流方向上为零，在正向上出现峰值。无论哪种情况，当后缘与平均流量成直角时，总声功率 $\Pi(\omega)$ 的频谱密度（瓦特秒）可由下式得出近似值：

$$\Pi(\omega) = \frac{\pi la\omega^2}{24\rho c^3 \left[1 + (\omega a/3c)^3\right]^{1/3}} \int_{-\infty}^{\infty} \frac{P_0(k_1, 0, \omega)}{|k_1|}\mathrm{d}k_1 \tag{15.35}$$

式中 $P_0(\boldsymbol{k}, \omega)$—— 后缘上游翼型的屏蔽压力波数频谱（见 15.5 节）；

k_1—— 平行于平均流量的波数分量，m^{-1}。

如果接近后缘的气流在翼型两侧为湍流，则式（15.35）中的 $P_0(k_1, 0, \omega)$ 应替换为两侧管壁压力频谱之和。

当使用 Chase 模型［见式（15.24）］来估计式（15.35）中的积分值时，展向长度 l（单位为 m）的翼型辐射的声功率的频谱密度为

$$\Pi(\omega) = \frac{0.08al\delta\rho v^{*4}U_c (\omega\delta/U_c)^3}{c^3 \left[1 + (\omega a/3c)^3\right]^{1/3} \left[(\omega\delta/U_c)^2 + 1.78\right]^2} \tag{15.36}$$

式中 δ—— 边界层厚，m；

v^*—— 摩擦速度，m/s；

U_c—— 约为平均流速的 0.7 倍，m/s。

其他量在式（15.33）后定义。但是，实测 $\Pi(\omega)$ 经常大于该方程式的预测值。参考文献中给出了更详细的经验公式[16,17]。

当频率足够高［超过式（15.36）的适用范围］时，斯特鲁哈尔数 $\omega h/U \approx 1$，其中 h 是翼型后缘的厚度；当翼弦 a 的雷诺数 Ua/v（无量纲，v 是运动黏度，单位为 m^2/s）不超过 $10^6 \sim 10^7$ 时，离散涡流会从后缘脱落。这样会产生后缘噪声，通常称为"翼型振鸣"，其幅度难以预测[16]。

15.10 空 腔 气 流

高强度声音可能来源于流经管壁上的孔洞的剪切流。同在亥姆霍兹共振器中表现的一样,流经管壁空腔的平均流量不稳定不仅能激发流体动力自激振荡,而且能与空腔的共振声学模态耦合。支管和管道系统中的噪声和振动、涡轮机械以及汽车、飞机和其他高速飞行器的外露孔洞中的噪声通常来源于空腔声音。本节提供的关系式可以确定流过近似矩形空腔[见图 15.16(a)]或亥姆霍兹共振器[见图 15.16(b)]的孔洞的气流预计何时出现强共振行为。

15.10.1 横截面均匀的空腔气流

对于图 15.16(a) 所示类型的空腔,当与涡流从空腔前缘脱落的频率足够高且空腔内的声波波长足够短并引起空腔产生驻波时,会产生共振腔振荡。当声波波长不足空腔长度的两倍,即 $c/f \leqslant 2L$ 时,可能会发生纵波共振;当声波波长不足空腔深度的 4 倍,即 $c/f \leqslant 4D$ 时,会发生深度共振。对于长深比较大($L/D > 1$)的浅空腔,以纵驻波为主;而对于深空腔($L/D < 1$),以深度共振为主。

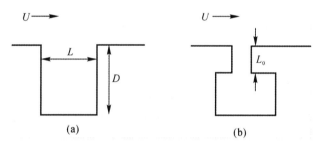

图 15.16 气流维持空腔共振示例

(a) 等截面矩形空腔; (b) 不对称亥姆霍兹共振器

罗西特[18]推导出与纵向空腔共振模态相关的斯特鲁哈尔数的方程式为

$$\frac{fL}{U_\infty} = \frac{m - \xi}{M + 1/k_v} \tag{15.37}$$

式中　k_v——剪切层速度与自由流速度之比,$k_v = U_c/U_\infty \approx 0.57$;

　　　m——模数,$m = 1, 2, 3, \cdots$,无量纲;

　　　ξ——经验常数,$\xi = 0.25$,无量纲;

　　　L——空腔长度,m;

　　Ma——自由流马赫数,$Ma = U_\infty/c$,无量纲。

布洛克[19]针对纵向空腔模态建立了以下关系式,该关系式解释了斯特鲁哈尔数与从浅空腔($L/D > 1$)实验数据中观察到的浅空腔 L/D 比的依存关系为

$$\frac{fL}{U_\infty} = \frac{m}{1.75 + Ma[1 + 0.514/(L/D)]} \tag{15.38}$$

伊斯特提出的关于空腔振荡深度模态的关系式为

$$\frac{fL}{U_\infty} = \left(\frac{1}{M}\right)\left(\frac{L}{D}\right)\left[\frac{0.25}{1 + 0.65\,(L/D)^{0.75}}\right] \tag{15.39}$$

卢卡斯[21]在比较了各种空腔振动模态的有效范围之后，建议对低至中等的马赫数，浅空腔($L/D > 1$)采用布洛克公式(15.38)。他建议对深空腔采用伊斯特公式(15.39)确定深度共振模态，并使用罗西特公式(15.37)确定纵向共振模态。对于这种深空腔，深度共振是主要模态。

布洛克将式(15.38)和式(15.39)进行合并处理，以使浅声学振荡波的频率与深度声学振荡模态一致，进而得出以下方程式来估算空腔在给定模态 m 下开始振荡的马赫数，即

$$Ma = \frac{1.75L/D}{4m[1 + 0.65(L/D)^{0.75}] - [(L/D) + 0.514]} \tag{15.40}$$

式(15.40)由布洛克[19]提出，与马赫数在 $0.1 \sim 0.5$ 之间且 $L/D < 2$ 时得出的实验数据完全一致。

15.10.2　亥姆霍兹共振器气流

图 15.16(b) 所示的亥姆霍兹共振器的固有频率 f_n 由下式计算得出：

$$f_n = \frac{c}{2\pi}\sqrt{\frac{A_o}{V_c L_{eff}}} \tag{15.41}$$

式中　c——声速，m/s；

A_o——孔口横截面面积，m^2；

V_c——空腔体积，m^3；

L_{eff}——孔口的有效颈长，m。

在亥姆霍兹共振器气流均匀的情况下，有效颈长 L_{eff} 的以下近似表达式[22]可以解释端部修正，这是由于虚拟活塞的伴随质量形成了颈部和外部空间之间的界面(长度 ΔL_o)，有

$$L_{eff} = L_o + \Delta L_o = L_o + 0.48\sqrt{A_0} \tag{15.42}$$

式中，L_o 是孔口的颈长(m)。

潘顿和米勒[23]的实验研究表明，在湍流边界层激励下，亥姆霍兹共振器响应较强，且有

$$\frac{2d_o f_n}{U_c} \approx 1 \tag{15.43}$$

式中　d_o——亥姆霍兹共振器孔颈直径，m；

U_c——边界层对流速度，$U_c \approx 0.7U$，m/s；

U——边界层外边缘的主流速度，m/s。

在式(15.43)中，f_n 是式(15.41)中的亥姆霍兹共振频率或基本驻波(风琴管)共振。对于后者，固有频率近似值由下式得出，即

$$f_n \approx \frac{c}{2L_{eff}} \tag{15.44}$$

示例 15.4　许多汽车的车顶都有天窗。在某些条件下，驾驶舱的内部容积可与天窗这样的开口一起作用，形成亥姆霍兹共振器。如果不采取措施来防止此类情况发生，假设驾驶舱内部容积约为 3 m^3，车顶侧面 0.4 m 处有方形开口，车顶和开口周边的合并厚度约为 10 cm，我们就可以预计汽车内乘客在多大速度下会感受到剧烈的压力波动。

解　假设空气温度为20℃，声速 $c = 331.5 + 0.58T(℃) = 343.1$ m/s。孔口横截面面积 $A_o = (0.4 \times 0.4)\ m^2 = 0.16\ m^2$。开口的有效长度由式(15.42)计算得出，$L_{eff} = 0.1 + 0.48 \times$

$\sqrt{0.16}=0.29$ m。应用上述值和式(15.41)中的空腔体积 $V_c=3$ m³,我们预计在 $f_n=23.4$ Hz 时会发生亥姆霍兹共振。取孔颈直径为开口长度,$d_0=0.4$ m,将该值与共振频率代入式 (15.43)中,即可求解对流速度 $U_c \approx (2 \times 0.4 \times 23.4)$ m/s $=18.7$ m/s。对应的主流速度,即我们预计激发亥姆霍兹共振的汽车速度为 $U=U_c/0.7=26.7$ m/s。

15.11　节流阀的气动噪声

气体控制阀或节流阀的噪声通常与两个来源有关:配平机械振动和气动节流。配平机械振动和气动节流很少同时产生噪声。一旦同时发生,只需要解决其中一种噪声问题,另一种噪声问题也就解决了。

15.11.1　气动噪声

要预测阀体和与其相连的下游管道辐射的噪声,要涉及以下步骤:① 根据阀门的空气动力学特性和管道的横截面面积,预测管道内噪声的大小、空间分布和频谱分布;② 预测管道对内部声场的振动响应;③ 预测振动管的声辐射。

在步骤 ① 中,阀门产生的声功率有两个分量:第一个分量是湍流与阀门相互作用产生的动态阻力和升力(偶极),其大小与流速的六次方成正比;第二个分量是射流噪声分量(四极子)产生的声功率,其大小与射出速度的八次方成正比。在压力比非常高的情况下,当阀门通道中的气流是超声速时,阀门下游会产生一种激波模态,并产生强烈的刺耳噪声。马赫数较低时,内部声场为偶极场;马赫数较高,内部声场为四极场。

根据实验数据[24],管壁声衰减最小值出现在 $f_0=(f_R/4)[c_{gas}(T)/c_0]$ 时。其中,f_R 为环频[见式(15.58)],$c_{gas}(T)$ 和 $c_0=340$ m/s 分别为管内气体在局部温度下的声速和空气在室温下的声速。

全分析预测法十分烦琐。因此,阀门行业采用了基于分析和经验方法的预测法,直接根据阀门的空气动力特性和管道的几何特性和材料特性预测距离管壁 1 m 处阀门噪声的声压级。这种半经验预测法在本章其他部分有说明。

如图 15.17 所示,对噪声引起的管道损坏[25]进行研究,可以在给定管道尺寸和壁厚的条件下确定最大安全声功率级。图中所示的功率级约等于距离阀门下游管壁 1 m 处 130 dB(A)的声级。超过此声级很可能导致管道损坏,为确保安全并保持阀门附件的结构完整性,距离管壁 1 m 处的最大声级建议为 110 dB(A)。

气动噪声取决于机械流功率 $W_{mech\ strm}=\frac{1}{2}mU^2$($m$ 为质量流量,U 为速度,见15.3节)。机械流功率是由势能(入口压力)转化为阀内动能(速位差),然后转化为热能(对应于下游压力降低、熵增)[26]。压力降低(即,将动能转化为热能)是通过产生湍流或当流体为超声速时通过击波来实现的。声功率等于 $\eta W_{mech\ strm}$,其中,η 是声功率因数。与大气射流不同,阀门射流无法自由膨胀,只有一小部分动能通过湍流转换为热能。图 15.18 是节流阀和各种下游压力 P_2 的相关压力剖面示意图①。在曲线 A 上,气流为亚声速,湍流产生的声音主要为偶极型。在

---

① 　在本章的其余部分,所有压力均为绝对静压力(Pa)。

临界压力比(空气 $P_1/P_2 = 1.89$)条件下,曲线 B 开始出现激波,然后是亚声速再压缩,在这种情况下噪声源是湍流和激波。在压力比较高的条件下,再压缩往往是非等熵再压缩,并且声音主要由激波产生(曲线 D)。

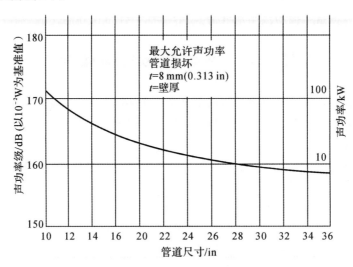

图 15.17　避免管道破裂的管道内声功率级和声功率(kW)限值建议[24]

缩脉的下游(见图 15.18 中的 D_j),部分速位差会恢复。损失的速位差等于 F_L^2,F_L 是一个通过实验确定的压力恢复系数,它取决于阀门的类型和尺寸。达到缩脉声速所需的阀门压降 $P_1 - P_2$ 为 $F_L^2(P_1 - P_0)$,其中,P_0 为缩脉静压[26]。在亚声速流中,射流功率的剩余部分通过等熵再压缩恢复,并且不会转化成声音。如果阀孔处的压力没有恢复,并且假设声速为 $c_0(\mathrm{m/s})$(见图 15.18 中的曲线 D),则

$$W_{机械流} = \frac{1}{2}mc_0^2 \tag{15.45}$$

式中,m 是质量流量($\mathrm{kg/s}$),它决定了阀门流量系数 C_v 以及蒸汽或气体的相对密度 G_f(相对于空气)和阀门入口压力 $P_1(\mathrm{Pa})$,则

$$W_{机械流} = 7.7 \times 10^{-11} C_v F_L c_0^3 P_1 G_f \tag{15.46}$$

总声功率为

$$W = \eta W_{机械流} \tag{15.47}$$

$$L_W = 10 \times \lg \frac{\eta W}{10^{-12}} \tag{15.48}$$

当压力比不是音波压力比时,应将 η 替换为下面确定的声功率系数 η_m,并且(为了简化计算)应与式(15.45)得出的音波机械流功率结合使用。式(15.53)中再次用到了声功率系数。

可以看出,压力恢复系数 F_L 可以用来预测缩脉压力 P_0,并能通过下式计算得出缩脉面积 A_v 的理想近似值,即

$$P_0 = P_1 - \frac{P_1 - P_2}{F_L^2} \tag{15.49a}$$

$$A_v = \frac{C_v F_L}{5.91 \times 10^4} m^2 \tag{15.49b}$$

阀门流量系数 C_v 为

$$C_{\mathrm{v}} = \begin{cases} 2.14 \times 10^7 \dfrac{m}{\sqrt{\Delta P(P_1 + P_2)G_{\mathrm{f}}}}, & \Delta P \leqslant \dfrac{1}{2}F_L^2 P_1 \\[4mm] 1.95 \times 10^7 \dfrac{m}{F_L P_1 \sqrt{G_{\mathrm{f}}}}, & \Delta P \geqslant \dfrac{1}{2}F_L^2 P_1 \end{cases} \qquad (15.50)$$

除此之外,C_{v} 还可以按表 15.5 计算得出。表中 D 为管内径(单位为 mm)。

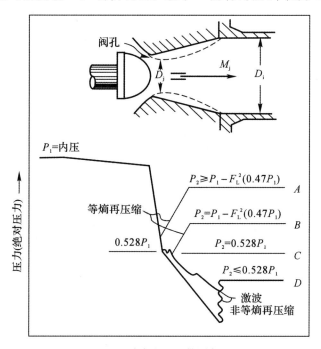

图 15.18　各种下游压力下节流阀的流量剖面和静压(P_2)示意图

表 15.5　阀门噪声预测因素(标准值)

阀门类型	流向	容量百分比或行程角度	C_{v}/D^2	F_L	F_d
球阀,单孔抛物线形阀塞	开	100%	0.020	0.90	0.46
球阀,单孔抛物线形阀塞	开	75%	0.015	0.90	0.36
球阀,单孔抛物线形阀塞	开	50%	0.010	0.90	0.28
球阀,单孔抛物线形阀塞	开	25%	0.005	0.90	0.16
球阀,单孔抛物线形阀塞	开	10%	0.002	0.90	0.10
球阀,单孔抛物线形阀塞	闭	100%	0.025	0.80	1.00
球阀,V 孔阀塞	开	100%	0.016	0.92	0.50
球阀,V 孔阀塞	开	50%	0.008	0.95	0.42

续表

阀门类型	流向	容量百分比或行程角度	C_v/D^2	F_L	F_d
球阀，V 孔阀塞	开	30%	0.005	0.95	0.41
球阀，四孔阀箱	开	100%	0.025	0.90	0.43
球阀，四孔阀箱	开	50%	0.013	0.90	0.36
球阀，六孔阀箱	开	100%	0.025	0.90	0.32
球阀，六孔阀箱	开	50%	0.013	0.90	0.25
蝶阀，摆荡式叶片	—	开 75°	0.050	0.56	0.57
蝶阀，摆荡式叶片	—	开 60°	0.030	0.67	0.50
蝶阀，摆荡式叶片	—	开 50°	0.016	0.74	0.42
蝶阀，摆荡式叶片	—	开 40°	0.010	0.78	0.34
蝶阀，摆荡式叶片	—	开 30°	0.005	0.80	0.26
蝶阀，槽式叶片	—	开 75°	0.040	0.70	0.30
蝶阀，槽式叶片	—	开 50°	0.013	0.76	0.19
蝶阀，槽式叶片	—	开 30°	0.007	0.82	0.08
偏心旋塞阀	开	开 50°	0.020	0.85	0.42
偏心旋塞阀	开	开 30°	0.013	0.91	0.30
偏心旋塞阀	闭	开 50°	0.021	0.68	0.45
偏心旋塞阀	闭	开 30°	0.013	0.88	0.30
球阀，分段式	开	开 60°	0.018	0.66	0.75
球阀，分段式	开	开 30°	0.005	0.82	0.63

15.11.2　声辐射效率

马赫数为 1 时，自由射流的声辐射效率 $\eta \approx 10^{-4}$。如果假设马赫数为 1 的参考点上强度相等（5×10^{-5}）的偶极子和四极子是阀门噪声源，那么它们各自的声辐射效率可以表示为图 15.19 中的曲线 A 和 B，两条曲线组合起来产生一个起点为 1×10^{-4}、斜率与 $U^{3.6}$ 成正比的亚声速曲线斜率 C。对曲线做进一步修改后，可以体现亚声速时 $W_{\text{mech strm}}（\propto U^3）$ 的减小值，进而得出有效效率（即声功率系数）η_m 的最终曲线 D，当 $U \propto （P_1/P_0 - l）^{0.39}$，有效效率与 $U^{6.6}$ 或 $（P_1/P_0 - l）^{2.57}$ 成正比，其中 P_0 是缩脉静压。通过近似法，得出 $0.38 \leqslant Ma \leqslant 1$（即 $P_1/P_2 =$

1.1）这一理想结果。

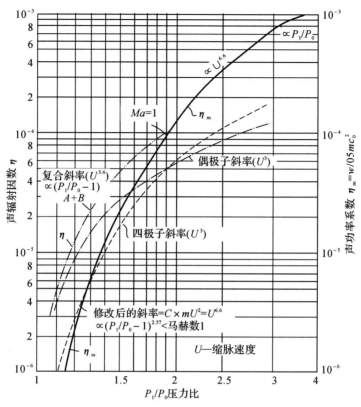

图 15.19　马赫数为 1 时强度相等的偶极子和四极子的声辐射效率曲线斜率图

在实际应用中，用入口压力与出口压力之比（P_1/P_2）来表示 η_{m}。可采用下列公式[28-29]：

条件一：$P_1/P_2 < P_1/P_{2临界}$（亚声速）

$$\eta_{\mathrm{m\,I}} = 10^{-4} F_{\mathrm{L}}^2 \left(\frac{P_1 - P_2}{P_1 F_{\mathrm{L}}^2 - P_1 + P_2} \right)^{2.6} \tag{15.51a}$$

条件二和条件三：$P_1/P_{2临界} < P_1/P_2 < 3.2\alpha$

$$\eta_{\mathrm{m\,II}} = 10^{-4} F_{\mathrm{L}}^2 \left(\frac{P_1/P_2}{P_1/P_{2临界}} \right)^{3.7} \tag{15.51b}$$

条件四：$3.2\alpha < P_1/P_2 < 22\alpha$（$Ma_{\mathrm{j}} > 1.4$）

$$\eta_{\mathrm{m\,IV}} = 1.32 \times 10^{-3} F_{\mathrm{L}}^2 \left(\frac{P_1/P_2}{P_1/P_{2转折}} \right) \tag{15.51c}$$

条件五：$P_1/P_2 > 22\alpha$（等效率）

$$\eta_{\mathrm{m\,V}} = 条件四的最大值 \tag{15.51d}$$

式中，$\alpha = (P_1/P_{2临界})/1.89$；$Ma = \sqrt{2}$ 时；$P_1/P_{2转折} = \alpha\gamma^{\gamma/(\gamma-1)}$；$\gamma$ 为气体比热比；$P_1/P_{2临界} = P_l/(P_l - 0.5P_1 F_{\mathrm{L}}^2)$。

这些参数的数值见表 15.6。

当下游管道是直管且横截面积无突然变化时，阀门下游的最高内部 1/3 倍频程带声压级 L_{pi}（以 $2 \times 10^{-5} \mathrm{Pa}$ 为基准值）由下式得出，即

$$L_{pi} = -61 + 10 \times \lg \frac{\eta_m C_v F_L P_1 P_2 c_0^4 G_f^2}{D_i^2} \tag{15.52}$$

式中　　D_i—— 下游管道内径,m;

$\quad\quad\quad G_f$——20℃ 气体相对于空气的相对密度;

$\quad\quad\quad c$—— 声速,

$\quad\quad\quad c_0$—— $\sqrt{\gamma P_0 / \rho_0}$,m/s;

$\quad\quad\quad \gamma$—— 比热比;

$\quad\quad\quad \rho_0$—— 缩脉气体密度,kg/m³。

15.11.3　管道传输损失系数

明确内部峰值声频 f_p 对于正确预测管道透射损失系数 T_L 至关重要。系数 T_L 在第一截断频率 f_0 [见式(15.58)]和管道的环频率 f_R (见图 15.20 中的下曲线) 之间无显著变化,但在其他频率下变化较大。T_L 的斜率在 f_0 以下约为为 $-6\text{dB}/$ 倍频程,在 f_r^{28} 以上约为 $+6\text{dB}/$ 倍频程。

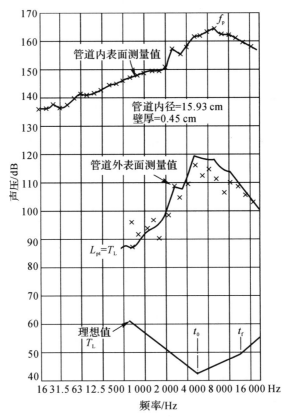

图 15.20　采用上述透射损失方程式得出的高度一致的 150 mm 截止阀试验数据

[注意峰值声频(f_p)由管道内约 4.8 kHz 最终偏移到管道外第一截断频率(f_0)2.5 kHz]

对于马赫数小于 0.3 的管道和相对较重的管道(如典型工艺装置中),可以假设在 f_0 时传输损失最小,可由下列方程式[28] 得出,即

$$T_{\mathrm{L}f_0} = 10 \times \lg\left[9 \times 10^6 \,\frac{r t_{\mathrm{p}}^2}{D_i^3}\left(\frac{P_2}{P_{\mathrm{a}}} + 1\right)\right] \mathrm{dB} \tag{15.53}$$

式中　r—— 观察者与管壁的距离，m；

　　　t_{p}—— 管道壁厚，m；

　　　D_i—— 管道内径，m；

　　　P_2—— 阀门下游内部静压，Pa；

　　　P_{a}—— 下游等距处外部静压，Pa。

表 15.6　主要空气压力比

F_{L}	0.5	0.6	0.7	0.8	0.9	1.0
$P_1/P_{2临界}$	1.13	1.20	1.30	1.43	1.61	1.89
$P_1/P_{2转折}$	1.95	2.07	2.24	2.40	2.76	3.25
α 比	0.60	0.64	0.68	0.76	0.85	1.0
22α	13	14	15	16	19	22

注：$P_1/P_{0临界} = 1.89$。此表可用于以合理精度计算其他气体的压力比。

标准值见表 15.7。如果流体的声速较高且管壁较薄，$T_{\mathrm{L}f_0}$ 的最小值向环频率 f_{R} 偏移［见式（15.58）］。

表 15.7　最小管道透射损失系数 $T_{\mathrm{L}f_0}$

标称管径 /m	管 号	
	40	80
0.025	72	76
0.050	65	69
0.080	64	68
0.100	60	64
0.150	57	61
0.200	54	58
0.250	52	57
0.300	51	56
0.400	50	55
0.500	48	53

注：距离钢管 1 m 处，内部气压为 200 kPa，外部气压为 100 kPa。管号按照 ANSI B36.10 执行。

阀门的总透射损失系数采用下式表示，即

$$T_{\mathrm{L}} = T_{\mathrm{L}f_0} + \Delta T_{\mathrm{L}f_{\mathrm{p}}} \tag{15.54}$$

式中，修正值 $\Delta T_{\mathrm{L}f_{\mathrm{p}}}$（dB）由峰值噪声频率决定，则有

$$\Delta T_{Lf_p} = \begin{cases} 20 \times \lg \dfrac{f_0}{f_p}, & f_p \leqslant f_0 \\[2mm] 13 \times \lg \dfrac{f_p}{f_0}, & f_p \leqslant 4f_0 \\[2mm] 20 \times \lg \dfrac{f_p}{4f_0} + 7.8, & f_p > 4f_0 \end{cases} \tag{15.55}$$

峰值频率估算如下[29]:

$$f_p = \begin{cases} \dfrac{0.2Ma_{jc_0}}{D_j}, & M_j < 4 \\[3mm] \dfrac{0.28c_0}{D_j\sqrt{Ma_j^2 - 1}}, & M_j > 4 \end{cases} \tag{15.56}$$

式中　c_0—— 缩脉声速,m/s;

　　　D_j—— 阀孔射流直径。

$$Ma_j = \left\{ \frac{2}{\gamma - 1}\left[\left(\frac{P_1}{\alpha P_2}\right)^{(\gamma-1)/\gamma} - 1\right]\right\}^{1/2} \tag{15.57}$$

$$f_R = \frac{c_L}{\pi D_i} = 4f_0 \tag{15.58}$$

对于钢管和空气,有

$$f_R \approx \frac{5\ 000}{\pi\ D_i}$$

对于空气以外的其他气体,f_0 必须乘以 $c_{0,气体}/c_{0,空气}$。

由于许多阀门的流动几何特性比较复杂,所以直径 D_j 很难确定。较合理的近似法是取水力直径 D_H 为喷射直径,并由阀门类型修正系数 F_d(见表 15.5) 得出,即

$$D_j \approx 4.6 \times 10^{-3} F_d \sqrt{C_v F_L} \tag{15.59}$$

如果射流部分在下游合并(通常压力比较大),此公式不适用。这种情况常见于多孔阀箱,"流动-关闭"方向上的短行程抛物线形阀塞以及开度较大的蝶阀。

外部声级(距离管壁 1 m 处测量值) 由下式得出,即

$$L_a = 5 + L_{pi} - T_L - L_g \tag{15.60}$$

式中,L_g 是管道流速的修正值,且

$$L_g = -16 \times \lg\left(1 - \frac{1.3 \times 10^{-5} P_1 C_v F_L}{D_i^2 P_2}\right) \tag{15.61}$$

图 15.20 中采用 DN150 截止阀空气得出的验室试验数据显示,如果采用下列式(15.54)计算得出的 T_L,阀门外部声级的预测值与实测值高度一致。如果没有出现射流"刺耳声"等其他异常现象,假设所有阀门系数为既定值,式(15.60) 的精度可以达到 ±3 dB。

15.11.4　阀门出口流速高引起的噪声

阀门压力降低会引起气体膨胀,造成阀门出口流速高,进而在游管道或扩管中产生二次噪声源[31-32]。

估算阀门出口流速(限于声速 c_2) 为

$$U_R = 4\frac{m}{\pi \rho_2 d_i^2} \tag{15.62}$$

式中，d_i 是阀门直径，单位为 m。

出口流速产生的内部声压级为

$$L_{piR} = 65 + 10\lg\left(Ma_R^3 \frac{W_{mR}}{D_i^2}\right) \tag{15.63}$$

式中

$$W_{mR} = \frac{m}{2}U_R^2\left[\left(1 - \frac{d_i^2}{D_i^2}\right) + 0.2\right] \tag{15.64}$$

且

$$Ma_R = \frac{U_R}{c_2} \tag{15.65}$$

用式(15.60)计算外部声级 L_R，用 L_{piR} 代替 L_{pi}。用式(15.54)计算 TL，用 f_{pR} 代替 f_p，式中

$$f_{pR} = 0.2\frac{U_R}{d_i} \tag{15.66}$$

在距离管道 1 m 处，阀门和下游管道的复合外部声级估计为

$$L_{ps} = 10\lg(10^{L_a/10} + 10^{L_R/10}) \tag{15.67}$$

建议读者阅读参考文献[24]，其中列举很多例子对预测程序做了说明。

15.11.5　阀门降噪方法

决定阀门噪声的两个基本变量分别是射流马赫数 Ma_j 和内部峰值频率 f_p。对于亚声速流，采用流线型程度较低阀内件可降低射流速度($F_L \geqslant 0.9$)。

在压力比较高的情况下，将阀孔或通道串接，才能保证各部件保持亚声速运行状态。这种"Z"通道阀门如图 15.21 所示。例如，如果天然气入口压力 10 000 kPa 降低至 5 000 kPa，并假设阀门压力恢复因数 $F_L = 0.9$，那么单级降噪的内部压力比 $P_1/P_{2\alpha} = 2.35 : 1$。但是，如果采用图 15.21 中的阀内件，10 级降噪，那么每一级的阀孔压力比为 1.603 : 1，升功率系数为 1.1×10^{-7}。如果不考虑增加部分动力源(共 10 个)，那么噪声可降低 30 dB。

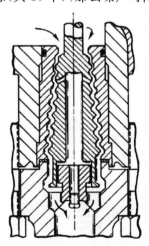

图 15.21　单流道多级阀内件高压减压阀

(理想情况下，每一级的阀孔流速都是亚声速级)

要降低"可听到的"阀门噪声,一种经济的做法是采用图 15.22 所示的多孔阀内件来提高峰值频率。采用单级节流,多个并联孔口射流。这样可以减小阀门类型修正系数 $F_d \approx 1/\sqrt{n_o}$ 的值,式中,n_o 表示等尺寸并联孔口的数量。由于 F_d 与射流直径 D_j 成正比,所以 f_p 可以偏移至更大值。因此,如果 $n_o = 16$,如图 15.22 所示,那么 $F_d = 0.25$ 且 f_p 是单阀孔的 4 倍($F_d = 1$),但总流道面积相同。如果峰值频率出现在质量控制区,可以总体减小外部(可听到)声级 $\Delta T_{Lf_p} = 20 \times \lg(f_{p1}, /f_{p0}) = [20 \times \lg(1/0.25)]$ dB ≈ 12 dB。

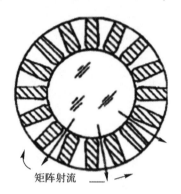

矩阵射流

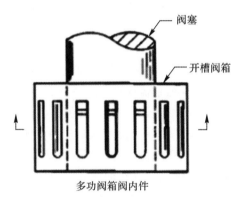

阀塞

开槽阀箱

多功阀箱阀内件

图 15.22　将单级流道分成 16 个孔($F_d = 0.25$)的开槽阀箱

采用图 15.23 中的合理布局,能够在因声频增加导致传输损失较高的情况下降低流速。这种方法结合了多级、多通道结构,采用的阀瓣有单独铸造形成或蚀刻形成的通道。

阀塞

迷宫式阀箱

图 15.23　迷宫式流道铸造或加工在阀塞周围的金属板堆中
(以提供多步骤和多通道流道的组合,从而降低节流速度并增加峰值频率)

还有一种更为经济的做法是将下游静态减压装置（如多孔节流器）与带齿盘的节流阀连接起来，如图 15.24 所示。尽管大部分能量是由静态压板转换的，齿盘在产生多股射流的时候还是会引起噪声频率增加。在最大设计流量下，阀门保持较低压力比（1.1 或 1.15），由静态压板完成其余减压。由于采用多级多孔设计，静态压板节流噪声低。

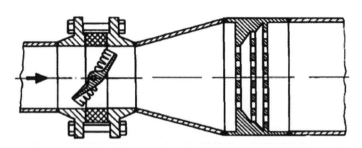

图 15.24　配合三级静电阻板实现减压的沟槽式调节蝶阀

最先进、最紧凑的低噪阀内件如图 15.25 所示。它是一个由相同的冲压板或裁切板构成的两级装置，所以外壳较小。该装置一、二级调压时均能达到亚声速水平，实现整体声辐射效率最低，同时在高透射损失、峰值频率情况下能保证较高出口声级。气体进入按超声速出风口配置的进气孔（A）。进气孔通过激波机制转化大约 95% 的气流能，然后气体膨胀进入吸声沉降室（B），最终通过一系列亚声速小流道（C）排出阀内件。

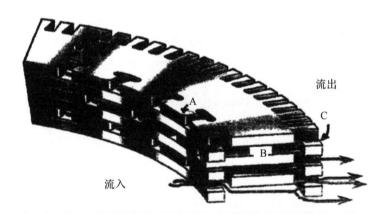

图 15.25　由相同金属板制成的堆叠阀内件

在阀门下游布置消声器并非是一种比较经济的做法，因为很大一部分声功率向上传输或通过阀体和制动器辐射，降噪效果通常不超过 10 dB。管壁隔声也要注意这一点，消声效果只能达到 15 dB 左右。各种消声措施的有效性汇总如下：

（1）1 in（1 in＝0.0254 m）厚管道隔声降噪 5～10 dB；

（2）管道壁厚加倍降噪 6 dB；

（3）下游布置消声器降噪 10 dB；

（4）上、下游布置消声器降噪 20 dB；

（5）阀门下游布置多孔电阻板降噪 15～20 dB（最大流量下只用 5%～10% 阀门进口压力 ΔP）；

(6)特殊低噪声阀降噪 15～30 dB。

参 考 文 献

[1]　M. J. Lighthill，"On Sound Generated Aerodynamically. Part I：General Theory"，*Proc. Roy. Soc. Lond.*，**A211**，564－587 (1952).

[2]　M. S. Howe，"Contributions to the Theory of Aerodynamic Sound with Applications to Excess Jet Noise and the Theory of the Flute"，*J. Fluid Mech.*，**71**，625－673 (1975).

[3]　Society of Automotive Engineers，"*Gas Turbine Jet Exhaust Noise Prediction*，" Report No. SAE ARP 876C，Society of Automotive Engineers，Warrendale，PA，1985.

[4]　J. R. Stone，"Prediction of In－Flight Exhaust Noise for Turbojet and Turbofan Engines，" *Noise Control Eng.*，**10**，40－46 (1977).

[5]　A. L. Laganelli and H. Wolfe，"*Prediction of Fluctuating Pressure in Attached and Separated Turbulent Boundary Layer Flow*，" Paper 89，American Institute of Aeronautics and Astronautics，Washington，DC，1989，p. 1064.

[6]　M. S. Howe，"The Role of Surface Shear Stress Fluctuations in the Generation of Boundary Layer Noise，"*J. Sound Vib.*，**65**，159－164 (1979).

[7]　M. S. Howe，"Surface Pressures and Sound Produced by Low Mach Number Turbulent Flow over Smooth and Rough Walls，"*J. Acoust. Soc. Am.*，**90**，1041－1047 (1991).

[8]　D. M. Chase，"The Character of Turbulent Wall Pressure Spectrum at Subconvective Wavenumbers and a Suggested Comprehensive Model，" *J. Sound Vib.*，**112**，125－147 (1987).

[9]　J. G. Seebold，"Smooth Piping Reduces noise—Fact or Fiction？" *Hydrocarbon Process.*，September 1973，pp. 189－191.

[10]　D. A. Bies，"*A Review of Flight and Wind Tunnel Measurements of Boundary Layer Pressure Fluctuations and Induced Structural Response*，" NASA CR－626，NASA Langley Research Center，Hampton，VA，May 1966.

[11]　D. A. Nelson，*Reduced－Noise Gas Flow Design Guide*，NASA Glenn Research Center，Cleveland，OH，April 1999.

[12]　H. H. Heller and S. E. Widnall，"Sound Radiation from Rigid Flow Spoilers Correlated with Fluctuating Forces，" *J. Acoust Soc. Am.*，**47**，924－936 (1970).

[13]　P，A. Nelson and C. L. Morfey，"Aerodynamic Sound Production in Low Speed Flow Ducts，" *J. Sound Vib.*，**79**，263－289 (1981).

[14]　M. Hubert，"Untersuchungen ueber Geraeusche durchstroemter Gitter，" Ph. D. Thesis，Technical University of Berlin，1970.

[15]　M. S. Howe，"The Influence of Vortex Shedding on the Generation of Sound by Convected Turbulence，" *J. Fluid Mech.*，**76**，711－740 (1976).

[16] W. K. Blake, *Mechanics of Flow - Induced Sound and Vibration*, Vol. 2: *Complex Flow - Structure Interactions*, Academic, New York, 1986.

[17] T. F. Brooks, D. S. Pope, and M. A. Marcolini, *"Airfoil Self - Noise and Prediction,"* NASA Reference Publication No. 1218, NASA Langley Research Center, Hampton, VA, 1989.

[18] J. E. Rossiter, *"Wind Tunnel Experiments on the Flow over Rectangular Cavities at Subsonic and Transonic Speeds,"* RAE TR 64037, Royal Aircraft Establishment, Farnsborough, U. K., 1964.

[19] P. J. W. Block, *"Noise Response of Cavities of Varying Dimensions at Subsonic Speeds,"* Technical Paper D - 8351, NASA Langley Research Center, Hampton, VA, 1976.

[20] L. F. East, *"Aerodynamically Induced Resonance in Rectangular Cavities,"* *J. Sound Vib.*, **3**(3), 277 - 287 (1966).

[21] M. J. Lucas, *"Impinging Shear Layers,"* in M. J. Lucas et al., *Handbook of the Acoustic Characteristics of Turbomachinery Cavities*, American Society of Mechanical Engineers, New York, 1997, pp. 205 - 241.

[22] M. C. Junger, *"Cavity Resonators,"* in M. J. Lucas et al., *Handbook of the Acoustic Characteristics of Turbomachinery Cavities*, American Society of Mechanical Engineers, New York, 1997, pp. 13 - 38.

[23] R. L. Panton and J. M. Miller, *"Excitation of a Helmholtz Resonator by a Turbulent Boundary Layer,"* *J. Acoust. Soc. Am.*, **58**, 533 - 544 (1975).

[24] IEC 60534 - 8 - 3, *"Control Valve Aerodynamic Noise Prediction Method,"* International Electrical Commission, Geneva, Switzerland, 2000.

[25] V. A. Carucci and R. T, Mueller, *"Acoustically Induced Piping Vibration in High Capacity Pressure Reducing Systems,"* Paper No. 82 - WA/PVP - 8, American Society of Mechanical Engineers, New York, 1982.

[26] H, D. Baumann, *"On the Prediction of Aerodynamically Created Sound Pressure Level of Control Valves,"* Paper No. WA/FE - 28, American Society of Mechanical Engineers, New York, 1970.

[27] ANSI/ISA S75. 01 - 1985, *"Flow Equations for Sizing Control Valves,"* Instrument Society of America, Research Triangle Park, NC, 1985.

[28] ANSI/ISA S75. 17, *"Control Valve Aerodynamic Valve Noise Prediction,"* Instrument Society of America, Research Triangle Park, NC, 1989.

[29] H. D. Baumann, *"A Method for Predicting Aerodynamic Valve Noise Based on Modified Free Jet Noise Theories,"* Paper No. 87 - WA/NCA - 7, American Society of Mechanical Engineers, New York, 1987.

[30] C. Reed, *"Optimizing Valve Jet Size and Spacing Reduces Valve Noise,"* *Control Eng.*, **9**, 63 - 64 (1976).

[31] H. D. Baumann, *"Predicting Control Valve Noise at High Exit Velocities,"* *INTECH*, February 1997, pp. 56 - 59.

第 16 章　机械噪声的预测

本章介绍了描述各种工业机械声功率发射特性的工程设计信息和预测程序,涉及的设备类型包括空气压缩机、锅炉、输煤设备、冷却塔、风冷式冷凝器、柴油发动机驱动设备、风机、输油泵、燃气轮机、蒸汽轮机、蒸汽通风口、变压器和风力涡轮机。这些信息摘自咨询项目文件和现场测量项目结果。机械噪声预测程序基于许多客户提供的经验现场数据研究,包括爱迪生电力研究所和纽约电能研究公司。

本章讨论的机器噪声识别和描述特征包括估计的 A 计权和倍频带总声功率级(L_w),在远声源场观察到的一般指向性和音调特征,以及与声源操作相关的时间特征。此外,简要描述了在以前咨询项目中经证明对笔者有用的降噪概念。成功的噪声控制处理通常需要详细了解现场特定的操作和维护要求以及现场相关的声学条件。在具体设计应用中需要指导时,我们建议参考声学设计手册或咨询有经验的声学工程专业人员。

此处提供的信息和程序可用于许多工程应用,这些应用要求预测新机械装置的近似声学特性,并估计满足当地要求所需的噪声衰减。预计预测程序将提供 A 计权声功率级估计值,此类估计值精度通常在 ± 3 dB 以内。单个倍频带声功率级估计值必然会比 A 计权声功率级估计值的精度稍低一些。预测程序可估计一台机器运行期间的等效(能量平均声功率级)L_{eq}声功率级。对于具有间歇运行周期的设备,如果需要长期的等值,估计的声功率级可以减少 10 lg(运行周期)。当几台相同的机器同时运行时,声功率级可以增加 10 lg(机器数量)。当设备位于大型厂房内时,附近的其他大型设备可能会提供一些屏蔽,从而可减少向屏蔽方向上远距离邻居所辐射的噪声(见第 7 章)。当设备位于封闭厂房内时,一部分声能将在厂房内消散,从而进一步降低远场噪声。注意,门、窗和通风口可以大大降低建筑外墙的声学性能(复合透射损失,见第 12 章)。

如可能,读者应努力获取被研究机器的实际现场数据和/或制造商信息。第 15 章和第 17 章介绍了建筑物中气流和风机产生的噪声信息。其他几章中提供了降噪信息。第 6 章和第 7 章描述了室内声场特性,第 5 章讨论了室外声传播。本章提供的噪声排放信息为美国现有设备的噪声排放信息。其他国家使用的设备所产生的噪声级可能与此类信息不同。本章正文中提供了总声功率级的预测公式。表 16.1 提供了估算 A 计权和倍频带声功率级的调整值。

16.1　空气压缩机

空气压缩机产生的噪声源自过滤空气入口、压缩机外壳、相互连接的管道和级间冷却器以及驱动压缩机的电动机或发动机。空气压缩机产生的噪声可根据对压缩空气的需求表现出独特的占空比,通常认为此类噪声为全向和宽带噪声,且没有明显的离散音。某些真空泵的进气口噪声有时包括高噪声级的低频脉动噪声。

本节中介绍的噪声估算程序适用于传统的工业用、公共设施用和建筑用空气压缩机,其没有特殊的降噪组件。通常可从制造商处获得空气压缩机,并配备特殊的降噪组件,包括各种类型的入口消声器、套管、绝缘件和隔声罩,这些组件能够提供不同程度的降噪效果。这些低噪声压缩机的声学数据应直接从制造商文献中获得。

表 16.1　估算 A 计权和倍频带 L_W[①] 所用的调整值

行　号	设备[②]	A 计权	31.5	63	125	250	500	1 000	2 000	4 000	8 000
1	RR 压缩机	2	11	15	10	11	13	10	5	8	15
2	C 压缩机壳	2	10	10	11	13	13	11	7	8	12
3	C 压缩机入口	0	18	16	14	10	8	6	5	10	16
4	S 锅炉	9	6	6	7	9	12	15	18	21	24
5	L 锅炉	12	4	5	10	16	17	19	21	21	21
6	CC 振动器	9	5	6	7	9	12	15	18	21	24
7	R 未封闭汽车	12	4	5	10	13	17	19	21	21	21
8	BL 封闭汽车	10	3	5	11	14	14	14	18	19	19
9	BL 卸载装置	9	8	5	8	10	12	13	18	23	27
10	CS 卸载装置	11	3	8	12	14	14	16	19	21	25
11	碎煤机	9	6	6	6	10	12	15	17	21	30
12	T 塔架	7	7	7	7	9	11	12	14	20	27
13	磨煤机(13～36 t/h)	5			4	6	8	11	13	15	
14	磨煤机(37～55 t/h)	5			6	7	4	11	14	17	
15	ND C 塔架	0			12	13	11	9	7	5	7
16	MD C 塔架	10	9	6	6	9	12	16	19	22	30
17	MD C 塔架 1/2S	5	9	6	6	10	10	11	11	14	20
18	A－C 冷凝器	12	5	6	6	10	14	17	24	29	34
19	D 发动机	5		11	6	3	8	10	13	19	25
20	C 风机输入＋输出	5	11	9	7	8	9	9	13	17	24
21	C 风机壳	13	3	6	7	11	16	18	22	26	33
22	R 风机壳	12	10	7	4	7	18	20	25	27	31
23	轴流风机	3	11	10	9	8	8	8	10	14	15
24	S Fd 泵	4	11	5	7	8	9	10	11	12	16
25	L Fd 泵	1	19	13	15	11	5	5	7	19	23
26	C－C 厂房	11	7	3	7	13	15	17	19	23	21

续表

行 号	设 备②	A 计权	31.5	63	125	250	500	1 000	2 000	4 000	8 000
27	S St 涡轮机	5	11	7	6	9	10	10	12	13	17
28	L St 涡轮机	12	9	3	5	10	14	18	21	29	35
29	SL 排气装置	11		2	6	14	17	17	21	18	18
30	变压器	0		−3	−5	0	0	6	11	16	23

注：①估计的总 L_W 减去所示值，除了变压器，A 计权声级减去所示值。

②RR：旋转和往复运动；C：外壳；S：小型；L：大型；CC：煤车；R：旋转式倾卸车；BL：斗梯；CS：抓斗；T：转移；C：煤；ND C：自然通风冷却；MD C：机械通风冷却；A－C：空气冷却；D：柴油；C－C 厂房：联合循环发电厂主厂房内；SL：蒸汽管线。

旋转和往复式空气压缩机的外壳和进气口所辐射的总声功率级可以由下式（查表 16.1 第 1 行）得出。对于旋转式和往复式压缩机，这些关系假设进气口配备制造商提供的滤波器和小型消声器。

旋转式和往复式压缩机：

$$L_W = 90 + 10 \lg P_z \tag{16.1}$$

其中，P_z 是以 kW 为单位的轴功率。在 1 100～3 700 kW 功率范围内，离心式空气压缩机外壳和未配消声装置的进气口的总声功率级可使用下式进行估算（查表 16.1 第 2 行和第 3 行）。安装在进气口的任何消声器的插入损失应从计算的进气口功率级中扣除。

离心压缩机外壳：

$$L_W = 79 + 10 \lg P_z \tag{16.2}$$

离心压缩机入口：

$$L_W = 80 + 10 \lg P_z \tag{16.3}$$

式（16.2）和式（16.3）不包括驱动压缩机所用的电动机或发动机发出的噪声。应将为驱动设备所计算的声功率级添加到计算的压缩机声功率级中。

消声器、隔热层、屏障和隔声罩都不同程度地用于成功控制压缩机辐射到附近场所或社区的噪声。然而，通常建议的最实用做法是从制造商处指定并购买一台低噪声压缩机。

16.2　锅　　炉

提供了两种方法来预测锅炉噪声：一种适用于 50～2 000 左右锅炉马力（bhp，1 bhp＝9.81 kW）范围内相对较小的锅炉（一个锅炉马力等于每小时 15 kg 的蒸汽）；另一种方法适用于 100～1 000 MWe（兆瓦电力）范围内发电站所用的大型锅炉。

16.2.1　小型锅炉

小型锅炉的声功率输出与锅炉的热额定关系不大。助燃风机和燃烧器辐射的噪声可能比小型锅炉隔声侧壁辐射的噪声更多。使用下式可估算出小型锅炉的总声功率级（也可参考表 16.1 第 4 行）：

小型锅炉：

$$L_w = 95 + 4\lg P_X \qquad (16.4)$$

式中，P_X 为以锅炉马力（bhp）为单位的小型锅炉功率。

16.2.2　大型锅炉

在大型中央电站锅炉附近的工作空间内测量的噪声级（未封闭锅炉）通常在 $80 \sim 85$ dB(A)（锅炉下半部分）和 $70 \sim 80$ dB(A)（锅炉上半部分）范围内。在封闭锅炉（通常在寒冷气候地区）附近测得的噪声级通常要高 5 dB(A) 左右。使用式(16.5)中给出的关系式可估算出大型中央电站锅炉的总声功率输出（也可参考表 16.1 第 5 行）：

大型锅炉：

$$L_w = 84 + 15\lg P_D \qquad (16.5)$$

式中，P_D 为以兆瓦电力（MWe）为单位的大型锅炉的功率。

锅炉噪声本质上具有全向和宽带特点。然而，助燃风机或送风机、引风机、气体再循环风扇、二次风机和驱动电动机有时会产生音调噪声，并可能增加锅炉侧的噪声级。少数锅炉会出现强烈的离散音，在特定锅炉载荷运行期间频率通常在约 $20 \sim 100$ Hz 之间。这可能是由热交换器管的涡旋脱落而引起的，该涡旋脱落会在锅炉内激发声共振，进而导致在锅炉共振频率下发生相干（而非随机）涡旋脱落。锅炉侧壁发出的低频音调噪声已经引起了附近居民的强烈反应。锅炉运营商也表示振动管板可能出现的疲劳失效是个令人担忧的问题。安装一个或多个大金属板来细分锅炉内部容积以改变其共振频率，从而成功地解决了这个问题。该共振条件及其控制相关的更多信息见参考文献[4][5]。

使用隔声性能良好的外部隔声罩可成功降低锅炉侧壁辐射的典型宽带噪声，该隔声罩也可作为设备和工人的防风雨装置。锅炉所用的风机产生的噪声也可按照 16.6 节所述进行控制。

16.3　输　煤　设　备

各类噪声制造设备，如轨道车、船舶和驳船卸船装置、输送塔、输送机、碎煤机和研磨机，被用来卸载、运输和加工大型工业和公用锅炉用煤。研究和总结大量的噪声级调查结果，为该设备编制了以下一般噪声预测程序。

16.3.1　煤车振动器

底部卸载时煤车振动器会振动煤车。煤未冻结时，每辆煤车的卸载时间通常在 $2 \sim 5$ min 左右。煤车中的煤冻结时，持续执行落砂工序 10 min 或更久。煤车振动器通常位于金属板或砌体建筑内，而此类建筑内部几乎没有或根本没有用于吸声的隔声材料。振动器两端设有大型开口，侧壁有时也会设较小的开口和窗户。还配备吸尘和通风系统，系统所配的风机会产生噪声。煤车落砂工序期间产生的总声功率可用以下关系式估算（也可参考表 16.1 第 6 行）：

煤车落砂：

$$L_w = 141 \text{ dB} \qquad (16.6)$$

吸尘和通风风机产生的噪声可用 16.6 节和第 17 章中提供的关系式进行估算。

在金属或砌体建筑内执行落砂工序或减少任何已有建筑物的开口数来降低煤车落砂工序产生的远场噪声。此外,有时也可使用现代汽车振动设备,其产生的实测 A 计权声级比用式(16.6)估计的值大约低 10 dB。小心移动列车可减少应振动器运行传递给列车而引起的相关冲击噪声。限制在白天执行落砂工序也可减少社区噪声影响。

16.3.2 旋转式倾卸车

旋转式倾卸车通常用于卸载配特殊旋转耦合器的长列车。煤未冻结时,每辆煤车的卸载时间通常在 2～3 min 左右。一列 100 节车厢的列车在 3～5 h 左右即可卸载完毕,延误情况除外。旋转式倾斜车卸载过程中产生的总声功率可用式(16.7)和式(16.8)估算,其适用于开放式和封闭式设施(也可参考表 16.1 的第 7 行和第 8 行)。然而,短时间撞击声可能比这些关系式得出的等效值大 10～25 dB。

旋转式未封闭汽车卸载:

$$L_W = 131 \text{ dB} \tag{16.7}$$

旋转式封闭汽车卸载:

$$L_W = 121 \text{ dB} \tag{16.8}$$

旋转式倾卸车的降噪方法与前述的煤车振动器降噪方法相似。

16.3.3 斗梯和抓斗式卸船机

斗梯和抓斗式卸船机通常用于卸载船或驳船运送的煤。该设备置于室外码头沿线,其电动机和齿轮减速器通常位于防风雨金属壳内。为建立此处提供的预测关系式而研究的声学数据均源自自由挖掘速率在 1 800～4 500 t/h 范围内的斗梯式卸船机和自由挖掘速率在 1 600～1 800 t/h 范围内的抓斗式卸船机。斗梯式卸船机和抓斗式卸船机运行过程中产生的能量平均总声功率级可用下式估算(也可参考表 16.1 第 9 行和第 10 行)

斗梯式卸船机:

$$L_W = 123 \text{ dB} \tag{16.9}$$

抓斗式卸船机:

$$L_W = 131 \text{ dB} \tag{16.10}$$

斗梯式卸船机和抓斗式卸船机的噪声控制处理措施通常是为驱动设备配备隔声罩,并限制在白天执行卸载操作。

16.3.4 碎煤机

有时会将煤运送至破碎车间进行破碎,供发电厂锅炉使用。破碎作业噪声源来自碎煤机、金属溜槽、输送机、驱动电动机和减速器。煤破碎通常是间歇式作业,噪声通常具有全向性特点,无主要音调分量。碎煤机运行期间产生的总声功率级可根据以下关系进行估算(也可参考表 16.1 第 11 行):

碎煤机:

$$L_W = 127 \text{ dB} \tag{16.11}$$

在隔声和通风性能好的建筑内执行煤破碎作业,可降低该作业造成的远场噪声。

16.3.5　煤输送塔

将煤运往电厂途中如需在煤场内重新装载时,输送塔将煤从一台输送机重新装载到另一台输送机上。输送塔噪声源自煤块碰撞、局部输送机、驱动电动机以及吸尘和通风系统风机。煤输送通常是间歇式作业,噪声通常具有全向性特点,无主要音调分量。在开放式建筑内输送煤时产生的总声功率级可根据以下关系进行估算(也可参考表 16.1 第 12 行):

输送塔:

$$L_w = 123 \text{ dB} \tag{16.12}$$

可在通风良好的建筑中进行煤输送作业,以降低远场社区噪声。这种情况下,可通过建筑外墙的复合声透射损失来缓解估计的远场噪声。通风系统的相关风机噪声应根据第 16.6 节或第 17 章中给出的关系式进行估算。

16.3.6　磨煤机和粉磨机

煤经磨煤机和粉磨机破碎后,供发电厂锅炉使用。由此产生的噪声与内部碰撞、驱动电动机、减速器和风机有关。装置运行时产生的噪声基本为相当稳定和连续的宽带、全向性噪声。对于 $13 \sim 36$ t/h 和 $37 \sim 55$ t/h 范围内的磨煤机,可根据以下关系式估算大开口建筑内磨煤机产生的总声功率级(也可参考表 16.1 第 13 和 14 行)。磨煤机置于封闭建筑物内时,可通过建筑外墙的复合声透射损失来降低估计的远场噪声。

磨煤机:

$$L_W = \begin{cases} 110 \text{ dB}, 13 \sim 36 \text{ t/h} & (16.13) \\ 112 \text{ dB}, 37 \sim 55 \text{ t/h} & (16.14) \end{cases}$$

16.4　冷　却　塔

湿式冷却塔的声功率输出主要是由填料和池中的水飞溅以及机械冷却塔中通风用风机、电动机和齿轮引起的。矩形冷却塔的噪声通常是连续的且有些方向性。据观察,一对特定的大型自然通风双曲线冷却塔产生的噪声中包含一种适度的低频离散音,这种离散音与每个冷却塔底部的空气动力涡旋脱落有关。

本节提供了自然通风和机械通风冷却塔声功率输出的估算方法。主要冷却塔制造商可提供噪声估计和降噪有关的更多有用信息。

16.4.1　自然通风冷却塔

大型双曲线自然通风湿式冷却塔边缘辐射的总声功率可用式(16.15)估算(见表 16.1 中的第 15 行)。与边缘辐射噪声相比,塔顶辐射噪声在地面高程处通常不显著。

自然通风冷却塔边缘:

$$L_w = 86 + 10 \lg Q \tag{16.15}$$

式中,Q 为水流率,单位为 lb/min(1 m³/min=264 lb/min)。

在欧洲,当双曲线冷却塔位于住宅附近时,则通过安装入口消声器和风机辅助装置来控制边缘辐射噪声。然而,大型双曲线冷却塔的降噪成本昂贵,且其通常并不进行降噪处理。

16.4.2 机械通风冷却塔

风机全度和半速运行时,机械通风湿式冷却塔产生的声功率可使用以下关系式估算(也可参考表 16.1 的第 16、17 行):

机械通风冷却塔全速:

$$L_W = 96 + 10 \lg P_F \tag{16.16}$$

机械通风冷却塔半速:

$$L_W = 88 + 10 \lg P_F \tag{16.17}$$

两个关系式中的 P_F 是全速风机的额定功率,单位为 kW。

式(16.16)和式(16.17)适用于圆形冷却塔的所有水平方向以及远离矩形冷却塔入口面的大多数方向。由于实心封闭端的屏蔽作用,远离矩形冷却塔封闭端的各个方向的远场噪声比上述估计值低几个分贝。对于多达 6 ~ 10 个矩形冷却塔的线路,根据采用式(16.16)和式(16.17)得出的全向辐射,封闭端产生的远场噪声可能比估计值低 5 ~ 6 dB。

由于夜间环境空气温度降低,可能会产生过量的冷却能力,因此通常会采用降低风机转速的方法来缓解傍晚和夜间机械通风冷却塔的噪声。在多腔式冷却塔安装期间,最好降低所有腔室的风机速度,而非关闭不需要腔室;风机速度应适当,以避免产生强烈的声振差。还有一种常见的噪声控制方法是安装宽弦高效风机叶片,该叶片可在降低速度的同时保证必要的风机性能。此外,可选择带离心机的机械通风冷却塔,因为此类冷却塔的设计有时比带螺旋桨式风机的冷却塔产生的噪声更少,但需消耗一些能源成本。也可在进气口和排气口安装消声器,以减少风机和水产生的噪声。避免将消声器置于潮湿环境,以免在冰冻气候下结冰。另外,额外设置一个需用风机进行克制的空气动力限制。屏障墙和局部隔声罩成功地保护了邻居免受冷却塔噪声影响;然而,为了避免对气流的过度限制,屏障墙往往会限制其保护远场位置的声学效益。

16.5 风冷式冷凝器

风冷式冷凝器(干式冷却系统)的声功率输出主要是由风机带动空气穿过冷凝器产生的,同时电动机和齿轮也会产生一些额外的噪声。矩形冷凝器的噪声通常是连续的且有些方向性。当然,干式风冷式冷凝器的声功率输出不包括与湿式冷却塔相关的水飞溅噪声。

为了减少水消耗,安装风冷式冷凝器的趋势越来越明显,即使在大型工业设施中亦是如此。安装于大中型联合循环发电厂时,强制通风风冷式冷凝器的风机提供的声功率输出与电厂设备的声功率输出大致相同。幸运的是,现在风冷式冷凝器也可采用低噪声风机,其产生的气流速率与传统风机相当且噪声比传统风机低 3~6 dB(A)。这些低噪声风机配备高效宽弦叶片,其可以较低的叶尖速度运行。对于某些装置,可获得 6 dB(A)以上的降噪效果。

为了避免水消耗、电力消耗和产生风机噪声,将空冷系统安装在双曲线自然通风冷却塔中。

低噪声风机全速运行时,风冷式冷凝器产生的声功率可用以下关系式估算(也可参考表 16.1 的第 18 行):

风冷式冷凝器全速:

$$L_W = 84 + 10 \lg P_F \qquad\qquad (16.18)$$

式中,P_F 是全速风机的额定功率,单位为 kW。

上述关系式适用于低噪声装置的所有水平方向,而标准装置产生的噪声更大。建议联系风机和风冷式冷凝器制造商,以获得特定应用下噪声估计和降噪相关的有用信息。风冷式冷凝器噪声产生和传播的相关信息,请参见参考文献[6][7]。参考文献[8]提供了湿式、干式和并联冷凝系统运行性能的汇总比较。

16.6　柴油机驱动的设备

采用柴油机驱动压缩机、发电机、泵和建筑设备等机械时,柴油机通常为主要的噪声源。

柴油发动机驱动的移动式施工设备和煤场设备,如推土机、装载机和铲土机,其驾驶室内通常会产生高达 95～105 dB 的 A 计权噪声级。几种装载机和推土机的改装方法和驾驶室降噪方法的开发和现场测试见参考文献[9][10]。购买柴油发动机驱动的新移动设备时,可向主要制造商咨询设计良好的驾驶室和噪声控制相关功能。

对于为设备提供动力的自然吸气式和涡轮增压柴油发动机,估算其最大外部总声功率级的简单关系式(也可参见表 16.1 中的第 19 行)为

柴油机设备:

$$L_W = 99 + 10 \lg P_c \qquad\qquad (16.19)$$

式中,P_c 为柴油机设备的额定功率,单位为 kW。

上述关系式假设发动机配备工作状态良好的常规排气消声器(通常由发动机制造商提供),还假设发动机以额定速度和功率运行,不包括设备运行期间材料碰撞引起的噪声。

施工现场所用设备通常以部分功率运行。设备运行时获得的测量结果表明,全运行周期内的等效 L_{eq} 声级通常比根据式(16.19)得出的最大值低 2～15 dB。假设式(16.19)得出的最大声级减去以下值即可获得运行周期等量的 L_{eq} 声级。当需要项目时长等量的 L_{eq} 声级时,可进一步降低估计值,以反映设备在施工现场实际运行的时间百分比[10 lg(运行时间／项目时间)]。

3～4 dB	反向铲、压路机
5～6 dB	推土机、平地机、运输机、装载机、铲土机
7～8 dB	空气压缩机、混凝土搅拌机、移动式起重机、卡车
12～13 dB	桅杆起重机、寻呼系统

当固定式柴油机驱动设备位于砌体建筑或金属建筑内时,必须考虑发动机进气口、发动机外壳、发动机排气口、发动机冷却风机以及驱动设备发出的声功率。还必须考虑建筑物墙壁和开口、进气口滤波器／消声器、排气消声器以及安装在建筑物开口处通风和冷却系统用消声器的预期衰减。建筑物内设备噪声传播和消声器系统的更多信息见第 9 章和第 17 章。

16.7　工　业　风　机

气流与风机旋转和静止表面的动力相互作用致使工业风机产生噪声。通常认为剪切流产生的噪声并不重要。宽带风机噪声是由风机和气流之间的随机气动干扰产生的。离心机的突

出离散音是由出口气流与叶片出汽边正下游处的截止阀的周期性相互作用产生的。轴流风机产生的音调噪声是由扭曲入流与转子叶片间以及风轮尾流与附近下游表面（包括支柱和导向叶片）间的周期性相互作用产生的。通常风机叶片流道频率谐波处这种音调噪声最为突出（叶片数乘以每秒转数）。气流和风机相关的噪声详细信息见第 15 章和第 17 章。

采用管道式和消声式进气口最容易控制新送风机产生的噪声。有时，管道式进气口会延伸到装置的一个位置，而该位置处有热空气，因此需要额外通风。为了进一步降低噪声，应考虑为进气和出气管道以及风机外壳安装隔热材料。可将配开放式进气口的送风机置于经声学处理的风机室内，以容纳风机及其噪声。然而，检查和维护期间，风机室内的工人将暴露在高水平风机噪声中，应佩戴护耳装置。

大型引风机排气管顶部辐射到附近居民区的排放噪声造成了严重的地区噪声问题。如果居住区位于装置 $\frac{1}{2}$ mi（约 0.8 km）范围内，风机和管道系统设计应设计有噪声控制措施。锅炉和熔炉处引风机用消声器应为耗散式、直片式和开腔式，并调谐至风机叶片流道频率的谐波。这些消声器旨在避免飞灰堵塞，并设计有防蚀保护措施以确保足够的长期使用性能。其设计通常在 10 ～ 40 mm 水柱范围内引入压力损失。还应考虑引风机及其排气管间任何烟气洗涤器、滤波器或滤尘器提供的噪声衰减。或者，可安装变速风机驱动装置，以减少夜间运行负荷会降低的循环运行装置的夜间噪声。这样做还降低了风机消耗的功率，降低了旋转部件的腐蚀速率和应力。安装多个风机时，多个风机都应以相同的速度运行，以避免风机音间出现声振差[3,11]。

当离心引风机直接向排气管排放时，通常排气管顶部辐射出的风机音调噪声会相对较长。这种音调噪声是由离开旋转风机叶片的气流与风机固定截止阀间的流体动力相互作用产生的。这种噪声沿排气管向上传播，几乎没有衰减，并从烟囱顶部向外辐射。在大型工业离心风机装置中，通过改变截止阀的几何形状可在一定程度上降低这种音调噪声。如参考文献[12] 中所述，经证明，"倾斜"和圆形截止阀的制造和安装可将音调噪声级降低 3 ～ 10 dB，且未观察到风机性能损失。

设计良好、尺寸合适的进气和出气管道能够合理管理气流，对于避免风机噪声过大至关重要。进口涡流、扭曲入流和过度湍流会增加噪声水平和降低系统效率。美国通风与空调协会（AMCA）已经为大型工业风机装置制定了有用的设计指南。

本节提供了最高效率条件（无扭曲入流）下大型工业风机总声功率输出的估算程序。经验表明，在入流高度扭曲或非最高效率条件下风机通常产生的声功率比下述值高 5 ～ 10 dB。离心式和轴流式风机在低速运行时产生的声功率比满载、高速运行时产生的声功率小，工作点也更少。对于部分速度运行条件，以下估算的声功率级可降低约 55 lg（速比）。风机噪声产生和衰减的更多信息见参考文献[13]。

16.7.1　配单厚度、后曲或后倾斜式或翼型叶片的离心式送风机和引风机

离心式送风机入口和离心式引风机出口（配单厚度、后曲或后倾斜式或翼型叶片）辐射的总声功率级可用以下关系式估算（也可参考表 16.1 第 20 行）：

离心机：

$$L_W = 10 + 10 \lg Q + 20 \lg(TP) \tag{16.20}$$

式中,Q 是风机流率,单位为 m³/min;TP 是额定条件下风机总压升,单位为 N/m²。

考虑到音调噪声,在包含风机叶片流道频率及其二次谐波的倍频带上增加 10 dB。对于多风机装置,估算的声功率级应增加 $10\lg N$,其中 N 是相同风机的数量。

离心机非隔声外壳辐射的总声功率级可用式(16.21)中提供的关系式估算(也可参考表 16.1 第 21 行):考虑到音调噪声,在包含风机叶片流道频率的倍频带上增加 5 dB。

离心机外壳:
$$L_W = 1 + 10\lg Q + 20\lg(\mathrm{TP}) \tag{16.21}$$
式中,Q 和 TP 如式(16.20)所定义。

非隔声排气总管辐射的声功率比用式(16.21)估算的风机外壳声功率小约 5 dB。

配管道式进气和出气口口的径向叶片离心机外壳辐射的总声功率级,例如有时用于气体再循环和除尘服务,可用式(16.22)中提供的关系式估算(也可参考表 16.1 第 22 行)。

径流式风机外壳:
$$L_W = 13 + 10\lg Q + 20\lg(\mathrm{TP}) \tag{16.22}$$
式中,Q 和 TP 如式(16.20)所定义。

考虑到音调噪声,在包含风机叶片流道频率及其二次谐波的倍频带上增加 10 dB。

16.7.2　轴流送风机和引风机

轴流送风机进气口和轴流引风机出口辐射的总声功率级可用以下关系式估算:

轴流风机:
$$L_W = 24 + 10\lg Q + 20\lg(\mathrm{TP}) \tag{16.23}$$
式中,Q 和 TP 如式(16.20)所定义。

考虑到音调噪声,在包含风机叶片流道频率的倍频带上增加 6 dB,包含其二次谐波的倍频带上增加 3 dB。对于多风机装置,估算值应增加 $10\lg N$,其中 N 是相同风机的数量。

16.7.3　通风机

工业用离心通风机的声功率输出可用式(16.20)估算,工业用轴流通风机可用式(16.23)估算,也可参考第 17 章。

16.8　给　水　泵

泵电机组辐射的噪声通常主要为电机噪声,但美国大型现代化发电站中锅炉和反应堆给水服务所用的相对高流量、高扬程泵除外。这些给水泵通常由电动机、辅助汽轮机或主汽轮发电机轴驱动。中型泵通常产生宽带噪声,不包含强音调分量。然而,大型泵通常会产生宽带噪声和中频强音调噪声。运行期间,给水泵会产生全方位连续性噪声。

参考文献[14]中所述的高性能毯式隔热隔声材料已经在现场安装时进行了开发和评估,专用于噪声给水泵、阀门和涡轮机等设备。这种隔热隔声材料比传统的毯式隔声材料提供更好的噪声衰减。与大多数刚性隔声材料相比,此类材料在维护和检查过程中更易拆卸和重新安装。其已在翻修时作为隔声材料成功用于已安装的泵、涡轮机、阀门和管线,且设备制造商将其用于需降低噪声级的新装置。使用柔性隔热隔声材料来控制噪声,避免了大型刚性隔声罩相关的机械、结构和安全问题,这种大型刚性隔声罩有时用于锅炉给水泵装置。注意,德国使用经验表明,在没有外部噪声控制手段的情况下,可设计和使用噪声级相对较低的锅炉给水泵。

使用以下功率范围为 1~18 MWe 的泵所提供的信息估算锅炉和反应堆给水泵辐射的总声功率级:

额定功率/MWe	总声功率/dB
1	108
2	110
4	112
6	113
9	115
12	115
15	119
18	123

上述估算的总功率级减去表 16.1 中第 24、25 行提供的值,即可估算出锅炉和反应堆给水泵的倍频带和 A 计权声功率级。

16.9 工业燃气轮机

工业燃气轮机通常用来为大型发电机、气体压缩机、泵或船舶提供可靠、经济的驱动动力。飞机运行时使用的适航燃气轮机发动机(涡轮喷气发动机、涡轮轴发动机和涡轮扇发动机)的燃烧噪声预测方案见第 15 章。工业燃气轮机装置产生的噪声主要来自四个主要噪声源区:压缩机入口;动力涡轮机出口;旋转部件外罩和/或外壳;各种辅助设备,包括冷却和通风风机、余热蒸汽发生器、衬垫不良或磨损的检修口、发电机和变压器。如要将一个工业燃气轮机成功地安装在一个安静的居住区附近,上述每个区域都应该受到足够的重视。

未配消声装置的中型工业燃气轮机运行时将产生 150~160 dB 或更高的声功率级。因为由此产生的噪声级不可接受,所以基本上制造商为所有工业燃气轮机装置至少会提供一些降噪措施。降噪性能要求可能要求将敏感居住区附近的装置的声功率输出降低至 100 dB。

压缩机入口辐射的噪声包括高噪声级的宽带和音调噪声,主要存在于 250~500 Hz 频率处。通过使用抑制噪声并避免侧向辐射的措施,如采用传统平行挡板或由紧密间隔的薄挡板组成的管式消声器,以及入口管道、增压室壁、膨胀节和人孔,来控制这种中高频噪声。

通常使用隔热套管和紧密贴合钢制隔声罩(配内部吸声材料和衬垫良好的检修门)来控制旋转部件外壳辐射的噪声。这种情况很常见,即将隔声罩直接安装在支撑旋转部件的结构钢基座上。这会促使结构噪声传至隔声罩,还会限制隔声罩在降噪要求高的装置中的有效声学性能。对于必须改善降噪性能的装置,考虑不要将隔声罩安装在基座上。此外,许多大型工业燃气轮机安装在涡轮发电机建筑内,以防风雨,并进一步降低旋转部件穿透隔声罩辐射的噪声。

动力涡轮机出口辐射的噪声包括低频、中频和高频的高噪声级宽带和音调噪声,其中居住区附近的简单循环装置(没有余热回收锅炉)的低频噪声最难控制,控制成本也最昂贵。在动力涡轮机后端气流中,30 Hz 左右的声波长为 15~20 m,因此增加了排气消声器的所需尺寸。此外,当敏感居住区 31 Hz 倍频带的声级超过约 70 dB 时,低频排气噪声已造成严重的地区噪声问题。这种低频排气噪声最好由制造商通过改进动力涡轮机后的气体管理设计来控制。通常使用传统的平行挡板或配厚声学处理层的管式消声器、额外阻性或抗性消声器元件(用来调谐以衰减低频噪声),以及进行适当声学处理的出口管道、增压室、膨胀节和检修口来控制出口噪声,以避免沿这些路径进行侧向辐射以及过高的噪声辐射。

在联合循环热电联产电厂,余热蒸汽发生器安装在动力涡轮机的下游,以吸收排出气流中的余热。根据燃气轮机和 HRSG 的配置和尺寸,HRSG 还用于衰减管道辐射的涡轮机排气噪声,通常可衰减 15~30 dB(A)。HRSG 可消除或至少降低排气消声器的性能要求。此外,HRSG 降低了排出气流的温度、排气声波长以及排气消声器的所需尺寸。还必须考虑 HRSG 表面和各蒸汽出口辐射的噪声。建议大多数 HRSG 制造商提供其设备噪声辐射相关的技术信息。更多信息参见参考文献[15]~[19]。

根据现场具体情况和安装要求,使用高性能低速风机叶片、消声器或局部隔声罩可以有效控制辅助冷却和通风风机产生的噪声。16.11 节讨论了特定装置所需的变压器噪声控制。余热蒸汽发生器侧壁的辐射噪声可通过大型屏障墙或封闭建筑来控制。

联合循环燃气轮机发电厂产生相对稳定的噪声以及相对短暂的间歇性高噪声,这些噪声通常与蒸汽排放和蒸汽旁路操作相关。300 m 处噪声级达到 75~80 dB(A)或更高很常见;但这些间歇性噪声源通常可减少 5~10 dB(A)或更多。发电厂这种间歇性高噪声相关的更多信息见参考文献[20]。

本书未专门针对工业燃气轮机提供声功率级预测程序,因为该行业有相当广泛的噪声控制处理措施。许多制造商为他们的机器提供各种可选的降噪处理措施,一般降噪措施至高效降噪措施不等。例如,无论配或未配余热回收锅炉,可随时对 50~100 MWe 装置进行降噪处理,从而将 120 m 处 A 计权噪声级控制在 50~60 dB 范围内。可从某些制造商处购买噪声级较低的装置,也可由几个专门从事工业燃气轮机噪声控制的独立专业人员负责设计。500~600 MWe 范围内的联合循环电厂的设计和建造应使 300 m 处噪声级控制在 43 dB(A)。

主电力厂房内的联合循环设备的总声功率级,包括燃气轮机、HRSG、蒸汽轮机、发电机和辅助设备,可用以下关系式估算(也可参考表 16.1 第 26 行):

主电力厂房内:

$$L_W = 96 + 10 \lg A \tag{16.24}$$

式中,A 是建筑的墙和屋顶面积,单位为 m²。

该关系式基于在许多联合循环热电联产电厂外墙和屋顶区域附近获得的现场测量值。式(16.24)假设建筑物的内表面具有吸声处理,因此外墙和屋顶区域的平均声级为 85 dB(A)。但对于没有显著吸声处理的建筑物,其估计值应增加 5 dB。内部声级和建筑物外壳透射损失将决定厂房主要设备向室外辐射的噪声量。关于这些厂房的更多讨论,见参考文献[21]。

新燃气轮机装置设计时初期的一个重要步骤是由买方或买方的声学顾问编制一份合理且有说服力的技术规范,充分描述现场特定的噪声要求。描述预期噪声级限值的燃气轮机采购规范编制方法和程序载于 ANSI/ASME B133.8—1977(R1996)中。如现场附近有居民,则在规划低频排气噪声控制时,应充分考虑现场的具体需求。几位具有多年燃气轮机经验的独立顾问建议,在木制结构住宅房屋中,31 Hz 倍频带中低频噪声引起的投诉级噪声级阈值为 65~

70 dB。水平较高的低频噪声有时会使木质结构房屋的墙壁振动、门窗嘎嘎作响,并导致不同程度的噪声问题。然而,燃气轮机制造商明确表示,低频噪声控制处理成本昂贵,且居住区许多工业燃气轮机运行时会产生水平较高的低频噪声,不会引起投诉。

16.10 汽 轮 机

提供两个程序来预测汽轮机的声功率辐射:一个适用于功率范围在400~8 000 kW的相对小型汽轮机,其运行转速为3 600~6 000 r/min,且通常用来驱动易获得蒸汽的发电厂中的辅助设备;另一个程序适用于中央发电站使用的功率范围在200~1 100 MWe的大型汽轮发电机。16.8节和参考文献[14]中讨论了为控制设备(包括汽轮机)噪声而开发的毯式隔热隔声材料。

16.10.1 辅助汽轮机

配普通隔热材料的辅助汽轮机的总声功率输出可用式(16.25)估算(也可参考表16.1第27行)。驱动设备运行时产生的噪声被认为是全向连续性噪声,通常无音调噪声。

辅助汽轮机:

$$L_W = 93 + 4 \lg P_Q \tag{16.25}$$

式中,P_Q为辅助汽轮机的额定功率,单位为kW。

16.10.2 大型汽轮发电机

大型汽轮发电机的总声功率输出可用大型汽轮发电机的倍频带和A计权声功率级公式计算(包括低压、中压和高压汽轮机以及发电机和轴驱动励磁机发出的噪声)。汽轮发电机会产生音调和宽带噪声。对于3 600 r/min的机器,发电机产生的音调分量通常在60 Hz和120 Hz时最明显,而对于1 800 r/min的机器,在30 Hz、60 Hz、90 Hz、120 Hz时最明显。

大型汽轮发电机:

$$L_W = 113 + 4 \lg P_{QF} \tag{16.26}$$

式中,P_{QF}为大型汽轮发电机的额定功率,单位为kW。

使用式(16.26)估算的总声功率级减去表16.1第28行中提供的值,即可计算出大型汽轮发电机的倍频带和A计权声功率级。

如书面采购规范中要求降噪,大多数大型汽轮发电机的主要制造商将为他们的设备提供额外的降噪功能,可将噪声降低5~10 dBA。选择适当的建筑壁板也可降低汽轮机建筑内部的混响噪声。在穿孔金属内表面和实心外表面之间加一层有纤维隔声层的建筑壁板,可改善中频吸声效果,从而减少汽轮机建筑内噪声的混响声音累积,还可减少辐射到室外的噪声。

16.11 蒸 汽 排 放 口

大量高压蒸汽大气排放可能是工业场所最大的噪声源之一。启用新锅炉之前,大型中央电站蒸汽管线放空期间产生的总声功率可用下式估算(也可参考表16.1第29行)。

蒸汽管线放空:

$$L_w = 177 \text{ dB} \qquad (16.27)$$

这种噪声为宽带噪声,在锅炉运行的前几周,每次停炉期间该噪声仅出现几分钟。

当然,高压气体排放过程中产生的实际声功率级与各种因素有关,包括流动气体的条件以及阀门和管道出口的几何形状。然而,上述关系可合理估算公用设施用大型锅炉蒸汽管线放空的噪声。

有时会购买或租用大型重型消声器,蒸汽管线放空时可降低 $15 \sim 30$ dB 的噪声。更常见的大气排放口和常见阀门产生的噪声可用许多阀门制造商及其代表提供的预测程序进行估算。许多制造商会提供配特殊低噪声内件的阀门、孔板和内联消声器,有效降低噪声和辐射。低噪声阀内件还可以减少高压降应用中所用阀门的振动和维护。

16.12　变　压　器

电力变压器辐射的噪声主要由线路频率偶次谐波处的离散音组成,即线路频率为 60 Hz 时为 120 Hz、240 Hz、360 Hz…处的离散音,线路频率为 50 Hz 时为 100 Hz、200 Hz、300 Hz 处的离散音。这种音调噪声是由磁致伸缩力产生的,这种磁致伸缩力使磁芯振动频率为线路频率的两倍。大型变压器的冷却风机和油泵在运行时会产生宽带噪声;然而,这种噪声通常不太明显,因此对附近的邻居不会造成太大的烦恼。变压器运行时,音调中心噪声应被视为全向且连续性噪声。需要额外冷却时才会产生宽带风机和泵噪声。

技术文献载有许多关系式和指南,可用于预测变压器产生的噪声。参考文献[22]报告了对 60 台变压器组的测量结果,结果表明在大约 150 m 无障碍距离处,平均变压器中心(无内置降噪处理)产生的空间平均 A 计权声级可由下式中所述关系来充分表示。

150 m 处的平均 A 计权中心声级:

$$L_p = 26 + 8.5 \lg V_A \qquad (16.28)$$

式中,V_A 是变压器的最大额定值,单位为百万伏安(MVA)。

对于最大额定值在 $6 \sim 1\ 100$ MVA 范围内的变压器,参考文献[22]中 95% 的 A 计权噪声均在 ± 7 dB 范围内。

将下列值与式(16.28)所得的 A 计权声级相加,即可估算出 150 m 处 120 Hz、240 Hz、360 Hz、480 Hz 时变压器中心音调的空间平均声压级:

Hz	120	240	360	480
dB(A)	17	5	-4	-8

摘自参考文献[23]的变压器 A 计权声级与距离的另一关系式为

空间平均远场声级:

$$L_p = L_n - 20(\lg d/S^{1/2}) - 8 \qquad (16.29)$$

式中　L_n—— 美国电气制造商协会(NEMA)近距离测量位置测量的周向平均声压级(A 计权或音调);

　　S—— 变压器箱 4 个侧壁的总表面积;

　　d—— 距变压器箱的距离(与油箱侧壁面积单位相匹配的距离单位),必须大于 $S^{1/2}$。

如果 L_p 和 L_n 代表变压器箱产生的离散音调的 A 计权声级或声压级,则可使用式(16.29)。根据上述估算的离散音声压级,可直接获得变压器中心噪声的倍频带声压级。使用式

(16.29)估算的 A 计权声级减去表 16.1 第 30 行提供的值,即可估算出冷却风机运行时变压器总噪声的倍频带声压级。这适用于传统的冷却风机系统,其电动机功率范围为 $0.15 \sim 0.75$ kW,转速为 $1\,000 \sim 1\,700$ r/min,并配有两叶或四叶螺旋桨式风机。特殊低噪声冷却系统的更多信息,请咨询制造商。估算 150 m 以上距离处的噪声级时,应考虑逾量衰减(见第 5 章)。

NEMA 公布了变压器近距离噪声级标准表,见参考文献[24]。经验表明,大多数运行变压器附近的噪声通常等于或略小于 NEMA 标准值,而新型高效变压器附近的噪声可能显著小于 NEMA 值。然而,在 AC-DC 转换器终端运行的换流变压器产生的噪声可能包括频率高达约 2 000 Hz 的离散音,且可能比 NEMA 标准值高 5～10 dB。换流变压器安装在安静的农村郊区时,这种额外的高频噪声则异常明显,会干扰居民。

有两种基本方法可减少变压器产生的远场噪声。首先,制造商能够响应噪声定制要求,生产通量密度降低的变压器,其产生的噪声级比 NEMA 标准值低 10～20 dB。低损耗的新型高效变压器通常会产生低于 NEMA 标准值的中心噪声。对于低噪声变压器,与较低频音调(例如,120 Hz、240 Hz、360 Hz)降噪效果相比,较高频音调(例如,480 Hz 和 600 Hz)降噪效果通常要多 1～3 dB。一些制造商还提供高效低速冷却风机和冷却风机消声器,供特殊现场应用需要时使用。某些情况下,变压器箱可以不用冷却风机,用油-水换热器代替。

其次,可提供屏障墙、局部隔声罩和整体隔声罩来屏蔽或抑制变压器噪声。通常由砌块或金属板制成。屏障或隔声罩壁的内表面通常应包括对变压器突出音调有效的吸声处理。必须注意确保足够的冲击距离和冷却气流空间。如果翅扇油冷却器位于隔声罩外部,应注意冷却器辐射的中心结构噪声和产油噪声。必须提供空间和设备以便检查、维护和拆除变压器。同样重要的是,确保隔声罩壁在结构上与变压器基础隔离,以避免结构噪声辐射诱发变压器振动。关于变压器噪声控制的更多信息,可咨询主要变压器制造商以及参见参考文献[25]。参考文献[26]讨论了一种潜在的无源方法,即通过附加的机械振荡器来消除变压器侧壁辐射的音调噪声。

随着能源效率变得日益重要,电力损耗低的新型变压器不断上市,以降低运营成本。大量大型电力设施的经验表明,高效低损耗的新型变压器产生的中心噪声级通常比 NEMA 标准值低 5～10 dB。

除了降低变电站辐射的噪声之外,有时还可以将变压器安装在远离居民区的地方或安装在现有噪声区,例如靠近交通繁忙的高速公路,该位置处环境声音部分地掩盖了变压器噪声。

16.13 风力涡轮机

现代风能系统正在世界许多地区迅速发展。随着现代风力涡轮机可靠性和效率的提高以及成本的降低,其 2001 年的装机容量超过了 30 000 MWe。通常根据转子直径、转子扫掠面积或发电机容量(以瓦特为单位)评定风力涡轮机容量。小容量风力涡轮机的额定功率通常小于 5 kW,中型涡轮机的额定功率为 5～300 kW,大型风力涡轮机的额定功率约为 500 kW 及以上。如今大型涡轮机的额定功率可达 1～5 MW,而单个塔架上有多个涡轮机时,额定功率还会继续增加。目前正在开发陆上和海上风力涡轮机电站或电厂,额定容量为 50～150 MWe 及以上。开发低风速运行的风力涡轮机转子将增加可利用的资源面积,且开发成果更贴近人们的生活。

风力涡轮机的主要噪声类型为空气动力、机械和电气噪声。噪声主要来源包括转子叶片、齿轮箱和发电机。其他来源包括刹车、电子设备和塔架。早期的风力涡轮机装置既产生齿轮箱发出的显著音调噪声，也产生强烈的调制"重击"噪声，此类噪声通常是因为转子叶片穿过顺风机器处的湍流塔尾流并与之相互作用而产生的。幸运的是，现代风力涡轮机制造商已掌握避免风力涡轮机噪声中最明显和最恼人噪声的方法。

在研究机构的持续技术支持下，设备制造商在减少噪声产生和辐射方面取得显著进展[27]。现代风力涡轮机的降噪措施包括效率不断提高的转子叶片轮廓、变速和变距转子、先进的电子设备和低噪声齿轮箱，以及涡轮机机舱内的隔振基座和吸声措施。现代风力涡轮机的噪声通常主要为宽带转子噪声，而该噪声与叶尖速度直接相关。第 15 章提供了气动噪声产生的相关信息。

现代风力涡轮机通常会产生宽带噪声，但不含强音调分量。中频气动转子噪声通常包括在转子叶片通过频率(叶片数乘以每秒转数)下一些明显的时变振幅调制。对于以 25 r/min 运行的三叶片恒速涡轮机，调制频率为 1.25 Hz。对于变速转子涡轮机，调制频率通常在 0.5～1 Hz 范围内。

现代中大型风力涡轮机的近似 A 计权声功率级可用下式提供的关系式进行估算，尽管一些涡轮机的声功率级高达 10 dB(A)以上。

风力涡轮机 A 计权声功率级：

$$L_p = \begin{cases} 86 + 10 \lg D & (16.30) \\ 73 + 10 \lg P_w & (16.31) \end{cases}$$

式中 D—— 转子直径，m；

P_w—— 额定涡轮机功率，kW。

或者，现代风力涡轮机周围的近似占地面积(该范围内的 A 计权声级等于或超过40 dBA)可用式(16.32)中所述关系来估计：

$$风力涡轮机 40\ dB(A)占地面积(m^2) = (800 \times P_w)\ m^2 \qquad (16.32)$$

大多数现代风力涡轮机的运行特性，包括特定条件下噪声的产生，已根据国家和国际标准进行了认证。与风力涡轮机噪声可靠测量和规范相关的特殊要求参见 1998 年国际标准 IEC 61400-11《风轮发电机系统——第 11 部分：噪声测量技术》。

16.14 总　　结

本章介绍的机械噪声预测程序和关系式主要基于笔者及同事在多年咨询项目中收集的大量现场测量数据。使用这些关系式所得的结果对许多工程应用都有一定的参考价值。然而，读者需要注意的是，特定场所安装条件和个别设备特性可能会导致噪声级高于或低于预测值，详细了解这些异常情况对关键应用可能非常重要。此外，许多设备可购买降噪型，或以降噪方式进行安装，或可为其配备有效的噪声控制处理措施。

笔者仍在继续添加和更新设备噪声排放数据库。如读者能够获得设备噪声特性或噪声控制相关的新数据信息或有用数据信息，并希望分享这些信息，请将这些信息的副本发送给笔者。

参 考 文 献

[1] L. N. Miller, E. W. Wood, R. M. Hoover, A. R. Thompson, and S. L. Patterson, *Electric Power Plant Environmental Noise Guide*, rev. ed., Edison Electric Institute, Washington, DC, 1984.

[2] J. D. Barnes, L. N. Miller, and E. W. Wood, *Power Plant Construction Noise Guide*, BBN Report No. 3321, Empire State Electric Energy Research Corporation, New York, 1977.

[3] I. L. Vér and E. W. Wood, *Induced Draft Fan Noise Control: Technical Report and Design Guide*, BBN Report Nos. 5291 and 5367, Empire State Electric Energy Research Corporation, New York, 1984.

[4] I. L. Vér, "Perforated Baffles Prevent Flow – Induced Resonances in Heat Exchangers," in *Proceedings of DAGA*, Deutschen Arbeitsgemeinschaft fur Akustik, Göttingen, Germany, 1982, pp. 531–534.

[5] R. D. Blevins, *Flow – Induced Vibrations*, Krieger Publishing Company, Melbourne, FL, 2001.

[6] W. E. Bradley, "Sound Radiation from Large Air – Cooled Condensers," in *Proceedings of NoiseCon 2003*, June 2003, The Institute of Noise Control Engineering of the USA, Inc., Washington, DC, 2003.

[7] J. Mann, A. Fagerlund, C. DePenning, F, Catron, R. Eberhart, and D. Karczub, "Predicting the External Noise from Multiple Spargers in an Air – Cooled Condenser Power Plant," in *Proceedings of NoiseCon 2003*, June 2003, The Institute of Noise Control Engineering of the USA, Inc., Washington, DC, 2003.

[8] L. De Backer and W. Wurtz, "Why Every Air – Cooled Steam Condenser Needs a Cooling Tower," *CTI J.*, **25** (1), 52–61 (Winter 2004).

[9] *Bulldozer Noise Control*, manual prepared by Bolt Beranek and Newman for the U. S. Bureau of Mines Pittsburgh Research Center, Pittsburgh, PA, May 1980.

[10] *Front – End Loader Noise Control*, manual prepared by Bolt Beranek and Newman for the U. S. Bureau of Mines Pittsburgh Research Center, Pittsburgh, PA, May 1980.

[11] R. M. Hoover and E. W. Wood, "The Prediction, Measurement, and Control of Power Plant Draft Fan Noise," Electric Power Research Institute Symposium on Power Plant Fans—The State of the Art, Indianapolis, IN, October 1981.

[12] J. D. Barnes, E. J. Brailey, Jr., M. Reddy, and E. W. Wood, "Induced Draft Fan Noise Evaluation and Control at the New England Power Company Salem Harbor Generating Station Unit No. 3," in *Proceedings of ASCE Environmental Engineering*, Orlando, FL, July 1987.

[13] *Proceedings of Fan Noise Symposiums*, Senlis, France, 1992 and 2003.

[14] C. C. Thornton, C. B. Lehman, and E. W. Wood, "Flexible – Blanket Noise

Control Insulation – Field Test Results and Evaluation," in *Proc. INTER – NOISE* 84, June 1984, Noise Control Foundation, Poughkeepsie, NY, 1984, pp. 405 – 408.

[15] G. F. Hessler, "Certifying Noise Emissions from Heat Recovery Steam Generators (HRSG) in Complex Power Plant Environments," in *Proceedings of NoiseCon* 2000, December 2000, The Institute of Noise Control Engineering of the USA, Inc., Washington, DC, 2000.

[16] W. E. Bradley, "Integrating Noise Controls into the Power Plant Design," in *Proceedings of NoiseCon* 2000, December 2000, The Institute of Noise Control Engineering of the USA, Inc., Washington, DC, 2000.

[17] J. R. Cummins and J. B. Causey, "Issues in Predicting Performance of Ducts and Silencers Used in Power Plants," in *Proceedings of NoiseCon* 2003, June 2003, The Institute of Noise Control Engineering of the USA, Inc., Washington, DC, 2003.

[18] *Noise Prediction—Guidelines for Industrial Gas Turbines*, Solar Turbines, San Diego, CA, 2004.

[19] R. S. Johnson, "Recommended Octave Band Insertion Losses of Heat Recovery Steam Generators Used on Gas Turbine Exhaust Systems," in *Proceedings of NoiseCon* 1994, May 1994, Noise Control Foundation, Poughkeepsie, NY, 1984, pp. 181 – 184.

[20] D. Mahoney and E. W. Wood, "Intermittent Loud Sounds from Power Plants," in *Proceedings of NoiseCon* 2003, June 2003, The Institute of Noise Control Engineering of the USA, Inc., Washington, DC, 2003.

[21] G. F. Hessler, "Issues In HRSG System Noise," in *Proceedings of NoiseCon* 1997, June 1997, The Institute of Noise Control Engineering of the USA, Inc., Washington, DG, 1997, pp. 297 – 304.

[22] R. L. Sawley, C. G. Gordon, and M. A. Porter, "Bonneville Power Administration Substation Noise Study," BBN Report No. 3296, Bolt Beranek and Newman, Cambridge, MA, September 1976.

[23] L. Vér, D. W. Anderson, and M. M. Miles, "Characterization of Transformer Noise Emissions," Vols. 1 and 2, BBN Report No. 3305, Empire State Electric Energy Research Corporation, New York, July 1977.

[24] NEMA Standards Publication No. TR 1 – 1993 (R2000), "*Transformers, Regulators and Reactors*," National Electrical Manufacturers Association, Rosslyn, VA, 2000.

[25] C. L. Moore, A. E. Hribar, T. R. Specht, D. W. Allen, I. L. Vér, and C. G. Gordon, "Power Transformer Noise Abatement," Report No. EP 9 – 14, Empire State Electric Energy Research Corporation, New York, October 1981.

[26] J. A. Zapfe and E. E. Ungar, "A Passive Means for Cancellation of Structurally Radiated Tones," *J. Acoust. Soc. Am.*, **113** (1), 320 – 326 (January 2003).

[27] P. Migliore, J. van Dam, and A. Huskey, "Acoustic Tests of Small Wind Turbines," AIAA – 2004 – 1185, 23rd ASME Wind Energy Symposium, U. S. DOE National Renewable Energy Laboratory, Reno, NV, January 2004.

第 17 章　采暖、通风和空调系统噪声控制

本章提供指南、建议和设计工具,有助于评估和控制建筑物机械系统产生的噪声和振动;讨论噪声沿管道系统的传播、管道系统中符合特定噪声目标的各点气流速度、风机噪声、接线盒噪声以及特殊低噪声采暖、通风和空调系统(HVAC)的特殊设计特征;还讨论机械室的隔声问题,并特别考虑机械设备隔振措施在建筑物中的应用。

17.1　管道噪声传输

要实现预期的噪声目标,需预测管道系统从噪声源向接收器空间传输的噪声,这点具有重要的实际意义。通常首先预测已知源(通常主要噪声源为风机)的噪声,并从中减去噪声沿管道路径传播时遇到的各种管道元件所提供的衰减,即可得到实际传输的噪声。因此,根据已知的噪声源级,可预测传至空间的噪声级,还可设计任何特殊的衰减处理集成到管道系统中,有助于实现预期的结果。或者,可根据接收空间中的期望噪声目标反向预测,以确定系统所用风机(或系统中的其他噪声源)的允许声功率级。如未详尽了解管道结构和进入管道元件的声场性质,难以对许多声学复杂性进行精确建模,而这些细节通常都是未知的。实际上在做决策时该预测程序可提供指导,以实现目标附近合适区域的设计,在与通风系统最具相关性的适度较低频率范围内该预测程序通常可提供正确指导。在较高频率范围内,管道系统的许多方面均与频率有很强的相关性,但就该频率范围内的各个系统而言,计算的精度可能不确切。幸运的是,设计管道系统的噪声控制时,当低频得到适当控制时,高频下的预测噪声级会远远低于目标值,因此不需要对较高频率范围内的噪声级进行精确预测。以下是评估声源到接收器间声传播路径衰减所需的一些数据。一些相关的噪声源考虑因素在后面的章节讨论。

17.1.1　直管道中的声衰减

即使在简单的直管道中,声传播衰减也相当复杂。假设每单位管道长度提供的衰减量相同,那么横截面和壁结构均相同的直管道中的声衰减通常以单位长度的衰减表示,即每米分贝或每英尺分贝。该表达方式相当简单,因为衰减是进入管道段的声场特性的函数,且甚至沿着直管道长度传播时声场特性也会不断变化。在高频率下,即管道足以支持更高阶模态,通过管道衰减处理,这些高阶模态比平面波基本模态衰减得快得多。当声波与管壁相互作用时,管道沿线的声衰减是声耗散的函数,这可由管壁阻抗决定。第 9 章详细讨论了加衬管和消声器中的声衰减。高频时,声音穿过裸露金属板管道壁而造成的能量损失仅对管道路径造成非常小

的声衰减。然而,由于管壁的吸声内衬,管道沿线的高频声衰减可能相当高。低频时,管道路径沿线的大部分声衰减由管道金属板壁的能量输出传输提供。低频声衰减可通过形状、刚度和表面重量来控制。因此,与矩形或椭圆截面和大长宽比的管道相比,无衬里刚性圆管产生的声衰减更小(并且输出声透射损失也更高)。此处所示声衰减值适用于美国金属板材和空气调节承包商协会(SMACNA)通常允许的结构范围内低压管道的典型管道结构。

表 17.1～表 17.6 给出了声场中常见的具有圆形和矩形管道结构的无衬里管和加衬管的衰减估计值。

表 17.1　无衬里矩形金属板管道中的声衰减

管道尺寸/ (in×in)	$\frac{P}{A}$/(ft^{-1})	倍频带中心频率衰减/(dB·ft^{-1})			
		63 Hz	125 Hz	250 Hz	>250 Hz
6×6	8.0	0.30	0.20	0.10	0.10
12×12	4.0	0.35	0.20	0.10	0.06
12×24	3.0	0.40	0.20	0.10	0.05
24×24	2.0	0.25	0.20	0.10	0.03
48×48	1.0	0.15	0.10	0.07	0.02
72×72	0.7	0.10	0.10	0.05	0.02

来源:1999 年,《ASHRAE 应用手册》,ⓒ美国采暖、制冷与空调工程师学会,www.ashrae.org.。

17.1.2　管道支管产生的声衰减

当沿管道传播的声音传至支管处时,按照每个支管面积与总面积(不包括该支管面积)的比例,将声能分流至两个分支。这可能是对较低频率下所发生之情况的合理近似模拟,但在较高频率下,可能存在这一简单模型未考虑到的方向效应。幸运的是,对于大多数实际的暖通空调噪声控制问题主要集中在低频范围。支管处发生的衰减(单位为 dB)根据下式得出:

$$衰减 = 10 \lg\left(\frac{A_1}{A_T}\right) \text{ dB} \tag{17.1}$$

式中　A_1——所研究路径上的管道面积(不包括该支管面积);

　　　　A_T——所有支管的总面积(不包括该支管面积)。

17.1.3　管道横截面面积变化产生的声衰减

如横截面面积发生突变,沿着管道传播的声音就会被反射回来。低频下的反射强度仅取决于横截面面积的比率,且低频下仅基本平面波可在管道中传播。无论声音来自横截面面积较大或较小的管道,声衰减均根据下式得出:

$$衰减 = 10 \lg\left\{0.25\left[\left(\frac{A_1}{A_2}\right)^{0.5} + \left(\frac{A_2}{A_1}\right)^{0.5}\right]^2\right\} \tag{17.2}$$

表 17.2　配 1 in 玻璃纤维声衬^①的矩形金属板管道的插入损失

尺寸/(in×in)	倍频带中心频率的插入损失/(dB·ft⁻¹)					
	125 Hz	250Hz	500 Hz	1 000 Hz	2 000 Hz	4 000 Hz
6×6	0.6	1.5	2.7	5.8	7.4	4.3
6×10	0.5	1.2	2.4	5.1	6.1	3.7
6×12	0.5	1.2	2.3	5.0	5.8	3.6
6×18	0.5	1.0	2.2	4.7	5.2	3.3
8×8	0.5	1.2	2.3	5.0	5.8	3.6
8×12	0.4	1.0	2.1	4.5	4.9	3.2
8×16	0.4	0.9	2.0	4.3	4.5	3.0
8×24	0.4	0.8	1.9	4.0	4.1	2.8
10×10	0.4	1.0	2.1	4.4	4.7	3.1
10×16	0.4	0.8	1.9	4.0	4.0	2.7
10×20	0.3	0.8	1.8	3.8	3.7	2.6
10×30	0.3	0.7	1.7	3.6	3.3	2.4
12×12	0.4	0.8	1.9	4.0	4.1	2.8
12×18	0.3	0.7	1.7	3.7	3.5	2.5
12×24	0.3	0.6	1.7	3.5	3.2	2.3
12×36	0.3	0.6	1.6	3.3	2.9	2.2
15×15	0.3	0.7	1.7	3.6	3.3	2.4
15×22	0.3	0.6	1.6	3.3	2.9	2.2
15×30	0.3	0.5	1.5	3.1	2.6	2.0
15×45	0.2	0.5	1.4	2.9	2.4	1.9
18×18	0.3	0.5	1.6	3.3	2.9	2.2
18×28	0.2	0.5	1.4	3.0	2.4	1.9
18×36	0.2	0.5	1.4	2.8	2.2	1.8
18×54	0.2	0.4	1.3	2.7	2.0	1.7
24×24	0.2	0.5	1.4	2.8	2.2	1.8
24×36	0.2	0.4	1.2	2.6	1.9	1.6
24×48	0.2	0.4	1.2	2.4	1.7	1.5
24×72	0.2	0.3	1.1	2.3	1.6	1.4
30×30	0.2	0.4	1.2	2.5	1.8	1.6
30×45	0.2	0.3	1.1	2.3	1.6	1.4
30×60	0.2	0.3	1.1	2.2	1.4	1.3
30×90	0.1	0.3	1.0	2.1	1.3	1.2

续 表

尺寸/(in×in)	倍频带中心频率的插入损失/(dB · ft^{-1})					
	125 Hz	250Hz	500 Hz	1 000 Hz	2 000 Hz	4 000 Hz
36×36	0.2	0.3	1.1	2.3	1.6	1.4
36×54	0.1	0.3	1.0	2.1	1.3	1.2
36×72	0.1	0.3	1.0	2.0	1.2	1.2
36×108	0.1	0.2	0.9	1.9	1.1	1.1
42× 42	0.2	0.3	1.0	2.1	1.4	1.3
42× 64	0.1	0.3	0.9	1.9	1.2	1.1
42× 84	0.1	0.2	0.9	1.8	1.1	1.1
42× 126	0.1	0.2	0.9	1.7	1.0	1.0
48× 48	0.1	0.3	1.0	2.0	1.2	1.2
48× 72	0.1	0.2	0.9	1.8	1.0	1.0
48× 96	0.1	0.2	0.8	1.7	1.0	1.0
48× 144	0.1	0.2	0.8	1.6	0.9	0.9

注：①增加裸露金属板管道的衰减。

来源：1999 年，《ASHRAE 应用手册》，ⓒ美国采暖、制冷与空调工程师学会，www. ashrae. org。

表 17.3　配 2 in 玻璃纤维声衬①的矩形金属板管道的插入损失

尺寸/(in×in)	倍频带中心频率的插入损失/(dB · ft^{-1})					
	125 Hz	250Hz	500 Hz	1 000 Hz	2 000 Hz	4 000 Hz
6×6	0.8	2.9	4.9	7.2	7.4	4.3
6×10	0.7	2.4	4.4	6.4	6.1	3.7
6×12	0.6	2.3	4.2	6.2	5.8	3.6
6×18	0.6	2.1	4.0	5.8	5.2	3.3
8×8	0.6	2.3	4.2	6.2	5.8	3.6
8×12	0.6	1.9	3.9	5.6	4.9	3.2
8×16	0.5	1.8	3.7	5.4	4.5	3.0
8×24	0.5	1.6	3.5	5.0	4.1	2.8
10×10	0.6	1.9	3.8	5.5	4.7	3.1
10×16	0.5	1.6	3.4	5.0	4.0	2.7
10×20	0.4	1.5	3.3	4.8	3.7	2.6
10×30	0.4	1.3	3.1	4.5	3.3	2.4
12×12	0.5	1.6	3.5	5.0	4.1	2.8
12 ×18	0.4	1.4	3.2	4.6	3.5	2.5

续 表

尺寸/(in×in)	倍频带中心频率的插入损失/(dB·ft⁻¹)					
	125 Hz	250 Hz	500 Hz	1 000 Hz	2 000 Hz	4 000 Hz
12×24	0.4	1.3	3.0	4.3	3.2	2.3
12×36	0.4	1.2	2.9	4.1	2.9	2.2
15×15	0.4	1.3	3.1	4.5	3.3	2.4
15×22	0.4	1.2	2.9	4.1	2.9	2.2
15×30	0.3	1.1	2.7	3.9	2.6	2.0
15×45	0.3	1.0	2.6	3.6	2.4	1.9
18×18	0.4	1.2	2.9	4.1	2.9	2.2
18×28	0.3	1.0	2.6	3.7	2.4	1.9
18×36	0.3	0.9	2.5	3.5	2.2	1.8
18×54	0.3	0.8	2.3	3.3	2.0	1.7
24×24	0.3	0.9	2.5	3.5	2.2	1.8
24×36	0.3	0.8	2.3	3.2	1.9	1.6
24×48	0.2	0.7	2.2	3.0	1.7	1.5
24×72	0.2	0.7	2.0	2.9	1.6	1.4
30×30	0.2	0.8	2.2	3.1	1.8	1.6
30×45	0.2	0.7	2.0	2.9	1.6	1.4
30×60	0.2	0.6	1.9	2.7	1.4	1.3
30×90	0.2	0.5	1.8	2.6	1.3	1.2
36×36	0.2	0.7	2.0	2.9	1.6	1.4
36×54	0.2	0.6	1.9	2.6	1.3	1.2
36×72	0.2	0.5	1.8	2.5	1.2	1.2
36×108	0.2	0.5	1.7	2.3	1.1	1.1
42×42	0.2	0.6	1.9	2.6	1.4	1.3
42×64	0.2	0.5	1.7	2.4	1.2	1.1
42×84	0.2	0.5	1.6	2.3	1.1	1.1
42×126	0.1	0.4	1.6	2.2	1.0	1.0
48×48	0.2	0.5	1.8	2.5	1.2	1.2
48×72	0.2	0.4	1.6	2.3	1.0	1.0
48×96	0.1	0.4	1.5	2.1	1.0	1.0
48×144	0.1	0.4	1.5	2.0	0.9	0.9

注:①增加裸露金属板管道的衰减。

来源:1999 年,《ASHRAE 应用手册》,©美国采暖、制冷与空调工程师学会,www.ashrae.org.。

表 17.4　无衬里直圆管中的声衰减

直径/in	倍频带中心频率衰减/(dB · ft⁻¹)						
	63 Hz	125 Hz	250Hz	500 Hz	1 000 Hz	2 000 Hz	4 000 Hz
$D \leqslant 7$	0.00	0.00	0.05	0.05	0.10	0.10	0.10
$7 < D \leqslant 15$	0.03	0.03	0.03	0.05	0.07	0.07	0.07
$15 < D \leqslant 30$	0.02	0.02	0.02	0.03	0.05	0.05	0.05
$30 < D \leqslant 60$	0.01	0.01	0.01	0.02	0.02	0.02	0.02

来源：1999 年,《ASHRAE 应用手册》,©美国采暖、制冷与空调工程师学会,www.ashrae.org. 。

表 17.5　配 1 in 声衬的声学加衬[①] 圆管的插入损失

直径/in	倍频带中心频率的插入损失/(dB · ft⁻¹)							
	63 Hz	125 Hz	250Hz	500 Hz	1 000 Hz	2 000 Hz	4 000 Hz	8 000 Hz
6	0.38	0.59	0.93	1.53	2.17	2.31	2.04	1.26
8	0.32	0.54	0.89	1.50	2.19	2.17	1.83	1.18
10	0.27	0.50	0.85	1.48	2.20	2.04	1.64	1.12
12	0.23	0.46	0.81	1.45	2.18	1.91	1.48	1.05
14	0.19	0.42	0.77	1.43	2.14	1.79	1.34	1.00
16	0.16	0.38	0.73	1.40	2.08	1.67	1.21	0.95
18	0.13	0.35	0.69	1.37	2.01	1.56	1.10	0.90
20	0.11	0.31	0.65	1.34	1.92	1.45	1.00	0.87
22	0.08	0.28	0.61	1.31	1.82	1.34	0.92	0.83
24	0.07	0.25	0.57	1.28	1.71	1.24	0.85	0.80
26	0.05	0.22	0.53	1.24	1.59	1.14	0.79	0.77
28	0.03	0.19	0.49	1.20	1.46	1.04	0.74	0.74
30	0.02	0.16	0.45	1.16	1.33	0.95	0.69	0.71
32	0.01	0.14	0.42	1.12	1.20	0.87	0.66	0.69
34	0	0.11	0.38	1.07	1.07	0.79	0.63	0.66
36	0	0.08	0.35	1.02	0.93	0.71	0.60	0.64
38	0	0.06	0.31	0.96	0.80	0.64	0.58	0.61
40	0	0.03	0.28	0.91	0.68	0.57	0.55	0.58
42	0	0.01	0.25	0.84	0.56	0.50	0.53	0.55

续 表

直径/in	倍频带中心频率的插入损失/(dB·ft⁻¹)							
	63 Hz	125 Hz	250Hz	500 Hz	1 000 Hz	2 000 Hz	4 000 Hz	8 000 Hz
44	0	0	0.23	0.78	0.45	0.44	0.51	0.52
46	0	0	0.20	0.71	0.35	0.39	0.48	0.48
48	0	0	0.18	0.63	0.26	0.34	0.45	0.44
50	0	0	0.15	0.55	0.19	0.29	0.41	0.40
52	0	0	0.14	0.46	0.13	0.25	0.37	0.34
54	0	0	0.12	0.37	0.09	0.22	0.31	0.29
56	0	0	0.10	0.28	0.08	0.18	0.25	0.22
58	0	0	0.09	0.17	0.08	0.16	0.18	0.15
60	0	0	0.08	0.06	0.10	0.14	0.09	0.07

注:①增加裸露金属板管道的衰减。

来源:1999 年,《ASHRAE 应用手册》,ⓒ美国采暖、制冷与空调工程师学会,www.ashrae.org. 。

表 17.6　配 2 in 声衬①的声学加衬圆管的插入损失

直径/in	倍频带中心频率的插入损失/(dB·ft⁻¹)							
	63 Hz	125 Hz	250Hz	500 Hz	1 000 Hz	2 000 Hz	4 000 Hz	8 000 Hz
6	0.56	0.80	1.37	2.25	2.17	2.31	2.04	1.26
8	0.51	0.75	1.33	2.23	2.19	2.17	1.83	1.18
10	0.46	0.71	1.29	2.20	2.20	2.04	1.64	1.12
12	0.42	0.67	1.25	2.18	2.18	1.91	1.48	1.05
14	0.38	0.63	1.21	2.15	2.14	1.79	1.34	1.00
16	0.35	0.59	1.17	2.12	2.08	1.67	1.21	0.95
18	0.32	0.56	1.13	2.10	2.01	1.56	1.10	0.90
20	0.29	0.52	1.09	2.07	1.92	1.45	1.00	0.87
22	0.27	0.49	1.05	2.03	1.82	1.34	0.92	0.83
24	0.25	0.46	1.01	2.00	1.71	1.24	0.85	0.80
26	0.24	0.43	0.97	1.96	1.59	1.14	0.79	0.77
28	0.22	0.40	0.93	1.93	1.46	1.04	0.74	0.74
30	0.21	0.37	0.90	1.88	1.33	0.95	0.69	0.71

续　表

直径/in	倍频带中心频率的插入损失/(dB · ft^{-1})							
	63 Hz	125 Hz	250Hz	500 Hz	1 000 Hz	2 000 Hz	4 000 Hz	8 000 Hz
32	0.20	0.34	0.86	1.84	1.20	0.87	0.66	0.69
34	0.19	0.32	0.82	1.79	1.07	0.79	0.63	0.66
36	0.18	0.29	0.79	1.74	0.93	0.71	0.60	0.64
38	0.17	0.27	0.76	1.69	0.80	0.64	0.58	0.61
40	0.16	0.24	0.73	1.63	0.68	0.57	0.55	0.58
42	0.15	0.22	0.70	1.57	0.56	0.50	0.53	0.55
44	0.13	0.20	0.67	1.50	0.45	0.44	0.51	0.52
46	0.12	0.17	0.64	1.43	0.35	0.39	0.48	0.48
48	0.11	0.15	0.62	1.36	0.26	0.34	0.45	0.44
50	0.09	0.12	0.60	1.28	0.19	0.29	0.41	0.40
52	0.07	0.10	0.58	1.19	0.13	0.25	0.37	0.34
54	0.05	0.08	0.56	1.10	0.09	0.22	0.31	0.29
56	0.02	0.05	0.55	1.00	0.08	0.18	0.25	0.22
58	0	0.03	0.53	0.90	0.08	0.16	0.18	0.15
60	0	0	0.53	0.79	0.10	0.14	0.09	0.07

注：①增加裸露金属板管道的衰减。

来源：1999 年,《ASHRAE 应用手册》,©美国采暖、制冷与空调工程师学会,www. ashrae. org. 。

对于 $A_1/A_2 = 2$ 或 $A_2/A_1 = 0.5$ 的横截面面积变化,根据方程式(17.2)仅可得到 0.5 dB 的衰减,对于 1∶4 或 4∶1 的变化可得到 2 dB 的衰减。由于空气动力学原因,管道横截面面积的大突变并不经常发生,因此在暖通空调管道设计中通常遇到的管道横截面面积变化所造成的衰减非常小。

17.1.4　弯管产生的声衰减

当沿着管道传播的声音遇到弯管时,一部分声音沿着其发出方向被反射回来,一部分声音被消散,还有一部分声音继续沿着管道路径向前传播。反射或消散的声能即可决定衰减。衰减是频率和弯管尺寸的函数。衰减还受弯管类型(斜接弯管、带导流叶片的斜接弯管和辐射式弯管)以及管道(或导流叶片上)中吸声内衬(有或无)的影响。与不带导流叶片的斜接弯管相比,带导流叶片的斜接弯管和辐射式弯管更易在弯曲点周围传输更高的频率能量,因此它们对管道路径提供的衰减更小。而且,此类弯管产生的压降较低,因此被广泛使用。表 17.7~表 17.9 给出了各类弯管的估计声衰减。

表 17.7　未配导流叶片的无衬里和加衬矩形弯管的插入损失

	插入损失/dB	
	无衬里弯管	加衬弯管
$fw<1.9$	0	0
$1.9≤fw<3.8$	1	1
$3.8≤fw<7.5$	5	6
$7.5≤fw<15$	8	11
$15≤fw<30$	4	10
$fw>30$	3	10

注:f 为中心频率(kHz);w 为宽度(in)。

来源:1999 年,《ASHRAE 应用手册》,©美国采暖、制冷与空调工程师学会,www.ashrae.org.。

表 17.8　配导流叶片的无衬里和加衬矩形弯管的插入损失

	插入损失/dB	
	无衬里弯管	加衬弯管
$fw<1.9$	0	0
$1.9≤fw<3.8$	1	1
$3.8≤fw<7.5$	4	4
$7.5≤fw<15$	6	7
$fw>15$	4	7

注:f 为中心频率(kHz);w 为宽度(in)。

来源:1999 年,《ASHRAE 应用手册》,©美国采暖、制冷与空调工程师学会,www.ashrae.org.。

表 17.9　无衬里圆形弯管的插入损失

	插入损失/dB
$1.9≤fw<3.8$	1
$3.8≤fw<7.5$	2
$fw>7.5$	3

注:f 为中心频率(kHz);w 为宽度(in)。

来源:1999 年,《ASHRAE 应用手册》,©美国采暖、制冷与空调工程师学会,www.ashrae.org.。

17.1.5　预制声衰减器

可从各制造商处购买各种类型、配置和结构的预计声衰减装置(管道消声器),以配合各类暖通空调系统使用,从而满足所有声衰减要求。吸声媒介可以是传统的耗散型材料,例如玻璃纤维、矿物棉或尼龙棉，并用穿孔金属面板覆盖，以便为纤维吸声材料提供物理保护，使其免受湍流的侵蚀。对于低速流，可仅采用一薄层流动阻力面层保护消声材料，例如在管道声衬的表面上覆盖一薄层流动阻力面层。特殊应用中，为了防止任何纤维材料进入气流，可用薄塑料袋密封填充材料。与未密封填料相比，用塑料袋密封通常会略微增加特定低频和中频的声衰减，而在高频下则会大幅减小声衰减。通常需对该密封层构造细节进行特殊设计，以防止密封穿孔金属保护面上的孔，并避免冲压工艺中穿孔金属背面形成的尖锐边缘对薄膜产生摩擦。第 9 章给出了阻性消声器设计和预测相关的详细信息。也有一些消声器没有传统的耗散填补，但空气通道声衬有特殊的声反应层，可除去气流中的声能。

基本消声器有一个直通式空气路径，并配备空气动力入口和出口几何结构，有助于最小化压力损失，其中气流转掠点的压力损失最大。特殊应用中，也可对消声器进行特殊气流配置。暖通空调系统应用中，尤其需在弯管处配置消声器，有助于避免不畅流动条件，否则可能会存在此类流动条件，甚至直消声器在空气动力学方面的不良应用也可能造成此类流动条件。

制造商提供的信息应用来预测声衰减、压降和气流噪声。对于给定的应用，通常有几个消声器能够提供预期的声学性能。噪声控制和暖通空调设计工程师必须选择一款能产生适当低压降的消声器，且需在消声器长度与阻力等级间进行权衡。对于大多数典型的暖通空调系统应用，消声器的压降应限制在 0.30 in. wg(75 Pa)左右。压力损失可能更高，但设计师需确保额外的压力损失不会对系统产生不良影响。确定可接受的压力损失时，应考虑克服消声器压降所消耗的能量。在系统使用寿命内，使用压降特别低的消声器将会显著节省能源成本。节省的成本可能远远超过低压降模型的额外初始成本。消声器不宜置于风机上游管道中，以避免挡板末端的湍流与风机叶片相互干扰，这将增加风机宽带和叶片通道噪声。

理想条件下，流入和流出消声器的气流应平直顺畅，以接近根据 ASTM E - 477 或 ISO 7235 测试消声器声衰减、压降和流动噪声的条件。声场中很少出现此类理想条件，且由于系统影响，还存在超过应用设置值一定程度的额外压降。系统设计师在进行压降预测时需要考虑这些因素。在某种程度上，如将消声器放置在扭曲气流和湍流位置，将会产生额外压降。图 17.1 给出了消声器设置压力损失适用的一些常见气流配置和相关额外压降倍率。

由于高速气流过穿过狭窄的消声器通道，且在排放时速度压力未完全转换为静压，因此穿过消声器的气流中会产生湍流，从而产生流动噪声。制造商通常将消声器在不同迎面风速下产生的气流噪声制成频数表。总气流产生的声功率是表面速度和消声器面积的函数，通常会公布不同迎面风速和特定横截面面积下消声器所产生的噪声。当将 10 个对数 A_1/A_0 添加到已公布的数据中以预测气流噪声时，必须根据实际使用的消声器的横截面尺寸来调整该数据（其中 A_1 是实际消声器面积，A_0 是所示数据所依据的面积，单位一致）。消声器产生的噪声会成为沿管道传播的另一个噪声源，需进行处理。消声器离接收空间越近，接收空间的噪声越小，则在控制气流噪声时需要更加小心，因为在噪声到达接收空间之前几乎没有机会衰减噪声。对于噪声目标适中的各空间管道系统（可能是 NC - 35～NC - 40，NC 为噪声标准），所占空间附近（例如在末端装置空间侧）的消声器的压降通常需设计为小于 0.10 in. wg(25 Pa)。在噪声目标更严格的地方，需相应降低通过消声器的压力损失。消声器置于风机附近时，在系统开始工作时，消声器建筑物侧的风机噪声通常远远高于消声器的气流噪声（如选择合理的压力损失），因此无需重点关注流动噪声。噪声目标越低，就越需要仔细检查。

管道元件		消声器系统影响因素 管道元件	
		消声器入口	消声器排放口
过渡段	$7\frac{1}{2}$ 每侧度数 距消声器过渡段距离		
	$D=1$	1.0	1.0
	$D=2$	1.1	1.1
	$D=3$	1.2	1.1
	每侧25° 距消声器过渡段距离		
	$D=1$	1.3	1.1
	$D=2$	1.4	1.1
	$D=3$	1.6	1.1
	每侧45° 距消声器过渡段距离		
	$D=1$	1.7	1.1
	$D=2$	1.2	1.1
	$D=3$	2.0	1.1
弯管-辐射式	辐射式弯管距消声器的距离		
	$D=0$		
	$D=1$		
弯管-配导流叶片的斜接式	斜接弯管距消声器的距离		
	$D=0$		
	$D=1$		
	$D=2$		
弯管-未配导流叶片的斜接式	斜接弯管距消声器的距离		
	$D=0$		
	$D=1$		
	$D=2$		
F形出口或入口	流速平稳的入口或排放口 入口或出口距消声器的距离		
	$D=0$		
	$D=1$		
	$D=2$		
	$D=3$		
F形出口或入口	流速湍急的入口或排放口 入口或出口距消声器的距离		
	$D=0$		
	$D=1$		
	$D=2$		
	$D=3$		
离心机	离心机距消声器的距离		
	$D=0$		
	$D=1$		
	$D=2$		
	$D=3$		
轴流风机	轴流风机距消声器的距离		
	$D=0$		
	$D=1$		
	$D=2$		
	$D=3$		

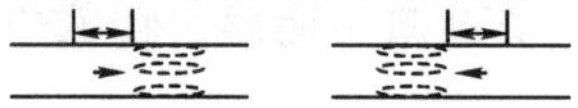

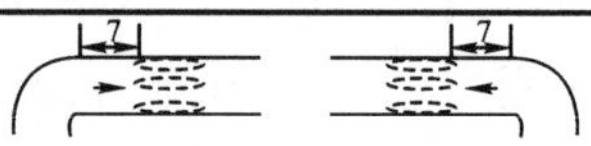

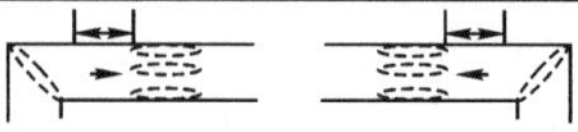

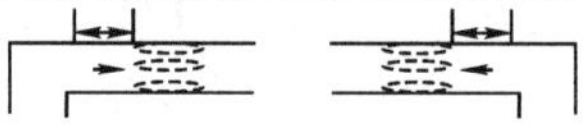

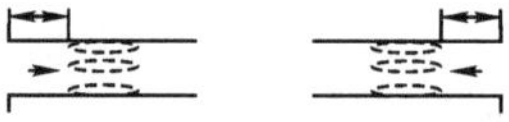

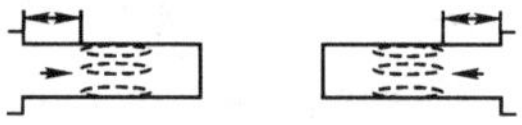

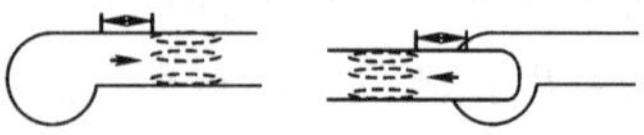

D 是圆形风管的直径或矩形风管的等效直径(单位:in)

图 17.1　各种应用中消声器设置压力损失的倍增因数(已经获得振动声学许可进行复制)

选择和位置不当的消声器会产生过大的压降,致使其造成的噪声问题比它们解决的噪声问题更多。

17.1.6　增压室产生的声衰减

管道系统中的增压室(见图 17.2)通常可为管道路径提供显著的声衰减。与连接管道相比,声衰减程度取决于增压室尺寸、入口和出口方向以及内壁吸声率。以下三式提供了一种估算增压室衰减的方法。

$$\mathrm{TL} = -10\lg\left[S_{出口}\left(\frac{Q\cos\theta}{4\pi r^2} + \frac{1-\alpha_\mathrm{A}}{S\alpha_\mathrm{A}}\right)\right] \tag{17.3}$$

式中　　TL—— 透射损失,dB;

$S_{出口}$—— 增压室出口段面积,ft^2;

S—— 增压室总内表面积减去入口和出口面积,ft^2

r—— 增压室入口和出口段中心间的距离,ft;

Q—— 指向性因数,取值为 4;

α_A—— 增压室声衬的平均吸声系数;

θ—— 代表 r 与增压室长轴 l 间的向量角度。

增压室声衬的平均吸声系数 α_A 为

$$\alpha_\mathrm{A} = \frac{S_1\alpha_1 + S_2\alpha_2}{S} \tag{17.4}$$

式中　　α_1—— 增压室任何裸露或无衬里内表面的吸声系数;

S_1—— 增压室裸露或无衬里内表面的表面积,ft^2;

α_2—— 增压室任何声学加衬内表面的吸声系数;

S_2—— 增压室声学加衬内表面的表面积,ft^2。

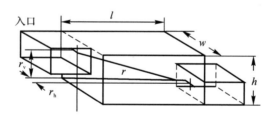

图 17.2　增压室示意图

来源:1999 年,《ASHRAE 应用手册》,ⓒ美国采暖、制冷与空调工程师学会,www.ashrae.org.。

$\cos\theta$ 的值根据下式得出:

$$\cos\theta = \frac{l}{r} = \frac{l}{(l^2 + r_\mathrm{v}^2 + r_\mathrm{h}^2)^{0.5}} \tag{17.5}$$

式中　　l—— 增压室长度,ft;

r_v—— 增压室入口和出口轴线之间的垂直偏移,ft;

r_h—— 增压室入口和出口轴线之间的水平偏移,ft。

增压室插入损失的预测精度通常不是很精确,目前正在不断研究以提高这些管道元件衰减的预测精度。仅在声波长小于增压室特征尺寸时,上述方程式的结果才有效。低于出入管

道的截止频率时,式(17.3)无效,而有

$$f_{co} = \frac{c_0}{2a}, \quad 矩形管$$

$$f_{co} = \frac{0.586c_0}{d}, \quad 圆形管$$

式中　　f_{co}—— 截止频率,Hz;

　　　　c_0—— 空气中的声速,m/s;

　　　　a—— 管道横截面尺寸较大,m;

　　　　d—— 管道直径,m。

17.1.7　端部反射损失

当沿着管道传播的声音到达横截面面积突变点时(例如扩散器或格栅处管道系统的终端),且声场转换时无声场干扰,则一些低频声会从突变点反射回来,不会传播至相关接收器。与声波波长相比,端部反射损失是终端尺寸和空间内管道终端具体位置的函数。表17.10给出了端部反射的典型值。注意,这些值均为理想化条件下所得值。如果在管道系统终端设置一个格栅或扩散器,或如果格栅或扩散器不在一个大平面(如吊顶)的中间,而是在空间的二维或三维角上,端部反射将会较低。对于每一个偏离理想情况的因素,当输入图表时,可认为有效的管道辐射面积是实际管道尺寸的4倍。

表 17.10　管端反射损失

管道直径/in	倍频带中心频率的端部反射损失/dB					
	63 Hz	125 Hz	250 Hz	500 Hz	1 000 Hz	2 000 Hz
6	20	14	9	5	2	1
8	18	12	7	3	1	0
10	16	11	6	2	1	0
12	14	9	5	2	1	0
16	12	7	3	1	0	0
20	10	6	2	1	0	0
24	9	5	2	1	0	0
28	8	4	1	0	0	0
32	7	3	1	0	0	0
36	6	3	1	0	0	0
48	5	2	1	0	0	0
72	3	1	0	0	0	0

注:表左侧纵向标注"终端在自由空间的管道"。

续 表

管道直径/in	倍频带中心频率的端部反射损失/dB					
	63 Hz	125 Hz	250 Hz	500 Hz	1 000 Hz	2 000 Hz
6	18	13	8	4	1	
8	16	11	6	2	1	
10	14	9	5	2	1	
12	13	8	4	1	0	
16	10	6	2	1	0	
20	9	5	2	1	0	
24	8	4	1	0	0	
28	7	3	1	0	0	
32	6	2	1	0	0	
36	5	2	1	0	0	
48	4	1	0	0	0	
72	2	1	0	0	0	

（左侧竖排：终端与表面齐平的管道）

来源：1999 年，《ASHRAE 应用手册》，©美国采暖、制冷与空调工程师学会，www.ashrae.org.。

注意，端部反射损失并不限于管道终端，还与管道系统中获得低频衰减的有用技术有关，例如，当管道突然进入一个大型高吸声集气室时。

17.1.8　空间效果

空间效果是将管道系统辐射到空间中的声功率转换为给定位置处空间内形成的声压级。根据声功率级预测声压级的步骤在第 7 章中已详细讨论。

将形成空间的声压与声源辐射的声功率相关联的经典方法是对小型声源（例如圆形或矩形扩散器）的一个点声源进行建模；如使用带状扩散器或存在管道输出情况，可对线型声源进行建模。注意，对距离声源很远处起主导作用的混响声场的振幅与声源的性质无关。然而，对声源附近起主导作用的直达声的振幅很大程度上取决于声源传播声能的方式。

对于辐射到空间中的点声源，r 处的声压级（由直达声场和混响声场的基于功率的叠加声压产生）可根据如下方程式得出，有

$$L_p(r) = L_W + 10 \lg\left(\frac{Q}{4r^2} + \frac{4}{R}\right) \tag{17.6}$$

式中　L_W——声源功率级，dB（以 10^{-12} W 为基准值）；

　　　L_p——声压级，dB（以 2×10^{-5} N/m² 为基准值）；

　　　R——空间常数，$R = S\alpha_A/(1-\alpha_A)$，m²。其中 S 为空间总吸声量（m²），α_A 为空间表面的平均吸声系数；

r——声源与接收器距离,m;

Q——声能辐射到的球体的分数倒数。

如仅设计有一个相关声源,使用该方程式既简单又能满足要求。但当有多个噪声源时,例如各种扩散器或格栅,其接近同一噪声发射级且在接收器位置产生的噪声接近同一噪声级,则需要采取某种方式来调节多个扩散器的空间效果。将空间效果调整(10 lg N)dB 即可实现,其中 N 是关键接收器位置处影响声音的有效出口数量。在处理特殊情况时,可使用第 7 章中介绍的基于空间内声传播建模的其他更为复杂的方法。

17.2 管道系统中的流动噪声

管道系统中流动噪声包括管道内沿管道路径传播的噪声以及管道外表面的辐射噪声。特定配件或管道元件产生的噪声可根据第 15 章中介绍的方法进行估算。气流噪声沿着管道向下传播,与管道系统中任何其他声源处噪声的传播方式相同。气流噪声通常处于中高频范围,因此相对比较容易通过消声器或声衬等耗散处理而衰减。如声源和占用空间之间的管道系统中未配备衰减元件,这种噪声会成为一个问题。

根据管道系统的位置、类型和类别,就管道尺寸提供以下指南:

(1)机械室和竖井中圆管中的速度小于 3 000 ft·$\min^{-1}$;

(2)机械室和竖井中矩形管道中的速度小于 2 500 ft·$\min^{-1}$;

(3)对于 NC-35~NC-40 空间,配矿物纤维吊顶的占用空间中吊顶中的速度在 2 000~2 500 ft·$\min^{-1}$;

(4)对于 NC-35~NC-40 空间,配开放式或透声吊顶的占用空间中吊顶中的速度在 1 500~2 000 ft·$\min^{-1}$;

(5)NC-35~NC-40 空间所用的大型最终分配管道中的速度小于 1 500 ft·$\min^{-1}$;

(6)对于 NC-40,小型最终配管中管道长度的摩擦率(压力损失率)为 0.10 in. wg/100 ft (24.91 Pa);

(7)对于 NC-35,小型最终分配管道中管道长度的摩擦率(压力损失率)为 0.08 in. wg/100 ft(19.93 Pa)。

加衬管道系统中特殊低噪声空间(通常为 NC-30 或更低)设计所需的气流速度指南见表 17.11。

表 17.11 加衬管道系统[①②]中的建议气流速度[③]

管道元件或装置	通过管道截面或装置的净自由面积且符合指示噪声标准(NC)的气流速度/(ft·$\min^{-1}$)							
	NC 15		NC 20		NC 25		NC 30	
	供气	回气	供气	回气	供气	回气	供气	回气
终端设备[④] ($\frac{1}{2}$ in 最小槽宽)	250	300	300	360	350	420	425	510
管道第一段 8~10 ft	300	350	360	420	420	490	510	600
管道下一段 15~20 ft	400	450	480	540	560	630	680	765

续 表

管道元件或装置	通过管道截面或装置的净自由面积且符合指示噪声标准(NC)的气流速度/(ft·min⁻¹)							
	NC 15		NC 20		NC 25		NC 30	
	供气	回气	供气	回气	供气	回气	供气	回气
管道下一段 15～20 ft	500	570	600	685	700	800	850	970
管道下一段 15～20 ft	640	700	765	840	900	980	1 080	1 180
管道下一段 15～20 ft	800	900	960	1 080	1 120	1 260	1 360	1 540
空间内最大值②	1 000	1 100	1 200	1 320	1 400	1 540	1 700	1 870

注:①所有配 1 in 厚内部吸声内衬的所有管道。

　　②在矿物纤维板材吊顶上方。如为开放式或透声吊顶,速度降低 20%。

　　③须单独考虑风机噪声。如管道系统未加衬,将管道速度(并非扩散器/格栅速度)降低 20 %。

　　④终端设备后无阻尼器、校直器、偏转板、平衡栅格等。

17.3　特殊低噪声空间的系统设计

特定空间的噪声目标越低,就越需要从空气平衡和空气动力学的角度来仔细考虑管道的布置。特别是,管道系统的设计需尽可能达到自然平衡。也就是说,一旦开启系统,每个出口自然输送的气流即为所需的气流,几乎不需要或无须节流挡板来控制流量。在一排扩散器或格栅上系统地布置支管通常是一种很好的方法。根据下一个支管的需要,在支管之间应设有合适的长直管道,以使气流平直向前流动并进行分流。然而,这种设计理念并非适用所有建筑和条件。通常需在大型主管道的侧面设置一列扩散器或扩散器支管。首选方法是,至少提供一段长度适中(管道直径直径)的直管通向扩散器,以改善扩散器后部的气流呈现,并为阻尼器创建一个更为理想的位置,该阻尼器可用于控制距扩散器较远点处的气流。这些情况下,通常最佳方法是,确保向扩散器供送气流的主管道尺寸保持恒定,以使主"集管"沿线的压降变小,且由跳动点的压降来控制气流分布。为了实现自然平衡设计,通常情况下最好是将扩散器和格栅合理紧密地布置在一起,而非隔开布置。

建议避免一个临界空间以及一个向下游延伸的长"尾"管道使用一组紧密布置的扩散器,因为为了平衡系统,有必要对临界空间扩散器附近的阻尼器进行节流,从而产生噪声。

应根据需要在管道系统中设置阻尼器来控制流量,但必须将其置于远离终端设备的地方,以便其产生的湍流和噪声在到达占用空间之前能够被充分衰减。对于特殊低噪声系统,阻尼器不宜放置在扩散器和格栅表面或附近。至关重要的是,在管道系统中使用阻尼器来调整与自然空气平衡设计之间的重大偏差。

适当降低扩散器和格栅附近的气流速度,以避免产生过多噪声。气流从临界空间返回至管道系统时,流速会逐渐增加。理想情况下,气流向临界空间移动时速度会下降,下降方式与期望的系统分支模式一致。气流速度和相关空间噪声之间的最佳相关性是空间内格栅和扩散器产生的噪声以及空间最近处管道产生的噪声。随着气流远离接受空间而进入管道系统,到达相关空间的噪声和流速之间的相关性不那么直接。因此,占用空间附近的流速没有太多调整空间，但在距占用空间较远地方的流速，还可根据理想设计进行相应调整。

表 17.11 给出了低噪声空间所用的管道系统的建议速度，有助于确保声学加衬管道系统达到特定的噪声目标。建议的这些流速通常假设管道配置为空气动力学平均值。如果达到了理想的气流几何形状，则允许速度更高一些。对于表 17.11 中给出的通过扩散器和格栅净自由面积的建议速度，其假设公称槽宽约为 0.5 in。当使用更宽的槽时，针对给定的噪声目标可允许更高的速度。通常，标称槽宽每增加一倍，槽速可能允许增加 15%～20%，直到槽宽达到大约 2 in。特殊喷嘴式扩散器的工作噪声更小，因此在给定噪声级下，此类扩散器可将空气吹至更远处。对于特殊的扩散器应用，应对制造商的噪声数据进行审查，确保噪声的产生从设备试验条件调整为实际使用条件。因为，在指示速度下，很难将空气吹至更远处，所以对于低噪声系统，通常使用吊顶上布置的一排扩散器（而不是从空间的侧壁）来输送供给空气。这并不是说，避免使用侧壁进行吹送，侧壁仅适用于空间两侧的小区域，并不适合从该位置对整个空间进行调节。组合使用吊顶扩散器和侧壁吹送扩散器是一种有用的技术，即可将主管道分成多段，与在几个大型管道中处理所有气流相比，在多段管道中处理气流更容易贯穿建筑物。注意，为便于将管道安装到建筑物中，通常最好避免扩散器或格栅直接与主管道侧面断开，因为主管道中的整个气流必须以非常低的流速流动且主管道为大型管道。但在应用时，如有足够空间可放置大型管道或管道可外露放置时，这可能是一种简单、整洁且干净的设计方法。以系统分支模式合理布置管道，即可使气流量大的管道在较高速度时调整流量，有助于它们更易与建筑物相契合。对于低噪声系统，以期望的速度处理气流所需的空间可能相当大，也就是需要更多的建筑体积来布置管道。从使用的金属板和建造的建筑体积方面看，在设计初期考虑的系统设计理念和速度应使建筑更具经济性。在设计初期不考虑管道系统要求可能会达不到设计标准和/或可满足的噪声级。

注意，大约 20% 的速度变化通常与占用空间中噪声级的 5-NC 点的变化相关。因此，在项目设计中将气流速度增加 20% 的折中方案通常会使噪声增加大约 5 个 NC 点。此外，将噪声级降低大约 5 个 NC 点需要降低大约 20% 的速度，这意味着圆形和（接近方形）矩形管道的尺寸和表面积仅需增加 10%～15%。将噪声目标增加 5 个 NC 点仅节省 10%～15% 的金属板成本。

表 17.11 中的气流速度指南假设管道系统中配有声衬，通常建议对配件处管道中的气流噪声以及特别低噪声系统中意外的气流障碍进行控制。为了实现更低的噪声目标，设计时需考虑更多因素，并减少误差。如果管道系统未配声衬，建议管道系统中的速度（不包括扩散器和格栅处的速度）比指示值低大约 20%，留有大约 5 dB 的余量来弥补管道路径的衰减不足。

17.4　扩散器和格栅的选择

表 17.11 给出的低噪声空间的气流速度指南包括许多假设，即假设标称槽宽约为 0.5 in 以及假设通向扩散器的管道系统仅为标称配置，还包括空间效果假设以及对接收位置声场产生正面影响的扩散器数量假设。注意，空间越大，扩散器数量就越多（因此会有更多的噪声源），但在这种情况下，扩散器也会离接收器越远，因此空间效果也就越大。这两个因素往往相互抵消，因此一个单一速度指南图表适用于各类应用。

制造商通常提供其扩散器噪声数据，通常这些数据可以归结为特定流量下扩散器的单一

NC 额定值。在应用制造商数据时需谨慎,因为这些数据通常是在理想气流条件以及非常有利的空间效果下得出的,因此报告的噪声级也非常理想化。此外,通常所报告的数据可用于一个扩散器或一小段线性扩散器,而此类扩散器应用中可能包含很多对接收器位置处噪声级有贡献量的此类元件。有必要考虑到达接收器的多个扩散器/格栅产生的噪声总和,并做出一些调整,以修正所示数据中的假设,从而与项目实际条件相匹配。还必须对理想气流条件进行调整,并将调整后的条件作为数据依据,从而达到实际应用的气流条件。对于低噪声空间,使用速度指南可能是确定扩散器和格栅选择参数的一种更可取的方法。

阻尼器产生的噪声需与扩散器和格栅的噪声分开评估,但两个产生湍流的装置紧密串联布置可能会增加每个装置自身产生的噪声。

通过楼板上的扩散器将空气输送到占用区域的置换通风系统产生的噪声通常非常低。这主要是因为任何一个位置处均有少量空气被引入空间,且出于舒适性考虑,扩散器处的流速需特别低。结果是系统中扩散器产生的噪声很小,这对于低噪声空间来说是一种有利的设计方法。

17.5　噪声泄漏/侵入

当高噪声级的管道穿过低或中等噪声目标的空间时,必须考虑通过金属板管道表面传播出去的噪声(称为输出噪声)是否得到适当控制。同样,当内部声场已平静下来的管道在穿透机械室壁之前,穿过机械设备噪声件附近时,噪声可能会穿透管道并沿着管道向下传播至相关接收空间。为了最大限度地减少噪声泄漏/侵入,通常最好将管道系统中的高插入损失元件(消声器)放置在机械室边界的穿透点或穿透点附近。然而,使用消声器并不总是能实现这个目标,以及实现良好的空气动力学目标。为减少噪声泄漏/侵入,特殊弯管(或其他配置)消声器有助于实现消声器理想的位置目标,同时避免流通不畅的问题。这是特殊消声器的一个很好的用途。

输出和输入管道的噪声可分别用式(17.7)和式(17.8)得出。

$$L_{W(输出)} = L_{W(输入)} - \text{TL}_{(输出)} + 10\lg\frac{S}{A} - C \tag{17.7}$$

$$L_{W(输入)} = L_{W(输出)} - \text{TL}_{\text{in}} - 3 \tag{17.8}$$

式中　$L_{W(输出)}$——管壁外表面的辐射声的声功率级,dB;

$L_{W(输入)}$——管道内声音的声功率级,dB;

S——管道外部声辐射表面的表面积,in²;

A——管道内侧的横截面面积,in²;

$\text{TL}_{(输出)}$——管道输出透射损失,dB;

C——该式所得值的修正因数。

$$\Delta = \text{TL}_{(输出)} - 10\lg(S/A)$$

Δ 与 C 的关系见表 17.12。

表 17.12　Δ 与 C 的关系

Δ	$>+10$	$+8\sim+5$	$+4\sim+2$	$+1\sim-1$	$-2\sim-3$	-4	-5	-6	-7	-8	<-9
C	0	1	2	3	4	5	6	7	8	9	$-\Delta$

当 $\Delta < -10$ 时,不应使用这些输出和输入方程式。此外,当 Δ 为负数时,结果的精度不确切。对于相对较长的管道段,Δ 值往往为负数。这种方法未考虑管道路径沿线的任何耗散衰减,但在主要存在噪声泄漏／侵入问题的低频处,在应使用该方法的管道段长度上管道路径沿线的耗散衰减很小。

通过应用适当的空间效果以及任何中间结构设置的隔声措施,还可用噪声泄漏公式来预测接收空间中的声压级。噪声输入方程式将确定声功率,该声功率可作为声源级,且可沿管道系统追踪该噪声的传播。噪声泄漏/侵入处理通常包括增加管道结构的表面重量、加固管道、在弹性背衬(如玻璃纤维垫或泡沫)上应用柔性质量声障材料,或通过各种可能的细节将管道封闭在石膏板中。第 13 章给出了各种包装材料的插入损失预测。封闭质量层离管道表面越远,封闭材料越重,低频声音控制效果就越好,这是最典型的问题。圆管本质上就比扁平钢板制成的矩形管道坚硬,因此,使用圆管的配电系统通常不易出现噪声泄漏/侵入问题。注意,当建筑物中的占用空间使用玻璃纤维板或其他透声吊顶时,特别要注意输出/输入噪声。与传统的矿物纤维吸声吊顶相比,使用实心石膏板吊顶的地方自然不易出现噪声泄漏问题。

从屋顶空气处理装置底部引出进入占用空间上方的吊顶增压室的管道,是管道噪声泄漏问题的典型情况,且当送风管道直接向下排放到管道中,而非排放到装置内的增压室中时,管道噪声泄漏问题更严重。配高透射损失外壳的弯管消声器是简单解决该问题的一种方法。如使用直消声器且其位置远离此类弯管(其弯管段位于吊顶空间),可能会存在大量的管道壁,而这些管道壁会向占用空间辐射噪声,需对其进行处理。17.10 节会对该问题进行深入讨论。解决这一问题的大多数处理方法是采用管道隔声罩,而隔声罩很难安装,尤其是在空间有限且建筑已完工的情况下。如可能,在设计时就应避免这种处理需求。

17.6　风　　　机

风机通常是管道系统噪声的主要来源。不同类型的风机具有不同的噪声谱和幅度特性,这取决于风机的具体型号。某些风机的空气动力学性能更适合于特定的流量和压力应用。这需要考虑应用的全部操作范围。许多较老的参考文献,例如旧版《ASHRAE 应用手册》,包括预测风机噪声的一般方法,如制造商未提供拟用风机的具体数据,这些来源可以提供有用的指导。如使用此类数据,切记,由于制造方法的变化,现代风机的制造方式可能与通用预测方法所依据的风机的制造方式有所不同。新风机通常比旧风机更具经济性,产生的噪声也更多。最好从潜在制造商处获得风机的噪声数据,并根据最新适用标准进行测试。可依据这些数来选择风机,并在应用中据此对候选风机进行比较。此外,应为给定的应用选择噪声最低的适用风机。该过程应有助于避免选择噪声特别大的风机,此类风机会造成额外的噪声问题或需噪声控制处理,从而增加系统负担。

制造商的风机噪声排放数据都是根据标准实验得到的数据,而该实验条件可能与特定声场应用的条件匹配,也可能不匹配。风机辐射到管道中的噪声会随着连接管道系统的特定声阻抗而变化。因此,排放到管道系统中的风机的实际声功率可能与制造商的数据不同。

应特别注意风机入口和出口的流量条件。不畅的入口气流会使风机叶轮上的气流不平衡,从而造成性能问题,且应用时在预期速度下会产生过量噪声。可能需要提高风机速度,以补偿意外的压力损失,从而产生比预期更多的噪声。由于柔性连接器伸入气流中,入口叶片或严重的气流变形很容易导致整个频谱的噪声增加约 6 dB。风机排气口的局部气流速度在某些区域可能相当高,而在出口区域可能不均匀。系统设计和布局时需对这一问题加以考虑。创造理想的气流条件往往不太可能,但至少要创造合理的气流条件,并避免可能产生严重噪声问题的不良气流条件。图 17.3 对一些有利的风机排放条件以及需避免的条件进行了说明。通常必须考虑风机或空气处理装置排放口的气流分布情况,以确保在该条件下操作时管道和风机几何形状匹配良好,最重要的是可避免不良条件。风机处的不良气流条件会产生低频噪声,噪声源可能是风机,也可能是管道系统中会使管道壁鼓包的大尺度湍流,从而产生难以解决的低频噪声问题。

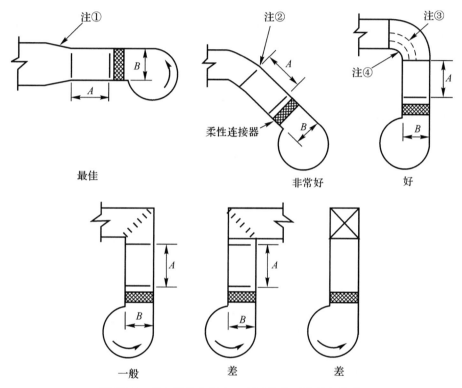

图 17.3　离心机的各种出口配置及其可能噪声情况

来源:1999 年,《ASHRAE 应用手册》,©美国采暖、制冷与空调工程师学会,www.ashrae.org.。

注:①斜率 1/7 为最佳。斜率 1/4 时,速度允许低于 200 ft·min^{-1}。

②尺寸 A 至少为 B 的 1.5 倍,其中 B 的排放管道尺寸最大。

③坚固的导流叶片延伸长度应为整个弯管半径。

④要求半径最小 6 in。

17.7　末端装置/阀门

建筑物采用的很多暖通空调系统包括各种末端装置或阀门,以控制输送至占用区域的空气量。一些末端装置可用来根据热负荷改变空间气流。其他末端装置可提供恒定流量,以确保通风率和控制区域增压。一些末端装置配备风机,以将增压室空气与不定量的主系统空气相混合,从而在输送不定量加热/冷却气流的同时保持最小空气流量。所有这些末端装置和阀门的共同之处在于都会产生压降,即可使主管道系统的较高压降低至末端装置空间侧最终分配管道中的低压。调节主管道至最终分配管道间的压力时,会产生噪声,设计时需考虑这种噪声,以满足占用空间的理想噪声级。通过末端装置的空气流量越大,产生的噪声就越大。然而,最重要的因素是末端装置产生的噪声是阀门压降的一个强函数。与系统端部附近的末端装置相比,风机附近系统上的末端装置主管道中的压力自然更高,靠近系统首端的末端装置将比靠近系统末端的类似末端装置产生的噪声更多。主管道中的超静压可能是噪声系统中的一个重要因素,因为系统中的末端装置正在进行节流(通过末端装置的压差很大)以控制超压。

末端装置制造商通常会提供其末端装置在不同流速和压力损失下的噪声数据,这些数据可用于管道系统的噪声分析,与沿管道传播的风机噪声分析一样。此类分析中,确定末端装置噪声时所涉及的压力损失是末端装置在声场中预计产生的实际压降,而非末端装置完全控制气流的最小压力或指定的任意压力损失。因气流控制方面的考虑,在许多应用中,末端装置的入口气流条件相当接近对末端装置流量和噪声进行测试的理想气流条件。然而,如存在不利的气流条件,末端装置产生的噪声可能会高于制造商的额定值。

末端装置外壳的噪声辐射也会影响其附近的占用空间,为了对噪声辐射进行评估,制造商还会公布外壳辐射噪声数据。对于风机动力型末端装置,这些数据还包括增压室进气口风机所敷设的噪声,这可能是一个重要问题。某些情况下,有必要为末端装置的增压室进气口提供衰减。在标称压力下运行的大多数中型末端装置可安装在占用空间的吊顶上,如为传统的矿物纤维吊顶,噪声目标为 NC‐35 或更高。如末端装置位于噪声目标比 NC‐35 更严格的空间吊顶上,系统压力预计较高,和/或使用透射损失较低的吊顶,则应特别考虑外壳的辐射噪声问题。特别是,暴露在外的末端装置,或者使用玻璃纤维、穿孔或开缝吊顶时需谨慎。

对制造商的噪声数据应加以审查,以供验证,但通常平板阻尼器末端装置的相关频带为 250 Hz 的倍频带,气动型末端装置的频带为 500 Hz 的倍频带,柱塞式阀门的频带为 1 000 Hz 的倍频带。应选择在理想条件下管道系统所应用的噪声控制处理类型,以根据所使用的末端装置/阀门类型处理所预计的特定噪声谱。

对于使用末端装置/阀门的系统来说,通常好的做法是,设想主管道系统能够以最小总压力损失和到达系统中各末端装置的最小压差来输送设计气流。在接近主管道气流路径末端时考虑逐渐减小主管道中的流动阻力,同时减小所处理的空气量。管道系统中的总速度通常是决定从首端到末端间压降的重要因素,且设计速度应尽可能低,使用空气动力性能优良的配件。建筑物中尽量多使用竖井从而避免使用特别长的管道,以尽量减少楼板中使用的管道长度。在可能且可接受的情况下,制造从两端送气的环形管道并用于建筑物楼板,这对降低系统中所需压力很有帮助。考虑这些设计特征有助于避免噪声问题和/或最小化所需的衰减处理量。

始终确保最终设置和平衡可使系统在最低压力下运行,该最低压力与输送设计气流的最低压力一致。这包括:确保系统压力不会进一步下降,同时不影响管道系统各端部所需的流量,并确保风机以输送设计气流时的最低速度运行。如果风机配备控制流量的入口导流叶片,当系统要求全设计流量运行时,应几乎完全打开这些叶片。满足需求后,入口导流叶片不应限制气流;气流不受限后,风机速度可能会下降,从而减少噪声排放。

17.8　机械机房噪声隔离和控制

　　合理的空间规划是避免机械室隔声和噪声问题的最佳方式。避免使用有噪声敏感空间的普通墙壁,因为此类墙壁构造的施工量大且成本昂贵。非常高的隔声墙通常需要将侧向结构路径进行间隔或特殊保护,这种处理方法很麻烦且成本昂贵;而即使设一堵普通墙,噪声也会穿透配风管和管道的那堵墙,因为在被穿透的单个墙壁周围设置足够的不透声密封,通常非常困难且很危险,所以应避免此种方式。在机械室和噪声敏感空间之间设置一个非关键空间的缓冲区,可以使结构更简单且成本更低,从而提供所需的隔离,并最大限度地降低穿透点处的噪声泄漏风险。最好将噪声特别高的设备放置在远离关键隔声墙的机械室内,以避免关键建筑暴露在高噪声环境中。特别要避免将设备放置在离此类墙壁非常近的地方,因为声音不会因传播损失而失去声强。

　　可建造隔声效果好的建筑结构,但是空间中通常会设一扇门,门所处位置即为一种弱隔声条件,因此需对门的位置进行特殊规划。当然,必须避免从噪声敏感空间直接进入机械室。从某种程度上来说,通常都会为机械室设一个双门入口玄关("噪声锁"),例如从空间后面的走廊进入空间,且用另一扇门将其与更多公共空间相隔离,这是一个不错的方法,因为普通的门结构可可靠实现良好的隔离效果。

　　机械设备室通常有低频噪声辐射水平相对较高的设备,因此有必要在设备室周围建造重型结构,例如砌石墙。也可使用轻型结构,例如立柱上的石膏板,但是可能需要在墙两侧间提供具有大量空气间层的双壁结构。因此,轻质墙壁结构可能会增大占地面积。对于与主厂房设备相关的壁装式辅助设备,通常明智的做法是采用双壁结构,以便可能耦合到机械室内壁的微小振动和结构噪声不会强烈传递到待保护占用空间中的墙壁结构一侧。

　　在墙顶部设一层气密密封作为隔声的必要手段,可能比较棘手。纤维填料墙壁和膨胀性材料涂层可实现必要的挡火性能,但并不是合适的控制声音密封手段,因为基本结构需要封闭在对接结构的典型嵌缝内。很难将混凝土砌块结构封闭在有凹槽的金属板平屋顶和横梁下面。当倾斜以便排水或需要适应结构偏转的屋顶结构下有混凝土块时,也很难设置密封。需在早期设计中考虑这些条件下所需的密封,并需详细说明现场完成必要密封的实用方法。

　　浮式混凝土楼板有时需要将机械空间与机械室上方或下方的噪声敏感空间分开。第 11章提供了浮式楼板插入损失的预测。这些结构由混凝土板(通常为 4 in 厚)组成,而混凝土板支撑在弹性支架上的结构层上方。实现此目的的相关系统可从各隔离产品供应商处获得。这些结构能够并且确实可对声音在楼板上的传播提供有效控制,但需从设计初期就为这些结果分配占用空间。现场实施时还需注意协调,以便实现设计功能。设计时,浮式楼板通常不作为工厂设备隔振方案的一部分,而主要用于空传噪声隔离。集中负荷(如设备施加的负荷)可通过适当规划和设计浮式楼板施加在浮式楼板上,但也可用穿过浮式楼板的小型构造柱(基础台座)来支撑这种负荷。为了避免穿透楼板的支撑点出现隔声问题,这些支撑点需尽可能小且通常不使用完整的基础垫。支柱的尺寸和位置需要在现场仔细协调。有时需要在机械空间的上方或下方设置特殊的隔声吊顶,而不是使用浮式楼板为机械空间上方或下方的空间提供高水平隔声。实施起来可能很复杂,需对建筑设备进行特殊的协调,以避免或尽量减少支撑穿过吊顶。在建筑设备安装前需预先考虑吊顶的施工时间,因为吊顶的施工顺序通常与常规施工顺序有所不同。

17.9　建筑机械系统的隔振

振动源的隔离技术已在第13章中详细讨论。本节将针对隔振系统相装置在建筑机械系统中的应用提供一些实用指南。

许多参考文献,如《ASHRAE 应用手册》[1]中"声音和振动控制"章节,以及隔振设备供应商提供了建筑设备隔振装置的应用指南,读者可参考这些指南并根据设备类型、设备速度、在建筑中的位置和应用灵敏度进行特定的隔振选择。对于建筑设备的应用,选择的隔振器仅需识别静载荷下隔振元件的偏转。隔振器在载荷下的偏转与隔振系统的固有频率(发生共振的频率)有关,其方程式为

$$f_n = 3.13 \left(\frac{1}{d}\right)^{0.5} \tag{17.9}$$

式中　f_n——隔振器自然(共振)频率,Hz;

　　　d——隔振器偏转,in。

通常,为了提供有效隔振,要求隔振系统的固有频率不超过设备驱动频率($N \cdot min^{-1}/60$)的 0.30～0.10 倍。超过 0.30 倍时,隔振效率最低,超过 0.70 倍时,理论上根本未提供隔振。显然,必须使设备避免以自然频率或接近自然频率运行。隔振系统固有频率与设备驱动速度之比小于 0.10 的隔振系统通常无任何隔振效果,因为实际安装时几乎不会获得额外的效果且设备在隔振系统上的稳定性可能也很差。

许多配件或设备都配有变速驱动装置,这种情况下,通常应为正常全速运行的设备选择隔振系统。随着设备减速并接近隔振系统的自然频率,隔振系统提供的隔振效率将逐渐减少,但幸运的是,机器振动力也将以大致相同的速率下降。因此,这通常没有问题。隔振器的固有频率通常应不超过设备最低工作频率的一半,以防运行时过于接近共振频率,但对于较困难的应用,固有频率可能高达 0.7。如大偏转弹簧不可行,有时必须限制设备的运行范围,以避免运行时过于接近隔振系统的固有频率。早期设计中应对这种可能性加以考虑。在某些情况下,可适当增加弹簧的偏转来降低固有频率,从而避免影响设备运行和效率。然而,隔振系统不应过于灵活,以免造成不稳定或操作问题,如对准或应力传递相关问题。

惯性底座与设备许多配件配合使用,以降低重心,从而在设备受到弹性支撑时减少设备的振动。由起动转矩引起的运动、风机产生的静压引起的阻力以及大型风机系统中的湍流也是推荐设备使用这种底座的原因。惯性底座只会减少设备在隔振系统上的运动。不会改变设备固有的不平衡力,即使设备在底座上的振动幅度较低。底座和刚性安装在底座上的设备的振动位移将会更低,因为与单独的设备质量相比,现在承受力的质量是设备和惯性底座的组合质量。注意,假设隔振系统的偏转保持不变,惯性底座不会改变传递给建筑物的振动力。原因是,如静态偏转相同,弹簧刚度需要更强,以支撑设备的额外重量及其惯性底座的重量。

理论上,惯性底座的重量取决于期望的振动减少幅度,但是设备的运动幅度未知,因此很难确定所使用的质量比。实践中,建造机械设备所用的惯性底座的重量通常取决于钢架中混凝土填充物的重量,该钢架轮廓与设备占用空间(留有紧固余量)的矩形轮廓相似,深度根据适当的底座刚性需求来决定。底座的深度通常与底座长度有关,通常最大尺寸比例大约为 1/10

至 1/12。经验表明,对于许多机械设备配件而言,这种方法得到的底座重量足以控制过度运动,并可防止过度的力传递至连接的管道和附属设备。

弹簧隔振器最典型的制造目的是实现大约 1 in、2 in、3 in、4 in 的额定偏转。这意味着,当施加弹簧的全部设计载荷时,弹簧将大致偏转该额定距离,且在这种情况下,弹簧还将实现其他期望的设计特征,例如横向稳定性、水平刚度以及为触底而保留的偏转度。额定偏转与实际设备载荷下现场实际达到的偏转无关。例如,如 1 000 lb 载荷下弹簧的额定偏转为 1 in,那么支撑 100 lb 载荷时弹簧只会偏转 0.10 in。就安装的隔振效率而言,唯一重要的是施加载荷时产生的实际静态偏转,在本例中,固有频率取决于 0.1 in 的偏转。需正确选择隔振装置,以实现所需的最小静态偏转,从而获得所需的隔振效率。隔振器欠载可能会导致隔振效率低于预期效率,而过载可能会导致弹簧倒塌(底朝外),从而无法提供隔振。如规定弹簧在载荷下实现最小 1 in 的偏转,那么如果从 1 in 额定弹簧系列中选择弹簧,则只有一个载荷完全满足要求,且这是支架可支撑的最大载荷;较低的载荷将实现偏转小于 1 in 但不满足要求的最小偏转,而更大的载荷将使弹簧过载。这种情况下,为了实现所需的最小偏转,需使用一个额定偏转为 2 in 的弹簧,因此只要所施加的载荷在半载荷和全载荷之间,就能达到所需的最小偏转。对于性能远超过需求的隔振器,会造成不必要的费用。为了阐明所需的性能并避免选择不必要的昂贵弹簧,通常最好指定偏转为 0.75 in、1.5 in、2.5 in、3.5 in 的弹簧,其分别对应额定静态偏转为 1 in、2 in、3 in、4 in 的弹簧,以便提供一个合理的选择范围。

在此类应用中,隔离设备的重量可能会随时间发生很大的变化,例如冷却塔或制冷设备,因维护而排水时,所使用的隔离装置需要结合一些方法来阻止设备随重量减少而向上运动,因为这可能会给连接管道施加过大的压力。室外设备可能会暴露在风中,因此可能会出现需要限制的横向移动。针对此应用,开发了特殊的行程限制隔振器,以在这种条件下限制设备运动,通常可限制 $\frac{1}{4}$ in 左右。

如果发生地震,需对许多设备配件进行特殊限制,以避免损坏设备或建筑物。这适用于许多设备配件,无论是否为弹性固定,但显然,如果发生地震,弹性固定的设备很容易从其支架上脱落。设备抗震与隔振完全是两码事,设备抗震本质上是一个结构问题。但因为需要对许多弹性固定的设备配件进行限制,因此使隔振和抗震间存在相关性。供货商提供的抗震装置完全独立于隔振器。某些情况下,可简单地在隔振器中集成抗震装置,集成所需产品可以从隔振供货商处获得,但可能没有必要使用组合装置。如果设备没有其他连接点,仅可使用安装点实现适当的支撑和限制,则需要一个组合装置。至关重要的一点是,抗震装置不得损害隔振系统的性能,而且考虑到抗震装置和隔振器的安装公差相对严格,因此这并非易事。通常,配备组合式抗震装置的隔振器有助于更可靠地达到所需的安装水平,这也是此类装置的另一个优势。

隔离设备的电气连接件需为柔性,以避免在建筑结构中形成一个有问题的振动传递路径。此类电气连接件通常由一段柔性导管或特殊的柔性电耦合制成。对于小型设备和导管,柔性导管的实际长度可用且足够。随着设备和连接导管尺寸的增加,这些系统的灵活性可能会降低,因此可能需要使用特殊的柔性电耦合。无论以何种方式安装这些柔性连接件都会呈现出松弛状态。

与隔离设备连接的管道也需避免在建筑物中形成一个振动传递路径。许多应用中都有柔性管道连接件,但由于振动可以在管道中通过流体传播(通常为高度不可压缩型),因此振动能量通常得不到充分阻止。根据除振动控制以外的其他因素（例如,热膨胀/收缩或对准）,最好使用（或不使用）这种连接件。为了控制通过管道传递到建筑物的振动,通常需要对管道进行一定程度上的弹性支撑,但这种程度很难描述,且可能因项目不同而有很大差异。设计了许多方案来描述建筑物中管道隔振的范围,例如规定的管道长度或管道直径的若干倍,这在某种程度上取决于设计师的哲学思路。从振动源隔离管道的固定长度未考虑管道刚度随尺寸的变化。显然,在给定距离内,特定应用所用的 1 in 管道要比类似应用 12 in 管道更灵活。用管道直径来规定隔振长度部分解决了这个问题,但是该方法在现场很难实施。实践中,对于现场可实施的实用方案、经济上合理的系统以及针对管道尺寸和所涉及振动源提供所需隔振措施的方案,需对这些方案进行折中考虑。根据可行且具成本效益原则,有很多可实现该方案的方法。可能有一个适用于许多应用的通用方案,但在最终确定方案之前,应对每个项目进行仔细考量。设计师应切记,只有当支架结构的局部阻抗比隔振装置的阻抗高时,管道和建筑结构之间的弹性连接才能减小振动力。如使用像橡胶支座这样刚性适度的隔振器来弹性支撑立柱墙上轻质柔性石膏板中的一根管道,则很难获得隔振效果。

经典的隔振理论假设隔振器位于刚性无限且大质量支架上。这是合理的地板支撑条件,但并非地面以上所有结构的支撑条件都是如此。大多数隔振应用指南都考虑到了这一点,并就各种不太理想的支撑条件给出了建议,例如在地面以上的结构上。当结构相当大（如混凝土楼板）且足够坚固能够支撑机械设备时,在大多数地面以上的支撑条件下,结构灵活性对隔振的影响相当小。此类调节仅涉及比地面上使用的隔振器稍软一点的隔振器,但该隔振器仍为在经济上可行的传统产品。当支架结构特别轻时,例如木框架结构或简单的金属板屋顶,需要特别注意支撑条件,且可能需要创建特殊的载荷转移方案,以将载荷转移到结构上更结实之处,例如柱。

17.10　屋顶式空调机组

许多暖通空调系统采用各类配备循环风机系统的成套屋顶式空调机组,有时还配备整体式压缩机/冷凝器。因为这种设备经常会产生噪声,且通常支撑在占用空间正上方的轻质结构上,所以这种设备是建筑物中最常见的噪声源之一。由于空间限制以及由此产生的过量噪声的幅度和频率,致使该设备相关问题通常很难解决且成本高昂,尤其是在设备安装后。有时,在最初所选位置上完全解决该设备出现的所有问题是不实际的且经济上不可行,因此需要对系统进行重大变更。解决该设备噪声的最佳方法是从一开始就根据精心设计的噪声和振动控制方案进行安装。控制噪声和振动所必要的安装要点对某些安装人员来说可能比较陌生且不常见,明智的做法是采取额外步骤清楚地记录所有必要的细节,以确保正确安装。

屋顶结构需完全延伸到设备下方,且需紧紧包围任何透声元件,例如管道和风管。屋顶结构需要适当控制空气传播到占用空间的声音,包括通过机组正下方的屋顶板和与机组断开的屋顶板（距离机组一定距离）传播到机组侧面的声音。如果在屋顶板使用混凝土,则非常有利,可通过简单的方式帮助解决空气噪声和隔振问题。不必总是采用混凝土,也可以考虑更轻质的隔声材料,但是对于一些安装人员来说,这些新材料可能比较陌生。

送风风机直接向下排放到送风管道中,致使气流进入占用空间吊顶,这往往是一个问题,且无法集成安装消声装置。如可能,在空气被输送到管道系统之前,通常最好使风机在机组内保持水平排放,然后排入排气室(也在机组内)。在气流进入占用空间吊顶中的管道之前,在排气室中集成安装声衰减处理装置。某些情况下,允许管道系统横穿屋顶之后再穿透顶板,这通常是一种有效的噪声控制方法,因为该方法可使湍流趋于流畅,且在管道系统进入占用空间吊顶之前进行大量的消声处理,避免了当管道直接从机组底部伸出时风机排放处通常出现的不良管道气流几何形状,还可在室外消散初始管道段中低频风机和管道的噪声,而不是敷设到占用空间吊顶中。然而,这种管道可能存在实用和美观设计问题。与屋顶式空调机组相关的回风/排风路径可能与送风路径所讨论的问题类似,但通常回风处的条件并不严重,因为气流条件没有那么差且风机噪声较少。与送风路径相同,回风路径可能会考虑采用类似的噪声控制处理。

确保送风风机出口处的管道几何形状尽可能合理有利,避免出现上述不良几何形状。

送风和回风管道中通常需设消声器,但最好在管道进入占用空间之前进行这种衰减处理;但如果机组的管道系统直接进入吊顶,然后再转入水平吊顶平面,则在空气动力学上机组排放口附近没有放置消声器的合适位置。通常,弯管消声器非常适用于这些应用。当拆除吊顶透声件处的消声器时,通常需要将吊顶透声件和消声器之间的管道系统封装进一个特殊的隔声屏障结构中。这些应用中的消声器通常还需要配特殊的高透射损失外壳,或者与相邻的管道一起进行封装。所有这些细节的处理都很棘手且成本昂贵,且通常在现有的有限吊顶空间内难以处理。有时,在机组下方设特殊挡板,可使回风回流至挡板空间内的机组,如图 17.4 所示。适当的设计和细节处理有助于以非常合适且实用的方式将噪声控制处理装置集成到送风和回风路径中。

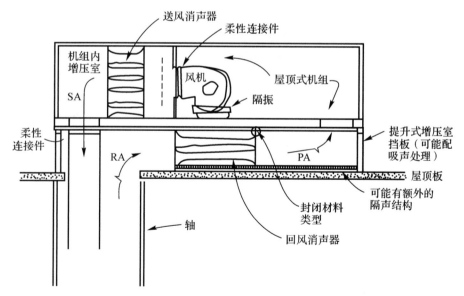

图 17.4　配挡板增压室回风的屋顶式机组

成套屋顶式暖通空调设备可能会存在隔振问题,但通常当机组配备整体式压缩机/冷凝器时才会出现此类问题。当机组机柜中只配备基本的送风和回风/排风风机时,通常可通过为机组内风机配备常规且适当的柔弹簧隔振来达到满意的隔振效果。这种情况下,考虑到其他因素,可以任何需要的方式将此类机组从外部刚性支撑到建筑物上。当机组配备压缩机/冷凝器时,即使在内部对压缩机进行了隔振处理,仍需考虑其隔振问题。这是因为通常未在内部对机组内的制冷剂管道进行充分隔振处理,因此振动会传递到设备外壳,进而传递至建筑物。这种情况下,有必要使用弹簧隔振系统为整个机组提供外部隔振。采用以下两种方式之一即可实现此类外部隔振,即机组的支撑方式和建筑设计师设计的载荷向建筑物结构的传递方式。配备特殊挡板隔振装置的设备,需在机组下方设置挡板支架和封闭空间,其中一些产品适用于前面提到的挡板内回风路径方案。如果载荷通过高出屋顶的结构系统传递到屋顶,则使用点隔振器。如果该机组拟采用挡板支架,但以这种方式升高到屋顶上方,则可能需要为该装置创建一个结构挡板模型,以将其载荷转移到点隔振器。

17.11　室外噪声排放

许多地方当局制定了噪声规定,以控制噪声对邻近财产以及整个社区的影响。在建筑项目开始时需提出这些噪声规定作为法规搜集的一部分,以便在建筑的机械系统概念中予以解决。通常,会为特定接收器设置固定的噪声限制,或根据受影响区域的现有环境噪声级设置允许噪声级。如果噪声要求是基于现有的环境噪声条件,则必须对现有噪声进行测量。如果附近有邻居、噪声要求很严格和/或接收器高于噪声源,那么满足噪声要求就相当具有挑战性。

许多特别经济的设备(如许空气冷却装置)噪声很大,很难满足噪声规定。幸运的是,通常可以获得产生噪声较少的设备和机械方案,尽管初期时此类设备和方案成本可能相对昂贵,但从长远来看,通常可获得一些能源回报。消除噪声源处的噪声通常是控制室外噪声排放的最佳方法。蒸发冷却设备通常比空气冷却设备产生的噪声低。给定工作量下,与配备螺旋桨式风机的同类设备相比,配备离心机的设备产生的噪声低得多。即使需要更多风机完成运行,使用较大型和/或慢速风机叶片也可降低螺旋桨式风机的噪声。有多种可供选择的螺旋桨叶片技术(特别是中型至较大型叶片尺寸应用中),这些技术可以提供相应的降噪量,且成本可承受。通常,采用空气动力学效率更高且弦更宽的叶片可实现螺旋桨叶片降噪,此类叶片每次旋转可移动更多的空气且能够以更低风机速度移动给定量的空气。有些设备可以配备变速驱动装置,当对设备的需求较低时,设备(通常是风机)可慢速运行,从而产生较低的噪声排放水平。当然,这是统计的降噪,要求全速运行时无降噪效果。然而,这对设备(例如冷却塔)尤其有用,如设备夜间排热要求低于设计条件时,更易将热量排至凉爽的夜间环境。通常在噪声较低的夜间,通过典型的昼间噪声循环,变速驱动装置会自然发挥其降噪效果。最好避免使用其噪声排放谱音调特殊的设备,因为许多法规禁止音调声或对音调声限制较严格。通常认为音调声比同等水平的宽带声音更让人讨厌,因此与音调声源相比,宽带声源更能避免噪声投诉。要使噪声级符合要求,就需要更严格地控制音调声源的噪声。

有时,在实际情况或经济限制 范围内,无法购买适当的低噪声设备,因此就必须进行噪声控制处理。对于许多设备和系统来说,从可行性和经济方面都可实现噪声控制,例如使用消声器或通过建造隔声屏障来阻挡特定方向的声排放。然而,一些不适合采用噪声控制和处理措施(例如屏障)的设备可抑制气流。例如,即使在很小的额外压力损失下螺旋桨式风机产生的气流也非常低,且在不降低机械性能的情况下,很难在这种设备上安装消声装置。冷却塔和冷凝器等排热设备需要避免将热排放气再循环回入口,因为这会降低效率并限制机组的机械能力。通常无法为这种设备提供高水平的噪声控制,因此替代设备的选择可能变得至关重要。设备兼容噪声控制处理装置(如需要)的能力是选择基本设备和机械方案时应考虑的一个因素。对于少量的过量噪声[通常小于 10 dB(A)],可设置一个配声衰减百叶窗的隔声屏障,以便一些气流来帮助减缓屏障引起的逆向气流。

参 考 文 献

[1]　*Applications Handbook*,American Society of Heating,Refrigerating and Air Conditioning Engineers,Inc.,Atlanta,GA,1999,Chapter 46.

[2]　C. Harris,*Handbook of Acoustical Measurements and Noise control*,3rd ed.,McGraw‐Hill,New York,1991.

[3]　A. T. Fry (Ed.),*Noise Control in Building Services*,Pergamon,Oxford,1988.

[4]　M. E. Schaffer,*A Practical Guide to Noise and Vibration Control for HVAC Systems*,American Society of Heating,Refrigerating and Air Conditioning Engineers,Inc.,Atlanta,GA,1991.

[5]　R. S. Johnson,*Noise and Vibration Control in Buildings*,McGraw‐Hill,New York,1984.

第 18 章　噪声和振动主动控制

18.1　引　　言

术语噪声和振动主动控制(ANVC)指此类系统,即使用外部动力致动器来产生声音和/或振动以减少不良干扰引起的响应。这些系统由一组监控声源的参考传感器和一组监控系统响应的控制传感器或残差传感器组成。某些情况下(例如,反馈控制),参考传感器和控制传感器是相同的。这些传感器的信号被输入到电子控制器,电子控制器对传感器信号进行过滤以得到致动器的驱动信号。对于设计合理的系统,致动器对结构和/或声场的激发方式能够妨碍干扰并减少不必要的噪声和/或振动。现代数字信号处理硬件和软件的出现使得系统中的控制器的使用非常灵活,甚至可以适应不断变化的条件。

虽然 ANVC 已经成为噪声控制工程师的强大工具,但它并不是一个"银弹",对于任何噪声和振动控制问题,必须认真考虑被动缓解方法。在干扰声源由少量离散频率组成且待控制的系统只有少量自由度的低频时,ANVC 非常经济有效。低频时,也可对音调声源成功使用被动处理装置,但是因为声学和结构波长可能非常长,所以处理装置的重量和尺寸通常必须非常大才能有效。

另一个极端,即高频时宽带噪声源和振动源,因为许多被动方法本质上都是宽带的,所以通常最好使用被动技术对其进行控制。此外,因为要控制的系统中声学和结构波长短,所以并非大而重的处理装置才能有效。另外,主动系统对宽带声源的效率通常较低,且较高频率对控制器硬件的要求更高。

如上所述,如待控制系统具有少量自由度,可有效地利用 ANVC 来对抗低频窄带的干扰。术语自由度指被控制系统的响应方式数量。对系统响应有显著作用的模态数量是自由度数量的一个例子。这在 ANVC 中很重要,如下文所述,自由度数量与提供有效控制所需的致动器数量相对应。随着控制器输入和输出通道数量、控制频率范围和性能目标的增加,最终控制系统的稳定性、鲁棒性和成本相关的风险也随之增加。一般来说,人们希望使用复杂性最低的系统来实现设计目标。很多情况下,使用采用被动和主动元件的混合系统是最好的方法,也最有可能实现目标。

本章旨在概述目前 ANVC 应用中所采用的技术,供执业噪声控制工程师参考。其中涉及很多细节,希望能帮助读者评估该技术对其问题的适用性,并帮助他们提出适合 ANVC 问题的解决方法。我们首先简要讨论 ANVC 技术的一些基本问题,包括几种 ANVC 系统的概念概述。现代 ANVC 系统依赖数字信号处理技术,而数字信号处理技术的核心当然是数字滤波器。这些将在 18.3 节中讨论。数字滤波器的设计已经历了多年发展,是一个研究颇深的主题。在这里,我们只触及皮毛,希望能让读者对这项技术的力量有所了解。18.4 节和 18.5 节分别讨论前馈和反馈控制结构。本章对这两种结构进行比较,为最佳控制器的设计提供指南(包括适应性),并讨论了系统辨识问题。对于反馈,还提出了一种次优启发式设计方法。18.6 节讨论实际的设计注意事项。主题包括致动器和传感器数量和位置的确定、控制架构和硬件的选择、性能模拟以及控制器的实施和测试。最后一节详细讨论了已成功实施的三个 ANVC 系统。

18.2　基 本 原 则

18.2.1　控制源/致动器的位置和选择

主动噪声控制的基本概念如图 18.1 所示,距不良声源 L 处放置一个扬声器,目的是使控制扬声器发出的声音与干扰源发出的声音异相,并消除干扰源的声音。理想情况下,希望控制所有方向上的声辐射(全部对消),且如果控制源和干扰源之间的距离与声音波长相比较小,则可以实现理想的全部对消。这是因为每个位置处两个声源周围声场的相位都非常相似。因此,如果一个声源与另外两个声源异相,声场即会全部对消;如果分离距离比波长大,则两个声场的相位会非常不同,其差异取决于其位置。因此,这两个声场在某些位置会相互对消,而在其他地方会相互加强。如图 18.2 所示,图中干扰源的声辐射变化用角度 θ 的函数表示。对于图中 $k_0 L = 0.1$,其中 k_0 是声波数,L 是干扰源和控制源之间的距离,各角度变化均在 20 dB 以上。然而,随着频率和 $k_0 L$ 的增加,总缩减量会减少。例如,在图中,如果 $k_0 L = 1$,仅一小部分 $90°$ 左右的角度会缩减,如果 $k_0 L = 10$,大多数角度会增加 6 dB。该图明确表明,控制源最好尽可能靠近干扰源。然而,在某些情况下,当干扰源的物理尺寸相当或大于相关频率处的波长时,无法将控制源置于足够靠近干扰源的地方。图 18.3 展示了声源分离对总辐射声功率的影响(图 18.2 中所有角度的积分)。该图表明,如声源分离距离大于四分之一声波波长,则总辐射功率实际上会增加。这仅对 ANVC 提供一个基本限制,还需使用额外控制源对其加以克制。《基于无源元件的 MIMO 前馈有源机车排气噪声控制系统》在 18.7 节 MIMO 前馈型有源机车排气噪声控制系统中,讨论了多源控制在原型系统中的应用。

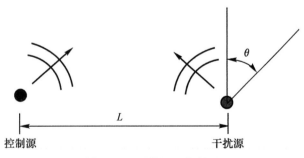

图 18.1　干扰源和控制源

20 世纪 50 年代初,通用电气公司的康诺弗[1] 以及康诺弗和林里[2] 共同就主动噪声控制进行了最早演示,以控制高压输电线路变压器的噪声。他们使用单个扬声器,利用电气线路信号驱动扬声器，并适当放大和相移线路频率的谐波，以实现所需的控制。由于系统并非自适应系统，偶尔需要手动调整来校正测试现场声传播的变化。此外，由于变压器尺寸大，即使在他所关注的低频（120 Hz）下，也无法实现整体抵消，但在约 23° 的波束宽度处必须实现 10 dB 左右的抵消，该波束宽度与图 18.2 中 $k_0L=1$ 和 $k_0L=10$ 曲线间的某一点相对应。值得注意的是，康诺弗够使用纯模拟硬件实现这种性能水平。直到 20 世纪 70 年代才开始使用数字硬件。第一批使用数字电子设备的人有基多[3]、查普林和史密斯[4]。查普林用数字硬件实现了一个有源系统来控制变压器噪声，该系统与康诺弗的系统类似，查普林和史密斯开发了一个数字系统来控制音调排气噪声。

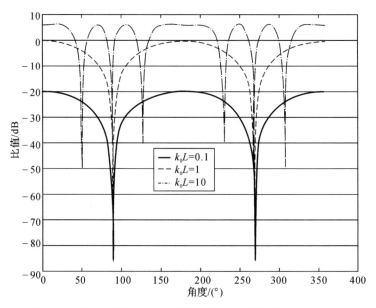

图 18.2　受控声压级与非受控声压级之比随频率和角度的变化

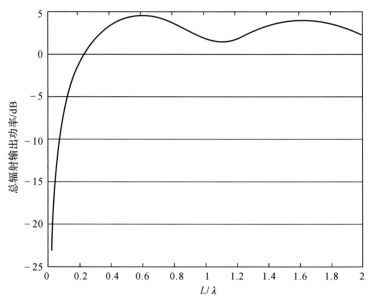

图 18.3　总辐射输出功率随各声源间隔的变化

虽然上述集中讨论了声源,但类似的原理也适用于结构系统。例如,考虑采用一个如图 18.4 所示施加点力扰动的板,其控制致动器位置如图所示。在本例中,板为 10 in×5 in 和 $\frac{1}{2}$ in 厚的钢板,损失因数为 10%,干扰力和控制致动器相距约 1.4 in。由于该示例中板的尺寸是有限的,所以将会产生共振模式,从而使致动器数量和位置的选择更复杂。该示例中,控制致动器向板施加力,该力的振幅和相位的设计应能控制第一模态。图 18.5 展示了控制致动器激活和未激活状态下,各模态对板响应的贡献量。比较这两个图,可以看出激活控制致动器对第一模态有抑制作用,此外,还会抑制第二和第三模态。然而,高阶模态下振幅通常会增加。这种非受控模式下振幅增加被称为模态溢出。非受控模式下振幅会增加。将控制致动器移近干扰力的施加点可克服这个问题,或者增加额外的致动器,为需控制的每种模态各设一个致动器。一般来说,将致动器放置在尽可能靠近干扰源的地方会产生最佳减振效果。例如,在图 18.6 中,板面积上的均方位移不受控制,但采用一个距干扰力 1.4 ft 和 0.28 ft 的单致动器即可得到控制。当致动器和干扰源相距 1.4 ft 时,可很好地控制低于 40 Hz 的振动,但振动高于约 50 Hz 时,由于模态溢出,控制致动器会增加板的振动。当控制致动器移近时,所示频率范围内的溢出几乎可被消除。

增加致动器数量,也能够控制更多模态,并可增加有效控制的频率范围。例如,可考虑图 18.7 所示的 4 个控制致动器。这些制动器将用于控制前述 4 种模态[1]。结果如图 18.8 所示,虽然并未消除所有频率下的溢出,但在低于 80 Hz 时,振动缩减量与将控制致动器置于干扰点力就近位置所实现的缩减量基本相当。不断增加致动器数量并针对越来越多的控制模式,可使频率在 80 Hz 以上时也实现良好振动控制效果。注意,在第一个示例中,当在受限空间中而非自由声场中进行噪声控制时,主动噪声控制中也存在类似的模态问题。

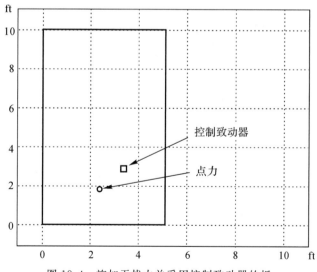

图 18.4　施加干扰力并采用控制致动器的板

---

[1]　选择的致动器位置需确保至少有一个致动器能够激励 4 种模态中的一种。如果致动器被放置在待控制的模态节点附近,则致动器将无法控制该模态。

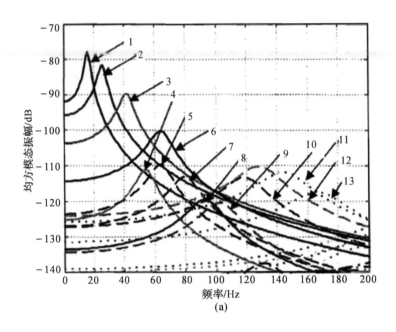

(a)

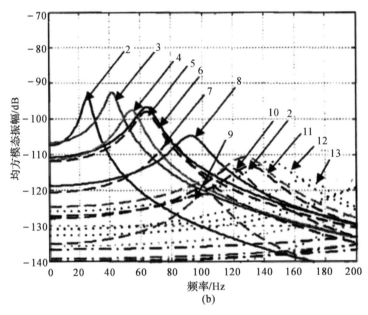

(b)

图 18.5 模态振幅

(a)非受控；(b)受控

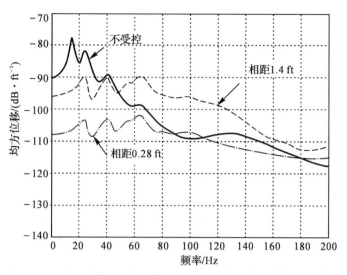

图 18.6　受控和非受控板响应

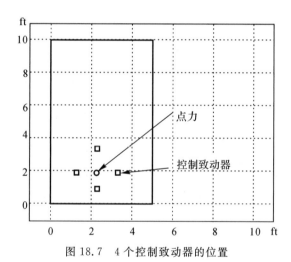

图 18.7　4 个控制致动器的位置

图 18.8　使用 4 个控制致动器时均方板振动的变化

可以看出,如可能,将控制源尽可能靠近干扰声源,即可提供最佳的降噪减振性能。如因干扰源的大小、缺乏适合位置等其他原因而无法就近放置时,原则上可通过使用更多的控制源来弥补性能损失。然而,增加控制源的数量将增加驱动它们所需的控制器的复杂性,并且肯定会增加整个系统的成本。

控制源有多种形式。声学应用中通常采用扬声器。扬声器中的有源元件可以是电动式(音圈)、压电式或电磁式,此处仅举几例。有源元件可用于移动扬声器纸盆、调节气流或使结构变形。最常见的配置是由音圈驱动的扬声器纸盆。无论何种配置,通常都需要封闭扬声器,以防物理损坏和恶劣天气的影响,还能提高性能[5]。图 18.9 展示了《基于无源元件的 MIMO 前馈有源机车排气噪声控制系统》中 18.7 节所讨论的为主动控制系统而开发的隔声罩装置。这些隔声罩为带通隔声罩,旨在增加 40~250 Hz 之间的扬声器输出。每个都包含 2~12 in 扬声器,其中 10 个被用来控制机车排气噪声。尽管做出了这些努力,主动噪声控制系统的性能仍受这些控制源输出的限制,即通常所述的控制权限不足。控制权限不足是主动噪声控制系统中经常遇到的一个问题,在设计任何主动噪声和振动控制系统之前,对控制源要求进行评估是其中一个首要事项。如果没有足够的空间和功率来确保足够的控制权限,有源系统的性能肯定较低。

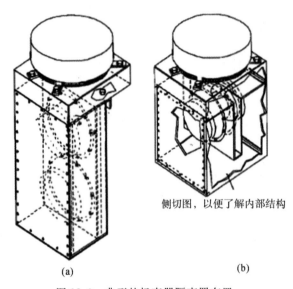

侧切图,以便了解内部结构

(a)　　　　　　　　　　　(b)

图 18.9　典型的扬声器隔声罩布置

各类装置均可用作结构控制致动器。通常,这些装置产生的力与惯性质量(惯性振动器)或结构的另一部分(结构间振动器)相互作用。有源元件可为气动式[6]、液压式[7]、电动式[8]、电磁式[9]、压电式[10]、静电式[11]或磁致伸缩式[12],此处仅举几例。用于主动控制系统的大容量电磁惯性基准振动器如图 18.10 所示。

有时,压电贴片[13]可代替振动器直接应用在面板上以控制振动或辐射声音,从而进一步控制噪声。这些设备中的任一设备均可发挥其作用①,但仍存在一些关键问题。设备必须提供足够的控制权限。

① 通常,较结构间振动器而言,惯性振动器性能更好(尤其是当结构间振动器在控制系统运行的频率范围之外创建侧向路径时),但若需要具有最小重量的高控制权限时,最好使用结构间振动器。

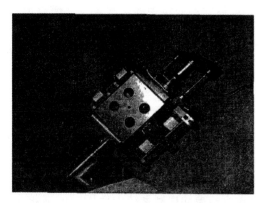

图 18.10　2 000 lb 容量电磁惯性振动器

18.2.2　控制传感器和控制架构

传感器提供控制器滤波后的输入信号,以驱动控制源和致动器。传感器有两个功能,为了进一步了解这些功能,我们需要了解两种常用的控制架构,即前馈和反馈。这两种架构如图18.11 所示。在前馈系统[见图 18.11(a)]中,一个或多个参考传感器测量与待控制干扰相关的信号。参考传感器输出信号发送至控制滤波器,该滤波器作用于信号,以产生用于驱动控制致动器的输出信号。控制致动器驱动待控制系统(图中的受控体函数 P),并由一个或多个残差传感器监测受控体响应。残差传感器有时称为控制传感器或误差传感器。残差传感器用于监测控制系统性能。在后面的章节中,我们将看到如何使用参考传感器和残差传感器来定义和/或调整控制滤波器。

在反馈系统[见图 18.11(b)]中仅使用残差传感器,或者换句话说,反馈系统中的传感器同时提供参考和残差功能。与前馈系统一样,残差传感器监测控制系统性能。此外,其信号馈送至控制滤波器,该滤波器作用于信号,以产生用于驱动控制致动器的输出信号。控制致动器通过受控体传递函数 P 驱动系统并在残差传感器中生成响应。

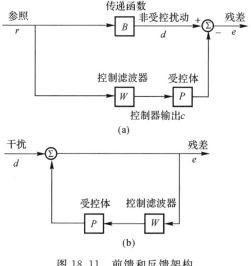

图 18.11　前馈和反馈架构

(a)前馈架构;(b)反馈架构

具体使用反馈架构还是前馈架构取决于许多因素。一般来说,若可通过参考传感器来测量与干扰密切相关的系统响应,并且可以将残差传感器放置在系统上,使得参考传感器和残差传感器之间有足够的延迟(即参考传感器在残差传感器之前接收其信号),则优先选择前馈架构。当参考传感器不受控制致动器操作的影响时(例如转速计参考器),尤其如此。一般来说,优先选择前馈系统(将在本章后面谈到),因为其算法简单且易于实现,并且前馈系统的带宽要求远低于反馈系统。

如果不存在满足上述要求的合适的参考和残差传感器,则必须使用反馈系统。正如本章后面部分所示,反馈控制系统可能会出现一些特殊问题。需注意的是,稳定性和带外放大率要求①可迫使系统带宽高达控制带宽的 100 倍。

与致动器一样,在有源噪声和振动控制系统中使用的传感器种类繁多。对于仅控制音调的系统而言,首选参考传感器通常为转速计,因为在大多数情况下,操作控制系统不会对转速计产生影响,从而更易实现前馈系统操作。其他常用传感器包括加速度计、测力计、应变计和压电贴片、接近传感器、线性可变差动变压器(LVDT)、传声器、水听器和压力传感器。与任何高质量的仪表系统一样:传感器应具有足够高的灵敏度以测量相关现象,以及低噪声、操作稳定、耐用等特点。

18.2.3　性能预测

知识渊博的噪声控制工程师可充分利用主动噪声系统和振动控制系统。在许多情况下,主动系统可以显著降低噪声和振动,而在相同的空间和重量限制下,被动处理无法实现这一点。在低频情况下更是如此。尽管这项技术可发挥其一定作用,但在减排方面仍存在一些现实性限制。图 18.12 显示了 18.7 节中描述的原型有源系统在主动机械隔离下的性能。在此提出这一概念是因为它反映了在设计合理的有源系统中通常可以达到的性能。图中所示为主动隔振基座传递的力的减小情况。该系统是一个单输入单输出(SISO)反馈控制系统,用于抑制宽带和窄带振动。图中的窄峰(幅度为 15～25 dB)反映了支架传递的力的音调分量的减小情况。通常,这些值为人们在有源系统音调抑制中的期望值。除峰值外,在其底部还会有一个宽大的山丘状值范围,在 10～100 Hz 的频率范围内,其振幅为 6～10 dB。这也正是人们对设计用于控制宽带噪声和振动的系统的典型结果。当然,决定 ANVC 系统性能的因素有很多。值得注意的是,指导设计过程的仔细分析/经验建模尤为重要,但是这些值代表了当技术得到适当实施时对系统性能的合理期望。

18.2.4　ANVC 原型系统实例

在过去的 50 多年里,已开发出大量 ANVC 原型系统。此处,我们提出一二例,以使读者了解该技术的应用方式、在哪一领域最为成功以及需要其他技术和研究的地方。若需了解此项技术早期发展详情,请参考一些评论性文章[14-17]。

20 世纪 30 年代早期,第一项提出使用声音来消除不必要的声音的专利技术也提出了图 18.13 所示的系统类型[18-19]。这些早期建议均集中于管道声音控制上,并且包括使用参考传声器来感知不必要的声音。在图 18.13 中,来自该传声器的信号作用于适当的电子设备,以合

---

① 除非仔细操作系统滤波器,使其频率远远超出控制频带,否则在需要控制的频带之外,有源系统会增强干扰。

成信号来驱动传声器下游的扬声器。扬声器发出的声波可以消除不必要的声音。多年来,利用主动系统控制管道中的声音已引起广泛关注。Swinbanks[20]在 20 世纪 70 年代早期便提出了广泛的理论基础,其侧重于管道中两个不同轴向位置的控制源的各种布置方式,以最大程度地减少在消除声音传回至参考传声器的情况。其他研究人员[21-22]研究了更复杂的控制源配置,以处理控制源到参考的耦合。最后,利用模拟电子技术进行了实验室实验,以证实分析人员的预测[23],并演示窄带和宽带控制[24]。埃里克森在这一领域的成就尤为突出[25-28]。他将理论与实际结合提出了一种商用有源管道消声器,即利用数字电子设备,通过 Digisonix 公司出售(Digisonix 公司是 Nelson 实业公司①的子公司)。系统配置与图 18.13 所示极为相似。

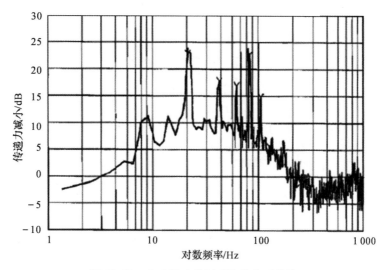

图 18.12　主动振动控制系统的典型性能

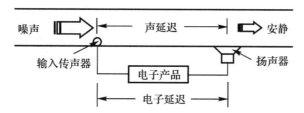

图 18.13　管道受控声音的有源噪声控制概念示意图

有源噪声控制的另一早期概念(1950 年代)如图 18.14 所示。这一想法由奥尔森和梅[29]在美国无线电公司提出,主要通过放置在扬声器附近的可检测到不必要的声音的传声器得以实现;同时,扬声器会产生一个消除信号,以在传声器周围创建一个静默区。他们仅使用模拟组件就组装并成功演示了上面提出的概念。这一基本概念已经在许多应用中得到扩展和应用,包括汽车[30-34]和飞机[35-38]内部噪声控制和降噪耳机[39-41]。18.7 节中的高速巡逻艇空传噪声主动控制便是利用这一系统,即使用这一概念来降低高速巡逻艇泊位空间的噪声。

图 18.15 所示为概念性主动汽车内部噪声控制系统示意图。如图所示,该系统旨在控制

___

①　Nelson 实业公司目前归康明斯发动机公司所有,Digisonix 公司不再经营。

振动(从车辆悬架传播至乘坐室)所产生的噪声,并在乘坐室中通过声音辐射至车辆内部(道路噪声)和发动机噪声中。通常,优先采用前馈主动控制架构解决这一问题。大量参考加速度计置于车辆悬架部件和发动机舱中。同时,也可使用参考传感器。将参考信号馈送至控制器,该控制器生成信号以驱动乘坐室中的控制扬声器。残差传感器位于乘坐者耳朵附近的乘坐室内,以便在每位乘坐者头部周围形成一个静默区。由于内部噪声的性质,控制系统必须同时降低窄带和宽带噪声。虽然系统概念十分简单,但却不易操作。首先,所有悬架源所需的残差传感器的采样数量(10～20 个)可能十分之大[42]。由于高信道计数的原因,可能会导致成本巨大。此外,可实现的噪声降低范围似乎仅限于约 6 dB(A),且控制传感器周围的静默区仅在低频(几百赫兹)时才可有效增大,从而限制了系统的有效频率范围。因此,目前宽带汽车内部噪声控制的主动系统还未商用。

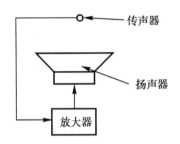

图 18.14　奥尔森和梅的"电子吸声器"

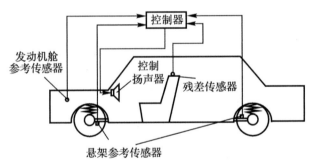

图 18.15　主动汽车内部噪声抑制系统示意图

飞行器内部噪声控制系统一般集中在音调噪声控制上,即螺旋桨叶片流道频率及其谐波。典型系统示意图如图 18.16 所示。通常,如图所示的实验系统在叶片流道频率下提供约 10 dB 的音调内部噪声控制,而在高次谐波处则有所减少。图中所示系统类似于汽车内部噪声控制系统,不同之处在于此处参考为飞行器发动机的转速计。示意图中将控制扬声器作为致动器,但也曾尝试将机身面板上的压电贴片和肋材与纵梁上的惯性振动器作为致动器,由此一来,便有效地将机身变成了扬声器。目前,可从 Ultra Electronics 处获得适用于小型螺旋桨驱动商务飞行器系统。

目前,许多制造商提供的有源消噪耳机均价格合理。图 18.17 所示为该耳机的结构形式。图中所示为耳机一侧的外壳,其中有一个小扬声器和一个同轴传声器。佩戴者会听到驱动扬声器信号,传声器接收来自扬声器的输出信号。传声器还可以接收通过外壳的任何噪声。然后传声器信号被反馈回来,如图中框图所示。在框图中①,通过增加滤波器的增益 W(通常为商用产品中的模拟滤波器,而非数字滤波器),信号保持不变,同时衰减噪声。当然,这种增益不能无限增加,因为过高的增益会导致不稳定和脉动。这些设备可显著改善 100 Hz 以上的听力保护耳机的被动性能(10~15 dB)。随着频率的增加,上述改善能力逐渐降低,直到约 1 kHz 时,完全无法进行改善。在非常嘈杂的环境中,小型扬声器在外壳内产生的声级限制会对耳机性能产生一定影响。

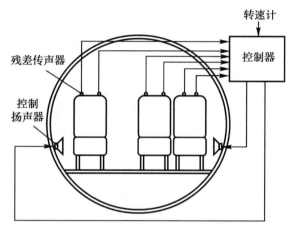

图 18.16 主动飞行器内部噪声控制系统示意图

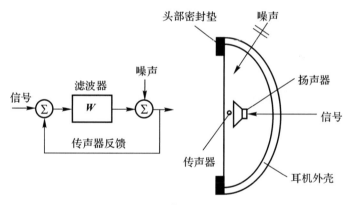

图 18.17 典型消噪耳机

近年来,另一个备受关注的领域是涡轮风扇发动机的音调噪声主动控制[43-50]。这些发动机的音调噪声主要是由风扇叶片尾迹和定子叶片之间的相互作用引起的。大部分的控制系统都是利用转速计作为参考传感器的前馈系统。由于风扇和定子叶片位于旁路管道中,因此系统需要考虑管道中声音传播的复杂物理原理。物理学表明,风扇与定子的相互作用噪声会以所谓的旋转模式沿管道传播。这种模式在周向方向上会发生正弦压力变化,该变化随着随着模式传播而不断旋转,因此称为旋转模式。风扇与定子的相互作用仅激励这些模式中的选定

① 在框图中,W 还包含扬声器输入和传声器输出之间的频率响应。

模式,然后进行小范围传播。因此,控制致动器还必须生成旋转模式,以消除风扇-定子相互作用噪声,而不在管道中生成其他传播模式。图 18.18 所示为此类主动噪声控制系统示意图。这一特殊系统利用了定子叶片中的致动器。同时,致动器安装在管道壁上。系统必须配有足够数量的致动器,以确保待控制传播模式可由阵列生成,而不会混叠到将要传播的其他模式中。

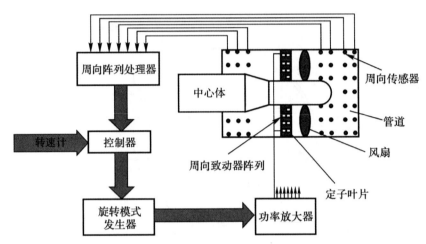

图 18.18 控制风扇-定子相互作用噪声的主动噪声控制系统示意图

每个阵列由通过模拟设备或数字电子设备(旋转模式发生器)的单个信号驱动,该信号对每个阵列中的致动器进行适当相移以产生所需周向顺序的旋转模式。阵列中的每个致动器必须保持一致。在同一信号驱动下,若各致动器间的振幅和相位发生较大变化,则其生成模式会与期望模式背道而驰,从而导致在杂散模式传播时产生噪声而不是抑制噪声。通常,控制传感器为布置在周向阵列中的壁挂式传声器,并引导每个阵列(周向阵列处理器)以接受待控制的周向模式顺序的旋转模式。在实验室环境中,这种类型的系统能够将风机-定子相互作用产生的音调噪声降低 10～20 dB。然而,在实际的高旁路涡轮扇发动机中,特别是在现代大型发动机中,迄今为止测试的致动器都没有足够的控制权限来克服这一干扰。此外,虽然目前控制器信道计数可降至最低(通常等于待控制模态数),但配置系统所需的致动器和传感器的数量可能非常大。然而,如果在发动机早期设计过程中将主动噪声控制与被动噪声控制处理结合起来,所需的致动器和传感器的数量很可能会大大减少。如果有更为强大的执行系统,用于控制涡轮扇发动机风机-定子相互作用噪声的商用主动系统将成为现实。

20 世纪 50 年代,奥尔森[51]率先提出将主动控制应用至机械振动控制。自那时起,人们便已对隔振支架的激活情况进行了大量研究[52-55]。图 18.19 所示为概念性主动隔振系统示意图。在这种情况下,我们设想一套支架,用以支持船舶平台上的振动机。在图 18.19 中,仅激活一个支架。实际上,所有支架(可能是 10 或 12 个支架)均被激活。在保持机器在有限空间位置的同时,需降低平台的激振情况,以便在船舶操纵期间不会撞击其周围的任何船舶结构。这两个要求相互矛盾。良好的隔振性能需要一个尽可能符合要求的支架,而在适当位置处需要一个刚性支架。有两种方法可以激活支架。可以采用刚性较强的支架,以确保保持在适当位置,并使用有源系统增加在需要良好隔振性能的较高频率下的基座的柔量。我们将这种类型的系统称为主动隔振系统。此外,也可采用柔量极高的支架,该基座在高频提供所需隔振性能,并使用有源系统在低频时位于适当位置处。我们称之为定位系统。就上述任意一种方法而言,与船舶操纵相关的频率应远远低于需要隔振性能的频率。图 18.19 所示的概念系统包含了空气支架。由于空气支架柔性高,因此可视为最为合适的定位方法。该系统需要 10~12 个支架,以便控制所有 6 个刚体的自由度。每个支架均包括一个传感器,用于测量机器和平台之间的相对位移,以及测量平台和机器上的加速度。这些传感器将用于控制器中,以在每个支架处生成相对位移、速度和加速度的频率相关线性组合。然后,控制器利用上述输入值在反馈架构中驱动控制阀,该控制阀可以将高压空气注入至空气支架中或从空气支架中排出。由于与船舶操纵相关的频率往往低于 1 Hz,因此机器很可能作为一个刚体,这样便大大简化了系统传递函数,也使控制器更为简单。但这种方法也确实存在某些缺点。例如,它需要 10~12 个空气支架才可方便实现。此外,所有的支架必须耦合在控制器,使其成为一个多输入多输出(MIMO)系统。另外,控制器中仅需 6 个独立的通道就可以控制机器 6 个刚体的自由度。在研究项目中已经实现了这种类型的多自由度系统(甚至更为复杂的系统),但没有一个是商业上可用的。然而,人们对于军用和民用主动隔离系统和定位系统仍然有很大的兴趣。

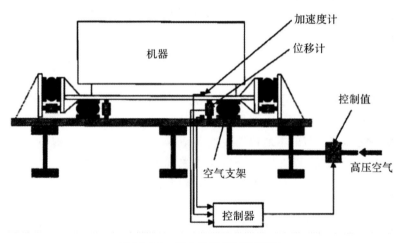

图 18.19　概念性激活隔振基座

上述类型的 ANVC 系统示例仅代表了使用该技术解决的许多噪声消除问题的一小部分。在 18.7 节中,我们提供了三个 ANVC 系统的详细示例,以便读者更深入地了解真实原型系统的开发、操作和有关性能。

18.3　数字滤波器

18.3.1　数字滤波器的优点

一般来说,有源噪声控制器和振动控制器均可视为滤波器。输入的是传感器信号,输出的是致动器电子设备的驱动信号,它将所需的控制力传递给被控制的物理系统。对于某些

ANVC应用,使用模拟电子设备驱动滤波器是一种高效且经济的方法。特别是,当滤波器的所需幅度和相位响应是频率的相对简单函数,并且这些滤波器不需要随时间变化时,应考虑使用模拟控制器。有效使用模拟控制器的应用实例之一便是有源耳机。然而,当所需幅度和相位响应随与频率相关的函数而显著变化,且滤波器的特性需要随时间而改变以保持其所需性能水平时,数字控制器通常为最佳选择。上述数字控制器中可实现的滤波器便称为数字滤波器。

较模拟控制器来说,数字控制器具有更多优点。正如尼尔森和艾略特所言[56],其具有优势的方面包括:

(1)灵活性。数字控制器通过已编写的且在数字信号处理器(DSP)芯片上的运行程序来执行数字滤波器。可以编写执行滤波器的代码,以允许滤波器随时间改变其特性(即自适应)。此外,可以编写代码以适应输入和输出信道数量的增加。最后,通过修改在DSP上运行的代码,可以增加或降低数字滤波器的复杂度。

(2)精度。许多DSP都支持单精度或双精度运算的浮点运算。虽然使用双精度方法可获得更高的计算精度,但通常不太需要如此精确的计算精度,而且这种精度是以增加存储需求为代价的。研究表明单精度控制器适用于各种ANVC应用,包括具有大量输入和输出信号的应用,以及需要极高复杂幅度和相位响应作为与频率相关的函数的数字滤波器的应用。

(3)自适应性。ANVC应用通常要求控制器随时间改变其滤波特性,以保持所需性能水平。满足这一要求的控制器被称为自适应控制器。自适应控制器应用实例之一为动态范围(作为与频率相关的函数)随时间变化的系统的ANVC。使用DSP执行的数字控制器可适应上述变化。

(4)成本。在过去的15年里,DSP的成本持续下降。同时,这些芯片的计算和存储能力也在不断提高。当前可用的DSP可提供高达1×10^9个/s浮点操作(1 gigaflop,缩写为Gflop),并配备高达256字节的本地快速存取存储器。此外,这些芯片的体系结构已经扩展并允许各DSP之间进行通信,以支持并快速操作大规模应用中使用的多个DSP数字控制器。定点和浮点DSP均可用。定点处理器比浮点处理器便宜,但通常不易进行编程,导致软件开发成本增加。

在后面的章节中,我们将对数字采样和滤波的概念做一讨论,并使用这些概念对最优数字和自适应数字滤波器设计做一总结。

18.3.2　数字滤波器的描述

许多较为优秀的文本中都提到了数字序列、采样和滤波的概念[56-59]。在这里,我们根据尼尔森和艾略特[56]、奥本海姆和舍费尔[57]的发展理论重新总结了这一概念。有兴趣的读者应查阅这些参考文献以便进行更加详细的讨论。

数字控制器输入通常来自传感器的模拟信号,该信号会通过模数(A/D)转换器。模数转换器旨在以固定的时段(Δt)对输入信号进行采样,以产生与每个采样时间的输入信号振幅相对应的一系列数字。模数转换器操作示意图如图18.20所示。模数转换器输出可通过以下关系与连续时间输入信号相关联:

$$f(n) = \sum_{i=-\infty}^{\infty} f(i)\delta(n-i) \tag{18.1}$$

式中，$\delta(n-i)$ 称为罗内克函数或单位采样序列，具体定义为

$$\delta(n-i) = \begin{cases} 1, & n=i \\ 0, & n \neq i \end{cases} \tag{18.2}$$

式(18.1) 中的采样信号仅定义为 n 的整数值。也就是说，$f(n)$ 仅定义为 $n=0, \pm 1, \pm 2, \cdots$。连续时间信号和相应的采样信号 $f(n)$ 的示例如图 18.20 的下部所示。采样指数 n 可以通过 $t_n = n\Delta t$ 与离散时间相关，其中 Δt 是样本之间的固定时段。

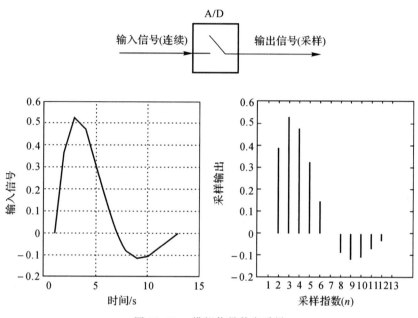

图 18.20　模拟信号数字采样

数字系统(如数字滤波器)对一系列数字进行运算，产生一个输出序列，如图 18.21 所示。数字系统 W 的脉冲响应 $w(n)$ 定义为单位采样输入对应的输出[即 $\delta(n-i), i=0$]：

$$w(n) = W\{\delta(n)\} \tag{18.3}$$

式中，$w(i)=0(i<0)$ 确保滤波器的输出不会在应用输入序列之前发生。遵从此项限制的滤波器称为因果滤波器。

图 18.21　数字滤波器对输入 $f(n)$ 进行运算以产生输出 $g(n)$

图 18.21 的框图所示的滤波器操作可以用数学形式表示为

$$g(n) = \sum_{i=0}^{I-1} w(i) f(n-i) \tag{18.4}$$

式中，假设式(18.4) 中的数字滤波器的脉冲响应 $w(i)$ 为长度 I 的数字序列。通常将这些数字称为数字滤波器的系数、抽头或权值。例如，$w(i)$ 被称为数字滤波器 w 的第 i 个系数。利用这一术语，式(18.4) 表示在时间步骤 n 时数字滤波器 w 的输出等于在时间步骤 $n-i$ 时第 i 个系数 w 乘以输入的总和。在向量表示法中，这一运算相当于行向量和列向量的内积

$$g(n) = \boldsymbol{f}^{\mathrm{T}}(n) \boldsymbol{w} \tag{18.5}$$

其中(•)^T 表示向量转置运算符,w 和 $f(n)$ 定义为

$$w^T = [w(0),\ w(1),\ w(2),\ \cdots,\ w(I-1)]$$
$$f^T(n) = [f(n),\ f(n-1),\ \cdots,\ f(n-I+1)]$$

(18.6)

　　图 18.22 和图 18.23 以图示方法对此滤波过程作一示例。图 18.22 为数字滤波器 $w(i)$ 的输入时序 $f(n)$ 和脉冲响应。图 18.23 描绘了在滤波操作期间,式(18.4)在三个时间增量上的滤波。上面的 3 个图表绘制了 $n=0,4,9$ 时的输入序列 $f(n-i)$。中间三个图表描绘了数字滤波器 w 的脉冲响应。下面的三个图表绘制了时间步骤 $n=0,4,9$ 时的输出 $g(n)$。如图所示,通过计算时间反转的输入信号在滑过滤波器的脉冲响应时间总和来获得滤波器输出。

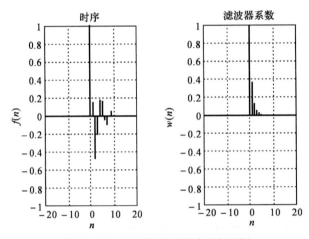

图 18.22　输入序列和脉冲响应示例

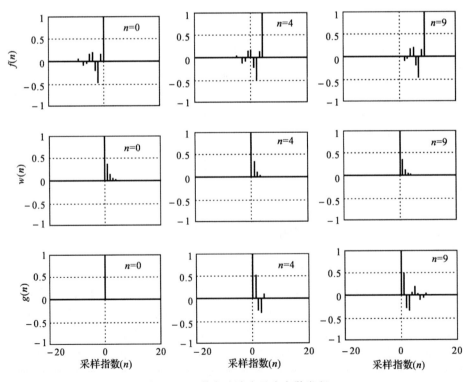

图 18.23　数字滤波表示为离散卷积

式(18.4)的数字滤波器仅依赖于输入序列的当前值和过去值,并且长度限制为 I 系数,如图 18.24 所示,。此类数字滤波器被称为有限脉冲响应(FIR)滤波器,因为其脉冲响应在有限个抽头或系数后为零。这类滤波器也称为"抽头延迟线""移动平均线(MA)""非分散""全零"或"横向"滤波器。

更为一般的过滤器定义为

$$g(n) = \sum_{i=0}^{I-1} a_i f(n-i) + \sum_{k=1}^{K} b_k g(n-k) \tag{18.7}$$

除了取决于输入的当前值和过去值之外,由式(18.7)表示的数字滤波器的当前输出还取决于输出的过去值。此类数字滤波器被称为无限脉冲响应(IIR)滤波器,因为通常情况下,此类滤波器的脉冲响应永远不会衰减到零。这类滤波器也被称为"分散""零极点"或"自回归滑动平均"(ARMA)滤波器。对于所有 k,当 $b_k = 0$ 时,式(18.7)的一般形式简化为 FIR 滤波器的一般形式。

如果我们定义一个延迟运算符 z^{-k},FIR 和 IIR 滤波器的实现可以用示意图来表示,则有

$$f(n-k) = z^{-k}\{f(n)\} \tag{18.8}$$

利用式(18.8)中延迟运算符的性质和式(18.7)中一般滤波器的表示,可以实现如图 18.24 所示的 FIR 滤波器。IIR 滤波器的相应操作如图 18.25 所示。可以使用上述 FIR 或 IIR 滤波器结构以数字方式近似估算所需的滤波器响应。两者之间的选择涉及到以下权衡条件。

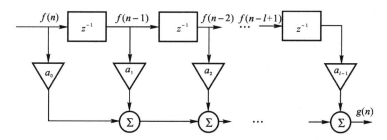

图 18.24　使用输入当前值和延迟值操作 FIR 滤波器

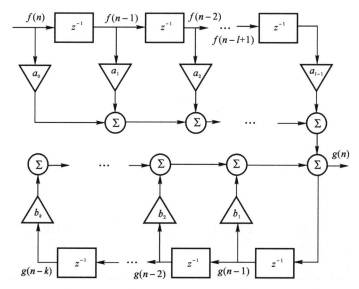

图 18.25　使用输入和输出的输入当前值和延迟值操作 IIR 滤波器

（1）只要系数为有限系数，FIR 滤波器就可保持稳定：有界输入产生有界输出。

（2）即使所有系数均为有限系数，IIR 滤波器也可能不稳定：有界输入可以产生无界输出。

（3）IIR 滤波器所需的系数可能少于 FIR 滤波器，以近似提供有源噪声和振动控制所需的频率响应。与结构声学相关的典型传递函数包括极点和零点，IIR 滤波器同样包括这二者，而 FIR 滤波器只包括零点。

（4）通常，就数值方面而言，求解 FIR 滤波器系数的设计过程优于 IIR 滤波器系数的设计过程。

尽管这两种方法各有优缺点，但绝大多数的 ANVC 应用依赖于与 FIR 滤波器相关的数值稳定设计过程和稳定保证，因此在 ANVC 控制器中实现的数字滤波器可以是 FIR 滤波器，也可以是 FIR 滤波器的组合。

18.3.3 最优数字滤波器设计

在前一节描述了数字滤波的概念之后，我们将在本节中重点介绍针对特定问题求解数字滤波器最优系数的设计过程。所考虑的问题如图 18.26 所示。此类问题也称为电气噪声消除问题，并在参考文献中进行详细讨论[56,58,59]。这类问题不容忽视，因为它引入了最小化均方误差度量的概念，并且与 ANVC 应用中遇到的问题极为相似，主要区别在于 ANVC 应用包含一个非均匀传递函数，该函数将控制滤波器的输出与误差信号响应相关联。

如图 18.26 所示，输入信号 $f(n)$ 也称为参考信号，由 FIR 滤波器 w 滤波以产生输出序列 $y(n)$。期望信号 $\hat{d}(n)$ 与输入信号（噪声污染的信号）相关，但可能与期望信号不相关。由此产生的信号加上噪声在图中显示为 $d(n)$。噪声与输入信号的相关性由未知的物理脉冲响应函数 h_i 表示。这一问题旨在求解 FIR 滤波器的系数，该滤波器将接收输入序列 $f(n)$ 并生成输出序列 $y(n)$，从而消除信号 $d(n)$ 中不需要的噪声。换言之，我们寻求设计最优 FIR 滤波器以消除与输入信号 $f(n)$ 相关的 $d(n)$ 部分。若成功去除这一部分，当滤波器就位时，误差信号 $e(n)$ 与输入信号毫不相关。

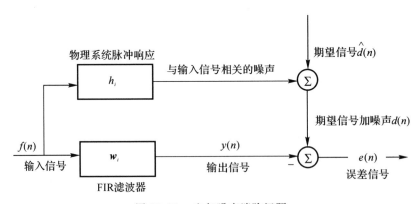

图 18.26　电气噪声消除问题

随着参考文献[56][58]中相关理论的发展，误差信号可以用期望信号加噪声、输入信号和 FIR 滤波器系数来表示：

$$e(n)=d(n)-\sum_{i=0}^{I}w(i)f(n-i)=d(n)-\boldsymbol{w}^{\mathrm{T}}f(n)=d(n)-\boldsymbol{f}^{\mathrm{T}}(n)\boldsymbol{w} \qquad (18.9)$$

式中,使用下一列方程式表达此向量内积关系,并在式(18.6)中对 $f(n)$ 进行定义。

通过展开式(18.9)中的项并取期望值可获得均方误差表达式为

$$E\{e^2(n)\}=E\{d^2(n)\}-2\boldsymbol{w}^{\mathrm{T}}E\{f(n)d(n)\}+\boldsymbol{w}^{\mathrm{T}}E\{f(n)\boldsymbol{f}^{\mathrm{T}}(n)\}\boldsymbol{w} \qquad (18.10)$$

式(18.10)所得结果极为重要,因为它表明了均方误差是 FIR 滤波器权值的二次函数。如果第三项中的矩阵 $E\{f(n)\boldsymbol{f}^{\mathrm{T}}(n)\}$ 正定时[56,58-60],则二次函数将具有全局最小值,这意味着其所有特征值均大于零。假设满足这一要求,如果将均方误差值绘制为 FIR 滤波器的任何两个系数的函数,"误差面"将为碗状平面,如图 18.27 所示。通过对 FIR 滤波器各系数的方程式(18.10)进行微分,并将得到的方程组设置为零,便可得到最小均方误差对应的 FIR 滤波器系数。

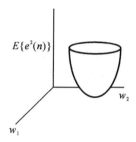

图 18.27　二次函数系数 $\boldsymbol{w}_1$ 和 $\boldsymbol{w}_2$ 的误差面

上述微分和设置为零的过程将产生一组关于 FIR 滤波器未知系数的线性方程。这个矩阵方程可以表示为

$$[\boldsymbol{A}]\boldsymbol{w}=\boldsymbol{b} \qquad (18.11)$$

其中 $\boldsymbol{A}$ 是输入相关矩阵,定义为

$$\boldsymbol{A}=\begin{bmatrix} R_{ff}(0) & R_{ff}(1) & \cdots & R_{ff}(I-1)\\ R_{ff}(1) & R_{ff}(0) & \cdots & R_{ff}(I-2)\\ \vdots & \vdots & & \vdots\\ R_{ff}(I-1) & R_{ff}(I-1) & \cdots & R_{ff}(0) \end{bmatrix} \qquad (18.12)$$

式中

$$R_{ff}(m)=E\{f(n)f(n-m)\}=E\{f(n)f(n+m)\} \qquad (18.13)$$

式(18.11)中的向量 $\boldsymbol{b}$ 对应于参考序列和期望序列之间的互相关的滞后值

$$\boldsymbol{b}=\begin{bmatrix} R_{fd}(0) & R_{fd}(1) & \cdots & R_{fd}(I-1) \end{bmatrix}^{\mathrm{T}} \qquad (18.14)$$

式中

$$R_{fd}(m)=E\{f(n)d(n+m)\}=E\{f(n-m)d(n)\} \qquad (18.15)$$

根据上述 $\boldsymbol{A}$ 和 $\boldsymbol{b}$ 的定义,最优 FIR 滤波器的系数可以用输入信号和期望信号的自相关函数和互相关函数来表示。如果输入相关矩阵 $\boldsymbol{A}$ 可逆,则最优系数为

$$\boldsymbol{w}_{\mathrm{opt}}=\boldsymbol{A}^{-1}\boldsymbol{b} \qquad (18.16)$$

式中，A^{-1} 是矩阵 A 的逆矩阵。正如威德罗、斯登[59]和艾略特[58]所述，式(18.16)的解可用维纳滤波器来表示。可以证明，使用该滤波器将导致误差信号和输入信号之间的互相关在滤波器长度($I-1$)内为零。对于图 18.26 中提出的问题，这意味着维纳滤波器将消除与输入信号 $f(n)$ 相关联的信号 $d(n)$ 的任何部分。

将式(18.16)代入式(18.10)中便可确定残差均方误差：

$$E\{e^2(n)\}_{\min} = E\{d^2(n)\} - b^{\mathrm{T}}A^{-1}b \tag{18.17}$$

然而，求解式(18.16)中的 w_{opt} 需要计算输入相关矩阵 A 的逆矩阵，此矩阵计算费用昂贵，并且可能产生病态数值（即奇异值）。因此，已经开发了使用迭代技术搜索式(18.10)最小值的程序。下一节将介绍计算效率最高的迭代技术之一 —— 最小均方(LMS)算法。

18.3.4　自适应数字滤波器设计

1. 梯度下降算法

如前所述，根据 FIR 滤波器的最优权值，均方误差是一个二次函数。因此，只要 A 是正定的并且算法本身是稳定的，梯度下降算法就可保证收敛至全局最小值。

梯度下降算法这一基本概念旨在估计均方误差相对于 FIR 滤波器系数的梯度（即导数），并通过向局部梯度的负方向移动来更新滤波器系数。可使用多种不同算法以自适应方式确定与全局最小值对应的滤波器系数。这些算法包括牛顿基本算法、最速下降算法和由威德罗和斯登引入的 LMS 算法[59]。它们通常用来权衡收敛速度与数值稳定性(IIR 滤波器)和计算复杂度。有关上述算法细节，可参考威德罗和斯登[59]以及艾略特[58]编写的文本。虽然 IIR 滤波器有时比 FIR 滤波器具有性能优势，但它在设计过程中会遇到数值稳定性问题，并且会收敛至非全局最小值，导致其性能低于最优值。另一方面，在下面讨论的 LMS 算法近似于梯度项，从而显著减少了所需的计算次数，同时保证收敛至最优系数向量。

2. LMS 算法

威德罗和斯登[59]发现了一种简练算法，它可极大简化计算复杂度，但仍然收敛至最优系数向量（即维纳滤波器）。该算法利用误差的瞬时值来估计梯度项，而不是像牛顿算法和最速下降算法那样分别进行矩阵求逆或估计期望值。因此，梯度项近似为[见方程式(18.10)]

$$\frac{\partial E\{e^2(n)\}}{\partial w} \approx 2e(n)\frac{\partial e(n)}{\partial w} \approx -2f(n)e(n) \tag{18.18}$$

利用该梯度表达式，给出了 LMS 算法滤波系数的更新方程为

$$w(n+1) = w(n) + 2\mu f(n)e(n) \tag{18.19}$$

式中，μ 是一个常数，称为自适应系数，表示算法收敛速度。根据式(18.18)，通过时间步骤 n 处的系数向量加上误差面梯度负方向的修正项，便可得出时间步骤 $n+1$ 处的滤波器系数向量。

威德罗等人已经证明，只要收敛参数的值满足以下关系，该算法将收敛至最优解并保证算法稳定，即

$$0 < \mu < \frac{2}{mf^2} \tag{18.20}$$

右项的分母是输入相关矩阵轨迹的近似值,其中 m 为 FIR 滤波器系数的数量,且 $\overline{f^2}$ 等于 $f(n)$ 的均方值。

与 LMS 算法相关的另一个重要参数为失调量,即过量均方误差与最小均方误差之比。从本质上讲,其表示算法对于 μ 的特定值收敛至二次型性能表面底部的程度(见图 18.27)。结果表明,对于 LMS 算法,失调量等于收敛参数乘以输入相关矩阵轨迹[59]。如果在方程式(18.20)中调用与这个轨迹相同的近似值,我们便可得到关于输入序列的失调和均方值的收敛参数表达式:

$$\mu_{\max} = \frac{\rho}{m\,\overline{f^2}} \tag{18.21}$$

式中,ρ 为失调系数。最后这个表达式为选择收敛参数提供了一个有用过程。实际上,通常需要指定期望失调量(例如,$\rho = 0.01$),并根据式(18.21)计算自适应系数。这样,得到的自适应系数将通过参考信号的功率进行归一化。当自适应系数与输入信号功率成反比时,该算法称为归一化 LMS 算法。在实践中,可以此种方法得出的收敛系数作为起点,通常需要手动调整以获得期望性能。

为了保持清晰度,我们提出了假设 SISO 误差信号的 LMS 算法。然而,该算法很容易发展为 MIMO 情况。MIMO 详细操作信息可参阅威德罗和斯登[59]、尼尔森和艾略特[16]以及艾略特[58]所著文献。

由于其计算简单、收敛性强等优点,LMS 算法不但广泛应用于各种应用中(如线对消、系统辨识等),而且还是 ANVC 应用中最常用的滤波-x LMS 算法的基础。实际上,LMS 算法通常用于估计滤波器输出和误差信号(即受控体)之间的脉冲响应,这是实现滤波-x LMS 算法所必须的一环。下一节将介绍滤波-x LMS 算法的详细信息和示例。

18.4　前馈控制系统

18.4.1　基本架构

前馈主动控制系统的基本架构如图 18.28 所示。图中所示为一个扰动 d,该扰动 d 激励一个待控制系统。传递函数 T 将扰动与系统输出 o 联系起来。

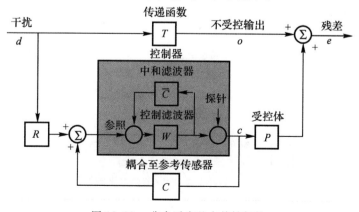

图 18.28　非自适应基本前馈架构

控制器使用与扰动相关的参考信号 r 来生成信号,该信号驱动控制致动器以激励系统并降低系统对扰动的响应。传递函数 R 简单表示为扰动与参考信号之间的相关关系。传递函数 P(即受控体)将控制器输出与系统输出相关联。框图显示,当由控制器输出驱动时,致动器不仅与系统输出耦合,而且通过传递函数 C 与参考耦合。对参考信号的反馈并不可取,且控制器包含滤波器 $\tilde{C}$,该滤波器的传递函数仿效控制致动器和参考传感器之间的耦合传递函数。此中和滤波器旨在取消或中和致动器和参考信号之间的耦合。除了滤波器 $\tilde{C}$,控制器还包含第二个滤波器 W,旨在获取参考信号并生成最终信号来驱动致动器以减少系统输出 o。如果中和滤波器正常工作,则将消除与参考的耦合,并将框图简化为图 18.29 所示的框图。需要注意的是,埃里克森和他的同事提出了另一种方法,在此方法中,W 和 $\tilde{C}$ 的设计组合在一个与此处所示稍有不同的架构中。感兴趣的读者请参考参考文献[25][61]～[63]。

要以物理角度了解图 18.28 中的框图,请仔细思考 18.2 节中描述的管道事宜。图 18.30 所示为带有参考传声器、控制器和控制扬声器的管道示意图。可以看到扰动(一种振幅为 d 的声波)在左侧沿着管道向控制扬声器传播。传递函数 T 将扰动压力与管道中扬声器下游的不受控压力 o 联系起来。参考传声器感测扰动压力并向控制器发送参考信号 r。控制滤波器 W 操作参考信号,并将得到的信号发送到功率放大器,功率放大器反过来驱动扬声器。受控体传递函数 P 将控制器输出信号与扬声器管道中的压力相关联。扬声器产生的压力与沿管道传播的扰动相互作用,从而降低振幅并产生振幅 e 的残差声波。在自适应系统中,控制扬声器下游的管道处会放置一个传声器以感知这种残差。如我们稍后将看到的,这种残差或误差信号和参考信号可用于控制器电子设备中,以更新或调整控制滤波器的系数。除了产生干扰声音沿管道传播的声波外,扬声器还会产生一个向上游传播至参考传声器的声波,污染参考信号。滤波器 $\tilde{C}$ 处的函数效仿将控制器输出与参考传声器处的压力相关联的传递函数。在到达控制滤波器 W 之前,它通过电子方式消除参考传声器中控制扬声器的污染。

已对图 18.28 和图 18.29 中的架构进行讨论,此处仅有一个参考信号和一个残差信号。实际上,控制器不必局限于 SISO 情况。通常会出现多个参考和多个残差的情况。事实上,对于前馈系统,人们已掌握用于 MIMO 情况以及 SISO 情况的最优控制滤波器 W 的估算过程。此外,图 18.28 和图 18.29 中的框图是完全通用的,且同样适用于 SISO 或 MIMO 系统。唯一的区别是,对于 SISO 系统来说,框图为传输函数;对于 MIMO 系统来说,框图为传输函数矩阵。

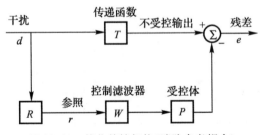

图 18.29　简化前馈架构(消除参考耦合)

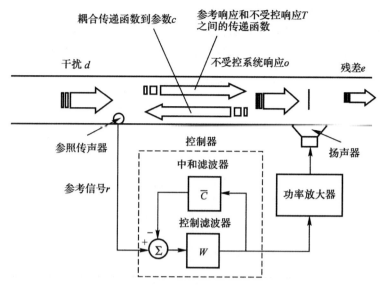

图 18.30　用于管道噪声控制的前馈架构

18.4.2　最优控制滤波器

1. 音调扰动

首先,我们将考虑窄带或音调干扰的情况。为此,我们首先对图 18.29 的框图做一修改,如图 18.31 所示,给出参考与传递函数 B 所示的扰动之间的函数关系。从数学上讲,这相当于设置 $T=1$ 和 $B=R^{-1}$。根据图 18.31 中的控制器传递函数,为残差 e 编写一个简单的方程式:

$$e(\omega) = d(\omega) - P(\omega)W(\omega)r(\omega) \tag{18.22}$$

其中 ω 为扰动频率,其他变量在图 18.31 中进行定义,且所有变量均为标量。我们可以用这一方程来表示残差自功率谱,如 $S_{ee}(\omega) = E\{e(\omega)e^*(\omega)\}$,其中 $E\{\cdot\}$ 表示期望值。将式(18.22)代入这个方程,可得

$$S_{ee}(\omega) = S_{dd}(\omega) - P(\omega)W(\omega)S_{rd}(\omega) - P^*(\omega)W(\omega)^* S_{dr}(\omega) + |P^2(\omega)| S_{rr}(\omega) |W(\omega)^2|$$
$$\tag{18.23}$$

式中　　　$(\cdot)^*$ —— 复共轭;

$\qquad S_{dd}$ —— 扰动自功率谱;

$\qquad S_{rr}$ —— 参考自功率谱;

$S_{dr} = E\{dr^*\}$ —— 扰动与参考互功率谱;

$S_{rd} = E\{rd^*\}$ —— 该互功率谱的复共轭。

若取式(18.23)的导数,并将其设置为零,然后求 $W(\omega)$,可得

$$W(\omega) = \{|P^2(\omega)| S_{rr}(\omega)\}^{-1} P^*(\omega) S_{rd}(\omega) = P^{-1}(\omega)\left\{\frac{S_{rd}(\omega)}{S_{rr}(\omega)}\right\} = P^{-i}(\omega)B(\omega)$$
$$\tag{18.24}$$

式中,我们利用了 $\{S_{rd}(\omega)/S_{rr}(\omega)\}$ 是扰动与参考之间传递函数的估计值这一先提条件。在式(18.24)中,W 为最优控制滤波器。它等于受控体逆模型估计值乘以参考和扰动之间传递函

数的估计值。这种形式的控制滤波器意义极大,因为 W 试图将参考信号 r 转化为扰动 d。为此,滤波器必须首先消除受控体传递函数的影响,这也是受控体逆模型的目的。然后,它必须包括参考和扰动之间传递函数的估计值,这就是括号中所列术语的目的。

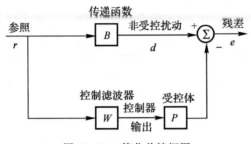

图 18.31　简化前馈框图

若将式(18.24)代入式(18.23),当使用此控制滤波器时,可得残差频谱估计值为

$$S_{ee}(\omega) = S_{dd}(\omega) - \frac{|S_{rd}(\omega)|^2}{S_{rr}(\omega)} \tag{18.25}$$

该方程式表明,就参考和扰动之间的完全相关性($d = \gamma r$)而言,其中 γ 为常数,残差频谱趋向于零。

注意,这种方法并不能保证控制滤波器为因果滤波器。如 18.3 节所述,因果滤波器是指 $t < 0$ 时脉冲响应为零的滤波器。因果滤波器可以表示为 FIR 或稳定 IIR 数字滤波器。但非因果滤波器不行。因此,在控制系统中无法找到非因果滤波器的数字表示,导致滤波器根本无法实现。

在某些情况下,使用上述控制滤波器会导致对致动器的需求过大,在这种情况下,能够限制控制滤波器的输出便极为有用。控制效果加权是减小致动器效果的一种方法,它可以通过在式(18.23)中添加一个项,即残差方程,包含在滤波器的设计方程中。所添加的项是控制器的加权输出,即

$$\alpha^2(\omega) |W(\omega)^2| S_{rr}(\omega) \tag{18.26}$$

式中,α^2 是实正标量,该标量可能为频率函数。通过选择增加的 α^2 值调整残差的最小值。当 α^2 值很小时,则将控制滤波器设计为非控制效果加权滤波器。当 α^2 较大时,控制效果和控制系统性能同时降低。将式(18.26)带入式(18.23)中,得到的控制滤波器为

$$W(\omega) = \{[|P^2(\omega)| + \alpha^2(\omega)]S_{rr}(\omega)\}^{-1} P^*(\omega) S_{rd}(\omega) \tag{18.27}$$

残差为

$$S_{ee}(\omega) = S_{dd}(\omega) - \left\{ \frac{|P^2(\omega)|}{|P^2(\omega)| + \alpha^2(\omega)} \right\} \left\{ 2 - \frac{|P^2(\omega)|}{|P^2(\omega)| + \alpha^2(\omega)} \right\} \frac{|S_{rd}(\omega)|^2}{S_{rr}(\omega)} \tag{18.28}$$

从该方程式可以清楚地看出,当 α^2 接近于零时,在没有控制效果加权的情况下,残差与式(18.25)的值相同。然而,随着 α^2 值不断增大,$S_{ee} \to S_{dd}$ 和控制性能不断降低。同样,控制器输出 c(见图 18.31)的频谱为

$$S_{cc}(\omega) = |W^2(\omega)| S_{rr}(\omega) = \frac{|P^2(\omega)|}{\{|P^2(\omega)| + \alpha^2(\omega)\}^2} \frac{|S_{rd}(\omega)|^2}{S_{rr}(\omega)}$$

该方程表明,随着 α^2 值不断增大,控制器输出的频谱将不断减小,从而降低致动器驱动。因此,增加控制效果加权将以增加残差为代价降低致动器驱动。

2. 宽带扰动

对于纯音扰动,式(18.24)和式(18.27)在扰动频率下提供适当的控制滤波器表示(振幅和相位)。对于宽带扰动,如果由这些方程定义的宽带滤波器为非因果滤波器(通常如此),则需要使用包含因果限制的不同方法来确定最优因果滤波器。通过在式(18.23)中插入因果滤波器并执行相同的优化过程,我们可以确保控制滤波器为因果滤波器。因为它会产生一组线性方程,利用 FIR 数字滤波器形式可得

$$W(\omega) = \sum_{n=0}^{N-1} W_n e^{-j\omega n \Delta t} \tag{18.29}$$

式中　　N—— 滤波器中的抽头数目;

　　　　W_n—— 与每个抽头相关联的实际振幅;

　　　　Δt—— 采样周期(1/ 采样率)。

将式(18.29)代入式(18.23)之前,我们需要稍微修改式(18.23)。由于我们现在将重点放在宽带扰动上,因此需要在需控制频率范围内对残谱进行积分。按照与式(18.23)相同的步骤,可以得出最优控制滤波器的矩阵方程为

$$
\begin{bmatrix} W_0 \\ W_1 \\ \vdots \\ W_{N-1} \end{bmatrix} =
\begin{bmatrix} C_0 & C_{-1} & \cdots & C_{1-N} \\ C_1 & C_0 & \cdots & C_{2-N} \\ \vdots & \vdots & & \vdots \\ C_{N-1} & C_{N-2} & \cdots & C_0 \end{bmatrix}^{-1}
\begin{bmatrix} A_0 \\ A_1 \\ \vdots \\ A_{N-1} \end{bmatrix}
\tag{18.30}
$$

式中

$$A_p = \mathrm{Re}\left\{ \sum_{k=0}^{K-1} P(k) S_{rd}(k) e^{-jpk(2\pi/K)} \right\}$$

$$C_{(p-m)} = \mathrm{Re}\left\{ \sum_{k=0}^{K-1} \{ |P^2(k)| + \alpha^2(k) \} S_{rr}(k) e^{-j(p-m)k(2\pi/K)} \right\} \tag{18.31}$$

此外,$p = 0, 1, \cdots, N-1; m = 0, 1, \cdots, N-1$。在编写这一方程时,我们用离散和代替积分。知识渊博的读者立马可以识别出,式(18.31)是离散傅立叶变换(DFT)的形式,以便在计算方程式(18.30)中的向量和矩阵元素时有效地使用快速傅里叶变换算法。在方程式中,K 为 DFT 中的元素数。

示例 18.1　为了证明这一想法,计算非因果控制滤波器和因果控制滤波器。我们将使用以下参数:

$$S_{dd} = 1, \quad S_{rr} = 1$$

$$S_{rd} = e^{-j\omega T} \left\{ \frac{\omega_{\mathrm{BW}}^4}{\omega^4 + \omega_{\mathrm{BW}}^4} \right\} \tag{18.32}$$

$$P = \frac{\omega_0^2}{-\omega^2 + j\eta\omega_0\omega + \omega_0^2} \tag{18.33}$$

$$T = 0.02 \text{ s}, \quad f_0 = \frac{\omega_0}{2\pi} = 25 \text{ Hz}$$

$$\eta = 0.1, \quad f_{BW} = \frac{\omega_{BW}}{2\pi} = 40 \text{ Hz}$$

采样率为 200 Hz，滤波器为 100 抽头，在这种情况下，干扰和参考的自相关是统一的。互功率谱密度 S_{rd} 显示的延迟为 $T=0.02$ s，并包括随频率增加而减小的传递函数（括号中）。受控体 P 是一个简单的二阶系统，其固有频率为 25 Hz，损失因数为 0.1。就因果控制滤波器的估算程序而言，我们将使用指定的采样率和滤波器长度。

图 18.32 比较了使用非因果估算程序和因果估算程序估算的控制滤波器的频率响应。这两种估算方法使用两种不同的滤波器，但其差异并不明显。上述结果差异在图 18.33(a)(b) 中更为明显，其中比较了采用非因果程序估算的控制滤波器脉冲响应和采用因果程序估算的滤波器抽头系数。请时刻注意，如果绘制由采样周期（在 200 Hz 采样率下为 0.005 s）分隔的滤波器抽头系数，我们将得到与滤波器的脉冲响应相对应的图。这两个数字相似，除了在非因果脉冲响应中时段结束时有少量增加。由于使用 DFT 得到的滤波器脉冲响应具有周期性，因此在时段结束时的增加实际上表明该滤波器在 $t=0$ 之前响应，因此滤波器具有非因果效果。本例中，这种情况几乎无太大影响。但是，在后面的示例中，通过加入抗混叠滤波器和其他实际考虑因素使计算结果更加精确，以便我们看到更为明显的非因果效果。注意，使用因果程序估算的滤波器抽头系数没有显示出此类增加，且较高的抽头系数减小到零。

使用因果控制滤波器的系统性能如图 18.34 所示。纵坐标为受控残差频谱与不受控残差频谱之比 $\{S_{ee}(\omega)/S_{dd}(\omega)\}$，该图即频率与奈奎斯特频率的函数。注意，我们预测非因果滤波器（图中未示出）性能十分完美（对于所有频率，残差将为零）。

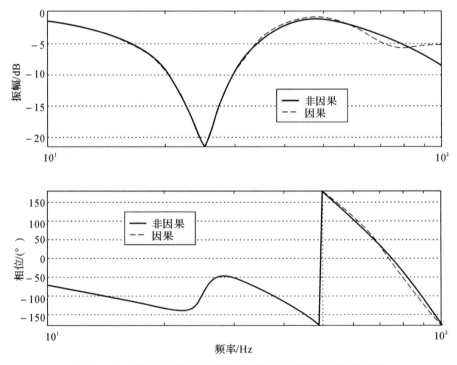

图 18.32　使用非因果和因果估算程序的控制滤波器频率响应

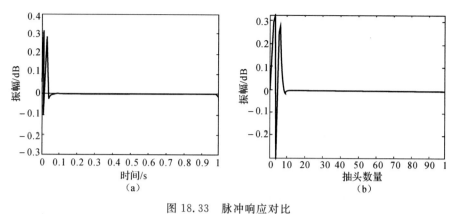

图 18.33 脉冲响应对比

(a)非因果控制滤波器振幅；(b)因果控制滤波器抽头系数

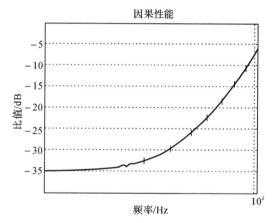

图 18.34 使用图 18.32 中的控制滤波器的系统性能

就宽带主动控制系统来说，图 18.34 所示性能极高。这是因为，在现阶段，我们忽略了在分析中列入其他因素，这些因素会增加估算真实性，例如系统延迟、抗混叠滤波器、传感器噪声等。此外，该图仅显示高达奈奎斯特频率（采样频率的一半）的系统性能。我们将在后面的章节中看到，数字控制滤波器的频率为周期性频率，其周期频率等于采样频率。因此，可能还需要控制高于奈奎斯特频率的性能，特别是在此类频率扰动中存在巨大能量时。我们将在后面的论述中看到如何完成此操作。

18.4.3 自适应控制

在前一节中，我们讨论了控制滤波器的设计，以在最小二乘意义上以最优方式降低选择残差。在此推导过程中，假定待控制系统为固定系统。实际上，定义动态系统的传递函数常常随时间而变化。这意味着必须定期测量传递函数，并使用新结果更新控制滤波器系数。我们将在下节讨论这一系统辨识过程。在这里，我们研究了一种基于 LMS 算法的自适应控制算法，该算法可不断更新控制滤波器系数，以最小化选择残差传感器信号。滤波-x 算法在每一时间步骤上都会更新控制滤波器系数。

滤波-x LMS 算法是对常用于消除电子噪声的 LMS 算法[59]的一种改进，由摩根[64]首次提出。如果在有源消除系统中使用未经修改的 LMS 算法,可能会导致不稳定,这是由于来自控制器的信号必须经过受控体动力处,在那里它将发生振幅变化和相移。摩根就这一问题所提出解决方案,威德罗等人[65]和伯吉斯等人[66]也分别提出。摩根的解决方案被称为滤波-x LMS 算法,目前被广泛使用,并由艾略特和尼尔森[67]推广至 MIMO 系统中。

图 18.35(a)为简化前馈控制系统框图。即使改变框图中受控体和控制滤波器的顺序,只要系统为线性系统,响应就不会改变。结果框图如图 18.35(b)所示。结果是一个新的参考信号 u,它是由受控体传递函数 P 滤波后的原始参考信号。新系统的残差值可以写成

$$e(n) = d(n) - \sum_{n=0}^{N_w-1} w(k)u(n-k) = d(n) - \boldsymbol{w}^{\mathrm{T}}\boldsymbol{u} \tag{18.34}$$

式中　　$e(n)$—— 时序 e 的第 n 个元素;

$\quad\quad\quad d(n)$—— 与 $e(n)$ 定义相类似;

$\quad\quad\quad \boldsymbol{w}^{\mathrm{T}}$—— 向量转置;

$\quad\quad\quad N_w$—— 控制滤波器抽头系数;

$\quad\quad\quad \boldsymbol{u}$—— 滤波参考中最终 N_w 样本的列向量,且

$$u(n) = \sum_{m=0}^{N_w-1} p(m)r(n-m) \tag{18.35}$$

式中　　p—— 受控体滤波器 P 系统估算的脉冲响应;

$\quad\quad\quad r$—— 参考信号时序。

图 18.35(c) 为自适应处理框图,对图 18.35(d) 框图中的各个框进行略微调整,便可得到一种称为滤波-x LMS 算法的专用 LMS 算法。

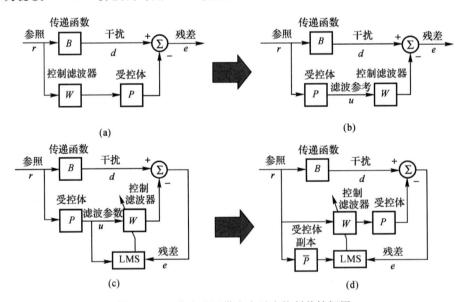

图 18.35　带有和不带有自适应控制前馈框图

(a) 原始框图;(b) 改变受控体和控制滤波器的阶数;(c)LMS算法;(d) 滤波 $-x$ 算法

与前一节中的直接估算方法(在单个计算中估算滤波器系数)不同,滤波-x 算法使用迭代方法,在每个时间步骤处更新估算值。控制滤波器的更新方程与 LMS 算法的更新方程类似(见第 18.3 节中的自适应数字滤波器设计)。估算 w 系数的所得方程通常写成

$$w(n+1) = w(n) + 2\mu e(n)u(n) \tag{18.36}$$

式中

$$w(n) = \begin{bmatrix} w(0) \\ w(1) \\ \vdots \\ w(N_w - 1) \end{bmatrix}$$

为 N_w 控制滤波器系数的第 n 个估算列向量，$w(0)$ 为第一个滤波器系数，$w(1)$ 为第二个滤波器系数，依此类推，则有

$$u(n) = \begin{bmatrix} u(n) \\ u(n-1) \\ \vdots \\ u(n - N_w + 1) \end{bmatrix}$$

式中，$u(n)$ 是滤波参考中最终 N_w 样本的列向量。

式(18.36)中，μ 为用户为确保稳定收敛至最优滤波系数而设置的标量收敛系数。此方程算法与 LMS 算法非常相似，唯一的区别是在更新方程中使用滤波参考 $u(n)$，而不是参考本身。在式(18.36)中，μ 越大，算法收敛到最优滤波系数的速度越快。但是，如果 μ 太大，该算法将不稳定且不会收敛至最优滤波系数。可以使用以下经验法则选择收敛系数[58]：

$$0 < \mu \leqslant \frac{1}{N_w E\{u^2\}} \tag{18.37}$$

式中　　N_w——控制滤波器系数个数；

　　　　$E\{u^2\}$——滤波参考均方值。

这与 18.3 节中给出的 LMS 算法的经验法则非常相似，只是滤波参考均方值 $E\{u^2\}$ 被替换为参考本身均方值 $E\{r^2\}$。

式(18.36)和式(18.35)说明了 SISO 滤波-x 算法。由于该算法易于实现，且在用于滤波参考的受控体估算存在误差时仍可方便使用，因此得到了广泛的应用。如果收敛速度足够慢，即使存在高达 90° 的受控体相位误差，该算法仍可找到最优滤波系数[64]。此外，即使参考信号为非平稳信号，该算法也能进行有效控制。最后，如前一节所述，可引入与控制效果加权类似的概念。在滤波-x 算法中，这称为泄漏。通过在每一时间步骤将控制滤波器系数减小一小部分[59]，效果类似于宽带控制效果加权。

示例 18.2　为说明该算法的应用，我们将利用它为上一节的系统设计一个最优滤波器。

我们将需要与扰动及参考 S_{rd} 和受控体 IRF P 间互功率谱相关联的脉冲响应函数(IRF)。分别通过对方程式(18.32)和式(18.33)中的 FRF 函数进行傅里叶反变换得到这些值，并保留足够的项来确保我们得到的所有脉冲响应。图 18.36 所示为两个 IRF。受控体 IRF 是一个不断衰减的正弦函数，频率为 25 Hz，为其固有频率。互功率谱 IRF 显示模型中引入的延迟时间为 0.02 s。我们将保留图中 IRF 的完整的 1 s 持续时间(200 次抽头，采样率为 200 Hz)，尽管它可能足以保留较少的 IRF。直接使用式(18.30)和滤波-x[式(18.35)和式(18.36)]获得滤波器系数。在图 18.37 中比较估算程序，在图 18.38 中比较频率响应函数。两个控制滤波器之间存在明显差异，这可能由于滤波-x 程序仍在收敛结果所致。在图 18.39 中可以看到该程序仍在收敛，该图显示了残差或受控扰动时程。即使超过 80 s，残差仍有减少趋势。图 18.40

为在图 18.39 的时段结束时,受控扰动频谱与不受控干扰频谱的比率与与频率相关的函数间的关系。图中还显示了直接估算程序的相同比率。在这种情况下,尽管控制滤波器存在差异,但两个程序给出了可比较的结果。

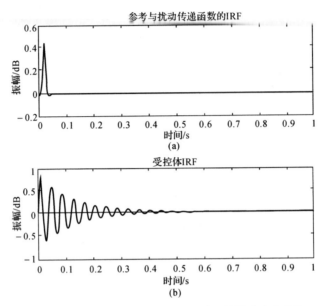

图 18.36　S_{rd}（顶部）和受控体 P（底部）的脉冲响应函数

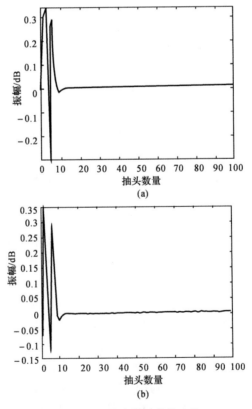

图 18.37　滤波器系数的比较

（a）直接估算控制；（b）滤波 - x 控制

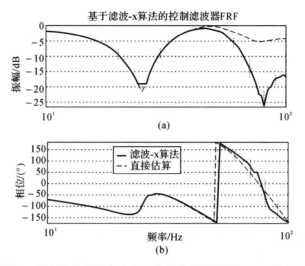

图 18.38　滤波－x 控制滤波器频率响应与直接估算控制滤波器频率响应之间的比较

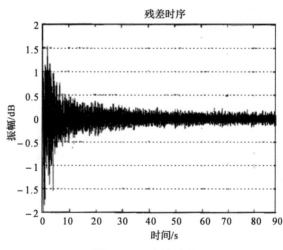

图 18.39　残差时程

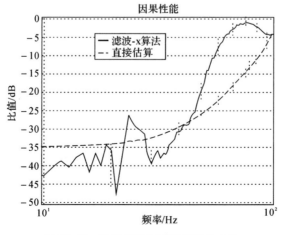

图 18.40　受控扰动与不受控扰动之比

18.4.4　混叠效果控制

在前面的章节中，重点讨论了低于奈奎斯特频率的干扰控制。事实上，由于数字滤波器在频域中是周期性的，且其周期等于采样频率，因此还必须关注高于奈奎斯特频率的性能，尤其是存在干扰有效振幅情况下的性能。图 18.41 所示为上 18.4.3 节最优控制滤波器估计中直接估计的超出奈奎斯特频率的受控干扰与非受控干扰之比。如图所示，在约 125 Hz 以上，控制系统将放大干扰。为控制此种波段外放大率，通常采用抗混叠滤波器，该滤波器为低通滤波器，可将进入控制器的高于奈奎斯特频率的能量降至最低。此外，更为实用的主动控制系统模型中还应含其他低通滤波器和延迟。为此，图 18.42 所示为含 5 个模块的控制器。在控制器使用模拟参考信号前，需将信号数字化，此为模数转换器功能，即如控制器第二个模块所示。第一个模块为低通滤波器，即抗混叠滤波器。如上所述，通常设置的截止频率略低于奈奎斯特频率，以减少数字控制器中的混叠。第三个模块为数字控制滤波器，将其输出馈送至数模转换器从而将数字信号转换成模拟信号。通常，数模转换器为以采样速率产生具有离散步长或跳变信号的取样保持装置。因此，为平滑或重建信号，通常在数模转换器的输出端设有低通滤波器，该滤波器一般为重建滤波器。虽然并未要求两个滤波器相同，但一般情况下，该滤波器与抗混叠滤波器相同。重建滤波器输出模拟信号 c，并将该信号用于会依次驱动扬声器或其他致动器的功率电子器件。受控体 P 说明了控制器输出与控制信号之间的所有动态关系，从而消除干扰 d。在设计控制滤波器时，可能存在与抗混叠滤波器、重建滤波器和数模转换器相关的显著延迟，因此需要在控制滤波器的设计和评估中予以考虑。由于模数转换器相关的延迟通常很短，因此在大多数情况下可忽略不计。另外，与数模转换器相关的延迟约为半个采样周期，因此通常需要在设计和评估过程中予以考虑。为进行分析，通常将抗混叠滤波器、重建滤波器和取样保持延迟（数模转换器）纳入受控体传递函数中。

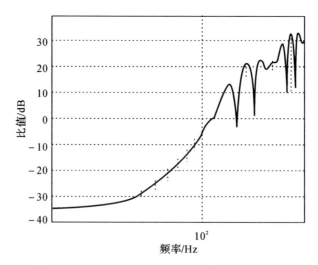

图 18.41　超出奈奎斯特频率的受控干扰与非受控干扰之比的变化

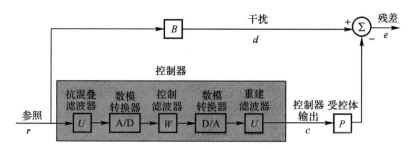

图 18.42　进一步简化的前馈框图(无自适应框图)

一般情况下,数模转换器仅根据半个采样周期的延迟进行建模。因此,总受控体简化为

$$U^2(\omega)P(\omega)e^{-j\omega\Delta T/2} \tag{18.38}$$

式中,ΔT 为采样周期,$U^2(\omega)$ 为抗混叠和重建滤波器的频率响应函数的乘积。为说明对设计过程和最终性能的影响,将选择一个抗混叠滤波器,并使用第 18.4 节所用受控体和式(18.32)、式(18.33)给出的干扰到残差的传递函数重现设计过程。正如第 18.6 节"硬件选择"所述,低通滤波器类型繁多,常用于抗混叠和重建,例如巴特渥斯滤波器、贝塞尔滤波器和椭圆(考厄)滤波器,此处不一一列举。在本案例中,使用三阶椭圆滤波器,其频率响应函数如图 18.43 所示。该滤波器的截止频率为 70 Hz,略低于奈奎斯特频率,通带与阻带振幅之比的标称值为 50 dB。

使用 18.4 节"最优控制滤波器估计"中概述的直接估计程序,获得因果控制滤波器,其频率响应如图 18.44 所示。图中还显示了根据 $B(\omega)\{U^2(\omega)P(\omega)\}^{-1}e^{j\omega\Delta T/2}$ 定义的非因果控制滤波器。两个滤波器的频率响应函数明显不同,而在图 18.45(a)(b)中就非因果控制滤波器的脉冲响应函数和因果控制滤波器的滤波器系数进行了比较,差异更为明显。非因果滤波器 IRF 在时段末尾表现出较强的增长,如前所述,这表明滤波器在接收到输入信号之前便做出响应,显然该响应为非因果响应。另外,因果滤波器的滤波器系数衰减为零。主动控制系统的性能如图 18.46 所示。该图显示了受控干扰频谱与非受控频谱之比。由图可见,滤波器性能下降明显,在奈奎斯特频率附件的下降尤为突出。不过,已经通过使用抗混叠和重建滤波器完全消除了图 18.41 中清晰可见的波段外放大率。

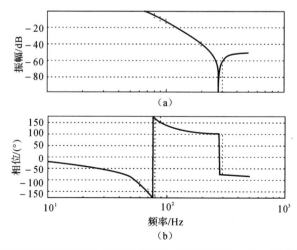

图 18.43　三阶椭圆滤波器(截止频率为 70 Hz、通带阻带比为 50 dB)的频率响应函数

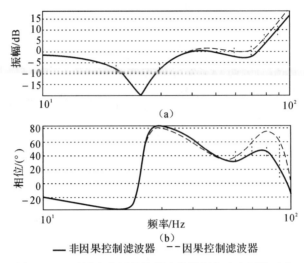

图 18.44 因果和非因果控制滤波器频率响应函数对比

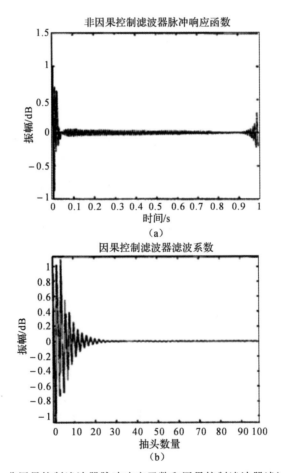

图 18.45 非因果控制滤波器脉冲响应函数和因果控制滤波器滤波系数对比

18.4.5　系统辨识

需为前面章节所述的控制算法提供传递函数的内部模型,该传递函数与控制器输出(即输入数模转换器的信号)和来自残差传感器的控制器输入(即模数转换器的输出)相关。通常情况下,将该传递函数称为受控体传递函数。测量这些传递函数(或等效脉冲响应函数)的过程称为系统辨识。本节讨论适用于前馈控制器的系统辨识方法。

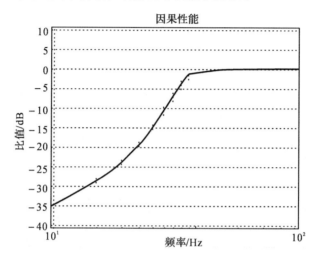

图 18.46　抗混叠滤波器、重建滤波器和数模转换器延迟的受控干扰与非受控干扰之比

由于大多数控制算法要求控制算法的受控体模型收敛到(或直接求解)最优控制滤波器[58],因此在对控制滤波器做出调整前必须进行系统辨识。这样,将控制滤波器设置为零(即所有系数都等于零)时所执行的系统辨识即称为"开环"系统辨识。之所以以此命名,是因为系统辨识算法在控制回路开路(即不允许任何信号通过控制过滤器)的情况下运行。使用在开环系统辨识期间获得的受控体评估初始化控制器内的系统模型,从而为随后调整控制滤波器系数的控制算法提供支持。

对于需要时不变受控体传递函数(即其特征不随时间变化)的系统,在开环系统辨识期间获得的受控体评估可随控制滤波器系数的调整而保持不变。然而,更常见的情况则是传递函数随着时间改变而变化。这些变化可能是因环境条件(例如,温度、压力)的变化、被控系统的操作条件(例如,速度、载荷)的变化,或外部因素(例如,汽车中乘客的数量和移动)的存在而产生。

ANVC 系统中可能遇到的时变传递函数有两种基本处理方法,即使用鲁棒控制算法和周期系统辨识。通常将控制算法作为公式,以考虑与内部受控体模型相关的一定的不确定度。举例来说,给定频率下,可能只有在 ± 2 dB 的幅度和 $\pm 10°$ 的相位范围内方能知晓受控体幅度和相位响应。实际上,这些算法确认的内部受控体模型"接近"实际受控体传递函数,但并不精准。稳定且可在有该受控体不确定度的情况下提供性能的控制算法称为"鲁棒"系统。例如,滤波-x 最小均方(LMS)算法对高达 $90°$ 的受控体模型的误差具有鲁棒性[68]。在调整控制过滤器系数的同时执行系统辨识是时变传递函数的第二种处理方法。该方法为跟踪受控体随时间变化的控制算法提供了定期更新的受控体模型。由于该种方法是在控制回路关闭的情况下进行的,因此将以之进行的系统辨识称为闭环或并发辨识。

事实上,通常需要结合两种方法说明时变受控体,同时实现的系统性能最大化。依赖于被控受控体精确模型的控制算法可以提供最优的性能,但对受控体传递函数的细微变化也非常敏感。由于受控体中的微小变化可导致不稳定性,该受控体很少被用于实践。另外,处理非常不精确受控体模型的算法通常提供的性能有限。因此,需在控制系统的鲁棒性和性能之间进行权衡。这些权衡最终会影响系统辨识所选的处理方法。

现在讨论适用于前馈控制系统的开环和闭环系统辨识程序。首先考虑图 18.47 的前馈系统。就该系统而言,受控体 P 是控制滤波器 y 和残差传感器 e 间的传递函数。尽管未明确表明,但假设受控体传递函数 P 包括数模采样保持、平滑滤波器、贯穿被控结构的传递函数、抗混叠滤波器和模数转换器,可以通过将控制滤波器的系数 W 设置为零,并将带限探针信号 v 加入控制滤波器的输出从而对 P 进行开环估计。因此,探针信号是一个加入控制滤波器 y 输出以在控制器输出中产生净信号 c 的数字信号。

所选探针信号的带宽跨越期望控制性能的频率范围。对于标称频率固定的音调的控制问题,探针信号的范围可能只有几赫兹。

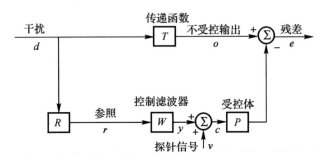

图 18.47 致动器和参照间无耦合前馈系统中系统辨识用探针信号注入

对宽带控制来说,所选探针信号的带宽通常略大于控制带宽,以确保对整个控制带宽做出精确的受控体估计。

可使用下述表达式估计频域中探针 v 和残差 e 间的传递函数,即

$$\hat{P} = -S_{ve}S_{vv}^{-1} \qquad (18.39)$$

式中　$\hat{P}$——受控体传递函数 P 的估值;

　　　S_{ve}——探针和残差间的互功率谱;

　　　S_{vv}——探针的自功率谱。

如果探针信号与扰动不相关,且有获得 S_{ve} 良好估计的足够平均时间,则该表达式可在 $W=0$(即开环系统辨识)和 $W \neq 0$(即闭环系统辨识)时获得受控体传递函数的无偏估计。

可用上述概述的探针和残差信号的傅立叶变换估计频域内图 18.47 中的受控体传递函数。或者,可使用 18.3 节论述的最优或自适应 FIR 滤波器设计程序获得受控体脉冲响应的估计。

图 18.48 描述了使用整合到滤波-x 控制算法中的 LMS 算法的系统辨识示例。滤波-x 算法将滤波后的参考信号和修改后的残差信号作为输入,从而调整控制滤波器 W 的系数,并使用独立的 LMS 算法辨识受控体脉冲响应,如图下部所示。将探针信号 v 注入控制环路,并与控制滤波器的输出相加,使用标记为 $\hat{P}$ 的自适应 FIR 滤波器滤波探针信号。最后,将探针信号作为 LMS 算法的输入信号,该 LMS 算法能使 $\hat{P}$ 的系数产生自适应变化。将 $\hat{P}$ 的输出与残差

信号 e 相加形成误差信号 g,并将之作为 LMS 算法的第二个输入信号,该 LMS 算法能使 $\hat{P}$ 的系数产生自适应变化。$\hat{P}$ 的系数产生自适应变化,在最小二乘情况下将 g 中与探针 v 相关的贡献量降至最低。当 LMS 误差信号 g 与探针 v 不相关时,实现了 $\hat{P}$ 的最佳估计。定期将 $\hat{P}$ 的系数复制到滤波器中,即 $\hat{P}_{copy}$,该系数根据滤波- x 的 LMS 控制算法的要求对参考信号 r 进行滤波。

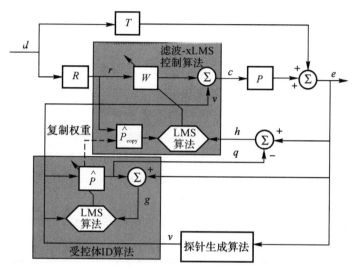

图 18.48　使用嵌入滤波- x LMS 控制器的 LMS 算法的系统辨识

根据 18.3 节"自适应数字滤波器设计"的发展,更新的受控体估算的方程式为

$$\hat{\boldsymbol{P}}(n+1) = \hat{\boldsymbol{P}}(n) + 2\mu \boldsymbol{v}(n) g(n) \tag{18.40}$$

式中

$$\left.\begin{aligned} \hat{\boldsymbol{P}}^{\mathrm{T}} &= \left[\hat{P}(0),\ \hat{P}(1),\ \hat{P}(2),\ \cdots,\ \hat{P}(I-1)\right] \\ \boldsymbol{v}^{\mathrm{T}}(n) &= \left[v(n),\ v(n-1),\ \cdots,\ v(n-I+1)\right] \end{aligned}\right\} \tag{18.41}$$

在此,在将残差信号作为受控体估计的输入前,请消除与参考信号有关的残差信号,式(18.40)中 LMS 算法的收敛行为将得到改善。可通过将参考信号和残差信号作为输入、修改后的残差信号作为输出的第三个 LMS 算法实现该这一目标。更新的方程式与式(18.40)中类似。尽管图 18.84 中未明确表明以进行清晰论证,但本章末尾处(基于无源元件的 MIMO 前馈有源机车排气噪声控制系统)所示自适应前馈控制示例就使用了该方法,并于图 18.93 中进行了说明。

能够使用图 18.48 中概述的系统辨识程序定期更新受控体模型导致注入的探针信号将增加残差信号 e。出于系统辨识这一目的,由于探针信号将主导残差传感器的响应,因此最好使用高电平探针信号,从而在较短的时间内获得准确的受控体估计。在 ANVC 系统的开环辨识过程中,一般可使用高电平探针信号。然而在闭环操作期间,因探针信号进入残差,控制滤波器所获得的性能增益将被压制,因此不可使用高电平探针信号。鉴于此,在闭环操作期间需要使用低电平(即隐蔽)探针信号①。使用低电平探针的缺点是受控体估计适应缓慢,且无法追踪在相对短的时间范围内发生的受控体变化。在这种情况下,就必须对控制算法进行调整,以

①　通常,探针信号的大小应使得残差传感器产生信号的标称值比这些传感器中的闭环信号(无探针)低 6 dB。

应对受控体模型中存在的较大不确定度,或必须考虑涉及增益规划[69]的替代策略。

当使用低电平探针时,对于受控体变化的时间常数相对于 LMS 算法的自适应时间大的系统,则有效使用了图 18.48 中的系统辨识方法。在这些情况下,可使用低电平带限"白"噪声产生探针信号。不过,固定电平的白噪声探针信号不一定是最佳选择,尤其是在白噪声探针存在下述缺点的情况下。

(1)探针信号的幅度保持不变。因而随着扰动幅度的增加,受控体滤波器的有效收敛速度将会降低。或者,当扰动相对于探针减小,则随着闭环残差信号电平的增长,收敛速度增加。

(2)探针信号的频率形状与残差信号和受控体传递函数的频率形状相互独立。因此,受控体估计的质量(如估计误差)是与频率相关的函数。这可能导致回旋音调控制系统性能的暂时损失和对宽带噪声的不均匀控制。

对于可能不适用白噪声探针的 ANVC 应用,可采用探针整形算法产生探针信号,该信号为受控体估计提供统一标称估计误差,该误差是与频率相关的函数。此外,这些算法可对解释随时间变化的扰动谱和受控体传递函数[70-72]。图 18.48 中的探针生成框图集中描述了探针的生成方法。

就图 18.48 而言,最后一个待讨论的方面就是采用控制滤波器的滤波-x LMS 算法与适用受控体估计的 LMS 算法间可能的相互作用。尤其是考虑到探针信号注入对控制滤波器收敛性的影响。请注意用于系统辨识的注入探针信号对净残差信号 e 的影响,其中,净残差信号通常与使用滤波-x LMS 算法的控制滤波器系数相适应。根据设计,探针信号的贡献量通常与参考信号 r 无关。不过,残差信号中存在探针信号将影响梯度估计中使用的瞬时残差信号,同时降低滤波-x 算法的收敛速度。因此,通过从残差 e 中减去滤波器的输出 $\hat{P}$(见图 18.48 标记 q)从而消除探针信号对残差信号的贡献量是有利的。然后使用该修正的残差信号(见图 18.48 标记 h)调整使用滤波-x LMS 算法的控制滤波器的系数。

到目前为止,一直假设可忽略所有从致动器到参考传感器的任何耦合(即耦合足够小,对系统性能和稳定性而言可忽略不计),但情况并非总是如此。一般来说,存在必须由控制算法和系统辨识算法解决的物理耦合。解决该问题的控制算法有回馈中和以及埃里克森的滤波-U 算法,这两种算法在前面的章节中均进行了讨论。埃里克森和阿利就包括并发系统辨识的完全自适应滤波-U 算法进行了讨论[61]。在某些情况下,由于到参考信号的物理耦合过强以致耦合的电子消除可能无效,必须采用其他方法以使物理耦合最小,例如使用定向参考传感器并选用替代传感器。

图 18.49 所示为前馈系统中的探针信号注入,为使该前馈路径的影响最小,该系统包含从控制器输出到参考输入的耦合 C 和控制器中的中和滤波器 $\tilde{C}$。若使用参考信号代替残差信号,则耦合传递函数 C 的开环辨识过程与上述确定 P 的过程相同。这样,只要探针信号与扰动无关,便可在开环操作期间获得耦合传递函数的无偏估计。但是,在闭环操作期间,从探针信号到残差和参考传感器的传递函数不再提供对 P 和 C 的无偏估计。相反,这些传递函数包括由耦合传递函数、中和滤波器和控制滤波器组成的回馈回路相关的回路增益。

根据图 18.49 的术语,由下式得出这些传递函数为

$$G_e = \frac{S_{vr}}{S_{vv}} = \frac{-P}{1-(C-\tilde{C})W}, \quad G_r = \frac{S_{vr}}{S_{vv}} = \frac{-C}{1-(C-\tilde{C})W} \tag{18.42}$$

G_e 和 G_c 表达式的分子中包含以往的 P 和 C 的传递函数,在分母中包含反馈环路的影响。

可通过估计从探针信号到控制器输出信号 c 的传递函数分离分母项。由下式得出该传递函数：

$$G_c = \frac{S_{vc}}{S_{vv}} = \frac{1}{1-(C-\widetilde{C})W} \tag{18.43}$$

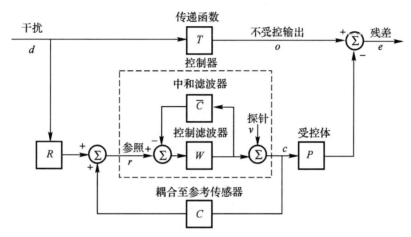

图 18.49　含耦合至参考传感器和反馈中和滤波器的前馈系统中的探针信号注入

此外可通过组合式(18.42)和式(18.43)获得受控体和耦合传递函数的渐近无偏估计，即

$$\hat{P} = \frac{-G_e}{G_c} = P, \quad \widetilde{C} = \frac{G_r}{G_c} = C \tag{18.44}$$

该种闭环辨识的方法被称为联合输入输出法[73]。可通过估计式(18.42)和式(18.43)中的互功率谱，并采用方程式(18.44)比率估计频域中的 P 和 C。或者，可使用多嵌入 LMS 算法在逐个样本的基础上调整 P 和 C 的估计。

已就具有反馈至参考传感器的前馈系统的接头输入输出法进行了讨论，该方法为适用于传统反馈系统的普遍方法。因此，该并行系统辨识方法可用于实现全自适应前馈和反馈控制系统。此外，该方法同样适用于开环和闭环操作。可在贝尔克曼等[74]、柯蒂斯等[75]、贝尔克曼和本德[76]的论述中发现当应用于主动机械支架时，将该方法用于系统辨识的全自适应反馈控制系统的示例。此处，在 18.7 节"主动机械隔离"中对该示例进行介绍。

18.4.6　MIMO 系统扩展

到目前为止，方程式和示例中仅考虑了 SISO 控制器。在很多情况下，需要设计能够处理多输入和/或多输出的控制器。本章内容中并不包括 MIMO 系统设计的所有问题，仅在此简要介绍最优 MIMO 控制滤波器的设计算法。

如图 18.50 所示，定义 MIMO 系统的概念，其中将 K 个参考信号 r 用于控制滤波器，随后依次产生 M 个输出信号 u，从而驱动被控系统上的致动器。该系统有 L 个监控系统性能的控制传感器。由于图 18.50 的各框图中含多个输入和多个输出，框图 $B(\omega),W(\omega)$ 和 $P(\omega)$ 中的变量不再表示标量传递函数，而必须是传递函数矩阵。例如，如果存在 M 个驱动受控体的致动器和 L 个监控系统响应的控制传感器，则传感器和致动器间的受控体传递函数 $P(\omega)$ 成为传递函数矩阵 $\boldsymbol{P}(\omega)$：

$$\boldsymbol{P}(\omega) = \begin{bmatrix} P_{11}(\omega) & P_{12}(\omega) & \cdots & P_{1M}(\omega) \\ P_{21}(\omega) & & & \vdots \\ \vdots & & & \vdots \\ P_{L1}(\omega) & \cdots & \cdots & P_{LM}(\omega) \end{bmatrix} \tag{18.45}$$

式中,$P_{nm}(\omega)$ 为传感器输出 n 和致动器输入 m 间的频率响应函数。

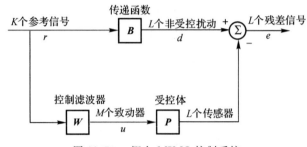

图 18.50　概念 $MIMO$ 控制系统

在式(18.24)中,根据 $\boldsymbol{W}(\omega) = \boldsymbol{P}(\omega)^{-1}\boldsymbol{B}(\omega)$ 定义了音调扰动的最优 SISO 控制滤波器。结果表明,如果受控体的传递函数为方阵,即 $L = M$,则可根据类似表达式得出最优 MIMO 控制滤波器:

$$\boldsymbol{W}(\omega) = \boldsymbol{P}(\omega)^{-1}\boldsymbol{B}(\omega) \tag{18.46}$$

对于 K 行和 L 列组成的大多数受控体非方矩阵而言,除用受控体矩阵的伪逆代替常规逆外,可适用相同的表达式,有

$$\boldsymbol{W}(\omega) = [\boldsymbol{P}(\omega)]^{\#}\boldsymbol{B}(\omega) \tag{18.47}$$

讨论可根据下式得出受控体伪逆 $\boldsymbol{P}(\omega)^{\#}$,即

$$\boldsymbol{P}^{\#} = \begin{cases} \{\boldsymbol{P}^{H}\boldsymbol{P}\} - 1\boldsymbol{P}^{H}, & K \leqslant L \\ \boldsymbol{P}^{H}\{\boldsymbol{P}\boldsymbol{P}^{H}\} - 1, & K > L \end{cases}$$

式中,$[\cdot]^{H}$ 表示矩阵的复共轭转置。因为对于宽带扰动,式(18.47)可导致非因果控制滤波,所以需要将因果约束应用于 MIMO 滤波器设计过程,该过程与 18.4 节"最优控制滤波器估计"中应用于 SISO 案例的因果约束类似。遗憾的是,最优 MIMO 控制滤波器的直接估计方程式的推导非常复杂,并不属于本章的讨论范围。有兴趣的读者请参阅参考文献[77]。

值得庆幸的是,MIMO 滤波-x 算法比 MIMO 直接估计算法更为简单,且已由尼尔森和艾略特提出了方程式[16,67]。可根据下式得出所需的最小化残差:

$$e_l(n) = d_l(n) - \sum_{m=1}^{M}\sum_{j=0}^{J-1}P_{lmj}u_m(n-j) \tag{18.48}$$

式中　　P_{lmj}——将第 i 个传感器输出与第 m 个致动器输入相关联的受控体传递函数的第 j 个滤波器系数;

　　　　M——致动器的数量;

　　　　J——用数字表示的受控体传递函数的长度;

　　　　u_m——根据方程式所示,由 K 个参考信号驱动的控制滤波器的第 m 个输出,且有

$$u_m(n) = \sum_{k=1}^{K}\sum_{i=0}^{I-1}w_{mki}r_k(n-i) \tag{18.49}$$

在该方程式中,w_{mki} 是将第 m 个致动器驱动信号与第 k 个参考信号相关联的控制滤波器的第 i

个系数，I 为各控制滤波器的长度，r_k 为第 k 个输入至控制滤波器的参考信号。根据下式得出各控制滤波器系数的 MIMO 滤波-x 更新方程式：

$$w_{mki}(n+1) = w_{mki}(n) + 2\mu \sum_{l=1}^{L} e_l(n) q_{lmk}(n-i) \tag{18.50}$$

式中，$w_{mki}(n)$ 是连接参考 k 和致动器 m 的控制滤波器的第 i 个滤波器系数的现有估计，$w_{mki}(n+1)$ 是新的估计，且

$$q_{lmk}(n) = \sum_{j=0}^{J-1} P_{lmj} r_k(n-j) \tag{18.51}$$

　　式（18.50）是多参考、多传感器和多致动器的 MIMO 滤波-x 控制滤波器的更新方程式。由于根据受控体传递函数滤波后的残差和参考的乘积更新系数，因此更新方程式在形式上（控制传感器求和的情况除外）与 SISIO 情况相似。这是可以实现简易、高效计算的一般形式，因此其已成为了前馈应用中极为常用的 MIMO 算法。此外，它也适用于反馈系统，这将在下章进行讨论。

18.5　反馈控制系统

18.5.1　基本架构

　　图 18.51 所示框图为 SISO 反馈控制系统的基本架构。该框图可能源于图 18.52 所示的概念物理系统。物理系统由二阶振荡器和控制传感器（例如加速度计）组成，以监测物体运动。此外，系统还包括控制致动器，通过向物体施加力来控制其运动。在框图中，残差 e 是残差传感器的输出信号。将该输出馈送到控制滤波器，如框图 W 所示。由控制滤波器输出驱动用于控制物体运动的致动器。

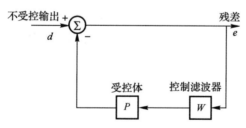

图 18.51　基本反馈架构

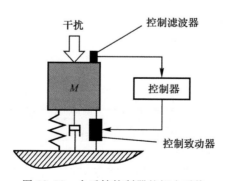

图 18.52　含反馈控制器的概念系统

框图中的受控体传递函数 P 与控制滤波器信号相关,该信号驱动致动器至残差传感器输出。在图 18.51 中,控制滤波器以减少其输入的方式驱动致动器,而在前馈系统中则与之不同,控制滤波器的输入是扰动相关的参考信号。在某种意义上,可将反馈控制系统视为前馈系统,其中参考和控制(残差)传感器相同。

可由下式得出闭环响应的解:

$$e(\omega) = \{1 + P(\omega)W(\omega)\}^{-1}d(\omega) \tag{18.52}$$

显然,如果 $PW \gg 1$,则残差很小,而在极限情况下,残差振幅将变为

$$e(\omega) = \{P(\omega)W(\omega)\}^{-1}d(\omega) \tag{18.53}$$

PW 为环路增益量,残差振幅将与环路增益成反比。因此,如果环路增益足够大,反馈控制器将获得良好的性能。此外,当环路增益较大时,PW 的相位对性能影响不大,因此如果控制滤波器稍微偏离其设计目标,也只会对性能产生最低程度的影响。

上述讨论令反馈控制滤波器的设计变得简单。遗憾的是,出于稳定性方面的考虑,不能无限制地增加环路增益。在备用次优控制滤波器估计中将对稳定性问题进行更全面的讨论,其中就有对反馈控制滤波器设计的补偿器-调节器方法的讨论。

18.5.2　最优控制滤波器

关于最优反馈控制器设计的文献很多,本章因篇幅原因,无法尽述。在此主要讨论两种方法——最优方法和次优方法,每种方法都为 SISO 或 MIMO 控制器的设计提供了工具。此处不对常被称为现代最优控制理论的方法集进行讨论。这些方法虽然在受控体动态分析模型可用时为控制滤波器设计提供了强有力的工具,但当仅有受控体动态测量数据可用时,并不特别适用于此类问题。虽然可使用曲线拟合技术获得近似测量数据的分析模型,但如果系统模型的声阶(状态数目)过大,很多此类技术便开始失效。有关该领域技术的示例,感兴趣的读者可参阅参考文献[78]～[81]。

本节主要讨论尤拉变换或内部模型公式。通过选择特定的反馈架构,尤拉变换可将反馈问题转化为前馈问题,使得 18.4 节中的前馈控制滤波器设计技术可用于反馈。此外,由于将该系统有效地转换为了前馈系统,只要使用了该受控体的精确数字模型,便可确保所得系统的稳定性。

图 18.53 所示为尤拉变换的简化框图。图中,在控制滤波器附近插入了第二个反馈环路。在第二个环路中,插入了一个近似受控体传递函数的数字滤波器。由于在控制滤波器中插入了受控体数字模型,因此在该方法中,为了表达更为精确,通常使用"术语内部模型"一词。

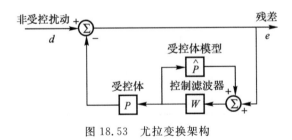

图 18.53　尤拉变换架构

通过对反馈系统的架构做出该种变更,已将方程式(18.52)所示传递函数修改如下:

$$e(\omega) = \{1 - \hat{P}(\omega)W(\omega)\}\{1 + (P(\omega) - \hat{P}(\omega))W(\omega)\}^{-1}d(\omega) \qquad (18.54)$$

请注意,如果 $\hat{P}$ 与 P 为最佳匹配,则方程式(18.54)可简化为

$$e(\omega) = \{1 - \hat{P}(\omega)W(\omega)\}d(\omega) \qquad (18.55)$$

式(18.55)是关于前馈系统的残差方程式,其框图如图 18.54 所示。如果将传递函数 $B(\omega)$ 设置为 1,则所得的框图与图 18.31 中的前馈框图相同。因此,实际上 18.4 节中所有控制滤波器设计方程式均可用于反馈系统,尤其是当 $B(\omega) = 1$ 时,便可将尤拉变换用于该系统。根据式(18.24),非因果控制过滤器变为

$$W(\omega) = \hat{P}^{-1}(\omega) \qquad (18.56)$$

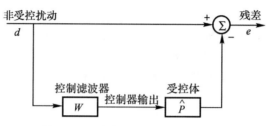

图 18.54　尤拉变换产生的前馈系统

就滤波-x 算法而言,可通过仅将方程式中的参考时序 $r(n)$ 变为图 18.54 中的扰动时序 $d(n)$,将式(18.35)和式(18.36)用于尤拉变换反馈系统,则有

$$w(n+1) = w(n) + \mu e(n)\mathbf{u}(n) \qquad (18.57)$$

式中,$w(n+1)$ 是滤波器系数的新向量,$w(n)$ 则是旧向量。

$$\mathbf{u}(n) = \begin{bmatrix} u(n) \\ u(n-1) \\ \vdots \\ u(n-N_w+1) \end{bmatrix}, \quad u(n) = \sum_{m=0}^{N_w-1} \hat{P}(m)d(n-m)$$

$\hat{P}(m)$ 是受控体频率响应函数 $\hat{P}(\omega)$ 中 FIR 滤波器表示的第 m 个滤波器系数。

可使用直接估计法确定含因果约束的最优前馈控制滤波器的方程式,且可仅通过将扰动 d 换为参考 r 使用该方程式。在这种情况下,受影响的是方程中的自功率谱和互功率谱。对式(18.30)式(18.31)进行修改,得到一个有 N 个抽头的控制滤波器,有

$$\begin{bmatrix} W_0 \\ W_1 \\ \vdots \\ W_{N-1} \end{bmatrix} = \begin{bmatrix} C_0 & C_{-1} & \cdots & C_{1-N} \\ C_1 & C_0 & \cdots & C_{2-N} \\ \vdots & \vdots & & \vdots \\ C_{N-1} & C_{N-2} & \cdots & C_0 \end{bmatrix}^{-1} \begin{Bmatrix} A_0 \\ A_1 \\ \vdots \\ A_{N-1} \end{Bmatrix} \qquad (18.58)$$

式中,矩阵方程式中的系数变为

$$A_p = \mathrm{Re}\left\{ \int_{\omega_1}^{\omega_2} P S_{dd}\, \mathrm{e}^{-\mathrm{j}p\omega\Delta t}\, \mathrm{d}\omega \right\}$$

$$C_{p-m} = \mathrm{Re}\left\{ \int_{\omega_1}^{\omega_2} \{\mid P^2 \mid + \alpha^2\} S_{dd}\, \mathrm{e}^{-\mathrm{j}(p-m)\omega\Delta t}\, \mathrm{d}\omega \right\} \qquad (18.59)$$

式中　　$p, m = 0, 1, \cdots, N-1$;

　　　　S_{dd} —— 扰动自功率谱;

a^2——控制力计权因数。

对 MIMO 系统来说，18.4 节"MIMO 系统扩展"的方程式可根据尤拉反馈架构中的 MIMO 控制器设计做出类似调整。

只有当 $\hat{P}=P$ 时，才将反馈系统的式(18.54)转化为前馈系统的式(18.55)。因此，人们期望受控体传递函数的数字表示必须相当精确。若精确度不足，且受控体模型中出较大误差：

$$\{1+(P(\omega)-\hat{P}(\omega))W(\omega)\}^{-1} \tag{18.60}$$

则该方程式可能会产生不稳定。如果用 $E(\omega)$ 表示受控体实体和数字表示间的差异，则式(18.60)变为

$$\{1+E(\omega)W(\omega)\}^{-1} \tag{18.61}$$

确保反馈系统保持稳定的简单标准是要求控制器运行处的所有频率符合：

$$|E(\omega)W(\omega)|<1 \tag{18.62}$$

式中，$|\cdot|$ 表示绝对值。此外，还可将之简化为 $|E(\omega)W(\omega)|=|E(\omega)||W(\omega)|$。因此，可为受控体模型的最大允许误差设置一个简单标准：

$$|E(\omega)|=|\hat{P}(\omega)-P(\omega)|\leqslant\frac{\beta}{|W(\omega)|}, \quad 0<\beta<1 \tag{18.63}$$

该标准适用于控制系统运行处的所有频率，并由 β 提供一定的稳定裕度。例如，如果 $\beta=0.1$，则方程式(18.63)将提供至少 20 dB 的稳定裕度。这是一个非常简单的标准，只要求知道控制滤波器的振幅是与频率相关的函数，而无需知道相位信息。不过，该标准也非常保守，即违反该标准的系统也并非一定是不稳定的。确定稳定性的更精确的方法是采用奈氏判据，这将在下一节进行讨论。请注意，基于矩阵 $[E(\omega)]$ 和 $[\hat{P}(\omega)]$ 的最大奇异值，可行成类似的 MIMO 系统用标准。感兴趣的读者请参阅参考文献[80][81]。

18.5.3　备用次优控制滤波器估计

1. 补偿器-调节器架构

使用补偿器-调节器方法设计的反馈控制器虽然只能产生次优系统，但通过将控制滤波器分解成两个级联滤波器，可以提供对控制器功能的有用分析，如图 18.55 所示。补偿滤波器被设计成与受控体逆模型近似，可在一定的频率范围内补偿其幅度和相位，我们称为补偿频带。因此，如果补偿滤波器为

$$G(\omega)\approx P(\omega)^{-1} \tag{18.64}$$

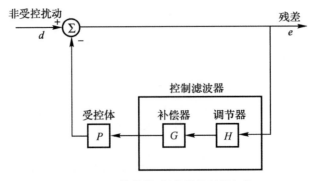

图 18.55　补偿器-调节器控制器架构

根据式(18.52)我们可得出结论,闭环残余响应 $e(\omega)$ 与以下公式给出的扰动 $d(\omega)$ 有关,即

$$\frac{e(\omega)}{d(\omega)} = \frac{1}{1 + H(\omega)} \qquad (18.65)$$

式中,$H(\omega)$ 为调节滤波器。如该方程式所示,为了减少残差,$|H(\omega)| \gg 1$。当 $|H(\omega)| \gg 1$ 时,有

$$\frac{e}{d} = \frac{1}{II(\omega)} \ll 1$$

当 $|H(\omega)| \ll 1$ 时,有

$$\frac{e}{d} = 1$$

因此,调节滤波器应设计成在需要进行控制的频率下(调节频带)使其幅度或环路增益较大,而在不需要进行控制的频率下使其幅度或环路增益较小。正如我们将在下一节中看到的,其诀窍是降低 $H(\omega)$ 的幅度和相位,以保持稳定性,并避免噪声放大过度超出调节频带。

2. 调节滤波器设计

超过 $|H(\omega)| \gg 1$ 的频率范围被称为调节频带。为确保当 $H(\omega)$ 的幅度减小到调节频带范围外时的稳定性,$H(\omega)$ 的相位在幅度小于1之前不应超过 $180°$。这一要求根据奈奎斯特稳定性准则确定。

如果要使用奈奎斯特准则,必须在相位平面上描绘出环路增益或信号在反馈环路周围传播时幅度和相位的变化。在式(18.65)中,$H(\omega)$ 为环路增益。在相位平面中,环路增益的实部绘制在水平轴上,虚部绘制在垂直轴上,如此,随着频率的变化,在二维空间中将绘制出一条曲线,如图 18.56 所示。在相位平面中,从原点到曲线上某一点的半径表示环路增益在某一特定频率下的幅度,半径与正水平轴的夹角为相位角。图 18.56 给出了环路增益为 $H(\omega)$ 的情况。在这里我们将不提供任何关于奈奎斯特准则的证明,而只是对它的应用加以简单说明。感兴趣的读者可以在控制理论文献中找到关于奈奎斯特准则的详细讨论[56,82]。

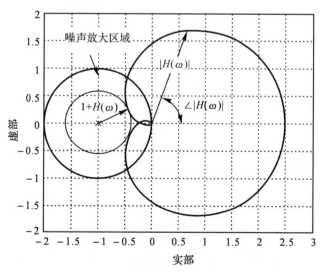

图 18.56　相位平面中稳定性和噪声放大要求

为了应用奈奎斯特准则，当频率 ω 从 $-\infty$ 变化到 ∞ 时，只需在相位平面上绘制 $H(\omega)$ 并计算 -1 被环绕的次数即可。在大多数情况下，该数等于 $\{1+H(\omega)\}^{-1}$ 的不稳定极点的数量。图 18.56 显示了相位平面中概念 $H(\omega)$ 的奈奎斯特图。当 $H(\omega)$ 的相位小于 $180°$ 但幅度大于 1 时，在特定频率下的幅度和相位如图 18.56 所示。图中，随着频率的增加和 $H(\omega)$ 的相位接近 $180°$，幅度减小到 1 以下，满足准则要求。如图所示，这确保了 $H(\omega)$ 的曲线不会环绕 -1，并确保了系统的稳定性。

图 18.56 中，当 $H(\omega)$ 的相位为 $180°$ 时，幅度约为 0.2，适度增益裕度约为 14 dB。这意味着在反馈控制系统变得不稳定之前，$H(\omega)$ 的幅度会高出 14 dB。同理，当 $H(\omega)$ 的幅度为 1 时，相位约为 $120°$，相位裕度为 $60°$，这意味着在系统变得不稳定之前，相位会增加约 $60°$。

为了确保 $H(\omega)$ 的幅度减小到调节频带范围外时不会出现噪声放大，相位平面上描绘的 $H(\omega)$ 曲线不应经过以 -1 为中心的单位半径圆。这最后一个要求也如图 18.56 所示。图中，$H(\omega)$ 的轨迹经过了单位圆，这表明会发生一定程度的噪声放大。

虽然相位平面环路增益图可以用于估计噪声放大，但尼柯尔斯图可以提供更直接的信息。图 18.57 所示为尼柯尔斯图。图中，环路增益的相位绘制在垂直轴上，幅度绘制在水平轴上。图中虚曲线为二阶滤波器的环路增益。图中等值线表示噪声放大量。当虚曲线穿过其中一条等值线时，具有环路增益的反馈系统的噪声放大分贝即为等值线上的数字。例如，图 18.57 显示，具有虚曲线给出的环路增益的二阶滤波器的噪声放大永远不会大于 0 dB。事实上，对奈奎斯特图和尼柯尔斯图进行的简单检查表明，任何相位限制为 $\pm90°$ 的滤波器（如二阶滤波器），置于反馈回路时，在噪声放大为 0 dB 的情况下始终是稳定的。

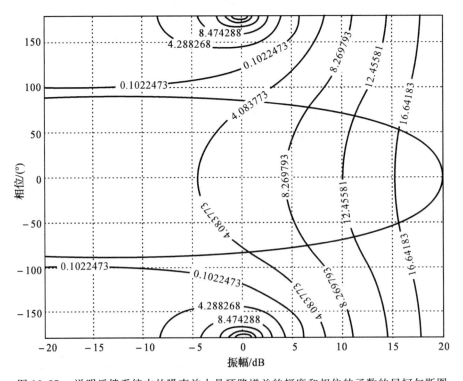

图 18.57 说明反馈系统中的噪声放大是环路增益的幅度和相位的函数的尼柯尔斯图

滤波器的形式为

$$H(\omega) = K\left\{\frac{j(\omega/\omega_0)}{(1 - (\omega/\omega_0)^2 + j\eta\omega/\omega_0)}\right\}$$

式中,ω 为频率,其他项为常数。

以上讨论均假定 $P(\omega)$ 为准确测量值,并且存在 $P(\omega)^{-1}$ 的良好因果表示。然而,如果 $P(\omega)^{-1}$ 的因果表示不完全,则控制器中的环路增益将不仅仅是 $H(\omega)$,而是 $P(\omega)G(\omega)H(\omega)$。同样的稳定性和噪声放大准则也适用于这种改进的环路增益。因此,可能需要为 $H(\omega)$ 设计更大的增益和/或相位裕度以保持稳定性,但这有可能导致性能下降。此外,补偿不完全的系统也会增加噪声放大量。

另一个考虑因素是频带,在该频带上,补偿滤波器 $G(\omega)$ 必须是 $P(\omega)^{-1}$ 的良好表示。一般而言,补偿带宽必须远远大于调节带宽,以确保稳定性和控制噪声放大量。为了确定所需的补偿带宽,我们首先应考虑噪声放大量。其基本方法是,在 $H(\omega)$ 足够小前一直补偿受控体,使得受控体的未补偿变化 $P(\omega)$ 与混叠补偿滤波器 $G(\omega)$ 的相乘不会导致噪声放大量大于规定值。如果 $P(\omega)$ 的测量值远超过补偿带宽,则可以绘制适用于 $P(\omega)G(\omega)H(\omega)$ 的与图 18.56 所示类似的奈奎斯特图,并以与图中所示相同的方式确定备用补偿带宽的噪声放大量。但可惜的是,在如此宽的带宽上,很少能找到关于受控体的信息,因此,必须利用安全裕度来设计稳健性。例如,假设仅允许 2 dB 的噪声放大量。为了使其对于任何相位角都成立,调节滤波器的幅度必须满足 $|H(\omega)| < 0.206(-14 \text{ dB})$。如果未补偿的受控体变化有 6 dB 的安全裕度,在调节滤波器降至 -20 dB 前必须补偿受控体。如果我们设计的调节滤波器在残差上有 10 dB 的性能降低,则在调节频带中 $H(\omega)$ 必须具有至少 10 dB 的幅度。因此,在 $H(\omega)$ 的幅度从其最大值减少 30 dB 之前,需要补偿受控体超出调节频率的频率。由于我们绝不允许 $H(\omega)$ 随频率的增加而减小太快(否则将导致不稳定),因此由此产生的补偿带宽很容易超过调节带宽的 100 倍。

为了说明这些概念,我们将分别列举窄带控制和宽带控制两种示例,在这两种情况下,我们均假设补偿为完全补偿。对于窄带情况,可选择

$$H(\omega) = K\frac{j\omega/\omega_0}{1 - (\omega/\omega_0)^2 + j\eta(\omega/\omega_0)} \tag{18.66}$$

式中,K 和 η 为常数;$\omega = 2\pi f$,f 为频率,单位为 Hz。式(18.66)适用于增益接近 $\omega = \omega_0$ 的窄带调节滤波器。图 18.58 所示为 $\eta = 0.1$ 和 $K = 1$ 的频率响应。在中心频率上,该滤波器将提供大约 20 dB 的环路增益,因此,我们预计在残差上约 20 dB 的减少。此外,如上所述,滤波器的相位限制在 $\pm 90°$ 以内,因此,当置于反馈回路中时,将在 0 dB 的噪声放大情况下保持稳定。

图 18.59 显示了在反馈回路中通过这种调节滤波器减少的残差。系统的频率响应看起来像陷波滤波器,在约为中心频率 f_0 的 5% 的带宽上噪声降低了约 20 dB。正如我们所预期的,没有出现波段外噪声放大。

这些估计均假定对系统的补偿是完全补偿,并且对于所有频率,$G(\omega) = P(\omega)^{-1}$。在现实中,我们需要定义一个实际的范围,在此范围内,我们将测量受控体,设计补偿滤波器的工作。补偿频带频率的延伸应能使调节滤波器增益足够小,以确保无论引入何种未补偿受控体相位,噪声放大量都不会超过设计值(例如 2 dB)。早前我们已经确定,如果 $|H(\omega)| < 0.206(-14$

dB),则满足该准则。考虑到补偿逐渐结束时可能增加的环路增益,通过将该值额外降低 2 倍 (6 dB),我们提供了一些裕度。因此,在调节滤波器的幅度降低至 -20 dB 之前,将一直补偿受控体。从图 18.58 我们可以看出,补偿带宽必须从约 $0.1f_0$ 延伸到约 $10f_0$ 或 $20f_0$。这比控制带宽大得多。

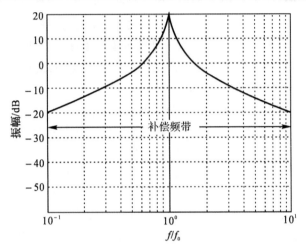

图 18.58　窄带调节滤波器

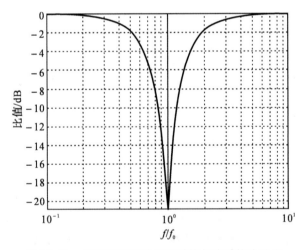

图 18.59　窄带调节滤波器的受控与非受控残差比

图 18.59 所示的带宽和降噪可以通过改变调节滤波器的参数来调整。例如,在图 18.59 中,增大 η 将增加带宽,但会降低反馈系统的降噪性能,这实质上是在加宽陷波并减小其深度。图中,增加 K 将提高降噪性能,从而实质上加宽陷波,但这要求补偿受控体到更高的频率以控制噪声放大量。

对于宽带控制,可使用二阶带通滤波器作为调节滤波器,则有

$$H(\omega) = Kb\left[\frac{j(\omega/\omega_0)}{(j\omega/\omega_0 + a)(j\omega/\omega_0 + b)}\right] \tag{18.67}$$

式中，ω_0 为滤波器的中心频率。

$K=3$、$a=0.1$、$b=10$ 的滤波器的频率响应如图 18.60 所示。该滤波器（未显示）的相位也被限制在 $\pm 90°$ 范围内，因此，如果对受控体进行适当补偿，系统将在无噪声放大的情况下保持稳定。采用该调节滤波器的反馈系统的降噪性能如图 18.61 所示。图中显示，在 $0.12f_0 < f < 8f_0$ 的情况下，噪声降低约 10 dB 或更多。图中还显示，在调节频带以上和以下均不存在预期的波段外噪声放大。

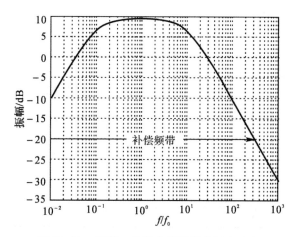

图 18.60　宽带二阶调节滤波器的频率响应

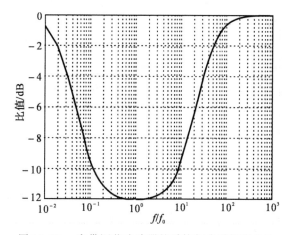

图 18.61　宽带调节滤波器的受控与非受控残差比

上述计算的基础是基于受控体已得到完全补偿的假设。对于窄带情况，补偿频带频率的延伸应能使调节滤波器增益足够小，以确保无论什么相位，噪声放大量都不会超过 2 dB。早前我们已经确定，如果 $|H(\omega)| < 0.206(-14\ dB)$，则满足该准则。考虑到补偿逐渐结束时可能增加的环路增益，通过将该值降低 2 倍（6 dB），我们提供了一些裕度。因此，在调节滤波器的幅度降低至 -20 dB 之前，将一直补偿受控体。从图 18.60 我们可以确定，补偿频带必须延伸到 $300f_0$，或几乎是调节频带中最高频率的 40 倍。因为这是一个很宽的频带，可以提供很好的补偿，所以如果我们使用更高阶的滤波器来检查会发生什么将会很有趣。由于与高阶调节

滤波器相关联的环路增益会随着频率而更快地降低,因此补偿频带应该更窄。例如,如果简单地将式(18.67)中二阶滤波器的频率响应函数加以二次方,我们将得到一个四阶滤波器,即

$$H(\omega) = Kb \left[\frac{\mathrm{j}(\omega/\omega_0)}{(\mathrm{j}\omega/\omega_0 + a)(\mathrm{j}\omega/\omega_0 + b)} \right]^2 \qquad (18.68)$$

该滤波器的频率响应函数如图 18.62 所示,这表明该滤波器比二阶滤波器滤波速度快得多,而此时补偿频带应延伸到约 $50f$ 而不是 $300f$。然而,这种更高的滤波速度是有代价的。图 18.63 的奈奎斯特图和尼柯尔斯图以及图 18.64 的降噪性能图说明了这种代价。奈奎斯特图表明,系统比较稳定但由 $H(\omega)$ 形成的曲线经过了噪声放大区域。尼柯尔斯图表明,预期的噪声放大量应为 2.5 dB 左右,如图 18.64 所示。最后,由于高阶滤波器的滤波速度更快,使得降噪大于或等于 10 dB 的调节频带略有减小。通过改变滤波器频率响应函数中的参数值(同时增加补偿带宽和噪声放大),可以解决降噪性能和调节带宽问题。然而,这种高阶滤波器产生的噪声放大现象即使在完全补偿的情况下也会发生,这是选用低阶滤波器的真正原因。

3. 补偿滤波器

设计补偿滤波器的方法有很多。在这里,我们将对如 18.4 节所述的前馈控制滤波器设计技术加以检查,以设计出一个收敛于受控体逆模型的控制滤波器。这种方法的概念说明见图 18.65 的前馈控制架构。图中,受控体 $P(\omega)$ 和补偿滤波器 $G(\omega)$ 为串联,扰动和残差为同一函数,即图 18.31 的简化前馈架构中的传递函数 $B(\omega)$ 为 1。利用这种方案,控制滤波器设计算法将尝试使 $G(\omega)P(\omega) = 1$ 或 $G(\omega) \approx P(\omega)^{-1}$。直接估计和过滤- x 设计工具都可以用于解决这个问题,并且可以确定 MIMO 和 SISO 受控体的逆模型。

示例 18.3 为了说明这种方法,我们定义了如图 18.66 所示的概念悬挂质量定位系统。质量可能是与船舶平台隔振的机械。例如,对于远高于 ω_0 的频率,该质量下的悬挂系统会由于机器的不平衡振动而减少对平台的激励。我们的定位系统能防止机器在船舶遇到大浪时撞击平台。该系统中,测量的机器和平台之间的相对位移被用作控制器的输入。反过来,控制器会产生一个控制力,以使该相对偏差最小化,使机器和平台不接触。控制力可由平台与机器之间的惯性振动器或结构间振动器产生。

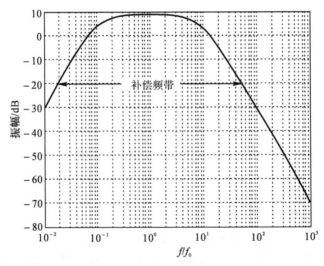

图 18.62 宽带四阶调节滤波器的频率响应

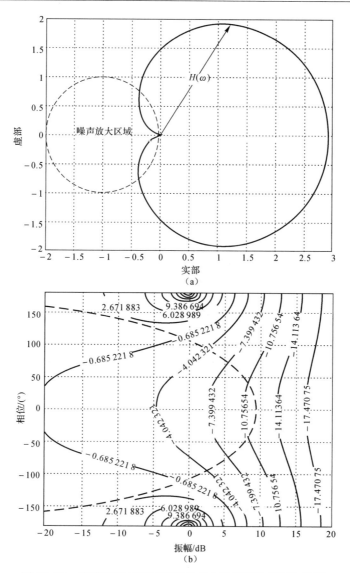

图 18.63　宽带四阶调节滤波器的奈奎斯特图和尼柯尔斯图

（a）奈奎特图；（b）尼柯尔图

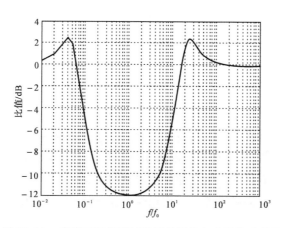

图 18.64　宽带四阶调节滤波器的受控与非受控残差比

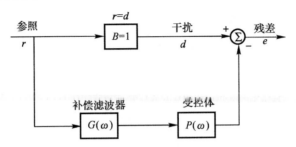

图 18.65　估计受控体逆模型用前馈架构

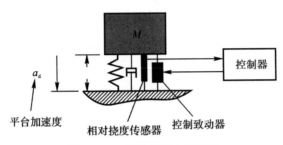

图 18.66　概念反馈定位系统

该系统的受控体，即平台和机器之间的相对挠度与致动器力的比值由以下公式给出，即

$$P(\omega) = \frac{1}{M\omega_0^2[1-(\omega/\omega_0)^2+\mathrm{j}(\omega/\omega_0)\eta]} \tag{18.69}$$

式中　　ω_0——悬架上质量的固有频率；

　　　　η——系统的损失因数。

概念定位系统的反馈控制系统框图如图 18.67 所示。

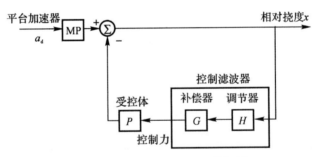

图 18.67　概念反馈定位系统框图

我们将使用的参数值为 $f_0 = \dfrac{\omega_0}{2\pi} = 25$ Hz，$\eta = 0.1$。

对于此计算，我们将不使用任何抗混叠或重建滤波器，而是依赖于受控体本身提供低通滤波。如果要使用任何额外的低通滤波，应将这些滤波器的频率响应简单地包含在受控体中，因为补偿滤波器也必须补偿这些部件的幅度和相位变化。与简单的概念系统相比，实际系统具有更复杂的高频响应，我们可能无法不使用抗混叠和重建滤波器，但在这里我们列举了不使用它们的简单示例。最后，我们必须考虑采样保持 D/A 转换器引发的半采样间隔时延。我们简单地把该间隔时延包含在受控体的频率响应函数中。

对于调节滤波器,我们将使用适用于式(18.67)的二阶宽带滤波器,参数为 $K=3, a=0,$ $b=10, f_0=\dfrac{\omega_0}{2\pi}=1$。

这些参数使得调节滤波器具有图 18.68 所示的低通特性。该滤波器的标称环路增益为约 10 dB 到约 10 Hz。

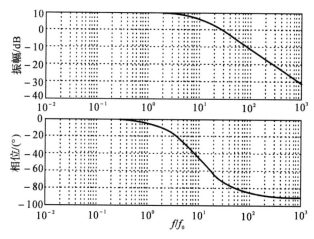

图 18.68　调节滤波器的幅度和相位

根据图 18.60 的结果,我们知道补偿频带需要扩展到调节频带中最高频率的 40 倍左右,或者扩展到 400 Hz。由于我们不期望能设计出直接达到奈奎斯特频率(采样率的一半)的有效补偿滤波器,因此我们将留出一定安全裕度,并使用 1 000 Hz 的采样率,从而得到 500 Hz 的奈奎斯特频率。图 18.65 中的系统,使用了第 18.4 节中的直接估计滤波器设计技术,据此我们了解,50 抽头补偿滤波器 $G(\omega)$,当乘以受控体传递函数时,其结果如图 18.69 所示。如果滤波器为完全补偿器,则 $G(\omega)P(\omega)$ 的幅度为 1,相位为零。

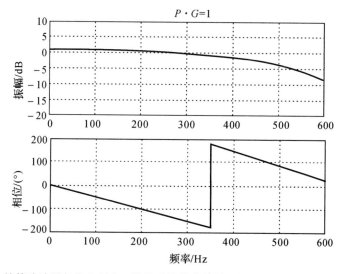

图 18.69　补偿滤波器与作为频率函数的受控体传递函数{$G(\omega)P(\omega)$}乘积的振幅和相位

由图18.69可以看出，几乎一直到奈奎斯特频率，幅度都非常接近于 $1\ dB$[①]。然而，在300 Hz 时，相位几乎达到 $180°$，这表明，由于补偿不完全，我们应预期一些噪声放大。这种预期在图18.70 的尼柯尔斯图和图18.71 的降噪性能图中得到了证实，这两个图均显示了略大于 2 dB 的噪声放大。图18.70 所示的奈奎斯特图也表明系统是稳定的。图18.71 所示的降噪性能表明，在大于 10 Hz 时，达到了 10 dB 的降噪。

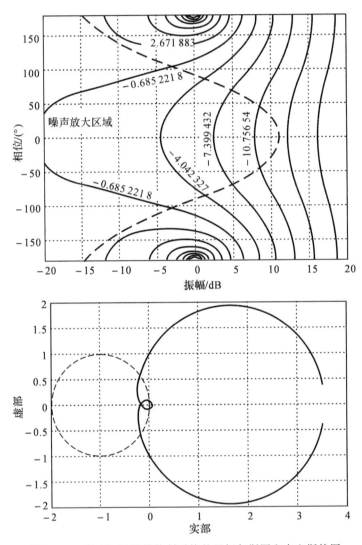

图18.70　图18.67 反馈控制系统的尼柯尔斯图和奈奎斯特图

　　这个示例说明了反馈控制系统是如何对硬件提出苛刻的要求的，这通常比前馈系统的要

---

　　① 　注意，在使用直接估计法计算前束补偿滤波器时，有时需要在图18.65 的框图中加入一个短间隔时延，以处理受控体中不可补偿的间隔时延。设 $B(\omega)=\mathrm{e}^{-\mathrm{j}\omega\lambda T}$ 而不是 $B(\omega)=1$。式中，T 为采样周期；λ 为常数，表示采样周期中的延期长度。当在补偿器中引入相位误差时，采用这种方法的受控体补偿器往往比不引入延迟的更适用。对于本书所研究的情况，使用 λ 约 1.5 可获得最佳结果。

求苛刻得多。在这种情况下,要在 10 Hz 的范围内实现 10 dB 的降噪,采样率需达到 1 kHz,比调节带宽高 100 倍。调节带宽和补偿带宽之间的这种巨大因数并不少见,这也是前馈系统常常比反馈系统更受青睐的原因之一。

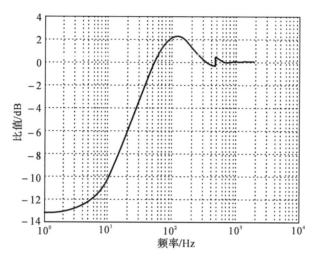

图 18.71　图 18.67 反馈控制系统的受控与非受控残差比

18.6　控制系统设计注意事项

在本节中,我们将讨论设计和实施一个成功 ANVC 系统的过程和步骤。过程如图 18.72 所示,第一步是建立设计目标和要求,其中包括性能目标和目的。这些目标,连同实验数据或结构声学模态一起,被用来进行模拟,以预测可实现的系统性能。这些性能仿真通常涉及到系统性能作为致动器输出电平、传感器动态范围和本底噪声、控制算法、架构和控制器参数(例如采样率、模拟滤波器特性、数字滤波器大小、计算负载和内存需求)的函数的权衡研究。这些模拟最终可用于指导有关硬件的选择,例如模拟滤波、A/D 和 D/A 转换器以及数字控制器硬件。模拟步骤的输出是一套传感器和致动器子系统以及控制器(即控制算法和架构)设计规范。然后进行初步和详细设计,以生成各子系统的部件规范集以及各子系统之间以及与被控制系统之间的接口控制文档。对于这一点,如果子系统为商用,则可直接购买,如果不是商用,则需进行制作。然后对每一个子系统进行测试,以确保硬件和软件都符合规范,再将这些部件与被控制系统集成。通常,我们会进行一系列试验来验证系统性能。如果试验成功,在原型系统转变为商业产品或可部署系统之前,通常会进行更广泛的服务内测试,以确定长期性能和可靠性。这种转变可能是一个广泛和代价高昂的过程,在此不作讨论。

在接下来的章节中,我们将讨论开发过程中的主要步骤,包括确定性能目标、指定致动器和传感器要求以及选择控制架构。以下还讨论了进行非因果和因果性能仿真的好处;关于模拟滤波器、D/A 和 A/D 转换器以及数字信号处理器的硬件选择的实际考虑;与控制系统用户界面、系统操作模式和系统测试指南相关的问题。

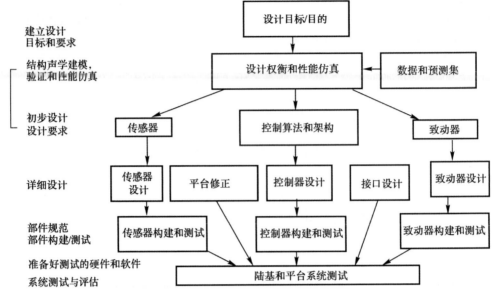

图 18.72　ANVC 系统开发与实施流程图

18.6.1　确定性能目标

在开发 ANVC 系统的第一步中，确定性能目标是一个重要的但往往被忽略的步骤。性能目标规定了控制系统对作为频率的函数的特定物理量的影响。图 18.73 显示了有助于讨论性能目标的示意图。该图显示了两条作为频率的函数的概念曲线。实曲线代表非受控响应（例如，某一特定部件的均方振动级）。虚曲线是实施 ANVC 系统所需的均方响应。所需的响应可能需要满足产品规范，或者可能与满足某些辐射噪声规范有关。在任何一种情况下，这两条曲线之间的差异都可以作为频率的函数来确定所需的减少量。例如，图 18.73 所示的情况的性能目标可能包括以下内容：

（1）将均方振动响应中的音调分量减少至少 15 dB；

（2）在存在回旋音调的情况下保持音调性能（例如，音调频率随时间以低于 3 Hz/s 的速率变化）；

（3）将控制频带（即频率 f_1 和 f_2 之间）中的宽带均方响应减少 0～5 dB；

（4）在随着时间的推移，系统（受控体）的动态会发生变化的情况下，保持性能；

（5）以控制频带以外的任何频率，将波段外噪声放大量限制在小于 2 dB。

确定性能目标有以下几个重要原因。首先，ANVC 系统的期望值已明确说明，并且可以通过实际可行的 ANVC 性能进行评估。例如，典型的 ANVC 系统可以提供 15～20 dB 的音调降低，这取决于音调的转换率。此外，超过 10 dB 的宽带性能通常与某种程度的波段外放大有关。其次，这些规范将直接影响 ANVC 系统的实施面。对于上述示例，我们可以作以下初步观察。宽带性能要求将需要传感器的反馈实施或前馈实施，该传感器与被控制的均方响应密切相关。如果需要额外降低回旋音调频率，则需要使用可以相对快速地适应变化的音调频率的控制滤波器。此外，由于预计受控体传递函数会随时间变化，控制系统将需要支持并行系统辨识和自适应，以跟踪系统动态中相对较慢的变化。最后，噪声放大的限制将影响反馈实施的带宽(见 18.5 节)和探针信号设计(见 18.4 节"系统辨识")。

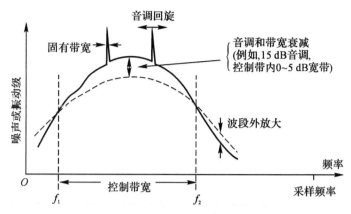

图 18.73　性能目标规范、非受控响应(实线)、受控响应(虚线)示意图

一般而言,性能目标将直接影响 ANVC 系统设计的所有方面(例如,传感器、致动器和控制器)。在以下章节中,我们将讨论性能目标如何影响这些子系统中的每一个子系统。我们将特别讨论回答以下问题的程序:

(1)需要多少个致动器通道?

(2)致动器通常应位于何处?

(3)致动器的输出驱动要求(力、体积、速度等)是什么?

(4)需要多少个传感器通道?

(5)传感器通常应位于何处?

(6)什么控制算法/架构可用于设计控制滤波器,从而使系统性能最大化?

(7)是否有可能通过合理数量的致动器和传感器通道以及因果控制器来实现程序目标(至少在可用模型的整个频率范围内)?

这些问题将在图 18.74 流程图所示的技术方法的范围内加以讨论。如图 18.74 所示,该方法包括三项连续研究:

(1)可控性:致动器位于何处;

(2)可观察性:传感器位于何处;

(3)可实现性:如何设计因果控制滤波器。

18.6.2　致动器的数量、位置和尺寸

致动器和传感器位置研究需要使用被控制系统的模型[例如,有限元模型(FEM)、集中参数模型]或从系统自身访问实验数据。要解决的第一个问题是致动器应该位于何处,需要多少个致动器作为可实现性能的函数,以及需要什么尺寸的致动器(振动器最大力输出和扬声器最大体积速度等)才能有效地驱动系统并提供控制。

1. 致动器数量

需要多少个致动器通道的问题,可以从实验数据或待控制响应的模型结果中粗略估计。例如,假设待控制响应是一个以 L 点响应测量为特征的部件上的均方振动响应,致动器通道的最小数量等于系统在 L 测量位置(称为响应维度)按频率进行响应的独立方式的数量。通

过计算 L 响应的互功率谱密度(CSD)矩阵的奇异值分解(SVD)，可以估计响应维度。我们可以把这个 CSD 矩阵表示成

$$S_{ee} = TS_{dd}T^H \tag{18.70}$$

式中　S_{dd}—— 扰动的互功率谱密度矩阵；

　　　T—— 声源到 L 响应位置的传递函数矩阵；

（•）^{H}—— 矩阵的共轭转置。

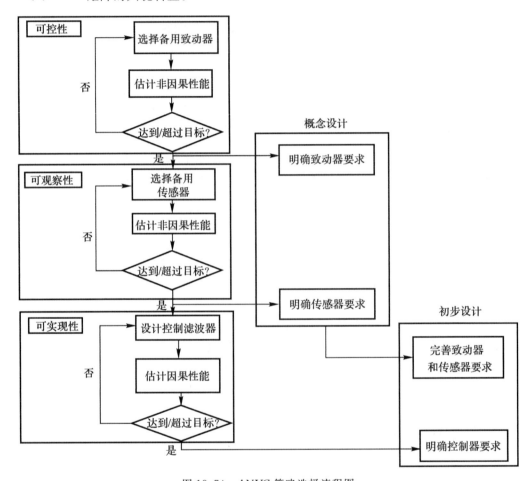

图 18.74　ANVC 策略选择流程图

注意，S_{ee} 可以通过测量备用位置处的多个传感器的 CSD 矩阵来直接评估。另外，可以使用被控制系统的分析／数值模型来估计 T 以及式(18.70)中的 S_{dd}① 的近似值从而估计 S_{ee}。

矩阵 A 的 SVD 可定义为

$$\text{SVD}\{A\} = U_A \lambda_A V_A^T \tag{18.71}$$

式中，U_A 和 V_A 是包含 A 的左右奇异向量的酉矩阵，λ_A 是包含从大到小排列的 A 的奇异值的对角矩阵[60]。在特定频率下，S_{ee}(即 λ_e 的对角元素)奇异值的典型图表将显示几个大(即重要)

---

　　① 对于分析／数值模拟，当扰动的 CSD 可能未知时，假设大量的备用扰动位置并使用等于所有相关频率的单位矩阵的方程式(18.70)中的扰动 CSD 矩阵，通常就足够了。这对应于声源在统计上独立于每个频率的单位方差的情况。

奇异值,其后为包含较小(即不重要)奇异值的过渡区。图 18.75 显示了这种类型的图表的示例,其中奇异值按最大值归一化。利用 MATLAB 中的 SVD 函数可以很方便地生成这些类型的图表。

给定频率下 S_{α} 的大奇异值的数量表明了在 L 测量位置,系统上的扰动以重要且独立方式显现的此类重要且独立方式的数量。在任何频率下,有效奇异值的数量等于以下的最小值。

(1) 作用于结构上的独立扰动数(称为源维度);

(2) 结构自由度的数量(即模式);

(3) 测量响应的数量(即传感器);

(4) 声谱估计的自由度(即利用实验数据估计 CSD 矩阵的总体均值数)。

因此,必须注意确保估计的响应维度不受以下限制:使用的传感器太少;平均值不足(测量 S_{α} 时);声源和传感器太少(使用分析模型估计 S_{α} 时)。我们注意到,控制以 L 测量位置为特征的响应将需要至少与 S_{α} 重要奇异值一样多的致动器通道[①]。因此,该方法建立了所需致动器通道数的下限。

我们对利用 SVD 谱确定致动器通道数的下界做两点说明。首先,由于重要奇异值的数量通常随着频率的函数而增加(因为系统支持的模式的数量随着频率的增加而增加),所需的致动器通道的数量通常由高频奇异值谱决定。其次,图 18.75 所示的过渡区可能是渐进型,而不是明显的"膝盖"型。在这些情况下,一个比较有用的"经验法则"是,给定频率下的重要奇异值的数量等于在最大奇异值 30 dB 以内的奇异值的数量。

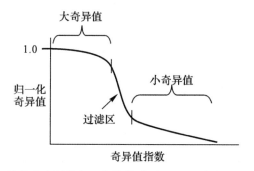

图 18.75　按最大奇异值归一化的传感器 CSD 矩阵奇异值的典型衰减

2. 致动器位置

特定致动器位置的选择通常是从一组 M 个可能位置($M > K$)中选择最佳 K 个位置优化过程的结果。该过程需要上述响应 CSD 以及 M 个致动器的可能位置和 L 个传感器响应之间 $L \times M$ 传递函数矩阵 P。详细搜索所有组合以确定需要对 $\dfrac{M!}{K!\,(M-K)!}$ 可能性进行搜索的 K 个致动器位置的最佳集合。即使 K 和 M 的值适中,这也是一项艰巨的任务,在这种情况下,调用次优技术选择一组"好"的致动器通常是有用的。

已经成功使用的一种次优方法是基于格拉姆 - 施密特正交化法[60]。给定 M 个候选致动

---

① 致动器通道这一术语不一定与致动器数量相同。例如,一组由 10 个致动器组成的连续驱动只需要控制器的一个输出通道。

器位置,在跟踪的 $\boldsymbol{S}_{ee}$ 中选择一个最大化的减少值。在这种情况下,最佳候选位置是 $\boldsymbol{P}$ 列,该列"最平行于"由干扰引起的 L 传感器响应,集成在交叉频率上。一旦选定一个致动器(即 $\boldsymbol{P}$ 列),将移除在 $\boldsymbol{P}$ 所选列的方向上的 $\boldsymbol{S}_{ee}$ 分量和 $\boldsymbol{P}$ 列的其余分量。该过程重复 K 次,其中 K 值是根据 $\boldsymbol{S}_{ee}$ 的 SVD 谱估计的。莱帕赫等人[42]和埃克等人[83]讨论了该过程的变体。艾略特等人[58]对基于遗传算法和模拟退火选择源位置备选程序进行了相关比较和探讨。

不管选择哪种程序,假设迄今为止选择的所有致动器都能在最佳、无约束的情况下使用,则可以估计 L 传感器的均方响应。也就是说,我们假设可以开发一种控制器以产生驱动每个输出通道所需的幅度谱和相位谱。在每种频率下,残差响应 ε 的 L 向量可以用不受控响应 e 的 L 向量和通过 $L \times k$ 受控体传递函数矩阵 $\boldsymbol{P}$ 作用的致动器驱动信号 a 的 k 向量($k \leqslant K$)表示为

$$\boldsymbol{\varepsilon} = \boldsymbol{T}d + \boldsymbol{P}a = e + \boldsymbol{P}a \tag{18.72}$$

a 在每种频率下减少残差均方响应 $\mathrm{tr}\{\boldsymbol{S}_{ee}\}$ 的最优解为

$$a = -\boldsymbol{P}^{\#}e \tag{18.73}$$

式中,$\#$ 表示伪逆,可使用 MATLAB 中的 pinv 函数或根据 18.4 节中定义的 MIMO 系统扩展中的表达式方便地计算。

因此,使用所选致动器的均方响应的最佳降噪(NR,单位为 dB)为

$$\mathrm{NR} = -10 \lg \frac{\mathrm{tr}(\boldsymbol{S}_{\varepsilon\varepsilon})}{\mathrm{tr}(\boldsymbol{S}_{ee})} \tag{18.74}$$

式中

$$\left.\begin{array}{l} \boldsymbol{S}_{ee} = E\{ee^{\mathrm{H}}\} = \boldsymbol{T}\boldsymbol{S}_{dd}\boldsymbol{T}^{\mathrm{H}} \\ \boldsymbol{S}_{\varepsilon\varepsilon} = \boldsymbol{I} - \boldsymbol{P}\boldsymbol{P}^{\#}\boldsymbol{S}_{ee}\boldsymbol{I} - \boldsymbol{P}\boldsymbol{P}^{\#\mathrm{H}} \end{array}\right\} \tag{18.75}$$

在式(18.75)中,$\boldsymbol{S}_{ee}$ 是 L 残差传感器位置处不受控响应的 CSD 矩阵。这可以根据实验数据(即 $E\{ee^{\mathrm{H}}\}$)估计,也可以根据分析模型(即集总参数或 FEM)和假设的噪声源 $\boldsymbol{S}_{dd}$(例如,上述单位矩阵)的 CSD 矩阵使用从源到残差位置的传递函数 $\boldsymbol{T}$ 计算。

式(18.74)可逐频率解出(或整合相关频率带宽),以确定系统性能的上限,由假定的致动器数量参数化,如图 18.76 所示。这些性能预测代表上限,因为在这一点上,我们没有对控制滤波器施加任何因果约束,也没有确定将哪些传感器信号作为控制器的输入。因此,称这些预测为非因果预测,与关于可控性的图 18.74 中确定的预测相对应。由于式(18.74)表示可实现性能的上限,作为所选致动器组与频率相关的函数,该方程式的解可作为关于所确定的性能目标是否可实现的一阶评估。

3. 致动器尺寸

主动控制系统设计中的一个关键问题是致动器的尺寸。驱动容量太小的致动器控制系统性能不佳,而驱动容量太大可能会造成致动器过重或成本损失。简明指南指出,致动器必须能够在残差传感器上创建响应级,与通过干扰而观察到的响应级相当。可以通过与每个执行器所需驱动信号的功率谱相对应的 $\boldsymbol{S}_{aa} = \boldsymbol{P}^{\#}\boldsymbol{S}_{ee}\boldsymbol{P}^{\#\mathrm{H}}$ 的对角线元素来更精确估计致动器所需驱动功率。对于这种计算,$\boldsymbol{S}_{ee}$ 应基于测量,除非有良好的干扰分析模型及其 CSD 矩阵 $\boldsymbol{S}_{dd}$ 可用。基于频率的每个对角线项上的积分均方电平的均方根可用于估计每个驱动信号的均方根(rms)。根据适当的波峰因数(即波形峰值与其 rms 值的比值),通过这些 rms 电平估计峰值驱动要求。对于纯音情况,波峰因数为 1.41;对于宽带噪声,波峰因数取决于对干扰的统计。通过有用近似得出无规噪声的波峰因数为 4。

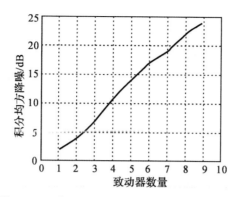

图 18.76　非因果性能与致动器通道数量的示例

　　注意,如果在上述方程式中使用的受控体 **P**,使致动器输出(力、体积速度等)与残差通道响应相关,则 S_{aa} 的对角线元素(以及相关的 rms 和峰值级)对应于必须通过致动器传送到结构的致动器的实际驱动等级(例如 lb、in^3/min),以产生预期的性能。因此,这些预测提供了致动器的初始尺寸信息。

18.6.3　传感器的数量和位置

选择残差通道和参考通道的目标和要求如下。

1. 用于前馈和反馈策略的残差传感器通道的选择

目标是确定一组最小的可测量响应,这些响应如下:

(1)与待控制的辐射噪声或振动响应密切相关;

(2)名义上与反馈控制的致动器共轴;

(3)与满足"明显"因果约束一致[①];用于前馈控制策略的致动器的"下游"。

2. 参考传感器通道的选择(仅用于前馈策略)

目标是确定一组最小的可测量响应,这些响应如下:

(1)与干扰源密切相关;

(2)与候选残差通道密切相关;

(3)与满足明显因果约束一致:具有足够的"提前期"来操作有效的因果控制器(即充分位于致动器的"上游")。

下面介绍确定满足这些目标和要求的传感器通道的方法。

3. 传感器数量

如果残差传感器的数量等于控制致动器的数量,理论上可以在前馈系统中实现无限降噪。当然,残差传感器的大幅降噪并不一定意味着该系统也能在整体上产生良好的降噪效果。或者,如果控制致动器的数量超过残差传感器的数量,则系统将由多种因素决定,一些致动器与其他致动器竞争,可能会出现控制过度,除非控制效果加权包含在控制滤波器设计算法中。大

---

　　① 　通过明显的因果约束,我们不再考虑比所选致动器位置(即致动器位置的上游)更靠近源的残差传感器。同样,我们也不再考虑位于致动器位置下游(远离源位置)的参考传感器位置。

多数实际系统的残差传感器都比控制致动器多,因此降噪很少集中在残差传感器的位置,从而整体控制得更均匀。

残差传感器和参考传感器的选择(当需要或可用时)可以按照与致动器选择描述的相似程序来确定。如前所述,建议对候选残差 CSD 矩阵和参考 CSD 矩阵进行 SVD 分析,以确定表征在这些位置上干扰引起的响应所需的最小通道数。由于响应维数永远不会随着测量位置远离源而增加,因此通常参考传感器位置上的响应维数将超过残差传感器位置处的响应维数。然而,我们注意到,表征响应维度所需的传感器数量可能超过维度研究所确定的传感器通道数量,例如,当处理传感器阵列以表征系统的模态响应时。

如果待控制的响应是已知的,则选择残差传感可能相对简单。例如,如果降低机器上板结构的均方响应,则可以使用 L 点传感器测量该板,其中 L 超过板的响应维度(例如,重要模数)。还可以考虑这些 L 传感器的子集,以确定当在最佳状态最小化时全套 L 传感器产生的最大均方缩减的集合。同样,可以使用穷举搜索或次优搜索技术。

在以降低辐射噪声为主要目标时,可能无法将残差传感器输入用于直接测量噪声场的控制器。相反,在这些情况下,残差传感器必须位于待控制机器或设备上。通常使用详细的声辐射模态确定哪些机载传感器响应与辐射噪声高度相关,然后基于此选择机载传感器。如果包含辐射噪声信息的模态或实验数据可用于此目的,则可使用上述穷举或次优搜索技术选择候选残差传感器。

4. 残差传感器评估

如按照致动器选择时考虑的那样,可以评估在每个步骤中获得的残差传感器组,以评估残差通道数量的最大可实现性能。尤其是,可以使用式(18.74)来确定所选残差通道的均方响应的减小,其中选择式(18.73)中的最佳驱动向量 a 仅最小化残差通道的候选集合。然后,在式(18.72)中使用这些驱动向量估算通过更大、更完整残差通道集合的均方性能或辐射噪声响应的降低量。同样,假设致动器和残差传感器是不变集,这些预测表示可实现的非因果性能的上限。也就是说,我们再次假设,可以开发一个控制器,以产生驱动每个输出通道所需的幅度谱和相位,从而在最佳状态时降低均方残差响应。

或者,可以在执行估算性能的过程中同时选择残差传感器。类似的方法可用于选择前馈系统的参考传感器。下面将详细讨论这种方法,以评估在残差传感器无法直接测量辐射噪声时,参考传感器和残差传感器的性能。

假设统计量,定义辐射压力向量(或控制系统无法直接测量的某些其他期望残差)p、残差通道 e 和参考通道 r 与干扰向量 d 之间的频域关系为

$$p = Qde = Tdr = Rd \tag{18.76}$$

式中,Q、T、R 分别是与辐射压力、残差通道和参考通道相关的干扰的传递函数矩阵。在下面的讨论中,假设传递函数 Q、T、R 可以从分析模型(例如集总参数或 FEM)中获得,或者响应向量 p、e 和 r 可以从实验数据中获得。

辐射压力与残差通道有关,则有

$$p = H_e e + n \tag{18.77}$$

式中,n 表示与残差通道不相关(或不受残差通道影响)的辐射压力响应。假设 e 和 n 是独立的统计响应,我们可以根据非受控残差 S_{ee} 的 CSD 矩阵与压力和残差通道 S_{ep} 之间的 CSD 矩阵得

出 $\boldsymbol{H}_e$，则

$$\boldsymbol{H}_e = \boldsymbol{S}_{ep}\boldsymbol{S}_{ee}^{-1} \tag{18.78}$$

如式（18.75）所述，$\boldsymbol{S}_{ee}$ 是 L 残差传感器位置处不受控响应的 CSD 矩阵，可以根据实验数据（即 $E\{\boldsymbol{e}\boldsymbol{e}^{\mathrm{H}}\}$）估算，也可以根据分析模型（即集中参数或有限元法）使用从源-残差位置的传递函数 $\boldsymbol{T}$ 以及一个源假定的 CSD 矩阵 $\boldsymbol{S}_{dd}$ 计算。同样，$\boldsymbol{S}_{ep}$ 是压力传感器和残差传感器不受控响应的 CSD 矩阵。$\boldsymbol{S}_{ep}$ 可以根据实验数据（即 $E\{\boldsymbol{p}\boldsymbol{e}^{\mathrm{H}}\}$）估算，也可以由 $\boldsymbol{T}$ 和 $\boldsymbol{Q}$ 的分析模型以及源假定的 CSD 矩阵 $\boldsymbol{S}_{dd}$ 计算，则

$$\boldsymbol{S}_{ep} = \boldsymbol{Q}\boldsymbol{S}_{dd}\boldsymbol{T}^{\mathrm{H}} \tag{18.79}$$

现在我们可以列出每个频率最大降噪的表达式，最大降噪可以通过消除与所选残差通道集相关的辐射压力中的响应来实现，即

$$\mathrm{NR}_p = 10\lg\frac{\mathrm{tr}(\boldsymbol{S}_{pp} - \boldsymbol{H}_e\boldsymbol{S}_{ee}\boldsymbol{H}_e^{\mathrm{H}})}{\mathrm{tr}(\boldsymbol{S}_{pp})} \tag{18.80}$$

式中

$$\boldsymbol{S}_{pp} = \boldsymbol{Q}\boldsymbol{S}_{dd}\boldsymbol{Q}^{\mathrm{H}}\boldsymbol{S}_{ee} = \boldsymbol{T}\boldsymbol{S}_{dd}\boldsymbol{T}^{\mathrm{H}} \tag{18.81}$$

注意，如果残差传感器和辐射压力之间没有相关性，则 NR_p 等于 0 dB。如果输出完全由输入（即残差传感器与辐射压力完全相关）引起，则 NR_p 是无穷大的（即 $-\infty$ dB）。

对式（18.80）的评估需要待控制系统的测量数据或分析／数值模型。如果残差传感器 e 和期望残差 p 同时测量时可用，则可以处理数据以生成互功率谱密度矩阵 $\boldsymbol{S}_{ep}$、$\boldsymbol{S}_{ee}$ 和 $\boldsymbol{S}_{pp}$。式（18.78）可用于计算 $\boldsymbol{H}_e$，然后将其与 $\boldsymbol{S}_{ee}$ 和 $\boldsymbol{S}_{pp}$ 一起代入式（18.80）。另外，如果有分析／数值模型可用，则它们可用于估算传递函数矩阵 $\boldsymbol{Q}$ 和 $\boldsymbol{T}$。如果认为扰动 $\boldsymbol{S}_{dd}$ 的 CSD 是如前所述的单位矩阵，那么 $\boldsymbol{S}_{ep}$、$\boldsymbol{S}_{ee}$ 和 $\boldsymbol{S}_{pp}$ 可以很容易地从上面给出的方程中估算出来，其中允许评估式（18.80），就好像测量数据可用一样。

参考传感器评估。以类似的方式，上述步骤可用于选择与残差和／或辐射压力高度相关的参考传感器。残差通道与参考通道有关，则有

$$\boldsymbol{e} = \boldsymbol{H}_r\boldsymbol{r} + \boldsymbol{m} \tag{18.82}$$

式中，$\boldsymbol{m}$ 表示与参考通道不相关（或不受参考通道影响）的残差通道响应。按照上述步骤，根据以下方程式，假设一组参考传感器 $\boldsymbol{r}$，残差通道 $\boldsymbol{e}$ 的均方响应的最大降噪为

$$\mathrm{NR}_e = 10\lg\frac{\mathrm{tr}(\boldsymbol{S}_{ee} - \boldsymbol{H}_r\boldsymbol{S}_{rr}\boldsymbol{H}_r^{\mathrm{H}})}{\mathrm{tr}(\boldsymbol{S}_{ee})} \tag{18.83}$$

式中

$$\boldsymbol{S}_{ee} = \boldsymbol{T}\boldsymbol{S}_{dd}\boldsymbol{T}^{\mathrm{H}}\boldsymbol{S}_{rr} = \boldsymbol{R}\boldsymbol{S}_{dd}\boldsymbol{R}^{\mathrm{H}} \tag{18.84}$$

并且

$$\boldsymbol{H}_r = \boldsymbol{S}_{rr}\boldsymbol{S}_{rr}^{-1} \tag{18.85}$$

式（18.83）给出的表达式表示在每个频率下的最大降噪量，其可以通过消除与所选参考通道相关的残差通道中的响应来实现。如果残差传感器和辐射压力之间没有相关性，则 NR_e 等于 0 dB。如果输出完全由输入（即残差传感器与辐射压力完全相关）引起，则 NR_e 是无穷大的。

就残差传感器而言，对式（18.83）的评估需要待控制系统的测量数据或分析／数值模型。如果残差传感器 e 和参考传感器 p 同时测量时可用，则可以处理数据以生成互功率谱密度矩

阵 S_{er}、S_{ee} 和 S_{rr}。式(18.85)可用于计算 H_r,然后将其与 S_{ee} 和 S_{rr} 一起代入式(18.83)。另外,如果有分析／数值模型可用,则它们可用于估算传递函数矩阵 R 和 T。如果认为扰动 S_{dd} 的 CSD 是如前所述的单位矩阵,那么 S_{er}、S_{ee} 和 S_{rr} 可以很容易根据上述方程式估算出来,其中允许评估式(18.83),就好像测量数据可用一样。

5. 传感器选择和非因果性能

通常根据对待控制系统的声能传播物理学的理解以及基于 SVD 分析所需通道数量的指南来指导选择候选残差和参考传感器。假设已使用上述步骤识别了候选致动器、参考和残差位置,则可通过估计非因果性能来获得该组换能器可实现性能的上限。这些预测与图 18.74 中在可观测性阶段下确定的预测相对应。对于前馈系统,这意味着我们假设控制器可以控制将参考传感器响应与所需致动器驱动信号关联起来所需的任何滤波器,以最小化均方残差响应。在这种情况下,不受控和受控的均方残差响应为

$$\mathrm{tr}(S_{ee}) = \mathrm{tr}(T S_{dd} T^{\mathrm{H}}) \tag{18.86}$$

并且

$$\mathrm{tr}(S_{\varepsilon\varepsilon}) = \mathrm{tr}(\{I - PP^{\#}\} H_r S_{rr} H_r{}^{\mathrm{H}} \{I - PP^{\#}\}^{\mathrm{H}}) \tag{18.87}$$

式中,S_{ee} 和 S_{rr} 的定义见式(18.84),H_r 的定义见式(18.85),降噪量为

$$\mathrm{NR} = 10 \lg\left(\frac{\mathrm{tr}(S_{\varepsilon\varepsilon})}{\mathrm{tr}(S_{ee})}\right) \tag{18.88}$$

上述残差和参考传感器的讨论,可使用测量数据或分析／数值模型评估式(18.88)。唯一的区别是,还需要对受控体传递函数矩阵 P 进行测量或分析／数值预测。

我们注意到,虽然所需的参考通道和残差通道的数量通常由相关最高频率下的系统响应确定,但它们可能比在较低频率下所需的数量多。因此,参考和残差传感器(受控体矩阵)的 CSD 矩阵在低频下可能会出现病态(即不可逆)现象,从而影响式(18.78)、式(18.85)和式(18.87)中的逆矩阵。对于这些情况,在计算逆矩阵之前,可能需要在这些矩阵的对角线元素中代入较小的数值。这个过程可称为"正则化"。理想情况下,所代入的值是与频率相关的函数,在低频(矩阵病态)时比在高频(矩阵非病态)时的影响更大。满足这一要求的过程(并且已经成功地用于许多 ANVC 应用)是基于频率在每个矩阵的对角线元素上增加一个标量乘以矩阵最大奇异值。

18.6.4 控制器结构和性能仿真

上述章节中描述的传感器和致动器的数量、位置和尺寸的上限预测提供了一系列工具,用于在定义更多控制系统时限制系统性能。当包含更多真实性时(例如,识别致动器和传感器的数量和位置),可实现性能的限制通常变得更小,但也更实用。比较每一步骤的这些限制与性能目标,以确定所考虑的控制系统是否可能达到其目标。在选择致动器和传感器位置后如果系统仍然可行[即,根据式(18.86)和式(18.87)],下一步是增加与控制器运行相关的更多真实性。

在本节中,我们考虑控制器结构对可实现性能的影响。特别地,我们讨论了包括模拟滤波器、采样率和控制滤波器长度的影响的过程。

作为对这些问题的介绍,考虑如图 18.77 所示用于传统数字控制器的从传感器输入到致动器驱动信号的信号路径。参照此图,数字控制器要求以控制器的采样率对来自传感器的模拟信号进行采样和数字化。控制器的采样率通常用采样率或频率(f_s)表示,这意味着按照时

段 (T_s) 等于采样率的倒数进行信号采样。例如,采样率 $f_s = 1\,000$ Hz 对应于采样间隔 $T_s = 0.001$ s。 为了满足奈奎斯特的采样定理[57],控制器的采样率必须至少是控制器相关最高关注频率的 2 倍。对于前馈系统,采样率可以是高于待控制的最高频率的 4 倍。对于宽带反馈系统,如 18.5 节备用次优控制滤波器估计所讨论的,控制器采样率比待控制的最高频率高 100 倍的情况并不少见(以最小化通过控制器的延时和量化噪声对系统性能的影响)。

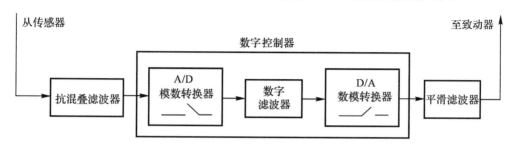

图 18.77 数字控制器从传感器输入到致动器驱动信号的信号路径

一旦选择了采样率,就必须使用模拟滤波器将模拟传感器信号的频率含量限制在控制器的奈奎斯特频率以下,且有

$$f_{nyq} = \frac{1}{2}f_s \qquad (18.89)$$

这些滤波器被称为"抗混叠"滤波器,其输出传递至模数转换器,后者依次对信号进行采样和量化。类似地,数字控制器的输出通过数模转换器转换为模拟信号。然而,在将这些输出信号发送到致动器之前,必须对其进行滤波,以将信号限制在奈奎斯特频率以下;否则,奈奎斯特频率以上的信号将会发送到致动器。这些滤波器被称为"重建"或"平滑"滤波器。

尽管下一节将讨论有关抗混叠滤波器和平滑滤波器的选择问题,但我们在此应注意,滤波的一个主要结果是在信号路径中引入了一个延迟,称为"群延迟"滤波器。此延迟与滤波器相位响应的导数有关,有

$$\tau_g(\omega) = \frac{d\varphi(\omega)}{d\omega} \qquad (18.90)$$

除了滤波器之外,图 18.77 所示信号路径中的延迟还与模数转换器、数模的采样和保持功能以及与操作数字滤波器相关联的处理时间相关。对于模数转换器,通过选择逐次逼近的模数转换器,可以使延迟最小化。在下一节中,我们将讨论在延时不是控制器性能的限制因素的应用中(例如,音调控制系统或某些前馈应用中的残差传感)与模数选择相关的问题。与数模转换器 $\tau_{D/A}$ 的采样和保持相关的延时与控制器的采样率直接相关,有

$$\tau_{D/A} = \frac{1}{2f_s} \qquad (18.91)$$

在 DSP 芯片内实现数字滤波器相关的延迟(τ_{DSP})通常可以限制为几十微秒,使操作更有效。这些操作要求偏移控制数模转换器的采样时钟相对于模数转换器的采样时钟。因此,一旦计算出输出样本,就可以将其发送到数模转换器,以便将处理延迟保持在采样间隔部分。此采样策略与等待下一个时间步骤输出样本的策略相反。后一种方法在处理过程中施加最小的单样本延迟,这对于某些应用来说不适用。

从模拟信号输入到模拟信号输出的总延迟称为控制器的延时。在适当的情况下,与放大器和致动器相关的任何延迟都会导致延时。延迟是一个重要的参数,因为它可以直接限制宽

带前馈和反馈系统的可实现性能。因此，限制与实现性能目标一致的 ANVC 控制系统的总体延迟是很重要的。

此时，可以将模拟滤波、采样和控制滤波器参数的特定特性与模型或实验结果合并，以进行因果性能预测。所涉及的步骤如下：

（1）根据控制带宽和结构（前馈或反馈）指定系统采样率。

（2）修改涉及传感器输入和执行器输出的传递函数矩阵，包括抗混叠（AA）滤波器和平滑滤波器（SF）的传递函数、与数模转换器采样和保持相关的延迟（$\tau_{D/A}$）、控制器处理延迟（τ_{DSP}）和放大器和致动器的传递函数（SH）。

（3）指定待最小化的成本函数（包括控制效果和鲁棒性约束）。

（4）指定控制滤波器系数的数量。

（5）使用 18.4 节和 18.5 节中概述的过程求解控制滤波器系数。

（6）估算因果均方残差性能和致动器输出驱动要求：将预估性能与性能目标进行比较。

如果滤波器、放大器和致动器的传递函数不可用，则可以通过假设具有线性相位谱的平坦幅度谱来进行初始因果性能估计，线性相位谱对应于约束这些部件的预期延迟的纯延时。在这种情况下，艾略特[58]建议抗混叠或平滑滤波器群延迟的近似值可通过下列方程式得出：

$$\tau_g \approx \frac{n}{8f_c} \tag{18.92}$$

式中　　n——滤波器的阶数；

　　　　f_c——截止频率。

18.6.5　硬件选择

在本节我们将讨论一些与选择模拟滤波器、模数转换器和 DSP 相关的实际问题。全面论述这些问题会超出了本书的范围，因此我们提出了一般性的指导原则和考虑。对这些问题的详细讨论也可参阅参考文献[58]。

1. 抗混叠滤波器和重建滤波器

如前所述，抗混叠滤波器和重建滤波器主要是衰减高于奈奎斯特频率的信号。抗混叠滤波器通过衰减高于奈奎斯特频率的信号的频谱含量，将低于奈奎斯特频率的频率污染最小化。由于模数转换器的非线性采样过程，这些高频被解释为低频。这种现象称为混叠。类似地，重建滤波器将驱动分量衰减到奈奎斯特频率以上，在数模转换器输出处的采样信号出现奈奎斯特频率。抗混叠滤波器和重建滤波器与模数和数模转换器结合使用的优点讨论如下。

抗混叠滤波器所需的衰减量取决于传感器响应的频谱形状和控制器需要精确信号表示的所需带宽。固有频带限制在奈奎斯特频率以下的传感器响应可能只需要低阶抗混叠滤波器或可能不需要。或者，平坦的或随频率增加的传感器响应需要高阶抗混叠滤波器。在这里，我们假设传感器的响应相对于频率是平坦的。此外，我们还要求在对控制器很重要的最高频率（f_a）处，对混叠频率作用的衰减至少应为 40 dB。然而，从操作控制器的背景来看，我们希望在将滤波器的群延迟最小化到可接受水平的同时实现这种衰减。

滤波器的选择有两种基本方法。第一种方法是使用截止频率相对较低的低阶滤波器。第二种方法是采用截止频率较高的高阶滤波器。图 18.78 比较了四阶巴特沃斯滤波器和六阶考尔滤波器的幅度谱和群延迟，这两种滤波器的设计都能在 $f_{40\,dB} = 600$ Hz 以上提供至少 40 dB 的衰减。这两种滤波器都满足低于其各自截止频率（即 $f_a < f_c$）的频率衰减要求，前提是系统

采样率的选择应满足：

$$f_s \geqslant f_a + f_{40\,dB} \tag{18.93}$$

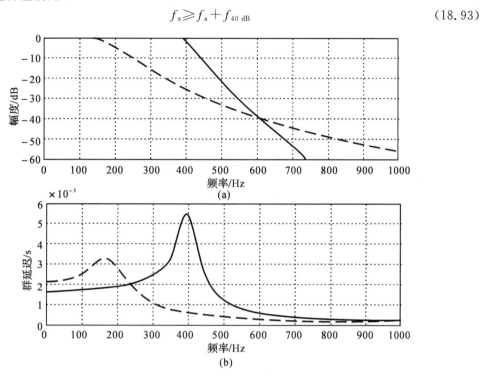

图 18.78 四阶巴特沃斯滤波器(虚曲线)和六阶考尔滤波器(实曲线)的幅度谱(a)和群延迟(b)的比较

首先考虑 f_a 小于巴特沃斯滤波器的截止频率(标称值为 200 Hz)和 800 Hz 采样率的情况。在这种情况下,通过"折叠"滤波器在 800 Hz/2＝400 Hz 奈奎斯特频率下的幅度响应来评估混叠分量的衰减。因此,这两种滤波器在 f_a 以下的频带中可提供所需的混叠分量衰减。然而,与考尔滤波器相关联的群延迟在 f_a 以下的所有频率都小于巴特沃斯滤波器的群延迟,特别是在 200 Hz 附近。

现在考虑 f_a＝350 Hz、采样率为 950 Hz 的情况。在这种情况下,通过折叠滤波器在 950 Hz/2＝475 Hz 奈奎斯特频率下的幅度响应来评估混叠分量的衰减。由于采样率满足方程式(18.93),因此考尔滤波器也满足衰减要求。然而,巴特沃斯滤波器不能满足衰减要求。事实上,在 350 Hz 时(即 350 Hz 和 950 Hz－350 Hz＝600 Hz 时不同的幅度响应),混叠分量的衰减小于 20 dB。此外,注意,两种滤波器在 f_a 以下的频带中的最大群延迟是大致相同的。

上述比较表明,使用高截止频率的高阶滤波器比使用低截止频率的低阶滤波器更可取。尽管前面的讨论集中在抗混叠滤波器的选择上,但类似的结论也适用于重建滤波器,前提是控制滤波器的设计旨在将输出电平降低到 f_a 以上。遗憾的是,实现高阶滤波器的成本高于使用低阶滤波器的成本。因此,性能效益必须与额外成本的考虑相平衡,这将在 18.7 节"基于无源元件的 MIMO 前馈有源机车排气噪声控制系统"中示例 ANVC 系统中进一步讨论。

2. 模数和数模转换器

从传感器输入到致动器驱动信号的典型数据路径如图 18.77 所示。该图说明了实现数字控制器所需的两种数据转换器的使用,即模数和数模转换器。模数转换器是以均匀的时段(T_s＝1/f_s)从传感器采集连续时间信号,并将振幅量化为一组离散的振幅电平。由于采样过程是一种非线性操作,在将信号发送到模数转换器之前,通常使用抗混叠滤波器将传感器信号的频带限制在奈奎斯特频率($f_s/2$)以下。这使得奈奎斯特频率以上的频率污染奈奎斯特频率以下的传感器响应(称为混叠)的可能性最小化。

图 18.79 所示为如何将抗混叠滤波器与模数转换器结合使用以最小化混叠效果的频域示意图。图 18.79(a)的上曲线表示模数转换器输入处呈现的未经滤波的连续时间信号的频谱。对于以 f_s 采样率操作的模数转换器,高于奈奎斯特频率($F_{nyq} = f_s/2$)的信号将被解释为低于奈奎斯特频率的频率。图 18.79(a)所示为高于奈奎斯特频率的频率将如何折叠成低于奈奎斯特频率的频率范围。低于奈奎斯特频率的估计频谱将是低于奈奎斯特频率的真实频谱加上任何由高于奈奎斯特频率的信号的频率含量产生的混叠分量的总和。因此,混叠分量可导致估计的频谱与奈奎斯特频率以下频率范围中信号的真实频谱不同。抗混叠滤波器通常用于在转换过程之前限制信号的频带,以降低任何混叠分量的幅度。图 18.79(b)所示为设计用于抑制高于奈奎斯特频率的频率的抗混叠滤波器的幅度响应图。当该滤波器应用于图 18.79(a)的未滤波信号时,在模数转换器的输入处呈现的信号的结果频谱如图 18.79(c)所示。如图所示,消除了混叠分量对估计频谱的大部分影响,从而确保估计频谱更准确地表示低于奈奎斯特频率的信号的真实频谱。

数模转换器用于将控制器中的数字序列转换为模拟信号,最终用作致动器电子设备的驱动信号。在频域中,样本输出序列产生包含低于奈奎斯特频率的信号频谱的"图像"频谱,其发生在奈奎斯特频率以上的频率处。这些图像频谱如图 18.80 所示。图像的效果必须最小化。否则,控制器将以高于奈奎斯特频率的频率驱动致动器,从而使波段外噪声放大。大多数模数转换器中不可或缺的采样和保持(S&H)功能在一定程度上降低了这些波段外效应。如前所述,S&H 引入的延迟等于采样间隔的一半($T_s/2$)。此外,如图 18.80(b)(c)所示,S&H 提供了一些输出频谱的滤波。为了抑制高于奈奎斯特频率的剩余信号,数模转换器通常后面跟着平滑或重建滤波器。对数模输出信号应用重建滤波器的效果如图 18.80(e)所示。

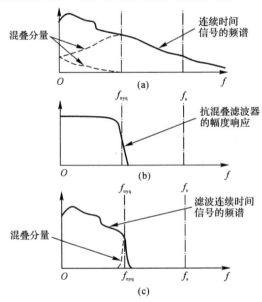

图 18.79　在模数转换过程中使用抗混叠滤波器最小化混叠效应

(a)以采样率 f_s 数字化的未滤波连续时间信号的混叠分量;(b)抗混叠滤波器的幅度谱;

(c)采样率为 f_s 的滤波连续时间信号的混叠分量

　　两种基本类型的模数转换器适用于 ANVC 系统。第一种类型被称为"逐次逼近"(SA)模数转换器。第二种类型被称为"sigma – delta"($\Sigma\Delta$)模数转换器。表 18.1 比较了这两种转换器的一些重要特性和区别。

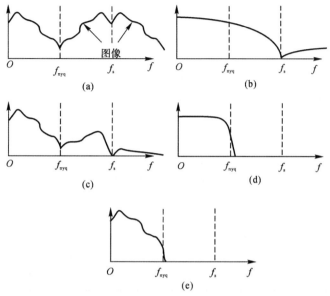

图 18.80　使用重建滤波器在模数转换器输出端减少图像频谱

(a)采样率 f_s 时的数字化输出信号频谱；(b)数模转换器零阶采样和保持积分的幅度响应；

(c)重建滤波器前数模转换器模拟输出的频谱；(d)重建滤波器的幅度响应；

(e)重建滤波器输出模拟信号的频谱

　　用于 ANVC 应用的模数转换器的选择将取决于控制架构(即前馈或反馈)、传感器信号类型(即参考或残差传感器)和性能目标。对于通过控制器实现最小延迟的宽带 ANVC 应用(例如,前馈系统中的参考传感器或反馈系统中的残差传感器),与 $\Sigma\Delta$ A/D 转换器相关的延迟是不可接受的。因此,这些应用中可使用 SA 模数转换器,转换器和抗混叠滤波的额外成本应包含在 ANVC 系统的总成本内。然而,我们注意到,对于前馈实现的残差传感器,低延迟不是必要的要求。这些传感器信号用于设计控制滤波器,以产生到致动器的输出信号,但它们本身并没有被控制滤波器过滤。然而,与用于残差信号的 $\Sigma\Delta$ A/D 转换器相关联的延迟将被视为受控体传递函数的延迟。这种增加的延迟反过来将降低基于 LMS 的算法的容许收敛系数,但并不妨碍其使用。

表 18.1　逐次逼近与 $\Sigma\Delta$ 模数转换器的比较

逐次逼近转换器	$\Sigma\Delta$ 转换器
f_s 时的采样输入信号	名义上以 64 倍期望采样率的过采样输入信号(即 $f_{\Sigma\Delta}=64f_s$)
需要使用相对高阶的抗混叠滤波器带限低于奈奎斯特频率的信号	只有低阶(如有)抗混叠滤波器需要带限信号低于 $f_{\Sigma\Delta}/2$。高阶积分(线性相位)数字滤波器带限信号低于奈奎斯特频率($f_s/2$)。取十分之一输出(即,只保留第 64 个样本),以 f_s 采样率生成采样序列

续 表

逐次逼近转换器	$\Sigma\Delta$ 转换器
低延迟(大约几微秒)	高吞吐量延迟(通常为 $32T_s$,其中 $T_s = 1/f_s$)
量化多位级信号(即 12 位或 16 位)	过采样率时的一位量化,以在 f_s 采样率下提供可比较的多位量化(例如 12 位或 16 位)
与 $\Sigma\Delta$ 转换器相比相对昂贵	与 SA 转换器相比相对昂贵

当不需要低延迟时,使用 $\Sigma\Delta$ 转换器可以显著降低与传感器信号数字化相关的成本。例如,音调前馈 ANVC 系统可以使用 $\Sigma\Delta$ 模数转换器对参考信号进行数字化。如前所述,该示例残差信号的数字化可以使用 $\Sigma\Delta$ 模数转换器完成,前提是在收敛速度方面是可接受的(如果使用自适应算法)。数模转换器的选择由相关允许延迟的类似自变量控制。例如,当不需要低延迟时,可以使用 $\Sigma\Delta$ 数模转换器。或者,当延迟必须最小化时,应该使用传统的数模转换器。

对于大多数 ANVC 应用,最好使用一个共同时钟信号在所有模数转换器上启动采样。这样,将同步采样所有模数输入。同样,使用共同时钟信号对所有数模转换器进行采样也是有利的。可以使用与模数转换器相同的时钟脉冲对模数转换器进行计时。但是,为了最小化通过控制器的延迟,相对于模数时钟,偏移数模时钟是有用的。这样,通过在子样本准备好时向模数转换器发送信号实现延迟,而不是等待一个完整的采样周期。

转换器选择的最后一个方面是量化噪声。当模拟信号量化为有限数量的振幅值(例如 16 位模数转换器)时,转换过程中的误差可以被认为是噪声。对于 ANVC 的相关信号,该噪声的建模从 LSB/2 到 LSB/2 均匀分布。这里,LSB 代表最低有效位,则有

$$\text{LSB} = \frac{V}{2^{M-1}} \tag{18.94}$$

式中　V——转换器的电压范围(即 $\pm V$);

　　　　M——分辨率的位数(例如 16 位转换器为 16 位)。

对于噪声的假定均匀概率分布,量化噪声 QN_{rms} 为

$$QN_{rms} = \frac{\text{LSB}}{\sqrt{12}} \tag{18.95}$$

对于采样率 f_s,量化噪声 $[QN_{psd}(f)]$ 的频谱为白色(即平坦),功率谱密度(PSD)振幅由以下方程式得出,即

$$QN_{psd}(f) = \frac{\text{LSB}^2/12}{f_s/2} \tag{18.96}$$

例如,对于电压范围为 ± 10 V 且采样率为 1 kHz 的 16 位转换器,rms 量化噪声[来自式(18.95)]为 88 μV,PSD 电平为 -108 dB(以 1 V^2/Hz 为基准值)。

在这一点上,比较以下各项的图是有用的。

(1)预期信号电平(单位为 V,来自传感器);

(2)电气本底噪声(与传感器、模拟滤波器和增益相关);

(3)量化噪声。

为了同时进行比较,所有这些电压水平都应参考信号路径中的公共点(例如放大器输

入）。应根据开环和闭环传感器响应生成这些图。传感器灵敏度、信号增益和量化噪声可以在一个共同的框架内进行评估。目标是选择其中的每一个，以确保传感器信号在整个相关带宽内具有足够的信噪比（SNR）。

为了说明与模数转换器选择相关的一些问题，考虑图 18.81 中所示示例。在该图中心分组的各种曲线对应于来自多个残差传感器的预期信号电平，参考一组六阶考尔滤波器的输入。滤波器为这些通道提供抗混叠滤波和可编程增益。截止频率约为 800 Hz。来自抗混叠滤波器的噪声在其输入端（图中标记为 PFI 噪声）的功率谱密度在 $-155 \sim -150$ dB（以 1 V^2/Hz 为基准值）之间。传感器本底噪声参考滤波器输入的频谱密度在 2 Hz 时大约为 -130 dB（以 1 V^2/Hz 为基准值），在 100 Hz 时下降到 -145 dB（以 1 V^2/Hz 为基准值）。

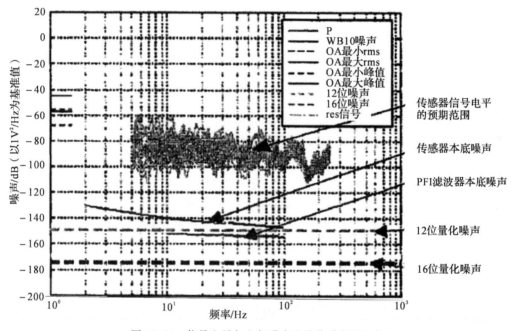

图 18.81　信号电平与电气噪声和量化噪声的比较

传感器信号的 rms 电平（量化噪声估计所需）通过对频率的均方电压响应进行积分并取平方根来确定。对于这些频谱，最大 rms 电平近似为 -57 dB（以 1 V 为基准值）。假设这些响应的统计是随机的（即波峰因数为 4 dB 或 12 dB），该组传感器的峰值电压响应估计大约为 -45 dB（以 1 V 为基准值）。数字化噪声（在滤波器输入端）的频谱电平可以根据式（18.96）估计，其中，方程式（18.94）中的电压是传感器信号的峰值电压［即 -45 dB（以 1 V 为基准值）＝ 5.5 mV］。因此，假设采样率为 2 kHz，12 位和 16 位转换器的数字化噪声的谱级分别为 -152 dB 和 -176 dB（以 1 V^2/Hz 为基准值）。这些传感器测量的 SNR 是与频率相关的函数，并且对应于估计的信号响应和电气噪声（来自滤波器和传感器）或数字化噪声最大分贝之间的传播。在相关频带内，SNR 接近 30 dB。

对于图 18.81 所示的示例，使用 12 位转换器就足够了，因为 SNR 受传感器噪声而非高达约 100 Hz 的数字化噪声的限制。在该频率以上，如果使用 12 位转换器，SNR 将受到数字化噪声的限制；如果使用 16 位转换器，SNR 将受到 PFI 噪声的限制。此外，如果转换器（12 或16 位）的电压范围为 ±1 V，可编程增益应设置在约 33 dB，以允许 1~2 位的净空并避免削波。

图 18.81 所示表明,在选择 ANVC 硬件以确保足够的 SNR 时必须考虑相对复杂的相互依赖关系,通常这是传感器噪声和灵敏度、抗混叠滤波器噪声、模数转换器量化噪声和电压范围、系统增益和采样率的函数。

3. 数字信号处理器

如前所述,ANVC 系统和应用在过去 25 年中的快速增长在很大程度上可以追溯到 DSP 芯片的出现。这些芯片经过优化,可以逐样本执行操作。也就是说,这些芯片一次读取一个样本,进行大量计算,然后输出一个样本。这与其他中央处理单元(CPU)形成对比,后者读取分组(即缓冲区或块)的数据,对整个缓冲区进行操作,然后输出缓冲区数据。这些后置处理器通常比 DSP 芯片执行更多的计算,但它们的延迟是按块大小的顺序排列的。

数字信号处理器非常适合执行 ANVC 算法所需的低延迟数字滤波。因此,它们广泛应用于基于本章提出的算法的自适应控制系统设计中。此外,当前 DSP 技术支持 DSP 之间的高速通信,以支持具有大量输入和输出(例如,数十个输入和输出)以及较大数字滤波器尺寸(例如,每个滤波器具有 5 000 个以上抽头的 IIR 滤波器)的应用。对于这些大规模的问题,通过将 DSP 与 PowerPC(PPC)芯片等高性能 CPU 计算引擎相结合,可以有效地实现数字滤波器的低延迟。此外,可以接受与 PPC 芯片相关联的相对较大的延迟,以在使用直接估计(而不是自适应滤波算法)时执行与系统辨识和控制滤波器设计相关联的许多"离线"算法。

一旦选择了控制算法,就可以确定所有"在线"滤波和"离线"处理的计算和内存需求。必要时,这些要求应映射到 DSP 和 PPC 芯片。诸如 TMS320C6701 的浮点 DSP 的额定值为 1 Gflop,并且包括高达 128 MB 的快速存取存储器。像 PPC7410 这样的计算引擎的额定值为 2 Gflops,具有高达 512 MB 的本地内存。此外,目前每个板每种处理器最多有四种 PC 或 VME(工位)板,并支持给定板上的处理器之间与其他板上的处理器之间的高速通信。这些处理器到处理器的通信由高速互连体系结构(如 Mercury RACE^{++}、Spectrum DSPLink 和 SKY 通道)支持。

图 18.82 所示为包含 DSP 和 PPC 芯片的大规模 ANVC 系统的硬件体系结构,包括通过 Mercury 电缆管道互连的高速通信。从参考传感器到致动器驱动信号的信号路径包括高阶抗混叠滤波器和截止频率接近奈奎斯特频率的重建滤波器。逐次逼近转换器用于最小化与转换相关联的延迟。采用 DSP 和 PPC 芯片相结合的方法,有效操作数字控制滤波器,以最小化延迟[84]。残差传感器信号通过抗混叠滤波器,并使用 $\Sigma\Delta$ 转换器进行数字化。这些数据支持与在多个 PPC 芯片上执行的系统辨识、控制滤波器设计和探针信号注入相关的离线功能。DSP 和 PPC 芯片之间的通信主要通过 Mercury RACE^{++} 互连总线进行,其他通信则通过 VME 总线进行。这样,与 PPC 芯片相关联的计算能力可有效地用于执行离线功能(例如,直接估计受控体和控制滤波器),这些功能可传递给在线处理器(DSP 和 PPC 芯片)以支持控制滤波器的自适应。

最后,我们注意到,定点 DSP 和浮点 DSP 设备均可用。浮点设备更易于编程,通常被选作用于原理论证系统或对成本不太敏感的最终系统。当成本是驱动因素时,应考虑采用定点设备。最终的选择必须平衡与编程定点设备相关的较高的临时成本和由于在定点设备上进行浮点运算可能增加的 CPU 开销与较低的经常单位成本。

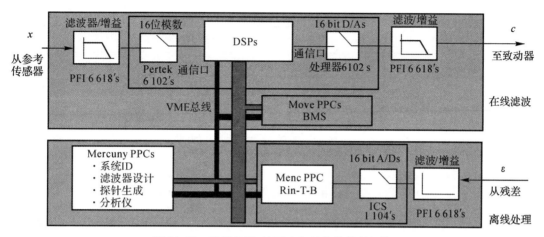

图 18.82　采用 DSP 和 PPC 相结合的控制架构

18.6.6　控制系统实施与测试

一旦完成模拟和硬件选择,就应实施控制系统并进行性能测试。本节主要将讨论控制器在操作过程中应考虑的基本操作模式和特性,以支持后续的测试阶段。

对于下面讨论的每种模式,必须识别系统运行期间可以更改的参数(称为"软"参数)和运行期间不能更改的参数(称为"硬"参数)。软参数提供了在系统运行期间修改和调整某些参数的灵活性,这通常是原型系统中的一个非常重要的特性。然而,允许在"运行中"更改参数,增加了操作的复杂性。因此,应在运行阶段之前确定所需软参数和硬参数的列表,以便加入用户界面和嵌入式控制器代码之间的适当通信。表 18.2 总结了控制器的典型运行模式和特点,包括对支持每种模式有用的软参数的参考。

如图 18.82 所示,ANVC 控制器通常有两种主要操作模式,即系统辨识和控制。系统辨识的目的是估计从致动器控制信号到传感器响应(参考和残差)的传递函数(或等效脉冲响应函数)。该识别最初在控制滤波器设置为零的情况下执行,但随后可在闭环运行期间执行,如18.4 节"系统辨识"中所述。一旦获得受控体初始估计值,就可获得系统响应的运行测量值,以表征"非受控"(即开环)响应。这些响应还用于设计控制过滤器,以支持在控制模式下的运行。一旦进入控制模式,就可以注入探针信号,以支持闭环系统辨识和控制滤波器系数的自适应。可以调整软参数以优化性能。然后,应收集闭环系统响应,并将其与开环响应进行比较,以评估系统性能与性能目标。

表 18.2　控制器操作模式和特点

操作模式	描述和特点
系统响应的开环特性	在正常"非受控"(即开环操作)期间收集残差传感器的测量值
开环系统辨识	估计致动器驱动信号和传感器之间的受控体模型。软参数包括探针强度、自适应系数、泄漏系数、正则化参数和致动器通道选择

续 表

操作模式	描述和特点
基于开环响应和系统辨识的带滤波器的闭环操作	在"受控"(即闭环)操作期间收集残差传感器的测量值软参数,包括自适应和泄漏参数、控制力和鲁棒性加权参数以及正则化参数
并发闭环系统辨识与控制滤波器自适应	在"受控"(即闭环)操作期间收集残差传感器的测量值,同时注入探针信号进行闭环系统辨识。软参数包括上述用于系统辨识和闭环操作的参数。此外,应包括软件标志,以便在控制滤波器设计算法中开始使用更新的受控体模型
保存操作"状态"	应保存重新启动控制器所需的所有控制器信息。这包括受控体和控制滤波器系数、所有硬参数和软参数、操作模式和探针信号路径参数
加载保存的"状态"和重新启动控制器	以保存的"状态"加载,并使用保存的参数和滤波器启动操作

表 18.2 的最后两行表示希望能够在任何时间点保存控制器的"状态"。所谓状态,是指保存控制器所有参数值和滤波器系数,以便将来在该状态下重新启动系统。因此,控制器可以从闭环操作状态或一些初始操作状态(例如开环)开始。原型系统可以方便地包括图形用户界面(GUI),通过该界面可以监视和控制操作模式、软参数值、性能评估和保存/加载状态功能。一旦 ANVC 系统测试成功,软件中的软参数值和从开环到闭环操作的进展逻辑就可以自动进行,从而形成一个独立的 ANVC 系统。

18.7 ANVC 系统示例

本节介绍三个原型主动系统,说明本章前几节概述的应用原则。所有这些系统都是为了演示这项技术而开发的,其中一个系统目前正在一个美国海军军舰级别上运行。三个系统都证明了当遵循适当的设计程序时,主动噪声和振动控制技术的有效性。第一个示例涉及主动和被动降噪处理组合的协同应用。这个示例说明仅使用被动或主动方法很难成功控制噪声源。第二个示例说明反馈技术在通过隔振支架控制宽带和窄带振动传递中的应用。最后一个示例说明了如何使用主动噪声控制技术在噪声环境中产生一个静默区。

18.7.1 基于无源元件的 MIMO 前馈有源机车排气噪声控制系统

1. 问题描述

当柴油电动机车全功率运行时,会产生明显的噪声,并对主要铁路线附近的生活质量产生严重的不利影响。噪声源如图 18.83[85] 所示,柴油电动机车噪声的主要来源是发动机排气和冷却风扇,必须降低这两种噪声源,才能实现显著降噪。为这一应用开发的主动噪声控制系统只关注排气噪声,因而应充分认识到,如果要实现机车整体的显著降噪,后期必须努力消除冷却风扇的噪声。这种应用考虑了主动技术,因为机车排气噪声在非常低的频率(低于 40 Hz)时是显著的,而能够达到预期降噪效果的被动噪声控制处理(例如,耗散或抗性消声器)占用空间太大,无法适应可用的空间。

系统[86-87]的基本概念如图 18.84 所示,机车罩顶部的平面图显示在排气管附近。图中显示了排气管周围的多个扬声器、控制致动器和位于机车罩边缘附近可作为残差传感器的多个控制传声器。根据排气噪声测量结果确定,有源系统在设计的低频段运行,噪声主要是音调噪声,因此选择了一种前馈结构,使用机车柴油机上的转速计作为参考信号。

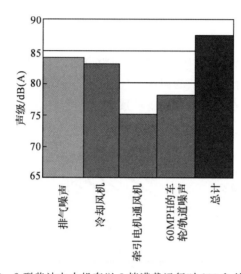

图 18.83　SD40 - 2 型柴油电力机车以 8 档满载运行时 100 ft 处所测量的噪声源

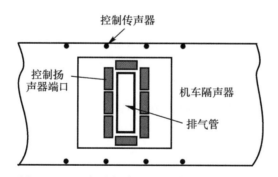

图 18.84　机车隔声罩平面图(附基本系统概念)

2. 性能目标

根据图 18.83 中的噪声源信息,确定将排气噪声整体降低 10 dB(A)就能显著降低地区噪声(当然,假设冷却风机的噪声最终同样也会降低)。在对机车的排气噪声谱进行检查之后,我们确定要想达到 10 dB(A)的总体降噪效果,需要将排气噪声控制在至少 5 kHz。由于将有源系统的带宽扩展到这么高的频率,加上需要控制宽带,这对技术提出更高的要求,我们决定采用一种混合方法。在以音调为主的低频噪声处,采用有源系统。在以宽带为主的高频噪声处,采用被动消声器是最有利的。这种方法是可取的,因为主动技术在控制低频音调噪声方面非

常有效,但在高频条件下,被动消声器的尺寸不需要很大就能实现良好的效果。这两种技术都是必需的,因为:

(1)若通过主动控制技术使排气声音低于 250 Hz,在高频位置未进行宽带控制,则降噪效果将低于 1 dB(A);

(2)若在 0～250 Hz 带宽内未进行声音控制,则最大排气噪声将限制在约 5 dB(A)以内。

我们最终发现,要想使排气噪声降低 10 dB(A),则有

(1)若采用有源系统,排气声音将降低 10 dB,从而降到 250 Hz 以下;

(2)若采用被动消声器,250～500 Hz 之间的宽带噪声将降低 5 dB,500～5500 Hz 之间的宽带噪声将降低 15 dB。

图 18.85 显示一种可以提供上述降噪性能的消声器。该设计很紧凑,中心体和侧室能提供必要的插入损失,同时保持足够低的回压,以满足机车柴油机的技术规格。消声器外部有扬声器隔声罩,整体结构装配在发动机舱的防护罩内。虽然被动消声器是整个系统设计的关键部件,但在本书中,我们只关注有源系统。被动消声器的详细信息见参考文献[86][87]。

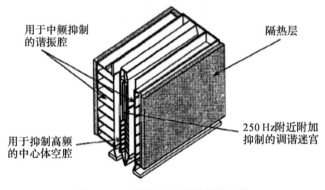

图 18.85　紧凑式被动消声器设计

3. 致动器数量和位置

设计过程首先是确定控制致动器(扬声器)的数量和位置。图 18.86 显示在模拟过程中研究的致动器的典型布置,排气管和控制致动器被视为点源。在模拟过程中,组成传递函数矩阵,将 90 处距离排气管水平面 30 m 的声压与排气管周围 32 处的控制扬声器体积速度相关联,如图 18.86 所示。图 18.87 显示传递函数矩阵的有效奇异值与最大奇异值之比,比值与频率相关。原则上,有效奇异值的数量表明有效控制噪声源所需的最小数量的致动器。在进行上述此类计算时,我们不出意外地发现,将控制源尽可能设在排气管附近就能得到最小数量的奇异值(控制源)。因此,我们对控制扬声器隔声罩进行初步设计,确定排气管和隔声罩出口之间的最小合理间距。为此我们进行了图 18.87 所示的一系列计算。该图表明,在 250 Hz 时,8个奇异值(包括最大值)均在最高 20 dB 以内。因为只需降低 10 dB 的噪声,所以使用 8 个如图 18.85 所示的致动器似乎是一种保守的选择。该布置对应的预测性能如图 18.88 所示。虽然基于上述计算过程所预测的非因果降噪效果远高于预期,但令人欣慰的是,8 个控制致动器似乎已经足够了。

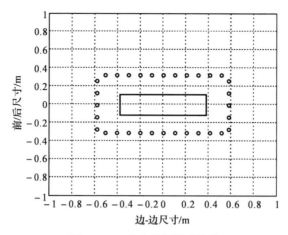

图 18.86　备选控制源的位置

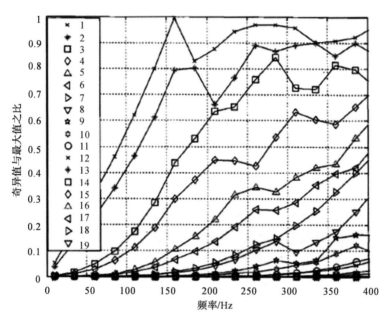

图 18.87　各奇异值与最大奇异值之比（与频率相关）

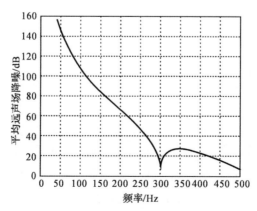

图 18.88　8 个控制致动器的预测远声场性能

4. 控制传感器的数量和位置

在上一节所述的评估中，控制传感器放置于远声场。实际上，必须将传声器放在机车隔声罩上的某处。因此，我们开发了另一组传递函数矩阵，将机车隔声罩上控制传声器的备选位置的声压相关联，以控制前述排气管周围 32 处扬声器的体积速度。然后，我们确定了使控制传声器处达到最小压力所需的体积速度，再将体积速度与前述的传递函数矩阵相结合，预测远声场压力的降低幅度。图 18.89 显示了控制传感器各处的计算结果。图中的实曲线代表放置控制传感器的最终位置，即沿着机车隔声罩的两个边缘布置 4 个传感器，如图 18.84 所示。通过进行上述一系列计算帮助选择控制传感器的位置。其他影响选择过程的问题包括排气噪声在备选传感器位置处对其他噪声源的支配程度、对其他机车部件的干扰、热量和布线。

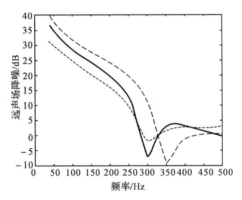

图 18.89　8 个控制致动器（每个设不同配置的控制传感器）的预测远声场降噪效果

5. 控制致动器设计

作为计算的一部分，通过模拟控制传感器的放置方式将提供控制扬声器所需的估计体积速度，前提是在计算过程中使用的是控制传感器处的非受控声压实际值。对试验机车隔声罩不同位置的声压进行测量以提供这些数据。然后，通过模拟确定控制扬声器的最佳体积速度。这些信息用于控制扬声器的选择和扬声器隔声罩的设计。隔声罩设计如图 18.90 所示。需要两种不同结构的隔声罩，并在排气管道周围的可用空间中安装必要数量的隔声罩。每个隔声罩包含两个直径为 12 in 的高保真扬声器，提供带通频率响应，提高 40～250 Hz 频率范围内的体积速度。隔声罩扬声器系统是使用商用计算机程序设计的。

图 18.91 显示了排气管周围控制扬声器隔声罩的布置。经过精心设计，我们已能够在可用空间内安装 10 个隔声罩。但是，只保留 8 个独立频道以驱动扬声器。由于模拟表明机车中心线上的扬声器需要高体积速度，我们在中心线的每侧放置 2 个扬声器隔声罩（见图 18.91），但不在中心线上放置扬声器隔声罩。然后，用一个控制器输出通道分别驱动这两对隔声罩的其中一对。

6. 控制架构

在设计过程的早期，我们已决定使用前馈控制架构，这是因为该技术是针对声音控制问题而开发的。图 18.92 提供了简化的控制框图。本图显示典型的自适应 MIMO LMS 滤波-x 架构，设 8 个控制滤波器和 1 个 8×8 受控体传递函数矩阵。图 18.93 提供了详细的框图，注入探针可用于识别受控体,还能用于估计受控体的性能,在估计过程中求最小噪声值的附加 LMS 频域块。

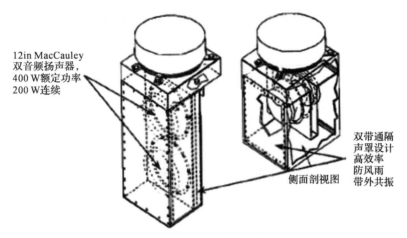

图 18.90　控制扬声器隔声罩设计

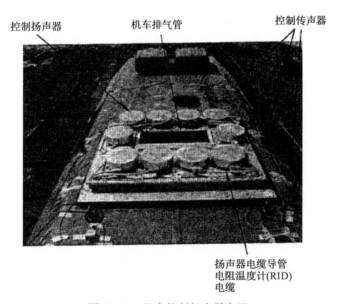

图 18.91　机车控制扬声器布置

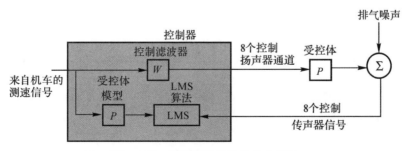

图 18.92　控制架构的简化基本框图

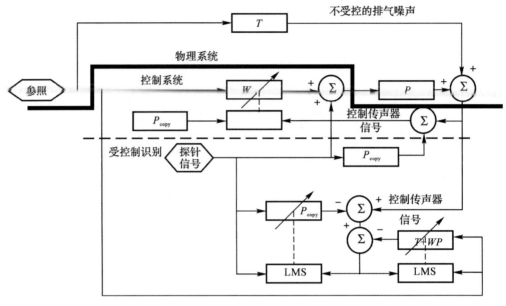

图 18.93　控制器详细框图

7. 硬件选择

　　在设计过程的早期,我们已决定使用 12 位逐次逼近的 A/D 转换器,因为在本次设计中不需要与 16 位转换器相关的低离散化噪声。经研究发现,Loughborough Sound Images 提供的商用输入输出(I/O)板提供 16 个输入通道(A/D 转换器)和 8 个输出通道(采样保持 D/A 转换器),以及用于抗锯齿和重建的三阶低通巴特沃斯滤波器。由于提供一套单独的滤波器成本太高,决定使用机载滤波器。随着频率的增加,前述此类滤波器对频率的响应以非常缓慢的速率下降,因此需要采用远高于实现合理控制带宽所需的采样频率。因此,将采样频率设为 2 000 Hz,将滤波器的截止频率设置为 720 Hz。然而,在控制计算的过程中,对数字信号进行 4 倍降采样,意味着有效采样率为 500 Hz,控制带宽为 250 Hz。

　　本次过程中计算量和内存需求的估计值见表 18.3。假设每个受控滤波器有 200 个抽头,每个控制滤波器有 180 个抽头,得出了前述估计值。表 18.3 分为两个功能,即在线控制和系统辨识。在线控制是与实现控制算法相关的功能,系统辨识是对受控体传递函数的测量,为保持良好的控制性能,须定期更新前述两项功能。已决定使用 Loughborough Sound Images 的商用载体板上的两个 TMS320C44 DSP 芯片(由德州仪器公司制造)。载体板可提供前述两项操作所需的充分内存。每个 DSP 芯片的时钟频率为 60 MHz,每秒可执行 3 000 万次浮点运算(Mflops)。我们决定将上述两个功能分开,由主 DSP 提供所有控制处理,由辅助 DSP 执行所有系统辨识任务。

表 18.3　有源系统 DSP 计算要求

操　　作	Mflops	内存/kB
控　制	22.4	107
系统辨识	9.6	10
总　计	32.0	117.0

8. 系统性能

上述控制系统是以芝加哥通勤铁路公司运营的 F40PH 客运机车为测试对象而应用的，该列机车分属芝加哥大都市区的通勤铁路线。测试地点位于芝加哥第 51 号铁路站场。传声器评估位置如图 18.94 所示。由于站场内存在干扰声学评估的其他设备和结构，传声器的可用位置受到限制。在安装被动消声器之前进行了未受控测量。然后，在被动消声器完成安装之后，在有源系统打开和关闭的情况下分别测量系统的性能。

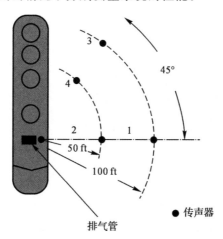

图 18.94　为进行评估测量选择的传声器位置

图 18.95 显示机车在 4 档负载下运行时，机车车顶传声器 5 处的音调噪声在有源系统作用下的降低[①]。该图表明，所有重要音调明显降低，但低振幅的音调有所放大。

总声级降至 250 Hz 以下超过 12 dB。表 18.4 显示了由于被动消声器和有源系统一起工作而实现的总 A 计权降噪效果。该降噪效果略低于 10 dB(A) 的目标，但对于大多数操作条件和传声器位置来说仍然是显著的，这表明主动-被动混合系统提供了显著的宽带全局降噪效果。

表 18.4　远声场传声器估计降噪性能

档位	负载	传声器 5	传声器 1	传声器 2	传声器 3	传声器 4
空转	空载	5.1	5.2	6.5	6.1	6.4
高怠速	空载	8.7	6.5	8.9	5.8	7.4
t4	空载	6.9	5.2	4.1	5.6	5.4
t6	空载	7.7	6.6	5.6	6.4	6.0
t8	空载	5.8	−0.1	3.7	6.2	4.7
t4	负载	6.4	5.2	4.1	4.7	4.6
t6	负载	4.3	−1.9	1.2	2.8	1.7
t8	负载	6.9	2.9	6.5	6.6	6.6

①　机车动力制动格栅(大电阻器由动态制动风机进行冷却)传递发动机驱动的交流发电机的功率，机车柴油机以此方法获得电源。机车可空载空车运行，也可在 8 档设置中的任何一档负载或空载运行。1 档对应最低转速和最低功率，8 档对应全功率下的最高转速。

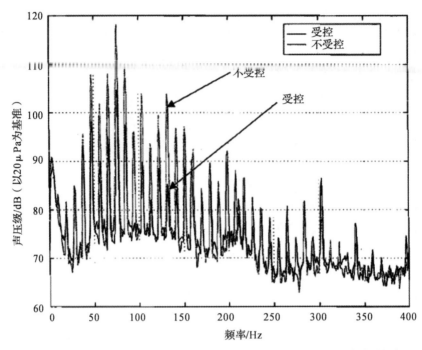

图 18.95　在 4 档负载运行时在机车车顶传声器处测得的有源系统降噪性能

18.7.2　主动机械隔振

1. 问题说明

利用被动机械支架很难在低频时达到理想的隔振效果。通常,为了实现低频隔振,采用两级隔振器,这会对两个隔离器之间的中间质块造成很大的重量损失。在某些应用中,如船舶或飞机,中间质块的重量会对车辆性能和经济性产生不利影响。

传递到机械基础中的力通常包含窄带和宽带分量。为了满足噪声或振动目标,通常需要减少连续或宽带谱分量以及离散或窄带谱分量。此外,由于工作速度的变化,窄带激励的音调频率会随时间变化而迅速变化。此外,预计受控体传递函数(即驱动信号与致动器和传感器响应之间的传递函数)将随时间变化。需要关注的机械基础通常包括大型、复杂、分布式机械结构,其产生的噪声只能在一定程度上略微抑制,在重要频率范围内具有多种谐振模式。因此,受控体传递函数通常是高阶的,具有高 Q 响应分量。此外,受控体的结构(如复杂性)随控制器带宽的增加而增加。

基于上述观察结果,将控制问题定义如下:

(1)减少传递到机械基础结构中的力的窄带和宽带;

(2)快速适应窄带激励的音调频率变化,以相对较慢的速度适应受控体的变化;

(3)最小化控制器带宽,以使受控体传递函数的复杂性减到最小,从而降低控制器的复杂性;

(4)提供所需的性能,同时避免带外振动放大。

最后一项要求是基于应用经验得出的,这要求隔振性能在一定频率范围内提高,但隔振系统的性能不能显著降低并超出有源系统的调节带宽。带外增强(即噪声放大)的可接受水平通常为 2~3 dB。

下一节将介绍满足前述要求的有源隔振系统。由于总体而言没有适合的参考传感器能实现采用前馈控制的宽带控制,因此我们考虑采用反馈算法。虽然本书讨论的是 SISO 控制,但是算法和控制架构可以扩展到 MIMO 控制。

2. 控制策略描述

(1)实时控制处理。实时控制器的基本结构如图 18.96 所示。这是 18.5 节介绍的补偿器-调节器架构,其中,图 18.96 中被指定 $P(\omega)$ 的受控体是控制器的输出与传递到基础中的净力之间的传递函数。

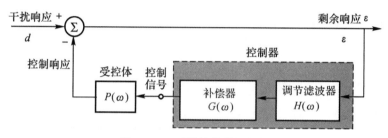

图 18.96　反馈补偿器调节器

我们将控制器设置为两个级联滤波器,旨在对低阶调节滤波器系数进行快速自适应,以跟踪干扰窄带分量中心频率的变化。同时,选择以较慢的速率对相对高阶补偿滤波器进行自适应,以跟踪受控体传递函数的变化。

(2)自适应处理。自适应控制器的所有功能见图 18.97。"并行自适应处理"框提供两种类型的自适应:

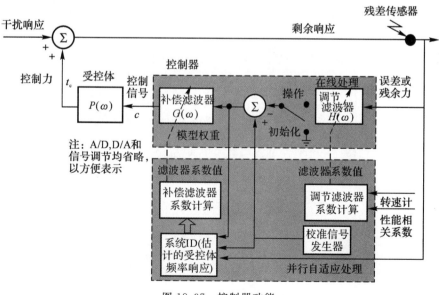

图 18.97　控制器功能

1)可变窄带中心频率自适应:通过转速计(或其他不同速度或重复率测量传感器)和跟踪滤波器对周期性激励产生的窄带响应中心频率进行测量;基于正在测量的中心频率及其变化率,计算并更新数字窄带调节滤波器的系数。

2)受控体的可变自适应:基于受控体频率响应估计的系统辨识;数字宽带补偿滤波器系数的计算与更新。

在闭环操作期间,使用18.4节中简述的程序进行系统辨识。此程序主要包括:①将与外部干扰无关的低电平校准信号插入补偿滤波器;②估计校准信号与设备输入和输出的互谱;③估计受控体传递函数(前述两个互谱之比)。在18.4节"系统辨识"中,还讨论了用于估计受控体的互谱处理以及隐蔽探针信号的设计和注入等详细内容。

探针信号的电平低到不会明显增加残余量,且其带宽与全补偿频带相匹配。虽然电平很低,但是,只要有足够的平均时间,就能得到良好的传递函数估计值。在随后的特性图中,大约每2 min更新一次受控体的估计值。

由于我们所关注的是一个略微抑制的机械结构和相对较大的补偿带宽(如800 Hz),补偿滤波器的FIR滤波器实现需要多个系数。为了减少离线和在线计算量,我们选择基于多步Yule-Walker法设计的IIR滤波器。

3. 硬件说明

图18.98所示为控制器硬件框图。该控制器的算法功能由4个并行工作的TMS320C30 DSP芯片实现。控制器功能分配给各个DSP处理器。

(1)在线处理器。执行在线数据路径上的调节和补偿滤波器的数字滤波。

(2)Desamp处理器。负责与生成向系统辨识算法提供的采样数据缓冲区相关联的离线任务。该处理器还可以执行复制滤波器和参考信号处理。

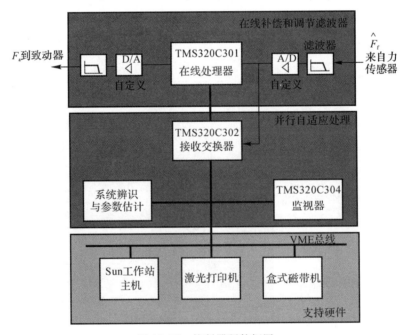

图18.98 控制器硬件框图

(3)Sys_ID 处理器。执行系统辨识和补偿滤波器权重算法。然后,将补偿滤波器权重复制到在线处理器。

(4)监测处理器。从其他处理器收集数据,将数据上传到主机,以监测并评估系统性能。

控制器实现系统包含定制的 A/D 和 D/A 转换板以及逻辑控制器板。控制器板在 DSP 处理器与 A/D 和 D/A 转换板之间提供高速双向接口。2 个 Sky Challenger 板,每个板包含 2 个 TMS320C30 芯片,通过 VME 总线相互通信,提供高达 132 Mflop 的计算速率。选择 SPARC 工作站作为主机。

4. 性能实例

控制器连接到一个原型有源/无源机械支架,该支架位于一根支腿[1 300 lb,140 制动马力(bhp)2 800 r·min^{-1},底特律 4-53 型发动机]和典型的复杂基础结构之间。有源/无源支架的图片和系统示意图如图 18.99 所示。有关发动机、有源/无源支架设计和试验台的详细讨论,见参考文献[88]。

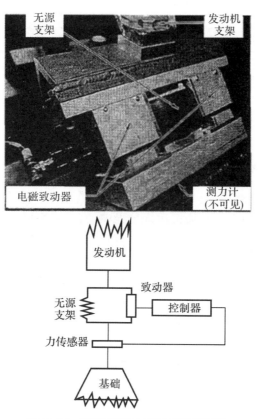

图 18.99　有源/无源支架和系统原理图

试验目标是在活塞点火频率的基本和后续四次谐波下提供至少 15 dB 的窄带调节。此外,在 10～80 Hz 的频率间隔内需要 10 dB 的宽带调节,同时在调节带宽外保持低于 5 dB 的噪声放大率。为了达到上述目标,选择了 833 Hz 的补偿带宽和 10 kHz 的系统采样率。数字系统延迟时间(包括 D/A 转换器采样保持的延迟)是 60 μs。

有源隔振系统的闭环性能如图 18.100 所示。该图显示了传递到基础结构的开环与闭环残余力之比。如图所示，在前五个活塞点火音调处实现超过 15 dB 的窄带降低效果。此外，约 10 dB 的宽带调节是在 15～80 Hz 之间实现的，覆盖包含多个音调的大部分频率间隔。最后，前述性能是在将噪声放大限制在调节带宽之外约 5 dB 的情况下实现的。在实测开环力与闭环力之比的高频率下，极精细结构产生的噪声有时会低于 −5 dB，这是由于致动器很难驱动，从而引起的谐波失真而造成的，而非控制处理器的缺陷。

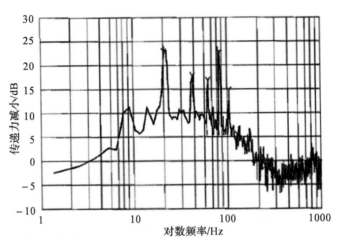

图 8.100　有源/无源支架基础中的传递力降低（相对于无源支架）

18.7.3　高速巡逻艇空传噪声主动控制

海军的新型高速巡逻艇由 4 台主推进柴油机提供动力，这些柴油机由一组（4 个）推进轴提供总计 13 000 轴马力。在柴油机运行过程中，当螺旋桨叶片旋转时，产生音调噪声和宽带空化噪声（该噪声通过船体传播），在位于螺旋桨正前方的船尾船员住舱内产生高噪声级。尽管已采用多项被动噪声控制技术来降低住舱内的噪声（包括浮动地板、双层舱壁和约束层阻尼），但是，63 Hz 和 125 Hz 倍频带和总空传噪声级[dB(A)]仍然超过了海军的音响适居性规范。表 18.5 将前三艘船舶船员住舱内测得的第三倍频带和总声级与噪声规范限值进行了比较[89]。测量结果表明，想要将总 A 计权噪声降到可接受的水平，需要降低 63 Hz 和 125 Hz 倍频带。

为了解决这一问题，研究了几种降低船舶船员住舱内低频噪声的方法。由于在该频率范围内被动处理的效果最差，因此对几种有源噪声和振动控制概念进行了评估。这几种概念包括全局和局部控制方法，应用前馈和反馈控制策略，以及数字和模拟控制硬件。为了评估每种方法的效果，最初进行了一系列声学试验，以测量工作噪声特性、路径传递函数和住舱声学特性等数值。再使用这些实测数据模拟各种控制方法的性能。

所选择的实现方法是采用 SISO 反馈控制策略对每个床铺附近的声场进行局部控制。利用本方法，在乘客头顶附近创造了一个有效的"静默区"。本方法如图 18.101 所示。基于实测数据的实验室模拟和一个铺位的模型表明，本方法可以在乘客头顶实现一定程度的减噪。

表 18.5 全速条件下船艉船员住舱的平均倍频带和 A 计权噪声级[89][dB(A)]

	31.5 Hz	63 Hz	125 Hz	250 Hz	A 计权
噪声规范	105	100	95	90	82
船舶 1	98	113	100	88	87
船舶 2	97	104	94	85	85
船舶 3	95	111	96	86	86

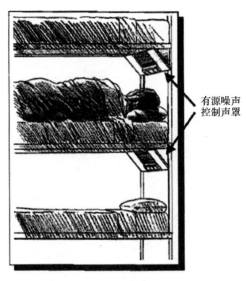

有源噪声
控制声罩

图 18.101 有源静默区方法示意图

对于每一个铺位而言,有源噪声控制系统均安装在一个棱柱形隔声罩内,再将隔声罩安装在乘客头顶后方的铺位上角。每个单元包含一个扬声器用于产生抵消噪声,一对传声器用于检测需控制的噪声场,一个微处理器用于实时计算抵消信号。在微处理器上实现的控制算法是一种自适应反馈算法(基于 18.5 节中讨论的自适应尤拉变换),以降低窄带和宽带噪声。最初该位置设计的阅读灯被纳入有源噪声控制(ANC)隔声罩设计中。

ANC 隔声罩部件如图 18.102 所示。实际实现系统的图片如图 18.103 和图 18.104 所示。

在航船试验期间,对上述原型控制系统进行了评估。图 18.105 显示在乘客头顶(而不是在控制传声器处,在此处实现了更大的降噪)测得的降噪窄带图。本图中,对全速运行过程中控制系统打开和关闭时分别获得的噪声频进行了噪声谱比较。如图所示,在主导叶率音调(约 60 Hz)下,降噪幅度大于 15 dB,在 30~85 Hz 之间,降噪幅度为 7~10 dB。三倍频带性能如图 18.106 所示。本图表明,该系统将三倍频带降至海军声学适居性规范的限值(即本计划目标)以下。对一艘巡逻艇上的原型系统进行多次试验后,海军赢得合同,成为整个 PCI 级巡逻艇的生产单位。

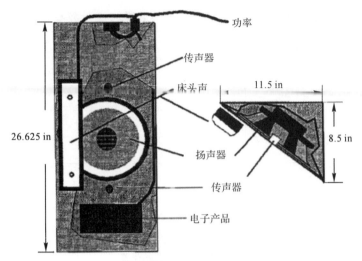

图 18.102　ANC 隔声罩部件

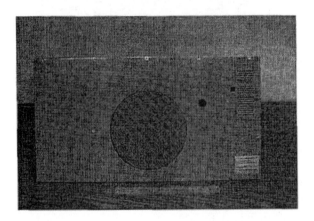

图 18.103　ANC 隔声罩面板(未显示集成的阅读灯)

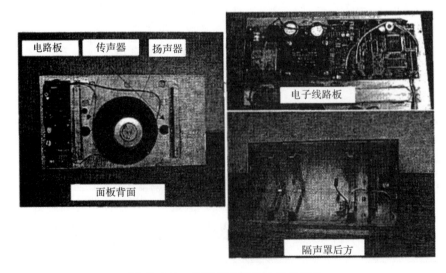

图 18.104　ANC 隔声罩的内部件照片

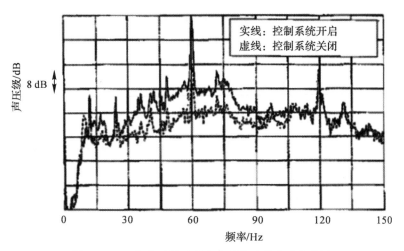

图 18.105　全速运行时乘客头顶位置的降噪窄带图

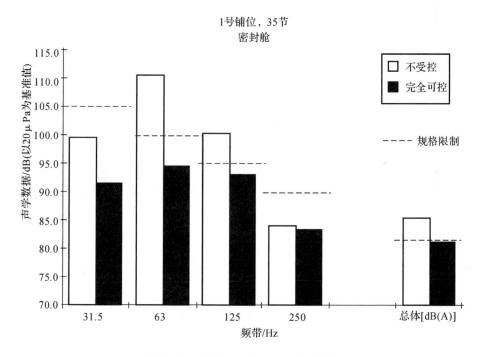

图 18.106　乘客头顶位置的三倍频带性能总结

声学数据（单位为dB，以 20μPa 为基准值）

倍频带	不受控	控制	衰减
31.5	99.5	91.5	8
63	110.5	95	15.5
125	100.5	93	7.5
250	84	83.5	0.5
总体/dB(A)	85.5	81.5	4

参 考 文 献

[1] W. B. Conover, "Fighting Noise with Noise,"*Noise Control*, **2**, 78 – 82 (1956).

[2] W. B. Conover and R. J. Ringlee, "Recent Contributions to Transformer Audible Noise Control,"*Trans. AIEE Pt. III Power Apparatus and Systems*, **74**, 77 – 90 (1955).

[3] K. Kido,"Reduction of Noise by Use of Additional Noise Sources," *Proc. Internoise* 75, 1975, pp. 647 – 650.

[4] G. B. B. Chaplin and R. A. Smith,"The Sound of Silence," *Engineering*, **218**, 672 – 673 (1978).

[5] L. A. Blondel and S. J. Elliott, "Tuned Loudspeaker Enclosures for Active Noise Control," paper presented at Internoise 96, International Congress on Noise Control Engineering, Liverpool, United Kingdom, July 30 – August 2, 1996. Proceedings, pp. 1105 – 1108; Abstract, p. 67.

[6] G. J. Stem, "A Driver's Seat with Active Suspension of Electro – pneumatic Type," *ASME J, Vib. Acoust.*, **119**, 230 – 235 (1997).

[7] J. der Hagopian, L. Gaudiller, and B. Maillard, "Hierarchical Control of Hydraulic Active Suspensions of a Fast All – Terrain Military Vehicle," *J. Sound Vib.*, **222**, 723 – 752 (1999).

[8] A. K. Abu – Akeel,"The Electrodynamic Vibration Absorber as a Passive or Active Device," ASME Paper 67 – Vibr – 18, *ASME J. Eng. Ind.*, **89**, 741 – 753 (1967).

[9] S. Ikai; K. Ohsawa, K. Nagaya, and H. Kashimoto,"Electromagnetic Actuator and Stacked Piezoelectric Sensors for Controlling Vibrations of a Motor on a Flexible Structure," *J. Sound Vib.*, **231**, 393 – 409 (2000).

[10] S. W. Sirlin and R. A. Laskin, "Sizing of Active Piezoelectric Struts for Vibration Suppression on a Space—Based Interferometer," paper presented at the First Joint U. S. /Japan Conference on Adaptive Structures, Maui, HI, November 13 – 15, 1990. Proceedings, pp. 47 – 63.

[11] P. K. C. Wang,"Feedback Control of Vibrations in a Micromachined Cantilever Beam with Electrostatic Actuators," *J. Sound Vib.*, **213**, 537 – 550 (1998).

[12] D. L. Hall and A. B. Flatau, "Broadband Performance of a Magnetostrictive Shaker," in C. J. Radcliffe, K. W. Wang, H. S. Tzou, and E. W. Hendricks (Eds.), *Active Control of Noise and Vibration*. Papers presented at the ASME Winter Annual Meeting, Anaheim, CA, November 8 – 13, 1992. *ASME Book DSC – Vol.* 38, pp. 95 – 104, American Society of Mechanical Engineers, New York.

[13] B – T. Wang, R. A. Burdisso, and C. R. Fuller,"Optimal Placement of Piezoelectric Actuators for Active Structural Acoustic Control," *J. Intelligent Material Syst. Struct.*, **5**, 67 – 77 (1994).

[14] G. E. Warnaka, "Active Attenuation of Noise – The State – of – the – Art," *Noise Control Eng.*, May/June 1982, pp. 100 – 110.

[15] D. Guicking, *Active Noise and Vibration Control Reference Bibliography*, 3rd ed., Dritte Physicalisches Institut, University of Göttingen, Göttingerm 1988 and 1991 supplement.

[16] S. J. Elliott and P. A. Nelson, "Active Noise Control," *IEEE Signal Process. Mag.*, October 1993, pp. 12 – 35.

[17] C. Fuller, "Active Control of Sound and Vibration," tutorial lecture presented at the 120th Acoustical Society of America Meetings San Diego, November 26, 1990.

[18] H. Coanda, "Procédé de Protection Contre les Bruits," French Patent No. 722274, filed October 21, 1930, patented December 29, 1931, published March 15, 1932.

[19] P. Lueg, "Process of Silencing Sound Oscillations," U. S. Patent 2,043,416, June 19, 1936.

[20] M. A. Swinbanks, "The Active Control of Sound Propagation in Long Ducts," *J. Sound Vib.*, **27**(3), 411 – 436 (1973).

[21] M. J. M. Jessel, "Sur les absorbeur actif," in *Proceedings of the sixth International Congress on Acoustics*, Paper F 5 – 6 82, Tokyo, 1968.

[22] M. J. M. Jessel and G. Magiante, "Active Sound Absorbers in an Air Duct," *J. Sound Vib.*, **23**, 383 – 390 (1972).

[23] H. G. Leventhall, "Developments in Active Attenuators," in *Proceedings of the 76 Noise Control Conference*, Warsaw, Poland, 1976, pp. 175 – 180.

[24] G. Canevet, "Active Sound Absorption in an Air Conditioning Duct," *J. Sound Vib.*, **58**, 333 – 345 (1978).

[25] L. J. Eriksson, M. C. Allie, and R. A. Greiner, "The Selection and Application of IIR Adaptive Filter for Use in Active Sound Attenuation," *IEEE Trans. Acoust. Speech Signal Process.*, **ASSP – 35**, 433 – 437 (1987).

[26] L. J. Eriksson and M. C. Allie, "A Digital Sound Control System for Use in Turbulent Flows," Paper presented at NOISE – CON 87, National Conference on Noise Control Engineering, State College, PA, June 8 – 10, 1987. Proceedings, pp. 365 – 370.

[27] L. J. Eriksson and M. C. Allie, "A Practical System for Active Attenuation in Ducts," *Sound Vib.*, **22**(2), 30 – 34 (February 1988).

[28] L. J. Eriksson, "The Continuing Evolution of Active Noise Control with Special Emphasis on Ductborne Noise," in C. A. Rogers and C. R. Fuller (Eds.), *Proceedings of the First Conference on Recent Advances in Active Control of Sound and Vibration*, Blacksburg, VA, April 15 – 17, 1991, pp. 237 – 245.

[29] H. F. Olsen and E. G. May, "Electronic Sound Absorber," *J. Acoust. Soc. Am.*, **25**, 1130 – 1136 (1953).

[30] D. C. Perry, S, J, Elliott, I. M. Stothers, and S. J. Oxley, "Adaptive Noise

Cancellation for Road Vehicles," in *Proceedings of the Institution of Mechanical Engineers Conference on Automotive Electronics*, 1989, pp. 150 – 163.

[31] S. Hasegawa, T. Tabata, A. Kinsohita, and H. Hyodo, "The Development of an Active Noise Control System for Automobiles," SAE Technical Paper Series, Paper No. 922087, Society of Automotive Engineers, Warrendale, PA. 1992.

[32] R. J. Bernhard,"Active Control of Road Noise Inside Automobiles," in *Proceedings of ACTIVE 95, The 1995 International Symposium on Active Control of Sound and Vibration*, Newport Beach, CA, July 6 – 8, 1995, pp. 21 – 32.

[33] S. J. Elliott, P. A. Nelson, T. J. Sutton, A. M. McDonald, D. C. Quinn, I. M. Stothers, and I. Moore, "The Active Control of Low Frequency Engine and Road Noise Inside Automotive Interiors," Paper presented at ASME Winter Annual Meeting, Session NCA – 8, Dallas, TX, Nov. 25 – 30, 1990. Proceedings, pp. 125 – 129.

[34] W. Dehandschutter, R. Van Cauter, and P. Sas, "Active Structural Acoustic Control of Structure Borne Road Noise: Theory, Simulations, and Experiments," in. S. D. Sommerfeldt and H. Hamada (Eds.), *Proceedings of ACTIVE 95, The 1995 International Symposium on Active Control of Sound and Vibration*, Newport Beach, CA, July 6 – 8, 1995, pp. 735 – 746.

[35] S. J. Elliott, P. A. Nelson, and I. M. Stothers, "In Flight Experiments on the Active Control of Propeller Induced Cabin Noise," *J. Sound Vib.*, **140**, 219 – 238 (1990).

[36] C. F. Ross and M. R. J. Purver, "Active Cabin Noise Control," in S. J. Elliott and G. Horváth (Eds.), *Proceedings of ACTIVE 97, The 1997 International Symposium on Active Control of Sound and Vibration*, Budapest, Hungary, August 21 – 23, 1997, pp. 39 – 46.

[37] G. P. Mathur, B. N. Tran, and M. A. Simpson, "Active Structural Acoustic Control of Aircraft Cabin Noise Using Optimized Actuator Arrays – Laboratory Tests," AIAA Paper 95 – 082, presented at the First Joint CEAS/AIAA Aeroacoustics Conference (AIAA 16th Aeroacoustics Conference), München, DE, June 12 – 15, 1995.

[38] M. A. Simpson, T. M. Luong, M. A. Swinbanks, M. A. Russell, and H. G. Leventhall,"Full Scale Demonstration Tests of Cabin Noise Reduction Using Active Noise Control," Paper presented at Internoise 89, International Congress on Noise Control Engineering, Newport Beach, CA, December 4 – 6, 1989. Proceedings, pp. 459 – 462.

[39] P. D. Wheeler, "The Role of Noise Cancellation Techniques in Aircrew Voice Communications Systems," in *Proceedings of the Royal Aeronautical Society Symposium on Helmets and Helmet Mounted Devices*, 1987.

[40] I. Veit,"Noise Gard – An Active Noise Compensation System for Headphones and

Headsets," NATO Research Study Group (RSG) 11, Panel 3: Proceedings of the Workshop on Active Cancellation of Sound and Vibration, 22nd Meeting, Vicksburg, MS, October 31, 1990, and 23rd Meeting, Bremen, DE, June 5, 1991, pp. 164 - 167.

[41]   B. Rafaely and M. Jones, "Combined Feedback - Feedforward Active Noise — Reducing Headset - The Effect of the Acoustics on Broadband Performance," *J. Acous. Soc. Am.*, **112**, 981 - 989 (2002).

[42]   K. D. LePage, P. J. Remington, and A. R. D. Curtis, "Reference Sensor Selection for Automotive Active Noise Control Applications," Paper presented at 130th Meeting of the Acoustical Society of America, Adam's Mark Hotel, St. Louis, MO, November 27 - December 1, 1995.

[43]   P. Remington, D. Sutliff, and S. Sommerfeldt, "Active Control of Low Speed Fan Tonal Noise Using Actuators Mounted in Stator Vanes Part 1: Control System Design and Implementation," Paper No. AIAA - 2003 - 3191, presented at the AIAA/CEAS Aeroacoustics Conference, Hilton Head, SC, 2003.

[44]   D. Sutliff, P. Remington, and B. Walker, "Active Control of Low Speed Fan Tonal Noise Using Actuators Mounted in Stator Vanes Part 3: Results," Paper No. AIAA - 2003 - 3193, presented at the AIAA/CEAS Aeroacoustics Conference, Hilton Head, SC, 2003.

[45]   A. R. D. Curtis, "Active Control of Fan Noise by Vane Actuators," BBN Report 1193, BBN Technologies, Cambridge, MA, 1998.

[46]   P. Joseph, P. A. Nelson, and M. J. Fisher, "Active Control of Turbofan Radiation Using an In - Duct Error Sensor Array," in S. J. Elliott and G. Horvath (Eds.), *Proceedings of ACTIVE 97, the 1997 International Symposium on Active Control of Sound and Vibration*, Active 97, Budapest, Hungary, August 21 - 23, 1997, pp. 273 - 286.

[47]   R. H. Thomas, R. A., Burdisso, C. R. Fuller, and W. F. O'Brien, "Active Control of Fan Noise from a Turbofan Engine," *AIAA J.*, **32**(1), 23 - 30 (1994).

[48]   R. A. Burdisso, R. H. Thomas, C. R. Fuller, and W. F. O'Brien, "Active Control of Radiated Inlet Noise from Turbofan Engines," in *Proceedings of the 2nd Conference on Recent Advances in Active Control of Sound and Vibration*, Blacksburg, VA, April 28 - 30, 1993, pp. 848 - 860.

[49]   R. G. Gibson, J. P. Smith, R. A. Burdisso, and C. R. Fuller, "Active Reduction of Jet Engine Exhaust Noise," Paper presented at Internoise 95, International Congress on Noise Control Engineering, Newport Beach, CA, July 10 - 12, 1995. Proceedings, pp. 518 - 520.

[50]   J. P. Smith, R. A. Burdisso, and C. R. Fuller, "Experiments on the Active Control of Inlet Noise from a Turbofan Jet Engine Using Multiple Circumferential Control Arrays," AIAA Paper 96 - 1792, presented at the 2nd AIAA/CEAS Aeroacoustics Conference, State College, PA, May 6 - 8, 1996.

[51] H. F. Olsen, "Electronic Control of Noise, Vibration and Reverberation," *J. Acoust. Soc. Am.*, **28**, 966 – 972 (1956).

[52] E. F. Berkman, "An Example of a Fully Adaptive Integrated Narrowband/Broadband SISO Feedback Controller for Active Vibration Isolation of Complex Structures," Paper presented at the ASME Annual Meeting, November 1992.

[53] J. Scheuren, "Principles, Implementation and Application of Active Vibration Isolation," Paper C3, presented at the International Workshop on Active Control of Noise and Vibration in Industrial Applications, CETIM, Senlis, France, April 9 – 12, 1996.

[54] P. Gardonio and S. J. Elliott, "Active Control of Structural Vibration Transmission between Two Plates Connected by a Set of Active Mounts," Proceedings of ACTIVE 99, Paper presented at the 1999 International Symposium on Active Control of Sound and Vibration, Ft. Lauderdale, FL, December 2 – 4, 1999, pp. 118 – 128

[55] A. H. von Flotow, "An Expository Overview of Active Control of Machinery Mounts," Paper presented at the 27th IEEE Conference on Decision and Control (CDC), Austin, TX, December 7 – 9, 1988. Proceedings, Vol. 3, pp. 2029 – 2032.

[56] P. A. Nelson and S. J. Elliott, *Active Control of Sound*, Academic, San Diego, CA, 1992.

[57] A. V. Oppenheim and R. W, Schafer, *Digital Signal Processing*, Prentice – Hall, Englewood Cliffs, NJ, 1975.

[58] S. J. Elliott, *Signal Processing for Active Control*, Academic, San Diego, CA, 2001.

[59] B. Widrow and S. D. Steams, *Adaptive Signal Processing*, Prentice – Hall, Englewood Cliffs, NJ, 1985.

[60] G. H. Golob and C. F. Van Loan, *Matrix Computations*, Johns Hopkins University Press, Baltimore, MD, 1983.

[61] L. J. Eriksson and M. J. Allie, "Use of Random Noise for On – Line Transducer Modeling in an Adaptive Active Attenuation System," *J. Acoust. Soc. Am.*, **85**, 797 – 802 (1989).

[62] L. J. Eriksson, "Active Sound Attenuation System with On – Line Adaptive Feedback Cancellation," U. S. Patent 4,677,677, June 30, 1987.

[63] L. J. Eriksson, "Active Attenuation System with On – Line Modeling of Speaker, Error Path and Feedback Path," U. S. Patent 4677676, June 30, 1987.

[64] D. R. Morgan, "An Analysis of Multiple Correlation Cancellation Loops with a Filter in the Auxiliary Path," *IEE Trans. Acoust Speech Signal Process.*, **ASSP – 28**, 454 – 467 (1980).

[65] B. Widrow, D. Shur, and S. Shaffer, "On Adaptive Inverse Control," in *Proceeding of the 15th ASILOMAR Conference on Circuits, Systems and Computers*, Pacific Grove, CA, November 9 – 11, 1981, pp. 185 – 195.

[66] J. C. Burgess, "Active Adaptive Sound Control in a Duct: A Computer Simulation," *J. Acoust. Soc. Am.*, **70**, 715 – 726 (1981).

[67] S. J. Elliott and P. A. Nelson, "Algorithm for Multi – Channel LMS Adaptive Filtering," *Electron. Lett.*, **21**, 978 – 981 (1985).

[68] C. C. Boucher, S. J. Elliott, and P. A. Nelson, "The Effects of Errors in the Plant Model on the Performance of Algorithms for Adaptive Feedforward Control," *Proc. IEE – F*, **138**, 313 – 319 (1991).

[69] K. J. Astrom and B. Wittenmark, *Adaptive Control*, Addison – Wesley, Reading, MA, 1989.

[70] R. B. Coleman, E. F. Berkman, and B. G. Watters, "Optimal Probe Signal Generation for On – Line Plant Identification within Filtered – X LMS Controllers," paper presented at the ASME Winter Annual Meeting 1994, Chicago, IL, November 1994.

[71] R. B. Coleman and E. F. Berkman, "Probe Shaping for On – line Plant Identification," in *Proceedings of ACTIVE* 95, *the* 1995 *International Symposium on Active Control of Sound and Vibration*, Newport Beach, CA, July 6 – 8, 1995.

[72] R. B. Coleman, B. G. Watters, and R. A. Westerberg, "Active Noise and Vibration Control System Accounting for Time Varying Plant, Using Residual Signal to Create Probe Signal," U. S. Patent 5,796,849, August 18, 1998.

[73] I. Gustavsson, L. Lyung, and T. Soderstrom, "Survey Paper: Identification of Processes in Closed Loop – Identifiability and Accuracy Aspects," *Automatica*, **13**, 59 – 75 (1977).

[74] E. F. Berkman, R. B. Coleman, B. Watters, R. Preuss, and N. Lapidot, "An Example of a Fully Adaptive Integrated Narrowband/Broadband SISO Feedback Controller for Active Vibration Isolation of Complex Structures," paper presented at the ASME Annual Meeting, New York November 1992.

[75] A. R. D. Curtis, E. F. Berkman, R. B. Coleman, and R. Preuss, "Controller Strategies for Fully Adaptive Integrated Narrowband and Broadband Feedback Control for Active Vibration Isolation of Complex Structures," in *Active Control of Noise and Vibrations in Industrial Applications*, CETIM, Senlis, France, April 1996.

[76] E. F. Berkman and E. K. Bender, "Perspectives on Active Noise and Vibration Control," *Sound Vib.*, 30th anniversary issue, January 1997.

[77] R. D. Preuss, "Methods for Apparatus Designing a System Using the Tensor Convolution Block Toeplitz Preconditioned Conjugate Gradient Method," U. S. Patent 6,487,524 B1, November 26, 2002.

[78] M. Athans and P. L. Falb, *Optimal Control: An Introduction to the Theory and Its Application*, McGraw – Hill, New York, 1966.

[79] H. Kwakernaak and R. Sivan, *Linear Optimal Control Systems*, Wiley –

Interscience, New York, 1972.

[80] M. A. Dahleh and I. J. Diaz - Bobillo, *Control of Uncertain Systems*, Prentice - Hall, Englewood Cliffs, NJ, 1995.

[81] K. Zhou and J. C. Doyle, *Essentials of Robust Control*, Prentice - Hall, Upper Saddle River, NJ, 1998.

[82] J. E. Gibson, *Nonlinear Automatic Control*, McGraw - Hill, New York, 1963.

[83] L. P. Heck, J. A. Olkin, and H. Naghshineh, "Transducer Placement for Broadband Active Vibration Control Using a Novel Multidimensional QR Factorization," *ASME J. Vib. Acoust.*, **120**, 663 - 670 (1997).

[84] R. D. Preuss and B. Musicus, "Digital Filter and Control System Employing Same," U. S. Patent 5,983,255, awarded November 9, 1999.

[85] P. J. Remington and M. J. Rudd. "An Assessment of Railroad Locomotive Noise," Report No. DOT - TSC - OST - 76 - 4/FRA - OR&D - 76 - 142, U. S. Department of Transportation, Washington, DC, August 1976.

[86] P. J. Remington, S. Knight, D. Hanna, and C. Rowley, "A Hybrid Active - Passive System for Controlling Locomotive Exhaust Noise," Paper No. IN2000/0035, presented at Internoise 2000, Nice, France, 2000.

[87] P. J. Remington, S. Knight, D. Hanna, and C. Rowley, "A Hybrid Active/Passive Exhaust Noise Control System (APECS) for Locomotives," BBN Report No. 8302, BBN Technologies, Cambridge, MA, March 29, 2001.

[88] B. G. Watters et al., "A Perspective on Active Machinery Isolation," in *Proceedings of 27th Conference on Decision and Control*, Austin, TX, December 1988.

[89] M. Dignan et al., "The Active Control of Airborne Noise in a High Speed Patrol Craft," paper presented at Noise - Con 94, Ft. Lauderdale, FL, May 1994.

第 19 章 听觉和人体振动损伤风险标准

19.1 引　　言

从来源、表现形式和对人的影响等方面来说，噪声和振动均与生物动力环境密切相关。对人的不良影响通常包括使人感到疲劳、降低了工作效率、改变人的生理反应、损伤人们的身体健康，从而危害人体系统。目前，避免暴露在过度噪声和振动下是防止产生上述重大危害的唯一可靠的方法。

除了完全避免暴露在有害环境下以外，另一个可行的备选方法是将此类环境的暴露条件限制在相关标准、指南和人体损伤风险准则规定的可接受范围内。为减少前述影响，人们制定了科学的暴露指南和准则，作为全面保护政府、各个行业和相关人员的切身利益保护计划的主要组成部分。常见机械力对人体系统造成的不利影响大多可以通过工程和设计措施来控制和减少，而这些计划和措施均围绕制定有关描述潜在损伤风险和/或确定可接受暴露限值的指南和准则而展开。

标准和限值界定了因暴露在有害环境下而造成的损伤风险被视为重大风险或不可接受风险的条件。噪声和振动准则描述了暴露特点和造成的相应不良影响，如噪声性听力损失、振动性手臂振动综合征（HAVS）和振动性脊柱损伤。当前，全球已制定并实施了各项损伤风险准则。人们已从观察、经验以及实验室和现场成功研究中得出暴露-影响基本关系，并对该关系有了充分的认识了解。由于基本数据的编制原因和解释方法不同，因此，各项准则中的限值不同。这是由于实际因素、法律因素、经济因素以及人道主义关怀因素等造成的。为确保适当、正确地应用损伤风险准则，加强用户对此类准则基本原理的充分了解是非常重要的。

噪声和振动暴露估算，及其对人群的潜在影响通常用人口分布统计来表示。此类群体效应并非准确的描述，同时，也不适用于评估个体。然而，各国纷纷采纳该效应，并将其纳入国家法律法规中。许多群体效应已成为涉及噪声和振动环境暴露的政府和工业活动的强制性要求。

本章主要介绍当代监管要求的和推荐的噪声和振动暴露标准和准则以及背景信息，有助于加强人们对此类标准和准则的认识理解，方便人们在工程控制和设计方面的应用。

19.2 听觉范围损伤风险标准

19.2.1 噪声因数

永久性听力损失及相关问题显然是人们暴露在过度噪声环境下所导致的最严重的常见后果之一。噪声对人耳听觉机制的损伤程度与到达听觉机制的声能大小有关。由于噪声的可变性和人耳的敏感性不同,因此,对某一个体造成的损伤程度是无法准确估计的。噪声性听力损失的主要诱发因素包括噪声级、频率含量或频谱、暴露时间或时间过程以及人耳的敏感性。

暴露限值是根据噪声级、频谱和时间来确定的,A计权声能与噪声性听力损失直接相关。且没有其他噪声暴露测量法能更好地说明听力损失的因果关系[1]。对于多项准则而言,脉冲噪声也包括在该测量范围内,正如在一次脉冲噪声专题研讨会上总结的结论一样[2]。该研讨会一致认为,目前尚没有令人信服的证据表明,在确定永久性阈移时(噪声性听力损失,在人耳不再暴露在有害环境下后无法恢复到暴露前的水平),可以免除对20~20 000 Hz范围内所有噪声的A计权测量,除非未经加权的瞬时峰值声压级超过约145 dB。因此,通常通过平均工作日的平均A计权水平或等效连续A计权声压级(L_{eq})来描述暴露条件。

预防噪声性听力损失的有效措施的重点在于制订听力保护计划。该计划包括定义可接受的噪声暴露、个人听力保护、监测受影响人员的听力,制订适当的行政措施,以便在识别的临时听力问题恶化成永久问题之前减少直至消除。在制订听力保护计划时,基本原则是定义可接受的暴露限值和受保护人口比例的可接受噪声暴露条件或暴露标准。各项听力保护计划和法规中规定的标准限值有所不同。

需要选择特定暴露标准参数,以满足用户的需要。影响选择此类数值的因素包括对现有数据、政策或组织机构要求不同的解释方式,噪声暴露-听力损失数据库的其余不确定性。因此,标准的以下特点可能不同:初始听力损失估计、对非噪声影响(如老龄化)的校正、受保护人口的百分比以及将提供保护的程度。

各项噪声暴露准则之间的最明显差异是采用时的声级、暴露时间和噪声级的组合方式[3]。暴露时间-声级关系被称为时间强度交易规则,假设听力损失与总A计权声级和暴露时间有关。我们根据这些参数之间的等能量关系推导出了3 dB标准。该准则和其他关系见表19.1,该表显示了引用的标准中,A计权声压级对应的容许噪声暴露。环境保护署(EPA)规定,8 h暴露对应的容许A计权声级为75 dB(A);职业安全与健康管理局(OSHA)规定,8 h暴露对应的容许A计权声级为90 dB(A)。

大多数准则采用3 dB、4 dB或5 dB标准。3 dB标准基于等能量概念,是三个标准中最保守或保护强度最高的。对于4 dB和5 dB标准,假设当暴露间歇和中断时,风险降至根据总能量预期的风险值之下。因此,根据3 dB和5 dB标准,当暴露时间延长50%时,声级分别降低3 dB和5 dB(见表19.1)。本章后面将对暴露间歇性进行讨论。

表 19.1　在 A 计权声压级[dB(A)]下暴露时间(h)内定义

容许噪声暴露的等能量和其他交易规则

暴露时间/h	等能量①	OSHA	EPA	NIOSH②	陆军	海军	空军	音乐
8	90	90	75③	85	85	84	85	
4	93	95		88	88	88	88	
2	96	100		91	91	92	91	94④
1	99	105		94	94	96	94	
0.5	102	110		97	97	100	97	
0.25	105	115⑤		100	100	104	100	

注:①当暴露时间增加两倍时,3 dB 等能量标准也适用于 8 h 90 dB(A)的基本标准。

②国家职业安全与健康研究所。

③4000 Hz 时,可检测到的噪声引发的永久性阈移(NIPTS)的阈值:在超过 75 dB(A)的环境下累积暴露 10 年,可能导致 100%人群的 NTPTS 超过 5 dB。

④每周聆听 2 h 音乐的时间平均 A 计权声级,单位为 dB。

⑤暴露级和时间上限。

19.2.2　听力灵敏度

人耳对声音的灵敏范围通常远超出人们所谓的 20~20 000 kHz 的音频范围。几位研究人员使用各种仪器和方法进行了独立测量研究,研究结果一致表明,图 19.1 中归纳总结的数据是可靠的,次声(<20 Hz)和超声波(一般大于 20 000 Hz,但实际上大于 12 000 Hz)通常只有在很高的声压级下才能被人耳听到。图中,最小可听声压(MAP)表示声音通过耳机传到耳朵里,在耳机－传声器耦合器处(近似于由耳机/耳廓形成的空腔)测量的声压级。最小可听声场(MAF)表示声音传递至消声空间内面向听众的扬声器中。在没有听众的情况下,MAF 声压级是在头顶中心位置测量的。对于同一批听众而言,MAP 阈值通常比 MAF 阈值高出几分贝。传统的音频区域(20~20 000 kHz)已根据造成的刺激进行了明确的定义,包括离散音调、噪声带、语音材料、响度、舒适度和可接受性。这些数据库提供了制定噪声暴露准则所需的信息。

随着年龄的增长,人耳听觉对高频声音(3 000~4 000 Hz 及以上)的灵敏度逐渐降低。该过程称为老年性耳聋。听觉系统的组成部分受外周和中枢神经系统的影响。虽然老年性耳聋的个体模式差异很大,但是,目前已针对社会各阶层编制了听力灵敏度随年龄变化的标准数据(参考文献[5]引用了一些数据)。由于意外事故、疾病、或对听觉系统有害的物质而造成的人耳灵敏度损失被称为疾病性耳聋,由于日常生活中的噪声造成的人耳灵敏度损失被称为社会性耳聋。人们接触的高强度噪声主要是职业环境噪声。

在人类听觉系统敏感的全频谱上均存在环境噪声。当暴露在这一感官连续介质的不同部分时,将对人类产生不同的影响。声学暴露的极限水平和时间被定义为该频谱的若干特定部分,包括次声(0.5~20 Hz)、音频(20~12 000 Hz)、超声波(12 000~40 000 Hz),以及由峰值声压级和时间界定的脉冲声(特征是发生时间还不到 1 s)。其中一些限值已通过实验证据和实践经验被充分证实,而另一些则仍在试验阶段,尚待进一步的证据予以证实。

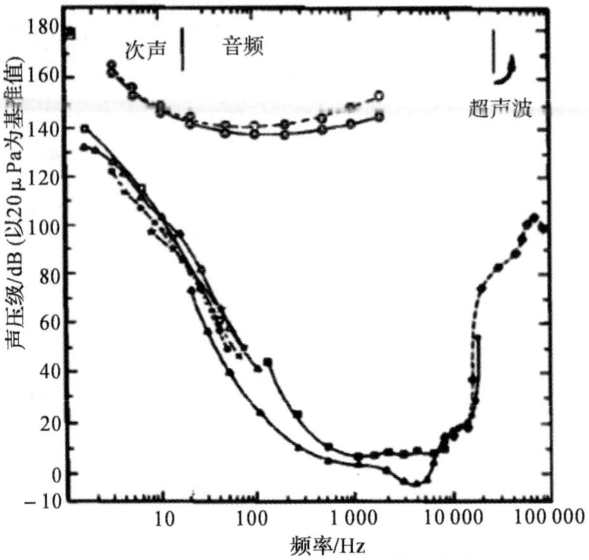

(⚏)贝诺克斯(1953),疼痛 MAP 声调;(⚏)疼痛静压;(◎)痒感,疼痛声调;

(□)贝克希(1960),MAP 声调;(▲)ISO R226(1961),MAF 音调;(◆)科尔索(1963)

骨传导−40 dB 声调;(○)约瓦特、布莱恩及坦皮斯特(1960),MAP 声调;(×)MAP 噪声的

倍频带;(■)标准参考阈值(美国听力计规范国家标准)(1969),MAP 声调;(•)诺瑟尔等(1972),

MAP 声调;(△)惠特尔、柯林斯及罗宾逊(1972),MAP 声调;(★)山田等(1986),MAF 声调

图 19.1　人类对纯音、噪声倍频带和静压的听力灵敏度和痛阈[4]

19.3　音 频 区 域

　　1965 年,美国科学院-美国研究院听力、生物声学和生物力学委员会(CHABA)制定了音频区域的噪声暴露标准(20~12 000 Hz)[6]。该方法从噪声的纯音、三倍频带和倍频带等角度描述了噪声暴露,包括 100~7 000 Hz 的音频。可接受的噪声暴露可通过 11 组曲线确定。如果每天暴露在 1 000 Hz、2 000 Hz、3 000 Hz 及以上长达 10 年或以上,产生的平均 NIPTS 分别为 10 dB、15 dB 及 20 dB 以下,那么认为这种环境噪声是可接受的。这些标准基于以下假设:造成暂时性阈移(TTS)的噪声暴露最终会导致永久性阈移(PTS)。TTS 可能是导致 PTS 的前兆,这一关系仍然是一个悬而未决的问题。目前 CHABA 标准广泛应用,是一个很好的工具。然而,上述标准的使用难度高,与现行标准、法规和指南不太相关,而且没有采用 A 计权声级的标准受欢迎。

　　职业安全与健康管理局已采用 90 dB(A)的噪声暴露限值、5 dB 的交易关系,以控制工业中过度的噪声暴露(见表 19.1)。若员工某天暴露在不同声级的噪声环境下,计算该声级下的实际暴露时间与允许暴露时间之比,求取这一天中各个分数值之和。根据这些分数或比值计算总日暴露量,结果不得超过 1。前述该标准不适用于其他更正或调整。

　　OSHA 的暴露标准已于 1983 年通过验证,同时发布了《职业噪声暴露》《听力保护修正案》《最终准则》[7]。除个别情况以外，OSHA 原噪声暴露法规的基本规定维持不变。无论暴露时间多长，连续 A 计权声级不得超过 115 dB(A)。容许暴露声级(PEL)指在 90 dB(A)的声级下连续暴露 8 h 所产生的噪声剂量。当限值为 90 dB(A)，噪声剂量为 100%，这是基本标准声级。时间加权平均值(TWA)指当员工不论轮班时间多长，连续一个工作日(8 h)暴露在某一声级时产生的给定噪声剂量。若一个工作日暴露在 90 dB 下 4 h、85 dB 下 8 h，或 82 dB 下 12 h，对应的 TWA 是 85 dB(A)，噪声剂量是 50%。《听力保护修正案》包括计算公式和表格，表明 5 dB 标准的时间-强度关系和剂量-时间加权平均值之间的转换关系。为听力图中的年龄校正计算提供了指导。但是，合规要求并未明确必须采用年龄校正程序。

当"行动阈值"达到下列数值时，须采取听力保护措施：50% 的噪声剂量，或 85 dB 的 TWA。所有暴露于行动阈值或以上噪声剂量的员工均须纳入听力保护计划，该计划规定，需要对员工进行噪声监测、听力测试、听力保护、员工培训和记录保存。在员工首次暴露于行动阈值以上 6 个月内，需要拍摄基线听力图，并与后续拍摄的听力图进行比较。对于每个暴露在行动阈值或以上的员工，应拍摄年度听力图。标准阈移(STS)指在 2 000 Hz、3 000 Hz 和 4 000 Hz 时，每只人耳的听力灵敏度将比基线听力图中的记录数值平均高出 10 dB 或以上的变化。针对 STS 风险，雇主必须采取适当的措施，以确保始终保护员工的听力。

19.3.1 环境保护署

1974 年，针对 1972 年颁布的《噪声控制法案》，EPA 颁布了《在保证安全范围的前提下保护公众健康和福利所需的环境噪声水平信息》[1]。该文件旨在确定，为保护公众免受对其健康和福利的不利影响所需的环境噪声水平。文件所述的噪声性听力损失水平是在对科学资料进行审查和分析，咨询专家和研究专家解释的基础上得出的。得出的结论是：当 24 h 的 L_{eq} 为 70 dB 时(40 年的工作年限)，能保护几乎所有人(96%)的听力。在每个工作日(8 h)期间，75 dB 的 L_{eq}(8)限值能提供适当的保护。在大多数应用条件下，该标准被认为是非常严格的。该标准尚未纳入任何职业噪声暴露 DRC。

19.3.2 空军

美国空军(USAF)听力守恒标准为 85 dB(A)，每天容许最大暴露时间为 8 h。3 dB 交易关系表明，当噪声为 82 dB(A)时，容许暴露时间为 16 h，当噪声为 88 dB(A)时，容许暴露时间为 4 h。在短时间内，容许最大暴露声级为 115 dB(A)，例如，当噪声为 94 dB(A)，容许暴露时间为 1 h。实际日暴露时间与容许日暴露时间之比不得超过 1。空军标准还包括次声、超声波和脉冲噪声的限值条件。

19.3.3 陆军

美国陆军(USA)听力保护计划规定的标准是 85 dB(A)，即无论暴露时间多长，容许暴露的最大声级。对于暴露于本声级环境下的人员，必须纳入听力保护计划。在训练和非战斗场景中，在 85～107 dB(A)的稳态噪声环境下，必须佩戴单听力保护器，在 108～118 dB(A)的稳态噪声环境下，必须佩戴双重听力保护器。对于特殊军用噪声源，需要单独确定保护要求。陆军标准还包括脉冲噪声的极限暴露。

19.3.4　海军

当环境噪声超过 84 dB(A)或 140 dB(A)峰值标准时,无论暴露时间多长,所有暴露在该环境噪声下的海军人员必须佩戴听力保护器。当一个工作日(8 h)内,损伤风险标准为 84 dB(A)、转换率为 4 dB 时,人员必须纳入听力保护计划。当声级超过 104 dB(A)时,需要采取双重听力保护,管理专家假设,经批准的耳塞或耳罩可将单耳接收的噪声降低 20 dB。

19.3.5　ISO‑1999

国际标准化组织(ISO)发布的 ISO 1999(1990)《声学——职业性噪声影响的测定及噪声引起的听觉损伤的评价》[5] 是一份具有里程碑意义的文件,创建了用于估算人群中的噪声性听力损失的有效程序。ISO 1999 标准未提供评估引起听力障碍的风险的具体公式,但是,规定了统一的听力损失预测方法,根据特定国家规定的公式对听力障碍进行评估。该程序以等能量 3 dB 标准(ISO 和成员国作为保守标准)为基础,涉及噪声暴露的测量和描述、预测噪声对听阈影响、噪声性听力损失和残疾风险评估。附件包含计算程序、示例、计算过程中采用的表格数据、将这些信息与前述 ISO 1999(1975)标准中的信息相关联的方法等,但是,该附件不被作为本标准的一部分。该等程序规定,机构、行业和政府可以根据各自的需求选择参数,设置标准值。该标准文件将成为许多国家制定法律的基础。

ISO 方法根据 A 计权声暴露或能量平均值来描述人们在平均工作日暴露的所有噪声量。积分周期取一个工作日或一个工作周。从稳态到脉冲,所有噪声均被纳入暴露范围内。稳态音调噪声或脉冲/冲击噪声暴露被认为与非此类型、但高出约 5 dB 的相同暴露条件一样有害。使用个人噪声剂量计或积分‑平均声级计可测量暴露量。本书讨论了测量暴露声级的直接法、间接法、采样法。

在下列情况下,如果需要计算听力损伤或听力障碍风险,那么测量环境噪声的唯一指标是基于能量平均法则的日噪声暴露量。最大瞬时声压级必须小于 140 dB,平均 8h 日暴露量必须不超过 100 dB(A),个人最大日暴露量不得超过日平均暴露量的 10 dB 以上,以便确定基于能量平均法则的日噪声暴露量。

若想实现本标准,则需要遵循一系列明确定义的操作步骤。第一步是确定所有测试频率下,目标人群的年龄相关听力水平(例如,90%的 50 岁男性人群为 500～6 000 Hz)。通过采用两个数据库,人们已克服了一个长期存在的难题:如何界定"标准"人群。数据库 A 包含"经严格筛选"、无任何耳病、耳垢阻塞迹象,也没有不适当噪声暴露史的理想人群的标准化听阈分布范围。数据库 B 包含全面收集的所有数据库,包括被认为可有效控制涉及的噪声暴露人群的非职业噪声暴露人群。本标准的每个用户可以选择最适合其分析结果的子人群。例如,对于数据库 B,本标准提供了 1965 年报告的美国公共卫生服务调查数据[8]。

接下来,根据暴露年数和平均日噪声暴露水平,计算所有试验频率下的人群预测 NIPTS。标准中,计算 NIPTS 的数据适用于频率为 500～6 000 Hz、暴露时间为 0～40 年、平均日噪声暴露水平为 75～100 dB。

听力障碍或听力障碍风险可使用适当的 NIPTS 值、用户或成员国选择的公式进行计算。该文件包含成员国提出或普遍使用的 9 个公式,通过求取选定听力测试频率下的听阈级平均值来评估听力障碍。在美国,使用 500 Hz、1 000 Hz、2 000 Hz、4 000 Hz 的平均听力水平来评估人员在言语会话过程中是否出现听力障碍。其他程序可用于确定听力损失的总百分比,以进行补偿。

19.3.6　长时间噪声暴露

当执行某些工作任务时,在工作过程中,人们可能会暴露于大量非职业性噪声中长达 8 h 以上;这些噪声来自日常生活活动、娱乐、交通、工业区附近、甚至其他职业活动。尽管大部分标准规定的基准日暴露时间是 8 h,但是,作为进一步的指导意见,许多标准将时间强度交易关系延长至 16 h 或 24 h。

虽然标准工作时间被视为每周工作 5 d,每天工作 8 h,但是许多职业采用不同的工时制度。有的每周工作 4 d,每天工作 10 h,休息 3 d,有的每周工作 3 d,每天工作 12 h,休息 3~4 d,还有的每天工作 12 h,休息 12 h。与标准工作周不同,噪声暴露标准不能精确地涵盖所有暴露量。然而,将每一工作周的暴露量作为计算噪声暴露量的基础(即 3 dB 标准)是合理的。

在研究一天及以上暴露于连续(非脉冲)噪声对人耳听觉的影响的过程中,一个重要的发现是图 19.2 所示的现象,称为渐进性阈移(ATS)[9]。听阈级随着时间的推移逐渐升高,直到暴露时间达到 8~16 h,其达到稳定或渐近线,随着持续暴露水平达到 24~48 h,未进一步增加。从该渐近水平恢复到暴露前的阈值水平这一过程与暴露时间有关。即使 24 h 和 48 h 暴露在特定刺激下的渐近水平是相同的,在暴露 48 h 之后,所需的恢复时间明显比暴露 24 h 之后所需的恢复时间更长。有些人认为,恢复时间更长意味着,暴露 48 h 比暴露 24 h 更容易听到相同的刺激(相同的渐进阈值水平)。刺激是指以 1 000 Hz 为中心的 3 倍频带无规噪声,噪声级分别为 80 dB(A)、85 dB(A)、90 dB(A)。这些曲线分别代表 1 000 Hz、1 500 Hz 和 2 000 Hz 测试频率下的平均听力水平(HL)$\frac{1}{3}$(HL$_{1\,000}$ + HL$_{1\,500}$ + HL$_{2\,000}$)。根据对实际恢复时间的分析,建立了如下准则:恢复所需的有效安静时间至少应与暴露时间相等。

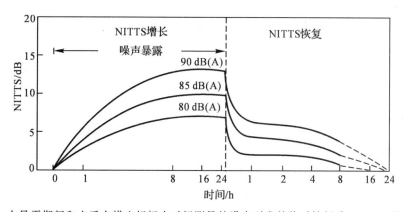

图 19.2　在暴露期间和之后在横坐标标出时间测量的噪声引发的临时性阈移(NITTS)的恢复情况

在一次为期 5 d 的训练和一次为期 9 d 的环球飞行期间,关于机组人员的听力数据和旅行者号轻型飞机(配备两台 110 hp 活塞发动机)内部噪声水平信息均提供了额外的重要数据点。在各个位置总体噪声环境在 99~103 dB(A)之间。机组人员佩戴通信耳机和耳塞设备,在 500 Hz 的倍频带波段,耳部暴露量估计在 84~95 dB 之间。通过对两次飞行的飞行前和飞行后机组人员听力图进行比较发现,机组人员的听力水平有很大的变化。9 d 飞行期产生的阈移不大于 5 d 飞行期产生的阈移。在完成 9 d 飞行任务一周后,两名机组人员的听力水平恢复到了与飞行前一样的水平。

5 d 和 9 d 暴露期机组人员听力水平数据与人体或动物短期研究实验室数据一致。一些标准认为,利用适当的交易关系将 8 h 限值延长至 24 h 是可以接受的。非标准工时制度(如 4 d×10 h,休息 3 d;工作 12 h,休息 12 h)相应的噪声暴露量可按工作周计算。尽管前述机组人员的听阈已在 9 d 前恢复,但是在重新进入噪声环境之前,需要保持与暴露时间相等的一段有效安静时间。

19.3.7 音乐暴露标准

美国空军采用了音乐暴露标准,将军事学会的顾客或客户视为"娱乐性暴露",将员工视为"职业性暴露"。职业暴露者应遵守与其他职业暴露工人相同的规定,而应对娱乐性暴露者采用一套单独标准来进行控制或限制。

如果暴露时间不超过每周 2 h,那么认为 94 dB 的平均 A 计权声级是可接受的。重要的一点是,应认识到 94 dB(A)标准不是最高水平值的峰值,而是平均声级。平均声级概念并未指定最大固定声级,亦未排除声音渐增和特殊效果,甚至未进行一定程度的选择。但是,根据这些间歇性高声级的音乐求取的平均值可确保整体表现是可以接受的。

19.4 脉 冲 噪 声

脉冲噪声或冲击噪声指由于一个事件或一系列事件而产生的极短暂声音或短暂声能爆发,声压在 0.5 s 或更短时间内增加 40 dB。当一系列脉冲以超过 10 次/s 的频率重复发生,且从单个峰值到最小值的衰减不超过 6 dB 时,该噪声可以视为处于稳定状态。

学者对脉冲刺激的频谱、时间、峰压级、总能量、脉冲类型和上升时间等特征对听觉系统的影响进行了研究。尽管使用上述特征中的几个继续研究工作,但是,目前暴露标准只使用峰压级、时间和脉冲类型来描述安全脉冲暴露。

1968 年,CHABA 根据英国在发射小型武器方面所做的大量工作制定了脉冲噪声[10]暴露标准[11]。脉冲刺激的极限噪声暴露值如图 19.3 所示。该标准规定,对于 95% 暴露于噪声的人耳而言,在 1 000 Hz 时平均 NITTS 不超过 10 dB,在 2 000 Hz 时平均 NITTS 不超过 15 dB,在 3 000 Hz 及以上时平均 NITTS 不超过 20 dB。该标准规定,针对与基本条件不同的暴露情况,应调整或更正 NITTS。在 4 min 到数小时内,每天允许暴露在 100 次脉冲下。当脉冲数增加一倍或减少一半时,当脉冲数少于 100 时,数值增加 1.5 dB,当脉冲数多于 100 时,数值减少 1.5 dB。对于垂直入射时冲击耳朵的脉冲,容许声级必须降低 5 dB。

使用 A 时间或压力波时间,即初始波或主波达到峰压级并瞬间返零所需的时间,来评估开放空间内产生的简单不重复脉冲(见图 19.3)。B 时间或承压时间适用于在各种反射条件下产生的脉冲,是压力波动(正和负)包络在峰压级(包括反射波)20 dB 内的总时间。A 时间曲线反映了在开放区域产生的简单稳定脉冲,B 时间曲线反映了不同反射条件下脉冲的压力波动。对于 B 时间曲线,143 dB 基底代表了 200 ms 后通过听觉反射作用(中耳肌肉的反射性收缩减少了进入内耳的能量)进入耳朵的能量降低。脉冲的综合剂量-反应曲线(DRC)依然能够代表关于脉冲噪声对听力影响的当前数据以及科学认知。

OSHA 修正案、空军和陆军均将脉冲或冲击噪声暴露限制在 140 dB(A)的峰压级。陆军配备了会产生高脉冲噪声级的特殊装备,此类噪声需要单独测量和处理。

对人类来说,音爆不会构成噪声性听力损失的威胁。飞机在超声速飞行过程中产生的音爆能量大多在低次声频范围内,几乎不在 A 计权声级。人类暴露现场和实验室调查均显示,社区经历的音爆水平一般不会对居民听力造成显著的影响。一项关于人类暴露于 50~144 lb/ft² 范围内的极强音爆现场研究发现,参与者的听力水平未发生变化[12]。当然,由于门窗发出的格格声,这种强烈的音爆在室内可能比在室外产生更高的 A 计权水平。

安全气囊系统是指在机动车辆发生正面和侧面碰撞时,使气囊膨胀保护乘员的装置。当气袋充满气时,该系统会在车内产生巨大的脉冲噪声。在一项使用原型系统进行的早期研究[13]中,在一辆小型汽车内 91 名志愿者体验了这种气囊布局,平均峰值压力为 168 dB。约 50% 的研究对象经历了一定程度的 TTS。当天,约 95% 的 TTS 患者恢复了暴露前的听力水平。约 5% 的人需要更长的时间才能恢复,其中一名研究对象表现出在一个频率下逐渐恢复,且该恢复过程持续了数月。

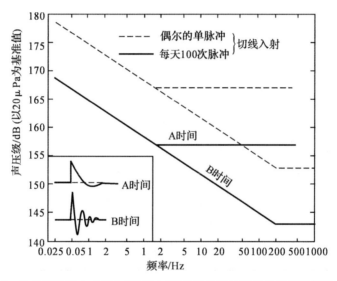

图 19.3 从暴露者前方或后方(切线入射)发出的脉冲噪声的拟定损伤风险标准

19.5 次 声

当前,人们尚未对人类次声暴露(0.5~20 Hz)和由此引起的听力损失之间的关系有充分了解,无法制定国家(美国)或国际暴露限值标准。由于在测量次声听阈和产生暴露研究所需的次声刺激(不含可听见泛音)方面存在困难,因此截至目前开展的调查很少。在实验室调查结合含有强次声成分的噪声现场经验的基础上,建立了初步标准。这些标准已被纳入美国国防部有害噪声暴露规定[14]。

一项典型研究表明,人体全身振动时,暴露在超过 150 dB 声压级的强次声环境中[15],样本量很少。然而,试验对象是经验丰富的专业人士。研究人员注意到,暴露声级与人体耐力之间的关系随主观"症状"而变化。19.8 节"空传振动"描述了这些症状。某些暴露被认为几乎接近于人体的耐受极限。在极强声级暴露研究结束之后 3 min 内，测量试验对象的听觉水平，其听力敏感度未发现变化。

当暴露在强次声下，试验对象的听力灵敏度效应立即消失，这证明了实验室试验结果：次声不会对人员听力造成重大威胁。图 19.4 所示的暴露标准是根据所引用报告和图 19.5 中的数据制定的[16]。许多实验对象在 144 dB(10 Hz) 条件下暴露了 8 min，未出现不良反应。这组安全暴露条件被当做暴露基准，据此推断出了 8 min 限值(1 Hz 时为 136 dB，20 Hz 时为 123 dB) 和 24 h 限值(1 Hz 时为 130 dB，20 Hz 时为 118 dB)。（参考文献[16]介绍了该声压级公式的演变。）

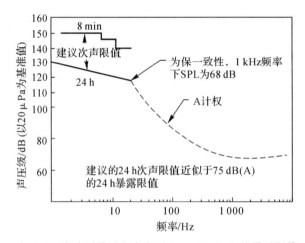

图 19.4　当分别暴露在次声下 8 min 和 24 h 的暴露限值

19.6　超　　声

超声波(16~40 kHz) 广泛存在于我们的社会，它来源于超声波清洗机、测量设备、钻孔和焊接工艺、动物驱避剂、报警系统、通信控制应用、广泛的医疗应用等。虽然暴露于超声波的人群很多，但是它对人类听力并没有造成威胁，这是因为除了一个个例，关于超声波造成暂时性或永久性听力损失的报道从未见诸报端。据报道，当暴露在 148~154 dB，17~37 kHz 的离散音频下时，该名人员出现了暂时性阈移。在刺激频率的次谐波处发生了 TTS，这可能是由鼓膜的非线性畸变引起的。

尽管如此，超声波仍然被视为一个威胁人类听力并引起其他主观症状的因素。超声波能快速被空气吸收，强度随着与声源之间的距离增加而迅速减少。与人体的阻抗匹配性差，很多能量会从人体表面反射出去。因此，人耳是向内部系统传输机载超声波的主要通道。

频率高于约 17 kHz 且声级超过约 70 dB 的超声波能量可能会产生负面的主观影响，如耳胀、耳鸣、疲劳、头痛和不适。这些主观影响是通过听觉机制介导的，与听力有关。若人们在这一频率范围听不到声音，则就不会出现此类主观症状。女性比男性更容易出现该症状，年轻人比老年人更容易出现该症状。本报告与 3 组的相对听力能力一致。普通的超声波暴露既不会导致定向障碍，也不会导致身体失衡。

超声波照射通常包含不同量的高音频能量(5~20 kHz)。超声造成的主观影响通常是由音频能量引起的。当降低暴露期间的音频能量水平时,人们的听觉和主观症状通常随之消失。

　　关于听觉和主观影响的各项超声波声级限制标准是非常相似的。数据是指暴露者头部经受的超声波声级。20 kHz 及以上极限水平能防止出现前述主观症状。世界卫生组织(WHO)、挪威、瑞典和美国政府工业卫生学家会议(ACGIH)采用的国际和国家代表性标准如图 19.6 所示。挪威采纳的标准为高于 22 kHz 时的 120 dB 声级。

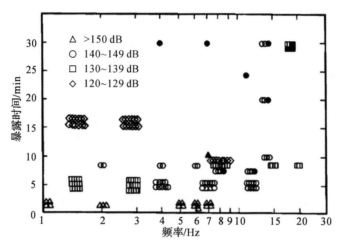

图 19.5　次声暴露对人类听力的影响

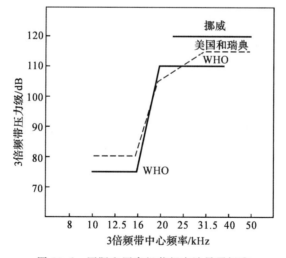

图 19.6　国际和国家机载超声波暴露标准

19.7　听力保护

　　上述损伤风险或噪声暴露标准定义了未采取耳部保护措施时的容许暴露量。该等标准还能用于确定暴露条件,当超过该暴露条件时,人员应被纳入听力保护计划中,同时应佩戴听力保护器。听力保护器通过降低耳部声级来扩大容许暴露范围,以使人员能够经受比未采取保护措施时更高声级、更长时间的暴露,且同时仍然保持在既定的全身暴露标准内。

听力保护器的性能受佩戴者、保护装置和噪声暴露等特征的影响。最好使用舒适度和合适度高、声衰减效果好且易于使用和修复的保护装置。听力保护器的效果将因空气泄漏、材料的传输特性差，以及佩戴时发音装置引起的运动（将引起噪声）而降低。一个理想的听力保护器的性能会因头部组织和骨骼的声传导特性而受到限制。在高声场中，声音通过头部组织和骨骼"绕过"保护器传到内耳。通过该方式到达耳朵的声级比空气传导作用下，通过开放耳道到达耳朵的声级低约 50 dB。在大多数噪声环境下，骨骼传导声音不是一个主要问题。全头式头盔可以将组织和骨骼界限延长，将声级降低约 10 dB。

19.7.1　次声

优质的插入式听力保护器应能实现 125 Hz 三倍频带下可观测到的次声衰减。听力保护耳罩几乎无法提供保护，甚至还会放大该次频下的声音。即使听力保护器能提供较强级别的听力保护，也应避免暴露于超过 150 dB 的次声环境下，这可能对人体产生不利的非听觉影响。

19.7.2　音频区域

听力保护性能随噪声频谱的变化而变化。一般来说，传统耳塞和耳罩在较高频率（高于 1 000 Hz）下能提供良好的隔声性能。耳塞在高频和低频下均能提供有效的隔声性能。据观察，某些插入式泡沫耳塞在所有频率范围内均能提供充分的隔声性能，而耳罩在低频时的衰减性能很差。

当单个保护器无法将噪声降到可接受的水平时，需要将耳塞和耳罩相结合。由此产生的衰减不是两个保护器的总和，而是特定组合决定的衰减量。组合单元的衰减量往往在高频时达到骨传导极限。在中低频时，衰减量主要由耳塞决定。选择一个好耳塞与耳罩一起使用，在所有频率下均能提供良好的双重听力保护。

当采用被称为非线性设备的特殊耳罩听力保护器时，在低噪声水平下，人员能进行面对面语音通信，在高噪声水平下能提供典型的耳罩保护。主动降噪（ANR）耳罩采用电子方法（噪声消除）和声学方法来降低耳朵处的低频噪声。这种主动式耳罩可以提高听力清晰度，增强佩戴舒适度。据报道，在噪声环境下，将主动式耳罩与语音通信系统一起使用可以减少人员疲劳。ANR 耳罩广泛应用于通信、私人飞机、娱乐、体育活动等领域，也被商用飞机乘客广泛使用。

听力保护器能够降低和消除大多数噪声性听力损失。然而，舒适度、选择性、适合度、培训、使用、激励等因素均限制了保护器在工作场所的整体性能。

19.7.3　长时间暴露

长时间暴露通常指暴露在稳态、连续的音频范围内。有关音频听力保护的信息也适用于长时间噪声。

19.7.4　超声波

在 20 000 Hz 以上的频率下，佩戴传统听力保护器、耳塞和耳罩能有效降低空气中的超声波，在 10 000～20 000 Hz 的频率范围内，佩戴传统听力保护器、耳塞和耳罩通常能使超声波衰减 30 dB 以上。当未佩戴保护器时，采取听力保护措施是消除主观症状的最有效方式。减少和消除主观症状也是检测听力保护器有效性的一个有效指标。

19.7.5　脉冲

耳罩和耳塞保护器应能使主要由高频能量(如轻武器射击)构成的脉冲充分衰减。与大口径武器一样,耳罩衰减随着脉冲能量集中到较低频率而减小(保护器的衰减随频率变化不大,只是脉冲频谱分布不同)。当使用手枪射击时,特定耳罩的峰压级降低约 30 dB;当使用步枪射击时,峰压级降低约 18 dB,当使用火炮射击时,峰压级降低仅为 5 dB。当使用大多数手枪和标准步枪射击时,脉冲峰值级通过性能良好的耳罩降到 140 dB 以下。耳塞和耳罩的组合应用于需要在低频时实现良好衰减的脉冲。

美国空军和美国陆军要求,在脉冲为 140 dB 峰值正压时提供单一听力保护,在脉冲为 160 dB(美国空军)和 165 dB(美国陆军)时提供双重听力保护。

19.8　人体振动响应

人体是一个动态系统,有一定的质量,能够实现身体各部分之间的相对运动(弹性)。因此,它可能受到振动运动或振动的影响。虽然耳朵是在听觉频率范围内最容易接收振动能量的身体器官,但是,在较低频率下,振动能量能够通过结构和空传振动传递到各个解剖结构,包括皮肤、骨骼、肌肉、关节和内脏。大多数人偶尔会经受中等程度的振动,但相对无害。职业性振动暴露比非职业性振动暴露的后果更为严重,这与人类的生物、心理以及行为有关。

振动通过与体表接触的振动结构的振动运动(结构)或高噪声环境中的声压波(空气)传递到人体。对于结构承载全身振动效应,振动运动通常通过脚(站着时)或臀部(坐着时)的支撑面进入身体,再通过全身传递到其他解剖结构(如头部)[17]。非职业性全身暴露主要来源于交通工具,如汽车、巴士、火车、飞机和船只。农林拖拉机、运土、建筑设备、各类轨道、海船、飞机和直升机的操作人员,以及在振动平台上工作的采矿和工厂工人都会经受职业性全身振动。手臂传递(结构传递)振动被单独划分到一个特殊的解剖区域,主要是通过操作会产生振动的手动工具,如手提锤、凿击锤、链锯、磨床和其他类型的气动或电动手持设备。对于空气承载全身振动效应,振动运动通过大量低频声压波进入人体内。在飞机发动机助跑和地面操控过程中,尤其是在军事环境中,地面机组人员要在限制区内的大功率飞机附近工作,这会产生强烈的空中振动。

人体对振动能量的吸收是由人体作为一个机械系统的特性决定的。人们已使用并将继续改进工程技术(传递函数、能量吸收)以确定这些特性[18],开发全身及其各子系统的各种模型(如手臂)。利用这些方法和模型,我们深入了解了能量通过身体的传递,而且,此类方法和模型也是用于判断身体的整体敏感性,说明对特定目标器官和结构的各种影响的有用工具。

19.8.1　全身振动效应

当全身振动时,身体经受的机械应力可能会干扰身体功能,对几乎所有身体部位造成组织损伤。在过去,人们主要关注的是全身垂直振动。最近的研究包括多轴振动效应。图 19.7 显示了暴露在垂直正弦振动下的健康成年男性研究对象的短时间、1 min 和 3 min 的耐受极限[19]。人类对振动的耐受力随着暴露时间的延长而降低。虽然在耐受性附近的急性暴露不会使人类身体明显受到伤害或损伤,但人们认为,长期反复暴露在该声级下将很可能造成身体伤害。对于垂直振动,在4~8 Hz之间的误差最小[19]。这一频率范围与生物动力学数据体现的主要全身共振一致。2~12 Hz区域的大多数生理效应与胸腹脏器的过度运动有关,此类运动会干扰呼吸,引起与运动响应类似的心血管功能变化[20]。长期反复(慢性)职业性暴露,如拖拉机、挖土机司机常常遭受的,会导致脊柱和其他关节疾病,影响其病理发展,并与胃和十二指肠疾病等有关[21-22]。然而,它们与振动应力之间的因果关系尚未得到明确证明。例如,据报道,其他非噪声暴露职业也可能引起背部疾病和疼痛。这些症状也与不良的身体姿势有关。包括Coermann开展的早期研究在内的研究[23]表明,身体姿势会影响全身振动的响应。

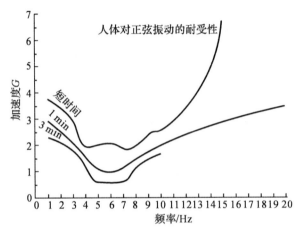

图19.7　在垂直正弦振动时短时间、1 min和3 min的耐受极限[19]

全身振动也会影响人们的工作表现。当操作者的身体出现非自主运动,将干扰其主动运动控制,从而造成不良的后果。当人们的眼睛相对于物体或目标产生相对运动时,操作者可能无法阅读仪表,或无法搜索到其他目标物[24]。在低频时,该问题尤其显著,在全身共振区域(低于10 Hz),操作者头部很可能随之运动。低于约20 Hz时,补偿性眼球运动有助于使操作者在头部发生振动期间投向静止物体的视线稳定[25]。当图像随着头部移动时,如头盔显示器所示,补偿性眼球运动不再有效,这时操作者的视觉模糊风险增加[26]。据报道,在20~70 Hz的宽频范围内将发生眼睛共振[25]。在该高频率下,由于身体具有阻尼效应,全身承受较大幅度的振动,或头部直接与振动结构接触,导致操作者视觉模糊的必要条件。

关于空传振动,空气声阻抗与人体体表之间的不匹配将阻碍大量声能进入人体,特别是在高频率下[27]。当频率降到1 000 Hz以下时,更多声能以横波的形式被人体吸收。当暴露在100~1 000 Hz之间的高强度噪声水平[120 dB声压级(SPL)]时,人体组织将发生振动,人体通过机械感受器发出的刺激感受到噪声[28]。在100 Hz以下时,强噪声会造成操作者全身振动,不仅影响其胸部、腹壁、内脏、四肢和头部的运动,而且还会引起其体腔、充满空气或气体的身体空间发生运动[28]。亨宁·E.冯吉尔克和查理斯·W.尼克松[27]表示,在60 Hz左右时,人体胸壁和充满空气的肺会产生共振。当暴露于150 dB以下噪声时,据报告,人员最常出现的症状为轻微至中度的胸部振动[15]。当暴露于150 dB以上噪声时,人员出现的症状包括:轻度恶心、头晕、肋下不适、皮肤潮红和刺痛(约100 Hz,153 dB);咳嗽、严重胸骨后压、呼吸窒息、流涎、吞咽疼痛,下咽不适,头晕(60 Hz,154 dB和73 Hz,150 dB);头痛(50 Hz,153 dB)[15]。学者们对人体对空传振动的生物动力学响应进行测量，并将人体加速度谱与噪声谱进行比较[29]。发动机运转期间喷气式飞机噪声暴露实验初步证实了亨宁·E. 冯吉尔克和查理斯·W. 尼克松发布的关于上半身共振的观点[27]。

19.8.2　手传振动影响

手–臂振动综合症（HAYS）系指"周围血管、神经系统和肌肉骨骼疾病的综合症，与暴露于手传振动中有关"（见参考文献[30]）。HAVS 是一种全球公认的健康问题。长时间反复暴露于手传振动中会导致一种非常特殊的疾病，称为振动性白指（VWF），或雷诺氏现象。这种手部血液循环方面的损伤，随着暴露时间的延长，从选定手指最初在寒冷情况下发生间歇性麻木和刺痛，最后发展到在所有环境温度下大多数手指出现大面积漂白。在最后阶段，这种疾病会严重干扰社会活动及职业的继续。根据泰勒和 Pelmear 的研究[31]，手指变白疾病发作的临床表现分为四个阶段，第一阶段为发病信号传送阶段，主要发生在冬季的室外。虽然第一阶段的症状，如果停止振动暴露，可能仍然可逆，但大多数研究人员认为在后期是不可逆的。后期血管表现常伴有神经、骨骼、关节和肌肉受累[32]。研究表明，HAVS，特别是 VWF，受几个因素的影响，如暴露频率、幅度和持续时间，以及工具类型。与全身振动一样，VWF 的症状呈现出随暴露时间延长而加重的现象。

19.9　人体振动暴露指南

尽管这些影响的机制仍然是研究的主题，在过去 40 多年里已对其进行了广泛的研究，对结构承载全身和手传振动的潜在病理和生理影响有了合理的理解，已根据主观和客观频响特性，推导出了全身和手臂受频率影响的灵敏度曲线。这些灵敏度曲线构成了现行全身和手传振动标准的基础。一些主要国家和国际标准中提供了基于这些曲线的安全振动暴露方面的指导方针和推荐标准，通常在设计振动环境所使用的车辆、设备、工具和缓解策略时依据这些标准。随着振动研究的继续和新数据的出现，会定期对这些标准进行修订。

19.9.1　结构承载全身振动标准

国际标准化组织（ISO）是被最广泛认可的机构，为评估结构承载全身振动的损害风险提供了基本准则（ISO 2631）方面。截至 2004 年，标准《机械振动与冲击——人体暴露于全身振动的评价》包括 ISO 2631 - 1:1997[33]、ISO 2631 - 2:2003[34]、ISO 2631 - 4:2001[35]、和 ISO 2631 - 5:2004[36]。第 1 部分，标题为"一般要求"，其中介绍了测量全身振动的通用方法。同时还包括了资料性附录，其中根据这些领域的现有知识，就振动可能对舒适性、感知、健康和晕动病的影响给予了指导。2002 年，美国国家标准协会（ANSI）接受了 ISO 2631 - 1:1997 作为国家采用的国际标准（ANSI S3.18 - 2002）[37]，取代了历史悠久的 1979 年版本。全身振动所考虑的频率范围为 0.5～80 Hz，但在适当情况下，可采用 1～8 Hz 的频率范围。当振动通过弹性结构（如座垫）传递时，在人与该结构之间插入一个合适形状的传感器支架。该标准中建议对就座乘员身体和 3 个支承面之间的加速度数据进行收集，包括座板或表面、座椅靠背和脚。对于斜躺乘员，支承面包括骨盆、靠背和头部。平移振动通常在由正交坐标系定义的 3 个轴上进行测量。对于站立、就座和斜躺的全身振动，x 轴定义为背到胸（前后）方向，y 轴为左右（横向）方向，z 轴为脚（或臀部）到头部（垂直）方向[33]。旋转振动也可以进行测量或估计。主要有 3 条频率计权曲线（包括晕动病）和 3 条附加频率计权曲线，根据测量地点和评估的特定效果，适用于加速度时程或频率响应谱。图 19.8 所示为反映身体在各个方向上敏感度的两种主要频率权重。

总计权均方根（rms）加速度在各轴的时域或频域内确定。根据最高计权加速度级进行评估。如果两个或两个以上方向上的振动是可比较的，采用附加的方向依赖的倍增因数，并计算振动总值（VTV）或向量和。

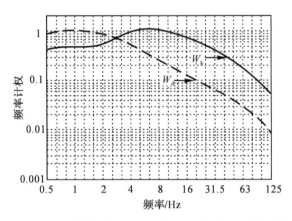

图 19.8　ISO 2631-1:1997[33] 水平（W_d）和垂直（W_k）方向上全身振动的频率计权曲线

其中还介绍了其他方法，包括移动均方根法和四阶振动剂量法（使用振动剂量值，或 VDV）。VDV 对暴露峰值更敏感。图 19.9 描述了 ISO 2631-1:1997 及 ANSI S3.18-2002 中的健康指导警戒区。这些指导区适用于确定的三个平移方向上座板的总计权加速度。图中，实线定义的区域适用于 rms 加速度级。虚线定义的区域适用于采用四阶振动剂量法。这些区域之下，健康影响尚未得到明确记录或观察。这些区域之内，要注意潜在的健康风险。这些区域之上，可能存在健康风险[33]。

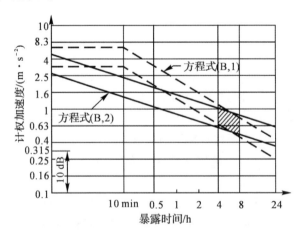

图 19.9　ISO 2631-1:1997 健康指导警戒区[33]

为了评估结构承载全身振动对舒适性和感知的影响，就座乘员包括旋转频率权重和倍增因数[33]。评估舒适性时推荐采用 VTV。ISO 2631-1:1997 标准中给出了 6 种针对振动的舒适反应和从"不舒服"到"极度不舒服"的相关总计权加速度级。这些反应没有时间依赖性。

晕动病指南主要适用于船舶和其他海船。计权均方根加速度在支承面垂直方向 0.1 Hz 和 0.5 Hz 之间确定。提供两种方法，计算晕动病剂量值（MSDV$_z$）。可能会呕吐个人的近似百分比由 K_m（MSDV$_z$）表示，其中，对于一群不适应环境的成年男女，$K_m = \dfrac{1}{3}$[33]。

ISO 2631-2:2003 标准，标题为"第 2 部分:建筑物内的振动"（1～80 Hz）是针对人体暴露在建筑物中的舒适性和烦恼。单一频率计权（W_m）的定义与 1989 年旧版中使用的组合响应级曲线相关。测量振动的一般准则与 ISO 2631-1:1997 中的规定相似。在 3 个正交轴上测量振动，振动方向与结构有关，是针对站立的人定义的（第 1 部分）。在发生最高频率计权振动的位置进行测量。来源种类包括连续或半连续过程（例如工业）、长期歇性活动（例如交通），以及限期活动（非永久性活动，如施工）。2003 年发布的标准不包括可接受的振动水平。一致的意见是，由于人类对建筑物振动的反应非常复杂，当时尚无足够的信息来确定适当的振动。该标准确实表明，当幅度或水平仅略高于感知水平时，可能会出现住宅建筑物振动的相关负面评论（ISO 2631-1:1997，附件 C）[33]。其他投诉可能源自二次影响，例如再辐射噪声（ISO 2631-2:2003，附件 B）[34]。除非在极其罕见的建筑物振动环境中，不得参考 ISO 2631-1:1997 附件 B 中的健康指导警示区。

ISO 2631-5:2001 标准[36]，标题为"第 5 部分:包括多次冲击的振动评价方法"，其中介绍了腰椎健康注意事项。设备和车辆在崎岖地形或汹涌的海面上作业时，可能会受到多次冲击。生物力学模型用于预测人类脊柱对指定输入的响应并产生加速剂量。该标准中针对使用加速度剂量，为根据不良健康影响的概率评估多重冲击健康影响提供了指导，这些概率取决于腰椎的极限强度、人的年龄和暴露年数之间的关系。

19.9.2　机载全身振动标准

现行机载振动标准是根据噪声暴露量制定的。《美国空军职业、安全和健康标准（AFOSHSTD）》48-19[14]中建议，为了使全身振动影响最小化，在 1～40 000 Hz 频率范围内，倍频带或 1/3 倍频带的噪声级不得超过 145 dB，总 A 计权声压级须低于 150 dB（A），没有时间限制。ACGIH[38]中建议，1～80 Hz 频率范围内的 1/3 倍频带噪声级不得超过 145 dB，总未计权声压级不得超过 150 dB。根据所采用的标准，机载振动暴露的评估可能有所不同。当前，对可能与机载振动关联的生理和病理影响的研究很少。

19.9.3　手传振动标准

ISO 中规定了评估 ISO 5349《机械振动——人体暴露于手传振动的测量和评价》中"手传振动的基本准则"。该标准由两部分组成:第 1 部分:一般要求（ISO 5349-1:2001）[30]和第 2 部分:工作场所测量实用指南（ISO 5349-2:2001）[39]。对于手传振动，坐标系中心为第三掌骨的头，z 轴为第三掌骨的纵轴，y 轴在工具手柄（质心坐标系）的大致方向，x 轴从手的顶部到底部。图 19.10 说明了频率计权或与 1/3 倍频带的中心频率相关的因数，以评估手传振动的影响。

用于评估健康影响的数量为 8 h 能量等效振动总值[$A(8)$]，或每日振动暴露。假设手传振动的健康风险适用于 3 个正交轴，因此，相同的计权曲线（见图 19.10）适用于所有 3 个正交轴上的振动。预计的各轴总计权加速度的向量和定义了振动总值(a_{hv})。图 19.11 描述了在某给定年限内 D_y,10%的暴露者中预期产生振动性白指症的每日暴露值[$A(8)$]。ISO 5349 - 2:2001[39]标准提供了额外指南,以测量工作场所中手传振动影、确定每日振动暴露,并选择适当的操作。测量进入手部的振动并不总是可行。第 2 部分包括所选电动工具类型的实际测量位置,并总结了各种电动工具振动型测试标准中使用的加速度计的位置。这些位置通常靠近手部。

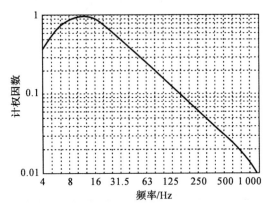

图 19.10　ISO 5349 - 1:2001 手传振动的频率计权曲线 W_h[33]

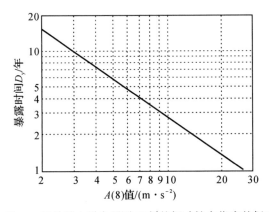

图 19.11　一组暴露人群中预测 10%的振动性白指症的振动暴露

19.9.4　额外暴露标准和指南

其他机构和国家已经制定了与上述人体振动标准,特别是 ISO 2631 - 1:1997 相称、作为补充甚至不同的标准和指南。ACGIH[38]中为全身以及手传振动提供了指南。欧盟最近发布了有关暴露于全身和手传振动的健康和安全要求的指令。重要的是,设计师和评估人员要了解各标准之间的相似性与差异性,以及它们的适用性是否恰当。使用这些标准的现行版本也很重要,因为新的信息可能对定义健康风险产生重大影响。

参 考 文 献

[1]　U. S. Environmental Protection Agency (EPA),"Information on Levels of Environmental

Noise Requisite to Protect Public Health and Welfare with an Adequate Margin of Safety," Report No. 550/9 – 74004, EPA, Washington, DC, March 1974.

[2] H. E. Von Gierke, D. Robinson, and S. J. Karmy, "Results of the Workshop on Impulse Noise and Auditory Hazard," ISVR Memorandum 618, Institute of Sound and Vibration Research, Southampton, United Kingdom, October 1981. Also *J. Sound Vib.*, **83**, 579 – 584 (1982).

[3] J. Tonndorf, H. E. Von Gierke, and W. D. Ward, "Criteria for Noise and Vibration Exposure," in C. M. Harris (Ed.), *Handbook of Noise Control*, 2nd ed., McGraw – Hill, New York, 1979.

[4] C. W. Nixon, "Excessive Noise Exposure," in S. Singh (Ed.), *Measurement Procedures in Speech, Hearing, and Language*, University Park Press, Baltimore, MD, 1975.

[5] International Organization for Standardization (ISO), "Acoustics—Determination of Occupational Noise Exposure and Estimation of Noise – Induced Hearing Impairment," ISO 1999. 2, ISO, Geneva, Switzerland, 1990.

[6] K. D. Kryter et al., "Hazardous Exposure to Intermittent and Steady—State Noise," paper presented before the NAS — NRC Committee on Hearing, Bioacoustics, and Biomechanics, WG 46, Washington, DC, 1965.

[7] Occupational Safety and Health Administration, "Occupational Noise Exposure; Hearing Conservation Amendment," *Fed. Reg.*, **48**(46), 9738 – 9785 (1983).

[8] National Center for Health Statistics, "Hearing Levels of Adults by Age and Sex," Vital Statistics, Public Health Service Publication No. 1000, Series – 11 – No. 11, U. S. Government Printing Office, Washington, DC, 1965.

[9] M. R. Stephenson, C. W. Nixon, and D. L. Johnson, "Long Duration (24 – 48 Hours) Exposure to Continuous and Intermittent Noise," Joint EPA/USAF Report, AFAMRL Technical Report No. 82 – 92, Wright Patterson AFB, OH, 1982.

[10] W. D. Ward et al., "Proposed Damage Risk Criteria for Impulsive Noise (Gunfire)," paper presented before the NAS – NRC Committee on Hearing, Bioacoustics, and Biomechanics, WG 46, Washington, DC, 1968.

[11] R. R. A. Coles, G. R. Garinther, D. C. Hodge, and C. G. Rice, "Hazardous Exposure to Impulse Noise," *J. Acoust. Soc. Am.*, **43**, 336 – 343 (1968).

[12] C. W. Nixon, H. H. Hille, H. C. Sommer, and E. Guild, "Some Booms Resulting from Extremely Low Altitude Supersonic Flight: Measurements and Observations on Houses, Livestock, and People," AAMRL Technical Report No. 68 – 52, Wright Patterson AFB, OH, 1968.

[13] C. W. Nixon, "Human Auditory Response to an Air Bag Inflation Noise," PB – 184 – 837, Clearinghouse for Federal Scientific and Technical Information, Arlington, VA, 1969.

[14] Office of the Air Force Surgeon General, Air Force Occupational Safety and Health

(AFOSH) Program,"Hazardous Noise Program," AFOSHSTD 48 – 19, March 31, 1994, Washington, DC.

[15]　G. C. Mohr, J. N. Cole, E. Guild, and H. E. Von Gierke, "Effects of Low Frequency and Infrasonic Noise on Man," *Aerospace Med.*, **36**, 817 – 824 (1965).

[16]　C. W. Nixon and D. L. Johnson, "Infrasound and Hearing," in W. D. Ward (Ed.), *International Congress on Noise as a Public Health Problem*, 550/9 – 73 – 008, U. S. Environmental Protection Agency, Washington, DC, May 1973.

[17]　H. E. Von Gierke and D. E. Goldman, "Effects of Shock and Vibration on Man," in C. M. Harris (Ed.), *Shock and Vibration Handbook*, 3rd ed., McGraw – Hill, New York, 1988.

[18]　H. E. Von Gierke, "To Predict the Body's Strength," *Aviat. Space Environ. Med.*, **59**, A107 – A115 (1988).

[19]　E. B. Magid, R. R. Coermann, and G. H. Ziegenruecker, "Human Tolerance to Whole Body Sinusoidal Vibration," *Aerospace Med.*, **31**, 915 – 924 (1960).

[20]　W. B. Hood, R. H. Murray, C. W. Urschel, et al., "Cardiopulmonary Effects of Whole Body Vibration in Man," *J. Appl. Physiol.*, **21**(6), 1725 – 1731 (1966).

[21]　H. Dupuis and G. Zerlett, *The Effects of Whole Body Vibration*, Springer – Verlag, Berlin, Heidelberg, New York, Tokyo, 1986.

[22]　H. Seidel and R. Heide, "Long – Term Effects of Whole Body Vibration: A Critical Survey of the Literature," *Int. Arch. Occup. Environ. Health*, **58**, 1 – 26 (1986).

[23]　R. R. Coermann, "The Mechanical Impedance of the Human Body in Sitting and Standing Position at Low Frequencies," ASD Technical Report 61 – 492, Aeronautical Systems Division, Air Force Systems Command, U. S. Air Force, Wright Patterson AFB, OH, 1961.

[24]　M. J. Moseley and M. J. Griffin, "Effects of Display Vibration and Whole Body Vibration on Visual Performance," *Ergonomics*, **29**(8), 977 – 983 (1986).

[25]　M. J., Griffin, *Handbook of Human Vibration*, Academic, London, 1990, pp. 128 – 134.

[26]　M. J. Wells and M. J. Griffin, "Benefits of Helmet – Mounted Display Image Stabilisation under Whole Body Vibration," Aviat. Space Environ. Med., **55**(1), 13 – 18 (1984).

[27]　H. E. Von Gierke and C. W. Nixon, "Effects of Intense Infrasound on Man," in W. Tempest (Ed.), *Infrasound and Low Frequency Vibration*, Academic, New York, 1976, pp. 115 – 150.

[28]　J. C. Guignard and P, F. King, "Aeromedical Aspects of Vibration and Noise," AGARDograph No. 151, NATO Advisory Group for Aerospace Research and Development (AGARD), 1972.

[29]　S. D. Smith, "Characterizing the Effects of Airborne Vibration on Human Body Vibration Response," *Aviat. Space Environ. Med.*, **73**(1), 36 – 45 (2001).

[30] International Organization for Standardization (ISO), "Mechanical Vibration and Shock—Measurement and Evaluation of Human Exposure to Hand - Transmitted Vibration—Part 1: General Requirements," ISO 5349 - 1:2001, ISO, Geneva, Switzerland.

[31] W. Taylor and P. L. Pelmear (Eds.), *Vibration White Fingers in Industry*, Academic, London, 1975.

[32] U. S. Department of Health and Human Service, National Institute for Occupational Safety and Health (NIOSH), "Occupational Exposure to Hand - Arm Vibration," DHHS Publication No. 89 - 106, NIOSH, Washington, DC, 1989.

[33] International Organization for Standardization (ISO), "Mechanical Vibration and Shock—Evaluation of Human Exposure to Whole Body Vibration—Part 1: General Requirements," ISO 2631 - 1:1997, ISO, Geneva, Switzerland.

[34] International Organization for Standardization (ISO), "Mechanical Vibration and Shock—Evaluation of Human Exposure to Whole Body Vibration—Part 2: Vibration in Buildings (1 - 80 Hz)," ISO 2631 - 2:2003, ISO, Geneva, Switzerland.

[35] International Organization for Standardization (ISO), "Mechanical Vibration and Shock—Evaluation of Human Exposure to Whole Body Vibration—Part 4: Guidelines for the Evaluation of the Effects of Vibration and Rotational Motion on Passenger and Crew Comfort in Fixed - Guideway Transport Systems," ISO 2631 - 4:2001, ISO, Geneva, Switzerland.

[36] International Organization for Standardization (ISO), "Mechanical Vibration and Shock—Evaluation of Human Exposure to Whole—Body Vibration—Part 5: Method for Evaluation of Vibration Containing Multiple Shocks," ISO 2631 - 5:2004, ISO, Geneva, Switzerland.

[37] American National Standards Institute, "Guide for the Evaluation of Human Exposure to Whole—Body Vibration," ANSI S3. 18 - 2002, Acoustical Society of America, Melville, NY, 2002.

[38] American Conference of Governmental Industrial Hygienists (ACGIH), "2003 TLVs© and BEIs©, Based on the Documentation of the Threshold Limit Values for Chemical Substances and Physical Agents & Biological Exposure Indices," ACGIH, Cincinnati, OH, 2003.

[39] International Organization for Standardization (ISO), "Mechanical Vibration and Shock Measurement and Evaluation of Human Exposure to Hand - Transmitted Vibration—Part 2: Practical Guidance for Measurement at the Workplace," ISO 5349 - 2: 2001, ISO, Geneva, Switzerland.

第20章 建筑物和社区内噪声标准

建筑物建筑设计的前期步骤之一是规范人类居住空间的可接受噪声级。室内噪声源包括空气处理和空调系统（HVAC）、乘员本身、室内机械以及室外机械对房屋表面的振动。在本章中，一般不讨论空间中噪声的来源。但是，在诸多情况下，如在办公室、住宅、学校、礼堂和工作室，一般来说，最令人讨厌的噪声是由 HVAC 系统产生的。在这些情况下，本书所提出的标准仅适用于在没有人在场的情况下测量的 HVAC 噪声。在商店、制造厂和餐馆里，主要噪声来源于机械或数量众多的人。在这些空间中，设计师只需确保 HVAC 的噪声级不超过本章建议的宽泛限值。

20.1 声 级 定 义

本章所使用的声（噪声）级，均以分贝（dB）为单位，符合第 1 章的规定，而第 1 章符合美国和国际标准的要求：

(1)声压级（SPL）L_p 的定义见式（1.21）；

(2)A 计权声压级 L_A 的定义见式（1.22）；

(3) 等效声级 L_{eq} 广义上定义为

$$L_{eq} = L_{av,T} = 10 \lg (1/T) \frac{\int_0^T p_A^2(t)\,dt}{p_{ref}^2} \qquad (20.1)$$

式中，T 是平均发生时间，必须加以规定［见式（1.23）］。

(4)A 计权等效声级 $L_{eq,A}$ 由式（20.1）给出，但在测量仪器中设置了 A 计权频率响应。通常，将此数量简单地标记为 L_{eq}，A 计权则通过以 dB（A）为单位的表达式获得［见式（1.24）］。

(5) 频带平均声级由式（19.1）给出，但带宽必须加以规定。

(6) 平均时间 T 可以是数秒、数分钟、数小时、数天，甚至一年，通常必须加以规定。

(7) 昼夜声级 L_{dn} 见式（1.25）。注意，在一些国家，24 h 被分为白天、傍晚和夜间 3 个时段，式（1.25）必须有 3 个规定了间隔时间的积分。

(8)A 计权声（噪声）暴露 $E_{A,T}$（在时段 T 中，与声波中能量流成正比，强度乘以时间）见式（1.26）。

(9)A 计权声（噪声）暴露级 L_{EAT} 见式（1.27）。

(10)语言干扰级（SIL）是 4 个倍频带的平均声压级，中频是 500 Hz、1 000 Hz、2 000 Hz 和 4 000 Hz。

20.2　室内噪声评价测量法、工程法和精密法[1]

20.2.1　当前声级计

当前声级计用于测定具有 16～8 000 Hz 中频的 10 个倍频带中的部分或全部声级。声级计的"速度"可以设置为慢速、快速或脉冲。当声级计速度设置为快速时,集成运行时间约为 125 ms。声级计的输出可以设置为读取或存储以下声级:L_{eq},测量时段内的等效噪声级;峰值级 L_{max} 和统计声级 L_{10}、L_{50}、L_{90} 和 L_{95},其中,下标表示该时间超过该声级 10%、50%、90% 或 95%。50% 声级是中等声级。测量 A 计权声级时,声级计的速度设置为"慢速"。为了进行监控,声级计通常具有 1 s～24 h 的存储容量。可以每 100 ms 对存储的数据进行一次采样。声学顾问表示,他们对室内特定位置 HVAC 噪声的测量时间通常不到 1 min。

20.2.2　测量法——L_A

A 计权声级 L_A 常用于评价所测量噪声级是否满足规定的噪声标准要求。使用最简单的声级计进行测量很容易。L_A 的测量值取声级计最大读数的平均值,声级计响应设置为慢速,可通过移动空间传声器来获得,以避免靠近表面或几何中心的位置。假设所测噪声不含纯音和 HVAC 湍振。通常可以使用"平坦"(或"C")频率计权和快速声级计响应,通过收听或观察声级计的摆动检测 HVAC 湍振。

由于 L_A 缺少具体的光谱信息,在评估除合理良好设计的 HVAC 系统所产生噪声以外的噪声时,可能会产生误导。故推荐采用表 20.1 给出的值,评估所测得的 A 计权噪声级是否适合所述目的。该表所列数字很大程度上受要求多家咨询公司提供过度噪音情况示例的影响[2]。14 家公司回应了造成学校教室、听众席、办公室和宾馆房间中的可接受和不可接受倍频带声级。这些数据表明,在编写规范时,如不预计 HVAC 湍振和大的声音波动,最好的方法是使用噪声标准(NC)曲线,如 20.2.3 节所述。空间各入住状态下可接受的 NC 曲线见表 20.2。表 20.1 根据表 20.2 确定。如图 20.1 所示,计算了 NC 曲线的语言干扰级(SIL)和 A 计权有效级(L_A),并找到 L_A-SIL。将这些差值添加到表 20.2 的级别中,得到表 20.1 的级别。例如,NC-40 标准曲线的 L_A-SIL 为 8 dB,即表 20.2 中为 40 dB,表 20.1 中为 48 dB。同样在参考文献[2]中,14 例低频过量噪声的倍频带声级表明,L_A-SIL 为 14 dB 显然是不能接受的,而在可接受噪声级的办公室内,L_A-SIL 不超过约 7.5 dB。

20.2.3　工程法——NC 曲线

目前,评估人类居住空间噪声的适宜性,并编写噪声规范时采用的最广泛的方法是图 20.1 所示的 NC 曲线[3-4]。用这些 NC 曲线采用"正切法"对噪声进行评级[2,3,5,10]。区域 A 表示低频声级,如出现波动或湍振,可能会在轻型建筑物的照明装置中产生能感觉到的振动和吱吱声。听力阈符合 ANSI S12.2-1995 的要求。绘制图 20.1 所依据的数值如表 20.2 所示(四舍五入至近似分贝)。测量噪声时,声级计(带倍频带滤波)设置为以慢速计、快速响应产生 L_{eq}。积分时间 T 可以是任意长度——秒、时或月。如果每个倍频带计的读数在小范围内缓慢波动,则使用平均值。

为了编写规范,各入住状态下建议的 NC 级如表 20.2 所示。例如,小型办公室为 NC - 35～NC - 40。

评估测得的噪声谱时,在图 20.1 所示曲线集上绘制倍频带声级。噪声级根据"触碰"最高 NC 曲线的频带声级设置(插值至近似分贝)。例如,假设 31.5～4 000 Hz 的 8 个频带的声级分别为 68 dB、65 dB、61 dB、58 dB、50 dB、42 dB、37 dB 和 30 dB。该频谱所"触及"的最高 NC 级曲线由 250 Hz 频带的 58 dB 声级决定,等于 NC - 50。这就是所谓的正切法。

表 20.1　各用途空间(空闲)HVAC 系统推荐的 A 计权声级标准

入　住			A 计权声级 L_A/dB(A)
礼堂 或剧 院等	小型礼堂		35～39
	大型礼堂、大型剧院和大型教堂(语言清晰度极高)		30～35
	电视及播音室(仅关闭传声器和传感器)		16～35
	正统剧院		30～35
私人 住宅	卧室		35～39
	公寓		39～48
	套房和客厅		39～48
学校	阶梯教室 和教室	面积小于 70 m²	44～48
		面积大于 70 m²	39～44
	开放式教室		44～48
宾馆/汽车旅馆	独立房间/套房		39～44
	会议/宴会室		35～44
	服务支持区		48～57
办公室	行政办公室		35～44
	小型、私人办公室		44～48
	大型办公室,带会议桌		39～44
会议室	大会议室		35～39
	小会议室		39～44
	开放区域		44～48
	商务机、电脑		48～53
	公共通道		48～57
医院和诊所	单人间		35～39
	病房		39～44
	操作室		35～44
	实验室		44～53
	走廊		44～53
	公共区域		48～52

续 表

入　住	A 计权声级 $L_A/dB(A)$
电影院	39～48
教堂	39～44
小法庭	39～44
库	44～48
餐馆	48～52
小修车间、工业厂房控制室、厨房和洗衣房	52～62
车间和车库	57～67

注：数据基于表 20.2 中 NC 曲线的 L_A - SIL。

表 20.2　各用途空间(空闲)HVAC 系统推荐的 NC 和 RNC 噪声标准

入　住			NC 和 RNC 推荐的标准曲线
录音室			图 20.1 的最低曲线
播音室(使用遥控传声器传感器)			10
音乐厅、歌剧院和演奏厅(聆听微弱的音乐声)			15～18
小型礼堂			25～30
大型礼堂、大型剧院和大型教堂(语言清晰度极高)			20～25
电视及播音室(仅关闭传声器和传感器)			15～25
正统剧院			20～25
私人住宅	卧室		25～30
	公寓		30～40
	套房和客厅		30～40
学校	阶梯教室和教室	面积小于 70 m²	35～40
		面积大于 70 m²	30～35
	开放式教室		35～40
宾馆/汽车旅馆	独立房间/套房		30～35
	会议/宴会室		25～35
	服务支持区		40～50
办公楼办公室	行政办公室		25～35
	小型、私人办公室		35～40
	大型办公室,带会议桌		30～35

续 表

入 住		NC 和 RNC 推荐的标准曲线
会议室	大会议室	25～30
	小会议室	30～35
	开放区域	35～40
	商务机、电脑	40～45
	公共通道	40～50
医院和诊所	单人间	25～30
	病房	30～35
	操作室	25～35
	实验室	35～45
	走廊	35～45
	公共区域	40～45
电影院		30～40
教堂		30～35
小法庭		30～35
库		35～40
餐馆		40～45
小修车间、工业厂房控制室、厨房和洗衣房		45～55
车间和车库		50～60

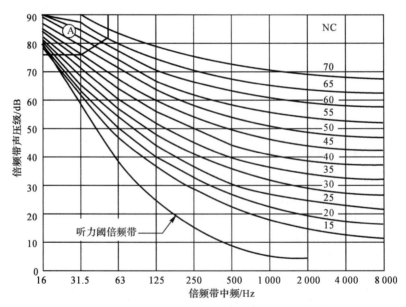

图 20.1 NC 曲线[与平衡 NC(NCB)曲线相比,噪声标准曲线从采访和同步噪声测量延伸到低频]

最初根据对一军事空军基地[5]数间办公室和空间和数栋办公楼[6]进行的噪声调查推导出 NC 曲线。通过询问室内人员通常情况下和当下对噪声如何进行评级(6 个等级,从"非常安静"到"吵得让人无法忍受")并测量当下噪声展开了该调查。调查发现,受噪声影响最大的活动是面对面和通过电话进行语言通信。然而,还发现,即使在某个空间语言通信还令人满意,低频噪声级也可能高到令人讨厌。与中频噪声相比,低频噪声能高出多少?调查发现必须考虑噪声的总响度。为了回答这个问题,测量了 SIL 和噪声响度级两个数值。

SIL 是量度噪声对语言通信干扰程度的一种方法。它被标准化为平均声压级,以分贝为单位,有 4 个倍频带,分别为 500 Hz、1 000 Hz、2 000 Hz 和 4 000 Hz[7]。

表 20.3　基于图 20.1,至近似分贝(dB)的噪声标准曲线

NC 曲线	倍频带中心频率/Hz									
	16	31.5	63	125	250	500	1 000	2 000	4 000	8 000
NC – 70	90	90	84	79	75	72	71	70	68	68
NC – 65	90	88	80	75	71	68	65	64	63	62
NC – 60	90	85	77	71	66	63	60	59	58	57
NC – 55	89	82	74	67	62	58	56	54	53	52
NC – 50	87	79	71	64	58	54	51	49	48	47
NC – 45	85	76	67	60	54	49	46	44	43	42
NC – 40	84	74	64	56	50	44	41	39	38	37
NC – 35	82	71	60	52	45	40	36	34	33	32
NC – 30	81	68	57	48	41	35	32	29	28	27
NC – 25	80	65	54	44	37	31	27	24	22	22
NC – 20	79	63	50	40	33	26	22	20	17	16
NC – 15	78	61	47	36	28	22	18	14	12	11

响度级通过一个标准化计算过程确定,结果以方为单位[8]。需要测量所有频带的倍频带或 1/3 倍频带声级。

研究表明,如果不想让室内人员感到厌烦,响级(单位方)不应超过 SIL(单位分贝)约 24 个单位。由于低频声音不如高频声音响亮,所以声级可能更高。因此,随着频率的增加,NC 曲线呈单调下降趋势,其形状与众所周知的"等响曲线"相似[9]。下降额度和谱轴的形状由前面所述的 24 个单位的差决定。(见图 20.1 中各 NC 曲线的 4 个语言干扰频带的平均声级比曲线所示的指定数高 0.25~1 dB。其原因是,倍频带的频限偏移是在这些曲线形成数年之后标准化的。但是,这些曲线上点的分贝值和指定数与最初表示的完全相同。)

必须强调的是,由此推导出的 NC 曲线给出了 SIL 已知后低频噪声的允许上限值。因此,NC 曲线的形状并不是理想的噪声谱的形状,而是一种"不可超过的"谱的形状。

关于图 20.1 的曲线,有两个基本假设,即噪声不包含纯音,也没有来自驱动 HVAC 系统的风扇的噪声湍振。

对于在 NC 曲线上各点测量声级，声级计的响应设置成达到预期结果。如果确定了数小时或几日时间内的等效噪声级，则选择慢速声级计响应。短样本测量噪声则采用快速响应。例如，一系列 100～1 000 个样本（100 ms 长）需要快速响应。该声级计可以表示序列的等效声级 L_{eq}（单位分贝），或最大声级 L_{max}，或发现超过间隔声级 10% 的声级，称为 L_{10}，或 L_{50} 声级（平均声级），或 L_{90} 声级。一些顾问认为，如果满足语言清晰度的要求，L_{50} 声级与人们对噪声环境可接受性的判断密切相关。

NC 曲线评价。原有 NC 曲线没有向下延伸到 31.5 Hz 和 63 Hz 的倍频带。笔者根据对平衡噪声标准（NCB）曲线的相关研究，已将这两个频带添加到原有曲线上，下文将简要讨论该曲线。已在两项研究中说明了图 20.1 的修正曲线，以成功预测所有已知现有建筑物空间内人员提出的大量投诉案例[10-11]。在所有这些案例中，没有检测到湍振。

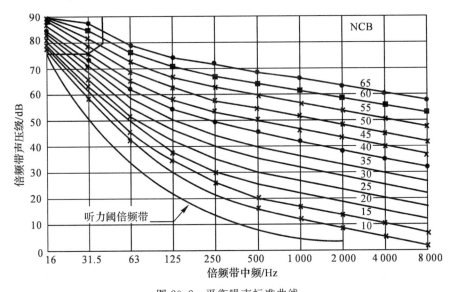

图 20.2　平衡噪声标准曲线

（见 ANSI S12.2—1995，这些曲线采用标准和参考文献[10]中所述程序对噪声进行评级）

在参考文献[11]中，从 Cavanaugh Tocci Associates 的咨询文件中获得了 238 个所测声压级谱。绘制了 NC（切向法）与 NCB（切向法）之间的关系图。两者与 $R^2=0.97$ 密切相关。同样，相对于 RC 或 RC Ⅱ 评级，绘制了 NCB 评级，相关系数 $R^2=0.98$，但是 RC 值约为 2 dB，大于 NC 值的情况除外，因为 NC 曲线基于 500 Hz，1 000 Hz，2 000 Hz 和 4 000 Hz 频带中的平均声级，而 RC 曲线是基于 500 Hz，1 000 Hz 和 2 000 Hz 频带中平均声级进行标记的。

20.2.4　NCB 曲线

图 20.2[7] 所示的 NCB 曲线满足下列前提条件：①各曲线的等级数应等于其四频带 SIL；②125～8 000 Hz 频带所计算的倍频带响度应该包含相同数量的临界（听觉）频带，对于两个较低的频带，应按所含临界频带的比例对响度向下计权；③标准曲线的 SIL（单位 dB）和响度级（单位 PHON）之间的差不应超过 24 个单位。本书不讨论采用 NCB 曲线进行 HVAC 噪声评价的具体方法，因为尽管 ANSI S12.2-1995 中包含 NCB 曲线，但并未得到广泛应用。如

上所述,与 NCB 曲线的基本原理相比,NC 曲线已经延伸至 16 Hz 和 31.5 Hz 频带。除了进行噪声评级的方法外,NCB 曲线与图 20.1 中的 NC 曲线几乎没有区别。

根据 NCB 曲线所推导的声级四舍五入到近似分贝,见表 20.4。

表 20.4　基于图 20.2 的近似分贝(dB)的平衡噪声标准曲线数据

NCB 曲线	倍频带中心频率/Hz									
	16	31.5	63	125	250	500	1 000	2 000	4 000	8 000
NCB-65	97	88	79	75	72	69	66	64	61	58
NCB-60	94	85	76	71	67	64	62	59	56	53
NCB-55	92	82	72	67	63	60	57	54	51	48
NCB-50	89	79	69	62	58	55	52	49	45	42
NCB-45	87	76	65	58	53	50	47	43	40	37
NCB-40	85	73	62	54	49	45	42	38	35	32
NCB-35	84	71	58	50	44	40	37	33	30	27
NCB-30	82	68	55	46	40	35	32	28	25	22
NCB-25	81	66	52	42	35	30	27	23	20	17
NCB-20	80	63	49	38	30	25	22	18	15	12
NCB-15	79	61	45	34	26	20	17	13	10	7
NCB-10	78	59	43	30	21	15	12	8	5	2

20.2.5　RC(原名"修订标准")曲线

围绕以下观点建立了用于评估室内噪声或规范所用的 RC 标准曲线,即应始终为底部三倍频带(31.5 Hz,63 Hz 和 125 Hz)规定低于图 20.1 中 NC 曲线所示声级的声级。主要原因是,如果 HVAC 噪声中有强烈的波动或湍振,RC 曲线规定的低频倍频带声级应足够低,以使噪声不扰民。

RC 曲线是基于 20 世纪 70 年代初对 68 个办公室的噪声进行的一组测量绘制的,这些办公室的 HVAC 噪声级判定为令人满意。

绘制时,这些噪声级谱在 63～4 000 Hz 的频带中,平均以 5 dB/oct 的频率呈线性倾斜。这表明,如果在令人满意的办公环境中测得的谱有该特性,则 −5 dB/oct 线为"最佳",但尚未与其他频谱进行比较。

RC 曲线如图 20.3 所示,其值见表 20.5[12]。

在本章中,仅使用了 RC 方法的 Mark Ii 版本,它与原始版本的不同之处在于 16 Hz 和 31.5 Hz 频带的声级是相等的,16 Hz 频带的声级并没有比 31.5 Hz 频带的高 5 dB。另外,测量数据的评估程序也有所不同。

适合特定类型空间的 RC 曲线可根据表 20.6 确定。选择该值是为了允许令人满意的语音清晰度,这是很重要的,或提供不高于正常活动声音的噪声级。

使用 RC 方法评估噪声谱时,第一步是确定 500 Hz、1 000 Hz 和 2 000 Hz 倍频带的平均测量声级,中频平均值,其在参考文献[11]中称为中频声级(LMF)。该值确定了语言通信中最重要的频率范围所测谱的声级,并选择将参考 RC 曲线作为后续分析的起点。例如,如果 LMF 为 36 dB,RC - 36 为参考曲线。如果该 LMF 适用于进行测量的空间内发生的活动(见表 20.6),并且如果频谱与参考曲线近似,噪声级为"N",即中性。

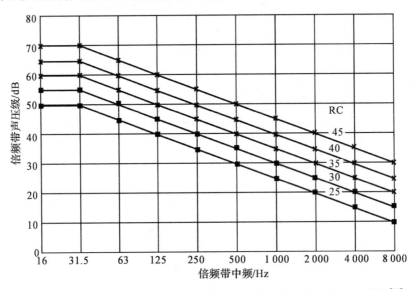

图 20.3　按照办公室 HVAC 噪声测量推导出的噪声标准 RC Mark Ⅱ 曲线[12]

表 20.5　基于图 20.3 的近似分贝的噪声标准 RC 曲线数据

RC 曲线	倍频带中心频率/Hz									
	16	31.5	63	125	250	500	1 000	2 000	4 000	8 000
RC - 25	50	50	45	40	35	30	25	20	15	10
RC - 26	51	51	46	41	36	31	26	21	16	11
RC - 27	52	52	47	42	37	32	27	22	17	12
RC - 28	53	53	48	43	38	33	28	23	18	13
RC - 29	54	54	49	44	39	34	29	24	19	14
RC - 30	55	55	50	45	40	35	30	25	20	15
RC - 31	56	56	51	46	41	36	31	26	21	16
RC - 32	57	57	52	47	42	37	32	27	22	17
RC - 33	58	58	53	48	43	38	33	28	23	18
RC - 34	59	59	54	49	44	39	34	29	24	19
RC - 35	60	60	55	50	45	40	35	30	25	20

续　表

RC 曲线	倍频带中心频率/Hz									
	16	31.5	63	125	250	500	1 000	2 000	4 000	8 000
RC - 36	61	61	56	51	46	41	36	31	26	21
RC - 37	62	62	57	52	47	42	37	32	27	22
RC - 38	63	63	58	53	48	43	38	33	28	23
RC - 39	64	64	59	54	49	44	39	34	29	24
RC - 40	65	65	60	55	50	45	40	35	30	25
RC - 41	66	66	61	56	51	46	41	36	31	26
RC - 42	67	67	62	57	52	47	42	37	32	27
RC - 43	68	68	63	58	53	48	43	38	33	28
RC - 44	69	69	64	59	54	49	44	39	34	29
RC - 45	70	70	65	60	55	50	45	40	35	30

　　如果所测频谱不是"中性的",RC(最新版本,Mark Ⅱ)评级程序自其参考曲线开始。其次,三个数值是根据所测频谱计算的,称为能量平均谱偏差因数。选择三个频率范围进行分析——低(16～63 Hz)、中(125～500 Hz)和高(1 000～4 000 Hz),称为 LF 或"隆隆声"、MF 或"轰鸣声"、HF 或"嘶嘶声"区。

　　程序如下:首先,在所测频谱中各倍频带发现该谱与参考 RC 曲线之间的分贝差。符号可以是正的,也可以是负的。按照能对 LF、MF 和 HF 这三个频率范围中的三个倍频带的差进行合计,产生该区域的能量平均频谱偏差因数。例如,假设 LF 区域的三倍频带的差分别为 4 dB、5 dB 和 9 dB,得到 4.54 的平均能级为 10 lg 4.54＝6.57 dB。同样针对 MF 和 HF 区域也确定了该因数,这里我们假设该因数等于 4.82 和－0.92 dB。其次,质量评价指标(QAI)定义为刚刚确定的三个频谱偏差因数的最大值和最小值之间的差(单位为分贝)。在我们的示例中,QAI＝[6.57－(－0.92)] dB＝7.5 dB。

表 20.6　各用途空间(空闲)HVAC 系统推荐的 RC 标准

	入　住	RC 标准曲线
私人住宅	卧室	25～30 (N)
	公寓	30～35 (N)
	套房和客厅	30～40 (N)
学校	阶梯教室和教室	30～35 (N)
	开放式教室	35～40 (N)

续 表

	入 住	RC 标准曲线
宾馆/汽车旅馆	独立房间/套房	30～35（N）
	会议/宴会室	30～35（N）
	大厅、走廊、大堂	35～40（N）
	服务支持区	40～50（N）
办公楼	行政办公室	25～35（N）
	私人办公室	30～35（N）
	私人办公室,带会议桌	25～30（N）
	会议室	25～30（N）
	开放区域	35～40（N）
	商务机/电脑	40～45（N）
	公共通道	40～50（N）
医院和诊所	单人间	25～30（N）
	病房	30～35（N）
	操作室	25～35（N）
	实验室	35～45（N）
	走廊	35～45（N）
	公共区域	40～45（N）
	教堂	30～35（N）
	库	35～40（N）
	法庭	30～40（N）
	餐馆	40～45（N）

注:N 表示中性谱。

按照 RC Mark Ⅱ 程序,中性谱的 QAI 小于 5 dB 且 L_{16} 和 $L_{31.5}$ 最多为 65 dB。如果最高正谱偏差因数出现在 LF 区域,则如果 5 dB<QAI≤10 dB,将该谱评估为"边际隆隆声",或者如果 QAI>10 dB,则评估为"不良隆隆声"。如果最高正因数出现在 MF 或 HF 区域,列出 QAI 相同的分贝范围,以评估该谱具有"边际或不良隆隆声或嘶嘶声"。例如,所测谱可能指定为 RC‐45(即参考曲线)、隆隆声(即 MF 区域)和可能的不良声(即 QAI 超过 10 dB)[12]。

RC 程序似乎是在编写规范时,要规定一条特定的 RC 曲线,但是要理解在三个频率范围中的任何一个区域,所测声级均可以超过 5 dB,而不会受到惩罚。

必须注意到,在最初研究的 68 所办公室中,A 计权慢速声级计仅覆盖 40～50 dB 范围,因此未考虑到极端之一的音乐厅或另一极端工厂空间的声级。另外,20 世纪 70 年代质量办公室内 RC 谱通常采用 HVAC 做法,而这种做法在未来任何时间并不常见。

随意使用 RC 曲线的困境在于,会对无湍振或低频大波动的 HVAC 装置不利。在音乐厅或其他需要极低背景噪声的场所,HVAC 系统必须是最高品质的,无湍振或显著的低频波动。音乐厅所测的 NC 噪声谱通常规定在 NC-15～NC-18 之间(见图 20.1 和表 20.2)。已完工大厅的声级通常遵循 NC 曲线,下降至 63 Hz 频带或更低。如果在该场所内规定了等于 RC-15～RC-20 的 RC 曲线,则在最低频带将需要降噪达 15 dB 或更高。进行这种非必要的低频率降噪会导致费用过高。当然,从规范的角度看,可能会要求供应商满足 NC-20 标准曲线,但实际上,其可能会安装一个低成本的 HVAC 系统(该系统的送风源出现湍振),而该供应商随后坚持认为,根据对倍频带的测量(通常将声级计设为慢速响应),该系统符合规范要求。下一节将介绍评估频谱以确定 HVAC 噪声是否有湍振或大规模无规波动的先进技术。

20.2.6　精密法——RNC 曲线[13-14]

需要评估其中发生驱动风机湍振的 HVAC 系统,并编写 HVAC 系统设计的相关规范,以避免湍振。对于听众来说,湍振非常明显且扰民,必须在编写规范以及在随后诊断噪声的严重性时加以解决。不能采用常规的慢速、A 频率计权响应到位的声级计来确定湍振,其一是因为湍振主要影响低频带的声级,其二是慢速情况下可得到平均湍振。

1. HVAC:良态或湍振

通常可以听到或通过观察 16 Hz、31 Hz 和 63 Hz 倍频带,在标准声级计上直观地看到湍振。声级计必须具有快速响应和平坦频率特性(或 C 计权)。如果通过听或观察上述倍频带的声级发现有湍振,应使用 RNC 评价方法确定噪声情况的严重性。

2. 心理声学

设计一种更精密的方法评估室内 HVAC 噪声是否干扰其主要用途时,必须求助于心理声学领域。首先,如果短时间内声级发生显著变化,人的耳朵只会把它们整合(合在一起)起来,即如果变化发生在短于 125 ms 的时段内。也就是说,在约 100 ms 的时段内,HVAC 噪声的任何波动均被认为是连续(等能量)的,没有波动。

其次,现实是,耳朵整合了属于临界频带的声能。除了在低频状态下,临界频带的宽度以与倍频带宽度大致相同的增长速率增长。在 125 Hz 以下的频率范围内,临界频带宽约 100 Hz。因此,16 Hz、31.5 Hz 和 63 Hz 倍频带的声级必须以某种方式组合成一个中心频带,即在 31.5 Hz,以便可以像较高频带那样处理。

因为听觉特性而产生的第三个事实是低频声音响度,即 200 Hz 以下频率的声响。对于 16 Hz、31.5 Hz 和 63 Hz 三个倍频带而言,约 5 dB 的声级变化会使声音的主观响度增加一倍。对于 125 Hz 的频带而言,约 8 dB 的变化会使响度增加一倍。对于中频 250 Hz 及以上的倍频带而言,若要使响度增加一倍,必须改变声级达 10 dB。所以,必须区别对待四个最低频带、连续 100 ms 间隔的声级变化与更高频带 100 ms 间隔的声级变化。下面将说明的 RNC 程序就设计成了评估空间内噪声时要考虑这 3 个特点的听觉系统。

3. 大规模无规波动

即使口头或视觉上未观察到湍振,低频下仍可能出现大规模无规波动。测试大规模无规波动最简单的方法是需要在将声级计设置为快速的情况下,观察 16 Hz、31 Hz、63 Hz 和 125 Hz 频带中 L_{max} 和 L_{eq} 声级或 L_{10} 和 L_{eq} 声级的差。如果这三个最低频带(16 Hz、31 Hz 和 63 Hz 倍频带)中任何一个的 L_{max} 与 L_{eq} 之差大于 7 dB,或者 $L_{10} - L_{eq} > 4$ dB,或者如果 125 Hz 频带的 L_{max} 与 L_{eq} 之差大于 6 dB,或者 $L_{10} - L_{eq} > 3$ dB,表明出现了大规模无规波动,应使用完整的 RNC 方法。

4. 良性 HVAC 噪声——利用 NC 曲线

无湍振或大规模波动时,可以在所有倍频带,在任意时段 T(几分钟或更长时间)内测量 L_{eq}(慢速标),将结果与图 20.1 的 NC 曲线进行比较。如果噪声场始终均匀,用于测量分贝的传声器可以放在空间的一个位置,或者在数点进行测量并取平均值,或者只需在臂长(直径为 2 m 的圆圈)上旋转传声器并取结果的平均值。

同样,必须牢记,本章所述的所有方法都假定在噪声中没有可听见的纯音。如果怀疑有纯音,应进行窄带测量(1/3 倍频程或更少),以确定其频率和强度。在评估剩余的 HVAC 噪声之前,应确定纯音源的位置并采取措施降低其声级。

5. 在 HVAC 噪声中发现或怀疑出现喘振或大规模低频波动——使用 RNC 曲线

当发现或怀疑出现湍振或大规模低频波动时,建议使用 RNC 程序确定不利情况。需要使用当代声级计和计算机。该方法结合了前述讨论的心理声学事实。RNC 曲线如图 20.4 所示。通过该图可以对表现出 HVAC 湍振或大规模无规波动的噪声进行评级。在良性 HVAC 系统中,这些曲线表现出与 NC 曲线相同的声级。当出现清晰可见的 HVAC 湍振或无规振动时,这些曲线产生与 RC 曲线差不多的额定值——如出现喘振,则要求通过将声级计设置为"慢速"获得较低的测量声级。可根据下述值推导各 RNC-X 曲线(如 RNC-40 和 RNC-50)

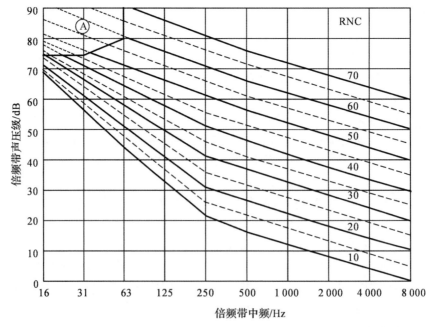

图 20.4　参考文献[1][13][14]中得出的平衡噪声标准曲线

$$L_{ob} = \frac{\text{RNC} - X}{K_{2ob}} + K_{1ob} \tag{20.2}$$

式中 $\text{RNC} - X$——曲线上的数字;

L_{ob}——特定倍频带中 x 轴的声级;

K_{2ob} 和 K_{1ob}——特定倍频带的常数,见表 20.7。

表 20.7 式(20.2)和式(20.3)中使用的系数

倍频带/HZ	声级范围/dB	K_{1ob}[①]	K_{2ob}
16	≤81	64.333 3	3
	>81	31	1
31	≤76	51	2
	>76	26	1
63	≤71	37.666 7	1.5
	>71	21	1
125	≤66	24.333 3	1.2
	>66	16	1
250	全部	11	1
500	全部	6	1
1 000	全部	2	1
2 000	全部	−2	1
4 000	全部	−6	1
8 000	全部	−10	1

注:①四进制数字仅给出计算的 RNC-X 偶数分贝值。

示例 20.1 计算图 20.4 中 RNC-20 曲线上 63 Hz 频带的 SPL。

$$L_{ob} = [(20/1.5) + 37.666\ 7]\ \text{dB} = (13.333\ 3 + 37.666\ 7)\ \text{dB} = 51\ \text{dB}$$

相反,可根据下式得出所测倍频带声级最接近的 RNC 评估曲线:

$$\text{RNC} - X(L_{ob} - K_{1ob}) \times K_{2ob} \tag{20.3}$$

示例 20.2 假设 125 Hz 倍频带所测声级 L_{ob} 为 55 dB。确定测量所接触的 RNC 曲线(至最接近分贝):

$$\text{RNC} - X = (55 - 24.333\ 3) \times 1.2 = \text{RNC} - 37$$

6. 推荐的 RNC 曲线

推荐的空间 RNC 曲线与 NC 曲线相同,见表 20.2。

如果未有喘振或大规模波动,以至于可以使用慢速声级计和平坦频率响应来测量 L_{eq} 声级,根据新的 RNC 曲线进行评估将得出与 NC 曲线大致相同的结果。因此,与中频 SIL 相比,允许的低频 L_{eq} 声级将如图 20.1 所示大小。

如果存在喘振和波动,采用 RNC 方法会"不利于"低于 300 Hz 的倍频带中的 L_{eq} 声级,因此,如果这些频带中的干扰很大,允许的 L_{eq} 声级可能会接近 RC 曲线的低频声级,如图 20.3 所示。

7. 当出现喘振或大规模波动时,对 16 Hz、31.5 Hz 和 63 Hz 倍频带中所测声级的修正因数

如果存在喘振和波动,采用 RNC 方法会"不利于"低于 300 Hz 的倍频带中的 L_{eq} 声级,因此,如果这些频带中的干扰很大,允许的 L_{eq} 声级可能会接近 RC 曲线的低频声级,如图 20.3 所示。当代声级计可以存储长达 24 h 的数据,以便之后下载到计算机上。数据应使用快速设置和平坦频率响应的声级计进行记录。每 100 ms 对频带中或整体存储数据(无论总时间长短)进行采样,形成 RNC 方法所需的倍频带时间序列。对于整个时段,也可以使用 L_{peak}、L_{10} 和 L_{50}。

连续 100 ms 样本中的各样本标记为 i,i 最终应该在 $150\sim1\,000$ 之间,具体取决于疑似喘振幅度。

因为特定声级下,声音响度在 16 Hz 时要比 31.5 Hz 时小得多,反过来,响度在 31.5 Hz 时要比 63 Hz 时小得多,在 RNC 方法中,合并 3 个中频分别为 16 Hz,31.5 Hz 和 63 Hz 的倍频带,并替换为 31.5 Hz 的"三频带和"。为此,将 16 Hz 倍频带中所有测量的 100 ms 样本降低 14 dB,将 63 Hz 倍频带的所有样本增加 14 dB。在能量基础上,将 16 Hz 和 63 Hz 频带中的调整声级与 31.5 Hz 频带中的测量声级组合,新的声级(单位分贝)称为三频带和。

该三频带和的第 i 个 100 ms 样本被称为 L_{LFi},通过将样本的能量相加,除以样本数,并取结果的 10 对数,计算该三频带和的 $L_{LF,eq}$。同时,计算 L_{LFm},即三频带和样本组的平均声级。

现在要确定 31.5 Hz(非三频带和)下添加到所测 L_{eq} 的修正因数 K_{LFC},该修正因数考虑了 L_{LFi} 值,以及仅需变化 5 dB 即可将 31.5 Hz 时的响度增加一倍,而 125 Hz 时仅需变化 8 dB 的情况。假设 δ 代表这种变化。

首先计算 31.5 Hz 的修正因数,则

$$K_{LFC} = K_{LF\delta} - (L_{LF,eq} - L_{LFm}) \tag{20.4}$$

式中

$$K_{LF\delta} = 10\,\lg\left(\frac{1}{N}\sum_{i=1}^{N}10^{La/10}\right) \tag{20.5}$$

31.5 Hz 频带的 $\delta=5$ dB,则

$$La = \frac{10}{\delta}(L_{LFi} - L_{LFm}) = 2(L_{LFi} - L_{LFm}) \tag{20.6}$$

数值 K_{LFC} 添加到 31.5 Hz 倍频带中所测等效声级 L_{eq}(长时间平均能量)中,如图 20.4(在 16 Hz 和 63 Hz 频带中未绘制任何数字)所示。如果无法获得 16 Hz 频带的数据,则确定 31.5 Hz 和 63 Hz 频带的三频带和。

8. 当观察到或疑似有喘振时,对 125 Hz 倍频带中所测声级的修正因数

125 Hz 下 100 ms 序列各元件的声级称为 L_{125i}。通过合并样本能量,除以样本数,并取结果的 10 个对数,来计算 125 Hz 下的 L_{125eq}。同时,计算 L_{125m},即 31.5 Hz 下样本组的平均声级。待添加到所测 125 Hz 倍频带 L_{eq} 的修正因数称为 K_{125C},则

$$K_{125C} = K_{125\delta} - (L_{125eq} - L_{125m}) \tag{20.7}$$

式中

$$K_{125\delta} = 10\,\lg\left(\frac{1}{N}\sum_{i=1}^{N}10^{L\beta/10}\right) \tag{20.8}$$

125 Hz 频带 $\delta = 8$ dB,则

$$L_\beta = \frac{10}{\delta}(L_{125i} - L_{125m}) = 1.25(L_{125i} - L_{125m}) \tag{20.9}$$

9. 喘振示例

对于组合的 16 Hz、31.5 Hz、63 Hz 频带,使用了一组具有高斯分布且标准偏差约为 3 dB 的不规则数据。叠加了正弦变化,峰间振幅为 15 dB。表 20.8 给出了 1 000 个所测倍频带声级中的 10 个,每个长 100 ms。上述定义的三频带如最后一栏所示。

表 20.9 列出了 1 000 个样本的汇总数据。待添加到 31.5 Hz 下 L_{eq} 的修正因数 K_{LFC} 由式 (20.4) 得出,等于 11.5 dB,31.5 dB 频带中产生了 73.1 dB 的调整声级。按照式 (20.7),修正因数 K_{125C} 为 1.6 dB,得出修正谱为 44.7 dB。修正谱如表 20.9 最后一行所示。当修正谱如图 20.4 中所示或由按照方程式 (20.3) 确定,发现触及的最高 RNC 曲线为 RNC-44(31.5 Hz 时)。如果未进行修正,触及的最高曲线将是 RNC-22。强烈的喘振和喘流使评级从 RNC-22 改为 RNC-44。

表 20.8　总计 1 000 个样本中 10 个 100 ms 样本

第 i 个频带数	倍频带中频/Hz										L_{Lfi} 三频带和/dB
	16	31.5	63	125	250	500	1 000	2 000	4 000	8 000	
1	41.3	52.0	32.4	33.8	26.7	21.7	14.2	10.7	7.4	3.4	53.1
2	63.8	53.8	35.3	35.8	28.5	24.7	17.7	14.1	8.3	4.0	56.3
3	48.8	46.9	41.9	32.5	24.8	22.2	16.1	10.0	5.7	2.5	56.4
4	69.6	54.8	39.6	42.3	31.8	28.2	21.1	19.4	12.9	9.3	59.5
5	67.3	55.7	45.8	46.4	41.0	36.7	29.2	25.2	22.3	17.4	61.9
6	75.5	52.3	44.6	39.0	32.3	26.8	22.7	19.2	12.7	8.7	63.6
7	59.7	52.8	50.0	50.3	37.8	33.8	28.5	25.5	19.5	16.8	64.4
8	61.8	63.0	46.8	47.8	41.4	35.9	27.6	25.2	18.7	16.1	65.1
9	65.2	65.2	46.6	44.3	39.5	34.1	26.7	23.9	19.1	14.3	66.6
10	64.8	66.5	44.2	42.7	34.2	30.0	24.0	19.2	15.3	12.4	67.2
10 个样本的平均声级 L_{LFm}											61.4
10 个样本的标准偏差 σ											4.8
10 个样本的等效声级 L_{eq}											63.4

注:数据表示高斯噪声,其叠加喘振由周期为 2 s,峰间振幅为 15 dB 的正弦波实现。

10. **出现大规模无规反射且非强劲喘振时,对 16~125 Hz 倍频带中所测声级的修正因数**

通可以使用相同的方程式确定所调整的 31 Hz 和 125 Hz 频带的修正因数,即式 (20.4) 和式 (20.7),但数值 $K_{LF\delta}$ 和 $K_{125\delta}$ 分别由下式计算:

$$K_{LF\delta} = 0.115 \left(\frac{10}{\delta}\right)^2 \sigma_{LF}^2 = 0.115 \, (2)^2 \sigma_{LF}^2 = 0.46\sigma_{LF}^2 \tag{20.10}$$

式中,σ_{LF} 为 L_{LFi}(三频带和)序列的标准偏差,则有

$$K_{125\delta} = 0.115 \left(\frac{10}{\delta}\right)^2 \sigma_{125}^2 = 0.115 \, (1.2)^2 \sigma_{125}^2 = 0.166\sigma_{125}^2 \tag{20.11}$$

式中,σ_{125} 为 L_{125i} 序列的标准偏差。

表 20.9 RNC 示例数据汇总

	三频带和	倍频带中频/Hz									
		16	31.5	63	125	250	500	1 000	2 000	4 000	8 000
L_{eq}/dB	64.5	68.6	61.8	46.0	43.2	35.9	30.9	24.9	20.9	17.0	12.9
L_m(平均值)/dB	60.3	60.2	62.0	54.9	42.1	39.9	32.9	28.0	22.0	18.0	14.0
$L_{eq}-L_m$/dB	4.2	6.6	6.8	3.9	3.2	2.9	2.9	2.9	2.9	2.9	2.9
式(20.5)和式(20.8)/dB	15.5	—	—	—	4.8						
式(20.4)和式(20.7)/dB											
频带组合/dB	—	—	11.3	—	1.6						
校正频谱/dB	—	—	73.1	—	44.7	35.9	30.9	24.9	20.9	17.0	12.9
触及的最高 RNC 曲线	—	—	44		25	25	25	23	23	23	22

注:L_{eq}是 100 ms 样本中所有 1 000 个样本的每个倍频带中的能量平均声级。将 11.3 dB 的三频带和修正值加入 31.5 Hz 倍频带的 L_{eq}中,得出 73.1 dB 的调整(针对湍振)声级。在 125 Hz 频率处,调整后的声级为 44.8 dB,比 L_{eq}高出 1.6 dB。

20.3 声学模态引起的振动和吱吱声

根据经验,主要评估美国西海岸轻质墙体和天花板结构(灯具、窗户和一些家具)中声学模态引起的振动和吱吱声的可能性。显然,HVAC 噪声中必须存在明显的波动或喘振。在图 20.1～图 20.4 中,用 A 表示可以清楚感觉到轻型结构中此类振动的可能区域[11]。在良好结构中(如音乐厅和歌剧院中),声级可以扩展到 A 区,而不会产生能感觉到的表面振动或听得见的吱吱声。在办公室和教学楼中,由于 HVAC 设计和安装的当前趋势,应注意 16 Hz 和 31.5 Hz 倍频带中达到 70 dB 或更高的 L_{eq}声级。

20.4 社区噪声烦恼度标准

社区中的主要噪声源是道路、铁路和空中交通、工业、建筑和公共工程。在美国用于估计社区噪声烦恼度或干扰的最常见的度量是具有缓慢仪表响应的 A 计权昼夜声级(L_{dn})[见式(1.25)]。A 计权排除了低频声能,类似于听力设备判断响度的方式。将每个产生噪声的事件的声能分别加到总数中。随着声源接近和离开而增加和降低的噪声的所有声能都被加到总数中。每个夜间事件的声能在加入总数之前乘以 10。这种处理方式意味着,少数夜间飞行的飞机可能

会像白天大量飞行的飞机一样让居民感到烦恼。欧盟国家大多数使用白昼-傍晚-夜间声级。

对于昼夜声级(L_{dn}),几乎所有机构、委员会和标准制定机构都同意将 $L_{dn}=55$ dB(A)作为城市居住区的噪声影响阈值[15]。换句话说,如果超过该声级,人们将会出现严重抱怨。一些机构认为,这一能量平均声级是在 12 个月的时间内确定的。只有美国联邦航空管理局(FAA)和国防部(DOD)认为噪声级 L_{dn} 达到 65 dB(A)时才会开始对居民区的人产生不利影响。一些研究表明,在城市社区,只有不到一半的美国人口暴露于 55 dB(A)或更高的 L_{dn} 噪声之中。世界卫生组织(WHO,1999)已经指出,当 L_{dn} 达到大约 55 dB(A)时,便会产生严重烦恼度,而大约 50 dB(A)的阈值便会产生中等烦恼度。它还建议夜间最高声级 L_{max} 不应超过40 dB(A)。

FAA 和 DOD 使用 65 dB(A)噪声级的一个可能原因是,机场附近的人们通常已适应更高的噪声级,或者在无法适应的情况下已经搬离。但这同时也假设机场与周围社区保持着良好的关系。安静的农村社区似乎需要更低的[5~10 dB(A)]噪声级。

20.5　典型城市噪声

图 20.5 中汇总了美国城市地区白天和夜间测量的 A 计权噪声级。卡车和公共汽车是主要的噪声源。需要说明的是,该图中的声级不是 L_{dn},而是车辆在该社区周围街道上行驶时在居住区中产生的 A 计权声级。在城市居住区中,噪声通常来自可能在 1 km 以外的城市干道上的车辆轰鸣声。交通噪声可能相对稳定,并以降低声级持续整晚。如果城市干道存在于一个区域的两侧或更多侧,该区域内的噪声通常几乎是均匀的。

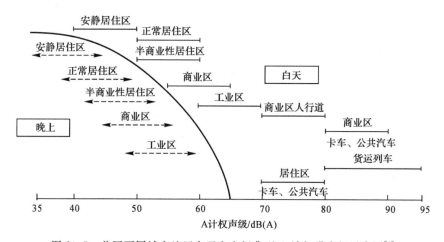

图 20.5　美国不同城市地区白天和夜间典型 A 计权噪声级示意图[4]

参 考 文 献

[1]　American National (Draft) Standard ANSI S12. 2 - 200x,"Criteria for Evaluating Room Noise"(not yet subject to extended comment or vote,2004).

[2]　L. L. Beranek,"Applications of NCB and RC noise criterion curves for specification

and evaluation of noise in buildings," *Noise Control Eng. J.*, **45**, 209 – 216 (1997).

[3] L. L. Beranek, "Revised Criteria for Noise Control in Buildings," *Noise Control*, **3**, 19 – 27 (1957).

[4] L. L. Beranek, *Noise and Vibration Control*, rev. ed., Institute of Noise Control Engineering, Marstun Itall, Iowa State University, Ames, IA, 1988.

[5] L. L. Beranek, "Criteria for Office Quieting Based on Questionnaire rating Studies," *J. Acoust. Soc. Am.*, **28**, 833 – 852 (1956).

[6] L. L. Beranek, *Transactions Bulletin No. 18*, Industrial Hygiene Foundation, Pittsburgh, PA, 1950.

[7] ANSI S3.14—1977 (R—1986), "*Rating Noise with Respect to Speech Interference*," Acoustical Society of America, Melville, NY, 1986.

[8] ANSI S3.3—1960 (R 1992), "*Procedure for the Computation of the Loudness of Noise*," Acoustical Society of America, Melville, NY, 1992.

[9] D. W. Robinson, and L. S. Whittle, "The Loudness of Octave Bands of Noise," *Acustica*, **14**, 24 – 35 (1964).

[10] L. L. Beranek, "Balanced Noise Criterion (NCB) Curves,"*J. Acoust. Soc. Am.*, **86**, 650 – 664 (1989); "Application of NCB Noise Criterion Curves," *Noise Control Eng. J.*, **33**, 45 – 56 (1989).

[11] G. C. Tocci, "Room Noise Criteria—The State of the Art in the Year 2000," *NOISE/NEWS International*, **8**, 106 – 119 (2000).

[12] W. E. Blazier, "RC Mark II: A Refined Procedure for Rating the Noise of Heating, Ventilating and Air – Conditioning (HVAC) Systemsin Buildings," *Noise Control Eng. J.*, **45**, 243 – 250 (1997).

[13] P. D. Schomer, "Proposed Revisions to Room Noise Criteria," *Noise Control Eng. J.*, **48**, 85 – 96 (2000).

[14] P. D. Schomer, and J. S. Bradley, "A Test of Proposed Revisions to Room Noise Criteria Curves," *Noise Control Eng. J.*, **48**, 124 – 129 (2000).

[15] P. D. Schomer, *A White Paper*: ASSESSMENT OF NOISE ANNOYANCE, Schomer and Associates, Champaign, IL, April 22, 2001.

第 21 章 噪声和振动控制的声学标准

21.1 美国国家标准和 ISO 标准的来源和选择

本章旨在根据特定的噪声控制技术类别（如吸收和隔声）为噪声控制工程师提供相关的北美和国际（ISO）标准的名称。声学术语可参见 ANSI S1.1－1994（R1999）《声学术语》和 ASTM C634《有关建筑物和环境声学的术语》。本章列出的一些标准的名称已被缩短以节省空间。提供的口头描述也以简洁为主。与任何技术一样，最新的技术发展促使这些文件出现了更新版本。这些标准由负责的委员会定期审查并可能加以修订，通常每 5 年进行一次。一些 ANSI 标准已经被相应 ISO 文件采用，标注为"采用"或"NAIS"（国家采用的国际标准）。读者可重新搜索这些文件的最新版本。请注意，一些工程应用可能指定使用过去的版本，特别是作为长期采购计划或仲裁合同的一部分。读者可以根据需要与相关方共同决定使用哪个版本。关于最新的标准版本（通常根据标准的数字名称列出），请查看提供机构列出的公共网址（例如，可以通过在 www.ansi.org 上搜索 S12.19 找到 ANSI S12.19）。部分网址包括：

www. ANSI. org（ANSI）

www. ari. org（ARI—免费下载）

www. asastore. aip. org（ANSI ＋ ISO standards available）

www. asastore. aip. org（可下载 ANSI 和 ISO 标准）

www. ashrae. com（ASHRAE）

www. asme. org（ASME）

www. astm. org（ASTM）

www. iec. ch（IEC）

www. iso. ch（ISO）

www. nssn. org（National Standards Systems Network，all standards available）

Www. nssn. org（国家标准系统网络，可下载所有标准）

www. sae. org（SAE）

21.2 声 级 测 量

21.2.1 仪器

测量声压级(SPL)或"声级"的常用噪声测量仪器的标准与听力测量仪器(测听仪)分开列出。常用的声音测量仪器包括声级计、校准器、滤波器和传声器。ANSI S1.4 中详细说明了用于噪声控制的最常见的声音测量仪器。这种仪器包括诸如电容式传声器的压力传感器、具有特殊宽带和窄带滤波的放大器、时间平均电路、显示器和一些存储功能。测量精度随着类型 0(最精确)到类型 2(最不精确)而变化。整个系统可以在任何时候用适当的校准器进行校准。除了将动态(速率式)传声器用于某些音频应用之外,实践中很少测量声速。"声强"法将SPL 和某一点的声速测量结合起来,来计算该点的声强值。适用标准如下：

(1)ANSI S1.4 - 1983(R2001)《声级计规范》。高度符合 1979 年发布的 IEC 声级计标准(第 651 号出版物,第一版),但对瞬态声音信号的测量进行了改进:允许使用数字显示,严格定义快速和慢速指数时间平均,将 1 类仪器的峰值因数要求增加到 10,规定 0 类实验室仪器公差范围通常小于 1 类仪器的公差范围,以及删除 3 类测量仪器。对应的 IEC 标准(IEC 61672 - 1:2002 和 IEC 61672 - 2:2003)包含更严格的环境要求。2003 年对 ANSI S1.4进行了修订,以便更好地对应。

(2)ANSI S1.6 - 1984(R2001)《声学测量的优先选择频率、频率级和频带数》。

(3)ANSI S1.8 - 1989(R2001)《声学级的基准量》。

(4)ANSI S1.9 - 1996(R2001)《声强的测量仪器》。使用双传声器技术测量声强的仪器要求与 IEC 1043 相似。

(5)ANSI S1.10 - 1966(R2001)《传声器的校正方法》。

(6)ANSI S1.11 - 1986(R1998)《倍频带和分数倍频带模拟及数字滤波器规范》。分数倍频程带带通滤波器的性能要求,特别是倍频带和 1/3 倍频带滤波器,适用于对连续时间信号进行操作的无源或有源模拟滤波器,对离散时间信号进行操作的模拟和数字滤波器,以及由窄带频谱分量合成的分数倍频带分析。允许采用四个精度等级:最高精度适用于模拟和数字滤波器。两个最低精度等级满足 S1.11 - 1966 的要求。也可参考 IEC 61260:1995。

(7)ANSI S1.14 - 1998《25 MHz 至 1 GHz 辐射射频电磁场声学仪器的敏感性的规范和检测推荐方法》。

(8)ANSI S1.15 - 1997/第 1 部分(R2001)《测量传声器 第 1 部分 实验室标准传声器规范》。它与国际标准 IEC 1094 - 1:1992《测量传声器》第 1 部分《实验室标准传声器规范》相似。

(9)ANSI S1.16 - 2000《噪声识别和噪声消除传声器的性能测量方法》。

(10)ANSI S1.17 - 2004/第 1 部分《传声器风挡》第 1 部分:静止或细微气流的介入损失的测量和规范》,确定了安装在测量传声器上的风挡在规定频率范围内的插入损失。

(11)ANSI S1.40 - 1984(R2001)《声学校准器的规范》。规定对耦合器型声学校准器的要求,包括耦合器中的 SPL、声音频率,以及确定大气压力、温度、湿度和磁场对校准器产生的声音的声压级和频率的影响。也可参考 IEC 60942:2003。

(12)ANSI S1.42 - 2001《声学测量用加权网络的设计响应》。

（13）ANSI S1.43 - 1997(R2002)《积分式平均声级计的规范》。与 ANSI S1.4 - 1983(R1997)的相关要求一致,但规定了测量稳态、间歇、波动和脉冲声音的时间平均 SPL 所需的附加特性。也可参考 IEC 61672 - 1:2002 和 IEC 61672 - 2:2003。

（14）ANSI S12.3 - 1985(R2001)《测定和验证机械与设备的固定噪声发射值的统计方法》。用于测定和验证品文献中陈述的或通过其他方式标记的机器和设备的噪声发射值的首选方法。

21.2.2　SPL 测量方法

（1）ANSI S1.13 - 1995(R1999)《空气中声压级的测量方法》,室内单点处空气中声级的测量程序,但也可用于规定条件下的室外测量,包括识别明显的离散音。

（2）ASTM E1014 - 2000《室外 A 计权声级测量》。测量不同时段的室外声级的指南,供现场专业人员以及在声学相关领域接受过很少或未接受过专门技术培训的普通公众人士使用。

（3）ANSI S1.25 - 1991(R2002)《个人噪声放射量测定器规范》。规定了三种变化率:曝光时间每增加一倍时变化 3 dB、4 dB 和 5 dB。针对在无人佩戴仪器的情况下测量无规入射声场中的 SPL,提供了整个仪器、参数(包括频率响应、采用缓慢和快速瞬态时间响应的指数平均数、阈值和动态范围)的容差。

（4）ANSI S12.19 - 1996(R2001)《职业性噪声影响的测量》。用于测量某人在工作场所受到的噪声暴露的方法。为职业噪声暴露的测量提供统一的程序和可重复的结果。

（5）ISO 11204:1995《机械及设备发出的噪声——工位及其他特定位置发出声压级测量——环境修正法》。

21.2.3　声强测量仪器和测量方法

（1）ANSI S1.9 - 1996(R2001)《声强的测量仪器》。使用双传声器技术测量声强的仪器要求与 IEC 1043 相似。

（2）ANSI S12.12 - 1992(R2002)《根据声音强度测定噪声源声功率级的工程方法》。使用声强测量仪器测量室内或室外环境中噪声源的声功率级。

（3）ISO 9614 - 1:1993《利用声音强度测定噪声源功率级》。第 1 部分:离散点测量。第 2 部分:扫描测量。

21.3　声功率测量方法

（1）ANSI S12.5 - 1990(R1997)《标准声源的性能和校准要求》。声功率置换测量中使用的标准声源的要求,包括反射平面上方的自由声场实验室校准。

（2）ANSI S12.11 - 1987(R1997)《由小型空气推动装置发出的噪声的测量方法》。测量小型气动装置发出的声功率,报告为噪声功率发射级,以 bel 为单位,包括设备安装方法、测试环境条件和测试期间的设备操作方法。

（3）ISO 10302:1996《小型通风装置辐射空气噪声的测量方法》。

（4）ANSI S12.15 - 1992(R2002)《便携电动工具、固定电动工具和园艺设备声排放的测量》。声压级测量方法及声功率级的计算。

(5)ANSI S12.23-1989(R2001)《机械和设备发出的声功率的表示方法》。在标签或其他噪声排放文件上,将机械和设备的噪声发射表示为总 A 计权声功率。

(6)ANSI S12.30-1990(R2002)《声功率标准的使用导则和噪声试验规程的制定导则》。机械和设备噪声试验规程中确定设备声功率级的六个标准。

(7)ANSI S12.35-1990(R2001)《在无回声和半无回声的室内精确测定噪声源声功率级的方法》。实验室消声室或半消声室中噪声源声功率级的测定、仪器、安装、声源操作、SPL 测量面;声功率级、指向性指数、指向性因数的计算。

(8)ANSI S12.44-1997(R2002)根据声功率级测定工位和其他指定位置的发射声压级。根据工位和其它位置的机械和设备的声功率级值确定发射 SPL。

(9)ANSI S12.50-2002(NAIS)《噪声源声功率级的测定——基本标准的使用》。采用 ISO 3740:2000。概括 ISO 3741-3747 和选择适用于任何特定类型的一个或多个标准(第 6 条和附件 D)。用于编制噪声试验规程(见 ISO 12001)和无具体特定噪声试验规程的噪声试验。

(10)ANSI S12.51-2002(包括勘误表 1:2001)NAIS 标准《声学——利用声压测定噪声源的声级——混响室精确法》。采用 ISO 3741:1999,测定标准环境中声源产生的声功率级的直接法和比较法。

(11)ANSI S12.53/1-1999 ISO 3743-1:1994《噪声源声功率级的测定——混响场内小型可移动声源的工程法》。第 1 部分:硬壁试验室中的比较法(采用 ISO 3743-1)。第 2 部分:专用混响试验室法(采用 ISO 3743-2)。

(12)ANSI S12.54-1999 ISO 3744:1994《声压法测定噪声源的声功率级——反射面上近似自由场的工程法》。采用 ISO 3744,在消声环境下用比较法测量声功率工程精度。

(13)ANSI S12.56-1999 ISO 3746:1995《声压法测定噪声源声功率级——反射面上包络测量表面的测量方法》。采用 ISO 3746,在计算 A 计权声功率级的倍频带内现场测定声源的声功率级,尤其是在不可移动的情况下。该精度为工程法或测量法的精度。

(14)ARI 250-2001《基准声源的性能和校正》。

(15)ARI 280-95《63 Hz 倍频带中混响室的限定要求》。

(16)ASTM E1124-97《用双面法现场测量声功率级的标准试验方法》。利用两个同心表面声压测量的声功率级现场测量。

(17)ISO 3740:2000《噪声源声功率级的测定——基础标准使用指南》。

(18)ISO 3741:1999《声压法测定噪声源声功率级——混响室精密法》。

(19)ISO 3743-1:1994《噪声源声功率级的测定——混响场内小型可移动声源的工程法》。第 1 部分:硬壁试验室中的比较法。第 2 部分:专用混响试验室法。

(20)ISO 3744:1994《声压法测定噪声源的声功率级——反射面上近似自由场的工程法》。

(21)ISO 3745:1977《噪声源声功率级的测定——消声室和半消声室精密法》。

(22)ISO 3746:1995《声压法测定噪声源声功率级——反射面上包络测量表面的测量方法》。

(23)ISO 3747:2000《声压法测定噪声源声功率级——现场比较法》。

(24)ISO 5135:1997《在混响室中测定空调终端设备、空调终端单元、阻尼器和调节阀门的噪声功率级》。

(25)ISO 5136:1990《风机辐射入管道中的声功率级测定——管道法》。

(26)ISO 6926:1999《声功率级测定用基准声源的性能和校正要求》。

21.4 机械噪声排放测量方法

(1)ANSI S12.1-1983(R2001)《声源发出的噪声测定的标准程序编制指南》。它包括在编制测量程序过程中的常见问题,包括前言材料、测量条件、测量操作、数据简化、试验报告编写以及噪声排放描述符的选择指南。

(2)ANSI S12.10-2002 ISO 7779:1999 NAIS 标准《信息技术和电信设备发出的空气载噪声的测量》。它采用 ISO 7779:1999 及其修订版 ISO 7779:1999/FDAM 1。

(3)ANSI S12.16-1992(R2002)《新机械噪声的规范指南》。它是根据固定设备制造商产生的试验数据计算工作场所噪声 SPL 的方法,参考了现有的 ANSI、行业和专业协会测量标准和技术,制造商将使用这些标准和技术来产生单独的原始机器声功率或 SPL 试验数据。

(4)ANSI S12.43-1997(R2002)《工作站和其它专用位置的机械和设备声排放的计算方法》。测量 SPL 的 3 种方法:①在反射平面上的自由声场中测量;②在正常工作环境中测量;③当允许出现不太精确的测量结果时,在它们的正常环境中运行时进行测量。

(5)ARI 530-1995《制冷压缩机噪声和振动测量方法》。

(6)ARI 575-1994《设备范围内测量机械声音的方法》。

(7)ISO 4412-1:1991《液压传动——空气噪声级测定的试验规范》。第 1 部分:泵。第 2 部分:电机。第 3 部分:泵——使用平行六面体传声器阵列的方法。

(8)ISO 4871:1996《机器和设备燥声辐射值的确定和检测》。

(9)ISO 7574-1:1985《测定和验证机械与设备的固定噪声发射值的统计方法》。第 1 部分:总则与定义。第 2 部分:单台机器标牌值的确定方法。第 3 部分:确定成批机器标牌值的简易(过渡)方法。第 4 部分:确定成批机器标牌值方法。

(10)ISO 7779:1999《信息技术和电信设备发出的空气载噪声的测量》。

(11)ISO 9295:1988《计算机和办公装置发射的高频噪声的测量》。

(12)ISO 9296:1988《计算机和办公设备噪声发射的申报值》。

(13)ISO 9611:1996《关于连接结构声辐射固体声的声源的特性——弹性安装的机械接触点处的振速测量》。

(14)ISO 11200:1995《机械和设备噪声——测定工作位置和其他特定位置发射声压级的基本标准导则》。

(15)ISO 11201:1995《机械和设备噪声——工作位置和其它指定位置发射声压级测量——反射平面上方近似自由场工程测量法》。

(16)ISO 11202:1995《机械和设备噪声——工作位置和其它指定位置发射声压级测量——现场测量法》。

(17)ISO 11203:1995《机械和设备噪声——根据声功率级测定工作位置和其它指定位置的发射声压级》。

(18)ISO 10846《声学和振动——弹性元件振动声传导特性的实验室测量》。第 1 部分——

1997:原则和指南。第 2 部分(1997):用于平移运动的弹性支架的动力刚度——直接法。第 3 部分(2002):测定平移运动中所用弹性支架动力刚度的间接法。

(19)ISO 11690 - 1《低噪声机器工作间设计的推荐实施规程》。第 1 部分:噪声控制策略。第 2 部分:噪声控制措施。第 3 部分:工作室中的声传播和噪声预测。

21.5　工作场所噪声的影响

工作场所噪声的两个性质受到关注,因为它们影响着听力损害和和语言通信。环境噪声包括振动和次声。听力保护测量有两种形式:听敏度测量和工作和娱乐环境中噪声级的测量。

21.5.1　听力测试(测听)设备和程序

(1)ANSI S3.1 - 1999《测听室最大可允许的环境噪声等级》,规定了测听室中的最大允许环境噪声级(MPANL)。

(2)ANSI S3.6 - 1996《听力计规范》。本规范中所涵盖的听力计用于通过与所选择的标准参考阈值相比较来确定个体的听阈。

(3)ANSI S3.21 - 1978(R1997)《手动纯音阈值测听方法》,概述了用于评估个人纯音听阈的测听程序。

(4)ISO 226:1987《标准等响曲线》。本标准中的数据构成噪声测量中所用 dB(A)和 dB(C)曲线的基础。

(5)ISO 389:1964《声学——校正听力计的标准基准零级》。第 1 部分:纯音和压耳式耳机的参考等效声压级。第 2 部分:纯音和插入式耳机的参考等效声压级阈值。这些数据也包含在 ANSI S3.6 - 1996 中。

(6)ISO 6189:1983《用于听力保护的纯音气导阈听力测定》,概述了测试听阈的程序,并描述了测试条件。本标准的部分内容与 ANSI S3.21 - 1978(R1997)中的内容相似。

(7)ISO 7029:2000《听阈与年龄的关系的统计分布》。列出了没有噪声暴露史的男性和女性的预期阈值。ISO 1999 和 ANSI S3.44 - 1996 中使用了这些数据。

(8)ISO 8253 - 1:1989《听力测试方法》。第 1 部分:基本纯音气导和骨导阈测听方法。第 2 部分:使用纯音和窄带试验信号的声场测听方法。第 3 部分:语言测听法。

(9)ISO 11904 - 1:2002《从接近人耳的声源发出声音的测定》。第 1 部分:利用人耳中麦克风进行测定的技术(MIRE 技术)本标准中的部分数据与 ANSI S12.42 - 1995(r1999)中的数据相似。

(10)IEC 60645 - 1 Ed 2.0 b:2001《电声学——听力设备》。第 1 部分:纯音听力计。相关内容也包含在 ANSI S3.6 - 1996 中。

21.5.2　听力保护计划

(1)ANSI S3.44 - 1996(R2001)《职业性噪声影响的测定及噪声引起的听觉损伤的评价》。ISO 1999:1990(E)采用具有相同名称,但是 S3.44 允许使用时间-强度关系来评估噪声暴露,除了每一半暴露时间增加 3 dB 之外。

(2)ANSI S12.6 - 1997(R2002)《听力保护器的真耳听觉衰减的测量方法》,规定了用于测量、分析和报告常规被动听力保护装置降噪能力的实验程序。

（3）ANSI 技术报告 S12.13 Tr－2002《通过听力测定数据库分析评估听力保护计划的有效性》，描述了利用听力测定数据库分析技术评估听力保护计划在预防职业性噪声性听力损失方面的有效性的方法。

（4）ANSI S12.42－1995(R1999)《测量头戴听力保护装置插入损失的耳内传声器和声试验器具试验方法》，描述了用于测量头戴式耳罩、头盔和通信耳机的插入损失的耳内传声器和声试验器具试验方法。

（5）ISO 1999:1999《声学——职业性噪声影响的测定及噪声引起的听觉损伤的评价》，类似于 ANSI S3.44－1996，但 ISO 1999 更严格。

（6）ISO 4869－1:1990《听力保护器》。第 1 部分：声衰减测量的主观方法。第 2 部分：戴听力保护器后对有效 A 计权声压级的估算。第 3 部分：质量检验用耳罩式听力保护器插入损失量的简易方法。第 4 部分：与声级相关的声音恢复耳罩的有效声压级的测量。

（7）ISO 7029:2000《听阈与年龄的关系的统计分布》。

（8）ISO 9612:1997《工作环境中噪声暴露的测量和评价导则》。

21.5.3　语言通信指标

（1）ANSI S3.2－1989(R1999)《通信系统语言清晰度测量方法》，是 ANSI S3.2－1960(R1982)的修订版，提供三组备选的英语单词列表，由经过训练的说话人在待评估的语言通信系统上说出。

（2）ANSI S3.4－1980(R1997)《噪声响度的计算方法》，描述了计算某些噪声类别的响度的程序。

（3）ANSI S3.5－1997(R2002)《语言清晰度指数计算方法》，根据由一组说话人和收听人接受的语言感知测试所评估的语言清晰度来计算语言清晰度指数。

（4）ASTM 1130－2002《使用声音清晰度指数在敞开式办公室内对语言私密性进行客观测量》，根据标准语言声级、环境噪声和清晰度权重因数计算清晰度指数。

（5）ANSI S3.14－1977(R1997)《对于干扰讲话的噪声进行的限定》，定义通过噪声的声学测量来评定噪声的预期语言音干扰方面（语言干扰级，SIL）的简单数值方法。

（6）ISO/TR 3352:1974《声学——噪声对语言清晰度影响的评定》。本技术报告从未被批准作为标准，部分原因是担心每种语言的噪声影响是否相似。

（7）ISO/TR 4870:1991《声学——语言清晰度试验计划的编制与校正》。

21.5.4　环境噪声 SPL 测量方法

环境噪声 SPL 测量通常在户外进行以反映大多数法规。声音测量位置通常在空间附近或空地中以及交通和工业噪声源附近。除了满足 ANSI S1.4 的所有要求之外，该声学设备及其应用必须能够耐受风、雨、鸟、昆虫和机械损伤。主要噪声源包括运输（飞机、道路交通、火车等）、工业设施、邻近噪声（宠物、供暖、通风和空调）、娱乐噪声（射击场、竞赛和音乐场馆）。

（1）ANSI S12.18－1994(R1999)《室外测量声压级的程序》。室外测量 SPL 的程序，考虑地面效应及风和温度梯度以及湍流引起的折射。在室外测量特定声源产生的 SPL。方法 1：通用方法，概述常规测量的条件。方法 2：精密法，描述了实施更精确测量的严格条件，提供了短期 A 计权 SPL 或时间平均 SPL、A 计权或倍频带或 1/3 倍频带或窄带 SPL，但未排除对其他声音描述符的测定。

（2）ASTM E1014 - 1984(2000)《室外 A 计权声级测量标准指南》，在室外进行可靠 A 计权声级测量的基本技术。

（3）ASTM E1503 - 1997《使用数字统计分析系统测量室外声音的测试方法》，包括使用数字统计分析仪和正式测量计划测量特定位置的室外声级。

（4）ISO 7196:1995《次声测量用的频率计权特性》。

（5）ISO 10843:1997《单个脉冲或脉冲串的物理测量和描述方法》。

21.5.5　环境噪声测量应用

（1）ANSI S12.7 - 1986(R1998)《脉冲噪声的测量方法》，测量来自离散事件（如采石场和采矿爆破或音爆）或来自多事件声源（如打桩机、铆接或机枪射击）的脉冲噪声，可将数据报告为具有或不具有频率加权的声压和暴露声级的时间变化。

（2）ANSI S12.8 - 1998(R2003)《室外噪声障介入损耗的测定方法》，测定室外隔音屏障的插入损失，包括测量之前和之后的直接损失、在"等效"场所进行测量之前的间接损失以及"之前"声级的间接预测损失，确定测量之前的间接损失和采用预测方法之前的间接损失需要对"之后"声级进行直接测量，可以在现场天然存在的声源、受控的自然声源或受控的人工声源，可以选择接收器位置和大气、地面和地形条件，提供工作表。

（3）ANSI S12.9 - 1988(R2003)《描述和测量环境声音的量值及程序》。第 1 部分：描述社区环境中声音的基本量和测量这些量的一般程序。第 2 部分：长期大范围声音的测量。第 3 部分：有观测者在场的短期测量。第 4 部分：噪声评价与社区长期响应预测。第 5 部分：测定相配土地用途的声音描述符。第 6 部分：与住宅中听到的飞机噪声事件相关苏醒的估计方法。

（4）ANSI/ASME PTC 36 - 1985(R1998)《工业噪声测量》，测量和报告机械设备气载声发射的程序。

（5）ARI 260 - 2001《管道空气流动和空调设备的声级评定》。

（6）ARI 270 - 1995《户外单一设备的声级评定》。

（7）ARI 275 - 1997《户外单一设备的声级评定》。

（8）ARI 300 - 2000《包装终端设备的声级评定和声透射损失》。

（9）ARI 350 - 2000《无管道室内空调设备的声级评定》。

（10）ARI 370 - 2001《大型户外制冷设备和空调设备的声级评定》。

（11）ISO 1996《环境噪声的描述和测量》。第 1 部分(2003)：基本量和评估程序。第 2 部分(1987)：采集与土地利用相关的数据。第 3 部分(1987)：对噪声限值的应用。

（12）ISO 3891:1978《表述地面听到飞机噪声的方法》。

（13）ISO 8297:1994《用于评价环境声压级的多声源工业厂房的声功率级测定——工程法》。

（14）ISO 10847:1997《各种类型户外声屏障插入损失的现场测定》，也可参见 ANSI S12.8。

（15）ISO/TS 13474:2003《环境噪声评估用脉冲声音传播》。

（16）SAE J1075(2000 年 6 月修订)《地面车辆标准(R)声音测量——施工现场》，用于在施工现场边界上选定测量位置处和代表性时间段内测定代表性声级的程序和仪器。

21.5.6　室外环境声传播

(1)ANSI S1.18-1999《地面阻抗模板法》。获取室外天然地面特征声阻抗实部和虚部的方法。

(2)ANSI S1.26-1995(R1999)《大气吸声的计算方法》。各种气象条件下的静止大气吸声损失。

(3)ANSI S12.17-1996(R2001)《环境噪声评定用脉冲声响传播》。计算高能脉冲声音在大气中传播和衰减的工程法。它估计了脉冲声音在 1~30 km 范围内的平均 C 加权暴露声级,适用于 50~1 000 kg 之间的爆炸质量。

(4)ISO 9613《室外声传播衰减》。第 1 部分(1993):大气吸声量的计算。室外声传播衰减。第 2 部分(1996):一般计算方法。传播衰减,包括屏障衰减计算、硬地面和软地面产生的逾量衰减以及成排建筑物、树木和灌木对声音的衰减。

(5)ISO/TS 13474:2003《环境噪声评估用脉冲声音传播》。

21.5.7　环境振动

(1)ANSI S3.18-2002NAIS 标准机械振动和冲击——人体全身振动的评价。第 1 部分:一般要求。ISO 2631 的一部分,规定了测量周期、随机和瞬态全身振动的方法。它说明了可以结合起来确定振动暴露可接受程度的主要因素。

(2)ANSI S3.29-1983(R2001)《人体暴露于建筑物振动的评估指南》。人体对建筑物内 1~80 Hz 振动的反应被评估为感知程度以及相关振动级和持续时间。

(3)ANSI S3.34-1986(R1997)《人体感受传递到手的振动的测量和评价指南》。人体感受手传振动的测量、数据分析和报告的推荐方法。

(4)ANSI S3.40-2002《NAIS 标准机械振动和冲击——手臂振动——手掌手套振动传递率的测量和评价方法》。采用 ISO 10819:1996。一种用于对 31.5~1 250 Hz 频率范围内从手柄到手掌的振动传递率进行实验室测量、数据分析和报告的方法。

(5)ISO 2631《机械振动和冲击——人体处于全身振动的评价》。第 1 部分(1997):一般要求。第 2 部分(1989):建筑物中的连续振动和冲击振动(1~80 Hz)。第 4 部分(2001):运输系统中振动和旋转运动对乘客和乘务员舒适度影响的评价指南。

(6)ISO 2671:1982《航空器设备的环境试验——第 3、4 部分:声振动》。

(7)ISO 4866:1990《机械振动与冲击——建筑物振动)——振动对建筑物影响的测量和评价指南》。

(8)ISO 4867:1984《船舶振动数据测量和报告规范》。

(9)ISO 5007:2003《农用轮式拖拉机——驾驶员的座位——传动振动的实验室测量》。

(10)ISO 5008:2002《农用轮式拖拉机和田间作业机械——操作员全身振动的测量》。

(11)ISO 5347-3:1993《振动与冲击传感器的校准方法》。第 3 部分:二次振动校准。第 4 部分:二次冲击校准。第 5 部分:地球引力法校准。第 6 部分:低频下的一次振动校准。第 7 部分:离心机法一次校准。第 8 部分:双离心机法一次校准。第 10 部分:大冲击法一次校准。第 11 部分:横向振动灵敏度测试。第 12 部分:横向冲击动灵敏度测试。第 13 部分:基座应变灵敏度测试。第 14 部分:安装在钢块上的无阻尼加速度计共振频率测试。第 15 部分:声灵敏度测试。第 16 部分：安装力矩灵敏度测试。第 17 部分：固定温度灵敏度测试。第 18 部分：瞬变温度灵敏度测试。第 19 部分：磁场灵敏度测试。第 22 部分：加速计共振试验——普通方法。

(12)ISO 5348:1998《加速计的机械安装》。

(13)ISO 5349-1:2001《机械振动——人体手传振动的测量和评价》。本标准的部分内容与 ANSI S3.34-1986(R1997)中的内容相似。第 2 部分：工作场所测量实用指南。

(14)ISO 5805:1997《机械振动与冲击——人体暴露——术语》。

(15)ISO 8041:1990《人体对振动的响应——测量仪器》。

(16)ISO 13091-1:2001《机械振动——评定神经官能紊乱用振动感知阈值》。第 1 部分：指尖测量法。

(17)ISO 8042:1988《惯性传感器的特性规定》。

(18)ISO 9022-10:1998《光学和光学仪器——环境试验方法》。第 10 部分：正弦振动与干热或干冷综合试验。第 15 部分：数字控制宽带随机振动与干热或干冷综合试验。

21.6 车辆外部和内部噪声

有很多 SAE 和 ISO 标准涉及各种机动车辆的噪声源，包括道路车辆（汽车、卡车、公共汽车和摩托车）、火车、船、飞机、施工设备（例如推土机）、农用设备（例如拖拉机）和小型发动机设备（例如割草机）。SAE 和 ISO 网站上提供了这些标准的完整清单。下文列出了此类标准的样例。相当一部分标准是相同的 SAE 和 ISO 标准。

21.6.1 车辆噪声——车内噪声测量方法

(1)ISO 2923:1996《船上噪声测量》。

(2)ISO 3095:1975《有轨车辆发射的噪声的测量》。

(3)ISO 3381:1976《有轨车辆内的噪声测量》。

(4)ISO 5128:1980《汽车内噪声的测量》。

(5)ISO 5129:2001《飞行中的航空器内声压级的测量》。

(6)ISO 5130:1982《道路车辆静止状态时发出的噪声测量——测量法》。

(7)ISO 5131:1996《农林拖拉机和机械——操作者座位处的噪声测量——测量法》。

(8)ISO 7188:1994《在典型的城市行车条件下测定客车发射的噪声》。

(9)ISO 11819-1:1997《路面对交通噪声影响的测量》。第 1 部分：旁路统计法。

21.6.2 路面吸声

参见下述标准 ISO 13472 中的"吸声"部分。

21.6.3 车辆噪声——外部噪声测量(噪声发射)方法

(1)SAE J366《重型载货车和大客车外部噪声声级》，测定公路载货汽车、牵引车和公共汽车最大外部声级的试验程序、环境和仪器。

(2)ISO 3095:1975《有轨车辆发射的噪声的测量》，获取在轨道或其他类型固定轨道上运行的各类车辆(运行中的轨道维护车辆除外)发出的噪声声级和频谱的重复和相似测量结果。

(3)SAE J34(2001 年 6 月)《机动游艇外部声级测量程序》。在油门全开条件下运行时测量机动游艇最大外部声级的程序。

(4)ISO 362:1998《加速道路车辆发出的噪声测量——工程法》(仅提供英文版本)。

(5)SAE J16395(ISO 6395)(2003 年 2 月)《土方机械发出的外部噪声的测量——动态试验条件》。当机器在动态试验条件下工作时,根据 A 计权声功率级测定由土方机械发射到环境中的噪声。

(6)SAE J17216(ISO 7216)(2003 年 2 月)《农林轮式拖拉机和自行式机械——行驶时的噪声测量》。在广阔开放空间内测量由装有弹性轮胎的农林轮式拖拉机和自行式机械在行驶时发出的噪声的 A 计权 SPL。不适用于 ISO 6814 中定义的特殊林业机械,例如传送装置、集材机等。

(7)ISO 4872:1978《室外施工设备发射的空气声的测量》,符合噪声限值的校验方法。

(8)ISO 6393:1998《土方机械发出的外部噪声的测量——静态试验条件》(仅提供英文版本)。

(9)ISO 6394:1998《在操作者位置测定土方机械发出的噪声——静态试验条件》(仅提供英文版本)。

(10)ISO 6395:1988《土方机械发出的外部噪声的测量——动态试验条件》。

(11)ISO 6396:1992《在操作者位置测定土方机械发出的噪声——动态试验条件》。

(12)ISO 6798:1995《往复式内燃机——空气传播噪声的测量——工程法和测量法》。

(13)ISO 7216:1992《农林轮式拖拉机和自行式机械——行驶时的噪声测量》。

(14)ISO 7182:1984《在操作者位置测量链锯发出的气载噪声》。

(15)ISO 9645:1990《运动中的双轮机动脚踏两用车发射噪声的测量——工程法》。

(16)ISO 11094:1991《由电动剪草机、草地拖拉机、草地和园艺拖拉机、专用剪草机和带有剪草附件的草地和园艺拖拉机辐射的空气声测量的试验规范》。

21.7　建筑噪声控制

建筑物的声音控制标准分为三类。第一类标准测试用于限制空间之间声音传播的材料。第二类标准测试材料的吸声性能。第三类标准测试空间在有利(办公室、教室和礼堂)和不利或嘈杂情况下处理其内部声音的综合能力。

21.7.1　声音传播

(1)ASTM E90-2002《实验室测量建筑物隔断和构件的空气声透射损失的标准试验方法》。建筑物隔断(如各种墙壁、开闭式隔断、地板-天花板组合体、门、窗、屋顶、壁板和其它空间分隔构件)的空气声透射损失的实验室测量。

(2)ASTM E336-1997《建筑物内部空间中空气声隔声测量的标准试验方法》,确定建筑物中两个空间之间的现场隔声性能,可以进行包括所有传声路径的评估,或者只关注分隔式隔断。本试验方法中的"隔断"一词包括各类墙、地板或分隔两个空间的任何其他边界。边界可以是永久性的、开闭式或可移动的。

(3)ASTM E413 - 1987(1999)《隔声等级的分类》。根据 125～4 000 Hz 范围内的实验室或现场隔声测量值,计算被称为声透射等级(STC)或现场声透射等级(FSTC)的单数字声学等级和被称为隔声等级(NIC)的两个空间之间的单数字声学等级的方法。

(4)ASTM E497《轻质隔声板的安装规程》。建造高隔声墙体和地板/天花板的首选设计方法。

(5)ASTM E557《开闭式隔断的建筑应用和安装规程》。现场建造高隔声性开闭式隔断的首选设计和安装方法。

(6)ASTM E596 - 1996(2002)《隔声罩降噪实验室测量的标准试验方法》。隔声罩降噪的混响室测量。

(7)ASTM E597《多单元建筑物规格中空气声隔声的单项额定值的测定规程》。一种现场使用的短期试验方法,其中使用具有标准频谱的声源来测试建筑物中两个现有空间之间的隔声性能。测量宽带 A 计权声级。计算了提供类似于 FSTC 的单个数字隔声值。

(8)ASTM E966 - 2002《建筑物表面和表面构件的空传噪声隔离的现场测量标准指南》。测量已安装建筑立面或立面构件(窗户、门)隔声性能的程序。这些值可单独用于预测内部声级或组合为单个数字,例如按照针对交通噪声隔声的分类 E 413(具有预防措施的 STC)或 E 1332(外部-内部声透射等级,OITC)。

(9)ASTM E492 - 1990(1996)《用撞击器在实验室测量冲击声波通过地板和天花板组合体传播的标准试验方法》ISO 撞击器产生的撞击声级(例如脚步声)的测量。测量结果用于通过 E989 来测定撞击隔声等级(IIC)。

(10)ASTM E989 - 1989(1999)《撞击隔声等级(IIC)测定的标准分类》。来自 ASTM E492 和 E1007 的数据的单值评级,用于比较一般建筑设计中使用的地板-天花板组合体。该评级被称为撞击隔声等级(IIC)。

(11)ASTM E1007 - 1997《通过地板-天花板组合体及其支承结构传播的撞击器撞击声的现场测量的标准试验方法》,类似于 E492 的现场测量。

(12)ASTM E1123 - 1986(1998)《海军和航海船舶舱壁处理材料的声透射损失试验用试样的标准实施规程》,描述了用于海军和航海船舶舱壁隔声测量的试验方法 E90 的试样安装。

(13)ASTM E1222 - 1990(2002)《管道隔热装置插入损失的实验室测量的标准试验方法》,包括在实验室条件下测量管道隔热装置的插入损失。

(14)ASTM E1289 - 1997《声透射损失基准试样规范》。用试验方法 E90 进行实验室间声透射损失测量评价时所用基准试样的建造和安装。

(15)ASTM E1332 - 1990(1998)《室外一室内透过等级测定标准分类》。针对室外门、窗和墙对地面和航空运输噪声(包括飞机、道路车辆和火车)的隔音性能的单值评级。

(16)ASTM E1408 - 1991(2000)《门板和门系统声衰减的实验室测量方法》。门板和门系统声透射损失的实验室测量。它包括样品安装说明和门关闭、上锁、解锁和打开所需的力。

(17)ASTM E1414 - 2000《共用一个天花板通风系统的空间之间气载噪声衰减率的标准试验方法》。使用一个特殊的实验室空间来模拟由隔断分隔、并共用一个公共通风空间的一对相邻办公室或空间(一种常用于办公室和教室之间隔墙的经济施工方法)。唯一重要的实验室透射路径是通过天花板结构和通风空间传播。

(18)ISO 140 - 1:1997《建筑物和建筑构件的隔声测量》。第 1 部分:能抑制侧向声透射的实验室试验装置的要求。第 2 部分:精确数据的确定、检验和应用。第 3 部分:建筑物构件空气声隔声的实验室测量。第 4 部分:空间之间空气声隔声的现场测量。第 5 部分:立面构件和立面的空气声隔声的现场测量。第 6 部分:地板撞击声隔声的实验室测量。第 7 部分:地板撞击声隔声的现场测量。第 8 部分:重型标准地板上敷设面层使传递的撞击噪声减低的实验室测量。第 9 部分:上方带通风室的悬吊式天花板的空间间空气声隔声的实验室测量。第 10 部分:小型建筑构件空气声隔声的实验室测量。第 12 部分:通道地板的室间空气声和撞击声隔声的实验室测量。第 13 部分:指南。

(19)ISO 717 - 1:1996《建筑物和建筑构件的隔声评级》。第 1 部分:空气声隔声。第 2 部分:撞击声隔声。

(20)ISO 9052 - 1:1989《动力刚度的测定》。第 1 部分:住宅用浮筑地板材料。

(21)ISO 3822《供水设施的装置和设备发射的噪声的实验室试验》。第 1 部分(1999):测量方法。第 2 部分(1995):放水龙头和混合阀的安装和工作条件。第 3 部分(1997):管路阀门和器件的安装和工作条作。第 4 部分(1997):专用器件的安装和工作条件。

(22)ISO 11546 - 1:1995《隔声罩隔声性能的测定》。第 1 部分:实验室测量(申报用)。第 2 部分:现场测量(验收和验证用)。

(23)ISO 11957 - 1:1996《客舱隔声性能的测定——实验室测量和现场测量》。

(24)ISO 15186 - 1:2000《声强度法测量建筑物和建筑构件的隔声性》。第 1 部分:实验室测量。

21.7.2　吸声

(1)ASTM C384 - 1998《采用阻抗管法测定声学材料的阻抗和吸收的标准试验方法》。阻抗管(驻波装置)在测量声学材料的阻抗比和垂直入射吸声系数中的应用。

(2)ASTM C423 - 2002《用混响室法测定吸声及吸声系数的标准试验方法》。通过测量声衰减率,测量根据 ASTM E795 安装在混响室中的材料试样的无规入射吸声系数。

(3)ASTM E477《测量导管声衬材料及预制消音器声学及气流特性的试验方法》。管道消声器声插入损失的实验室测量方法。

(4)ISO 7235:1991《管道消音器的测量步骤——插入损失、流动噪声和总压损失》。

(5)ISO 11691:1995《无气流管道消音器插入损失的测量——实验室测量法》。

(6)ISO 11820:1996《消声器的现场测量》。

(7)ISO 11821:1997《可移动声屏障声衰减的现场测量》。

(8)ASTM C522 - 1987(1997)《声学材料气流阻力的标准试验方法》。多孔材料的气流阻力、比气流阻力和气流阻率的测量。材料可以是厚板、毛毯、薄垫、织物、纸和屏障。

(9)ISO 9053:1991《吸声材料——流阻的测定》。

(10)ASTM E756 - 1998《测量材料减振动特性的标准试验方法》。测量材料在 50 Hz~5 kHz 的频率范围内以及在材料的有效温度范围内的减振特性——损失因数 η、弹性模量 E 和剪切模量 G。该方法用于测试在结构振动、建筑声学和可听噪声控制中使用的材料。试验材料包括金属、搪瓷、陶瓷、橡胶、塑料、增强环氧基体和可制成试样条的木材。

(11)ASTM E795 - 2000《吸声试验过程中安装试样的标准实施规程》。按照 C423 进行试验所需标准试样的安装。

（12）ASTM E1042《镘刀抹涂或喷涂吸音材料的分类》。

（13）ASTM E1050 - 1998《管子、双传声器和数字频率分析系统用声透射材料的阻抗和吸收的标准试验方法》。双传声器阻抗管法，包括数字频率分析系统，用于测量材料的垂直入射吸声系数和法向特征声阻抗比。

（14）ISO 354:2003《声学——混响室内声音吸收的测量》，类似于 ASTM C423。

（15）ISO 10534 - 1:1996《阻抗管中吸声系数和阻抗的测定》。第 1 部分：驻波比法。类似于 ASTM C423。

（16）ISO 11654:1997《建筑物用吸声装置——吸声定标》。

（17）ISO 10844:1994《测量道路车辆噪声用的试验车道的规范》。

（18）ISO 13472 - 1:2002《施工现场路面噪声吸收性能的测量》。第 1 部分：扩大表面法。一种垂直阻抗管试验方法，用于现场测量在 250 Hz～4 kHz 范围内作为频率函数的路面吸声系数。

21.7.3 建筑声学、混响和噪声控制设计

（1）ANSI S12.2 - 1995（R1999）《空间噪声评估标准》，定义噪声的倍频带 SPL 频谱的 NC、NCB、RC 和可察觉的声诱发低频振动标准曲线，以及使用这些曲线来评估空间背景噪声的规则。

（2）ANSI S12.60 - 2002《学校声学性能标准、设计要求和指南》，新学校教室和其他学习空间的声学性能标准、设计要求和设计指南，旨在确保在学习空间中实现高度的语言清晰度。提供了符合性测试程序。

（3）ASTM E1041《开放式办公室掩蔽声测量指南》。

（4）ASTM E1110 - 2001《声音清晰度等级测定的标准分类》，提供可用于比较保护语言私密性的建筑物系统和子系统的单值评级。该评级被设计为与办公室空间之间传播的语言清晰度相关。

（5）ASTM E1111 - 2002《测量天花板系统区域间衰减的标准试验方法》，测量具有局部高度空间分隔物的天花板系统的声反射特性，该系统用于办公室，有时用于学校，以在没有全高分隔物的情况下实现工作区之间的语言私密性，局限于 5 ft 固定空间分隔物高度、9 ft 标称天花板高度、4 ft 声源高度和 4 ft 高度处的传声器位置。

（6）ASTM E1130 - 2002《使用声音清晰度指数（AI）在敞开式办公室内对语言私密性进行客观测量的标准试验方法》，客观测量办公室现有场所之间的语言私密性，使用声学测量、有关语言声级的公开信息和语言清晰度来计算清晰度指数（AI）。

（7）ASTM E1179 - 1987（1998）《测试开放式办公室组件和装置用声源的标准规范》，规定了用于测量开放式办公室之间语言私密性或测量声学元件的实验室性能的声源（参见 E1111 和 E1130）。

（8）ASTM E1375 - 1990（2002）《测量隔声用家具板材的区间音衰减的标准试验方法》，测量开放式空间中隔音用家具板材的区域间衰减，以确保工作位置之间的语言私密性或隔声性。

（9）ASTM E1376 - 1990（2002）《测量由墙壁整饰和家具板材产生的声区间衰减的标准试验方法》，测量开放式空间中垂直表面对反射声的衰减程度。

（10）ASTM E1573 - 2002《用 A 计权和 1/3 倍频带声压级评价敞开式办公室间掩蔽声的

标准试验方法》,使用 A 计权或 1/3 倍频带 SPL 评价开放式办公室中掩蔽声的空间和时间均匀性的程序。

(11)ASTM E1574 - 1998《居住空间声测量的标准试验方法》,建筑物残留内部噪声 SPL 的实际测量。

(12)ASTM E2235《隔声试验方法中衰减率测定的标准试验方法》,任何空间内声衰减率 $(60/T)$ 的测量,其中 T 为混响时间,单位为 s。

(13)ISO 3382:1997《根据其他声学参数测量空间混响时间》,表演空间内混响时间 T 的测量,规定了礼堂传声增益(G)、早期衰减(EDT)、清晰度(C80)、清晰性(D50)、中央标准时间(CT)侧向声能比(LF)和耳间互相关(IACC)以及任何空间中 T 的附加量度。

(14)ISO 10053 - 1991《特定实验室条件下办公室内屏障声衰减测量》,类似于 ASTM E1375。

附录 A　一般参考文献

M. Belanger, *Digital Processing of Signals: Theory and Practice*, Wiley, New York (1985).

J. S. Bendat and A. G. Piersol, *Random Data, Analysis and Measurement Procedures*, 2nd ed., Wiley, New York (1986).

L. L. Beranek, *Acoustics*, reprinted with changes by the Acoustical Society of America, New York (1986).

L. L. Beranek, *Acoustical Measurements*, rev. ed., Acoustical Society of America, New York (1988).

D. A. Bies and C. H. Hansen, *Engineering Noise Control*, Unwin Hyman, London (1988).

M. P. Blake and W. S. Mitchell, *Vibration and Acoustic Measurement Handbook*, Spartan Books, New York (1972).

R. N. Bracewell, *The Fast Fourier Transform and Its Applications*, 2nd ed., McGraw - Hill, New York (1986).

L. Cremer and H. A. Mueller, *Principals and Applications of Room Acoustics*, Vols. 1 and 2, translated by T. J. Schultz, Applied Science, London and New York (1982).

M. J. Crocker, *Noise Control*, Van Nostrand Reinhold, New York. (1984).

J. D. Erwin and E. R. Graf, *Industrial Noise and Vibration Control*, Prentice - Hall, Englewood Cliffs, NJ (1979).

F. Fahy, *Sound and Structural Vibration—Radiation, Transmission and Response*, Academic, New York (1985).

C. M. Harris, Ed., *Shock and Vibration Handbook*, 3rd ed., McGraw - Hill, New York (1988).

M. C. Junger and D. Feit, *Sound, Structures, and Their Interaction*, 2nd ed., MIT Press, Cambridge, MA (1986).

L. E. Kinsler, A. R. Frey, A. B. Coppens, and J. V. Sanders, *Fundamentals of Acoustics*, 3rd ed., Wiley, New York (1982).

H. Kuttruff, *Room Acoustics*, Applied Science Publishers, London (1973).

R. L. Lyon, *Statistical Energy Analysis of Dynamical Systems*, MIT Press,

Cambridge，MA (1975).

A. V. Oppenheim and R. W. Schafer，*Digital Signal Processing*，Prentice – Hall，Englewood Cliffs，NJ (1975).

R. B. Randall，*Frequency Analysis*，3rd ed. ，Bruel &. Kjaer，Naerum，Denmark (1987).

附录 B   美国单位制

美国单位制［曾被称为英国单位制,直到英国转变为米-千克-秒(mks)单位制］本身是比较混乱的。在美国人的日常生活中,磅(缩写为 lb)用作力或重量,二者均使用力的单位。另外,一些技术作家尝试通过使用两个力量值中的任一个和两个对应质量量值中的任一个来提供一个与公制系统平行的单位制,从而导致问题更为复杂。因此,一些人采用磅作为力的单位,并将斯勒格(slug)定义为质量单位。另一些人将磅达(poundal)定义为力的单位,并采用磅作为质量单位。尽管在本书中我们使用了前者,但无论是斯勒格还是磅达,在文献中都未得到广泛认可。

正如一位游历广泛的声学专家所说:"我已经确定,在苏黎世购买的 1 kg 黄油与在纽约购买的 2.2 lb 黄油的数量完全相同。每当我想毫不含糊地解决美国的一个技术问题时,我会立即把磅数除以 2.2,得到对等的千克数。然后,我在工作中采用 mks 单位制,在该系统中,力和质量得到清楚地区分。"让我们花点时间来进一步区分质量和力。

物体的质量被定义为 $m = F/\ddot{x}$,其中 F 是作用在无约束物体的重心上的所有力的向量和,$\ddot{x}$ 是在力 F 的方向上产生的加速度。

物体的重量被定义为 $w = mg$,其中 g 是重力加速度(地球上的重力加速度为 $9.81\ \mathrm{m/s^2}$),w 是当不受约束的物体暴露于重力场时必须作用在该物体在上以保持其静止的力。因此,一个物体在月球上的质量与在地球上的质量相同,但重量不同。在地球上,1 kg 质量(表示为 1 kp)的重量为 1 kp(重量)＝1 kg(质量)×9.81 m/s² ＝9.81 N。

本书中使用的统一单位制

本书使用两个统一的单位制,米-千克-秒(mks)单位制和英尺-斯勒格-秒(fss)单位制。为了便于描述它们,让我们从牛顿第二定律开始:

$$力 = 质量 \times 加速度 \tag{B.1}$$

在 mks 单位制中

$$牛顿值 = \mathrm{kg}\ 值 \times \mathrm{m/s^2}\ 值 \tag{B.2}$$

在 fss 单位制中

$$磅力值(\mathrm{lb}) = \mathrm{slug}\ 值 \times \mathrm{ft/s^2}\ 值 \tag{B.3}$$

单位大小之间的关系是

$$1\ \mathrm{kp} = 2.205\ \mathrm{lb}(重量)$$
$$1\ \mathrm{kg} = 0.068\ 5\ \mathrm{slug}$$
$$1\,\mathrm{slug} = 14.59\ \mathrm{kg}$$
$$1\ \mathrm{N} = 0.225\ \mathrm{lb}$$

$$1\text{ N}=0.225\text{ lb}(\text{力})$$

$$1\text{ lb}(\text{力})=4.448\text{ N}$$

$$1\text{ slug}=32.17\text{ lb}(\text{重量})$$

$$1\text{ lb}(\text{重量})=0.031\ 08\text{ slug}=0.454\text{ kg}$$

示例 1　如果 1 kg 质量以 1 m/s² 的速度加速,通过方程式(B.2)可知需要 1 N 的力。获得同样的结果需要多少磅(力)?

解　1 kg 等于(2.205/32.17)slug,1 m/s²=3.28 ft/s²。因此,由方程式(B.3)可知,需要 0.225 lb(力)。

本书中使用的不统一美国单位制

本书中使用了两种常见的不统一美国单位制,英尺-磅-秒(fps)单位制和英寸-磅-秒(ips)单位制。

在英尺-磅-秒单位制(不统一单位制)中

$$\text{磅力值}(\text{lb})=\frac{\text{磅重值}(\text{lb})}{g}\times\text{ft/s}^2\text{ 值}\tag{B.4}$$

式中,g 是重力加速度,单位为 ft/s²,即 32.17 ft/s²。

在英寸-磅-秒单位制(不统一单位制)中

$$\text{磅力值}(\text{lb})=\frac{\text{磅重值}(\text{lb})}{g}\times\text{in/s}^2\text{ 值}\tag{B.5}$$

式中,g 是重力加速度,单位为 in/s²,即 3.86 in/s²。机械工程师通常在冲击和振动领域使用 in-lb-s 单位制。

示例 2　1 kg 质量以 5 m/s² 的速度加速。得出以牛顿和磅(力)为单位所需的力。

解

$$1\text{ kg}=2.2\text{ lb}(\text{重量})=0.068\ 5\text{ slug}$$

$$5\text{ m/s}^2=16.4\text{ ft/s}^2$$

$$F(\text{N})=(1\times5)\text{ N}=5\text{ N}$$

$$F(\text{lb})=(0.068\ 5\times16.4)\text{ lb}=1.124\text{ lb}(\text{力})$$

附录 C 换算因数

在编写因数时使用了以下基本常数值：

$$1\ \text{m} = 39.37\ \text{in} = 3.281\ \text{ft}$$

$$1\ \text{lb(重量)} = 0.453\ 6\ \text{kp} = 0.031\ 08\ \text{slug}$$

$$1\ \text{slug} = 14.594\ \text{kg}$$

$$1\ \text{lb(力)} = 4.448\ \text{N}$$

$$重力加速度 = 9.807\ \text{m/s}^2 = 32.174\ \text{ft/s}^2$$

$$4℃时的\ H_2O\ 密度 = 10^3\ \text{kg/m}^3$$

$$0℃时的\ Hg\ 密度 = 1.359\ 5 \times 10^4\ \text{kg/m}^3$$

$$1\ \text{lb(美制)} = 1\ \text{lb(英制)}$$

$$1\ \text{gal(美制)} = 0.832\ 67\ \text{gal(英制)}$$

$$℉ = \left(\frac{9}{5}\right)℃ + 32$$

$$℃ = \left(\frac{5}{9}\right)(℉ - 32)$$

表 C.1　换算因数

原单位	换算单位	乘　数	逆向换算乘数
ac	ft²	4.356×10^4	2.296×10^{-5}
	ML²（法定）	1.562×10^{-3}	640
	m²	4 047	2.471×10^{-4}
	ha(10^4 m²)	0.404 7	2.471
atm	4℃时的 in H_2O	406.80	2.458×10^{-3}
	0℃时的 in Hg	29.92	3.342×10^{-2}
	4℃时的 ft H_2O	33.90	2.950×10^{-2}
	0℃时的 mm Hg	760	1.316×10^{-3}
	lb/in²	14.70	6.805×10^{-2}
	N/m²	$1.013\ 2 \times 10^5$	9.872×10^{-6}
	kp/m²	1.033×10^4	9.681×10^{-5}
℃	℉	$\left(℃ \times \dfrac{9}{5}\right) + 32$	$(℉ - 32) \times \dfrac{5}{9}$

续 表

原单位	换算单位	乘　数	逆向换算乘数
cm	in	0.3937	2.540
	ft	3.281×10^{-2}	30.48
	m	10^{-2}	10^2
circ. mil	in^2	7.85×10^{-7}	1.274×10^6
	cm^2	5.067×10^{-6}	1.974×10^5
cm^2	in^2	0.1550	6.452
	ft^2	1.0764×10^{-3}	929
	m^2	10^{-4}	10^4
cm^3	in^3	0.06102	16.387
	ft^3	3.531×10^{-5}	2.832×10^4
	m^3	10^{-6}	10^6
deg(角度)	rad	1.745×10^{-2}	57.30
dyn	lb(力)	2.248×10^{-6}	4.448×10^5
	N	10^{-5}	10^5
dyn/cm^2	lb/ft^2(力)	2.090×10^{-3}	478.5
	N/m^2	10^{-1}	10
1in H_2O	N/m^2	249.18	4.013×10^{-3}
erg	ft-lb(力)	7.376×10^{-8}	1.356×10^7
	J	10^{-7}	10
erg/cm^3	$ft-lb/ft^3$	2.089×10^{-3}	478.7
erg/s	W	10^{-7}	10^7
	ft-lb/s	7.376×10^{-8}	1.356×10^7
$erg/s-cm^2$	$ft-lb/s-ft^2$	6.847×10^{-5}	1.4605×10^4
fath	ft	6	0.16667
ft	in	12	0.08333
	cm	30.48	3.281×10^{-2}
	m	0.3048	3.281
ft^2	in^2	144	6.945×10^{-3}
	cm^2	9.290×10^2	0.010764
	m^2	9.290×10^{-2}	10.764
ft^3	in^3	1728	5.787×10^{-4}
	cm^3	2.832×10^4	3.531×10^{-5}
	m^3	2.832×10^{-2}	35.31
	l	28.32	3.531×10^{-2}

续　表

原单位	换算单位	乘　数	逆向换算乘数
4℃ 时的 ft H₂	0℃ 时的 in Hg lb/in² lb/ft² N/m²	0.882 6 0.433 5 62.43 2 989	1.133 2.307 1.602×10^{-2} 3.345×10^{-4}
gal(美制液体单位)	gal(英制液体单位) l m³	0.832 7 3.785 3.785×10^{-3}	1.201 0 0.264 2 264.2
gm	oz(重量)	3.527×10^{-2}	28.35
	lb(重量)	2.205×10^{-3}	453.6
hp (550 ft – lb/s)	ft – lb/min W kW	3.3×10^{4} 754.7 0.7457	3.030×10^{-5} 1.341×10^{-3} 1.341
in	ft cm m	0.083 3 2.540 0.025 4	12 0.393 7 39.37
in²	ft² cm² m²	0.006 945 6.452 6.452×10^{-4}	144 0.1 550 1 550
in³	ft³ cm³ m³	5.787×10^{-4} 16.387 1.639×10^{-5}	1.728×10^{3} 6.102×10^{-2} 6.102×10^{4}
kg	lb(重量) slug g	2.204 6 0.068 52 10^{3}	0.4536 14.594 10^{-3}
kg/m²	lb/in²(重量) lb/ft²(重量) g/cm²	0.001 422 0.204 8 10^{-1}	703.0 4.882 10
kg/m³	lb/in³(重量) lb/ft³(重量)	3.613×10^{-5} 6.243×10^{-2}	2.768×10^{4} 16.02
l	in³ ft³ pt(美制液体单位) qt(美制液体单位) gal(美制液体单位) cm³ m³	61.03 0.035 32 2.113 4 1.056 7 0.264 2 1 000 0.001	1.639×10^{-2} 28.32 0.473 18 0.946 36 3.785 0.001 1 000

续 表

原单位	换算单位	乘 数	逆向换算乘数
$\log_e n$ 或 $\ln n$	$\log_{10} n$	0.434 3	2.303
m	in	39.371	0.025 40
	ft	3.280 8	0.304 81
	yd	1.093 6	0.914 4
	cm	10^2	10^{-2}
m^2	in^2	1 550	6.452×10^{-4}
	ft^2	10.764	9.290×10^{-2}
	yd^2	1.196	0.836 2
	cm^2	10^4	10^{-4}
m^3	in^3	6.102×10^4	1.639×10^5
	ft^3	35.31	2.832×10^{-2}
	yd^3	1.308 0	0.764 6
	cm^3	10^6	10^{-6}
$\mu bar(dyn/cm^2)$	lb/in^2	$1.451\ 3 \times 10^{-5}$	6.890×10^4
	lb/ft^2	2.090×10^{-3}	478.5
	N/m^2	10^{-1}	10
ML(海里)	ft	6 080	1.645×10^{-4}
	km	1.852	0.540 0
ML(法定)	ft	5 280	1.894×10^{-4}
	km	1.609 3	0.621 4
ML^2(法定)	ft^2	2.788×10^7	3.587×10^{-8}
	km^2	2.590	0.386 1
	ac	640	$1.562\ 5 \times 10^{-3}$
mph	ft/min	88	1.136×10^{-2}
	km/min	2.682×10^{-2}	37.28
	km/h	1.609 3	0.621 4
np	db	8.686	0.115 1
N	lb(力)	0.224 8	4.448
	dyn	10^5	10^{-5}
N/m^2	lb/in^2(力)	$1.451\ 3 \times 10^{-4}$	6.890×10^3
	lb/ft^2(力)	2.090×10^{-2}	47.85
	dyn/cm^2	10	10^{-1}

续 表

原单位	换算单位	乘 数	逆向换算乘数
lb(力)	N	4.448	0.224 8
lb(重量)	slug	0.031 00	32.17
	kg	0.453 6	2.204 6
lb H₂O(蒸馏水)	ft³	1.602×10^{-2}	62.43
	gal(美制液体单位)	0.119 8	8.346
lb/in²(重量)	lb/ft²(重量)	144	6.945×10^{-3}
	kg/m²	703	1.422×10^{-3}
lb/in²(力)	lb/ft²(力)	144	6.945×10^{-3}
	N/m²	6 894	$1.450 6 \times 10^{-4}$
lb/ft²(重量)	lb/in²(重量)	6.945×10^{-3}	144
	gm/cm²	0.488 2	2.048 2
	kg/m²	4.882	0.204 8
lb/ft²(力)	lb/in²(力)	6.945×10^{-3}	144
	N/m²	47.85	2.090×10^{-2}
lb/ft³(重量)	lb/in³(重量)	5.787×10^{-4}	1 728
	kg/m³	16.02	6.243×10^{-2}
pdl	lb(重量)	3.108×10^{-2}	32.17
	dyn	1.383×10^{-4}	7.233×10^{-5}
	N	0.138 2	7.232
slug	lb(重量)	32.17	3.108×10^{-2}
	kg	14.594	0.068 52
slug/ft²	kg/m²	157.2	6.361×10^{-3}
s/t(2 000 lb)	ton (1 000 kg)	0.907 5	1.102
W	erg/s	10^7	10^{-7}
	hp (550 ft - lb/s)	1.341×10^{-3}	754.7

索 引 表

ASTM（American Society of Testing and Materials）

ASTM（美国材料与试验学会）

Asymptotic threshold shift（ATS）

渐进性域移（ATS）

Atmospheric absorption

大气吸声

Atmospheric pressure

大气压力

Attenuation：

衰减：

  active noise control

  主动噪声控制

  ducts，lined，of sound：

  加衬管道，声音：

    by atmosphere

    大气

    by barriers

    屏障

    by ground cover and trees

    地被植物和树木

  total

  总计

Audio frequency region

音频范围

Auralization

可听化

Autocorrelation function

自相关函数

Automotive interior noise control system

汽车内部噪声控制系统

Autoregressive moving average filters

自回归滑动平均滤波器

Autospectral density functions

自功率谱密度函数

Averages

平均值

  linear

  线性

  running

  移动

  synchronous averaging

  同步平均

  unweighted（linear）

  未加权（线性）

  weighted

  加权

Average A - weighted sound level

平均 A 计权声级

Average diffuse - field surface absorption coefficient

平均扩散场表面吸声系数

Average sound level

平均声级

A - weighted sound level

A 计权声级

A - weighted sound（noise）exposure level

A 计权暴露声（噪声）级

  coal car shakers

  煤车振动器

  diesel - engine - powered equipment

  柴油发动机驱动的设备

  transformers

  变压器

A - weighted sound power level

A 计权声功率级

  air compressors

  空气压缩机

  in diffuse field

  扩散声场

  estimates of

  估计

  feed pumps

  给水泵

  steam turbines

  汽轮机

  wind turbines

  风力涡轮机

A - weighted sound pressure level

A 计权声压级

  long - term

  长期

  for noise exposure

  噪声暴露

  for outdoor sound

  室外声音

by cross – sectional area changes

由横截面面积变化引起

by divisions

由支管引起

by elbows

由弯管引起

end – reflection loss

端部反射损失

by plenums

由增压室引起

prefabricated sound attenuators

预制声衰减器

room effect

空间效果

in straight ducts

直管

lined

加衬

for rooftop air conditioning units

屋顶式空调机组

sound power determination in

声功率测定

transmission loss of

透射损失

Dynamic absorbers

动态吸声器

Dynamic capability (of instruments)

(仪器)动态性能

Dynamic excitation：

动态激励：

by point force

点力

simultaneous airborne excitation and

同步空中激励

E

Early decay time (EDT)

早期衰减时间(EDT)

ECMA International

欧洲计算机制造商协会

EDT (early decay time)

EDT(早期衰减时间)

Effective value, See also Root – mean – square sound pressure

有效值,另见均方根声压

Eigenfrequency

本征频率

Elastic surface layer, improvement of impact noise isolation with

弹性面层,改善冲击噪声隔声

Elastomeric isolators

弹性隔振器

Elbows，HVAC ducts

弯管，HVAC 管道

Elementary radiators, sound power output of

基本辐射器声功率输出

Emission

发射

HVAC outdoor noise

HVAC 室外噪声

immission vs.

入射

machinery noise measurement standards

机械噪声测量标准

noise power emission level

噪声功率发射级

strength descriptors for

强度描述符

Empirical models of sound in rooms

室内声音的经验模型

Enclosures,see Acoustical enclosures

隔声罩,见隔声罩

End – reflection loss, HVAC

端部反射损失,HVAC

Energy, dissipated,see Damping

耗散能量,见阻尼

Energy – average spectral deviation factor

能量平均频谱偏差系数

Energy speed

能量速度

English system of units

英国单位制

Entrance loss (dissipative mufflers)

入口损失(阻性消声器)

Environmental corrections

环境修正值

Environmental Protection Agency（EPA）

环境保护署（EPA）

Environmental sound（noise）：

环境声（噪声）：

  measurement application standards

  测量应用标准

  measurement method standards

  测量方法标准

    outdoor propagation of，See also Outdoor

    sound propagation

    室外传播，另见室外声传播

Environmental vibrations standards

环境振动标准

EPA（Environmental Protection Agency）

EPA（环境保护署）

Equipment（machine）mounted enclosures

设备（机械）隔声罩

Equivalent continuous A – weighted noise level

等效连续 A 计权噪声级

Equivalent sound absorption area

等效吸声面积

Equivalent sound power level，estimating

等效声功率级估计

Equivalent viscous damping

等效黏滞阻尼

Excitation：

激励：

  of freely hung panel

  自由悬挂板

  by incident waves vs. other means

  入射波与其他形式

  by point force

  点力

  of solid structures：

  固体结构：

    extension of reciprocity to

    互易定理扩展

    with sound field vs. point force

    声场与点力

sources of：

声源：

  and gain factors

  增益因数

  periodic

  周期性

  random

  随机

Exit loss（dissipative mufflers）

出口损失（阻性消声器）

Expansion chamber mufflers

膨胀室消声器

  double – tuned

  双调谐

  extended – outlet

  延伸出口

  general design guidelines for

  一般设计准则

  simple

  简易

Extended – outlet muffler

延伸出口消声器

Eyring approach（diffuse – field theory）

艾润法（扩散场理论）

F

FAA（Federal Aviation Administration）

FAA（美国联邦航空管理局）

Fans：

风机：

  air – cooled condensers

  风冷式冷凝器

  cooling towers

  冷却塔

  HVAC

  HVAC

  industrial

  工业

  industrial gas turbines

  工业燃气轮机

  for mechanical equipment

  机械设备

noise – measuring instruments

噪声测量仪器

Insulation，thermal – acoustical blanket

毯式隔热隔声材料

Intensity，see Sound intensity

声强，见声强

Intermediate office speech level (IOSL)

中等办公室语言声级(IOSL)

Intermediate – size enclosures

中型隔声罩

Internal friction

内部摩擦

International Electrotechnical Commission (IEC)

国际电工委员会(IEC)

International Organization for Standardization (ISO)

国际标准化组织(ISO)

Inverse square law

平方反比定律

IOSL (intermediate office speech level)

IOSL(中等办公室语言声级)

ISO，see International Organization for Standardization

ISO，见国际标准化组织

Isolation effectiveness

隔振效果

  and isolator mass effects

  隔振器质量效应

  with two – stage isolation

  带两级隔振

Isolation efficiency

隔振效率

Isolation range

隔振范围

J

Jet mixing noise

射流混合噪声

Joint input – output method

联合输入输出法

K

Kronecker delta function

克罗内克函数

Kuttruff model

库特鲁夫模型

L

Large enclosures

大型隔声罩

with interior sound – absorbing treatment

经内部吸声处理

  analytical model for insertion loss at high frequencies

  高频插入损失的分析模型

  effect of sound – absorbing treatment

  吸声处理效果

  flanking transmission through floor

  穿地侧向透射

  inside – outside vs. outside – inside transmission

  由内向外透射和由外向内透射

  key parameters influencing insertion loss

  影响插入损失的关键参数

  leaks

  漏声

  machine position

  机器位置

  machine vibration pattern

  机器振动模式

  wall panel parameters

  壁板参数

  without interior sound – absorbing treatment

  未经内部吸声处理

Large partitions，sound transmission of

大型隔断声透射

Lateral quadrupole

横向四极子

Leakage，in filtered – x algorithm

漏声，滤波 – x 算法

Leakage errors

泄露误差

Leaky enclosures

漏声隔声罩

unloaders

　　卸载装置

cooling towers

　　冷却塔

feed pumps

　　给水泵

HVAC systems

　　HVAC 系统

　　criteria for noise control in

　　　噪声控制标准

　　by duct cross - sectional areachanges

　　　由管道横截面面积变化引起

　　by duct divisions

　　　由支管引起

　　by elbows

　　　由弯管引起

　　for especially quiet spaces

　　　特殊低噪声空间

　　by plenums

　　　由增压室引起

　　for straight ducts

　　　直管

industrial fans

　　工业风机

　　by minimizing added mass

　　　减少附加质量

　　passive

　　　被动

　　at specific frequencies

　　　特定频率

　　steam turbines

　　　汽轮机

　　throttling valves

　　　节流阀

　　wind turbines

　　　风力涡轮机

Noise reduction coefficient（NRC）

降噪系数（NRC）

Noise sources, see Sound（noise）sources

噪声源,见声（噪声）源

Nondirectional sources

非定向声源

Nondispersive waves

非分散波

Nonperiodic steady - state signals

非周期性稳态信号

Nonrecursive filters

非递归滤波器

Nonrigid masses：

非刚性体：

　　natural frequencies of

　　　固有频率

　　transmissibility of

　　　传递率

Nonstationary random data

非平稳随机数据

Non - volume - displacing sound sources, radiation by

非体积位移声源的声辐射

　　effect of surrounding point force by rigid pipe

　　　刚性管对周围点力的影响

　　force acting on fluid

　　　作用在流体的力

　　response of bounded fluid to point forceexcitation

　　　有界流体对点力激励的响应

　　response of unbounded fluid toexcitation by oscillating small rigid body

　　　无界流体对小型振荡刚体激励的响应

　　in response to excitation of fluid byoscillating small rigid sphere

　　　小型振荡刚性球体对流体激励的响应

Normal - incidence sound transmission

垂直入射声透射

Normalized LMS algorithm

归一化 LMS 算法

Normalized random error

归一化随机误差

Normal modes

简正模

Normal - mode expansion

简正模扩展式

Normal mode of vibration, see Resonance

简正振动模态,见共振

Normal specific acoustical impedance

法向特征声阻抗